丛书主编　王忠静　张国刚

河西走廊水利史文献类编
疏勒河卷

（上）

张景平　惠　磊　张　琼　韩稚燕　主编

科学出版社
北　京

内 容 简 介

《河西走廊水利史文献类编·疏勒河卷》是“河西走廊水利史文献类编”丛书第三卷。本卷收录敦煌文书、方志、私家著述、考察报告与游记、碑刻、民国工程文献、民国报刊、民国档案、双塔水库档案、二十世纪五六十年代其他档案、民间收藏水利文献以及口述文献等十二类历史文献，涉及历史时期疏勒河流域水系变迁、水利建设、水利管理、水利纠纷与水利文化等方面的各类一手资料。

本卷既可作为原始史料供历史学、水利工程学、环境科学、经济学、社会学等相关学科研究者使用，亦可为流域水利事业与社会经济发展提供必要的参考。

图书在版编目(CIP)数据

河西走廊水利史文献类编．疏勒河卷：全二册／王忠静，张国刚主编；张景平等本册主编．—北京：科学出版社，2022.11

ISBN 978-7-03-073867-7

Ⅰ.①河… Ⅱ.①王… ②张… ③张… Ⅲ.①河西走廊-水利史 Ⅳ.①TV-092

中国版本图书馆 CIP 数据核字（2022）第 219827 号

责任编辑：李晓娟／责任校对：樊雅琼

责任印制：吴兆东／封面设计：陈　敬

科学出版社 出版

北京东黄城根北街 16 号

邮政编码：100717

http://www.sciencep.com

北京捷迅佳彩印刷有限公司 印刷

科学出版社发行　各地新华书店经销

*

2022 年 11 月第　一　版　开本：787×1092　1/16

2022 年 11 月第一次印刷　印张：54 1/4

字数：1 300 000

定价：898.00 元（上、下）

（如有印装质量问题，我社负责调换）

“河西走廊水利史文献类编”丛书
编纂指导委员会

《河西走廊水利史文献类编·疏勒河卷》

编纂委员会

参与编纂单位

主持单位　清华大学

　　　　　甘肃省疏勒河流域水资源利用中心

　　　　　甘肃省档案馆

合作单位　兰州大学

　　　　　甘肃省酒泉市档案馆

相关科研项目

清华大学—甘肃省疏勒河流域水资源利用中心联合课题

“疏勒河流域水利史文献抢救性整理与研究”

“河西走廊水利史文献类编”总序

雷志栋
（清华大学水利水电工程系教授，中国科学院院士）

忠静教授来看望我，请我为“河西走廊水利史文献类编”丛书写一篇总序。在听完丛书的整体计划并翻阅了已完成的成果后，我感到十分高兴。在我国“一带一路”倡议中，河西走廊是重要的纽带和通道，“河西走廊水利史文献类编”丛书的编撰和出版，更显现出其重要的历史意义和现实价值。

清华大学水利系研究西北干旱区水资源问题有不短的历史。在这片自汉代以来就在中国的历史中具有重要战略地位的干旱区域，其边疆稳定、经济发展、文化繁荣，都与水利事业的发展密不可分。沿用上千年的新疆坎儿井就是古代著名的水利灌溉系统，至今仍在发挥作用；河西走廊的锁阳城遗址附近，密布着近百公里的汉唐旧渠遗址，在“丝绸之路”现存遗址中亦十分罕见。这些看似不起眼的水利工程构成了支撑干旱区文明的血脉。中华人民共和国成立以来，中央和地方政府都十分重视河西走廊的水利开发，在政策与资金上加强投入，经过数十年的艰苦奋斗形成了比较完善的现代水利工程体系，形成了较为稳定的绿洲经济与社会格局，这是历史上从来没有的事情。在其中，水利科研工作者也贡献了自己的一份力量，我们是历史的亲历者，并在某种意义上参与了创造历史的过程，也为此感到自豪。

历史意味着经验，注重总结经验是我国水利事业自古以来的优良传统。水利史作为水利科学的一部分，必须首先用科学的态度去发掘、整理丛脞芜杂的历史文献，在远绍旁搜的基础上去伪存真，才有可能将研究建立在可靠的材料之上。我们的祖先早已在做这样的工作，从《史记·河渠书》到《行水金鉴》莫不如此；当代各种水利行业志、水利年鉴的编纂，亦可谓水利史料整理的一种新的形式。

明清以来的河西走廊作为一个欠发达地区，文献积累不丰、保存状况较差，因此对其水利开发历史的研究还不充分。但令人深感欣慰的是，清华大学历史学科和水利学科的师生们合作从事河西走廊水利史文献特别是明清以来水利史文献的搜集整理工作，并在当地水务、档案、文物、地方志等部门同志们的大力支持下，编纂出版“河西走廊水利史文献类编”丛书，必然会对相关研究产生促进作用。这是不同学科间相互交流促进的很好尝试，同时也是一种很好的工作模式，值得推广。衷心希望水利、历史两学科的研究者以及环境、经济、社会、法律等领域的研究者们能携起手来，将河西走廊水利史乃至整个中国的水利史的研究更好地深入下去。

回顾历史是为了更好地创造未来。虽然河西走廊的水利工作已取得了重大的成就，但当前也面临一系列新问题，如工程建设不能满足经济发展的新要求、管理机制有待完善、生态环境恶化的趋势还没有得到全面遏制等。借着“河西走廊水利史文献类编”的编纂出版为契机，我真诚地希望新一代水利工作者能够鉴古知今、未雨绸缪，努力解决好这些新问题，使得我们的工作不但能接受现实，更能够接受历史的检验，也为创造美好的未来打造更坚实的基础。

2014年9月16日

《河西走廊水利史文献类编·疏勒河卷》序

张楚汉
（清华大学水利水电工程系教授，中国科学院院士）

欣闻《河西走廊水利史文献类编·疏勒河卷》即将付梓，谨向编纂团队与参编单位表示祝贺。

从“河西走廊水利史文献类编”丛书首卷《河西走廊水利史文献类编·讨赖河卷》（2册）、二卷《河西走廊水利史文献类编·黑河卷》（4册），至今天的《河西走廊水利史文献类编·疏勒河卷》（2册），编纂工作已历数年，深感这项工作的不易与重要。王忠静教授团队深耕河西走廊水资源管理及水利史、水文化研究多年，曾编制《敦煌水资源合理利用与生态保护综合规划》，对疏勒河流域水利事业的前世今生有着深刻体认，由王忠静教授团队编纂《河西走廊水利史文献类编·疏勒河卷》是十分恰当的，这是清华水利人对于中国水利事业的又一贡献。

无论是在历史长河还是在现实维度，河西走廊的重要性不言而喻，是我国西北重要的生态屏障与工农业生产基地，是“一带一路”倡议的关键节点，具有重要的政治、经济、文化意义。千百年来，中华民族在此繁衍生息、文化交融，曾经良好的生态环境与繁荣的经济基础造就了丰厚的文化遗产。疏勒河作为河西走廊三大内陆水系之一，哺育了历史文化名城敦煌，在提供民生保障和环境屏障等方面扮演了重要角色。作为承载这一区域水资源开发利用历史的文献基础，《河西走廊水利史文献类编·疏勒河卷》的编纂具有重要的学术价值。

深居内陆的疏勒河流域气候干旱，水资源始终是制约当地经济社会发展的核心因素之一，水利问题亦成为全民关注所在。近年来，国家将“水”作为统筹区域经济、社会、生态发展的抓手，遏制生态环境退化、保障经济可持续发展，体现了水资源管理的多学科复杂性；以水科学为主、综合自然与社会科学各有关方面的融合性学科体系建设，是治水事业高质量发展的时代要求。《河西走廊水利史文献类编·疏勒河卷》的出版，是对疏勒河流域历史发展经验的总结，将为疏勒河流域水问题研究提供水利、生态、政治、经济、社会等方面的历史经纬，对推动相关研究的进展提供助力。

我对河西走廊并不陌生，但在翻阅书卷中波澜壮阔的治水史料时，仍感慨良深。疏勒河流域不但出土了中国最早的全国性水利法规《水部式》，这片土地本身关于“水”的故事也十分多彩。生活在这片土地的先辈们利用发源于祁连山的疏勒河、党河的水资源，在干旱荒芜的戈壁上营造了敦煌绿洲、双塔绿洲和昌马绿洲，使人们得以生存、文化得以发展、历史得以丰富。这是中华民族不屈意志与杰出创造力的生动体现，今日读之仍有诸多启发与感动。水利先驱者们克服种种艰难困苦，以筚路蓝缕之功奉献了知识、智慧与心力，使得现代水利生根发芽、开花结果，改变了区域社会的生产生活条件，值得铭记。

尽管包括疏勒河流域在内的中国干旱区水利事业已经取得了诸多成就，但水资源匮乏的自然背景未能改变，人们探索认识其自然规律、探索其发展之道的努力不会改变。寻找经济社会与生态环境之间的平衡、实现高质量发展，始终是我们需要努力解决的问题。我认为《河西走廊水利史文献类编·疏勒河卷》的出版是一个很好的契机，其从社会、人文的视角回顾水利发展的经验，有助于让更多来者了解新时代的水利工作是如何从历史中一步步走来；其中不仅蕴含前人的期盼，更是我们现实工作的重要动力，有助于我们更好迎接未来的挑战。在此，愿与诸位学者与水利工作者共勉。

是为序。

2022 年 2 月 10 日

“河西走廊水利史文献类编”前言

河西走廊是我国西部重要的工农业生产基地与生态屏障，是内地通往新疆、青海以及中亚、西亚和欧洲的关键通道，是今日“一带一路”倡议中的重要建设区域。河西走廊是多民族共同生活的家园，几千年来曾数度创造繁荣的经济社会格局，留下了丰厚的文化遗产，在历史上具有举足轻重的地位。从清代中后期起，河西走廊已经为专治“西北史地之学”的学者所重视；19世纪末，中外探险家、考古学家以及地理学家纷至沓来，揭开了河西走廊的神秘面纱，使之为世界瞩目，至今仍是地理学、生态学、历史学、人类学等学科共同关注的热点区域。

由于气候干旱少雨，水资源始终在河西走廊的开发中具有先决性与关键性地位。近年来，国家相继在河西走廊各流域实施了水资源合理利用与生态保护规划，通过“以水为纲”的管理调节，遏制了生态环境的恶化趋势，维系了区域经济社会的可持续发展。在规划与治理进程中，社会各界普遍感受到，河西走廊的水利问题不仅是一个工程技术问题，更是一个在漫长历史进程中逐渐积累的复杂社会问题。因此，解决当前水利问题更需引入社会的和历史的视角。而在史学工作者看来，一部河西走廊开发史也是一部浓缩的水利史，其中隐藏着中国干旱区社会几千年发展变化的密码。因此，对河西走廊水利史的研究兼具现实与学术两方面的意义，可回应不同出发点的多种关怀。

长期以来，河西走廊水利史相关问题一直在历史地理、田野考古、屯田史以及区域开发史等研究方向中得到讨论，前贤时彦的一系列研究成果具有重要的学术意义。然而，相比华北、江南等区域的水利开发史研究在水利社会史、水利环境史等新方向中的高歌猛进，河西走廊水利史的研究在数量、质量方面都感到明显不足，与学术界的期待差距较大。此种局面形成的原因是复杂的，但历史文献的“稀薄”无疑是最为关键的因素。当前水利史的研究以所谓“近世”即明清以来为主要关注时段，高度依赖方志、碑刻、渠册、契约等特定类型的文献；而“近世”的河西走廊早已沦为偏远的经济欠发达区域，上述类型的文献传世数量有限，保存、整理状况更为不佳，难以为学者充分利用。因此，“无米之炊”的窘境是造成河西走廊水利史难以深入开展的最大障碍。

从20世纪50年代起，清华大学水利系的几代研究者对河西走廊水资源问题予以了长期的关注，近年来更与清华大学历史系围绕河西走廊主要内陆河的历史与现实水利问题展开了一系列联合研究。两系同仁意识到，一套经过广泛搜集、系统整理的历史文献，将会吸引更多学者投入到河西走廊水利史研究中，促进相关问题的充分探讨。为此，我们开始了“河西走廊水利史文献类编”的编纂工作。

“河西走廊水利史文献类编”丛书共分为《河西走廊水利史文献类编·讨赖河卷》、《河西走廊水利史文献类编·黑河卷》、《河西走廊水利史文献类编·疏勒河卷》以及《河西走廊水利史文献类编·石羊河卷》。这种以流域为单位的编纂方法，既是对《水经注》《行水金鉴》等传统水利文献的继承，也充分考虑到河西走廊水利事务与社会发展的内在规律。丛书除努力搜集当前水利史研究所关注的热点史料外，也力图展现河西走廊水利史文献自身的特点。例如，出土文献的存在使河西走廊水利史文献的上限不局限于近世；诸多的近代中外学者考察报告、近代水利工程文献以及大宗民国水利档案等在其他地区较为罕见；当代水利文献以及见证人的口述资料蕴含着大量的历史信息，体现了河西走廊水利工作的历史连续性。在尊重文献的原始形态并分类编排的情况下，丛书针对河西走廊水利史文献驳杂、散碎的特点，对史料进行了考订、标点、缀合、分类、提要等整理工作，以期更好地服务不同学科背景的读者、兼顾学术界与当代水利工作的共同需求。

“河西走廊水利史文献类编”的出版是清华大学水利、历史两系同仁精诚合作的成果。大家深感到从解决具体问题出发、打破各学科间的楚河汉界，对于响应国家重大战略需求、培育新的学术增长点具有不可替代的重要意义，如何建立一种良好、高效的跨学科合作研究机制，也是我们在丛书编纂中力图探索的课题。丛书各卷的具体编纂工作由清华水利、历史两系的青年学者担纲，这对于年轻人而言是一项极好的锻炼，有助于充分挖掘他们学术潜力、促进他们的成长。

“河西走廊水利史文献类编”的编纂工作得到了多位两院院士以及水利、历史两个领域专家学者的指导，他们以极大的热情与严肃认真的态度，为丛书的编撰给予了巨大支持，谨向他们表示敬意与感谢。在丛书尚未付梓之时，为丛书惠赐总序的雷志栋先生以及本书顾问陈志恺先生等前辈竟归道山；捧颂他们的鼓励与教诲，我们在沉恸之余深感责任重大，希望我们的工作能够告慰他们的期望。

“河西走廊水利史文献类编”能够顺利面世，还有赖于地方各级水务、档案、文博、地方志等部门以及各兄弟院校的大力支持，体现了社会各界对于水利问题的高度重视，我们在此对他们表示由衷感谢。来自全国各地的各位耆宿、领导、专家以及广大同仁，以不同方式参与支持了丛书的编纂工作，学术作为天下公器的特点由此得到了生动体现。

文献整理是学术研究的基础。我们希望“河西走廊水利史文献类编”能够为河西走廊乃至整个中国干旱区历史与现实问题的研究起到新的推动作用，希望我们的工作为“一带一路”、生态文明以及节水型社会建设，为推动中国的可持续发展贡献一份应有的力量。

王忠静 张国刚
于清华园
2016年1月15日

《河西走廊水利史文献类编 · 疏勒河卷》叙记

《河西走廊水利史文献类编 · 疏勒河卷》是“河西走廊水利史文献类编”丛书的第三部成果。为方便读者阅读与理解，编者在此谨对疏勒河流域水利开发的历史与现状进行简要介绍，并对本卷编纂缘起与经过等相关问题略作说明。

一

疏勒河，其名源于中古突厥语，意为来自雄伟大山的河流。干流发源于祁连山深处讨赖南山与疏勒南山两大山之间的沙果林那穆吉木岭，终于敦煌西北的哈拉湖（又称青盐池），全长670千米，流域面积4.13万平方千米。其中河源至昌马峡为上游，长346千米；昌马峡至双塔堡水库坝址处为中游，长124千米；双塔堡水库至哈拉湖为下游，长200千米。疏勒河上游汇集讨赖南山南坡与疏勒南山北坡的诸冰川支流，穿越一系列高山峡谷入昌马盆地，左岸汇入小昌马河，随即出昌马峡进入河西走廊平原区，形成了河西地区最大、最完整的冲积洪积扇景观。今疏勒河中游干流沿扇缘东侧东北流至玉门市南新河口一带分为两支，右支巩昌河东北流入玉门市东北花海乡花海子盆地，左支城河北流经黄闸湾折向西北，经蘑菇滩、饮马农场等地，向正西流入瓜州县（原安西县）境内，经桥湾、布隆吉等地进入双塔堡水库。疏勒河下游自双塔堡水库西流，经小宛过瓜州县北大桥，西行至西湖乡一带，穿过国道215线敦煌至柳园段，第一大支流党河从左岸汇入，继续向西不远即注入终端湖哈拉湖。中华人民共和国成立以来，由于流域内灌溉面积不断扩大，水资源消耗日益增加，今日疏勒河自双塔堡水库以下并无常年径流，仅有部分灌溉用水可沿渠道流至瓜州县城西68千米的西湖乡，哈拉湖也于20世纪60年代干涸。除疏勒河干流与党河外，今日划入疏勒河水系的重要河流，尚有榆林河（又称踏实河）、石油河（下游称赤金河）与白杨河等。疏勒河干流中下游河道呈现出东北—西北—西的流向，在玉门市西部一带形成明显的大转弯。疏勒河桥湾以上的河段在习惯上被称为昌马河。

疏勒河上游穿行于祁连山地之中，海拔高度从4787米（源头）逐渐下降到1870米（昌马峡口），冰川广布、植被良好，年降水量50—400毫米，是疏勒河径流的主要产生区。疏勒河中下游地区处于河西走廊西部，地势较平且干旱少雨，平均年降水量不足50毫米，平均年蒸发量则高达1860毫米，因此疏勒河径流占到本区水资源构成的90%左右。疏勒河在昌马峡口的常年出山径流约为10.14亿立方米，其中有56.3%—76.3%渗入洪积冲积扇砾石地面以下形成潜水，潜水流至地势较低的扇缘后形成泉水，泉水又重新转化为地表径流。从清代以来，玉门镇与布隆吉之间的扇缘地区，从东到西依次排列有从“头道沟”直至“十道沟”的十条泉水河（其实不止此数），疏勒河干流爆发洪水时这些河道还有分洪作用。因此，地下水与地表径流的多次转化是疏勒河中下游地区重要的水文现象。地形方面，疏勒河中游地区主要为广阔的冲积洪积扇平原，又称玉门—踏实盆地，盆地内地势由南向东、北、西三面倾斜，其北部边界为北山山地（又称马鬃山山地）及其山前冲积平原（地势北高南低），西北部边界则为狭长的北截山山地（又称截山子，敦煌三危山、鸣沙山即为其西段）。北山山地与北截山山地因经历漫长的剥蚀作用，相对高度一般在200米以下。疏勒河出山径流在玉门—踏实盆地有三个出口：与花海子盆地相连的玉门东北部洼地（下简称东北洼地，清代为布鲁湖）、乱山子峡谷（双塔堡水库坝址所在）以及芦草沟口。其中乱山子峡谷与芦草沟口皆系地质时期河道切穿北截山山地而形成。乱山子峡谷以西、芦草沟口以北便为广阔的疏勒河下游冲积平原，终端湖哈拉湖海拔1040米，向西则为党河谷地（亦称疏勒河下游谷地）。党河谷地系指哈拉湖以西介于北山及南部阿尔金山的东西向谷地，其西端隔三陇沙（库姆塔格沙漠北部）与新疆罗布泊盆地东部的阿齐克谷地相接。

当今的疏勒河流域在行政区划上分属青海省天峻县、甘肃省肃北蒙古族自治县、玉门市、瓜州县、敦煌市，以及阿克塞哈萨克族自治县。其中，玉门、瓜州、敦煌为流域核心区，是中国西北重要的农业基地、能源工业基地、重点生态保护区域及著名的国际旅游目的地，是“一带一路”倡议中的重要交通枢纽。疏勒河流域拥有花海、昌马、双塔、党河等四个大型灌区以及诸多中小型灌区，分别以库容0.34亿立方米的的赤金峡水库、库容1.94亿立方米的昌马水库、库容2.4亿立方米的双塔水库和库容0.15亿立方米的党河水库为龙头。甘肃省疏勒河流域水资源利用中心统一管理干流水资源，形成从“源头到地头”的独特水资源管理模式，流域水利工程建设水平、管理信息化水平位于全国干旱区前列。

二

疏勒河流域当东西方交通之孔道，尤其是敦煌地区，向以“四大古代文明之交汇点”著称，其历史已为人熟知，本不欲赘述。限于体例安排，仅就其与水利关系密切者略叙述梗概。

疏勒河流域在距今3700多年即有人类活动，并在流域东部创造了著名的火烧沟文化，出土有中国最早的陶埙实物，以及一大批兼具东西方考古文化色彩的独特陶器与青铜器。春秋战国时期，流域为月氏、乌孙游牧地，后为匈奴所占。汉武帝击走匈奴，汉廷在流域西部设敦煌郡与阳关、玉门关，将流域东部划入酒泉郡治下。汉代流域的农业开发已经很兴盛，水利发达，设置有都水、平水等专职水利官员。水运亦有发展，边将甚至一度有在疏勒河下游凿井聚水以成运河之想法。至十六国时期，西凉政权在流域内立国，利用大量涌入的移民大力兴修水利，将农业区的范围扩大至汉代垦殖区以外。2002年在玉门花海比家滩地区发现一批西凉墓葬，出土《晋律》残卷等珍贵文物，此即是西凉新辟之灌溉区域。公元421年北凉进攻西凉首都敦煌，引党河水灌城，西凉亡。其后经北魏、西魏、北周时期，流域内人口不多，水利开发水平亦十分有限。

隋唐时期，疏勒河流域水利开发再度繁荣，并形成沙州敦煌县、瓜州晋昌县（今瓜州锁阳城镇）两个灌溉中心。公元728年吐蕃进攻瓜州，为削弱唐军实力，曾大肆毁坏渠堰，而瓜州都督张守珪击退敌军后首先即抢修渠堰，可见水利工程对地方的重要性。唐代敦煌已形成十分发达的灌溉工程体系与完备的水利管理制度，基本以民间自办、官府监督为主，同时设立得到严格监管的水磨系统。敦煌水利在吐蕃统治时期、归义军时期乃至西夏时期，始终保持了稳定与繁荣。

元明易代，疏勒河流域被整体弃置边外，除布隆吉等局部地区外全部沦为牧场。直至康熙五十四年（1715），清廷为用兵准部，开始在疏勒河流域开设屯田、安插民户，就地解决粮草问题。经三年的准备，朝廷于康熙五十七年在疏勒河流域的三处主要屯垦地区设立了赤金卫（卫城在今玉门市赤金镇）、靖逆卫（卫城即今玉门市）与柳沟千户所（城址在今瓜州县三道沟镇，三、四道沟河道之间）。雍正年间，疏勒河中游屯田面积进一步扩大，今瓜州县城附近的屯种也大举展开。雍正元年（1723）朝廷于布隆吉尔（今瓜州县布隆吉乡）设安西卫，于库库沙克沙（今敦煌市）设沙州千户所。雍正三年升沙州所为卫，雍正五年移柳沟所于布隆吉尔并升为卫，同时移安西卫于大湾（今瓜州县城附近）。乾隆二十五年（1760年）改疏勒河流域诸卫所为州县，渐形成今日玉门市、敦煌市与瓜州县的政区格局。今日疏勒河流域的河湖分布与主要灌溉体系，亦从当时开始形成。清代疏勒河干流的灌溉面积与人口开始超过敦煌地区，流域经济中心东移至玉门。因为屯田的存在，清代疏勒河流域的水利管理有浓厚的军事色彩。晚清时代，疏勒河流域受起义波及，人口锐减、民生凋敝，进入民国又受地震、鸦片、苛捐等要素影响，流域经济社会已趋于崩溃。幸于20世纪30年代，疏勒河流域发现玉门油矿，现代工业经济开始兴起。

中华人民共和国成立之后，疏勒河流域水利发展突飞猛进，其大型水利工程建设规模居于西北前列，为流域的现代化进程提供了巨大支持。进入21世纪，流域内生态保护与经济发展的矛盾逐渐尖锐，敦煌月牙泉水位降低、流域中下游湿地不断缩减。为了“决不让敦煌成为第二个楼兰”，国务院于2011年批准实施《敦煌地区水资源合理利用和生态保护综合规划》，流域水资源得到了科学合理的规划安排，流域生态显著改善，疏勒河流域已成为“一带一路”倡议中干旱区生态文明建设的样板区域之一。

三

疏勒河流域水利史研究长期以来居于河西走廊前列，主要集中敦煌学范畴的社会经济史研究与历史地理研究，围绕《沙州都督府图经》《沙州行水细则》等卷的中、英、日文研究成果诸多，基本上搞清了唐至西夏时期敦煌大小河流、湖泊的位置、复原了渠系、明确了灌溉活动的制度、组织与方法。由于敦煌学与中古史研究之间天然的密切联系，很多研究都能以小见大，如渠社中所见中古基层社会、“河口作”差徭中所见中古赋役结构、渠头所见中古地方官制等，都颇有创获。但是，这种研究在时间上局限于公元6—11世纪、地域上局限于党河流域，明清以来疏勒河大流域水利史研究基本为空白。

2016年，清华大学和甘肃省疏勒河流域水资源管理局（2021年6月改名为甘肃省疏勒河流域水资源利用中心）正式启动“疏勒河流域水利史文献抢救性整理与研究”联合课题，在甘肃省档案馆、酒泉市档案馆的大力支持下，编纂工作得以迅速推进。《河西走廊水利史文献类编·疏勒河卷》注意搜集未刊布文献，对可以方便获取但信息零星的主流传世文献未予摘录，主要收集清代、民国、中华人民共和国时期文献，各类文献介绍详见相应本类文献提要。敦煌文书中的水利文献在学术界早已为人熟知，但考虑到巨大影响，本卷予以择要收录。

《河西走廊水利史文献类编·疏勒河卷》的编纂过程得到了各有关方面的大力支持。甘肃省疏勒河流域水资源利用中心作为与清华大学有着良好合作关系的兄弟单位，有着极强的文化自觉意识，作为本书编纂牵头单位提供了大量支持。甘肃省疏勒河流域水资源局原局长栾维功同志积极促成本次合作的开启，甘肃省疏勒河流域水资源利用中心主任陈兴国同志对本书编纂始终给予大力支持。甘肃省档案馆作为本书牵头单位之一，依据双方协议开放了相关档案的刊布授权，并在时任甘肃省委副秘书长兼甘肃省档案馆馆长赵国强同志的亲自关心下，积极协调有关部门完成了开放权限审核，甘肃省档案馆馆长卢琼华同志、副馆长李永新同志以及各相关处室领导在档案整理中给予了事无巨细的宝贵支持。本书合作单位负责人、酒泉市档案馆馆长韩稚燕同志以极为高远的文化眼光，积极推动酒泉市档案馆藏民国档案对课题组开放。2018年1月和2019年3月，编者邀请相关专家、领导，对本书先后进行了两次初稿审查，北京大学韩茂莉教授，清华大学仲伟民教授、梅雪芹教授，中国人民大学夏明方教授，北京师范大学徐宗学教授，南开大学王利华教授，山西大学胡英泽教授，以及原水利部办公厅主任顾浩教授、水利部宣教中心纪委书记王乃岳研究员、中国水利学会副秘书长吴伯健教授级高级工程师等专家、领导先后莅临指导，对本书的编纂提出了大量意见与建议。本书初稿修订阶段，兰州大学黄建平院士、杨红伟教授作为本卷合作单位代表提供了诸多支持。在此，谨向所有关心、支持《河西走廊水利史文献类编·疏勒河卷》编纂的各位专家、各位领导、各位同仁表示诚挚的感谢。

宁夏大学副校长、清华大学水利系王忠静教授作为《河西走廊水利史文献类编·疏勒河卷》编纂委员会主任，是本书编纂的最早倡议者，给予编纂过程以全面指导，主导解决编纂机制等重要问题。甘肃省疏勒河流域水资源利用中心主任陈兴国同志、甘肃省档案馆馆长卢琼华同志作为本书编纂委员会主任，对本书编纂提供了各种具体支持。《河西走廊水利史文献类编·疏勒河卷》编纂框架制定、史料甄别筛选、重点文献录入和全书统稿工作，由本书第一主编张景平完成。其中，初稿系张景平在清华大学水利水电工程系从事博士后研究时完成，任职兰州大学历史文化学院后完成了增补、精简、调整等工作。甘肃省疏勒河流域水资源利用中心规划计划处惠磊处长、甘肃省档案馆开发利用（编研）处张琼副处长、酒泉市档案馆韩稚燕馆长作为本书主编，在口述史组织、民国档案整理等方面为本书的编纂做了许多具体工作。

在《河西走廊水利史文献类编·疏勒河卷》的编纂工作中，西北师范大学副校长田澍教授，甘肃省档案馆李永新副馆长、陈乐道二级巡视员，甘肃省疏勒河流域水资源利用中心王玉福副主任以及办公室王治泉主任、康建坤副主任，兰州大学历史文化学院院长杨红伟教授、东莞理工学院郑航副教授、西北师范大学王新春副教授、厦门大学王炳文助理教授，曾在清华大学土木水利学院水利水电工程系攻读博士学位的朱金峰、郑志磊、蒋光昱、徐国胤、张子雄诸君，曾在兰州大学攻读硕士学位的宋若谷、晁芊桦、毛建荣等同学，都给予不同形式的宝贵帮助。在此，向他们表示由衷感谢。

张景平代表本书编纂委员会执笔于金城诚意斋

2022 年 2 月 1 日

《河西走廊水利史文献类编·疏勒河卷》凡例

一、原始文献不论其字体为何，全部统一为简体字；对于文中异体字，除人名、地名外，一律径改为标准字。对于历史档案中公文用语与当代标准用法不同者，保留其原貌。对于原文件中的别字一般不予改动，不影响阅读的语法错误予以保留，错讹过大的以脚注说明。难以识别的文字，以“□”代替，如系文献残损，则予以注明。

二、由于原始文献时间跨度大、类型差异明显，对于标点的使用情况不尽统一。对于原本没有断句的文献，编者进行了断句，对于虽断句但不尽规范的文献则保留其本来面貌。编者断句时，以使用逗号、句号为主，疑问语气明显的加问号；尽量不使用省略号、破折号、感叹号、分号，此四符号出现而未有特别说明者，皆为原文自带。断句时亦不轻易使用引号、冒号、括号，本卷文中出现者多数为原文自带，系编者主动添加者集中于档案文献。

三、本卷原始文献的作者，凡在各部分文献提要中已说明的，正文中不再显示；文献提要中未予说明的，在题目下或脚注中显示；档案文献根据正文内容确定其作者，不另行标注或单列责任人。

四、原始文献中，年代、数字以及序列符号的书写方式不尽相同，编纂时也未做统一，基本保持原貌；有改动处则予以特别说明。

五、原始文献中的计量单位多与当今标准体系不同，为如实反映历史，一律遵循原貌，未予更改。

六、原始文献的图表基本遵循原始面貌，个别图表因清晰度与排版原因，进行了格式调整，对其内容文字或数据则不做更动。

七、原始文献中地名、人名多音近而字异，皆有其形成之原因，概维持原状，不作统一修改，个别易有歧义处以脚注注明。

八、编者需要对内容进行必要说明时以脚注出现，并加“编者按”。原文献自带注释，则以“原注”冠之。

九、原始文献的格式复杂、版式各异，编者为便阅读进行了统一。如传统书写格式中表尊敬的转行、提格等形式，表谦逊的缩小字体、侧写等形式，本卷未予保留；夹批、眉批、双行注释等内容，改在脚注中表现；遇有涂改等，正文保持其改后面貌，抹去部分以脚注展示。《私家著述类文献》中《西域水道记》一书因形式特殊，原注释文字在正文中以缩小楷体显示，同时以分段尾注显示校记。

十、本卷正文字体以宋体为主，但遇档案中的处理意见等内容时，为便于读者区分，改用楷体。

十一、档案类文献的整理牵涉具体问题较多，其整理方法详参第柒部分第一节本类文献提要，兹不赘述。

十二、由于时代局限，历史文献中有个别文字存在地域歧视、特定的意识形态色彩以及对兄弟民族的不公正态度等问题。编者对较为集中的部分进行了删减，删减若干字出脚注说明之；零星之词、句，以“□”代替，一□一字。还有一些在历史时期广泛使用的词句已成习惯表达，在语境中无特殊意涵，皆保留原貌，相信读者自会分辨批判。

十三、本卷各种类型的原始文献标题层级众多，表现方式差异很大、排列分散，影响到阅读效果。为使全书中相同类型的文献标题统一、方便读者阅读利用，对其进行了如下处理：全书中可单独成篇的白话类单篇文章如报刊、文史资料总标题汇总按一级标题宋体字排版；文言类单篇文章，除奏折类文献外按一级标题宋体字排版，其余诗、文标题按三级标题黑体字排版，部分省略二级标题；档案、公文类文献题目按三级标题黑体字排版，部分省略二级标题。

十四、本卷各部分第一节的本类文献提要的编写目的主要是介绍文献的保存、流传、版本等信息，对整理中遇到的主要问题进行说明；为与原始文献相区分，以仿宋体排版，希望引起读者注意。

十五、本卷中的一些法规排版，有的原始文件采取悬挂式排列（横排或竖排）、有的按照一般方式排版，谨遵循原貌并考虑各部分具体情况，未作统一。

目　　录

上

下

壹

敦煌文书类文献

本类文献提要

敦煌文书是疏勒河流域水利史文献极富特色的组成部分，为研究中古时代中国水利事业，特别是干旱区水利事业提供了珍贵的一手文献。然而在此将相关文书全部搜罗并非编者可以胜任。敦煌文书中固然有以 P. 2507《水部式》为代表的纯粹水利文书，但更多的则仅是在其他主题文书，特别是社会经济文书中有所涉及，如 P. 3559《唐天宝年代敦煌县差科簿》中有关于水利设施管理人员的记录，P. 4640《归义军时期布纸破用历》中记载在泉流、湖泊、河渠等处赛神活动及所用花费等。在这些文书中，水利相关信息仅占很小部分，径直析出不免支离破碎、全篇照录必然喧宾夺主。另一方面，几代中外学者在充分利用、深入解读各类文书中细碎水利史料的基础上，围绕中古时期敦煌地区的水系渠系状况、水利管理制度、水利与社会生活等主题已产生极为丰富的研究成果。这些成果的结论系通过各种复杂细致的考证勾稽方始得到，并非将原始文献一一列举后便其意自明。因此，编者在《河西走廊水利史文献类编·疏勒河卷》中有选择地收录部分敦煌文书，其意图绝非在于刊布新史料，而在于向读者直观展示疏勒河流域水利史文献的悠久性、丰富性与珍贵性。

本类文献收录敦煌文书有两类。第一类为地志类文书，包括 P. 2005《沙州都督府图经卷第三》、S. 788《沙州志》、S. 367《沙州伊州志》、P. 2691《沙州归义军图经略抄》、S. 5448《敦煌录》等，其书皆成于唐与五代时期。这些文书以记载地理信息为主，编者重点对其中涉及的中古时期敦煌地区河流湖泊信息进行节录。第二类为社会经济类文书，涉及水利活动的各种丰富内容。著名的 P. 2507《水部式》与 P. 3560《敦煌水渠》，分别记录了中古时期国家与地方两个层面的水利管理；节录之 S. 4373《癸酉年六月一日硙户董流达园硙所用抄录》写于公元 913 或 973 年，系寺院所属硙户汇报其支出的清单，体现了碾硙（水磨）这一重要水利设施及其所属河渠的所有与维护情况。P. 4003《壬午年十二月十八日渠社转帖》写于公元 982 年，与 P. 4017《渠人转帖》一起生动展示了敦煌水利组织“渠社”的具体运作细节。P. 3943《宋开宝四年五月一日内亲从都头知瓜州衙推汜愿长等状》则反映了瓜州僧俗试图将治水有功的官员作为神明祭祀的努力。

考虑到本书读者的阅读习惯以及与全书风格保持一致，本单元采用简化的文书整理规范。整理符号方面，用“/”表示原文书分行，用“』”表示前缺、用“『”表示后缺。文字缺漏或难以识别的，以“□”代替，每“□”表示缺一字。原文书缺字但经校勘研究可推断的，用“[ ]”进行补入。对于经学者反复校勘指出的错字予以径改、衍字予以径删，不再注明。

地志类文书

P. 2005 沙州都督府图经卷第三（节录）

［甘泉水］〖
美草，更□□□〖
水，又西流八十里，与峡〖
美草，又西北流入峡谷，〖
流瀑布，桂鹤逍〖
蔽亏日月，深〖
里，不生草木，中有〖
春之后，仲夏〖
秋后即下，向人〖
无杂鸟，水无〖
者不过数寸〖
曲多野马、［牦］牛〖
狼虫豹，窟穴其〖
里至紫亭镇，西三〖

烽，又西北六十里至山阙烽。水东即是/鸣沙流山。其山流动无定，峰岫不恒，俄然/深谷为陵，高崖为谷。或峰似危削，孤岫如/画；夕疑无地。朝已干霄。中有井泉，沙至不掩；/马驰人践，其声若雷。其水西，有石山，亦/无草木。又东北流八十里，百姓造大堰，号为/马圈口。其堰，南北一百五十步，阔廿步，高二/丈，总开五门，分水以灌田园。荷锸成云，决/渠降雨，其腴如泾，其浊如河。加以节气/少雨，山谷多雪，立夏之后，山暖雪消，雪/水入河，朝减夕涨。其水又东北流，卌里至/沙州城，分派灌溉：北流者名北府渠，东流者/名东河水；南流者二道：一名神农渠，一名阳开渠；州西北/又分一渠，北名都乡渠；又从马圈口分/一渠，于州西北流，名宜秋渠。州城四面水/渠侧，流觞曲水，花草果园，豪族士流，家/家自足。土不生棘，鸟则无。五谷皆/饶，唯无稻黍。其水溉田即尽，更无流/派。/

苦水

右，源出瓜州东北十五里，名卤涧水。直西，流至瓜州/城北十余里，西南流一百廿里，至瓜州常乐县南山/南，号位苦水。又西行卅里，入沙州东界故鱼泉驿/南。/西北流十五里，入常乐山。又北流，至沙州阶亭驿南，即向西北流，至廉迁烽西北廿余里，散入沙卤。/

独利河水

右，源出瓜州东南三百里，流至沙州敦煌县东南界。雨多即流，无雨竭涸。/

悬泉水

右，在州东一百卅里，出于石崖腹中。其泉，傍出细/流，一里许即绝。人马多至，水即多，人马少至，水/出即少。《西凉异物志》云："汉贰师将军李广/利，西伐大菀，回至此山，兵士众渴之，广利乃以掌/拓山，仰天悲誓，以佩剑刺山，飞泉涌出，以济三军。人多皆足，人少不盈。侧出悬崖，故曰悬泉。"/

七所渠

宜秋渠，长廿里。

右，源在州西南廿五里，引甘泉水。两岸修堰十里，/高一丈，下阔一丈五尺。其渠下地，宜种晚禾，因号为宜/秋渠。/

孟授渠，长廿里。

右，据《前凉录》：敦煌太守赵郡孟敏，于州西南十/八里于甘泉水都乡斗门上开渠溉田，百姓蒙赖，/因以为号。/

阳开渠，长一十五里。

右，源在州南十里，引甘泉水，旧名平渠。据《前凉/录》：刺史杨宣移向上流，造五石斗门，堰水溉/田。人赖其利，因以为号。/

都乡渠，长廿里。

右，源在州西南一十八里，甘泉水马圈堰下流/造堰，拥水七里；高八尺，阔四丈。诸乡共造，/因号都乡渠。/

北府渠，长卌五里。

右，源在州东三里甘泉水上中平河斗门。为其渠/北地下，每年破坏，前凉时，刺史杨宣以家粟万斛/买石修理，于今不坏。其斗门垒石作，长卌步，阔三丈，/高三丈。昔敦煌置南府、北府，因府以为渠名。/

三丈渠，长五里。

右，源在州东三里甘泉水上。于平河斗门南、向东修/堰，穿渠一十三里。其渠，阔三丈，因以为号。/

阴安渠，长七里。

右，在州西南六里甘泉水上。据《前凉录》：敦煌太守/阴澹，于都乡斗门上开渠溉田，百姓蒙利而安，/因以为号。/

一所壕堑水，阔卌五尺，深九尺，壕绕城四面。

右，其壕西南角有一大泉，分为两道流，绕城四面周匝，至东北隅合流北出。去城七里，投入大河。/

三所泽

东泉泽

右，在州东卌七里。泽内有泉，因以为号。/

卌里泽，东西十五里，南北五里。

右，在州北卌里。中有池水，周回二百步，堪沤麻。众/人往还。因数里为号。/

大井泽，东西卌里，南北廿里。

右，在州北十五里。《汉书·西域传》：汉遣破羌将军/辛武贤讨昆弥，至敦煌，遣使者按行，悉穿/大井，因号其泽曰大井泽。/

二所堰

马圈口堰

右，在州西南廿五里，汉元鼎六年造，依马圈山造，/因山为名焉。其山周回五十步。自西凉已后，甘［泉］水湍/激，无复此山。/

长城堰，高一丈五尺，长三丈，阔二丈。

右，在州东北一百七十里，堰苦水以溉田。承前造/堰不成，百姓不得灌溉，刺史李无亏造成，百/姓欣庆。无亏，汉丞相蔡之后，自陇西从徙居/幽州之范阳。五代伯祖司空䜣尚后魏世祖/舅平阳王杜超女。后为公主忆长安城，世祖/于范阳为主筑长安城，俗号“长安城李”。隋时定/氏族，去其“安”字，直为“长城李氏”。/大周圣神皇帝赐无亏长城县开国子，故时/人名此堰为长城堰。/

一所故堤，高三丈，阔三丈五尺。

右，在州东北一百廿步。按《十六国春秋》：嘉兴四年，西/凉王李歆，为沮渠蒙逊战败于酒泉东怀/城，歆死国灭。其弟恂为敦煌太守，与诸子弃/敦煌，奔于北山，蒙逊以索元绪行敦煌太守。绪/行险恶，失于人心。郡人宋承义、张弘，以恂在郡有/惠政，密遣招恂。九月，率数千入于敦煌，索元绪/东奔。宋承义等推恂为冠军将军、凉州刺史。蒙逊遣子德政率众一万攻恂，恂闭门不战。至五年/春，蒙逊率众二万攻敦煌，遗恂书，论以兴亡/之运。恂不答。二月，三面起堤，以水灌城。恂使/壮士千人，连板为桥，潜欲决堤，悉为蒙逊所擒。/将佐等劝恂曰：“今水弥盛，东军来者相继，虽/有熊武之士，决战无所。宜遣使降，因以击之。”/恂遣使请降。逊不许。左长史宋承义、武卫/将军张弘等开门降逊。恂自杀。其堤多毁/灭，唯东面、北面基址少存。/

一所殿，六门，五架，高四丈，东西十七步，南北八步。

右，在子城中，近城南门。据《西凉录》；凉王李暠，庚子/年建造此殿以听政。至今见在，州司以为馆。/

碱卤

右，州界辽阔，沙碛至多，碱卤盐泽，约余/大半。/

三所盐池水

东盐池水

右，在州东五十里。东西二百步，南北三里。其盐/在水中，自为块片，人就水里漉出，曝干，并是颗盐。其味淡于河东盐，印形相似。/

西盐池水

右，俗号沙泉盐。在州北一百一十七里。总有四陂，每/陂二亩已下。时人于水中漉出，大者有马牙。/其味极美，其色如雪。取者既众，用之/无穷。/

北盐池水

右，在州西北卌五里，东西九里，南北四里。其盐不如/西池，与东盐味同。/

一所兴湖泊，东西十九里，南北九里，深五尺。

右，在州西北一百一十里。其水咸苦，唯泉堪食。商/胡从玉门关道往还居止，因以为号。/

S. 788 沙州志

』

[悬泉，县东一百三十里。《凉州异物志》云：汉贰师将军李广利伐大宛还，士众乏渴，广利仰天悲誓]，拔佩刀刺山，[飞]泉涌出。[今]人马饮[之]，人多水出即多，人少水减，未尝[乏]绝。

东盐池，县东五十里，其盐出水中，自为块，人就水漉出曝干，并是颗盐。味淡于河东者，印形相类。

西盐池，县西北一百一十七里，俗号沙泉盐者，类马牙，其味美，又红色。

欠宕泉

北盐池，县西北卌五里，盐味不胜西池。

欠三峗山古迹事、乐僔事

欠投龙事，在沙井

土河，周围州境。汉武帝元鼎六年修，以为匈奴禁限。

凉兴湖泊，县西北一百一十里。余水皆苦，唯此水可饮。商胡从玉门关往来，皆止于此。

欠玉女泉，县西北七十里，蛟龙曾穴此地也。爟之，龙乃出，手剑斩。

阚冢，县东廿里。阚骃祖倞之冢。

玉女泉，县西北七十里，蛟龙曾穴此也。唐贞观，刺史张孝恭铸铁灌之，龙乃脱出。手赐子孙，今长安有龙舌氏见存，今有子孙官在言焉。

寿昌县，下，东北去州一百廿里，公廨二百九十五千，户三百五十九，乡一。

右，汉龙勒县。正光六年改为寿昌郡，武德二年为寿昌县，永徽六年废，乾封二年复改为寿昌置县，建中初，陷吐蕃，大中二年，张议潮收复。

寺一，永安

镇二，龙勒、[西关]

堡五，西寿昌、西关

戍三，大水、西子亭、紫金

烽卅四

栅二

镇三

城县，西廿五里，武德八年置。

破羌亭，县东六十五里。记云：汉破羌将军辛武贤破羌戎，于此筑亭，故曰“破羌”。

玉门关，县西北一百六十里。《地里（理）志》云：汉武帝后元康中置。《西域传》云：东则接汉，厄以玉门阳关。是也。

里黑鼻山，县西南五十里。连延〖

S.367 沙州伊州志（节录）

龙勒泉，县南一百八十里。按《凉州异物志》云：汉贰师将军李广利西伐大宛，得骏驹以归，愍而放之，来至此泉，饮水喷鸣，辔衔落地，因以为龙勒泉。

龙堆泉，县南五里。昔有骏马，来饮此水，喷鸣宛转，回旋而去。因此池南有土堆，似龙头，亦以为名。

寿昌海，县东南十里，即渥洼水，屈曲周回一里余，深浅不测。汉得天马处也。

大渠，县南十里，源自渥洼水。

长支渠，县南十里。

石门涧，源自县［东］南三里。

无卤涧，源县西南十里。

石城镇，东去沙州一千五百八十里，去上都六千一百里，本汉楼兰国。《汉书·西域传》云：地沙卤，少田，出玉。傅介子即杀其王，汉立其弟，更名鄯善国。隋置鄯善镇。隋乱，其城遂废。贞观中，康国大首领康艳典东来，居此城，胡人随之，因成聚落。亦曰典合城。其城四面皆是沙碛，上元二年改为石城镇，隶沙州。

屯城，西去石城镇一百八十里。鄯善质子尉屠耆归，单弱，请天子：国中有伊循城，地肥美，愿遣一将，屯田积谷，得依其威重。汉遣司马及吏士，屯田伊循以镇之，即此城是也。胡［故屯城］以西有鄯善大城，遂为小鄯善，今屯城也。

新城，东去石城镇二百卌里。康艳典之居鄯善，先［新］修此城，因名新城。汉为弩之城。

蒲桃城，南去石城镇四里。康艳典所筑，种蒲桃于此城中，因号蒲桃城。

萨毗城，西北去石城镇四百八十里，康艳典所筑。其城近萨毗泽，山险阻，恒有吐蕃及土谷浑往来不绝。

鄯善城，周回一千六百卌步，西去石城镇廿步，汉鄯善城。见摧坏。

播仙镇，故且末国也。《汉书·西域传》云：去上都六千八百廿里。隋置且末郡，上元三年改幡播仙镇。

古屯城，在屯城西北。

沮末河，源从南山大谷口出，其源去城镇五百里，经且末城下过，因以为名。

以前城镇，并陷吐蕃。

蒲昌海，在石城镇东北三百廿里。其海周广四百里。《汉书·西域传》云：黄河两源，一出葱岭，一出于阗，在南山下。其河北流，与葱岭河合，东注蒲昌海，一名盐泽者也。去玉门、阳关三百余里，伏流地下，南出积石山，为中国河焉也。

P. 2691 沙州归义军图经略抄（节录）

莫高窟，

』今时窟宇并已矗新。从永和八年癸丑岁创建窟，至今大汉乾祐二年己酉岁，算得五百九十六年记。

沙州城，按《录》，前汉第六武帝元鼎六年甲子岁，将军赵破奴奉命领甘、肃、瓜三州人士筑造。至今大汉乾祐二年己酉岁，算得一千五六十年记。

沙州城土境，东去京师三千七五百五十九里；去洛阳四千六百九里。四至：东西［至］瓜州三百一十九里；西至石城一千五百八十里；西北至西州一千三百八十里。

甘泉水，州东南五百里。

贰师泉，州东一百三十里。

东盐池，州东五十里。

西盐池，州西一百七十里。

北盐池，州西北卌五里。

玉女泉，州西北八十五里。

兴湖泊，州西北一百一十里。

阚冢，州东廿里。

河仓城，州西北二百四十里。

长城，州西北六十三里。塞城，州东四十五里。

效谷城，州东北四十里。

土地神，州南一里。

雨师神，州东二里。

风伯神，州西北一里。

李先王庙，州西八里。

张芝池，北水池是。

鸣沙山，州南七里。

三危山，州东南三十里。

黄釜山，州东一百七十里。

猪水山，州东南一百七十五里。

南口山，州南二百五十里。

峡石山，州南二百卅里。

会道山，州东南二百五十里。

石泉山，州东三百八十六里。

大乌山，州北一百九里。

石槽山，州西北三百卅里。

望山，州西北三百三十七里。

寿昌县，东北去州一百廿里。
黑鼻山，县西南五十里。
姚阅山，县东南一百八十里。
龙勒山，县南一百八十里。
西紫亭山，县西南一百九十八里。
大泽，县东七里。
曲泽，县西北一百九十里。
龙勒泉，县南一百八十里。
龙堆泉，县南五里。
寿昌海，县南十里，方圆一里。
大渠，县南十里。
石门涧，县东南三里。
无卤涧，县西南十里。
玉门关，县北一百六十里，
破羌亭，县东六十五里。
西寿昌城，县西廿五里。
一一细说有别本。
常乐县，东去瓜州一百十五里。
沙州，先是瓜州，宜种美瓜，故号瓜州。后始改名为沙州。

S. 5448 敦煌录

』
效谷城，本是渔泽，汉孝武帝时崔不意教人力田得谷，因名。后为县。

贰师泉，去沙州城东三程。汉时，李广利行军渴乏，祝山神，以剑扎山，因之水下，流向西数十里黄草泊。后有将渴甚，饮水泉侧而终，水遂不流，只及平地。后来，若人多即水多，若人少即水少，若群众大唊。水即猛下，至今如然。其贰师庙在路旁，久废，但有积石驼马，行人祈福之所。

次，东入瓜州界。

州南有莫高窟，去州二十五里，中过石碛带山坡，至彼斗下谷中。其东即三危山，西即鸣沙山，中有自南流水，名之宕泉。古寺僧舍绝多，亦有洪钟。其谷南北两头，有天王堂及神祠，壁画吐蕃赞普部从。其山西壁南北二里，并是镌凿高大沙窟。塑画佛像，每窟动计费税数百万；前设楼阁数层。有大像堂殿，其像长一百六十尺；其小龛无数，悉有虚栈通连，巡礼游览之景。

次，南有观音菩萨会现之处。郡人每诣彼，必徒行来往，其恭敬如是。

鸣沙山，去州十里。其山，东西八十里，南北四十里，高处五百尺，系纯沙聚起。此山神异，峰如削成。其间有井，沙不能蔽；盛夏自鸣，人马践之，声振数十里。风俗：端午日，城中士女，皆跻高峰，一齐蹙下，其沙，声吼如雷；至晓看之，峭崿如旧。古号鸣沙，神沙而祠焉。

近南，有甘泉水，［来］自沙山南，其上源出大雪山，于西南寿昌县界入敦煌。以其沃润之功，俗号甘泉。

金鞍山，在沙山西南，经夏常有雪。山中有神祠甚灵，人不敢近，每岁，土主望祀，献骏马驱山中，稍近，立致雷电风雹之患。

州西南有李先王庙，即西凉昭王先世之庙。乾封年，庙侧得瑞石，其色碧翠，有赤文古字，云："卜世三十，卜年七百。"今人呼为李庙。

州西有阳关，即故玉门关。因沙州刺史阳明，诏追，拒命，奔出此关，后人呼为阳关。西接鄯善城，险阻，乏水草，不通人行。其关后移州东。

城西八十五里有玉女泉。人传颇有虚灵。每岁，此郡率童男女各一人充祭湫神，年顺则成；不尔，损苗。父母虽苦生离，儿女为神所录，欢然携手而没。神龙中，刺史张孝嵩下车求瘼，郡人告知。太守怒曰："岂有川原妖怪，害我生灵！"遂设坛、备牲泉侧，曰："愿见本身，欲亲享。"神乃化为一龙，从水而出。太守应弦中喉，拔剑斩首。亲诣阙进上。玄宗嘉称再三，遂赐龙舌，敕号"龙舌张氏"，编在简书。

郡城西北一里有寺，古木阴森，中有小堡，上设廊殿，具体而微。先有沙倅张球，已迈从心，寓止于此，虽非博学，亦甚苦心。慨经乱年多，习业人少，遂集后进，以阐大猷。天不憖遗，民受其赐。

石膏山，在州北二百五十六里乌山烽，山石间出其膏。开皇十九年，乌山变白，中验不虚。遣道士皇甫德琮等七人献醮。自后，望如雪峰。

河仓城，州西北二百三十里。古时军储在彼。

长城，在州北，其城六十三里，正西入碛。前汉所置。北入伊州界。

敦煌录一卷

社会经济类文书

P. 2507 水部式

』

泾、渭白渠及诸大渠用水溉灌之处，皆安斗门，/并须累石及安木傍壁，仰使牢固，不得当渠造堰。/诸溉灌大渠有水下地高者，不得当渠造堰，听/于上流势高之处为斗门引取。其斗门皆须州县官/司检行安置，不得私造。其傍支渠有地高水下须临/时暂堰溉灌者，听之。凡浇田，皆仰预知顷亩，依次/取用，水遍即令闭塞，务使均普，不得偏并。/

诸渠长及斗门长，至浇田之时，专知节水多少。其州/县每年各差一官检校。长官及都水官司时加巡察。/若用水得所，田畴丰殖，及用水不平并虚弃水利/者，年终录为功过附考。/京兆府高陵县界清、白二渠交口着斗门堰。清水，恒/准水为五分，三分入中白渠，二分入清渠。若水两过多，/即与上下用水处，相知开放，还入清水。二月一日以/前，八月开日以后，亦任开放。泾、渭二水大白渠，每年/京兆少尹一人检校。其二水口大斗门，至浇田之时，须/有开下。放水多少，委当界县官共专。当官司/相知，量事开闭。/

泾水南白渠、中白渠。南渠水口初分，欲入中白渠、偶南/渠处，各着斗门堰。南白渠水，一尺以上、二尺以下，/入中白渠及偶南渠。若水量过多，放还本渠。其南/北白渠，雨水泛涨，旧有泄水处，令水次州县相知检/校疏决，勿使损田。/

龙首、泾堰、五门、六门、升原等堰，令随近县官专/知检校，仍堰别各于州县差中男廿人、匠十二人，分/番看守，开闭节水，所有损坏，随即修理。如破多/人少，任县申州，差夫相助。/

蓝田新开渠，每斗门置长一人，有水槽处置二人，/恒令巡行。若渠堰破坏，即用随近人修理。公私材/木，并听运下。百姓须溉田处，令造斗门节用，勿/令废运。其蓝田以东，先有水硙者，仰硙主作节/水斗门，使通水过。/

合壁宫旧渠深处，量置斗门节水，使得平满，/听百姓以次取用，仍量置渠长、斗门长检校。若/溉灌周遍，令依旧流，不得因兹弃水。/

河西诸州，用水溉田，其州县府镇官人公廨田及职/田，计营顷亩，共百姓均出人功，同修渠堰。若田多水/少，亦准百姓量减少营。/

扬州扬子津斗门二所，宜于所管三府兵及轻疾内/量差，分番守当，随须开闭。

若有毁坏，便令两处/并功修理。从中桥以下洛水内及城外在侧，不得造/浮硙及捺堰。/洛水中桥、天津桥等，每令桥南北捉街卫士洒扫，/所有穿穴，随即陪填。仍令巡街郎将等检校，勿/使非理破损。若水涨，令县家检校。/

诸水碾硙，若拥水质泥塞渠，不自疏导，致令水/溢渠坏，于公私有妨者，碾硙即令毁破。/同州河西县瀵水，正月一日以后，七月卅日以前，听百姓/用水，仍令分水入通灵陂。/

诸州运船向北太仓从子苑内过者，若经宿，船别/留一两人看守，余并辟出。/

沙州用水浇田，令县官检校，仍置前官四人。三月以/后，九月以前，行水时，前官各借官马一匹。/

会宁关有船伍拾只，宜令所管差强了官检校，/着兵防守，勿令北岸停泊。自余缘河堪渡处，亦/委所在州军严加捉搦。/

沧、瀛、贝、莫、登、莱、海、泗、魏、德等十州，共差水手五千/四百人，三千四百人海运，二千人平河，宜二年与替，不烦/更给勋赐，仍折免将役年及正役年课役，兼准/屯丁例，每夫一年各帖一丁。其丁取免杂摇人家道/稍殷有者，人出二千五百文资助。/

胜州转运水手一百廿人，均出晋、绛两州，取勋官充，/不足兼取白丁，并二年与替。其勋官每年赐勋一/转，赐绢三匹、布三端，以当州应入京钱物充。其白/丁充者，应免课役及资助，并准海运水手例，不愿/代者，听之。/

河阳桥置水手二百五十人，陕州大阳桥置水手二/百人，仍各置竹木匠十人，在水手数内。其河阳桥水/手，于河阳县取一百人，余出河清、济源、偃师、汜水、/巩、温等县，其大阳桥水手出当州，并于八等以下/户，取白丁灼然解水者，分为四番，并免课役。不在征/防、杂抽、使役及简点之限。一补以后，非身死遭忧/不得辄替。如不存检校，致有损坏，所由官与下/考，水手决卅。安东都里镇防人粮，令莱州召取/当州经渡海得勋人谙知风水者，置海师二人、拖/师肆人，隶蓬莱镇。令候风调海晏，并运镇粮。/同京上勋官例，年满听选。/

桂、广二府铸钱及岭南诸州庸调，并和市、折租/等物，递至扬州讫，令扬州差纲部领送都，应须/运脚，于所送物内取充。/

诸溉灌小渠上，先有碾硙，其水以下即弃者，每年/八月卅日以后，正月一日以前，听动用。自余之月，仰所/管官司，于用磑硙斗门下，着锁封印，仍去却硙石，/先尽百姓溉灌。若天雨水足，不须浇田，任听动用。/其傍渠疑有偷水之硙，亦准此断塞。/

都水监三津，各配守桥丁卅开人，于白丁、中男内取灼然/便水者充，分为四番上下，仍不在简点及杂徭之限。/五月一日以后，九月半以前，不得去家十里。每水大涨，/即追赴桥。如能接得公私材木筏等，依令分赏。/三津仍各配木匠八人，四番上下。若破坏多，当桥丁匠/不足，三桥通役。如又不足，仰本县长官量差役，事/了日停。都水监渔师二百五十人，其中长上十人，随/驾京都；短番一百廿人，出虢州；明资一百廿人，出房/州。各为分四番上下。每番送卅人，并取白丁及杂色/人五等已下户充。并简善采捕者为之，免其课役/及杂徭。本司杂户、官户并令教习，年满廿补替/渔师。其应上人，限每月卅日文牒并身到所由。其/尚食、典膳、祠祭、中书门下所须鱼，并都水采供/诸陵，各所管县供。余应给鱼处及冬藏，度支/每年支钱二百贯，送都水监，量依时价给直。仍/随季具破除、见在，申比部勾覆。年终具录，申所/司计会。如有回残，入来年支数。/

(中缺)

虽非材木限内，亦听兼运。即虽在运木限内，木运/已了。及水大有余，溉灌须水，亦听兼用。/

京兆府灞桥、河南府永济桥，差应上勋官并兵部/散官，季别一人，折番检校。仍取当县残疾及中男/分番守当。灞桥番别五人，永济桥番别二人。/

诸州贮官船之处须鱼膏供用者，量须多□，/役当处防人采取。无防人之处，通役杂职。/

皇城内沟渠拥塞停水之处及道损坏，皆令/当处诸司修理。其桥将作修造。十字街侧，令当/铺卫士修理。其京城内及罗郭墙，各依地分，当坊/修理。

河阳桥每年所须竹索，令宣、常、洪三州□丁/匠预造。宣、洪州各大索廿条，常州小索一千二百条。/脚以官物充，仍差纲部送，量程发遣，使及期/限。大阳、蒲津桥竹索，每三年一度，令司竹监给竹，/役津家水手造充。其旧索每委所由检覆，如/斟量牢好，即且用，不得浪有毁换。其供桥杂/匠，料须多少，预申所司量配，先取近桥人充。若/无巧手，听以次差配，依番追上。若须并使，亦任/津司，与管匠州相知，量事折番，随须追役，如当/年无役，准式征课。/

诸浮桥脚船，皆预备/半副，自余调度，预备一副，随闲代换。河阳桥船，于谭、洪二州役丁匠造/送。大阳、蒲津桥船于岚、石、隰、胜、慈等州，折丁/采木，浮送桥所，役匠造供。若桥所见匠不充，亦/申所司量配。自余供桥调度，并杂物一事（以/仰以当桥所换不任用物，迴易便充。若用不足，即/预申省。与桥侧州县相知，量以官物充。每年出/入破用，录申所司勾当。其有侧近可采造者，役/水手、镇兵、杂匠等造贮，随须给用，必使预为支/拟，不得临时阙事。/

诸置浮桥处，每年十月以后，凌牡开解合□□/抽正解合，所须人夫，采运榆条，造石笼及絙索等/杂使者，皆先役当津水手及所配兵，若不足，兼/以镇兵，及桥侧州县人夫充。即桥在两州两县□/者，亦于两州两县准户均差，仍与津司相知，/须多少，使得济事，役各不得过十日。/

蒲津桥水匠一十五人，虔州大江水赣石险难□□/给水匠十五人，并于本州取白丁，便水及解木作□/充，分为四番上下，免其课役。/

孝义桥所须竹，配宣、饶等州造送，应□□/塞系籑，船别给水手一人，分为四番。其『洛』，/取河阳桥故退者充。/

P. 3560 敦煌水渠

』渠，佛图渠。/两支口著，则水有加减，先进两支欠少。/［龙］勒乡东、灌进、官渠。右件渠，两支口/水满即放，向上利子即减多少。/

利子口：沙渠、利子、氾渠、三支、下瓜渠、舍渠。/右件渠，若两支以下水多不受，已次放/利子等渠。已放两支，如其两支渠水减少，其利/子等渠水还塞向上，先尽下用，不得向/上。剩少过则。

千渠口：千渠，右件渠利子口下/过则满，即放前件渠，减塞向下，先尽下/用。河母不胜，渠口较多，三节用水，名为三/大河母。从两支口至利子口，为一丈；从利子口至千渠口，为/两丈；从千渠口至平河口，为三丈。从下收用，蟠堰向上。

辛渠、赵渠、上八渠、张桃渠、张填渠、曹家渠、张冗渠、刘家/渠、六尺渠、上瓜渠、索总同渠、吴家渠、马其渠、/王家渠、廉家渠、小第一渠、神威渠、中瓜渠。/右件子渠并三支渠，大河两畔水，若千渠口已下水多不受，即放/河南北辛、赵渠，以减急。若其滔少，还塞向下。

下灌亲渠、大计渠、延康渠、涧渠、多农渠。/右件子渠，若千渠口已下水破了，即放灌亲等子渠，/亦用两网等渠水承漏，依次收用。

两网渠，大邑寺渠、/忧渠、两网北支渠、神农渠、员家渠、阳开渠、/阳开北支渠、尾曲渠、南支渠、南白渠、李口横渠。/右件渠水从河南北千渠等了，即放前件等渠，/依次收用。

都乡大河母依次承阳开、神农了，即放/都乡东支渠、西支渠、宋渠、仰渠、解渠、胃渠、/县廨渠、冢总渠、李总渠、索家渠。/右件已前渠水，都乡河下尾依次收用。若水［多］不受，即向减入阶和宜谷等渠。

阶皆宜谷渠、双树渠、/曹总同渠、麴家渠、翟总同渠。右件渠承次宜谷等渠后，依次收用。若水多不受，即放阴安等渠收用。/

阴安渠、平渠、坞角渠。右件渠次承宋渠、八渠后/依次收用。如水多［不］受，即放宜秋。几口：西支渠、东圆浮/图渠、西圆浮图渠。右件渠，次承宜秋大河母下尾收/用。如水多［不受］，即放后件渠。

平都渠、夏交渠，右件渠承/宜秋东西支了后收用。水多不受，便放北府。

北府大/河母五渠口：北府渠、神龙渠、大渠、辛渠、宜谷渠。/右件五渠，承北府河下尾收用。若水多不受，依次放/后件渠。

临泽渠、抱壁渠。右件渠，次承北府等了后。/水多不受，即放前件渠。

元穷口：八尺渠、王使渠、马子渠、皆和渠。右件渠，次承鲍壁渠了后收用。/如水多不受，即减放东河。

循环浇溉，其行水时，具件/如后：

一、每年行水，春分前十五日行用。若都乡，宜秋不/遍，其水即从都乡不便处浇溉用，次轮转/向上。承前以来，故老相传，用为法则。依向前代平水/尉宋猪，前揿师张诃，邓彦等，行用水法，/承前已来，递代南众用，春分前十五日行水。从/永徽五年太岁在壬寅，奉遣行水用历日勘会，/春分前十五日行水为历日，两水合会。每年依两水日/行用，剋须依次日为定，不得速迟。如天时温暖，河水消/泽，水若流行，即须预前收用，要不待到期日，唯/早最甚，必天温水次早到。北府浇用周遍，未至/伤苗之期；东河以南百姓即得早浇，系地后浇。/商伤苗日，水大疾，亦省水利。其次春水浇溉，至/平河口已北了，即名春水一遍。轮转次当浇伤苗，其/行水日数曰承水日数，承水多少。若逢/天暖水多，/疾得周遍；如其天寒水小，日数即迟，全无定/准。

一、每年浇伤苗，立夏前十五日行用。先以东/河两支乡东为始，依次轮转向上。其东河百姓/恒即诉云：麦苗始出，小未堪浇溉。如有此诉，必不得/依信。如违日不浇，容一两日，向后即迟，校十五日已上，/即趁前期不及神农、两网、阳开、宜秋等，即不得/早种床粟，亦诸处苗稼交即旱干。每年立/夏前十五日浇伤苗，亦是古老相传，将为/定准。同前问旧人勘会同怜为历日：谷雨日，浇伤苗日。从两支渠已南至都乡河，百姓种床粟/等地随苗浇了。宜秋一河百姓麦粟等麻地，前水/浇溉，其床粟麻等地还与伤苗同浇，循还/至平河口已下，即名浇伤苗遍。其水迟疾，由水多/少，亦无定准。

一、每年重浇水，还从东河两支乡东/为始。行水之日，唯须加手力捉搦急催，粟等苗/才遍即过，不得迟缓、失于时，周遍至平河北下/口已北了，即名两遍。其水迟疾，由水多少，无有准定。

一、每年更报重浇水，麦苗已得两遍，悉并成就，堪可收刈，/浇床粟麻等苗，还从东河为始。当之时，持须捉搦。令/遣床粟周匝，不得任情。其东河百姓欲浇溉麦人/费水，必不得与。周如复始，以名三。

一、每年更重报浇麻/菜水，从阳开、两闵已上循还至北府河了，即放东河，随/渠取便，以浇麻菜，不弃水利，当行水将为四遍。/

一、每年秋分前三日即正秋水，同勘会，即无古典可凭，还/依当乡由老相传之语，递代相承修，持为节度。/其水从东河两支向东为始，轮转浇用，到都乡河，当/城西北角三藆口已下浇了，即名周遍。往日水得遍到城/角，即水官得赏，专知官人即得上考。约勘从永徽/五年已来至于今年，亦曾经水得过都乡一河了，亦有/水过三藆口已上。随天寒暖，由水多少，亦无定准。但秋水/唯浇豆、麦等地，百姓多贪，欲浇床查等，诸恶/，妄称种豆，咸欲浪浇，淹滞时日，多费水利。/口匚口几智之人，水迟不遍，但前后官处分不同。时

』地即与秋水时准丁均给，今百姓别各给

』己各随时节早晚不同，只如豆麦二色

』床粟麻等春浇溉者，春种请白

』亩，余十五由留来年春溉。宜

』口前后省水，春秋二时俱

』六裸益。

』每年入小暑已后，日渐加多，

』热风，有水下，如有云在南，

』防待水，预开河口，拟用

』分已前，亦须于四大口加人，

』于所来之处，

』烽，如

』人，

『

S. 4373 癸酉年六月一日硙户董流达园硙所用抄录（节录）

癸酉年六月一日硙户董流达园硙所用抄录如后。/
请食石匠除硙，五人逐日三时用面三斗。十日中间条饭/
羊一口。逐日料酒一斗。逐下手日赛神酒一斗。/
至十日工作了，羊一口付石匠用。光一两半广厨用。/
面四斗，酒一角，众僧修桥来食用。柽十五束、枝『　　』/
掘十七笙，上头修大闸用。七月十日，面五斗，酒四杓，众/
僧硙后打略吃用。又胡饼三十、酒一角，众僧盖/
桥来吃用。胡饼五十、酒半瓮，众僧休写口来/
吃用。廿日，枝十五束，掘拾笙，上头修闸用，下手打硙/
轮酒一斗。又入硙轮日酒半瓮，春神及众僧吃用。/
八月三日，柽一车，又枝一车、掘三十笙、木大少（小）十二条，/
官家处分于阎家硙后修大闸用。麦七斗、闸头赛/
神羊买用。羊一口、酒两瓮，细供四十分，去硙轮局席/
看木匠及众僧吃用。

P. 4003 壬午年十二月十八日渠社转帖（节录）

渠社　　　　转帖/
右缘尹阿尕兄身故，合有吊酒壹瓮，/
人各粟壹斗。幸请诸公子等，帖至，限今月/
十九日卯时并身及粟汜录氏门前兰/
若门取齐。捉二人后到，罚酒一角；全不来/
者，罚酒半瓮。其帖立递相分付，不得停/
滞者。　　　　壬午年十二月十八日录事汜。/

P. 4017 渠人转帖

渠人转帖。以上渠人，今缘水次逼斤（近）/
切要通底河口，人各枝两束，白/
刺一束，掘两茎，锹䦆一事，两日/
粮食。是酒壮夫，不用厮儿女。帖至，/
限今日廿九日卯时，于口头取齐。如/
有后到，决丈（杖）七下；全不来者，官/
『

P. 3943 宋开宝四年五月一日内亲从都头知瓜州衙推氾愿长等状

内亲从都头知瓜州衙推氾愿长与合城僧俗官吏百姓等。/
右愿长等昨去五月一日城头神婆神者所说神语，只言瓜州城隍/
及都河水浆一切总是慕容使君把勒。昨又都河水断，至今/
未回。百姓思量无计，意内恢惶。每有赛神之时，神语只是/
言说不安置慕容使君坐位，未敢申说。今者，合城僧俗官吏/
百姓等不避斧钺上告/
王庭。比欲合城百姓奔赴上州，缘浇溉之时，抛离不/
得。今者申状号告大王，此件乞看合城百姓颜面/
方便安置，赐与使君坐位，容不容，望在/
大王台旨处分，谨具状申/
闻，谨录状上。/
牒件状如前，谨牒。/
开宝四年五月一日内亲从都头知瓜州衙推愿长与瓜州僧俗官吏等牒。/
衙推氾愿长信紫羊角壹只献上/
大王。/

贰

方志类文献

本类文献提要

汉唐时期，包含敦煌地区在内的疏勒河流域不乏地方史乘，惜多未传世，本书第一单元所录地志类文献即此类。明代疏勒河流域被弃置嘉峪关外，清康熙末年方再次设置卫所、乾隆年间始改州县，故地方志积累不多。本单元所收录之方志文献，均为清代、民国作品。

作为全国性以及一省总志，完成于道光二十二年（1842）的《嘉庆重修一统志》以及刊刻于乾隆元年（1736）的《甘肃通志》、刊刻于宣统元年（1909）的《甘肃新通志》、成书于民国二十六年（1937）的《甘肃通志稿》，关于疏勒河流域水利之记载皆较为简略，举其纲目与大事，但偶有仅见史料参错其中。今分别据上海商务印书馆1934年刊行之《四部丛刊续编》所收《嘉庆重修一统志》、北京商务印书馆2005年影印文津阁《四库全书》所收《甘肃通志》、兰州古籍书店1990年编印《中国西北文献丛书》中收录《甘肃新通志》与《甘肃通志稿》辑录有关内容。

疏勒河流域府州级别传世方志仅有一种，即清代乾隆二年（1737）成书的《重修肃州新志》，编者为雍正朝后期的肃州分巡道黄文炜与军需观察沈青崖。该书的编修与《甘肃通志》基本同时，二者并为疏勒河流域最早的传世方志。《重修肃州新志》不分卷，相关内容依据辖区的卫所设置分为“册”，涉及疏勒河流域的有四卫一所总计五个单元。其中《赤金卫》叙述今玉门市东部情形、《靖逆卫》叙述今玉门市西部情形、《柳沟所》叙述今瓜州县东部地区情形、《安西卫》叙述今瓜州县西部情形、《沙州卫》叙述今敦煌市附近情形。由于编纂者之一沈青崖于公职中直接涉及疏勒河流域正蓬勃展开的屯田事业，故十分重视水利，于五个单元中都安排相关内容，包括河流水系、灌区渠系、屯田水利建设等。尤其值得一提的是，沈青崖通过收入自己所作诗文，记录了岳锺琪亲自指挥疏凿疏勒河下游河道使与党河交汇、尝试以皮筏沟通玉门与敦煌水上交通的史实，是反映疏勒河水系变迁的重要史料。今根据吴生贵、王世雄校注本（北京中华书局2008年版）摘录有关内容。

乾隆二十四年（1759）疏勒河流域各卫所改为州县，县级方志修纂缓慢展开。敦煌方面，道光十一年（1831），敦煌县令苏履吉主持修纂七卷本《敦煌县志》比较详细地记载了敦煌雍正、乾隆时期的水利开发活动，包括十渠的修建历程、移民中“农坊制”的展开，以及灌溉开发引发的哈拉淖尔水面缩减。这些史料已为学界反复引用。民国三十年（1941），敦煌本地名士吕钟撰成《重修敦煌县志》，抄本共计十一册。该书取材广博，于旧志多有考辨，而所记录史实恰与《敦煌县志》形成时间衔接关系；其中随处可见的诸多碑铭、诗文及县府公文，虽稍显杂乱，但不少仅见于此书。其于关于水利的直接记载虽有限，但其抄录颇有可观，尤其是在方志类文献中第一次完整记录《敦煌县十渠分水规则》

这一重要文献。大约同时，安西县方志的主要编修成果集中在民国时期，《安西县采访录》与《创修安西县志》二书至1949年仍皆未定稿，其间主事者数易其人。虽如此，其水利方面的文献价值则不容小觑。曾参与修纂的张锡祺等当地名绅即是民国水利活动的主要领导者，故格外注意抄录有关水利碑刻、公文，直接涉及疏勒河流域安西、玉门两县围绕疏勒河水资源的长期博弈历程，弥足珍贵。玉门县方志较为薄弱，仅有嘉庆时期成书之《玉门县志》，编纂者不详；该志甚疏略，记载水利仅数百字。现根据甘肃省图书馆西北文献部藏有关版本摘录《敦煌县志》《玉门县志》有关内容，从敦煌市人民政府文献领导小组整理版《重修敦煌县志》（甘肃人民出版社2002年版）摘录有关内容，从敦煌研究院藏未刊整理版《安西县采访录》与《创修安西县志》摘录有关内容。又疏勒河流域尚有《安西采访底本》《安西风土志》《敦煌风土志》等县志作品，但其于水利记载多抄蕞前志，本单元未予收录。

本单元所收录方志皆略去校记与今人注释，对于选用版本的一些明显错讹之处亦直接予以更动，不另出校记。

嘉庆大清一统志（节录）

安西直隶州卷·形势

国当乾位，地列艮墟。水有悬泉之神，山有鸣沙之异。川无蛇虺，泽无兕虎。《旧志》："雪山为城，冥水为池。前阳关而后玉门，控伊西而制沙漠。全陕之咽喉，极边之锁钥。"

安西直隶州卷·田赋

田地共二千七百五十七顷四亩一分有奇。额征粮共一万三千九百六十六石八斗九升一合。

安西直隶州卷·山川

南山　在州南五十里。一名雪山，亦名祁连山，高峰叠巘。积雪春夏消释，入河溉田。山自葱岭分支，由和阗之南，绵亘而东，经安西一州二县，皆曰南山。《元和志》："雪山在晋昌县南一百六十里，东南连吐谷浑。"《旧志》："雪山在柳沟卫南三百里，东西绵亘不绝。今亦名南山。"

北山　在州东东北一百四十里。

三危山　在敦煌县东南。三峰耸峙，如危欲坠，故名。《尚书·舜典》："窜三苗于三危。"《禹贡·雍州》："三危既宅，三苗丕叙。"孔安国传："三危，西裔之山。"《水经注》："山在敦煌县南。"《魏书》："太平真君六年，讨吐谷浑。杜丰追被囊，度三危山至雪山，生擒之。"《唐书·地理志》："敦煌县东四十七里有三危山。"《括地志》："山在敦煌县东南三十里，山有三峰，故曰三危，俗亦名卑羽山。"《寰宇记》："俗亦名为升雨山。"

鸣沙山　在敦煌县南。《水经注》："敦煌县南七里有鸣沙山。"《元和志》："一名神沙山，其山积沙为之。峰峦危峭，逾于石山。四面皆沙陇，背有如刀刃。人登之即鸣，随足颓落，经宿风吹，辄复如旧。有一泉名沙井，绵历古今，沙填不满，水极甘美。"《寰宇记》："一名沙角山。"辛氏《三秦记》："河西有沙角山，其沙粒麄黄，有如干糒。"又《河西旧事》云："沙州天气晴朗，即沙鸣，闻于城内。"

羊膊山　在敦煌县南。《寰宇记》："山多岩石，少树木，甚似鲁国南邹山。又有王母樗蒲山，山有盐池，在县西南。"《行都司志》："在沙州城南。"

龙勒山 在敦煌县西南三百里。汉龙勒县，因山以名。《括地志》：“龙勒县在寿昌县南一百六十五里。”《旧志》：“在沙州卫西南。”

金山 在玉门县赤金所东。《元和志》：“在玉门县东六十里，出金。”《寰宇记》：“山在延寿县，有玉石障。”

宽台山 在玉门县赤金所东南，嘉峪关西，山宽如台，故名。

赤斤山 在玉门县赤金所西三十里，即赤金蒙古之山峡也。当北来西去之通道，明参将崔麒败贼于此。

独登山 在玉门县赤金所北，《元和志》：“在玉门县北十里，其山出盐，鲜白甘美，有异常盐，取充贡献。”又玉门县南有红山。

白龙堆 在敦煌县西。《汉书·西域传》：“楼兰国最在东垂，当白龙堆，乏水草。”《地理志》：“敦煌郡正西关外，有白龙堆沙。”《旧志》：“沙形如卧龙，无头有尾，高大者二三丈，卑者丈余。东倚三危，北望蒲昌，绵延起伏。西尽流沙之地，是为西极要路。”

流沙 在敦煌县西。《尚书·禹贡》：“导弱水至于三危，余波入于流沙。”《山海经》：“出钟山西行，又南行昆仑墟，西南入海。”《汉书注》：“在敦煌西八十里。”郭义恭《广志》：“在玉门关外，南北二十里，东西数百里，有三断石，名曰三陇。”《晋书》：“张骏使杨宣越流沙，伐龟兹、鄯善。”《魏书》：“太平真君三年，沮渠无讳渡流沙据鄯善。”《周书》：“鄯善西北有流沙数百里，夏日有热风，为旅行之患。风之欲至，惟老驼知之，即鸣而聚立，埋其口鼻于沙中。人每以为候，亦即将毯拥蔽鼻口，其风迅驶，斯须过尽，若不防者，必至危毙。”

窟窿河 在州东一百三十里双塔堡东。源出土葫芦沟，西北流至双塔堡，入苏赖河，内多大穴，深不可测。畜产误入，即不能出。《旧志》：“在柳沟卫西四十里。”又黑水河，在旧柳沟卫西九十里，其水微黑。

宫皂河 在州南山。河分三道，西为头道，中为二道，东为三道。头道河，在州东南三百余里，其南可通金鸡打坡。

西儿马河 在玉门县赤金所西。源出所南草地，有数派会流而北，又折东北流三百里，注于阿拉克池。又呼济尔河，在所东上源，亦有数派北流折东北亦注于阿拉克池，池周数十里。按《寰宇记》：“玉门县有众泉北流入延兴海，即此。”

昌马河 在王门县西南一百二十里。源出南山，北流经卫西，又西北入柳沟卫界，为布隆吉尔河，即南籍端水之源也。《肃州新志》：“河旧口直趋四道沟，过桥湾而西，汇诸沟之水，达于党河之尾，归于哈喇淖尔。本朝康熙五十八年，于嗒喇图筑靖逆城，始堰昌马河口，逼水东流，分为靖逆东西二渠溉田。”嗒喇图，旧作达尔图。哈喇淖尔，旧作哈拉浑尔。今并改。

南籍端水 在州北。《汉书·地理志》：“冥安县南籍端水，出南羌中，西北入其泽。”《元和志》：“晋昌县冥水自吐谷浑界流入大泽，东西二百六十里，南北六十里，丰水草，宜畜牧。”按舆图及《新志》：“今有苏赖河，亦名布隆吉尔河，发源靖逆卫南山，曰昌马河。北流转而西，经旧柳沟卫北，会十道沟水为苏赖河。又西经州北三十里，又西经敦煌县西北，党河自南来注之。又西流三十里许，入哈喇淖尔。其流长七百余里，池方数十里，即古南籍端水也。今州县屯田，俱借此水灌溉。本朝乾隆四年，于蘑菇滩，开浚渠道，引昌马河水以益之，分渠为七。”

悬泉水　在敦煌县东。《元和志》：“在沙州东一百三十里出悬泉。汉将李广利伐大宛还，士众渴乏，引佩刀刺山，泉飞涌出，即此也。水有灵，车马大至即多出，少至即出少。”《敦煌耆旧记》：“水有悬泉之神。”《寰宇记》：“一名神泉，出龙勒山腹。”

氐置水　在敦煌县西。《汉书·地理志》：“龙勒县有氐置水，出南羌中，东北入泽，溉民田。”《旧志》：“在沙州卫西。”按舆图：今有党河，亦名锡尔噶勒津河，发源敦煌县东南山中，北流二百余里，折西流百余里。会南来之一水，又折北流绕沙州旧城之东，新城之西，流百余里，入苏赖河。溉田甚广，当即古氐置水。五代《高居诲使西域记》：“沙州西渡都乡河”，亦即此。但汉龙勒即唐寿昌，在沙州西一百五里。今此水近傍沙州，与汉唐志不甚合，疑今沙州，或唐以后西徙龙勒之境，今不可考。又《元和志》：“寿昌县有龙勒水，在县南一百八十里龙勒山上，即李陵至东浚稽山徘徊观虏处。”按李陵所至龙勒水，在居延北塞外，此非其地。锡尔噶勒津，旧作西勒哈金，今改。

石脂水　在玉门县赤金所东南。刘昭《郡国志注·博物记》曰：“延寿县南，有山石出泉水，大如筥，注地为沟，其水有肥如煮肉，洎凝膏，然之极明，不可食，谓之石漆。”《元和志》：“在玉门县东一百八十里，泉中有苔如肥肉，然之极明。水上有黑脂，人以草盠取用，涂鸱夷酒囊，及膏车。周武帝宣政中，突厥围酒泉，取此脂然火，焚其攻具，得水愈明，酒泉赖以获济。”《明统志》：“石油出肃州南山。”《通志》：“今赤金所东南一百五十里有石油泉，土人取以然灯，即石脂水也。”

布鲁湖　在州东北，即苏赖、昌马两河下流，经行停潴之处，澄波千顷，葭苇弥望，浴凫飞鹭，宛然泽国。由是西行踰柳沟城，为古南籍端水。《旧志》：“在柳沟卫东北一百二十里。”

三道沟　在州东二百五十里。自此而西至柳沟卫二里，又有四道、五道、六道、七道、八道、九道、十道共七沟，皆草地出泉。北入苏赖河，惟四道沟泉流独盛，即所云昌马河，乃苏赖河之源也。其头二道沟，在玉门县靖逆卫界，按汉置渊泉县。阚骃曰：“地多泉水”，盖即指此。

屯田渠　在州东，自州东北至州西长九十里。又回民渠，自东至西南长六十里。余丁渠，东西长三十五里，皆引苏赖河水以溉田。

通裕渠　在敦煌县，分党河水溉田，长二十里。又普利渠，长二十三里。永丰渠，长三十二里。庆裕渠，长十七里。大有渠，长四十二里。皆分党河水以溉田。

雌黄洲　在敦煌县境。《寰宇记》：“其土出雌黄丹砂，因产物以为名。”

盐池　在敦煌县东。《元和志》：“在沙州敦煌县东四十七里。池中盐常自生，百姓仰给焉。”又党河西四十里，有西盐池，四面皆沙山。

药泉　在敦煌县东南石堡城，味略如酒，相传饮之愈疾。水有二源，北流合一，又北流为水峡，未至踏实而没。又东南一百四十里有大泉，南三百五十里有塔儿泉。

月牙泉　在敦煌县南十里鸣沙山麓，南邻党河，渊渟澄澈，映月无尘，环以流沙，虽遇烈风而泉不为沙掩。旧传水产铁背鱼、七星草，服之可长生。《旧志》：“在沙州卫南十里。”

安西直隶州卷·关隘

昌马河口　在玉门县西南一百五十里，通锡尔哈勒津、苏赖、陶赉等处之要路。又县北地名布鲁尔，通昆都仑要路，俱有墩兵瞭守。锡尔哈勒津，译见前陶赉，旧作滔来，今改。

马莲井　在州境，旧设县丞驻此。本朝乾隆三十八年，改设州判。

安西直隶州卷·津梁

布隆吉尔桥　在州东柳沟废卫东北布隆吉尔河岸。又黑水桥，在卫西南九十里。天生桥，在卫南九十里。

安西直隶州卷·祠庙

龙王庙　在州北五里得胜墩。本朝乾隆二十二年，大兵讨准噶尔，师出其地，甘泉涌出数十处，士马得济。奉敕建庙。封助顺照灵龙神。钦赐神功显济匾额，春秋致祭。

甘肃通志（节录）

卷四 疆域（附形胜）

安西厅

安西卫 治在布政司西北二千一百四十里，东至小湾柳沟卫双塔堡界七十里，西至火烧林沙州卫百齐堡界七十里，南至八楞墩柳沟卫踏实堡界四十里，北至白墩子九十里接连外境，东南至石沟三十五里，西南至州六十里，东北至石坂墩一百里，西北至红柳泉一百二十里，距京师六千一百八十里。

沙州卫 治在安西厅西北二百六十里，东至塔儿泉柳沟卫踏实堡界一百七十里，西至古营盘四十里接连外境，南至千佛洞三十里，北至青墩峡一百九十里，东南至三危山三十里，西南至沙枣墩三十里，东北至甜水井子安西卫界一百六十里，西北至盐池四十里。国当乾位，地列艮墟。水有悬泉之神，山有鸣沙之异。川无蛇虺，泽无兕虎。华戎所支，一都会也（汉敦煌郡地理志）。雪山为城，青海为池，鸣沙为环，党河为带。前阳关而后玉门，控伊西而制漠北。全陕之咽喉，极边之锁钥（《新志》）。

柳沟卫 治在安西厅东一百六十里，东至三道沟东岸靖逆卫界八十五里，西至苏赖河岸安西卫界四十里，南至踏实堡红柳边沙州卫界一百四十里，北至桥湾四十里，东南至六道沟五十里，西南至黑水河九十里，东北至古边迹布鲁湖墩一百一十里，西北至空心墩八里。

靖逆厅

靖逆卫 治在布政司西北一千八百四十里，东至高见滩果壁齐勤所界五十里，西至三道沟东岸柳沟卫界四十里，南至果壁十里，北至花海子湖二十里，东南至果壁十里，西南至昌马河一百二十里，东北至纳苏图七十里，西北至布鲁湖布鲁墩三十里，自卫东至嘉峪关二百九十里，至兰州一千八百三十里，至京师五千八百八十里。

齐勤所 治在靖逆厅东一百一十里，东至双井子界牌肃州界一百二十里，西至高见滩靖逆卫界六十里，南至雪山一百里，北至乱山子五里，东南至鸦儿河四十里，西南至野马兔一百一十里，东北至后柳湾六十里，西北至旱峡五十里。

卷六 山川（下）

安西卫

南山 在城南五十里

雪山　《元和志》:“在晋昌县南一百六十里，南连吐谷浑界，积雪至夏不消。”《一统志》云：甘凉之山多以雪为名，此山盖亦祁连之西陇也。按《旧志》：晋昌县在瓜州北。

南籍端水《汉志》:“冥安县，南籍端水出南羌中，西北入其泽。”应劭曰：“冥安，冥水出，入其泽。”《元和志》:“晋昌县，冥水自吐谷浑界流入大泽，东西二百六十里，南北六十里，丰水草，宜畜牧。”

苏赖河　在城北三里，由柳沟卫西北流入，又经沙州卫西北，党河南来入焉。

柳沟卫

南山　即雪山，在卫南三百里，冬夏积雪不消，东西绵亘不绝。

北山　在桥湾北一百里。

苏赖河　发源南山，由靖逆西行经柳沟入安西卫界。

三道沟　在卫东九十里，有微泉，按柳沟自头道起自东而西，其头二道沟在靖逆界。

四道沟　在卫东七十里雪山，昌马河北流由桥湾入苏赖河之故道。

五道沟　在卫东六十里，有微泉。

六道沟　在卫东五十五里，有微泉。

七道沟　在卫东五十里有，有微泉。

八道沟　在卫东四十里有，有微泉。

九道沟　在卫东三十里有，有微泉。

十道沟　在卫东二里，有微泉。

黑水河　在卫西九十里，水色微黑，发源迤东沙窝，流入芦草沟。

窟窿河　在卫西四十里，发源土葫芦沟，东南西流经双塔堡入苏赖河，内多大穴，上小下大，深防不测，牲畜误入，即不能出，好事者或坠石试之，莫竟其底。

忒不忒河　在卫西九十里。

布鲁湖　在卫东北一百二十里。

沙州卫

三危山　孔安国传：“三危，西裔之山。舜窜三苗于三危。”《禹贡》:“三危既宅”，是也。《隋志》:“敦煌县有三危山。”《括地志》:“山在沙州东南三十里，山有三峰，故名。”《都司志》:“三危为沙州望山，俗名昇雨山。”

鸣沙山　《元和志》:“鸣沙山，一名神沙山。在沙州城南七里，其山积沙为之，峰峦危峭，逾于山石，四面皆沙陇，背有如刀刃。人登之即鸣，随足颓落，经宿风吹，辄复如旧。有一泉水，名曰沙井，绵历古今，沙填不满，水极甘美。”《旧唐志》:“又名沙角山，天气晴朗时，沙鸣闻于城内。”又五代晋《高居诲记》云：“在州南十里，冬夏殷殷有声如雷。”《禹贡》所谓流沙也，未知孰是。

龙勒山　沙州城东一百二十里，汉龙勒县因山以名。《括地志》：在沙州寿昌县南一百六十五里。《新唐志》又有云雨山。

天山　伊吾郡有天山，高十五里，广六十里，冬夏积雪不消。一名雪山，匈奴谓之天山，过皆下马拜焉。汉遣贰师将军李广利将二万骑出酒泉，击右贤王于天山，得虏万骑而还，即此地也。《元和志》：“一名折罗漫山，在伊吾县北一百三十里，出好米及金铁。”《旧志》：“天山在哈密卫北一百二十里，又在土鲁番西北三百余里。”《一统志》：“唐伊西二州皆有天山，盖天山东西千里亘二州之界也。”

俱密山　在卫西北。《元和志》：“在伊州纳职县北一百四十里，又北二十里直抵蒲类海。”

葱岭山　按《汉史》云：“西域三十六国，南北有大山，中央有河，东西六千余里，南北千余里，东则厄以玉门、阳关，西则限以葱岭。自玉门阳关出西域有两道，从鄯善傍南山北，波河西行至莎车，为南道；西逾葱岭则出大月支、安息，自车师前王庭随北山，波河西行至疏勒，为北道，西逾葱岭则出大宛、康居。”《水经》云：“葱岭高千里，行十三日可至其顶。”《西河旧事》曰：“葱岭在敦煌西八千里，其山高大，上悉生葱，故名。”

沙陀金山　月支别种，西突厥之苗裔，本号朱邪，世居金沙山之阳、蒲类海之东，金山形似兜鍪，其俗谓兜鍪为突厥故名，其地有大碛，名曰沙陀，后因以沙陀为号，朱邪为姓，至宪宗时，朱邪尽忠，始见于中国，其后有朱邪赤心。懿宗时，赐姓李名国昌，克用其子也。

白龙堆　《郡国记》：“敦煌正西关外有白龙堆，沙形如土龙身，无头有尾，高大者二三丈，卑者丈余，东倚三危，北望蒲昌，是为极要路。”

流沙　《后周书》：“鄯善西北有流沙数百里，夏日有热风，为行旅之患，风之将至，惟老驼知之，即鸣而聚立，埋其口鼻于沙中。人每以为候，亦即拥蔽口鼻，其风迅驶，斯须过尽，若不防者，必至危毙。”颜师古曰：“流沙在敦煌西八十里。”《明一统志》：“流沙碛在玉门关外，有三断石，极大，世谓之三陇山。”

高梧谷　《十六国春秋》：“吕光自龟兹还至宜禾，凉州刺史梁熙谋闭境拒之，高昌太守杨翰白熙以高梧谷口险阻之要，宜先守之，而夺其水，如以其远不守，伊吾之关亦可拒也。光初闻翰谋，大惧，既而闻熙，不听，乃进。”

羊膊山　沙州城南多岩石，无草木，山北有一岩曰羊膊。

北塞山　沙州境，汉武帝时，天马朝发京师，夕至敦煌北塞山下，即此。

雷石碛　按《唐志》，西州之西南有南平、安昌两城，一百二十里至天山西南，入谷经雷口碛二百二十里至银山碛。

黑水　《禹贡》：“导黑水至于三危，入于南海。”《括地志》：“黑水出伊吾县北百二十里，东南绝流，三危山二千余里至鄯州，又东南四百余里至河州，入黄河。”

黄河　《汉书·西域》：“南北有大山，中央有河，河有两源，一出葱岭，一出于阗。于阗在南山下，其河北与葱岭河合，东注蒲昌海，潜行地下，南出于积石，为中国河”云。郭璞《山海经注》：“河出昆仑，潜行地下至葱岭，出于阗国，复分流岐出，合而东注泑泽。”《水经注》：“河水一源西出身毒国葱岭之上，西去休循二百余里。”《异物志》曰：“葱岭之水分流东西，西入大海，东为河源。河水自此分源，东经岐沙谷，分为二水，又一源出于阗国，南山俗谓之仇摩置，自置北流经于阗国西，又西北流注葱岭河，谓之南河屈东北流，又东经捍弥且末诸国，合且末河通为注滨河。又东经鄯善国，又东注泑泽，又一水自岐沙东分为北河，屈东南流经龟兹焉耆诸国，又东经注滨城，至楼兰注于泑泽。”《后魏书》：“于阗国城东二十里有大水北流，号拔树水，即黄河也，一名计式水。又城西五十五里，亦有大水，名达利水，与拔树水合俱北流。”

氐置水　《汉志》：“龙勒县有氐置水，出南羌中，东北入泽，溉民田。”《元和志》：“寿昌县有龙勒水，在县南一百八十里龙勒山上。汉李陵发兵至遮虏障，东浚稽山南龙勒水上徘徊视虏，即此水也。”《五代史》：“沙州西渡都乡河”，盖即此。

悬泉水　在敦煌县东一百三十里，出悬泉山。汉将李广利伐大宛还，士众渴乏，引佩刀刺山，飞泉涌出，即此水也。其水有灵，车马大至，即多出，少至即出少。

蒲昌海　《汉书·西域传》：“于阗河与葱岭河合东注蒲昌海，一名盐泽者也，去玉门阳关三百余里，广袤三百里，其水停居，冬夏不增减，皆以为潜行地下，南出于积石，为中国河”云。《括地志》：“盐泽，一名辅日海，一名穿兰，一名临海，在沙州西北。”

蒲类海　汉遣窦固、耿秉等出敦煌昆仑塞，击破白山虏于蒲类海上，即此，俗名婆悉厥海。《旧志》：“蒲类海在今土鲁番西南，汉赵充国屯田于蒲类海。”

交河水　《汉西域传》：“车师前国，交河城以河水分流绕城下，故名。”《元和志》：“交河出交河县北山上，分流于城下，因名。”又经前庭县，西又有大沙海，在柳中县东南九十里。

渥洼水　沙州境内，汉元鼎四年秋，天马生渥洼水中，武帝得之，作天马之歌。

柳谷水　《元和志》：“柔远县柳谷水有东西二源，出县东北天山，南流十五里合流。”

白玉河　在于阗国城东，国人夜视，月光盛处必得美玉。

绿玉河　在于阗城西。

乌玉河　城西三河皆源出昆仑山，去于阗国西一千三百里，每岁秋，国人取玉于河，谓之捞玉。

盐池　《元和志》：“在敦煌县东四十七里，池中盐常自生，百姓仰给。”又盐池海在伊吾县南三百里，周回百余里。又纳职县有陆盐池，在州南六十里，周回十余里，无鱼，水自生盐，月满则盐多而甘，月亏则盐少而苦。

党河　源自南山北流，绕城东西，借以溉田。

色尔腾海　在卫西南雪山之阴，为青海要道。

月牙泉　在卫南十里。

药泉　在卫东南石包城，味略如酒，相传饮之愈疾。

靖逆卫

南山　卫南一百二十里，南山之阳又有雪山，即古祁连，绵亘东西。

昌马河　卫西南一百二十里，由南山口流出，东北经卫城，又西北入柳沟卫界。

赤金所

独登山　《元和志》：“在废玉门县北十里，其山出盐，鲜白甘美，有异常盐。”又玉门县有神雨山。

宽台山　在赤金峡之东，嘉峪关西，山宽如台，故名。

金山　《元和志》：“在玉门县东六十里，出金。”《寰宇记》引《十三州志》云：“金山在延寿县，东有玉石障。”

齐勤山　在卫西三十里，即蒙古之山峡也，当北来西去之通道，明参将崔麒追贼至此，大捷。又游击和准，自钵和寺追败贼于嘉峪关，又追败之于齐勤山，盖袭贼之径道也。

石脂水　《后汉书·博物记》曰：“延寿县南有山石，出泉水，大如筥处，注池为沟，其水有肥如煮肉，羕羕永永，如不凝膏。然之，极明，不可食，县人谓之石漆。”《元和志》：“在玉门县东一百八十里，泉中有苔，如肥肉，然之，极明，周武帝宣政中，突厥围酒泉，取此脂然火焚其攻具，得水愈明，酒泉赖以获济。”《明一统志》：“石油出肃州南山。”《肃镇志》：“嘉峪关西有石漆，今按赤金东南一百五十里有石油泉，土人取以然灯，即石脂水也。”

金河　五代晋《高居诲使于阗记》云：“肃州渡金河西百里，又西百里出玉门关，是也。”

卷十一　关　梁

安西卫

黑水桥　在卫西南九十里。

天生桥　在卫南九十里。

靖逆防所属　靖逆卫

昌马河山口　在卫西南一百二十里。

沙冈墩　在卫北俱拨兵防汛。

大东渠桥　西边渠桥俱离城三十里。

齐勤所

惠回堡　在所东九十里土城周一里二分，设千总驻防，有惠回墩至，后流湾墩二十里，又十五里至骟马墩，又四十里至巴楞墩，又五十里至赤金峡墩，俱拨兵防汛。

野马兔口　在所西南八十里。

红泉口　在所东南，套虏由此至嘉峪关南长城尽处出没。

卷十二　祠　祀

安西厅　靖逆厅

龙王庙

沙洲卫在城西七里。

靖逆卫有三。一在南门外；一在二道沟，离城三十里；一在昌马河口，离城一百二十里。

赤金所在城南五里。

卷十五　水　　利

安西厅　靖逆厅

苏赖河　在安西卫北三里，由柳沟卫西北流入，分为三总渠。屯田渠　东自安家窝铺起，至西南三十里井子止，计长九十里。回民渠　东自安家窝铺对面起，西南至瓜州营汛堡止，计长六十里。余丁渠　东自郭家窝铺起，西至西树窝止，计长三十五里。以上安西卫三总渠，其浇籽种七千余石。

四道沟　在柳沟卫南山，昌马河北流至下龙王庙五里开渠口，流入四道沟，分东西二渠，灌溉田亩。

苏赖河　发源南山昌马河，由靖逆经柳沟入安西卫界，借以溉田。

党河　在沙州卫西南流入，分为五总渠。通裕渠　长二十里，枝渠六道，浇籽种一千一百一十六石。普利渠　长二十三里，分东西两岔，枝渠十九道，浇籽种三千一百一十四石。永丰渠　长三十二里，枝渠三十二道，浇籽种五千一百二十四石。　庆余渠　长十七里，枝渠十道，浇籽种一千一百四十石。大有渠　长四十二里，枝渠十八道，浇籽种三千九百三十六石。按，沙州旧有东大渠、西大渠、西小渠三道，多流沙淤塞，蓄水无多，今复加开浚。其东渠一道，更名永丰；西渠一道，更名普利；西小渠一道，更名通裕。而西小渠引水甚远，又相度地势，新开中渠一道，名庆余西，中渠一道，名大有，共为五总渠，足敷灌溉。

井泉　在沙州卫西，有党河，民间日用汲取，远难至，冬水冻即涸，乃于居民聚居之处，计四十户，为一井，合计井泉六十有一民，甚便之。

昌马河　在靖逆卫西南一百二十里，自南山口流出，引向东北，去城三十里，分东、中、西、西边四渠，以资灌溉。

头道渠　二道渠　三道渠　四道渠　俱在赤金所。康熙五十六年开浚，其源出草地诸泉，支流成河，挨流入渠，灌田六十余顷。

甘肃新通志（节录）

卷七　舆地志（山川下）

安西直隶州

本州

南山　在州南五十里。

黑山　在州南一百二十里。

雪山　《元和志》："在晋昌县南一百六十里，南连吐谷浑界，积雪至夏不消。"《一统志》云："甘凉之山，多以雪为名，此山盖亦祁连之西陇也。"按《旧志》："晋昌县在瓜州北。"

北山　在桥湾北百里。

南籍端水　《汉志》："冥安县，南籍端水出羌中，西北入其泽。"应邵曰："冥安，冥水出，入其泽。"《元和志·晋昌县》："冥水自吐谷浑界流入大泽，东西二百六十里，南北六十里，丰水草，宜畜牧。"

苏赖河　在州北三里，由玉门县西北流入，又经敦煌县西北党河南来入焉。

疏勒河　在州城东北，绕城如环，源出南山之昌马河口，分注十道沟，余波汇而西北流，为疏勒河，经柳沟卫入州境。

三道沟　在州东二百四十五里，有微泉。按，柳沟自东而西共有十道，其头、二道沟在玉门县界。

四道沟　在州东二百三十里雪山，昌马河北流由桥湾入苏赖河之故道。

五道沟　在州东二百二十里有微泉。

六道沟　在州东二百一十五里中有微泉。

七道沟　在州东二百一十里有微泉。

八道沟　在州东二百里有微泉。

九道沟　在州东一百八十里有微泉。

十道沟　在州东一百六十里有微泉。

黑水河　在州东七十里，水色微黑，发源迤东沙窝，流入芦草沟。

窟窿河　在州东一百二十里，发源土葫芦沟。西北流经双塔堡，入苏勒河。内多大穴，上小下大，深邃不测，牲畜误入，即不能出。好事者或坠石试之，莫竟其底。

忒不忒河　在州东七十里。

布鲁湖　在州东北二百八十里。

敦煌县

三危山　在县东南三十里。孔安国传："三危，西裔之山。舜窜三苗于三危。"《禹贡》："三危既宅"，是也。《隋志》："敦煌县有三危山。"《括地志》："山在沙州东南三十里，山有三峰，故名。"《都司志》："三危为沙州望山，俗名昇雨山。"

鸣沙山　《元和志》："鸣沙山，一名神沙山。山在县南七里，其山积沙为之，峰峦危峭，逾于石山，四面皆沙陇，背有如刀刃。人登之即鸣，随足颓落，经宿风吹，辄复如旧。有一泉水，名曰沙井，绵历古今，沙填不满，水极甘美。"《旧唐志》："又名沙角山，天气晴朗时，沙鸣闻于城内。"

龙勒山　在县东一百二十里，汉龙勒县因山以名。《括地志》："在沙州寿昌县南一百六十五里。"《新唐志》云："又有云雨山。"

白龙堆　《郡国志》："敦煌正西关外有白龙堆，沙形如土龙身，无头有尾，高大者二三丈，卑者丈余，东倚三危，北望蒲昌，是为西极要路"。

流沙　《后周书》："鄯善西北有流沙数百里，夏日有热风，为行旅之患，风之将至，惟老驼知之，即鸣而聚立，埋其口鼻于沙中。人每以为候，亦即拥蔽口鼻，其风迅驶，斯须过尽，若不防者，必至危毙。"颜师古曰："流沙在敦煌西八十里。"《明一统志》："流沙碛在玉门关外，有三断石，极大，世谓之三龙山。"

高梧谷　《十六国春秋》："吕光自龟兹还至宜禾，凉州刺史梁熙谋闭境拒之，高昌太守杨翰白熙以高梧谷口险阻之要，宜先守之，而夺其水，如以其远不守，伊吾之关亦可拒也。光初闻翰谋，大惧，既而闻熙，不听，乃进。"

羊膊山　在县南，多岩石，无草木，山北有一岩曰羊膊。

北塞山　在县境，汉武帝时，天马朝发京师，夕至敦煌北塞山下，即此。

雷石碛　按《唐志》，西州之西南有南平、安昌两城，一百二十里至天山西南，入谷经雷口碛二百二十里至银山碛。

氐置水　《汉志》："龙勒县有氐置水，出南羌中，东北入泽，溉民田。"

龙勒水　《元和志》："寿昌县有龙勒水，在县南一百八十里龙勒山上。汉李陵发兵至遮虏障，东浚稽山南龙勒水上徘徊视虏，即此水也。"《五代史》："沙州西渡都乡河，盖即此。"

悬泉水　在县东一百三十里，出悬泉山。汉将李广利伐大宛还，士众渴乏，引佩刀刺山，飞泉涌出，即此水也。其水有灵，车马大至，即多出，少至即出少。

蒲昌海　《汉书·西域传》："于阗河与葱岭河合，东注蒲昌海，一名盐泽者也，去玉门、阳关三百余里，广袤三百里，其水停居，冬夏不增减，皆以为潜行地下，南出于积石，为中国河"云。《括地志》："盐泽，一名辅目海，一名穿兰，一名临海，在沙州西北。"

渥洼水　在县境内，汉元鼎四年秋，天马生渥洼水中，武帝得之，作天马之歌。

柳谷水　《元和志》："柔远县柳谷水有东西二源，出县东北天山，南流十五里合流。"

盐池　《元和志》："在敦煌县东四十七里，池中盐常自生，百姓皆仰给焉。"又党河西四十里有西盐池，四面皆沙山。

党河　源自南山，北流绕城东西，借以灌田。

色尔腾海　在县西南雪山之阴，为青海要道。

月牙泉　在县南里许。

药泉　在县东南石堡城，味略如酒，相传饮之愈疾。

玉门县

南山　在县西南百二十里，南山之阳，又有雪山，即古祁连，绵亘东西，弥望无际。

马头山　在县城北，其山产铅。又有安门子，地产硝磺甚富。

独登山　《元和志》：“在废玉门县北十里，其山出盐，鲜白甘美，有异常盐，又玉门县有神禹山。”

红山　在赤金堡南八里，山多佛洞。

宽台山　在赤金峡之东，嘉峪关西，山宽如台，故名。

金山　《元和志》：“在县东六十里，产金。”《寰宇记》引《十三州志》云：“金山在延寿县，东有玉石障。”

赤斤山　在县东九十里，即赤斤蒙古之山峡也，当北来西去之通道。明参将崔麒追贼至此，大捷。又游击和准，自钵和寺追败贼于嘉峪关，又追败之于赤斤山，盖袭贼之径道也。

牛尾山　在县南三百五十里。

昌马河　在县西南一百二十里，由南山口流出，东北经县城，又西北入柳沟卫界。

石脂水　《后汉书·博物记》曰：“延寿县南有山石，出泉水，大如筥簴，注池为沟，其水有肥如煮肉，羕羕永永，如不凝膏。燃之，极明，不可食，县人谓之石漆。”《元和志》：“在玉门县东一百八十里，泉中有苔，如肥肉，燃之，极明，周武帝宣政中，突厥围酒泉，取此脂燃火焚其攻具，得水愈明，酒泉赖以获济。”《明一统志》：“石油出肃州南山。”《肃镇志》：“嘉峪关西有石漆，今按赤金东南一百五十里有石油泉，土人取以燃灯，即石脂水也。”

金河　五代晋《高居诲使于阗记》云：“肃州渡金河西百里，又西百里，出玉门关。”是也。

西几马河　在县东赤金所西，源出所南草地，有数派会流而北，又折东北流，注于阿拉克池，又呼济尔河在所东，上源亦有数派，北流折而东北，亦注于阿拉克池，周数十里。《寰宇记》：“玉门县有众泉北流入延兴海”，即此。

卷八　舆地志（形胜）

安西直隶州

白城远峙，黑水环流。介酒泉敦煌之间，通伊吾北庭之路。俯临沙漠，内蔽雄关，宽平闾爽，节镇名区。

敦煌县

国当乾位，地列艮墟。水有悬泉之神，山有鸣沙之异。川无蛇虺，泽无兕虎。华戎所支，一都会也（汉敦煌郡地理志）。　雪山为城，青海为池，鸣沙为环，党河为带。前阳关而后玉门，控伊西而制漠北。全陕之咽喉，极边之锁钥（《新志》）。

玉门县（以靖逆厅改）

西通哈密，北连紫塞，南极青海，东蔽嘉峪。石城雄峙于天边，木府盘涡于地底。当西陲之孔道，居关外之要极。石峡东屏名川□□，北控右地之庭，南扼诸蕃之阻。咽喉垣塞，表里藩杂（《肃州志》）。

卷九　舆地志（关梁）

安西直隶州

牛桥　在城南五十八里。

黑水桥　在柳沟卫西南九十里。

天生桥　在柳沟南九十里。

敦煌县

峡中泉墩　在县东一百二十里。

党桥　在城西门外，咸丰六年重建，后屡修屡圮。光绪二十九年复被河冲去，仅存牌楼。

玉门县

大通桥渠　西边渠桥　俱距城三十里。

卷十　舆地志（水利）

安西直隶州

苏赖河水　在安西卫北三里，由柳沟卫西北流入，分为屯田、回民、余丁三总渠。

屯田渠　东自安家窝铺起，至干沟止。开渠一道，长九千丈，计五十里。又自炭窑起，至瓜州止。开渠一道，长九千一百八十丈，计五十里。中有拦河坝二十丈，减水闸三座。又自安家窝铺新开渠口之上七里许开渠一道，自渠口至瓜州计长一百零四里。

小湾屯田渠　在疏勒河南岸，沙枣园之西，引水南流经小湾庄北。

余丁渠　在城西南隅，余丁所耕地也。即于小湾渠之西岸分岔引水，溉田一千三百石。

回民北渠　在疏勒河南岸，引水南流，折而西过安西城，直达回民五堡。散为四支渠。一曰比栉渠，溉回民四、五堡田地；二曰崇墉渠，溉回民头堡地；三曰千仓渠，溉回民二堡田地；四曰万箱渠，溉回民三堡田地。共地三千五百石，咸利赖焉。

回民南渠　在大、小湾两渠之间，安家窝铺上流八里南岸，引水南流，直达瓜州之南，计长一百四十里。溉新垦地二千三百石。按《安西册》："兵备道王全臣，履勘双塔堡西沙枣园对岸，故有渠迹，可以直达瓜州，计长二百余里。工用浩繁。又勘得小湾渠西，安家窝铺斜对岸，亦有旧渠，至瓜州止，长一百余里，内有五十里，须挑挖，渠道宽二丈，深四、五尺余，五十一里，只须疏通。又于北渠西筑拦河坝一道，逼水入渠。不惟新瓜州地土成熟，即南至古瓜州故城址，周遭咸被其利焉。至疏勒河，水向日微细，今三渠并受，而不虞其不足，则王全臣相度靖逆之水，不使入于布鲁而入于硫勒河，且萃众沟泉以成其盛也。南渠南第一支，溉渠夫官田一百五十石；北第二支，溉瓜州营兵田三百石；南第三支，溉蒙古包官并垦田三百石；北第四支、南第五支、第六支、第七支以及渠尾，皆溉新垦回民地一千五百石。又云：瓜州屯田，田多水少。思所以益疏勒之水者，尚有靖逆之大东渠尾，亦入布鲁湖，弃之无用。若于尾流处开一渠导之西行，由蘑菇滩注桥湾，归入疏勒河，则沿布鲁之群泉俱南流入渠，可加一半，不患其水少矣。"

四道沟　在柳沟卫，南山昌马河北流至下龙王庙五里，开渠口，流入四道沟，分东西二渠灌溉田亩。

敦煌县

党河水　在县西南，旧分为五总渠。曰通裕渠，自沙枣墩分水渠口起，长七十里，浇民田一十二坊；曰普利渠，自秦家湾分水渠口起，长六十二里，浇民田一十五坊；曰永丰渠，自宁州坊分水渠口起，长四十六里，浇民田二十五坊；曰庆余渠自秦家湾下尾分水渠口起，长一十三里，浇民田七坊；曰大有渠，自渭源坊分水渠口起，长二十五里，浇民田四坊；又续开五渠曰上永丰渠，自沙山根分水渠口起，长二十二里，浇民田一十二坊；曰窑沟渠，自校场后分水渠口起，长三十里，浇民田八坊；曰伏羌新渠，自宁远坊分水渠口起，长三十里，浇民田五坊；旧渠长三十五里，浇民田六坊；曰庄浪渠，亦自宁远坊分水渠口起，长四十里，浇民田三坊。《旧志》："沙州旧有东大渠、西大渠、西小渠三道，多流沙淤塞，蓄水无多，今复加开浚。其东渠一道，更名永丰；西渠一道，更名普利；西小渠一道，更名通裕。而西小渠引水甚远，又相度地势，新开中渠一道，名庆余西，中渠一道，名大有，共为五总渠，足敷灌溉。"《敦煌县志》："党河自青海蒙古地界发源，距县城六百里之泉沟脑渐成小河，西北流三百余里至月牙湖。节次渐会各沟并河道两边泉水及野马川河水，又至夏间积雪消水同入党河。初分为普利、永丰二大渠，嗣因地宽渠少，轮浇不及，添开通裕、庆余、大有三渠，后又续开上永丰、窟沟、伏羌新旧、庄浪，共十渠，所浇各坊田地与六隅分配各坊户民不同，有一坊而折为东西上中下者，各就其地与渠之相近而轮流浇之。”每年春间，冰雪融化，河水通流，户民引灌田地，乘其滋涸，播种安根，谓之浇混水。至立夏日，官长带领工赴渠所，丈量河口宽窄，水底深浅，就分数轮浇。夏秋二禾，赖以丰稔。至九十月，各户引水亦自下而上灌地以滋春耕，谓之浇冬水。

井泉　县西有党河，民间日用汲取，远难至，冬冰冻即涸，乃于居民聚居之处，计四十户，为一井，合计井泉六十有一民，甚便之。

玉门县

靖逆渠　水自南山发源，会昌马河，直注西北，于河口筑坝一道。西流渠口宽四尺，东流渠口宽一丈六尺。开四渠，曰上东渠，分二道，一从东漕子西流，一从巩昌河东北流，灌下东渠并红柳湾民屯地亩，余波入布鲁湖；曰中渠，由黑崖子分派入口，灌中渠民田，渠尾归入大东渠；曰西渠，由城西经磨河湾，东绕川北镇花海子等处，灌民田，渠尾归入新渠。曰西边渠，由西渠分支派流，灌官庄子、头道沟等处民屯田地，渠尾入旧渠。柳渠由河口西流四尺口内至下龙五庙分流，支派入渠，经流二三道沟，浇灌民屯地亩，余波西流入四道沟，由桥湾直注安西州境内。

赤金渠　康熙五十六年开浚，旧灌田六十余顷，自上赤金破城子发源，涌泉数处，汇流成河，北流五里许，立闸分东西二坝，为渠四，曰东坝头渠，立闸一道，宽六尺；曰二渠，立闸一道，宽三尺；曰西坝头渠，立闸一道，宽五尺；曰二渠，立闸一道，宽五尺，灌临城民田，余水至赤金峡，汇流北行，至水峡，直入花海子，结为总渠，灌屯田地亩，其惠回堡、火烧沟、腰泉子等处，各就本地泉水引渠灌户屯地亩，惟白杨河泉水开渠一，灌民屯地亩，余水渗入沙碛。

甘肃通志稿（节录）

舆地八　山脉三

安西县（旧名安西直隶州）

南山　在县南五十里。

黑山　在县南一百二十里。

雪山《元和志》："在晋昌县南一百六十里，南连吐谷浑界，积雪至夏不消。"《一统志》云："甘凉之山多以雪为名，此山盖亦祁连之西陇也。"按《旧志》："晋昌县在瓜州北。"

北山　在桥湾北百里。

敦煌县

三危山　在县东南三十里。孔安国传："三危，西裔之山。舜窜三苗于三危。"《禹贡》："三危既宅"，是也。《隋志》："敦煌县有三危山。"《括地志》："山在沙州东南三十里，山有三峰，故名。"《都司志》："三危为沙州望山，俗名昇雨山。"

鸣沙山　《元和志》："鸣沙山，一名神沙山。山在县南七里，其山积沙为之，峰峦危峭，逾于石山，四面皆沙陇，皆背如刀刃。人登之即鸣，随足颓落，经宿风吹，辄复如旧。有一泉水，名曰沙井，绵历古今，沙填不满，水极甘美。"《旧唐志》："又名沙角山，天气晴朗时，沙鸣闻于城内。"

龙勒山　在县东一百二十里，汉龙勒县因山以名。《括地志》："在沙州寿昌县南一百六十五里。"《新唐志》云："又有云雨山。"

白龙堆　《郡国志》："敦煌正西关外有白龙堆，沙形如土龙身，无头有尾，高大者二三丈，卑者丈余，东倚三危，北望蒲昌，是为西极要路。"

流沙　《后周书》："鄯善西北有流沙数百里，夏日有热风，为行旅之患，风之将至，惟老驼知之，即鸣而聚立，埋其口鼻于沙中。人每以为候，亦即拥蔽口鼻，其风迅驶，斯须过尽，若不防者，必至危毙。"颜师古曰："流沙在敦煌西八十里。"《明一统志》："流沙碛在玉门关外，有三断石，极大，世谓之三龙山。"

高梧谷　《十六国春秋》："吕光自龟兹还至宜禾，凉州刺史梁熙谋闭境拒之，高昌太守杨翰白熙以高梧谷口险阻之要，宜先守之，而夺其水，如以其远不守，伊吾之关亦可拒也。光初闻翰谋，大惧，既而闻熙，不听，乃进。"

羊膊山　在县南，多岩石，无草木，山北有一岩曰羊膊。

北塞山　在县境，汉武帝时，天马朝发京师，夕至敦煌北塞山下，即此。

雷石碛　按《唐志》，西州之西南有南平、安昌两城，一百二十里至天山西南，入谷经雷口碛二百二十里至银山碛。

玉门县

南山　在县西南百二十里，南山之阳，又有雪山，即古祁连，绵亘东西，弥望无极。

马头山　在县城北，其山产铅。又有安门子，地产硝磺甚富。

独登山　《元和志》："在废玉门县北十里，其山出盐，鲜白甘美，有异常盐。"又有神禹山。

红山　在赤金堡南八里，山多佛洞。

宽台山　在赤金峡东，嘉峪关西，山宽如台，故名。

金山　《元和志》："在县东六十里，产金。"《寰宇记》引《十三州志》云："金山在延寿县，东有玉石障。"

赤斤山　在县东九十里，即赤斤蒙古之山峡也，当北来西去之通道。明参将崔麒追贼至此，大捷。又游击和淮，自钵和寺追败贼于嘉峪关，又追败之于赤斤山，盖袭贼之径道也。

牛尾山　在县南三百五十里。

舆地十一　水道三

安西县

疏勒河　在县城东北，绕城如环，源出五门南山之昌马口，过县东南千佛洞，分注十道沟，余波汇而西北流，为疏勒河，经布隆吉城，西至县城，又西入敦煌界，古所谓南籍端水、冥水，皆此河也。

三道沟　在县东二百四十五里，有微泉。柳沟自东而西共沟十道，其头、二道沟在玉门县界。

四道沟　在县东二百三十里雪山，昌马河北流由桥湾入疏勒河之故道。

五道沟　在县东二百二十里有微泉。

六道沟　在县东二百一十五里中有微泉。

七道沟　在县东二百一十里有微泉。

八道沟　在县东二百里有微泉。

九道沟　在县东一百八十里有微泉。

十道沟　在县东一百六十里有微泉。

黑水河　在县东七十里，水色微黑，发源迤东沙窝，流入芦草沟。

窟窿河　在县东一百二十里，发源土葫芦沟。西北流经双塔堡，入疏勒河。内多大穴，上小下大，深邃不测，牲畜误入，即不能出。好事者或坠石试之，莫竟其底。

忒不忒河　在县东七十里。

布鲁湖　在县东北二百八十里。

敦煌县

悬泉水　在敦煌县东一百三十里，出悬泉山。汉将李广利伐大宛还，士众渴乏，引佩刀刺山，飞泉涌出，即此水也。其水有灵，车马大至，即多出，少至即出少。

盐池　《元和志》："在敦煌县东四十七里，池中盐常自生，百姓皆仰给焉。"又党河西四十里有西盐池，四面皆沙山。

党河　古谓之氐置水，又名龙勒水，源出南山北流，绕城东西，借以溉田，北流入于黑海子。

色尔腾海　一名西海子，在县西南雪山之阴，为通青海要道。

月牙泉　在县南里许。

药泉　在县东南石堡城，味略如酒，相传饮之愈疾。

黑海子　在县西北，本名哈拉淖尔。

卜罗湖　在县西北。

龙勒泉　在县西龙勒山下。

玉门县

昌马河　在县西南一百二十里，原出南山口，东北经县城西，又西北入安西县界。

石脂水　《后汉书》注引《博物记》曰："延寿县南有山石，出泉水，大如筥簴，注池为沟，其水有肥如煮肉，羕羕永永，如不凝膏。燃之，极明，不可食，县人谓之石漆。"《元和志》："在玉门县东一百八十里，泉中有苔，如肥肉，燃之，极明，周武帝宣政中，突厥围酒泉，取此脂燃火焚其攻具，得水愈明，酒泉赖以获济。"《明一统志》："石油出肃州南山。"《肃镇志》："嘉峪关西有石漆，今按赤金东南一百五十里有石油泉，土人取以燃灯，即石脂水，今谓之石油也。"

西几马河　在县东赤金所西，源出所南草地，有数派会流而北，又折东北流，注于阿拉克池，又呼济尔河在所东，上源亦有数派，北流折而东北，亦注于阿拉克池。又呼济尔河在所东上源，亦有数派北流折而东北流入延兴海，即此。

白杨河　在县东，源出南山北流至惠回堡入湖。

重修肃州新志（节录）

安西卫册·山川

南山　在卫城南五十里。

北山　俱系青黑沙石，不产草木，其石块亦沙烂，不堪制器。

雪山　《元和志》："在晋昌县南一百六十里，南连吐谷浑界，积雪至夏不消。"《一统志》云："甘、凉之山，多以雪为名。此山盖亦祁连之西陇也。"按，旧志："晋昌县，在瓜州之北。"

南籍端水《汉志》"冥安县"："南籍端水，出南羌中，西北入其泽，溉民田。"应劭曰："冥安，冥水出，入其泽。"《元和志》"晋昌县"："冥水自吐谷浑界流入大泽，东西二百六十里，南北六十里，丰水草，宜牧畜。"

苏赖河　在城北三里，由柳沟卫西北流入，又经沙州卫西北，党河南来入焉。按此水，今或名疏勒河，或名苏喇河，系口外第一要河，源出靖逆卫之南山峪口（亦名雪山），每遇春融雪消，散流十道沟内，直至西汇成大河，水势汪洋，统名疏勒河（详见《靖逆志》内）。

安西卫册·古迹

杜尔柏津　在今卫城东南二里，遗址尚存，源流莫考。

安西卫册·祠庙坛　类

龙王庙　在卫城东南隅，地基周围墙垣俱已修筑，其庙宇尚未兴工。

安西卫册·瓜州事宜

一、屯田。雍正十一年，兵备道王全臣开垦二千石，又一千五百石，共三千五百石，给与回民为养赡之用。十二年，又督令回民自开地一千五百石。以上共五千石。内种小麦四千五百石，青稞五百石。又五堡回民开垦种植瓜菜地二千亩。十二年，王兵备又开垦屯田一千石，俱种小麦。又因修理渠道、设立闸夫，开地一百五十石。又安西镇标兵丁借给银两，开地五百石，又自备工本，开地三百石。共计八百石，俱种小麦。又文武效力官员，及役兵民人等，自备工本，共开地八百石，播种小麦、青稞不等。此八百石地亩，令安西卫注册，照例六年升科，作将来招徕户民承种之用。以上共籽种地七千七百五十石，瓜菜地二千亩。系雍正十二年报数。

一、水利。安西有疏勒大河，盖自南山发源，会合昌马河，散为十道沟，汇入大河内，须加疏浚。又查靖逆西渠余水及西渠之西大小泉水，俱散漫流入布鲁湖中，此皆靖逆民间不用之水，亦应设法，俾汇归疏勒大河，方得畅流，以资灌溉。其靖逆地方：自西渠起，至三道沟以西止，开渠一道，长一万二百六十丈，计五十七里。自三道沟以西水沟起，至桥湾止，开渠一道，长五千八百八十丈，计三十一里，中有拦水坝八丈，减水闸三座。其安西卫地方：自安家窝铺起，至干沟止，开渠一道，长九千丈，计五十里。自炭窑起，至瓜州止，开渠一道，长九千一百八十丈，计五十一里，中有拦河坝二十丈、减水闸三座。又，十二年，于瓜州之南，距回民地二十里之外，再开地一千石，自安家窝铺新开渠口之上七里许，开渠一道，自渠口至瓜州，计长一百零四里，共长一万八千七百二十丈。今计回民北渠在疏勒河南岸，引水南流，折而西，过安西镇镇城，直达回民五堡，散为四支渠，一曰比栉渠，溉回民四、五堡地；二曰崇墉渠，溉回民头堡地；三曰千仓渠，溉回民二堡地；四曰万箱渠，溉回民三堡地。共地一千五百石，咸利赖焉。余丁渠，近镇城之西南隅，余丁所耕地也。即于大湾渠之西岸，分岔引水溉田一千三百石。小湾屯地渠，在疏勒河南岸、沙枣园之西，引水南至小湾庄北。回民南渠，在大、小湾两渠之间，安家窝铺上流八里南岸，引水南流，直达瓜州之南，计长一百四里，溉新垦地二千三百石。

兵备道王全臣履勘双塔堡西、沙枣园对岸，故有渠迹，可以直达瓜州，计长二百余里，工用浩繁。又勘得小湾渠西，安家窝铺斜对岸，亦有旧渠，至瓜州止，长一百余里，内有五十里须挑挖，宽二丈、深四五尺，余五十一里只须疏通。又于北渠西，筑拦河坝一道，逼水入渠，不惟新瓜州地土成熟，即南至古瓜州故城址周遭，咸被其利焉。至疏勒河水，向日微细，今三渠并受，而不虞其不足。则王全臣相度靖逆之水，不使入于布鲁，而入于疏勒，且萃众沟、泉，以成其盛也。南渠南第一支溉渠夫官田一百五十石；北第二支，溉瓜州营兵田三百石；南第三支，溉蒙古包官弁垦田三百石；北第四支、南第五支、第六支、第七支以及渠尾，皆溉新垦回民地一千五百石。

查得瓜州屯田，田多水少，思所以益疏勒之水者，尚有靖逆之大东渠，尾亦入布鲁湖，弃之无用。若于尾流处开一渠，导之西行，由蘑菇滩注桥湾，归入疏勒，则沿布鲁之群泉，俱南流入渠，可加一半，不患其水少矣。

一、设立渠夫。瓜州开垦，自靖逆西渠起，开渠八十八里，引水入疏勒河；又自安家窝铺起，开渠一百一里，引水至瓜州，中筑拦水坝，减水闸等。每当六、七月内，山水暴发，势甚汹涌，须巡查修筑。及秋后水落，沙泥淤积，须行挑浚。因于瓜州把总四员内，委用水利把总一员，兼设立夫役，以供驱使。其靖逆西渠之闸坝，近而且小，止设看守闸坝夫四名，巡渠夫十名。安家窝铺之闸坝，大而且远，因设看守夫十名，巡渠及封俵夫四十名。又夫役工食及修浚之费：靖逆守备开地四十京石，安西卫守备开地一百五十京石，将每年收获粮石，作夫役工食及修理渠道、闸坝之用。

一、安插回民、建筑城堡。雍正十一年，土鲁番头目率回民二千三百八十余户、九千二百余名口，慕化来归，安插瓜州，计所开地三千五百石。自东至西，长二十余里。自南至北，长四十五里。若令回民聚居一城，则到地耕种，遥远不便。因分匀建筑五堡，安插居住，计开于后。又查回民实数，除扎萨克公九口外，系二千三百八十七户，八千一百一十三口。八月内，又有伊里脱出回民一户，男妇三口，实二千三百八十八户，八千一百一十六口，分住五堡：

头堡，离安西镇二十五里，比诸堡较大，周围三里七分，堡高二丈二尺。即安插额敏和卓、鲁谷庆泗尔堡，两部落之头目、回民，共一千一十七户，计四千六十四名口。

由头堡西南十里建筑二堡，周围一里五分，高一丈七尺。安插哈喇火洲、木尔兔两部之头目、回民，共三百四十八户，计一千二百五十四名口。

由二堡西北十里建筑三堡，同围一里五分，高一丈七尺。安插苏巴什、勒木津、小阿斯他纳、皮黏、述桂五部落之头目、回民共三百七户，计一千二百四十四名口。

由三堡西北四里建筑四堡，周围一里五分，高一丈七尺。安插塞木津、洋海、土城沟三部落之头目、回民，共三百二十七户，计一千三百五十一名口。

由四堡东北十里建筑五堡，周围一里五分，高一丈七尺。安插土鲁番、阿斯他纳、雅图沟、汉墩四部落之头目、回民，共三百三十八户，计一千三百五十一名口。

一、城堡内盖筑回民房屋。回民共计九千二百六十四名口，每二口给房一间，共应给房四千六百三十二间。额敏和卓，系统领回众大员，宜多给房屋，规模宏敞，以示优异。今计门房五间；第二层五间，东西厢房各三间；第三层五间，东西厢房各三间。共高大房二十七间。其一等头目除计算家口，照每二人给房一间外，每员加给房三间，二十九员，共该加给房八十七间。二年头目除计算家口，每二人给房一间外，每员加给房两间。三十九员，共该加给房七十八间。三等、四等头目，除计算家口，每二人给房一间外，每员加给房一间，四十二员，共该加给房四十二间。以上共大、小房屋四千八百六十六间。

一、给回目、回民牲畜什物等类。除口粮米、面、烟、油等，支到秋收时外，其扎萨克公额敏和卓，给耕牛四只，骡四头、乳牛四只，羊八十只、大锅二口、刨锄、木犁、铁锌、箩、筛、簸箕、镰刀各二件，水桶一个，柳斗一个，旱磨一盘、石滚一条、木滚一条、绳四条。一等头目二十九户，每户给牛二只、骡二头、羊二十只，铁锅、刨锄、木犁、铁锌、箩、筛、簸箕、镰刀、水桶各一件。二等头目三十九户，每户给牛二只、骡二头、羊十八只，铁锅、刨锄、木犁、铁锌、箩、筛、簸箕、镰刀、水桶、绳索各一件。三等头目三十户，每户给牛二只、骡二头、羊十六只，铁锅、刨锄、木犁、铁锌、箩、筛、簸箕、镰刀、水桶、绳索各一件。四等头目二十二户，每户给牛二只、骡二头、羊十四只，铁锅、刨锄、木犁、铁锌、箩、筛、簸箕、镰刀、水桶、绳索各一件。十三口、十一口、十口回民共四户，男妇大小共四十四名，每户给牛二只、骡二头、每口给羊一只，共羊四十四只。铁锅、刨锄、本犁、铁锌、箩、筛、簸箕、镰刀、水桶、绳索各一件。九口、八口、七口回民，共八十二户，男妇大小共五百九十八口，每户给牛二只、骡一头，每口给羊一只，共羊五百九十八只。铁锅、木犁、铁锌、箩、筛、簸箕、镰刀、水桶、绳索各一件。六口、五口、四口回民，共八百三十六户，男妇大小共三千八百三十八口，每户给牛二只、骡一头，每口给羊一只，共羊三千八百三十八只。铁锅、木犁、铁锌、刨锄、箩、筛、簸箕、镰刀、水桶、绳索各一件。三口、二口回民，共一千三百零六户，男妇大小共三千五十二口，每户给牛一只、骡一头，每口给羊一只，共羊三千五十二只。铁锅、刨锄、木犁、铁铧、箩、筛、簸箕，镰刀、水桶、绳索各一件。除扎萨克公额敏和卓外，头目、回民共二千三百八十八户，八千一百一十六口，每四十口给旱磨一盘外，共给水磨六盘，共籽种五千石，每十石给碾磙一条。

一、另筑城堡，设文武驻防。瓜州回民聚居万口，安西镇虽足弹压，但离回民住堡近者二十五里，远者四十五里，终觉辽远。因在头堡数里之内，另筑一堡，添设参将一员、守备一员、千总二员，把总四员，马六步四，兵六百名，仍归安西镇管辖防范。又安西现设兵备道一员，因将安西同知移驻瓜州，以便经理屯田、水利及办理回民一切事务。与参将同堡居住。

一、瓜州疆域。凡回民五堡，俱在新开屯地内建筑。由头堡东至安西镇城二十五里，东南至踏实堡一百一十里，西南至沙州营二百四十里，西北至百齐堡一百二十里。添筑同知、参将驻防城，去头堡八里。

按，唐朝刺史所治之瓜州城古迹，在今镇城西八十里。兹特瓜州地方，非必郡治，然看来《春秋传》之瓜州地方甚大，以地出美瓜论之，哈密亦当在内，唐郡已属偏隅矣。当考。

一、瓜州办理各务人员。总理安西兵备道王全臣。协理安西镇总兵官张嘉翰。瓜州参将卫维康。州同知，今任会宁知县管孙翼。州同加知州，今任高台知县杨肇熙。原任安西卫守备王玮。外有回众自塔尔纳沁迁来，沿途防护，则提都颜清如。教导回民，直隶龙园营都司袁士林。

沙州卫册·山川

黑水　《禹贡》："导黑水至于三危，入于南海。"《括地志》："黑水出伊吾县北百二十里，东南绝流三危山，二千余里至鄯州，又东南四百余里至河州入黄河。"

氐置水　《汉志》"龙勒县"有氐置水，"出南羌中，东北入泽，溉民田。"《五代史》"沙洲西渡都乡河"即此，今俗名党河。

龙勒水　《元和志》"寿昌县"有龙勒水，"在县南一百八十里龙勒山上"。又云："汉李陵发兵至遮虏障，东浚稽山南龙勒水上，徘徊视虏。"又，应在张掖，或言即此水。俟考。

悬泉水　在敦煌县东一百三十里，出悬泉山。汉将李广利伐大宛还，士众渴乏，引佩刀刺山，飞泉涌出，即此水也。其水有灵，车马大至即出多，少至即出少。

渥洼水　沙州境内。汉元鼎四年秋，天马生渥洼水中，武帝得之，作天马之歌。

盐池　《元和志》："在敦煌县东四十七里。池中盐常自生，百姓仰给。"又："盐池海在伊吾县南三百里，周回百余里。"又：纳职县有陆盐池，在州南六十里，周回十余里，无鱼。水自生盐，月满则盐多而甘，月亏则盐少而苦。又云，池在卫东南六十里，俗名巴儿，地多斥卤，自然成盐，远望如积雪，盐味绝佳，形极莹澈坚致。安西、沙州食盐皆取于此。又，伯颜墩亦有大盐池，所产相类。

党河 源自南山，北流，绕城东西，籍以溉田，即氐置水。今分为五大渠，余流从黄墩北去乃渐微矣。

月牙泉 《通志》："在卫南十里。其水澄澈，环以流沙，虽遇烈风，而泉不为沙掩盖，名迹也。"旧传水产铁背鱼、七星草，服之可长生，但不时见。土人亦呼为药泉。

药泉 在卫东南石包城。味略如酒，相传饮之愈疾。

沙州卫册·水利

党河，源自南山中来，番名一肯哈尔金水，源北流至沙州新城西，不及半里。《汉书》"龙勒县"注云，西有"氐置水，出南羌中，东北入泽，溉民田"，即水也。按，水利事宜，具载汉兴道尤公汶屯垦事实册，内云：

一、建盖房屋。户民到沙，未有房屋，不便露处，先为借给空闲营房，令其暂住，随即按户发给房价银三两，并行令地方官，于城外每户给隙地二分四厘，各盖房二间，即按照到来之各州县户内，每十户派立甲长一名，各于所管之十户内，拨五户砍伐木植，五户托打土坯，通力合作，共相建盖，咸使安居。通计二千四百五户，共盖官房四千八百一十间，其力量有余或行多盖者，听民自便，今自城南以至城东、城北，三面环绕，户接家连，洵称辏集。

一、分给地亩。户民到沙，每户应给地一顷。查原额地二千四百顷内，有兵丁代民屯种开垦熟地三百顷，生地二千一百五顷，生熟均自配搭。令丈量地亩人役用步弓，每亩长三十弓，宽八弓。丈定亩数，按照六隅编列字号，传集乡约、农长，将应给各隅之地，令其阄分。次令约、长将所分一州县之地，令各户自行阄分。分给明白，即签钉字号、牌桩，注明本户原籍县分、姓名、地亩顷数、段落四址。通计二千四百五户、共给地二千四百五顷，督令尽力开垦。其生地内有荒墩、土堆，令其刨平，红柳树根，令其刨挖，将地面开垦平正，然后分畴迭埂，耕犁泡水。量人力之多寡，别开地之勤惰，责令各农长日具报单查考，多者赏之，少者惩之，民情亦为鼓励。已经开垦种植者，现获丰登，膏腴之产，足为农业永赖。

一、设立乡、农、坊、甲。户民到沙，系各处招徕，人口众多，当兹屯耕初兴，若不分别稽查，恐难经管约束。用是分为西南、中南、东南、东北、中北、西北六隅。即按隅设立乡约一名、农长一名，每一州县设立坊长一名，每十户设立甲长一名，各司其事。如耕耘、灌溉、播种、收成，专以责之农长；考课勤惰、化导愚顽，专以责之乡约；稽查匪类、酗酒、赌博，催各户上地，以及不许私自他往等事，专以责之坊长；稽查各户，不许糜费口粮，并督令勤心喂养牛骡，守催开挖地亩，专以责之甲长。则管束有人，考课亦易，现在举行，颇与招垦有益。

一、开修渠道。户民到沙，给地屯种，首以水利为重。查沙州前因开东大渠、西大渠、西小渠三道，因有流沙淤塞，未能多为蓄水，今复加升修。查东大渠一道，今名永丰渠，长计三十二里。宽一丈五尺，深八尺，足资八百五十四户之灌溉。西大渠一道，今名普利渠，长计二十三里，宽九尺，深六尺，足资五百一十九户之灌溉。西小渠一道，今名通裕渠，长三十里，宽六尺，深五尺。查此渠，水西地东，引水甚远，虽开长三十里，而使水之实系十里，足资一百八十六户之灌溉。查以上三渠，统计仅可足一千五百五十九户之灌溉，其使水尚属不敷，又相度地势，查看水源，于农事未兴之先，又新开中渠一道，名庆余渠，计长十七里，宽六尺，深五尺，足资一百九十户之灌溉。又开西中渠一道，名大有渠，计长四十二里，宽一丈二尺，深七尺，足资六百五十六户之灌溉，随时修浚，毋使壅塞。嗣后地方官按照举行，足为屯垦永利。

一、设立渠长、水利。户民到沙，即经授以田亩，水分已定，若无专管渠道之人，恐使水或有不均，易以滋弊。是以于各户内选择熟知水利者，委充渠长、水利之任，每渠一道，渠长二名、水利四名，令其专管渠道，使水时刻由下而上，挨次轮流灌溉，俾无搀越、偏枯等弊，则良田千顷，均沾水利矣。

沙州卫册·祠庙坛　类

龙王庙　在城西，雍正八年建。

柳沟卫册·山川

南山　即雪山，在卫南三百余里。东连终南，西极昆仑，绵亘不绝，莫见首尾，冬夏积雪不消。

北山　在桥湾北一百里。

苏勒河　发源南山。由靖逆西行，经柳沟，入安西。两卫田畴资其灌溉。

三道沟　在卫东九十里。有微泉北流，会王兵备新渠，西入疏勒。按柳沟自头道起，由东而西，共为十道。其头、二道沟，在靖逆界内。

四道沟　在卫东七十里。雪山昌马河北流，由桥湾入苏勒河之故道，此道最大，几等河身，余为支流，皆汇入苏勒大河。

五道沟以至十道沟　具见《水利》内。

黑水河　在卫西南九十里。西至踏实六十里，西南至旱峡五十里，南至上达儿兔二十里。水色微黑，有鱼，发源迤东沙窝，西流入芦水沟。

窟窿河　卫西三十余里，双塔堡之东，旧名扎噶尔乌珠。发源土葫芦沟，东西分流，经双塔堡入苏勒河。内多大穴，上小下大，深邃不测，牲畜误入，即不能出，好事者坠石试之，莫竟其底。以盘涡湍急，故亦不能及远云。

布鲁湖　卫东北一百二十里。

条湖泉　在卫东。

四蟒山　在雪山中，距柳沟卫三百四十里。山南有大脑儿，名一肯锡尔哈尔晋。山北有大脑儿，名一巴汉锡尔哈尔晋。二源之水，俱西流至坤都锡纳兔，会归于一，而成党河。自石包城，至苦苦尔兔七十里，过一小打板至巴汉锡尔哈尔晋二十里，又二十里即至四蟒山北口矣。自北口逾山，至南口四十里，又四十里即至一肯锡尔哈尔晋矣。

药水泉　在石包城东。水有二源，北流合一，又北流为水峡，未至踏实而没。

宫皂河　在南山下。有三道河，西为头道，中为二道，东为三道，俱以宫皂名。头道河在卫西南三百二十里，其南可通金鸡打板。

忒不忒河　在卫西南九十里。昔有河道，今无水，可刈草。

乱泉子　在卫南七十里双塔堡南。

大泉　在踏实堡西南。

奔巴兔泉、毛害兔泉、蛇窝泉、塔儿泉。

柳沟卫册·古迹

渊泉废县，在肃州西，今柳沟卫地。汉置，属敦煌郡，后汉因之。阚骃曰："地多泉水，故名"。《晋志》："元康五年，分属晋昌郡。"《隋志》："周并渊泉入常乐。"章怀太子曰："渊泉故城在晋昌东北。"今按布隆吉之西，有黑水桥、乱泉子等处，地中随处皆泉，其为渊泉县地方无疑。

苦峪城，在废瓜州，东至肃州四百里。明天顺四年，哈密忠顺王母努温答失里主国，被北酋乩加思兰袭破其城，率亲属、部落走苦峪。成化中，哈密都督罕慎，又为土鲁番阿力所袭，退居苦峪。时罕慎方倚罕东、赤斤，而二卫自相仇杀，罕慎势益孤，朝命筑苦峪城，移哈密卫于其地。其后罕慎纠众袭哈密，破之，还居故土。宏治中，忠顺王陕巴为土鲁番阿黑麻所执，哈密居人亦以穷窘难守，尽焚室庐，走肃州，诏赐牛具、谷种，并发流寓三种番人，及哈密之寄居赤金者，尽赴苦峪及瓜州、沙州，俾自耕牧，以图兴复。正德后，土鲁番益张，苦峪诸城皆为所残破。按，关外俗称达儿兔，即苦峪之谓。所以靖逆本名苦峪，人谓之达儿兔。兹苦峪城，人称上达儿兔，以别于靖逆也。今遗有空城，规模颇为雄壮，关厢亦大，城内荆榛，颓垣败墙相望，井尚有水并木栏。又有一道干河，极阔，两岸丛树，映带颇胜。城壁佛像最多，大抵番僧所为。城外北面多红柳、黄苑，耕地尚少，西、南二面则平畴千顷，沃野弥望，沟塍遗迹，绣错纷然。穷其渠道所由，在西北几二百里，于靖逆之上龙王庙，疏勒、昌马二河会合处引来，今俱干涸无水，渠身砂砾，所以此城遂废。城东半里有大寺遗基一所，墙址稍存，中间大塔一座，基高丈余，塔高数丈，前有小塔五座，亦尚高三四丈，土中寻得半截断碑，见后。

唐朝断碑　在寺基内，字画不甚剥落。一面逼真唐体，虽未为唐人之极佳者，而断非唐后之书，因首尾残缺，仅存中段，文义不能联贯，而总系大中时复河、湟，张义潮归唐授爵，大兴屯垦，水利疏通，荷锸如云，万亿京坻，称功颂德等语。其一面，字体流入五代宋初，文意与前大略相仿，似颂曹义金之语。夫张、曹二公，本治沙州，而瓜州亦其兼统，此处总系瓜州地方，但当日此处地名，碑文缺落无考。

柳沟卫册·景致

千峰积雪　南山积雪，冬夏不消。倚天则玉笋嶙峋，映日则琼光璀璨。万里一色，照耀华夷。举首遥看，恍入清辉之府。

双塔凌霄　双塔不知创于何代，厥迹犹存。而其地峰回路转，河水湾环，林木葱蒨。虽未足比迹山阴，然徘徊瞻眺，一往流连，亦令尘襟顿涤。

石城雄峙　石包城亦不知何时所筑，路通青海，高峻险厄，比于铁峡金墉，登临极望，洵足雄视边徼。

水府渊潜　窟窿河盘涡毂转，深昧莫测，殆古所称水府者乎？炎刘启邑，肇锡嘉名，今日尚堪追溯。

布湖春望　布鲁湖澄波千顷，葭苇弥望，春水方生，浴凫飞鹭，宛有水乡风景，令人身居塞北，如见江南，因思摩诘阳关千秋绝调，惜不假辋川之笔托以丹青。

踏实秋容　踏实最多柽柳，秋霜微染，一望红林，流泉环绕，掩映如画，譬之吴江枫叶，亦可小驷闲行，何必扁舟问渡。

柳沟卫册·水利

三道沟　卫东九十里，有微泉，今涸。按，柳沟凡十道，自东而西，其头、二道沟属靖逆界地方。

四道沟　卫东七十里，即雪山昌马河，顺流由桥湾入苏喇河之故道也。康熙五十八年，靖逆户民于昌马河口建坝，尽逼河水从东南行，不由故道，以致柳沟户民播种无资，屡诉于官。雍正七年，肃州道齐公亲临，相度昌马河水，复委属吏勘分，照靖逆、柳沟户民多寡之数，断五分之一归柳民灌溉，仍将此一分之水，从河口分下，归入靖民头道沟渠内合流，至下龙王庙五里，各开渠口，对半均分，流入四道沟。柳民分东、西二渠，赖以种植。

五道沟　卫东六十里，有微泉。

六道沟　卫东五十五里。有微泉。

七道沟　卫东五十里，有微泉。

八道沟　卫东四十里，有微泉。

九道沟　卫东三十五里，有微泉。

十道沟　卫东二里，有微泉。

柳沟卫册·文

雍正五年，予奉命督建安西、沙州各城堡工务，逮六年秋，各告竣。巡视新建十三墩台，周围二千余里，见布鲁湖、昌马河、石包城、伯赖墩四处，地处极边，尤为安西、沙州要隘。即景漫成四律，以志皇舆广大、光被西陲之盛云。

本朝　马尔泰

布鲁湖

明湖秋水，弥望黄芦碧苇中，飞凫灭没，令人耳目清涤，有印渚留连之想。

设险分营控玉门，周详庙算护黎元。
巡边将士才吹角，款塞番回早断魂。
浩渺波光通弱水，高低山势接昆仑。
蒹葭芦荻秋风里，月映明沙见野鸳。

石包城

地居险隘，前代垒石为城，高居绝壁，制奇扼要，殆非人力所致。

翠壁峻嶒接玉霄，岩城矗起自何朝。
五丁运力开神域，四郡连烽警夜刁。
衰草当年遗战垒，秋风此日静天骄。
周行已遂登临志，不惮经年万里遥。

昌马湖

雪山在咫尺间，为昌马，苏勒两水合流处，柽柳萧疏，波光如练，天气阴晦，洵古战场也。

龙荒望里迥无垠，绝域河山信惨人。
万里白云长作雪，一林红柳不留春。
阴风蔽日天无色，战骨埋沙夜有燐。
幸际清时邀使节，从容揽辔问迷津。

伯颜墩

逼近青海各要路，平原丰草一望无际，今分设瞭戍，烽逻严明，乃西疆门户第一等也。

茫茫青海是岩疆，落日平原照大荒。
草色连天溪水碧，风威卷地野尘黄。
防秋已见军容肃，奉使宁知塞路长。
十载壮怀消未尽，须看今喜一飞扬。

布鲁湖和韵

顾之珽

甲骑森森控塞门，久安衽席惠元元。

沙场莫问前尘事，战地谁招上古魂。
百顷湖光涵布鲁，四时云气锁昆仑。
秋空潋滟残阳里，拍拍群飞遍绿鸳。

石包城和韵

陡绝孤城插碧霄，嶙峋遗迹问前朝。
磴盘鸟道依青壁，光落旄头静夜刁。
小队行边番帐徒，高秋揽辔马蹄骄。
飞面食肉酬初志，肯惮驰驱玉节遥。

布鲁湖和韵

徐绶

形胜遥连古玉门，咸宁万国仰乾元。
烽烟久扫羌戎窟，阴雨犹来士马魂。
未见鸟飞辞瀚海，也知河发自昆仑。
多情最是秋波渺，两两惟看戏水鸳。

石包城

高踞峰头接紫霄，难寻碑碣认前朝。
烟寒万里余空壁，月静三更冷夜刁。
绕郭平沙驼卧稳，迷天秋草雉飞骄。
况逢苜蓿花红处，揽辔宁知马足遥。

双塔堡

汪潨

塔影参差旧迹荒，营屯卒伍启新疆。
雪峰南耸当山阁，红日东来照女墙。
草色满郊千骑壮，河流双汇一川长。
幽情更爱禽鱼盛，闲向溪林钓猎忙。

踏实堡

岩疆地势踞南东，远色参差入望中。
雪岭云从天际出，石包径与塞垣通。
依沙曲曲泉流碧，编户丛丛柳绽红。
策马镇城山路近，峻崖月影挂雕弓。

桥湾城

沈青崖

数雉真成一弹丸，停骖荒服且盘桓。
两山对锁东西峡，十水争流上下滩。
回鹘犁锄环塞外，廒仓刍粟入云端。
从今款贡烽烟靖，襟带清流倚槛看。

河湾野眺三首

其一
清河风景不飞沙，塞草含晖乍透芽。
觅得小泓澄似镜，胡桐引火便烹茶。
其二
活水潺潺泻柳沟，新通苏勒汇西流。
仲山到处能兴利，只少渔矶一叶舟。
其三
不羡江东绿正肥，也无红紫斗芳菲。
惟怜鸳鹭多情甚，却与南湖一样飞。

即事

沈青崖

屈曲清漪自蜿蟺，西流直到党河边。
因思王浚浮江栰，便向河湄试革船。

注云：党河在沙州之西，北流与苏勒河俱流入砢砢砂石而没。岳帅欲开通二河合流，造舟运粮而不果。余相度河流，用河、阑牛单皮混沌数千，鼓气，实粮其中，顺流而下达安西镇城，凡二百余里，可少节车马之力。

榛莽初披斥卤区，朽材曾不中薪槱。
忽看僵柳如人立，眢井灰深历劫余。

注云：塞外红柳，根蟠地最深，樵者引火焚之，数日不息。靖逆有窟窿河，地下潜烧灰烬，绵延数十里，人马践之，俱堕深堑。其小者掘地亦可获炭数窖。

靖逆卫册·山川、水利、古迹

南山　卫南一百二十里，南山之阳，又有雪山，即古祁连，绵亘东西。

昌马河　卫西南一百二十里，由南山口流出，东北经卫城，又西北入柳沟卫界。按，昌马河脑儿，源在靖城西南一百八十里南山中，东北流，与苏勒河会，又北流，行至上龙王庙，人称昌马河口，在靖城南百里，由靖逆至昌马屯地一百二十里。

疏勒河源　由靖城南至昌马屯地一百二十里，向东南到百印不喇约一百二十里，由百印不喇到哈里蒲滩约八十里，由哈里蒲滩到八汉小野马儿约七十里，由八汉小野马儿到硫黄山约八十里，由硫黄山到疏勒脑儿源，约三日程，有大雪山。又云：苏勒河在靖逆东南，其发源处去靖五百二十里，西北流，与昌马河会，又北流入昌马口旧道，直趋四道柳沟，过桥湾而西，汇诸沟以达于党河之尾，归于哈拉脑儿。自康熙五十八年，相度于达里图（即达儿兔）筑靖逆城，始堰昌马河口，逼水东流，分为靖逆东西两渠，溉新垦地，招户民居之，而四道柳沟之流始绝。后议民田分水，见《柳沟志》内。

牛尾山　在靖逆西南三百五十里。

搜吉泉　在靖逆西南三百四十里。

大泉　在靖逆东北三里。今客民所居，竟成市集，来往殷繁，人称“泉子上”。

沙窝泉　在头道沟东，大西渠之西。其水北流，会入苏勒河，余流入布鲁湖。

青山湖　在靖逆西北，与布鲁湖相连。或即旧称挠斯兔。

布鲁湖　在靖逆西北，宽百余里，长数百里，距柳沟卫一百四十里。各泉弃水流入，散漫渗漏。靖、柳二卫刈草供军赖之。湖北出泉数道，东北流经盐池，入于花海子。

大东渠　由拦水坝东趋为总渠，行十数里，分为东渠，又北流洒为三股溉田。

西渠　由总渠分派，西北流过靖逆城，又北流，余波散漫入布鲁湖中，下流未获其利，王兵备筑坝经营，俱见《瓜州志》内。

头道沟、二道沟　此二道属靖逆，余自三道至十道，属柳沟。

按，昌马源在靖逆西南，疏勒河在靖逆东南，至上龙王庙乃其会合处。从此分两支：其一支向东北者，绕靖逆城东南腰井子、盐池、黑沙窝等处。其一支向西北者，散为十道沟，经靖城西，自头道以至十道止，内惟四道沟洪流滂沛，经柳沟城堡东折而西向，汇为大河。独名疏勒者，以水有大、小不同耳，其实有两水也。

又按《汉书》“冥安县”注；本有两水，师古曰：“南籍端水，出南羌中。”应劭曰：“冥安，冥水所出。”皆云入泽溉田。但古今异称，未知孰是。至于柳沟黑水，本非大河，当属渊泉，毋庸牵合。

昌马城　在山口内。昌马河经其南，城西有废塔。

哨防营　在布鲁墩东二十里。

挠斯兔旧堡　在挠斯兔湖东边。

高见滩石碣　在卫东郭壁中。

上达儿兔旧堡　在黑水桥南二十里。其东南沙碛中，列废堠十余处，城东有废塔，城西北有废堡二处，或亦古之要隘欤？

靖逆卫册·祠庙坛　类

龙王庙　在南门外、昌马河口、二道沟三处俱有。

风云雷雨坛　在南门外。

赤金卫册·山川

雪山　在赤金之南一百九十里，名曰南山，即古之祁连。其势蜿蜒，高耸云外，冬夏积雪不消。东通肃州，西过靖逆，延长千有余里。

独登山《元和志》："在废玉门县北十里，其山出鲜白盐，甘美，有异常盐"。又，玉门县有神雨山。

宽台山　在赤金峡之东，嘉峪关西。山宽如台，故名。

金山《元和志》："在玉门县东六十里，出金。"《寰宇记》引《十三州志》云："金山在延寿县东，有玉石障。"

赤斤山　在卫西三十里，即赤斤蒙古之山硖也，当北来西去之通道。明参将崔麒追贼，至此大捷。又，游击何淮自钵和寺追贼于嘉峪关，又追贼之于赤斤山，盖袭贼之径道也。

石脂水《后汉书》：《博物记》曰："延寿县南有山石出泉，县人谓之石漆。"《元和志》："在玉门县东一百八十里，泉中有苔如肥肉，燃之极明。周武帝宣政中，突厥围酒泉，取此脂燃之，焚其攻具，突厥以水沃救，得水愈明，酒泉赖以获济。"明《一统志》："石油出肃州南山。"《肃镇志》云："嘉峪关西有石漆。"今按赤金东南一百五十里，在白杨河西，有石油泉，土人取以燃灯，即石脂水也。

金河　五代晋高居诲《使于阗记》云"肃州渡金河西百里，又西百里出玉门关"是也。

红泉　在赤金东南一百四十里。

青头山　在赤金东南一百三十里。

白杨河　在赤金东南一百二十里。

鸦儿河　在赤金东南四十里。

盐池　在赤金北。

赤金湖　在所城正东二十里。

花海子湖　在所城北一百二十里，与湃带湖相连。

湃带湖　在花海北新筑边墩之外。

敦煌县志（节录）

卷一　山　川

北塞山　《卫志》：汉武帝时天马朝发京师西至敦煌北塞山下即此今无可考。

白龙堆　郡国祀敦煌正西关外有白龙堆，沙形如土，龙身无头有尾，高大者二三丈，卑者丈余。东倚三危，北望蒲昌县，为西极要路今无可考。

流沙　《后周书》：鄯善西北有流沙数百里，夏日有热风焉，行旅之患风之将至，惟老驼知之即鸣，而聚立埋其口鼻于沙中。人每以为候，亦即拥蔽口鼻，其风迅驶，斯须过尽。若不防者，必至危殆。颜师古曰：流沙在敦煌西八十里。《明一统志》流沙碛，在玉门关外有三断山，石级大，世谓之三龙山。

黑水　《禹贡》：导黑水至于三危，入于南海。《括地志》：黑水出伊吾县北百二十里东南绝流三危山三千余里至鄯州，又东南四百余里至河州入黄河。

党河　《卫志》：即氐置水。《汉书》：龙勒县有氐置水出南羌中东北入泽溉民田。《五代史》：沙洲西渡都乡河即此。

龙勒水　《元和志》寿昌县有龙勒水，在县南一百八十里龙勒山上。又云汉李陵发兵至遮虏障东浚稽山南龙勒水上徘徊视虏，今无可考。

悬泉水　在城东一百三十里出悬泉山，汉将李广利代大宛还，士众渴乏，引佩刀刺山，飞泉涌出，即此。其水有灵，车马大至即出多，少至即出少。

盐池　《元和志》：在敦煌县东四十七里池中盐常自生，百姓仰给。又盐池海在伊吾县南三百里周回百余里又纳职县有陆盐池在县南六十里，周回十余里无鱼，水自生盐，月满则盐多，而甘月亏则盐少而苦。又云池在县东南六十里，俗名巴儿地多斥卤自然成盐，远望如积雪，盐味绝佳，形极莹辙，坚织、安西、沙州食盐皆取于此。又白颜墩亦有大盐池所产相类。

月牙泉　《渥洼泉旧志》：汉元鼎四年秋，天马生渥注水中，武帝得之，作天马之歌。《通志》：在卫南十里其水澄澈，环以流沙，虽遇烈风而泉不为沙掩盖名迹也。旧传水产铁背鱼、七星草，服之可长生，但不时见，士人亦呼为药泉。

药泉　在城东南石包城味客如酒相传，饮之愈疾。

多布沟　《卫志》：在推莫儿兔西，今无可考。

色尔腾海子　《卫志》：在沙州西南大泽四周有山围绕，水不长流，按旧图虽云其地有色尔腾河，然流亦不远出巴彦布喇，至厄卜儿北口子一百六十里，至南口子又七十里，至色尔腾又六十里，至鄂罗打坂通柴旦路，故前志云：在卫西南雪山之阴为青海要道。

黑海子　《卫志》：在沙州西北大泽番名蛤喇脑儿，即华言黑海子也。黄墩子至呵呵砂石三十里，又三十里至双河岔，又九十里至黑海子，党河之水自南来与此泽为归宿，今上流分渠溉沙州田则余波少减。雍正初，总督岳公钟琪议开疏勒河西流之水与党河尾会合以通舟运，一则疏勒之水至呵呵砂石入于漏沙势微而不能通流，一则党河之尾既有两岔，其趋黑海子者多而东会疏勒者少，即使党河尾盛疏勒不竭，两水冲激亦非安流，难以行一舟，于是迄无成功所造之舟沉于双塔河焉。今按党河之水分为十渠，无复余流可至黑海。

卷二　田　　赋

东南隅田五百三十分，每分原拨地五十亩，计田二万六千五百亩。每分额征正耗京斗上色粮二石三斗四合，共粮一千二百二十一石一斗二升；每分征芦谷七斤、草六十五束三分六厘，共草三万四千六百四十束八分。配户民一十三坊：靖远坊、会宁坊、西和坊、宁州坊、渭源坊、兰卫坊、兰州坊、肃州坊、秦州坊、兰厅坊、合水坊、环县坊、漳县坊。

中南隅田三百一分五厘，每分原拨地五十亩，计田一万五千零七十五亩。每分额征正耗京斗上色粮二石一斗四合，共粮六百九十二石三斗二合八勺；每分征芦谷七斤、草六十五束三分六厘，共草一万九千七百零六束四厘。配户民六坊：古浪坊、武威坊、河州坊、山丹坊、西宁坊、碾伯坊。

西南隅田三百六十一分五厘，每分原拨地五十亩，计田一万八千零七十五亩。每分额征正耗京斗上色粮二石三斗四合，共粮八百三十二石二斗四升九合六勺；每分征芦谷七斤、草六十五束三分六厘，共草二万三千六百二十七束六分四厘。配户民七坊：平番坊、肃州坊、高台坊、永昌坊、张掖坊、河州坊、镇番坊。

东北隅田二百八十八分，每分原拨地五十亩，计田一万四千四百亩。每分额征正耗京斗上色粮二石三斗四合，共粮六百七十石三斗四升六合；每分征芦谷七斤、草六十五束三分六厘，共草一万八千八百二十三束六分八厘。配户民六坊：岷州坊、伏羌坊、洮州坊、金县坊、礼县坊、安化坊。

中北隅田五百一十一分五厘，每分原拨地五十亩，计田二万五千五百七十五亩。每分原拨正耗京斗上色粮二石三斗四合，共粮一千一百七十八石五升四合；每分征芦谷七斤、草六十五束三分六厘，共草三万三千四百三十二束。配户民一十三坊：陇西坊、阶州坊、通渭坊、静宁坊、清水坊、华亭坊、成县坊、西固坊、庄浪坊、宁远坊、秦安坊、固原坊、盐茶坊。

北隅田四百五十五分五厘，每分原拨地五十亩，计田二万二千七百七十五亩。每分额征正耗京斗上色粮二石三斗四合，共粮一千四十八石三斗七升；每分征芦谷七斤、草六十五束三分六厘，共草二万九千七百七十一束四分八厘，配户民一十二坊：狄道坊、平凉坊、镇原坊、灵台坊、隆德坊、会宁坊、徽州坊、两当坊、安定坊、文县坊、崇信坊、泾州坊。

按六隅共户二千四百四十八户。自雍正三年，遣内地五十六州县无业贫民至敦煌，每人开田一分，以一分为一户，每户额征正耗京斗上色粮二石三斗四合，共额征正耗京斗上色粮五千六百四十二石七斗九升一合；芦谷七斤，草一十六万一百一十八束。

卷二　户　口

东西南北乡共六隅，计二千四百四十八户，男女计二万八百四十口。

按敦煌户口自迁户以来，按一户种地一分嗣后田无开垦，户亦无加增，男女则岁有增减，近来人丁繁衍视迁户时已十相倍蓰矣。

附乡农坊甲

东南隅农长一名，乡约一名。

中南隅农长一名，乡约一名。

西南隅农长一名，乡约一名。

东北隅农长一名，乡约一名。

中北隅农长一名，乡约一名。

西北隅农长一名，乡约一名。

按六隅农约各管一隅之事，复于所管隅内每一坊立坊长一名，每十户立甲长一名，各司其事，如耕耘、灌溉、播种、收成专以实之农长考课勤惰，化导愚顽专以责之乡约，稽查匪类、酗酒、赌博，催各户种地以及不许私自他往等事专以责之坊长，稽查各户不许糜费口粮并督令勤心喂养牛骡，守催耕种地亩专以责之甲长，或有办理不公则合隅户民另再公举禀官验充查当日设卫安户屯田之始种地户民缺乏资本，春则借官籽种口粮以便耕作，秋则照数完纳官仓，由农约坊甲经理官民相安自□县以后农约或请借口粮府种，禀明地方官详请酌借，仍如设卫时屯田事宜办理。

卷三　水　利

通裕渠自沙枣墩分水渠口起计长七十里，应浇民田一十二坊：

镇番坊	上西宁坊	西河坊	碾伯坊
武威坊	旧古浪坊	中河州坊	西山丹坊
东山丹坊	新西宁坊	上古浪坊	新河州坊

普利渠自秦家湾分水渠口起计长六十二里，应浇民田一十五坊：

东镇番坊	岷州坊	永昌坊	东张掖坊
平番坊	张掖坊	碾伯坊	东平番坊
西宁坊	东高台坊	西高台坊	河州坊
东肃州坊	金县坊	礼县坊	

庆余渠自秦家湾下尾分水渠口起计长一十三里，应浇民田七坊：

岷州坊	西洮州坊	安化坊	新洮州坊
旧洮州坊	金县坊	礼县坊	

上永丰渠自沙山根分水渠口起计长二十二里，应浇民田一十二坊：

合水坊	环县坊	西宁州坊	真宁坊

兰厅坊	兰卫坊	渭源坊	东真宁坊
兰州坊	东宁州坊	新兰州坊	新渭源坊

下永丰渠自宁州坊分水渠口起计长四十六里，应浇民田二十五坊：

西和坊	靖远坊	会宁坊	泾州坊	安定坊
两当坊	灵台坊	隆德坊	东安定坊	东灵台坊
东泾州坊	东会宁坊	东镇番坊	下靖远坊	下渭源坊
徽州坊	镇原坊	会宁坊	平凉坊	狄道坊
新狄道坊	新平凉坊	中平凉坊	文县坊	崇信坊

大有渠自渭源坊分水渠口起计长二十五里，应浇民田四坊：

漳县坊	秦州坊	中肃州坊	新肃州坊

牧沟渠自校场后分水渠口起计长三十里，应浇民田八坊：

盐茶坊	东静宁坊	固原坊	成县坊
宁远坊	西固坊	华亭坊	陇西坊

伏羌新渠自宁远坊分水渠口起计长三十里，应浇民田五坊：

通渭坊	秦州坊	东清水坊
东庄浪坊	下陇西坊	

伏羌旧渠自宁远坊分水渠口起计长三十五里，应浇民田六坊：

伏羌坊	西清水坊	阶州坊
东静宁坊	土坝坊	文县坊

庄浪渠自宁远坊分水渠口起计长四十里，应浇民田三坊：

西庄浪坊	杂坝坊	席笆厂坊

按党河自青海蒙古地界发源，距县城六百里之泉沟脑渐成小河，西北流三百余里至月牙湖渐大，继会各沟并河道两边泉水及野马川河水，又至夏间积雪消水同入党河。初分为普利、永丰二大渠，嗣因地宽渠少，轮浇不及，添开通裕、庆余、大有三渠，后又续开上永丰、牧沟、伏羌、新旧庄浪共十渠，所浇各坊田地与六隅分配各坊户民不同，有一坊而析为东西上中下者，各就其地与渠之相近而轮流浇之余详渠规后。

附渠规

十渠渠正，一名。

下永丰渠长，一名。

普利、通、牧沟、伏羌新旧、庄浪六渠，渠长各二名。

上永丰、庆余、大有三渠，渠长各一名。

按渠正二名总理渠务，渠长一十八名分拨水分管理各渠渠道事务。每渠派水利一名看守渠口、议定章程，每季年春间冰雪融化，河水通流，百民引灌田地，乘其滋润播种安根，谓之浇混水。至立夏日，禀请官长带领工、书、渠正人等至党河口名黑山子分水，渠正丈量河口宽窄、水底深浅，合算尺寸、摊就分数、接渠户数多寡公允。水自下而上轮流浇灌，夏秋禾赖以熟稔。至九、十月，各户引水亦自下而上轮流灌地以滋春耕，谓之浇冬水。

卷三　金　　厂

南山清水沟距县城二百六十里。
洮河沟距县城二百八十里。
大红沟距县城四百二十里。
吊驴沟距林城四百一十里。
东西棉柳沟距县城四百七十里。
西五雷沟距县城盂百里。
东五雷沟距县城五百二十里。
黑茨沟距县城五百六十里。
古形沟距县城五百九十里
大沙薄距县城六百里。
大小洞子沟距县城六百二十里。
浪柴沟距县城六百四十里。
大黑沟距县城六百八十里。
大水河距县城七百三十里。
河沿距县城七百三十里。
五道沟距县城七百五十里。
山西梁距县城七百八十里。
三岔口距县城七百九十里。
查科尔太距师城八百一十里。
岸板速台距县城八百二十里。
问部子沟距县城八百二十里。

查金厂乾隆五十一年详请试采，乾隆五十二年议定南北二山额夫一千名，每夫每月应纳课金三分三厘，每年三月初十开厂，九月初九日封厂，计收课金三百九十六两。嘉庆十四年议定六百名，道光八年议定四百名。现在南山金厂尚按年收谋金一百九十八两，北山自嘉庆五年封闭。

卷七　文

月牙泉

朱凤翔

德水源传星宿海，灵池胜纪月牙泉。
不形危泄疑无地，倘有槎手定到天。
沙岭回凤森壁立，铁鱼跋浪蹴涡旋。

凭谁问取龙媒迹，汉武当年正拓边。

月泉晓澈

苏履吉

胜地灵泉澈晓清，渥洼犹是昔知名。
一湾如月弦初上，半壁澄波镜比明。
风卷飞沙终不到，渊含止水正相生。
竭来亭畔频游玩，吸得茶香自取烹。

重修敦煌县志（节录）

天文志

气候（新测验）

敦煌气候纯系大陆性，寒暑俱烈，温度准、平均为摄氏零上十二度二；极端，最高在四十四度一，合华氏约一百一十度上下，最低多降于零下二十二度六。雨量极少，五年准统计年降三十七公厘（民国二六、二七、二八、二九、三〇年，敦煌气象测候所测候员李永亨测）。

风向

敦煌为雪山极高屏障之故，终年不吹南风，西风、西北风、西南风、东风甚多。

下雨征象

一、温度达最高点五日内。

二、天空布满高积云，须层厚、色土黄，鸟燕翱翔。或积雨云，须层厚、行神速、色黑时。

三、积雨云主雷雨，高层云主毛毛雨。

四、雷雨多发于下午三时之后，毛毛雨多发于上午九时之前。

五、下雨方向多由西或西北、西南，云亦由西北向东南散布，风亦由西北争力向东南吹来。

六、必待温度下降（上午九时至下午三时之间）至极度时，雨点始得下降。

七、见烟突中烟向下垂，则温度增大，定降雨。

八、吹南风定无雨。

方舆志

三危山　旧志：《孔安国传》："三危，西裔之山。舜窜三苗于三危。"《禹贡》"三危既宅"是也。《隋志》："敦煌县有三危山。"《括地志》："山在沙州东南三十里，有三峰，故名。"《都司志》："三危为敦煌望山，俗名昇雨山。今在城东南三十里，三峰耸峙，如危欲坠，故云（危，《说文》作"峗"）。《后汉书·西羌传》曰："西羌之本，出自三苗，姜姓之别也，其国近南岳。舜流四凶，徙之三危，河关之西南羌地”（河关县属金城郡，在河州西，宣帝神爵二年置）。似三危指今西藏，非敦煌之三危也。

愚按：三危山有三峰，峭拔特起，如危欲坠，纯系沙石结成，为敦煌山之最高者，约五百余英尺，登其巅，东望安西，西尽敦煌，山川树木，如在目前，故有望山之名。上有墟址，不知何时何人所建何庙。民国十七年，道人王某于山顶建王母宫（详庙宇表）。“危峰东峙”，旧志著为八景之一。

附苏履吉《危峰东峙》诗：

矗立三峰碧汉间，相看积雪接天山。
朝暾初上高如掌，暮霭微宁翠若环。
是处排空还耸峙，几回凭眺欲跻攀。
停车道左频翘首，云自无心出岫间。

鸣沙山　旧志：《元和志》：“鸣沙山，一名神沙山。在沙州城南七里，其山积沙为之，峰峦危峭，逾于山石，四面皆沙陇，背如刀刃。人登之即鸣，随足颓落，经宿风吹，辄复如旧。有一泉水，名曰沙井，绵历古今，沙填不满，水极甘美。”《旧唐志》：“一名沙角山，又名神沙山。天气晴朗时，沙鸣闻于城内。”又五代晋高居诲《出使日记》云：“在瓜州南十里，冬夏殷殷有声，如雷云。”

愚按：沙井即今月牙泉，汉之渥洼池也。山之高约二百余英尺，《异苑》：“凉州西沙山，昔有覆师于此，积尸数万，大风吹沙，覆成山阜，时闻鼓角声。”理或信然，凉州别无沙山，当即敦煌之鸣沙山也。旧志“沙岭晴鸣”著为八景之一。

附朱埅《鸣沙山歌》：

鸣沙之山何崔嵬，壁立万古无倾颓。冲寒疾风吹不起，百夫蹙踏激荡鸣轻雷。抛衣奋臂各成队，尻竦足撑下如坠。初闻殷殷继咚咚，余音似与宫商配。或言此地肺，中空乃作响。遮莫八柱穴，元气时下上。一窍偶闭声隆隆，正如双耳被人蒙。是谁好事为此剧，嘲笑不怕恼天公。沙本不解鸣，沙鸣人所使。游戏值升平，感慨念厥始。敦煌古郡几回开，鼙鼓惊天动地来。今日沙场围绣壤，依希琴筑费人猜。

龙勒山　旧志：“在县城西一百二十里。”《省通志》：“在县东一百二十里。”误。《括地志》：“在寿昌县南六百一十五里。”

愚按：今实在县西南。土人谓距县城一百四十里。山不高大，实山阜，非山也。汉之龙勒县以此得名。今土人呼为龙头山，龙勒山之转音也。

流沙　旧志引《后周书》：“鄯善西北有流沙数百里，夏日有热风，为行旅之患，风之将至，惟老驼知之，即鸣而聚立，埋其口鼻于沙中。人每以为候，亦即拥蔽口鼻，其风速急，斯须过尽，若不防者，必至危殆。”颜师古曰：“流沙在敦煌西八十里。”《明一统志》：“流沙碛在玉门关外，有三断石，极大，世谓之三龙山。”《省通志》并同。

愚按：流沙，《一统志》《省通志》《旧县志》均指敦煌而言。《书·禹贡》：“余波入于流沙。”疏《地理志》以流沙为张掖居延泽，其实皆非也。《楚辞》：“流沙千里。”王逸注：“流沙，如水是也。”盖流沙泛指西北沙漠而言，原不能指定一处，惟《禹贡》之流沙系专指弱水所入者而言，即今（内）蒙古额济纳旗，为甘肃鼎新县（鼎新，原名毛目）

附近之地是也。清末京师大学堂教员屠寄谓："流沙绵地甚广，虽罗布淖尔以西之地，亦可以流沙目之。"

高梧谷　《省通志》有高梧谷。注：《十六国春秋》："吕光自龟兹还，至宜禾，凉州刺史梁熙谋闭境拒之，高昌太守杨翰白熙："以高梧谷口险阻之要，宜先守之，而夺其水，如以其远不守，伊吾之关，亦可拒也。"

愚按：《辛卯侍行记》：《通典》："伊吾在晋昌县北。"疑在今安西东北二百余里之桥湾营西境，桥湾西北一百九里有莺窝峡。莺窝，或即伊吾转音。《通典》又云："惠帝元康五年，分置晋昌县，领宜禾、伊吾、冥安、深泉、广至、沙头、新乡、会稽等县。"是宜禾、伊吾在今安西县东，地境相连。杨翰白熙："以高梧谷口险阻之要，宜先守之。"则高梧谷尤在宜禾、伊吾之东矣。又曰："如以其远，不守，则伊吾之关亦可拒也。"未知所云"关"，疑，俟考。

羊膊山　《清一统志》："在府治南。"《寰宇记》："敦煌县有羊膊山，多岩石，少树木，甚似鲁国南邹山。"《都司志》："在沙州城南。"《省通志》："山在县南，多岩石，无草木，山北有一岩曰羊膊。今无可考。"

愚按：其说甚似今千佛山也。

白龙堆　旧志：《郡国记》："敦煌正西关外有白龙堆，形如土龙身，无头有尾，高大者二三丈，卑者丈余，东倚三危，北望蒲昌，是为极要路。"今无可考。

愚按：出敦煌西门，由玉门关古道六站，有大沙漠，即古白龙堆也，并非龙形，"龙身无头有尾"之说，盖臆说，或古今沙形有变，未可知也。至谓东倚三危，则误甚矣，详《交通志》"玉门阳关路程记"。

北塞山　旧志：汉武帝时，天马朝发京师，夕至敦煌北塞山下，即此。今无可考。

雪山　旧志：在县南约三百余里。

愚按，即党河之源头，终年积雪，时有涓滴，节次汇山下诸细流成河，详见"党水"及《河渠志》。

乌山　《隋书·礼仪志》："仁寿元年，敦煌乌山黑石变白。"今不可考。又《敦煌录》："唐开元十九年，乌山变白，中验不虚。"

金鞍山　石膏山　以上具见《艺文志》之《敦煌录》，今无考。

党水　《省通志》："自南山北流，绕城东西，借以灌田。"《旧志》："即氐置水。"《汉书》："龙勒县，有氐置水，出南羌中，东北入泽，溉民田。"《五代史》："沙州西渡乡河。"即此。参看《河渠志》"党水源流考"。旧志"党水北流"，著为八景之一。

附苏履吉《党水北流》诗：

党河水分到十渠，灌溉端自立夏初。
不使北流常注海，相期东去各成潴。
一泓新涨波痕浅，两岸平排树影疏。
最爱春风饶景色，寒冰解后网鲜鱼。

黑水　旧志：《禹贡》："导黑水至于三危，入于南海。"《括地志》："黑水出伊吾县北百二十里，东南绝流三危山，二千余里至鄯州，又东南四百余里至河州，入黄河。"

愚按：伊吾以北，并无河流东南三千余里入黄河者。言黑水者十数家，纷纷聚讼，莫衷一是。或谓黑水非一，各有所指，此理近似。《禹贡》言黑水者三："华阳、黑水惟梁州"，是界梁州者，一黑水也；"黑水、西河惟雍州"，是界雍州者，一黑水也；"导黑水至于三危，入于南海"，又一黑水也。界雍州之黑水，即今甘州之张掖河；界梁州之黑水，即今四川之泸水也；"导黑水至于三危，入于南海"，即西藏之喀喇乌苏江也。喀喇，译言黑；乌苏，译言水，华言潞江也。三危或云即西藏，是导黑水之三危与窜三苗之三危，非一也，由是言之，黑水非敦煌境内水，不可不辨，见清圣祖《御制黑水辨》，并民国十一年初出版屠思聪著《中国形势一览图》。

悬泉水　旧志：在城东一百三十里，出悬泉山。汉将李广利伐大宛还，士众渴乏，引佩刀刺山，飞泉涌出，即此。其水有灵，车马大至即出多，少至即出少。《敦煌耆旧记》"水有悬泉之神"是也。

愚按：悬泉水盖即甜水井以南之挖密泉，距甜水井六七里，水味绝佳。甜水井站上尝取食之是也。汉广至故城，今谓之悬泉堡，盖古之悬泉水，亦即《敦煌录》之贰师泉也。

月牙泉　《旧志》：即渥洼泉。《汉书》："元鼎四年，天马生渥洼水中，武帝得之，作天马之歌。"《通志》："在卫南十里。其水澄澈，环以流沙，虽遇烈风而泉不为沙掩盖，名迹也。旧传水产铁背鱼、七星草，服之可长生，但不时见，土人亦呼为药泉。"然敦煌石室新发现《寿昌县地境》云："县南十里有寿昌海，即渥洼水"，又似非今月牙泉，见《古迹》"龙勒县"。

愚按：渥洼泉，形式逼肖牙月，音亦类似，故转呼为"月牙"也。周回五百步，深不可测，味极甘美，色呈蔚蓝，不染纤毫尘芥。水虽潴，而涟漪潆洄无停时，其底必有泉路，流通无疑。百年前有小船，邑人士时来游泳，近年有议复作船，并欲于水边种莲者，皆不果。有心人力谋培补，则风景秀丽，可为塞外奇观。《纲目》载："得天马，元狩三年。"计后七年，当以《汉书》为正。

附《得宝鼎天马诏》：

元鼎四年，得宝鼎后土祠旁。秋，马生渥洼水中，作《宝鼎》、《天马》之歌。五年，立泰畤于甘泉。诏曰："朕以眇躬，托于王后之上，德未能绥民，民或饥寒，故巡祭后土以祈丰年。冀州脽壤乃显文鼎，获荐于庙。渥洼水出马，朕其御焉。战战兢兢，惧不克任，思昭天地，内惟自新。《诗》云："四牡翼翼，以征不服。"亲省边陲，用事所极。望见泰一，修天文禅。辛卯夜，若景光十有二明。《易》曰："先甲三日，后甲三日。"朕甚念年岁未咸登，饬躬斋戒，丁酉，拜况于郊。

龙勒水　旧志：《元和志》："寿昌县，有龙勒水，在县南一百八十里龙勒山上。"又云："汉李陵发兵，至遮虏障东，浚稽山南、龙勒水上，徘徊视虏。"今无考。

愚按：《前汉书·李陵传》："陵出居延遮虏障。"此龙勒水当在居延塞外，直北沙碛中。故下文曰："陵出居延，北行三十日，至浚稽山下。"不当以西陲之龙勒实之也。陵所至之浚稽山，在外蒙古之喀尔喀境，去朔方北二千余里，浚稽山南龙勒水在其南，非敦煌之龙勒水也。今敦煌之龙勒山，有水二渠，水源来自庙尔湾柳树泉上坝湾，即敦煌之龙勒水，以山得名也。

黑海子　旧志：在沙州西北。番名哈喇淖尔，即华言黑海子也。自黄墩子至呵呵沙石三十里，又三十里至双岔河，又九十里至黑海子。党河之水自南来，以此为归宿，近年河水减少，上流分入十渠，无复余波入黑海子矣。

药泉　旧志：在东南石包城。味略如酒，相传饮之愈疾。《清一统志》："有二源，北流合一，为水峡，东至踏实而没。"

盐池　旧志：《元和志》："在敦煌县东四十七里。池中盐常自生，百姓皆仰给。"又："盐池海，在伊吾县南三百余里，周回百余里。"

愚按：东盐池之盐，俗名小盐，远望如积雪，味绝佳，土人常食，仰给于此。伊吾县南之盐池即敦煌西湖之盐池，距城里，味胜小盐，以其路远，取之不易，值贵，用者亦少也。

甘泉　今无考。

贰师泉　即悬泉水也，参看前"悬泉水"。

宕泉　即今千佛洞之水也。

玉女泉　今无考，见同上。①

党城　党城在县南一百六十里党河口，城基尚存，不知建自何年。

观音井　在三危山下，距山巅十里，山上食水仰给于此。有观音庙一所，貌甚古，不知建自何年。

城西古佛古井　城西通新疆要路，发现古佛数尊，高约数丈，通身金黄，极为美观。又现古井数口，深不知底，父老言班超通西域时所造，但敦煌人未之见也。②

交通志

桥梁

党桥　党桥在西门外党河上。道光十二年，知县许乃谷创修，名曰柳桥。十七年，张锡田重修，改名十二联桥。咸丰四年、七年，申典常两次重修。光绪三年风赓、十六年张祥会、二十四年张元潹皆重修，兹后为水冲没者累矣。最后，民国十六年，知事朱恩荣重修，计长三十余丈，宽一丈五尺至二丈，以全县民力用柴木修成，东西桥头各建绰楔，外面题"党桥"二字，东西皆同。西内题曰"虹要乍现"，东内题曰"鳌背同登"。横桥下居中木刻水兽一，仰首南望，蜿蜒欲活，盖蠕蝮也。③ 其余小桥，十渠多有，不计数百，规模较小，不著录也。

附许乃谷《创修党桥碑》：

敦煌城西，党河潔流东北，河湍沙深，为桥辄圮。夏涉水涨，几至灭顶；冬涉水凝，若蹈利刃。邑人童荣裒集家资誓建桥，而力未逮，仅緪长木于上。今三十年，涉者往往颠

① 编者注：此处"见同上"系指见本书"《艺文志》之《敦煌录》"。

② 原注：《天山月刊》一卷四期《边事月志》。

③ 原注：《升庵外集》"龙生九子不成龙……其六曰蠕蝮，故立于桥柱"是也。

蹐，余悯焉。

按，单襄公适陈，因舆梁不成，知陈之衰。北魏崔亮为雍州刺史，为渭水桥，百姓利之，名曰“崔桥”。五代王周因定桥坏，覆民租车，曰：“桥梁不修，刺史之过。”乃偿民粟，治之。呜呼！是有司责也。

爰与少尹余君梦兰捐廉为之创，沙营官弁、众邑人士、商贾醵金。继囊土椓基，以沙枣木入水不朽也，截作笼，实以砖石、秸土，护以毛柳、刺松，层叠而起，为柱八，分洞四，驾大木其上，铺以秸土，遵如平陆，凡高一丈五尺，阔五丈有奇，兼建棹楔于桥东西，以连其气。费制钱一千六百缗，二百四十缗权子母以作岁修。郃阳聂创禄、邑生王经文、工书李润董其事。道光壬辰庀材，癸巳正月兴工，十月葳事。

沿流植柽柳万株，榜曰“柳桥”。地接阳关，途远元灞，故人何处，攀折依依。是为序，并坡公两桥诗韵落之：

党河发南羌，一气飞虹霓。
夏涨大于江，秋涸小若溪。
踯躅人没踝，蹴踏马足低。
奔湍拔矮树，急流吞高堤。
冬涉冰削刃，颠蹐非人挤。
西隅一千家，日日来城西。
带水似绝壑，迢遥难攀跻。
谁□塞雁翅，驰骋天马蹄。
千舟数人授，无桥万人挤。
乘舆而济人，笑煞闲鸥鹥。
蚁集事锹锸，鱼贯跻阶梯。
幸卧垂虹影，可以度障泥。
邻女谢轻车，相约出中闺。
晨昏任熙攘，童稚竞提携。
燕泥成架鹊，牛刀管割鸡。
森森莳柽柳，堤固同沉犀。
千条灞水情，一支阳关黎。
不见金城桥，长河入天脐。

《河图像》：“黄河九曲，至砥石入海，为天脐。”重修碑尚多，别见《艺文志》。

建置志

敦煌县庙宇、墩堡、会馆一览表（节录）

名称	建筑年代	所在地	距县城里数	附注
雷祖庙、社稷坛	乾隆五十六年建	东郊	一华里许	
龙王庙	雍正八年建	城西	三华里	俗称西龙王庙

续表

名称	建筑年代	所在地	距县城里数	附注
风伯雨师庙	道光六年建	县城东	一华里	
龙王庙		西稍门外		党河桥东

说明：以上祠庙寺观，为敦煌寺庙之最著者。此外尚有各乡之坊神庙约百余处。缘敦煌由内地五十六州县迁来，每坊止少有一庙，为一坊居民报赛、集会之所。规模较小，不录著也。

河渠志

党河源流考

常钧

沙州户民田地，全资党河，分引五渠，计亩轮灌。其卫城东北席笆厂一带，平原之地，旷土颇多，若得远水增添，自可开垦。细加采访，知党河上流，原有淤塞处所，散漫泉流，可以设法疏引，节经晓谕卫备陈捷查勘，随据移会沙州协派拨兵丁，协同老农等视看开挖。乾隆五年九月，余巡屡沙州，传集兵丁、老农人等，细询水泉形势。据云：党河之源在额尔得尼布喇，距卫城五百九十里。上流希喇哈尔津，水势頻大，距额尔得尼布喇二百七十八里，中隔沙梁三十余里，难于疏浚，且不能保其必无渗沙。离水源下流百余里，河之南，有山地名钓鱼沟，山北有沙巴尔托罗海，俱悉：草湖周围约四五十里，步步生泉，有数百道，每泉眼之上俱有木桩、石块填压。盖缘沙州从前原系青海诸夷游牧处所，设卫之初，尽行驱出南山之外，此等泉流俱为夷人阻塞，不令通流。昨已试开四十余道，泉流大小不等。其草湖迤北山麓，亦有泉脉，多寡不等，若将南北众泉开通，增添河水，尽可开种等语。但经营创始，成效非可预期，所需工本，未便请动正项，拟同厅、卫垫凑养廉银两，多雇人夫，于明春前赴南北两山出泉处所，尽力开通，引水归入党河，增开渠道，暂令该厅督率该卫试种，如果水泉充裕，开垦成熟，再行招户。详蒙两院批饬安协办理，随委安西同知李邦治，穷源溯流，细加察勘，往返五十余日，来安西面禀，据称：党河远源，在希喇哈尔津之东南雪山内，分注三沟，汇成一处。至八汗撒喇汗津沟之下，即入沙石，中隔戈壁约长三十余里，至笈笈台之东，从平地沙碛中渗出，极其微细，应以芨芨台为党河之近源。由西下流至额儿得尼布喇，汇合独山子一带泉水及南北两岸海子、擦汗洮河、清水沟、腊牌沟，愈流愈大，俱入党河，至沙州七百三十里，分为五渠，浇灌户民地亩，此党河源流之大概也。

敦煌县十渠水利表[1]

通裕渠：渠口地在沙枣墩，始建于雍正初年，距县城四十里，河源为党河。渠长七十

① 编者按：原为表格，但编制不尽合理，谨将所有信息改写为段落式文字。

四里，灌溉二百四十户田地，所溉坊名包括镇番、上西宁、西河州、碾伯、武威、旧古浪、中河州、西山丹、东山丹、新西宁、上古浪、新河州。各起止阶段如下：头节渠尾起，古浪头号止；二节五号闸止；三节石头沟止；四节东岔起，五号沟止；五节碾伯沟起，镇番沙家沟止。

普利渠：渠口地在秦家湾上，距县城三十里，河源为党河。渠长七十里，灌溉四百八十户田地。所溉坊名包括东镇番、岷州、永昌、东张掖、平番、西宁、东高台、西高台、河州、东肃州、金县、礼县。东岔：各起止阶段如下：头节渠尾起，板闸止；二节河州沟止；三节永昌沟起，胡家号止；四节西宁沟起，刘家号止。中岔：头节许家口起，田家沟止；二节张家闸止；三节华家闸止；四节二号闸止；五节礼县口子止。西岔：头节阎领号起，武威沟止；二节石头沟止；三节祁家闸起，漕子沟止；四节底坝起，甲坝沟止；五节樊家闸起，小沟止。

庆余渠：渠口地在秦家湾下，距县城二十里，河源为党河。渠长十三里，灌溉二百五十户田地，所溉坊名包括岷州、西洮州、安化、新岷州、旧洮州、金县、礼县。各起止阶段如下：头节渠尾起祁家闸止；二节金县起，小口子止；三节西岔止；四节欢洞止；五节南渠起，大南渠止。

上永丰渠：渠口地在沙山根，距县城十五里，河源为党河。渠长二十二里，灌溉二百户农田，所溉坊名包括合水、环县、正宁、兰卫、渭源、东正宁、兰州、宁州、新兰州、新渭源、新宁州、新兰卫。各起止阶段如下：头节渠尾起樊家堡北渠口止；二节石头闸止；三节渭源县杨家口止；四节环县闸止；五节何家口子止。

下永丰渠：渠口地在宁州坊，始建于雍正初年，距县城十里，河源为党河。渠长五十里，灌溉六百户农田。所溉坊名包括西和、靖远、会宁、泾州、安定、两当、灵台、隆德、东安定、东灵台、东泾州、东会宁、新靖远、下渭源、徽州、中平凉、文县、镇原、平凉、狄道、新狄道、新平凉、崇信。渠道分三段。上段自渠口起，至灵台二号止；中段：西渠止；下段：康家西岔止。

大有渠：渠口地在渭源坊，距县城三里，河源为党河。渠长二十五里，灌溉一百三十户农田。所溉坊名包括：漳县、秦州、中肃州、新肃州。各起止阶段如下：头节自渠尾起，至黑家闸止；二节至下树止；三节至新肃州二号止；四节至大三号止；五节至漳县北门外头号止。

窑沟渠：渠口地在北门外里许，距县城一里，河源为党河。渠长三十里，灌溉一百三十户农田。所溉坊名包括：盐茶、西静宁、固原、成县、宁远、西固、华亭、陇西。各起止阶段如下：头节渠尾起，至新渠之转渠止；二节至固原头号止；三节至静宁头号止；四节止转渠止；五节至西渠口止。

新伏羌渠：渠口地在宁远坊，始建于乾隆廿八年，距县城十里，河源为党河。渠长三十里，灌溉一百三十户农田。所溉坊名包括：通渭、下秦州、东清水、秦安、新陇西。各起止阶段如下：头节渠尾起，至头号中渠止；二节至何家闸止；三节丁家口子止；四节至何家梁止；五节至陇西桥张永和水口止。

旧伏羌渠：渠口地在宁远坊，始建于乾隆廿五年，距县城十里，河源为党河。渠长三十五里，灌溉一百六十户农田。所溉坊名包括：伏羌、西清水、阶州、东静宁、下盐茶。各起止阶段如下：头节渠尾起，至吴家口子止；二节戴家西渠口止；三节郭家转闸止；四节至金县湾马家闸止；五节董家口子止；六节双闸口止。

庄浪渠：渠口地在宁远坊，始建于乾隆十年，距县城十里，河源为党河。渠长四十里，灌溉一百三十户农田。所溉坊名包括：西庄浪、席笆厂、新平凉、新兰厅、新伏羌、西伏羌。各起止阶段如下：头节自渠尾起，至刘陆家口止；二节渭源县高闸止；三节黄渠之西渠口止；四节漳县湾樊家口止；五节笆子场石家口止。

柳树泉渠：渠口地在营盘，距县城一百四十里，河源为柳树泉。渠长一里，灌溉四户农田。

大沟渠：渠口地在寿昌城，距县城一百四十里，河源为上坝湾。渠长四里，灌溉二十八户半的农田。

庙湾泉渠：渠口地在营盘，距县城一百四十里，河源为庙湾泉。渠长三里，灌溉九户二厘半的农田。

西土沟渠：渠口地在俄博泉，距县城一百四十里，河源为俄博泉。渠长八里，灌溉八户半的农田。分溉北工、南工、水尾、庙宫各地。

说明：

一、旧志：沙州旧有东大渠、西大渠、西小渠三道，流沙淤塞，蓄水不多，后复加开浚。其东渠一道，更名永丰；西渠一道，更名普利；西小渠一道，更名通裕。而西小渠引水甚远，又相度地势，开新中渠一道，名曰庆余，西中渠一道，名大有，共五总渠。后又续开上永丰、窑沟、新伏羌、旧伏羌、庄浪共十渠，所溉各方田地与六隅分配各方户民不同，各就其渠与地之相近而轮流灌。至柳树泉渠、大沟渠、庙湾泉渠、西土沟渠，远在南湖一带，不在十渠以内。

二、十渠渠正二名，下永丰原渠长三名，普利、通裕、窑沟、新旧伏羌、庄浪六渠原定渠长二名，永丰、庆余、大有渠长一名。今惟下永丰渠长三名，余各一名。

三、柳树泉渠、大沟渠、庙湾泉渠、西土沟渠所溉户数与学粮一并在内。

十渠水利规则

民国十六年朱县长恩荣修正

第一条　本规则以规定水利平均灌溉，上裕国用，下利民生为宗旨。

第二条　十渠排水应仍照旧例，按春、夏、秋、冬，雨水、谷雨、清明、立夏、白露、寒露、霜降、立冬，四季八节轮流灌溉之。

第三条　每年立夏之日，由渠长、渠正、排水、水利人等请县知事、警佐及水利监察会人员，领兵役至党河口黑山子分水。渠正指挥，掌天河之渠长（下永丰），丈量河口宽窄、水底深浅，合算尺寸，摊就寸数，按户数多寡、平口长短，摊就寸数，公平分水。其分水尺寸如左：

（一）通裕渠平口六尺，分水三寸五分；

（二）普利渠平口一丈，分水四寸五分；

（三）庆裕渠平口四尺，分水三寸；

（四）上永丰平口六尺，分水三寸五分；

（五）下永丰平口一丈八尺，分水七寸；

（六）大有渠平口四尺，分水三寸；

（七）窑沟渠平口四尺，分水三寸；

（八）伏羌、庄浪、新伏羌三渠平口二丈四尺，分水七寸；

（九）十渠平口尺丈，均仍旧例，每户按三厘摊算；

（十）十渠分水寸数暂照近年来源摊算，此后得按水势大小，随时酌量增减，以照公允。

第四条　通、普、庆、上四渠，应在本平口以上各镶退水闸二道；下永丰、新旧庄、大、窑六渠，应在本平口官闸以上西崖地方各镶退水闸一道，以防水患，遵照规定地点，不得擅行改移。

第五条　十渠渠水应遵照旧例一律划归平口，所有私开支渠、妨害水利者全行取消。

第六条　每年立夏之日，十渠渠长按排水分数，开放平口。除下永丰一渠自上而下，其余九渠均自下而上，挨派挨浇。应以庆余、上永丰、普利、下永丰四渠为头，大有、窟沟、新旧伏羌、通裕、庄浪六渠收尾，浇水一次，至迟不得过三十日，周而复始，轮流灌溉。

第七条　秦家湾渠口于四季浇水时同庆余渠口灌溉，须在十日以内浇足一次，由渠正指挥封闭渠口，不得重浇乱溉，有犯渠规。

第八条　秋季白露之日，通、普、庆、上、大、窑六渠已将秋水浇过，听由渠正指挥，即将六渠之水完全退清，由下永丰、庄新旧四渠分配灌溉，是谓浇秋水。

第九条　十渠冬水应由渠正会同水利监察人员，邀请警察稽查，眼同该渠渠长并排水人等，按水势大小、渠分多寡，合算寸数，依左列规定时期轮流浇灌之：

（一）寒露节为通、普二渠尽量开浇冬水之期，如有余水时，得由庆、上二渠酌量分浇，但通、普派浇之水尽量浇灌，至迟不得过八日，以后该渠平口之水，应与庆、上二渠平均分浇之；

（二）寒露第九日为庆余、上永丰二渠开浇冬水时期，该渠平口之水应于通、普渠平均分浇，如有余水时，得由下永丰、大有两渠酌量分浇之；

（三）霜降节为下永丰、大有两渠开浇冬水之日，该渠平口之水应与通、普、庆、上四渠平均分浇，如有余水时，得由窟沟渠酌量分浇；

（四）霜降节后五日为窑沟渠开浇冬水时期，该渠平口之水应与通、普、庆、大、上下永丰六渠平均分浇，如有余水时，得由庄浪、新旧伏羌酌量分浇之；

（五）立冬节为庄浪、新旧伏羌三渠开浇冬水之期，所有浇过冬水之七渠平口应即一律封闭，将水退浇下三渠平均分浇，但上七渠水量减少，确有特别情形者，立冬退水时得延长五日或十日，至下渠于清明节后退浇春水时，亦得按日延长之。

第十条　春季雨水之日，冰消河开，应由下永丰、庄浪、新旧伏羌四渠引水灌溉。至清明之日，上六渠始得开口灌溉，是谓之浇春水。至谷雨之日，上六渠将水退清，由下四渠开渠灌溉。至立夏前三日，下四渠将水退清，由上六渠开灌溉，是谓之浇混水，其混水规则如左：

（一）十渠混水仍照旧章，每地三分浇灌一分；

（二）混水应由某处为头、某处为尾及某处应浇若干，其详细办法由各渠另定之；

（三）十渠关于节段灌溉细则由各渠另定之。

第十一条　十渠有左列情形之一者，均属妨害水利，不得开渠私自灌溉，违者议罚：

（一）各渠每逢秋报，凡献戏讽经，借放水吃私，漫沙地者；

（二）挖渠竣工浸润渠道者；

（三）凡夏水吃紧之际，有先烟苗而后麦田，捣乱挨浇，致妨嘉禾者。

第十二条　各渠如有渠脱坝倒，须将渠水闸归退水，不得借端截浇，违者罚办。

第十三条　十渠平口得照左列渠分互相看守之：

（一）下永丰看守通裕平口；

（二）上永丰看守普利平口；

（三）窑沟渠看守庆余平口；

（四）大有渠看守上永丰平口；

（五）新伏羌渠看守大有平口；

（六）庄浪渠看守窟沟平口；

（七）旧伏羌渠看守下永丰平口。

第十四条　通、普、庆、上、大、窟六渠，原名活水平口，定于立夏之日照依所分水量将闸板闸齐，不得擅动，违者从重处罚。

第十五条　通裕、普利渠开上游，为十渠之母，须设置妥人，严格看守，水利方能平均，其看守方法如左：

（一）县公署派委水利稽查员一人，不时视察通、普二渠平口兼各平口。

（二）县公署派遣警兵二人，常年驻扎通、普平口，专司看守事宜，不得扶同作弊，致干究办。

（三）上下永丰两渠，应照额数推举本渠妥实者二人为排水，按日轮流住宿通、普平口，加意看守，不得代用雇工，仍蹈前辙。

（四）窑沟、大有、庄浪、新旧伏羌五渠，宜依渠长额数推举本渠妥靠者为排水。除照第十一条第一项至第七项之规定互相看守外，并于四季渠水吃紧之时，得在通、普二渠轮流住宿看守。

第十六条　十渠修理渠道时期如左。

（一）白露节为活口六渠挖渠时期。

（二）寒露节为下四渠挖渠时期。

（三）谷雨节为上六渠挖渠时期。

（四）立夏前三日为下四渠挖渠时期。

第十七条　每届挖渠时期，各渠户民，无论绅耆、农约，一律供给夫役，修理渠道。

第十八条　各渠渠长已经优给薪金，此后不得包揽渠夫，从中渔利。

第十九条　各渠起夫之日宜遵守左列之时期：

（一）早八点钟（即辰时）起工；

（二）晚六点钟（即酉时）散工。

第二十条　各渠渠长于茶会之日，即公同绅耆，将规定渠夫先行议定，并推举经理数人，将某日挖某渠、共起夫若干人，于前三日报告县府警察所及水利委员会、十渠公所，听候按日稽查。

（一）担支渠夫，每年每户至多不得过十日。

第二十一条　县府为十渠监督总机关，警察所得辅助协理之：

（一）警察所协理水利事宜，应由县府委任警佐为水利监察员。

（二）水利监察员承县知事之命，督饬渠正、渠长、排水、水利人等，按照规则协理水利一切事宜，如各渠发生违犯条规情事，得由监察员照章分别惩办，其情节重大者，须呈明县知事执行之。

第二十二条　十渠设渠正二人，渠长十五人，排水十五人，水利无定额。

第二十三条　渠正总理十渠水利，务依照规定督率渠长、排水、水利人等，勤劳服务。

第二十四条　渠正非具有左列资格之一者不得公举：

（一）应在上下渠分轮流之列者；

（二）曾任渠长、排水者；

（三）曾任地方水利监察会会员者；

（四）办理乡区公益三年以上，著有声望者。

第二十五条　渠长非具有左列资格者不得被选：

（一）充当排水一年以上者

第二十六条　排水非具有左列资格之一者不得充任：

（一）家道殷实者；

（二）在本渠有田地半户以上者；

（三）在本渠坊会首，乡望素孚者。

第二十七条　公举渠正、渠长、排水、水利人等办法如左：

（一）渠正由六隅农长联名呈县署委任之；

（二）渠长、排水由本渠绅农户民公同选举，呈请县署委任之；

（三）水利由本渠绅农公同选举之。

第二十八条　选出渠正、渠长、排水时期如左：

（一）夏历正月十五日以前为选举时期；

（二）夏历正月十六日为新任任事时期，但旧任须将手续交清，方准脱离关系；

（三）渠正任期一年；

（四）渠长、排水任期一年，但得连任一次或二次；

（五）水利无定期。

第二十九条　看渠警兵及渠正、渠长、排水薪金、水利工食依照左列定额，由十渠按户支给之：

（一）警署派守通、普平口警兵二名，年支饷洋一百九十二元；

（二）渠正二人，年支薪金洋四百二十元；

（三）渠长十五人，年支薪金洋三千六百元（每人得洋二百四十元）；

（四）排水十五人，年支薪金洋一千零五十元（每人得洋七十元）；

（五）水利无定额，应支工食由各渠渠户照旧支给；

（六）十渠杂费无定额，临时概由各户摊支，但渠正须将经常、临时各费于年终结账时开列项目册，报水利监察会查核；

（七）十渠应摊临时、经常各费，如遇渠户有拖欠情形，得由警察所督收之。

第三十条　渠正、渠长、排水、水利人等犯左列事实之一者，得受除名、拘役之罚则：

（一）贿赂公举，运动充任者；

（二）请托放水，受人酬宴者；

（三）不遵时令，混乱节段者；

（四）串通卖水，翻板乱灌者；

（五）贻害渠防，致伤人民生命财产者；

（六）借章滥罚，诈赃有据者；

（七）不服从长官依法命令者；

（八）纵容强梁，防害水利者；

（九）才有庸劣，不勤职务者；

（十）嗾众浇水，扰乱渠规者。

第三十一条　渠正如有左列事之一者得受罚薪、记过处分：

（一）派水不公，致起交涉者；

（二）约束不严，紊乱秩序者；

（三）视察不力，惰慢尸位者；

（四）失察所属，过犯而不举发者；

（五）手续未清，擅离职守者。

第三十二条　渠长、排水、水利等有左列情事之一者，得受罚金或体罚：

（一）扶同作弊，不顾名义者；

（二）包揽民夫，贻误渠工者；

（三）私营平口，损人利己者；

（四）私改成规，苛索乡愚者；

（五）本渠渠户如有贻误渠防，将水灌湖滩，波及官道、民田，知情而不纠举者；

（六）失守平口，放弃责任者（排水）；

（七）视察不力，脱渠倒坝者（水利）；

（八）传集渠夫逾期不到，托故袒护者（水利）；

第三十三条　凡渠户有犯左列各款行为之一者，人则按律治罪，地则照数充公：

（一）反对渠规，破坏水利者；
（二）聚众要挟，强霸灌溉者；
（三）当浇水吃紧之际，有暗决渠堤，借图乱水，倡首乱浇者；
（四）决水侵害他人建筑物或土地者；
（五）妨害水利，致荒他人田亩者。

第三十四条　凡渠户有犯左列各款行为之一者，将所浇地亩全数充公：
（一）不守节段，抢坝截浇者；
（二）不遵守时令，重浇乱灌者；
（三）脱渠倒坝，借乱混浇者。

第三十五条　各渠户有犯左列情事之一者，得受拘役或罚金：
（一）凡不慎防堤，将水流入滩道，妨害他人之田地或道路者；
（二）应搭桥梁，坐视不理或毁坏壅塞，有碍交通者；
（三）挟持聚众，捏造人民更换渠正、渠长、水利者；
（四）借端殴詈渠正、渠长、排水者；
（五）不供给临时、经常欠费者；
（六）不供支渠夫者；
（七）不听从水利人员照章指挥，自行开渠灌溉者。

第三十六条　依本规则应受罚则者，由县知事执行之：

（一）凡渠户受地亩充公罚则者，得按照时价交纳银洋，但上六渠每亩不得逾五十元，下四渠每亩不得逾三十元；

（二）凡受罚款无力交纳时，由县署令行水利监察会，遵照充公亩数，按时价出卖之；

（三）各渠罚款，由县署如数令发水利监察管理，补助水利一切需要，不得移作他用，但开支时须经县知事之许可。

第三十七条　本规则应由县署公布后，随时呈报首长及本管道尹公署备案。

第三十八条　本规则于县署公布呈报后，应由水利监察会印刷多张，张贴各坊，俾知遵守，并得勒碑以垂久远。

第三十九条　本规则自县署公布之日施行。

第四十条　本规则如有未尽事宜，得随时请知事修改之。

官司志

三国、晋、南北朝

皇甫隆　安定人。嘉平中，为敦煌太守。初，敦煌不甚晓田，常蓄水，使极濡洽，然后乃耕。又不晓作耧犁，用水下种，人牛功费既巨，而收谷更少。隆到，教作耧犁，又教衍溉。岁终，率计其所省庸力过半，得谷加五。

李歆　……（沮渠）蒙逊遣世子德政攻（敦煌太守李）恂，恂闭城不战。蒙逊率众二万攻之，三面起堤，引水灌城。恂遣壮士一千，连版为桥，潜欲决堤，蒙逊勒兵逆战，屠其城……

唐

张守珪　陕州人。开元中为瓜州刺史。时瓜州为吐蕃所毁，守珪率余众筑城，板干栽立。吐蕃掩至，守珪于城上治酒作乐，虏疑有备，不敢攻而退。守珪纵兵击之，虏败走。仍复修城市，收合流散，皆复故业。朝廷嘉其功，以为瓜州都督，累官辅国大将军。州地沙瘠，不可艺树，常潴雪水灌田。是时渠竭毁，材木无出，守珪密祷于神，一夕水暴至，大木千章，顺流而下，因取之修复堰坊，耕者为旧，州人神之，刻石纪其事。

清

朱凤祥　字小梧，贵州开泰县人。由拔贡以知县分发甘肃，补渭源县。嘉庆十八年，调敦煌县。天资明敏，工诗文。征收粮草，设法劝纳，不忍加以桁杨。每逢春种，督民疏浚渠河，分水务持平，俾民不起争端。暇时与书院诸生讲学，邑生童素少能诗，至是始学声韵，皆出于所教也。

魏邦彦　字载田，河南光山县人。嘉庆壬戌进士，由翰林庶吉士，改诠宁远县知县。嘉庆二十一年，调敦煌县。性仁厚，下车之日即以学校为先务，增立义学，捐廉千余金，疏南山之水，引入党河，灌溉民田，惜逾年而淤塞如故。邑人至今感之。

朱恩荣　字锡三，山西猗氏人也。清季为诸生，肄业优级师范学校，毕业师范科举人。为人刚毅果敢，善断廉察，人不能欺。在籍办学校有年，成绩优良，受知京兆尹薛笃弼。民国十四年，笃弼任甘肃省长，以恩荣为秘书。民国十五年，檄长敦煌县。甫下车，以敦煌僻远，教育不良，无基础，经费缺乏，六隅添设模范小学六处，筹添教育基金前后三千余元，教育精神为之一振。近年河水日歉，全恃条规均匀调剂，恩荣为更订《水规》四十条。特设水利监察会为之监理。每至灌溉紧张，必躬自督理，由是水规不紊，民皆便之。敦煌党河有桥，自道光十一年，累修累圮，民常病涉。恩荣曰："是为流沙底，非坚筑其基不可。"于是掘河底七、八尺，垫满卵石，然后立柱，于是水虽暴涨，而柱不摇，桥始坚稳。时国困民贫，科派无常，烟亩罚款其一也。他官皆假手农长、坊长、乡绅，豪户往往种多输少，贫民则种少输多，甚至上下其手。恩荣则亲为勘查，计贫富之亩数多少，定税率，曩年中饱偏私之弊尽绝。地方赌风尤甚，历年官绅习为成风，恩荣则以身作则，不尚刑威，自风清弊绝。又地方多盗，民不安枕。恩荣则倡办保卫团，枭渠魁三人首，匪皆敛迹。邻封股匪，时没时出，敦煌独安，人皆视为小桃源。暇常与绅民演习武事，修城浚池，并铸大炮三门，配制火药，修备库储旧械。又相度地势，就北门外大有渠砌出水洞一，曰："他日贼至，汝等悉为鱼鳖矣。有此，则得所泄无虑也。"并令民团练习战守，如贼至状，人皆怨其多事，此在民国十六年时。洎至民国十八年，酒泉变兵吴廷章至，果决水灌城，城不倾者赖水洞也。绅民咸叹其智。且恩荣体力强健，事必先劳，不假手胥吏，常星出星入，虽奇寒酷暑，不少衰。此尤空前绝后，人所难能。当吴□至时，恩荣已解篆，代庖者解梁赵晋芬，书生也，仁智有余而勇固不足。恩荣一身为其谋主，有备无患，城不陷者，恩荣之力居多焉。先是瓜期未届，恩荣连电请辞，绅民亦三复挽留，不获。既解绶，新任黄君焕章，少年新进士也。有劳疾，就职六日，以事烦不奈，投井死。绅民复请肃州行政长调恩荣复任。恩荣不得已暂权篆务，旋又力辞。上峰以其能，调署宁定县。去之日，绅民依依，随车不忍舍，并为制锦署联，以系去思。

艺文志

赞、论、议

建设沙州协镇议

岳锺琪

窃惟沙州系极边要地，宜改设副将，以资弹压。盖此地西通衣孙插汉齐老图，南连得布特尔，北接哈密，实属紧要之区，是以臣前曾奏请设镇。今看得杜尔柏津地方，系各隘口适中之地，若有应援之事，较之沙州更为得宜，故臣等今复请于杜尔柏津设镇。既移镇于杜尔柏津，则沙州相离新城止二百余里，声势联络，似可不致孤悬。但沙州地方辽阔，招民开垦，防护宜周。且离哈密甚近，恐有行走之处，应于安西两路分兵并进。今镇标议裁二营，止设三营，皆驻杜尔柏津，则沙州亦通各处要路，且有领兵应援哈密之任。非改为沙州协，特设副将驻扎，诚恐游击等员，声势稍轻，犹未足以弹压。其现兵一千名，亦属单弱，应再添兵五百名，分作左右二营，每营设守备一员，千总二员，把总四员，仍归安西统辖。查杜尔柏津西去沙州二百余里，东去旧安西镇城一百余里，其间必得设营分汛，方能声势连络，呼应更灵。伏乞皇上睿鉴，饬下施行。雍正四年七月，奉部文施行。

诗、偈

玉关给长安主簿

岑参

东去长安万里余，故人那惜一行书。
玉关西望肠堪断，况复明朝是岁除。

苜蓿峰寄家人

岑参

苜蓿峰边逢立春，葫芦河上泪沾巾。
闺中只是空想忆，不见沙场愁杀人。

按：《大唐西域志》："敦煌玉门关外有五峰，苜蓿峰其一也。""葫芦河，上广下狭，回波甚急，深不可渡，上置玉门关，即西域之襟喉也。”《一统志》：“葫芦河在大同府蔚州城北。”此葫芦河当与敦煌之葫芦河名同而地异。

出玉关

胡曾

西戎不敢近天山，定远功成白马闲。
半夜帐中停烛坐，谁思生入玉门关。

月牙泉

朱凤祥

德水源传星宿海，灵池胜纪月牙泉。
不形卮泄疑无地，倘有槎寻定到天。
沙岭回风森壁立，铁鱼跋浪蹴涡旋。
凭谁问去龙媒迹，汉武当年正拓边。

游月牙泉诗并序

谢威凤

光绪辛巳岁，吾汭何雨畦司马宰敦煌，余自长安督饷酒泉，同谒刘毅斋爵帅于伊吾军次，始获晤谭。雨畦谓余曰：“敦煌古名胜，阳关、玉门关虽湮，而渥洼泉无恙，子曷游乎？”重九后访之，雨畦置酒邀余与朱鸿初军门、张辅卿、李览卿明府饮于泉亭。但见碧波一湾，沙山四面，寒光如镜，照彻古今。不仅把杯叹曰：“渥洼以天马得名，汉武神其马作歌，自雄百世之下，边风塞月，莽莽苍苍。使吾辈万里征人，留连歌咏，慨然想见雄才大略，不得谓非壮游也。”雨畦属题，因次壁间苏九斋原韵，借志鸿泥，并质后之来游大雅君子，谅正焉。

其一

霜落沙州塞色新，秋风木叶下频频。
北庭扫荡归征马，霸业销沉吊古人。
折柳不闻羌笛怨，把酒时忆曲江浜。
长安别后无消息，边地劳劳即此身。

其二

唱罢伊州曲未还，故人招我玉门关。
三边作郡裴岑乐，万里悲秋杜老闲。
太守勒碑寻汉迹，渥洼擣酒对沙山。
武皇天马今何在，冷落寒泉月一弯。

月牙泉

赵学诗

郡南十里有灵渊，一曲湾环月未圆。
鱼比蟾蜍还似铁，马生骐骥命各天。
七星瑶草生嘉卉，半碧清波泛晚烟。
自古渥洼传圣迹，妄从肖像呼错泉。

两关遗迹

苏履吉

西界阳关与玉门，于阗古道迹犹存。
曾看定远成功返，已迁匈奴绝塞奔。
此日歌传三叠曲，当年地纪迈军屯。
一方雄控今何若，几度春风许等论。

月泉晓澈

苏履吉

胜地灵泉澈晓清，渥洼犹是昔知名。
一湾如月弦初上，半壁澄波镜比明。
风卷沙飞终不到，渊含止水正相生。
竭来亭畔频游玩，吸得茶香自取烹。

光绪己卯上巳日偕凤雨村游月牙泉得诗一首

蒋其章

列坐流觞病未能，偶谈明迹陟嶒陵。
群山一曲淡无影，新水半湾微有冰。
倦侣心情宜水曲，长官风味问茶僧。
昔人重九题糕处，壁上诗牌翠墨曾。

光绪庚辰重九配敦仁太守、张海赓明府重游月牙泉，同用敦翁韵

蒋其章

策骑沙山下坂来，半泓泉水镜奁开。
凌峦倒影浸碧水，鼓浪不生同怒雷。
天马神奇疑附会，沙鸥浩荡足徘徊。
时清僚佐今多暇，好共临流酹一杯。

两关遗迹

雷起鸿

见说阳关与玉门，平沙万里暮云屯。
唐人再出休歌曲，汉将生还许拜恩。
落日三秋空眺望，边烽几度叹亡存。
敦煌犹足当年地，编户殷繁漫等论。

党水北流

雷起鸿

南山党水入郊墟，信是敦煌美利储。
泐泽潜波东去渺，黄河分派北流疏。
年湮没辨沧桑界，功普勤开郑白渠。
为问两千四百户，三时灌溉乐何如。

月泉晓澈

雷起鸿

沙环四面一泉清，天马当年贡汉京。
枢握天根元气足，图分太极半规明。
铁鱼古浪山光动，星草含芒夜色晴。
水有神灵污不得，曾施雨雹迁雷行。

嘉庆六年演戏于此，人多以秽物投泉中，俄而雷雨大作，遂不复演戏。道光十一年，徐玉年明府来敦，不之信也，令演戏。时属中秋，乃大雨雪。造船游戏水上，船无端欲坠，遂大惊异。邑人以此深敬信之。

月牙泉怀古

蒋赐麟

沙卷飞石风怒吼，百草吹折狐兔走。
生愁天山雪飞来，峰头如何作重九。
晓来天气忽踏青，策马携酒城南行。
霜摧木叶萧萧下，雷动沙山隐有声。
半泓秋水似月牙，人言此即古渥洼。
曾出天马贡天子，汗血流赭喷桃花。
我闻斯语剧叹息，天马之来从西极。

自古旅獒有明训，异物何关远人格。
好事汉武开边界，穷边直到轮台外。
贰师转战八千里，兵气连云压虏塞。
沙场白骨无人收，天阴月黑鬼啾啾。
万古烟尘不得静，后人又筑筹边楼。
区区宛马何足数，故神其说夸英武。
可怜四海战争日，得不偿失竟何补。
我今览古意茫然，倒罢金樽醉欲眠。
行人遥指夕阳道，村外寒鸦噪晚烟。

立夏赴各渠口分水

刘遵椝

杨柳重堤夏日长，轻装驰入水云乡。
分水不是抡才典，也要亲掺玉尺量。

歌

月牙泉歌

景廉

敦煌城南众峰峙，蹊径别开林壑美。碛沙成岭势突兀，万古风吹沙不起。天晴时走阿香车，倘有蛰龙蟠地底。[①] 灵泉一泓号月牙，碧琉璃净尢纤霞。[②] 半轮水镜随地涌，蟾宫直可通仙槎。林木倒影沉波内，恍惚丹桂枝横斜。偷闲结伴试游赏，对此襟怀倍开朗。临风把酒乐未央，夕阳西下月来上。归稽志乘心惘然，此水乃古渥洼泉。房星下降毓灵秀，忽见天马出深渊。群空西域洗凡骑，美谈犹自饶当年。吁嗟乎！红羊劫后山河改，汉皇武帝竟安在？龙媒指顾成尘埃，徒留逸事汗青史。唯有渥洼之水至今留，千秋兴废随东流。我来俯仰缅遗迹，一声长啸惊沙鸥。

月牙泉歌

周炳南

沙声一鸣四大空，众山皆响歌大风。
寻声不知何处是，人间恍惚广寒宫。
十丈红莲避世路，富贵贫贱行乎素。

① 原注：每遇天晴，沙山中时有雷声殷殷。志载“沙岭晴鸣”为八景之一。
② 原注：水极澄清。志载“月泉晓澈”为八景之一。

视一杯外如鸿毛，高谈风月还如故。
闻说天马出此泉，自贡汉皇去不旋。
泉耶池耶皆渥洼，何须口辩如河悬。
草结七星铁鱼背，一洗凡响杂管弦。
但愿名同胜地留，俯仰天地念悠悠。
此间疑是桃源游，不见仙人怅春秋。
与君登高声长啸，樵歌渔笛难为喉。
平沙万里眼底收，追攀天路自险幽。

和周炳南静山原唱

吴钧

烈日炎炎耀太空，驱车城南迎薰风。
渥洼池边寻胜迹，绝胜前代避暑宫。
四围沙合疑无路，中有激浪广寒素。
偶来此地拓胸襟，知交相逢半新故。
曾记客冬游酒泉，天寒风卷白沙旋。
何如此泉风景好，汉家日月镜里悬。
坐定忽闻山鸣响，和声惜少武城弦。
君屯细柳大名留，惠留泉水共悠悠。
访古不负此远游，岁月惊人两鬓秋。
长此问山山不语，我亦不平鸣歌喉。
回首沙碛夕阳收，归来晚凉意兴幽。

月牙泉歌

朱埅

天地巧瘗穷荒界，半出寒泉落天外。
千丈万丈不知深，支分定是银河派。
沙山四面如玦环，纤尘未敢侵衣带。
尾闾不泄止不盈，海若灵泽疑在斯。
惊涛胜地冲风起，鲜鱼跛浪苍冥里。
气吞云梦压萧湘，咫尺应许论万里。
风和日暖日沦涟，荻苇萧萧亦可怜。
铁背七星安足问，人间何事要神仙。
弯弯数亩只如弓，此水直与天为通。
房星当年水底过，失群天马出清波。
汉家天子不解事，遂令千山战骨多。

至今不见古渥洼，我道龙媒此即家。
除却灵池何处觅，茫茫千里尽平沙。

遗补诗

晚泊蒲类

骆宾王

二庭望归断，万里客心愁。
山路犹南属，河源自北流。
晚风连朔气，新月照边秋。
灶火通军壁，烽烟上戍楼。
龙庭但苦战，燕颔会封侯。
莫作兰山下，空令汉国羞。

从军行（其七）

王昌龄

玉门山障几千重，山南山北总是峰。
人依远戍须看火，马踏深山不见踪。

城工告成四首（其四）

汪漋

鸣沙兴作萃元元，五堡新营接镇垣。
巩固藩屏依险设，周防士马比云屯。
月明野水通蒲海，风接岩疆控玉门。
盛世安壤宏缔造，金汤千载纪殊恩。

两关遗迹

雷起瀛

昔年曾记万军屯，传说阳关与玉门。
此日敦煌寻旧迹，唐碑汉碣许同论。

党水北流

雷起瀛

敦邑民生赖党河，春耕惟望水盈科。

北流活活分渠引，灌溉田畴利正多。

月泉晓澈

雷起瀛

海传星宿源谁导，泉号月牙波自清。
未逐春潮盈四泽，兴云时亦济苍生。

月牙泉诗

张大千

阴晴原不缩离游，地近龙堆客子愁。
君看月牙泉上月，月缺月圆过中秋。

敦煌纪事诗八首（其二）

于右任

立马沙山一泫然，执戈能复似当年？
月牙泉上今宵月，独为愁人分外圆。

月牙泉纪游

罗家伦

新月澄池水，龙媒产渥洼。
群羊惊凶处，鼙鼓动鸣沙。

歌

玉门出塞歌

罗家伦

左公柳拂玉门晓，塞上春光好。天山溶雪灌田畴，大漠飞沙旋落照。沙中水草堆，好似仙人岛。过瓜田碧玉丛丛，望马群白浪滔滔。想乘槎张骞，定远班超。汉唐先烈经营早。当年是匈奴右臂，将来更是欧亚孔道。经营趁早！经营趁早！莫让碧眼儿射西域盘雕。

文存

月牙泉补修水车墙垣募化疏引

雷中孚

且以四海之遥，九州之大，深岩绝壑之间，往往有胜地灵泉。卒为人迹所不到，竟付之荒烟蔓草之中，不得与山岳效其灵，湖海争其秀，湮没而不可彰著者，何可胜道哉？然或为人迹所屡到焉，不先有人以开创之，隆其庙貌，大其宫观，不复有人以振兴之，勤其墙垣，培其树株，亦仍付之荒烟蔓草之中，而基地不著，而其名不传。如我邑之月牙泉，溯其地之所由著、名之所由传，不自今日始，盖历千百年于兹矣。顾由今以思前人之所创修，凡一切雘丹之润色，乎[①]湖山之胜，无往而不壮观瞻；种植之繁表，著乎境界之间，何在而不适游息。又况乎香火之需，久得竭其精诚；水车之资，时亦利其灌溉。以及器俱、桌张，固亦无美不备，无善不修。昔时董事诸公咸以为亦可以永不朽矣。夫以治天下之大，其设法非不美、其防患非不密，然而积久弊生，凡事因之以坠废者，何可胜举乎？矧神工庙会，赖人各尽心之事哉！此所以月牙泉之百废不举，良可慨也！倘失今不治，将见卧壁颓垣，渐及于鄙陋，枯枝老干，终归于荒凉。所有董事会，触目伤心，共起善念，欲为集腋之举。窃以阖邑好善仁人君子，倘不惜囊内之钱，即可添花上锦。幸稍捐瓶中之粟，何难聚米成山。事成因人，鸠工指日，果好善，有同心，今而后庶几恩泽普被，林木森然而可观；筑削告成，墙垣高而遽立。纵当夏秋凉暑之间，燕夜莺春之际，词人学士，田夫野老，挈榼携酒，纵其晏乐，恣其游观。而西山爽气，庶可豁人心神；北牖凉风，亦足达我胸次。则熙来攘往之余，仰而观山，俯而听泉，亦可以尽逸兴，而无余憾矣。是为序。

月牙泉龙王庙碑记

陈宏谋

鸣沙山为塞外胜境，有泉依山如半月，名月牙泉。泉甘美，深不可测，或以为中有神物焉。提军李公构亭其上，余巡历至此，伭徊久之。佟丞苏备为余言："每年祈雨于此，无不响应，拟龙神庙为祈祷之所。"余以四面沙垄，泉澄澈为飞沙所不到，甘露流膏，泉之灵也、神之泽也。庙之立也宜哉。敬书缘起，以志神庥于弗替云。

普利渠渠规碑记

盖闻天一生水，地六成之。因命神曰"冯夷""天吴"，又曰"阳侯"，刁坎以治曲，屈而易壅利用留，分而多于利用瀹。其所以滋润万物，普利民生者，良非浅鲜。昔先王划井分田，百井为一成，百成为一同。其中有水道之界，始于广尺之亩，以至于四尺为沟，八尺为洫，二寻为浍。其所以备旱潦而通蓄泄者，无不周至。而我普利渠之开设，何莫非此良法美意，利用厚生之宏猷哉！顾溯设之初，原有成规。轮流灌溉，自下而上，自春徂冬，罔或紊乱。而各渠百姓无不咸沾乐利之原究，未闻有不均之患。迨后，非人崛起，以恶为能，故乱成规，于中舞弊。任其贪婪之心，弗顾民义之闲，流毒孔极，伊于胡底。生员龚翰文，不忍袖视波靡，遂偕农约张克俊、王作贤、许德、杨珍、魏绪存、姚继业等，但为义举，劳力镶坪，尽旦夕之焦劳，成百年之嘉庥。而受水百姓群欣有源，而大无虑。

① 编者注："乎"前应缺一字。

将落则荒饥他渠，容有觊觎之心，无所用其强制之力。然渠不立规，利犹不普，以致坪不显；民害犹留。岂不大可惜哉？于是阖渠绅衿、农约、坊甲人等，公到会所，议定章程，间有孔任，不遵规律例，即鸣官按律例惩诒。此则三隅公举，不得视为具文，因将章程、条规，开列于后，付诸剞劂，列为碑记，以志成规于不朽云。

代申典常修党桥碑记

雷起瀛

党河有桥，自前邑侯许公玉年始，继之张易农邑侯也。其始也，以河之底岸尽沙，水注沙流，植基难固。故卷石甃茨，筑土架木，工繁费重而难坚久。特为综核其醵，分之钱共数千两，发商取息，为永远营修之资助焉。及继修时，土石、瓦砾、荆棘杂错共中，基址渐固矣。因分十有二洞，以杀水势。断木为棨，柎木为板，宋桷钩连，回环系属。既成，榜曰“十二联桥”，庶乎坚而可久。亡何，历十有七年，乃复漂没，行者苦之。今我邑侯之重修也，踵事加厉，特宄大其形式规模，惟坚久是图。不欲省工费，又不欲伤民财也，于是涓吉兴作，同少府魁公躬亲监督，所与董事者，惟斋长农约等。章程既定，庀材鸠工，凡为长二十丈，宽十六尺，砌石砥于中流，防冲激也。筑土堰于两涯，杜泛滥也。洞分十道，取宽阔也。梁高倍寻，去壅滞也。朝夕董勤，人人争先，是以期月而蒇事也。其费即发商生息，积年所获之利息也。其夫每户出丁三人，以勷其事。功竣，众嘱余志之。余日：都哉，一桥之役亦细耳，而父台之智谋勤慎也。如此余有以知其心矣。其将取邑之便于民者，而次第经营之也。夫前之人为利于民而举一事，或久而废，废而不复举，或举而喜事纷，更反不便于民。故曰：善作不如善固也。是役也，始或议辇山石铸铁柱，疲极人力以修，公以为不便也，仍旧贯焉。推其心，其于不便于民者，盖无日不系于怀，以求其便焉。故虑边境黑番之挠害也，训练民勇以防之。念租粮折色之艰难也，请征粟以贷之。凡民之所欲而事之至便者，知则无不为之矣。岂仅一桥也哉！然其心之殷殷于民者，持始于是耳！乌可不志诸石，以垂久远也耶！

按：咸丰四年，文存《修省斋文集》。

重修党桥碑记

申典常

党河之有桥，创自前任许玉年先生，继而张易农先生增修之，建十二联桥，莫不谓从此可保坚固矣。突于咸丰四年夏，河水涨发，漂没无存，行者苦之。斯年岁杪，余任兹土，知此桥之修弗可缓也。第会算交盘，延羁酒泉六月有奇，将近寒冱，未便兴工焉。今春召绅耆申前议，择吉四月兴工。夫敦邑，沙壤也，二麦芃芃，正资灌溉，稠水势以修，修则下渠望水各田，不无枯槁之虑。众父老私为余议之，余曰唯唯，然不敢因议而遂寝乃事也。即亲历河畔，相地度势，勾稽科诸绅士，木石责及农约，夫丁简诸户民。一兴作，间膏雨兴。自凡渠水未周之处，均沾渥泽。而携畚荷锸愈乐趋工。越月告成，众父老为余得之，余曰否否，雨水调匀，天为之也。工程迅速，人为之也。惟民乐趋工，天也乐锡福，余何德焉。斯桥之立也，易十二联桥为十洞，计长二十丈，竖柱二十二根，河底八尺，外高一丈，宽一丈六尺，盖以木板围以长栏，桥之两岸，甃石卷茨，东西建绰楔二座，似较前巩固而壮观，而费用悉以原助河工之生息钱四百二十两樽节之。始于初夏朔四日，蒇于仲夏朔十日，因志起讫，愿吾民相与护持，以垂不朽云。维时相助者，少府魁瀛仙洲，董率邑生张守元、生员吴定基，分理者则农约孟魁等。是为序。

重修党桥碑记

陈康

敦邑城西党河之有桥，道光壬辰许玉年堂公创修于先，已亥张易农堂公复修于后，咸丰丙辰申康堂堂公复修于后。均以木为之脚，联络而成之。光绪戊寅，桥坏，凤山村堂公，以木脚入水易朽，改木为石，众莫不曰：从可永保无虑。特当时觅石有限，故周围厢以巨石，中实以碎。今年夏，河水盛涨，碎石冲溜，围石倾欹，桥又坏。邑之人虽欲修复，但证以历充四修，或费千余缗，或费二千缗，工役仍责之丁户，费时艰，不无因而退缩。文堂堂公千万人之病涉，且河西数千家，日夕所经，尤为不便。又念民力凋敝，若照前摊捐户商，实有不逮，慨然独力兴修，立意不累民间一钱。更复虑事量功，改前石脚七而为三，不掺碎石，取其坚实难摇，而出水顺利也。东西间以两榆木脚，取其石或颓，而本脚在，木或朽，而石难移，循环能换移，而桥永无大患也。升桥高尺余，以河身淤高，水或大能以容流也。挑通退水两道，夏水盛涨，得以分消水势，而桥不至稍有震动也。木石料楝其完好而仍用之，借资樽节也。是役也，规模虽悉依旧制，而工料坚结，费用无多，所赖农约及管工头人，协力同心，不辞劳瘁，议未终朝而集工，未越月而告成。不劳民、不伤财，民熙熙不知有兴作。所谓功无浪用，即款不虚靡。前废累累，徒事铺张者，闻此风能无滋愧。而我堂台，以实心行实政，即以此，可概其大凡云。是为序。

按：光绪十六年知县张祥会修。

重修党桥碑记

郭铸嘉

邑西门外有党河，发于南山，汇归于北湖。河惟一道，支分十渠，敦之民所借以灌溉地，上纳国赋，下裕民食者也。惟河滨城下，河西居民千家，往来城中者，必涉此水。每当夏月水涨，冬初结冰未坚时，临河而阻者，直不一人，几有望洋之叹。前邑侯许玉年先生，悯民之病涉也，于道光壬辰岁，创建一桥，以济徒舆。两岸树柳，以固棹楔，名曰柳桥。河西人民莫不额庆，洵惠民之善政也。惟有河身尽系沙底，历十余年即无不倾圮之虑。自时厥后，张公易农、申公庚堂，皆续为修葺，易名曰十二联桥，后易党桥。光绪戊寅，桥复崩。凤翁雨村权事，余时亦署学篆。公以建木沙上，终难持久，遂商之合邑绅者，为经久计。时雷孝廉起瀛、张君兴元、白君应儒等，精明干练，裕经济材，大集捐资，以石建基，以木作梁，阅数月而成功，较前己云固矣。不意光绪十六年夏，水甚涨，桥复圮。张公文堂捐廉修之。去岁六月，木梁坏，桥又圮。适公权县事，虑民艰于涉也，又虑捐资累民也，遂独力捐廉，专委少尉贺公子勤，督率农耆，重为修理，阅两月而成功。公以名进士签分来甘省垣，需次两年，听讼谳局，以明允著。去岁夏初，捧檄来敦。下车后，培学校、惠灾黎、颁书籍、隆教化、取药饵、救疫疠，善政累累，不一而足。修桥之役，不但不累民间分文，且并监工、农耆，亦发给口粮。故能人人奋勉，乐事趋工也。贺少尉明练且勤，督理有方，故能工料坚实，过于曩昔，可期多经年所也。功成以后，合邑绅耆，不忍忘公之德惠，欲记其事于石，而余为文。余学翦陋，何敢当此。第辞，不获命。且余三权学篆，经二十余年，源委知之甚详，因不辞网诞，而为之记。

按：光绪二十四年张元潹修。

月牙泉记并序

王永章

昔汉武置敦煌郡，相传其地有渥洼泉，曾产神马于中。迨后沧桑屡易，建戍无常，或附我版图，或流为夷域，几世几年而后，以迄于今日。我圣天子遐荒臣服，率土而王，于以有其地、民其人，建官置戍，以成大一统之基业。

余以砚食于司马总王公之官署，稽古追踪，按图溯源，求其所渭渥洼泉者，年湮而莫可考。惟城南十里之外，有水一湾，周回千数百步，既清且冽，亦泹而泓。沙壁环抱，岸芷丛积，夏固不涸，湛然可爱，冷然可观。悠悠焉，涣涣焉，有不可一世之慨。自此而外，广袤数十百里，虽有泉数处，然其形其地，终不如此泉之秀而洁，淡而灵。噫！古之所谓“渥洼泉”也，而近世则流传失实，渐相沿，皆以此泉形如初月，而其名为月牙泉焉。

月牙泉之称，不知始于何人、创于何代。然盟蜜夏五，纪事而未全；甲戌己丑，承讹而不改。余敢以私心变前人之旧章乎？因漫于良辰，用是不揣臆说，而先揭其泉之始如左。

重光洽协之春，居停开东阁、具华筵、备轩车、列仆从，邀余同游于月牙泉上，以志其胜。余辞不敏，主君觉余之嗜幽闲而厌烦扰也，于是退壶觞而进酒榼，仆从各减其半，车骑并驱而来，以冀作竟日欢。顷焉，眼界一清，喧哗顿逝。喘息既定，乃命杓水烹茶，开炉热酒，既筵之不设，仰垣率而自如。斯时也，则见四山环翠，群鸟和鸣。草含青而欲舞，柳呈媚而相迎。波泛如钩，似泻钓鳌之素影；泉源半曲，疑浮太极之清阴。荡新条于树梢，落魄于春深。悬崖百级，壁飞千寻。丹楹流霞，绕兰光而作晕；玉阶依砌，连广厦以为宫。又闻其中曾产神鱼、出灵草，逍遥水际，餐露凝霜，游泳波心，隈香服气。既如珠之不购，更始宝而难收。抑且对峙鸣沙，韵生中谷，仙踪绝超不数丁冬，细境离奇恍同玉漏。此盖天地灵秀之气，聚而为水，结而成山。山以灵而故鸣；水以神而益秀。余于赏心之际，复泛轻舟，凭微芒狂眄太乙之疑，泛星宿之槎境，涉罗浮似践广寒之窟。独是掉兰浆而东回，伊人神往；抵中流而西倾，击楫情殷。既而主公以余之酒兴未阑，惟恐腹稿之不速也，随召舟子而登岸。洗盏更酌，并呼僮沈墨执卷，请记之。余搁笔，又复酬以大白。于是沉醉东风，卧软车返焉。越明日，见其词虽无文，然一时之佳况也，是以录。

重修党桥碑记

郭璘

间考志乘，党河发源于南羌博克图山，在汉“氐置水”，唐曰“都乡河”。水经沙山之阳，蜿蜒流于党城湾。每岁秋夏之交、河水泛滥，行人病涉。始于道光壬辰，创修柳桥。迨咸丰丙辰，而复修之，乃易其名曰党桥。自是而后，续修殆四次，凡兴是役者，莫不曰负固不摇矣。庸讵知工量巨，而本不固，河底流沙易于倾圮者乎！民国十六年七月，山雨暴发，河水猛涨，旧有桥梁，又复尽被冲毁。适值朱锡山县长来尹吾邑，乃精心筹划，毅力经营，度其地形，参以众议。桥仍为十二联，长二十四丈，竖柱二十六根，下垫旧硙石，高一丈六尺，阔也视高相若。上铺桥板五百，两旁置栅六十。更于柱底四围，笼罩沙石、囊壅茨柳，以防大水之浸刷。又于桥西备退水闸一道，以冀减杀水势。计自八月兴工，用民工八千余，费水款千余元。越两月而工始告竣，从此河流顺轨，永庆安澜漪欤。休哉！此固贤宰善政之伟绩，亦未始非吾邑自治之基础也。某也无文，爰循众人之请，乃抚笔而谨为之序。

入山疏凿党河源悬匾龙王庙以志神庥序

赵晋芬

敦煌农田灌溉，夙资党河，迩来河流日鲜，农业之仰给不足，晋芬职司民牧，惄焉心忧。爰集邑人士，议所疏通而张大之，农会会长张君惟俊，樊君兆麟，以疏凿河源请，众议赞成，即樊君以任其劳。斯役也，共派民夫二十人，以四月入山，履拉排沟、桥头子河、鳖盖、巍博沟、小牛沟、清水沟、野马河，需时三十日，疏凿泉大小四百三十余眼。其尤益者，各处泉眼，被蒙人之牛、羊践踏，屡致湮塞。樊君至，与蒙人交涉，划鳖盖为界，嗣后不准蒙人游牧，由蒙人××等与樊君双方书名签字，立卷在案。由是河流渐增，农田利赖。虽曰人谋，抑也神明之默护也。爰题“溥洽渊泉”四字，用答神庥，兼志不忘云耳。

民国二十年某月　解梁赵晋芬题并序

联语

月牙泉联语

祝应焘

四面风沙飞野马；
一潭云影幻游龙。

月牙泉菩萨殿联

邑人李希圣

座拥青莲，风扫银沙鸣法鼓；
波澄碧玉，泉开纤月泛慈航。

月牙泉药王殿联

萧国本

座绕鸣沙仙灵逸响；
泉萦片月圣德流光。

月牙泉药王殿联

范钧

对一曲之甘泉，俨探桔井；
拯群生于苦海，如泄柳瓶。

月牙泉联

张易农

不必石峰高，沙碛亦曾鸣雅韵；
漫云泉影细，澄波偏可印前身。

月牙泉联

周嵩龄

地脉接昆仑，此水源通星宿海；
丹砂比勾漏，愧我官非抱朴仙。

月牙泉菩萨殿联

邑人　刘凤翔

山环鸣沙，响喧法雷开觉路；
泉映片月，波泛宝筏渡迷津。

月牙泉菩萨殿联

苏念祖

月牙水溢唾甘露；
柳瓶丝抽系渡航。

月牙泉联

黄金绶

活水巧回环，问那如许清光，可曾有姮娥误奔；
灵沙常拥护，念些摩诃妙谛，还许望天马重来。

月牙泉联

黄万春

泉是山清，不肯奔流溷沙漠；
月常戒满，故留缺陷示人间。

月牙泉联

吴钧

沙自几时鸣，惊雷时有蛰龙起；
泉犹亘古在，出水还期天马来。

月牙泉联

廷栋

精粹象天，清明鉴月；
坤元孕气，潜畅成泉。

月牙泉联

黄万春

一湾水曲似月宫，仙境涤尘心，顿起烟霞泉石念；
五色沙堆成山岳，晴天传逸响，恍闻丝竹管弦声。

月牙泉联

吴钧

物不平则鸣，沙发声果何为者，听鼙鼓动地，震雷惊人，俨若有山灵呵护；
月既圆乃缺，水象形岂偶然哉，观皓魄半轮，清泉一曲，于此悟天道循环。

安西县采访录（节录）

卷三　水　　利

安西水案碑

玉门县知事沈、安西县知事杨泐碑，严禁以垂久远事。案查安西、玉门会同详复查勘过杨学易偷挖铁车坝水源一案。兹奉安肃道宪潘批开据详，已悉杨学易损人利己，殊堪痛恨！该知事等所批办法甚属妥协，准即照办。惟黄花营户民，虽已遵从，难保来年不借口凿水不出，希图照旧灌溉。应从严谕饬，无论如何，不准擅改旧章。并应出示严禁，永远不准私挖，以杜争夺，切切此批。等因，奉此合行布告，为此，仰玉门、安西农坊渠长、乡约人等一体遵照。嗣后如再偷挖渠水，定行严重实办，此示。特泐碑铭，以垂久远。

中华民国六年岁次丁巳姑洗月谷旦公立

三道沟昌马水口历年定案碑记

【雍正十年孟冬月定案】

柳沟地方设立于康熙五十六年，招户守土，耕种为生，其地皆分资昌马河引流灌溉。考该昌马河发源于南山，由睡佛洞前西北一带散漫隔壁。自康熙五十八年，境逆招徕屯户，于睡佛洞前高筑渠坝，竞将河水堵向东南，独灌靖民地亩，而三、四道沟田地，遂无点滴，以致柳民岁遭干旱。雍正七年，有柳沟卫汪公，目击柳民苦旱情形，毅然具详，经请肃州道宪齐亲诣察勘，从公分水，蒙断在睡佛洞下、龙王庙上为柳民水口，昭垂久远。由此柳民方得分告河润，国赋日增，民生水遂实，是为记。

【乾隆五十六年仲夏月特授安西直隶州正堂李定案】

查雍正九年，因安、玉两处互争水利，经前督宪批饬前肃州道光齐，踏勘明白。在睡佛洞下，龙王庙上定为水口，其水东北流者六分，玉门临城各渠，西北流者四分，灌头、二、三、四道沟各渠。详明督、提各宪立案并载志乘。此原定之渠口水分章程也。嗣于乾隆四十七、八、九等年，因玉门农约相继为奸，希图多沾水利，将原定西渠水口强行堵塞，蒙混本官，饬令西渠百姓，另于睡佛洞上山麓处所另开新渠。各该管官受其愚弄，不查档案，遂竟指原定之渠口为新冲，另开之渠口为原定，以致玉县奸民得计。而安西良民受害。本州细查案卷，翻阅志乘，此案原委遂得水落石出。集讯之下，两造各皆倾心输服，仍照旧案书立合同，各执一张，永远遵守。外又备两张，于安、玉衙门备案。从此以后，民既无所逞其奸计，官亦无所用其偏私矣，此判。

【道光十四年仲夏月，特授安西直隶州正堂罗定案】

查此案水利，前州主李，极费苦心，亦甚公允。所立合同四张，仍照旧案在睡佛洞下，龙王庙以上开分水口，按四六分水，上、下水口不得改移，至为明晰。是当日水口原在坝之近中段，故云，上下不得改移。现在水口，两不相安，则唯有仍在龙王庙又三百四十丈之上，卧佛洞三十九丈之中开分水口，永息争端。此皆照历年旧案细细查出，亦非本州已见也，此判。

道光十五年二月，蒙上宪宫保杨大人批伤，肃州道宪金当堂提究，集讯之下，仍照历年旧案定为章程。安、玉两造，同具甘结，其睡佛洞以下三十九丈，任凭安民开分浇洲，玉民不得揽阻。其龙王庙以上三百四十丈，任凭玉民开分浇灌，安民不得侵沾，从此各分各水，永息争端，所具甘结是实。生员谢象厚敬书。道光十五年八月，三道沟众户、职员谢脊桂、生员朱启聪、农约许业基、陈三福、张勋，户民徐贵禧、谢葆华。

安西皇渠会叙

安西有皇渠久矣，在玉门县境内，距县城三百里。清乾隆三年（1738）奉旨发国帑所辟，沟引源泉，总汇西泄，贯注南北工、五营、小宛五百余户，旧无所谓皇渠会也。岁久失修，屡为玉民盗立口案。客夏，玉民忽堵塞诸口，点滴不流，安民田苗悉槁。始群寻水源、忿驰法外，卒遭拂逆。民国十六年春，省令调余署县篆。既下车，然细究缘由，玉民挟近刁窃，乃由安西邑棍巧取渠银，抛荒渠工所致，是则立制之不善也。夏四月，余偕邑绅张君虞廷、崔君质卿、王君祯祥、赵君及三渠长王殿邦、谢天宜、任中廉，率户民百人，会同玉门县开复旧渠，并修诸口，导水归来后，深知户民赴玉治渠之艰。乃商请绅成立“皇渠会”，积资生息。岁作工食，俾各户民利其劳而不费，勇于远道，前往疏凿，庶几于渠无抛荒之忧，于年有丰登之兆矣。是为叙，衡山曹馥。

创修安西县志（节录）

山　川

安西四通八达之地，冲繁交通之区，青峡望于西、峪关雄于东、昆仑亘于南、普城峙于北。疏河如带，雪山如屏。其中渊渟岳峙，脉络贯通，气势亦云盛矣！自汉唐迄今，文臣、武将辈出不穷，所谓地灵则人杰，关乎地脉也。昔人有言："甘肃者，羲皇桑梓，河岳根源。"岂不信哉。

南截山　在县治南五十里，由东起于双塔堡西曰乱山子，西至瓜州曰截山子。多青黑石山，顶间有泉水下流，曰悬泉又名吊吊水。不长草木，迤西至敦煌属甜水井。在县境内长二百里，峰高约一百尺，绵延达敦邑。

雪山　在县治南三百里，世称祁连，亦云天山，又云终南。西极昆仑，绵延不绝，莫见首尾。峰高万尺，山皆积雪。春夏微消，其水散流入河，农民分资耕凿，灌溉田地。甚至多产五金，且多硫磺。昔为青番盘踞，诸多不便，今被哈萨占据，成为危境。

普城山　在县北五百八十里，由西而东，俱系青黑砂石，间有水草，可资畜牧。银、铅矿亦丰，昔虽开采，世乱停止。在县境内长约三百里，最高之峰约四百尺，马鬃山山脉也。

大青山　在县治北九十里，由西而东，高一百余尺，山皆青砂石，间有水草，畜牧资焉。药料如：苁蓉、锁阳、大黄、麻黄、茵陈之属，生产颇饶。交通梗塞，利弃于地。

籍端水　《汉志・冥安县》："南籍端水出羌中，西北入其泽。"应邵曰："冥水出，入其泽。"《元和志・晋昌县》："冥水自吐谷浑界流入大泽，东西二百六十里，南北六十里，丰水草，宜畜牧。"即今玉门县属昌马之地，即疏勒河也。

苏勒河　或作疏勒、苏赖，皆字音之转也。在县城北三里，系关外第一大河川。发源于玉门县城南至昌马屯地上一百二十里，向东南到百印不喇约一百二十里，百印不喇到哈里蒲滩约八十里，由哈里蒲滩到八汉小野马儿约七十里，由八汉小野马儿到硫磺山约八十里，由硫磺山到疏勒脑儿源约有三日路程。有大雪山，去玉门五百二十里。流与昌马河会，又北流入昌马河旧道，直趋四道柳沟，过桥湾而西，汇柳沟诸水，以达于党河之尾，归于哈拉脑儿。自清康熙五十八年，相度于达里图，即达儿兔，筑靖逆城。始堰昌马河口，逼水东流，分为靖逆东、西二渠，溉新垦地，招户民居之，而四道沟之流始绝。清雍正七年，柳沟卫汪公由睡佛洞下、龙王庙上建设分水口，而三、四道沟之流，仍旧恢复。灌溉之余，汇归苏勒河，然其流极微。雍正十一年，安西兵备道王全臣在瓜州开垦。相度靖逆之水，奏凿皇渠，不使入于布鲁，而使入于苏赖，且萃聚沟泉，以成其盛。由是，今之柳沟、瓜州两乡，渊泉镇地，田咸利赖焉。今于民国三十二年夏日，玉民偷截昌马河口之水，以致柳沟乡、三道沟、山水梁、五夹滩田地受旱。经长吴公赴玉，会同玉门县长，将昌马河口水照定案逐一分清，禁止偷截，具结存案。河水畅流，民皆沾泽，咸感吴公关心民瘼，口碑载道矣。

三道沟　在县东二百四十五里，有微泉北流，会入疏勒河。且柳沟自东而西，共有十道沟，其头、二道沟在玉门县属。

四道沟　在县东二百三十里，所浇田地之水系雪山消化之水，由昌马河汇北流，从桥湾入苏勒河之故道。

五道沟　在县东二百二十里，有微泉。

六道沟　在县东二百一十五里，有微泉。

七道沟　在县东二百一十里，有微泉。

八道沟　在县东二百里，有微泉。

九道沟　在县东一百八十里，有微泉。

十道沟　在县东一百一十里，有微泉。

黑水河　在县南山东南九十里，水色微黑，发源迤东沙窝泉。西流入芦草沟，向北流入沙漠。

窟窿河　在县东一百二十里，发源兔葫芦沟。向西北流经双塔堡入苏勒河。其泉多大穴，上小下大，深邃莫测，牲畜误入，即不能出。好事者，或坠石试之，莫竟其底。

忒不忒河　在县南山桥子地方，距城九十里。向西流入芦草沟。

布鲁湖　在县东北二百八十里。

悬泉　在县西南八十里，芦草沟迤西十五里，进南山一里许。有石山，顶上有穴，向下流水如瀑布，俗人呼之蛙鸣泉，又名吊吊水，泉源阔大。

地　质

县属南、北山皆火成岩，中开平川，辟为耕地。渊泉镇、瓜州乡、桥踏乡、柳沟乡、双隆乡，各地皆是沃壤①，惟奔巴兔山地是碱土，此安西地质之厓略也。

气　候

每年最寒期间约九十日，最热期间约六十日，雨泽最少，冬雪亦缺。一年四季，风多雨少，夏则炎热，冬则寒冷。春、夏、秋、冬，时有暴风，沙石飞扬，数日不息，甚至伐屋拔树。有黄风，有黑风，气寒风劲，迥异他县。

---

①　原注：沙土。

形 胜

安西据甘、青、宁上游，有高屋建瓴之势，自来僭窃、割据，率由于此。沙漠宽阔，统一规模，不能无思患预防之计策。惟广粮饷，选练精兵，外可接应新疆，内可捍蔽峪关。斯为万年不拔之基，而生形胜，人力为不负之矣。

安西县城　南峙石城，北流疏河，乃甘新之咽喉，实西北之薄篱。白城远峙，黑水环流，介酒泉、敦煌之间，通伊吾、北庭之路。外临沙漠，内蔽雄关，宽平闿爽，节镇名区。

千峰积雪　南山积雪，冬夏不消。倚天则玉笋嶙峭，映日其则琼光璀璨，万里一色，照耀华夷。举首遥瞻，恍入清虚之府。

双塔凌霄　双塔不知创于何代，厥迹犹存。而其地峰回路转，河水湾环，林木葱茜。虽未足比迹山阴，然徘徊瞻眺，一望流连，亦令尘襟顿涤。①

石城雄峙　石包城亦不知何时所筑。路通青海，高峻阴险，厄要控制，比于铁峡金墉。登临极望，洵足雄视边徼。

水府渊潜　窟窿河盘涡毂转，深昧莫测。殆古所称水府者乎？炎刘启邑，肇锡嘉名，今日尚堪追溯。

布湖春望　布鲁湖，澄波千顷，葭苇弥望。春水方生，浴凫飞鹭，宛有水乡风景，人身居塞北，如见江南。因思摩诘《阳关》千秋绝调，惜不假辋川之笔，托以丹青。

踏实秋容　踏实最多柽柳，秋霜微染，一望红林。流泉环绕，掩映如画，譬之吴江枫叶，亦可小驷闲游，何必扁舟问渡。

药水泉声　药水泉源出石包城，流经水峡。入谷五百尺，悬崖如练，清亮如镜。临流静听，宛如金石、丝竹之声，实为关外奇境。

截山寺景　七工村古称聚岚堡，南五里有山横亘，旧名截山，秀美出尘，山寺罗列，门拱千峦，状如莲花。南望雪山，璀璨玲珑，北眺平畴，沃野绣壤，村庄如画，水渠如带。西往阳关，东通嘉峪，冲衢要道，商贾贸迁，车马往来，络绎不绝。

关 隘

形胜天成，关梁则人力为之。然水陆要冲，亦地利所在也。至堡寨之势当要隘，镇铺之地介冲衢，平时便于贸迁，有事借以保聚。连类相及，以见地利之不容忽焉。

柳沟卫　在县东一百八十里，即布隆吉尔城。清雍正二年置，四年改柳沟卫为所，治此。

芦草沟墩防池　在县城西南一百二十里。

八楞墩　在县城南山四十里。

① 原注：晋时晋昌县，唐时玉门关也。

柳沟堡　在县城东二百二十里。

布鲁湖墩　在县城东北二百七十里。境外正北一百二十里至木龙泉，又一百三十里至亦肯一马干占墩，又二百四十里至铁布什古墩，其间多戈壁，间有水草。铁布什古墩地方千余里，系灰忒上巴清住牧，通北套阿济山及赴巴里坤要道。

踏实堡　在县城东南九十里。东北．至双塔堡一百二十里。

奔巴兔院　在县城西南一百里。

石包城院　在县城大南山二百里。

瓜州南山口　在县城西南九十里。正南外境自石包城至三道宫皂河五十里，又二百五十里至额尔得尼布喇，有二路。一东至一肯萨喇尔金水源二百八十里，一西南至乌喇大坂五十里，其中多系山沟路径，乃青海上诸夷往来要路，有泉水芦草，青番、象古住牧。自乌拉大坂西南至大、小柴旦盐池戈壁，系通噶斯大路，最属冲要，即是赴西藏大路。于民国二十五年，新疆哈萨潜入南山，盘踞山内，不守安分。时常出山，抢劫百姓及商客牲畜、货物。山道危险，无人进山与达、番贸易。皮毛甚乏，金银停挖，一大困难。

双塔堡　在县城东一百二十里。

桥湾堡　在县城东北二百二十里。东南至柳沟堡四十里，旧住都司一营。清同治十年为回匪所破，居民无孑遗。后都司移防四夹滩，遂移桥湾之名名之。

布隆吉城　正北至垒墩子一百四十里。又八十里至石坂墩，又二百一十里至金沟峡，又一百二十里至镜儿泉。其间多系戈壁，间有水草。通北套阿济山、哈密、沁城、伊吾、巴里坤来路，最关紧要。

牛桥子　在城南七工截山外五十八里。

黑水桥子　在县城东南截山南九十里。

天生桥　在县城大南山一百四十里，走石包城路。

津　梁

疏勒河　在县城北五里路，是关外一大河川，发源于南山。历经修筑桥梁，总未成功。来往旅客常呼涉水之患。只因倭奴侵略，我国抗建之际，后方输运不便，中央发给帑项，建筑木质长桥一道，运输便利，遄行无阻矣。

大北沟桥　在县城西南一里许，傍依龙王庙，设学校一处。

小北沟桥　在县城西一里许，走西草湖路。

十工桥　在县治南三十里，有行汽车路。

三工渠桥　在县治东二十里，走东乡大道。

皇渠桥　在县治东五十里，走东乡大道。

双塔堡桥　在县治东一百二十里，走布隆吉大道。

公路桥　在县城西南，民国三十三年建修，汽车走敦煌路径大道。

水　利

安西风多土燥，盛夏易旱，引水灌田，关系綦要。泉水田地勿论，凡川地利用山水者，勤浚水源，常除淤沙，均可因时势劝导，全在司牧者加之注意耳。特列水利，非徒明沟洫遗制，亦为本邑慎重水利激劝云。

苏赖河水　在县城北三里，源出玉门，会十道柳沟，向西北流经小湾，分为屯田、回民、余丁三总渠。屯田渠：东自安家窝铺起，至干沟止，开渠一道，长九千丈，计五十里；又自炭窑起，至瓜州止。开渠一道，长九千一百八十丈，计五十一里，中有拦河坝二十丈，减水闸三座；又自安家窝铺新开渠口之上七里许，开渠一道，自渠口至瓜州，计长一百零四里；小宛屯田渠，由疏勒河南岸，沙枣园之西南，流经小宛堡堡北，溉田三十五户。余丁渠：在县城西南，余丁所耕地也。即于小湾渠之西岸分岔引水，溉田三千三百石。回民北渠在疏勒河南岸引水南流，折而西过安西城，直达回民五堡。分为四支渠：一曰比栉渠，溉回民四、五堡田地；二曰崇墉渠，溉回民头堡田地；三曰千仓渠，溉回民二堡田地；四曰万霜渠，溉回民三堡田地。共地三千五百石，咸利赖焉。回民南渠由大、小湾两渠之间，安家窝铺上流八里南岸，引水南流，直达瓜州之南，计长一百四十里，溉新垦地二千三百石零。

按，《安西册》："兵备道王全臣，履勘双塔堡西沙枣园对岸，故有渠迹，可以直达瓜州，计长二百余里，工用浩繁。又勘得小湾渠西，安家窝铺斜对岸，亦有旧渠，至瓜州止，长一百余里，内有五十里须挑挖，渠道宽二丈，深四、五尺，余五十一里，只须疏通。又于北渠西筑拦河坝一道，逼水入渠。不惟新瓜州地土咸熟，即南至古瓜州故城址周围，咸被其利焉。至疏勒河向日微细，今三渠并受，而不虞其不足，则王全臣相度靖逆之水，不使入于布鲁湖，而使入于疏勒河，且萃诸沟泉津以成其盛也。南渠第一支流，溉渠夫官田一百五十石。北第二支渠，溉瓜州营兵田三百石。南第三支流，溉蒙古包官弃垦田三百石。北第四支，第五、六支，第七支以及渠尾，皆溉新垦回民地一千五百石。"又云："瓜州屯田，田多水少。思所以益疏勒之水者，尚有靖逆之大东渠，尾亦入布鲁湖，弃之无用。若于渠尾处开一渠导之西行，由蘑菇滩注桥湾，归入疏勒河，则沿布鲁之群泉俱南流入渠，可加一半，不患其水少矣。"

设立渠夫　瓜州开垦，自靖逆西渠起，开渠八十八里，引水入疏勒河。又自安家窝铺起，开渠一道一百一里，引水至瓜州。中筑拦水坝、减水闸等。每当六、七月间山洪暴发，势甚汹涌，须巡查修筑。及秋后水落，沙泥淤积，须行挑浚。因于瓜州把总四员内委用水利把总一员，并设立夫役以供驱使。其靖逆西渠之闸坝，近而且小，只设看守闸坝夫四名，巡渠夫十名。安家窝铺之闸坝，大而且远，设看守夫十名，巡渠及封俵夫四十名。又夫役工食及修浚等费，靖逆守备开地四十京石，安西卫守备开地一百五十京石，将每年所收粮石作夫役工食及修理渠道井坝之用"。[1]

---

① 原注：旧志云，即今之南北工田地也。

三道沟　在县东二百五十里，由昌马河分支北流，长约一百三十里。内分山水梁、三道沟两渠，溉地三十八户，余泽流入疏勒河。

四道沟　在县东二百三十里，由昌马河分支北流，长约四十里。分东、西二渠，溉地八十八户，由三岔地方流入苏赖河。按，《旧志》：清康熙五十六年开垦柳沟地方，招户耕种，其地皆资昌马河引流灌溉。该河发源南山，出昌马山口睡佛洞前，散漫于戈壁，西北经三、四道沟而入于苏赖河。康熙五十八年靖逆招来屯户，于睡佛洞前高筑渠坝，将河水堵向东南流之，而三、四道沟田地遂无滴点灌注。雍正七年柳沟卫守备王乔林，睹柳民岁遭旱灾，具详肃州道齐式，亲诣查勘。断令在睡佛洞下、龙王庙上，定为玉、柳分水口。其水东北流者六分，灌玉门临城各渠，西北流者四分，水经头道沟渠内合流，距下龙王庙五里开渠。详明均分，督提各宪立案，并载志乘，此原定昌马河水渠口分水章程也。嗣于乾隆四十七、八、九年间，玉门农约相继为奸，强堵西口，选经闹水兴讼。乾隆五十六年安西直隶州李，道光十四年安西直隶州罗批饬仍旧，玉民逞刁不服。道光十五年杨宫保批饬肃州道金训饬照依旧案，于龙王庙三百四十丈之上，睡佛涧十九丈之下，任凭安民分灌，龙王庙三百四十丈任凭玉民分灌，同具甘结，勒石在案，以重久远。

五道沟　在县东二百二十里，发源泉在本境南滩，长约二十五里。分生地、西沟两渠，溉地四十一户五厘，北流疏勒河。

六道沟　在县东二百一十五里，发源泉津在本境南滩，长约二十里。分东、西二渠，溉地六户，向北流入疏勒河。

七道沟　在县东二百一十里，发源泉津在本县境内南滩，长约二十里。分上、下两渠，溉地三十九户，向北流入苏赖河。

八道沟　在县东二百里，发源泉津在本境内南滩，长约十里。分上、下两渠，溉地七户，北流入苏赖河。

九道沟　在县东一百九十里，发源泉津在本境内南滩，长约二十里。分上、下两渠，溉地三十七户，北流入苏赖河。

十道沟　在县东一百六十里，发源泉津在本境内南滩，长约二十里。溉地一十四户五厘，北流入苏赖河。

潘家庄　在县东一百五十里，发源泉津在本境内南滩约十里。溉地九户，北流入疏勒河。

窟窿河　在县东一百三十里，发源泉津在本境内南滩，长约三十里。溉地二十户，北流入疏勒河。

北桥子渠　在县东南截山外九十里，发源泉津在本境内南滩，长约十里。溉地一千零三十五亩，西北流入芦草沟。

南桥子渠　在县东南截山外九十里，发源泉津在本境内南滩，长约十里。溉地一千零三十五亩，西北流入芦草沟。

平头树渠　在县东南截山外一百零五里，发源泉津在本境三岔沟，约五里，溉地一百五十三亩，西北流入芦草沟。

马圈渠　在县南截山外东南九十里，发源泉津在本境草湖，长约五里。溉地七十二亩，西北流入芦草沟。

奔巴兔[1]　渠在县正南大山内一百四十里，发源泉津在本境草湖，长约二十里。溉地六十亩，向北流入芦草沟。

老丝兔渠　在县南大山内九十里，发源泉津在本境草湖，约一里许。溉地五石，向北流入芦草沟。

月牙口渠　在县南大山内一百四十里，发源泉津在本境草湖，长约十里。溉地二十亩零四厘，向北流入芦草沟。

浪柴沟渠　在县南大山内九十里，发源泉津在本境草湖，约二里长。溉地二十七亩，向北流入芦草沟。

上口子沟渠　在县南大山一百四十里，发源泉津在本境草湖，长约十五里。溉地一百零四亩一厘，向北流入芦草沟。

踏实堡渠　在县南截山外九十里，发源河水由南大山石包城药王泉，流至水峡出山，长约二百里。灌溉南渠、中渠、西渠田地四十五户，向西北流入芦草沟。

东湖渠　在县东二百五十里，发源泉津在玉门县属蘑菇滩分支西流，长约二十里，灌地四十一户，西北流入疏勒河。

中华民国五年，玉门蘑菇滩、安西东湖户民争水兴讼。经安西县长杨昌禄、玉门县长沈兆祥会勘查明，断令每月初一日子时起，至初五日亥时止，又自十六日子时起，二十日亥时止，为玉门蘑菇滩分水日期。每月共得十日，均以旧历扣算。其余之日，则为安西浇灌之期。倘玉门户民翻异，则由安西县提案讯办，如安西县户民相异，则王门县提案讯办。呈经安肃道尹潘临皋批准立案刊石，永远遵行，立有水碑在案。

安西皇渠在玉门县境内，系清雍正十二年安西兵备道王全臣奉旨开凿。渠道浇灌安西归化缠回开垦瓜州等处荒地，即今南、北二工，五营，小宛五百数十户之田地。第一道分水口皇闸湾，系长流分水口，玉门三尺，安西七尺。第二道分水口芨芨台，先年玉门户民每月分水十一昼夜，于同治十一年改为长流分水口，玉门二尺八寸，安西七尺二寸。第三道分水口黑沙窝徐家沟，先年，十分水内玉门取二分，至同治变乱后改为昼夜口岸，玉门每月初一日起五昼夜，十五日起四昼夜，安西二十一昼夜。第四道分水口三稞茨，连第五道分水口蹬槽沟，每月初一日起玉门四昼夜，十五日起玉门仍四昼夜，安西二十二昼夜。第六道分水口双桥儿，连第七道分水口蓝旗上，每月初一日起玉门注五昼夜，十五日起玉门注四昼夜，安西二十一昼夜。第八道分水口泉水沟，玉门每月初一日起五昼夜，十五日起四昼夜，安西二十一昼夜。第九道分水口蘑菇滩，玉门每月初一日起五昼夜，十五日起四昼夜。因争渠水，于民国五年安西杨知事、玉门沈知事会定，每月初一口子时起，至二十日亥时止，为玉门蘑菇滩分水日期，每月共得十日，均以阴历计算，其余二十日为安西浇灌之期。第十道分水口蔡家闸，玉门无分，惟安西东湖户民有长流坪口一道，宽一尺八寸，高八寸。又清末、民元以来，玉门黄花营铁车坝杨学易、梁子沟何永泰、黑沙窝刘得爵、灰槽子王玉才、川北镇张老八等对于皇渠之水挟近刁窃，各开私口。民国十四、五两

---

[1] 原注：又名东坝头。

年，安西大旱，点滴不流，田禾旱枯，民受大饥，致兴大讼。经甘肃省长薛笃弼委员刘文朗出关来玉，会同安西县知事李芹友及绅耆赵希元、安鉴堂、张锡祺、崔文成、狄兴仁、王中兴等，及玉门县知事曹英，将所有私改水口悉数堵塞。惟劝安民准由皇渠让水一分，定为铁车坝坪口，令黄花营人民修筑铁车坝石质渠口，庶免偷挖。安西水九分，玉门水一分，并令黄花营人民巡视安西皇渠，若有私开水口，不加制止者，该县责处。水案定后，倘玉民有在皇渠彩开水口，按照妨害水利科罪，并勒令赔偿安民田禾损失。民国十六年安肃道尹魏鸿发奉省府命令，饬安西县长曹馥，玉门县长曹英，会同临渠修坪筑堤，遵令定案，至今遵行。然，玉民刁狡，贪水不足，时有水利之争，兴讼不已。又于民国三十二年玉门芨芨台、皇闸湾、铁车坝、蹬槽沟、黑沙窝、川北镇以及昌马河各水坪口，皆被就近玉民截水断流，并坏坪口。经县长吴公生玉带领户民、渠长赴玉会县分水。调查各坪口均被填塞，工程浩繁，躬亲逐一督修坪口堤坝。披星戴月，沐雨栉风，指导工作，毫不松懈，守住月余，竟将各水坪口堤坝，全行建筑完固。按定旧章分水，饬令看守水伕不时巡查，河水畅流，安西各渠获泽，田禾未受大旱。吴公诚实做事，为民劳瘁，感召天和，复获大雨滂沱，夏、秋二禾既沾既足，四民欢歌，百姓交庆。勤政廉明，关心民瘼，功德在民，可称循良贤宰，民口如碑矣。

安西直隶州二三四道水源碑文记

盖闻阴阳之和，不长一类。甘霖之音，不择一物。居相之大，不私一人。况润下资生，利赖之溥，而令其窘枯乎哉！安玉东西渠，自迁户以来，旧屯新垦，地亩尽东南，皆取资于昌马河水。其东北流为玉门临域四渠灌溉。而西北流者，则头、二、三、四道沟，借以分润焉，睡佛寺下、龙王庙上原来水口，载在志乘，安四玉六，章程久定。嗣由玉门民人马增荣兄弟，借名农坊，谋占水利，壅本官之耳目，乱旧治之规模。指原定渠口为新冲，取另开之渠口为原定之，高下在口，讼诉繁兴，东西两渠盖久矣，均受扰累矣。兹逢州宪李大老爷因两造争讼，虚实研鞠，亲勘情形，旁搜卷案，遂复旧制，永禁讹言。从此安之民，乐其乐，利其利。而玉之民，得宅而宅，得佃尔佃矣。谨将原立合同，勒石以垂永久。案恐漂没。义非铺张。故事详始末而询无聊乎颂祷为也。

立写合同　二、三、四道沟老农李堂厚、朱瑞、郑世寿，玉门临城四渠老农刘应福、陈仓、施吉伯等，立书合同，永杜争端。事缘头、二、三、四道沟并玉门临城四渠各户所浇之水，发源于南山昌马河，流至睡佛寺洞之下、龙王庙之上，分为两支，按四、六分水。东一支六分，水口向东北流，浇玉门临城四渠农田。西一支四分，水口向西北流，浇头、二、三、四道沟农田，系遵循雍正九年成案，为例已久。今因玉门上东渠老农马增荣欲乱旧定章程，不许从旧口内分水，致滋事端。经三道沟农约朱章等禀明州主，提同安、柳、玉门农坊当堂研讯明确，仍照旧案。在睡佛洞下、龙王庙上案四六分水。此系永定水口，上下不得盗移。安、玉农坊公议分明，俱各允服，并无异词。仍照旧例，以每年四月十五日为分水之期。所有水口以上河身，如冲崩，安、玉两处按水分多寡派发人夫，柴茨堵修。玉水口以下至上龙王庙河身共长三百四十丈，其中如有倒塌，玉门临城四渠修理，不与头、二、三、四道沟相干。自分定水案之后，安、玉人等，永不得争端反覆。各情愿仍照旧规立写合同四张，安、玉存案两张，两造各执一张。永杜争端，立此合同为凭。

立合同人 安、玉户民 朱 瑞 朱 英 马增荣 张任基
柳应福 谢君宰 周辅唐 李棠厚
段福李 雷一文 杨大业 艾成有
范祭伯 陈 仓 吴 申 郑世寿
大清乾隆五十七年岁次壬子六月中浣之吉

安西旧路碑记

雍州天府之国，四塞为固。扶兴之气，沱口磅薄。迤西而极于西域诸国，则内其原肃，控蒂连络，为国西门。嘉峪关为之锁钥之外，即大漠也。《班史》记三十六国，汉武时始通。东则接汉，扼以玉门、阳关。西则限以葱岭，而分南北两道。然此道□□□□塞除易，史未之详也。哈密系汉伊吾庐地，唐为伊州，宋入于回纥。至嘉峪关一千六百里。明成祖以哈密为西域要道，欲其□□□使统领诸番，为西陲屏蔽。遣官招谕之，遂为中国冠带之风。终明之季，朝贡西绝。我皇上恢长驾远驭之略，东西朔南靡远不届。其在荒服之外，九州之中者，被以声教，疆以戎索，罔不率属。数年内荡平准夷□□□开地斥境，益开新疆二万里幅员之广。跨唐越汉，堂哉皇哉。可谓綦盛矣。《皇皇者华》之诗："周爰咨诹，周爰咨度。"慨然见□□□陕甘制府宫保吴公受天子之分陕之重，保厘西土，方制万里。其职等古之连帅。凡征伐黜陟之事，城地士马之资，疆理封域之制，其□宜鸿猷辰告者□□□□苟非□公之兼资文武，如尹吉甫经画军策，如赵营平乌足以当之哉。乾隆三十二皇上准大将军奏："新路回远，草水不便。"旨下查办。公轻骑减从，周阅边垒，凡城堡、台站、邮亭、斥堠之所，宜水泉、刍菜、输轮、运负之所，便委员经度确细查丈，则旧路□□□□至哈密，经一千五百四十五里，而新路多二百里有奇。覆勘覆奏，请改从旧路，奉旨允行。而后营汛、官署，以仍旧贯，无所更移。余旧驻哈密，于丁亥八月，奉檄约移去在所八百八十余里。而行部所至则驿路□□□□完缮水草丰美，轮蹄交错，烽燧相望，益以见大臣体国经野，一遵荡平，正直之道，以昭国家同轨之盛于无穷。其丰功骏烈，顾不伟欤！《诗》云："周道如砥，其直如矢，君子得履，小人之视。"敢诗授简，以诵小往大来之奇，□□贞石焉。

整饬安西等处地方分巡备道总理巴里坤哈密粮饷事务加一级纪录三次海虞钱鉴恭撰。甘肃安西府知府加三级纪录三次又军功加一级纪录三次长白达尔吉善敬书。渊泉县知县加一级纪录一次又军功纪录三次绵山王梦麟敬刊。

按：此碑在疏河北龙王庙前大路口竖立。

疏勒河神庙碑

国家德被遐方，威宣绝漠。不惟师武臣力，亦实有神灵之助，用能厚集士众，克成大勋。惟嘉峪关本酒泉古郡，素称天险。关门外而戈壁地，沙碛弥望，澶漫逶迤。向因艰于

水泉，行旅重困。朕荡平西域，诛其一二苞孽之不顺命者，爰整六师，深入其阻。初虑士马万众，绠汲或缺于供。及行其地，而甘泉随地涌出，滃滃然，汩汩然，渟泓滲漉，不特荷殳之士，漱濯清流，而马驼骆绎，赴饮不匮。按酒泉城下，旧有金泉，泉味如酒，汉氏以为名郡。兹泉出自沙漠，瑞应尤异，守土之吏以告，朕惟《祭法》“德施于民则祀之”，当疆事方殷，而泉流肆溢，天人协应，灵贶聿臻，其事非偶。爰封神为“助顺昭灵龙神”，命守臣经营高敞，建立神庙，春秋事祀惟谨。绣栋云榍，崇岩巨镇，屹峙关外。神宇既成，尚建碑纪述神之功烈，守臣锲石以请。稽诸古人君，为政太平则醴泉涌，朕嗣守鸿业，图大冠艰，命将出师，龚行天罚，扫百年逋诛之寇，用以缵承先绪，式廓丕基。计自今边圉静谧，屯牧安恬。其所以荷天庥而迓神祐者，万祀靡有纪极，爰系以铭。铭曰：嘉峪之山，岩关峨峨，六师于征，后舞前歌。宛宛流沙，迢迢远道，天戈所临，地不爱宝。连岩滋液，并醒疏甘，光澄冰镜，洁比秋潭。汲之日新，挹之无竭，士饱马腾，霜清月澈。乃营高敞，乃建甍标，春秋载荐，丹荔黄蕉。斟酌灵泉，惟神之庇，洗兵万载，锡我繁祉。

龙飞乾隆二十五年岁次庚辰六月十五日立。

按，此碑一面汉文，一面清文，碑在疏勒河神庙庭内竖立。考查此神东鄂氏，满洲正白旗人，官至太子太保内大臣陕甘总督西安将军又任伊犁将军，永大梁没于安西北戈壁大梁上。后封疏勒河神，灵应不爽，行旅官民常蒙庇佑焉。

玉门县志（节录）

水　　利

靖逆渠　水自南山发源，会入昌马河，直注西北，在河口筑坝一道。西流渠口宽四尺，东流渠口宽一丈六尺，截水东流。开西渠、西边渠、中渠、上东渠四道。上东渠又分渠二道，一从东漕子西流，一从巩昌河东北流，灌下东渠并红柳湾民屯地亩，余波入布鲁湖；中渠由黑崖子分派入口，浇灌中渠户民田地，渠尾归入大东渠；西渠由城西经磨河湾，东绕川北镇花海子等处，浇灌户民田地，渠尾归入新渠。西边渠由西渠分支派流，浇灌官庄子、头道沟等处屯田地，渠尾入旧渠。柳渠由昌马河口将水附入西流四尺口，水渠至下龙王庙分流，支派入渠，经流二、三道沟，浇灌民屯地亩，余波西流入四道沟，由桥湾直至安西州境内。

赤金渠水　东西二坝，分渠四道，自上赤金破城子发源，涌泉数处，汇流成河，北流五里，设立闸座，分各渠东坝，头渠立闸一道，宽六尺；二渠立闸一道，宽五尺，其水浇灌临城户民田地，余水至赤金峡，汇流北行，至水峡，直入花海子，接总渠一道，浇灌户民田地地亩，并无余水至惠回堡、火烧沟、腰泉子等处，各就本地泉水引渠浇灌户民田亩，并未成河，惟白杨河泉水开渠一道，浇灌民屯田地，余水渗入沙碛。

山　　川

南山　在靖逆城南一百二十里，南山之阳，又有雪山，即古祁连，其势蜿蜒，高耸云外，冬夏积雪不消，绵亘东西。

牛尾山　在靖逆南三百五十里。

红山　在赤金堡南八里余，山上有古洞，塑佛像，不知起自何代。雍正六年，赤金卫守备假良材捐资为倡，士民从之，创建殿宇山门，铸造钟磬，廊舍回绕，又于独山顶上建盖八卦亭，磴道曲折崎岖，各设栏槛，以便行走，壮丽巨观，洵为一境之胜。

宽台山　在赤金峡之东，嘉峪关之西，山宽如台，故名。

金山《元和志》：“在古玉门县东六十里，其山出金。”《寰宇记》引《十三州志》云：“金山在延寿县，东有玉石障。”

赤金峡山　即赤斤蒙古之山峡也，明参将崔麒追贼至此，大捷。又游击何准，钵和寺追贼于嘉峪关，又追败之于赤金山，盖袭贼之径道也。

独登山《元和志》：“在古玉门县北十里，其山出鲜白盐，甘美异常盐，又名神雨山。”

坛　　庙

靖逆城

龙王庙　在城南门外一里许。

龙王庙　在昌马河口，距城九十里。

风云雷雨坛　在城南一里许。

叁 传统私家著述类文献

本类文献提要

中古时代，疏勒河流域一度为繁盛富庶之区，地方学者颇多著作。如十六国时期敦煌刘昞，《隋书·经籍志》载其著作多至八种。但近世以来，该流域一沦边地，鲜少学者，罕有刻书之事。故传统私家著述中之史部、集部著作涉及本流域者水利问题者，皆为外地人。因受诗文题材的局限，传统集部文献中，关于疏勒河乃至河西走廊水系、水利问题的有效信息甚少，本单元所选取之《敦煌随笔》与《西域水道记》皆属于传统史部文献。

《敦煌随笔》，清人常钧所撰。常钧系满洲叶赫那拉氏人，乾隆时曾任官安西观察副使，此书系其总结在任上所亲见亲闻而成，间记录自身功业与文字。此《敦煌随笔》虽以“敦煌”为名，所记录内容实则涵盖整个疏勒河流域，尤其以今瓜州县为重点。此书撰成于乾隆七年（1742），距离清廷重新开发疏勒河流域不过二十余年时间，因此是记载清代流域早期水利开发状况的重要文献。其中关于靖逆中游黄渠修建过程以及由此对疏勒河流域水系的深刻塑造作用的记载，不见于他书。此外，关于维吾尔族移民区水利建设、安西一带的游耕制的描述，乃至雨量变化、沙尘暴类型的记载，虽言简意赅，但蕴含重大水利史、农业史、环境史信息。此书与黄文炜、沈青崖所撰《重修肃州新志》都是地方官员亲自所撰，二书合璧，构成研究清代疏勒河流域移民屯田等问题的骨干史料，故早为顾颉刚等前辈学者重视，1937 年在禹贡学会编纂之《边疆丛书》中专门重新排印，本单元即以此版本为依据摘抄有关内容。

《西域水道记》，清人徐松所撰。该书及其作者在清代西北史地之学乃至整个清代学术史中的经典地位已无需多言。此书虽以新疆诸河为主要研究对象，但其“西域”概念实泛指嘉峪关外，故整个疏勒河流域被纳入“哈拉淖尔所受之水”予以讨论，并加入哈尔腾河流域，与今日疏勒河流域之范围完全吻合。徐松可谓穷举尽传统文献中关于疏勒河的记载，并条列清人观点加以细致讨论，其为功也甚大。其内容涉及山川地势、河流变迁、建制沿革、主要历史事件，以及水利开发简史等信息，可谓清代疏勒河之百科全书。北京大学朱玉麒教授精研此书多年，发现稿本与两种通行本之间存在较大差别，尤其稿本信息量更大，故详加校勘，使得徐松原意更为凸显。本单元以中华书局 2005 年出版之朱玉麒《西域水道记校注》为准选摘相关文字，并完整保留其校记。

敦煌随笔（节录）

卷上

赤金

肃州至嘉峪关七十里，出关西行，一望黄沙大碛，风日苍凉，有悄然乡国之感。双井子，赤金与肃州交界。又五十里，至惠回堡，有回□墓，因字音相近，易今名，赤金营千总分驻。自此过骟马城至火浇沟三十里，又四十里至赤金湖，又二十里至赤金所。治在官道稍南，乾隆七年复设卫，新旧两城东西连筑，南北两门，旧南门如故卫备与都司公署，俱在新城内。卫境东北有花海子，与湃带湖相连，多水草。有旧河就合一道，在城南顺山西流。康熙五十六年间筑堡招民，开凿头、二、三、四渠引流轮灌田亩。城南八里有红山西湖，环其麓，其山土色赤，故名山有寺，颇具胜慨。又西南，又上赤金南，至野马兔口有边墙暗门，门东有水沟一道，设立木栅。自此出口，逾南山通青海诸路，在野马兔迤东一带。又有鸦儿河、白杨河和青头山隘口，俱系控扼西宁青海咽喉。其惠回堡东北之后柳湾墩，及花海子北面迤西之头、二、三、四墩亦沿边之要隘也。自卫城至北门西行二十里，至赤金峡又四十里至高见滩，其西为赤靖交界处。

靖逆

由赤金湖四十里至赤金峡，又西行郭壁中（地无水草曰郭壁）。九十里至靖逆之大泉乡，时客民所居渐成市集，来往殷繁，俗称泉子。西南至卫治三里，本达儿兔地方。康熙间，靖逆大将军富公统兵驻此，五十七年始筑卫城，因改名靖逆。设卫，与通判、游击同城驻扎。今接筑新设副将，建造官署、兵房，改游击为都司，即居于旧署。新、旧两城俱开南北门。又分驻靖逆守备于塔儿湾，在卫北三十里。卫境西南有昌马河，东南有疏勒河，皆发源南山。昌马河东北流至上龙王庙与疏勒河合，复歧为二，分东西而北流，靖人总称昌马河。其一支从东北流者筑大东渠、中渠、西渠，灌溉户民田亩；又从西渠之尾，回民引水西北流入旧黄渠。嗣因回民水泽不敷，乃于旧渠之北筑蘑菇沟渠，并引三道柳沟之水西流入新黄渠。河之南又有十道柳沟，头二道属靖逆，三道为靖柳交界，四道以至十道属柳沟卫，而昌马河一支从西北流者散入头、二、三道沟，汇新旧两渠之水统归大河。惟四道沟水势最旺，乃昌马河趋属桥湾之故道，至此合为一河，人呼疏勒河，不复呼昌马河矣。此十道柳沟皆系泉水，每年夏暗，南山雪水融发，分注各沟，大小不等。尾流卜河而河流愈大，由桥湾经布隆吉、双塔堡、小湾，回抱镇城之北而西达于瓜沙之境，此疏勒河之源流也。塞外户民、回民田地，皆赖此河分去引灌，其泽甚薄。十道柳沟一带，田畴弥望，渠水通流，屯垦之利日以于盛。卫境西南，黑打坂之昌马墩、圆墩子、碱泉子等处系通西海要路，西海即青海。山径崎岖，俱筑有墩台，派兵防范。城北有布鲁湖、花海子，而沿边之五墩以至十四墩，皆靖逆所属也。余因塞外流移，老弱孤贫之辈无以糊口，于乾隆七年捐设义田。一在靖属之二道沟，今靖、赤二处就近动用；一在柳属之双塔堡，今安、柳二处就近动用，详在碑文。

附安西捐设义田碑记

为捐设义田，养济孤贫，窃报明立案，以垂永远事：

窃惟恤孤字寡，王政所先；因地制宜，民依为重。安西孤悬塞外，向无额设孤贫口粮，流寓贫民糊口维艰，殊甚恻悯。地方官虽暂为顾济，非经久之道。本道目击情形，细筹长策，因柳、靖二处为安、哈冲途，随查水泉有余之地，捐备工本于柳属之双塔堡垦地二百二十亩、靖属之二道沟垦地二百三十亩，共垦地四百五十亩，计下籽种九十石。每处各建仓房三间，给车十辆，牛车单马二匹，一切农器俱全。设为义田，分拨柳、靖二卫招佃实户长领种，酌借籽种口粮，秋后收粮除清还官借各项外，余粮酌归户长工。本下剩核明确数，仿社仓例存贮，各该处责成户经理，为养济流寓孤贫之项。该卫每月确查境内实在贫民若干，按日酌给口粮，即于义田存粮内动用，亲身散给。季底造册，报明道厅查考，岁底核明总数，由厅报道存案，毋须冒滥捏饰。其安西、赤金二卫有贫民需粮之处，安西应在双塔堡就近动，用赤金应在二道沟就近动用，一例造报，仍令各卫等互相稽查，该管厅员留心察核，务使茕独无告之流均沾实惠。诚恐年达无稽，渐致湮没，当经详允辨办，勒石以垂永久，并饬该厅卫等实力奉行，随将捐备各项造册，移司转报存案，一面檄发柳、靖二卫遵照办理。复据沙州卫陈捷仿照捐设义田详允一例遵办，从此五属流寓贫民各得其养，无虞失所。相应勒石昭示来兹，惟愿贤有司等善为经理，俾塞外流移永沾惠泽，本道实有厚望焉。

乾隆七年岁次壬戌秋七月立

柳沟

由靖逆大泉至三道沟五十里，又五十里至八道沟。此二处人烟稠密，坊店宽敞。其四道沟之北，柳沟卫旧堡焉。东南至三道沟二十里，西南至布隆吉七十里。布隆吉本属夷语，译者曰犹言本泉多也，布一作卜。四道沟原系昌马河故道，水势最旺，自靖逆于河口筑坝、偃水东流，民以灌溉无字，争讼于官。雍正七年，勘照柳、靖户口多寡，以八分归靖、二分归柳，至下龙王庙五里各开渠口，照股分水。嗣是头、二、三道沟之间增开地亩，靖逆以西亦资水泽，听其分流入头、二、三、四道沟，而河口旧坝不复经理。然四道沟之水宽深，仍倍于诸沟，柳属户民田亩。附近旧堡者，即于四道沟分开三渠，其余丁地亩附近布隆吉者，于十道沟尾开渠引灌。而回民田地之在踏实堡地方者，则系石包城一带水泉。此柳属水利之大略也。自八道沟而西，四十里至布隆吉，即安西镇旧城。雍正元年筑开四门，中建鼓楼，规模雄壮。自东门外关厢以至东北西门内，大街俱为市廛贸易所聚。城基因低洼兼潮，墙垣多致塌损，经岳督院奏明，将城工动用银粮着落承办官赔补。另安西镇建城于大湾，拆毁官署兵房材料，运交安、瓜两处工程添用，遂移柳沟卫于布隆吉，与游击同城。因城垣屡报塌损，奉文择地另建，今已归入善后事宜缓工内办理。城东北四十里至桥湾堡西为哈密首途，东通布鲁湖，接连十四墩，其十五、六、七、八、九、二十墩各相距二三十里不等。自柳沟都司移驻稍偏西，北宁庙宁喇嘛住持。城西南一百五十里为踏实堡，有都司分驻，先属沙协，今隶安提统辖。正西三十五里为双塔堡，有千总分驻，又西五里双塔巍然参差，夹道地名双塔儿。又西十里则安、柳交界也。堡东南自平口子接连靖界起，至西南一带有可可克特利纳木度克儿，为兰布尔口亦马口以及踏实堡管之破城墩，红柳边路通安、沙，最为扼要。其西南之水峡、奔巴兔正南之石包城，东南旱峡皆崎岖小径直达青海，现在各设卡防守焉。

小湾

小湾者，别与大湾之称也。疏勒河过桥湾直趋而西，至此而北折，故名小湾。又西流，回抱大湾之北以达瓜州。由布隆吉过双塔堡共九十里，至小湾，其地流水沦连、丛木萦带，风景颇可亲。回民耕牧力作者，趾踵相错矣。昔年官道在河北，走郭壁过北干沟，南至于大湾。每遇河水暴涨，车马艰于济涉。乾隆四年，改从南道由安家窝铺西赴大湾，行旅便之。小湾系镇城、布隆吉适中之地，南逼南山、北阻大河，户民零星散，处商贾络绎往来，实为东西孔道、安柳咽喉。乾隆三年，瓜州札萨克公额敏和卓请于小湾建筑回民土堡，就近耕作，部履准行。若筑堡之后，此地屯聚回民二千余口，杂沓喧嚣所资弹压稽查，关系尤重。经卫估报，奉伊督院批，今暂缓，再待熟等，是以至今尚未建筑。其安家窝铺之北则为大渠口，一曰南渠引，水至瓜州以南蒙古包、三十里井子；一曰北渠，引水至瓜州五堡。而南渠迤东，又有新渠，引灌小湾田地。以上渠水，皆回民需用，乃于北渠之间，别开除丁渠一道，析为支渠，灌大湾近城丁户地亩，至西樹窝而止。所称大渠口者，乃筑渠之总灌也。余于庚申夏观苗过此，流憩河滨，因相度地势，于渠北建龙王庙以为祈报之所云。

附观苗图记

苗者，百谷所由成，生民之大命。然其所成谷也有数，而待食者无穷，是故为农者不惮胼胝之勤苦，为政者当富知稼穑之艰难。安西介在沙漠，严疆初辟，设镇守，派驻防官与兵之待食者居其一，劳来安集通工惠商民之待食者居其一，分置两厅卫所统以监司官之待食者居其一，其他如府吏胥徒流移庸作之辈并向时安插吐鲁番回民则待食者且不一而足矣。况塞外气候恒寒，多风少雨，惟赖南山积雪融注河流以资灌溉，黄土虽多，水泉不足，而民无土著，迁徙不常，兼之物力孔艰，物价腾贵，是天地之美利未尽兴也，户口之滋息尚未尽蕃也，闾阎之生养尚未尽遂也。官斯土者，可不加之意乎？乾隆己未秋八月，余来敦煌审度时势，窃以边防重地，足兵为要、足食为先，积贮与屯垦相为表里，筹边之务莫及于此。即于是冬议请采买积粮十万石以实仓储，所有镇兵原种屯田莫若改归民种，将屯兵全撤以实营伍、以备差操，此兵食两足之道也。明年春，奉檄查办兵屯原地八千余亩，并清厘余地以及开渠增垦新地共七千亩有奇，亲率丞卒备弁等招集客户人民，分土授廛，区划一切，咸得乘时播种，无悮东作，而安西屯垦之利日以增，粟且日以积，于诸待食者有赖。然犹虑新招户民勤惰不齐、工本不登，乡长户长董率或未力、有司劝导稽查或未周，何莫非使者责欤？乃薄书之暇，简驺从历，沟其疆理之宜南之势，彧彧芃芃，竟亩如一农夫野老，以及缠头回民，往来瞻顾嬉然和乐、爰进髦士，而昭之曰：咨汝众幸值塞垣宁谧，刀牛剑犊，馌饷耕耘，想安于作息之常，得以饱食煖衣、室家欢聚，是皆上赖圣天子德威文教洽被乎遐方，重农孰本，子爱厥氓；而封疆大臣，罔不廑念如伤，谋所以休养生息者无所不至。汝民惮胼胝之勤苦，使者敢忘稼穑之艰难？且愿同事诸君子慎终图始，以共体此意也。因命工绘图而为之记，观斯图也，可以知边备之所先、民生之不易矣。

附小湾大渠口新建龙王庙记

粤自五岳四渎，载在祀典；龙王庙遍海内，祭法云：能御灾捍患则祀之，礼也。雍正间，赖颁内府监造法像于直省会城，以肃观瞻典綦重矣。而庙在府州县属者，地方官春秋朔望奉事。惟谨安西僻在塞外，建设未久，祠祀缺焉。己未秋，余奉命分巡，明年总理屯务，疏川导流，因详求水利之原委。安西有河疏勒，其名旧矣，流从靖逆之东南。又有昌马河从西南来。二河皆发源南山，至龙王庙会合，复分为二。一支东北流，分三渠以灌靖民地亩；一支绕靖逆城西沿北过柳沟所属之桥湾，而靖柳之蘑菇沟、十道柳沟诸水皆入于河，柳靖所属以灌田者，且四万三千余亩。河水自桥湾西流至小湾，而北折此地，建有回民南北二渠并余丁渠，因而折为支渠不可胜纪，分灌安西卫属民屯、回屯田地共五万千有余亩。其小湾大渠口地名安家窝铺，则系筑坝分渠之总汇也。向设水利把总率领渠兵一百名、渠夫五十名就近筑小堡居住，专司挑泄防护修筑之事。河滨有土宇数椽，则水利渠兵所建以供奉龙王神位者，祷祀至焉。见其湫隘庳陋殊不称，慨然叹曰：民之生命紧于苗，苗之畅茂关于水况，沙漠斥卤之地莫重于水利，而筹边之计尤以屯垦为先。迩年以来，雷雨奋盈，水泉充足，岁收有入，民用平康，此谁之赐？而庙貌弗饬，岂徒守土之羞，毋乃祈报有阙、以贻神恫乎？乃周视原隰于旧庙之西稍北，得坦夷爽垲之地一区，捐货倡率，木植砖瓦次第兴作。乃建享殿三楹，东西分列配殿，崇垣高门，翼入焕入。登其堂，饰像威灵、彩绘雄丽，亦塞外之观瞻也。由是神有凭依，而益降之福，官民咸知所钦仰不敢亵越以殆羞。水之有源，犹木之有本，将日引月长，流衍无疆之庆矣。是工经始于辛酉，以迄于壬戌，越两载而告成。自都督窦公斌、参戎郎公建业暨三营游都守徐公嘉兰等，以及两厅五卫之官，皆乐助以襄盛举。董厥公者，水利把总，翘有功也。因记其事而泐之于石。乾隆七年冬十月记。

安西

由小湾西行七十里至大湾，安西镇城在焉。雍正五年筑镇署，今改驻提督，与安西道署东西并峙。城之中建鼓楼，为四达之衢。南北西三门无关厢，惟东关厢及城内大街为贸易之所。城北稍东为安西卫治，新建城守，都司衙署、兵屋具在城西北隅，近城内外绝少树木。缘当年建之初，采伐殆尽。近从口内购买柳椿种植，浇灌不能成长。地土碱松，时而坟涌，衙署民居院落中亦如官道浮土麕集，遇风则尘埃蔽空，帷箔不能御也。终岁雨泽颇少，雷亦稀闻，惟赖南山融雪会合诸泉流入大河，分筑渠坝引灌地亩，农人亦不以无雨为忧。近年以来亦有雷雨，而壬戌之夏更多。四时多风，风紧则春夏作冷，风狂则昼夜怒号，甚至五七日、十余日不息。沙碛路迷，行人阻绝间，有人马飘忽不知其处者。庚申孟夏，陡发黄风，闰六月朔又有红风俱从西北来，如推山倒海，顷刻昏暗，举目无睹、白昼燃灯，风之为力甚矣。迩年亦稍平静。余于壬戌秋始建风神庙于城西，详见碑记。塞外气候苦寒，虽盛夏早晚亦凉，春秋常御棉衣，或披裘褐。冬日严寒更甚于口内。屯民每岁收割后，即之余水灌田上冻，俗称浇冬水。仲春气暖冰融、草木萌动，农功毕举。惟上冬多雪，至夏暑甚则积雪融化、水泽充盈，丰收可望，否则难免歉薄。且斥卤之地土性燥烈，若当春遇雨碱气上蒸、土皮凝结，须重复笆犁，农工倍苦。或夏秋之间忽雨忽晴，加以热风熏扇，则黄丹虫灾有所不免。最忌早霜伤禾。更种地亦有，开种地亩二三年后地力寝薄，势须停耕者，仅可听民另觅可垦之地补种，非官法所能督查。边疆初设，向无土著，民人皆系陆续召集及从前军兴时贸迁，有无狭资重护而花消无存、羁栖流落者，或为农、或为兵，或托迹工商、或投充胥役，或依栖佣作以糊其口，间有挈带眷属营立家业者。惟是沙漠荒僻、物力艰难，田禾以小麦青稞为止，岁止一收，间或种糜、粟、豌豆，如黑豆、绿豆则绝无矣。粮价虽比军需时大减，然中收之年，每市石犹在四五两上下。需用粳糯米须从肃属之高台买运来安，每石价银约至七八九两。凡布帛、丝絮、日用器具食物等类，不但货物抵丑，其价值较内地或三五倍或八九倍不等。木则有红柳、沙棘、野梧桐，草则有芗萁、芦苇、骆驼刺，兽则狐、兔、黄羊、青羊、大角羊、野猪、牛、骡、驼、马，各种鸟则鹰、雉、燕、雀、沙鸡，别有半翅似雉而小，鸦声尤恶，无喜鹊儿，见者以为瑞。湖滩亦产无鳞鱼，不堪食，蔬菜有蘑菇、葱、蒜、韭、白菜、芥菜、王瓜、菠薐、萝卜。然镇城不广，有贩于沙州者。药材则以枸杞、甘草为最，官、民炊爨烧炕纯用木材，近年刳挖过多，求觅渐远，将来必致憔苏莫继。又有琐琐木，然为炭较梧桐木炭坚实，虽所属间有产煤之处，亦可代薪。而人情狃于习俗，未便过为督责，势之所至，当不令而行也。

附安西新建风神庙碑记

盖闻大块噫气，其名曰风。于卦为巽，于行为土，于文为涌，于类为虎。所以宣天地之德，道阴阳之和，涤烦散闷、嘘枯吹生，养万物而成岁功者也。若夫春则有惠风，夏则有熏风，秋则有清风，冬则有寒风，因其时而异用。南风谓之凯，东风谓之谷，西风谓之泰，北风谓之凉，随其方而别名。或柔风披拂，或热风熏蒸，或清风澹荡，或阴风惨凄，或长风飘忽，或高风扶摇，或协风从律，或盲风为炎，斯固风色之殊致，良由气化之不齐。虽然，当考《黄帝风经》有云：调畅祥和，天之喜气也；折伤奔历天，之怒气也。《诗》曰：敬天之怒，毋敢戏豫；敬天之渝，毋敢驰驱。昔帝舜纳于大麓，风雨弗迷；周公居东，风雷示变。洪节推庶，微之休咎，一曰圣时风若，一曰蒙恒风若，曰气化，岂非人事哉？安西属在沙漠，荒僻辽远，节气过殊于内地，其为风也，往往连昏晓、浃旬时，飞沙扬砾，发屋扶树，甚至黄赤异色，昼夜不分。夏而炎熇，冬而触发，春秋之间，亦无宁息，其来旧矣。我皇上本中和位育之德，继承丕绪，敬天动民，怀柔百神，声教讫于无外。塞垣宁谧，屯垦日与，山川效灵，风雨时节。忝兹守土，莫不默荷神庥，而祠宇未建，戏享无闻，非所以答嘉贶也。况风云雷雨之神，载在祀典，内地郡县，坛壝攸崇，惟兹新设疆场，于诸祠祀阙焉未修。余莅事之三年，熟察风土情形，窃以崇德报功。守土者所有事，祠宇之建，容可缓乎？乃于城隍庙西偏规度善地，周以缭垣，南向树屏，表正方位。中为享殿三楹，崇奉风神之像，而于庙垣之东辟为门阙，与城隍廟相通，即令原招住持僧人并司启闭、主香火。是役也，经始勿及，因民之利而不劳；简朴无华，损上之财而不费。俾官吏兵民，步时朔望，虔恭奉事，各修其职，业洁其身心，勿作淫慝贻神羞。庶邀上天降鉴而锡之祉福，惟神亦能扶祐，布和行惠，不失时节，永无凌厉暴疾之虞，将养物成功。于是乎在以副圣天子怀柔百神至意，岂不休哉？敢述创建所由，勒之于石昭石示来，兹明乎天人感应之极至微乎？宝著书传，所载信而有征也。至若考祀典、立坛壝、次第举行，是所望于后之君子。乃为歌曰：风之来兮于何，从风之逝兮于何？终清大漠兮鼓鸿蒙，维时若兮成几功、殿堂敞兮乡祀，祈且报兮无怨恫。官之守兮省，厥躬民之勤兮矢厥忠。于戏！神之惠兮永无穷。时乾隆七年几次壬戌冬十月吉旦。

瓜州

由安西城西南三十里至瓜州，俗呼岳城。雍正十一年筑，开东西二门，有安西同知、瓜州参将与照看回民之部郎笔帖式驻此。南至瓜州口子三十里，至南山之麓三十里，北至疏勒河滨三十里，又至白墩子九十里，东至小湾一百里，西至新白齐堡三十里有把总分驻。其旧堡原在瓜州西北，自改移南路，遂成荒僻之地。今于旧堡之东二道林筑墩派兵巡哨。瓜州地生美瓜，故名，狐入其中不见首尾。今回民俱种植瓜果，兼牧猎之利以供食用。间有隙地居民亦种哈密瓜。其园而大者俗呼回□帽，小者呼回□眼。其瓤有青、黄、白三色，俱鲜美。然安、沙诸处以及肃州之金塔寺亦有之，终不及哈密者。尤良种法，以苦豆枝叶垫土中，培壅其根，夏末秋初成宝，白露前后摘。若雨水过多，其味减多其薄。城西北十里许与二堡相近之处，有扎萨克公果园，城之北面分筑五堡，距瓜州六里以至十余里远近不等，东西环列焉。

回民五堡

吐鲁番缠头回□，即唐时回纥遗种，言语不通、衣服不类，其文字与内地回民经典相似，礼拜、把齐、过年仪节日期相同，尊卑齿序稍有分别。男女自行择配，有不合撮土一飏，夫妇遂离异，虽其父母头目亦莫能禁。男子剃发极细，分披眉脊间，善制鸟枪、刀刃，装饰部甚精工。妇人颇知纺织，更以五色线刺绿手巾。大酋长居屋多建台居住，今瓜州哈密札萨克公居，字犹仍旧制。其俗杀人者多不抵命，量死者强弱议罚。牛羊多寡不等。彼地从前约有十万余众，分住十七城堡，服属于准格尔。及准格尔犯顺，迁其可汗苏坦并大小头目回民数万余人伊里之野而干等处，将各城堡焚掠尽。有渠酋拖克拖马忒率众内附，安插于肃州之威虏堡。后头敏和卓亦迁移近地。时提督颜清如护其众来归，男妇女小不下万口。初暂住哈密之塔而纳沁，于雍正十一年安插瓜州分，筑五堡居之。封头额敏和卓为辅国公，颁给扎薩克印，俾总领其众，居住头堡称扎薩公扎。

卷下

屯田

乾隆四年鄂督院请称“安西一镇、西塞咽喉，必得兵丁精锐始可捍御边防。今兵丁承种官屯地亩，一应差操势难兼顾。请将兵屯籽种地一千六百八十余石照凉州柳林湖屯田之例，以庚申年为始，招募民人及兵丁子弟承种，将原派屯兵撤回差操以实营伍。其屯田每年所收，民得六分官得四分，按数输纳以备兵粮。籽种、牛具、料草，官为借给，秋收扣还，交靖逆通判管理，安西道督率稽查。其余可肯地土，听民报垦纳粮”等语，经军机大臣议覆，奉旨俞允，于乾隆五年正月内奉文饬办。因靖逆通判一人难以兼顾，请委安西同知分办，以专责成。续据该厅等会同营员在于柳、靖、赤三处逐加踏勘丈量，除报明荒碱不堪耕种地亩外，共接收兵屯原地八千一百五十一亩零，又查出近屯余地三千二百一十八亩零，又于柳沟卫属佛家营等处开渠筑坝，新垦地二千六百四十亩以上，俱招民承种，有系昔年开地改归兵种之原主者，有系户民及兵丁之子弟并亲友者，有系商贾贸易流寓民人情愿认种者，有现今挈眷及尚未搬家至招到民户有一户止种一户地亩者，亦有一户力量有余情愿兼种数户地亩者，俱照从前口外招民之例，每户给五京石籽种田地，借给牛一只或马骡一头匹，并车一辆，犁铧镰锄等项。又另勘开垦之地，野马兔逼近南山、地气寒冷，不宜耕种，于赤金所属之鸦儿河、白杨河开渠筑坝，新垦上赤金淄泥泉等处地一千七百五十亩，因招户不及，即令赤金所试种兵屯原地官收四分粮石，听候估拨兵粮。近屯余地，照兵屯原地官民四六分收。佛家营新地因开种之始工力较多，本年秋收官得三分民得七分，次年四六分粮。赤金官屯新地试种三年，至癸亥年招民承种，一体四六分收。原地、余地、新地内，议设乡约、牌头、水利督劝稽查。佛家营、鸦儿河、白杨河三处渠道，新设渠夫三十名，每名给三京石籽种地，共计四百五十亩，听其自垦，免纳粮草。所借籽种、口粮、料草令各渠夫自行交仓，其余各屯户借过籽种于秋收后官民尚未分粮之时先行扣还，借过口粮、料草于屯民分得粮内自行交仓。以上俱系年借年清之项，田间收获草束俱听各该户留喂生畜。各屯户、渠夫、官屯借过牛具车辆等项，并房价银两及赤金官屯借过籽种草料，并开地、种地长短人夫工价口粮，统于官分余地、新地及官屯收获粮内照时估价。现将佛家营、鸦儿河、白杨河三处开渠工本扣清，再将前项牛具等银通融扣抵，免其分年带征。既于官分粮内代民抵还，借项则屯户人等虽有借粮之名，实同赏给之惠。将来赤金招户承种，所需牛具、车辆、房价等项，一体发给，免其带征。惟是奉文之始即届春耕，必须及时赶办，庶可不误农工。现在所需借给各项银粮，若候详批往返，缓不及济，请于各厅、卫、所仓库存贮银粮内先为酌借，以济急需，事缓请领款归所有借、垫、过各项，共银一万五百八十余两，共粮五千七百三十余石，案款纷繁，不便久悬，请将道库采买粮价内现行全数饬发，分晰归款。其逐年余地、新地官分粮石及官屯所收粮石，除扣还原借本色粮外，即以下剩之粮照各属时估合价，归入积贮数内，抵作采买正粮，即令各卫所就近贮仓备用，以省运费，统俟按年扣抵完全之日，始以官分粮石贮候估拨，既可全清借款，于目前又可渐增采买之实数，国帑不费、边屯有成，民叨格外之恩、吏免因公之累，以上事宜先后酌议，移司详院批允办理。今已满三年，共增开屯地七千六百余亩，分归积粮六千六十余石，此屯田之成效也。

开渠

天地有自然之美利，乘之不以时则废弃于无用；衣食为生人之本原，开之有其道则日出而不穷。安西当中外之冲、承军需之后，僻在极边、民无土著，物产不饶、生计亦绌，加以镇营及驻防之兵实在需粮，户口日繁，盖藏宜豫。

乾隆五年，因酌改边地兵屯，清查原地余地，全数招民承种。复遵鄂督院檄谕，率同厅、卫亲往赤、柳一带查勘。柳属五、六、七道沟俱系泉水，尾流归疏勒大河，其间土地，尽可开垦。向因瓜州安插土鲁番回民、拨给地亩，恐旧渠水泽不敷，近河余地民人不敢承种。自乾隆四年，增开蘑菇沟新渠，引水统归大河，灌溉回屯甚属宽裕。五六七道沟水泉愈觉汪洋。今从官路以北总名佛家营地方开渠筑坝、引水灌田，可开地二千六百四十亩，与回民上流水利亦无妨碍。于年试种之后，酌量水泉之有余不足随时增减，总期回民、屯民两有裨益。又赤属之上赤金一带，可种地亩颇多，其东南有鸦儿河源出南山，众泉会聚，上流稍窄，河身渐宽，下流渐入渗沙。若于上流水口筑坝开渠，尽可屯种一千亩。又鸦儿河之东有白杨河，发源青头山，至白杨河七十里，中有支流数道散漫分泄，亦入渗沙。相度另开渠道，计长四五十里，虽河流充足而工程浩大，未易兴作。今据现在河形，将散漫支流筑埂堵截、总汇一处，就河流旧道开挖成渠，亦可灌种七百五十亩。向因地乏水泉，难供汲爨，是以开种寥寥。现今流览形势、疏引泉源，可资民用，即屯田条内所称淄泥泉是也。

以上三处渠道若听民自为开筑，不特民资有限、民力难齐，而兴废随时、通塞随地，恐需之数载难冀成功。若俟详请候批，往返需时辗转、坐销岁月，听其河流淤散、地土抛荒，实为可惜。此番清查屯垦，原为塞上兵民经久之计。当兹耕作届期，若不及时赶办，事后更端不免转滋案牍。随据该厅等查议事宜，并请在官经理，先行饬发工价赶办情由。一面确估分晰，开折赍报详明。借动厅、卫所贮银粮应用统于秋收余地，新地在官厅得粮内扣抵，归清借款，始以官分粮石一体贮仓候拨，详见屯田条内。一面饬令克期兴工于五道沟开渠一道，分四段，共长一千二十丈，筑鸳鸯拦退滚水坝一座，又挑挖河东旧渠一道，长一百五十丈；上六道沟开渠一道，分四段，共长五百五丈，开退水沟一道，长九十丈，筑拦水坝一座、堵挡山水坝一座；下六道沟开渠一道，分四段，共长七百五十六丈，筑拦水一座；上七道沟开渠一道，分二段共长七百丈，筑拦水坝一座；下七道沟开渠一道，分三段共长七百一十七丈，筑拦水坝一座，共建大闸二座、退水小闸二座。所开新地当经全数招种。鸦儿河开渠三十六道，共长六千四百八十丈，筑分水坝一座，建进水、退水闸各一座。白杨河修挖渠道三十三里，堵截支流二十余处，所开新地因户口稀少，一时招种难齐，暂令赤金所试种。是役也，经始于官而官无费帑，利归于民而民不知劳。广屯垦于边疆，裕盖藏于久远。圣泽汪洋，永无涯涘矣。

按是年系闰六月，节气稍迟，山水未能及时涨发。瓜州札萨克公额敏和卓误认五六七道沟为疏勒之源，借称佛家营开渠撤水以致河流短少，回屯禾苗被旱，具文恳诉。经照看回民部郎呈报理藩院咨查，为之指陈形势，辨析源流，将并无妨碍回民水利之处。反复开导，经管理回屯营员查报回屯各处屯种，零星间断偶有碱蒸，不及十分之一。及是秋回屯收获各色粮石，合算一年口粮、来春籽种俱属敷用。只以回民向化以来，圣主怀柔远人，德洋恩溥，地方官岂肯以渠水细故与之较量？无论回民口食足敷，宁使回田水泽充裕，即于收割之后，传谕水利把总将六、七两道沟水给予回民听其需用，其佛家营等处招户承种，地亩统于五道沟之水，通融浇灌亦可无虞缺乏，俱经详覆，咨移有案。

附查勘党河源流

沙州户民田地，全资党河之水分引五渠，计亩轮灌。其卫城东北篱笆厂一带平原之地，旷土颇多，若得远水增添，自可开垦。细加采访，知党河上流原有淤塞处，所散漫泉流可以设法疏引节。经切谕卫备陈捷查勘，随据移会沙州协派拨兵丁协同老农等前往视看开挖。乾隆五年九月，余巡历沙州，传集兵丁老农等人细询水泉形势。据云党河之源在额儿得尼布喇，距卫城五百九十里，上流希喇哈尔津水势颇大，距额儿得尼布喇二百七八十里，中隔沙梁三十余里，难于疏浚，且不能保其必无渗沙。离水源下流百余里，河之南有山地名钓鱼沟山。北有沙巴儿拖骆海，俱系草湖，周围约四五十里，步步生泉，约有数百道。每泉眼之上俱有木桩石块填压。盖原沙州从前原系青海诸夷游牧处所。设卫之处，尽行驱出南山之外，此等流泉俱为夷人阻塞，不令通流。昨已试开四十余道，泉流大小不等。其草湖迤北山麓亦有泉脉，多寡不等。若将南北众泉开通，增添河水，尽可开种等语，但经营创始，成效非可预期，所需工本，未便请动正项，拟同厅卫垫凑养廉银两，多雇人夫，于明春前赴南北两山出泉处所，尽力开通，引水归入党河、增开渠道，暂令该厅督率该卫试种，如果水泉充裕、开垦成熟再行招户。详蒙两院批饬妥协办理，随委安西同知李治邦穷源溯流、细加察勘，往返五十余日，来安西面禀。据称，党河远源在希喇哈尔津之东南雪山内，分注三沟，汇成一处。至八汗撒勒汗津沟之下即入沙石中，隔郭壁约长三十余里，至芨芨台之东泉汇合独山子一带泉水及南北两岸海子、擦汗洮河、清水沟、腊牌沟等水，愈流愈大，俱入党河。至沙州七百三十里分为五渠，浇灌户民地亩。此党河源流之大概也。其芨芨台东北八十里，地名扎喇峡，离西宁卡路不过百余里，有水三道汇聚一处从峡口流出，沟道散漫，至扎喇崖四十里西流入于沙石，虽有流水痕迹，或系山水大发时上流漫溢间有归入党河之处。以上希喇哈尔津、扎喇崖二河离党河宽深处所及应用工作之处五七十里以至二百余里，地多石碛，疏凿甚艰，且恐渗入沙中，徒费工本。又南山内钓鱼沟一带亦有山水流出，沟道散漫，至二十余里渗入沙石，虽离党河只五十里，多系石工，开挖不易。又党河之北山有宫皂河三道，离党河甚远，中隔小山，亦难疏凿。惟党河以南之额儿得尼布喇大泉及独山子以下众泉共数百十处，并南北两岸大小海子二百余处，远近不等、通塞不一，若能相机疏引，使各处泉眼、海子之水归入党河，约可增水一渠。党河本属宽深、可以容水，不须开挖，约计工程较希喇哈尔津数处自是减少，而独山子等处疏浚泉水，约需六七万工；额儿得尼布喇大泉挖通海子均须绕道转湾，约需二三万工，垫凑廉俸无几，实不敷用。且塞外多风少雨、气候早寒，一片荒沙大碛，绝无草树，顾觅人夫更非易集，搬运工料亦属迂回。若开挖渠道，两岸不能加修摆帮，中间恐山水冲石堵塞，两旁亦虑风沙淤满。似此工程浩大、夫役艰难，疏凿兴修，势非易举。遂据李丞绘图详覆情形，于乾隆六年五月详院批饬停止。

西域水道记（节录）

卷三[一]　哈喇淖尔所受水

哈喇淖尔二源，东源曰苏勒河，在洮赖河西。

洮赖河出嘉峪关南山中，《禹贡锥指》云："嘉峪山一名鸿鹭山。"《穆天子传》所谓"天子循黑水至于璧玉之山"者也，关在山之西麓。西流折而北。又东北，径旧夷目巴喇牧地之西。又东北，径牌楼山。山在肃州城西南一百里。又东北，径旧黑番与喇嘛纳添巴牧地。又东北，径卯来泉堡北。堡在肃州城西南七十里。又东北，径文殊山西，山在肃州城西南三十里。为洮赖河。蒙古语谓兔曰洮赖，即《汉志》呼蚕水也。东北七十里，径肃州城西北。又东北三十里，径下古城南。有红水河发南山，东北流经金佛寺堡西，又东北，经肃州城东，又东北，径临水堡西来汇。堡在肃州城东北四十里。合流径堡北而东北出边墙[二]，为天仓河。梁份《西陲今略》云"洮赖河因众水会入，从下古城之左北流出边，其水时消时溢，溢则溃决边墙，消则河皆平地"是也。

（一）卷三，稿本作"卷二"。
（二）径，《方壶》本作"经"。

天仓河经金塔寺西，又东北，径镇夷堡岔山界，有弱水并合黎山西流来汇。《说文》作溺水，正字，《禹》作弱水，为假借字，今谓之黑河，又曰张掖河。后儒不知本为一河，分张掖河当《禹贡》之弱水，黑河当《禹贡》之黑水，误矣。《禹贡锥指》言弱水原委甚详，且正程大昌以条支嫣水为弱水之讹，惟附会《后汉书·东夷传》及《晋书》《唐书》之文，谓弱水自居延泽东北流，历夫余、挹娄而归东海者，亦误。又东北入额齐讷海，额齐讷，即《元史》之亦集乃[一]，蒙古语，额齐讷，幽隐也[二]。《元史·地理志》："亦集乃路，在甘州北一千五百里，城东北有大泽乃汉之西海郡居延故城。"即古居延泽也。江氏永《群经补义》以梁州黑水为今金沙江，雍州黑水为今肃州黑水，言其水自沙漠中南流，经黑山下南合白水、红水，又西南流，入临羌，为青海之上源。青海即西海，《禹贡》导黑水至于三危，入于南海"，南为西字之讹。松按，江氏所指，盖谓今张掖河也，源出甘州府城西南，东北流至府城西二十里，折而西北流，复西北经高台县盐池驿北，与洮赖河汇，而入额齐讷。青海在甘州正南，岂能北流入之乎？又谓西海流至积石，入黄河，其谬尤不可枚举[三]。殷化行《西征纪略》云："康熙三十五年（1696）正月，议政大臣、大学士奏言：'噶勒丹今在科布多，其势未张，令陕西为一路期以三月中旬出肃州之镇夷，顺黑河、洮赖河合流处前往昆都伦合兵进剿。'"所谓合流处，即岔山矣。苏勒河径昌马山西[四]，隔山即洮赖河源。

（一）此句稿本原作“《元史》旧作亦集乃，今改”，旁改同底本。

（二）此句下稿本原有注“见《元史语解》”，有删除号。

（三）九，稿本、《方壶》本作“尤”。

（四）此句至段末，稿本作：“苏勒河所径之吉尔恭台山口东三十里，为雅玛图山口（旧赤斤卫南八十里），雅玛图山东北八十里，为雅尔河口（赤斤卫南四十里）。其地有城，城西通洮赖河源。”

苏勒河之东有昌马河，导源昌马山[一]，

昌马山在玉门县西南[二]。玉门县旧靖逆、赤斤二卫地。赤斤立于明，《明太祖实录》：“洪武十三年（1380）五月壬寅，都督濮英进至赤斤站。”即其地也。永乐二年，设赤斤蒙古千户所；按，《成祖实录》，事在十月，《明史·西域传》作九月，误。八年，升为卫。按，《实录》，塔力尼献贼在五月，升卫在八月。成化十九年，为临番所破。正德中，内徙肃州南山，卫城遂空。见《明史·西域传》。靖逆卫立于康熙中，五十四年，策妄阿拉布坦犯哈密，大军西讨，哈密伯克额贝都拉献西吉木、达里图、西喇河地。五十七年，于西吉木设赤斤卫、达里图设靖逆卫，置靖逆同知，领二卫。西喇河设柳沟所[三]，置柳沟通判。雍正三年（1725），裁同知，移柳沟通判为靖逆通判。仍领二卫，次年，柳沟建卫，改隶安西同知。五年，改赤斤为守御千户所。乾隆七年（1742），复赤斤卫。二十四年，裁二卫，改靖逆通判为玉门县。靖逆为汉冥安县地，唐因隋置玉门县，《元和郡县志》：“玉门县东南一百八十里，有石脂水。”今水在县东南二百六十里，是唐县治在今县东八十里。至冥安之名，因于冥水。《元和郡县志》以唐之晋昌为汉之冥安，且言冥水在界内。按，《元和志》既言于晋昌置瓜州，又言晋昌为瓜州郭下县，则去冥水甚远，非汉之冥安县明矣。县城高三丈，周三里三分，南北门二。昌马河出山之北，分二支，东支径察罕那木哈之西[四]，西支出洞达口，各北流数十里而会。源处极三十八度五十分、西十九度三十四分。

（一）此段纲目文字，稿本作“西北流，有昌马河注之”；以下数段文字，稿本与底本差别较大。

（二）此段注文，稿本作：

昌马河发玉门县西南昌马山中，《西域图志》云：“源处极三十九度、西十九度四十分。”二源并疏，北流汇为素尔河。《和硕特亲王察罕丹津传》云：“博硕克图济农（济农，蒙古语，名号之称。见《元史语解》。）有子四，长岱青巴圆尔，次墨尔根诺颜，次察罕丹津，次根特尔。博硕克图济农初以噶勒丹女布木为子根特尔妇，屡使通问噶勒丹。康熙三十五年，征噶勒丹，获其使罗垒额木齐及善巴。羁罗垒额木齐于宏仁寺，以善巴从我，使谕博硕克图济农等禽献噶勒丹逆党及根特尔妻。已而副都统阿南達设哨嘉峪外，禽其使之自噶勒丹所归者于素尔河日阿勒尔宰桑。”即此河之侧也。

昌马山旦内有昌马城，河经其南，是为昌马河。又北流，距玉门县城南一百六十里，潴为湖。又北流四十里，溉屯地，是曰昌马屯。按《青海厄鲁特部传》云：“雍正二年，平定青海，王大臣善后事宜议云：肃州西洮赖河、昌马尔、(原作常玛尔。) 鄂敦塔拉等处，应募民垦膏腴地，庶渐致富饶。”又《肃州新志》云：“雍正十年，大学士经略鄂尔泰与宁远大将军查郎阿、总督刘于义勘安西、柳沟、靖逆、赤丘诸处地亩，凡二千百六十二石零之地，官兵所种者三百四十五石零，令归公，不给价；客民私垦者千八百一十七石零，每石上地给价一两五钱、中地一两二钱、下地一两，归作屯田。每岁籽种，踏实堡千石、布朗吉尔（蒙古语水浊也，见《元史语解》，今作布隆吉。）三百余石、双塔堡二百余石、小湾堡六七百石、昌马湖二千石，靖逆、赤皆数百石。”是昌马河兴屯事也。

昌马河又北流二十里，至上龙王庙，（玉门县南百里。）与苏勒河汇。二河汇处，有故渠已涸，横聚沙砾，西北迤逦几二百里，以达苦峪城。丛树未僵，沿渠错立。城壁仿佛，犹存佛像。城东半里，有故刹遗址，中有大浮图一，高数丈，前列小浮图五，亦三四丈。断碑没草，寻其残字，曰“大兴屯垦，水利疏通，荷锸如云，万亿京坻”，耆旧相传，是张义潮归唐部人所造以述功德，一面字势不类唐人，殆曹义金时作也。城中荆榛充塞，仅有颓垣，目于眢井，汲犹得水。按，苦峪城筑于明成化中。(《明史·西域传》不详筑城之年。考《本纪》：“成化十三年十月戊申，复立哈密卫于苦峪谷，则筑城当在是年。”《成祖实录》云：“永乐三年十二月，甘肃总兵官西宁侯宋晟言哈密归附头目买住察罕不花等二百七十八户居苦峪里，告饥。”其时未筑城，故谓之苦峪里。犹《本纪》言苦峪谷也。）弘治七年，朝命兵部右侍郎张海等又修浚之。苦峪者夷言达里图。达里图有二，相去二百五十里。(布朗吉尔城西南九十里至黑水桥，桥南二十里为苦峪城。）今于东达里图建玉门县治，故谓苦峪为上达里图也。

《河源纪略》云：“昌马河北流，经小沙塔口之西、上达里图之东，至都尔伯尔山口，汇东来之苏勒河。”《汉书·地理志》：“敦煌郡冥安籍端水出南羌中，（今《汉书》作“南籍端水”，王怀祖先生曰：“南字涉下文南羌而衍，《太平御览》引无南字。”）西北入冥泽，溉民田。”应劭曰：“冥水出，北入冥泽。”（两“冥泽”，今《汉书》作“其泽”，怀祖先生曰：“因冥水所入之泽谓之冥泽，其字误。”）冥水即昌马，籍端水即苏勒。玉门之北有布鲁、（县西北三十里。）青山、（县西北七十里，又名挠斯图湖。）花海子诸湖，通谓之冥泽。(《元和郡县志》：“冥水自吐谷浑界流入大泽，东西二百六十里，南北六十里。”盖连合诸湖，故宽广若此）两河故道北流，各自入泽。今三道沟东里许，有枯河宽百许丈，两岸有冲突之形，每昌马河水盛时，渠不能容，则此河有水。河之下流，正直布鲁、青山湖是故迹之仅存者。

以上段文字，皆见于“北流分为二，东支注达布逊淖尔”“北流过苦峪城东”“又北，合于昌马，是为苏勒河”诸纲目注文中，而详略顺序有不同。

（三）此句《方壶》本有夺字，径与下文合为“西喇河设柳沟通判”。

（四）支，《方壶》本夺此字。

北流分为二[一]，东支注达布逊淖尔，

昌马河北流[二]，于玉门县南渟潹为湖，溉屯田，是日昌马屯。按，《青海厄鲁特部传》云：“雍正二年（1724）平定青海，王大臣善后事宜议云：肃州西洮赖河、昌马尔原作常焉尔。鄂敦塔拉等处，应募民垦膏腴地，庶渐致富饶。”又《肃州新志》云：“雍正十年，大学士经略鄂尔泰与宁远大将军查郎阿、总督刘于义勘安西、柳沟、靖逆、斤诸处地亩，凡二千一百六十二石零之地，官兵所种者三百四十五石零，令归去，不给价；客民私垦者千八百一十七石零，每石上地给价一两五钱、中地一两二钱、下地一两，归作屯田。每岁籽种，踏实堡千石、布朗吉尔蒙古语水浊也，《元史语解》，今作布隆吉。三百余石、双塔堡二百余石小湾堡六七百石、昌马湖二千石，靖逆、赤斤皆数百石是昌马河兴屯事也。

（一）此句稿本作“乃分二支”。

（二）此段文字，稿本在上节纲目下，略有不一。

昌马河又北流，分为二支（一）。东支东北流，径玉门县东南腰井子、盐池、黑沙窝诸地。又东北，径玉门县东塔儿湾堡西。堡在县城东北三十里。又东北流，至哈沙图境，入于达布逊淖尔。在赤斤堡东北一百七十里。达布逊者，回语谓盐也，亦曰华海子（二）。华，蒙古语黄也。《李绳武传》云：“乾隆十一年（1746）闰三月，疏言商夷查木瑚里等带牲畜乞在哈密贸易，肃州镇臣请于嘉峪关外华海子牧放。查华海子逼近赤、靖等处营汛，南通青海、北接北路卡伦，留牧未便。”盖海滨广斥，故饶水草。海子长一百六十里，北与湃带湖相连，其西为布鲁湖。布鲁湖自北出泉数道，东北流经盐池，入华海子。自盐池至华海子，路旁有废城二，城旁列废墩。《青海厄鲁特部传》云：“雍正二年，奋威将军岳锺琪侦罗布藏丹津走乌兰穆和尔，分兵驰击，擒其母阿尔泰，俘户、畜无算。罗布藏丹津偕贼党分道窜，侍卫达鼐等擒丹津珲台吉于华海子。

（一）“昌马河又北流，分为二支”，稿本作“苏勒河既会昌马河，稍北流分为二支”。

（二）华海子，“华”字稿本原作“花”，旁改为“华”，此段中凡五处，均如此。

西支为靖逆渠（一），

昌马河所分西支，于玉门县之南，又疏靖逆东、西渠。所谓靖逆东、西渠者，在县东曰大东渠，在县西曰大西渠。大东渠经玉门城东十里，道左右数处泉，汇于渠。渠东十步置军台，渠经其西，又北流溉户屯，经城北汇于西渠。玉门户屯凡种地五百二十一顷二十亩九分，额征粮二千八百八十九石五斗七升六合三勺。大西渠在县城西一里，又北流三十里，有泉自县城西五里来入之，是为头道沟河。又北流，有泉自头道之西北二十五里来入之，是二道沟河。又北流，距县城五十里，乃折而西，苏勒河自南来入之。

（一）此处及以下共六段纲目，稿本合为一段，作“西支为疏勒河”，注文云：

苏勒河北流，疏为四道沟，又北流，疏为靖逆东、西渠。四道遘者亦昌马故道。昌马既入苏勒，余水仍自四道沟至桥湾城南而西。（熊懋《西行纪略》云：“昌马河之水，从桥湾入苏勒河。”）康熙五十八年建靖逆衡城。靖逆户民堰昌马河口，尽逼河水，分为靖逆东西二渠，而四道沟之流绝。其后柳民无以播种，诉之有司。雍正七年，州分巡道式，令以五分之一归柳满民，仍以此一分之水附入靖逆大西渠，流至下龙王五里，开渠均分，流入四道。柳民导为渠以溉田。而下游仍入苏勒焉。

所谓靖逆东、西渠者，在县东曰大东渠，在县西曰大西渠。大东渠经玉门城东十里，道左右数处发泉，汇于渠。渠东数十步置军台，渠经其西。又北流，溉户屯，经城北汇于西渠。玉门户屯凡种地五百二十一填二十亩九分，额征粮二千八百八十九石五斗七升六合三勺。大西渠在县城西一里，又北流三十里，有泉自县城西五里来入之，是为头道沟河。又北流，有泉自头道之西北二十五里来入之，是为二道沟河。又北流，距县城五十里，乃折而西，经昌马故道北，有泉自昌马故道西里许来入之，是为三道沟河。(距二道沟二十里。) 诸沟之水，裁濡轨焉。

三道之西半里，置柳沟驿，安西州与玉门县分界于斯。河又西八里，径柳沟堡北十余里。康熙五十七年，初设柳沟所，建堡，周一里三分、高二丈，门二，兼设通判。雍正三年，移通判。五年，升所为卫。次年，移治布朗吉尔，堡遂废。河又西十二里，四道沟之水自南来入之余归程戾止，柳阴蔽日，红杏正繁，流水潺湲，环绕村落。四道之西十里，有微泉北入于河，是为五道沟。又西，径桥湾城南五里。城建于雍正十年，周一百四十四丈、高九尺，门二。建城后二年，议转军饷，以桥湾地适中，建仓于城东南隅。明年兵罢，驻都司一人，马、步战兵三百人。五道之西五里为六道，又西五里为七道，又西十里为八道，又西五里为九道，又西三十三里为十道。诸沟皆微泉，并沟尽良田。十沟既入，为苏勒河。

以上数段文字，亦见于"西支为靖逆渠""又西流，与苏勒河合又北，合于昌马，是为苏勒河""苏勒河西过桥湾城南"诸纲目注文者中，而详略、顺序有不同。

又西流，与苏勒河合，

靖逆东、西渠既会而西流(一)，径二道沟西北二十里有泉自南来入之，是为三道沟河。三道之西半里，置柳沟驿，安西州与玉门县分界于斯，河又西八里，径柳沟堡北十余里。康熙五十七年（1718），初设柳沟所，建堡，周一里三分、高二丈，门二，兼设通判。雍正三年（1725），移通判。五年，升所为卫。次年，移治布朗吉尔，堡遂废河又西十二里，为四道沟，苏勒河自南来入之。

(一) 此段注文，稿本在"西支为苏勒河"纲目下，文字略有不同。参上"西支为靖逆渠"条校记。

苏勒河导源南山(一)，

昌马山之西南有大山，苏勒河出焉。当阿里哈里之东，五泉并涌。源处极三十七度五十八分、西二十度四十分。

(一) 此段纲目与注文，稿本无。

北流过苦峪城东，

苏勒河源出西北流(一)，有巴彦山水自西南来会。又北流，径小沙塔口西、黑岭东。又北流，径景城西。又北流，径苦峪城东。苦峪者，夷言达里图。达里图有二，相去二百五十里。布朗吉尔城西南九十里至黑水桥，桥南二十里为苦峪城。今于东达里图建玉门县治，故谓苦峪为上达里图也苦峪城筑于明成化中。《明史·西域传》不详筑城之年。考《本纪》成化十三年（1477）十月戊申，复立哈密卫于苦峪谷。"则筑城当在是年马文升《兴复哈密记》载成化九年事，但言苦峪，无城字，是也。而《西夷事迹记》成化九年事则有苦峪城之文，疑以后来地名追书之耳。《成祖实录》云："永乐三年（1405）十二月，甘肃总兵官西宁侯宋晟言哈密归附头目买住察罕不花等二百七十八户居苦峪里，告饥。"

其时未筑城，故谓之苦峪里犹《本纪》言苦峪谷也。弘治七年（1494），朝命兵部右侍郎张海等又修浚之。城中荆榛充塞，仅有颓垣，目于眢井，汲犹得水。城东半里，有故刹遗址，中有大浮图一，高数丈前列小浮圆五，亦三四丈。断碑没草，寻其残字，曰“大兴屯垦，水利疏通，荷锸如云，万亿京坻”，耆旧相传是张义潮归唐部人所造以述功德，一面字势不类唐人，殆曹义金时作也。

（一）此段注文，稿本在前“西北流，有昌马河注之”纲目下，文字、顺序有不同，参前“苏勒河之东有昌马河，导源昌马山”条校记。

又北，合于昌马，是为苏勒河。

苏勒河由四道沟入昌马河（一），《汉书·地理志》：“敦煌郡冥安籍端水出南羌中，今《汉书》作“南籍端水”，王怀祖先生曰：“南字涉下文南羌而衍，《太平御览》引无南字。”西北入冥泽，溉民田。”应劭曰：“冥水出，北入冥泽。”两“冥泽”，今《汉书》作“其浑”，怀祖先生曰：“因冥水所入之泽谓之冥，其字误。”冥水即苏勒，籍端水即昌马。玉门之北有布鲁、县西北三十里。青山、县西北七十里，又名斯圆湖。华海子诸湖，通谓之冥泽。《元和郡县志》：“冥水自吐谷浑界流入大泽，东西二百六十里，南北六十里。”盖连合诸湖故宽广若此。古者二水各入其泽，布鲁、青山则苏勒尾闾。河流既改，迁徙靡常。今三道沟东里许有枯河宽百许丈，两岸有冲突形，当亦苏勒故道。

（一）此段注文，稿本在前“西北流，有昌马河注之”纲目下，文字略有不同，参前“苏勒河之东有昌马河，导源昌马山”条校记。

苏勒亦曰素尔，《和硕特亲王察罕丹津传》云（一）：“博硕克图济农济农，蒙古语名号之称，见《元史语解》。有子四，长岱青巴图尔，次墨尔根诺颜，次察罕丹津，次根特尔。博硕克图济农初以噶勒丹女布木为子根特尔妇，屡使通问噶勒丹。康熙三十五年（1696），征噶勒丹，获其使罗垒额木齐及善巴。羁罗垒额木齐于宏仁寺，以善巴从我，使谕博硕克图济农等禽献噶勒丹逆党及根特尔妻。已而副都统阿南达设哨嘉峪关外，禽其使之自噶勒丹所归者于素尔河（二），曰阿勒达尔宰桑。”疑素尔为旧称，今沿讹为苏勒矣。余归程至四道沟（三），柳阴蔽日，红杏花繁，流水潺湲，环绕村落。苏勒河自是西流十里，有微泉自南来入之，是为五道沟。

（一）此段注文，稿本在前“西北流，有昌马河注之”纲目下，文字略有不同，参前“苏勒河之东有昌马河，导源昌马山”条校记。

（二）禽，《方壶》本作“擒”。

（三）此句至段末，稿本在“西支为苏勒河”纲目下，文字略有不同。参上“西支为靖逆渠”条校记。

苏勒河西过桥湾城南，

苏勒河自五道沟西流五里(一)，径桥湾城南。城建于雍正十年（1732），周一百四十四丈、高九尺，门二。建城后二年，议转军镶，以桥湾地适中，建仓于城东南隅。明年兵罢，驻都司一人，马、步战兵三百人。五道之西五里为六道，又西五里为七道，又西十里为八道，又西五里为九道，又西三十三里，十道，其水皆入于苏勒。诸沟皆微泉，并沟尽良田。

(一) 此段注文，稿本在"西支为苏勒河"纲目下，文字略有不同。参上"西支为靖逆渠"条校记。

又西，遇布朗吉尔城北(一)，

《阿拉善厄鲁特部传》云："台吉罗卜藏衮布阿喇布坦者，避噶勒丹乱，内徙，请居龙头山地。康熙二十三年（1684），自龙头山徙牧布朗吉尔，二十八年卒。以兄子噶勒丹多尔济统其。未几，弃游牧遁。三十五年，大军败噶勒丹于招摩多。蒙古语数盈至百谓之招摩多。谓树也，言其地多。一作昭莫多。副都统阿南达设哨于布朗吉尔之博罗椿济、蒙古语博罗，青色，椿济，墩台也。敖齐喀喇莽奈诸地，准语莽奈，额也(二)。遣其属拜格招之。次年，噶勒丹多尔济以兵百来归，阿南达即令于布朗吉尔设哨。"是其地也。策妄阿拉布坦犯哈密之岁，侵吐鲁番。大军将进剿，西安将军席柱请先屯兵巴里坤、布朗吉尔，并言布朗吉尔可屯种状。次年六月，尚书富宁安勘布朗吉尔及附近之上浦、下浦诸处，皆可耕，招徕客民一百六户，户授地二十亩。六十一年，复议设屯田兵数。

(一) 此处纲目文字，稿本作"苏勒河西过布朗吉尔城北"。

(二) 此处注文，稿本无。

雍正元年（1723），抚远大将军年羹尧征罗布藏丹津，冬十二月，贼兵三千余人来侵布朗吉尔，参将孙继宗游击孙超节率兵迎战。兵既交，副将潘至善以兵至，并力击破之。是年，始置安西同知、安西卫、安西镇于布朗吉尔。六年，皆移治大湾，而建柳沟卫。九年，建卫城。周六里三分、高二丈二尺，门四。乾隆二十五年（1760），裁卫，置都司二人(一)，马、步战兵五百人。近城多水泉，即汉敦煌郡之渊泉县也。苏勒河自十道沟西流二里，径其城河产无鳞鱼，似鲇。熊懋奖《西行纪略》云："黑水桥有一土房，内住老翁，捕鱼为生。鱼名铁背鱼，余买数尾。"盖即无鳞鱼之异名也。

(一) 二，稿本作"一"。

布朗吉尔水注之。

布朗吉尔水源发布朗吉尔城西南三十余里，平地七泉，罗列如星，漾为苴泽，是生细柳，谚曰柳湖，又曰七星泉。柳湖水北流，分二支。一支西北流，经月牙湖东，入苏勒河。一支东北流，至布朗吉尔城西。城之四围，处处涌泉，钟为小泽，侵啮城墉，仅存雉堞。柳湖水挟诸泉北流，经城北，分为三，皆东北流，汇于苏勒河。河南距布朗吉尔城十里。《明史·西域传》："都督同知李文等檄都督罕慎及赤斤、罕东诸部进讨，兵至卜隆吉儿川。"《青海厄鲁特部传》云："左翼境东北自永昌县界，西南至布朗吉尔河界，三千余里。"皆谓此水也。苏勒河北岸三百余里，有烂泉山，山下温泉如汤，引以溉田，禾则尽槁。出山，南流而止。

又西，过月牙湖北。

月牙湖水发野马沟，北流十余里，潴为湖，萑苇所丛生也。湖之北数里，置月牙湖墩。苏勒河自布朗吉尔城北西流四十里，傍月牙湖墩北而行。

又西，札噶尔乌珠水注之。

苏勒河自月牙湖墩而西，北岸起小山，西行三十余里而止。南岸起大山，童阜重迭，迤俪西驰，凡百余里，至安西州城西南而止。南山之东嶂曰土葫芦沟，有水自沟发是为札噶尔乌珠水，谚曰窟窿河。北流二十余里，经双塔堡东半里。堡为雍正六年（1728）建，周一里一分，高一丈八尺，东面门一，置千总一人，马、步战兵百人。《肃州新志》言："窟窿河多大穴，上小下宽，盘涡湍急，深邃不测，牲畜误入，即不得出。或坠石试之，莫竟其底。"引唐岑嘉州诗注为证。《志》载岑嘉州《苜蓿烽寄家人诗》："苜蓿烽边逢立春，胡卢河上泪沾巾。"注云："胡卢河上狭下广，回波甚急，深不可渡。"今诗无此注。雍正间沈青崖作诗又云："河底有红柳烧灰，故人马易堕。"雍正十一年，西安粮盐道沈青崖作诗云："榛莽初技斥卤区，朽材曾不中薪樗。忽看僵柳如人立，井灰深历劫余。"自注云："塞外红柳根蟠地最深，樵者引火焚之，数月不息。靖逆有窟窿河，地下潜烧，灰烬绵延数十里人马践之，俱深堑。其小者，掘地亦可获炭数窖。"余驻马河干溯洄半晌，河宽三丈，深碧无滓。询之土人，言每夏溉田河则尽涸，并无漩穴。惟滥觞处往往有潭，不尽如志乘所言矣。河又北流一里，入于苏勒河。

又西，过双塔北，

苏勒河自月牙湖墩西流十里，径双塔堡北。又西流里许，南岸有二沙阜，相去半里，阜颠各有小白塔，是即堡所由命名也。《肃州新志》云："双塔不知创于何代。其地峰回路转，河水弯环，林木葱蒨，徘回瞻眺，顿涤尘襟。"余登降冈麓，危径临流，河曲平沙，差堪步马。而山非苍翠，树乏青红，滚滚浑波，殊非佳观。

又西，过乱山墩北。

苏勒河自双塔而西，两岸山促，河啮南山之趾。山颠置汛，是为乱山墩。墩东距双塔堡三十里。

又西，酾为渠。

安西州城西南八十里，有故瓜州城，唐以来所治也春秋时尹姓、姜姓之戎所居（一）。

《汉书·地理志》:“敦煌郡，杜林以为古瓜州地。”师古注曰：“即允姓之戎居于瓜州者也。”钱氏大昕曰(二)春秋世，戎由瓜州徙中国。有二种，一曰姜姓之戎，《左传》‘置范宣子数戎子驹支称秦人迫逐乃祖吾离于瓜州’者是也。其后自瓜州徙置南鄙，为置之附庸。一曰允姓之戎，《左传》‘王使詹桓伯辞于晋曰：允姓之奸，居于瓜州，伯父惠公归自秦，而诱以来。’所谓陆浑之戎。陆浑本瓜州地名。”按，允姓之戎，《元和姓纂》作尹姓之戎(三)，允、尹双声字(四)。元魏所立，后魏明帝罢敦煌镇，立瓜州，寻改义州，庄帝又改为瓜州。开皇所置，周武帝改永兴郡，开皇三年（583），罢郡置瓜州。武德二年（619）所建，隋大业三年（607）改瓜州为敦煌郡，武德二年，复建瓜州。皆治今沙州。武德五年，析沙州东之常乐县为瓜州，始移治焉。既分瓜州，以旧治西沙州，言在瓜州之西也。大历十一年(776)，陷于西蕃。陷后七十五年，张义潮以州归唐。宋时入西夏，详沙州下(五)。元复立州，明初废。《元史·地理志》:“瓜州，夏亡，州废，元至元十四年（1277）复立，二十八年徙居民于肃州，但名存而已。”《明史·地理志》云：“瓜州，洪武初废。”又《西域传》云：“自赤斤蒙古西行二百里，曰苦峪，自苦峪南折而西百九十里，曰瓜州，自瓜州而西四百四十里，达沙州按，赤斤立于永乐间，其时瓜州已废，盖亦徒因旧名也。

(一) 此句稿本作“前此尹戎所居”。
(二) 此句至“按，允姓之戎”，稿本无。
(三) 此句下，稿本有“居瓜州”三字。
(四) 此句稿本无。
(五) 此注，《方壶》本删。

雍正十一年（1733），吐鲁番辅国公额敏和卓等避准部之逼，率部内徙，于瓜州筑五堡居之。头堡在州城西南二十五里；又西南十里，为二堡；三堡西北十里，为三堡；又西北三里，为四堡；四堡东北十里，为五堡。兵备道王全臣为开垦三千五百石地，东西二十余里，南北四十五里，俾资耕作。自安家窝铺州城东五十里。起，至下沟止，州城东三十里。凿大渠五十里，长九千丈，引苏勒河水，南流折而西，径安西州城，散为四支渠。一曰比栉渠，溉四、五堡田；二曰崇墉渠，溉头堡田；三曰千仓渠，溉二堡田；四曰万箱渠，溉三堡田。是为回民北渠。明年，又于瓜州南回民田二十里之外开垦一千石地，自安家窝铺渠口上七里许开渠一道，至瓜州止，长万八千七百二十丈，一百零四里，是为回民南渠。迨回民归故地，安集客民随时疏浚，支渠益多矣。

苏勒河径乱山墩，又西流五里，径沙枣园北，又西流五里，径渠口塘北，渠之首，故设汛焉。

又西，过安西州城北。

渠口塘西十里为小湾庄，小湾西四十里为干沟。数十里间崇山障其南，长河带其北，中错畎，良田千顷，比次龙鳞，近舍陂塘，远山林木，春阴秋霁，宛在画图。环州界居民二千七十七户，种田十万一千二十亩三分六厘二毫，额征粮六千二百五十九石二斗一升六合三勺。干沟之西二十里曰石冈，又西十里曰大湾，即州治也。

大湾自雍正六年（1728）驻安西同知，乾隆二十五年（1760）改同知为安西府，裁卫为渊泉县，三十九年，裁安西府，改渊泉县为安西直隶州，今城即雍正六年所建。周六里七分，高二丈六尺六寸，门四，东曰朝京、西曰绥远南曰永清、北曰威宁。乾隆三十三年，陕甘总督吴达善徙城于大湾西南二里许，曰“新城”，城之南门屡毁于火。三十九年，总督勒尔锦复修旧城居之，新城惟垣墉存焉。

苏勒河径城北三里，往来西域，邮程是经，奔浪洪波动为阻绝，《河源纪略》云“苏勒河径萨拉胡鲁苏南、安西城北”是也。河北岸半里许，有龙神祠，宇宏丽，中殿塑龙神像，像侧悬故提督永公常画像，角犀美髯，顶领补服，咸言庙食于斯也。庙庭有乾隆间立碑。按，龙神之永公，不知其说所自。《国史》传及庙碑皆不言之。碑为乾隆二十五年圣制其文曰[一]：“国家德被遐方，威宣绝漠，不惟师武臣力，亦实有神灵之助，用能厚集士，克成大勋。惟嘉峪本酒泉故郡，素称天险。关门外而戈壁地，沙碛弥望，澶漫逶迤，向因艰于水泉，行旅重困。朕荡平西域，诛其一二苞孽之不顺命者，爰整六师，入其阻。初虑士马万，汲或缺于供。及行其地，而甘泉随地涌出，滃滃然，汩汩然，渟泓滲漉，不特荷殳之士，漱濯清流，而马驼骆绎，赴饮不匮。按酒泉城下，旧有金泉，泉味如酒，汉氏遂以名郡。兹泉出自沙漠，瑞应尤异，守土之吏以告，朕惟祭法，德施于民则祀之当疆事方殷，而泉流肆溢，天人协应，灵聿臻，其事非偶。爰封神为‘助顺昭灵龙神’，命守臣经营高敞，建立神庙，春秋祀事惟谨。绣栋云楣，崇岩巨镇，屹峙关外。庙既成，当建碑纪述神之功烈，守臣锲石以请。稽诸古人君政太平则醴泉涌。朕嗣守鸿业，图大思艰，命将出师，龚行天罚，扫百年逋诛之寇，用以承先绪，式廓丕基。计自今边围静谧，屯牧安恬，其所以荷天庥而迓神祐者，万祀靡有纪极，爰系以铭。铭曰：嘉峪之山，岩关峨峨。六师于征，后舞前歌。宛宛流沙，迢迢远道。天戈所临，地不爱宝。连岩滋液，并醴疏甘。光澄冰镜，洁比秋潭。汲之日新，挹之无竭。士饱马腾，霜清月澈乃营高敞，乃建甍标。春秋载荐，丹荔黄蕉。斟酌灵泉，惟神之庇。洗兵万载，锡我繁祉。”

（一）此句至段末，《方壶》本删。

又西流[一]，与西源合。

安西州城西南百五十里[二]，有百尔齐堡，堡西距敦煌县城北黄墩堡七十里。堡周一里五分，雍正五年（1727）建。苏勒河旧流至堡而止，岳公钟琪凿河西引，至砢砢砂石以会党河。然水入漏沙，流渐微细矣。砢砢砂石即库库沙克沙也。

（一）“西”下稿本有“南”字。

（二）此段注文稿本差别略大，录文如下：

安西州城西南百五十里，有百齐堡。（堡西距敦煌县城北黄墩堡七十里。）苏勒河旧流至堡而止，岳公钟琪凿河西引，至砢砢砂石，入于党河之东支焉。《河源纪略》云：“苏勒河自安西城北西流，又径双城北、库库沙克沙南，又径额秋尔雅巴尔南、欣坎布城城北，计三百四十里，有党河来会。”库库沙克沙者，即砢砂石；欣坎布城，今曰双河岔。

西源曰党河，二源并导(一)**，**

东源出窟窿山(二)，山在敦煌县东南，与雪山相属也。山北出细流五，并山麓西流七十里，径五个山嘴北而会(三)。源处极三十六度五十八分、西二十度四十分。水又西百里，径伊克锡尔哈南，是曰锡尔哈晋河。或作西勒哈金河，字之讹也。又西二十五里，径迈苏图南。又西二十里，径奎天峡口南，是曰奎天河，河南岸皆沙山也。河又西流二十里，径红石喇牌南。又西十里，径头道沙滩南水色赤。又西二十里，径二道沙滩南。西源出窟窿山西克博图山，水西北流七十里，径巴罕多尔盖。又西北三十五里，径大河口，为大水河。源处极三十七度三十三分西二十一度四十分。大水河又西北五十里，径头道沙滩南，水色亦赤。又二十里，径二道沙滩南。两河间沙山隔之，自大水河沙山，至奎天河五十里。旧《柳沟志》言党河所出，四峰矗立，曰四蟒山。询诸故老，莫识其名。自大水河至敦煌县城，七百三十里。

（一）二源并导，稿本作“源导四蟒山”。

（二）稿本此段注文与底本差别略大，录文如下：

敦煌县城东南七百九十里，有两淖尔，（南北相去八十里。）南曰伊克锡尔哈晋，出水西流，为大水河；北曰巴罕锡尔哈置，出水西流，为奎天河。两河间雪山拱峙，矗立四峰，是曰四蟒山。（在布朗吉尔南三百四十里。）出水西流二十余里，入沙。又出于泉沟脑，为党河源。《河源纪略》云：“党河源处极三十八度、西十度五分。”党河又西流，会大水河、奎天河水，径钓鱼沟，（熊懋奖《西行纪略》云：“党水源从东南雪山至钓鱼沟，记程两日。钓鱼沟产金，至敦煌六站。”）傍库库尔图，（俗曰磺山，去党河三十里。）山谷有小水，曰坤都锡纳图，南流六七里，入沙仍出，汇于党河。

（三）嘴，《方壶》本作“觜”。

西过鸣沙山南。

二源至二道沙滩入沙(一)，皆伏流二十里复出于乌喇窑洞之北，会为一河，色赤，党河自头道沙滩以下至双河岔，色皆赤。是曰党河。准望盖在鸣沙山之东南也。山在敦煌县城东南四十里。《新唐书·地理志》：“鸣沙山一名沙角山，又名神沙山。”《肃州志》引《元和志》云：“鸣沙山一名神沙山，其山积沙为之峰峦危峭，于山石，四面皆沙陇，背如刀刃，人登之即鸣，随足颓落，经宿风吹，辄复还如旧。”今《元和郡县志》无此语。山东麓有雷音寺，倚山为宇。山错沙石(二)，坚凝似铁。高下凿以千百计，年祀邈远，经历兵燹，沙压倾圮，梯级多断。而佛相庄严、斑斓金碧者，犹粲然盈目，故又曰千佛岩。

（一）句至“准望盖在鸣沙山之东南也”，稿本作“党河自库库尔图山南，复西流至鸣沙山”。

（二）此句至段末，稿本作：“石古佛，或塑或绘，不可悉数，故又曰千佛洞。寺经回人蹂躏，残毁太半，亦为沙所没，惟唐碑二通尚存。

岩之莫高窟前(一)，侧立周《李君重修莫高窟佛龛碑》。盖碑于前秦，彼土耆士赵吉云：乾隆癸卯岁（四十八年，1783），岩畔沙中掘得断碑，有文云“秦建元二年（366）

沙门乐遵立”，旋为沙所没。《李君碑》即修乐遵功德也。《莫高窟碑》两面刻，度以建初尺，高五尺七寸六分、广三尺二寸，前面二十八行、行五十字，后面三十行、行四十八字，碑首篆额“大周李君修功德记”八字，已剥落。第一行曰[二]：“大〈缺八字〉上柱国李君莫高窟〈缺一字〉碑并序”。第二行曰：“首望宿卫上柱国敦煌张大忠书、弟应制举〈缺六字〉”。其文曰：“原夫容万物者，天地也；容天地者，太虚焉。星辰日月，天之文；卉木山河，地之理。推之律吕，寒暑之节〈缺十字〉可〈缺一字〉。然而三家不定，四术犹迷。□申臆断之，竞起异端之论。矧乎正觉冲邃法身常住，凝功窅冥，湛然无缺九字》骛一乘；绝有为而□无为，独尊三界。若乃非相示相，摁权实以运慈悲；非身是身，苞真应而开方便。不言作言〈缺九字〉为有象之宗，神仪广现。至若吉祥菩萨，宝应真人，效灵于太古之□，启圣于上皇之始。或练石而断鳌足，立〈缺九字〉而察龟文，调五行而建八节。复有儒童叹凤，生震旦而郁玄云；迦叶犹龙，下阎浮而腾紫气。或因山起号，或〈缺九字〉风，删《诗》《书》而立训。莫不分条共贯，异派同源；是知法有千门，咸归一性。等碧空之含万象，均沧海之纳百川。其道〈缺七字〉能使三千国界，悉奉瞌而输琛；百亿人天，并承风而偃化。拔生之毒箭，作群品之良医。恚龙屏气于盂中，狂象亡〈缺七字〉感。洒法雨而随根无愿不从；皦慈光而逐物，丰功厚利。诚无得而称焉。我大周之驭宇也，转金轮之千辐，运〈缺七字〉谛于心田，皎三伊于智藏。慈云共舜云交映，慧日与尧日分晖。德被四天，不言而自信；恩隆十地，不化而自行。蓂荚生〈缺五字〉物不召而自至，瑞无名而毕臻。川岳精灵，列韬钤而受职；风云秀气俨槐棘以承荣。襟侏兜离，韵谐韶护；蛮夷戎狄，饰〈缺五字〉更绍真乘，载隆正法，《大云》遍布，《宝雨》滂流。阐无内之至言，恢无外之宏唱，该空有而闻寂，括宇宙以通同。荡荡乎，巍巍〈缺五字〉名言者也。莫高窟者，厥初秦建元二年，有沙门乐傅，戒行清虚，执心恬静，尝杖锡林野，行至此山，忽见金光，状有千佛，〈缺五字〉造窟一龛。次有法良禅师，从东届此，又于遵师窟侧，更即营建。伽蓝之起，滥觞于二僧。复有刺史建平公、东阳王〈缺七字〉后合州黎庶，造作相仍。实神秀之幽岩，灵奇之净域也。西连九陇阪鸣沙飞井擅其名；东接三危峰，泫露翔云腾〈缺七字〉后显敞，川原丽，物色新。仙禽瑞兽育其阿，斑羽毛而百彩；珍木嘉卉生其谷，绚花叶而千光。尔其镌崿开基，植端〈缺七字〉塔，构层台以篷天。刻石穷阿育之工，雕檀极优阗之妙。每至景躔丹陆，节启朱明，四海士人，八方缁素，云趋兮〈缺八字〉归鸡足之山，似赴鹫头之岭。升其栏槛，疑绝累于人间；窥其宫阙，似游神乎天上。岂异夫龙王散馥，化作金台；〈缺八字〉幢幡五色而焕烂，钟磬八音而铿锵。香积之饼俱臻，纯之供齐至。极于无极，共喜芬馨；人及非人，咸歆晟馔。遥〈缺七字〉大周圣历之辰，乐遵、法良发其宗，建平、东阳弘其迹，推甲子四百他岁，计窟室一千余。今见置僧徒，即为〈缺九字〉让，炖煌人也。高阳顼之裔，太尉颜之苗。李广以猿臂标奇，李固以龟文表相。长源森森，既浴日而涵星；层构〈缺九字〉祖穆，周炖煌郡司马、使持节张掖郡诸军事、张掖太守兼河右道诸军事、检校永兴酒泉二郡大中正、荡寇将军，祖〈缺一字〉随大黄府上大都督、车骑将军，并多艺多能，谋身谋国，文由德进，武以功升，为将有御远之方，作牧得安边之术。庭抽孝〈缺九字〉泉，竭诚而奉上。谦光下物，不自骄矜，流令誉于当年，钟余庆于身后。考达，左玉钤卫效谷府旅帅、上护军，〈缺十字〉倜傥之姿，夙负不羁之节。荆山虹玉，不能比其内润；宋国骊珠，无以方其外朗。行能双美，文武兼优，临池擅〈缺九字〉之妙。尝叹息而言曰：夫人生一代，难保百龄，修短久定于遭随，穷通已赋于冥兆。假令手能拉日，力可拔山，〈缺九字〉条之露，何用区碌荣利弃掷光阴者哉！于是涤胸襟、疏耳目，坦心智之所滞，开视听之所疑。遂讽诵金言〈缺十字〉归正舍邪；遇善恭虔，必能尊重赞叹。乃于斯胜岫，造窟一龛，藻饰圆周，庄严具备。妙宫建四庐之观，宁〈缺廿三字〉下峥嶒，悬日〈缺四字〉吐风云于涧曲。岧峣而郁律，杳而〈缺廿四字〉就窟设斋，燔香作礼。爰届兹日，斯道载宏，接武归依，信根固者矣。〈缺廿二字〉绮际，材称刈楚器是拔茅。涧松以磊落见寻，岩菊以芳菲入用。其〈缺廿三字〉论苦空之理，乃相谓曰：是身无常，生死不息，既如幻如化，亦随起〈缺廿一字〉应诺风从，复于窟侧更造佛刹。穿凿向毕，而兄遂亡。公任左玉钤卫效谷府旅帅上护军〈缺七字〉行紫金镇将、上柱国。并奇才卓荦，逸调昂庄。泰初之晓月团团，玄度之清风肃肃。羽垂天〈缺十四字〉后必昌，象贤〈缺一字〉踪无绝。乃召巧匠、选工师，穷天下之谲诡，尽人间之丽饰。驰心八解脱，缔〈缺十三字〉盘之变。中浮刹，迎四面以环通；旁列金姿，俨千灵而侍卫。璇题留月，玉牖来风。露滴砌而〈缺十三字〉表，还同鹿苑之游。粤以圣历元年（698）五月十四日修葺功毕，设供塔前，陈桂馔以熏空，奠兰羞而味野〈缺十字〉无虞，万邦〈缺一字〉伪末之萌，群品沐淳源之始。拂轻衣而石尽释教长流；去纤芥而城空，法轮恒转。且夫立功立〈缺三字〉扬于竹〈缺一字〉；何况大慈大悲，不宣畅于金册？辄课庸浅，敬勒丰碑，合掌曲躬，乃为词曰：法身常住，佛性难原。形包化应，迹显真权。无为卓尔，寂灭凝玄。乘机逐果，示变随缘。大周广运，普济含灵。金轮启圣，玉册延祯。长离入阁屈轶抽庭。四夷偃化，重译输诚。爰有名窟，实为妙境。雁塔浮空，蜂台架迴。珠箔星缀，璇题月鍪。自秦创兴，于周转晟。西连九陇，东接三危。川坻绮错，物产瑰奇。花开德水，鸟禅枝。十方会合，四辈交驰。雕甍凤镂槛盘龙。锦披石砌，绣点山窗。云萦宝盖，日灼金幢。芳羞味野，香气浮空。粤惟信士，披诚回向。脱屣尘劳，拂衣高尚。旁求巧妙，广选名匠。陈彼钩绳，凿斯岩嶂。代修七觉，门袭三归。取与有信，仁义无违。雕镌宝刹绚饰金晖。真仪若在，灵卫如飞。营葺兮既终，丹青兮已毕。相好备兮圆满，福祥臻兮贞吉。百劫千劫兮作年，青莲赤莲兮为日。着如来之衣，入如来之室。佛道兮旷荡，法源兮迤溢。勒丰碑兮塔前，庶后昆兮可悉。维大周圣历元年岁次戊戌五月庚申朔十四日癸酉敬造。”此下十二行低一字，文曰：“李氏之先，出自帝颛顼高阳氏之苗裔。其后名繇，身佐唐虞，代为大理。既命为理官，因而以锡其姓。洎殷之季年，有理徵，字德灵，得罪于纣其子理直违难，避地居殷，食李以全其寿，因改为李。其后汉武开拓四郡，辟李翔持节为破羌将军、督西戎都护，建功狄道，名高四海，殒命寇场，追赠太尉，遂葬此县，因而家焉。其后为陇西之人，逮凉昭食邑炖煌，又为炖煌人也。远祖颠，汉太尉公，历幽、豫二州刺史，食邑赤园宕〈缺一字〉。显祖昭魏使持节武张酒瓜等四州诸军事、四州刺史、河右道大中正、辅国大将军曾祖穆，周炖煌郡司马、使持节张掖郡诸军事、张掖太守兼河右道诸军事、检校永兴酒泉二郡大中正、荡寇将军。〈缺二字〉随大黄府上大都督、车骑将军。考达，左玉钤卫效谷府旅帅、上护军、〈缺四字〉军。亡兄盛，昭武校尉甘州禾平镇将、上柱国。

弟怀节，上柱国。弟怀惠，骑都尉。弟怀恩，昭武校尉、行西州白水镇将、上柱国。弟怀操，昭武校尉、行紫金镇将、上柱国。侄奉基，翊麾副尉、行庭州盐池戍主、上骑都尉。侄奉逸，翊卫、上柱国。男奉诚，翊卫。侄奉国，翊卫。孙令秀，翊卫。造碑僧寥廓。上柱国镌字索洪亮。”

(一) 稿本无此段。
(二) 此句至段末,《方壶》本删。

莫高窟又有元《至正造象记》(一)。度以建初尺，碑高三尺三寸，宽二尺八寸，上截作龛形，龛中作佛像，像之左右及上方各作二行，分用六体字书“唵嘛呢八咪吽”字(二)，额正书“莫高窟”三字，旁有小字正书“起初”二字。龛左曰“功德主　妃子　屈术速来蛮西宁王　太子养阿沙速丹沙　阿速歹　结来歹　脱花赤大王”(三)，又左曰“卜鲁合真　陈氏妙因龛”；右曰“维大元至正八年（1348）岁次戊子五月十五日守朗立　长老娄耳立嵬　刘交有　张即立俺布　刘耳立嵬　弄卜仄令布　琬有藏布　□忍东吴叉赛　把里耳儿　弄卜耳者　翟忍布”，又右曰“奢蓝令旃刻”。龛下方曰“沙州路河渠司　提领威罗沙　哈只　大使递流吉　大使兴都　百户宜吉　科忍布　善友脱呆　苔失蛮　杨若者华严奴　吴脱延　刘拜延　解递立嵬　解隆布　文殊奴　罕班　耳的剌　也先帖木　张宣梁黑狗　玉立勾　李世荣　递立嵬　刘三蛮　陈世昌　翟文通　李刘家狗　曾失罕拜延阿三布　僧令旃蓝拶　令只合巴　公哥力加　张耳赤　弄卜忍勿　德沼　口惠　稣乙尼迭立迷失　院主口革　叉束　叉立即　没口子　律竜布　奂即　掠兀沙　哈剌阳　阿卜海牙　陈教化　吴教化　智宝　耳立嵬　旦正布　阇乙尼　朵立只　波洛歹　昆都思　尼智成　天的哥失。”

(一) 稿本无此段。象,《方壶》本作“像”。
(二) 八,《方壶》本作“叭”。
(三) 此句以下至段末,《方壶》本无。

千佛岩睡佛洞外有唐《李府君修功德碑》(一)，石质坚致，文多完好。度以建初尺(二)，碑高八尺三寸，宽三尺三寸，篆额四行(三)，行三字，曰“大唐陇西李府君修功德碑记”。碑之可辨者二十五行，行五十二字，其前应有一行，全缺。今载其可辨者(四)：“飞阁，□□霞连。依□□居，□出人境。圣□时照，一川星悬。□钟□□，□□雷□。灵仙鬼物往往而在。属以贼臣干□，□寇□□，□□地维，暴殄天物。东自陇坻，旧陌走狐兔之群；西尽阳关，遗邑聚豺狼之窟。□木夜警，和门昼扃，塔中委尘禅处生草。时有住信士、朝散大夫、郑王府咨议陇西李大宾，其先指树名氏紫气度流沙之西，山腾芳，□名感悬泉之下。时高射虎，人望登龙，开国西凉，称藩东晋。咨议即兴圣皇帝十三代孙。远派天分，世济其美；灵根地植代不乏贤。六代祖宝，随使持节侍中西陲诸军事、镇西大将军、领护西戎校尉、开府仪同三司、沙州牧、炖煌公、玉门西封邑三千户。曾祖达，皇炖煌司马，其后因家焉。祖操，皇大黄府车骑将军。考奉国，皇昭武校尉、甘州和平镇将，早逢昌运，得展雄材。一命是凌云之资，百龄怀捧日之庆，垂条布颖业继弓裘。筑室连闳，里成冠盖。难兄令弟，卓然履道之贤；翼子谋孙，宛尔保家之主。咨议天授淳粹，神假正直，交游仰其信，乡党称其仁。义泉深沉酌而不竭；道气虚远，感而遂通。尝以为挹江海者，难测其深浅；望乾坤者不究其方圆。况色空皆空，性相无相，岂可以名言悟，岂可以文字知。夫然故方丈小室，默然入不二之妙；智度大道，法尔表无念之真。以其虚谷腾声(五)，洪钟应物，所以魔宫山圻，佛日天开，爱水朝清，昏衢夜晓。一音演法，四泉随缘，直解髻珠，密传心印。凡依有相，即是所依；若住无为，还成有住。由是巡山作礼，历险经行，盘回未周，轩辍□断。刻削有地，缔构无人遂千金贸工，百堵兴役，奋锤龙壑，石聒山。素涅盘像一铺，如意轮菩萨不空罥索菩萨各一铺，画报恩、天请问、普贤菩萨、文殊师利菩萨、东方药师西方净土、千手千眼观世音菩萨、弥勒上生下生、如意轮、不空罥索等变各铺，贤劫千佛一千躯。初坏土涂，旋布错彩，豁开石壁，俨现金容。本自不生，示生于千界；今则无灭，示灭于双林。考经寻源，备物象设，梵王奔世，佛母下天。如意圣轮，圆转三有；不空妙索，维持四生。人其报恩，天则请问六牙象宝，摇紫佩以栖真；五色兽王，载青莲而捧圣。十二上愿，列于净刹十六观门，开其乐土。大悲来仪于鹫岭，慈氏降迹于龙华。丕休哉！千佛分身，聚成沙界；八部敷，重围铁山。希夷无声，悉窣欲动。尔其檐飞雁翅砌盘龙鳞，云雾生于户牖，雷霆走于阶陛。左豁平陆，目极远山；前流长河波映重阁。风鸣道树，每韵苦空之声；露滴禅池，更澄清净之趣。时节度观察处置使、开府仪同三司、御史大夫、蔡国公周公，道洽生知，才膺命世，清明内照，英华外敷，气迈风云，心悬日月。文物居执宪之重，武威当杖钺之雄括囊九流，住持十信。爰因搜练之暇，以申礼敬之诚。揭竿操矛，板戟以从；蓬头胼肠，傍车而趋。熊启行，鵷鸾陪乘，隐隐轸轸，荡谷摇川而至于斯窟也。层轩九空，复道一带，前引箫唱，上干云霓。虽以身容身，投迹无地；而举足□足，登天有阶。目穷二仪，心出三界。有若僧政沙门释灵悟法师，即咨议之爱弟也。戒珠圆明，心镜朗彻，学探万偈，辩折千人。出火宅于一乘破空遣相；指化城于四坐，虚往实归。于是引兄大宾，弟朝英，侄子良、子液子望、子羽等，拜手于阶下。法师及侄僧志融敛袂于堂上，曰：主君恤人求瘼，戡难济时，并税且均，家财自给。是得旁开虚洞，横敞危楼。将以翼大化，将以福先烈，休庇一郡，光昭六亲。况祖孙五枝，图素四杀(六)，堂构免坠，厥无惭。非石何以表其贞，非文何以纪其远。且登高能赋，古或无遗；遇物斯铭，今岂遐弃。纷然递进，来以求蒙。蔡公乃指精庐而谓愚曰：操斧伐柯，取则不远；属词比事，固可当仁。仰恭指归，俯就诚恳。敢□□其狂简，庶劈于真宗。□大历十一年（776）龙集景辰□□□有十五日辛未建妹夫乡贡明经摄炖煌州学博士阴庭诫。”

(一) 此句至“文多完好”，稿本作“一曰《大唐陇西李府君修功德碑记》”。

(二) 建初尺，稿本作“虑傂尺”。

(三) 篆额，稿本作“额篆书”。

(四) 此句至段末，《方》本删。

（五）腾，底本作“胜”，据稿本改。
（六）杀，稿本作“刹”。

其碑阴为唐《李氏再修功德碑》（一）。额篆书四行，行三字，曰“唐宗子陇西李氏再修功德记”，碑正书，可辨者二十八行，行六十三字，前后似各有一行，全缺，末行字不依格。今载其可辨者（二）：“□□□府□籍广广乃□□□□□□□□振，字□□□□□□□□□王□系也（三），增祖□□□□大□□□□司郎中（四）、赐绯鱼袋□□□□□□□□□□□□□□暐归唐（五），赠右散骑常侍。英髦骧驷，□□□灵。皆以稽古微言，留心儒素或登华弟，更高拔□之名；文战都堂，每中甲科之的。虽云流陷，居戎而不坠弓裘；暂冠□州（六），犹次将军之列。子既承恩凤阙，父乃擢处貂蝉。朱门不于五侯，树戟崇隆于贵族。至而源分特秀，门继簪裾，家承九锡之枝，流派祥云之胤。时遭西陲汩没，□□至德年中，十郡土崩，殄绝玉关之路，凡二甲子，运偶大中之初，中兴启途，是金星耀芒之岁。皇化溥洽，通乎八宏；遐占雪山，绵邈万里。府君春秋才方弱冠，文艺卓荦，进止规常，迥然独秀。时则妻父河西、陇右一十一州节度管内观察处置押蕃落营田支度等使、金紫光禄大夫、特进、食邑二千户、实封三百户、赐紫金鱼袋南阳张公讳义潮，慕公之高望，借公之文武。于是乃为秦置，遂申伉俪之仪；将奉承祧，世祚潘阳之美。公其时，始蒙表荐，因依献，（按，即捷字。）亲拜彤廷。宣宗临轩周□所以；公具家，面奏王落。上亦冲融破颜，群公愕视。乃从别敕，授速州司马、检校国子祭酒兼御史中丞、赐紫金鱼袋，锡金银宝贝，诏命陪臣，乃戎幕□余，河右麾戈，拔抉囊，龙韬尽展，克复神乌，而一戎衣。殄勃寇于河兰戎于（按，即瀚字。海。加以陇头雾卷，金河泯湍濑之波；枭鲸，流沙弛列烽之患。复天宝之□孙，致唐尧之寿域，晏如也。百城拜井之虞，十郡登，吏士贺来苏之政。此乃三槐神异，百辟稀功，英雄半千，名流万古。公又累蒙朝奖，恩渥日深。方佩隼□（七），用坚盘石，勋猷未萃俄已云亡。享龄五十有二，终于炖煌之私弟。亡叔僧妙弁，在蕃以行高才峻，速通瞻依，名达戎王，赞普追召，特留在内，兼假临坛供奉之号，□以擅持柄海吞流；恩洽煌，庇庥家井。高僧宝月，取以为俦；僧叡余踪扇于河。亡批犯氏太夫人，前沙鼎鼐，盛族孤标，庭训而保子谋孙，轨范而清资不乏。承家建业，荐累代而扬名；阀阅联绵，长绪帝王之室。今乃逝矣佳存焉。故府君赠右散骑常侍，生前遇三边无警，四人有暇于东皋。命驾倾该，谒先人之刹；回顾粉壁，念畴昔之遗踪；瞻礼玉豪，叹红楼之半侧岂使林透阔，埃尘座之前；蟾岭阳乌，曝露荼毗之所。嶝道之南，复有当家三窟，今亦重修，泥金华石，篆籀存焉。于是乃慕良工，访其杞梓，贸材运斧，百堵俄成。鲁国班翰，亲临胜境，云霞大豁，宝砌崇墉，未及星环，斯构矗立。雕檐化出，巍我不让于龙宫；悬阁重轩，晓方□于日际。其功大矣，笔何宣哉！亡兄河西节度衙推兼监察御史明达，天与孤贞，松筠比节。怀文挟武，有之策谋；破虏擒，每得玉堂之术。曾朝绛阙，敷奏金鸾。指画山川，尽横于天险。兄明德，任沙州录事参军。操持吏理，六曹无阿党之言深避四知，切慕乘之咏。兄明诠，炖煌处士。今古满怀，洒落卿云之彩；□先效义，光腾露之文；五（按，即柳字。〉闲居，慕逍遥于庄老。夫人南阳郡君张氏，即河西万户侯太保张公弟十四之女。温和雅畅，淑德令闻，深遵母之仁，至切齐眉之操。先君锡觐，不得同赴于京华；外族留连，各分飞于南北。于是兄亡弟丧，社稷沦。假手托孤，几辛勤于苟免。所赖太保神灵，辜恩巢重光子，再整□。虽手大功，而心全弃致，见机取胜，不以为怀。乃义立侄男，秉持旄钺，总兵戎于旧府，树勋绩于新墀。内外肃清秋豪屏迹。庆丰山涌，呈瑞色于朱轩；陈霸动容，叹高□壮室。四方向义，信结羌，运筹不于梓橦，贞烈岂于世妇。间生神异，成太保之徽猷；虽处闺门，实谓丈夫之女。然心悟道，并弃樊笼，巡礼仙岩，〈按，即愿字。〉图镜于喘□。于时顿舍青凫，市紫金于上国；解瓔珞，弃珠珍，销金钿于廊庶运嘘橐于庭际。乃得玉豪朗耀，光冲有顶之峰；宝相发挥，直抵大罗之所长男使持节沙州诸军事□沙州刺史兼节度副使、检校右散骑常侍、御史大夫、上柱国弘愿，辅唐忧国，政立祥风，忠孝颇恳于君亲，礼让靡忘于伯玉六条布化，千里随车，人歌来暮之谣，□颂龚黄之绩。次男使持节瓜州刺史墨离军押蕃落等使兼御史大夫弘定，文武全材，英雄贯勇。晋昌要险，能布颇牧之威；巨野大荒，屏荡匈奴之迹。挟缤□□于士卒，泯燧不媿于襄阳都河自注，神知有道之君；积贮万庾，东郡着雕金之好。次男使持节甘州刺史兼御史中丞、上柱国弘谏，飞驰拔拒，唯庆忌而难俦，□□穿杨，非由基而莫比。洎分符于张掖，〈按，即政字。〉恤惸孤；布皇化于专城，悬鱼发咏次男朝议郎、前守左神武军长史兼侍御史弘益，三端俱备，六艺精通，工书有按，即类字〉□□繇，碎札连芳于射戟。□深特逵[八]，文雅而德重王音于时丰年大稔，星使西临，亲抵炖煌，颁宣圣旨。内常侍□□□□□□玉裕称克珣，副悴大夫称齐珙，判□□大夫□思回，偕□□□□，枢密杞材，遐耀天威，呈祥塞表。因凿乐石，共纪太平。余所不□，□然狂简，□□□□□元年岁次甲寅十月庚申朔五日甲子〈缺〉宋国缺〉伊西等州节度使兼司徒张淮深，妻弟前沙瓜伊西□河□徒□检校□□□□兼御史大夫〈缺〉史〈缺〉等州节度使兼御史大夫下缺〉”按，甲寅为昭宗干宁元年（894）。

（一）此句稿本作“一曰《唐宗子陇西李氏再修功德记》（度以汉虑傂尺碑高八尺二寸五分、宽三尺一寸四分）”。

（二）此句至段末，《方壶》本删。

（三）字，此字底本、稿本原作“□”，稿本后改为“字”，并有签注“‘振’下是‘字’字”。

（四）增，此字底本、稿本原作“□”，稿本后改为“增”，并有签注“增祖”二字。

（五）暐，此字底本、稿本原作“□”，稿本后改为“暐”，并有签注“暐归”二字。

（六）州，此字底本、稿本原作“□”，稿本后改为“州”，并有签注“州犹”二字。

（七）佩，此字稿本原作“□”，后改为“佩”，并有签注“方佩隼”三字。

（八）□深特达，稿本签云：“□深特达当是子云特达。”

岩之文殊洞外，有元《皇庆寺碑》。雍正中，光禄少卿汪㴒督修沙州城，有《游千佛洞》诗。古郡敦煌远[一]，幽崖佛洞传。建垣新日月，访胜旧山川。宴启琳宫现，沙凝法象填。神工劳劈划匠手巧雕镌。排列云迢递，嵌空境接连。金身腾百丈，碧影肃诸天。贝叶双林展，维摩一榻眠。威尊龙象伏，慧照宝珠悬。大地形容盛，灵光绘画宣庄严挥四壁，妙善写重巅。门拥层层塔，岩盘朵朵莲。恒河难指数，法界云千。侧立衣冠伟，分行剑佩联。炫奇疑异域，缔造自何年。宗子唐家继西凉李氏延。但夸只树景，不惜水衡钱。

霜雪时频易，兵戈代屡迁。污尘迷净土，战血染流泉。寂凭谁顾，摧颓实可怜。兹逢清塞暇，闲眺化城边色相嗟多毁，丹青讶尚鲜。问禅无释侣，稽首冷香烟。字落残碑在，丛深蔓草缠。徘回荒刹外，怀往意悠然。

（一）此句至段末，《方壶》本删。

山下月牙泉，汉兴道姚培和构亭泉上，常携茶具载笔来吟。访古遐陬，斯为故实。党河径山阳，《功德前碑》所谓“前引长河，波映重阁”也(一)。

（一）据原碑文，“引”字当作“流”。

又西，过三危山南。

三危山在鸣沙山北(一)，《太平御览》引《西河旧事》曰：“三危山有三峰，故曰三危，俗亦为升雨山。按，《史记正义》引《括地志》作卑羽山，升、卑形近，雨、羽声近，故讹。”《史记正义》引《括地志》曰：“三危山在沙州敦煌县东南三十里。”《水经》释《禹贡》“山水泽地”曰：“三危山在敦煌县南。”郦氏注引《山海经》曰：三危之山，三青鸟居之。是山也，广圆百里，在鸟鼠山西，即《尚书》所谓窜三苗于三危也。”《太平御览》引《河图括地象》曰：“三危山在鸟鼠之西，南与汶山相接，上为天苑星，黑水出其南。”按，今三危山大不至百里，且与甘州之黑河绝不相涉。魏中山公杜丰追吐谷浑慕琐之子被囊，度三危，至雪山，生擒之。盖三危之南为雪山，吐谷浑故地也。《元和郡县志》：“雪山在昌县南百六十里，南连吐谷浑界。”党河自鸣沙山西流十里，径三危山(二)。《方舆纪要》云：“沙山东南十里为三危山。”盖沿高居诲《使于阗记》之误。

（一）此句稿本在后“径三危山”句下。
（二）迳，稿本作“至”。此句下有注文云：“三危山在鸣沙山西。”

又西，过党城西(一)。

党河自喇窑洞西四十里(二)，径泉沟脑儿北。又西四十里，径长山子北。又西四十里，径月牙湖北。又西六里，径鳖盖山北。又西北二十里，至桥头。自泉沟脑儿迤西，南山积雪，分流来注，北阻石山，底坚湍急，虽浊不淤。至橘头而水势益盛，水径桥下(三)，汤汤流赭。西北二十里，径黑岭南又西北三十里，径党城西。党城在敦煌县城西南百里，垣墉犹存，莫知所作年祀。其地极三十八度五十五分、西二十一度三十四分(四)，午正日景夏至长二尺八寸九分、冬至长一丈九尺六寸八分、春秋分长八尺二寸七分(五)。高居诲《使于阗记》曰：“三危山西渡都乡河曰阳阙。”阳关故址在县城西南百五十里巴颜布喇地，是则都乡即党河矣。河南岸为雪山，产金，元之曲先也(六)。《元史·世祖纪》：“至元二十年（1283）三月，遣阿塔海戍曲先。”《成宗纪元元年（1295）春正月，立北庭都元帅府，以平章政事合伯为都元帅，江浙行省右丞撤里蛮副都元帅，皆佩虎符。立曲先塔林都元帅府，以蚌都察为都元帅，佩虎符。大德元年（1297）秋七月，罢蒙古军万户府，入曲先塔林都元帅府。"《泰定纪》："泰定三年（1326）五月，甘肃行省臣言：赤斤储粟，军土度川，逮给不便，请复徙于曲先之地。从之。"《拜延八都鲁传》："孙兀浑察授蒙古万户，至元三十年卒，次子袭授曲先塔林左副元帅。"按，成宗立北庭及曲先塔林两都元帅，犹至元之设两宣慰司。盖哈剌火州罢置司而改立都元帅于曲先塔林也。

（一）此处纲目，稿本作："又西，过党城南，为党河。"
（二）此处至"径党城西"，稿本无。
（三）水，《方壶》本夺。
（四）此处经纬度，稿本作"其地极三十九度三十五分、西二十度二十四分"。
（五）此句下，稿本有"河径城南，折而北流"。
（六）此句稿本作"明故安定城曲先卫也"，并无以下夹注。

北流，酾为渠。

党河至党城折而北(一)，故曰党城湾。径城西北流七十里，至戈壁沿子。又北流百六十里，至沙枣墩。两岸丛薄，沙枣成林，旧有城，亦曰沙枣城。河径其地，疏为渠。一东大渠，分为二，曰上永丰、下永丰，长三十二里，溉八百五十四户田。雍正十一年（1733）六月十九夜，山水骤发，决永丰渠口，坏民庐舍，即此渠也。一西大渠，曰普利，长二十三里，溉五百十九户田。一西小渠，在普利南曰通裕，长三十里，溉百八十六户田。一新中渠，在普利北，曰庆余，长十七里，溉百九十户田。一西中渠，在下永丰北，曰大有，长四十二里，溉六百五十户田。皆雍正中汉兴道尤炆所凿。《汉书·地理志》云："龙勒县氐置水出南羌中，东北入泽，溉民田。"又《西域传》云："表穿卑鞮侯井以西，原作"面"，据宋祁校改(二)。欲通渠转谷。"孟康注："大井六，通渠也，下泉今本无泉字，据宋本补(三)。流涌，出在白龙堆东土山下。说详余《西域传补注》(四)。"元尝置沙州路河渠司于斯(五)。《明史·金濂传》言："鸣沙州有七星、汉伯石灰三渠。"是党河之疏渠溉田，其来旧矣。

（一）此句至"河径其地"，稿本作"河径党城，乃北流"。
（二）此处夹注，《方壶》本删。
（三）此处夹注，《方壶》本删。
（四）此处夹注，《方壶》本删。
（五）此句至"石灰三渠"，稿本无。

又北流，过敦煌县城西、旧沙州城东。

党河自沙枣墩北流十里(一)，当沙州城东，有渡口，缚木为桥，桥频坏，行人病之。沙州之名，始于前凉张骏唐初分瓜州置，唐武德五年（622）建西沙州，贞观七年（633）仍曰沙州天宝元年（742）改敦煌郡(二)，干元元年（758）复为沙州。建中二年（781）陷于西蕃。按，颜鲁公《宋广平神道碑侧记》："第六子衡，因谪居沙州，参佐戎幕。河陇失守，介于吐蕃，以功累拜工部郎中兼御史、河西节度行军司马，与节度周鼎保守敦煌。仅十余载，遂有中丞、常侍之拜。恩命未达，而吐蕃城，兵矢穷，贼所陷。”是沙州陷蕃之事也。陷后七十年，沙州刺史张义潮遣兄义潭以瓜、沙等十一州归唐。朝廷改沙州为归义军，张氏、曹氏世镇其地。张义潮于咸通八年（867）入朝，以张淮深为留后。咸通十三年，淮深卒，〈此据《唐书·方镇表》[三]，按，《李氏再修功德记碑》作于干宁元年（894），结衔尚有张淮深，恐《表》误。〉曹义金为留后，就拜节度使。周世宗显德二年（955），义金卒，子元忠嗣。宋太宗太平兴国五年（980），元忠卒，子延禄嗣。真宗平五年（1002），延禄族子宗寿杀延禄，嗣为节度使。大中祥符七年（1014），宗寿卒，子贤顺嗣。仁宗天圣九年（1031）以后不复见，盖终于贤顺矣。宋景佑初，没于西夏。李《通鉴长编》：“景佑二年（1035）十二月，元昊攻嘉勒斯查，三年十二月，再举兵攻回纥，陷瓜、沙、肃三州。”而《宋史·夏国传》以为陷于二年，《长编》辨正之，是也。惟《长编》载天圣四年十二月契丹遣沙州观察使石宇来贺正旦，盖未入西夏时，曹氏曾通于契丹，故契丹于其地置观察使。至皇佑间，沙州入夏已久，而皇佑二年（1050）四月及四年十月，复有沙州来贡，其时夏已服于宋，或听沙州之入贡亦未可知。《元史地理志》云：“瓜州陷西夏，夏亡州废。”言夏亡而州始废，是在夏时犹立州即瓜州可知沙州矣。元至元十四年（1277），复立州。十七年升为路，置总管府，明洪武初废。永乐三年（1405），置卫，《明史·地理志》作元年，《西域传》作二年，考《成祖实录》：“三年十月癸酉，设沙州卫。”今从之。《地理志》又言：“西有瓜州。”《志》误[四]。正统中内徙，即其城立罕东左卫。

（一）此句至“行人病之”，稿本无。

（二）天，《方壶》本及刻本影印本多种作“大”。

（三）此注中夹注，《方壶》本删。

（四）《志》，稿本作“亦”。

雍正元年（1723），置沙州所，党河北冲，圮城东面三年，升所为卫，于故城东筑卫城，周三里三分零，高丈九尺，东、西、南门三。九年，又于东、南、北三面接建郭城周五里五分零，高二丈，立东、南、北及西南隅四门，以西面半里而近偪于党河也。乾隆二十五年（1760），裁卫因城置敦煌县。县治极三十九度三十分、西二十一度三十七分[一]，午正日景夏至长三尺、冬至长二丈零二寸二分、春秋分长八尺四寸五分。县之黉舍櫺星门内[二]，土壁嵌唐《索勋纪德碑》高三尺二寸五分，广二尺二寸五分，二十五行行三十四字，正书，字径五分。额高一尺，广九寸，四行，行四字，正书题曰“大唐河西道归义军度索公纪德之碑”。第一行“节度判官权掌昼记《下缺）”[三]，第二行以下为碑正文：“□□□□□安邦，柱石分忧。诞贤材而膺用，固有提纲罩俗；封长而□□，□□□□□□。□□地中兴圣运，彼有人焉。公王裕称，讳勋，字封侯，炖煌人也。祖靖，仕魏，位登一品，才术三端，出入两朝，功名俱遂。曾祖讳□□□□□□□□钟庆于兹。来慕之谣既着，捐驹之咏益深。乃保龙沙永固，城□□□竹□□□□。父琪，前任炖煌郡长史、赠御史中丞，早承高荫，皆显才能，儒雅派衍，弓裘不□。宣宗启运，乃蜷西顾，太保东归，□平□义。河西克复。昔年土宇，一旦光辉。没□□□□。公则□河西节度张太保之子也。武冠当时，文兼识达，得探囊之上第，□□□□□，明主皇王之□□□韬钤而五凉廓靖，布鹳列而生擒六戎□□□□□姑臧复扰□□□□□□□□□上褒厥功，特授昭武校尉、持节瓜州诸□□墨厘军押蕃落□□□□□□□继先人之阀阅，不媿于荀彧。效忠烈于□□□□□□牢落□天□□□□□□□□外乏金汤之险旨从莅守，葺以貌全。筑巍□□□□□□□布□强□□□□□□□以部厥田。唯上周回万顷，沃壤肥□溉用□□□□□□□□□□积为□□流顿绝。洎从分竹，乃运神机，土宇宏张，近堤□□□□腾飞□□□□□□功俄就。布盘石□云浮，川响波澜聚□辐凑□□□□□□□□西成□□咸感如神灵，踪□应水流均布，人无荷之劳，鼓腹□□□□□□□□□曰设法以济人，摧圮楼台，置功而再治城内东北隅有古昔龙□□□□木壁犹存，模仪尚宛，重以风摧雨烂，尊象尘蒙，栋宇疏廓，空余基址。□□□□□□□□贸工，于时改作。四厢立，八壁重修，南建门楼，北安宝殿。徘徊耸仞□□□□□□□□□□艘。阶墀古树，却吐鲜芳；玉砌流泉，莓苔复点。城隅之下，别衙□□□□俨尔光辉，于时景福元祀，白藏无射之末，公特奉丝纶，就加□□□也。军中投石，争夸拔拒之能；幕下吏民，悉展接枭之勇。□性□□□□□□□□□□□□基之术，材兼文武，次亚夫以当年。幸遇昌时，继□营之□□□□□□□□□□□□□□□□□□□□□钦，崇于大汉；洋洋政声，翔于阙下。□□□□□□□□□□□□□□□□□□□□□竞千古下缺）。”索氏为敦煌望族，置有索靖，靖子又有索袭、索纰；北魏有索敞。勋则张义潮之也，嗣为节度使当在咸通十三年（872）张淮深迁伊西等州节度使之后，《唐方镇表》失载。县西四十里高原之上有古垒如四城相聚，各离一二里。垒南有柳树泉，发巴颜山梁北流入党河，即所谓巴颜布喇也。布喇即布拉克之转。

(一) 此处纬度，稿本原作“四十度十二分”，旁改同底本。

(二) 此句至“《唐方镇表》失载”，稿本无。

(三) 此句以下碑文，《方壶》本删。

又酾为渠。

党河径县城西，又东，疏为渠，曰大有渠，曰窑沟渠，曰伏羌新渠，曰伏羌旧渠，曰庄浪渠，以次而北，大有渠最长，周城北迄东北而止。凡敦煌县境种田千二百二十五顷，额征粮五千六百四十二石七斗九升一合。

又北，分为东西二支，

党河自渡口北流九十里(一)，径欣坎布城西，分为二是为双河岔。

(一) 此段注文，稿本作：“党河径县北，六十三里，至黄墩堡西。堡周里四分，高丈八尺，东西门二，雍正五年建。河径堡，又北流三十里，至库库沙克沙，分为二支，东西流，是曰双河岔。”

东支东合苏勒河（一），

党河东支东流（二），径黄墩堡北。堡周二里四分，高丈八尺，东西门二，雍正五年（1727）建。河流凡三十里，至砢砢砂石，以济苏勒。然双河之势东流者十裁三四，昔岳公钟琪欲通舟运，既凿斯河，而苏勒之水至库库沙克沙（三），入于漏沙，势微不能通流，病一也；党河之尾趋西支者多，趋东支者少，病二也。苏勒与东支并盛时，两水冲激，亦难行舟，病三也。故所造之舟，沉于双塔河焉。其时沈青崖作诗纪事曰："屈曲清漪自蜿蟺，西流直到党河边。因思王浚浮江梯，便向河湄试革船。"自注云："党河与苏勒河俱流入砢砢砂石而没。岳帅欲开通二河合流，造舟运粮而不果。余相度河流，用贺兰牛羊皮混沌数十鼓气实粮其中，顺流而下，达安西镇城，凡二百余里，可少节车马之力。"（四）

（一）此句稿本作"苏勒河从东来，合于东支，以达于西支"。

（二）句至"既凿斯河"，稿本作"苏勒河之会党河东支，岳公钟琪欲通舟运而凿也"。

（三）而，稿本作"既而"。

（四）本此段夹注后复有正文云："至乾隆初，于蘑菇滩开渠，引靖逆东渠及归布鲁湖诸泉，合于西渠。而苏勒之流，乃益畅焉。"

西支注于淖尔（一），

党河西支西流一百二十里（二），入哈喇淖尔。《太平广记》云（三）："北庭西北沙州有黑河，深可驾舟。其水往往泛滥，荡室庐，潴原野。由是西北之禾稼尽去，地荒而不可治，居人亦远徙，用逃垫溺之患。其吏于北庭、沙州者皆先备牲酎，望祀于河，然后敢视政。否即淫雨连月，或大水激射，泛城邑，则里中民尽鱼其族也。唐开元中南阳张嵩奉诏都护于北庭，挈符印至境上，且召郊迎吏讯其事。或曰：黑河中有巨龙，嗜羔特犬彘，故往往漂浪腾水，以觊郡人望祀河，我知之久矣。即命致牢醴，布筵席，密召左右，执弓矢以俟于侧。嵩率僚吏，班于河上，峨冠敛板，罄折肃躬。俄顷，有龙长百尺，自波中跃而出，俄然升岸，目有火光射人，离人约有数十步。嵩即命彀矢引满以伺焉。既而果及于几筵，身渐短而长数尺，方将食未及，而嵩发矢，一时矢共发，龙势不能施而摧。龙既死里中俱来观之，哗然若市。嵩喜已除民害，遂以献上。上壮其果断，诏断其舌，函以赐嵩，且子孙承袭在沙州为刺史，至今号为'龙舌张氏'。"余考黑河，即斯淖尔，遏在蛮中，宜藏龙怪。惟地当北庭东南。传记之文，往往差误。

（一）此句稿本作"同注于淖尔"。

（二）此句稿本作"苏勒河自党河东支，溯流达西支，又西流九十里"。

（三）此处至段末，稿本无，而另作注云："《河源纪略》云：'党河会苏勒河，正西曲曲流，径察罕托海南、呼鲁苏台北，又径纳林哈纳南（准语，纳林，细也），又径伊克乌苏台南，至巴罕鄂罗苏台南，潴为哈喇淖尔'。"

淖尔东西八十里，南北三十里，极三十九度四十六分、西自二十三度之三十五分至二十四度之三分（一），去罗布淖尔八百里。《辅国公通谟克传》云："雍正二年（1724），青海逆贼罗布藏丹津叛，通谟克随副将军阿喇纳驻布朗吉尔，侦贼党阿喇布坦、苏巴泰等据哈喇淖尔路肆掠，偕总兵孙继宗往捕。”即淖尔侧也。淖尔西通罗布淖尔，有二道。由淖尔南者，自巴颜布喇西二百里，至多布沟。又西南一百五里，至呼鲁苏台。又西七百三十里至察罕齐老图。又西三百余里，至乌兰托罗海。又西，至噶斯淖尔东。又北，至库布。又北，至努奇图岭南。折而西，至努奇图塞沁。国语谓水源曰塞沁，塞读如色。又西，至努奇图山口，凡三百余里。又西，由罗布淖尔南岸至伊克噶顺。又西，至巴罕噶顺，为塔里木河南岸。由淖尔北者自库库沙克沙由苏勒河北岸至巴罕鄂罗苏台。又西，当淖尔北岸，曰苏鲁图。回语茅棚也。东距库库沙克沙百余里。又西，至鄂库勒。又西，至伊克都尔伯勒津。又西至玛呢图。又西，至鄂布伦。又西，至呼吐克乌苏。又西，至绰呢呼吐克。又西，由努奇图岭北至讷勒乌格呼吐克。又西，至塔奈呼吐克。又西，至罗布淖尔南之特们噶顺。又西，至巴罕噶顺。

（一）此处经纬度，稿本作“极三十九度八分、西二十二度六分至二十三度”。

《汉书·西域传》言：“自敦煌西至盐泽，往往起亭。”盖昔时邮传，斯成孔道。故唐玄奘归自西域，太宗赐诏云：“朕已敕于阗等道，使诸国送师，人力鞍乘，应不少乏。令敦煌官司于流沙迎接、鄯善于沮沫迎接。”又高居诲《使于阗记》云：“沙州西曰仲云族。自仲云界始涉碛。”皆由此以达于阗。或曰流沙，或曰谦碛，即今噶顺诸程。唐人谓之莫贺延碛，又谓之大患鬼魅碛。见王延德《使高昌记》。张燕公《裴行俭碑》云：“公之送波斯也，入莫贺延碛中，遇风沙大起，天地暝晦，引导皆迷。因命息徒至诚虔祷。徇于曰：‘井泉不远。’须臾，风止氛开，有香泉丰帅，宛在营侧。后来之人，莫知其处。”按《史记正义》引裴矩《西域记》云：“盐泽四面危道，路不可准记，行人惟以人畜骸骨及驼马粪为标验。以其道路恶，人畜即不约行，曾有人于碛内时闻人唤声，不见形，亦有歌哭声数十人，瞬息之间，不知所在。由此数有死亡，盖魑魅罔两也。”斯鬼魅碛所由命名欤？

与色尔腾海南北相望也。

色尔腾海在敦煌县城西南，四周有山围绕，水不长流。巴颜布喇之南，为阿巴图北口。又南百六十里，至南。又七十里，至色尔腾海（一）。周三百里，极自三十八度五十分至三十九度五分、西二十三度一分至二十分（二），在罗布淖尔东南九百里。《太平御览》引沙州记》曰（三）：“自龙涸至大浸川一千九百里，昼夜萧萧，常有风寒。七月雨便是雪，遥望四山，皓然皆白。”按龙涸疑即哈喇淖尔及色尔腾两海，大浸川或即罗布淖尔两岸也.《图理琛传》云：“初，土尔扈特汗阿玉奇从子阿喇布珠尔尝假道准噶尔赴西藏谒达赖喇嘛。已而准噶尔台吉策妄阿喇布坦与阿玉奇构怨，阿喇布珠尔不得归，请内属。封贝子，牧嘉峪关外党色尔腾。又《阿拉善厄鲁特传》云：阿南达侦噶勒丹死，其从子丹济拉窜瀚海，遣辉特台吉罗卜藏等驰赴噶斯，而自偕噶勒丹多尔济以兵继之，至色尔腾。”色尔腾海南六十里为鄂罗岭，通柴达木。《肃州新志》作柴旦。

（一）此句后稿本复有文云：“《河源纪略》云：‘色尔腾海有数源，一出巴罕哈尔当，一出和通之境，一出克都肯喀喇哈达，（国语、蒙古语、回语谓山峰皆曰哈达。）皆西北行数十里，随山势伏流来趋之。’”

（二）此处经纬度，稿本作“极三十九度、西二十二度”。

（三）此段夹注，稿本无。

肆 考察报告与游记类文献

本类文献提要

疏勒河流域当东西方交通孔道，游记材料涉及河流者甚多。其著名者如东晋法显之《佛国记》、五代高居诲《奉使于阗记》，域外如《马可波罗游记》《沙哈鲁奉使中国记》皆有疏勒河记载。至于玄奘夜渡葫芦河之故事，近年来更借大众传媒之力广为流传。但这些关于河流只言片语之记载，对于实证的水利史研究意义不大；其中蕴含的观念史信息，亦非支离文字后所能觅得。因此，本单元所撷取者，仍以近代考察报告为主，选取《马达汉西域考察日记》、斯坦因《亚洲腹地考古图记》中有关内容以及原素欣《祁连山水源考察记》。

马达汉的考察系受俄国军队总参谋部的派遣，带有明显的军事目的，所到之处特别关注道路、河流、人口、城防及粮食产量，1907 年底的日记记录了他在疏勒河的所见。斯坦因在考察中两到疏勒河流域，第一次因主要精力在于攫取敦煌文书，对途中各地未展开深入调查。1914 年他第二次从罗布泊逆疏勒河而上，重点考察了地理地貌及长城等文物遗迹最终从花海子进入讨赖河流域。疏勒河流域是斯坦因考察的重点，文物与地理又是两大关注点。他和助手、印度测量局成员拉尔·辛格一道或分头考察了疏勒河干流的大多数地区，留下很多细节记载，很多地方是当时的中国人也很少去的。特别是他在挖掘文物时总是特别注意记录地下水情况，也可以反映民国初期流域水环境的某些重要信息。本单元所节录之《马达汉西域考察日记 1906—1908》采用王家骥译本（中国民族摄影艺术出版社，2004 年），《亚洲腹地考古图记》采用巫新华译本（广西师范大学出版社，2004 年）。《亚洲腹地考古图记》中的地图、图片全部删除，但保留其全部原注。

《祁连山水源考察记》系著名水利工程学家、时任甘肃水利林牧公司酒泉工作总站主任原素欣所作。原氏于 1944 年 7—8 月深入祁连山腹地进行考察，目的在于明了河源情况并选择坝址。该文节略本曾在《甘肃水利林牧公司同人通讯》杂志连载。2018 年编者曾在兰州城隍庙古玩市场购得一单行油印本《祁连山水源考察记》，全文约 4 万字，较《甘肃水利林牧公司同人通讯》所载为详。此考察报告记录翔实、文笔优美，直接记录祁连山中各类所见，相关涉者不限于水利问题。编者据此抄录有关内容。全文分为：（一）酒泉全祁连山查勘队之组织；（二）入山前之必备；（三）入山查勘历程；（四）山中气象概述；（五）各河水源；（六）河西水利展望。因其中第（四）（五）（六）三部分被其后编制的各类工程计划书完全吸收，许多甚至连字句都没有改易，故编者在此概予略去，仅保存前三部分内容。

马达汉西域考察日记（节录）

(1907年）11月6日 大泉子（Ta-tshuan-tse）

从头年11月到来年三月下雪，雪厚半俄尺。雨水特少，一年的春天或夏天下一两次雨。春季常常从东面刮来暴风。

11月7日 红柳园子（Hung-liu-juan-tse）

道路又朝东南方向伸展，引导我们继续穿越同一片平原地。这片平地向南缓缓抬升。土质是砂质粘土。芦和成簇的荆棘植物很少。走了约7俄里路后，我们到了三座低矮的山嘴中最北边的一座山脚下，这三座山嘴是从东面延伸到这里的，然后我们越过了这座山嘴。其他的两座山嘴没有延伸到路边来。在山嘴南面，一个涌泉边上，就是小泉子废墟，离大泉子约10俄里半的路。南面看到从西而来的山冈，道路拐向东偏东南方向，擦过山冈的东端而去。同一片平地继续往南铺展，只不过现在成了一块1俄里半到2俄里宽的山嘴，其西、南、东三面都有高山围绕。离开小泉子，走了3俄里半到4俄里半的路后，我们最后终于把这块特别长的平原抛在了后面，走入了南面的群山之中。道路蜿蜒曲折地在黑砾石与小石子铺垫的长长的山脊之间转来转去，行程3—4俄里。然后沿着一片小平原走了3—4俄里路，再后又是群山，过了山区就到了红柳园子客栈。红柳园子客栈建在一片小空地上，四周都有相同的黑色小山丘围绕。这些山丘看上去一座比一座高，愈远愈高，无穷无尽。3家蹩脚的客站，一汪泉水，水又多又好，一座庙宇。这就是这个地方能够满足身体与灵魂需要的全部所有。11人的哨所负责邮件的传递。红柳园子有一条车道通敦煌。310里的路程需走4天，头三天每天走90里，最后一天走40里。在第一天的路上，我们路过了一座废弃的客栈，客栈里有水。第二天的路穿越疏勒河（Suti ho）边的沼泽地。第二天和其余几天的路上都有水和客栈可供使用。十一月至三月之间下雪量甚至达5—6俄寸（1俄寸=4.445厘米）。雨水极少，最多春天下1—2次。春天常有从西边刮来的暴风；冬天也有，但比较少见。根据中国人的说法，全程80里。（由于山地的关系，中国车夫估计有90里；我则估算约30俄里。）路况很好，只不过有些地点，如爬石子山坡或穿越松软土壤的平地，马车行走十分费力。

11月8日 白墩子（Bai-tun-tse）

在约8俄里行程中，道路一直在土冈和山丘之间转来转去，有时候越过一座土冈或山丘。在这个曲径迷宫中，道路的走向主要是朝南、东南和东偏东南。山从性质上说，跟昨天的一样，整个儿是一个混杂体——松软的低矮山丘，表面覆盖着一层深色的，许多地方是黑色的砂砾和碎石子。岩石山嘴和山尖一直延伸到道路近旁。过了土冈和山丘，就是一片广阔的向东铺展的烁石平地。南面有一长条不起眼的土冈挡住了视线。这条土冈是从最近的群山向东延伸过去的，一直延伸到东南方向的一座孤独的高山脚下为止。走了一段路之后，砾石平地不久就变成微微起伏的台地，向前望去只见一片断断续续的短波状起伏的土冈。

大体上在第十二俄里的地方，有一座客栈废城，里面没有水。右前方有许多低矮的山丘。我们走过一个不平坦的区域之后，再走约20—21俄里的路，就进入了一条朝东去的山沟。一路上完全是荒芜一片，不少地方覆盖着厚厚的盐碱层。现在山沟里出现了稀疏的青草和芦草。从这条相对独窄的山沟开始的地方向前走没多远，就到了我们今天的目的地——位于一座山网上的墩台（tun-tai）脚下的小小村落。周围的盐碴特别厚。许多地方很可能把盐碴误认为是雪堆。无数的斑鸠散布在岩石山嘴上、墩台附近和一座废庙周围，咯咯叫个不停。这段路，中国人告诉我有70里，也许不多于23—24俄里。4家客栈，都很破破烂烂，在一座小型的营盘里驻有从安西派来的16人守卫队。这就是这里的一切。十一月到来年二月底下雪，厚度达5—6俄寸。有泉水，水量很大。

11月9日 安西城（Ansi）

夜晚不太冷，但早晨天亮时天空灰蒙蒙的，彤云密布。我准备跟人打赌，天很快会下雪。早上六点我们就出发了，但在出发前我已射中了5只斑鸠，使得岩石山嘴那里着实热闹了一会儿。道路走向南偏东南。白墩子周围的山丘愈来愈矮，走了大约6俄里路后，最后一个小小的砾石山嘴终于消失得无影无踪。在我们前面是一望无际的砾石平原，地面上寸草不生。西南面，我们发现，前面不远有一片长长的沙丘状的地面褶皱。往前走不多远，道路就得跨越许多个这种低矮的地面褶皱。它们的走向大体上是由东往西。

我们走了10俄里路后，就在一间茅舍前面停下来休息几分钟。这间茅舍搭建在一个单独的矮坡边，以山坡作后墙。没有水，但茅屋里住着一个驼背的汉族老人，他的脸就像被晒干了的苹果。这老头得从10俄里以外的地方取水，此外他全靠乞讨来的干馒头和别的食物过日子。他一定要我相信，他经常三天喝不到一口水。

再往前走约8俄里路，那里有一座客栈废墟。过了废墟没多远的地方，看到路左边的沙丘，沙子十分纯洁；但地面的土质则是薄薄的砾石层掩盖下的沙质壤土。离这里数俄里的地方，在迄今为止一直是荒芜的原野上竟出现一簇簇荆棘植物。

走了约33—34俄里的路后，我们到达了疏勒（Sule）河边。河的北岸有一座砖墙围着的庙宇。据石碑上的满文和汉字碑文记载，这座庙是在乾隆19年间建造的。庙祝曾是一个有过辉煌历史的人。战争期间，他被提升为统领，甚至指挥过2—3个营。后来不需要那么多的武装人员，他就按照清朝政府的一般原则被免去军职，没有任何退休金。现在，他当个庙祝，生活全靠别人的施舍。在喀什噶尔，我曾见过一个看墓人，他曾经是一个提督（Tidu），一个军区部队的前司令员。

由于发大水的缘故，过路人暂时不得不停留在庙里。春天，有时候夏天的时候，河水严重泛滥，三天，甚至五天之内不必考虑渡河。不发水的时候，河水干涸为一条不起眼的小河，有时候像一条小溪。在道路越过河流的地方，河床的宽度约有150庹，而当洪水起来的时候，从南岸的地面面积来判断，足有半俄里宽。岸边堆起的土表明，人们曾经试图在这里架一座桥过河。造桥需要的材料却在河流左岸约3俄里以外的地方。河岸延伸到了城墙边，地面高低不平，上面有厚厚一层盐碴。城墙旁边有一些单独的房子和农田。城墙南面有一片向西延伸的森林带。

城区未必有一平方俄里那么大，每一边都有九个城楼，包括城门和角楼都计算在内。一个曾经用九天时间穿越戈壁沙漠的人，当他骑马走入严重坍塌了的城墙之内时，不可避免地会产生失望的感觉。让人感到像是重新走入了沙漠之地，看上去是一座荒凉的废城。南城几乎是无人区，宽广的沿泽地，上面堆积了厚厚的一层盐碴。城区中心是两条相互交叉的街道起点，两条大街各自通向鼓楼面对的四个方向。鼓楼的顶端部分显然已被战乱摧毁了。鼓楼穹顶下面有一口井。这算是什么房子啊！与安西相比，巴里坤是建得很好的城市。这里的客栈并不比沙漠中的最差的客栈好多少。店铺和其他建筑物都是破破烂烂的，十分可怜。有的地方可以看到回民“暴动”期间毁坏的庙宇废墟。旅途中在离中央遥远的边陲地区，我从未见到过如此悲惨的城市。一天的行程我算起来不会多于36—37俄里。中国人估计有140—150里，远远超过官方标明的90里，显然是错误的估计。

11月10日　安西

城区的纯汉族居民主要搬迁到城南、西南和西部地区。城北面只有很少的几间房子，一条向东的道路两旁形成几片单独的农耕绿洲，相互之间间隔好几十俄里。而南面、西南和西面的村子则形成了大片农耕区，其西和西南部一直延伸到离城22—25俄里远，中间只有一两块小小的不毛之地。在盐碱的低洼地上，人工水渠纵横交错，将疏勒河的河水大量引入灌溉区。种植小麦、糜子（tshu-miza）、青稞、油料作物和豌豆。平均产量为所播种子的4—5倍。牲畜数量不多。凡是看到的牲口喂养得极差，甚至在秋天都那么瘦。没有看到牧场。

11月11日　瓜州沟站（Kua-dshou-kou）

经历了11天穿越沙漠之旅后，我们休息了一天。今天早晨我们出发到敦煌去。谁也不愿意待在安西，连一个小时也不想停留，除非是不得不这么做，城市本身没有一棵树但在农耕区却有一条窄半圆形的树林带围绕。夏天这片农业区肯定呈现出一派绿油油的繁花似锦的景象，使得历尽艰险走出沙漠的旅行者，不管从哪个方向进入，都会为之欣喜不已。

道路向西南方向穿越一片低洼的盐碱地，地面铺盖了厚厚的一层盐碴。有些地方水渠的水溢过渠岸，形成沼泽状的片片洼地。房屋很多，但很小，四周围着树木，不少地方树木形成块块林地，大部分林地在城西，离城门约2俄里半的地方，我们就到了农耕区的边缘。这片农耕区从城边一直向正西方拓展开去。南面的农耕区离城只有1里远。在三块平行的农耕区中，这是最北的一块。西东走向的荒漠带把三块农耕区分割开来，相互间距

3—6俄里。

瓜州站位于废墟以南3俄里的地方，中国人管他叫六工城（Liugung tsheng）。那里有两家宽敞的客栈和一口水量充沛的井。水面离地4—5俄尺，这个站就在三仙山（Sansiantse）北坡脚下。山顶上有一些建筑物，只是一座名叫截山寺（Tie Shang）的庙宇。客栈离安西的距离为25—26俄里。

11月13日　疙瘩井子站（Ko-ta-dshing-tse）（疙瘩井）

昨天和今天的行程中没有多少可讲的。道路沿着三仙子山的北坡走，穿过一片坚硬的细砂砾层的平地。道路还可以说是平坦的，只不过有点儿向北倾斜，因为我们越过的几座从山上往北延伸的山冈仅仅是一些低矮的土丘。昨天我们在甜水井子站（Tien-shui-dshing-tse）休息，那里有两家小客栈、一座庙和一口井，井水有点儿咸。水面离地4—5俄尺深。尽管小，毕竟是官方的宾馆，我们在宾馆宿夜，十分舒适。途中，在一条从南面流过来的、水量充沛的小溪旁，有一个客栈废墟。溪水清澈见底，但是咸的。听说溪水源于某个沼泽地。这个地方的名字叫芦草沟（Lu-tsao-go），意思是“山谷沼泽里的草”。

在甜水井子和疙瘩井子的中途，也有一个客栈废墟。废墟旁边的一口井已经干枯。客栈边上有一座墩台，形状很特别，六角形的，以往我没有见过这样的墩台。中国人肯定地告诉我，这种形状的墩台比一般的年代更加久远，即使是一般墩台的历史也相当长。但关于墩台废墟的年代，他们无法提供更确切的情况。墩台旁边有一条壕沟，围绕着一片四方形的地域，显然是古老的军事设施残迹。在疙瘩井子也有两家客栈，其中一家属官方所有，可能比我前面提到的那家官方客栈还要宽敞舒适。在一座不高的山丘上有一座相当大的庙宇。井里的水稍微有点儿咸。水面离地6—7俄尺深。两段路的距离各为70里，我计算的一段路26俄里，第二段路28俄里半。在这两段路上来往交通很少。昨天有一个去敦煌的拥有19峰骆驼的商队在疙瘩井子离我们不远的地方扎营。从12月开始下雪，雪在地上最多保持3—4天不融化。雨水很少，经常无水。暴风也很罕见。

11月14日　敦煌（Tun-huang）

客栈附近的地面都是柔软的沙子，但过不多久道路又很坚硬。道路两旁长着芦笔和茅草。许多地方的土地都是光秃秃的，很像在暴风中凝固了的大海。走了8—9俄里路后，我们经过了路右边的敦煌绿洲起始部分——一片林地，那里有一些属于新店子村（Singdien-tse）的房子。再往前走数俄里路后，那里有一个同名的已经坍塌了的站。有一口井和一座庙。有两个驼队在近旁扎营休息。一个商队有80峰骆驼，是从喀什噶尔运俄国商品到罗布诺尔、敦煌和甘州的；现在这个商队正从敦煌运种子和羊毛到甘州的路上。到了甘州，商队再运茶叶到喀什噶尔。另一个商队有54峰骆驼，是属于教煌的一个汉人所有的，正在运种子到甘州，返程时运尕连（galjan）烟回来。……大部分田地都被水淹没，很像是建在不同高度的养鱼水塘。很长一段路也被党河（Dang-ho）的水淹了。在河流接近城市的地方，河水冲刷土地，形成很深的河道。一天的行程据说有70里。由于途中多次长时间地停留，我很难估测这个里程是否正确。

11 月 16 日 敦煌

敦煌城位于党河宽约 100 庹的河床岸边，地势平坦。

……

这片绿洲的幅员是：北 80 里，南 10 里，西 30 里，东 40 里。水很多，可以从两条河流中取。但在绿洲的边缘地区却缺水。东西两地老百姓必须与风沙作斗争，因为每年流沙都要吞噬大片的良田。为此，部分当地人迁移到别处，以至于在绿洲的上述部分看到了不少被废弃的房屋。当地人口，按官方资料计算，有 2400 户，18000 多口人。整个地区的地形都是不同水平的梯形结构，已开垦的梯田相互毗连，层次分明。水量大小不同的水渠在梯田里纵横交错，时而在高处淌，时而在低处流。房屋与田地大多湮没在繁茂的树荫之中。房屋建得很稠密，这说明计算过的人口，按面积平均是相当多的。田地看来管理得很好，住户很整洁，也很富裕。整个绿洲有点儿像喀什噶尔最稠密的居民区，只不过居民与建筑式样不同罢了。在中国西部，这里第一次出现满洲特有的建筑方式，就是私人的房子四周有真正的防御设施——好几庹高的厚围墙，大多设有角楼。跟（丝绸）“北路”的好多地区一样，这里的人们使牛拉车。大车又糟又沉，加上套后严重向前倾。轮子很大，常常是歪斜的，大多数是用歪曲的木头制作的。马和牛常挨饿，也不是什么良种。驴子比马更常见。居民全部是汉人，从口里（内地）迁徙过来的。大多数村子的名字都是根据居民老家的名起的。

……

在巴里坤北城城墙边的一座古庙里就有一块斑勇（Peichen）的纪念碑。我的随从只能不完整地诠释石碑上古老的象形文字。碑文叙述了群山围绕的月牙泉的故事。巴里坤居民非说，石碑是自己从敦煌迁移到这里来的。还说，石碑埋得很深，刨不到根。

敦煌的居民提到当地的名胜古迹是月牙泉，那是隐藏在沙丘深处的一口月牙状的泉水。由于我的时间另有别的任务安排，而且听说月牙泉旁没有任何石刻，也没有其他古迹，我就没有去看。据说月牙泉里住着一匹超凡力量的马，有时候会向有福的人现身。巴里坤也有同样的神话故事。那里也有一个湖泊，被选为有超凡力量的神马住所。有一天夜里，一个牧马人在打瞌睡，这匹神马上来与岸边牧场上的一匹官方牝马交配。随之牝马生下来的马驹就有了超凡的特性。在数小时之内，它能奔驰千里。这匹马驹被一个和尚得到了，它一个晚上就把和尚带到了西安。西安的官员听说了这匹马的特性，就出大价钱逼迫和尚转让给自己，他派人把马作为礼品进贡给大汗（皇帝），但神马在路上病死了。敦煌与巴里坤之间的这种联系和两个神话故事的相同性，是非常有意义的，此间也许有某种历史背景。巴里坤湖里听说也有一块石碑，是从周围的山上滚落下来的，有时候这块带字的石碑会浮上水面，向垂死的人现身。

11 月 22 日 小宛庄

走到离城 4—5 俄里远的地方，我们到了自西而来的干涸的水渠边。水渠两旁长着灌木和少量青草。我们沿着水渠的方向走只有了6俄里路，到了一个很不起眼的只有3—4户人家的北干沟村。在离城17 ½俄里远的地方，左边出现了一条已经结冰的小河，小河在接近道路的地方拐了一个大弯。

……

在这座士兵住的透风房屋附近，道路两边，离道路有一段距离的地方，有一些单个儿的树木和房子，一边的房子是在山的南坡脚下，另一边的房子显然是在一条小河旁。我们稍事休息之后，很快就越过了这条小河。这里的河宽2庹。桥还不错。这里地面上的青草植被较多，质量上比以前的更容易消化一些。小王庄绿洲从东到西延伸37里，共有67户人家，30堠（hou）耕地（1堠=60亩）。大致上在村庄的中心，有一个小小的营盘，大门是朝西开的。塌陷严重的围墙高度有3庹。营盘区域内建满了许多小土屋。两家店铺，4家客栈和一座大庙。从井里提上来的水略带咸味儿。井水深三俄尺。由于地面上有雪，很难评估道路的情况，但可以认为路况很好，完全可以通行马车。从几处路上遗留的很深的车轮痕迹来判断，至少有的地方的土壤相当松软。在小王庄里可以买到一些（极少）粮食和较多的稻草。这里下雪要到中国农历九月，但一般是在十月下雪，到来年正月才融化。有时候雪在地上根本积不起来。冬春季节东边来的暴风很常见，但有时候夏天也有暴风，只不过不多。暴风的风力特别大，可以刮倒一个人。中国农历四至八月下雨，但也不经常下。白天的行程估计有70里；我计算有28—30俄里。

11月23日　布隆吉村（Pulungti，Bulungir）

往前约50俄里的地方，我们路过了双塔堡村。村里房子很少，有一个营盘，大门朝东开。街市上有两家店铺。地面上又出现了青草植被。道路深深地凹进地面，雪就在这凹进的路槽里积起了厚厚的一层。离村子约25里的地方，有两三间房子。再往前走15里路，我们到了布隆吉村（Pulunggir）。布隆吉有50多户人家（其中30家是跟安西一样的城防队员户）。一个小市集，8家店铺和3家客栈。市集周围的营盘里（大门朝南门开），驻扎着一个守备队，由都司（清朝绿营最低级的军官——译注）指挥，纸面上是一个营的编制，但实际不到40人，所用的步枪是用点引线发射的那种。组织状况跟安西和敦煌的相同。种植小麦、豌豆、罂粟和青稞。产量是所播种子的10—12倍。中国农历10月到2月期间下雪。冬季和秋季有强烈的暴风。道路通行无阻。行程90里，我自己的计算是36—38俄里。井里有水，深2 ½尺。可以买到稻草和少量饲料。

11月24日　三道沟村（San-dao-go）

夜里气温零下20.5度，但当我们正要上路时，只有零下19.5度。幸好这时东风已经减弱了。如果情况相反的话，那真的很难往前走了。即使那样，天气仍很严酷。离布隆吉不远，我们越过了一条小溪，小河或者水渠。地面是平坦的草地，一大簇一大簇长得很高的青草露出了雪面。走了约11俄里的路之后，我们进入了一条密密长着芦苇的小山沟，我们在那里放牧了马。再往前走半俄里路后，我们沿着一条筑得很好的堤坝，越过了一条相当于湖泊的山沟。再往前6俄里，我们越过一条自北而来的2庹宽的河流，然后就走在了一条约20庹宽长着芦苇的山沟底部。当地居民把这个地方叫作六道沟。过了一会儿，我们穿越了两个较宽阔的河谷，河谷里有许多相同的浅河道。在一条河道里，我们突然遇上了一只相当高大的狼，它正在一路小跑躲避我们。不必要小心谨慎，因为步枪在马车上；即使手里有枪，在这种严酷的寒冷里我未必有力气脱下手套去射击。

过了河谷就开始了回民“暴动”期间毁坏了的五家滩村（Vo-dshia-tan）的大片废墟。在旧的住宅废墟上建起了一个小营盘和两座寺庙。村子的地域一直延伸好几俄里路长，直至一片森林边缘。在那里看到了废墟中建立起来的一些住人的房子。我们越过了第二条相同的河道，在往前走一俄里半到两俄里路后，我们就到了同一片森林里的三道沟村子的市集上。这个地方有不少野物，特别是野山羊和野鸡。道路很好。有的地方道路凹入地面很深。在中国农历六月（阳历7月）里，河水有时泛滥，交通因此断绝两到三天。

……

三道沟从中国农历十月到来年二月下雪，雪厚半俄尺。雨水很少，只有在中国农历四月至八月之间下雨。冬季和春季经常从东面刮来暴风，夏天很少见。

11月26日 玉门县城（Yumen sien）

昨天夜里气候发生了变化。早晨，我们上路的时候气温只有零下10度，风从背后吹来。在三道沟东面，道路伸展到一条河床里去，并沿着河道走了一段路程。河床宽2庹；水量很少。当地居民把它叫做三道沟河。在两俄里的行程中，对面的河岸是一片平坦的长着少量青草的场地，以后就变成了荒芜的砾石平地。离三道沟约9俄里的地方，路旁有一家被废弃了的客栈废墟。北面约8俄里的地方，有一条村落和树林的绿荫带与道路并行。这条绿荫带，以三道沟河为界，是玉门县区的一部分。

……

玉门县地区农业赋税总额约2240担粮食。这个地区谈不上富裕，房子很小，很穷。看不到农田，因为现在大地一片雪封。种植小米、小麦、糜子（tshu-miza）、豌豆、青稞、大麦、油料作物和少量罂粟。产量是所播种子的8—9倍。看来，粮食不卖到别的地区去，至少没有大量外销，也不外卖当地的其他产品。至于矿产，听说赤金湖（Tshichinghu）附近山里蕴藏着石油、煤和黄金。从地面上挖出的两个坑里可以用碗舀出少量的石油。煤的开采或从地表收集的数量很少。金子听说有，但从未开采过。最近一段时期流传着一则谣言，说已经把开采煤矿的权利给了一个德国人。居民都是汉人。这里跟布隆吉和三道沟一样，都没有回民。——①从中国农历十月到来年正月下雪，积雪达半俄尺，但一般会融化数次。雨量很少，在中国农历五月到六月间会下几场雨。冬天和春天从东面刮来的暴风十分强烈。

---

① 编者注：原书此处破折号，不知何意，疑为衍。

11月27日 赤金峡（Tshi-dshin-sia）村

过了古堡废墟，我们越过了一条两米宽、流向南方的河流。桥梁很好。再往前一又四分之三俄里，又有一条从南山流下来的河，叫宽滩河（Kuntshang ho）。这条河比前一条河要大得多，但此刻河里的水很少，并已结成冰。一年有两次洪水期，也就是说，中国农历九月、十月以及来年二月，听说有两个星期的时间河水泛滥，水没到了马肚子边，阻断了交通。过了河，是一片平坦的荒芜的砾石地。

……

赤金峡位于群山脚下，这些山从早晨起就出现在我们的东面。南面靠近村子的地方，有一座北南走向的小山。一条小河在群山之间蜿蜒曲折地向北流去。这条河的下游听说有一座名叫田町（Tienting）的村子，村里只有40户人家。

11月28日 惠回堡村（Huihuipu）

我们在仅仅只有一辆马车宽的砾石路上继续往前走，道路深深凹陷入右边群山和左边河流之间松软的黄土或粘土地里。道路两旁都有一些已开垦的小块梯田。地势朝河流方向下倾。我们走了2俄里半的路后到了河边。我们通过一座很好的桥梁过了河。左边高高耸起向北而行的群山。

走在河岸上，看见了一些单独的树木和房子，其中有几座房子四周有院墙。自从敦煌起就跟随我们的一条高高的山脉又出现在南面。向北的山坡十分陡峭。离过河的地点七俄里半的地方，我们到了一片空旷的建筑群废墟边，再往前走数俄里路后，在道路右边的低洼河谷里有一个村子叫赤金堡。在东北方稍高一些的地方，另有一个村子叫昌吉（Tchang-tchyting）。这两个村子共有340户人家。地势呈上升趋势，稍有起伏。我们进入了丘陵之中，前后翻越了两座从北山向南延伸的山脊。站在第二座山脊的顶上放眼望去，前面是一个宽广的自西而东逐渐开阔的绿色河谷。南岸面看来是已经冰冻了的水湿地。在我们翻越的山梁脚下，离赤金堡约两俄里路的地方，有一个10—12户人家的村子，叫赤金湖。……

我们连续翻越了三座山冈似的、低矮的、向南而行的山丘，有几条小河道把这几座山丘分隔开来；这几条小河道只有春天才有水，水量也从来没有多到阻碍交通的程度。过了三座山丘，我们就到了位于一片相当宽广的平原边的火烧沟村（Hu-sha-gu），北边是一条山嘴。山嘴脚下的圆丘和山丘表面又披上了绿色植被，性质上与我们刚刚走过的平原一样。我们在山嘴的东边穿越了一条相当宽阔的河，这条河的河床里也只有在春天或者说雨后才有水。河的东岸很陡峭，有数庹高。……

我们越过了一条小河——清河（Chin-ho），这条小河的河水源自南边附近的一个涌泉。道路绕着一个小山丘和山丘旁边的一座大营盘延伸，接着很快就进入了惠回堡村。……惠回堡村以西5里路的地方，听说路边有一个废村——骟马城（she-matcheng），那里有一眼泉水，源自涌泉的一条小河流淌到一个村子边，村名叫白杨河（Pai-yang-ho）。

11月29日　嘉峪关城

听说在10—15里以远的地方有一座村庄叫大红泉（Ta-hung-tshuan），村里有12户人家（300只羊，20头牛）。东面有一座山冈似的山丘，似乎把北边的一群山与南面的山脉连接起来。道路向这座山丘伸展过去。我们穿越了一条砂砾和石子山沟，山沟里的河道已经干涸。听说春天河道里有水，但不多。

12月1日　肃州城（今酒泉）

嘉峪关以东不远，我们走下了该城所在的台地状的沙丘，路过了几间单独的绿荫房子。我们相隔几分钟连续越过了四五条小河，这几条小河的流向都是朝东北和朝东偏东北，显然是同一条从南而来的大河的支流。河水清澈见底。我们越过的最后一条河，离嘉峪关2俄里远。植物生长到这里为止。地很平坦，多石子。有些地方生长一种匍匐植物或一小簇草。……

离最后一条河10俄里路的地方，道路把我们引入了建州寨（Jyen jou tsai）村的绿荫区域。建州寨的农舍分布在一条从西南到东北走向的干涸水渠或河道两岸。北面和东南面，现在清楚地看到了一条树林的边缘，这是肃州绿洲的前沿。与此相反，北面的黑山（Hei-shan）和南面的祁连山（Tshinlianshan）都已远去，并从我们的视线中消逝。听说，前面提到的河流在洪水期能阻截交通，但最多就是2—3天而已。洪水一般发生在七月，那时候夏收已经结束，不需要把水引入灌溉渠。离村子1俄里半的地方立着一块界碑，这是嘉峪关与肃州的分界线。再往前3俄里半路，那里有一个几间房子的村子，名叫丁家坝。弯弯曲曲地走出了村子，就看见一条正在干涸的河道。再走五俄里半到六俄里路后，我们到了肃州绿洲的边缘。绿洲这里是两条从北而来的狭长地带，在这两条狭长地带里长着稀稀落落的树木，有的地方出现一座单独的农舍，周围都是农田。道路绕过农耕区的顶端。我们的右边依然是相同的荒原，荒原上流淌着自南而来的北大河（Pei da ho）的许多支流。北大河的右岸则是绿洲的主要部分。肃州宽阔的、棕灰色城墙就在绿洲边上。在拐向东方的两俄里半的行程中，我们越过了所有的7条支流；主河道的宽度2庹，河底是坚硬的砾石，水深0.25—0.3米。这里的绿洲边缘自西南走向东北。我们路过了一座在战乱时期被毁坏了的庙宇。右边有一两间破房，路边长了几棵树。这一切看上去十分贫穷。离开绿洲边缘走了两俄里后，我们就到了北城门边。北城门里边有一座衙门和许多房子及几家店铺，一条水渠或小河流经居民区。今天一天的行程27—28俄里。中国人估计有70里。

我们从安西出发走过的所有道路可以说都很好。那些看上去水湿的地面，甚至春天的时候也不妨碍交通。河流也形不成障碍，一两条河例外。有几个地点的道路，宽不过马车车轴。但这个宽度至少能通车。有些地方地面的石子很多，翻越山嘴时，对于载重的马车来说十分费力。

亚洲腹地考古图记（节录）

第八章　追寻中国古道

第四节　白龙堆

3月2日傍晚，我们来到了一个开阔的土平原。它位于一个很缓的砾石坡脚下，我们把civ号宿营地就安在了那里。这时我已知道，在寻找古代楼兰道的跋涉中，最困难的部分已经被抛在身后了。我们在地面上发现了一些古代交通的迹象，说明古道从荒凉的干涸罗布泊上来后，可能便来到了这片地面上。从前面南方和东方的地形看，我们几乎可以断定以下的古道是沿什么路线到达其最终目的地敦煌长城的最西端的。从平面图和我们1907年绘制的地图中几乎可以断定，中国早期奠定这条道路的人只需沿着干涸湖床最东岸那向南延伸的"水湾"走，就可以走到一个宽阔谷地的入口处。那个谷地形如山谷，一直延伸到拜什托格拉克和疏勒河尾闾。不管盐湖东端的大"水湾"向谷地中伸展了多远（我们1907年虽然沿着通往敦煌的车马道作了考察，对此却未得出确切结论），有一点是清楚的：根据我在谷地南侧观察到的情况看，谷地北侧也可能曾有过足够骆驼沿路啃吃的沙漠植物，并可能有过水。阿其克布拉克和拜什托格拉克之间的这个谷地北侧就是光秃秃的荒山。来自楼兰的古道要想到达疏勒河尾闾和那附近的敦煌长城末端，最自然、最易行的路线莫过于沿着那个荒山的山脚走。的确，要想从宿营地civ到拜什托格拉克去，最直接的路线应当是从北山的最南端穿过。但那里是一片荒漠，只有石块和砾石，既没有牧草也没有水，况且节省下来的距离也是有限的，不足以补偿那多受的不必要的苦楚。所以很容易知道，古道是沿着拜什托格拉克谷地北侧的荒山脚下延伸的。

但在描述在这条路线上的经历之前，我要先回顾一下前三天穿过的那片结着盐壳的荒野。让我们对照着观察到的现象，来看一下中国古书中是怎样描述楼兰道越过"蒲昌海"（或称"盐泽"）时的情况的。这些记载中，有一段虽不是年代最早却最能给人启发，它就是郦道元的《水经注》中紧接着描述"龙城"那个段落下面的文字。"龙城"那段中有明确的地形记录，使我们较有信心地认为："龙城"就是我们2月28日在向楼兰东北方向进发时所经过的大的台地区。[①] 紧接着郦道元对"龙城"地区进行了详细描述，可以证明这段描写和上一段一样也是来自对当地情况有准确了解的权威。因此，我们在此先说一下

① 原注：见本书第八章第二节。

这段话。在沙畹先生摘译的《水经注》中，这段文字[①]是这样的。

地广千里，皆为盐而刚坚也。行人所径，畜产皆布毡卧之。掘发其下，有大盐方如巨枕，以次相累。类雾起云浮，寡见星日，少禽多鬼怪。西接鄯善，东连三沙，为海之北隘矣。故蒲昌海亦有盐泽之称也。

以前当我述及关于楼兰地区的汉文记载时，曾提到过这段文字[②]。当时我简要地指出过，这段关于“龙城”附近地区的概述，与我们1914年到1915年对罗布泊古湖床及其临近荒野的考察结果十分相似。文中说地面“皆为盐”，这与我们在穿越湖床底部时所观察到的现象完全吻合（见上文）。拉尔·辛格所走的路线更是在大北边，在那湖床北段的广大地区，他遭遇到的也是可怕的凹凸不平的盐面。亨廷顿教授是从南向北穿越这片浩瀚盐海的（他走的距离更长），他也非常生动地描述了途中遇到的种种困难[③]。《水经注》中称堆叠起来的盐块“如巨枕”。任何曾经在那些连绵不绝的盐丘、翘起来的大硬盐块之间和上面择路而行的人，任何曾经目睹过上文提到的那难以计数的裂缝和孔洞以及孔洞中像浮冰般高下堆叠在一起的盐块的人，都知道这个比喻是生动而切合实际的。

由于在穿越湖床时采取了恰当路线，我们有幸不必在铺满硬盐的湖床上过夜。但根据对湖面的观察，我明白：即使是强悍的骆驼，在盐面上休整时，也无法获得哪怕一点点舒适的休息，更不要说其他用作运载工具的牲畜了。亨廷顿就提到过，为了搞出一块稍微平坦、能够睡觉的地方，他那一小队人不得不动用了斧子，把1英尺高的盐丘砍平。[④] 拉尔·辛格那队人在他们的第89号宿营地也经历了同样的遭遇。因此，当古代的行路人不得不在这样的地面上过夜时，他们很容易会想到先铺上毡子，再让牲畜躺下，中国人在旅行时是很善于安排这类事情的。《水经注》中提到的这个做法还给我们另外一个启示：这种方法之所以流行起来，是因为楼兰古道是从干涸的湖床上面穿过去，而不是顺着湖床北面绕过去的。

郦道元在文中说，当地的云雾使人们很少见到太阳和星星。这也完全符合整个罗布盆地一年大部分时间的天气状况。12月和3月之间，我们在那里看到的天空都是灰蒙蒙的。这主要是因为这片广袤的荒野几乎常年刮风。不管从其最常见的方向（东—北—东）吹来，还是从其他任何方向来，风中都夹带着细尘土。这些细尘土是无休无止的风蚀作用在邻近地区的土壤上刮下来的。因为，北边和东边的荒山以及西边沙质平原的绝大部分土壤，都是全无植被保护的。在春夏两季，常有猛烈的大风光顾罗布盆地的中心地带，卷来大片尘沙。降雨或降雪可以使空气干净一段时间，但雨雪天气在那里是极为罕见的。

尤其使穿过这片荒凉原野的中国古代商旅吃惊的是，这里没有任何动物。他们的这种反应是很容易理解的。即便对我们这些曾在楼兰地区穿过了一段“死亡地境”的人来说，这没有生命的地区也给我们留下了深刻印象。因为楼兰的那块“死亡地境”在古代有商旅

---

① 原注：参见《通报》1905年，571页。

② 原注：参见《西域考古图记》第一卷424页之后。

③ 原注：参见亨廷顿《亚洲脉搏》251页之后。

④ 原注：参见亨廷顿《亚洲脉搏》251页。

经过时，河边的林带以及几块垦殖区中仍是有生命的。中国古代商旅在想象中觉得这个可畏的盐海中有很多鬼怪，这一点也同样不难理解。我曾经指出过：在玄奘和马可·波罗时代的罗布盆地南面的古道上，迷信的人们也觉得这类地面上有鬼怪出没，威胁着人们的安全。今天这种迷信心理依然存在着①。

现在来看郦道元文中的结尾部分。我们一眼就看得出，那里记载的地形是准确的。我们已知道，"龙城"所在的这一地区包括结着盐壳的整个罗布泊古代湖床，还包括湖床岸上的沙漠地带。考虑到这一点即可证明，郦道元所说此地"西接鄯善，东连三沙"是完全正确的。看一下地图就知道，罗布泊湖床最西端连着现在的喀拉库顺沼泽临近米兰地区，古鄯善国的一个主要居民区就在米兰。

关于"三沙"，我曾在别的书中证实过，它就是《魏略》关于"中道"的记载中所提到的"三陇沙"。②《魏略》中明确指出，"三陇沙"指的是一条很高的沙丘链的最北段。来自敦煌的车马道以及楼兰古道，在拜什托格拉克东北不远的地方经过了这条沙丘链。我们1914年的考察证实，罗布泊古湖床东南的大"水湾"一直延伸到了拜什托格拉克谷地中的羊塔克库都克（Yantak-kuduk）附近。然后，这个谷地中又出现一系列结着盐壳的沼泽，延伸到了拜什托格拉克井以西的地方。因此，明确的地形学事实告诉我们，《水经注》中关于"龙城"的界线的描述是正确的。

那段文字开头称"地广千里"，我们无法用明白无误的方式检验这句话的正确性，因为文中并没有明确说出这指的是哪个方向上的长度。但很值得注意的是，一个旅行者如果从拜什托格拉克以东的"三沙"最北端走，无论沿着两条道中的哪一条，走到罗布泊湖床以西最近的居民区，其距离都和文中记的"千里"相当吻合。当库鲁克河的水能流到楼兰地区，因而那里某些地方有人居住的时候，人们可以在不同的两点到达大盐海（即中国人所称的"蒲昌海"或"盐泽"）西岸。就是说，既可以沿着"中道"（楼兰道）走，也可以沿着湖床南岸上更易行的去往米兰的车马道走。

根据路码表，我从楼兰的最后一个要塞 L. J. 出发，沿着据我估计大致是"中道"的那条路线走，到达拜什托格拉克以东、三沙的最北段，共走了199英里。③ 如果旅行者从拜什托格拉克以东的那一点出发，沿着南道走（至今敦煌和米兰之间的车马队仍走这条道），走上大约同样的距离，他就会来到我们第二次考察时的143号宿营地，据我们1907年2月用路码表所测的结果，这段距离是198英里。在宿营地143附近就是覆盖着硬盐的古罗布泊的东南边缘了。从那儿再向西朝米兰走，沿途的沙漠植被会逐渐增多，那片只有盐、土和砾石的地区算是被甩在身后了。根据我在塔里木盆地及其附近地区的探险经验，

---

① 原注：参见《西域考古图记》第一卷293页，第二卷560。又见尤尔和科尔迪耶（Yulc-Cordier）合著的《马可·波罗》（Marco Polo）第一卷196页之后、201页之后。

② 原注：参见《西域考古图记》第一卷418、425页，第二卷555页之后文字。

③ 原注：我们从宿营地cvii没有直接拜什托格拉克去，而是绕了个远，先到拜什托格拉克谷地南侧的道路，并沿着它一直走到了羊塔克库都克。这个计算结果把这段绕远的路程除外。见下文第九章第一节。《西域考古图记》第一卷425页注38中所说的230英里，指的是从宿营地c到cxii所走的距离（后者位于拜什托格拉克以东很远的地方），并把在宿营地cvii和cx之间绕的远也计算在内了。

那里平地上的1英里如果换算成中国长度单位的话，一般等于5里。[①] 因此，无论沿哪条道算，都可以得出郦道元文中所记的“千里”的结论。他对距离的估计简直准确得使人吃惊。

在我看来，郦道元的估计是从楼兰道得出的。我这样说有两个原因。首先，郦道元书中所载的全部地形资料都与这条道经过的地面有关[②]。其次，其结尾的文字明确指出：所述地区构成湖的北界（“为海之北隘矣”）。我们应当记住这个事实：古代罗布泊湖床那仅有的几块含盐的沼泽（有的地表是软而泥泞的，有的还有一汪一汪的咸水）都分布在湖盆南岸附近，而盆地其他部分都是干涸的[③]。还应该记住的是，塔里木河的尾间终端的沼泽（即今天的喀拉库顺）很久以前便出现在盆地的西南端了。而且，库鲁克河三角洲的那些沼泽（即郦道元所说的“幼泽”）也延伸进了盆地的西南段。因而，我们就完全可以理解，为什么郦道元称“龙城”地区及其东边那覆盖着硬盐的大片荒凉地面是湖的北界。

现在我们可以从郦道元那有趣的记载转到另一段文字。这段文字不太长，但时间上却是离我们最近的，而且它清楚地记下了各地点的先后顺序。这段文字包含在《魏略》（成书于公元239—265年）关于“中道”的记载中（“中道”起于敦煌，经过故楼兰，到达塔里木盆地北部）。这段重要记载是由沙畹先生第一个翻译出来的。我在《西域考古图记》中已经详细分析和讨论了它[④]，因此，除了引用有关“中道”的文字外，我将只详细讨论那些直接使我们感兴趣的地点。其他地点，我将只简单提一下它们已被确认在什么地方，或者有可能在什么地方。这段文字是这样的：中道“从玉门关西出，发都护井，回三陇沙北头，经居卢仓，从沙西井转西北，过龙堆，到故楼兰”。

这个行程表没有指出各个地点之间的距离（那样的话对我们将是十分有益的），但由于我在考察过程中已将其起点和终点确定了下来，加之文中记载了方向，我便能够比较准确地确定起点和终点之间那些地点的位置（见《西域考古图记》）。“中道”的起点是著名的玉门关，汉代玉门关无疑就在敦煌西部长城上的T.ⅪⅤ遗址附近。此后，“中道”沿着长城西去（今天的车马道也是这样的），一直到达长城的最末端，即T.Ⅳ.a和b烽燧附近，我认为“都护井”就在那里。关于“三陇沙”地表的实际构造，古文中关于中道在此折回的那段记载以及“三陇沙”这个名字本身，都使我相当肯定地认为：它就是拜什托格拉克以东那一带高丘的最北段，现在的车马道也经过那里。我觉得，“居卢仓”很可能就是拜什托格拉克这个重要驿站。

关于“沙西井”的位置，《魏略》中说，“中道”在过了沙西井后转向西北，这个记载给了我们很多帮助。看看地图就知道，从拜什托格拉克来的中道肯定是沿着拜什托格拉克谷地北边延伸的。这样便不必穿越干涸大湖床东边的那个难走的大“水湾”。之后，这条道要想到楼兰去，就必须在谷地和“水湾”北边的那条山脉的最西端折向西北。在下文

① 原注：参见《西域考古图记》第二卷735页及该页注28a中的引文。

② 原注：文字中明确指出，旅客是穿过了覆盖着硬盐壳的湖床，而南道只是绕着湖床的边延伸。

③ 原注：参见地图30.D.1、32.C.4、33.C.1，及本书第九章第一节；《沙漠契丹》第一卷，507页之后的文字。

④ 原注：参见沙畹《通报》1905年552页之后的文字，及《西域考古图记》第一卷417页后、第二卷555页之后。

描述我们沿那条山脉脚下向东走的实际情况时，我会提到有直接的考古学证据表明，古代的中道就是顺着山脚延伸的。在结着盐壳的干涸的“水湾”边上和土山、土高原之间（土山和土高原是罗布泊更为古老的湖岸线），是一条逐渐变宽的地面。在那里，我们于cⅵ号宿营地附近的沙质土壤中第一次发现了植被。过了这个宿营地几英里后，植被就越来越多了。而且，离地表不深就可以找到水（尽管水是咸的）。我们显然应该在这附近寻找“沙西井”的位置。从敦煌方向来的旅客在那里可以找到牧草。以前干旱化过程还不太明显的时候，他们甚至可以找到可饮用的水。然后他们才鼓足勇气，去面对接近楼兰时的那一片荒野——那里只有盐和光秃秃的地面。在这个地点之前，他们一直会看到山脚下有流沙。过了这一点之后，流沙就没有了。我在《西域考古图记》中曾指出，这个地形学特征大概可以解释“沙西井”地名的由来。①

在《魏略》的行程表中，沙西井和终点楼兰之间只有一个地点，但这唯一的中间站却使我们特别感兴趣。《魏略》中说，中道在沙西井折向西北后，“过龙堆，到故楼兰”。在《西域考古图记》中我曾指出过，就我们在宿营地cⅰ到cⅳ之间的考察来看，“龙堆”指的必定是干涸罗布泊东北部两岸那些结着盐壳的风蚀雅丹。② 从罗布盆地东岸的山脚下，到离得最近的、曾一度有人居住的楼兰地区之间，是一片广袤的荒凉地带，而从地形学上来讲，那些风蚀雅丹。肯定是这个地带中最引人注目的地方。《汉书》中有一段有趣的记载，其中包含的地形学因素可以直接证明那些风蚀雅丹就是《魏略》中的“龙堆”。

《汉书·西域传》中述及了中国同鄯善（即楼兰地区）的关系。其中在谈到公元前92年之后发生的事时，《汉书》提到了从鄯善到中国的沙漠道。③ 这段颇能给人启发的文字是这样的：“楼兰国在最东垂，近汉，当白龙堆，乏水草。常主发导，负水担粮，送迎汉使。又数为吏卒所寇，惩艾不便与汉通。”

沙畹先生指出，“白龙堆”也就是《魏略》中的“龙堆”。《汉书》中的文字清楚地表明，中国人所说的“龙堆”，指的是对着楼兰国最东部边界的一块沙漠地区，这块地区还位于直接从楼兰通往中国的道路上。根据直接的考古学证据，我们已经成功地从楼兰最东端可供人居住的地区，将古道一直追踪到了罗布泊湖床西北岸上那结着盐壳的风蚀雅丹带。我们现在就完全可以明白，为什么中国使节到了“白龙堆”后，必须让楼兰的向导来接他们，并给他们带来给养（尤其是水）。因为古代的“白龙堆”同现在一样没有任何生活物资。我们也可以理解，楼兰地区那为数不多的居民为中国使节安全到达提供了大量物资，这对他们来说是多么大的一个负担。沙畹先生在对《魏略》关于中道的记载所做的注中，引用了公元3世纪的孟康对《汉书》的评论：“龙堆形如土龙身，无头有尾。高大者二三丈（20—30英尺），低者丈余（10英尺）。皆东北向，相似也。”④ 这段话对这些奇怪的白色雅丹进行了生动而准确的描述。即便今天，一个有知识的中国旅客的描述也不过如

① 原注：参见《西域考古图记》第二卷557页注20。

② 原注：同上书第一卷340页、419页。

③ 原注：参见魏利《人类学学会会刊》第10卷27页之后的文字。关于“白龙堆”这个地名的起源，见沙畹《通报》1905年529、531页。

④ 原注：参见沙畹《通报》1905年529页注7。

此了。我在上文中说过，这些风蚀雅丹形体扭曲、千奇百怪，却向同一个方向延伸。这样我们就完全可以理解为什么在中国人眼里它们很像白龙了（中国人一向对奇特地貌有敏锐的观察力）。孟康提到的雅丹的东北走向及其平均高度完全正确，显然他的信息得自对当地地形很熟悉的人。

《汉书》中那段文字之所以特别有价值，还因为它充分表明：对大规模的中国使团、辎重、军队来说，走这条道要穿越如此广袤的一片全无生命的地面，面对那些可畏的地理障碍，这将是多么艰难的一桩事。我在本书下文中将说到，面对所有这些困难，规模相当大的交通是如何在这条道上维持了几百年的。[①] 在此我们应该注意到，《汉书》中还有一次曾提及“白龙堆”。这段文字直接说明楼兰道开通后，人们已深深感受到这条道上的困难有多么严重。

这段文字就在《汉书·西域传》接着上面的引文的地方，文中说到了元始年间（公元1—5年）开的一条新道。这条道起于车师后国（即现在吐鲁番以北的古城），“出五船北，通玉门关，往来差近，戊己校尉徐普欲开以省道理半，避白龙堆之险”[②]。《魏略》中所记的“北新道”的行程表中（北新道是取代中道或称楼兰道的），也提到了避开龙堆和三陇沙。[③]

“北新道”从玉门关出发，向东北去，穿过北山西段的沙漠山脉，最终到达西域。在《西域考古图记》中，我详细考察了这条道所经地区的地貌。[④] 在该书中，我还提请大家注意：由于完全缺乏或者只有极少的水或牧草，即便在古代，北新道上的人们也同样面临着极为严峻的困难。很可能随着干旱化的加剧，困难也加剧了，使得现在一般的交通都无法在这条道上经过。人们之所以开了这么一条道来取代楼兰道，主要是为了避开白龙堆这个障碍。这大概可以最生动地说明，对那一条条结着盐壳的骇人的雅丹以及雅丹之间同样可怕的湖床，中国古代的行路者是何等恐惧。

“白龙堆”这个名称，也适用于比那些白色龙形雅丹所实际占据的地方更广大的一块区域。沙畹先生在述及《魏略》中提到的“白龙堆”时，就正确地意识到了这一点。但由于缺乏充足的地理资料，他无法准确界定“白龙堆”的界线，他还引用了《汉书》中的一段话来证明“白龙堆”的这种用法。《汉书》中的话是这样的：敦煌郡“正西关外（玉门关和阳关），有白龙堆沙，有蒲昌海”[⑤]。这说明，汉代的地理学知识中是把“白龙堆”和“蒲昌海”并提的（事实上这两个地方也的确是并列的）：“白龙堆”对应的是古湖床已干涸的部分，“蒲昌海”对应的是古湖床中仍含有沼泽的部分。但这段文字本身不能帮助我们确定“白龙堆”的位置，而我手头再没有其他提到“白龙堆”的文献了。所

① 原注：参见本书第九章第五节。

② 原注：参见沙畹先生的译文，载于《通报》1905年533页注1中。又见魏利《人类学学会会刊》第十一卷109页。

③ 原注：《通报》1905年533页上沙畹先生的文章，顺便应该提一下，《魏略》中提到的“龙堆”与《汉书》中提到的“白龙堆”其前后文字都差不多，表明这两个名字指的是同一个地方。

④ 原注：参见《西域考古图记》第二卷705页之后的文字。

⑤ 原注：参见《通报》1905年531页注7的结尾部分。

以就让我们转到下面这个悬而未决的考古学问题："中道"究竟是从哪儿经过白龙堆的呢？

要想解决这个问题，文献资料是毫无裨益的，而目前我们手头的考古学证据也同样无法给出确切的答案。但如果把考古资料同我们考察所得的地貌情况比较一下，我想我们会得出某些结论，可以相当地缩小古道所可能经过的地区的范围。幸运的是（也许不只是幸运），我们恰在两处地点发现了文物，它们无疑表示古代曾有交通道经过。一处正是从楼兰来的古道进入风蚀雅丹带西部的那一点，另一处是古道从风蚀雅丹带东边出来的那一点。前者我指的是，我们在宿营地cⅰ号以东的台地发现了汉代古钱、匕首及其他小物件。后者指的是，我们从干涸湖床东边的风蚀雅丹带出来后，在接近宿营地cⅳ号时也发现了东西。

看一下罗布泊湖床两岸那两条风蚀雅丹带的地貌，我们就很容易知道：如果从上文说的那个台地继续向东走，走到风蚀雅丹带的边上，然后大致沿着东南方向穿越湖床，这条路线就会直接把我们带到湖床东岸发现第一枚古币的那个地方。沿这条路线，可以到达对岸那一带容易走得多的风蚀雅丹，而在广袤难行的硬盐壳上所走的距离，只比我们穿越湖床的实际距离（即宿营地cⅱ和cⅲ之间的距离）多2英里。同时，与我们向北去的迂回路线相比，总里程要大大缩减（从地图上明显看得出来，缩减的里程不会少于15英里）。另一方面，以上述的那个台地为假设的出发点，如果采取更偏南的方向，古代旅客在那片难行的盐壳上的跋涉将不得不大大延长。因为我们的考察表明，东岸的"龙堆"（那里雅丹之间的盐面要软得多），在本段说的第一条假想路线以南不远的地方就终止了。再往南又是那结着盐壳的无尽头的湖床。

出于现实考虑，显然我几乎不可能从宿营地cⅳ折回去，从我们最后发现古币的地方往西边或西北边（即可能是古道进入风蚀雅丹带的地方）去追寻古道的踪迹。但一年之后，当我有机会让阿弗拉兹·古尔向楼兰遗址的东方和东南方进行补充考察时，我特意命他重访干涸湖床西岸我们第一次接近结着盐壳的风蚀雅丹的那个地点。我告诉他，要仔细考察那附近的地区，看是否能找到什么迹象说明古道在那里走的是什么路线。

据阿弗拉兹·古尔的日记记载，他从阿勒提米什布拉克出发后走了两天，于1915年2月22日到达那个台地以东的风蚀雅丹带，我们就是在那里发现了汉代古币、匕首等古代遗物。他沿着东南方向在结着盐壳的风蚀雅丹带之间行走，来到了一块开阔的土质地面。那里离轮廓清晰的湖床西岸有0.5英里远，他就把宿营地ccxxxⅷ.a号安在了那儿。为了准确地得出宿营地的相对位置，当天他还向西北探察，一直来到台地附近去年我们发现文物的那个地方（这个地点标在了地图上），那个地点离他的宿营地有3英里。第二天早晨离开宿营地后，他只带了一个伙伴朝北—北—东方向走，并在离那个台地以东约3英里的地方，发现了我的骆驼的脚印，我们就是在那里把前进方向改向东北的①。从那他又转向东方，以便到达广袤湖床的东岸。他沿这个方向只走了1英里，就在结着盐壳的地面上发现了几小块已经氧化的铁C. ccxxxⅷ.a.02、06，它们显然是某个已完全腐烂的器具最后残余下来的东西。这些铁块的方向相对于宿营地cⅰ的方向，与发现汉代古币、匕首等

① 原注：见本书第八章第三节。

物的那一地点的相对方向是一样的。铁块虽不起眼，却显然是古代旅行者的遗物，证明古道的确是从那里经过的。

阿弗拉兹·古尔又朝东走了2英里，来到了开阔硬盐泽东岸的最后一行风蚀雅丹带。结着盐壳的风蚀雅丹带所在的那个高原到盐壳之间，有个很明显的坡。根据阿弗拉兹·古尔后来的估计，在这一点上，雅丹带所在的平地与干涸湖床湖岸线之间的高度差约有70英尺。在这个地点他注意到，与他所经过的那些有二三十英尺高的结着盐壳的雅丹不同，湖床岸上东北方向远处的雅丹都很小，上面显然也没有盐。当时他并没有想到，古道有可能沿着那段好走的湖岸线向东北先延伸一段距离，然后再穿越盐面。因而他本人并没有朝那个方向勘察一下，而只是让他的伙伴阿布都拉马里克（Abdulmalik）去了那儿。他自己则忙于制作平面图，然后又为向西南方向的考察做准备，他们后来就是朝那个方向去的。阿布都拉马里克不久便与他会合了，他并没有找到古道的任何踪迹。他究竟往东北走了多远，这还是个疑问。因此，到目前为止，要想确定楼兰道在穿越干涸湖床之前究竟走的是什么路线，那几块铁就成了最后的证据了。① 现在就让我们结束对“白龙堆”的讨论，再回到我们在东边较易走的地面上寻找中国古道的经历上来吧。

第九章　到疏勒河三角洲去

第一节　在干涸湖床的东岸附近

在宿营地 cⅳ度过的一晚，人们大部分时间都在给骆驼疗伤。由于长期缺乏食物，现在所有的骆驼都显露出十分痛苦的迹象来了。考虑到它们状况不佳，我们得时不时给它们“换脚底板”，所以我很乐于继续朝南—南—东方向走。走这条路线，我们大概能避开湖床的那些结着盐壳的“水湾”，并能指望一路都是稍高的地面，这种地面比较好走。在含有片状石膏的分解土壤上走了约5英里后，我们穿越了一个宽阔的洼地（洼地中都是结着一层盐壳的砾石），来到了一个石“萨依”。石“萨依”上是一块块突兀的风化岩石，显然它们是由发红的白垩和石英构成的。地面变得越来越石质化。走了8英里后，我们走近了一个虽然不高却很醒目的小山。它是一条小山脉的最后一支，小山脉是从北—东—北方向来的，向着湖床延伸过去。向前可以望见类似的风化小山，山间是洼地。

显然，古道肯定要避开这样支离破碎的地面。于是，我现在把方向改成南—南—西，这样就又会贴近干涸湖床的岸，古道很可能是贴着湖岸伸展的。上文说的那个石山比附近的石“萨依”高出约100英尺，当我们沿着它脚下走时，在地图上所标的那一点上发现了两个粗陋的圆锥形小石堆，其中较大的那个上面放着某种动物的角的残骸，由于饱经风霜，几乎已不可辨识了。石堆附近的地面上有个用石头排成的小三角形指向西方，这个简陋的路标年代似乎不太久远，很难解释为什么它会出现在这里。在过去的几百年间，这儿

① 原注：这里我要提一下，根据我的指示，阿弗拉兹·古尔在他开始考察干涸湖床湖岸线的那一点上，放置了一个圆锥形石堆，石堆底下放了一份记录。这可能有助于未来考察者来验证细节上的问题。

的地面上已经既没有旅客也没有猎人了。从山顶上眺望时我们可以看到，那发灰的结着盐壳的“平原”仿佛海面一样辽阔，向西一直延伸到了地平线。在不到 2 英里远之外就是它的湖岸线，那里是没有风蚀雅丹的。朝东现在可以看见一组挺拔的山峰，向着东—北—东方向延伸。那就是那个岬，从风蚀雅丹带出来后，我们的路线就是朝那里去的。根据测角仪来看，它的海拔在 3210 英尺到 3840 英尺之间。我原本就觉得，它是俯瞰着东边大“水湾”连着的谷地的，我们应该沿着那个谷地到拜什托格拉克去。看到了跟岬成一线的高峻山峰，证实了我的结论。后来根据我们的测量，那些山峰有约 4700 英尺高。

从那个带圆锥形石堆的山脚下，我们沿着石“萨依”的缓坡下来。在离宿营地 12 英里的地方，我们来到了湖床的一个小“水湾”。过了小“水湾”后，我们发现自己又在那些盗贼的路线上了。本来，离开宿营地不久我们就失去了他们的踪迹。他们的脚印是直接从上文提到的那个岬来的。这踪迹显然指向玉勒衮布拉克方向，那群无赖就是从那里离开车马道的。对我的手下人来讲，这条“盗贼之路”似乎给了人不少信心。过了 2 英里后，我们又穿过了古湖床的另一个窄湾，这个窄湾似乎还朝陆地延伸了一小段距离。此后，我们又走了 21 英里。这段路程经过的是渐渐变高的碎石地面，地面上不时突起一块块分解的低矮的石块，形成小丘。我西边 4—5 英里远的地方，可以看见那平坦的巨大盐壳的边缘，盐壳一直延伸到地平线上。我们曾两次遇到匹野骆驼的脚印，脚印似乎是从小山脚下向干涸湖床延伸的。据托乎提阿洪说，在发情期野骆驼能奔走很远的距离，即使干涸湖床那样难走的盐壳也挡不住它们。

3 月 4 日早晨，空气沉闷而迷蒙，预示着一场大风就要到来了。令我们苦恼的是，很明显我们必须尽快把骆驼带到它们能找到食物缓解饥饿的地面上去。最后几个有限的鞍子上驮的饲草，也于瞬间便消失在骆驼们大张的嘴中了。在一块石“萨依”上走了 3 英里后，我们来到了一个洼地，其中有两个红柳沙堆，这使我们很受鼓舞。沙堆尽管不高，但上面的红柳仍是活的。显然，那群盗贼曾宿营于此，并从红柳枝中获得了一点燃料。我们又往前走了 3.5 英里，发现盗贼的踪迹改向南—南—西，朝石“萨依”的最后一个尖锐的突出部延伸而去。显然，当他们穿越干涸大湖床时，曾把那个突出部当作路标用。

从这里望去，西边的那个盐海尽收眼底，尽管它的岸（古道可能就在岸边）以及南面的大“水湾”被岬遮住了。我知道，现在大“水湾”离我们不太远了，加之我希望缩短沿“水湾”北岸行走的距离，所以我现在把路线改向了东南方向。此后，在 2 英里的距离内，我们穿越了一个铺着白色砾石的缓坡，这个缓坡很奇怪地使人觉得仿佛接近了海边。接着我们突然发现，自己置身于高出湖床有 120 英尺的陡峭土崖之上。在南、东南、西南方向，都是一眼望不到边的湖床，仿佛一个凝固了的棕灰色海洋。“水湾”对面阿其克布拉克附近低平的湖滨沼泽（距此约有 20 英里）此时是看不见的，显然那里处在地平线以下。而且，我用望远镜也无法找到那一串高大的台地。我从 1907 年的考察中知道，那串台地位于阿其克布拉克和库木库都克之间。

有一个坡度较缓的小谷切入到悬崖上。沿着这个小谷，我们把骆驼安全地引到了一条砾石带上。这条砾石带位于悬崖脚下，约 100 码宽，形成干涸“水湾”的涨滩。沿着这条地带向东去，比较好走。那起伏的硬盐壳一望无际，给人的感觉就像真的是走在大海边似的。下了悬崖后，我们走了 3 英里，经过一个从悬崖带上突出来的很陡的峭壁。过了这个峭壁后，我们上方的山脉高度逐渐增加了，岸上的悬崖带上也时不时出现流水冲出的干沟，但所有干沟里都没有植被的迹象。在离那个峭壁约 2.5 英里的地方，我们第一次发现了证据，表明古道的确是沿着这个好走的涨滩延伸的。这个证据是 1 枚光玉髓的珠子（C. CV.02）。在这块地面上，它显然遭受了长期的风蚀。它是在我的目击下，由托乎提阿洪拾到的。

当我们沿着这个涨滩继续向东走的时候，砾石上有一条明显的狭窄的踪迹，引起了阿洪这位猎手和我的注意。这条踪迹旁可以看到一头野骆驼不久前留下的脚印。我们不费吹灰之力便将这条踪迹追踪了 1 英里多远——它不仅出现在砾石上，而且出现在一小块一小块的“肖尔”上。在离宿营地 17 英里的地方，悬崖带向东北折去，因为这里的湖床出现了一个小“水湾”，那条踪迹在此消失了。但在当天的行程接近尾声的时候以及后来，这条奇怪的明显踪迹又多次出现过。起初，这使我们大惑不解。但后来我们发现，踪迹上的骆驼脚印越来越多。这使托乎提阿洪和我都确信，这条踪迹是过去很长时间里，沿此线往来的野骆驼踩出来的。目前野骆驼多出没于疏勒河尾闾和拜什托格拉克山谷。而这条踪迹表明，它们以前是常到东库鲁克去的。

但是，托乎提阿洪说，他从未见过野骆驼的踪迹有这么规则的。唯一的解释是，这条踪迹是引向一个水源的，而目前我们离这个水源还相当远。我还清楚地记得以前沿敦煌长城巡逻的中国士兵在砾石上踩出的小道，那条小道直到今天仍清晰可辨①。于是我常想，野骆驼留下了如此规则的一条踪迹，而离此地最近的地表水源也足足有 60 英里远，这会不会是因为先前这里便有一条由人踩出的小道，在后来的漫长年月里，野骆驼为了图方便而用了这条小道呢？当然，这种解释纯粹是猜想。但我应该说一下，当我们在库木库都克与拉尔·辛格率领的小分队会合后，我向阿布都热依木问起这个问题。他跟拉尔·辛格的小分队到了大“水湾”北边时，也注意到了这条明显的古老踪迹。他对此做出的解释跟我的是一样的。

但还有一个更奇怪的发现在等待着我们。我眺望到乐边远处有一个岬。这使我意识到，接下去要是沿着上文提到的小“水湾”岸边走的话，可能是相当绕远的。而离此 0.5 英里远并与远方那个岬成一条线的地方，在小“水湾”的硬盐壳上有个小丘。我决定直着朝这个小丘走。我本指望过了这个小丘地表会好走些，这个预想却落空了。但当我与阿弗拉兹·古尔、托乎提阿洪登上这个约 20 英尺高的结着盐壳的小丘时，我马上看到硬盐壳上有一条宽宽的直线，从“水湾”西端向我先前看见的那个岬延伸而去。我的同伴们也清晰地看到了这条从小丘南边不远的地方经过的线。显然，这便是汉朝楼兰古道的路线。为了避免沿着“水湾”边上走绕远，古道抄了近路。只有在这样特殊的地表上，古道的踪迹才会保存得如此清晰。

我派托乎提阿洪回去，把骆驼沿岸边带过来。在确定了我们的平面位置之后，我很容易便沿着古道的踪迹追踪下去，因为盐壳上凹陷的部位很清楚地标出了古道的路线。它一

① 原注：参见《西域考古图记》第二卷 656 页、682 页。

度使我想起，如今到敦煌去的车马道在穿越钦达里克（Chindailik）以远的罗布泊南岸大“水湾”时的样子①。我同阿弗拉兹·古尔一起，反复测量了古道，发现它的宽度相当规则，为20—21英尺，古道表面比附近的起伏盐块平均要低1英尺左右。道上比较好走，因为盐块要么已经被踩平了，要么上面盖了一层较软的“肖尔”。路面相对平坦，其主要原因肯定是大量交通工具的碾压（其中不少是车）。但我们也有另一种解释。在这段湖岸线的其他地点，山的一侧有一些水流冲击而成的浅谷一直通到盐泽中。察看浅谷之后，我们受到了启发：这条车辆来往的古道上以前大概会偶尔存积一些雨水（尽管这种情况肯定十分少见），这也在一定程度上造成了它如今的面貌。

我们有幸在这里找到了古道，便一直沿着它笔直的路线走了2英里，来到了上文提到的那个“水湾”东端的土岬。走近了我们才发现，这个岬破碎成一系列台地，样子很有点像石“萨依”末端突出到疏勒河尾闾中的那部分。② 过了这个岬后，悬崖带的高度逐渐降低。悬崖上方的地面形如高原，高原上有一些窄谷，它们肯定是由水流的侵蚀作用形成的。沿这段地面延伸的湖岸线弯度很小，在其附近的大块硬盐壳上，也无法再追踪到古道的迹象了。但在古道快穿越完“水湾”的地方附近，我手下一个赶骆驼的人在悬崖底下拾到了一个很精致的青铜箍（C. ci.01），上面还有铆钉，显然曾钉在某条皮带的末端。这又是个令人鼓舞的证据，表明古道的确曾从这里经过。我们还观察到一个奇怪的现象：从这一点起向东0.5英里的距离内，沿台地脚下有一条很明显的高堤。这条堤约20英尺宽，比湖岸高出约3英尺，相当直。关于这条堤，我还不能得出任何确切结论。但应该提一下的是，大部分堤旁都是上文说过的那条野骆驼踩出的小“道”，小“道”与堤平行得令人吃惊。

我手下赶骆驼的人们，信心十足地走上了这条看起来踩得这么平坦的小“道”。走过了足足22英里后，我们来到了一块窄条状沙质土壤的最末端（这块土壤是沿风蚀高原脚下伸展的），那里稀稀落落地长着一丛丛芦苇，于是我们那些已筋疲力尽的勇敢骆驼终于得到了报偿。尽管芦苇长得很稀疏，对骆驼们来讲却极为有用。我们刚扎好营，就有一阵猛烈的大风从西南吹来，于是这一晚对我们来说很难熬。但令我欣慰的是，在寻找古道的行程中，我们总算安全穿过了干涸的湖床及湖岸附近那些可怕的障碍。

3月5日早晨，大“水湾”上一片迷茫，起初我们几乎看不到附近山脉上离我们最近的山峰。由于不知道往前走在哪还能找到植被，为骆驼着想，我们出发得较晚。在岸边的悬崖脚下走了2英里后，我们注意到芦苇丛越来越宽了，这真令人长舒了一口气。此后，南边一些孤立的沙丘上出现了几个红柳沙堆，沙堆上的红柳有的已经死了，有的还活着。在离宿营地3英里的地方，我们还发现了一些带刺的灌木。又往前走了0.5英里，沙质土壤的表面开始出现了水分的迹象。在一个长着芦苇的小沙丘附近，我让人往下挖一眼井。只挖了4英尺深，井中就出现了大量的水，但水很咸，我们大概是挖到了一个硬盐层。由于骆驼缺食物远甚于缺水，加之我们带的给人准备的冰还足够，在别的地方我们便没有重

① 原注：同上书第二卷549页；《沙漠契丹》第一卷507页。

② 原注：参见《西域考古图记》第二卷576、589页。

复这个挖井的实验。对此，我现在是颇有悔意的。因为，沿谷地的这一边再走约一天的路程，拉尔·辛格就挖到了淡水，而在东面的其他地点，水又变成了咸的。拜什托格拉克谷地中水的含盐量很可能主要是由邻近地区的土壤状况决定的。

再往前，我们在岸边高原的脚下发现了大量芦苇，还有很多带刺的“空古尔查克”（Kongur-chak）灌木。这种灌木可以用作燃料，而现在我们的燃料已经十分短缺了，所以我们决定在此扎营。我们原定与拉尔·辛格的小分队在库木库都克会合。从我以前画的地图看，库木库都克肯定在此地的南—南—东方向。显然，要到那个会合点去，我们就不得不穿过湖床东部的硬盐壳，而那儿的盐壳还是相当宽的。骆驼必将因此疲惫不堪，所以有必要让它们事先休息一下，并饱餐一顿。这一天走的路虽不长，但饱受了旅途劳顿和焦虑之苦的人们听到休息的命令，也都很高兴。我们在宿营地 cvii 早早扎营，是一件很幸运的事。因为在那附近有一个有趣的发现，若不是这么早扎营的话，我们很可能会错过这个发现。

托乎提阿洪在搜寻宿营地东北的土台地时，在其中一个台地的陡坡上发现了一些陶器碎片。他回来带我到那个地点去。途中在一个浅石洞外面的大土块之间，我发现了一些陶器碎片（C. cvii. 02—06、08—09），还有一个大铁扣环残件（C. cvii. 07）。石洞以前可能还要大些，后来顶上的某些石头落下来了。这个洞使人想起玄奘所提到的印度圣地的“石屋”，不管怎么说，它显然曾为路人遮风挡雨。陶器碎片全发灰，可能是手工制成的。其中 C. cvii. 08 号上有突起的犬牙状装饰，这种装饰我在楼兰遗址 L. A. 的陶器碎片中经常见到。因此似乎可以得出这样的结论：这些不起眼的古物属于楼兰尚有人居住的那一段时期，被旅行者遗落在通往楼兰的古道上，在此还应该提一下，在从宿营地 cvi 来的路上，我们在沙质土壤中曾发现了小石块（C. cvi. 01—03），其中有些石头可能加工过。这些石块虽然年代要早些，但可能也是由旅行者带到那里的。

3 月 6 日早晨，我们顶着凛冽的东北风一大早就出发了。风刮了整整一天，空气比较明朗。我们看到东边有个孤立的大台地，就朝着它前进。我希望在它顶上能看到“水湾”南岸的某个突出地貌，从而确定方向，以便到库木库都克去。越往前走，芦苇丛越稀疏，红柳沙堆也越少。但在铺着砾石的硬土壤上，我们更清晰地看到了那条踩得很深的奇怪的踪迹，旁边还有野骆驼的脚印。自从到了“水湾”北岸后，我们曾多次遇见过这条踪迹。走了 2 英里后，我们发现有人类的脚印穿越了这条踪迹。顺着这些脚印，我们来到了高原脚下。我们很快证实，拉尔·辛格曾于 4 日晚宿营在那里。这使我一块石头落了地，不用再为我那位无畏的伙伴担心了。

又走了 0.5 英里，我们到了那个台地。它约有 100 英尺高，直到距附近地面约 15 英尺的地方都结着盐壳。在台地顶上，我望见湖床延伸出来的大“水湾”上一片白雾茫茫。在南 150°东的白雾上方，我可以眺望到一带高大的台地。从方向上我认出来，它们就是我 1907 年在库木库都克以西经过的大台地群（后来证明我的判断是正确的）。东—南—东方向的远处有一些白色悬崖，我认为那应当是属于羊塔克库都克高原的。西南方阿其克布拉克附近还有其他台地。这些地貌都确定了我们目前的位置。但考虑到我们离“水湾”南岸还有很远的距离，在这里能望到东—南—东和西南方向的地貌，应该只是光折射作用的结果。

我们从台地脚下取南150°东方向前进。在1.5英里的距离内，地面先是含盐的松软的土壤，接着是一长条坚硬的盐壳，盐壳上有许多窄缝，形成小咸水沟。幸运的是，我们没费太大力气就绕过了这条盐壳。在距离宿营地7英里的地方，我们还碰到了一块块棕色的“肖尔”。过了那里之后，我们又走了5英里的路。路上都是凹凸不平的硬盐块，盐块的边也是翘起来的，盐块中心的凹陷部分就像杯子似的。但由于边只比中心高出6—8英寸，因此这段盐壳比我们在罗布泊古湖床上遇到的要好走些。途中我们遇见了三四条小水沟，沟中似乎是含盐的死水。沟都不足4英尺宽，看起来曲曲折折的，但大致走向是从东北向西南。沟两岸都结着纯白色的硬盐壳，这方便了我们赶路。我注意到，沟北岸一般要比南岸高出1—2英尺。向南望去，盐壳上是茫茫一片颤动的雾霭。在雾霭之上，由于海市蜃楼的作用，对面的台地看起来千奇百怪的，像大佛塔或尖塔一样。奇怪的是，那最高的一个台地位置却不变。通过在平面图上的交叉测量我们测知了它的距离，后来证明这个结果是正确的。

在离宿营地大约15英里的一个地方，我们面前出现了一长条结着盐壳的沼泽般的地面，沼泽中间是一片曲曲折折的咸水。这条沼泽有12—15英尺宽。我们花了好长时间才找到一处地方，把毡子铺在地面上，将骆驼一匹一匹安全地带了过去。此后，地表是起伏不平的土壤，上面结了一层特别硬的盐壳。盐块的边很锋利，于是在2.5英里的距离内，我们走得十分艰难。但是，在离沼泽般的长条地带不到1英里的地方，我们第一次遇见了存活的芦苇秸秆，而生长芦苇秸秆的那片地面看起来似乎根本没有任何生命存在。大概是因为浸着盐的土块（这些土块跟石头一样硬）之间落了些黄土尘埃，所以才出现了这一丛稀稀落落的芦苇。

最后，我们总算到了离台地带最北段不远的一块沙质地面（我们就是朝这个台地带前进的）。不出所料，这个台地带的确就是我们在1907年的考察中，于库木库都克以西4英里处所标的那一串风蚀雅丹。又走了0.5英里，我们就来到去往敦煌的那条荒凉的车马道，这真令人欢欣鼓舞。但当我们到达那行点缀着灌木的低矮沙丘时（我记得，1907年我们的149号宿营地就在这儿的一个浅井旁边），不免微感失望。因为，拉尔·辛格的路码表的轮子留下的痕迹仍在朝前延伸，我们本来热切地追踪着他的路码表的痕迹，指望着能尽快与他会师。于是，我们只好拖着疲惫之躯在硬沙地上又往前走了5英里，这才发现拉尔·辛格和他的小分队已在长着芦苇的开阔平原上扎了营，宿营地旁边是一眼刚挖好的水井。去年12月他曾在此宿营。他更相信自己的地图，觉得在那里等我们比在我们1907年的考察中所定的地点更好！好在他的这个想法是可以原谅的。

骆驼已经疲惫不堪了，加上我们必须等人从米兰带来马匹、沉重的行李和物资，这都使我们有必要在库木库都克逗留一段时间。第一天我和拉尔·辛格详细研究了他的路线的平面图（他的路线在我的路线以东、以北）。按照我的指示，他就是沿着这条路来的。他先是沿着阿勒提米什布拉克以东的山脉脚下走，来到了依提木布拉克和考鲁克布拉克的咸水泉。那些咸水泉阿布都热依木自幼就熟知，赫定博士1901年也去过那里，从考鲁克布拉克的咸水泉出发，他们沿东—南—东方向下了石“萨依”，走了约10英里后，便来到那结着盐壳的广袤的大湖床。他看到的是湖床的最北端，那里比我们穿越湖床的地方要宽得多。他的小分队在穿过了一带结着盐壳的风蚀雅丹后（这带风蚀雅丹显然是“白龙堆”的外缘部分，我们则是在宿营地cⅰ和cⅱ之间碰到“白龙堆”的），不得已将宿营地89号扎在了湖床上的硬盐块之间，度过了十分艰苦的一晚。他的空盒气压表表明，风蚀雅丹带比宿营地89号所在的平坦盐壳要高出约100英尺。第二天，他们不得不在这艰苦的盐壳上足足走了24英里，这才过了东边的风蚀雅丹带，来到较松软的“肖尔”上。

在此他们遇到了一行行台地，这些台地似乎跟我们在宿营地cⅲ东南穿越的台地属于同一类型。但可能由于那里的地面越来越高，结着盐壳的地区很快便结束了，在离宿营地90号不足9英里的地方，他们来到了一个铺满砾石的开阔的“萨依”。从地图上看，从那里开始，拉尔·辛格的路线穿越了一系列低矮荒山的最西段，这些山与从北面俯瞰拜什托格拉克谷地的山脉是平行的。这与我们沿东边的湖岸线行走时观察到的现象是一致的，也证实了赫定博士曾表述过的个人观点，他认为在湖床东岸上并没有一个连续的山脉。[①] 在宿营地93号附近（我们曾发现了这个宿营地），他们才下到了拜什托格拉克谷地，在此之前他们未曾遇见过任何植被。但是，当他们从91号宿营地走了6英里，在荒山外缘的两座小山之间走时，曾两次发现了一群骆驼和一个单独的骑马者的脚印。脚印出现在砾石上，已半被磨光了。在富有经验的阿布都热依木看来，这些脚印似乎是多年以前留下的。他觉得这些脚印说明，曾有某些蒙古人从库鲁克山西段到敦煌去。

当我向阿布都热依木询问这件事情时，他向我提供了一些有趣的信息来支持他上述的那个推断。他的父亲来自迪坎尔（Deghar），在库鲁克地区的辛格尔建立了一个小居民区，并以80多岁之高龄死于那里。他祖父跟他父亲一样，是一个追捕野骆驼的猎手，也对库鲁克荒山十分熟悉。阿布都热依木记得曾听他父亲说过，他的祖父依稀知道一条穿过库鲁克山到敦煌那边去的路。据他称其祖父死的时候有100岁。在东干人“叛乱”之前的一段时期里，常有来自焉耆山区的蒙古人，到辛格尔以西的库鲁克谷地去。[②] 我觉得阿布都热依木所说的家族传说，可能最初是从某个蒙古人那里听来的。即便在今天，也常有蒙古族家庭从天山中部迁徙到敦煌和安西以南的山区。这些强悍的游牧部落一般喜欢远离主要交通线。近些年他们中某些大胆的人很有可能是沿最直接的路线走的，即穿越库鲁克和北山最西段的沙漠地区。以前也存在着这种可能性。

在休整的第一天里，我们用了很长时间来给勇敢的骆驼饮水喝。从井里流出的水相当咸，而且水量很小，一度差点被骆驼喝干。一直到3月7日下午，这项工作仍在进行。正在此时，我们看到一团烟尘沿着路从西南奔来。这正是从米兰给我运送物资的队伍的先遣部队，他们带来的马匹上驮着饲料。我那不幸的中国秘书也坐在马背上来了，他虽然还活着，却仍像以前一样沉默、无力。天黑之前，在永远忠诚不二的依布拉音伯克的带领下，雇来的骆驼也来了，驮着我们沉重的行李。尽管罗布人一向很懒散，雇来的骆驼状态也不佳，但依布拉音伯克凭着他一贯充沛的精力，不仅督促队伍及时从米兰出发，还将其安然

---

① 原注：参见赫定《中亚》第二卷114页。

② 原注：见本书第二十章第二节。

无恙地带到了这里。我们是在不到三周前在楼兰分开的，现在几支小分队终于又成功地会合在了一起。

我们自己的骆驼以前休息过，此时并不是太急需短暂的休息，但大家仍不得不又在库木库都克逗留了两天，因为物资运送队同时还带来了一大包一大包的邮件。最大的一包邮件直接来自和田，是由巴德鲁丁汗的老邮差吐尔迪负责带过来的。(在我的第二次考察中，这位邮差曾以一个十分戏剧性的形式，在罗布沙漠中遇见了我[①]) 信件很多，有些还是五个月前发出的。我得在继续赶路之前看完这些信。

其中最令我欢喜的莫过于马继业爵士最近写来的一封信了。这封信是1月23日通过中国邮政从喀什寄出的，经过了库尔勒，带来了特别令我欣慰的消息（消息的来源是驻北京的英国公使馆发来的电报）。[②] 两个月来我最大的一块心病算是解除了。

我忙于处理来自喀什、欧洲和印度的信件（它们都是吐尔迪从和田带过来的），并重新整理箱子（箱子里面装的是在罗布沙漠遗址发现的文物）。在这段时间里，拉尔·辛格考察了东南方高高的沙丘。在从阿其克布拉克到拜什托格拉克的车马道上，一路都可以看见一条巨大的沙丘带。他证实我们所在地的沙丘带是由一系列轮廓清晰的小山（或称达坂）构成的，小山都与谷地走向平行，比我们扎营的地方要高出约200英尺。

这些高沙丘的走向是很有趣的。我曾反复说过，在塔克拉玛干沙漠和罗布沙漠中，大沙丘总是与离其最近的河床平行，不管河床里有水还是没水。[③] 这儿的沙丘也符合这个规律。我们从拜什托格拉克谷地的地貌和水文状况以及东边疏勒河盆地的地貌、水文状况中得出这样一种印象：罗布泊湖床向东延伸的那个逐渐变窄的部分（它占据了大部分谷地）是古代疏勒河的河口，在距今不是太久远的地理年代之前，疏勒河是注入罗布泊的（下文我们还会提到这个猜想），这里的沙丘走向也与这种印象相吻合。

第二节　拜什托格拉克谷地

3月10日早展，我遣返了从米兰和且末（Charchan）租来的骆驼（这些骆驼极大地帮助了我在楼兰地区和沿中国古道进行的考察）并允许它们的主人向西回家去。同时，忠实的托乎提阿洪和他年轻的罗布族伙伴尼雅孜（Niāz）也离开了，他们的得力帮助获得了令他们满意的报酬。我让他们照顾吐尔迪一直到若羌，因为吐尔迪要把我给别人的回信和文物运到和田去。

眼下我们要完成的任务是，继续考察楼兰古道，直到疏勒河尾闾以东。为此，我们需要勘察谷地北边山脚下的地面，直到位于拜什托格拉克的谷地入口处。我之所以觉得这片地面有特别的地理价值，是因为拜什托格拉克谷地和谷地以东布满台地的地区之间是有一定联系的（下文中我将说到这一点）。我认为在拜什托格拉克谷地成为疏勒河尾闾之前，那个布满台地的地区在很久以前本是疏勒河的尾闾。我先前就是基于这种考虑，才派测量

① 原注：参见《沙漠契丹》第一卷407页。

② 编者按：此处删去154字。

③ 原注：参见《西域考古图记》第一卷241页。

员穆罕默德·亚库卜（Muhammad Yāqūb）从米兰到库木库都克去，让他沿着谷地底部一直到疏勒河早期河床离他最近的地方，一路都进行精确的水平测量。为了全面细致地了解谷地北边的地形，也为了证实延伸到谷地北部洼地中的罗布泊古湖床在东边究竟止于何处，我觉得还是应该把队伍再分成几个小分队。于是，3 月 10 日早晨，我让拉尔·辛格从库木库都克直接向东北方向去。我把阿弗拉兹·古尔也派在了那一队中，因为我相信，任何文物的迹象或地形上的特别之处都逃不过他警惕的眼睛。

同一天我本人则押运着沉重的行李，沿车马道一直来到了曲折高原的最东端，那几眼被称为羊塔克库都克的水井，就在这个高原脚下。在《西域考古图记》中我曾说过，我有理由认为，拜什托格拉克谷地里南部的道路（即现在从米兰到敦煌去的车马道），早在汉朝就已经投入使用了。① 公元 400 年的法显、公元 645 年的玄奘以及又过了 6 个多世纪之后的马可·波罗，走的肯定都是那条道。② 因此，有一件事在此应该记下来。在离开库木库都克之前，阿布都热依木交给我 1 枚保存完好的青铜箭头（Kum. 01）。它不同于汉朝的中国箭头。从它带倒刺的窄刃、刃之间三角形的凹陷处看，它很接近 Lāl S. 015 和C. xcvi.016 号箭头。那两个箭头是在库鲁克河附近发现的，大概产自本地。还有 1 枚在尼雅遗址发现的箭头也属于这一类。③ 阿布都热依木说，这是他在离库木库都克宿营地不远的地方照看骆驼时，在粗糙的沙地上发现的。他在同一地点附近还拾到了 1 块陶器残片（Kum. 02），但从这个残片上找不出什么年代线索来。

我让大骆驼顺着车马道走，自己则轻装上阵，向北—北—东方向出发了。在开始的 2 英里内，穿过的都是相当茂密的芦苇丛。之后，我们来到一块地面上，地上布满了浸盐的硬土块。当我们穿越这片“盐泽”时，我看到它向西延伸，形成一条逐渐变宽的连续带子，向东则延伸了不足 1.5 英里便结束了，那个结束地点周围都是芦苇丛。可以明确地说，这就是湖床罗布泊延伸出来的最东的部分。在我们穿越的地方，这条“盐泽”约有 2 英里宽。过了“盐泽”后，地面上都是细沙，生长着茂密的芦苇、红柳和灌木。

当我们穿越这片地面，向缓坡脚下的低矮土堤走时，在距离宿营地约 6 英里远的地方，我看到了湿润的土壤。这显然说明，离地表不深有地下水。我们挖了一眼井，只挖到 3 英尺深水就汩汩而出。水完全是淡水，远胜于库木库都克和羊塔克库都克的井水。谷地两边的山都是荒芜的，山峰也不高，从山上缓坡的短沟中曾流下来的水必定极少。考虑到这些因素，我觉得：在这里以及谷地北部其他地点发现的水，只能是从拜什托格拉克附近的谷口流来的地下水，除此之外不会有任何其他水源。此处地下水的源泉是个有趣的问题，下文讨论东边疏勒河的古代尾闾的水文状况时将详细说到这个问题。④

越往前走沙子越粗糙，直到我们来到铺着砾石的“萨依”上。“萨依”上方有一行低矮的土堤，显然是水蚀作用形成的，看起来就像河两边的堤。在这里我很清楚地看到一条

① 原注：参见《西域考古图记》第二卷 555 页。

② 原注：同上书第二卷 558 页之后。

③ 原注：参见本书第七章第八节；《西域考古图记》第一卷 250 页；第四卷图版 XXIX 中的 N. XIV. 008。

④ 原注：见本书第九章第四节。

古代小道。小道是从西—南—西方向来的，虽然不深，却很清晰。小道附近没发现任何野骆驼的脚印。这就是拉尔·辛格和阿弗拉兹·古尔在从他们的96号宿营地来时追踪了很远的那条小道。实际上，他们还发现，小道上有一些圆锥形小石堆标记。我在这里得出的印象是：这条小道最初是由人踩出来的。他们的汇报（下文将述及）也完全支持我的判断。沿着那条土堤向东走的时候，小道很快便消失在一个长满芦苇的洼地中。过了这个洼地，在离羊塔克库都克约14英里的地方，我们遇到了一个约80英尺高的陡峭台地。显然它本是突入谷地的那条山脉的一个小分支，在风蚀作用下与山脉分开了。为了确定平面方向，我费劲地爬到了台地顶上，却意外地发现那里有已死的红柳树的残迹。[①] 考虑到台地的位置，这些遗迹必定十分古老。它们表明，从前的空气明显比现在湿润，因为在那么高的地方，无论是地下水还是地表径流都到不了，都无法给这些古代植被以水分。

在台地顶上，我看到有一处地方似乎是可以存积地表水的，于是我现在改朝那里，即东—南—东方向前进。在芦苇丛中走了约2.5英里后，我们来到了一个盐沼，它朝东—南—东方向还延伸了相当长的一段距离。我们是从它的西边绕过去的，在那里盐沼足足有70码宽。我们发现，挨着盐沼北边的结着盐壳的土壤之下是有水的。骆驼陷在其中，我们费了好大的劲才把骆驼解救出来。北山外缘的那些低矮山脉完全荒芜，但山脚下却出现了这样一个轮廓清晰的盐沼，这显然表明，从东边的谷口流过来相当多的地下水。下1英里的路经过的是细沙地面，之后我们就扎了营。我们挖了不到4英尺深就找到了水，水虽然微微发咸（井眼穿透了细沙底下的薄层盐），但能喝。

第二天早晨，我们顶着凛冽的寒风向东—北—东方向出发了，经过的地面上大部分是浸了盐的硬土。走了约3.5英里，我们来到一带台地的南端。这带台地的走向是从北—北—东到南—南—西，连着北边山脉的缓坡，突入开阔平坦的谷地之中。台地的平均高度为40—50英尺。

在台地顶上定好了平面方向后，我向四周眺望，不觉吃了一惊。有一条奇怪的笔直的线，向东北延伸了有0.75英里长，看起来就仿佛是两行堤坝。抬高的“堤”上长着芦苇，而两条“堤坝”之间的空地（约20码宽）则没有植被覆盖。这条线就在我所站的台地北边穿越了台地带，并拐了个直角弯，向西北方向延伸而去。1907年，当我沿敦煌长城考察时有这样的经验：从高处看时，废弃的长城土墙清晰可辨，但想在长着灌木的地面上追寻它的踪迹便很困难。[②] 这样的经历我至今记忆犹新，所以我现在就没有走近这条奇怪的线去看。

第二天我便为此而后悔了。我看了阿弗拉兹·古尔在跟随拉尔·辛格时做的路线报告。在报告中我发现，他本人在此地以西约14英里的地方也恰恰看到了这条线。他们是从96号宿营地出发的。沿着砾石“萨依”边上走，他们遇到了一组古老的圆锥形石堆，还有一条奇怪的“堤坝”延伸在低处那长着芦苇的地面上。阿弗拉兹·古尔顺着这条“堤坝”一直走了约0.33英里，那里两“堤”之间无植被的空地有21英尺宽，而长着芦

---

① 原注：Kum. 03就是这样的一截红柳树枝。参考本书第九章第二节C. cvi. 03。

② 原注：参见《西域考古图记》第二卷637页。

苇的“堤”至少要高出1—2英尺。他顺着走的那段“堤坝”是笔直的，几乎呈正东—正西方向，但东边有个转弯，说明“堤坝”是从东北方向来的。圆锥形石堆共有三个，出现在0.75英里的距离之内，呈一条直线。石堆是粗略地用石头堆成的，看起来很破败。此前，他们在西南方1.5英里处也曾遇到一个类似的圆锥形石堆。

阿弗拉兹·古尔和我都觉得这条线更有可能是个引水渠而不是道路。在相距遥远的两个地方都发现了它，这使我觉得，可能人们想把水顺着谷地沿楼兰道引下来，以方便道上的交通。但收集到的证据太微不足道了，所以这完全是个假设。

过了上述那个台地后，我们向东—北—东走。地面的沙质土壤上和偶尔出现的松软盐碱地上都长着茂密的芦苇。之后，矮沙丘越来越多，它们上面长满了芦苇，已被完全固定住了。到离前一个宿营地约14英里的地方，我折向东南，走到了两座长长的土山那里。台地约120英尺高，车马道在到达拜什托格拉克之前，就是从这两座土山之间穿过的。[1]我还清楚地记得，1907年我经过这里时，觉得在此变窄的谷地真像扇大门。在覆盖着沙子的长长的土山上，南边的台地突现出来。登上这个台地的最高点后，我清晰地看到，对面也有一个类似的岬从陡峭的土崖上突出来（那一行土崖位于从北面俯瞰着谷地的山脉脚下）。

从我自己用望远镜看到的情况和拉尔·辛格的平面图、阿弗拉兹·古尔的路线报告来看，这两个南北相对的岬性质和形状似乎完全相同。考虑到它们之间相距只有3英里，似乎可以得出这样的结论：它们是一座土山的残余部分；土山本是横在谷地中的，后来被水流冲开了。从此盆地状的谷口两侧是两行陡峭的悬崖。从这些悬崖的形状上也可以看出很大一股流水的侵蚀作用。这个现象很有意思，因为根据下文即将提到的穆罕默德·亚库卜的水平测量结果，从拜什托格拉克以东的疏勒河早期尾闾，一直到库木库都克附近的干涸湖床，地面是逐渐降低的。这显然表明，在不太久远的地理年代之前，这两地之间是存在着联系的。

在1907年，我和我那位不幸的中国秘书蒋师爷曾把这两个台地命名为“开门关”，即通往中国最西部的大门。这次我登上台地，还有另一个小有价值的发现。在两个台地中靠北那一个脚下的一窄条砾石上，我看见了一条清晰的古老踪迹。这显然是野骆驼踩出来的。野骆驼本来生活在谷地南侧，后来车马交通把它们吓跑了。但还有另一个证据可以证明，在这个极为干旱的地区，即使偶尔路过的某个人的踪迹都会在砾石土壤上清晰地保留下来。情况是这样的。在北面台地的砾石坡上，还相当清楚地保留着7年前我骑马留下的脚印。当时我骑马上坡，眺望了一下东边的谷地，并看到了拜什托格拉克的几棵杨树。后来我还多次发现类似的证据，说明中国这些荒寒的沙漠土地有多么强的保存力。

我们又向前走了6英里，便到了拜什托格拉克水井。这6英里的地面状况是我在第二次旅行中早已熟知的那种，在此就不需多说了。值得一提的是，谷口的沙地上生长着相对茂密的沙漠植被，谷口南侧的悬崖也是水蚀作用形成的，这些都再次给我留下了深刻印象。再往前便有高高的沙丘，遮挡在谷地南边那个辽阔高原的脚下（高原可能是土质的）。

---

① 原注：参见《沙漠契丹》第一卷527页。

测量员穆罕默德·亚库卜已先我们之前在拜什托格拉克扎了营。完成水平测量任务后，他已经在那儿待了几天了。他测量的地区约有 60 英里远，共测了 526 个点。在如此恶劣的地表环境和天气状况下圆满完成了任务，充分表现了他的耐心、敬业精神和耐力。

3 月 13 日我们休息了一天，当天拉尔·辛格和阿弗拉兹·古尔也与我会合了。他们从库木库都克出发直接向北穿过了罗布泊古湖床那结着盐壳的伸长部分，之后便紧挨着山脉覆盖着砾石的缓坡边上走。我上文中已经说过阿弗拉兹·古尔的一个重要发现[①]（他是个有考古学天分的人）。我可以在此顺便提一下他们在沿途发现的其他东西，然后再来看穆罕默德·亚库卜的水平测量路线以及从他的结果中能得出什么地理学结论。阿弗拉兹·古尔和拉尔·辛格从库木库都克出发后，走了约 2.5 英里，就到了古湖床那结着盐壳的坚硬表面。这一段湖床连续向北伸展了足足 6 英里，只是在靠近中间地方的盐上长了一小丛芦苇，芦苇以远还有一带约 30 英尺宽的咸水。对岸是一块长着芦苇和灌木的沙土，几乎跟库木库都克附近的一样宽阔。

在当天的余下时间以及第二天，他们都顺着长着灌木的沙土带与土高原脚下的砾石“萨依”相接的地方走。有好几处地方，他们都发现高原的边上被风蚀作用切割成了一连串孤立的小土台地或是小山。在 96 号宿营地以东 5 英里处的一座长着芦苇的小山上，他们进行了定向。就在这座小山脚下，眼尖的阿弗拉兹·古尔发现地上有水的迹象，于是命人挖了一眼井。从地表只挖了 2.5 英尺就发现了丰沛的水。照阿弗拉兹·古尔的话说，水“跟河水一般新鲜”。这跟我在我的那口井看到的情况完全一致（那口井离他们的井有 8 英里多远）。这使我觉得，即便今天，在谷地北边一直到我们的cvii号宿营地，只要选点正确的话，挖井大概仍能获得饮用水。

后来他们遇到了上文提到的那行形如古引水渠的“堤坝”。在“堤坝”之前 1.5 英里的距离内，他们都是顺着一条很清晰的古代小道走的。此后他们还断断续续顺着它又走了 6 英里。在发现古代引水渠的那一点的附近地区，在小道旁边稍高些的地方，他们还发现了 3 个圆锥形石堆，而且在西南 1.5 英里远的小道旁边也发现了圆锥形石堆。所以大致可以得出这样的结论：这条小道要么是人踩出来的，要么曾被人用过。至于那是在多久以前的事，我们很难猜出来。再往南在长着灌木的地带上，有吃草的野骆驼留下的脚印。但小道上和两边却没有野骆驼的脚印。

此后，他们在到拜什托格拉克的途中观察到一些现象，其中下面这个现象值得简单提一下。在 97 号宿营地东北，他们穿越了两个宽谷。这两个谷是从北边的山脉延伸过来的，切进了那覆盖着砾石的土高原，类似于我在如今的疏勒河尾闾以东看到的情况。[②] 高原伸出来的末端的相对高度有 120—125 英尺。过了第二个谷的谷口，在约 2 英里的距离内，他们走过的地面上都是形如风蚀雅丹一样的土台地，其高度从 6 英尺到 20 英尺不等。这些台地全是从北—北—东到南—南—西走向。跟我在西南穿越的台地带走向一样。无疑，这些地貌都是在风蚀的作用下形成的。台地显然是前面说的那个高原伸展部分的最后残

---

① 原注：参见本书第九章第二节。

② 原注：参见地图 35. C. 4；《西域考古图记》第二卷 642 页；《沙漠契丹》第二卷 139 页之后。

余。起初，水流作用把它们从山脉上切开来，后来风蚀作用又把它们塑造成现在的模样。它们的成因，跟我在1907年于疏勒河尾闾以南的几处地方看到的土山和台地是完全一样的。[①]

过了这一带雅丹还有一个孤立的台地。过了这个台地之后，他们遇到了一大块沼泽地，类似于我在宿营地cx附近经过的沼泽。这个沼泽再次说明，在拜什托格拉克谷地的谷口附近有丰富的地下水。在98号宿营地（位于“开门关”附近的山崖西南约2英里处），他们在地表下挖了2英尺便找到了水。水虽然可以饮用，但相当咸。之所以这样，是因为那个宿营地南边的地区曾是个大沼泽，“沼泽”的地表是硬盐，偶尔也出现一块块浸了盐的土壤，土壤上生长着芦苇丛。他们在“沼泽”中足足走了4英里，才来到了植被丰富的沙土地上。当人们穿越沙漠去敦煌时，之所以喜欢在拜什托格拉克停留，就是因为这些丰富的植被。

我们已描述了楼兰古道在出了疏勒河尾闾后向西所经地区的地貌。根据穆罕默德·亚库卜所做的水平测量，我们还可以对此做一些补充。我之所以让他做水平测量，是因为我想证实一下，拜什托格拉克谷地的地表状况是不是像我猜想的那样。根据我1907年去敦煌的途中观察到的现象，我觉得很久以前疏勒河尾闾和古代罗布泊湖床之间是有联系的。[②]因此，早在我们从米兰出发之前，我就命穆罕默德·亚库卜用蔡司（Zeiss）水平测量仪进行连续测量。在锡德尼·布拉德爵士的建议下，我们配备了这个仪器。测量的地段从库木库都克以北开始，一直到拜什托格拉克以东我们能遇到的第一个干涸湖盆。

我曾告诉穆罕默德·亚库卜，测量点应该尽量选在谷地里洼地的最低处（这个洼地把北面的山脚同南边的高大沙山隔开）。但他从库木库都克出发后不久，便遇上了那一条宽阔的硬盐壳，即干涸的罗布泊古盐泽向东伸出来的那部分。他意识到，盐壳对长期的工作来讲将是一个可怕的障碍。于是他把开始测量的地方选在了盐壳北边长着灌木的沙地上。从他的宿营地xc-viii开始（这个宿营地位于经过库木库都克的经线东边一点），连接他的宿营地xcix到cii号便是他的测量路线。这条路线最初是顺着盐壳的北边，之后便更接近谷地的中心线。出于一种误解（这并未影响测量结果），这条路线穿过了谷地先到了拜什托格拉克水井，然后才向东北折了一下，到了“湿润的沙质盆地”。这一系列水平测量的总距离是59英里6弗隆。在526个测量点中，每两个相邻点的距离始终是600码。

拙著《中国新疆、甘肃地图备忘录》（*Memoir on Maps of Chinese Turkistan and Kansu*）的附录C中收了一张测量图。这张地图比例尺为1∶500 000，把海拔2340英尺的拜什托格拉克（穆罕默德·亚库卜的宿营地cii）选做基准点。在编制地图时，是把1907年和1914年所获数据的平均值作为拜什托格拉克的海拔高度的。考虑到这两个结果之间出入相

① 原注：参见地图38. A. 4；《西域考古图记》第二卷576、589页。

② 原注：参见《西域考古图记》第二卷551页之后；《沙漠契丹》第一卷533-537页。

当大，这个高度值肯定是不太准确的。[①]

但这毫不影响我们从水平测量图上看出这样一个不容置疑的事实：从拜什托格拉克以东的干涸湖盆，一直到库木库都克以北结着盐壳的古湖床（后者是水平测量的起点，比前者要低 250 英尺），谷地是一直逐渐下降的。下降的坡度虽缓，却是持续的，平均降幅约为每英里 4.2 英尺。从图上看，这个连续的缓坡中偶尔也有不规则的地方，但都不超过 5 英尺。之所以有这些不规则之处，是因为当测量点大致呈直线而不是沿着以前地表径流的实际路线分布时，地面上难免会有一些小的起伏。

如果只用空盒气压表或沸点测高器，得出的所有高度值未必准确。而且，当放眼望去，地面看起来跟古罗布泊湖床及其向东伸进拜什托格拉克谷地的那部分一样平坦的时候，是很难看出地面有什么坡度的。出于以上两点，水平测量得出的明确结果就显得尤为重要了。它证明，整个谷地都是罗布盆地流域的一部分。在下文中，当我讲到在紧挨着拜什托格拉克以东观察到的现象以及罗布盆地流域与目前疏勒河尾闾以北的那些干涸的风蚀盆地之间的关系时，我们会更深刻地认识到这次水平测量的地理学价值。

第三节　古代疏勒河的尾闾

如今我们离敦煌最西端的长城只有几天的路程了。在拜什托格拉克歇息了一天后，我们于 3 月 14 日一早就出发了。考虑到我 7 年前经过此地时获得的信息以及那之后我在古代边界线上进行的考察，我确信在这个地方，到楼兰去的中国古道肯定跟现在的车马道是合一的（我在 1907 年曾考察过这条车马道）。在《西域考古图记》中，我已经陈述了这样认为的理由。[②] 在该书中也已证明，《魏略》行程路线中所称“中道”横穿了“三陇沙”的最北端，就是人们沿现在的车马道从敦煌向西走的第一天行程中，在拜什托格拉克以东所穿越的那一系列沙丘带。而《魏略》紧接着“三陇沙”提到的是西边的“居卢仓”，那很可能就是拜什托格拉克或其附近。1907 年，我在古代烽燧 T.1 和 T.11（我认为那两个烽燧是戍卫楼兰道的前哨）发现了一些文物。它们证明，楼兰古道出了由敦煌汉长城保卫的地区后，实际上最初与现在去罗布泊的道路是合一的。[③]

因此，当我再一次顺着楼兰道这最东边一段走时，已没有什么关于古道路线方面的问题需要解决了。但在 1907 年，我曾经过拜什托格拉克以东一个看起来明显是古代湖盆的地方，在那里我观察到一些现象，并由此引发了一个关于当地地理状况的重要问题。我在

---

① 原注：在《西域考古图记》的第 70 号 0.25 英寸地图（quarter-inch map）中，拜什托格拉克的标高是 2620 英尺，这个数据是以拉姆·辛格（R. S. Ram Singh）在我第二次旅行中的空盒气压表的读数为基础的。而拉尔·辛格曾分别于 1913 年 12 月 22 日和 1914 年 3 月 14 日在同地点扎过营。根据他的空盒气压表的两次读数，得出来的高度分别是 2012 和 2260 英尺。

在计算拉尔·辛格的空盒气压表的第一次读数时，还同时考虑到了当天用水银气压表得出的读数（参考亨特博士在《地图备忘录》153 页做的表格）。由于 1913 年 12 月 22 日水银压表显示的气压只与空盒气压表相差 0.03 英寸，即相当于 32 英尺，所以那个较低的高度 2012 英尺大概更接近于真实的高度。

② 原注：参见《西域考古图记》第三卷 555 页之后。

③ 原注：同上书第二卷 638 页之后。

前一次考察的“个人陈述”中曾简单提过。[①] 那些现象表明，那个湖盆和疏勒河尾水之间以前曾有过直接联系，而如今的疏勒河则是在南边终结的。那些现象还使我觉得，即便在今天，南边来的地表水或地下水仍有可能到达那个盆地。上一节中说到的水平测量已明确告诉我们，这个湖盆是包含在古代罗布泊流域之中的。如果能证明它与南边的疏勒河也有过联系的话，那将使罗布泊流域的面积向东大大扩展。考虑到以上问题，我们显然有必要更细致地考察一下这片地区，同时也证实一下现在的疏勒河究竟是在南边什么地方终结的。

骆驼和马都已十分疲乏了，水也有可能发生短缺，时间很紧迫。所以，为了达成上述目标，我又把队伍分成了几个小分队。穆罕默德·亚库卜将再进行一天的水平测量，一直到拜什托格拉克东边的那个干涸盆地离他最近的地方之后，他将押运着沉重的行李，沿车马道走，直到车马道东尽头附近的一个集合点。车马道在湖盆南边穿越了一个广大的沙丘带，拉尔·辛格将在那个沙丘带中部离开车马道向东南走，并寻找来自托格拉克布拉克（Toghrak-bulak）的疏勒河下游河道，并一直追踪到河水终结的地方。我本人则带着阿弗拉兹·古尔向1907年已勘察过的道路的南边和北边考察，以便更仔细地看清那个干涸湖盆里的地面状况。

关于穆罕默德·亚库卜的工作，我只需说以下的情况就够了。他从拜什托格拉克先是向东北走，然后折向东边，成功地把水平测量工作一直进行到了下文要说的那个干涸盆地的西部边缘。那里横亘着一条高大的沙丘链，他是从沙丘链上的一个小豁口穿过的，因此，在最后的水平测量图上，沙丘的高度没有标出来。[②] 后来，他同我在宿营地cxiii会合了。之后我又派他穿过南边的石质高原到疏勒河尾闾去。他后来把疏勒河终端河道图一直画到了一个小盐湖那里，那个盐湖就是河水终止的地方。

我自己在3月14日是先顺着车马道走的。即便在车马道上，我也观察到一些有趣的现象。在离拜什托格拉克约3英里远的时候，我发现了两眼只有3英尺深的井。这两眼井既表明那里是个新的歇息地，也说明地下水面离地表不远。谷地底部平坦的沙地上生长着茂密的芦苇和灌木，一直长到横亘在谷地中的一条高大沙丘链那里。我在1907年就已知道，它就是那个干涸湖盆的西部边缘。沙丘带从拜什托格拉克一直延伸了约5.5英里远，高达40—50英尺。沙丘横在谷地底部，好像还一直向谷地北边荒凉山脉的砾石缓坡上延伸了一段距离。车马道经过了个宽宽的沙山的顶部。从那里向东望去，那个辽阔平坦的湖盆尽收眼底，湖盆边上结着一层又薄又亮的白色盐霜。向湖盆以远，我可以眺望到那一带雄伟、高大的台地。早在1907年我就觉得，这些台地肯定是在湖泊的作用下形成的。

一下到平地上我就惊奇地发现，显然有迹象表明近期曾有水泛滥到这里。即便走在低矮的沙丘之间，我就已注意到，那里长的芦苇比我记忆中的1907年的芦苇要茂密得多。当我们在距拜什托格拉克6英里多一点的地方到达平坦地面时，发现了一圈稀疏的小芦苇芽。显然，这圈芦苇芽生长的地方就是去年夏秋时节暂时形成的一个湖的湖岸线。沿着

① 原注：参见《沙漠契丹》第一卷533页之后。

② 原注：见《地图备忘录》附录C。穆罕默德·亚库卜的水平测量路线本来到了盆地西边就终止了，但在地图35. B. 3中，他的路线同我的路线错误地连在了一起。

“湖岸线”结了一层薄薄的盐霜，就像在灌溉新开垦的土地时出现在地表的盐霜似的。过了有盐霜的地方，沙子十分湿润，沙子中的盐也逐渐消失了。在宽阔的洼地中是没有芦苇的，显然那里以前的水太深了，芦苇无法生长。

1907 年的时候，这片地面上是干燥的沙子，那时车马道的痕迹很容易被抹平。而现在车马道的痕迹在这片湿润的地面上又宽又清楚。我们沿车马道走了约 2 英里，来到了第一组舌状山岭。这些山岭偶尔从南面突入湖盆中，山上全是流沙，山两边有一些孤立的土台地。在这里我们与拉尔·辛格分手了（他继续沿车马道又走了约 4 英里），并折向了北 60°西方向。

在这个方向上我们看到的地貌特征，表明那里是个湖床，不久前湖床中还有水。湖床较低的部分曲曲折折，就像我们在阿布旦东北容易被塔里木河水泛滥到的地区看到的潟湖似的。[①] 这些部分几乎没有芦苇生长，走在上面，脚会深陷下去，脚下的沙子中显然饱含着水（应该是淡水）。稍高些的地面上则稀疏地长着小芦苇，沙子表面像结了层硬壳似的，湿沙子在烈日下曝晒时就会产生这种现象。那里地表下的沙子也是湿的，而且没有一点盐的迹象。这给人的印象很深。我们只能认为，偶尔出现在这个湖盆中的水还没来得及蒸发就通过地下径流流走了，否则就没法解释为什么很少有盐。在前进的途中，可以很清楚地看到湖盆的西岸到处都是上文提到的沙丘带。西北方接近砾石“萨依”脚下的沙丘带似乎是最低的。这使我猜想，水有可能从那里流到了那个松软的盐碱地中。穆罕默德·亚库卜从拜什托格拉克出发进行水平测量时，曾在他的前进路线之北看见过那个盐碱地。

在这个辽阔平坦的湖盆中走了 5.5 英里后，我们来到了一个大台地脚下。它是一行土台地的北部边缘，这行台地在我们的右手，矗立在湖盆之中。这个台地很陡，约有 120 英尺高。可以看出，它由 7 层发红的土壤构成，每两层相邻的土壤之间夹着不厚的一层发黄的沙子。从台地顶上眺望，南面和西面的干涸湖盆尽收眼底，还可以看到北面那缓缓抬升的极度荒凉的深色砾石“萨依”。湖床北岸很清晰，岸边是一行不宽的小沙丘。沙丘只有 4—6 英尺高，上面长着带刺的灌木。

向东，目之所及的地方是一行行排列紧密的高大的风蚀土台地。我 1907 年从南边经过时就已经觉得，它们算得上是这一地区最引人注目的奇观了。[②] 后来我曾多次注意到，它们排成的行都是北—北—东到南—南—西走向，跟罗布沙漠中常见的雅丹走向规则一样，但方向与它们却不同。这些大台地高度从 80 英尺到 120 英尺左右不等，一律又长又窄，一行中相邻台地之间的豁口不太多。这些都表明，就性质和成因上来讲，它们跟罗布沙漠中的雅丹没什么两样。

相邻两行台地之间是空地。在我们所在的这个位置，空地不到 0.25 英里宽。这一行行的大台地显然表明，以前这里的风蚀作用是何等强烈。惟其如此，辽阔的盆地之上和成行台地之间的空地上没有任何山岭沟壑，就显得越加奇怪了，我觉得之所以有这样鲜明的对比，只能是因为近期不时有水泛滥，再加上地下水离地面很近，因而地面上可以生长一

① 原注：见本书第六章第一节；地图 30. C. 1；《西域考古图记》第一卷 351 页之后。

② 原注：参见《沙漠契丹》第一卷 533 页。

些植被，保护了土壤。

做完平面定向后，我们在台地脚下挖了一眼井。只挖到3英尺深就流出来新鲜的淡水。这充分说明，盆地北边的这块地方也常有水流来。无疑这也可以解释为什么上文提到的湖盆北边砾石缓坡脚下的那些小沙丘上长着大量灌木。我们继续向东北曲折而行，在奇形怪状的台地间走了3英里，一路上都能看见北岸那些小沙丘。在台地上，风就近用砾石做武器，最充分地施展了它的磨蚀本领。出了台地区后，我们总算来到了石“萨依”辽阔的坡上。

我在坡上走了很远，这才看清楚，大土台地群（跟我们刚绕过的台地相似）同“萨依”脚下连在了一起，并一直向东延伸了至少4英里。在宽阔的砾石缓坡上，则只有几个不太高的发红的土台地。从这几个台地上看得出，此处地表的粗砾石之下也是土壤，跟湖盆中靠南的台地构造一样。这个荒凉的“萨依”上看不到任何活的或死的植被的迹象。我们用望远镜巡视它的表面时，也没有发现什么可辨的水沟。我们登到台地顶上眺望，看到在东北方向，砾石坡以十分均匀的倾斜度一直延伸到了地平线。向北望时，远处的坡上也只有几座孤立的小山。显然，在这两个方向上，即使有一点水流到盆地中去，也全然不足以说明为什么盆地表面那么湿润。

勘察了盆地北岸后，我们折向南—南—东方向，沿着两行高大台地之间布满砾石的沟走，看得出台地是纵向排列的。因为在2英里多长的路程中，左边的那行台地中只出现了一个豁口，我们这才能把骆驼从豁口中带了出来。过了这段路后，植被又出现了，是一些生长在小沙丘上的带刺灌木。我们就在那里扎营过夜。我们试图挖一眼井，挖了几英尺就发现这儿的地面是由大小不一的砾石和沙子构成的，没有水的迹象，于是就放弃了这个努力。

3月14日晚上刮起了猛烈的西南风，把空气中的尘埃全吹走了。15日一大早，我们登上宿营地南边一个约150英尺高的醒目大台地，看到的景象极为辽阔。我们四周全是排列紧密的一行行台地，由一层层红棕色土构成，土层之间是薄得多的黄色沙岩层。在全景照片184—186中，不仅看得出台地的各种形状，也看得出风对较松软的沙岩层的作用比坚硬的土层厉害，于是渐渐就把山岭切割成了一个个不大的平台和小丘。

除了我们所在的这个广大的台地区外，在东边还能望到两行台地。那两条台地带没这么宽，但是更长。显然，它们也位于这个湖盆之中。湖盆向北伸展到砾石坡脚下，向南伸展到那一行高大的沙丘。从现在这个很高的观测点上我可以清楚地看到，那行大沙丘向西南连着一个长而平坦的“萨依”高原。我们在1907年的考察和所绘的地图表明，高原后面就是疏勒河尾水（当时我们还考察了这段河水）。当时我猜想，高原上应该有个豁口，那样已越来越少的疏勒河河水才能流到这个湖盆来。但现在我看不到什么豁口。

南方极远的地方，矗立着从敦煌一直延伸到安南坝乌拉（Anambar-ula）的高峻山脉，山顶的雪闪着白光。这是个十分壮丽的景象，沿敦煌长城考察时，如果空气偶尔明净的话，就可以看到这景象，它深深地留在了我的记忆中。由于昨夜的暴风，北方那暗色砾石缓坡矗立的几座低矮的沙溪小山上，也微微闪烁着雪光。但太阳一升高，那儿的雪光就消失了。我周围的景色十分辽阔宏大，虽然极为荒凉，却比我在中亚任何平原上看到的景象都要丰富多样。

现在我已知道了盆地西北部的状况和边界，于是我决定考察它的东南方。在台地带中向南走了约 2 英里后，我们来到了一块平坦的沙地上，步地周围的土台地在风的作用下都变成了各种奇形怪状的小残块。残块之间又出现了一丛丛的芦苇和灌木，我们在沙中挖了一眼井，水从地下 3 英尺的一层硬红土中缓缓流出。这儿的水是咸的，但牲畜还能喝，我们穿过这片平地向东南走。地表的沙子中很快便浸足了水分。这样走了约 3 英里后。我们到了一个宽阔的沙丘带，沙丘约 40—50 英尺高，车马道就是在这附近穿过沙丘带的。

像我们昨天经过的沙质平地一样，这块平地上也没有长芦苇。显然这是湖盆的一个低洼处，以前不时有水的。这里也看不到任何盐霜。这验证了我们的想法，表明这里的水之所以消失，并不是蒸发的缘故，而是从地下流走了。从沙山顶上眺望到的景象，几乎跟宿营地 cxii附近的那个台地一样辽阔。它证实了我们在那个台地顶上看到的现象是正确的，即的确还有两行台地延伸进了盆地东部；东北的砾石坡是连续的，从那里应该不会有多少地表水流到盆地中来。

在考察这个古代湖泊的过程中，还有一个重要问题悬而未决。那就是如今疏勒河的尾水（我们 1907 年春看到了疏勒河尾水）在泛滥的时候，有没有可能从南边流到这个湖床中来。1907 年 4 月，由于我忙于在东边的长城烽燧上进行发掘工作，就只能派拉姆·辛格考察一下托格拉克布拉克（榆树泉）下游的疏勒河尾水，车马道就是在托格拉克布拉克越过疏勒河的。他沿着河床往下游走，来到了标为宿营地 174 号的那一点。粗略看了以下的河道后，他在平面图上是这样标的：疏勒河在宿营地 174 号下游约 3 英里的地方，显然是折向西北方向了。

上述情况，加上拉姆·辛格给我提供的某些信息，使得我在画《西域考古图记》的地图 74. A. 3 时，把疏勒河尾闾就画在了我们从拜什托格拉克来的路上经过的这个古代湖盆附近。在撰写关于第二次旅行的“个人陈述”时，我写下了这样的猜测：疏勒河水仍能流到这个古溯盆的南部。[①] 后来的情况表明，我的这个表述很轻率。反复思考后，我开始怀疑这种表述的正确性，并提出必须再往西去才能真正找到疏勒河的尾闾。因此，我现在不仅让拉尔·辛格考察疏勒河河道一直到它终结的地方，我自己还急于亲自看一看这个古代湖盆的西南部分。

为了达此目的，我朝南—南—西方向走，有时是顺着大沙丘链的三个分支，有时则越过这三个分支。从地图 35. C. 4 中看得出，沙丘链正是从南—南—西方向突入到湖盆中来的。沙丘链的这几个分支都比它们之间长着芦苇的窄谷地高 40—50 英尺。走了约 3. 5 英里后，我登上一个分支。我看到南边绵延着那条砾石“萨依”，它逐渐抬升，与一个大致东西走向的辽阔高原连在了一起。我想证实一下，这道屏障上是不是像以前我画的地图上那样有个豁口，如果那样，疏勒河尾水就可以穿过豁口流进湖盆中。为此，我折向西南方向，一直来到了“萨依”高原边上。高原比紧挨着的长着灌木的地面要高出约 80 英尺，向东绵亘而去。我们顺着高原边上向东走了约 3 英里。高原上有个破

① 原注：参见《沙漠契丹》第一卷 535 页。

碎的小石山，其相对高度约有200英尺。登上这座小山我看到，横亘在北边的湖盆和南边的疏勒河河床之间的这个屏障是没有缺口的。实际上，这道屏障使我们根本看不见疏勒河。显然这座小山曾一度被当作路标，因为我们在山顶上发现了一个圆锥形石堆，其年代和起因都不得而知。[①]

解决了这个重要的地形学问题后，为了能找到燃料和牧草，也为了与测量员穆罕默德·亚库卜和骆驼队取得联系，我们又下到了湖盆中。我们在不太高的台地中向东北走了约3英里后，来到了一块长着灌木的小平地，平地上还有些覆盖着红柳的小丘，在那里我们安了营。我们发现车马道就在北边约0.5英里远的地方，在台地区北面的一个轮廓清晰的洼地中穿过。拉尔·辛格在从敦煌来的路上也曾在此安营，根据他的气压表的读数，这一点比拜什托格拉克要高约90英尺。

第二天早晨，穆罕默德·亚库卜和骆驼队与我们会合了。他们仍是在人们常歇脚的那个叫阿其克库都克的地方宿的营，那里离拜什托格拉克约2.5英里。当天我们又往前走，来到了俯瞰湖盆东部的那个高原。为了给疏勒河尾水（包括其尾闾）的绘图工作加上双重保险，我又把穆罕默德·亚库卜派出去完成这个任务。考虑到我们的牲畜在沙漠中长途跋涉之后均已疲惫不堪，再加上找水的困难（我们只能在疏勒河的实际河床中或其附近找到水），我觉得有必要沿着车马道直接到中国汉长城的西端去。人畜现在都急切地盼望着在敦煌进行休息，而在此之前，我们必须节省出时间来沿着长城进行补充考察。这使我更恨不能马上到达长城西端。

在3月16日，我们最初经过的是湖盆的最东端。前一次考察时我已经记录了那里的情况[②]，因此在这里我只需做极简要的描述。从宿营地cxiii走了没多远，所有的台地就都被我们甩在身后了。地面现在明白无误地像一个浅浅的洼地，南北两侧都是由页岩和结成块的砾石构成的陡崖。从地图上看得出，洼地向东逐渐变窄，而洼地底部变得像“萨依”一样布满了粗糙的砾石，但时不时会生着一小丛坚硬的灌木。从地貌上看，这个洼地显然是某条河流偶尔泛滥时冲出来的。肉眼便能看得出洼地底部是逐渐向东升高的。洼地南边连着一个高原。在车马道离开洼地折向高原的地方，洼地仍有约1英里宽。要想到达高原边上，我们不得不在一条小侧谷的陡崖上登了100多英尺。这些情况都能反映出，从前泛滥到这里的水量有多大。

这儿的地貌与托格拉克布拉克附近的疏勒河实际河道很相似，那里的河水也是在类似的铺着砾石的高原之间切出一条河道来。从我们1907年的考察以及拉尔·辛格在从现在的疏勒河尾闾回来时进行的勘察中看得出，这个洼地通向一个古湖盆的最东南端。那个古

---

① 原注：后来我想到，这个小山被用来标志这样一个地点——从前来自托格拉克布拉克和敦煌长城的那一边的一条可供车通行的道，从这一点可以毫不费力地下到湖盆中去。因为，在小山以东，高原的边到处都形成陡峭的悬崖。现在的车马下到湖盆最东部的深洼地时，就经过了类似的页岩悬崖。在那儿骆驼能走，车却过不去。

要想使车也能下到湖盆中去，可以沿着高原边上再走3英里，到我们提到的这个小山。在这里车可以顺着坡上下，不需要在托格拉克布拉克之间绕太大的弯。但也有可能这两点之间的古道在经过“三陇沙”时，所走的路线以南几英里的地方。

② 原注：参见《沙漠契丹》第一卷538页。

湖盆是跟两个古河床相连的，如今疏勒河已不再流到那两个河床中，但以前它们肯定是疏勒河三角洲的一部分。拉姆·辛格曾穿越两个河床中靠南的那个，那个穿越点与车马道离开洼地的这一点相距只有5英里。因而，我们可以肯定地说，两者之间是有联系的。①

第四节 疏勒河三角洲

我将总结一下，从对上一节说的那个干涸湖盆进行的考察中我们能得出什么结论，即它与疏勒河尾水以及拜什托格拉克谷地之间分别有什么关系。但在此之前我要简述一下，在1914年的考察中，关于疏勒河实际上是如何终结的，我们获得了什么资料。从地图35. B和C. 4中可以看出，现在只有经过托格拉克布拉克的疏勒河河床在春夏两季是常有水的。这条河道终止于一个湖中。在我们的考察员去的时候，湖上有一汪咸水，水面长约6英里，最宽处有2英里。

1914年3月17日，我测得托格拉克布拉克那里的疏勒河流量为每秒180立方英尺，而1907年5月2日我测得的流量却高达1800立方英尺②。从这个对比中我们显然可以得出这样的结论：在春夏两季的多水时节，作为疏勒河尾闾的那个湖的面积肯定要大得多。在这两个季节，很可能湖东面和南面结着盐壳的地面都将被水淹没。而在西面和北面，湖的季节性扩张受到了限制，因为那里的湖边上弯着一条巨大的沙丘链。据拉尔·辛格估计，沙丘比湖面要高出300英尺，从性质上来讲，这个沙丘链很接近塔克拉玛干沙漠中河流尾水两侧那些高大的“达坂”——这些河最终都消失在沙漠中③。这个沙丘链的主要成因显然是：疏勒河在泛滥季节带下来泥沙。泥沙沉积后被盛行的东风堆积起来，形成了沙丘链。

在到达这个终端湖泊之前，在托格拉克布拉克附近24英里多的距离内，疏勒河的实际河道是一个较窄的沟状河床，河沟深陷在砾石高原上（高原位于长城最西端以北）。在托格拉克布拉克下游约8英里的地方，河右岸的高原变成了覆盖着灌木的沙质洼地，左岸的高原则继续向下游延伸了约9英里，在剩下的不长的流程中，河北面矗立着我们上文说过的那个砾石高原，高原上点缀着孤立的矮丘。就是这个高原构成了河道与北面那个古代湖盆之间的屏障。

终端河道以南、尾闾以东伸展着一个大盆地，盆地中大部分是沼泽。1907年，我沿汉长城西南段考察时，已经勘察了这个盆地的东部和南部边缘。④ 盆地南北约长20英里，东西最宽处约有30英里。盆地南部和东部是沼泽。沼泽中的水是从南湖西南山脉的那个大

① 原注：虽然如此，要不是我觉得我必须亲自追踪到托格拉克布拉克的古道，以便解决一个考古学的问题的话，我们一定会继续顺着洼地朝那个古河床的方向走的。我要解决的问题是：在古代长城西端以西的长安沿线，在烽燧T. Ⅱ以远是不是还有别的烽燧。1907年3月2日我曾向这个方向勘察过，但由于起了尘沙，能见度较低，所以当时的考察结果不能算是最终结论（参见《西域考古图记》第二卷，640页）。我在1914年3月16日重新进行了考察，对这个问题也作出了否定的回答。

② 原注：参见《西域考古图记》第二卷639页。

③ 原注：参见《西域考古图记》第一卷241、451页及第三卷1239页之后。

④ 原注：参见《西域考古图记》第二卷633、641页之后；《沙漠契丹》第二卷139页之后。

砾石缓坡底下流过来的地下水，可能也有偶尔从山坡上流下来的雨水。有理由认为，这个盆地的大部分都是沼泽地，在春末和夏季是无法通行的。

从托格拉克布拉克往上游走，走到 8 英里和 18 英里处，我们发现从主河床上分别岔出两条干河床。在不太久远的从前，它们显然是疏勒河三角洲的一部分。这两个分河床也在砾石高原上形成深沟。但根据拉姆·辛格的考察（他曾在三处地点越过这些河床），和我在废烽燧 T. I 附近看到的靠南的那个河床的情况，这些沟在继续往前伸展时，要比经过拜什托格拉克的河床宽得多。在 T. I 号烽燧附近，那个古河床形如一个谷地，约有 1 英里宽，长满了芦苇丛和灌木。南边的岸十分陡峭，比河床底部要高出约 70 英尺。但是，当 1914 年 3 月 16 日再次造访河床边上的这个古烽燧时，我发现 1907 年还是干盐壳的地方，如今变成了一大汪一大汪的水，水四周的地面上结着盐壳。看起来似乎是去年夏天或一两年以前发了场大水，水流进了这个宽沟（即久已干涸的古河道）之中。1907 年，拉姆·辛格穿过北边的那另一个古河床时也看到了茂密的芦苇丛。

从这两个干河床的走向来看，我觉得它们中曾有过的水一定是穿过上文所说过的洼地，流进了西边那个布满台地的盆地。洼地像个豁口，把南面绵亘的高原同北山的最南段隔开来，那段山脉就俯瞰着疏勒河下游的河沟。疏勒河在穿过布隆吉和安西之间时经过的窄豁口，跟这个极为相似。

这些疏勒河古支流曾有过的水都流进了那个盆地，而那个盆地与疏勒河南边的实际尾闾之间却没有联系。在注入盆地的内流河里，这样的例子不止一例，在紧挨在疏勒河的一个地区，我们就能找到与此完全一样的末端分岔的情况。肃州河和甘州河汇合成的黑河在末端三角洲分成许多支流。支流之间离得很近，像疏勒河的支流一样。这些支流最终分别流进了两个湖盆中：嘎顺诺尔（Gashun- nōr，即居延海——译者）和索果诺尔（Sokho nōr）。这两个湖盆之间并无联系，而且似乎其海拔高度也不同。同样，我们可以证明，在距今不太久远的历史时期，阿姆河也在末端分别注入里海和咸海这两个相距十分遥远的盆地。① 我们以后还将说到疏勒河本身发生的又一个有趣的分岔现象：可以证明，在玉门县下游大拐弯处附近，疏勒河的一部分河水（虽然只有很小的水量）向东流进了花海子（Hua-hai tzǔ）这个终端盆地。以前，疏勒河那些古老的北方河床注入的盆地和现在南边的河床注入的盆地，是否同时有地表径流注入呢？考虑到证据有限，又缺乏专业知识，我觉得自己是无法对这个问题发表意见的。但是，我觉得可以相当肯定的是：北边的古老河床和拜什托格拉克以东的高大沙丘链之间的那片地面，其地表特征无疑表明它确实是个古湖盆。

我指的是，这片地面上分布着极广的高大台地群和山岭。不管专家们指出构成它们的沉积物的先后年代如何，也不管侵蚀作用起于何时（现在只有风蚀作用了，但以前很可能还有流水的作用），可以肯定的是：在附近那些已干涸的湖盆中，也有跟这完全一样的成

---

① 原注：参考 A. 赫尔曼（Herrmann）：《奥克苏斯河和里海在古代的联系》（*Die alte Verbind- ung zwischen dem Oxus und dem Kaspischen Meer*），见于《彼得曼报告》（*Petermann's Mit- teilungen*）1913 年第二卷 70 页之后。

行的台地。不仅在古罗布泊大湖盆（位于从楼兰东北到库木库都克之间）中的部分地区有这种地貌[①]，而且这种地貌还出现在凡是疏勒河的下游河床伸展成湖盆的地方，比如哈喇湖（Khara nōr）和敦煌长城北边和西南边的那些湖盆（湖盆中一部分地区已成了沼泽）。[②]还值得注意的是，1914 年 11 月我们发现。哈密河（the river of Hāmi）终端的几个干涸湖盆附近也有类似的台地。因此，我们有理由认为，只要我们在天山和昆仑山之间的这一大片内流区遇到这种台地地貌，就说明那里是个正在遭受风蚀的完全干涸或部分干涸的古湖床。

可以肯定地说，拜什托格拉克以东的古湖盆，其现在的水主要来自疏勒河，我们在考察过程中获得的地形资料（尤其是向这个湖盆延伸的河床的地形）证明了这一点。湖盆面积很大，而无论是从极度荒芜的北山（那里有北山外围的一系列小山岭和高原），还是从南边覆盖着高沙丘链的山坡上，流来的水量都不会太大。因此我们可以认为，湖盆中部、西部辽阔洼地中丰富的地下水来自疏勒河。

从我所观察到的现象看，我觉得，现在疏勒河水更有可能是通过渗透作用到达这些洼地的，而不太可能是在夏季偶尔发生的泛滥中流过来的。1914 年 3 月我们发现，这个古湖盆的洼地中地表的沙子都是湿的，而且没有发生盐结壳的现象。洼地中之所以出现了一汪汪淡水，肯定是因为疏勒河三角洲的那些古河床中的水从地下流过来的缘故。古河床中的水透过砾石河底，渗到了底下的不可渗透层，而这个湖盆的位置肯定比那些河床低。南湖北边和西边的砾石“萨依”上也有一些中途消失的小河流，而从哈喇湖到托格拉克布拉克以南的长城沿线上，都有由这些小河流地下补给的沼泽和泉水。同那些小河与其补给的沼泽间的距离相比，我们说的这个湖盆同疏勒河实际河道间的距离并不算大。

我们也可以用地下渗透作用来解释原因：一方面在蒸发作用使这个古湖盆中的洼地结上盐壳之前，暂时存积在这里的水就没有了；另一方面，拜什托格拉克谷地的井眼和开阔的沼泽中则都有水。从地貌的大致情况和空盒气压表的几次读数来判断，从疏勒河尾水到这个布满台地的古湖盆之间，地势是逐渐下降的。但再向西，从湖盆的西岸一直到古代罗布泊东部的那个大“水湾”，我们都曾进行严格的水平测量。测量结果直接证明，这段地势是不断下降的，而且下降幅度还相当大。

于是便可以得出这样的结论：即便是今天，疏勒河水也从地下流进了罗布泊这个巨大的终端湖盆；在距今不太遥远的地理年代，疏勒河流域和塔里木河流域的地表径流之间，通过拜什托格拉克谷地发生了联系。[③] 至于那个时期距今究竟有多久，这个问题我还无力回答。而且我认为，必须对整个地区进行进一步的详细考察（最好是在一个训练有素的地质学家的帮助之下），否则讨论这个问题是没有益处的。在此我只想请大家注意，疏勒河

① 原注：见本书第八章第二节、第九章第一节。

② 原注：见地图 38. A. 4. B. C. 3 和 4；《西域考古图记》第二卷 575 页之后，589、641、697、717 页。关于疏勒河下游这些台地群的地貌以及它们与高原边缘水蚀部分的关系，可参看《西域考古图记》第三卷插图 33 中的“中国古长城详细地图”。

③ 原注：写完这段文字之后，我很欣慰地发现，已故的大地质学家苏艾斯（E. Suess）教授也曾认为，疏勒河流域和塔里木河流域之间以前曾有过联系。见《地球表面》（*The Face of the Earth*），索罗斯（Sollas）译，第三卷 174 页。

以前曾将其全部或部分的水注入罗布泊，这个事实在地理学上将很有价值。因为那将意味着，虽然被简单称作塔里木盆地的这个内流区已经可以跟咸海相提并论，但其面积还应该扩大。它在东北的界线应该从原来的东经92°移到东经99°，因为在那里，在与太平洋流域的分水岭上，是疏勒河在最东边的冰川源头。①

也将中亚的这个主要内流区的范围扩展，可以说还具有另一方面的地理意义，并颇有历史学价值。盆地的扩展使我们更好地意识到，无论从其荒芜的砾石地面，或其绿洲，或其像帕米尔一样的高山中的谷地来讲，疏勒河流域的地理特征都跟塔里木盆地极为相似。这种地理条件的相似性在历史上是很重要的。它告诉我们，为什么疏勒河下游向西经过的那一片辽阔的低地，有史以来就没有大游牧部落居住，各民族大迁徙时也不从那里经过。

但对像汉代的中国那样一个高度文明的大国来讲，疏勒河下游谷地简直是一个天赐的极方便的“走廊”。汉朝希望开通的通往中亚和西方的大商道可以由此经过，政治控制区和军事保护区也可以由此向西有步骤地扩展。商道开通后，人们很快便发现，这种扩展是极为必要的。因此，从中国的商贸和政治影响力向西扩张的角度来说，敦煌绿洲以及分布在肃州—敦煌道沿线的小绿洲，与天山和昆仑山脚下成串的绿洲，起的是同样的作用。没有这些绿洲，塔里木盆地就不会成为中国、印度和西方文明交会的天然大通道。

第五节　楼兰古道上的交通问题

到此为止，我们算是考察完了敦煌长城与楼兰之间的汉代古道所经过的全部沙漠地区。

现在我想最后简单说一下，当时道上的交通要想维持下来需要什么条件。为方便起见，我把东边作为起点。因为，在这个面临严峻自然环境的古道上，维持正常交通所需的人员和物资大部分是从东边来的。

中国行政管理机构必须尽力保证沿古道去西域诸国的部队和使节有充足的物资。古代玉门关以东长城线上的那个醒目的大废墟（我将其编号为T. XⅧ），就提供了一个直接的考古学证据。1907年我考察了那里并发现了一些文物，证明它曾是中国古代的一个大仓库。② 我在《西域考古图记》中已详细说明过，这样一个位于前沿的物资供应站，给来往楼兰的军队、政治使节和护送人员提供给养是很方便的。③ 而从敦煌城只需走三天就可以到达这个大供应站。

过了这个大仓库沿长城走，一直到长城的西部端点T. Ⅳ. a（位于托格拉克布拉克附近）需要走两天。在这最初两天的路程中，现在是可以找到水的，还可以从茂密的芦苇丛和灌木中取得草料（水和草料是最要紧的两项物资）。古代肯定也是这样。此外，这段地面大部分是坚硬的砾石“萨依”，驮了东西的牲畜和载了辎重的车都很容易走。但此后的

① 原注：见地图43. B. 4；《沙漠契丹》第二卷326页。

② 原注：参见《西域考古图记》第二卷712页；本书地图35. D. 4。

③ 原注：同上书第二卷715页。

两天里，自然条件就没这么有利了。这两天内要穿越“三陇沙”的末端和古湖盆，然后才来到现在的拜什托格拉克附近。在到拜什托格拉克之前遇到的流沙丘肯定很难走，对车辆来讲尤其如此。但即使今天，走在中国新疆和甘肃西部道上的人们，也遇到并克服了与此类似但更严峻的困难。[①] 而且，从前在古湖盆最东段找水大概比现在要容易些。

过了拜什托格拉克附近之后，我们已说过《魏略》路程表中的“居卢仓”很可能就在那里[②]，所以古道一定是沿着拜什托格拉克谷地北侧向西伸展的。在80英里或4站的行程中，大概可以通过打井而获得饮用水，也有一些芦苇和灌木可以作为牧草。过了这段路后，就会来到我们的宿营地cⅵ附近，如今到那里植被就消失了。前面说过，“沙西井”应该就在那一点附近的什么地方。[③] 考虑到结着盐壳的罗布泊古湖床十分靠近标志着古湖岸线的山崖脚下，我觉得过了“沙西井”后，无论是汉代还是今天都是不大可能找到什么植被的。

我们似乎可以得出这样的结论：到此为止，在古代解决人畜饮用水和牲畜草料的问题，不会比现在安西—哈密道穿越北山的荒芜石质高原那一段路更困难（如果平均每天走20英里的话，那段路程需要走9天）。[④]

但再往西，人们就得面对极为严峻的考验了。我们从楼兰出发追寻中国古道的经历充分表明，即便在古代，沿着这条道足足走上约125英里，也不会发现一丁点儿的水或植被。如果在我们的宿营地cⅰ和cⅳ之间，古道的路线比我们在实际考察中走得更直些的话，从距离上来讲是可以少走12英里的。但走直道可能同时意味着，路途中最艰难的部分，即走在罗布泊湖床那起伏不平的盐壳上的部分将被延长。[⑤]

如果不是因为两件事实，古代人在这段路途上遇到的物资和运输困难肯定会跟现在一样严峻。其中一件事实是，当时在这段路西边140英里远的楼兰（L. A.）周围的垦殖区中，有一个西部物资供应站（我们现在应该在塔里木河上寻找这个供应站）。另一个事实是，在库鲁克河断流之前，从L. I.（即我们的宿营地c）往西，古道沿线的大部分地区是可以找到水和充足的芦苇、灌木的。但最困难的问题仍没有解决：有一段路程，任何驮着东西的牲畜、车辆或人员，步行肯定至少要走5天。在这段路程上，燃料以及人畜所必需的水和食物都得由远方来提供。

在古道的这一段上，给军队和一般商旅提供必需物资的困难，肯定要比当代军事和商业活动中的一切困难都要严峻，因为古代人是没有铁路和机械运输手段的。中国探路者和汉朝当局是怎样解决这个难题的呢？对此，除了下文即将提到的一条虽重要却不免过于简

---

① 原注：比如，以下路段的车辆就得穿过流沙带：从英吉沙到喀什（见地图5. A. 2）；从叶尔羌到巴楚，见地图5. C. 3；和田绿洲以西的库木拉巴德帕德夏音（*Kum-rabat-padshahim*），见地图9. C. 2。在我们从甘州到绿洲的路上，车辆曾有两次穿过高峻的沙丘。

② 原注：见本书第八章第四节。

③ 原注：见本书第八章第四节。

④ 原注：这条道是中国于公元73年开通的。由于它遇到的自然困难，参见《西域考古图记》第三卷1141页。从长流水往前，去哈密的道两边就会出现一块块的垦殖区与充足的牧草。

⑤ 原注：见本书第八章第三节、第四节。

短的汉文资料外，我们再没有别的信息了。但明确的历史学和考古学证据告诉我们，人们不仅直面这个困难，而且解决了它。一个对当地地貌有实际经验的考古学人士必定会思考从前的人们采取的是什么办法。当然，对此我们的答案只能是猜测而已。

显然，最初为便于给道上走的军队、使团等供应水和其他必需的物资，人们采取了建立物资供应基地的办法。《汉书》中有一段文字直接表明，当时在楼兰那一边就用了这种便宜之策。这段文字我曾经引述过，但由于它的特殊性，我不妨再引述一遍："楼兰国最在东垂，近汉，当白龙堆，乏水草，常主发导，负水担粮，迎送汉使。又数为吏卒所寇，惩艾不便与汉通。"①

我们此前说过，地形学上的事实表明，所谓"白龙堆"，指的就是罗布泊古湖床两侧那一行行结着盐壳的雅丹，古道必须是从它们中间穿过的。如果上面的译文准确地表达了汉文原意，我们大概可以这样推断："楼兰国的最东部边界"（实际上是对"楼兰国在最东垂"的误解）指的是罗布泊湖床的东岸，人们就是把水和物资运到这里来迎接中国使团的到来。我们应该记得，距离此岸最近的楼兰地区有水的地方（在 L. I. 附近）也足足有 50 英里远，而要想从 L. I. 到达楼兰遗址附近最近的垦殖区，还要走上 25 英里的路程。记住了这些事实，我们就能明白，为什么提供物资这个义务对楼兰人来讲是个沉重负担。当时依提木布拉克和考鲁克布拉克可能还有饮用水（现在那里已经没有水了），也可能有芦苇和灌木这样的牧草。但从古道到这些地方，距离根本就近不了多少。

古道上有两天的行程是绕着干涸的罗布泊的东岸走的，即宿营地cvi和civ之间。在这两天，如果水等物资是由拜什托格拉克谷地这一侧安排的话，可能会省些麻烦。因为这一侧是平坦的石"萨依"，走起来容易些，而且不必穿越罗布泊上那片辽阔的起伏不平的盐壳。但从另一方面来讲，虽然拜什托格拉克谷地西端附近可以弄到水、燃料和芦苇，但人员所需要的全部物资都得从敦煌那一边运来，而敦煌最近的垦殖区离宿营地cvi（即"沙西井"的大致位置）也有足足 220 英里远。

关于这条古道东段的交通是如何维持的，现在的安西—哈密道穿过北山"萨依"的那一段与之大概很相似。在安西—哈密道前 11 站的行程中，水是很有限的（很多地方的水显然是咸的）。还有人用骆驼从远近不一的地方把芦苇运到驿站那些破败的小屋，并将其高价出售。除了这样的水和草料外，从当地便无法得到其他物资了。但我们知道，尽管存在着这些困难，在回部叛乱之后，中国军事当局仍精心策划了收复新疆的行动，并于 1877 年完成了这个行动。为达此目的，他们先是让军队从肃州转移到安西，又从安西分成一个个小队沿安西—哈密道到了哈密。就通过这种方式，他们在哈密绿洲逐渐集结了数目可观的军队（可能不少于 4 万人）。自从安西—哈密道在公元 73 年开通以来②，它就是中国和中亚之间的主要联络线。所以可以肯定的是，以前在中国向西扩张的时期，比如东汉、唐朝以及乾隆年间，安西—哈密道上都曾有大量军队和商旅往来，而那几个时期的自然条件

① 原注：见本书第八章第四节；魏利《人类学学会会刊》第十卷 27 页。

② 原注：参见沙畹《通报》156 页，1907。

与现在是很接近的。①

如果把古今安西—哈密道上的条件，同人们以前在古楼兰道上遇到的困难对照一下，我们就会注意到一个十分重要的不同点。在安西—哈密道上，穿过北山“萨依”走10天后，行路人就会来到一个肥沃绿洲的边上，仿佛上天为继续穿越东南沙漠的行程提供了一个桥头堡一样。但在楼兰道上，行路人向西走上10天，最近的水源仍然离他约有120英里远，楼兰垦殖区则离他有150英里远。而且，楼兰地区由于灌溉水源不稳定以及其他自然条件的制约，根本无法提供像哈密那样的物资。②

就楼兰道的西段来说，上述事实的存在，加上那里离远敦煌的物资供应站有200多英里，都加剧了物资运输上的困难。但是，尽管无法知道确切细节，我们却可以肯定，自从汉武帝先是把商团接着又把远征军派往塔里木盆地及其以远地区以后，人们都英勇地面对了这些困难。由于最大的障碍无疑是缺水问题，所以在这片条件恶劣的地区，人们大概尽量用骆驼来运输，因为骆驼是最不需要定时饮水的。楼兰盛产骆驼，这一点《汉书》中关于楼兰的记载可兹证明。③ 在这片没有一滴水的地面上，要想克服交通中遇到的障碍，用大队骆驼来运送水、物资和燃料无疑是最好的办法。但是我们应该记得，5月到8月这最热的4个月份里，如果在罗布盆地使用骆驼，肯定会遭受重大损失。④

但我们也可以想到，马、骡子或驴拉的车在运输中也可能占了相当大的比重。中亚的中国人和甘肃当地至今仍保留着使用这类车的古老传统，楼兰遗址的汉文文书也证明曾用过这种车。⑤ 车很方便，而且在完全没有水的沙漠两侧用车，不会遇到太大的障碍。但我们只需简单计算一下就会知道。在那没有水的5天漫长的行程中，车会面临多大的困难。一辆骡子或马拉的车的有效载重中，光是拉车牲畜本身所需的水和草料就要占去一多半。

---

① 原注：参见《西域考古图记》第三卷1143、1147、1149页，玄奘于公元630年穿过了这片沙漠，他的经历充满了冒险。这表明，人们仍想大规模地使用这条穿越北山的道路。当中国的闭关锁国政策阻碍了通过这条道与西域国家进行往来时，要在这条路上走是有很多困难的。参考拙文《玄奘过沙漠》（*The Desert Crossing of Hsüan-tsang*），见于《地理学杂志》（*G. J.*）1919年，265页。

② 原注：参见《西域考古图记》第3卷1148页；参见《汉书》关于楼兰地区的记载；见于魏利：《人类学学会会刊》第十卷23页。

③ 原注：参见魏利的译文，《人类学学会会刊》第十卷，25页："当地多驴、马和骆驼。"关于提到骆驼的楼兰文书，见沙畹《汉文文书》中839—841号。

④ 原注：1906年6月，我的骆驼队从喀什出发了。后来我损失了这些好骆驼中的大部分，这才使我十分伤心地意识到：炎热季节里在塔里木盆地的平原上使用骆驼是很危险的（参见《沙漠契丹》第一卷220、260页）。当时它们只走了几天，不仅有充足的牧草吃，还能经常在山脚下的阴凉地休息。6、7月间，罗布沙漠的每日最高气温，甚至可以与同一季节中的旁遮普平原和信德省相比当然，夜间气温会降下来不少。

⑤ 原注：关于提到牛车和车辆的文书，参见孔好古编的《斯文·赫定在楼兰所发掘的汉文写本》（*Chinesische Handschriftenfunde Sven Hedins*），81、88页。但这些文书没有明确说明车辆在哪里被投入使用。沙畹《汉文文书》164页中所收的第755号文书残件（发现于L. A. Ⅵ. ⅱ）中，提到一个下级官员被派出去在宿营地检查并试用一辆车和一头牛。但文书中没有说这辆牛车是在当地用还是将用于长途跋涉。（按原简文为："……因主簿奉谨遣大侯究犁与牛诣营下受试。"——译者）

剩下的地方只能坐4个行李少得不能再少的旅客，或是能装可供4个骑马者用的水和粮食。①

就牛拉车来说，其有效载重虽然大一点，但考虑到牛走得比马和骡子慢得多，也就说不上有什么优势了。在如今中国新疆的主要道路上都很少见到牛车，大概当地出于某些原因不愿广泛使用牛车。

尽管楼兰古道上的交通条件十分艰苦，遇到的困难十分严峻（大批人员的往来尤其如此），我们在司马迁的《史记》中却读到：大约公元前119年，张骞"将三百人，马各二匹，牛羊以万数"，沿着这条道出使到了乌孙国。② 这本记载作者同时代之事的历史著作还说，紧接着张骞出使的那几年，这条道上来自中国的商团和政治使团越来越多。③ 由于使团经常遭到楼兰国和姑师国（吐鲁番）的劫掠，公元前108年由"轻骑七百人"构成的远征军出兵征讨了这些地区。④

司马迁记述了大宛国（即费尔干纳 Farghāna）人的看法，使我们对楼兰道上的严酷自然条件有了一个真实的感受。大宛人说："汉去我远，而盐水中数败。出其北有胡寇（指鞑靼人），出其南乏水草？汉使数百人为辈来，而常乏食，死者过半，是安能致大军乎？"⑤

---

① 原注：这个计算结果，是我根据斯克特-蒙克里夫上校（Col. Scott Moncrieff）的《实地考察手册》（第2版）（*R. E. Field Service Pocket-book*）一书得出的。书中说，一匹马、牛或骡子每天需要的水为8加仑，其重量大约为80磅。此外，每匹牲口每天至少需要8磅的草料。这样，假设一辆两匹马拉的车5天要走125英里，在5天中有4次休息，休息地点的水等物资又是从山发地运来的，车上光水就得装640磅（其中120磅为水桶的重量）。如果我们再加上这天所需的草料重量约64磅，那么，光是牲畜的必需物资就有824磅重，而车的有效载重也只有1344磅。在冬天所驮的水的重量大概可以减少一点，但另一方面，冬天直至初春会刮起刺骨的寒风，那时就得给人带上足够的燃料，载重量实际上增加了。当时以及后来，当我考虑到这个物资运输问题时，我都想到用骆驼作为驮载工具会有助于解决这个问题。假设一匹骆驼拉的车的有效承载量与骆驼背上能驮的重量的比，跟马或骡子一样约为4∶1的话，显然骆驼拉的车上能腾出更大地方装物资等，而且骆驼拉的车还能走更远的距离。在寒冷的冬季，甚至在深秋时节，骆驼不喝水熬过一周多的时间几乎不成什么问题。而且，骆驼在路上所需吃的芦苇是极少的。虽然有这种假设，但应该指出的是，现在在塔里木盆地或甘肃没听说过有人用骆驼拉车。有人告诉我，在准噶尔的部分地区，比如巴里坤（Bar-kul）以北的沙漠地区，曾有人用骆驼拉车。而且，在德里周围和旁遮普邦靠近德里的部分地区，有人亲眼见到骆驼车。我们还应该记住，要想在无水区这样最适合骆驼走的地面上换成骆驼拉车，把车拉到无水区边上的其他牲畜就得被从原路带回去。这样，换拉车的牲口需要很多细心的组织工作。如果车辆是私人所有的（商队都是如此），就根本不可能进行这种换牲口的活动。就是在政府使团使用等情况中，在沙漠驿站上换牲口也将面临许多严峻的实际困难。我的朋友社会学博士、皇家工程师弗兰克·杜依（Frank Douie）还提请我注意这样件事：在没有任何资源的地区，如果建立前线必需品临时大集站，集结水或冰、芦苇秸秆和燃料会有很大好处。那样的话，随部队而行的车所载的辎重就可以只限于人畜在那段路上所需的水、食物以及人员的必需品。如果用骆驼拉车的话，就会把需集结的物资较快地运去，而我们可以证明，拜什托格拉克谷地中的那段古道沿线曾有过仓库，其中一点就是《魏略》提到的"居卢仓"。这可以支持杜依的想法。参考本书第八章第四节。我想，我们可以解释没有发现任何这样的仓库或物资集站的遗迹的原因：一方面，古道穿过的无水地面上，没有任何建筑材料。另一方面，可以肯定。哈密道已经广泛地投入商业和军事用途之后200年间，仍在楼兰道上偶尔走过的车马队、个别旅客等，自然已经把物资集结站上任何能用于生火的东西都用了个精光。

② 原注：参见荷斯（Hirth）《张骞传》（*The Story of Chang Kien*），见《皇家亚洲学学会会刊》（*J. A. O. S.*）第三十七卷，101页。

③ 原注：同《张骞传》103页。

④ 原注：同《张骞传》106页。

⑤ 原注：同《张骞传》109页。

尽管这段文字生动地描述了远征将遇到的巨大困难，公元前104年，汉武帝还是任命李广利为贰师将军，“发属国六千骑，及郡国恶少年数万人，以往伐宛”。

书中说，两年之后，当这支军队无功而返回到敦煌时，剩下的士兵“不过十一二”①。皇帝又下令采取新措施来挽回这次失败。司马迁告诉我们，当新组成的军队于公元前102年离开敦煌时，共有“六万人，负私从者不与。牛十万，马三万余匹，驴骡橐驼以万数。多赍粮。兵弩甚设，天下骚动”②。为了给这支大军提供物资运输，整个帝国凡是犯了小罪的人都被充作搬运工，而“转车人徒相连属至敦煌”。司马迁说，这支汉军到达大宛都城时有3万人。可见，他说最初踏上楼兰道的有6万人，大概并非夸张。这次庞大的远征虽取得了最终胜利，但付出的代价也是很惨重的，因为《史记》中说，当大军回师时，“军入玉门者万余人，军马千余匹”③。

我们很难想象，沿楼兰道进行这样的远征得需要多少物资给养和运输，大军在穿越可怕的荒凉沙漠时，人们又遭受了怎样的苦难。但司马迁被称为“中国的希罗多德”，他对同时代事情的记载是十分可靠的，这一点不容置疑。于是，在克服这条沙漠道上所有艰难险阻的行动中，我们又一次领略了中国古代领袖那令人叹服的组织能力。这种能力使他们也克服了大自然在其他时代、其他地区设置的极为严酷的障碍。

第十章　到敦煌和安西去

第一节　敦煌西北的长城

从3月17日起，我的工作地点又在中国古代的长城线上了，我还时常回忆起1907年在那里进行的成果累累的劳动。我十分清楚，当时出于环境的限制，我在系统考察长城遗址时留下了一些缺憾。此次我重回这一地区，其重要原因之一就是想尽量弥补这些缺憾。我这次对敦煌长城进行的考察，只不过是对《西域考古图记》中的详细内容的补充和继续。因此，在叙述这次考察的成果时就比较容易了。关于敦煌长城的历史、目的、结构状况等所有一般性问题，读者都可以参考《西域考古图记》第二十章的详细叙述。另一方面，本书这几章的描述也不得不有所局限。因为在这些长城遗址上发现的汉文文书目前我手头尚没有它们的译文。（本章和下两章写完后，马伯乐先生向我提供了大多数文书的初步译文，以及他关于文书的基本内容所做的笔记。经他同意，在这些资料和其他汉文文书出版之前，我在本书的正文和脚性中补充了能从这些译文中获取的直接的、具有考古学价值的信息。补充的部分用方括号来表示。）

在3月17日和18日沿长城线的头两天行程中，我从托格拉克布拉克来到了古代大仓库T. XIII，并进一步考察了玉门关以南的辅助城墙，我又观察到了一些考古学现象。这些

① 原注：见荷斯：《张骞传》，《皇家亚洲学学会会刊》第三十七卷110页。
② 原注：参考《张骞传》111页。
③ 原注：同《张骞传》115页。

现象都已详细记录在《西域考古图记》的相关章节中[①]，所以在此我只需在一个脚注中说一下从我后来在某些烽燧遗址拍摄的照片里能看出些什么内容[②]。此外，我再次考察这段长城时，还拾到了一些小物件，它们均载于下文的“文物目录”中。

对这段长城。我们就只说这些了，现在让我们来看看那片还有一些长城遗址尚待清理的地面。我指的是哈喇湖以南的那一组烽燧，其中有几个我在 1907 年 5 月曾远远地望见过，但当时出于现实的考虑，我不得不将它们搁下了。[③] 现在我要想完成这个任务，仍面临着与当时类似的困难：从米兰带来的物资已不多了；挖掘的人手只有我手下这几个人；还必须节省时间，因为在这一年的春天，我们在别的地方还有工作要做。于是，在 3 月 9 日我把所有沉重的行李，连同那些不能从事挖掘的人，都提前遣往敦煌，这样就可以把他们的物资节省下来给别人用。我们正准备在烽燧 T. XXII. a 附近一个沼泽洼地入口处扎营（1907 年我曾望见过这个烽燧，但没来看过），一件极为幸运的事发生了。我们碰到了一小群曾在米兰帮我们挖掘过的罗布人。他们刚刚在敦煌做过买卖，正赶着驴群回家去。他们用不着的几个人手，再加上在这个被称为“大泉”（Ta-ch'üan）的地方放牧骆驼的一群人中的两个汉族人，就为以后几天的工作临时凑足了挖掘队。

为了又快又全面地对东边的长城线进行考察，我觉得有必要像 1907 年的做法一样，由我本人在前面进行先期勘察，我那个能干的干零碎杂活的人奈克·夏姆苏丁则带着临时凑成的挖掘队跟在后面，把我找到的遗址都清理出来。在我寻找烽燧遗址和可能将它们连接起来的长城墙体的先期工作中，有很多有趣的经历。有些地方还曾被春天泛滥的疏勒河

---

① 原注：参见《西域考古图记》第二卷 634、656、692 页。

② 原注：这些照片都是在长城西段拍摄的。其中，插图 194 中是很破败的烽燧 T. Ⅳ. a，它坐落在一个土岭上，俯瞰着一个洼地。这个烽燧大概就是长城最末端的那个叫“都护井”的烽燧。参考《西域考古图记》第二卷 634 页，本书第八章第四节。插图 190 中是 T. Ⅳ. a 以南所见的长满芦苇的大沼泽盆地的东北角，疏勒河就结束于那里。前景中，在陡峭土岭的脚下，可以看到由芦苇捆和夯实的土筑成的长城墙体。插图中的人站立的地方是内侧的墙脚下。墙体的构造示意图见附图 13。再往前，墙体朽坏成了一条低矮的土丘，肉眼可以分辨得出来。它笔直地向南延伸，一直到了一个大土岭上，1907 年我的 171. a 号宿营地就扎在那里（参考《西域考古图记》第二卷，635 页）。插图 192 中是从 T. Ⅳ. a 所在的土岭向东—南—东方向看到的景象。前景中那条很直的长着芦苇的窄丘，就是已朽坏的长城城墙。中景中隐约可以看见高高的土堤，我觉得那是个中国古代堡垒的已朽坏的防御土墙（参考《西域考古图记》第二卷，637 页）。远处勉强可以分辨出烽燧 T. Ⅳ. b 和 c，它们坐落在砾石缓坡的舌状突出部上。插图 191 中拍摄的是从 T. Ⅲ 附近的砾石高原下来穿过一个洼地时的那段城墙。它约有 3 英里长，保存得相当好，并向下一个烽燧 T. Ⅶ 延伸过去。插图 204 中是从西南方向所看到的烽燧 T. Ⅶ。烽燧身南面涂过灰泥。上面还保留着粗陋的踏脚孔，以便人能爬到烽燧顶上去，踏脚孔两边的孔以前插有横杆来固定绳子，人是扯着绳子往上爬的。沿西北角露出了用芦苇拧成的粗绳子的末端，这些绳子嵌在夯实的土中，用来把加固烽燧身的胡杨树干拥在一起。参考《西域考古图记》第二卷，571 页。插图 193 和 198 中分别是 T. Ⅺ 和 T. ⅩⅢ 附近的垛在一起的芦苇捆，这些垛呈梅花点状分布。在盐的作用下，芦苇已经不同程度地石化了。《西域考古图记》第二卷 677 页曾详细地解释过，这种排列规则的垛，其最初用意是在点燃烽火时能方便地取得燃料。插图 195 中是烽燧 T. ⅩⅢ，它东边还连着几间屋子（我们 1907 年曾在那里挖掘过），还有几级台阶能到顶上去（参见《西域考古图记》第二卷，681 页）。对比一下《西域考古图记》中的插图 180 我们就能看出，虽然过了 7 年，这个遗址几乎没发生什么变化。在插图 200 和 201 中，呈现在我们眼前的是 T. ⅩⅢ 以东的一小段保存极为完好的城墙。这段城墙跟敦煌以西的大部分城墙一样，是由一层层的芦苇捆和土夯筑成的。对比墙脚下人的高度，我们看得出，有些地方的墙比堆在墙脚下的沙石高出有 10 英尺（参考《西域考古图记》第二卷，681 页）。

③ 原注：参见《沙漠契丹》第二卷 157 页。

淹过，走起来颇为艰难。但是出于已在《西域考古图记》中说过的原因[①]，我最好还是按照地形的顺序来描述观察到的地貌特征，并记录对遗址的考察和清理结果。

从 T. XXII. d 起的这一组烽燧坐落在哈喇湖南岸，是我在《西域考古图记》中所记录的“湖区”长城向东延伸的部分。[②] 我在该书中已指出，凡是湖区长城面临哈喇湖和西边那个宽阔沼泽盆地时，湖和沼泽地带都被用作“水界”，而不筑城墙。[③] 这可以解释为什么从位于哈喇湖出口处的烽燧 T. XXII. c 一直到 T. XXIII. b 附近这段直线距离约 10 英里的范围内，看不到什么城墙的遗迹。从地图 38. A. 4 中看得出，这段距离内的哈喇湖，湖面是最宽的。1914 年 3 月的哈喇湖，水面大多数地方宽达 2 英里多，南部湖滨还有一片沼泽。这个湖肯定全年都能提供足够的防卫，因为春夏的泛滥时节过去后湖中剩下的水含盐度很高，所以湖上结厚冰的时间绝不会太长。

大约在湖岸的中部有一个向湖中突出的地势较高的小半岛，半岛上有很多台地。这个半岛显然是从南面向大泉伸展过去的舌状高原延伸出来的一部分。湖岸突出来的这个半岛，在很大程度上缩短了北边积着深水的湖面的宽度。同时，它也提供了一些制高点，从制高点上不仅能瞭望到深水带，还能守望左右两侧浅水湾中的沼泽。显然，就是因为这个地形上的原因，我们发现有 3 个烽燧坐落在这个地势较高的半岛上。它们是 T. XXII. d-f，分布在约 2 英里的范围之内。在从 T. XXII. d 上拍摄的照片 197 号中，我们可以看出它们驻守的是什么样的地方。

T. XXII. d 坐落在一个风蚀土岭上。土岭很陡峭，比西边水湾中的沼泽高出约 80 英尺，从东—北—东到西—南—西方向延伸了 300 码。这个烽燧有 16 英尺见方，残烽燧高约 9 英尺。筑烽燧的晒干的土坯长 14 英寸，宽 7 英寸，厚 4 英寸，跟敦煌长城上常见的土坯尺寸是一致的。[④] 每 4 层土坯之间夹着一薄层芦苇秸秆。我只能勉强看出 3 间屋子的朽坏得极为厉害的墙体，连在烽燧的西边和西南边，显然它们本是营房。其中一间（ii）沿北面有一个只有 2 英尺宽的通道，通道底部积满了灰烬。看起来这个窄通道是个为隔壁取暖用的炉子，就像当代中国民居中的炕一样。[⑤]

小烽燧西南不远处有一堆垃圾，我们从中发现了十几枚汉文木简（大多数已经残破不全），还有一些小木制品和纺织品。木制品中值得一提的有：1 个木碗的耳，漆成红色（T. XXII. d. 02）；1 把木梳（T. XXII. d. 04）；2 个木铲刀（T. XXII. d. 05-06）。纺织品残件主要是各种颜色的素绸，但也有几件毛织品（T. XXII. d. 08-09）。T. XXII. d. i. 01 似乎是 1 件粗糙的棉织品，这种材料在长城上很少见。在这里我们还发现了 1 枚边缘已损坏了不少的五铢钱。

（在此发现的文书中，T. XXII. d. 015 特别值得注意。它上面的日期相当于公元 47 年

---

① 原注：参见《西域考古图记》第二卷 632 页。

② 原注：同上书，第二卷 717 页。

③ 原注：同上书，第二卷 718 页。

④ 原注：参见《西域考古图记》第二卷 737 页注 14。

⑤ 原注：T. XII. a 的营房中也有一个类似的窄通道，我们于 1907 年曾从那里发现一些早期的粟特文文书，那个通道有没有可能也是这个用途呢？参见《西域考古图记》第二卷，669 页，第三卷附图 39。

12月16日［原简为“建武廿三年十一月丁卯”——译者］。它似乎是一种“券”，是由“宗民”和“受官”的“燧长”[1]共同签署的。“宗民燧长”自称隶属于“破胡”，“破胡”是长城下属的一段或一个关隘T. XXⅧ. 36［沙畹《文书》中的621号］中也曾提到过“破胡”的西段。可能“破胡”是“平望”以东的名称，“平望”是从玉门关到T. XⅫ. c的这一段长城。[2] T. XⅫ. d. 018［原简为“永平七年”即公元64年——译者］和019［原简为“永平十年”即公元67年——译者］这2枚木简，记载的是在公元64年的不同时间运来谷物之事。T. XⅫ. d. 024是个日历残件［原简仅记二月和三月两个日期，不能作为日历——译者］，大概是公元前10年或公元115年的日历。）

在这个烽燧东边大约0.75英甲的地方，隔着插图197中的那个长着芦苇的沼泽，有一个东西走向的风蚀山岭，烽燧T. XⅫ. e遗址就坐落在山岭顶上。这座烽燧底部约有14英尺见方，高达9英尺，顶上有一个约6英尺见方的小守望屋。由于山岭本身就高达90英尺，所以视野很开阔。烽燧是用晒干的土坯制成的，土坯长14英寸，宽7英寸，厚4英寸，每隔5层土坯便出现一层芦苇。从烽燧上可以望到湖面和湖南岸很远的地方，东边的烽燧T. XⅩⅢ. c和T. XⅩⅢ. e都清晰可见。清理了守望屋和烽燧脚下的垃圾堆后，我们发现了8枚汉文木简，还有一些零碎东西。其中值得一提的有：木弓残件（T. XⅫ. e. 011），残件四面各有一个汉字题识，字很工整，但几乎被磨光了；一把保存得很好的扫帚（T. XⅫ. e. 013）。在山岭南坡上，烽燧以下约20英尺的地方，土中有5个窄窄的凹陷处，显然是营房。其中一个凹陷处里有生火的地方，另一个凹陷处里有个放东西用的小龛。

在这里发现的木简中，T. XⅫ. e. 03比较重要，因为它相当详细地说到敌人来袭等紧急情况发生时，怎样在边界线上维持烽火。以前在长城上发现的文书中，也有提到这种“可视电报”系统的[3]，但都很泛泛。木简T. XⅫ. e. 05和06也很有价值。它们提到了隶属于“破胡”的“止奸”这个烽燧，其措辞使我们认为，“止奸”无疑指的就是T. XⅫ. e这个烽燧。

T. XⅫ. e东北不到1英里远的地方，有一片从T. XⅫ. a弯过来的山岭，突入了湖滨的沼泽之中，使当时北面有水的湖面缩短到了1英里左右。从这带山岭最末端的土台地上可以眺望到整个湖面，烽燧T. XⅫ. f遗址就坐落在这里。它存留下来的建筑包括一个由晒干的土坯筑成的烽燧（跟前面说的两个烽燧类似），还有烽燧南面和西南面连着的两间屋子。屋子墙上曾抹过灰泥，如今残墙只有1—2英尺高。烽燧底部有16英尺见方，残烽燧高约8英尺，顶上有个7英尺见方的守望屋。守望屋的入口是东南角的一个窄通道。从烽燧外边的垃圾堆中发现了2件写在木头上的汉文文书，其中1件是块写板，已破成了3块。［这就是T. XⅫ. f. 1，后来发现它是一个中国日历的一部分，日历的样式与长城其他文书

① 原注：马伯乐先生在这里以及其他地方读出的“燧”字（他译作烽火台），就是沙畹先生读成“队”（连队）的那个字。参见《西域考古图记》第二卷747页。

② 原注：关于“平望关”，参见《西域考古图记》第二卷691、699、720、746页。

③ 原注：在《西域考古图记》第二卷752页总结了这类文书。

中的日历不尽相同，马伯乐先生说这是公元前13年的日历。]“文物目录”中所载的零碎小物品中，值得一提的有1个铁制马嚼子的一小块（T. XXII. f. 01），跟在宿营地 c i 以东的楼兰道上发现的类似；还有2个带倒刺的青铜箭头，这类箭头在敦煌长城上不太常见，但在楼兰地区曾发现过。[①]

从T. XXII. f所在的这个台地上眺望，东边的湖岸线和附近长着灌木的沼泽地都尽收眼底。但在它和下文即将说到的T. XXIII. b之间，沿湖岸线却望不到什么烽燧或其他遗址。由于东边的长城墙体到T. XXIII. b便终止在沼泽般的涨滩上了，所以我推断，在T. XXII. f和T. XXIII. b之间足足5英里远的距离内，古人觉得湖面所提供的“水界”就足够防卫之用了，而这一段的湖面也是最宽的。此外，在这片地面上，离湖岸1英里之内都是平地，没有建烽燧的有利位置。

但T. XXII. f和T. XXIII. b之间的这段距离也并不是全无防范措施的。从T. XXII. f延伸过来的风蚀山岭的东段，与南边的大“萨依”伸出来的一个窄高原末端离得很近。在那里我们发现了两个挨得很近的烽燧T. XXIII和T. XXIII. a。它们坐落在上面说的那个高原末端的一个险要位置上。我在1907年已经造访过这两座烽燧，因为到敦煌去的车马道就是从它们脚下经过的。我这次重来此地的考察结果也都记在《西域考古图记》中了。[②] 考虑到连接敦煌和玉门关（以及长城西段）的最便利的交通线必定一直是从这里经过的，所以我觉得在这一点上设了T. XXIII. a和比它高些的烽燧T. XXIII，很可能有双重目的：其一是把守道路，其二是把长城的烽燧线连接起来。

在3月20日到22日，我们是顺着T. XXIII. b到g和连接它们的长城线走的。这段路很泥泞，有些地方几乎难以通行。之所以会出现这种情况，主要是因为T. XXIII. c和T. XXIII. d以南的一个洼地的水渗透作用。洼地中存积的泉水（即碱泉子）可能是党河（或称敦煌河）的河水从砾石“萨依”底下流过来补给的。有意思的是，洼地南部和西部边上是一块块结着厚盐壳的地面，其种种面貌都很像我们在古罗布泊底部和其周围遇到的情况，只不过要小得多罢了。

这样，3月21日我们把宿营地移到了由泉水补给的碱泉子——从罗布来的人称它为肖尔布拉克（Shōr-bulak）。[③] 在到此之前的2—3英里内，我们穿越的就是大片起伏不平的坚硬盐壳，使人想起在穿过库木库都克以北的干涸罗布泊伸出来的部分时所遇到的情景。值得注意的是，在这片盐壳上踩出的路已经碾压得很平了，路面比临近的硬盐壳要低3—4英尺。可以断定，这样低陷的路面是从前的来往车马队长期碾压的结果。现在这条道上偶尔经过的骆驼队和拾木柴者的车辆是断不能产生这种效果的。当楼兰古道在宿营地 c vi 以西穿越干涸罗布泊的“水湾”时，我们观察到的情况与此十分相似。[④]

---

① 原注：见本书第七章第八节；Kum. 01 见本书第九章第二节。

② 原注：参见《西域考古图记》第二卷720页。后来又清理了T. XXIII. a后发现的小物件，都记录在下文的“文物目录”中了。

③ 原注：泉水是一点也不咸的。因此，肖尔布拉克这个名字肯定是起源于从西边到达泉水之前经过的硬“肖尔”地面。这也可以解释为什么当地汉人类似地称它为“碱泉子”。

④ 原注：见本书第九章第一节。

我在1907年曾在千佛洞得到一份有趣的地理文章手抄残件（编号为Ch. 917）。那篇文章中不仅提到了由泉水补给的碱泉子，还提到了它西北那个已经干涸的盐沼。吉列斯（L. Giles）博士曾将这篇手稿译了过来，还同意我参阅了译文。从他的译文中可以看出，这篇文字写于公元886年，是关于敦煌地区和其西边、西北邻近地区的地形情况的“官方备忘录”。它在许多方面和《敦煌录》十分吻合，显然其信息是从当地收集来的。[①]

我觉得它当中有一段话肯定说的是碱泉子。在吉列斯先生的译文中，这段文字是这样的：兴湖，“在州西北一百一十里。其水碱苦，唯泉堪食。胡商从玉门关道往还居止，因以为号。《沙洲志》中称：‘水是咸的，只有泉水可以喝。’《沙洲志》中还说，湖东西十九里，南北九里，深五尺”（出自《沙洲都督府图经》。斯坦因所引的译文似乎有误。《沙洲都督府图经》原文是这样的：“一所兴湖泊，东西十九里，南北九里，深五尺。右在州西北一百一十里。其水碱苦，唯泉堪食。商胡从玉门关道往还居止，因以为号。”——译者）。参照该文提到的其他地点，我们显然可以看出，所谓“州”（或县治所在）指的就是坐落在敦煌以西约1英里处的带城墙的唐朝古城。从那一点向西北110里，恰好就是碱泉子这个小湖的位置。因为据地图上所标，这段距离是22英里，而1里大约等于1/5英里，有大量证据表明，这种换算法在中亚地区基本上是正确的。[②]

文章中还说，在那一地区，只有兴湖的水是能喝的，而且出入玉门关的胡商途中常在那里歇脚。这些都证实“兴湖”的确就是指碱泉子。因为，经过玉门关到西边去或从西边来的所有车马队仍一直把碱泉子（或称肖尔布拉克）当作歇脚的地方。《沙洲志》也是对敦煌地区的描述，但年代比《沙洲都督府图经》要早些[③]。要想更好地理解Ch. 917中引自《沙洲志》的那段话，我们必须考虑到，Ch. 917这个手稿在上述引文之前曾有过这样一段话：“西盐池……一百一十七里。俗号沙泉盐者；类马牙，其味美。又红色。”（见《沙洲志》——译者）考虑到“西盐池”的方向跟兴湖是一样的，只是距离远了7里，因此我认为，它大概就是从长城来的车马道穿过的那片干涸盐沼区，以前显然曾把那里作为一个产盐的地方[④]。唐朝时季节性的洪水很可能会将那里淹没，即便今天，它北边靠近T. XXIII. c和d的地方也时常被水淹没。

《沙洲志》中所记载的湖的大小，一定指的是这个如今已结上了硬盐壳的地区。“东西十九里。南北九里”（见《沙洲都督府图经》——译者），这不可能单单是指水可供饮用的那个泉，因为泉水积成的小湖（或小水塘）是很小的，只有30—40码宽。但《沙洲志》中所记载的数据，却与干涸沼泽的大小十分吻合，车马道就是从它西北部2英里的地

---

① 原注：关于得自这个手稿的其他信息，参考伯希和的文章，见于《亚洲学杂志》1916年1—2月刊，116页。又见《西域考古图记》第一卷327页。

② 原注：参见《西域考古图记》第二卷735页及该页注28中所引述的证据。我们还应该注意到，这两点之间的路几乎是直的，除了约5—6英里的路程外，其余地方经过的都是荒芜的砾石沙漠。

③ 原注：关于它的大致年代，参见《西域考古图记》第二卷716页。

④ 原注：之所以这样说是因为，在我们的手稿Ch. 917中，“西盐池”是紧接着“东盐池”出现的。手稿中称东盐池“自为块片，人就水里漉出曝干，并是颗盐，其味淡于河东盐，印形相似”此为（《沙洲图经》）。《沙洲志》为：“盐出水中，为块，人就水漉出曝干，并是颗盐，味淡于河东者。印形相类。”

方穿过来的。我们的分析如果正确的话，将会有一定的地理学价值，因为这会告诉我们，从一个至少一年中部分时间有水的盐沼，变成一个布满硬盐丘的干涸湖盆大约需要多长时间。我们今天在碱泉子西北遇到的就是这样的干涸湖盆。而早在汉代，罗布泊的大部分地方就已经是这样的面貌了，迄今那里依然如此。

在 T. XXⅢ. a 东—北—东方向约 2.5 英里远的地方，我们发现了烽燧 T. XXⅢ. b。它坐落在一个约 50 英尺高的风蚀土岭上。从这里可以分辨出来自 T. XXⅢ. c 的长城线（T. XXⅢ. c 是东边离此最近的烽燧），经过侵蚀的墙体就跟小土包似的。墙体在土岭北边约 120 码的地方经过，朝湖岸边延伸而去。它一直延伸到 T. XXⅢ. b 西北约 300 码的地方，此后便消失在湖边长满灌木的沼泽中了。T. XXⅢ. b 也是由常见大小的晒干的土坯筑成的（土坯的尺寸为 14 英寸×7 英寸×4 英寸），底部约 16 英尺见方，残烽燧仍有 13—14 英尺高。在与烽燧相连的小屋中的垃圾堆里发现了一些东西，其中包括：一个编织精美的地毯残件，上面有彩虹般的条纹（T. XXⅢ. b. 03）；一个彩绘木托架（T. XXⅢ. b. 06），是用来挂器具等用的，很像我们在西边的长城遗址发现的文物。在此我们还发现了一枚边缘已破损的五铢钱，还有一个木简残件。（马伯乐先生说，本简中提到了“来降”燧。［按简文为“未降癸亥……”——译者］）。

在 T. XXⅢ. b 正东大约 1.5 英里远的地方，有一个很醒目的高大台地，台地顶上视野十分开阔，T. XXⅢ. c 就坐落在那里。为了到达那个台地，我们不得不穿过上文说的那个洼地的低洼部分。由于 T. XXⅢ. b 以东地面很泥泞，我们走得十分艰难。但走了约 0.5 英里后，我们又找到了长城墙体（形如一条低矮的小丘），便一直顺着它来到了台地脚下。这个陡峭的台地矗立在周围结着盐壳的地面上，约有 400 码长，中轴线的走向是从东—北—东到西—南—西。我们很快就在台地南脚下发现了一个垃圾堆，是芦苇和牲畜粪便。看起来，在那里掉落下来的大土块中，人们曾盖过一间小屋。我们在爬坡的时候发现了大量陶器碎片，说明顶上的那个烽燧很长时间都有人把守。

从附图 13 可以看出由芦苇捆和土筑成的长城墙体，沿着台地南坡上来，直到了台地中部附近一块约 90 英尺高的平台般的地方，然后又折而向西，绕过了一个比周围地区约高 30 英尺的陡峭小土丘。烽燧 T. XXⅢ. c 就坐落在这个土丘顶上，保存得极为完好。烽燧是由一层层夯实的土筑成的，底部有 14.5 英尺见方。直到 15 英尺高的地方，烽燧都是完好的，顶上是一层芦苇和一条大胡杨树树枝。烽燧东面有很多踏脚的洞，踏脚洞两侧是一些小洞，显然是给往顶上攀登的人提供手抓的地方。烽燧北面连着一间约 13 英尺见方的小屋，屋墙是用土坯筑成的，墙体约 1 英尺 8 英寸。朝北的墙仍高达 8 英尺，朝西的墙则破损得很厉害，朝东的墙几乎已消失了。这充分证明，就是在比周围的沙地和砾石地面高出这么多的地方，盛行的东风的风蚀作用仍很强劲。

在对着烽燧西北角的一点，长城墙体折向西南（这里的墙体也跟别处一样是 8 英尺厚），并来到了一个小丘。那个小丘跟烽燧所在的这个小丘几乎一样高，但要陡得多。由于小丘已提供了天然屏障，因而那里的墙体中断了约 30 英尺。过了这个豁口后的墙体是由 14 英寸×7 英寸×4 英寸大小的土坯筑成的，有 3 英尺厚。这段墙沿着小丘的陡坡向下延伸了 27 英尺，在我所见到过的长城城墙中，这是唯一一段用土坯筑成的。过了这段之后，墙体又是由芦苇和夯土筑成的，沿着西南坡向下延伸了 90 英尺（西南坡坡度较缓）。然后，它又向西—北—西方向的 T. XXIII. b 延伸而去，这段墙体中的柴捆主要是胡杨树枝，树枝之间是一层层夯土。

在台地顶上由墙围起来的地方里有大量陶器碎片。这充分说明，曾有为数不少的人在这个烽燧驻守了很长时间。西边的那个小丘和烽燧所在的小丘之间有一层垃圾。在那里我拾到了保存完好的汉文木简 T. XXIII. c. 4。后来在这里和烽燧旁边的垃圾中又发现了 11 枚木简。在发现的零碎小物件中，值得一提的有：涂了漆的木碗残件（T. XXIII. c. 02）；1 块铁锄头 04）；2 枚汉代常见的青铜箭头（06、07）。（在文书中，T. XXIII. c. 4 是一封私人信件的草稿；T. XXIII. c. 016 明确提到了一个死去的士兵，他的家乡远在河南［原简文"戍卒颍川郡邑翘里志病死……"——译者］；T. XXIII. c. 022 中又一次出现了"破胡"这个当地地名[①]；T. XXIII. c. 023 则是公元前 4 年的日历残件［原简文"壬午　壬子　十八日　乙卯　甲申　武　甲寅　之癸未"——译者］。）

在这里以北约 1.5 英里的地方，可以望见位于长城线以外的烽燧 T. XXIII. e。它所把守的湖岸被一个布满砾石的岭遮住了，在 T. XXIII. c 是看不见的。地面很泥泞，我们此时无法到那个烽燧去。它的用途显然跟 T. IX. a 类似，T. IX. a 也是位于最西段的长城之外[②]。之所以需要它，是为了更好地保卫这段接近哈喇湖的要冲，而且从地图上看得出，长城线在这里向外折出了段。之所以折出这样一段，大概是因为人们想要利用视野极为辽阔的 T. XXIII. c。从这个制高点上，向东北可以一直望到疏勒河，它汇集了党河三角洲的各支流后，流进了哈喇湖。向东越过光秃秃的平原，可以一直望到从碱泉子延伸过来的结着盐壳的洼地，洼地与一行行低矮的风蚀雅丹相连。

从 T. XXIII. c 起，形如低矮土丘的长城墙体，向东南方不足 1 英里远的一个约 100 英尺高的长台地延伸过去。地面一路都结着盐壳，很泥泞。要不是长城土丘般的墙体提供了一条比较坚实的小道，我们根本过不去。那个台地顶上有一个完全破败的小丘，那就是 T. XXIII. d 烽燧遗址。烽燧周围有不少陶器碎片。其中有几片上了釉的陶器，跟我在 T. XXIX 发现的很相似。[③] 据大英博物馆的霍布森先生考证，它们有的是唐代的，有的是宋代的。我们在这里还发现了 4 块瓷器残片，即 T. XXIII. d. 010 到 013（其中 3 片属于一件器皿），都粗糙地涂成蓝色。[④] 这几片瓷器片也说明，此地后来仍有人驻守。并没有什么被人们长期使用的道路经过这里，所以我还无法说出这里之所以长期有人驻守的原因。

在 T. XXIII. d，长城墙体折向东—北—东方向。沿这段城墙走了约 1 英里，我们来到了一个窄窄的孤立土岭。土岭是东西走向，约 100 码长。烽燧 T. XXIII. f 就坐落在它的最高处——那里比附近地区约高出 35 英尺，最宽处只有 25 英尺。烽燧是由一块块土坯筑成的，其中还夹杂着不厚的一层层胡杨树枝，以使烽燧身更加坚固。烽燧底部约 14 英尺见

---

① 原注：参见本书第十章第一节。
② 原注：参见《西域考古图记》第二卷 662 页；本书地图 35. D. 4。
③ 原注：参见《西域考古图记》第二卷 600、788 页。
④ 原注：在 T. XI 发现了与此类似的瓷器，见《西域考古图记》第二卷 667、773 页。

方，烽燧高仍有 16 英尺。土岭顶部再没有别的建筑遗存了。但土岭顶部南端向外伸出了个由大块的土坯筑成的平台，使土岭顶部的面积加宽了。烽燧东侧约 6 英尺远的地方有一口圆井，直径 3 英尺，打在土中。目前井约 16 英尺深，但以前井无疑是更深的，一直到达地下水层。此地周围泥泞的地表说明地下水离地面不会太深。

烽燧周围和南坡上有不少垃圾，大多数是芦苇秸秆和木片。清理了垃圾后，我们发现了几枚残破不全的汉文木简，其中 T. XXⅢ. f. 02 提到了敦煌，还有 1 枚大五铢钱和许多各种各样的零碎东西。其中包括：绳子编的鞋 T. XXⅢ. f. 01 和 02，都特别大，大概是人脚上先缠了很多布来保护脚，然后再穿上这样的鞋；不同颜色的丝绸破布 010；陶器 012，后曾被人穿了孔，并在孔中穿了绳子；一个木制器具的两片，大概是搅拌用的（013 和 014）等。

从 T. XXⅢ. f 可以看到，长城墙体折向东南，我们顺着墙走了约 7 英里。在 T. XXⅢ. g 之前都可以清晰地分辨出墙体中断断续续地露在地面上的柴捆。这里的柴捆用的是胡杨树枝，这充分表明此地的地面状况多少年来变化不大。因为在城墙穿过的洼地中，至今仍生长着大量的胡杨树。过了这段之后，墙体中用的又是芦苇捆了。

T. XXⅢ. g 离前一个烽燧 T. XXⅢ. f 不到 1 英里，是一个烽燧状的建筑，坐落在一个台地的北端。它的厚墙也是用常见的那种土坯筑成的，约 5 英尺高。厚墙中间围成一间约 7 英尺见方的屋子，屋子入口在东南角，跟 T. XXⅡ. f 一样。城墙是在这个小烽燧以北约 20 英尺远的地方经过的。在入口附近的垃圾堆里，我只发现了一只绳鞋的残片和一个小粗布包。

再往前走 1 英里，长城又经过了一个约 15 英尺高的孤立的土台地，显然那里曾有过一个烽燧。虽然没什么建筑遗存保留下来，但发现了不少长城烽燧上常见的那种带"席纹"的陶器碎片。这说明其他长城烽燧有人驻守的时候，这里也是有人把守的。过了这里，在 2 英里的距离内，长城穿过了一些长满芦苇的洼地，洼地中零星有几个雅丹，有一处还有积成沼泽的泉水。一个在那里放马和羊的年轻汉族人告诉我们，这叫月牙湖（Yeh-ya-ho）。在洼地中我们没有发现长城的遗迹。直到洼地消失，让位于长着灌木的平坦草地，墙体才重新出现。T. XXⅢ. h 就坐落在这个草地附近。这个烽燧底部约 16 英尺见方，是由常见的那种 14 英寸×7 英寸×4 英寸大小的土坯筑成的，破败的烽燧身约有 11 英尺高。烽燧顶有一个 8 英尺见方的守望屋，屋子的入口在南面。在烽燧底下，我们拾到了一片厚厚的上了釉的陶器片 T. XXⅢ. h. 01，跟在 T. XXⅢ. d 发现的差不多。

此后的 1 英里内，长城墙体是一个低矮而连续的土丘，清晰可辨。在这段距离内共有 3 个烽燧，即 T. XXⅢ. i、j、k. 它们的样式都跟 T. XXⅢ. h 差不多，而且也都是只有很少量的垃圾。我们现在走近的部分地区，在汉朝时大概曾有敦煌绿洲外沿的居民居住，所以我想，这几个挨得很近的烽燧虽然是为保卫长城而设的，但除了紧急时候外，可能并不总有人驻守，因为只需一下令，士兵就可以马上来到这里。当然也可能有其他的解释。不管怎么说，我很遗憾没能对这最后 3 个烽燧进行彻底清理。3 月 22 日傍晚，当跟在我后面的奈克·夏姆苏丁的挖掘队到达此地时，天色已经太晚了。第二天早晨我又带着骆驼和行李来到了长城线上（在 T. XXⅢ. 1 那里）。我无法知道前面在哪儿能找到水并可以安营，所以我们只好顺着长城走，已经没法抽出时间再回到那几个烽燧去了。

T. XXIII. 1 也是一个土坯筑成的烽燧，大小和样式都跟前面说的那几个一样。但我们发现它的守望屋 i 中塞着约 4 英尺高的垃圾。这个守望屋有 6 英尺见方，离地面约有 5 英尺高，南边有个窄入口。在垃圾堆的芦苇秸秆，木片、碎土坯等杂物之中，我们发现了 20 多枚汉文木简（大多数保存得相当好），还有不少空白木简，显然是当作文具用的。很可能当这间小屋直被用作“秘书办公室”时，人们就任由垃圾在那里堆积了，因为我们在西墙附近发现了一层层的灰烬和烧红的土坯，人们肯定是在那里生火的。（在有字木简中，既有私人信件［T. XXIII. 1. 2、21、23、08］，也有一件文学作品残章［T. XXIII. l. i. 7］。T. XXIII. l. i. 3 比较有价值，因为它下达了这样的命令：士兵驾车出去巡逻时，车上应该放烽火。T. XXIII. l. i. 8 和 12 中，分别提到了“威胡”燧和“止寇”燧的名字。“威胡”燧的名字还出现在 T. XXIII. 1. i. 18 中，这个木简很有趣，它提到某一天，“威胡”燧的巡逻兵遇到了来自“玄武”燧［位于“威胡”燧以西］的巡逻兵。这块木板曾被分成两半，每半边都刻了些同样的缺口，作为符木。这种文书叫做“券”，即“一种最初写在木板上的文书木板分成两块，当事人各执一半”①。）

标志着长城墙体的那条土丘是在烽燧北面呈半圆形绕过去的。在巡查周围地面时，我们在土丘外边发现了一个小垃圾堆（ii），从那里只有几英寸厚的砾石之下出土了 30 多枚木简，不幸的是由于潮湿，大多数木简上的字已完全消失了。它们显然是在某次清理“废纸”时被一股脑扔来的，我们 1907 年在 T. VI. b 和 T. XV. a 等处发现的数量远多于此的成打木简也属于这种情况。它们腐坏的状况似乎表明，虽然长城西段的空气和土壤一般都是极为干燥的，但这里却没有那样的有利条件。（在仍可识读出一部分文字的木简中，T. XXIII. 1. ii. 09 提到了“破卢”燧［应为“破虏”——译者］，T. XXIII. 1. ii. 020 则提及了“田和”燧［按，又释作“沙上燧” —译者］和“宜禾”燧。“宜禾”燧的名称还出现在沙畹的《文书》中的第 637 号中，那个文书是在敦煌以北的一个长城烽燧 T. XXVIII发现的。）在这个烽燧发现的零碎物品都记载于下文的“文物目录”里，其中值得一提的有：木碗 T. XXIII. l. i. 03—05 号，为圆形或船形；铁制武器或器具残件 1. i. 06；木棍 l. ii. 03。

隔了 0. 75 英里就是长城上的 T. XXIII. m 烽燧，从那里再走 0. 75 英里是 T. XXIII. n 烽燧。这段长城墙体仍大致是东南走向，但各个烽燧的位置不在一条直线上。自从 T. XXIII. h 往前，一直是如此的。之所以这样安排，大概是为了更容易把相邻烽燧的烽火区别开来。T. XXIII. m 和 T. XXIII. n 都已完全坍塌成小丘。过了它们之后是长着茂密芦苇丛的沼泽地，长城墙体在那里便消失了。

一个烽燧 T. XXIII. o 却保存得相当好。它坐落在一个低岭的末端，土坯筑成的烽燧高达 15 英尺，仍可以给人们指引方向。在清理烽燧附近的垃圾时，我们发现了两块写着汉字的木板以及一些零碎东西，其中包括一个上过漆的饭碗残片 T. XXIII. o. 01。过了这个烽燧向东，又可以分辨出长城墙体了，我们在砾石地面上将其一直追踪到了 T. XXIII. s。在这段距离内有几座间隔 0. 75—1 英里的烽燧，其中 T. XXIII. p 和 r 均已成了低矮的小土丘，T. X

---

① 原注：参见魏利《汉英字典》（*Chinese-English Dictionary*）3159 页。

XⅢ. q 仍约有 12 英尺高，T. XXⅢ. s 则约有 17 英尺高。它们都是由常见的土坯夹杂着芦苇筑成的。q 是每两层土坯夹一层芦苇，s 是每五层土坯夹一层芦苇。我们在这些烽燧附近松软的土壤上没有发现任何垃圾。

在东—南—东方向，可以望见一个醒目的烽燧 T. XXⅢ. t，于是我们就朝它前进。过了约 1. 5 英里后，我们发现骆驼走得越来越艰难，因为地面泥泞的土壤上盖着松软的“肖尔”。在离目标约 0. 5 英里远的时候，一道从南边流过来的水阻住了我们的去路。于是我们不得不折向南边。接下去 2 英里的路程十分艰难，骆驼在泥泞中挣扎前行。最后，我们总算踏上一个向南延伸的低矮土岭的结实地面，大家都十分高兴。从岭上往东望，除了 T. XXⅢ. t 外，看不到远处还有什么烽燧。而远方看到的树木和农舍就是敦煌绿洲的最北部边缘了。

在如今这个河水泛滥的时节，我们要想穿过东边的地面显然是不可能的，因为敦煌的水渠末端的水是可以溢到那里的。南面可以望见两个“炮台”（Pao-t'ais），我于是决定朝那个方向走。天黑后大家宿营。3 月 24 日早晨，我们顺着一行低矮的土岭（土岭两边是沼泽）继续朝那里走，并来到了前一天傍晚看见的两个塔中较大的一个（T. XXⅢ. u）。它显然很古老，但与长城上的烽燧截然不同。后来我得知，当地人把它叫做“盐池墩”（Yen-chi-tun），这座塔底部有 29 英尺见方，是用浸着盐的土和砾石筑成的，每隔 8 英寸的土和砾石就出现一薄层芦苇，起加固作用。围着塔的是一个长方形的院落，院墙朽坏得极为厉害。这些都表明，这座烽燧是人们的藏身之处。在甘肃西部偏远的居民区常有这种建筑[①]，因为这些地区在历史上，一直到最后一次东干人大叛乱之前，都常常受到劫掠和侵扰。烽燧侧面已出现了大豁口，说明它不会是近期之物。但不论建于何年，它显然都不曾与汉长城连接起来过。长城极有可能是从 T. XXⅢ. t 继续向东延伸，一直到废墟石板墩（Shih-pan-tung）附近”[②]，并在那里同我 1907 年在敦煌绿洲东北部一直追踪到 T. XXX 的那段长城连了起来[③]。

东边那个烽燧要小得多，显然是近期筑的。此后我们便向东南走，那里有一条窄窄的砾石高原，能让我们轻松地走上一段路。高原两侧都是低洼的沼泽，沼洋中有一汪汪的水，水是泉水补给的，而泉水显然是从党河以西的灌溉区流过来的地下水。越过这些洼地可以看到零星几间房子，显然都是无人居住的。东干人“叛乱”给甘肃边区带来了毁灭性的灾难，这些房子就是令人痛心的见证。

一路上被水淹过的地面一次次阻挡了去路，我们只好一次次绕远。之后，我们来到了一个宽阔的砾石“萨依”，绕过“萨依”边上，总算到达了敦煌垦殖区。在沙漠中艰苦跋涉了两个月后，我们又看到了敦煌绿洲。它耕耘平整的田地，成行高大的榆树，安然隐蔽在高墙之后的那些昏昏欲睡似的小村庄，这些景象是那么熟悉，而且像以前一样使我们精神为之一振。扎西德伯克（Zahīd Beg）和我在当地的几个熟人骑马出来迎接我，把我们接

---

① 原注：关于被称作堡子的边界小城或堡垒，参见《西域考古图记》第二卷 587 页。

② 原注：见地图 38. B. 4；《西域考古图记》第二卷 588 页。

③ 原注：见《西域考古图记》第二卷 603 页。

到了1907年的那个旧基地。于是，当天傍晚我们就在敦煌城东门外宁静的郊区安了营，离那个大庙不远，1907年6月帮了我不少忙的中国官员朋友们就是在那里同我最后告别的。

第二节　重访敦煌和千佛洞

……

我尽量按时完成对未来考察的准备工作。在此期间，我抽空又去了“月牙泉”那个闻名遐迩的圣地一次。[①] 那个美丽的小湖是由泉水补给的，奇异地隐藏在绿洲南边的高大沙丘之中。它是大自然的一个奇观。敦煌当地人把它和俯瞰着它的鸣沙山看成是一个应该朝拜的圣地。公元938年穿过敦煌去往和田的中国使团就已连篇累牍地说到了这个地方[②]，约350年之后的马可·波罗也提到了它。关于古代和当代其他提到这里的文字以及与“鸣沙山”类似的自然现象（“鸣沙”使这里在中国远近闻名），在此我只提一下亨利·尤尔爵（Sir Henry Yule）和科尔迪耶（Cordier）教授，对马可·波罗写“唐古特省”（Province of Tangut）[③] 的那一章所做的笔记，以及寇松勋爵（Lord Curzon）最近的著作[④]。在提到此地的汉文资料中，还应该加上《敦煌录》。这是篇唐朝末年的文章，是我从千佛洞石室中获得的，吉列斯博士把它翻译了过来。[⑤]

在此我无法深入讨论流沙堆积起来的这些巨大沙丘有什么有趣的自然特征。在党河河口和千佛洞谷地之间，南山最外端的分支伸进了绿洲之中，这些分支上布满了这样的沙丘。沙丘有几百英尺高。在此我简单提一下，人们应该注意到，沙丘的位置和疏勒河下游谷地中的盛行风向之间，显然有着直接联系。我曾反复说过，盛行风主要是从东边和东北吹来的。[⑥] 这种风很可能是由空气的对流引起的。对流作用把来自北山高原和北山与南山之间高地上较冷的空气，推送到塔里木盆地地势最低的部分，在那里春夏两季空气升温很快。

党河以及它东边的众多河滩从南山光秃秃的北坡携带下来很多沉积物，风吹在这些厚

---

① 原注：关于我上一次到这个地点去的情况，见《沙漠契丹》第二卷，160页。罗茨教授（L. deLóczy）Gróf Széchenyi Keletázsiai utja，第一卷481页及之后，十分详尽地描述了这个奇妙的小湖和其周围的沙山的自然特征。

② 原注：参考雷缪扎（Rémusat）《和田城》（*Ville de Khotan*），77页。

③ 原注：尤尔：《马可·波罗》第一卷202、207页。

④ 原注：贝寇松《旅行记》（*Tales of Travel*）263页之后。

⑤ 原注：见《皇家亚洲学会会刊》，1914年710页，1915年43页。这个记载敦煌地区逸闻趣事的作品对鸣沙山的描述很准确，可见作者对当地是很熟悉的。《敦煌录》中提到了一个没有被沙子盖起来的神秘的洞，显然指的是月牙泉所在的高沙山之间的那个奇怪的洞。该文还说绿洲以南有一个全被高大的流沙丘覆盖起来的地区，我们的考察证实了这个记载是正确的。从地图38. B. 4中可以看出，这些沙山与垦殖区之间隔着一个砾石缓坡，沙山带沿直线延伸了约17英里，这与《敦煌录》中所说的“东西80里”极为接近。同样，《敦煌录》中所写的“南北40里”“有的地方高达500尺”也并非夸张。遗憾的是，我在敦煌逗留期间，没能证实一下每年在月牙泉举行的节日庆祝究竟是在哪一天。但我记得，它是在六月的第一周左右，跟《敦煌录》中说的“端午节”（五月五日的龙舟节）是一致的。根据《敦煌录》记载，在这一天城中的男女老少都爬上鸣沙山的几个最高处，然后成群地滑下来，使沙子发出雷鸣般的声音。

⑥ 原注：参见《西域考古图记》第二卷643页，第三卷1095、1102页；《沙漠契丹》第二卷140页。

重的沉积物上，这就是敦煌绿洲以南辽阔的小山上布满了高大沙丘的原因。但有可能，风蚀作用也在不停地往这些沙山上添加着细粉尘。我的观察已经充分证明，整个疏勒河下游谷地，尤其是安西以下，都有风蚀作用存在。[①] 从地图39. B. 1中我们可以看出，敦煌河河道深陷，河水常年由冰雪补给，水量相当大。这条河阻挡了流沙，使其无法向西扩展。但在南湖绿洲西边又有一条堆积在山脚下的巨大沙丘链，也是由同样的风吹成的。它沿山脚延伸，一直到能俯瞰疏勒河尾闾的一个地方。再往西我们可以分辨出堆在山脚的沙丘地貌仍在继续，那就是拜什托格拉克谷地南侧的高大沙丘。过了谷地后，它与库木塔格的大沙丘连在了一起。在吐鲁番盆地中我们也发现了极为相似的例子，那就是南山最西端的外缘小山脚下堆积的高大沙丘。但那里沙丘的规模要小得多，我们将在别的地方讨论它们。

我找好了向导和更多的骆驼，以便拉尔·辛格和穆罕默德·亚库卜能分别沿山里和疏勒河河道进行考察，然后再同我在安西会合。做好这些工作后，我于4月2日离开敦煌城到千佛洞去。凛冽的东北风一路伴随着我们。所以当我看到千佛洞那个圣地仍像冬天一样荒凉时，我并没有感到吃惊。浅渠上结着冰。在这个沙漠谷地的谷口处，渠中的小溪流消失在宽阔的砾石河床上，灰蒙蒙的空气里飞满了尘沙，那砾岩山崖和两侧的沙坡更加显得极度荒芜。

王道士热情地欢迎了我，并带着真心的自豪之情，引我参观了我7年前离开这个圣地后他于虔诚之心修的各种新建筑。在发现了大批手稿和绘画的那个洞窟对面，现在矗立起了一座宽敞的客舍，还有一组佛龛，龛中放着俗丽花哨的彩绘大泥塑像。附近是一个很平整的花园，其中有小果树、成行的马厩、砖窑等。这些都表明，这个瘦小的道士一心想着能按照他的想法，使这个古老圣地恢复它的光辉和它对大众的吸引力。他告诉我，新客舍主要是用我1907年捐的银两修建的——当时我拿走了所选取的东西，就是用这些银两作交换的。但实际上，我当时给他的“马蹄银”数量并不多，他现在赞扬我的话似乎有夸大其词的成分。[②] 但这暗示着，他希望我再一次在交易的基础上施舍银两，这个暗示对我是很有利的。王道士保存着一个记录施舍情况的精致的红色簿子，他急切地把这个簿子拿给我看。我可以肯定，我以前历次捐的款项都如实记在那上面了。

第三节　沿汉长城去安西

4月8日王道士同我极其热情地话别之后，我离开了千佛洞。在这之前4天，我已经让拉尔·辛格向西南沿着高山坡往上走，并命他如果可能的话，一直走到那个峡谷——敦煌河就是经那个峡谷流到南山那个巨大的砾石缓坡去的。然后他将穿过南山的外围山脉进行考察，一直到踏实河（T'a-shih river），之后同我在安西会合。我还派穆罕默德·亚库卜从敦煌出发，顺着党河进行考察，一直到党河汇入疏勒河的地方。然后他将沿疏勒河北岸到安两去，在那里同我会合。我已做出安排，雇人把多余的行李沿大道运往安西（我在1907年已考察过那里），我本人则穿过沙漠向东北去。

---

① 原注：参见《西域考古图记》第三卷1095、1100页；本书第十章第三节。

② 原注：参见《西域考古图记》第二卷824页。

我的目标是到达古长城上烽燧 T. XXXV 以东的一点，1907 年 3 月我们就是把汉朝边界的城墙追踪到那一点的[①]，然后沿长城到安西去。安西这个小城是到新疆去的中国大路在南边的桥头堡。我自己将走的路线位于北边的疏勒河河道和南边的敦煌—安西道之间，这片地区迄今还从来没人考察过。我们在敦煌逗留期间询问别人时，也并未得到关于这一地区的任何信息。动身的那一天，我们从千佛洞所在的山谷谷口出发，走过了一个荒凉的砾石冲积扇，来到了孤寂的路边小站疙瘩泉子（Ko-ta-ch'üan-tzŭ）附近，那里的地下径流流出地表，形成了沼泽。第二天早晨，我们将两个水桶都灌满了水，然后就向东北进发了。我们的目的是最终到达布满沙丘的那一地区附近的长城，7 年前我们就是在那里失去了长城的踪迹的。我们先是走在一个很缓的砾石"萨依"的斜坡上，然后又走在红柳丛和芦苇丛之间。在这约 7 英里长的距离内，走得比较容易。后来，我们遇到的结着盐壳的地方变得越来越宽了。很快骆驼已没法从泥泞的地面上过去了，它们远远地落在了我们这些骑马的人的后面。

为了绕过这段险恶的地面，我们只好改成更朝东的方向。又过了 3 英里左右后，我们不得不开始穿过一个又一个结着盐壳的浅沟。它们都是从东南延伸过来的。在上一次的考察中，我们曾在路边废烽燧空心墩（k'ung-hsin-tung）附近发现一个水泛滥而成的干涸河床，这些沟显然是那个河床的分支。穿过了这条流域带后，令人欢欣鼓舞的是，在东北的远方已经可以看见一些沙丘，所以我决定重新朝最开始的方向走。但我们很快就遇到了新的困难。我们最初穿过的大片暗色的松软"肖尔"，对骆驼来讲非常糟糕，这种地面踩起来很软，遮住了底下真正的沼泽。之所以这样说，是因为我们走过的地方都有水流出来。更糟的是，我们还时不时遇到一条条结着发黄盐壳的地面，人和马走上去都有被陷住的危险，骆驼则根本过不去。我们只好绕老远来避开这些险恶的黄色窄条带。即便如此，骆驼还是一次次被陷住，我们不得不把它们驮的东西卸下来，并铺下毡子让它们有安全踏脚的地方，这才把它们救出来。

就这样又往前艰苦跋涉了 3 英里。这时一条连续的新月形的沙丘带终于出现在我们的视野之内。沙丘带离我们的直线距离看起来还没有 1.5 英里远，但中间隔着的地面却是我们所遇到的最糟糕的，很有可能得在这里一直挣扎到天黑。我们尽量顺着曲曲折折的暗色"肖尔"走（这种地方经常只有 2 英尺宽），并尽量避开流着水的黄色沼泽（沼泽边上是硬盐块），总算离沙丘边上越来越近了，只有到了那儿我们才算是安全了。哈桑阿洪，这位一直为我负责骆驼的久经考验的人，凭着他令人叹服的经验和才智，带着他负责的骆驼，沿我们在前面探出来的曲曲折折的道路一直走了下来。但就是这位强悍的老手后来也承认，他可不希望今后再有一次这样的经历了。最后，我们快速穿过了一块湿沙地，来到了晚上能安全宿营的地方，这时候天已经变黑了。

我之所以比较详细地描述这一天的经历，是因为我们穿越的那块地面在地理学上有一些值得注意的地方。这片盐沼大概向西北延伸了很远。我很清楚地看出来，它的存在是因为从南边的南山最外缘的小山流过来的地下水。1907 年 6 月，我们在敦煌和安西之间经过

---

① 原注：参见《西域考古图记》第二卷 605 页。

了一些从南山泛滥到疏勒河河道中的水形成的河床，当时那些河床都是干涸的。但那一年几周之后，根据我在踏实和桥子那儿的宽阔横谷观察到一些现象①，我可以肯定，南面的高山中，有大量地下水流到了外缘的小山脉脚下。

在疏勒河河谷南边，这些到了地表的地下水大概大部分在炎热的夏季蒸发掉了。在安西和敦煌冲积扇的东北端之间，有一条布满砾石的较高的地面（安西和敦煌这两个绿洲之间的长城大部分都是沿着这条地而伸展的②），似乎使水无法流到疏勒河里去。这样，当沼泽出现季节性干涸时，地表必然发生盐结壳现象。在严冬时节（这里的冬天足足有4个之久），沼泽土壤中存积的水，一直到地面以下相当深，都冻了起来。而在秋冬两季，沼泽可能看起来就像个结着盐壳的干涸洼地。春天到来时，冻土开始融化，地表又重新变成了几乎无法通行的沼泽，我们在上述行程中遇到的地面正是这样的。

从在这里观察到的这个规模较小的过程中，我们可以得到一些启发，由此可以猜测：曾一度覆盖着古代罗布泊湖床底部的那个辽阔的盐沼，经过了怎样几个阶段，才到了现在这种完全干涸的状态。本地区和罗布盆地相邻，在气候方面也相似，所以这种对照就更有特别的价值。另一方面，在敦煌长城沿线我们发现了很多考古学证据，表明如今这里的气候状况与2000年以前并没有太大的差别。根据这个时间上的启发，我们大概能得出这样的结论：罗布沙漠地区的盐沼最后开始干涸，肯定是比2000年前还要久远的事了。

4月10日我们又走了很长的路，一路上并不是很顺利。为了马的安全，我们必须马上找到水——虽然我们的桶中还有一半水，足够给人饮用的了（我们的人中还包括从敦煌带来的一小组挖掘工人）。从宿营地cⅩⅲ出发后，向着既定方向走的前3英里还很容易，因为我们顾着低沙丘走，就能绕开遇到的那一块块松软的“肖尔”。但此后好几个弯弯曲曲的沼泽洼地阻挡了骆驼的去路，第一个洼地中有小咸水塘，第二个洼地里是向西流的咸水。我们只好向东边绕远。第二个洼地的南部边缘有一行行红柳沙堆，有些地方还有成行的胡杨树。这些都表明它是一个古河床。这个河床可能跟下面将要说到的北边的洼地是连在一起的，或者是跟注入芦草沟沼泽的那个大河床是相连的。

在离宿营地约8.5英里的地方，洼地中有不少结着盐壳的小干沟。穿过这些干沟之后，路上已没什么障碍，我们又可以向北直着走了。那片地面上微微结着层盐壳，长着茂密的芦苇，有些地方还有低沙丘和红柳沙堆。在离宿营地约14英里的地方，我们穿过了一个轮廓清楚的约50码宽的古河床。河床两侧是成行活着的胡杨树。这时我们可以看到一条一条开阔的“萨依”，一行行10—12英尺高的沙丘将“萨依”隔开。

又往前走了2英里后，我们登上了最后一个低沙山的顶上，可以看到前面是一个散落着一些小石子的光秃秃的平原。这个平原的样子使我清楚地想起了1907年沿T. XXXI到XXXV那段长城线看到的“萨依”。从地图上看，我们现在的位置离向东延伸的长城线不会太远了。在这个定向点上，我们花了好长时间等骆驼赶上来。这期间我用望远镜在地平线上搜寻，希望能发现什么烽燧遗址，从而可以找到长城线，却一无所获。但向正西方

① 原注：参见《西域考古图记》第三卷1099、1108页。

② 原注：参见《西域考古图记）第二卷603页。

向，可以清楚地看到那个布满高沙丘的地区，1907 年我们就是在那里失去了长城的踪迹的。但所有的疑虑很快就消失了。我们又向北只走了约 0.5 英里，就发现地面上有一条虽然低矮却很清晰的鼓起部分，笔直地延伸在铺着砾石的平原上，比平原高出 3—4 英尺。这跟我在 T. XXVI以东看到的已完全朽坏的城墙[①]是一模一样的。在夕阳的余晖中，我想我还在砾石上看到了一条微微凹陷的古代小道，它跟长城线是平行的，位于墙体以南约 9 码远的地方。在敦煌以西的长城线上，我曾不止一次看到过与此类似的凹陷的小道。[②]

我们必须在天黑之前找到水，这使我们没法在长城线上作任何考察，而只好穿过光秃秃的“萨依”，向着疏勒河匆匆赶路。走了约 1.5 英里后，我们遇到了一个轮廓清晰的干涸河床，约 20 码宽，岸上有成行的胡杨树（大多数是活的）。7 年前我从当时追踪到的敦煌长城最东段向疏勒河去时，就曾穿过了一个河床。[③] 现在这个河床的样子和走向都使我肯定，它就是 7 年前那个河床。过了它之后，出现了一窄条地面，那里暴露在外的土被风切割成 4—5 英尺高的规则的小雅丹。此后又是铺着砾石的平坦的“萨依”，零星地生长着一丛丛带刺的灌木，还有几棵活下来的老胡杨树。没有任何迹象告诉我们，我们已接近了那热切盼望的疏勒河，直到我们意外地发现了它深陷的河床。河床两岸是一条窄窄的芦苇丛，还有一些小胡杨树。

我们到了晚上宿营的地方。有迹象表明，时常有放牧骆驼或采集燃料的人到这里来。早晨起来时我们发现，有一条车痕向安西方向延伸而去。我们沿着它向东走了约 8 英里，遇到了一个约 8 英尺高的大垃圾堆，说明那里以前曾是人们经常歇息的地方。我们试着挖掘了一下，只挖出了一层层马粪等，至于这个歇息点是什么时候被废弃的，尚不得知。从这一点，我命人押运着行李往前走，并到河边扎营。我自己和阿弗拉兹·古尔则带着几个人，向南—南—西进发，寻找长城线。在离车痕 2 英里的地方，我们又一次穿过了前面说的那个曲曲折折的河床。河床在这里大致是从东南延伸过来的，我们后来的观察也证实了这个走向。因此我得出了这样的结论：这个干河床可能是踏实河的延续，踏实河曾陡然折而向北，终结在平坦的疏勒河谷地之上。

在这个古河床两侧，从前的冲积物被风蚀作用切割成了雅丹地貌。这儿的雅丹只有 2—3 英尺高。但我们后来曾在东边某一点穿过干河床边上的风蚀地带，那儿的雅丹要高些，有 8—10 英尺。我们继续向南走，前一天傍晚穿过的那个光秃秃的砾石“萨依”又伸展在眼前。天气十分明朗，我们可以望到南山的那一道道山脉，一直望到石包城（Shih-pao-ch'êng）以南的雪山。尽管如此，我们却没有眺望到任何长城烽燧遗址。而且，由于太阳很高，直射在我们脸上，我们走到很近了，这才注意到那条笔直的墙体。

我们发现那里的墙体朽坏成了一条低矮的砾石丘，笔直得仿佛铁路线似的，大致为东西走向。在我们第一眼看见墙体的地方，墙只比光秃秃的砾石地面高 4 英尺，但墙脚的宽度约有 32 英尺。墙面上看不到柴捆或其他能使墙体加固的东西。但当我让人在墙体上切

① 原注：参见《西域考古图记》第二卷 592、604 页。

② 原注：参见《西域考古图记》第二卷 656、682、692 页。

③ 原注：参见《西域考古图记》第二卷 606 页。

割了一下后，发现里面是松软的发红的土，跟天然地面上的黄土很不同，说明墙体里曾用过植物，但植物烂掉了（也可能是被烧掉了）。显然，这里城墙的建筑质量逊于西边的长城线。

在我们看到长城线的地方东边一点儿墙体向北呈半圆形弯了一下，那里就是烽燧T. XXXⅦ. a的位置。它已经朽坏成了一个约6英尺高的小土丘，盖着盐霜。匆匆查找后，我们没有在它附近发现古代垃圾。但检查了附近的墙体后，我观察到了一个有趣的地表现象，这种现象以前我也曾看见过几次，但都没有这么清楚。我们看到墙体形成的土丘两坡上长着比较茂密的低矮灌木，因此形成了两行平行的植被，而土丘顶上则是光秃秃的。当我站在土丘上时，可以凭着这两行植被，在相当远的距离内都能看清墙体的走向。我和阿弗拉兹·古尔两人，曾分别在拜什托格拉克谷地的两个地点看见过跟这完全一样的两行植被①，我觉得那可能是个古代渠道的堤坝。而今天的大气条件使我们不会产生任何视觉上的错觉，在这里我又看到了这种现象。这更使我坚信先前的结论了。

向西去的长城线上看不到任何烽燧的迹象，于是我决定向东走。越往东走墙体越高，走了约0.5英里，墙体已高达约9英尺。墙面上露出一层层很典型的那种柴捆，柴捆层约3英寸厚，与约7英寸厚的土层交替出现。敦煌以西、以北的长城上用的都是紧紧地捆绑在一起的柴捆，作为加固墙体的材料。这里却只是把细灌木枝松散地放在一起，这显然表明建筑质量不及西边的长城。这也可以解释为什么最初就把墙体修得特别宽。本来“肖尔”是可以用作一种加固材料的，但出自本地的筑墙用的土和灌木中都不含“肖尔”，这可能也加速了朽坏的速度。在这段长城的一点上，我发现墙体仍高达12英尺，顶部附近可以分辨出5层交替出现的灌木和土。灌木层肯定早在古代就已经暴露在外了，因为在约120码的距离内，我发现灌木层的边都已烧焦了。我还在其他处地方见过这种烧焦的现象，大概是曾有人想用火将墙体烧毁。

离T. XXXⅦ. a约1英里远，我们在墙南脚附近发现了一个大垃圾堆（编号为b），那里可能本来有个烽燧，但已完全坍毁了。在一大堆芦苇秸秆、牲畜粪便之中，我们找到了1枚腐烂得很厉害的木简，其大小是中国古代常用的那种尺寸；还有1根削尖了的木棍T. XXXⅦ. b. 01（据本书英文版“补遗和勘误”应为T. XXXⅦ. a. 1——译者），不知是做什么用的。再往前走了约0.5英里，墙体旁矗立着1个已成废墟的夯土筑成的烽燧T. XXXⅦ. c。烽燧北侧和东侧多已坍毁，但从西侧仍可以推断出烽燧底部原来为20英尺见方。残烽燧的高度约为14英尺。烽燧东南有个面积很大的垃圾堆，长约30码，宽约22码。我带的这几个人没法将它全部清理出来。清理过的地方，除了牲备粪便和木片外，只发现了大量硬陶器碎片，大多数是带席纹的，其中几个有代表性的登载在下文的“文物目录”中②。

再向东墙体仍有6—8英尺高，有些地方墙中的灌木层有被烧过的痕迹。我们顺着墙走了2英里，来到下一个有残迹可寻的烽燧T. XXXⅦ. d。它已坍成了一堆土丘。长城墙

① 原注：见本书第十章第二节。
② 原注：见第十二章第三节。

体绕着它是一个直径 50 码的半圆形。这才使我们得以确定这个废烽燧的位置。

再往前我们发现，长城线附近出现了成行低矮的雅丹。雅丹的中轴线几乎都是正东—正西走向，而墙体则为南 97° 东走向。沿这段墙，我们又来到了一个完全坍毁的烽燧 T. XXXⅦ. e。此后我们又顺着墙走了 0.75 英里远，直到在一行分布紧密的雅丹中（这行雅丹就位于我们上文说的那个古河床边上），我们失去了墙体的踪迹。这时候时间已经不早了，而且我们离疏勒河还很远（今晚的宿营地就在疏勒河边），所以我们只好放弃了搜寻工作。但在东北方向我们可以望见一个废烽燧，这告诉我们明天早晨的考察应该从哪里开始。

好在我们很快就找到并在天黑之前到达了宿营地 c X XV（它扎在河边很低的地方）。4 月 2 日早晨（这个星期天是复活节），我们又往回走，来到了长城线上。我们押运着行李沿以前看到的那条车痕走，行李将顺着这条车痕被运到安西绿洲的西部边缘去。在茂密的灌木丛中走了 1 英里左右，我们出乎意料地来到一小块已废弃的耕地，从东边引水过来的渠道仍清晰可辨。风蚀作用尚未光顾这块土地，由此判断它被弃的时间应该不是太长。

我们到了前一天看到的那个烽燧 T. XXXⅦ. f。在烽燧脚下很快发现了大量汉代的那种陶器碎片，说明这是个古烽燧。烽燧仍有 18 英尺高，呈正方形的底部每边也是约 18 英尺长。它的建筑方法很不寻常，夯的土上有裂缝，说明烽燧的内核是天然土，而夯的土只不过是外壳罢了。显然，这座烽燧是在一个直径约 10 英尺、形状不规则的风蚀台地外夯了土建成的。为了使烽燧结实，在天然台地的土上凿出方形孔，把木桩钉入孔中，然后在木桩四周夯上土。木桩和其他同样起加固作用的小木片仍保留下来，但已腐烂得十分厉害，这说明这里的气候条件没有敦煌以西的长城那里干燥。在清理烽燧顶时，天然土露了出来。土是红色的，说明那里曾多次燃过烽火。T. XXXⅦ. f 附近只发现了一个垃圾堆，是一小堆灌木（多数只是小枝杈，这段长城的墙体上用的就是这种灌木），还有一些兽骨。

最开始的时候，这个烽燧的位置很令人迷惑不解。它的西南方向并没有清晰可辨的墙体把它与 T. XXXⅦ. e 那儿的墙体连接起来。虽然偶尔也出现几个砾石丘，但地面上主要是分布密集的雅丹。但在烽燧北边，我发现有一行宽宽的堤坝似的砾石带，堤坝脚下约有 70 英尺宽，大部分地方高达 15—16 英尺。堤坝起于离烽燧约 50 码的地方，微呈弧形，向东延伸了约 1 英里。这跟我所见过的任何长城城墙都不同，但有点像我 1907 年发现的宽宽的砾石堤坝。那条堤坝起于南湖，穿过光秃秃的“萨依”，止于敦煌河。①

我无法断定这条奇怪的砾石堤坝同烽燧 T. XXXⅦ. f 的关系。起初我想，T. XXXⅦ. f 可能只是一个建在长城线以外的烽燧，以便守望本来被堤坝遮住的地区。而堤坝可能是在烽燧之前建起来的，长城线则应该在烽燧南边。于是我向南—南—东方向走了 2 英里，因为我望见了个略微突起的地方，看起来仿佛是个废烽燧似的。但当我们穿过被风蚀作用弄得支离破碎的地面，走近前去看时，发现它只不过是个离干河床很近的红柳沙堆。在这附

① 原注：参见《西域考古图记》第二卷 610、617 页。

近没有发现任何长城墙体的痕迹[①]，经过这次“侦察”后，我知道长城线一定还是在北边，于是我又回头朝北走。在 T. XXXⅦ. f 东—南—东约 1.5 英里的地方，我终于发现了长城墙体。这段墙体也是由灌木层和土层构成的，跟 T. XXXⅦ. a-e 之间完全一样。但奇怪的是，这里有两条几乎平行的长城线，中间隔着约 90 码远的风蚀地面。再向东南约 0.5 英里，两条线在 T. XXXⅦ. h 那里合二为一了。T. XXXⅦ. h 这个烽燧已完全坍成了一堆，但从长城墙体弯成的半圆形以及大量陶器碎片来看，那里确曾有过一个烽燧。再往前走，两条长城线中南边的那条在 T. XXXⅦ. f 以东约 1 英里的地方，呈钝角连上了大砾石堤坝。而北边的那条则在那一点的东—南—东方向约 1 英里的地方连上了堤坝，这样就把堤坝和 T. XXXⅦ. h 那里的城墙连接在了一起。

由于缺乏明确的考古学证据，要想解释为什么这段不长的奇怪城墙有两条线，我只好借助于猜想。在仔细考虑了地面状况后，我想答案可能是这样的。看起来不管堤坝的成因如何，在汉武帝把长城建到敦煌和敦煌以远地区时，这个堤坝就已经存在了。开始时新筑的城墙，即南边的那条，在 T. XXXⅦ. f 附近跟堤坝连在了一起，而 T. XXXⅦ. f 这个天然的土台地，其位置恰好可以筑一个烽燧。过了一段时间之后，那些负责驻守这段城墙的人注意到，堤坝的东段没有被纳入新筑的长城体系内，实际上遮住了新墙外面的地面，使新墙驻守起来比较困难。为了纠正最初长城路线上犯的错误，人们把先前空“悬”在外面的堤坝东段，在 T. XXXⅦ. h 同长城线连在了一起。因此，烽燧 T. XXXⅦ. h 和 T. XXXⅦ. f 之间的长城线就相应地向北推进了一些。

不管应该作出怎样的解释，从这段双线城墙中我们都不难看出，安西两侧的长城筑得是何等马虎草率。这里的墙只是用土和松散地堆在一起的灌木筑成，而 T. XXXV 以西的敦煌长城则都用紧密的柴捆筑得很坚固。从这方面我们也能清楚地看出，这里长城的建筑质量逊于西边地区。我们 1907 年考察的敦煌东北的长城段，一直到安西，几乎所有的烽燧都已完全坍毁了。之所以这样，部分原因是因为气候不那么干燥，但更主要的原因恐怕还是较差的建造质量。在缺乏文献资料的情况下，远隔了 2000 年之后，我们是没法猜到为什么会出现这种情况的。大概既有地形上或半是战略上的考虑，也有纯粹偶然的原因吧。

从 T. XXXⅦ. h 往前，我们顺着相当清楚的墙体走了 1.5 英里，来到了 T. XXXⅦ. i。可以看出，这段墙中一些地方的灌木层中夹杂了芦苇。T. XXXⅦ. i 已坍成了一个小土丘。但它以西约 30 码的地方，在长城线里面有一个保存较好的小屋。它有 6 英尺 3 英寸见方，坚固的残墙有 2—3 英尺高。土坯长 9 英寸，宽 6 英寸，厚 4 英寸。最底下一层坯是砌在天然土之中的。

就在长城线外面，我发现了一个当代的烧香的地方，一条从东边来的清晰小道穿过长城线来到那里。这使我认定上述的小屋肯定是座小庙，庙中仍有 3 个涂着灰泥的塑像底座。筑庙用的晒干的土坯是垂直放置的，跟甘肃许多地区现在的做法一样。这座当代小庙

---

① 原注：南边那一小块围起来的地方，在地图上标作 g 的，在望远镜里看时，就像一个荒废的村子或称堡子。1907 年当我从西南向安西绿洲走时，曾在现在的安西垦殖区以外的几处地方见过这种堡子。见地图 38. D. 4 中瓜州口（Kua-chou-k'ou）附近的地方，又见《沙漠契丹》第二卷 235 页。我没有抽时间去那个遗址，因为它显然年代较晚。

的出现，可以说明当地的拜神传统有多么顽强的生命力。我 1907 年就曾多次观察到，这些当地拜神现象多出现在路穿过长城线的地方。路一边是长城的保护区之内，另一边用中国人的话讲就是“关外头”。

我在《西域考古图记》中曾详细讨论过，在这些地点当地的拜神活动为什么延续来，并评论过汉代玉门关等典型例子（汉代玉门关位于今天的大道在安西以南穿越长城线的地方）。[①] 在此我只想指出一点：从以后的章节中可以看到，我在这次新考察中发现，几乎每一条可辨的路，在穿越汉长城的那一点上都有一个小庙。这种小庙要么现在仍在使用，要么刚刚废弃不久。[②] 关于 T. XXXⅦ. i 旁边的这个小屋遗址，我还应该加上一点：它的土坯的尺寸，跟我 1907 年在长城烽燧 T. XXIX 发掘出来的庙宇遗址用的土坯是一样的。从那座庙里发现的残存雕塑看，我觉得它应该不晚于唐代。[③]

长城墙体在 T. XXXⅦ. i 陡然折向东北，起初墙体几乎难以分辨出来，后来又在植被比较茂密的地面上出现了。我们顺着这段墙走了 1 英里多一点，来到了一处地点。那里有个土丘，还有大量古代陶器碎片，表明那儿曾是一个已完全坍毁的烽燧。这之后长城继续向东北方向伸展了 1. 25 英里远，并到了另一个完全坍毁的烽燧 T. XXXⅦ. k。由于从安西垦殖区西边到达这里的水分越来越多，长城墙体两侧长着不少灌木和小红柳。但墙体有时仍有 6—8 英尺高。

从 T. XXXⅦ. k 开始，墙体向正东边的一个又大又醒目的烽燧延伸而去。我们走了 1 英里便到了这个烽燧。结果我们发现，它的外貌是新的，但也可能是以一个古烽燧作内核的。k 之后的墙体很奇特，似乎是由两条相隔约 6 英尺的窄墙构成。窄墙由土和芦苇捆筑成，窄墙之间的地方填满了松土，许多地方的松土都下陷了，形成了小洞。但整段城墙受水分的侵害太严重了，已无法进行精确的考察。新烽燧附近的地面上长着浓密的芦苇和灌木。过了这一点我们便找不到长城线了，显然由于接近地下水，这段长城已经全部坍毁了。于是我们就放弃了在这里的寻找工作。令人高兴的是，我们找到了那条车痕，我们的骆驼就是顺着它往东南去的。我们沿车痕走了 4 英里，穿过盖着“肖尔”的丛林地面，就到了已扎好的宿营地。这个宿营地位于小村二工（Erh-kung）。

第二天我们又向北出发了，指望在昨天长城消失的地方以远找到它。我们走过了荒弃的田地，并沿着一块块偏远的垦殖区边上走。走了约 2 英里后，我们遇到了一个低矮的土丘，土丘上长着茂密的灌木。土丘似乎是朝上文最后一次提到的那个烽燧方向去的，但它只朝那个方向延伸了一小段就消失不见了。所以我决定往东走到安西去。

现在我们穿过的是一片覆盖着灌木的荒地，这片荒地把四工（Ssŭ-kung）和三工（San-kung）那些分散的村落的田地分开。1907 年 6 月，拉姆·辛格在考察安西绿洲的西部边缘时，就曾经过这片荒地。走了约 4 英里后，我们到了 T. XXXⅧ. a-c 这几个烽燧。据我 1907 年的考察结果，这几座烽燧之间的长城经过了现在的安西以南。关于这段虽然

---

① 原注：参见《西域考古图记》第二卷 602、696 页；第三卷 1094 页。

② 原注：见下文第十一章第一节、第二节和第十二章第二节。

③ 原注：参见《西域考古图记》第三卷 601 页。

不长却很有趣的长城以及我第二次来观察到的现象，请参见《西域考古图记》。[①] 在此我只是请大家注意本书插图 215，照片中是长城上的烽燧 T. XXXⅧ. a，奇怪的是这个烽燧离一条人员来往比较多的大路很近。

这样我便完成了在敦煌定下的任务，将汉长城一直考察到疏勒河以南，填补了上一次留下的空缺。到了安西城，我又算是踏上了自己熟悉的地方，在上一次考察中，我曾两次在此做长时间逗留。如今这个处在中亚交通大十字路口的吹着大风的小城，又一次成了我的临时大本营。我在到达庙里的旧客房和比较简陋的当地衙门时，都受到了热忱的欢迎，这使我很高兴。

同一天拉尔·辛格也从山区过来，与我会合了。他从千佛洞出发后，沿着南山最西段的那些光秃秃的石坡走，来到了那个高山脉脚下。那条山脉将疏勒河河道同敦煌河河源所在的那个高原分开来。本来他可以通过一个关隘来到敦煌河上游的那个峡谷，但越走雪越深，他的骆驼再没法往前走了。但从地图 39. B- D. 1 中可以看出，他所到达的高度已经足以完成作为疏勒河盆地南墙的那座大山脉的考察了。他也澄清了我们 1907 年在安西以南经过的那些外缘山脉的山志学。然后他下山，经过了东巴兔（Tung pa t'ou）这个小绿洲到踏实去，最终勘察了这个大谷地中的水在流往安西的过程中所流经的地面状况，而那一地区迄今还没有人考察过。两天后，测量员穆罕默德·亚库卜也到了，我们的队伍就算集合完毕。穆罕默德·亚库卜是顺着敦煌河下来的，一直到敦煌河注入疏勒河的地方。然后他穿过疏勒河到河北岸，并一路到了安西。

第十一章　追寻长城到肃州

第一节　疏勒河以北的汉长城

从 4 月 14 日到 17 日，我们在安西作短暂停留。下一步的考察将在甘肃西北部进行，这几天我都用来为其做准备，还做了好几项文字上的工作。我前几次在安西（即古瓜州）逗留过，已经对安西绿洲的地理特点比较熟悉了。安西的当地资源虽然并不丰富，但由于其地理特点，从公元 1 世纪就开通了由这里向西北到哈密去的沙漠道。自那之后，这条道就成了中国和中亚之间的主要交通线。我在《西域考古图记》中已经详细说过，由于安西处于亚洲的一个大十字路口上，它在中国同西域的关系史上扮演了重要角色。在该书中我也说到，这个地方是存在着局限性的，古迹也不多。[②] 因此，在本书中我就直接描述我打算向东如何考察以及我们为此做了什么准备工作。

今年春天，我打算从安西附近起，追踪和考察汉武帝筑的长城，一直到肃州东北，以便解决个我在 1907 年的匆忙考察中提出却尚未澄清的问题。然后，我将顺着黑河（即额济纳河——译者）走（这条河汇集了肃州河和甘州河之水），一直到它的尾闾附近。杰出的俄国探险家科兹洛夫上校（Colonel Kozlov）近期在那里得到了一个发现。再加上其自然

① 原注：参见《西域考古图记》第三卷 1094 页。
② 原注：参见《西域考古图记》1090 页。

特点，我们有希望在那里找到地理学和考古学上有价值的东西。上述这双重任务将同时在沙漠地区展开，我们必须在酷暑到来之前将其完成，所以行动要迅速。

考虑到这一点，再加上在这个季节里，我们必须使骆驼轻装上阵，所以有必要将辎重减少到最低程度。因此，我们仔细检查了所有的行李，把春夏两季的工作用不着的所有东西都留了下来。1907 年我们就发现衙门是一个存放多余东西的好地方。现在的地方长官是个很谦逊的“县官”，性情和善，不像以前的长官那么架子大，所以我又能把所有多余的行李包括离开楼兰后路携带的一切古物，都交付给衙门保管。忠诚的依布拉音伯克再次留守下来，担任衙门储藏室的警卫工作，并确保里面的东西不致受潮。这种防范是必要的，因为根据我们在 1907 年 6 月和 9 月的经验，安西偶尔会有来自山区的降雨。

在从安西动身之前，又有一位蒙古族翻译加入了我们的队伍。他是我在扎西德伯克的协助下费了不少力气找到的。他来自一个由蒙古牧人组成的小宿营地，那些牧人是从焉耆那边来到敦煌附近的。我从一开始就意识到，有必要随队带一个懂突厥语的蒙古人，这样当我们按照预定计划来到蒙古南部的黑河地区时，工作起来会方便些。本来我们想在焉耆上游的谷地中放牧的蒙古人中找个翻译，但遭到了来自乌鲁木齐的官方阻挠。现在找到的这个临时补缺者名叫马鲁木（Malūm），穿一件僧侣的红袍。后来我们发现，他是个强悍而且相当聪明的人，受过些教育。他脾气有点儿暴躁，不止一次跟我们在黑河上遇到的土尔扈特（Torgut）牧人等发生争吵。尽管如此，他在行程中和在哈喇浩特（Khara-khoto，即“黑城”——译者）都出了不少力。他自己带着所需的一切东西，骑着自己那匹强壮的蒙古马，没给我们带来任何麻烦。在去肃州的路上，没什么让测量员穆罕默德·亚库卜独立工作的机会。因此，为了进一步减轻骆驼的负担，我派他用车押运着所有一时用不着的东西先到肃州去。

剩下的人 4 月 18 日就从安西出发了。在安西城东北的一个地方，我们过了疏勒河的北岸。河道虽然又宽又深，但最深处的河水也不及 2 英尺。这说明南山那些外围山脉之间的第一次冰雪融水泛滥已经过去了，而疏勒河河源那个高原谷地中的雪还没开始融化。在疏勒河河床和北山最南端向疏勒河倾斜下来的光秃秃的砾石缓坡之间，有一条不宽的长着灌木的地面，我们就沿着地面走。第二天傍晚，我们就接近了那个很容易辨认的疏勒河峡谷。疏勒河是在南岸的小宛村（Hsiao-wan）上游约 8 英里处穿过这个峡谷的。

我 1907 年 9 月从大道去安西的途中曾路过这里，当时我得出了这样的结论：从西边一直延伸到小宛村附近的汉长城，就在这个峡谷附近过了河北岸。在《西域考古图记》中，我已经解释过这样认为的理由。[①] 但那次我并没有亲自去查看一下北岸的地面。当时我的确在峡谷靠下游的那一侧看到了烽燧，很像汉长城上的那种烽燧。但我之所以得出上述结论，主要是考虑到地形上的原因：如果边界长城线就在峡谷那儿过河，明显有战略上的好处。而我曾在玉门县（今玉门市玉门镇——译者）以北的十二墩（Shih-êrh tun）附近找到了长城[②]，说明东边的长城确实是在疏勒河北岸。

① 原注：见《西域考古图记》第三卷 1139 页。

② 原注：同上书第三卷 1137 页。

我在《西域考古图记》中已描绘过这个峡谷是怎样形成的：峡谷北边是北山最南段一个铺满砾石的分支，这条分支突出来，末端靠近河边。而对面是座高些的嶙峋的山，名叫“万山子”（Wan-shan tzŭ）（实际似乎是“乱山子”——译者）。南山的一条最外缘山脉将踏实和桥子所在的谷地，同疏勒河河道隔了开来，而“万山子”就是那条山脉向东北方向的延续。[①] 陡峭的万山子矗立在河边，而从玉门县、布隆吉到安西去的路是在高出河面约22英尺的地方穿过万山子的。这条路在下到平地上并朝小宛村去之前，越过了万山子西边的一个分支。就在那里，我曾发现路边有两座大烽燧，但它们似乎不是古代筑的。在万山子西部脚下和小宛村之间是生着灌木的地面，可能以前曾开垦过。在这片地面上，我也未曾发现任何汉长城的遗迹。因此，我们仍然缺乏明确的考古学证据来证明汉长城的确是在此穿过了疏勒河的。

这一次当我们顺着疏勒河北岸接近这片地面时，在离121号宿营地约13英里的地方，我们经过了一些废弃的牧人小屋，那里还有5个小“炮台”奇怪地排成一排。在当代中国甘肃和新疆的大路上，重要的站点经常可以看到这种“炮台”。这是个奇特的标志说明河北岸已经引起了行政管理部门的注意。尽管骆驼队偶尔也顺着河北岸去安西，但北岸是没什么明确的路的。又往前走了3英里，我们到了一个小废墟T. XL. a。它靠近河边，几乎正对着上文说的南岸那两座烽燧。从图三八中我们能看出来，这个废墟是由墙围成的，里面约19.5英尺见方，东北角有一个81/2英尺见方的烽燧。这座烽燧是由汉长城上常见的那种土坯筑成的（土坯长13英寸，宽7英寸，厚4英寸），看起来显然是座烽燧。为了加固烽燧，后来又在烽燧南边和北边添筑了墙。四面的围墙似乎是后来筑的，而且明显看出来有修补过的痕迹。敦煌东西两侧的汉长城上，不少烽燧周围被围了一圈墙，墙一般是后来筑的。此地再朝东的其他烽燧也有这样的情况[②]。北墙附近和烽燧顶上小守望屋的垃圾中没有发现可提供年代线索的文物，围墙外面的沙地上也没有发现古代陶器碎片。

在这里可以望见东北的烽燧T. XL. b，它离此地约2英里远，位于咽喉状的峡谷入口处。它上面还有另一座很醒目的烽燧T. XL. C，坐落在一个很陡峭的小山顶上。这座小山面对着万山子，从北边俯瞰着疏勒河，它是一条小山脉的最后一个突出部。在向T. XL. b前进的路上，地面逐渐变高了，光秃秃的土被完全风蚀成了雅丹。这些雅丹为东—北—东到西—南—西走向，有5—7英尺高。

在离T. XL. b还剩一半路时，我们注意到有一条暗色的砾石带穿过我们右边的风蚀地面，向河边延伸了过去。到了砾石带西端时，我们发现它无疑就是汉长城的墙体。它顺着南160°东方向，向峡谷东端延伸过去。它上面布满了砾石，底部约34英尺宽，顶部约9英尺宽，高约8—9英尺。墙体中没有发现柴捆或其他能使其加固的材料。墙体北边有条浅沟，底部约10英尺宽，筑墙用的土就是从那里挖出来的。沟对面似乎有一条比较小的土丘，最高处不过约5英尺，形成了一种辅墙。长城墙体的方向是直指着T. XL. a的，但西边的风蚀作用已把残墙全部抹去了。于是我们再没有什么怀疑了：汉长城就是在这里过

① 原注：见地图40. A. 5。地图中的“Wang-shan-tzu”拼写错了。参见《西域考古图记》第三卷1139页注8。

② 原注：见《西域考古图记》第三卷附图34。又见本书第十一章第一节、第二节、第三节。

河的。

顺着墙体走了 0.5 英里多后，我们折向烽燧 T. XL. b。它位于墙体北边不远，矗立在较高的地面上。它完全就是守卫着敦煌长城的那种烽燧，保存得极好，是用一层层结实的土夯成的，每层土有 6 英寸厚。它底部有 20 英尺见方，烽燧高仍有 26 英尺。我们在烽燧周围发现了大量带席纹的暗色陶器碎片，还有不少大石头，大概烽燧顶上曾放了很多石头作防卫之用。[①] 在离烽燧很近的地方，还拾到了 1 枚大五铢钱。

然后，我登上了矗立在峡谷北边的那座覆盖着碎石的陡峭山脉。山体四面都是水冲出来的小沟，但沟之间的窄岭多少年来大概变化并不大，因为在好些地方我们都发现了往山顶去的古代踪迹。从测角器的读数来看，山比河边平地高出 300 多英尺。山顶视野十分开阔，我可以看见整个峡谷和东边的宽阔谷地，一直看到布隆吉的大围墙。朝着远处的北山外缘是缓缓抬升的"萨依"，在这里能将"萨依"一直眺望到接近一天的行程那么远。也可以看见向安西延伸过去的砾石缓坡的脚下。

这真是天造地设的一个进行守望的好地方。而烽燧 T. XL. c 就坐落在山的最高处，说明当初守卫汉长城的人也注意到了这里的优越条件。这座烽燧是用常见的土坯筑成的，每隔三层土坯夹一层红柳树枝。烽燧底部有 23 英尺见方，由于山坡沉陷，烽隧南侧和西南侧的土坯掉落了不少，但残烽燧仍高达 13 英尺。我注意到，在东侧烽燧上，两层常见的水平放置的土坯之间是层垂直放置的土坯。这种筑造风格在长城古建筑上很少见。但毫无疑问，这个烽燧也是汉朝修筑并派人驻守的。因为在顶上一个只有 4 英尺见方的小守望屋中的垃圾堆里，我惊喜地发现了从 1 件木文书上削下来的保存极好的小薄片，上面写着汉朝风格的那种精美汉字。[②] 我们还发现了 2 枚空白的木简残片。在小麦秸秆、芦苇秸秆等物之中还发现了一些木制或皮制的小物件。

从山上下来，在离 T. XL. b 以东约 2 弗隆远的地方，我们又遇到了长城墙体。这儿的墙体是由夹杂着砾石的土层和红柳层筑成的，我们顺着墙体走了 1 英里，到了 122 号宿营地。这段距离内，峡谷北侧离现在的河床只有 200 码远的地方是一行小石山，墙体就出现在小山的坡上。石山的山顶比墙体高出 100—150 英尺，从山顶看，墙体尽收眼底。这显然说明，这段城墙不是为了军事防卫上的目的，而只是为了更容易维持边界治安。从山脚延伸下来到河边的那段墙体中的灌木层全烂掉了。但那里以西约 400 码的地方，墙体被上文说过的砾石丘取代。那条砾石丘直着朝 T. XL. a 延伸过去，在这边也仍高达 20 英尺。我猜想之所以用这条又高又宽的砾石丘取代墙体，可能是因为砾石丘所在的那块平地在洪水泛滥时节可能会被淹掉。

4 月 20 日早晨，我又察看了一下这片地面后过河来到了南岸。这里的疏勒河道有 45 码宽，中间水深 3 英尺，流量约为每秒钟 1600 立方英尺。比 1907 年大概这个时候之前两星期我们在敦煌测得的党河水量，就可知道：在春末党河源头的冰川和大雪融化之前，疏

---

① 原注：见《西域考古图记》，第二卷，738 页。

② 原注：马伯乐先生发现那里边出现了"侯"字，"侯"即"烽燧"。

勒河的水量比其支流党河要小。[①]

在122号宿营地下游一点儿的河南岸，从万山子下来的一条小沟沟口有一座庙宇遗址。它修得很好，看起来是近期修的。后来我们才知道，它叫“老君庙”。显然它曾在东干人叛乱的时候被毁坏过。沟口两侧是两座很陡的石山，每座山顶上都有一个小佛塔和一个方形的小屋，如今也都成了废墟。

无疑，从地形上和军事上来看，在汉长城被推进到敦煌之前，从万山子末端的这一点可以很作方便地戍卫两翼的长城。这在一定程度上可能会支持我于《西域考古图记》中作出的假设：来自玉门县和肃州的道路所经过的这个峡谷，可能曾是个类似于古代玉门关或现代嘉峪关那样的“关隘”[②]。那样的话我们大概就可以解释为什么在这里会出现一座废庙。我们发现在长城上其他的“关隘”。当地的拜神传统也是非常久远的。[③] 要是我们能知道“晋昌”究竟在什么地方，这个问题大概会更清楚些。唐代史书中说，公元610年时玉门关就位于“晋昌”，中国的文物工作者认为它应该在安西以东。[④]

在此我要说一下，万山子峡谷对于保卫从甘州、肃州到安西并进而到哈密去的道路有重要的战略意义。有一点可兹证明：在康熙、乾隆年间，甘州、肃州既要防范准噶尔部的进犯，又要为从那里征服新疆做准备，那时此地以东约10英甲远的布隆吉有大量中国驻军。[⑤] 那里的军队驻扎在几个小垦殖区之间，位置十分便利，既可以守卫万山子峡谷，也可以戍卫疏勒河河道（如果敌人绕过万山子峡谷，是可以从北边接近疏勒河河道的）。

我们又过河从北岸向东走，在离122号宿营地不足0.5英里的地方又遇到了长城墙体。这段墙体在两个低山之间穿过，低山上的石头被侵蚀得很厉害。这两个低山是T. XL. c所在的那个山的最东南边缘。在120码远的距离内，墙体形如双层堤坝，上面布满了碎石南边的那条“堤坝”（或土丘）底部宽约24英尺，有10英尺高。北面的那一条没这么宽，而且只有5—6英尺高。两座土丘顶部的中心线之间相隔约44英尺。过了这段之后，双层墙体又延伸了约80码。那里两座土丘中都露出红柳枝，而且南边的墙体只有12英尺宽，说明这段墙的筑造方式不同于前面那段。这片地面上出现了双层墙体，大概是因为地面支离破碎的缘故吧。

再往前走一点，地面上不再有石头暴露出来，长城的所有迹象都消失在一条冲积而成的松软的黄土带上。这条黄土带位于河床边上，约有0.5英里宽。地面上有一条条与河道平行的深沟，似乎是风蚀作用形成的。走了约3英里后，我们来到了一片地面，那儿显然偶尔会被水淹到，生长着茂密的芦苇和灌木。在那里也没有发现长城墙体的遗迹。但又走了5英里后，我们遇到了一座废烽燧。它坐落在一个俯瞰着宽阔河床的土台地之上，土台地部分地方长着一丛丛胡杨树和灌木。

这座烽燧就是T. XLⅠ. a，1907年9月我在布隆吉西边的路上就曾望见过它。当年，

---

① 原注：参见《西域考古图记》第二卷582页。

② 原注：参见《西域考古图记》第二卷727页；第三卷1099页注20。

③ 原注：见本书第十章第三节；《西域考古图记》第二卷606、696页；第三卷1094页。

④ 原注：参见《西域考古图记》第三卷，1099页注20。那里提到沙畹先生引用的文字。

⑤ 原注：同上书第三卷1138页。

在我的指示下，拉姆·辛格从安西出发进行了一次勘察，还实地拜访过这座烽燧。但只有现在，我们才能证实它是汉代古长城上的一个烽燧。它是用一层层土夯成的，底部约有20英尺见方。烽燧北面已坍毁，余下的烽燧裂成了两部分。尽管烽燧朽坏得很严重，我们还是很快就证实它是座烽燧。附近光秃秃的土地上有很多汉代的那种带席纹的深灰色陶器碎片。在西南角的一小层垃圾里，我们发现了1枚宽木简残片，上面仍有几个汉字，这给我们提供了确凿的证据。

我现在敢肯定，这段汉代的长城线是顺着疏勒河北岸伸展的。早在1907年，当我们从南边长岸很远处的大路遥望这片地面时，我就已作出了这样的假设。本来必定曾有长城墙体经过这座烽燧，但在河谷两边的植被带中，墙体未能保存下来。再往前植被带逐渐变窄了，并最终让位于光秃秃的土地，土地上被风蚀作用切割出了4—6英尺高的小雅丹。在这段距离内，我们也没有发现墙体。但在河的一个转弯处矗立着一座醒目的烽燧，它给我们指引了方向。从T.XLⅠ.a走了约5英里后，我们到了那里，发现它也是座烽燧。

这座烽燧（T.XLⅠ.b）是由一层层土夯筑成的，保存得相当好，底部为20英尺见方，烽燧仍有29英尺高。我手下的一个人把一根绳子扔过烽燧顶，并借助烽燧西侧保留下来的踏脚孔爬到了烽燧顶上。在那里他发现的部分零碎东西有：1把木勺（T.XLⅠ.b.02）；1页卷起来的纸，纸中间包着些撮成小黄条的药材（T.Ⅺ.1.b.01）；皮革残片（T.XLⅠ.b.06）；1块很粗糙的毛织品（T.XLⅠ.b.018）。“文物目录”中对此都有详细叙述。他还发现了2枚木简T.XLⅠ.b.04—05. 其中一枚上面能隐隐看出汉字。在烽燧脚下发现的大量汉代陶器残片中，某一件器皿的残片T.XLⅠ.b.014—017值得一提，它们都上了一层灰棕色的斑驳的釉。烽燧西面本来连着一圈围墙，现在只有北墙仍比地面高出几英尺（北墙长27英尺）。在围墙里挖出的垃圾堆中只有秸秆和牲畜粪便，没有文物。但在墙外面，我们拾到了1枚残破的五铢钱。有一条低矮的土丘大致呈半圆形绕过烽燧北面，土丘中没有明显的柴捆的迹象。这大概是一小段长城墙体，而其余的墙体都已消失了。

在此后2英里的距离内，是一条几乎全被切割成小雅丹的光秃秃的土带。之后，我们到了个醒目的土台地T.XLⅠ.c。古人把它四面粗略地削过之后，改造成了一座天然的烽燧。烽燧底部约20英尺见方，烽燧高21英尺。烽燧附近的地面上，尤其是南面，铺着一层厚厚的汉代陶器碎片：说明这个台地确实曾被当作一个烽燧用，可能很长时间都有人驻守。在这里我们也发现了1枚残破的五铢钱。一道约10英尺高的清晰墙体，在这个小台地的东、北、西面绕过去，离台地32—36英尺不等。但在东边和西边，我们都没有找到墙体继续延伸下去的部分。

晚上，我们在此地以南约0.5英里远的河边安了营。4月21日早晨，我们继续向东考察。只走了约1.5英里的路，我们就来到了T.XLⅠ.d。这座烽燧是用土夯筑成的，很醒目。它矗立在离河岸不到30码的地方，对岸就是九道沟（Chiu-ao-kou）村的田地位于河下游的那一端。风蚀作用把烽燧北脚下的土切到了4英尺深，因而烽燧北侧已坍塌下来，成了一块块黏土。剩下的半边烽燧仍有约28英尺高。烽燧脚下有大量古代陶器碎片，我们在附近还拾到了1枚五铢钱的残片。

接着我们又在这条“萨依”和河之间窄窄的风蚀地面上走了 1.5 英里，来到了一个低矮石山的西边脚下。这座山是从铺着砾石的缓坡向河边突出过来的。顺着河边台地有一条曲曲折折的踪迹。我注意到踪迹上有汉代陶器碎片，就沿着踪迹往北走，来到了一个 30—40 英尺高的小山丘。山丘上发现了红柳捆，说明那里是个烽燧遗址，但只有 2—3 英尺高的烽燧底部保留了下来，还有一些垃圾（应该是出自烽燧顶上一个小屋的地面上）。显然，这个烽燧跟 T. XXⅢ. a 或 T. XXⅢ. g 属于同一类型，烽燧的制高点上有一间小屋。[①] 在各种垃圾中，我们发现了 1 个木纺锤（T. XLⅠ. e. 02）。就在柴捆外边，我们还拾到了 1 枚带字的大五铢钱。

上文说的踪迹，顺着接近河床的小山岭脚下绕了过去。我们沿着踪迹又走了 1 英里，来到了大烽燧 T. XLⅠ. f。这座醒目的烽燧高踞在一个孤立的小山丘顶上，比河边平地高出 150 英尺。这座烽燧带透孔护墙，肯定是后来修筑的。但仔细研究了之后我们很快发现。这本是一座汉代烽燧，后来人们在其东、南、西三面又加了层土坯，将烽燧加大了。原先的烽燧很坚固，是用 15 英寸长、10 英寸宽、4 英寸厚的土坯筑成的，每隔3 英尺6 英寸出现一层芦苇。烽燧底部有 24 英尺见方。后来的土坯尺寸为 14 英寸×$6\frac{1}{2}$英寸×3 英寸，加大后的烽燧底部有 32 英尺见方。目前烽燧高 32 英尺。烽燧南侧可以很清楚地看到用来爬到烽燧顶上去的踏脚孔。在这里，向疏勒河的上下游两个方向都可以望出去很远。

开始我们在烽燧脚下南侧的石质地面上只发现了一点垃圾。但当我们察看布满石头的山南坡时，烽燧底下约 20 英尺的地方隐藏着大量垃圾，垃圾层约有 2 英尺厚。迅速清理之后，在秸秆、木片等物中，我们发现了不少零碎东西。其中包括：几片或空白或字迹已被磨光的木简、由某种针叶木做成的写板残件（T. XLⅠ. f. 01）、大量小块素绸或棉布等。显然，这些东西是由守烽燧的人丢下的，在一定程度上受到了偶尔出现的雨雪的损害。但 1 枚已经碎成了 3 块的木简（T. XLⅠ. f. 026），上面仍保留着汉代字体的汉字（提到了一个烽燧的长官）。我们还发现了 1 枚中国古钱，上面隐约镌着“货泉”二字，也证明这里汉代时有人驻守。烽燧附近还发现了 2 枚清代铜钱，显然是近期在那里戍卫的人遗落的。

山脚下有一个用土夯筑成的小院落 T. XLⅠ. g，看起来年代要近得多。在院落里和附近发现了大量上过釉的陶器和瓷器碎片，还有 1 枚康熙古钱，都与我们对它的年代作出的判断相符。当我们绕着山脚只走了 0.25 英里时，我注意到了石山坡上露出来的红柳层。那显然是朽坏得很厉害的一段墙体。在约 40 码的距离内，墙体都清晰可辨，与河平行。再往前不到半英里，河很近的地方又出现了一小段墙体。

然后，墙体的所有迹象都消失了。位于疏勒河与砾石“萨依”脚下之间的地面，是一带荒凉的光秃秃的土地，受过很深的风蚀作用。在较小的形如雅丹的台地之间，零星矗立着几座高达 20 英尺的台地。在这里我们向东走了约 6 英里，没有看到任何墙体或烽燧的迹象。当我们进入一个铺着砾石的“萨依”时，左边的平地上有一长条直线，引起了我手

① 原注：见《西域考古图记》第二卷 721 页，又见本书第十章第一节。

下那个蒙古人的注意。我们到了它那里，发现它离河边只有 1 英里远。这条低矮土丘两侧都露出灌木来，说明它是一段朽坏得很厉害的长城墙体。在我们遇到墙体的地方附近，有一个已完全坍毁的烽燧，即烽燧 T.XLI.h 遗址。在遗址附近的一点垃圾中，我们发现了 2 枚写文书用的那种木简，但简上的字已被磨光了。

第二节　从桥湾城到十二墩

在离 T.XLI.h 还有几英里的地方，我们就已经看见了河边一座小城的残墙和破庙。我 1907 年经过三道沟和布隆吉之间的大路时，就从远方注意到了这座城。当时我在地图上把它标作“桥湾城”，当地人称它为“彭家庄”（现在地图上标的就是这个名字）。但彭家庄似乎指的是城外的一个居住区（现在仍有僧人住在那里，偶尔过往的骆驼队也把那里当作歇脚的地方），而不是指这座废城，所以还是把“桥湾城”作为废城的名字比较合适。

这个修得很好的小城十分醒目。我知道，20 世纪 60 年代东干人“大□□”后，这里才被废弃。但即便如此，当我查看它的废墟时，仍得到了不少启示。据说直到被毁之前，都有□□□□驻扎在这座小城中。将城围起来的厚重城墙是用土夯筑成的。从附图 15 中可以看出，城墙围成长方形，长约 380 码，宽 135 码，大致为东西走向。南墙离疏勒河北岸不足 100 码远。南墙和北墙上各用硬土坯为拱顶，开了一个大门。每个大门外都用一个方形外部建筑来保护，方形建筑也有一个类似的大门。

当我们从河边进入城内时，仿佛进入了一个稍微改装成中国式样的罗马古堡。从每座大门都伸出一条宽阔、笔直的大街，一直延伸到对面的城墙那里。大街两边是房屋，盖得相当坚固，但现在都成了没有屋顶的废墟。在两条大街的中点是与它们垂直相交的第三条街，这条街是顺着长方形城的长轴伸展的。在从南门伸出来的那条大街尽头，我发现了一座破败的庙里面仍保留着很破烂的一尊佛像和几尊天王像。庙旁的两座破房子里仍有几个僧人居住，他们是这座孤城中唯一的居民。他们之所以住在这里，庙之所以被部分地保存了下来，是因为当地仍有拜神的传统。从北门伸出来的那条街的尽头是“衙门”，现在已毫无用处，只有其入口处两尊古怪的狮子述说着那里往日的尊严。

大门上方本来曾有装饰性的城楼，城墙角上的角楼也是如此。这些装饰性建筑都已完全成了废墟，但不少装饰用的精美浮雕砖残片保留了下来。有的保留在原地，有的被用进近期修复的小佛龛上。整座废墟遗址表明，它的各个建筑是在同一时候按计划建成的。显然，当时的政权即便在帝国的边缘地区，仍能有效地进行控制。我们问那些和尚这座城是什么时候建的，他们对此一无所知。这座城远在明代的万里长城之外，并且从装饰性浮雕的风格来判断，这个前沿堡垒是清初从康熙到乾隆那几个皇帝在位时建的。

这座城的用意很快就清楚了，它是戍守哈密道临疏勒河的地方的。这条道是从哈密穿过北山戈壁延伸到这里的，是哈密绿洲和肃州之间最直接的联络线，很适合骆驼和马走。

1898 年 K. 伏特勒（Futterer）教授就顺着这条道走过，还详细描述了它并画了地图。[①] 当这个城保有驻军时，到哈密去或从哈密来的骆驼队必定要在此取得物资，并进行休整。这里一边临河，另一边接近垦殖区。当人们穿越沙漠向西北去时，把这里当作“桥头堡”显然是很方便的。

我发现城墙外的西边和南边有很多萨拉依和亭子等，形成了某种郊区。这肯定是为了满足哈密道上交通的需要，同时也为了给那些服务驻军的人有地方住。这些建筑都已成了废墟。郊区的围墙很不规则，也不太坚固，说明郊区是后来逐渐发展出来的，并没有出现在最初的城堡规划之中。

桥湾城本来是那条沙漠道的南部终点。自从这座小城被毁并被废弃之后，它在哈密道上的地位也就大打折扣了。因此，沿这条道从哈密来的人，现在都倾向于在到桥湾城的前一天，改走另一条稍微再往东边去的路线。那样的话，他们将在桥湾城上游约 5 英里的一点过河。在那里河北岸光秃秃的砾石带让位于一片沙地，沙地上有茂密的植被可供骆驼食用。而在桥湾城，牧草极少。我后来在 T. XLⅠ. k 清楚地看到了这条新路线穿过长城墙体的地方[②]。伏特勒教授的向导们也曾追踪过这条新路线。

这座废墟的面貌以及它作为一条沙漠道终点站的位置，都颇使人清晰地回忆起楼兰要塞 L. A. 来（当然，那个楼兰要塞的朽坏程度比这里要严重得多）。在察看了围墙以北开阔地面上的废墟后，我的这种印象就更强烈了。古代长城线实际上就是在那里穿过去的，这使那里具有了更多的文物学价值。离北门约 150 码远的地方是一个硕大的地基，地基上是一座大庙的废墟。庙已完全坍毁，只是通过有步骤的挖掘后，我们才知道了它的内部格局。它东边还有几座保存得好得多的小庙，大概是守城的某些军官为表达自己的虔敬之心修的。

从这个大庙再往北走 100 码，就是长城墙体。这段笔直而连续的墙体出现在光秃秃的砾石地面上，大多数地方仍高达 3—4 英尺。在墙外不远，我发现了两条平行的浅沟，沟边有一个破败的亭子。要不是我带了一个和尚做向导的话，我真会对此大惑不解。在遥远的将来，如果有哪位考古学家看到了这些，他也会为此大伤脑筋的。那个和尚告诉我：这是让骑兵在骑马飞奔的同时练习枪法用的！

在离桥湾城西北角约 350 码的地方，我到了去往哈密的车马道穿过长城线的那一点，那里有个真正具有文物价值的东西在等待着我。形如低矮砾石土丘的墙外边，矗立着 5 个

---

① 原注：见伏特勒《关于哈密和肃州之间荒漠戈壁的地理学概要》（*Geographische Skizze der Wüste Gobi zwischen Hami und Su-tschou*），彼得曼报告（*Petermanns Mitteilungen*）增刊 139 号，1902。哈森斯坦因博士为伏特勒教授的论文所配的地图，体现了伏特勒教授对这条道的十分仔细的考察结果。这张图的比例尺是 1∶500 000，而不是像图例上写错的那样是 1∶1 000 000。

② 原注：就是因为在最后一天改了道，尽管伏特勒教授是在离桥湾城不到 4 英里的地方经过的，他却没有发现这座城。他是在 5 月 25 日经过这里的，当时由于这个季节常出现的风沙，能见度一定很低。但他在《荒漠戈壁》一书 23 页说到，有人对他说起过一个“古庙”，庙中只有几个和尚，再就没别的人来了。这显然指的就是桥湾城。但似乎他的向导们错误地把桥湾城说成是位于疏勒河南岸了。在这里我要提一下。在伏特勒教授的地图上，他从宿营地 xⅳ 出发后，最初走的路是笔直的。如果他沿这条直道一直走下去，走到疏勒河边，而不是像他做的那样折向南—南—东方的方向，那么他到达河边的那一点将恰好就是桥湾城。

小佛塔，与墙体平行排成一排。墙里面又有3个小佛塔。小佛塔的作用相当于坟墓上的纪念碑，它们本身就足以证明那里至今仍是个神圣的地方。我们还发现了更明确的证据，说明那儿的拜神传统直保留至今。我们发现了一个破败的大庙，就矗立在长城线南边、路东边。庙的一部分近期曾修复过。人们告诉我，这是为了纪念那些在抗击东干人、保卫桥湾城时战死的人的。一个靠外的院子里仍有藏族喇嘛们住的僧舍，表明这座庙现在的确仍在被使用。

我曾反复说过，从很早时候起，凡是大路通到帝国城墙外面去的地方[①]，在中国人的情感中都会激起一种宗教上的敬意。因此，我们完全有理由认为，在这个从地形学上算得上是长城上个真正“关隘”的地方，之所以出现了当代的庙宇和佛塔，是因为当地古代的拜神传统留存至今的缘故。在这个遗址上我没有发现任何古物，但很可能古物就埋藏在当代大庙底下。无论如何，有一点是值得注意的：哈密道过长城的这一点，恰好处于烽燧遗址T.XLⅠ.h和T.XLⅠ.i中间的位置，那两个烽燧分别在此地东边和西边1英里远的地方。在东段的长城线上，烽燧之间一般间隔1英里远。因此很有可能，这里本来也有座烽燧来戍卫哈密道。

关于桥湾城的地理优势和战略优势，我还要再说几句。正是因为这些优势，它才成了除了安西—哈密道之外的另一条从甘肃到哈密去的道路的起点。也是因为这些优势，大概早在18世纪，这里就有军队驻守，以防范来自哈密那一边顺着这条道或其他途径进犯的敌人。我已经说过，这条道是甘肃和哈密之间驮东西的牲畜能走的最直接的路线。从交通上的重要性来讲，它是无法与安西—哈密道相比的。这条道要经过一系列高大陡峭的北山山脉，车没法通行。[②] 而西边那条从哈密到安西的道上，则完全可以用车。另一方面，在这条道上骆驼吃草的问题比安西—哈密道更容易解决。我们将会看到，这条道朝东边的营盘（花海子）和肃州继续延伸时，路上牧草也都很丰富。

清代把桥湾城选为沙漠道上的一个基地，大概还有一个原因：把疏勒河以南垦殖区的物资运到这里来极为方便。从地图40.B.4和5上我们可以看出，从大村子三道沟（San tao-kou）附近，有一长条垦殖带向这里延伸过来。三道沟位于从玉门县到安西去的大路上，在东干人的劫掠之后，这条垦殖带上的不少农田荒弃了。疏勒河有很多大水渠状的支流顺着河的冲积扇流下来，可以提供灌溉上的便利，但多数田地依旧荒弃着。即便如此，在今天离桥湾城遗址2—3英里的范围内，我们仍可以见到一小块一小块开垦过的土地。而另一方面，这片垦殖区同疏勒河北面之间联系起来特别容易。这儿的疏勒河河床很窄，陡峭的土岸约有20英尺高。从桥湾城“郊区”有一座桥跨过了河床，那里的河床只有50英尺宽。

最后还有一个问题：为什么这个旨在戍守沙漠道南端的军事堡垒被放在了疏勒河北岸那里的地面是无法开垦的，也没有别的诱人之处。这有助于我们了解另一个问题：汉长城的筑造者们，从疏勒河大拐弯起，把长城线一直筑到了万山子对岸的小山，然后让它一直

① 原注：汉长城的这类遗址，见本书第十章第三节的注。
② 原注：参见伏特勒《荒野戈壁》4页。

紧贴着疏勒河北岸，而那片地面自古就是荒凉的沙漠。我想，显然这是因为从军事防卫的角度来讲，北岸明显地更有优势。这些优势是由地形决定的。所以，自从中国势力第一次到达甘肃西部起，这些优势就一直存在着。

乍看起来，似乎可以把疏勒河本身作为最便利的天然边界线。而如果想为戍守沙漠道末端而修一座城堡，以便防范可能会从西北沿沙漠道过来的敌人，最理想的位置似乎是河南岸的垦殖区。但仔细考虑后我们就会发现，在这里的防卫中，决定性的因素并不是疏勒河（因为全年的大部分时间，过河都是很容易的事），而是紧挨河北面的宽广无水的沙漠区。如果向北穿过北山光秃秃的砾石缓坡，离桥湾城最近的水源是一个存积成沼泽的泉水，那眼泉水所在的洼地我们也曾考察过。按照伏特勒教授的地图，那里离桥湾城的直线距离有 17 英里。① 显然，在河北岸设堡垒，可以使敌人到不了河边，喝不到河水。这样可以更有效地阻挡到疏勒河南岸绿洲和那里的大交通线劫掠的敌人，比只在河南岸设防强得多。②

我想这样大概既可以解释为什么汉武帝选择这里修长城，也可以说明过了 1800 多年之后桥湾城被作为军事要塞派兵驻守的原因。这些措施都是中国向中亚的扩张政策的结果。而且，在这两个不同的年代中，那些负责戍守疏勒河下游河谷这条“走廊”的人（这条“走廊”对中国的扩张政策是至关重要的），都敏锐地看到了此地地形的战略意义。能敏锐地觉察到地形的战略意义，这是中国军事史的一项传统。

关于桥湾城还有一点值得一提。它优越的地理位置恰好还可以戍卫另一条从北山通到这附近的道路。我指的是最早由格卢姆·格里什迈罗（Grum Grishmailo）先生，之后由欧布罗柴夫（Obrucheff）先生追踪的那条道。它起于疏勒河大拐弯上游约 8 英里处，然后曲折前行，先是向北，接着折向西北，并在魔头井（Mo-t'ou-ching，未查到与此对应的地名，权且如此音译——译者）同伏特勒教授追踪的那条道会合在了一起。③ 这条通哈密的交通线不是太直，但也有其重要性。因为，过了明水（Ming-shui）水井之后，它同其他小道连接起来。从蒙古那一边和准噶尔那一边，游牧部落可以顺着这些小道到北山最东段来。

4 月 22 日太阳升起的时候，我们继续向东考察长城墙体。我们很轻松地就在铺着砾石的土地上顺着墙体走了 1 英里远，来到一个朽坏很严重的遗址。那里曾是一座烽燧，烽燧的墙有 3 英尺厚，筑墙土坯尺寸为 14 英寸×9 英寸×4 英寸。在清理垃圾堆时发现了一些零碎小东西。其中值得一提的是一件捕兽用的机关的一部分（T. XLL. i. 06），这种捕兽的

---

① 原注：这一点在伏特勒教授的地图上就是宿营地 xiv 号，见《荒漠戈壁》21 页，他提到那里有个石头筑成的大建筑的废墟，这大概可以说明人们曾长期地、经常地使用这条道。

② 原注：我们可以提这样的问题：为什么在万山子下游没有利用这样的优势，没有把长城线筑在河的北岸呢？答案大概是这样的：在万山子这一点上游，河南岸的垦殖区都是接近河边的，而安西和敦煌的主要绿洲则离疏勒河很远。如果把长城线设在河北岸，从很远之外进行戍守、运送给养等都将是很困难的。而敦煌以北疏勒河河道像三角洲一样分了很多叉，又会加剧这些困难。同时，关于敦煌以西的长城线，我们必须记住这样的事实它像真正的罗马长城一样，主要不是为了保卫某个居民区，而是为了捍卫到塔里木盆地的道路——商业和军事活动都是在道上进行的。参见《西域考古图记》第二卷 725 页。

③ 原注：参见伏特勒《荒漠戈壁》2 页。

机关至今在非洲和亚洲的相距遥远的地区仍在使用①。除了汉朝那种带席纹的灰色陶器碎片外，我们还拾到了瓷器碎片，说明在汉代以后的朝代，这里大概曾有驻军。

在此后的2英里内，代表长城墙体的那条低矮笔直的土丘仍十分清晰。但两个烽燧T. XLL. j和T. XLⅠ. jj都已完全坍毁成了小砾石丘，上面厚厚地铺了一层汉代的那种陶器碎片。这两个烽燧与前后烽燧的间隔都是1英里。过了这段之后，地面变成了光秃秃的土，风蚀作用更加明显了。那里的墙体只是横亘在地面上的一条笔直的暗色砾石带。离桥湾城约4英里处我们遇到了那条清晰的小道，上文曾说过，伏特勒教授曾追踪过这条小道。从哈密来的大道现在就是通过这条小道到达疏勒河北岸的。小道旁边有一个土台地，高约3英尺，直径约75英尺，上面是厚厚的一层汉代那种陶器碎片和石头。那里本来是烽燧T. Ⅺ1. k。在台地附近我们还发现了1枚大五铢钱。

土地上偶尔出现一块块铺着砾石的地面，这样我们又将长城墙体追踪了1英里远，来到了T. XLⅠ. 1。那里的长城线附近有两座小佛塔，是用竖放的土坯筑成的，显然年代较晚。长城线以南约180码的地方有个小土台地，上面是一个圆顶小建筑的遗存，小建筑一部分切入了土中。在它附近发现的陶器碎片似乎大多数是后期的，华丽的铜钉T. XLⅠ. 1. 01也是如此。这个遗址的奇怪之处是一条约10英尺宽的水渠，在1/4英里内都清晰可辨。水渠为东西走向，离长城墙体不足60码。我们在到T. XLⅠ. m的路上看见了一条浅沟，那里的水大概曾流到这条水渠中来。

过了T. XLⅠ. 1，长城墙体很快便消失在一片风蚀作用很厉害的地面上了。这种地面又逐渐变成了宽阔的沙地，生长着大量芦苇和灌木。为了到T. XLⅠ. m去，我们只好折向东南。但从T. XLⅠ. 1走了2英里多到了那儿之后，我们却发现它是后来建的，顶上有一个小佛龛。

现在我们进入了沿疏勒河北岸的一个3—4英里宽的洼地，疏勒河就是在这里拐了一个弯向西流的。1907年9月当我从玉门县出发考察十二墩附近的长城，并进而到安西道上的三道沟去时，曾从这个洼地的东南段穿过。② 我当时觉得，这个伸展在北山的砾石缓坡和疏勒河之间的洼地，可能是个古湖盆。如今这里的水分依然很多。水分一部分是渗透过来的，一部分是从玉门县下游的疏勒河主河道上分出来的河道在季节性洪水时泛滥过来的。所以我很清楚，在这样的地面上，长城墙体保存下来的可能性微乎其微。但另一方面，我也很清楚该到东南方向的哪个地方去继续寻找墙体。

因此，当我不得不在这一点离开长城的可能路线并折向南方，同我们的行李队取得联系的时候，我心中并不觉得太遗憾。行李队顺着从T. XLⅠ. k来的车马道走，结果错误地到了河边。之后，我们又到了河北岸，并沿着北岸走，来到了一个地点，这儿的河道几乎折向正南方，即玉门县的方向。这里矗立着一座烽燧T. XLⅠ. n。它是用土夯筑成的，底部约12英尺见方。去往哈密或来自哈密的骆驼队一般在这里休息一下。人们是用那个叫蘑菇滩的村子的名字来称呼这座烽燧的——那个村子的田地就在河南岸不远。烽燧看起来

① 原注：关于这种机关的用法，见巴尔夫先生（H. Balfour）在"补遗与更正"421页中做的笔记。

② 原注：参见《西域考古图记》第三卷1136页。

似乎年代较晚，在烽燧附近拾到的小金属制品并没有提供年代上的线索。

此地以及下游几英里的河床都很窄，切入陡峭的30—40英尺高的土岸之中。在我们测河水流量的那一点上，河床只有约20英尺宽，3—4英尺深。测得的流量大致只有每秒钟180立方英尺。这个流量显然只是现在疏勒河河水的很小一部分，其余的水都从灌溉三道沟和其西边绿洲的那些支流流走了，或是被玉门县的几条水渠引走了。

在离T.XLⅠ.n约0.5英里的地方，我们离开了去十二墩的路（1907年我们已经考察了那里），折向东北，期望到达一座醒目的烽燧。上一次考察中，我已经看见了这座烽燧，它显然位于长城线上。1907年时，我们在此地东边的一点发现平地像沼泽一般泥泞，而这里的平地看起来像一个刚刚干涸没多久的沼泽。在地面稍微高些的地方，土洼地的底部干涸得更早，风蚀作用已经开始在没有植被保护的地方发挥作用了。而其他地方，在芦苇丛和灌木之间，流沙堆成了小沙丘。

我们到了烽燧T.XLⅠ.o。那里干涸的湖盆已经让位于砾石“萨依”，而北面已矗立着低矮石山的最外围山岭。这座烽燧是由土夯筑成的，底部有32英尺见方，旁边还连着一个方形院落，烽燧和院落似乎都不太古老。但在烽燧以南约50码的地方，我们仔细查看后，发现了长城墙体，这段墙体顺着一个碎石小山延伸了约1弗隆远。它形如一条低矮笔直的砾石丘，丘两边露出红柳枝层，由此可以判断它显然就是长城墙体。它向西北指向T.XLⅠ.1，但我们并没有看见中间有什么烽燧。而且，那段穿过古湖盆边上的植被带的墙体现在必定已踪迹全无了。正对着T.XLⅠ.o、紧挨着长城墙体南面，我们发现了大量汉代陶器碎片，说明石山顶上曾一度有个烽燧。

但奇怪的是，长城外的那个院落附近没有发现一片这样的陶器，却有大量上了釉的瓷器等物。就在围墙外，我们发现了一块写着汉字的木板，从字体来看似乎年代较晚。有一条清晰的小路从这个小烽燧附近经过。它是从十二墩延伸过来的。后来在十二墩我们注意到，它继续向上面说的欧布罗柴夫和格卢姆·格里什迈罗先生追踪到的那条道延伸过去，大概在某眼井附近同那条道会合在一起——伏特勒教授的论文中还附有哈森斯坦因博士画的地图，图中把那眼井标作“乌伦泉”（Ulun-tschuan）（可能是梧桐井，乌伦泉太靠西北了——译者）。向东北望，在较高的地面上有个烽燧T.XLⅠ.p，它显然是为了戍守从十二墩方向来、去垦殖区的路。从望远镜里看，那座烽燧看起来年代较晚。

从T.XLⅠ.o起，我们顺着长城线，沿山脚下走。这些小山是小山脉最后几个分支，上面铺着碎石。墙体在三处出现过，每一段的墙体长度约为0.25英里。墙体中的红柳枝暴露在外，墙身仍有5—6英尺高。走了约3英里后，我们来到了一个烽燧遗址T.XLⅠ.r。它显然是座烽燧，是用14英寸×9英寸×7英寸大小的土坯筑成的。我们在这里的地面上拾到了1枚大五铢钱。离烽燧很近的地方有间小守望屋的残墙，屋内只有6英尺见方，残墙仍高达4英尺。屋入口处的厚墙上仍有一个插大门闩用的孔洞①。到这个烽燧来的中途，我们还经过了一个小丘T.XLⅠ.q，可以看出已坍毁的垂直放置的土坯。那里本来大概是古长城上的一个烽燧，后来在其旧址上又筑了座烽燧。

① 原注：参见《西域考古图记》第二卷645、658页。

从这个小丘附近再往前，是一片向南延伸的结着盐壳的松软地面，这里显然有时是会被水淹到的。我们绕着这片地面又走了约 1.5 英里后，就来到了一个低矮石岭的西端。这个岭俯瞰着小村十二墩，烽燧 T. XLⅡ. a-d 就坐落在岭上。1907 年 9 月我从玉门县出发，到这里匆匆地勘察了下，便找到了长城线。那次的经历已记录在《西域考古图记》中了①。我们马上就会看到，这一带在地理学上是很有意思的。因此，我很乐意在十二墩那些绿树环绕的静谧农田北边的一条潺潺小溪旁休整一天。利用这一天时间，我可以更仔细地看一下那几座长城烽燧遗址，并考察长城附近的地面。

这些遗址分布在一组又矮又窄的山岭的最外面那一条之上——这组山岭是北山南段的最后分支，俯瞰着大拐弯处的疏勒河河道。这些没有任何植被的颜色较暗的山岭，是由很多带裂缝的岩石构成的。我觉得山石看起来像花岗岩，但大部分山石上厚厚地铺着碎石。在最外面的这条山岭逐渐变低并最终与西面那结着盐壳的平地相连的地方，我于 1907 年明白无误地找到了长城线的痕迹，因为那里的山坡上零星地有一些已半石化的小红柳树枝和胡杨树枝。从那一点开始，长城线逐渐变得明晰起来，碎石层中间嵌着小树枝。我们顺着这段长城线走了约 300 码，就来到了烽燧 T. XLⅡ. a。它坐落在距城墙南边 1 弗隆远的一个小石丘顶上，比山脚高出约 50 英尺。跟东边的烽燧 T. XLⅡ. b-d 一样，在这座烽燧上，前面要戍卫的长城线和后面长着灌木的平地都尽收眼底。烽燧是由土夯筑成的，相邻两层土之间是一薄层芦苇。烽燧朽坏了不少，10 英尺高的残烽燧上有一条风蚀而成的裂缝。

从这个烽燧起，顺着长城线再走 0.75 英里，又是一个小石丘，石丘上面有个已完全坍毁的 12 英尺高的土丘，那就是烽燧 T. XLⅡ. b 了。在那里，我们发现了大量汉代陶器碎片，说明这座烽燧在汉代是有人戍守的。土丘附近有一点儿垃圾，从中发现了 1 枚五铢钱，还有 1 块粗略修整过的胡杨木，大概是门上的过梁。在上面这两个烽燧之间的山岭顶上的一点，我们发现了两堆浸着盐的芦苇。它们大概跟敦煌长城最西段的烽燧上那些柴捆堆一样，也是用来点烽火的。②

T. XLⅡ. b 紧挨着长城线。从那里往前，有 1 英里长的长城线很清晰，延伸于山岭旁边一个小石高原上。再往东是一带长着灌木的沙土，长城线在那里便消失了。长城墙体两侧到处都露出来一层层灌木，或者只要挖掘一下就能找到灌木。墙体都不到 5 英尺高，顶部约有 14 英尺宽。在很多地方，沿墙体的中心线有一个约 6 英尺宽的奇怪的凹陷处，跟我在安西以西的长城线上某一点观察到的情况类似。③ 我们在墙体的一点上挖了一下，发现墙体外侧的灌木层比里侧厚。看来墙体中心的凹陷大概是沉陷的结果。

上面说的这段墙体虽然不长，却有两个烽燧 T. XLⅡ. c 和 T. XLⅡ. d 戍卫着，而紧挨着 T. XLⅡ. d 南边就是下文将要说到的小堡垒。山岭上这两座烽燧挨得很近，这一点是值

---

① 原注：同上书第二卷 1137 页。

② 原注：参见《西域考古图记》第二卷 650、677、711、754 页。又见本书第十一章第一节、第十一章第二节、第三节。

③ 原注：见本书第十章第三节。

得注意的。这可能是因为，这段长城线靠近居住区，所以需要加倍的防卫。但更可能是因为，无论从 T. XLⅡ. d 还是它底下的那个小堡垒，都看不到 T. XLⅡ. b 烽燧。T. XLⅡ. c 是用土夯筑成的，也是隔几层土出现一层使烽燧加固的芦苇。它底部原有 20 英尺见方，但后人用土和坯修整过，加大了烽燧基。西边后加的土坯掉落了，把原来的烽燧露了出来。烽燧现在的高度是 14 英尺。

烽燧 T. XLⅡ. d 似乎曾反复修过，西南角添了不少土坯，烽燧上别的地方后来也加了一层土坯。如今，烽燧底部有 33 英尺见方，仍可以辨认出一个由土夯筑成的烽燧内核。烽燧高 13 英尺。烽燧东边的岭上分布着 5 个小“炮台”，显然刚建没多久。它们上面的土坯都是垂直放置的，与后来修烽燧用的土坯一样大小。在一个比 T. XLⅡ. d 低约 30 英尺的石台地上，有一个长方形的院落。它的大小以及夯土筑成的厚墙，都使我想起古代玉门关遗址的那个小堡垒 T. XIV。① 院落内东西长 58 英尺，南北宽 46 英尺。院墙顶上的护墙是用 12 英寸×8 英寸×4 英寸大小的土坯筑成的，可能年代较晚。不算护墙的话，院墙有 18 英尺高。西墙坍毁了一大块，南墙上的大门之所以变宽了，也是因为墙体坍毁了一部分的缘故。

在院落里我们没有发现任何遗物。但这个院落离长城线很近，并且位于垦殖区外边，再加上墙的厚度以及墙体目前的状况，都说明它很古老。如附图所示，从十二墩村来，到 T. XLⅠ. o 去，并进而与欧布罗柴夫发现的另一条去哈密的路相连的小道，就是从这个小堡垒底下经过。经过桥湾城到哈密去的路也从这底下过去。在这两条路进入北山的沙漠地区之前，十二墩村肯定历来就是它们经过的最后一个垦殖区。考虑到这一点，我觉得自从修了长城，这个小堡垒的位置很可能就是一个关隘。上述的两条道实际穿越长城线的地方，离这个“关隘”还有一段距离。而敦煌西边古代玉门关的位置跟这是完全一样的。②

我们在此提出的关于此地从前面目的假设，在当地找到了两个证据：其一，我在别处曾经说过③，当地人把这里也叫作“小方盘”，跟古代玉门关遗址的当地名字完全一样，这是很值得注意的。其二，我曾反复指出过，凡是道路穿越长城线的地方，当地都保留着拜神传统。④ 而就在小堡垒和小溪之间（这条小溪把堡垒同十二墩村的田地隔开来），在上述那两条道会合在一起的地方有一座小庙，跟在古代“关隘”常看到的那种小庙一样。

经过十二墩往东到花海子（或称营盘）去，并进而到肃州去的路。至今仍在使用。从这个事实中我们大概能够解释，为什么十二墩这里的烽燧以及它东边一直到 T. XLⅡ. j 的烽燧后来都修过。在紧急情况发生时，为了保卫两个偏远居民区之间的道路，自然会用到这些烽燧。而“十二墩”和坐落在它东边约 5 英里远的小村“十墩”的村名本身，大概

① 原注：见《西域考古图记》第二卷 683 页。
② 原注：参见《西域考古图记》第二卷 691 页。
③ 原注：参见《西域考古图记》第三卷 1137 页。
④ 原注：见本书第十章第三节、第十一章第二节；《西域考古图记》第二卷 602、696 页；第三卷 1094 页。

也能说明这些烽燧直到近期还在被使用。①

在继续考察长城线之前，我要记录下一些水文现象。我先是在十二墩附近观察到了这些现象，后来在东边的其他地方，这些现象又得到了证实。它们同疏勒河水系有很大关系，很有地理学价值。我1907年9月21日从玉门县出发考察这里时，就已经观察到：十二墩北边这条小溪是向东流的，它后来在流向十墩的过程中扩大成了一个沼泽。当地人把这条小溪称作西湾河（Hsi-wan-ho）。显然，这条小溪以及灌溉着十二墩和方八营子（Fang-pa-ying-tzŭ，疑拼写有误，可能是黄花营子——译者）（十二墩东边的一个小村庄）的水渠，都来源于疏勒河。

但那次由于匆忙，我未能证实它们究竟如何与疏勒河联系。这条向东流的小溪，其流向与大拐弯处的疏勒河的流向恰恰相反。它后来究竟怎样了呢？这成了一个悬而未决的问题。而伏特勒教授的文章和地图中都称，经过十二墩和十墩的小溪是向西流的。② 还有，中国的“武昌地图”（Wu ch'ang map，武昌出的地图——译者）在疏勒河大拐弯的东边和北边都画着辽阔的湖床或沼泽，而由于这个地图的权威性，最近欧洲出的地图中便也这样画了。③ 这些情况使我观察到的现象更值得注意了。

拉尔·辛格在十二墩以南勘察了一下。他证实，十二墩和黄花营子的灌溉用水都是用水渠从疏勒河引过来的。这些水渠穿过了玉门县绿洲的最北段，水渠末端与西湾河连在了一起。小溪本身则是由泉水供给的。泉水积储在西南的一个河床中，那显然是以前疏勒河的一条泛滥河道。在T. XLⅡ. a以南，这个河床与来自西边的一条沼泽连在了一起。1907年我们曾顺着那条沼泽的沟走了2英里多，一直到了沼泽折向南边疏勒河那个方向的一点上。当时这片地面结着盐壳，但长着大量的芦苇，看起来就像是一个沼泽盆地。从疏勒河上游北岸岔出来的泛滥河道中的水曾淹过那里，而沼泽干涸不过是不久前的事。这一方面可以解释，为什么上面说的那个17世纪的中国地图在这个地区画了一个沼泽或湖。另一方面，这显然也可以说明，为什么从十二墩开始，长城线不是直接到疏勒河的北岸去，而是向西北顺着“萨依”缓坡的脚下向T. XLⅠ. o延伸。④

---

① 原注：“十二墩”意思是“第十二座是瞭望塔”（瞭望塔指烽燧——译者），十墩意思是“第十座瞭望塔”。1907年，那里的人们是这样告诉我的：“十二墩”离花海子有“十二座塔那么远”，即120里远；“十墩”则离花海子有“十座塔那么远”，即100里远。据说，甘肃和新疆的当代中国大路上，一座塔或通常是一座坍毁的废塔标志着10里的距离。但是，如果沿正常的道走的话，花海子和十二墩之间的实际距离是40英里。考虑到在甘肃和新疆两省。一般2英里约等于10里，那样的话，十二墩与花海子之间的实际距离反而跟人们说的十墩和花海子之间的距离差不多了。所以我觉得，“十二墩”和“十墩”这些名字，更有可能是来自于大路附近能看得见的任何古代和后来的瞭望塔的次序。从T. XLⅡ. d算起，我们在沿着大路到126号宿营地的途中遇到了7座瞭望塔。很有可能，从126号宿营地到营盘的路上还会有3座，但我们走的却不是那段路。

② 原注：见伏特勒《荒漠戈壁》26页。

③ 原注：同上书24页。又见图解兹原尼（Széchenyi）伯爵1877—1880年探险的地图A. 1以及俄国地理学会的西藏地图。

④ 原注：从格里什迈罗和伯达宁（Potanin）先生的探险地图看，这些俄国探险家从十二墩前往疏勒河边时，走的道似乎是贴着这个沼泽的北边，大致相当于汉长城的路线。这两张地图在前进路线南边都画了沼泽。我们可以肯定的是，伯达宁先生是在8月进行这次探险的，那时候这片地面可能大部分都被夏季的洪水泛滥淹没了。见伏特勒《荒漠戈壁》30页。

西湾河向东流这个事实的地理学意义在于，它把部分疏勒河水带到了从水文上来说与疏勒河下游河谷截然分开的地面上来了。因此，在这里我们看到了一个十分引人注意的现象：在离真正尾闾几百英里远的上游，疏勒河分出了一个岔。过了十二墩之后，西湾河继续向东，形如一条清澈曲折的小溪，流在一个轮廓清晰的洼地底部（那里长满了草和灌木）。这个洼地把北山的砾石缓坡同一个光秃秃的准平原隔开来，在这里准平原形成了南山的最外围。我们于4月24日紧挨着十墩上游测量了西湾河的水量。它给十墩这个小村的田地提供了灌溉水源之后，流量仍有每秒钟50立方英尺。过了十墩后，从南边的准平原脚下伸出一条低矮的石岭，使长着草的洼地变窄了。但过了5英里后，洼地又变宽了，成了一个植被茂密的宽阔盆地。从我们1907年的考察来看，疏勒河有一个很大但通常是干涸的泛滥河床，那里的水大概到得了这个盆地。而灌溉着玉门县绿洲最东北端的水渠的水也会流到这里来。在这一点上，向南可以望见远处有几块荒弃的农田，说明直到东干人叛乱之前，那里都是个垦殖区。湖盆南边是些孤立的石岭，它们是从那个光秃秃的准平原伸出来的。显然，除了从南边光秃秃的山坡上偶尔流下来的水外，湖盆中的水都来自疏勒河。湖盆的地势是西南高，东北低，坡度不大但很清楚。

我们上面说的那条潺潺的小溪就是往这个盆地的方向流过来的。当我们在烽燧T. XLⅡ. j离开长城线；想要到往营盘的大路上去时，遇到了这条小溪，在我们过溪的地方溪水流量为每秒钟60立方英尺。之后，溪扩大成了一个沼泽。此后我们的考察是在126号宿营地北边和东北的长城线上进行的，那片地面是个砾石高原，从东边俯瞰着上文说的那个盆地。后来我们发现，溪水流进了高原和花海子垦殖区北面的一个宽阔洼地之中，但当时我们没有时间去考察一下那个洼地。后来在4月26日，我从花海子派拉尔·辛格到北面这个洼地中去，他遇到了一条来自西—北—西方向的一个小溪的终端窄河床，其中一个河床中还有一汪缓缓而流的水。第二天我亲自证实了这个现象：当我从长城上的烽燧T. XLⅡ. 1向东—北—东方向走了约3英里时，在红柳沙堆和小沙丘之间发现了那条小溪形成的几个浅潟湖。

考虑到地貌状况，这些潟湖说明，某条小溪终结在花海子冲积扇和北山砾石缓坡之间的这个宽阔的内流洼地中。显然，这就是西湾河和其附近的沼泽的水的去向。我从十二墩的村民那里听说，他们的小溪流到了营盘附近，可见他们的话是真的。有一点是可以肯定的：位于赤金河下游冲积扇上的营盘绿洲（或称花海子绿洲），比十二墩和其西边的疏勒河拐弯处至少要低600英尺。①

因此我们就容易理解下面这个事实了：在玉门县绿洲和北山山脚之间，凡是到了北岸的所有疏勒河水，不论其是通过水渠、季节性的泛滥河道还是地下水到北岸的，都流进了花海子北面这个洼地。从疏勒河分出来的水量现在并不大，而且从前也不会太大。但从地理学上讲，疏勒河的这种分叉现象很值得注意，因为东边的这个“二号尾闾”，与远在敦煌长城以西的“一号尾闾”之间隔了260多英里远。

---

① 原注：据伏特勒教授说，接近疏勒河大拐弯处的河北岸的一点、十二墩村、他位于营盘绿洲的宿营地，这点的海拔分别是1410米、1420米、1310米。

在一定程度上，这种分叉现象也可以解释为什么在“武昌地图”中，疏勒河拐弯处的东边画了一系列湖盆或沼泽，沼泽之间有窄河道相连。① 因为，十二墩东西两侧的沼泽带，T. XLⅡ. i、j 和 126 号宿营地之间的盆地以及营盘以北的大洼地，以前一度存积的水肯定要比现在多得多。但显然，自从汉代以后，这里在交通上就算不上是障碍了，因为古长城线就是在这片地面上延伸的，而且其遗址一直留存至今（见下一节）。

第三节　花海子及其长城遗址

我已经说过了 4 月 24 日在十二墩以东看到的地貌，现在我说一下在那一天的行程中所看到的长城遗迹。在 T. XLⅡ. d 以东不到 1 英里的地方，长城线便消失在长着茂密芦苇和灌木的低地上。我们于是朝烽燧 T. XLⅡ. e 前进，那个烽燧我们在十二墩就已看到了。我们一踏上低岭脚下铺着碎石的砾石土地，就又遇到了笔直的长城线，墙体两侧露出芦苇捆。T. XLⅡ. e 距离十二墩约有 2 英里远，那附近的墙体仍高达 6 英尺。从那里向东 12 英里长的距离内，除了长着植被的几小块地方外，砾石“萨依”脚下的墙体都是清晰可见的。这一段墙体中都是芦苇和土交替出现，跟敦煌长城上的筑造方式一样。从使用芦苇捆这一点大概可以得出这样的结论：长城线以南属于西湾河流域的那个洼地，在汉代的时候就已经跟现在一样像个沼泽了。

出现在这段城墙上的烽燧 T. XLⅡ. e-j，其建筑样式很相似，并且显然一直到后来都有人驻守并修复过。它们之所以后来被修复过，是因为到花海子和肃州去的路在这里与长城线是平行的，就在长城线南边不到 1 英里远的地方。显然，人们可以很方便地利用这些烽燧来保卫这条道和南边零星的居民点。这些烽燧似乎一度曾被按照同样的模式扩展成了小哨卡。

这些烽燧是用土夯筑成的，如今其底部有 22—28 英尺见方。加上烽燧顶部明显是后来用土还筑成的胸墙，它们的高度在 18—25 英尺之间。烽燧现在都坐落在由围墙围成的院落的西北角或东北角。围墙也是用土夯筑成的，但不太结实，看起来是后加的。围墙内院落的面积为 60—62 英尺。用墙有 3. 25—4 英尺厚，在风蚀作用下，西墙一般已破损。这说明这里盛行的风是从疏勒河河谷吹向花海子驻地的。

任何一个院落内都没有什么垃圾堆。但在汉代的陶器碎片旁边会出现瓷器碎片，足以说明这些烽燧一直到后来仍有人驻守。那只用绳编成鞋底的精美的鞋 T. XLⅡ. e. 01（应该是 02——译者），是不是很古老我们不得而知。但另一方面，我在 T. XLⅡ. i 东南约 30 码处一块铺着碎石的略微突起的地面上发现了两堆半石化的芦苇捆，它们应该是整个汉初长城都有人驻守的那一时期的遗物。它们有 4—5 英尺高，跟敦煌以西烽燧附近的芦苇垛一样②，是点烽火用的燃料。还有一点值得一提。在这个烽燧和它东边的下一个烽燧 T. XLⅡ. j 附近，我们发现了一条古代水渠不长的几段，水渠显然是跟西湾河连在一起的。

过了 T. XLⅡ. j 之后，东边约 1 英里长的长城墙体都可以分辨出来。之后，长城墙体

① 原注：参见伏特勒《荒野戈壁》24 页；又见上文 386 页。

② 原注：参见《西域考古图记》第二卷 754 页；本书第十一章第二节。

便消失在东边洼地里的红柳沙堆之中。在这里我们不得不离开长城线，到那个水井去。在去营盘的车马道上，人们一般把那里作为休整的地方。我们从 T. XLⅡ. j 向东南走。走了约 1 英里后，经过个小塔提，上面盖满了汉代的那种陶器碎片。这大概是长城有人驻守时的一个早期居民点的位置。我们接着又在上文提到的那个洼地中穿行了 5 英里，来到了一个很醒目的石山光秃秃的山坡上。我前面说过，把疏勒河和赤金河河谷隔开的大准平原，其北部边缘就是一个个这样的石山。[①]

在这个石山西北端有个小丘，比我们的 126 号宿营地所在的那眼咸水井高约 200 英尺。我们发现，小丘顶上有个巨大的圆锥形烽燧的废墟。这座烽燧离长城线相当远，看起来显然十分古老。它是用一层层土筑成的，土层之间用粗大的胡杨树树枝加固。烽燧底部约有 33 英尺见方，高约 12 英尺。烽燧顶上有个瞭望用的小平台，是用一层层芦苇捆筑成的。在这个烽燧上向北边和西北边可以望出去很远。而我们前一天在离石山较远的砾石高原上所考察的那几个烽燧，由于隆起的地面遮挡，向北边和西北边看不了多远。所以，小丘顶上的这座烽燧很有可能是古代建的，这样能让戍卫者们更有效地监视边界线。

4 月 25 日早晨，我派人把行李沿车马道押运到营盘去。我本人则和拉尔·辛格以及为数不多的几个人一起，骑马向北出发，寻找长城线。这一天的工作极有成果。当天我们发现了这么多的遗址，以至于后来两天我们都在清理、研究这些遗址。我们把花海子绿洲当作据点，从那里找到了汉族人，在他们的帮助下，清理工作才得以进行。我们绕过了石山的西山脚，又向北走了约 2. 5 英里的路程，就找到了长城线。这段笔直的长城线是西—北—西到东—南—东走向，延伸在一个辽阔的高原上。由于地面要么是光秃秃的土，要么便是砾石，故这段长城保存得比我们自离开安西后发现的所有长城线都好。

诚然，在好几处地方，风蚀作用已把长城墙体变成了一条覆盖着砾石的低矮“堤坝”。但有很多段墙体几乎完好无损，有 6—7 英尺高，可以清晰地看到土层和柴捆层交替出现的建筑方法，柴捆层和土层各有 8—10 英寸厚。这段墙体上用的柴捆主要是红柳树枝。从地图上我们可以看出，北边的洼地中至今仍生长着茂密的红柳，因此弄到红柳枝肯定是很容易的。土层十分坚硬，而为使土层变紧密而加的水，必定是从相当远的地方运来的。在保存完好的地段，墙体顶部约有 5 英尺宽。这使我们觉得，这段墙本来的厚度大概跟敦煌长城的常见厚度是一致的，即墙基为 8 英尺厚。[②]

这里的墙体保存得相当好，大概表明此地的气候条件比我们在疏勒河北岸遇到的其他地方更容易将文物保存下来。这使我希望在那儿能发现戍守长城的人遗留下来的东西。我的希望并没有落空。我们考察的第一个烽燧 T. XLⅡ. a 已坍毁成一个覆盖着砾石的小丘，但它周围有大量古代陶器碎片。在它南边约 40 码的地方，我们在一薄层砾石下面发现了一个垃圾堆，从中出土了 3 枚写着汉文草书的木简以及几枚空白简残片。在那里还发现了

---

① 原注：按照空盒气压表的读数，120 号宿营地的海拔是 5420 英尺。我觉得这个结果未必准确。我记得，十二墩和营盘附近的地面没这么高。伏特勒教授对这一点的测量结果是 1350 英尺（4429 米）。在地图 40. D. 5 中，在 126 号宿营地用测角仪测得的几个地点的高度都打上了问号，这是理所应当的。

② 原注：参见《西域考古图记》第二卷 736 页。

一些木制品、毛织品等零碎东西。其中包括：一个木制印封 T. XLⅢ. a. 010，属于敦煌长城上常见的那种类型；1 件织得很紧密的地毯碎片 T. XLⅢ. a. 06；就在小丘附近的地面上，我们还拾到了 1 枚五铢钱。（有 2 枚汉文木简中提到了被发配到前方来充军的罪犯。T. XLⅢ. a. 013 还提到了“桢中燧”，这个烽燧的名字也曾出现在 T. XLⅣ. b. 2 和 024 中。）

沿着长城线向东南走了 0.5 英里，我们遇到一个遗址，无疑那是个制造陶器的窑，被火烧红的地面上铺满了炉渣和陶器碎片。T. XLⅢ. a. i. 01—02 就是这种当地制造的陶器的很好例子，它们是某一件大器皿的口沿和侧面。接着我们又走了 0.5 英里，来到烽燧 T. XLⅢ. b。这座坚固的烽燧仍有约 11 英尺高，用土坯筑成（土坯长 15 英寸，宽 8 英寸，厚 5 英寸）。烽燧底部本来为 16 英尺见方，后人又将烽燧底部加大到了 29 英尺见方。东边的土坯掉了下来，露出一个豁口，显然表明外层土坯是后加的。从豁口中仍能看到原来的烽燧是粉刷成白色的。外面加的土坯大小跟里面一样，土坯层之间隔着芦苇层。烽燧顶上本来大概有个小守望屋，但如今什么也没有了。在附近发现的陶器碎片中，值得一提的有一个或几个精巧的陶瓷碗的残片 T. XLⅢ. b. 01—07。

下面两个烽燧 T. XLⅢ. c 和 d 已完全坍毁成小丘，附近有古代陶器碎片。在第个小丘那里，我勉强分辨出造烽燧的土坯与 T. XLⅢ. b 的土坯大小是一样的，这段长城上的其他烽燧用的土坯也都是这种尺寸。T. XLⅢ. d 有一个奇怪之处：在砾石平地上，我们隐约看出有一行共 8 个低矮的小丘向南边延伸过去，小丘之间距离 30—50 码。每个小丘上，在风吹过来的一薄层砾石之下都会发现一层层的灌木、炉渣或是被火烧红的土。它们有没有可能是一些古代临时营房的遗址呢？

再往前走 1 英里就是 T. XLⅢ. e 古代烽燧遗址。它是一个 15 英尺高、22 英尺宽的土丘，由土层和灌木层构成。附近除了有大量汉代陶器碎片外，我还发现了一个奇怪的空心陶棍 T. XLⅢ. e. 01，它用极为坚硬的深灰色黏土制成，目前还不知道它是做什么用的。从 T. XLⅢ. e 再往前走不到 1 英里就是 T. XLⅢ. f，长城线在那里稍微拐了个弯，折向正东方向。那里只有陶器碎片保留下来，表明那儿曾有个烽燧。从 T. XLⅢ. f 往前约 1 英里的距离内，可以很容易地在光秃秃的砾石地面上追踪到长城墙体。然后墙体进入一片风蚀地区，那里的土地上零星散布着一些低矮的红柳沙堆。这一地区的墙体只有不长的一段，形如一条 3—4 英尺高的风蚀土堤。这显然证明，墙体覆盖的土地比附近毫无遮挡的地面更好地经受了风蚀作用。

这之后墙体完全消失了，后来在离 T. XLⅢ. f 约 3 英里远的一行红柳沙堆北边，我们遇到了一个低矮的土丘，顶上是一个土坯筑成的烽燧 T. XLⅢ. g 的遗址。残烽燧有 5 英尺高。在它周闹发现了灰烬和发红的土，说明曾有个与烽燧相连的建筑被火烧掉了。后来人们把土丘的东侧面修成一个给牧人遮风挡雨的地方，那里的墙是用红柳枝和灌木筑成的，很粗糙，与烽燧其余部分很容易区别开来。在土丘的西坡和南坡上我们发现了垃圾层。翻检了垃圾后，我们找到了 1 枚写着汉字的木简，还有各种小零碎东西。其中值得一提的有：1 枚青铜箭头 T. XLⅢ. g. 015，跟楼兰遗址和敦煌长城上常见的箭头属于同一种类型；另 1 枚箭头 014 是带倒刺的，两侧凹陷，Lāl S. 015 类似；04 是 1 件青铜镜残片；在这里还拾到了1枚五铢钱。

对于在东边那些排列紧密的红柳沙堆中找到长城线，我们本已不抱指望了。这时那个眼尖的蒙古人马鲁木在前面探过路后，带我们穿过沙堆，来到一个约30英尺高的覆盖着砾石的小丘T. XLⅢ. h。在小丘东坡上约一半高的地方，我们发现了一道5英尺厚的墙的墙基，延伸了约50英尺远。这堵墙是用灌木捆紧密牢固地筑成的。灌木层交叉放置，并由垂直穿过各层的大树枝固定住。由于这堵墙的出现，天然小丘就变成了某种瞭望塔。[①] 小丘直径大约是50英尺，小丘顶上似乎成了一个用来瞭望的平台。除了1枚王莽时期的破碎不全的钱币外，在丘顶上我们没发现别的东西。但我们很快在东边墙脚下一层不厚的砾石底下发现了垃圾。我们只粗略地看了一下就找到了4枚写在木头上的汉文文书，其中1块写板保存得极好，正反两面都写着2行汉字。

当天时间已经不多了。我们无法再清理这个地点的垃圾，也只能将长城线（我们有幸很快又在开阔的砾石地面上又发现了长城线）追踪到烽燧T. XLⅢ. j，然后便不得不折向南边，以便在天黑之前到达花海子——已有人提前把宿营地安在那里了。我们在一带松软的黄土地上行走，并经过了双泉子（Shuang-ch'üan-tzŭ）这个偏远的小村。那儿的田地是用泉水灌溉的。我们在花海子这个主要绿洲短暂停留了一段时间。但在记录我所观察到的花海子绿洲的特征之前，我们最好还是把花海子北边的长城线说完吧。

我们充分利用了4月26日和27日这两天时间，在这两天中，我们的宿营地都是在花海子垦殖区内。一个带围墙的小城（或称堡子）是这个绿洲的中心，它的名字很引人注目，叫作“营盘”。在那里设立的小官府的资源十分有限，但他们仍设法给我提供了一小队工人。工人骑在又高大又强悍的驴子上，幸运的是这一地区的所有绿洲中都有不少驴子，跟我们到长城线上去，帮我们彻底清理那些遗址。同时，拉尔·辛格可以向东北和南边的沙漠中进行勘察。

清理了T. XLⅢ. h的垃圾层后，我们又发现了16枚写着汉字的木简，还有一些零碎东西，其中包括几件木器和粗糙的纺织品。（两件文书T. XLⅢ. h. 020和024中，分别载有相当于公元前39年和公元13年的日期。T. XLⅢ. h. 016引用了一段关于兵役制的法律。T. XLⅢ. 018提到了“受降”和“万年”这两个当地地名，它们在以前于敦煌长城发现的文书中都出现过［见沙畹《文书》第415、485号］。在023中提到了某个烽燧的长官，他是敦煌下属的“富昌”乡人［原简为“燧长玉门富昌里丸崇”——译者］。019开列了各种纺织品和衣物的单子。029和030是不完整的私人信件。）

制作精巧的绳鞋T. XLⅢ. h. 04、木钉013（上面粗略地画了一张奇形怪状的脸）以及铁锄012，我们在敦煌以西的汉长城烽燧上都发现过与它们完全一样的东西。这些加上上文提到的那枚钱币，给我们提供了年代上的线索。考虑到这一点，我们在这里发现的一片无字的碎纸片06就更能给人以启示了。西边的那个烽燧T. XLⅢ. g和东边的下一个烽燧T. XLⅢ. i之间的距离只有约1英里。T. XLⅢ. h插在这两座烽燧之间，离它们那么近。

---

① 原注：在孔雀河边上的汉代古道上也有一个类似的烽燧，也是把一个小丘用柴捆围起来。见下文第二十二章第三节。

对此，我想最好这样来解释：这里大概不是一个普通烽燧，而是个作战基地或“地方司令部”，跟敦煌长城上的 T. Ⅵ. b 和 T. ⅩⅤ. a 类似。[①] 在这里发现了数量较多的文书，这也与我的假设吻合。

T. ⅩLⅢ. h 和 T. ⅩLⅢ. g 附近无法追踪到长城线。但再往东，红柳沙堆变少了。后来长城线又重新出现在砾石地面上的一丛稀疏的灌木之中。就在那一点旁边，我们来到一个土坯筑成的烽燧遗址 T. ⅩLⅢ. i，这座烽燧朽坏得很厉害，坐落在长城墙体南面的一个天然小丘之上。有趣的是小丘旁边一个足有 30 英尺高的红柳沙堆已经完全高出了小丘，可见这个红柳沙堆必定是在烽燧建好之后“长”高的。[②] 小丘的坡上有个垃圾堆，在那里发现了 9 枚写着汉字的木文书，其中有一个作信封用的长方形木板（上面写着收信人的名字），还有一个印封盒。在这里发现的零碎东西中，值得一提的有：1 个木鞍架残件 T. ⅩLⅢ. i. 02；1 件楔形铁器具残件 07，其用途我们现在还不知道；少量燕麦，08 是一点样品。

从这往前，长城墙体保存得相当好。向东延伸的墙体平均高达 5—6 英尺，有些地方甚至比这还要高出 2 英尺。在离上面说的最后一个烽燧约 1 英里远的地方，墙体南边有个小丘，上面是一个土坯筑成的小建筑的废墟，这就是 T. ⅩLⅢ. j。有一间屋子只有东墙还可以分辨出来，屋子地面上盖满了垃圾。清理垃圾堆后，我们足足发现了 24 件写着汉字的木文书。其中不仅有木简残件，还有一个完整的三角形木文书。从在敦煌长城上发现的大小和形状与此类似的文书看[③]，这是进行文学创作用的。（后来我们发现，这个三角形文书 T. ⅩLⅢ. j. 014 上写的是《急就章》第 14 段的开头部分。《急就章》是一篇著名的词典性质文章，在汉代晚期很受欢迎。我于第二次考察中，就在敦煌长城上的不同地点发现了几个写着《急就章》的残片[④]，可以证明它受欢迎的程度。T. ⅩLⅢ. j. 013 是一篇写字练习，上面载着一个相当于公元前 40 年的日期［原简为永光年，为公元前 41 年——译者］。05—06 是一个被流放的人写的私人信件。残片 07—012. 015—021 等，似乎都是用来占星的日历）

零碎东西数量不多，其中包括 1 只鞋楦头的木鞋跟 T. ⅩLⅢ. j. 02 和 1 件编得很好的篮子状物的残件 T. ⅩLⅢ. j. 04。但更值得一提的是 1 枚雕得很精细的小木钉 T. ⅩLⅢ. j. 01。木钉上端雕着一个人头，脸的细节很清楚，是刻上去的或是用黑颜料画上去的。这个小物件之所以引人注目，是因为安德鲁斯先生指出，钉上的人像对发型的处理，很像汉墓中的某些雕像，而且跟沙畹先生在他关于中国古代雕像的巨著中收录的保护神的像很接近。如果安德鲁斯先生的对比研究是正确的，那么从这件小雕像中就可以解释为什么我在第二次和第三次考察中，在古长城烽燧上发现了不少形如帐篷钉一样的木钉，上面画着奇形怪状的人脸。[⑤]

---

① 原注：见《西域考古图记》第二卷 644、698 页。

② 原注：在安迪尔遗址以南的古代城堡，我们也发现了类似的现象，见《西域考古图记》第一卷 283 页。

③ 原注：参见沙畹《文书》6 页之后，图版Ⅰ、Ⅱ；又见《西域考古图记》第二卷 763 页注 92。

④ 原注：参见沙畹《文书》1 页之后，又见《西域考古图记》第二卷 763 页。

⑤ 原注：参见《西域考古图记）第二卷 767 页 T. 002 下的文字；又见本书第十一章第三节、第十二章第三节的 T. ⅩLⅡ. d. 027 和 T. ⅩLⅢ. h. 013。

T. XLⅢ. k 是东边的下一个烽燧，离这里只有 0.5 英里远。它看起来是用土夹杂着芦苇层夯筑成的，已经坍毁成了低矮的小丘。在烽燧南边 10 码远和烽燧西南再远些的地方，我们发现了两个垃圾堆，从中出土了大量古代文物。我们发现的汉文木简约有 20 枚，不少已经破了，但有的仍很完整。(其中 T. XLⅢ. k. 032 中有汉代一般在引用皇帝命令时的官方套语，跟沙畹《文书》中的第 140 号［公元前 58 年或 56 年］中的套语一样。T. XLⅢ. k. 031 是一张收条，上面的日期相当于公元 89 年 11 月 6 日［原简为“阳朔四年”，公元前 21 年——译者］。T. XLⅢ. k. 027 中提到了“憎胡燧”。T. XLⅢ. k. 037 上的文书则提到了当时的邮政服务。）零碎东西中包括木漆碗的几个残片（T. XLⅢ. k. 04—08、026），还有几件铲刀状的木片（T. XLⅢ. k；010—012、014、023），大概跟如今中国人的筷子一样也是吃饭用的。（据本书英文版“补遗和勘误”，此段中“T. XLⅢ. k.”应作“T. X. LⅡ. k.”。——译者）

从这一点，长城墙体折向东—北—东方向，大部分墙体仍保存得相当好。我们顺着墙体穿过微微隆起的地面，来到了一个醒目的大烽燧 T. XLⅢ. 1。它有 24 英尺高，十分坚固。但仔细查看之后我们发现，尽管烽燧的内核可能是汉代筑的，但一直到离现在不太久远的时候，烽燧一直在被反复扩大、修补。烽燧如今占据了一个 83 英尺见方的院落的西北角，这个院落肯定也是后来修的。原来的烽燧底部似乎 24 英尺见方，烽燧是用土夯筑成的，并用大胡杨树枝作为横梁和柱子来起加固作用，很结实。在这外边加了一层用土和灌木层筑成的厚厚的护墙，使得烽燧基扩展到 35 英尺见方。这层向里倾斜的护墙到离地面 14 英尺高的地方便终止了，护墙顶上绕着原来的烽燧是一个 3 英尺宽的搁板。在原来的烽燧顶上，我们发现了一间小屋。小屋是把土坯垂直放置筑成的，显然是后来建的。

上面说的院落是由 4 英尺厚的墙围成的。南墙保存得最好，仍有 10 英尺高，而且在南墙底下还可以看出灌木捆和木头构成的墙基。西墙已经完全被风蚀掉了。联系到在长城营盘段观察到的类似现象，我们可以知道，吹进这个洼地中最强的风是从疏勒河河谷方向来的。我们之所以能分辨出西墙的位置，是因为院落内靠着西墙堆起了一堆垃圾，主要是芦苇秸秆和牲畜粪便。在垃圾中我们发现了瓷碗碎片和上过釉的器物残片，这说明垃圾的堆积还是后来的事情。在“文物目录”T. XLⅢ. 1. 06—09 下的笔记中我们可以看出，这些瓷器碎片很像在敦煌长城的 T. Ⅺ那里发现的碎片，后者是个路边烽燧，一直到中世纪都在被使用。① 要是这个烽燧有早期戍守者留下的遗物，大概会在垃圾层下面，但我们并没有找到这样的遗物。

绿洲上的人把这个烽燧叫作“头墩”。这个烽燧不仅到后期还有人戍守，而且还专门有个名字。这说明这段长城的其他地方虽然已经完全荒弃了，但在这附近大概仍有一条人们偶尔走过的小路穿过了长城线。结果不出我们所料。我们从营盘带来的四个人中有一个说，他知道有一条路向北通到某地去，他只是模模糊糊地说那个地方在“100 里外的北山中”。但我们没有问出来当地人为什么到那个地方去。

我们查看了 T. XLⅢ. 1 西北的长城以及靠近长城外边的地面，结果发现了两个奇怪的

---

① 原注：参见《西域考古图记》第二卷 667 页。

现象。在离烽燧约40码远的地方，我们发现了芦苇捆做的地基。似乎那里紧挨着长城墙体曾有四间小建筑。每个地基从北向南约有13英尺长，各地基之间间隔约有18英尺。这是不是在特别需要守望和戍卫的地方盖的营房呢？之所以说这里需要特别的戍卫，是因为有很多隆起的砾石岭，从北边一直延伸到离墙体约50码远的地方，这对长城的安全是个威胁，因为敌人很容易从那里偷袭。

这些岭的最西边，在前面说的墙体上的那一点西北50—60码远的地方，有两大垛红柳树枝。大垛的底部有13英尺见方仍有7英尺多高。东边的另一条岭上，离长城上那一点也有这么远的地方又有一个较小的芦苇垛，芦苇中还掺杂着马粪。当我看着这些垛的时候，我想如果晚上把这几垛树枝和芦苇点燃，前面会被照得很亮，在这一点被敌人偷袭的危险就大大减少了。当然，为什么会出现这几个垛，也可能会有别的解释，比如它们可能是点烽火用的。

过了T. XLⅢ.1之后，我们又顺着长城墙体向东走了0.5英里，然后墙体便完全消失在一个宽阔的洼地中了。洼地上是松软的风蚀土壤，分布着一些排列很紧密的红柳沙堆。我们一直走到离T. XLⅢ.1约3英里的地方，仍没有发现长城墙体的痕迹。拉尔·辛格还单独向东北方勘察了一下，一直到能望到北山脚下的砾石“萨依”的地方，也没找到任何墙体的迹象。凭着我先前获得的对这类情况极为错综复杂的地面的经验，我决定向东去再找一个据点，从那个据点再寻找长城墙体向前延伸的部分。考虑到水的问题（随着夏日临近这个问题变得越来越重要了），再加上我们必须在去肃州和黑河的途中节省时间，这些都使我觉得把去肃州路上的一眼井作为下一个休息地是最合适的。但在描述以那眼井为基地进行的考察之前，我还是先来说一下花海子盆地的地理位置以及这与汉长城的路线有什么关系。

我们姑且以这个盆地中唯一的绿洲的名字为它命名，把它叫作花海子盆地吧。这个盆地在地理学上的价值在于，它虽然小，却是个独立的典型内流区域的尾闾。这个内流区位于疏勒河和黑河那两个大得多的尾闾之间。它的北部边界就是北山最南段的那条山脉。南部边界是东经97°和98°线之间的南山的外围山脉，那条山脉把疏勒河流域和北大河（或称肃州河）流域隔开来。

西边和东边的界线就没有这么明显了。西边与疏勒河之间的分水岭是南山的一条外围山脉。这条山脉在赤金塞（Ch'ih-chin-sê，此处为音译——译者）西边延伸下来，进而与铺着砾石的那个大准平原连在一起。上文在说到西湾河时，曾提到过这个准平原。[①] 东边与肃州河的分水岭主要也是两个马鞍状的准平原，其中一个在嘉峪关以西，另一个拉尔·辛格和我自己在从疙瘩泉子到肃州去的路上曾穿越过，但并没有仔细考察。

我们上面界定的这个内流区域有一个很特别的特点，那就是从嘉峪关附近，大致沿西北方向一直到赤金塞附近，有一条曲曲折折而且相对比较高的山脉，把内流区明显分成横向的两部分。从山志学上的大致情况来看，我觉得这条山脉是环绕在甘肃北部边界的阿拉善（Ala-shan）山系最西端的一支。但由于缺乏地质学上的证据，我这个想法只能是猜测

① 原注：见本书第十一章第二节。

而已。赤金河和白杨河（Po-yang-ho）切断了这条山脉，我们在1907年曾部分地考察了南山中白杨河的源头①。东边的肃州河和甘州河在毛眉（Mao-mei）附近合流成黑河之前，也都穿过了一些较低的小山脉。我们有理由认为赤金河和白杨河在山中切出的峡谷，从性质上来讲应该与肃州河、甘州河切出的峡谷类似。

上面说到，花海子内流区被横向分成了两部分。南边那一块大部分是广阔的高原，跟从肃州到甘州的南山脚下的高原类似，但更干旱。那条从嘉峪关延伸到赤金塞的山脉（我还没有为它找到名字）完全是荒芜的。即便有溪流把水从南山外围带过来，这些溪流也很快便消失在山脉脚下。我在1907年7月和9月曾两次穿过这个高原。从我观察到的现象看，高原上的几个小绿洲的主要的（甚至可能是唯一的）灌溉水源，就是来自南山的地下水（地下水涌出来成了泉水）。

高原上汇集的这些泉水，在从肃州到玉门县的大路两旁又以小溪的形式出现了。但可以肯定的是，除了以地下水的形式外，这些水都到不了山脉北边的洼地。只有在洪水泛滥水量很大时，赤金河和白杨河河床才有可能把地表径流带到山脉北脚。过了山脚后，白杨河河道便完全消失了②，而赤金河中的水通常也只是来自花海子绿洲西南方的河床中的泉水。花海子北边的砾石"萨依"脚下也有些泉水③。而花海子绿洲中那个南北长4英里、东西宽3英里的垦殖区，就是靠这些水源灌溉的。和田以东昆仑山的砾石缓坡脚下也有一些小绿洲，那里的水文条件跟这儿很接近。④

赤金河以前曾在比较大的一块地区沉积了肥沃的冲积物，现在的花海子垦殖区只是这一地区的一小部分。有个事实能证明这一点。我们在向垦殖区南边和北边考察时，发现地面也都是冲积成的黄土，但由于没有植被保护，那些地方正在被风蚀成常见的雅丹。实际上，在我们朝东走时，在离现在的花海子绿洲边界2英里的距离内发现了古代水渠和废弃的垦殖区。即便花海子的垦殖区面积本来要大些，我仍觉得这个绿洲不足以把交通从南边那条道吸引到这里来。那条道是从横亘的山脉南边经过的，比穿过花海子距离更短，也更方便。而且，花海子绿洲自身也不足以说明要把它纳入汉长城保护地区内的理由。所以，当我们的考察的确证实汉长城就是由西向东横穿了这个洼地的时候，出现了一个难以解释的问题：为什么汉武帝手下保卫这些地区的人采纳了这样一条长城路线，而不是把南边那条又方便又极易于守卫的崎岖山脉作为天然的屏障呢？⑤

只是在后来我们在北大河沿岸才发现，在伟大的汉武帝治下，中国已经牢牢控制了北边的大片地区，那时候我们才找到了这个问题的答案。但早在那之前就有两个考古学问题

---

① 原注：见《沙漠契丹》第二卷268页之后。

② 原注：欧布罗柴夫先生曾沿白杨河下到花海子盆地。在他画的路线草图中，白杨河在山脉北麓就消失了，我们在从花海子到疙瘩泉子的途中也没有遇到白杨河的河道。

③ 原注：我们是从当地人那里听说这些泉水的。由于时间短暂，我无法亲自考察它们，对此我觉得很遗憾。

④ 原注：参见《古代和田》第一卷96、115页。《西域考古图记》第一卷202页；第二卷1263页。并参见《西域考古图记》第卷612页中关于南湖绿洲的灌溉情况的文字。

⑤ 原注：参见《西域考古图记》第二卷1136页。我就是因为觉得，大道边上的这条高大崎岖的山脉可以作为天然的屏障，这才在1907年错误地在那里寻找长城线，以为来自敦煌和安西的长城线向东延伸到了这里。参见《沙漠契丹》第二卷280页之后。

已经澄清了。其一，这个小绿洲之所以又名“营盘”，大概是由它在汉代的边疆防御布局中的地位决定的。看一下地图我们就会知道，如果不在这里驻军就很难守卫这段长城，因为这里足足90英里的长城线都是在极度荒凉的沙漠穿过的。另一方面，当甘肃西北的防卫线收缩到肃州后（从明代起直到清朝征服新疆，执行的肯定都是这样的收缩政策）在这个偏远孤立的小绿洲再驻军，意义就不大了。当然，“营盘”这个地名的来源还要查证中国历史文献才能知道，而我手头没有这些文献。

另一个问题是，从我们在营盘以北追踪到的长城线来看，那片地面无论是在汉代还是后来，都不可能有什么大湖，而中国的“武昌地图”中却画了个大湖。伏特勒教授已指出过，那张地图跟实际地形是有出入的。① 长城线又提供了另一个证据说明它跟汉代地形也是不符的。而人们在讨论所谓的“罗布泊问题”和其他类似问题时，大量引用了从这张17世纪的中国古地图中得出的资料，所以我们上面说的这个有出入的地方就更值得注意了。

第四节　花海子以东的长城线

4月28日，我们从小泉子附近的宿营地出发，横穿过绿洲走了3英里后，便顺着到肃州去的车马道走。在离花海子绿洲约2英里的距离内，我们看到了古代水渠和垦殖区的痕迹。过了这个区域后，在10英里长的距离内，我们穿过的是一片土质平原，平原上有不少分散的高8—15英尺的红柳沙堆。这里的植被之所以比较丰富，大概是因为白杨河的泛滥河床把地下水带到了这里，白杨河是从南边那条横亘的山脉中流出来的。过了这个地区后，光秃秃的土越来越多，最后变成了铺满砾石（或很粗的沙粒）的地面。就在这里，我们走了17.5英里远后来到了疙瘩泉了。空盒气压表的读数表明，我们设在这里的宿营地海拔为3370英尺，比营盘堡子（3670英尺）足足低了300英尺。再加上我们从这里向东北和北边进行勘察时遇到了浅河床，说明花海子盆地的最低部分就在我们这个方向。

4月29日，我和拉尔·辛格分别进行了勘测，寻找长城线。那天的天气在沙漠地区很不寻常。盆地上空低垂着云，向北遮住了北山的砾石缓坡，向南遮住了那条崎岖陡峭的山脉。实际上，我们早晨动身的时候，天空竟下起了零星小雨。我俩的考察都收获不小。拉尔·辛格向北走了8英里多就遇到了长城线，而我自己在东边和东北边则发现了一组烽燧。这条烽燧线是朝着长城线延伸的，但离长城线还有一段距离。第二天我们仍忙于考察和清理这些遗址。在描述它们的时候，我最好从上面说的那条烽燧线上最北边的那个烽燧说起。

这个烽燧就是T. XLIV. a。我们从129号宿营地走了接近5英里，穿过零星点缀着红柳沙堆的土质地面就来到了那里。有不少来自西北边的河道的浅河床，河床岸上的泥土龟裂，说明近些年曾发过水。在T. XLIV. a北边4英里远的距离内，我们经过的地区布满了

---

① 原注：参见伏特勒《荒漠戈壁》24页。应该注意的是，该书引用了“武昌地图”，把那个并不存在的大湖盆的最东段叫作“花之海”，这显然是“花海子”的意译。欧洲出的地图长期以来都画着这个并不存在的大湖，参见《西域考古图记》第三卷1136页注2。

低矮沙丘，中间则是一带小雅丹。然后我们穿过一个红柳沙堆区，越往北红柳沙堆越高。在离 T. XLⅣ. a 约 5 英里远的时候，红柳沙堆已高达 30—40 英尺。就在那里，我们发现了绕着红柳沙堆脚下延伸的长城线。

从插图 219 中看得出，这条长城线像一条半被流沙掩埋的低矮土丘，但顶上却盖着厚厚的一层平放的红柳树枝，告诉我们这的确就是长城线。我们把流沙清理掉，发现墙体有 9 英尺宽，高达 4 英尺，全是由紧密地堆叠在一起的红柳树枝筑成的，树枝之间有不少沙子，但没有土层。所用的红柳树枝很粗，说明在筑墙的时候这里已经有生长多年的红柳了。而这段长城线上没有用土夯，从中我们可以得出这样的结论：夯土所必需的水在这里很难搞到。

东边的长城墙体延伸了约 1 弗隆远就消失在红柳沙堆中了。后来我派拉尔·辛格回到这里考察，他向东边走了约 2 英里远，一路都成功地追踪到了墙体。此后，墙体便完全被沙丘链掩埋了。向西的墙体延伸了约 300 码也消失在红柳沙堆之中了。我们又向西走了 0.5 英里，到了个常见的流沙“达坂”的东北端。那里的沙丘有 20—30 英尺高，完全埋住了长城线。但我们又向西走了 1 英里，就出了这些高大沙丘区。在那里我们不费吹灰之力就找到了标志长城墙体的那条颜色深暗的线。那儿是光秃秃的开阔地面，上面只有一点细沙子。

从最后一个高沙山上，我们可以看见墙体向西延伸了约 2 英里远，只稍微拐了一两个小弯。插图 218 中的照片是我们又往西走了约 0.5 英里时拍摄的。那儿的墙体高约有 10 英尺，顶部宽 6.5 英尺。这段墙全用结实的红柳树枝筑成，没有土层，但从其坚固性来说仍应该称为墙。有 1.5 英里长的墙体是连续的，到最后仍高达 10 英尺，顶部仍有 7.5 英尺宽。在这片荒凉的沙漠上，它尤其显得醒目，像纪念碑一样昭示着古人在面对极端恶劣的环境时是多么富于智慧而又坚忍不拔。过了这段之后，约有 0.75 英里长的长城墙体只是地面上微微鼓起来的矮丘，表面看不出任何木头。之后墙体便完全消失在红柳沙堆之中了，那些沙堆特别密，但还不是很高。

在这段长城线上，我们没有发现任何烽燧或早期驻军留下的其他遗迹。当然，也有可能标志着烽燧的坍毁的小土丘，或者小垃圾堆和陶器碎片堆，被沙子埋住了，因而没有被我们发现。但对这个没有任何早期驻军遗迹的现象，联系这里的地面状况以及墙体的筑造方式，我们还可以有另一种解释。墙体的筑造方法说明这儿很难搞到水。那些筑墙的人大概很快就明白，由于缺水，要在这里维持常规的那种烽燧几乎是不可能的。于是，他们就把墙体筑好，不设烽燧，而全靠从南边临近水源的那些烽燧派兵巡逻，保卫这段长城。

不管实际情况究竟怎样，我们可以肯定的是，从这儿一直到北大河尾的长城线（我们后来将长城线追踪到了北大河的尾闾，这段距离足足有 45 英里多远）——所穿越的地区，自古就是没有水的光秃秃的流沙区或砾石“萨依”。长城不仅被大胆地修到了这里，还穿过了这个可怕的地区，这充分表明，那些负责修长城的人，在面对可畏的自然障碍时，是打算付出长期巨大努力的。但看着这个象征着他们不朽功勋的醒目的纪念碑，我们却不能不想到，为了在这片荒凉的地区实现帝国的防卫计划，有多少人受了多少苦。①

从离开长城线的那一点，我们穿越一条沙丘链，向南走了接近 4 英里，来到一个约 70 英尺长，35 英尺宽的坍毁的土丘。连着土丘，有一个约 94 英尺见方的院落，它的围墙是用灌木捆筑成的。有证据表明，这个院落曾被牧人们当作据点，我们在地面上发现的陶器碎片似乎年代也都比较晚。这些碎片是在离现在不太久远的时候，偶尔在此居住的牧人留下的。但只有仔细查看才能知道这些碎片下面是不是埋藏着某个与长城线相连的古代烽燧的遗迹。但我们既没有时间，也没有工具和人手对这里进行彻底清理。从那里再往南，地面可能偶有水泛滥过，牧草很丰盛。在离宿营地约 2 英里远的地方，我们发现了一眼 16 英尺深的井，井附近还有小泥屋，说明至今仍有牧人到这眼井来。

现在让我们回到 T. XLⅣ. a，这是那条烽燧线最北边的一个烽燧。我们说过，那条烽燧线离长城线还有一段距离，但却是朝着长城线延伸的。这座烽燧很大，保存得比较好，老远就引起了我们的注意。我们发现它矗立在一个砾石高原上，底部有 32 英尺见方，高达 14 英尺。它是用一层层的土筑成的，每层土 6—7 英寸厚，土层之间夹杂着不厚的灌木层。烽燧东边似乎连着个小建筑。离烽燧脚下 10 英尺远的距离内都是这个建筑的残墙的碎片，碎片中还掺杂着垃圾。清理了垃圾后，我们发现的东西有：7 枚汉文木简；1 根大红柳树枝做成的棍子的残件 T. XLⅣ. a. 03，棍子一端有汉字，另一端烧焦了；几件小木器；1 个用马毛做成的滤器；粗糙的纺织品碎片等。离烽燧西南脚不远，我们还发现了 1 枚残破的五铢钱以及 1 个长城线上常见的那种汉代青铜箭头。附近的大量陶器碎片也是汉朝常见的类型，为深灰色，有席纹或绳纹。无疑，在汉长城其他地段有人戍守的时候（即在汉代），这里也是有驻军的。（马伯乐先生对有字的汉文木简做的笔记，也与我的结论吻合。T. XLⅣ. a. 018 是一封私人信件的一部分，其中提到了被流放的写信人的境遇，写得十分感人。另一封信中还提到了某个“亭”② 的长官抱怨他的军饷不够用等，但“亭”的名字不完整。019 则记载了一些收到和寄出的信件。）

T. XLⅣ. a 东南不到 3 英里远的地方，就是烽燧 T. XLⅣ. b。它保存得相当好，高达 21 英尺。它的建筑方式跟 T. XLⅣ. a 十分接近，但 27 英尺见方的底座四边是合于东西南北四个方向的。只有烽燧的西角裂了个小缝，烽燧底部则几乎没有受到风蚀作用的侵蚀。烽燧东北侧连着一层 6 英尺高的垃圾，垃圾下掩埋着一堵护墙。这堵墙是用红柳树枝筑成的，并用芦苇拧成的绳子将红柳枝固定。无疑，本来烽燧的四面都有这种护墙保护，所以烽燧才保存得这么好。

烽燧顶部有很多秸秆和垃圾。在那里，我们在垃圾堆表面上就拾到了 2 枚写着汉字的木板，字依旧完整。我们还发现了陶罐 T. XLⅣ. b. 015，它的颈上仍缠着一段细绳，罐底部还有个孔洞，用 2 片紧紧地合在一起的小木板塞住了。从烽燧下面的垃圾堆里又出土了 20 多枚汉文木简，还有 1 片没有做完也没有写字的木板 T. XLⅣ. b. 034。这片木板一端有

---

① 原注：为守卫沙漠中的国界所做的牺牲，在普通中国人的心中留下了深刻持久的印象，这在中国诗歌中有所反映。参见沙畹《文书》，19 页之后。

② 原注：“亭”这个字在敦煌段长城上经常出现，参见《西域考古图记》第二卷 747 页。

个突起来的印封坑，坑上有5条为纳细绳而刻出来的槽。这种样式在别处不多见，但在楼兰遗址东北的古堡L. E. 土的汉文写板也是这样的式样。[①] 在这里发现的小木器都登载于“文物目录”之中，其中值得一提的有几个四棱柱体T. XLⅣ. b. 01、04—06，可能是棋子；T. XLⅣ. b. 037看起来则像某种游戏的筹码；小木铲刀T. XLⅣ. b. 02、011、035、036大概跟在西边的长城烽燧上发现的一样，也是作为“筷子”吃米饭用的。

（在马伯乐先生做了笔记的文书中，T. XLⅣ. 024、026所载的日期，分别相当于公元62年和112年。前一个文书中提到了“桢中燧”［或“队”?］的长官，这个烽燧的名在T. XLⅢ. a. 013中也出现过。T. XLⅣ. b. 2又提到了“桢中燧”长官的名字，并称，收到了来自“南合”的官方命令。这件文书中还提及“万年”［？——译者］，还出现在沙畹《文书》第415号［T. XⅧ. i. 21］中，是敦煌以西龙勒县下边的一个乡［T. XⅧ. i. 21记“万年里”——译者］[②]。提到了这么远的一个地名很奇怪。同样奇怪的是，T. XLⅣ. b. 3中提到了“玉门”。那里说，“玉门”给某个“亭”的长官下令要征集一些人。T. XLⅣ. b. 017是一封信的草稿，写信人是个被流放者，他对在如此艰苦的边疆服役颇多抱怨之词。）

我们从这里向东南再走1.5英里远，来到了一个朽坏很严重的烽燧。那里有一个用土筑成的烽燧T. XLⅣ. c的烽燧基，紧靠着烽燧北边还有一间屋子。屋子只有南墙保留下来，约有3英尺高，是用15英寸×8英寸×4英寸大小的土坯筑成的。从附近的一个小垃圾堆中，我们发现了3枚汉文木简，还有一个木板T. XLⅣ. c. 01（大概是一种“雌性”的取火棍），1枚常见的青铜箭头T. XLⅣ. c. 03，1枚“货泉”钱。在烽燧北边光秃秃的砾石土地上，我们还拾到了1枚跟03属于同一类型的箭头以及1枚五铢钱。

4月29日傍晚，我看到东南方约3英里远的地方就是第四座烽燧T. XLⅣ. d。但第二天我必须到北边去寻找长城线，所以只好把考察它的任务交给奈克·夏姆苏丁。他发现那座烽燧是用土坯筑成的，保存得相当好，底部有16英尺见方，高达14英尺。烽燧顶有间守望屋，有几处屋墙仍有3英尺高。屋里的垃圾堆上覆盖着红柳树枝，这些树枝本来是屋顶上的。从这个垃圾堆和烽燧底下的一些垃圾中，他发现了10枚写有汉文的木简。另外，在烽燧底下他还发现了2片写在纸上的汉文文书。零碎东西中值得一提的有：1枚青铜箭头，属于敦煌长城上常见的那种；几片编织得很细密的灰绸子。在烽燧南边约50码的地方，他拾到了1枚康熙朝（1661—1728）的铜钱，显然是后来某个到这里来的人遗落的。从去往肃州的车马道上，能清晰地看到这座烽燧。当我5月1日从这条道上经过的时候，要不是考虑到前面要走的路还很远，我真会亲自到那座烽燧去看一看的。

（马伯乐先生研究了在这里发现的汉文文书。他发现. T. XLⅣ. d. 08、09的日期，相当于公元64年2月24日，说的是在一个农业区进行的某些行动。T. XLⅣ. d. 05、06则提到对军官下的命令。以上这些文书，显然都跟汉长城的管理有关。另一方面，在烽燧脚下发现的那两件纸文书，则可能是在很晚的时候到那里的。其中一件纸文书T. XLⅣ. d. 014

① 原注：见本书第七章第七节。

② 原注：参见《西域考古图记》第二卷，620、690页等。

是个很长的单子，说的是给某些人按军规发放煤。马伯乐先生根据古文字学，认为这件文书不会早于宋代。另一件纸文书 T. XLⅣ. d. 015 则记载了一个司法讯问，说的是一个死者留下的房产的问题，马伯乐先生认为，根据字体，这个文书属于宋、元之间的那段时期。）

我们最后还要提一下一座小烽燧 T. XLⅣ. f。它大致坐落在 T. XLⅣ. c 和疙瘩泉子之间的中点上，底部约有 16 英尺见方，高 8 英尺。筑烽燧的土坯为 10 英寸×7 英寸×4 英寸大小，跟汉长城上常见的土坯①尺寸不同，似乎表明这座烽燧是后来筑的。烽燧附近没有发现古代的那种陶器碎片。这座烽燧位于西边，远离了 T. XLⅣ. a-d 形成的那条几乎笔直的烽燧线，光是这一点就足以说明它跟那条烽燧线没什么关联。

考虑到发现的文书和其他文物，我们可以肯定，T. XLⅣ. a-d 这几座烽燧在汉代是有人戍守的。（马伯乐先生研究了汉文木简上的纪年，那些纪年和上述这个结论也完全吻合。）这个年代上的事实却引发了这样一个考古学上的问题：这条南—南—东到北—北—西走向的烽燧线跟它北边那条东西走向的长城线之间是什么关系呢？我们并没有将这条烽燧线向北边的长城线的方向追踪下去，或是向南边肃州绿洲的方向追踪下去，所以对上面这个问题，我认为我们还无法做出明确的回答。似乎可以有两种答案。如果从北大河南岸一直到花海子北部，那条顺着北山外围山脉脚下修筑的长城线确实曾有过驻军的话，那么，T. XLⅣ. a-d 这条烽燧线可能就是为了保卫从肃州绿洲那方面到长城线去的联络线和物资运输线的，因为肃州绿洲肯定是戍守这段长城的主要据点。还可以提出另一种假设。假设北大河和花海子之间的长城线筑好了之后，人们才意识到，由于远离水源和可居住的地区，要想戍守这段长城线几乎是不可能的。所以，人们大概就放弃了在花海子洼地最低地段（即疙瘩泉子附近）以东的长城线上驻军，而用那组虽无墙体相连却能彼此望得见的烽燧 T. XLⅣ. a-d 来保卫花海子和花海子以北的长城线，使之免受来自东边的进攻。但如果这样假设的话，还有一个问题有待于解决：如此一来便出现了空当，肃州绿洲和金烽燧那儿的垦殖区就暴露出来了，如何保卫这些地区，使敌人不致从空当中进犯呢？（不管怎样，我们应该注意的是，从 T. XLⅣ. a-d 出土的 3 件有纪年的文书，都是东汉时期的。而花海子以西的 T. XLⅢ长城段上出土的 4 件有纪年的文书都是西汉时期的。）

还有一个问题，我也只能留待将来的某位考察者解决了。那就是我们从疙瘩泉子追踪到的那段长城线的最东段，跟北大河拐弯处的 T. XLⅠ. a-h 那条烽燧线之间，究竟是怎样连接起来的呢？我本人已无法亲自再向东追踪长城线。我们现在只有两桶水了，要是我们这么多人在那片极度干旱的地面上走几天，水肯定是不够的。而且，我必须尽早到达肃州，以便为沿黑河进行的考察做准备，我急于在酷暑来临之前完成对黑河的考察。于是我只好让拉尔·辛格一个人轻装上阵，向东边继续追踪长城线。他后来跟我在肃州会合了，他告诉我从第一次遇到长城线后他只走了不到 2 英里，长城线就完全消失在一条大沙丘链之中。绕过沙丘链后，他在开阔的砾石“萨依”上四处寻找长城墙体，结果却一无所获。他带的水已经不多了，这使他不得不折向东南，企图到肃州垦殖区的最北端去。他走的这段路，经过的是无人考察过的地区，地面上铺着砾石和石头。这片地面把花海子盆地和北

① 原注：见《西域考古图记》第二卷 737 页。

大河流域隔开来。

我自己则带着手下那些人，在5月1日沿车马道向肃州进发。在26英里的距离内，我们穿越的都是极度荒凉的光秃秃的砾石高原，还越过了一条小山脉。之后，我们就来到了偏远的肃州垦殖区的最北端。伏特勒教授曾详细描述过我们当天经过的那片地面。我们先是绕着那座横亘的崎岖高山的北边和东北边走，那座山脉就位于嘉峪关峡谷南边①。山脉向东延伸出来的小山脉一直伸展到甘州河。小山脉顶上有很多大烽燧。这些烽燧显然是置于中世纪“万里长城”之外的前哨，“万里长城”是沿那条小山脉的南边延伸的。跟我1907年在嘉峪关附近考察的位置与此类似的那些烽燧②一样，它们看起来都是后来修的。

我们晚上把营地安在一条小溪边。这条小溪是从黄草营（Huang-ts'ao-ying）上边那个峡谷流下来的（我1907年曾拜访过黄草营）。第二天早晨，我们走了2英里后，在野麻湾（Yeh-mao-wan）村穿过了中世纪的“万里长城”。1907年我就在远处看见这里的万里长城几乎拐了个直角弯。现在我们发现，这儿的万里长城是用土筑成的。跟东边的很多地方一样，长城墙体也成了小土丘。考虑到“万里长城”是明朝才修的，墙体的朽坏程度说明没有柴捆或其他材料的加固，“万里长城”的质量就不及汉长城，很容易坍毁。“万里长城”是为中国的闭关政策服务的③。既然中国的闭关政策一直执行到了17世纪下半叶，所以可以肯定在作为边界线的那几个世纪里，“万里长城”曾被反复修过。修复工作一定很容易进行，因为“万里长城”总是尽可能地贴近垦殖区④，而全然不顾如果修得更贴近前沿的话，无论在战略上还是战术上都更有利。

汉长城和中世纪的“万里长城”在墙体的坚固程度上明显不同，中间虽隔了1500多年，长城上烽燧的样式却没有多大变化。插图224中的大烽燧就位于车马道穿过长城线的那一点的东边，过了那一点后，车马道才到了野麻湾关。这座大烽燧顶上仍保留着一个守望屋。尽管整座烽燧已十分朽坏，烽燧上却保留着方便人们到守望屋去的踏脚孔。从烽燧顶上仍垂下来一条绳子，当时戍卒就是顺着这条绳子爬到烽燧顶上去的，正如同汉长城上的戍卒也是顺着绳子爬到汉长城的烽燧顶上去一样。

野麻湾这个小关附近还有一座庙，并有几个昏昏欲睡的士兵把守。从这里出发，我们当天就轻松地走过耕耘平整的田畴和带围墙的“堡子”，来到了肃州。肃州河宽宽的河床仍旧几乎是干涸的，说明南山那些高山上的积雪还没有融化，我在1907年的考察中曾到过那些高山。由于这里地近南山，气候与前面那些地方很不同。我们没到城墙之前就被一场夹杂着雨和冰雹的暴风打了个正着。以后几天，雨下得更大了。1907年，我是把酒泉那座风景如画的庙宇的破亭子作为我的“据点”的，⑤ 当我今年又来到这个又安静又通风的老“大本营”时，真是十分高兴。

---

① 原注：见伏特勒《荒漠戈壁》28页之后。

② 原注：见《西域考古图记》第二卷1119页。

③ 原注：同上书第二卷1122页，那里说到了“万里长城”的年代和用意。

④ 原注：在肃州绿洲以北的“万里长城”以及甘州河以北的“万里长城”上，我们都可以看到这样的情况。

⑤ 原注：见《沙漠契丹》286页之后。

祁连山水源查勘报告书（节录）

一、酒泉全祁连山查勘队之组织

祁连山查勘之组织，由甘肃七区专署刘专员亦常发起，经驻军四十二军杨军长德亮赞助允许，派队参加保护。于三十三年七月十八日下午四时，在专署召开预备会，经刘专员及李副参谋长祖唐莅会指示本队组织方法及一切必备事宜，查勘队遂得以正式成立。参加部分有四十二军参谋处吴科长超，九骑兵营耿排长马诚及士兵十一人，新四师姜参谋念祖及士兵一人，西训团雷队长良藩，甘肃水利林牧公司酒泉工作总站欣，帮程师朱益，练习工程师雒鸣岳、龚玺并测工二名，张掖工作站帮工程师虞俊，引路者崔凤翎君及藏胞王德才与藏民自卫队大队副阿山旦并管理牛马三人九名，共计全队三十五人，马四十二匹，牦牛二十六头。

查勘队之目的，为参加各部分之综合，要而言之，即兵要、边民、水利三项。本报告之内容谨述水利及其有关者并述入山沿路见闻与经历。

二、入山前之必备

入山查勘必须携带食品、帐篷、雨布及仪器、炊具、药品并需预备乘驮马匹与驮物牦牛各项。必备中最困难者为雇牛马，经多次之商洽并经专署资助，始有藏民应雇兵备用驮重牦牛二十六头、马五匹，公司自备马四匹、另租三匹，军部马二十五匹、师部两匹，藏民自骑马三匹。备用军部帐篷二具及测候所干湿温度计一具，卫生站供给药品，专署借给枪支及子弹。以上各物均属入山必需，故极感各方协助之谊，到山中使用各物时，竭物之用，更深感激之忱。食品、炊具、雨布、雨衣之预备，均极敷用。又以牦牛畏热，不便进城驮运，因将一切需用物品当用大车送至嘉峪关外之大黄沟，约期牦牛齐集此处起运。

三、入山查勘历程

自七月二十六日由酒泉出发，过嘉峪关由青头山入山，经土达坂、七个达坂、黑达坂到讨赖西川，东折抵讨赖峡南，翻乌兰大兀雪山，入疏勒峡，返经讨赖峡北翻呼兰山台雪山，入朱龙关川重入讨赖之朱龙关峡，东返入洪水河鼓浪峡，续东行入黑河西支上源，至峡口北折经二朱龙雪山抵梨园河上源之白泉水，行达红湾寺八格家、西□□、玉各家、长沟寺、红崖子、马营河口、金佛寺返酒泉。共行四十一日，计程一千六百余华里。酒泉南山中大雪山脉计四层，只行经三层，越高岭五次，经草原六处，河流九道勘测蓄水库址五处，山行日历如后。

七月二十六日早七时查勘队由酒泉县城行十四里，午至嘉峪关，遂宿，准备次日渡九十华里之大戈壁。二十七日提早启程。行前深虑此段路上无水，暑中烈日，马行极苦，而是日阴凉，人马殊少焦渴之感。行至距大黄沟十里，将接近祁连山麓，在此出山之讨赖河距路仅里许，两岸平滩不见河道，追行岸边顿觉河在眼底，俯瞰水流弯转，涧中水量在三十秒公方左右，可闻流澌之声，回响转折处，两岸对峙如门，岸壁高四十公尺，望之似甚坚硬平滑，实则砾石砂土之结合物也。两崖相距五六十公尺，两岸土滩生芨草及杂草，地中无碱石，若能提高河水可灌滩中地十万亩，河底坡度约百分之三，设欲引河水须上溯二公里，在崖外辟渠。旧法多沿崖凿洞引河水入洞，下行高出河底，可以入地灌溉。惜崖非坚石而为砾石砂土之结合物，凿洞引水未加镶护，常致冲陷洞壁，水由洞旁溃窜，复滴入河中。如能多筹工款，在洞内加镶护工程，大可经久。比到大黄沟煤窑附近，已午后六时。此沟产煤质佳，煤层厚达半公尺，可供酒泉用，惟运距稍远，矿工近百名，或依溪水而居。东边有红砂岩壁立，溪水约零点零二秒公方，下流即不见。本日初居帐篷，同来藏民闻附近前三日曾有□□掠劫牲口，颇惴惴不安，至夜且不敢聚居一帐内。此间牧马草不丰茂，且多醉马草，形似芨芨，马误食之，全身抖软无力如醉，而山中马则能辨认不食，故不醉也。逮晚七时，发觉醉马已达七匹，又兼东来牦牛数日内冒暑兼程，疲乏不堪，遂预定次日少行路程。

二十八日沿山麓西行五十里至大红泉停宿，午后有暴雨一阵。此处有陈姓农民三家，在山麓草泊中引泉水灌溉，泉水在当时有零点零四秒公方，耕地约一百亩，大红泉西南一带山麓草较丰茂，昔为官马场。

二十九日仍沿山麓西行二十里，经马米陀黄田地，有二三农家。稍入山至塔儿湾，草盛处使马牛能尽量一饱，且较凉爽，遂息以备入山，长行沟中有渗水量仅零点零零五秒公方，可供饮用。十一时半，天雨。午后仍雨。

三十日休息。

三十一日沿青草丰茂处之山麓西行，此为全队长行一日。南望祁连，有杉柏生于山坳，苍翠微细；北眺山下戈壁及嘉峪西山，如在烟海中；东望文殊山，孤卧讨赖河，其势如僵蚕；西望青头山，一大白峰挺峙绿草坡上。晨曦东上，清风拂衣，长列人马牛驮迤逦绿草原上。追念汉武开疆胜迹，吾人今日行经者，乃当年匈奴牧地。但见空山寂寂，茂草覆地，野花满山，大好青山，仅供野兽游蹄驰骋及三五□□偶尔出没而已。此次若非四十二军杨军长派兵同行，恐无人敢应，雇牛马同来，藏民虽应募偕行，犹不免有谈虎色变之态。行至青头山口折而南沿沟谷上，行初则谷窄，多转折。谷底沟中有一泉水渐上，山势平坦，坡上绿草如茵，此乃入讨赖河上川及疏勒河要道，所经多土山，遍生绿草。十五时至土达坂顶，仍有绿草，其北坡有古壕沟三道，盖昔人设守之迹也。立坡巅南望，有雪山屏列天际，下视见大泉河滩，乌黑一带，横陈谷底，即白杨河之东支也。大泉河南北岸均有古营垒遗迹，其土围墙已倾圮，南岸土围遗址为七十公尺，方形中多茂草，稍事掘挖，未获一物。此处距大泉河峡口七公里，河底多卵石，径大十公分左右，水流约 0.5 秒公方，坡降四十分之一。大泉峡或可筑坝蓄水，因往返时间不够，未能到峡口，以后可由白杨河上行入峡详勘也。大泉河水清澈，岸崖为灰白色石灰岩及青色变质水成岩，到达时渴甚，掬饮两大杯，凉澈肺腑，焦热顿消。本日共行七十里，宿大泉口河滩中，生藤杞秧甚繁，□□□□。

八月一日晨，沿大泉河岸草地南行，河水更多，可知白杨河上游泉水下行全渗入地。上行折而东南边，翻山六次，入讨赖河流域行经七个达坂。路中待遇，阴云雪雹，盖已行入高达三千公尺之山中。山巅石岩多为黑色片岩，风化甚烈。高寒草少，仅苔石莲而已。七个达坂以南非土山即碎石，山草甚少，山坡有渗水，践踏觉软陷，出水至坡脚即成泉流。本日行六十里，晚宿距讨赖河西岸十里之柳沟泉，水量0.3秒公方，河岸丛生野柳。

二日晨沿沟河上行河中，乱石有花岗石及石灰石，颇碍马行，复折向正南路，较好，渐上入黑达坂之腰部，雪山比肩，人马上行呼吸易喘。至山巅，高可四千三百四十三公尺，只为碎砂岩及片岩杂土，山上有积雪少许，在消融中。西南望，又有雪山横亘天空，此为由北起之第三层。雪山西北望则见讨赖西川与茹尔红川之分水岭，平坦无雪峰。南望乃疏勒河北之雪山。东望则朱龙关一带。雪山北望亦有雪山，盖黑达坂已在由北起之第二层雪山。雪山中下视正对讨赖河西川，中心绿草原地东西部延三百里，西北广八十里。原底白石川一线，虽表面无水而全川渗水均归此，川下潜水之丰可以想象。山中绿原大展雪峰高耸，形势雄壮，广日晴麓，极目一视，清远旷怡。比下黑达坂等，以马奔平川，势甚腾跃，更兼少年军士频加鞭策，不觉已将负重牦牛远遗于后矣。下坂后沿坡根东折，坡土色有黄有黑，均有绿草荫覆。至黑水河宿，黑水河中有玉石，水小时清澈，水大时携黑泥，故名。在北山有雪源南流入西川，午后四时水量为0.2秒公方，夜间雪水下，增至1.5秒公方，日间雪融入夜，水始大至也。此处无燃料，拾野马粪用鼓风袋举大为炊，尚足一时之用。黑水河流入西川石滩中，水即不见，下行二十里至高崖泉，西川渗水全出，故名。泉水量大至五秒公方，西川洪水亦于高崖泉入讨赖河。

三日晨，沿黑水河起，东行经高崖泉南入小山中，路沿沟谷中。行多转折，同行距远则前后不相见。东行至白水河宿。白水河亦讨赖河之支流，源在南山初遇河，但见白碎石河滩，水甚少，渐下行水多，流量一秒公方，水含白色质（化学成分尚未定出），流缓则凝着于河底，胶结层及岸草上成白色块状物，酒泉人取以疗胃病，当取样以备化验。河坡度百分之三十，湾岸生茨柴，高二公尺半，亦有红柳。沿白水河下行到讨赖河，此为山行达河西岸之第一次也。河中水量在二十秒公方，对岸有石山壁立，河宽二十五公尺，坡度百分之一，即讨赖河峡。由此沿河上行二十华里，须渡五次始可达上峡口。

四日，分牦牛走南路平坦草地，骑马者仍沿峡上行。两岸高山多青色变质岩、石灰岩及沙岩，山上无树，峡中河滩及湾岸淤平处丛生柳树，高四公尺许，柽柳、黑刺、芨芨均盛。峡内山坡有藏煤，冲破暴露峡中。水颇多湍滩，一滩水跌落一二公尺，故在峡内筑坝不经济。行时路穷则须渡河，水深一公尺一二寸，超过马腹，骑者水没至胫，幸无蹶坠者。至讨赖峡上口，两岸顿开朗，盖已达讨赖川之下端。东南望，极目不能穷尽，川头东南来，水平沙静，汀渚茂草，鸢鸿游翔，宛如河行平原中，北岸有秃山兀立，石质为砂岩，色红，表层风化甚烈成碎碛。山西端即为峡口之东崖，河至此北折，流入峡，峡口两岸山坡较坦，山峰有板岩及细质之水成岩（可作磨刀石），亦有砂岩（疑系变质花岗岩），山坡则系风化碎石及砂土，冲下淀积而成。再南坡上多黄土（取有样品备定），河两岸草原多属黄壤，间有黑壤，生芨芨、牛毛草、酥油草，草原向河倾斜度百分之四。至河岸脚下，多泉水，清流汇合入河，河两岸间距离至三四百公尺不等，遇宽处则在一公里以上，蓄水甚宜。宿峡口上，南岸芨芨滩中再南一百公尺有高地，有□□故宿处，有□□□□□□人民遗迹。

五日分头工作，或相度地形或校正仪器，峡口蚊蚋大盛，有遮面盖手、摔不胜摔之慨。

六日准备就绪，午后即开始测量。

七日出测，午后阴雨大风，温度骤降。夜雨。

八日早犹雨，甚感焦急，至七时雨停。早饭后出测，完工。午后又雨，入夜降雪。

九日晨全队南行，赴疏勒河上峡口。草原坡地南行渐高，降雪未尽融，雪亦渐厚，经日晒如棉浸水。地上泥泞，马踏费力。由此高望见乌兰大兀雪山洁白奇瑰耳，南尤雄伟、高插天空者，为冈戈尔勾禄齐尔。雪山绵长百余华里，一望全白，其主峰为祁连山，中有数高峰，斯太因图注一万八千九百五十英尺，即五千七百八十公里。南行二十余公里入乌兰兀谷中，有雪水河由两沟中下流至谷口，即不见水，宿沟水会合处。午后两沟中水约0.5秒公方，中有红色片石碎块及石灰岩碎块，晚间增至二秒公方。但此河下端在讨赖峡口仍系干槽，山根河槽全系碎石，渗水甚多，水渗下潜入河床卵石层中，下流即为泉水入河。入疏勒河上峡须越过雪山低腰处，名曰乌兰大兀岭（红岭），夏季可行。十月以后，雪封路滑，即不能过行此谷中。前有蒙民九家，□□□□□□□□，讨赖峡口置遗迹，即此处□□□□所剩留者也。晚宿乌兰大兀岭北，准备次日骑马过山，留牦牛在山北休息。近几日来，感觉粮食无多，为节省时日，遂决定轻装进疏勒河川地。本夜近雪山根，甚寒，棉被皮衣可以保暖，同行士兵仅带毛毡，因分给青羊皮及毛口袋御寒。又以山行及骑马费鞋，至此已有鞋不成鞋者。

十日晨，地冻结深三公分许，温度已达摄氏零下二度半矣。此地高三七七五公尺，六时出行。共十六人，携步枪六支手枪二支。出发向东南，行入窄谷折西南。山为黄色石灰岩组成，孤崖危立，罗列对峙、路中石灰石块错乱，颇碍行动。上岭多红色页岩，土紫红色，渐上人马均发喘。岭巅土紫色，岭高四六二〇公尺，风寒刺骨，环顾左右，概为云霾。南望又有雪山屏列，此疏勒河南之雪山，为由北起之第四层雪山。盛产硫磺之硫磺山即在此一脉中。下岭路更陡，沟中冲露之黑色板岩甚多，露煤有二三处。岭南山上亦有石灰岩，渐下则表层为紫色土或黑色土，有沟西流冲刷甚深，有水流沟底，沟崖齐立，高约二十余公尺，行路在沟南崖，山坡上有雪时路滑，即不能行出岭谷，即见疏勒草原，草亦繁茂。十一时，到疏勒河岸勘测，峡上地形及河水流量及坡度疏勒上峡口为土石崖，削立宽三十余公尺，峡上水平河宽与讨赖河峡上同各段坡度约为二百分之一、三百分之一及百分之一，河流由东向来入峡口西折后又西北折，下行峡口上蓄水甚适宜，为一良好型水库址，见附图。疏勒峡以上亦一大川原，惟自峡口上行二十公里，草即不旺，为沙硗地，草不能覆盖川原，河边多沙泉，周围为沙，中为水泉，大者数亩，小者半亩，如近水沿，则陷人马。疏勒河与讨赖河大致平行，中隔雪山一层，峡上河长均为三百里，亦约略相等。

讨赖全川草丰茂，九为畜牧佳地，疏勒川草不丰，川上游不能牧畜，也在疏勒勘测。至午后二时，北返原宿处，已山影横谷，夕阳欲下。本日往返约行八十里。

十一日晨，全队自乌兰大兀向北行，出谷口，北望讨赖北岸雪山横列，绵延数百里。东望见讨赖川头茫茫平阔、极目难尽，西望讨赖西川一碧无际，北有黑达坂雪山，南有七个塔雪山，川头西越土岭即为茹尔红也。渡讨赖河又北行，至呼兰台已正午，天气复热，蚊子大集，人马又受吮噬。入呼兰台沟，宿岭下，沟中有水流量 0.05 秒公方，宿处地生牛毛草，脚踏甚滑。

十二日晨，越呼兰台岭。其巅高亦超出四千公尺，多变质花岗石及片岩碎片，间生苔藓，至岭顶回首南望，乌兰大兀及冈戈尔勾禄济尔雪山已在远处。北望朱龙关雪山，即酒泉南之第一层雪山也。下岭，北坡路较南坡更陡，岭坡风化碎石片与土质冲积堆处，脚踏即下陷出水。渐下复入草地，水亦更多为细流，沿坡分道而下，迨北行出岭谷，地势渐宽阔，为朱龙关川之中心，向西北沿川下行，抵朱龙关之大础牌，山崖多红砂岩，亦有黑色岩石。河水量约二秒公方，河水清澈，水底石色灿洁，有白、紫、青、黄各色荡漾水中，鲜新可爱。宿于河南岸，旧为牧畜藏民住处，今则茂草及肩，惟余堆石败堵、残灶朽柴而已。河北石山耸峙，高出河上二百公尺，隔河啸呼，回声宏远。此山再北为一大雪山，分隔讨赖及洪水。河中柳柴黑刺丛生，炊柴易得，遂多作锅饼备用。

十三日早，十余人骑马沿河下行，穿柳丛中，河水淙淙，人马前后十数步即为树遮蔽不见，须寻马迹而行。盖有半月来，入山经验已略谙追踪寻迹之术矣。在英文字中名擅此术者曰 trailer，此地练习此术乃绝好场所也，柳树中间生绿草，俨如置身河畔公园中。下行三十里达讨赖河，水较上峡口增三分之一，探量深度达一公尺半，流速两公尺，马已不能安渡河漕，坡度六十分之一，再下行六里石峡宽二十公尺，石崖高峙，亦宜作坝，惟河底坡度较陡，蓄水量不大，暂时不能详测也。此处河西岸红土山内有深海子大约十亩，水不溢亦不少，冬季常发震响如雷鸣，藏民以为神，每于新年初，携香烛祭拜。此次因粮食时间限制，未得畅游以穷其极，前经之七个达坂有路可通此处，当于下次入山时往勘。朱龙关一带天气温暖可为牧畜，冬季停留之处，足容牛羊两万头，草亦可供冬季之需。初到大础牌顿觉燥热，仅着夏衣犹热，而早晚则仍凉，据云冬季不降雪。在□□未入山前，讨赖川牧畜繁盛，其中心地点有酒泉十家商号联合之交易场名曰公庄，筑有房屋，备有茶烟粮布等日用品，以换皮毛奶油。夏季交易热闹，冬季入朱龙关畜牧，故朱龙关有垦地可种青稞，而今全行荒芜。计自入山已达十八日而未遇人烟牧庶。所经各山高出四千二百公尺，而同行诸人精神均甚爽健，故于当日即返大础牌，此处南有一高雪山，雪线以下为灰色之冲积土地带，无植物，再下始为绿草坡地，远望界。

十四日早，东南向沿朱龙关川上行，河中水即不见，渐上渐高又与南北雪山相颉颃。至洪水河与朱龙关河分水岭，朱龙关东西长七十里，土黄色及棕色，冬暖草盛，樵柴易得。藏民极流连引路，崔凤翎及王德才两名以前均有羊圈在此，尤多依恋。越洪水河分水岭，宿岭下名鼓浪沟，有小河出。西南雪山中流量零点七秒公方，雪山距宿约五里，积雪甚厚，望如冰崖，用望远镜窥之似白石崖。行至崖下，望之仍然。河中及两岸多石灰石，据曾登此山藏民言实为冰崖，然未能亲到一观此古代遗冰之形色，至以为憾。此处燃料不多，烧扁□以为柴薪。本日行七十里。

十五日早，东行入鼓浪峡，小山皆红土，丘陵生草不高。经勘测，峡宽十公尺，北岸石壁高五十公尺，为坚整沙岩及变质花岗岩。西岸有石嘴伸出，与北岸仅隔十公尺。而成峡之最窄处峡上河床坡度约五十分之一至六十分之一，若作蓄水坝，高四十公尺，蓄水长约一公里，八百公尺。峡上河□□均宽一百公尺。勘测毕，沿河东南上行，宿洪水河金场，始见人烟，□□站派职员徐华伦由金佛寺续送口粮到此，为之大慰，前途可不□□□也。本日行三十里。晚降雹雨，金场今年到夫七百人（酒泉三百，青海四百）产金约六百两金，□生活甚苦，场内缺燃料，水亦不充分，若天不雨，则冲沙淘金之水即感不足，秋后天寒，降雪亦即无水矣。

十六日早东南行，午达洪水河，上沿出窄沟槽，即至与黑河分水岭，此路骑行宜□河边石滩，不致陷入泥泞中，盖以红土□粘，雨后或低洼处极易陷入。黑河西支之上源俗名野牛河，分水岭附近地高□草亦不旺，遍地紫花，如铺锦地，有无草处，草地类似破地□野鼠成群，掘地穿穴□□之破处即野鼠穴也。每当长空苍鹰翔旋，地下鼠子仓皇入穴，颇有□机与防空洞之感也，土仍系红色。北望雪山横亘即丰乐川河上源之马苏河雪源。是日，宿小野牛沟燃料缺乏，草低矮，牛马不饱，自讨赖峡至此，几乎每日午后四时以后，有雷雨自前后或左右来，故须急下帐篷，雨来则入幕，可免淋湿也。在金场及此处均过雹水，粒径五六公厘，下降跳跃，一时地尽白。少顷，日出即融。

十七日早，东行至黑河西支，水渐盛，色红黄含泥，渐东渐低，草亦渐高，河谷坡度约为百分之三。晚宿瓦尔达水沙丘中，遇青海牛运队，队长龙君馈牛腿一双，报之以茶。至此黑河宽□南北山相隔可七十里，河水流量三秒公方，如自此西南行，越铁里千山，即到讨赖公庄，本日行六十里。

十八日早，复沿河东行，河槽甚宽，河北有一大部分为茂草，滩中有清泉水一道，曲折河畔草滩中，未入大河，河水仍为红黄色，草甚佳。气候亦温和，行经川中，两旁山坡绿草时有羊群，远望如一片白石杂居草中，坡上及河旁多野马，每至百匹成群食草山根下，距人六百公尺亦不惊。瓦尔达木为黑河川最□处，北望亦有雪山，山北坡积雪为马营河上源，雪线下有绿草及泉水，黑河南岸有一土山并不高耸，远望似甚近，本日早出发时即望见，行一日尤未到对山处，此山附近统名大疙瘩，即指此山而言也。此地有畜牧帐篷十余，土色黑，草地甚湿，本日行七十里，宿一小溪旁，此水由北山来，亦清洁，唯无燃料□行四里到河中，拾黑刺为□羊牛粪亦可用，比支帐篷后即雨，彻夜析离。

十九日晨，雨犹未止，至此引路者均不熟悉，据王德才云："有熟人在下游二十里处。"遂往约引路，其人为黑番，不谙汉语，于次日同行至黑河峡，即八宝附近。

二十日雨止，全队遂沿河东行，草更丰茂，牧畜者尤多，至峡口，日将落。有金夫十余人，均自青海大通县来此处，遂宿金场平滩上，有黑刺为燃料，黑河流量十秒公方，入夜又雨。

二十一日早，未晴。下行查勘河道形势，至萨拉河口以下三里未见好坝址，又询知张掖工作站谭主任前由此处经过，遂回峡口，路中在河崖山石灰岩中拾得螺蚪化石多种。下午整理仪器。

二十二日开始测量。

二十三日帐篷上移六公里，继续施测，夜复雨。

二十四日仍雨。

二十五日测毕。夜又雨。黑河峡南北岸山石为红砂岩，其中山斜对宽二百公尺，坝高及蓄水量另见张掖工作站报告中。地面草下为黑色壤土，峡下有煤及石灰岩，中有蚌螺等化石。经两三日之雨，黑河水涨，流量涨至五十□公方以上，含泥沙甚少，骑马渡河颇不容易。

二十六日早，溯河西北上行北折入扁麻沟，草地中多圆坑，蓄水行路易陷，天阴晦遂宿岭下，过雪霏及下帐篷，得不湿，晚寒风冽。

二十七日早，复温暖翻山越麦龙达坂，行难碎石坡上，水流其此间，踏之下陷惟不至深入。至北坡山势险峻，草地内多水坑，易陷，马足下行。见山生杉柏，渐下渐多，为入山见杉柏之第一次。到白泉脑即梨园河之一支流，本日行五十里，宿处命野马沟口，白泉水与野马沟水相会河岸为砾层，有挖金痕迹，河中柳树□生坡上，杉树茂密拾柴极便，雪杉高六七公尺至八九公尺，径二十公分，无大材。

二十八日早，北行至白泉门，沿河多柳，山中多杉，过梨园河岸柳茂密，崖多紫色变质岩，河水湍急，水底多巨石，由此以下人马不能渡，沿河东崖上行盘析多阴处，至黄达子达坂南坡下，已午后二时许。天雨忽来不能越过，即宿此地，有高台放木料，民夫六百人沿梨园拨木，使顺水下行，但秋日水落石出，此拨彼□一木，下行未到半里又复搁浅，工作颇为艰苦，木料长约六公尺，粗二三公分。本日行径之山谷中树木甚多，灌木亦茂盛。夜雨。

二十九日早，晴，晒帐连皮衣使重量减轻以备越岭，惟因昨夜有雨，路滑，候至九时始出发，黄达子达坂者，系一绕流越河峡之山路，必先登高始得绕越。陡坡之下即石崖初登，马行颇难，驮木杆测尺之马尤苦，幸牵马者均能小心，尚未出意外。达坂上亦生杉柏，其最高者有四十公尺，根径约三十五公分，过黄达子达坂复有凭河设碉闸防守处。下行见川谷中有耕地，山中灌木甚多，如黄柏刺巴朱实□□黑刺□如小树，较前所见仅一公尺许者，高出多多矣。沿河多白杨，岸上耕地连阡接陌。行至红湾寺，对岸已入人烟繁多耕种田亩之区，有木桥过河连西岸。宿寺中，梨园河流量在此为二十七秒公方。

三十日使牛马休息，步行至下峡，石峡宽四十余公尺，为红色砂岩可筑坝，高三十公尺，能蓄水二公里长，宽约一公里，蓄水约三千万公方，淹没田地二百亩。计自白泉至红湾寺路长一百余里，为梨园河流域，山中生杉柏，亦有生石崖间者，古柏天□矗立山峰或点缀石壁间，恰似画工境界，若于其间配以□僧舍即同泰岱。但祁连山之胜在雄伟绵亘，雪山数百里，碧绿草原亦相若，水源深长，水量充足区域广大，可谓别有天地矣。若就一隅一角之胜，已兼有他山之妙，而其雄浑则远过之，如以天山、长白、野人、兴安、祁连为新五岳，则祁连应为新五岳之一矣。按各种树木生长地域之分配，则三千二百公尺以上无杉柏，仅河滩可生柳树。黄达子达坂在二千五百公尺至二千八百公尺，杉柏山杨野柳及灌木杂生于山间，可称茂盛，杉柏之生在三千公尺以下，温度稍高，且须沟壑阴遮，空气中水分能长期保持。柏木生长极慢，山中径三十公分者多百年以上之物。杉生长较速，但二十公分亦当在四十年以上。八实以北梨园河□□河及黑河中之杨柏，为河西唯一之大量木材来源，虽数量不大，但就现在情□，估计其□□必胜于生长，亦有自行干枯者，至于生长较速之针叶松，似亦有种植可能，使之自行□种繁衍也。红湾寺为藏民所建，附近八各□□□□五各家三部黄番之信仰中心，寺规模不大，内设一小学校。寺后为土山，系红土及青白土积成，有类如赤金之红山土样也。寺上下田地尽属藏民，引梨园河水浇灌而由汉人佃种，藏民则夏季入山畜牧，入冬四家享用农产，是以牧畜而操纵农业者也。

三十一日，两行登土崖，行平坦坡地上。土灰黄色，草不甚丰，且多□类，大致宜于放骆驼。北望高台之云磨山，其南之矮小山群虽丘壑万千，而濯濯如洗色，灰色、红色、青色之小山如万头攒集。经五各家至亚拉各家，又西为呼兰各家，途中由牧群及帐篷数处。至长沟寺，山中间有杉木，为摆浪河上源，流量一秒公方，设木桥，桥西即寺院，亦设学校，即宿彼处。亦属黄番地，□民轩昂，较红湾寺齐整，规模且稍大，除呼兰各家有耕田、土紫黑色，余仅赖牧畜生活。高台县属之新坝在北，距寺三十里；元山子亦在北四十里外。

九月一日西行五里，经西义河，水量零点五秒公方，灌地二三百亩。又西行二十里，系摆浪河西支，为水关河。又西行，出山入平原到红崖子□□散处，中有小堡，可□食□纸烟。摆浪河源出白水河水关，河源出入各家上，水量约为一秒公方。红崖子以西有西河，红崖子为农业区，引水关河一部分水及西河全河水灌溉地高二千三百公尺，可种小麦、青稞、胡麻、连皮、马铃薯等而不能种糜谷。

二日早，西行上马营冈子，冈上种田全靠泡秋水，夏季则仅恃雨水收获，每斗种子可得四五斗。前行三十里即抵酒泉界，下坡至马营河崖，沿高崖上行，下视河底深邃，河道已刻入地中四十余公尺，崖壁立不能下。行至屯升渠口以南八里，有坡可下渡，河水深及马腹，宽十公尺，流量在六秒公方，登西崖，越屯升渠南折沿山根行经黄草坝，又西北折宿榆林坝。黄草坝水小，在一秒公方以下，榆林坝水约一点五秒公方，每月用水十日余，则分给火庄、清水两坝。河边多花岗岩巨块，在榆林坝有风化粉碎成为白沙者，此区内白沙甚多。

三日西行经涌泉坝（干沟口），水不足用，地多旱荒，上述三坝统名三山口，多恃夏季雨水灌溉，以地就山较高，雨量稍丰沛也。三坝附近荒废之地甚多曰□泉，西北折经大庄到金佛寺已入较繁荣之农村中，宿金佛寺乡公所，以牦牛畏热不能入城，遂由此遣回。

四日早，雇大车一辆、驴六头，沿大路返酒泉东关本站。

伍 碑刻类文献

本类文献提要

疏勒河流域存世碑刻与河流、水利相关者十分稀少。编者曾几度深入流域各县广为搜求，仅得两通，即《赤金断水碑》与《陶公新建昌马河大桥碑》。

《赤金断水碑》由玉门市文化局原长张怀德先生于1986年在甘肃玉门市赤金镇一农户庭院中发现并进行命名。河西走廊各地普遍有以芨芨草制作草编、草绳之习惯，其工序之一是将浸泡过的芨芨草进行捶打使其柔软。此碑发现时，即被农户用为捶打芨芨草之垫板，使其一面几乎完全剥落，仅残留极少字迹，不能发掘有效信息，另一面差可辨认。此碑现陈列于玉门市博物馆，因原碑座已失，展厅布置时嵌入新制复合材料碑座，致又使碑脚处每行皆湮没数字，甚为遗憾。

《赤金断水碑》可展示部分高205厘米、宽89厘米、厚22厘米。碑额半圆形，中央以楷书竖刻“永以为志”四字，旁刻麒麟两只。碑面两边边框外左右各刻宝瓶一只，中以行书阴刻水案遵结9行、楷书姓名9行107个。行书部分第6、7、8行中下部剥落，漫漶难识。从现存碑文可以推断，此碑记录了清代赤金驻防汉军户与当地民户之间围绕青山坡大泉水源分配产生纠纷后地方官员调节处理的最终结果。此案的大致经过是，青山坡一带原有泉水，专供赤金营兵户耕种的长疏地一带灌溉使用；因气候干旱，周围民户耕种的土地水源不足，开始抢夺此泉水，遂引发诉讼。经官府实地勘察，大概认为民户缺水是实情，所以将该泉水之使用权一分为二，军、民各半；但同时又规定某种特殊情况下，军户耕种的长疏地仍拥有优先用水权。此碑是目前疏勒河流域原件尚存的唯一水利碑刻。其内容记录清代军、民用水纠纷，为河西屯田区域所仅见，文献价值极为珍贵。此碑由清华大学张景平与甘肃省疏勒河流域水资源管理局惠磊、康建坤共同释录碑文，甘肃省疏勒河流域水资源管理局王玉福校订字形。张怀德先生曾提到此碑刊刻于道光二十一年（1841），在碑文中未发现有关年份信息，暂存疑。

《陶公新建昌马河大桥碑》立于清嘉庆五年（1800），现立于玉门市昌马乡昌马堡水文站北侧5米，系原址，保存基本完好。整块碑由碑座和碑身两部分构成。碑座呈长方体，横宽78厘米，纵58厘米，高35厘米。碑身通高187厘米，厚17厘米，宽与碑座等。其中碑额高47厘米，顶端呈圆弧形。正面刻“永垂不朽”（其中“永”字已漫漶不清）4字，阳文，楷体，两边饰以狮子纹。背面款式与正面相同，镌“万善同归”4字。碑身主体部分正面为碑文正文，真书文字26列。此碑叙述清代疏勒河建桥事迹，其地高山深谷，足见昔人之不易。此碑由河西学院吴浩军教授拓片并录文，编者亦曾现场对读，未发现问题，兹采用吴浩军先生录文。

此外，疏勒河流域尚有水利碑刻录文多件，散见于方志、档案等中，皆有其详细之语境，不必强行析出，读者自可查看。

陶公新建昌马河大桥碑记

尝观先王之制，十月成梁。梁有以形名者，有以人名者。以形名者，如七星半月是；以人名者，如温公张侯是：凡此皆所以利民涉也。玉门之南有昌马河，其西居民八十余户，路通南山官厂。每岁当山水涨发之时，汪洋浩荡，有负往来者多矣。河之上峡距昌马三十里，其间有石崖耸立，两岸相向，中隔数尺。土人伐柳椽，就势为桥，名曰“天生”，仅可徒步，车马莫容，抑且崎岖而险。是以往来行人多不由桥，而由龙王庙、水峡口、圆墩子等处冒昧而渡，其淹毙于水中者不可胜数。典史陶公莅任以来，爱民如子，视民溺犹己溺也，闻之心甚恻然，坐不安席，乃饬委首事人□生赵良珠、柴可梁等相其地，有可建桥处，当修大桥以济之。曰：“有。但恐功程浩大，难以猝成。”公曰：“尔为之，予当设法以全之。”于是募化，同寅官长以及居民、商贾，各输赀财，以襄厥事。幸而人人归心，共助银两。□□者以此地建桥，较天生桥既近且平，禀公，公即兴作。凿石开道，共计人工二千名有奇，尽属昌马户民轮支；木植匠工，共需银钱三百千有奇，俱是陶公设法所出。经营数月，方始告竣。其桥阔一丈四尺，两边栏杆并立；长六丈余尺，扶上栋梁甚隆。可以持久，可以任重。将见舆徒并济，履险如夷。在民既无为鱼之患，在商又无臭载之忧。猗欤休哉！陶公之德，固偕南山而并永；而□□者之功，亦可与河水而俱长矣。虽不敢媲美于七星、半月以及索桥、洛阳诸桥，然□五凉以西，亦可谓第一壮观矣！此桥将何以□名？即以温公、张侯推之，谓之为陶公桥亦无不可。第十二万年之后，天地犹□之老，况此桥乎？倘阙者修而坏者补，是所□□于后之君子。是为记。

总理会首　玉门县右堂□　玠

会首　杨克勤　赵廷秀　张友孟

孟继恒　彭永义　马　维

高　震　毛裕庆　秦世宁

赵良珠　袁　彬　高中诰

柴可梁　李本贤　张行德

赵永和　胡　铨　何国彦

柴成和　高敷荣　李可升

王修身　张杰新　徐正果

宋登云　李奎德　李可品

邑庠生阎懋忠撰并书

五年岁次庚申四月谷旦

石匠黄名魁

赤金断水碑

具遵结赤金营旗队等今□大老爷案下：

情因旗队等前在遵宪辕下，呈控赤金峡户民一……纠众夺水一案，已蒙批委。恩主亲诣该处勘验明确，青山坡东……西北原有大泉一处，先年引灌长疏地水沟一道。因近年天旱水……相争。今蒙旗令，长疏地□□□有宽□□，将此泉之水每月给青……浇灌十五昼夜，长疏地□灌十□□日□□如□永不争执□□……内有土庄一座止□耕于长疏地□□□□□□□□再有□□……之水，许长疏地长流浇灌。西北小泉之□□□□□□两□□□……愿息讼，再无异词。所具遵结是实。

赤金营马步兵：

张　连	张兴仁	高玉成	曹　洵	马明溥	杜天□
于云峰	钱大荣	石进禄	梁殿元	杨大才	杨来□
潘　得	谈永伏	曹　喜	张得才	杨　乐	徐兆□
马　荣	张天禄	王得祥	□正武	吕学和	胡大兴
鲁敦礼	盛　魁	罗成得	张世锐	裴元吉	郭复林
陈　仁	陆永仓	张伏禄	于清云	沈大秀	刘　孝
曹一明	翟登奎	席　成	李务本	任得元	李□春
马化文	王有榆	杨凳青	罗彦国	孙太成	邹元梣
马明贵	潘　有	李　梅	李吉成	李元禄	颜登奎
樊　春	刘进伏	马　滋	杨得昌	梁永清	□纶曾
李　成	张天伏	李应禄	李起伏	徐　奎	杨学贤
李元柱	季大德	雒顺元	□　元	祁　得	李得才
杨　伏	刘　奎	梁　耀	席　荣	李迎春	谈　林
谷天佑	张得生	张明川	徐　武	石登奎	王有机
赵良才	刘　举	苏　寿	谈进元	王其禄	席　林
王成明	王　存	曹　荣	朱其存	曹成喜	刘　祥
邓学有	沈　□	杨□隆	杨得润	赵永清	刘　胜
刘吉安	李目祥	梁永忠	胡应恬	党　有	

陆

民国工程类文献

本类文献提要

与河西走廊其他流域一样，疏勒河流域现代水利工程的勘测施工同样始于20世纪40年代。甘肃水利林牧公司成立之初，即设立敦煌工作站负责疏勒河流域水利工程的勘察与设计，但由于技术人员奇缺，敦煌工作站始终未能独立展开工作。在1941—1943年底，敦煌工作站实际由甘肃水利林牧公司酒泉工作站兼为负责。由于酒泉工作站的主要业务重心在于鸳鸯池水库的修建，站长兼总工程师原素欣分身不暇，只在疏勒河流域进行了很有限的几处小型水利工程设计，主要以敦煌为中心。1943年底，甘肃水利林牧公司决定改敦煌工作站为安西工作站，任命郭培鋆为站长，流域内水利工作方上轨道，对流域主要水系进行了系统勘测，并进行了水利工程规划与初步设计。1946年10月，水利部河西水利总队成立，安西工作站改组为第七分队，刘恩荣、钱文俊先后担任队长。吸收原安西工作站工作基础，第七分队在总队长黄万里先生的统一安排下，编纂了1套6册工程规划书，现分散收藏于甘肃省档案馆、甘肃省图书馆以及流域各水利机构，而以甘肃省图书馆西北文献部收藏最为全面。

本单元所收入的计划书中，《疏勒河流域灌溉工程规划书》系流域整体规划，具有提纲挈领的地位，故置于首位。其余各计划书的先后顺序，依据《疏勒河流域灌溉工程规划书》中所列各工程编号排列，按其原始分类分属“旧渠整理工程”与“地下水引致工程”两部分。与黑河、讨赖河、石羊河相比，本流域民国工程规划中未包含大、中型水库工程，技术含量不高。同时，在地下水利用方面，限于当时的认识水平，仍然没有体现出对于区域水循环规律的正确把握。与河西走廊其他流域相比，这一套计划书中的各项工程虽然并不困难，但在1949年以前仍然没有实行。

仍然需要说明的是，这套计划书中诸多细节存在明显的不规范、不统一问题，有一些按原文照录将无法卒读。如各级标题序号的使用较为随意且不统一，常常以完全一致的数字形式显示不同层级的标题。为了阅读方便，编者在不损害原意的基础上对各级标题序号进行了统一，从二级标题以下，依次为汉字数字、阿拉伯数字、大写英文字母、带括弧的阿拉伯数字。此外，原计划书中的年、月、日使用阿拉伯数字与汉字者并存，如“民国36年六月”与“民国三十六年6月”皆可见。为避免误会，编者对年月记录方式进行统一，正文之中使用汉字，表格之中使用阿拉伯数字。除上述两项外，编者对原文献中的其他不规范、不统一处未做刻意统一。如表格中的计量单位既有使用汉字如“公里”“公尺”，又有字母符号如km、m等，但这里仍然予以保留，以显示此套计划书的油印工作系由非专业人士完成。原计划中附有大量地图与工程设计图纸，因收藏单位许可等原因，无法在此呈现，良为遗憾，期待日后有合适机会予以刊布。

疏勒河流域灌溉工程规划书

一、综　　述

1. 资料　疏勒河流域包括玉门西部，安西北部及敦煌全县，居嘉峪关之西，当东经93°至99°北纬38°至41°附近，广袤约30,000余平方公里，地势东南高于西北，拔海约5,000公尺至900公尺不等，流域范围形如凹字，其凹进部分，属踏实河流域，非本流域范围，两端凸出部分，为昌马河流域，与党河流域均属本流域之一部，下部即为疏勒河正游流域范围，东与赤金河流域相连，西与新疆交界，南邻青海，北通蒙古，值此外蒙独立，新疆多事之秋，已成西北国防重镇。

疏勒河源出玉门南境之鱼儿红草地，向西北流至昌马堡附近，有昌马河，自西南方引水来汇，故上游均称昌马河，再从昌马堡北流穿照壁山水峡口，至昌马大坝，分为东西二流，东流复分为城河与巩昌河；西流至安西县属三道沟口，与皇闸湾等十道泉水汇流后，始称疏勒河，由东而西，经安西入敦煌县境，至清水坑下游复有党河自南引水来汇，再下游止于哈剌淖尔湖，全长共约三百余公里，为嘉峪关外最大之内陆河流。

本区划分三段，东起玉门，西起安西乱山子，属昌马河流域范围；安西乱山子至敦煌交界处之张家园子，属疏勒河中游流域范围；张家园子以西，属党河流域范围。

本区可耕土壤地质多漠钙土，现有耕地计玉门92,200亩，安西116,360亩，敦煌156,200亩，三县合计364,760市亩，不论利用河水或泉水灌溉皆以地层疏松，渗漏甚大，致农田用水每感不足，三县共有熟荒178,730亩，生荒468,830亩，合计647,560亩，现有渠道，工程简陋，常遭冲毁，修复不及，贻误农时，影响农产甚大，农作物分秋夏二种，年仅一熟，夏禾以小麦为主，秋禾以糜子为主，若灌溉水量充足，每亩年产2.4市石至2.7市石不等，视各地气候及土质之优劣而异，每万市亩灌溉流率，除输水损失另计外，约需0.412秒立方公尺。

2. 规划　本区所有河床坡度甚陡，筑坝蓄水量微工巨，得不偿失，凿井抽水，缺乏动力，亦不经济，其治理方法，一为节流，即整理旧渠，衬砌防漏（详见ⅧBVⅠ《玉门昌马河旧渠整理计划书》及ⅧAVⅠ《敦煌党河流域旧渠整理计划书》）；一为开源，即截引地下水，输出地面，自流灌溉（详见《ⅧAWⅡ安西疏勒河中游截引地下水工程计划书》、ⅧWⅡ《玉门安西昌马河流域地下水灌溉工程计划书》及ⅧBWⅡ《敦煌党河流域地下水灌溉工程计划书》）。

3. 结论　本规划中工程之经济情形归纳如下：

工程增益统计表

工程编号		ⅧBVⅠ	ⅧAVⅠ	ⅧAWⅡ	ⅧWⅡ	ⅧBWⅡ
灌溉面积（市亩）	现耕地	156,200	70,200	85,210	53,150	
	熟荒		42,800	60,840	47,520	27,570
	生荒			224,000	152,400	92,430
	共计	156,200	113,000	370,050	253,070	120,000
工程费/元		554,000	1,030,000	5,550,000	6,300,000	4,572,000
每年增产折合小麦/市石		87,000	155,000	726,000	575,000	324,000
每年增益/元		522,000	638,000	2,460,000	2,182,000	1,080,000

表列各工程之经济价值均能成立。

二、资　　料

1. 地势　兹将本规划有关资料分形势、河流、地亩、交通四项分述如下：

A. 形势　疏勒河流域位于甘肃之西北角，除玉门东部之白杨河流域，赤金河流域及安西南部之踏实河流域外，凡甘省府属嘉峪关以西之土地，均属本流域范围。计包括玉门西部、安西北部及敦煌全县，居东经93°至99°、北纬38°至41°之间，广袤约三万余平方公里。东界戈壁与赤金河流域相连，西横沙漠与新疆接壤；南部两端凸出者为昌马河流域与党河流域，隔祁连山而与青海交界；中部越截山子，即为踏实河流域；北屏马鬃山，经肃北设治局，遥接外□。形为凹字，地势东南高于西北，拔海约5,000公尺至900公尺不等，玉门县城附近约1,510公尺，安西县城附近约1,170公尺，敦煌县城附近约1,150公尺。祁连山岭水源高约5,000公尺，山麓附近约2,000公尺，下游河床最低处约900公尺，地面倾坡自数十分之一减为五百分之一。

B. 河流　疏勒河正源出自玉门县南祁连山麓之鱼儿红草地，西北流至昌马堡，有昌马河自西南来汇，故上游称昌马河。两水汇合后，北流穿照壁山水峡口，至昌马大坝分为东西二流。东流占60%，全属玉门县，下流至新河口，复分为城河与巩昌河，止于玉门县城之西北角及东北角潜入地下，至下游泉复涌出，为皇闸湾等十道泉水之来源。西流占40%，至柴坝庙复分为二，玉门安西各半，洪水时则经柴坝庙，直流北泄至安西县属之三道沟口，与皇闸湾等十道泉水汇流后，始称疏勒河。在枯水时，疏勒河正游仅有三道沟以上皇闸湾等十道泉水为其水源，由东而西至安西县城上游，以沿途分水灌田而断流，洪水时始有余水经安西城北张家园子入敦煌县境，至清水坑下复有党河自南来汇，止于哈剌淖尔湖，全长共约300余公里，为嘉峪关外第一内陆大河。近数十年来洪水不大，疏勒河正游河床在安西敦煌交界处之张家园子即已断流，而支流党河亦无滴水注入，至靶子场附近亦尽渗入地下。

C. 地亩　本区所属地亩，除玉门昌马乡，以气候严寒，水量不缺，略而不计外，根据玉门安西敦煌三县县政府丈量所得，列表如下（此外尚有未丈量之生荒约 200 万市亩以含碱极重，水源缺乏，故未列入）：

表 1　疏勒河流域灌溉面积调查表

区域	所属县名	现有耕地/亩		熟荒/亩	生荒/亩	总计/亩
		河水灌溉	泉水灌溉			
昌马河流域	玉门	70,200	22,000	42,800	74,000	209,000
	安西	18,140	45,070	60,840	150,000	274,050
疏勒河中游流域	安西	53,150		47,520	152,400	253,070
党河流域	敦煌	156,200		27,570	92,430	276,200
共计		297,690	67,070	178,730	468,830	1,012,320

D. 交通　本区内有甘新及南疆公路通过其间，交通称便。甘新路起于甘肃兰州，经武威张掖酒泉玉门各县城，复沿疏勒河北岸平行至安西县城，折向西北穿猩猩峡而通新疆之哈密迪化。南疆公路以安西为起点，西经敦煌，而达新疆南部之若羌一带。本区内部各乡镇往来，皆有牛车道可通。工程材料之转运，尚属便利。惟戈壁地带，人烟稀少，水草缺乏，人畜旅行其间，必随带粮草，故施工时困难仍多。

2. 地质　本区地质就平原、山谷两部分列如下：

A. 平原地质　疏勒河流域为一冲积锥体，故山麓附近及疏勒河正游北岸表面多为砂砾戈壁，无土壤掩蔽；玉门县城附近始有泥沙集于表面，愈下愈厚，多属灰色漠钙土，宜于耕种；安西三道沟至乱山子间及敦煌党河下游，多属盐渍土，或因漠钙土排水不良，潴成盐渍漠钙土。土壤下部仍为砂砾卵石，极易漏水。

B. 山谷地质　疏勒河水源均来自祁连山，山中地质大部为变质岩组成，石层有砂岩、千枚岩、结晶石灰岩等。山麓露头多灰色砂岩及黑色页岩，间有红砂岩，中夹煤层或石灰岩。

3. 水文　本区水文，可就雨量、蒸发量、温度、地面水、地下水五项分述如下：

A. 雨量　本区年雨量约 50 公厘，月雨量最大不过 33.5 公厘，兹根据安西敦煌两县测候所之记载，分列表 2 及表 3。

B. 蒸发量　疏勒河流域之蒸发量向无长时间之记载，据党河水文站民国三十六年四月至九月之记载，半年内之蒸发量共约 1,700 公厘，再据玉门邻县酒泉测候所民国三十六年四月至十月之记载，七个月内之蒸发量共约 1,500 公厘，按此两项参数资料，约估本流域之年蒸发量为 2,000 公厘左右，大部均集中于四至十月。

表 2 疏勒河流域雨量统计表（mm）①

	月 年	一	二	三	四	五	六	七	八	九	十	十一	十二	全年合计
敦煌测候所	26	尚未成立				1.1	1.8	7.2	48.0	7.0	0.3	0.4	0	
	27	1.5	0	0.1	5.0	3.5	7.7	7.0	6.2	0.6	*T*	0	0.5	32.1
	28	1.9	0	0	*T*	7.5	7.1	2.8	5.6	*T*	0	0	0	24.9
	29	*T*	*T*	1.8	8.1	2.0	7.3	*T*	2.8	5.0	0.5	0	0	27.5
	30	0	7.0	*T*	10.0	1.5	1.5	4.0	2.0	*T*	0	*T*	*T*	26.0
	31	0	1.4	*T*	0.1	13.9	*T*	12.0	18.8	0	*T*	0	*T*	46.2
	32	1.9	*T*	*T*	*T*	*T*	0.5	17.5	1.0	1.2	0	0	4.5	26.6
	33	0.1	*T*	0	*T*	11.6	38.1	19.7	1.0	*T*	0	11.3	5.2	87.0
	34	0.5	0.5	0	0.2	0	2.2	1.6	1.5	2.0	0	*T*	0	8.5
	35	0	*T*	7.0	3.5	2.5	15.3	22.1	1.5	3.7	0	0	1.5	57.1
	36	*T*	0	1.5	7.0	*T*	*T*	44.5	27.4	8.5	0	0.5	6.0	95.4
	历年平均	0.6	0.9	1.0	3.4	4.0	7.4	12.6	10.5	2.5	0.1	1.1	1.6	43.0
安西测候所	32	0.8	0	0.5	1.6	0	2.4	10.9	3.1	2.1	0	0	5.6	27.0
	33	0.4	0.1	0	2.5	9.2	23.0	18.0	*T*	0	0	5.9	14.6	73.7
	34	12.7	0.7	0	3.0	0	1.7	7.9	1.1	3.2	0	1.3	0	31.6
	35	0	1.6	6.5	4.0	1.9	6.1	20.4	3.2	0	7.6	0	3.5	54.8
	36	0	0	1.5	8.9	*T*	3.1	28.9	51.4	9.5	*T*	0.6	1.7	105.6
	历年平均	3.4	0.6	1.8	2.8	2.8	8.3	17.2	1.9	3.0	1.5	1.6	5.1	58.5
两县平均														50.8

① 编者按：表中“*T*”符号意义未明。

表 3　疏勒河流域各月雨量最大量统计表（mm）

	年＼月	一	二	三	四	五	六	七	八	九	十	十一	十二
敦煌测候所	26					1.1	1.8	4.5	30.0	7.0	0.3	0.4	
	27	1.5		0.1	3.0	3.5	4.4	6.5	5.0	0.6			0.5
	28	1.5				4.5	3.1	1.8	3.5				
	29			1.0	4.0	1.5	4.1		1.7	5.0	0.5		
	30		4.5		10.0	1.0	1.5	2.5	2.0				
	31		1.4		0.1	11.7		12.0	10.0				
	32	1.5					0.5	9.0	1.0	1.2			4.5
	33					6.3	33.5	6.7	1.0			11.3	2.1
	34	0.3	0.6		0.2		1.2	1.6	1.0	2.0			
	35			7.0	2.8	2.5	10.2	9.8	1.5	3.7			1.5
	36			1.5	5.0			33.5	12.7	5.0		0.5	1.0
安西测候所	32	0.5		0.5	1.6		2.0	8.6	3.1	2.1			4.6
	33	0.2	0.1		2.1	3.7	8.0	11.3				4.7	10.6
	34	10.5	0.7		2.5		1.2	6.9	1.1	2.7			
	35		1.3	6.5	3.5	0.7	4.0	8.3	2.7		7.6		1.8
	36			1.3	7.7		2.2	20.1	33.1	6.3	0.6		

C. 温度　疏勒河流域之全年平均温度约为摄氏十度余，绝对最低温度为零下 26.7℃，绝对最高温度为 44.1℃，一日间温度最大相差为 26.6℃，兹将安西，敦煌两县测候所之各项温度记载，如附表 4、5、6、7。

表 4　疏勒河流域温度平均表（℃）

	年＼月	一	二	三	四	五	六	七	八	九	十	十一	十二	平均
敦煌测候所	27	-8.6	-3.2	4.4	13.0	20.1	22.1	28.2	24.7	18.0	11.4	2.6	-4.8	10.6
	28	-5.5	0.2	5.1	11.2	20.1	23.3	27.2	25.1	18.9	12.5	1.7	-3.9	11.3
	29	-4.5	-1.0	6.6	12.3	19.0	23.6	26.5	23.5	17.9	11.7	2.0	-3.4	11.2
	30	-5.5	-0.9	7.5	14.5	19.9	25.1	26.5	25.7	19.2	13.1	2.8	-3.5	12.0
	31	-5.8	-4.7	7.0	13.8	18.2	24.7	25.8	24.1	19.1	11.6	2.2	-5.3	11.0
	32	-7.4	-2.2	6.1	12.6	19.4	22.8	26.5	26.4	19.6	10.3	-0.2	-5.4	10.7
	33	-7.0	-2.7	7.9	12.0	19.3	23.9	25.7	24.8	18.1	10.4	0.3	-12.6	10.0
	34	-10.3	-5.0	5.0	15.2	21.8	24.9	25.9	26.4	19.3	12.1	-3.8	-4.3	10.6
	35	-4.0	1.9	5.0	16.6	19.8	23.3	25.8	25.4	18.7	12.1	1.4	-6.8	11.6
	36	-5.7	-2.2	7.7	15.4	20.9	23.7	25.5	23.6	19.1	10.1	5.4	-6.9	11.4
	历年平均	-6.5	-2.0	6.3	13.7	19.9	23.7	26.5	25.1	18.8	11.5	1.4	-5.7	11.0

续表

	月 年	一	二	三	四	五	六	七	八	九	十	十一	十二	平均
安西测候所	32	-8.9	-3.1	4.5	11.5	19.7	22.9	26.9	25.7	19.0	9.0	-1.6	-6.4	9.9
	33	-8.1	-3.9	5.8	10.9	18.2	24.0	25.3	24.5	17.3	9.4	-1.2	-14.3	9.0
	34	-12.3	-7.2	3.4	14.4	21.3	24.8	25.5	25.8	18.4	10.7	2.2	-6.3	10.1
	35	-6.1	-0.2	2.6	15.0	18.7	23.1	25.8	24.9	17.6	10.8	-0.2	-8.4	10.3
	36	-7.7	-3.7	5.4	13.8	20.3	23.9	25.7	22.9	18.5	10.5	3.0	-9.0	10.3
	历年平均	-8.6	-3.6	4.3	13.1	19.6	23.7	25.8	25.2	18.2	10.1	0.4	-8.9	9.9
两县平均														10.5

表5　疏勒河流域绝对最低温度表（℃）

	月 年	一	二	三	四	五	六	七	八	九	十	十一	十二
敦煌测候所	26					8.4	8.4	10.2	7.4	0.5	-9.8	-18.0	-19.8
	27	-22.6	-18.6	-11.2	-2.2	5.2	9.7	16.9	8.1	2.9	-3.0	-10.8	-18.2
	28	-18.2	-12.2	-8.8	-7.0	3.7	6.5	16.6	12.6	3.9	-7.6	-16.2	-16.7
	29	-19.7	-15.2	-9.6	-7.1	2.6	7.4	12.9	12.6	4.9	-5.6	-12.8	-16.3
	30	-20.8	-18.5	-10.7	-6.8	3.9	12.7	13.9	11.9	5.8	-8.0	-11.7	-16.1
	31	-18.1	-19.6	-9.7	-1.2	4.1	6.6	10.4	11.3	2.1	-5.2	-10.1	-17.1
	32	-20.7	-20.3	-7.6	-9.8	5.4	9.5	14.8	11.0	1.2	-4.1	-12.8	-17.9
	33	-19.9	-23.5	-9.7	-6.8	4.6	10.8	12.9	9.6	2.9	-4.1	-12.9	-24.8
	34	-20.9	-19.6	-9.6	-1.0	4.9	12.4	12.4	12.9	5.8	-5.5	-14.1	-16.2
	35	-20.6	-14.0	-11.0	0.4	4.4	8.7	11.4	11.1	3.8	-5.7	-16.7	-19.5
	36	-18.9	-21.0	-9.5	-0.3	4.0	8.6	8.7	10.1	5.5	-2.3	-8.2	
安西测候所	32	-20.7	-23.9	-12.2	-10.2	2.5	5.2	15.6	10.1	2.5	-4.9	-16.6	-20.0
	33	-20.9	-20.0	-13.0	-4.8	3.5	8.3	11.0	10.4	3.1	-5.6	-14.0	-26.5
	34	-26.7	-20.3	-14.2	0.5	3.0	11.5	12.1	15.0	2.5	-8.5	-12.2	-17.7
	35	-21.3	-15.4	-12.8	-0.4	1.0	6.4	10.3	10.6	4.1	-4.0	-18.5	-19.8
	36	-19.8	-19.5	-9.9	-1.9	2.4	8.5	8.5	10.0	4.4	-1.9	-11.1	

表 6　疏勒河流域绝对最高温度表（℃）

	月 年	一	二	三	四	五	六	七	八	九	十	十一	十二
敦煌测候所	26					36.4	38.5	41.1	40.8	40.7	25.0	22.1	12.1
	27	4.2	17.9	22.5	29.7	34.7	36.9	44.1	37.7	33.3	29.4	16.8	6.4
	28	6.2	16.3	22.3	26.3	38.6	37.1	42.8	38.7	35.1	30.6	16.9	6.2
	29	10.1	13.6	23.3	33.6	34.8	39.3	41.2	39.4	33.3	27.8	18.8	9.3
	30	6.9	14.8	25.1	30.2	34.9	38.1	38.8	41.8	33.2	31.7	19.8	8.4
	31	5.4	10.8	25.8	28.9	33.8	38.7	38.8	38.9	34.4	27.4	15.9	5.6
	32	7.6	17.5	20.5	29.1	34.3	35.9	41.9	40.1	34.3	24.1	21.7	6.8
	33	4.8	15.0	23.0	28.0	35.1	38.0	41.3	42.7	31.5	27.3	11.3	-3.4
	34	3.0	13.8	23.0	33.7	36.0	38.4	40.1	40.5	36.3	27.7	16.7	5.8
	35	8.2	18.4	22.4	33.1	34.8	36.7	40.7	39.8	32.2	31.3	16.3	4.8
	36	7.9	14.9	23.6	33.6	37.5	39.6	39.9	37.3	35.4	25.4	21.0	
安西测候所	32	9.5	20.7	20.4	28.7	34.8	36.4	42.3	38.1	34.7	25.3	19.6	12.0
	33	3.8	14.7	21.1	27.9	31.8	36.4	43.0	40.4	31.9	25.9	10.7	-3.4
	34	2.5	12.7	21.7	30.8	36.6	38.6	40.1	38.3	32.8	26.5	19.6	10.4
	35	10.3	16.2	21.8	31.6	33.2	35.4	37.8	38.0	30.9	26.9	13.6	
	36	9.9	12.1	24.6	30.3	36.6	39.5	39.0	37.1	35.2	25.0	23.0	

表 7　疏勒河流域每月温度较差最大统计表（℃）

	月 年	一	二	三	四	五	六	七	八	九	十	十一	十二
敦煌测候所	26					25.2	24.4	28.1	33.0	39.9	31.8	31.3	20.6
	27	19.1	22.2	24.4	24.4	22.5	20.9	23.3	23.8	22.7	21.7	20.9	17.1
	28	18.6	22.7	24.4	26.6	24.7	25.5	23.3	24.4	23.8	23.8	18.9	18.5
	29	21.6	22.8	24.7	24.3	26.3	22.4	23.8	24.3	24.2	22.0	19.5	19.8
	30	19.7	21.1	24.3	22.9	23.9	21.9	22.0	22.8	23.2	21.9	18.9	19.7
	31	18.4	19.3	24.4	25.8	24.3	23.6	21.9	23.2	24.1	23.3	18.8	17.8
	32	21.6	22.6	22.6	25.9	26.5	22.9	23.0	24.0	22.0	23.5	23.9	18.4
	33	18.4	23.6	26.5	25.1	22.6	20.9	21.7	23.7	22.2	23.6	15.8	13.7
	34	18.4	24.8	22.5	23.8	22.2	24.5	22.7	21.3	23.4	24.6	20.2	20.3
	35	21.1	24.6	24.3	24.2	23.8	23.6	22.4	22.5	25.0	23.0	19.8	19.6
	36	23.2	23.0	24.0	26.6	24.4	24.7	21.9	19.8	21.4	20.6	19.4	

续表

	月 年	一	二	三	四	五	六	七	八	九	十	十一	十二	平均
安西测候所	32	21.1	25.1	26.7	24.7	23.5	26.4	23.3	23.5	22.8	27.1	22.2	20.6	
	33	19.4	24.1	25.9	25.4	24.0	22.1	23.1	22.3	23.4	22.1	19.0	18.7	
	34	20.3	22.7	24.6	23.3	29.8	23.7	23.5	19.6	23.1	24.1	24.9	24.5	
	35	23.3	22.7	23.0	28.8	23.5	20.6	19.8	21.1	21.7	23.6	23.4	21.1	
	36	22.8	22.4	23.5	22.5	22.8	21.5	22.0	21.7	21.5	19.9	23.7		

D. 地面水　据昌马河、党河两水文站民国三十二年至三十六年之记载，及本队三十六年六至十月实测流率推算结果，昌马河在昌马大坝最枯流率为8.5秒立方公尺，最大洪水流率约为280秒立方公尺；疏勒河中游在安西乱山子最枯流率为3.1秒立方公尺，最大洪水流率为160秒立方公尺；党河在党河口最枯流率为8.6秒立方公尺，最大洪水流率约为250秒立方公尺。枯水时期除昌马河及党河水源为积雪融化，来自祁连山外，疏勒河中游水源，则纯为零星泉水汇集而成，此外尚有未达干流而被利用之泉水颇多，不及一一详述，且沿途渗漏过大，能用以实际灌田者量甚有限。故现有耕地每感用水不足，渗漏率之大小视地质而异，大抵卵石砂砾，每公里损失总水量之1%—3%，土层每公里损失总水量之0.6%—1%。

E. 地下水　地下水量之多寡尚因未详细探测，颇难确定，但由泉水推测，其量甚多，自井水观察，水位亦高。一般而言，约挖至地面下三公尺，即可见水。兹按当地卵石夹砂之情形，约估地下水垂直流速 $K=0.027$ 公尺/每秒，空隙系数 $P=25\%$ 至 30%，降水曲线切点有效距离 $R=300$ 公尺，以作计算地下流率之根据。

4. 农作概况　本区农作就现况及成本两项分述之：

A. 现况　本区农产分夏禾秋禾两种，以气候寒冷，年仅一熟。夏禾以小麦为主，青稞大麦次之，间种豌豆等，秋禾以谷（即小米）、糜子（即黄米）为主，高粱、马铃薯（即洋芋）胡麻棉花次之，间种荞麦等。水量充足之时，每市亩年产2.4—2.7市石，以土质气候之优劣而异，现以水量缺乏（缺欠情形不一，约缺需水量20%—40%）、施肥不足，每市亩年产量仅1.5—2.1市石，其农作时间如下表。

B. 成本　农作成本计分种籽、肥料、人工（畜力折合在内）三项，除种籽种类不同，价值略有差异外，其余大致相同，为统一起见，三项成本均折为主要农产物小麦计算，兹将每市亩所需成本列如附表9。

除农作成本外，农民尚有田赋、军统、公教诸粮，及差徭之负担，每市亩平均另需小麦0.5市石，其生活之艰苦，可以想见，所幸者农民均能自耕，肥料亦为自给，且略有农村副业为之补救，差堪糊口维生，否则早已逃亡净尽。

表8　疏勒河流域农作时间调查表

项目	县别	时间	夏收作物 冬水泡地	夏收作物 春水泡地	秋收作物 春水泡地
泡地	玉门	日期	9.6—11.7	3.6—4.5	4.5—6.6
		节候	白露—立冬	惊蛰—清明	清明—芒种
	安西	日期	9.6—11.7	3.6—4.5	4.5—7.7
		节候	白露—立冬	惊蛰—清明	清明—小暑
	敦煌	日期	10.8—12.7	2.19—4.5	4.5—7.25
		节候	寒露—大雪	雨水—清明	清明—大暑
播种	玉门	日期	3.21—4.5	4.5—4.21	5.6—6.21
		节候	春分—清明	清明—谷雨	立夏—夏至
	安西	日期	3.6—4.5	3.21—4.21	5.6—7.23
		节候	惊蛰—清明	春分—谷雨	立夏—大暑
	敦煌	日期	3.6—4.21	3.21—5.6	4.21—8.7
		节候	惊蛰—谷雨	春分—立夏	谷雨—立秋
浇灌	玉门	日期	5.5—7.23	5.21—8.7	6.21—9.6
		节候	立夏—大暑	小满—立秋	夏至—白露
	安西	日期	4.21—7.7	5.6—7.23	6.21—9.6
		节候	谷雨—小暑	立夏—大暑	夏至—白露
	敦煌	日期	4.21—6.21	5.6—7.7	6.21—9.23
		节候	谷雨—夏至	立夏—小暑	夏至—秋分
收获	玉门	日期	7.23—8.7	8.7—8.23	9.6—9.23
		节候	大暑—立秋	立秋—处暑	白露—秋分
	安西	日期	7.7—7.23	7.23—8.7	9.6—10.8
		节候	小暑—大暑	大暑—立秋	白露—寒露
	敦煌	日期	7.7—8.7	7.23—8.23	9.23—10.8
		节候	小暑—立秋	大暑—处暑	秋分—寒露

表9　疏勒河流域农作成本统计表

成本项目	折合小麦数量(市石)	备注
种籽	0.20	
肥料	0.30—0.40	
人工	0.50	约需人力12工,畜力6工,畜力二工折合一人工计
共计	1.00—1.10	

5. 沿革 疏勒河流域，开发甚早。自汉张骞通西域，苏武使匈奴，皆取道于此。后匈奴入寇，汉武帝命霍去病出兵讨伐，降浑邪王筑令居寨，置四郡，敦煌即为其一，及大宛称雄复命李广利出玉门伐之，自敦煌至盐泽，沿途置亭障，屯兵垦田，地方日见繁盛。此后汉胡迭见消长，然终为用兵必争之地，其形势之重要，可想而知。清康熙五十七年玉门昌马大坝及柴庙坝，设分水口，分配昌马河水引灌靖逆卫（即今玉门所属晋昌镇及靖逆乡）及柳沟卫等处田亩（即今玉门之柳河乡及安西之柳沟乡）。雍正二年，年羹尧平青海，岳锺琪巡边至沙州（即今敦煌），相度地势，请复明沙州卫，而人烟稀少、不成村落，乃召募皋兰等县无业游民二千四百户，开垦屯田，重新筑城设治。咸丰末叶，陕甘□□暴发，河西重遭兵燹，左宗棠平定陕甘收复新疆，抚辑流亡、兴办兵民屯田。安西兵备道王全臣开凿新渠，并规定玉门十道口岸之分水章程，中游田亩乃稍蒙水利。民国以还，祁连山积雪日渐减少，水源渐涸，以致农田不敷灌溉。复遭马仲英之焚杀，□□之侵扰，人民相率逃亡，荒地绵延千里，若不设法相救，恐将全部沦为戈壁。

6. 水利现况 本区水利就下列四者分述之。

A. 概况 本区现有水利可分上、中、下游三段。上游玉门城区附近一带田亩，赖城河与昌马河河水及少数泉水灌溉，有引水渠十余道。在安西境内，三道沟所属田亩多以昌马河水灌溉，布隆吉及双塔堡一带恃泉水灌溉，中游安西城区等地则以疏勒河正游沿途汇集泉水，在渠塘口开一支渠引灌小宛田亩，并在龙口分南北干沟引致灌溉。在敦煌全县地境，纯赖党河之水分十道引水渠灌溉，水源归一、田亩集中，不若玉门安西田亩之零乱涣散。惟均以沿途渗漏过多，致现有耕地用水不敷分配，水利纠纷时有所闻。

本区水利行政组织均以县为单位，各县设一水利委员会专管全县水利事宜，会内设正副主任委员各一人及委员多人，正主任委员由县长兼任，副主任委员及委员则选本县绅耆充任之。每一干渠复选渠长一人，负该渠水利全责，各支渠则设水利一人及长夫数人管理支渠水利。水利委员均为义务职，渠长及水利或为义务职或为有给职，各县并不一致。

B. 用水规章 本区县与县间用水规章有二，均为甘肃省第七区行政督察专员公署，按过去成例制为定案者。其一为昌马河水，先在上游昌马坝按安西 40%，玉门 60% 分水，复在下游柴坝庙将安西新得 40% 水量规定安西玉门各半，故玉门实得昌马河水 80%，安西实得 20%，此为玉门城区附近与安西三道沟一带之分水规章；其二为玉门十道口岸泉水六道，均按安西二十一昼夜、玉门九昼夜之规定分水，一道则为安七玉三、一道为安六玉四，两道则全归安西。此外尚有三棵茨泉水一道全归玉门。此为安西城区附近与玉门城北之分水规章，至于同一县内各县用水，按田亩多寡，若干昼夜轮流灌溉。

C. 渠道岁修 本流域旧有渠道，均根据天然地形，开挖而成，除极简单之分水设备外，并无其他建筑物。渠道比降极陡，水中挟泥沙甚多，农民均以此为天然肥料。每次各渠岁修，除进水口筑坝截水外（因土坝时被洪水冲毁），掏挖淤淀者甚少。县与县间合作岁修，则在安西玉门之分水地点，每年春季解冻后，即由安西县府派定负责水利人员携带县府公文，率领分水民夫赴玉门县府报到，缴验公文，并由玉门县府派遣负责水利人员会同前往各分水地点修理坪口及渠道，并规定最迟须于农历四月十三日以前修理完毕。安西县长每年须于四月十三日以前到达玉门县府，由两县县长亲自会同检查分水准备情形，如有问题，立即会同解决，至迟在十四日以前完成一切准备工作，十五日起，确切实行分水，并电报省府及专署备查。

D. 灌溉用水量　疏勒河流域以土质疏松，水分极易蒸发及渗漏，故灌溉用水量甚大，播种前泡地一次约需水深300至500公厘不等，泡地许可时间甚长，每万市亩用水量折合流率0.25至0.41秒立方公尺，农作物发芽后每隔15日，20日或30日浇灌一次，颇不一致，灌溉期距愈长，用水量愈多，平均每日约需5.33公厘，每万市亩用水量约为0.412秒立方公尺。

7. 农村概况

A. 农村副业　疏勒河农村副业以畜牧为主，绵羊及山羊最多，骆驼牛马次之，猪鸡较少。驴为农民骑驮必需之牲畜，所在皆有。每年均有大量之畜产品出口，如羊毛、驼毛及各种毛皮为对外贸易之大宗。其次为纺织品，计有两种，一为毛纺织业，一为棉纺织业。前者俗称织褐子，本地农民及蒙古人于闲暇之时，先将羊毛捻成细线，此用木机制成褐子，品质粗陋，产量有限，大部为蒙古人、哈萨克人及贫苦农民之衣料。后者俗称织布，原料为敦煌出产之棉花，通常于秋收后，家庭中之老者及青年妇女，以手捻线或用车纺，再用木机织成布匹，亦为当地农民衣料之一，近年来棉花种植面积逐渐减少，产量已不如前。再次为采金及挖煤，金之储量颇富，尤以敦煌之祁连山中为最多，乃以省界不明，现被青海省划为该省所有，甘肃省以鞭长莫及，又以同属本国版图，未曾计较，致本区采金人数逐渐减少，影响农民生计，良非浅鲜。煤之产量亦丰，惟以采运困难，成本及售价颇高，未能大量开采，殊为可惜，此外尚有采掘药材或猎捕野兽为农村副业者但属数甚少。

B. 农村经济　疏勒河流域当地农产，本能自给自足，惟因近年水量缺乏，岁多歉收，又兼政府按年征购军粮，民食更或缺乏，人民赖以糊口者，仅秋收之杂粮而已，抗战迄今，物价飞涨，生活益苦，且气候寒冷，狂风时作，农民生活之苦，达于极点，农村经济，早已破产。

C. 民俗　疏勒河流域民族颇为复杂，计有汉、回……[1]简朴忠实，堪称优点，每年劳动时间不长，严冬之际皆深居室内，烧炕御寒，甚少出门。政府命令，大致均能贯彻，□□□□，民性皆甚驯良。

8. 物产概况

A. 矿产　疏勒河流域矿产种类及储量，未经科学方法勘测，迄无正确之报告，唯按土方开采之矿产，观察知其种类甚多，储量亦丰，据玉门油矿局及中央地质调查所合组之地质查勘队，在安西敦煌查勘之结果，已发现安西南境祁连山麓之石油矿，品质及产量，均超越于玉门赤金河流域，现已开采者，煤在安西南部祁连山中，已用土法开采，惜规模太小，产量有限，采金者则以近年山匪骚扰，无形终止，他如铜铁及硫磺矿产，亦经人相

---

① 编者按：此处删除167字。

继发现，惟均未能开采应用，深为可惜。

B. 商品　本流域输出商品，以农产品为主，牲畜产品次之，其中羊毛驼毛及牛羊皮占出口之大宗，山中野兽产品，如鹿革、山羊皮、獭皮及狐皮等，全区皆有，惟数量不多，所产药材，如甘草、锁阳大黄、苁蓉、茵蔯之类，亦多向外运销，其他日用商品，则均仰给外来，价值甚昂。

9. 工料单价　工料单价以现值物价波动之际颇难确定，故以民国二十六年战前单价为计算之标准，并附三十六年十二月之单价，以资参考，兹就下列二项分述之。

A. 二十六年列如附表10。

表10　疏勒河流域原始工料单价调查表

项目	名称	单位	二十六年战前单价/元	三十六年十二月单价/元	产地
工价	小工	工	0.40	40,000	本地仅有少数，大批仍须外来
	木工	同上	0.80	80,000	同上
	铁工	同上	0.80	80,000	同上
	泥工	同上	0.70	70,000	同上
	石工	同上	1.00	100,000	酒泉
材料	熟铁	公斤	0.50	100,000	同上
	钢	同上	1.00	220,000	酒泉本地
	小圆木	立公方	70.00	7,000,000	哈密　高台
	大圆木	同上	95.00	9,500,000	同上
	方木料	同上	130.00	13,000,000	本地
	白灰	百公斤	2.00	50,000	
	洋灰	桶	25.00	3,700,000	兰州
	火药	公斤	0.05	75,000	同上
	洋钉	桶	42.00	10,000,000	本地
	青砖	立公方	13.00	1,500,000	同上

续表

项目	名称	单位	二十六年战前单价/元	三十六年十二月单价/元	产地
运费	大车	公吨/公里	0.45	54,000	同上
	驮	同上	0.60	72,000	同上
	汽车	同上	0.06	7,000	同上
农产品参考资料	小麦	市石	6.00	950,000	同上
	大麦	同上	5.00	700,000	同上
	青稞	同上	5.00	700,000	同上
	豌豆	同上	6.00	1,200,000	同上
	糜子	同上	4.50	720,000	同上
	谷	同上	4.50	630,000	同上
	胡麻	同上	6.00	930,000	同上
	棉花	百市斤	40.00	8,200,000	同上
	马铃薯	同上	2.00	280,000	同上
	荞麦	市石	3.50	560,000	同上
	大米	市石	18.00	2,700,000	本地
	扁豆	同上	7.00	1,300,000	同上
杂项	清油	百市斤	24.00	3,400,000	同上
	盐	同上	8.00	500,000	同上
	猪肉	同上	25.00	4,000,000	同上
	羊肉	同上	15.00	2,000,000	同上
	煤	公吨	8.00	1,700,000	同上
	麦草	同上	23.00	2,600,000	同上

B. 工程复单价分析　根据上列原始单价，分析工程复单价如下表（民国二十六年及三十六年十二月）。

表 11A　疏勒河流域二十六年工程复单价分析表（元）

工程名称	单位	工价		炸药	钢钎	杂具	招工费	包工管理费及利润	灰料			合计单价	备注
		大工	小工						白灰	洋灰	青砖		
挖普通土	m^3		0.114			0.002	0.012	0.023				0.15	规定免费水平运距10m直升距2m，如超出直升距1m，折合水平超运距10m为一单位计算超运价
夯填土	同上		0.200			0.004	0.020	0.045				0.27	
挖坚隔土	同上		0.267			0.005	0.027	0.051				0.35	
挖松石	同上		0.600			0.012	0.060	0.128				0.30	
挖坚石	同上	0.5	0.400	0.238	0.08	0.024	0.124	0.274				1.64	
挖特坚石	同上	2.0	2.400	0.475	0.32	0.103	0.530	1.162				6.99	
乾砌卵石	同上	0.8	1.200			0.040	0.204	0.456				2.70	
乾砌块石	同上	1.3	1.200	0.238	0.08	0.050	0.285	0.632				3.80	
乾砌条石	同上	7.0	1.200			0.160	0.836	1.834					
1：2浆砌卵石	同上	0.7	1.400			0.040	0.214	0.470	2.82			5.64	灰料按空隙35%计
										36.8		39.62	
1：3浆砌卵石	同上	0.7	1.400			0.040	0.314	0.470	2.22			5.04	
										37.0		29.82	
1：2浆砌块石	同上	1.3	1.40	0.238	0.08	0.060	0.308	0.674	2.42			6.48	灰料按空隙30%计
										30.0		34.06	
1：3浆砌块石	同上	1.3	1.40	0.238	0.08	0.060	0.308	0.674	1.90			5.06	
										24.5		28.56	
1：2浆砌粗条石	同上	10.0	1.60			0.232	1.183	2.585	1.22			16.72	灰料按空隙15%计
										15.7		31.20	

续表

工程名称	单位	工价		炸药	钢钎	杂具	招工费	包工管理费及利润	灰料			合计单价	备注
		大工	小工						白灰	洋灰	青砖		
1∶3 浆砌粗条石	m^3	10.0	1.60			0.232	1.183	2.585	0.95			16.45	灰料按空隙 15% 计
										12.25		27.75	
1∶2 浆砌细条石	同上	13.0	3.00			0.300	1.530	3.370	0.97			21.17	灰料按空隙 12% 计
										12.6		32.80	
1∶3 浆砌细条石	同上	13.0	2.00			0.300	1.530	3.370	0.76			20.96	
										9.5		29.50	
1∶2 浆砌青砖	同上	0.91	1.40			0.046	0.236	0.518	1.61		10.4	15.12	灰料按空隙 20% 计
										21.0	10.4	34.51	
1∶3 浆砌青砖	同上	0.91	1.40			0.046	0.236	0.518	1.27		10.4	14.78	
										15.5	10.4	29.00	
1∶2∶4 三合土	同上	1.0	2.40			0.068	0.367	0.767		52.2		56.80	
			2.00			0.040	0.204	0.448	3.40			6.10	
1∶3∶6 三合土	同上	1.0	2.40			0.068	0.367	0.767		35.5		40.10	
			2.00			0.040	0.204	0.448	2.40			5.10	
火车运土或砂	m^3/km											0.70	驮运增加 50% 人力增加 100%
大车运块卵石	同上											0.90	
大车运青砖	同上											0.90	
大车运条石	同上											1.10	

表 11B　疏勒河流域民国三十六年十二月工程复单价分析表（元）

工程名称	单位	工价		炸药	钢钎	杂具	招工费	包工管理费及利润	灰料			合计单价	备注
		大工	小工						白灰	洋灰	青砖		
挖普通土	m^3		11,400			228	1,162	3,210				16,000	规定免费水平运距 10m 直升距 2m，如超出直升距 1m，折合水平超运距 10m 为一单位计算超运价
夯填土	同上		20,000			400	2,040	4,560				27,000	
挖坚隔土	同上		26,700			534	2,725	6,041				36,000	
挖松石	同上		60,000			1,200	6,120	13,680				81,000	
挖坚石	同上	50,000	40,000	18,500	13,800	2,446	12,474	27,780				165,000	
挖特坚石	同上	200,000	240,000	37,000	55,200	10,644	54,284	119,872				717,000	
乾砌卵石	同上	80,000	120,000			4,000	20,400	45,600				270,000	
乾砌块石	同上	130,000	120,000			5,646	28,795	64,259				381,000	
乾砌条石	同上	700,000	120,000			16,400	83,840	183,960				1.104,000	
1：2 浆砌卵石	同上	70,000	140,000			4,000	21,400	47,000	4,946,000			777,000	灰料按空隙 35% 计
										5,445,600		5,728,000	
1：3 浆砌卵石	同上	70,000	140,000			4,000	21,400	47,000	383,600			671,000	
										4,070,600		4,353,000	
1：2 浆砌块石	同上	130,000	140,000	18,500	13,830	6,046	30,850	67,839	424,965			832,000	灰料按空隙 30% 计
										4,439,965		4,847,000	
1：3 浆砌块石	同上	130,000	140,000	18,500	13,830	6,046	30,850	67,839	331,965			739,000	
										3,625,965		4,033,000	

续表

工程名称	单位	工价		炸药	钢钎	杂具	招工费	包工管理费及利润	灰料			合计单价	备注
		大工	小工						白灰	洋灰	青砖		
1：2 浆砌粗条石	同上	1,000,000	160,000			23,200	118,500	260,340	213,960			1,776,000	灰料按空隙 15% 计
										2,329,960		3,892,000	
1：3 浆砌粗条石	同上	1,000,000	160,000			23,200	118,500	260,340	165,960			1,728,000	
										1,812,960		3,375,000	
1：2 浆砌细条石	m^3	1,300,000	200,000			30,000	153,000	337,000	170,000			2,190,000	灰料按空隙 12% 计
										1,860,000		3,889,000	
1：3 浆砌细条石	同上	1,300,000	200,000			30,000	153,000	337,000	133,000			2,153,000	
										1,374,000		3,394,000	
1：2 浆砌青砖	同上	91,000	140,000			4,600	23,600	51,800	282,000		1,200,000	1,793,000	灰料按空隙 20% 计
										3,000,000	1,200,000	4,621,000	
1：3 浆砌青砖	同上	91,000	140,000			4,600	23,600	51,800	220,000		1,200,000	1,731,000	
										2,294,000	1,200,000	3,805,000	
1：2：4 三合土	同上	100,000	240,000			6,800	36,700	76,700		7,750,800		8,211,000	
			200,000			4,000	20,400	44,800	525,000			864,000	
1：3：6 三合土	同上	100,000	240,000			6,800	36,700	76,700		5,254,800		5,715,000	
			200,000			4,000	20,400	44,800	420,000			689,000	
大车运土或砂	m^3/km											84,000	驮运增加 50% 人力增加 100
大车运块卵石	同上											108,000	
大车运青砖	同上											108,000	
大车运条石	同上											132,000	

三、规　　划

1. 治理之法　疏勒河流域面积甚广，可耕之地各不相连，引水灌溉无法集合办理。兹按各处水源及耕地分布情形，拟用整理旧渠及截引地下水两项工程治理分述如下：

A. 整理旧渠　本区整理旧渠，以水量之大小与工程经济价值之配合，仅适宜于玉门昌马河流域及敦煌党河流域。其法乃新开引水干渠，于渠水位下衬砌护面防漏，减少渗漏损失，使达节流目的，再利用旧有各支渠，输水至耕地灌田。

B. 截引地下水　本区耕地极多，水源有限。拟于各耕地附近之上游，按地下水流垂直方向，横开截水沟，截取地下潜流，以达开源目的。在截水沟中点顺水流方向，开一输水沟，其纵坡较地面坡度为小，可于下游若干距离外，将地下水源，输出地面，自流灌溉。除玉门、敦煌整理旧渠外，本区地亩概以此法治理。

2. 其他方法讨论　疏勒河流域各河坡度甚陡，河谷狭窄，筑坝蓄水，量微而费巨。且坝址距灌田太远，沿途渗漏极大、衬砌工费浩大，不合经济。凿井抽水，则无天然动力可资利用，若用机械设备，常年维持亦巨，工程经济价值确难成立。故除上述二法外，均非所宜。

3. 水源研究　疏勒河流域各河之径流水源，均恃祁连山内积雪之融化及泉水汇集而成，徒以地层疏松、渗漏极大，实际得以灌田者其量甚微，大部潴为地下潜流。凡径流流经之区，地下莫不储有大量之水源，而表面径流灌田后，除以少数供给植物呼吸及蒸发外，大部仍渗入地下，故储量浩大可以想见。惟以未经测验，不易作有价值之估算，仅就地下水库之面积与耕地面积之比例而言灌溉所需水量，设法取储地下，当无问题。

4. 所得流率估算　新工程实施后以水源多寡，工程方法及尺度之不同，其所得流率亦各异，兹将分述于下。

A. 整理旧渠　在玉门昌马河流域整理旧渠后，计可得流率 4.69 秒立方公尺，则玉门现有河水灌溉之耕地 70,200 市亩，可无缺水之虞，并可供垦熟荒 42,800 市亩，共灌田 113,000 市亩。在党河流域整理旧渠后，可得流率 6.9 秒立方公尺，则现有耕地 156,200 市亩，亦无患缺水。

B. 截引地下水　截引地下水所得流率，均按普通沟流及井流公式计算：

$$井流公式\ Q_w=\frac{nKP}{2.30}\cdot\frac{H_w^2-h_w^2}{\log\frac{R}{r}}$$

$$沟流公式\ Q_g=PKL\cdot\frac{H_g^2-h_g^2}{R}$$

上列两式中 Q_g = 截水沟可截留率，单位每秒立方公尺，Q_w = 集水井可筑流率，单位每秒立方公尺，H_g = 沟未引水之前水深，H_w = 井未引水前之水深，h_g = 沟引水后水位降落所余之水深，h_w = 井引水后水位所余之水深，L = 截水沟长度，单位公尺，R = 降水曲线切点之有效距离，r = 井之半径，K = 垂直流速，P = 地层孔隙系数。

本规划截水工程一切尺度及数量各有不同，兹分列如下（每一截水沟均配合深井二口）。

截水工程水量表

工程编号	截水沟数量	P	K /(公尺/秒)	R /公尺	r	H_w	h_w	H_g	h_g	L	Q /(公尺/秒)	灌溉面积/市亩
ⅧAWⅡ	14道	30%	0.007	300	0.50	24	16.50	9	1.50	800	14.98	370,050
ⅧWⅡ	20道	30%	同上	同上	同上	20	15.75	5	0.75	同上	9.00	253,070
ⅧBWⅡ	12道	20%	同上	同上	同上	21	15.80	6	0.80	同上	5.928	120,000

上列灌溉面积，包括原有表面水灌溉者在内，因缺水关系，仅补充少许，即可解决，计ⅧAWⅡ原有耕地85,210市亩，荒地284,840市亩；ⅧWⅡ原有耕地53,150市亩，荒地199,920市亩；ⅧBWⅡ则纯为荒地。

四、预　　算

本规划各项工程费按二十六年战前物价计，共约18,006,000元，若按三十六年十二月计，共约21,665.16亿元，兹特分列如下表。

表12　疏勒河流域工程费预算表

工程编号	二十六年工程费(元)	三十六年十二月工程费(万元)
ⅧBVⅠ	554,000	6,400,000
ⅧAVⅠ	1,030,000	12,430,000
ⅧAWⅡ	5,550,000	67,000,000
ⅧWⅡ	6,300,000	80,781,000
ⅧBWⅡ	4,572,000	50,040,000
共计	18,006,000	216,651,600

五、增　　益

1. 农产增益　新工程实施后，本区共可年增农产，约合小麦1，877，000市石，扣除农作成本后之年增益，按二十六年战前物价计，共约6，882，000元，兹分列如下。

2. 附属工业　新工程实施后，除直接增加农产外，以地坡甚陡，尚可利用流水势头间接供给产生动力，添设水碾水磨或小型发电，以供附属工业之利用，经济价值尤大。

3. 国防政治影响　疏勒河流域，南达青海，西北界新疆，东北遥接外□，形势扼要，为甘肃西北之门户。际此外蒙独立，新疆多事之秋，实为国防重地。若边警突发，现有农产物，极不敷军需民食，故水利工程之实施，非但具有社会经济价值，对于充实国防，尤见重要。

工程增益统计表

工程编号	ⅧBVⅠ	ⅧAVⅠ	ⅧAWⅡ	ⅧWⅡ	ⅧBWⅡ	共计
每年增产折合小麦	87,000 市石	165,000 市石	726,000 市石	575,000 市石	324,000 市石	1,877,000 市石
每年增益	522,000 元	538,000 元	2,460,000 元	2,182,000 元	1,080,000 元	18,006,000 元

六、结　　论

1. 经济价值　兹综合本规划各工程经济上主要各点如下表（按照二十六年物价计算）。

表 13　疏勒河流域各工程经济价值明细表

项目＼工程编号	ⅧBVⅠ	ⅧAVⅠ	ⅧAWⅡ	ⅧWⅡ	ⅧBWⅡ	合计	备考
全部灌溉面积（市亩）	156,200	113,000	370,050	253,070	120,000	1,012,320	约数
工程实施后每年增产小麦（市石）	87,000	165,000	726,000	575,000	324,000	1,877,000	同上
工程实施后每年增益 F（元）	522,000	638,000	2,460,000	2,182,000	1,080,000	6,882,000	同上
全部工程费 C（元）	554,000	1,030,000	5,550,000	6,300,000	4,572,000	18,006,000	同上
工程常年维持费 O（元）	25,000	15,000	50,000	50,000	50,000	190,000	同上
工程平均寿命 n（年）	10	15	30	30	30		
工程永久投资 P（元）	1,344,000	1,692,000	6,787,500	7,620,000	5,713,000	23,156,500	$P=C+\frac{O}{r}+\frac{C}{(1+r)^{n}-1}$ 年利率 r 为 8%
折合常年工程费 P_r（元）	107,520	135,360	543,000	609,000	457,040	1,852,520	P 及 P_r 均为约数
投资利益指数 I（倍）	4.85	4.72	4.53	3.53	2.36	3.72	$I=\frac{F}{P_r}$
投资年利 R	38.8%	37.7%	36.2%	28.6%	18.9%	28.5%	$R=\frac{F}{P}$
各工程经济价值	成立	成立	成立	成立	成立	成立	

2. 还款办法　按民国二十六年普通贷款年利率8%，期限五年计算，各工程每年应还款，年增益之百分比如附表（每年还款超过年增益时，贷款期限延长为十年）。

表14　疏勒河流域各工程还款规划表

工程编号 项目	ⅧBVⅠ	ⅧAVⅠ	ⅧAWⅡ	ⅧWⅡ	ⅧBWⅡ	备考
还款年限(年)	5	5	5	10	10	
各工程每年应还款(元)	138,500	258,000	1,016,760	938,450	618,000	约数
占增益之百分比	26.5%	40.4%	42.1%	43.0%	63.1%	同上

3. 施工程序　本区人力缺乏，田亩甚多，应以经济价值最大者为先，故将旧渠整理工程列为第一期，限二年完成，截引地下水工程列为第二期，限三年完成，全部工程共须五年完成，其程序如下表（其详细程序，见各项工程计划书）。

表15　疏勒河流域施工程序表

期别 年度 名称	第一期		第二期		
	第一年	第二年	第三年	第四年	第五年
施工程序	ⅧBVⅠ	ⅧAVⅠ	ⅧAWⅡ	ⅧWⅡ	ⅧBWⅡ

玉门昌马河旧渠整理工程计划书

一、总　　述

昌马河在疏勒河上游，发源于祁连山麓，地属玉门县西南之昌马乡，河以乡得名。水源经水峡口出峡，至昌马大坝，河分为二，即安西玉门两县第一次分水处，东流按例分水六成，迄新河口，复分为城河与巩昌河，皆属玉门县，西流按例分水四成，至紫坝庙亦分为二，即安西玉门两县第二次分水处，半属安西，半属玉门。故安西实得昌马河水20%，灌地18,140市亩，玉门实得昌马河水80%，灌地70,200市亩，惟自昌马大坝至耕地，水流行经数十公里之戈壁河床，以地层渗漏，水道分歧，水量损失极大，致现有耕地，用水常感不足。生熟荒地极多，更无法施灌。农作物年仅一熟，分夏禾、秋禾，夏禾以小麦为主，秋禾以糜子为主，平均每亩年产量仅1.5至1.7市石，视水量之多寡而定，如水量充足，施肥得益，每亩可达最高产量2.4市石。

本计划之新开干渠，以衬砌防漏为主。安西水量过少，本法不宜适用，故仅于玉门境内行之，并拟将柴坝庙应分水量，集中于昌马大坝分水，在下游一公里许之龙王庙附近，避开河道，就河之西岸，新凿引水干渠，直至新河口下5公里，在城河第一支渠之上游，与城河交接，再于交点对岸开一引水渠，于巩昌河第一支渠之上游，与巩昌河通并延长城河之河西渠至东树窠等五渠分水口。昌马大坝设固定分水鱼嘴一座，下至龙王庙间，建一顺水堤，以免枯水时，水量泛流入安西水道中，新开干渠进水口下之河床中，建一拦河滚水坝及刷沙闸，以便截取全部枯水流率洪水时排余水入旧有河床，及防泥沙淤淀。干渠全长30公里，全用1∶3∶6白灰三合土衬砌减少渗漏损失。干渠与城河交点对岸，建城河与巩昌河分水鱼嘴一座。各旧有支渠设分水闸各一道。并另开荒地引水渠若干公里，视需要而定，待施工时另定之。

本计划实施后，除玉门原有昌马河水灌溉之耕地70,200市亩，可不缺水外，并可垦荒地42,800市亩，每年增产折合小麦约165,000市石，除去农作成本，按二十六年物价计，年增益为638,000元，以贷款年利率8%，限期五年还清之规定，每年应约还258,000元，此数占年增益40.4%，农民力能负担，经济价值亦大，且不与上下游其他工程相冲突，应列为全流域第一期工程。

二、资　　料

1. 形势　昌马河发源于玉门县昌马乡之祁连山，故河以乡名，属疏勒河第一支流。东北流约90公里，出水峡口，至昌马大坝，安西、玉门两县于此分水。河分为二，东流分水六成约 27 公里至新河口，再分为城河与巩昌河，全属玉门县，灌地五万六千余亩。西流分水四成约 20 公里至柴坝庙，亦分为二。半属玉门，灌地一万三千余亩；半属安西，灌溉一万八千余亩。先后两次分水结果，渗漏不计，玉门实得昌马河水 80%，灌地 70,200 亩；安西实得昌马河水 20%，灌田 18,140 亩。此外本流域尚有河水灌溉者 67,070 市亩，无水灌溉之荒地 327,640 亩，共计 483,050 市亩。本计划范围仅指玉门所属昌马河水，灌溉之现有耕地 70,200 亩及附近荒地之一部分。其余另谋他法治理，详《昌马河流域地下水灌溉工程计划书》。

城河自新河口分水后，北流 5 公里处，有河西渠分水东流，6 公里处南门上渠分水向西，6. 25 公里处北门上渠亦分水而西，9. 5 公里至北大桥下复分七渠，即西红河、川北镇、南阳镇、芨芨台子、上梁子沟、下梁子沟、关庄子是也。巩昌河自新河口分水后，向东流约七公里，中东区渠分水北流 9. 5 公里处，上东区渠亦分水北流 12 公里处，复分为上东河渠及下西河渠，洪水时于下东河下游之獭儿湾渗入草地中。新河口至中东区渠口间马王塘一带，漏水极大。

昌马河西流，在柴坝庙分水后，玉门所得水量经 30 公里之戈壁草原后，再分五渠引水灌田，即东树窠、夹河子、新沟、旧沟及杨柳沟是也。

昌马大坝至新河口，拔海高程自 1,850 公尺降至 1,600 公尺，地坡约 1/100。

2. 地质 本流域地质，其现于表面者除水峡口以南略有变质岩外，大部均为冲积层。昌马大坝以下初为卵石戈壁，往下渐见沙土，愈下愈厚，达城区附近始可耕种，土质均属漠钙土类。

3. 水文 本流域出安西酒泉之间，根据两地记载，估计本流域年雨量为 70 公厘，大部集中于六至八月间，年蒸发量为 1,500 公厘，大部集中于四至十月间。

据昌马河水文站记载，高低水位之差不及 1 公尺，而本队实测洪水迹则为 1. 5 公尺，立冬至惊蛰河水封冻，惊蛰至夏至水位最低，推算枯水流率约为 8. 5 秒立方，洪水发于夏至秋分间，最大流率可达 280 秒公方，水文站所有记载，未达此数，三十六年八月十六日本队测得昌马河流率为 34. 32 秒公方。

昌马河及各渠渗漏量经测算结果，计昌马大坝至新河口间为所引总水量 52%，城河与巩昌河为 14%，各支渠为 5%，昌马坝至柴坝庙为 40%，柴坝庙至东树窠为 19%。

4. 农作概况 本流域地为松散沙壤土，漏水性大，因蒸发过甚，略具碱性。农作物分夏禾秋禾两种，夏禾以小麦为主，大麦青稞为副，秋禾以糜谷为主，马铃薯为副，因气候寒冷，年均一熟。农作时间如附表：

本流域气候干燥，雨量极少，作物依赖灌溉生长。需水分泡地与灌溉两种。泡地水深约 5 公寸、施于冬春两季，灌溉每 15 至 20 日一次，每日约需深平均 5. 33 公厘，施于作物生长期，详附表 2。平时水尚敷用，惟自立夏之夏至，农田需水正殷，而河流枯落，水量仅足全区 60%，影响收成至巨，现每市亩平均产量为 15 市石，若灌溉及施肥得宜，产量可增至 24 市石，各种作物及副产品产量列表如下。

表 1 玉门昌马河流域农作种类及时间调查表

农作种类		泡田用水	起迄时间								种植面积占总耕地百分比
			泡田		播种		浇灌		收获		
			节侯	日期	节侯	日期	节侯	日期	节侯	日期	
夏禾	小麦	冬水	白露至立冬	9. 6–11. 7	春分至清明	3. 21–4. 5	立夏至大暑	5. 5–7. 23	大暑至立夏	7. 23–8. 7	28%
		春水	惊蛰至清明	3. 6–4. 5	清明至谷雨	4. 5–4. 21	小满至立秋	5. 21–8. 7	立秋至处暑	8. 7–8. 23	7%
	大麦及青稞	冬水	白露至立冬	9. 6–11. 7	春分至清明	3. 21–4. 5	立夏至大暑	5. 5–7. 23	大暑至立夏	7. 23–8. 7	16%
		春水	惊蛰至清明	3. 6–4. 5	清明至谷雨	4. 5–4. 21	小满至立秋	5. 21–8. 7	立秋至处暑	8. 7–8. 23	4%
	豌豆	冬水	白露至立冬	9. 6–11. 7	春分至清明	3. 21–4. 5	立夏至大暑	5. 5–7. 23	大暑至立夏	7. 23–8. 7	8%
		春水	惊蛰至清明	3. 6–4. 5	清明至谷雨	4. 5–4. 21	小满至立秋	5. 21–8. 7	立秋至处暑	8. 7–8. 23	2%
秋禾	谷	春水	清明至立夏	4. 5–5. 6	立夏至小满	5. 6–5. 21	夏至至处暑	6. 21–8. 23	白露至秋分	9. 6–9. 23	15%
	糜子	春水	谷雨至小满	4. 21–5. 21	小满至芒种	5. 21–6. 6	小暑至白露	7. 7–9. 6	白露至秋分	9. 6–9. 23	15%
	马铃薯	春水	立夏至芒种	5. 6–6. 6	芒种至夏至	6. 6–6. 21	大暑至白露	7. 23–9. 6	秋分前	9. 16–9. 23	5%

表 2　玉门昌马河流域农产量及副产品调查表

作物种类		田亩单位产量/(市石/每市亩)			农作物副产品/(市斤/每市亩)				
		最小	最大	平均	名称	平均产量	名称	平均产量	用途
夏禾	小麦	0.8	2.2	1.5	麦杆	170	麦衣	80	牲畜饲料
	大麦及青稞	0.8	2.2	1.5	杆	170	壳	80	牲畜饲料
	豌豆	0.6	2.4	1.5	豆杆	170	豆壳	80	牲畜饲料
秋禾	谷	0.8	2.2	1.5	谷杆	170	谷壳	80	牲畜饲料
	糜子	0.8	2.2	1.5	糜杆	170	糜衣	80	牲畜饲料
	马铃薯	6.0 百市斤	14.0 百市斤	10.0 百市斤	杆	170	叶	40	肥料

农作成本包括人工，种籽，肥料三种，为便于计算，均折合小麦，按作物种类分别农作成本如附表3。

表 3　玉门昌马河流域农作物成本分析表

作物名称	农作物成本　市石/每市亩成交(折合主要作物小麦计)			合计 /(市石/市亩)
	种子	肥料	人力及畜力	
小麦	0.20	0.30	0.50	1.00
大麦及青稞	0.17	0.30	0.50	0.97
豌豆	0.20	0.30	0.50	1.00
糜子	0.15	0.30	0.50	0.95
谷	0.15	0.30	0.50	0.95
马铃薯	0.15	0.30	0.50	0.95

5. 历史　昌马河流域开发甚早，田广水丰，人烟稠密，明末沦于吐鲁番，地始荒废。清初收复关外，重新筑城设治，康熙朝设昌马坝及柴坝庙分水口，当时按田分水，引灌靖边卫（即今玉门晋昌镇及靖边乡）及柳沟卫（即玉门所属柳河乡与安西所属柳沟乡）一带田亩。后安西兵备道王全臣复凿支渠若干，分灌各地，渐臻繁庶。民国以还，中原鼎沸，无暇西顾，盖以地方不靖，频年荒歉，居民乃相率逃亡，遂成今日之落寞。抗战军兴，政府提倡开发西北，直至民国三十四年春，始成立水利部甘肃河西工程总队，从事于本区之勘测与设计。

6. 人事概况　玉门县现有水利委员会总管全县水利事宜，会中设正主任委员一人县长兼任之，副主任委员一人，及委员多人，皆由民选。各渠有渠长官管理各干渠，各支渠分设水利一人及长夫数人不等，专管支渠之事。如办岁修，需用人工较多时则由水利委员按日分派民夫通力合作。近年因水量缺乏、分水工程不良，致安西玉门分水，时有纠纷。

7. 工料单价　按二十六年及三十六年十二月工料单价如表4。

表4　玉门工料单价调查表

项目	名称	单位	二十六年战前单价/元	三十六年十二月单价/元	产地
工价	小工	工	0.40	40,000	本地仅有少数大批仍须即给外来
	木工	工	0.80	80,000	同上
	铁工	工	0.80	80,000	同上
	泥工	工	0.70	70,000	同上
	石工	工	1.00	100,000	酒泉
材料	熟铁	公斤	0.50	100,000	同上
	钢	公斤	1.00	220,000	本地
	小圆木	立公方	70.00	7,000,000	哈密　高台
	大圆木	立公方	95.00	9,500,000	同上
	方木料	立公方	130.00	13,000,000	本地
	白灰	百公斤	2.00	350,000	同上
	洋灰	桶	25.00	3,700,000	兰州
	火药	公斤	0.95	75,000	同上
	洋钉	桶	42.00	10,000,000	本地
	驮运	立公方	13.00	1,500,000	同上
运费	大车连	公吨/公里	0.45	54,000	同上
	驮连	同上	0.60	72,000	同上
	汽车连	同上	0.06	7,000	同上
农产品（参考资料）	小麦	市石	6.00	700,000	同上
	大麦	市石	5.00	700,000	同上
	青稞	市石	5.00	700,000	同上
	豌豆	市石	6.00	1,200,000	同上
	糜子(即小麦)	市石	4.50	720,000	同上
	谷(即黄米)	市石	4.50	630,000	同上
	胡麻	同上	6.00	930,000	同上
	棉花	百市斤	40.00	8,200,000	同上
	马铃薯	同上	2.00	280,000	同上
	荞麦	市石	3.50	560,000	同上
	大米	同上	18.00	2,700,000	同上
	扁豆	同上	7.00	1,300,000	同上

续表

项目	名称	单位	二十六年战前单价/元	三十六年十二月单价/元	产地
杂项	清油	百市斤	24.00	3,400,000	同上
	盐	同上	8.00	500,000	同上
	猪肉	同上	25.00	4,000,000	同上
	羊肉	同上	15.00	2,000,000	同上
	煤	公吨	8.00	1,700,000	同上

三、计　　划

1. 计划布置　玉门耕地，按例应得昌马河总水量80%，因沿途渗漏，实际灌田仅余20%（即总水量16%）殊为可惜，故本计划应以防漏为主。全部实施实不可能，仅于渗漏最大之戈壁地带行之，并将昌马坝及柴坝庙二处分水量集中于昌马坝一处，以增经济价值。本计划拟於昌马坝原分水处建一定量分水鱼嘴，下接长约520公尺之顺水坝一道，龙王庙附近建一拦河滚水坝，附设冲沙闸及进水闸，进水闸以下，开引水渠至河西渠口（为戈壁、土层交界处）与城河相交，全长约三十公里。渠内用1∶3∶6白灰三合土卵石嵌砌防漏层。于对岸另开引水渠一道，至中东渠口上游兴巩昌河通长约6公里，并延长河西渠至东树窠等五渠分水口（原柴坝庙分水后分下之总分水口）长约8公里，其他支渠不变。

2. 各种建筑物及其应用：

分水鱼嘴　为解决安西玉门两县水利纠纷特设，分水鱼嘴一座。以本区域内石料运距遥远，故采用三角形木架、内填大卵石芨芨草之分水鱼嘴，较可经济。

顺水坝　分水鱼嘴以下地形不平，分水后水易流入安西水源内，致两县纠纷时起。拟建顺水坝一座，免枯水时泛流，且可增加分水鱼嘴洪水时之安全，其材料采用木架内填卵石及芨芨草。

拦河流水坝　枯水时所有水量必须全数利用，拟筑一拦河滚水坝，枯水时期河水全部流入新开干渠内洪水时余水可越坝下泄。滚水坝以1∶3白灰浆砌卵石顶面加砌块石，全长100公尺。

冲沙闸　渠道进水口易为沙土淤淀，须有冲沙设备，置于拦河坝旁，以防止之。

进水闸　渠断面按需要流率设计，为防洪水泛滥，进水量须设闸门以节制之。闸门双重，防漏水，制用木板铁扣而以人力启闭。

新开干渠及防漏面　进水闸至马王塘长约30公里，漏水甚巨，拟另开新渠，底层用10公分厚之1∶3∶6白灰三合土为防止水漏，表面加嵌厚约15公分卵石一层，层齿紧排，使减低水速而免冲刷，设计流速为2.46秒公尺。

新开城河兴巩昌河间引水渠　城河兴巩昌河平行戈壁间，漏水极巨，拟并两河，另开新渠道长约8公里，经普通土层、渗漏较少，无筑防漏面之需要，两河于下游分水。

延长城河河西渠　原在柴坝庙分水之东树窠等五渠为减少渗漏，分水地点改在昌马坝，故须另开输水渠连至五渠总口，其最近距离当以延长城河河西渠为宜，工费可省，且无建防漏之需要。

零星建筑物　其他如桥梁，支渠，分水闸等，按需要而定，惟关系较小，不再详述。

3. 流率估计　按前述渗漏率之大小计算，自分水鱼嘴至龙王庙1公里间，损失总水量2%，新开引水干渠输水损失约估为总水量（30×0.3%）＝9%，以下河床及支渠损失20%，合计新工程实施后输水损失共约总水量31%。按昌马坝最枯流率85秒立方公尺，玉门分水量80%，应实得流率85×80%×（1−31%）＝4.69秒立方公尺。以农田实际需水量，每万市亩0.415秒立方公尺计，可灌田113,000市亩。除现有耕地70,200市亩外，尚可增垦熟荒地42,800市亩。

四、估　　算

各项工程费估算如附表5。

表5　玉门昌马河流域旧渠整理工程费估算表

工程名称		单位	数量	单价/元		共价/元	
				26年	36年12月	26年	36年12月
分水鱼嘴及顺水堤	堆砌卵石	公方	542,720	0.35	270,000	189,952	1,465,344,000
	填土夯实	同上	411,840	0.85	100,000	350,064	411,040,000
	黄泥浆砌块石	同上	170,000	5.00	579,000	850,000	984,300,000
	1∶3 白灰沙浆砌块石	同上	6,800	5.96	739,000	40,528	50,252,000
滚水坝	1∶3 白灰沙浆砌块石	同上	53,900	5.04	671,000	2.71656	361,667,000
	1∶3 白灰沙浆砌块石	同上	144.00	5.96	739,000	85,824	106,416,000
进水闸及冲刷闸	1∶3 白灰沙浆砌条石	同上	90.00	16.45	1,728.00	148,050	155,520,000
	1∶3 白灰沙浆砌卵石	同上	60.00	504	671,000	30,240	4,026,000
	方木料	同上	5.00	13,000	13,000,000	65,000	65,000,000
	挖基础	同上	3,000	0.35	36,000	10.50	1,080,000

续表

工程名称		单位	数量	单价/元		共价/元	
				26 年	36 年 12 月	26 年	36 年 12 月
新干渠长 30 公里	挖卵石方	同上	16,200,000	0.35	36,000	5,670,000	5,832,000,000
	1∶3∶6 白灰三合土	同上	1,500,000	5.10	689,000	7,650,000	10,335,000,000
	1∶3 白灰沙浆砌卵石	同上	2,250,000	504	671,000	11,340,000	15,097,500,000
城河至巩昌河支渠（长 6 公里）	挖卵石方	同上	2,400,000	0.35	36,000	840,000	864,000,000
	挖土方	同上	1,200,000	0.15	16,000	180,000	192,000,000
加大及延长河西支渠	挖卵石方	同上	2,300,000	0.35	36,000	980,000	1,008,000,000
	挖土方	同上	1,400,000	0.15	16,000	210,000	224,000,000
垦荒	垦荒费	工	42,800,000	0.40	40,000	17,120,000	17,120,000,000
	引水渠					6,606,000	7,758,000,000
运费						29,000,000	35,000,000,000
其他						5,860,826	7,026,346,000
管理费						9,300,000	11,300,000,000
合计						103,000,000	124,300,000,000

五、增　　益

本工程实施后不但玉门现有耕地 70,200 市亩无缺水之余，且可增熟荒地约 42,800 市亩，按民国二十六年农产增益共约 638,000 各项增益列表如下。

表 6　玉门昌马河旧渠整理农产增益表

作物种类		目前情况						新工程实施后情况						增益/元
		种植面积		平均单位产量/（市石/每亩）	农产单价/（元/每亩）	单位农产成本/（元/每亩）	总收/元	种植面积		平均单位产量/（市石/每亩）	农产单位/（元/每石）	单位农作成本/（元/每亩）	总收益/元	
		百分比	市亩数					百分比	市亩数					
夏禾	小麦	35%	24,570	1.50	6.00	6.00	73,710	60%	67,800	2.40	6.00	7.20	488,160	+414,450
	大麦及青稞	20%	14,040	1.50	5.00	5.80	23,868	20%	22,600	2.40	5.00	7.00	113,000	+89,132
	豌豆	10%	7,020	1.50	6.00	6.00	14,060	20%	22,600	2.40	6.00	7.20	162,720	+148,660

续表

作物种类		目前情况						新工程实施后情况						增益/元
		种植面积		平均单位产量/(市石/每亩)	农产单价/(元/每亩)	单位农产成本/(元/每亩)	总收/元	种植面积		平均单位产量/(市石/每亩)	农产单位/(元/每石)	单位农作成本/(元/每亩)	总收益/元	
		百分比	市亩数					百分比	市亩数					
秋禾	谷	15%	10,530	1.50	4.50	5.70	11,056							-11,056
	糜子	15%	10,530	1.50	4.50	5.70	11,056							-11,056
	马铃薯	5%	3,510	10.0百市斤每亩	200元百市斤	5.70	50,193							-50,193
农副产品							18,057						76,120	+58,063
共计		100%	70,200				202,000	100%	113,000				840,000	638,000

六、结　　论

1. 经济价值　综合本工程经济上主要各点如下（一切按二十六年物价计算）：

工程增益统计表

全部灌溉面积	现耕地70,200市亩
	熟荒42,800市亩
工程实施后每年增产	折合小麦165,000市石
工程实施后每年实际增益	$F=638,000$元
全部工程费	$C=1,030,000$元
工程常年维持费（包括清淤修理及管理等费）	$O=15,000$元
工程平均寿命	$N=15$年
工程永久投资 $P=C+\frac{O}{r}+\frac{C}{(1+r)^{n}-1}$ 年利率 r 设定为8%	$P=1,692,000$元
折合常年工程费	$P_r=135,360$元
投资利益指数 $I=\frac{F}{P_r}$	$I=4.72$倍
投资年利 $R=\frac{F}{P}$	$R=37.7\%$

本工程经济价值可以成立。

2. 国防价值　本工程实施后，除直接之经济价值外，以生产增多。一方可使人力，财力逐渐增加，开发农产以供军用品之原料。一方可供大量军需，屯驻重兵，非特西北之国防可日趋稳定，全国之军事及政治亦关系颇大。

3. 还款办法　按民国二十六年普通贷款利率8%期限五年计算，本工程每年应还258，000元增益之40.4%，农民力能负担。

4. 施工程序　本工程之实施不与上下游其他计划中工程之利害相冲突，且经济价值甚多，故应列为全流域内第一期工程，本工程二年完成施工程序。以不违农时为原则，详列如附表7。

表7　玉门昌马河旧渠整理工程施工程序表

施工程序	摘要	开工时间		完工时间	
		节气	日期	节气	日期
准备材料	视需要不同而分先后顺序	第一年夏至	6.21	第二年秋分	9.23
挖土石方	挖建筑物基础及新开引水渠道全部	第一年秋分	9.23	第二年立夏	6.21
防漏及跌水	由龙王庙到城河门	第二年秋分	9.23	第三年大寒	1.20
分水鱼嘴	联顺水坝在内	第三年雨水	2.19	第三年立夏	4.5
拦河坝	联刷沙门在内	第三年惊蛰	3.6	第三年立夏	5.5
其他	如便桥支渠进水门等	第三年立夏	5.5	第三年夏至	6.21

敦煌党河流域旧渠整理工程计划书

一、总　述

党河流域属敦煌县，为疏勒河流域之一部。东接安西县，南临青海，东北通□蒙，西北联新疆，位于北纬41度及东经95度附近，平地拔海高程约1,000至1,300公尺不等，为一自南向北倾斜之冲积锥体，古时玉门关及世界著名之千佛洞皆在焉。南疆公路与甘新公路在此衔接，交通便利，控甘省西北门户，允为嘉峪关外唯一精华地区。值此西陲多事之秋，国防上尤见重要。

党河为疏勒河第二支流，发源于县南之祁连山。自党河口出峡，其最枯流率为8.6秒立方公尺，至通裕渠口之下，河床始与地面接近，土层亦由薄而厚。乡人乃沿途凿渠十道，引水灌溉现有耕地156,200市亩。惜地层疏松渗漏性大，致农田常感缺水，收获不丰。

本区农作物一如河西他县，且盛产棉花，附近各县多以纺织为农村副业，故棉织品不仰给于外，农村经济赖以稍裕。其他农作物如小麦、糜子等产量亦较他区为多，盖土质肥沃，气温较暖故也。农田需水流率约每万市亩0.412秒立方公尺。

本计划拟于南湖店之河床中筑一拦河滚水坝，以截堵全部枯水流率。新开引水干渠至普利渠口，除西岸原有三渠分水外，将余水渡过对岸，再延河东岸继续开渠至庄浪渠口止，全长约37.5公里。除首段2公里长隧洞，用1∶3白灰浆砌条石外，余均用1∶3∶6白灰三合土及1∶3白灰浆砌卵石防漏，以减少渗漏损失，则实得流率为6.5秒立方公尺，按农田需水量计则现有耕地，恰足敷用。

本工程按二十六年物价计工费约为554,000元，年增益约为522,000元，经济价值甚大，按当时年利率8%及五年偿清贷款之规定，每年应约还138,500元，此数占年增益26.5%，农民担负颇有余裕。

二、资　料

1. 形势　党河流域属于疏勒河流域之西部，在敦煌县境、疏勒河之尾，位于北纬41度及东经95度附近。地势高，自南向北倾斜，南部祁连山终年积雪，平地拔海高程约1,000至1,300公尺不等。古玉门关及千佛洞皆在此，交通便利，气候温和，为嘉峪关外精华之区。

党河发源于敦煌县南之祁连山，融汇雪水而成。在党河口以上，蜿蜒于崇山峻岭或高原戈壁中，地势甚陡，水流湍急；渐下，河坡渐减，水势较缓。至通裕渠口之下，河床始于地面接近，土层亦逐渐加厚，可资耕种。农民乃沿途凿渠十道引水灌田156,200市亩。此外尚有荒地甚多，非本计划范围内，略而不计。枯水时，至县城下游65公里之庄浪渠口，因截引灌水已告竭，洪水时始有余水经疏勒河流入哈剌淖尔湖周围戈壁中。近数十年来，洪水不多，至靶子场附近，即潜入地下，河面断流。兹将旧渠名称及所灌田亩详列如下表：

表1　党河流域现有耕地面积调查表

区域	渠名	所灌乡镇	分水口宽度/市寸	所灌户数	所灌田亩/市亩
河西	通裕	新安　永宁	3.5	240	19,600
	普利	同上	4.5	480	31,200
	庆余	新安	3.0	90	5,400
河东	上永丰	同上	3.5	200	13,000
	下永丰	新安　和平	7.0	600	42,000
	大有	新安　静肃	3.0	130	7,150
	窑沟	静肃	3.0	130	8,450
	新渠	同上	3.0	130	9,100
	伏羌	同上	3.0	130	11,200
	庄浪	同上	3.0	130	9,100
共计	十渠	四乡镇		2,260	156,200

本区范围东界安西，西北临新疆，南接青海，东北通□蒙，昔为西域用兵必争之地。今当南疆公路要卫，为甘省西北门户，值此边疆多事之秋，国防上尤为重要。

2. 地质　本区地质，除党河口以上略有原始砂岩及泥质页岩外，大部均系冲积层党河口至通裕渠口间，纯为戈壁原野以下始有泥沙铺于卵石之上，愈下愈厚，成为可耕之漠钙土，惟以地下水源，未能畅流，陆地蒸发过甚，故土质含碱愈下愈显。

3. 水文　本区年雨量平均为43公厘，年蒸发量约在2,000公厘左右，大部在四至九月间，值农田用水，故农作必须施灌，始能收获，兹将本区年雨量根据敦煌测候所二十六年至三十六年之记载列表如下：

表2　党河流域雨量记载表（mm）

年＼月	1	2	3	4	5	6	7	8	9	10	11	12	总计
26	尚未成立				1.1	1.8	7.2	48.0	7.0	0.3	0.4	0	
27	1.5	0	0.1	5.0	3.5	7.7	7.0	6.2	0.6	*T*	0	0.5	32.1
28	1.9	0	0	*T*	7.5	7.1	2.8	5.6	*T*	0	0	0	24.9

续表

年＼月	1	2	3	4	5	6	7	8	9	10	11	12	总计
29	*T*	*T*	1.8	8.1	2.0	7.3	*T*	2.8	5.0	0.5	0	0	27.5
30	0	7.0	*T*	10.0	1.5	1.5	4.0	2.0	*T*	0	*T*	*T*	26.0
31	0	1.4	*T*	0.1	13.9	*T*	12.0	18.8	0	*T*	0	*T*	46.2
32	1.8	*T*	*T*	*T*	*T*	0.5	17.5	1.0	1.2	0	0	4.5	26.6
33	0.1	*T*	0	*T*	11.6	38.1	19.7	1.0	*T*	0	11.3	5.2	87.0
34	0.5	0.6	0	0.2	0	22	1.6	1.5	2.0	0	*T*	0	8.6
35	0	*T*	7.0	3.5	2.5	15.3	22.1	1.5	3.7	0	0	1.5	57.1
36	*T*	0	1.5	7.0	*T*	*T*	44.5	27.4	8.5	0	0.5	6.0	95.4
历年平均	0.6	0.9	1.0	3.4	4.0	7.4	12.6	10.5	2.5	0.1	1.1	1.6	43.0

党河流率，据本队于三十六年十月上旬在党河口实测得10.30秒立方公尺，并根据枯水位及洪水位，按满宁公式推算，其最枯流率约为8.6秒立方公尺，最大洪水流率约280秒立方公尺，较之党河水文站最近数年记载枯水流率尚属近似。惟洪水流率仅37秒立方公尺，则相差过远。系乃最近数十年来洪水不大，故又无余水注入疏勒河。

党河水量已如上述，惟地层疏松、渗漏极大。根据本队十月上旬实测各地流率，在党河口为10.30秒立方公尺，至下游5.6公里之南湖店为9.72秒立方公尺，再下8.7公里之通裕渠口，仅为7.25秒立方公尺。依此推算，前段每公里渗漏损失约为1%，后段每公里渗漏损失约为2.92%。通裕渠口以下，河床分歧零乱，渠道亦错综复杂，水量损失极大，实际用以灌田者只总水量50%，故农田常感缺水。

4. 农作概况 本区农作物，一如河西各地。惟土质肥美，气候较暖，故产量较多，且盛产棉花，非河西其他各地可比，附近各县多以纺织为副业，棉织品差堪自给。农村经济赖以稍裕。大多数田亩均年一熟，间有夏禾收获后即种荞麦者，但收获甚不可靠，盖冬来甚早也。作物生长期中每隔30日灌溉一次，每次需水深度约160公厘。按此推算，其每万市亩需水流率约为0.412秒立方公尺，兹将本区农作时间，产量及成本三者分列如下表：

表3 党河流域农作时间调查表

项目＼泡田时间＼作物类别＼作物种类		夏收作物		秋收作物
		冬水泡田	春水泡田	春水泡田
泡田	日期	10.8—12.7	2.19—4.5	4.5—7.25
	节候	寒露—大雪	雨水—清明	清明—大暑

续表

项目 \ 泡田时间 \ 作物类别 \ 作物种类		夏收作物		秋收作物
		冬水泡田	春水泡田	春水泡田
播种	日期	3.6—4.21	3.21—5.6	4.21—8.7
	节候	惊蛰—谷雨	春分—立夏	谷雨—立秋
浇灌	日期	4.21—6.21	5.6—7.7	6.21—9.23
	节候	谷雨—夏至	立夏—小暑	夏至—秋分
收获	日期	7.7—8.7	7.25—8.23	9.23—10.8
	节候	小暑—立秋	大暑—处暑	秋分—寒露

表4　党河流域农作物产量及副产品调查表

农作物种类		每亩产量/市石			副产品					种植面积与总耕地百分比
		最小	最大	平均	名称	数量/市斤	名称	数量/市斤	用途	
夏禾	小麦	1.50	2.70	2.10	杆	210	谷	90		30%
	青稞	1.50	2.70	2.10	同上	210	同上	90		20%
	豌豆	1.50	2.70	2.10	同上	210	同上	90		10%
秋禾	谷	1.50	2.70	2.10	同上	210	同上	90		10%
	糜子	1.50	2.70	2.10	同上	210	同上	90		10%
	棉花	0.20百市斤	0.30百市斤	0.25百市斤	同上	55	同上	25		10%
其他										10%

表5　党河流域农作成本分析表

作物种类		农作物成本折合小麦/市石			共计
		种籽	肥料	人力及畜力	
夏禾	小麦	0.20	0.40	0.50	1.10
	大麦及青稞	0.17	0.40	0.50	1.07
	豌豆	0.20	0.40	0.50	1.10
秋禾	谷	0.15	0.40	0.50	1.05
	糜子	0.15	0.40	0.50	1.05
	棉花	0.15	0.40	0.70	1.25
其他		0.15	0.40	0.50	1.05

5. 工料单价调查　本区工料单价根据调查所得将二十六年战前及三十六年十二月二者列表如下：

表6　党河流域原始工料单价调查表

项目	名称	单价	26年战前 单价/元	36年12月 单价/元	产地
工价	小工	工	0.40	40,000	本地仅有少数 大批仍需外来
	木工	同上	0.80	80,000	同上
	铁工	同上	0.80	80,000	同上
	泥工	同上	0.70	70,000	同上
	石工	同上	1.00	100,000	酒泉
材料	熟铁	公斤	0.50	100,000	同上
	钢	同上	1.00	220,000	酒泉　本地
	小圆木	立公方	70.00	7,000,000	哈密　高台
	大圆木	同上	95.00	9,500,000	同上
	方木料	同上	130.00	13,000,000	本地
	白灰	百公斤	2.00	350,000	兰州
	洋灰	桶	25.00	3,700,000	同上
	火药	公斤	0.95	75,000	同上
	洋钉	桶	42.00	10,000,000	本地
	青砖	立公方	13.00	1,500,000	同上
运价	大车	公吨	0.45	54,000	同上
	驮	同上	0.60	72,000	同上
	汽车	同上	0.06	7,000	同上
农产品 （参考资料）	小麦	市石	6.00	950,000	同上
	大麦	同上	5.00	700,000	同上
	青稞	同上	5.00	700,000	同上
	豌豆	同上	6.00	1,200,000	同上
	糜子	同上	4.50	720,000	同上
	谷	同上	4.50	630,000	同上
	胡麻	同上	6.00	930,000	同上
	棉花	百市斤	40.00	8,200,000	同上
	马铃薯	同上	2.00	280,000	同上
	荞麦	市斤	3.50	560,000	同上
	大米	市石	18.00	2,700,000	同上
	扁豆	同上	7.00	1,300,000	同上

续表

项目	名称	单价	26年战前 单价/元	36年12月 单价/元	产地
杂项 （参考资料）	清油	百市斤	24.00	3,400,000	同上
	盐	同上	8.00	500,000	同上
	猪肉	同上	25.00	4,000,000	同上
	羊肉	同上	15.00	2,000,000	同上
	煤	公吨	8.00	1,700,000	同上
	麦草	同上	23.00	2,600,000	同上

三、计　　划

1. 本计划布置概述　本计划拟于南湖店河床中筑一拦河滚水坝截堵全部枯水流率，避开水流分歧之河床，沿党河西岸新开干渠引水而下。至普利渠口，除西岸旧有通裕、普利、庆余三渠分水后，将余水渡过对岸，再沿河东岸引水至庄浪渠口止，全长37.5公里。计首段隧道2公里，西岸明渠12.2公里，东岸明渠23.3公里。新开干渠，上游15公里全部衬砌以减少渗漏损失，则全部现有耕地已足敷用水。

2. 各种建筑物及其应用

拦河坝及冲沙闸　为截堵全部枯水流率及洪水时期可以排洪，并免坝前淤淀起见，故有拦河滚水坝及冲沙闸之设置，所有尺寸大小均按洪水位高于枯水位一公尺设计，全部建筑材料均用1∶3白灰沙浆砌条石。

节制闸　在新开干渠之进水口，设节制闸一座，闸门用启闭机管制。洪水时期，闸门全部关闭或关闭一部，视洪水之涨落与需水情形而调节之。进水口设预备门槽，以备修理闸门及启闭机之用，闸墩及地层均用1∶3白灰浆砌条石。

隧道　因南湖店附近两岸高出河底20余公尺，如开明渠则以侧坡之影响，挖方必大，甚不经济，故不能不开隧道以资补救。洞底与洞身衬砌均用1∶3白灰浆砌条石。

干渠及防漏　南湖店至秦家湾间长约15公里，除隧洞2公里已用条石衬砌外，明渠所经地质大部均为卵石，疏松多孔，漏水极大，故用1∶3∶6白灰三合土及1∶3白灰浆砌卵石护面，以减少渗漏损失。秦家湾以下，两岸土层渐厚，漏水较小，新开干渠之输水损失，已较原有河床之渗漏及蒸发为小，故无衬砌价值可言。

渡河涵洞　西岸新开干渠至普利、庆余两渠总口以下势必过河，以便东岸旧有七渠分水灌田，地形既特殊，为节省工费计，故先将水位用跌水降落后通过河床下之涵洞渡至对岸。

其他建筑物　各支渠之分水设备及便桥等，均有建筑之必要。惟关系较小，故所用材料，可因陋就简，施工时斟酌当地情况处理之。

3. 流率估算　按水文资料内所述之渗漏量，若在南湖店进水，则党河口南湖店间之渗漏损失约为总水量5%。南湖店之下15公里防漏后，约估损失总水量为（15×0.3%）=4.5%。又下游干渠及各支渠之输水损失约估为总水量15%，故新开干渠后之输水损失为总水量24.5%。按党河口最枯流率8.6秒立方公尺计算，用以实际灌田之水量应为{8.6×(1-24.5%)} =6.5秒立方公尺，每万市亩实际需水量0.412秒立方公尺，则6.5秒立方公尺足够现有耕地156,200市亩灌溉之用。

4. 采取本计划之理由　党河口枯水流率为8.6秒立方公尺，按每万市亩需水0.412秒立方公尺计算，以之灌溉两岸现有耕地156,200市亩，应有余裕。只以河床松软，致水量损失于渗漏者达二分之一，因是灌溉用水不敷甚巨。若建库蓄水以资补救，而党河口以上河谷狭隘、纵坡又陡，工程浩大、容水有限。若在秦家湾以下截引地下水，不止工程艰巨，对开垦荒地影响极大。至于抽水灌溉，动力成本问题尤多。本计划于南湖店附近筑一拦河坝截堵全部枯水流率，避开河道，开渠引水，加以防漏，确保耕地用水，于开垦荒地无碍，虽有隧道、涵洞等工程费用甚大，较之建库蓄水尤为经济而有效。

四、估　算

本工程工费按二十六年物价计约为554,000元，按三十六年十二月物价计约为640亿元，兹详列表如下：

表7　党河流域旧渠整理工程费估算表

工程名称		单位	数量	单价(元)		共价(元)	
				26年	36年12月	26年/元	36年12月/万元
拦河坝	排水费及基础挖方					20,000	200,000
	1∶3白灰沙浆砌条石	立公方	950	16.50	1,728,000	15,675	164,160
	1∶3洋灰沙浆勾缝	平公方	1,790	1.20	148,000	2,148	26,492
刷沙闸及进水闸	1∶3白灰沙浆砌条石	立公方	219	16.50	1,728,000	3,614	37,843
	1∶3白灰沙浆砌卵石	同上	60	5.00	671,000	300	4,026
	方木料	同上	5	130.00	13,000,000	650	6,500
	挖基础	同上	40	0.35	36,000	14	140
	闸门及启闭机	套	1	40,000.00	1200,000,000	10,000	120,000
隧道	挖方	立公方	17,000	1.00	100,000	17,000	170,000
	1∶3白灰沙浆砌条石	同上	4,574	16.50	1,728,000	25,471	790,387
新开引水渠及防漏	挖卵石方	同上	125,000	0.35	36,000	43,750	450,000
	1∶3∶6白灰三合土	同上	11,540	5.10	689,000	58,854	795,106
	1∶3白灰沙浆砌卵石	同上	12,500	5.00	671,000	62,500	838,750

续表

工程名称		单位	数量	单价(元)		共价(元)	
				26 年	36 年 12 月	26 年/元	36 年 12 月/万元
渡河涵洞	洞前跌水	座	1	1,500.00	180,000,000	1,500	18,000
	排水费					15,000	150,000
	挖方	立公方	1,400	0.35	36,000	490	5,040
	1∶3 白灰沙浆砌条石	同上	580	16.50	1,728,000	9,570	100,224
	1∶3 白灰沙浆砌块石	同上	60	6.00	739,000	360	4,434
	干砌卵石	同上	550	3.80	381,000	2,090	20,955
零星建筑物		各支渠分水洞及便桥等(约估 10%)				37,014	427,939
运费		约估 30%				131,000	1520,000
管理费		约估 10%				47,000	550,000
共计						554,000	6,400,000

五、增　　益

本工程实施后每年增产约合小麦 87, 000 市石。按二十六年战前物价计。年增益约 522, 000 元，兹将该项估算详列如下表。

表 8　党河流域旧渠整理后农产增益表

作物种类		目前情况						新工程实施后情况						增益/元
		种植面积		平均单位产量/(市石/亩)	农产单价/(元/石)	单位农作成本/(元/亩)	总收益/元	种植面积		平均单位产量/(市石/亩)	农产单位/(元/石)	单位农作成本/(元/亩)	总收益/元	
		百分比	市亩数					百分比	市亩数					
夏禾	小麦	30%	46,860	2.10	6.00	6.60	281,160	50%	78,100	2.7	6.00	7.20	702,900	+421,740
	青稞	20%	31,240	2.10	5.00	6.40	128,084	20%	31,240	2.7	5.00	7.00	203,060	+74,976
	豌豆	10%	15,620	2.10	6.00	6.60	93,720	10%	15,620	2.7	6.00	7.20	140,580	+46,860
秋禾	谷	10%	15,620	2.10	4.50	6.30	49,203							-49,203
	糜子	10%	15,620	2.10	4.50	6.30	49,203							-49,203
	棉花	10%	15,620	0.25 百公斤	40.0	7.50	39,050	20%	31,240	0.30 百市斤	40.0 元/百市斤	8.10	121,836	+82,786
其他		10%	15,620			6.30	49,000							-49,000
农作副产							63,580						106,624	+43,044
共计		100%	15,620				753,000	100%	156,200				1,275,000	+522,000

六、结　　论

1. 经济价值　综合本工程经济上主要各点如下（一切按二十六年物价计算）。

工程增益统计表

全部灌溉面积	缺水耕地156,200市亩
工程实施后每年增产	折合小麦87,000市石
工程实施后每年实际增益	$F=522,000$元
全部工程费	$C=554,000$元
工程常年维持费（包括清淤修理及管理等费）	$O=25,000$元
工程平均寿命	$n=10$年
工程永久投资$P=C+\frac{O}{r}+\frac{C}{(1+r)^n-1}$年利率$r$设定为8%	$P=1,344,050$元
折合常年工程费	$P_r=107,520$元
投资利益指数$I=\frac{F}{P_r}$	$I=4.72$倍
投资年利$R=\frac{F}{P}$	$R=38.8\%$

本工程经济价值可以成立。

2. 还款办法　按民国二十六年普通贷款利率8%，期限五年计算，每年应还款138,500元，此数占年增益之26.5%，农民力能负担。

3. 施工程序　拟定施工时间为两年，施工时间以不违农时为原则，详列如下表。

表9　党河流域旧渠整理施工程序表

施工程序	摘要	开工时间		完工时间	
		节气	日期	节气	日期
准备材料	视需要之不同而分先后程序	第一年芒种	6.5	第二年寒露	10.8
挖土石方	全部	第一年芒种—寒露	10.8	第二年寒露—惊蛰	3.6
防漏	由南湖店至上永丰渠	第一年寒露	10.8	第三年雨水	2.19
进水闸及倒虹管	挖基础及建筑	第一年寒露	10.8	第三年雨水	2.19
拦河坝	联刷沙闸在内	第二年雨水	21.9	第三年清明	4.5
其他	如分水闸便桥等	第二年雨水—清明	4.5	第三年清明—芒种	6.5

安西疏勒河中游截引地下水工程计划书

一、总　　述

疏勒河中游经安西城北，拔海1,170公尺。其北岸为戈壁滩，自南至截山子山麓，东西自乱山子至张家园，其间属平原。面积约100平方公里，内耕地53,150市亩，引疏勒河水灌溉。荒地约20万市亩，则以无水废弃。

疏勒河水枯时期，在龙口以上尚有玉门十道口泉水及沿途细流汇入于河，农民拦水灌田，旋即枯竭。故龙口以下，河常干涸。洪水发时，昌马河下注，但至张家园附近已渗入戈壁。乱山子枯水流率约3.1秒立方公尺，河床比降及地面纵坡自1/400至1/500不等。

本区常年雨量平均为58.5公厘，而蒸发量在2,000公厘左右，故农作物非经施灌，难望收获。地质为冲积锥体，上层多泥沙卵石，且有裂纹，致天然河流渗漏殆尽。其剩余灌田者，为数极微，照目前情形，不特无法垦荒，即现耕之田，亦将渐感缺水。

乱山子附近可建蓄水库，但河狭坡陡，容量有限。且地质疏松，渗漏必大，地面引水防漏设备已不经济，而长距离输水尤非所宜。若用抽水灌田法，无经济之动力足资利用。查本区地下水位甚高，来源又极丰富，故治理方法，惟有按耕地分布情形，选择适宜地点，节节截沟引水，使重归地面，以供垦荒，并补充已耕田需水之用。

本计划拟开截水沟二十道，每道长800公尺，深至地下水位下五公尺。再掘井两口，深至地下水位下20公尺，预计可得流率0.45秒立方公尺。以两道沟水辅灌熟地531,150市亩，十八条沟水分灌荒地20万市亩，当足够应用。全部工程费，照二十六年物价计算，共需国币630万元。

工程实施后，每年增产折合小麦约575,000市石。除去成本，每年实际增益按二十六年物价为国币2,182,000元。如贷款之年利率为8%，期限10年，每年应还款938,450元，此数占年增益总额43%，农民力能负担。惟本工程必待上游布隆吉截引地下水工程完成后方能兴建，故列为同流域内第二期工程。

二、资　　料

1. 形势　疏勒河中游位于北纬40°30′，东经96°，安西县城近在河阴流域仅渊泉镇及瓜州乡。东起乱山子与昌马河灌溉区相联，西迄敦煌之张家园与党河灌溉区相接，南峙截山子山脉与踏实河流域隔绝，河北全为戈壁滩。上游狭而下游宽，形成一三角地带。全部面积约253,000市亩，内有耕地约53,150市亩，荒地199,920市亩，实为安西最佳之农业区域。拔海在1,100至1,300公尺之间。地面坡度约为1/400至1/500。安西多飓风，有

"一年刮一次风"之谚，与吐鲁番之热、镇西之冷，称塞外三绝。据农民言，东风来自玉门，风至云散，不利农作，西风来自敦煌，易致时雨，此与他处不同。

疏勒河中游枯水时，上游有远在百余公里外之玉门县十道口岸泉水（玉门有泉十道，为安西渊泉镇、瓜州乡与玉门靖边乡及柳河乡之分水点，俗以口岸名之）东流下注，沿途复有零星泉水汇入，至距安西城东约二十余公里之龙口，因沿岸农民引水灌田，水即告竭。洪水时昌马河水自三道沟注入，但至张家园附近，全部渗入戈壁，实测河床比降约为1/400至1/500。

本区有甘新、南疆两公路行经安西附近，县乡皆通大车道，交通尚称便利。依形势而言，实操西北锁钥，亦为河西走廊之门户，值此西陲多事之秋，国防上极为重要。

2. 地势 地面均为冲积成之卵石与泥沙，耕地面则为沙土，厚约2至5公尺，惟透水性大，蒸发亦速，仅宜种旱地农作。下层则为卵石粗砂、渗漏尤大，厚约十余公尺至数十公尺不等。再下为黄土层及古生代之变质岩，峙于西南之截山子山脉，皆变质岩中风化石。故工程所需之石料，附近数十公里内颇感缺乏。

3. 水文

A. 雨量 根据安西测候所民国三十二年至三十六年记载本区之年雨量约为58公厘，大部分均集中于六、七两月间，兹录历年记载列表如下：

表1 疏勒河中游流域雨量记载表

月 年	一	二	三	四	五	六	七	八	九	十	十一	十二	总计
32	0.8	0	0.5	1.6	0	2.4	10.9	3.1	2.1	0	0	5.6	27.0
33	0.4	0.1	0	2.5	9.2	23.0	18.0	*T*	0	0	5.9	14.6	73.7
34	12.7	0.7	0	3.0	0	1.7	7.9	1.1	3.2	0	1.3	0	31.6
35	0	1.6	6.5	4.0	1.9	6.1	20.4	3.2	0	7.6	0	3.5	54.8
36	0	0	1.5	8.9	*T*	3.1	28.9	51.4	9.5	*T*	0.6	1.7	105.6
历年平均	2.8	0.5	1.7	4.0	2.2	7.3	17.2	11.8	3.0	1.5	1.6	5.1	58.5

B. 蒸发量 本区蒸发量向无资料可考，惟据本队民国三十六年七至十一月在安西简单试测之结果，及附近各县之记载，约估年蒸发量为2,000公厘左右，大部集中于四至十月。根据蒸发量及雨量之大小及集中时间，可知农田必须施灌，方能收获。

C. 水位 疏勒河中游水位之变化，可分述地面水及地下水两种。地面水位之变化向无记载。惟据上下游昌马河及党河水文站之记载，约估其最枯水位与最大洪水位相差不过一公尺。大致惊蛰（3月6日）至夏至（6月12日）为枯水时期，夏至至白露（9月6日）为洪水时期，白露至立冬（11月7日）为普通时期，立冬至惊蛰为封冻时期。

根据本队三十六年七至十二月在安西丈量井水至地面之距离，地下水约在地面下2至4公尺，因居民用水关系，早晚略有升降。

D. 流率　流率亦应将地面水及地下水分述。本队三十六年七月九日在乱山子测得疏勒河之流率为12.43秒立方公尺，按满宁公式推算，最枯水位时之流率为3.1秒立方公尺，最大洪水流率为160秒立方公尺。

地下水流率，因设备不全，未能详细探测，惟依地层之卵石夹沙情形，估定垂直流速 K 为0.007秒公尺，空隙系数 P 为30%，地下水降水曲线，切点有效半径 R 为300公尺，可为计算地下水流率之依据。

E. 渗漏量　根据本队七月上旬分段测验结果，其每公里之输水损失均约为1.14%，惟距离过远（由乱山子起平均输水距离约为50公里），按最枯水流率3.1秒立方公尺计，其所得灌田之实际流率仅为1.33秒立方公尺。按现有耕地53,150市亩，农田需水流率每万市亩约为0.415秒立方公尺，故缺水量为需水量之40%。

4. 农作概况

A. 土质与农作　本区地质均为冲积层，全部土壤为水挟泥沙淤淀而成，田则为沙质壤土，极易蒸发渗漏，故仅适宜于旱地农作物之种植，复以灌溉不良，蒸发过甚，致土壤略含碱性，必植抗碱力较强之作物，始能繁殖。但水量充足，灌溉良好时则必能洗碱下沉，而经济价值较高之农作物，自亦可播种。

B. 农作种类及时间　本区气候寒冷，霜降甚早，故农作物年仅一熟。作物有夏禾秋禾之分。大抵夏禾之抗碱力弱而每亩产量之经济价值高，现有种植面积约为总耕地面积65%，秋禾之抗碱力强而每亩产量之经济价值低，现有种植面积约占总耕地35%。夏禾以小麦为主，青稞次之，其次为大麦豌豆等。秋禾以谷及糜子为主、马铃薯、胡麻次之，间亦种植荞麦等，兹将夏禾及秋禾农作时间列表如下。

表2　疏勒河中游流域农作时间调查表

项目	时间 \ 泡地类别 \ 作物种类	夏收作物		秋收作物
		冬水泡地	春水泡地	春水泡地
泡地	日期	9.6—11.7	3.6—4.5	4.5—7.7
	节候	白露—立冬	惊蛰—清明	清明—小暑
播种	日期	3.6—4.5	3.21—4.21	5.6—7.23
	节候	惊蛰—清明	春分—谷雨	立夏—大暑
浇灌	日期	4.21—7.7	5.6—7.23	6.21—9.6
	节候	谷雨—小暑	立夏—大暑	夏至—白露
收获	日期	7.7—7.23	7.23—8.7	9.6—10.8
	节候	小暑—大暑	大暑—立秋	白露—寒露

C. 农作需水情形及需水量　农作未下种籽前，必先泡田，泡田分春水、冬水。秋收后随即泡田、俟至明春下种者，称冬水，当年随泡随种者称春水。冬水泡田，收获较春水为佳，需水深度约500公厘。下种一个半月后，作物达萌芽时期，即须浇灌。每间15日浇水75公厘，或间30日浇水150公厘，约每日需水5公厘。

D. 农作产量及副产品　本区农作物每市亩产量最高者约2.7市石，最低者约1.1市石，若水量充沛，施灌适宜，产量尚可提高。农作副产品如植物之干叶等，可供牲畜食料或施肥之用。兹将田亩单位产量及农作副产品列表如下。

表3　疏勒河中游流域田亩单位产量表

农作物种类		每市亩产量(市石)			农作副产品			种植面积占总耕地百分比
		最高	最低	平均	种类	副产品(市斤)	用途	
夏禾	小麦	2.70	0.90	1.80	谷、杆	270	牲畜饲料	35%
	大麦及青稞	2.70	0.90	1.80	谷、杆	270	牲畜饲料	20%
	豌豆	2.40	0.60	1.50	谷、杆	250	牲畜饲料	10%
秋禾	谷	2.70	0.90	1.80	谷、杆	270	牲畜饲料	15%
	糜子	2.70	0.90	1.80	谷、杆	270	牲畜饲料	10%
其他								10%

E. 农作成本　农作成本共分种籽，肥料，人工（畜力包括在内）三项为计算便利计均以小麦为标准，每市亩主要农作物之农作成本，列表如下：

表4　疏勒河中游流域农作成本调查表

作物种类		农作成本(折合小麦为准单位为石)			合计(石市)
		种籽	肥料	人力及畜力	
夏禾	小麦	0.20	0.35	0.50	1.05
	大麦及青稞	0.17	0.35	0.50	1.02
	豌豆	0.20	0.35	0.50	1.05
秋禾	谷	0.15	0.35	0.50	1.00
	糜子	0.15	0.35	0.50	1.00
其他		0.15	0.35	0.35	0.50

5. 历史　民国二十六年抗战军兴，我国为战略关系退守后方，全国人才均集中于长江黄河上游一带，感于物质之缺乏，乃推动生产建设以资救国，民国三十年甘肃水利林木公司乃应运而生。三十一年秋□□□□巡视西北，对于甘肃河西水利事业极为重视，由行政院岁拨专款，十年为期，共计一亿元，用以开发河西水利，后由西北建设考察团改为十二年计划。三十四年行政院乃委托林牧公司组织甘肃河西水利工程总队，会胜利

复员，工作骤形停顿。三十五年全国水利委员会改组为水利部，河西水利工程总队始直辖于部，简派黄万里为总队长，三十六年六月组成第六分队勘测安西，经七至十三个月之查勘结果，乃据以草拟本计划。惜时间匆促、范围过大，资料尚感不足，将来施工须详细测量。

6. 人事概况　本区水利事业向由安西县水利委员会主办，会有正副主任各一人，委员若干人，县长兼主任委员，其余委员由地方绅士担任之，但缺乏技术人才，除调解极少之水利纠纷外，徒具虚名而已。委员会之下，每一干渠设渠长一人，支渠各设水利员一人及长夫数人、长夫负轮守分水口之责，防范偷水。岁修由水利员按田亩多寡摊派人工，集护整理。如遇新工，须技术人员之指导，方能举办。

7. 工料单价调查　本区工料单价，根据调查所得列表如下：

表5　疏勒河中游流域工料单价调查表

项目	名称	单位	单价/元		产地
			二十六年	三十六年	
工料	小工	工	0.40	40,000	本地仅有少数大批仍须外来
	木工	工	0.80	80,000	同上
	铁工	工	0.80	80,000	同上
	泥工	工	0.70	70,000	同上
	石工	工	1.00	100,000	酒泉
材料	熟铁	公斤	0.50	100,000	同上
	钢	同上	1.00	100,000	同上
	小圆木	立公方	70.00	7,000,000	哈密,高台
	大圆木	同上	95.00	9,500,000	同上
	方木料	同上	130.00	13,000,000	本地
	白灰	百公斤	2.00	350,000	
	洋灰	桶	25.00	3,700,000	兰州
	火药	公斤	0.95	75,000	兰州
	洋钉	桶	42.00	10,000,000	本地
	青砖	立公方	13.00	1,500,000	同上
运价	大车	公吨公里	0.45	54,000	同上
	驮	同上	0.60	72,000	同上
	汽车	同上	0.06	7,000	同上

续表

项目	名称	单位	单价/元		产地
			二十六年	三十六年	
农产品（参考资料）	小麦	市石	6.00	950,000	同上
	大麦	同上	5.00	700,000	同上
	青稞	同上	5.00	700,000	同上
	豌豆	同上	6.00	1,200,000	同上
	糜子	同上	4.50	720,000	同上
	谷	同上	4.50	630,000	同上
	胡麻	同上	6.00	930,000	同上
	棉花	百市斤	40.00	8,200,000	同上
	马铃薯	同上	2.00	280,000	同上
	荞麦	市石	3.50	560,000	同上
	大米	同上	18.00	2,700,000	同上
	扁豆	同上	7.00	1,300,000	同上
杂项（参考资料）	清油	百市斤	24.00	3,400,000	同上
	盐	同上	8.00	500,000	同上
	猪肉	同上	25.00	4,000,000	同上
	羊肉	同上	15.00	2,000,000	同上
	煤	公吨	8.00	1,700,000	同上
	麦草	公吨	23.00	2,600,000	同上

三、计　　划

1. 计划布置　疏勒河中游，地面水源不足，但地下水位甚高，水量亦丰，故本计划即用地下水截留法，截取地下水，用以补充现有耕地灌溉之不足，并供开垦全部荒地之用。

计拟就疏勒河河床中开一横沟，长800公尺、深8公尺，约在地下水面下五公尺，埋置0.8×1.2公尺砖涵洞，两侧留进水缝，沟之两端配深井各一口，井深入沟底下15公尺，利用地下水降落之势头迫使地下水涌入沟内，截水沟以纵坡1/2,000使两端向中点倾斜，以畅水流。由中点顺河向开输水沟一道，纵坡1/1,500，埋置0.8×1.4公尺砖砌涵洞，以地坡1/450，计约5,220公尺，引至耕地、自流灌溉。

截水沟深8公尺，底宽2.3公尺，临时侧坡1∶0.5以防崩塌，砖砌涵洞作成后，仍回填，输水沟应与截水沟同时开挖，以便排水而易施工。涵洞两旁渗水缝外，加砌卵石，以防细砂漏入或堵塞，引水后余水深度为0.75公尺。截水沟两端各挖15公尺深井一口直径一公尺，井边内衬木桶，于挖深时节节套下，采用橘皮式钢爪为挖井工具。

输水沟纵坡1/1,500埋置0.8×1.4公尺砖砌涵洞，以地坡1/450计，沟全长为5,220公尺，涵洞长为1,960公尺，及距地面5公尺深处，改修明渠，长3,260公尺，自流至地面灌溉。

两井之上两沟交错点及输水沟中间，各置进人井一口，以备修理或清理积淤之用，两沟相交处，设闸门一，以备调节水量，或修理输水道之用。输水沟出口处设一巴氏测试槽，便于随时测验流率。

2. 截水流率之估算 兹按前章所估 K、P、R 等值及上述之尺度，并根据沟流公式井流公式，计算截水沟及两井共截流率为0.45秒立方公尺。

3. 截水沟数量 根据疏勒河最枯水流率，除渗漏后，用以实际灌田者仅为1.33秒立方公尺，兹按现有耕地53,150市亩、荒地199,920市亩及农田灌溉需水流率每万市亩为0.415秒立方公尺计算，则补助现有耕地需水之不足，估计需截2道开垦荒地约需18道。

4. 采用本计划之理由 本区现有耕地53,150市亩之不敷水量，若用衬砌渠道护面防漏，则以流率过小、距离太长，不合经济原则。若用地面蓄水，乱山子附近地形略可应用，但以河床比降甚陡，宽度狭小，工程材料缺乏，坝高亦为地形所限（最多不过8公尺），故工程费大而蓄水量不多。且距耕地既远，输水损失亦大，不宜采用此法。抽水灌溉法，无动力可资利用，地下水截引法可免长距离输水损失，随地形分别举办，且工程可大可小，不受工费限制，故此法较为适宜。

四、工程费估算

根据二十六年及三十六年十二月物价分别估算本工程计划如下表：

表6 疏勒河中游截引地下水工程预算表

名称		单位	数量	单价/元		总价		备注
				26年	36年12月	26年/元	36年12月/亿元	
截水沟	挖坚隔土	立公方	30,000	0.44	44,000	13,200	13,200	沟长800公尺子
	截水洞	公尺	800	35.80	4,240,000	28,640	33,920	
	集水井	口	2	3,000.00	360,000.00	6,000	7,200	
	进人孔	口	2	300.00	36,000,000	600	0.720	
	进人孔	口	1	700.00	84,000,000	700	0.840	
	节制闸及沉沙池	座	1	1,300.00	156,000,000	1,300	1.560	
	回填土	立公方	26,000	0.20	200,000	5,200	52,000	

续表

名称		单位	数量	单价/元		总价		备注
				26 年	36 年 12 月	26 年/元	36 年 12 月/亿元	
输水沟	挖坚隔土	立公方	55,000	0.44	44,000	24,200	24,200	
	输水洞	公尺	1,960	42.00	4,970,000	82,320	97,412	
	进人孔	口	1	300.00	36,000,000	300	0.360	
	回填土	立公方	50,000	0.20	20,000	10,000	10.000	
巴氏流率测量槽		座	1	250.00	30,000,000	250	0.300	
排水沟土方		立公方	10,000	0.30	30,000	3,000	3.000	
灌溉渠		公里	4	4,000.00	480,000,000	16,000	19.200	包括挖填土方及防漏等
运费		公方/公里	13,000×5	0.90	108,000	58,500	70.200	包括材料及挖填方运费约估运距平均5公里
工程管理费						24,790	29,796	
以上共计						275,000	363,908	此数为每道地下水工程之工费
二道合计						550,000	727,816	
十八道合计						4,950,000	6,550,344	
开荒费						800,000	800,000	
全部工程费总计						6,300,000	8,078,160	

五、增　益

以民国二十六年单价为准，则工程实施后之农产增益，现有耕地改进可得313,000元，开垦荒地可得1,869,000元，兹将该项估算如下：

表 7　疏勒河中游截引地下水工程现耕地农产增益表

作物种类		目前情况						新工程实施后情况						增益/元
		种植面积		平均单位产量/(市石/亩)	农产单价/(元/石)	单位农作成本/(元/亩)	收益/元	种植面积		平均单位产量/(市石/亩)	农产单价/(元/石)	单位农作成本/(元/亩)	总收益/元	
		百分比	市亩数					百分比	市亩数					
夏禾	小麦	35%	18,602	1.80	6.00	6.30	83,709	60%	31,890	2.70	6.00	7.20	287,010	+203,301
	大麦及青稞	20%	10,630	1.80	5.00	6.10	30,827	20%	10,630	2.70	5.00	7.00	69,095	+38,268
	豌豆	10%	5,315	1.50	6.00	6.30	14.350	20%	10,630	2.70	6.00	7.20	95,670	+81,320
秋禾	谷	15%	7,973	1.80	4.50	6.00	16.743	—	—					-16.743
	糜子	10%	5,315	1.80	4.50	6.00	11.161	—						-11,161
其他		10%	5,315				11,000							-11,000
农作副产							16,210						45,225	+29,015
共计		100%	53,150				184,000	100%	53,150				497,000	+313,000

表 8　疏勒河中游截引地下水工程荒地农产增益表

作物种类		种植面积		平均单位产量/(市石/亩)	农产单价/(元/石)	田亩总收益/元	单位农作成本/(元/亩)	农作成本总价/元	增益/元
		百分比	市亩数						
夏禾	小麦	60%	119,952	2.70	6.00	1,943,222	7.20	863,654	1,079,568
	大麦及青稞	20%	39,984	2.70	5.00	539,784	7.00	279,838	259,896
	豌豆	20%	39,984	2.70	6.00	647,741	7.20	287,885	359,856
农作副产									169,680
共计		100%	199,920			3,130,747		1,431,427	1,869,000

六、结　　论

1. 经济价值　兹按二十六年物价综合本工程经济主要各点如下：

工程增益统计表

全部灌溉面积	现耕地 53,150 市亩
	熟荒 199,920 市亩
工程实施后每年增产	折合小麦 575,000 市石
工程实施后每年实际增益	F=2,182,000 元
全部工程费	C=6,300,000 元

工程常年维持费（包括清淤修理及管理等费）　$O=50,000$ 元

工程平均寿命　$n=30$ 年

工程永久投资 $P=C+\frac{O}{r}+\frac{C}{(1+r)^n-1}$ 年利率 r 设定为8%　$P=7,620,364$ 元

折合常年工程费　$P_r=609,612.12$ 元

投资利益指数 $I=\frac{F}{P_r}$　$I=3.58$ 倍

投资年利 $R=\frac{F}{P}$　$R=28.6\%$

本工程经济价值可以成立。

2. 还款办法　若贷款之利率为8%，期限10年，每年应还款=938,450元，此数占年增益43%，农民力能负担。

3. 施工程序。施工程序应先以补助现有耕地用水之不足，然后乃作全部垦荒之需，并据每年作截水沟三道，分七年完成（最后一年仅二道），其每年施工程序开工及完工时间以不违农时为准，拟定程序表如下。

表9　疏勒河中游截引地下水工程施工程序表

施工程序	摘要	开工时间		完工时间	
		节候	日期（月、日）	节候	日期（月、日）
准备材料	包括铁件，木料，石灰，青砖及闸门等并配置完备	夏至	6.21	立冬	11.7
衬砌明渠	作物收获后	秋分	9.23	立冬	11.7
挖沟及井	封冻期间	秋分	9.23	夏至	6.21
埋管砌砖及回填	解冻后至洪水未发前	惊蛰	3.6	夏至	6.21

玉门安西昌马河流域地下水灌溉工程计划书

一、综　　述

昌马河流域，属疏勒河流域之上游，在北纬40°20′东经97°之间，包括玉门县西部及安西县东部，地势东南高于西北，平地拔海高约1,300公尺至1,500公尺，平均地坡约1/200。昌马河发源于祁连山，地属玉门县之昌马乡，遂以乡名。北流经水峡口，至昌马大坝分而为二。东流过黑崖子之新河口，复分为城河与巩昌河（详见《昌马河流域旧渠整理计划书》）；西流经柴坝庙，至安西县属之三道沟口，与皇闸湾等十道泉水汇流，始称疏勒河。

本区地亩范围，东起于玉门之獭儿湾、西迄安西之乱山子，南自水峡口以北之戈壁滩、北至疏勒河干流，共计可耕地亩483,050市亩。除昌马河旧渠整理计划拟用昌马河水80%灌溉113,000市亩外，尚余现有耕地85,210亩，仅以昌马河水20%及零星泉水施灌，缺水约30%。荒地284,840市亩，须另开水源浇灌。每万市亩需水流率，除去输水损失约0.412秒立方公尺。农作物有夏禾及秋禾两种，夏禾以小麦为主，秋禾以糜子为主，目前平均产量每亩仅1.5至1.7市石，丰歉全视水量之多寡。如水量充足、施肥适宜，每亩年可达2.4市石，惟气候寒冷，年仅一熟。

本计划拟择适宜地址，筑截水洞14道以截取地下流水。每一截水洞各长800公尺、深入地下水位9公尺，并于洞之两端配合深水井各一，深入洞底下15公尺以吸收更多之水量。每洞可得流率1.07秒立方公尺，共可得总流率14.98秒立方公尺，则现有耕地及农地，均可全部灌溉。

本计划按民国二十六年物价，工程费约5,550,000元，年增益约2,460,000元，以利率8%，五年还清贷款之规定，每年应约还1,390,200元，此数占年增益56.5%，农民力能负担，经济价值亦可成立，惟较小于昌马河旧渠整理计划之经济价值，故列入第二期工程。

二、资　　料

1. 形势　昌马河属疏勒河流域上游，发源于玉门县南境之祁连山麓，北至昌马大坝，分为东西两流，东流全在玉门县境，至下游复分为城河及巩昌河，详见《昌马河流域旧渠整理计划书》，西流经柴坝庙至安西县属三道沟口与皇闸湾等十道泉水汇合，始称疏勒河。但在枯水时，至柴坝庙下，以沿途分水灌田，水已断流。

本区地势东南高而西北低，耕地拔海高程约1,300公尺至1,500公尺，地面平均坡度约 1/200，位于北纬 40°20′东经 97°附近。

本区灌溉范围，东自玉门之獭儿湾、西至安西乱山子，南起于祁连山北之戈壁、北迄于疏勒河南岸，除昌马河流域旧渠整理计划利用昌马河总水量 80% 约可灌溉 113,000 市亩外，所余河水 20% 及零星泉水不足灌现有耕地 85,210 市亩（缺水 30%）及荒地 284,840 市亩之用，尚须另谋开源补充，始可普遍浇灌。

2. 地质　本区地面土质属漠钙土类，适于耕种，系洪水冲积而成。在祁连山麓附近以坡度过陡，泥沙不易沉淀，故成戈壁；以下则水势渐减，泥沙积于卵石上部，乃成可耕之地，愈下愈厚。下部地层，未经钻探，详情不明。

3. 水文　本区雨量及蒸发量均无记载，仅根据东西邻县酒泉及安西之资料约估，年雨量仅约 70 公厘，大部均集中于六至八月，而年蒸发量则在 1,500 公厘以上，亦集中于六至八月。

昌马河地质结构疏松、渗漏极巨，河水渐流渐小，大部均渗入地下，成为地下水源。至于灌溉水，亦仅有小部分供作物蒸发及吸收外，余亦渗漏地下，故地下水量颇丰。且以地下水位距地面仅 3 公尺，地坡平均约 1/200 可资开源利用，本计划之产生即基于此。

4. 农作概况　本区农作概况已于《昌马河旧渠整理计划书》中言之详尽，大抵分秋禾、夏禾两种，夏禾以小麦为主，青稞豌豆次之，秋禾以糜子为主，谷次之，目前平均产量约为 1.7 市石，若新工程实施后，水量充足，施肥得宜，每亩产量亦可增至 2.4 市石，需水流率，除输水损失外，约每万市亩 0.412 秒立方公尺。

每市亩农作成本（包括种子、肥料、人畜力、田赋、水赋等）目前折合小麦 1.0 市石，如新工程实施后，为达最大产量之目的，增加肥料，农作成本亦自提高，折合小麦 1.2 市石。

5. 工料单价调查　兹将本区工料单价，据调查所得，列如下表。

表 1　昌马河流域地下水灌溉工程工料单价调查表

项目	名称	单位	二十六年战前单价	三十六年十二月单价	产地
工价	小工	工	0.40	40,000	本地
	木工	工	0.80	80,000	本地仅有少数大批仍须仰给外来
	铁工	工	0.80	80,000	同上
	泥工	工	0.70	70,000	同上
	石工	工	1.00	100,000	同上

续表

项目	名称	单位	二十六年战前单价	三十六年十二月单价	产地
材料	熟铁	公斤	0.50	100,000	酒泉
	钢	同上	1.00	220,000	同上
	小圆木	立公方	70.00	7,000,000	酒泉　本地
	大圆木	同上	95.00	9,500,000	哈密　高台
	方木料	同上	130.00	13,000,000	同上
	白灰	百公斤	2.00	350,000	本地
	洋灰	桶	25.00	3,700,000	兰州
	火药	公斤	0.95	75,000	同上
	洋钉	桶	42.00	10,000,000	同上
	青砖	立公方	13.00	1,500,000	本地
运价	大车运	公吨/公里	0.45	54,000	同上
	驮运	同上	0.60	72,000	同上
	汽车运	同上	0.06	7,000	同上
农产品	小麦	市石	6.00	950,000	同上
	大麦	同上	5.00	700,000	同上
	青稞	同上	5.00	700,000	同上
	豌豆	同上	6.00	1,200,000	同上
	糜子	同上	4.50	720,000	同上
	谷	同上	4.50	630,000	同上
	胡麻	同上	6.00	930,000	同上
	棉花	百市斤	40.00	8,200,000	同上
	马铃薯	百市斤	2.00	280,000	本地
	荞麦	市石	3.50	560,000	同上
	大米	同上	18.00	2,700,000	同上
	扁豆	同上	7.00	1,300,000	同上
杂项	清油	百市斤	24.00	3,400,000	同上
	盐	同上	8.00	500,000	同上
	猪肉	同上	25.00	4,000,000	同上
	羊肉	同上	15.00	2,000,000	同上
	煤	公吨	8.00	1,700,000	同上
	麦草	同上	23.00	2,600,000	同上

三、计　　划

1. 工程布置　本区水源除河水最枯流率，拟用于旧渠整理外，以蓄水库库址难寻，工艰效微，不宜采用，故本计划拟在原有各泉水水道内，并于附近地亩上游，共筑截水洞十四道，各长800公尺，深入地下水位9公尺，以截取地下潜流，并于截水洞两端，配合深井各一，深入洞底15公尺，吸收较多之水量，再于洞之中点，筑输水道一，较平于地面坡度，输水出地面，以供灌溉，输水道用1,680公尺之暗洞，下接1,200公尺长之明渠，输水道之尾端设巴血氏流量测量槽（Parshall Measuring Flume），以备测量准确流量，分配用水兼供研究之需，再下则接连灌溉渠道。

2. 需水流率计算　灌溉用水20日一输，每次水深106.6公厘，需水量每万市亩为0.412秒立公方，泡田用水期限为90日，水深480公厘，每万市亩需流率0.412秒立公方，本计划之输水损失，估计为需水量15%，则每万市亩灌溉用水量共为0.474秒公方。

3. 截水流率估算　根据沟流公式及井流公式计算，每一单位截水流率应为1.07秒公方，十四个单位合计共为14.98秒立公方，以之供应上述需水流率14.71秒立公方，适足敷用。

四、估　　算

本计划工程费用照民国二十六年物价标准计算，约需国币5,550,000元，按民国三十六年十二月物价计，约需国币6,700亿元（附表2昌马河流域地下水灌溉工程费估算表）。

表2　昌马河流域地下水灌溉工程费估算表

名称		单位	数量	单价		共价		备注
				26年/元	36年12月	26年	36年12月/万元	
截水沟	挖　方	立公方	50,000	0.50	50,000	25,000	250,000	平均单价
	截水洞	公尺	800	49.50	6,100,000	39,600	488,000	1∶2洋灰浆砌青砖
	集水井	口	2	5,000.00	600,000,000	10,000	120,000	
	进人孔	口	2	500.00	60,000,000	1,000	12,000	
	进人孔	口	1	1,000.00	120,000,000	1,000	12,000	
	节制闸及沉沙池	座	1	2,000.00	240,000,000	2,000	24,000	
	回填卵石	立公方	45,000	0.20	20,000	9,000	90,000	

续表

名称		单位	数量	单价		共价		备注
				26年/元	36年12月	26年	36年12月/万元	
输水沟	挖方	同上	90,000	0.40	40,000	36,000	360,000	平均单价
	输水沟	公尺	1,680	49.50	6,100,000	83,160	1,024,800	1:2洋灰浆砌青砖
	进人孔	口	1	400.00	48,000,000	400	4,800	
	回填土	立公方	60,000	0.15	15,000	9,000	90,000	
巴血氏流率测量槽		座	1	300.00	36,000,000	300	3,600	
排水沟土方		立公方	10,000	0.30	30,000	3,000	30,000	平均单价
灌溉渠		公里	7	2,500.00	300,000,000	17,500	210,000	
运费			约估20%			47,040	587,040	
工程管理费			约估10%			26,000	350,000	
每道合计						310,000	3,656,240	
14道合计						4,340,000	51,187,360	
开荒费			284,840			1,210,000	15,812,640	
全部工程费总计						5,550,000	67,000,000	

五、增　　益

本计划实施后，可灌地370,050市亩，每年增产折合小麦约726,000市石。除农作成本外，若以民国二十六年战前物价为准，其农产增益共约2,460,000元，兹将农产增益列表如下：

表3　昌马河流域地下水工程农产增益表

作物种类		目前情况						新工程实施后情况						增益
		种植面积		田亩单位产量	农产单价	农作单位成本	收益	种植面积		田亩单位产量	农产单价	农作单位成本	收益	
		百分比	市亩数					百分比	市亩数					
夏禾	小麦	35%	29,824	1.70	6.00	6.00	125,260	60%	222,030	2.40	6.00	7.20	1,598,616	+1,473,356
	大麦及青稞	20%	17,042	1.70	5.00	5.80	46,013	20%	74,010	2.40	5.00	7.00	370,050	+324,073
	豌豆	10%	8,521	1.70	6.00	6.00	35,788	20%	74,010	2.40	6.00	7.20	532,872	+497,084
秋禾	谷	15%	12,781	1.70	4.50	5.70	24,921	—	—	—	—	—	—	-24,921
	糜子	15%	12,781	1.70	4.50	5.70	24,921	—	—	—	—	—	—	-24,921

续表

作物种类	目前情况						新工程实施后情况						增益
	种植面积		田亩单位产量	农产单价	农作单位成本	收益	种植面积		田亩单位产量	农产单价	农作单位成本	收益	
	百分比	市亩数					百分比	市亩数					
其他	5%	4,261	—	—	—	8,000	—	—	—	—	—	—	-8,000
农作副产	—	—	—	—	—	25,097	—	—	—	—	—	284,462	+223,365
共计	100%	85,210	—	—	—	290,000	100%	370,050	—	—	—	2,750,000	+2,460,000

六、结　　论

1. 经济价值　综合本工程经济上主要各点如下：

工程增益统计表

全部灌溉面积	370,050 市亩
工程实施后每年增产	726,000 市石
工程实施后每年实际增益	$F=2,460,000$ 元
全部工程费	$C=5,550,000$ 元
工程常年维持费（包括清淤修理及管理等费）	$O=50,000$ 元
工程平均寿命	$n=30$ 年
工程永久投资 $P=C+\frac{O}{r}+\frac{C}{(1+r)^{n}-1}$ 年利率 r 设定为 8%	$P=6,787,583$ 元
折合常年工程费	$P_r=543,001$ 元
投资利益指数 $I=\frac{F}{P_r}$	$I=4.53$ 倍
投资年利 $R=\frac{F}{P}$	$R=36.2\%$

本工程经济价值可以成立。

2. 还款办法　本计划贷款按民国二十六年利率8%，限期5年，每年应还款1,390,200元，此数占年增益56.5%，农民力能负担。

3. 施工程序　本计划实施，以不误农时为原则，其施工程序应如下表：

表 4　昌马河流域地下水灌溉工程施工程序表

施工程序	摘要	开工时间		完工时间	
		节候	日期	节候	日期
1. 准备材料	铁件木料石灰洋灰青砖石料等	小寒	1.6	秋分	9.23
2. 挖沟及井	收获后即须泡田，故在收获前必须完工	惊蛰	3.6	秋分	9.23
3. 衬砌及回填	不影响灌溉用水	立夏	9.23	小寒	1.6

敦煌党河流域地下水灌溉工程计划书

一、综　　述

党河流域为疏勒河流域之一部，位于祁连山之北，疏勒河下游之南，在北纬40°20′至41°30′东经94°30′至95°之间，平地拔海高程约1000至1300公尺，气候温和，为嘉峪关外唯一肥沃之区。地属敦煌县，县城在河流中部之东岸，昔至玉门关古道，及今南疆公路又越城而过，扼西北要卫，国防上至为重要。

本区农作物，以土质疏松、漏水性大，仅宜种植旱地作物，且夏短冬长年仅一熟，收获分夏禾秋禾，夏禾小麦为主，秋禾糜子、棉花为主，因此地产棉，故附近各县棉织品差堪自给，可耕地共计293,770市亩。其中旧渠整理部分拟利党河全部枯水流量，灌溉现有耕地156,200亩，除去房屋、道路、沟渠等占地约17,570亩外，下游尚有荒地120,000市亩，可供开垦。

本区坡度甚陡，下游约1/300，在上游尚不止此数，若储蓄洪水、收获甚微，亦不经济。且以地质渗漏，库址难觅。故本计划拟就荒地附近之上游，择适宜地点，前后横开截水沟12道，各长800公尺，深9公尺，以截取地下潜流，并以1/1500纵坡之输水沟，将地下水源于3,375公尺外，引上地面灌田。每年增产小麦324,000市石，裨益国计民生至巨。

本工程工程费，按民国二十六年物价计算，共需4,644,000元，每年增益为1,080,000元，经济价值成立。若照五年还清贷款之规定，每年应还本利超过年增益数目，在势不能。故拟分十年偿还，每年约还本利681,000元，此数占年增益63.1%，农民力能负担。

二、资　　料

1. 形势　党河为疏勒河第二支流，在敦煌县境，发源于县南之祁连山，系山顶积雪融汇而成。其流由南而北，至党河口出峡后，经南湖店秦家湾敦煌县城靶子场注入疏勒河，折而向西，潴如哈喇淖尔湖。推近年水量减少，枯水时因旧渠沿途分水灌田，至县城下6.5公里处即已断流，洪水时至靶子场附近亦尽渗入地下，不再流入疏勒河。

本区地势，南高北低，平均拔海高程约1000至1300公尺，位于北纬40°20′至41°30′东经94°30′至95°之间。地面纵坡约1/300。

本区可耕地亩共计293,770市亩，其中156,200亩，属于旧渠整理范围，除房屋、道路、沟渠等占地约17,570亩外，下游实有荒地120,000市亩，需另开源垦灌。

2. 地质　党河流域为一向北倾斜之冲积平原，山麓附近地面均为卵石戈壁，下游亦有泥沙集于卵石之上，愈下泥沙愈厚。惟土质含碱有碍作物生长，必先畅通地下水流，减少陆地蒸发，再以充分水量施灌土地、洗碱下沉，随水冲至下游废地，荒地始宜耕稼。

3. 水文　据敦煌测候所及党河水文站记载，本区年雨量约 4.0 余公厘，年蒸发量约 2,000 公厘，大部均在四至九月间，故农作必赖施灌，始能收获。

党河表面流率枯水时约 8.6 秒立方公尺，洪水时约 37 秒立方公尺。且以地层疏松，渗漏极大，故地下水源颇丰，惟未经详细施测，无法统计其详细数量，从本区水井观察，地下水位距地面约三公尺。

4. 农作概况　本区农作概况已于《党河流域旧渠整理计划书》中言之甚详，大致以土质疏松、漏水性大，仅宜种植旱地作物。且夏短冬长，年仅一熟。收获分夏禾秋禾，夏禾小麦为主，秋禾糜子、棉花为主，每万市亩需水流率约 0.412 秒立方公尺，另加输水损失 20%，计共需流率 0.494 秒立方公尺。

本区土质特佳，如水量充足，适宜施肥，每亩农作物产量，可年达 2.7 市石。农作成本折合小麦 1.2 市石；惟现有耕地，以水量缺乏，施肥不足，故年产量及制作成本均较低。

5. 工料单价调查　党河流域之工料单价悉与安西县同，兹特照抄如下表：

表 1　党河流域工料单价调查表

项目	名称	单位	二十六年战前单价	三十六年十二月单价	产地
工价	小工	工	0.40	40,000	本地仅有少数 大批仍须外来
	木工	工	0.80	80,000	同上
	铁工	工	0.80	80,000	同上
	泥工	工	0.70	70,000	同上
	石工	工	1.00	100,000	酒泉
材料	熟铁	公斤	0.50	100,000	同上
	钢	同上	1.00	220,000	酒泉　本地
	小圆木	立公方	70.00	7,000,000	哈密　高台
	大圆木	同上	95.00	9,500,000	酒泉
	方木料	同上	130.00	13,000,000	本地
	白灰	百公斤	2.00	350,000	同上
	洋灰	桶	25.00	3,700,000	兰州
	火药	公斤	0.95	75,000	同上
	洋钉	桶	42.00	10,000,000	本地
	青砖	立公方	13.00	1,500,000	同上
运价	大车	公吨/公里	0.45	54,000	同上
	驮	同上	0.60	72,000	同上
	汽车	同上	0.06	7,000	同上

续表

项目	名称	单位	二十六年战前单价	三十六年十二月单价	产地
农产品	小麦	市石	6.00	950,000	同上
	大麦	同上	5.00	700,000	同上
	青稞	同上	5.00	700,000	同上
	豌豆	同上	6.00	1,200,000	同上
	糜子	同上	4.50	720,000	同上
	谷	同上	4.50	630,000	同上
	胡麻	同上	6.00	930,000	同上
	棉花	百市斤	40.00	8,200,000	同上
	马铃薯	百市斤	2.00	280,000	同上
	荞麦	市石	3.50	560,000	同上
	大米	同上	18.00	2,700,000	同上
	扁豆	同上	7.00	1,300,000	同上
杂项	清油	百市斤	24.00	3,400,000	同上
	盐	同上	8.00	500,000	同上
	猪肉	百市斤	25.00	4,000,000	本地
	羊肉	同上	15.00	2,000,000	同上
	煤	公吨	8.00	1,700,000	同上
	麦草	同上	23.00	2,600,000	同上

三、计　　划

1. 水源研究　党河全部枯水流率，既拟用于旧渠灌溉田亩。本计划若欲储蓄洪水，则因地址不宜，工艰效微，工程经济价值不能成立。故垦地施灌以开发地下水源，允为唯一可靠之法。

查党河上游，祁连山面积甚广，积雪亦厚，河水均为融雪集汇而成，因地层疏松，渗漏极大，凡党河流经之区，地下水流极多。惟以未经详细施测，无法判定确实数量。兹仅就党河口以下，水面径流而论，枯水时流率为8.6秒立方公尺，除旧渠灌溉后，耗水约60%外，尚有40%渗入地下；普通中水流率为15秒立方公尺，除旧渠灌溉后，耗水约30%，尚有70%渗入地下；普通洪水流率为37秒立方公尺，除旧渠灌溉后，耗水约15%，尚有85%渗入地下。按三者平均或普通水位流率计算，渗漏率均在10秒立方公尺以上，另加上游流来之地下水源，其量更不比此者，本计划所需地下流率在6秒立方公尺以下，应无问题。

引水方法　本计划为灌溉党河流域下游荒地，拟于现有耕地之末端，择地下水流集中处开挖截水沟12道，每道各长800公尺，深入地下水位6公尺，以截引地下潜流；沟之两端各掘15公尺深井一口，利用截水沟降落地下水位之势头，逼使井内之水涌入沟内，再于截水沟中点顺地势开输水沟一道以1/1500纵坡导引截出之水源，至地面自流灌溉。

截引流率计算　截引流率之计算，根据沟流公式及井流公式，每道截水沟所得流率为0.494秒立方公尺，可供灌溉荒地一万市亩之需，共计截水沟12道，对全部荒地，均可灌溉无虞。

工程设计　本计划每一截水沟之设计，均自两端向中倾斜，纵坡为1∶2000。预防洪水时沟岸崩塌，为省岁修计，将沟作成砖砌涵洞，两侧墙壁留有竖立渗水缝，俾地下水源自由渗入。侧墙外填以大小卵石，以免堵塞流水，并减少泥沙沉入沟内。沟之两端各凿深井一口，直径一公尺，深入沟底15公尺，以木管节节套下，管壁留无数小孔，吸收更多之地下潜流。井口上作一进人孔，以备检查淘淤之用。再于沟之中点向垂直方向开输水沟一道，长1125公尺，仍作砖砌涵洞并回填。两沟交口处作进人孔及节制闸、沉沙池、启闭机以调节水流。输水沟中段亦作一进人孔，以备检查及修理之用，其纵坡为1∶1500，沟之出口距地面6公尺以下为黄土及卵石衬砌之明渠，渠首设巴血氏测量槽（Parshall Flume）一道以测量截引流率。

五、预　算

本工程按二十六年物价估算共需工费4,572,000元，按三十六年十二月单价约需5,004亿元，兹详列如下表。

表2　党河流域地下水灌溉工程费估算表

名称		单位	数量	单价		共价		备注
				26年/元	36年12月	26年/元	36年12月/万元	
截水洞	挖坚隔土	立公方	32,800	0.50	50,000	16,400	164,800	平均单价
	截水涵洞	公尺	800	49.50	6,100,000	39,600	488,000	1∶2白灰浆砌青砖
	集水井	口	2	5,000.00	600,000,000	10,000	120,000	井深15公尺
	进人孔	口	2	500.00	60,000,000	1,000	12,000	
	进人孔	口	1	1,000.00	120,000,000	1,000	12,000	
	节制闸及沉沙池	座	1	2,000.00	240,000,000	2,000	24,000	
	回填卵石	立公方	26,000	0.20	20,000	5,200	52,000	平均单价
输水沟	挖坚隔土	同上	84,000	0.40	40,000	33,600	33,600	同上
	输水涵洞	公尺	1,125	49.50	6,100,000	55,688	686,250	1∶2白灰浆砌青砖
	进人孔	口	1	400.00	48,000,000	4.00	4,800	
	回填土	同上	52,000	0.20	20,000	10,400	104,000	平均单价

续表

名称	单位	数量	单价		共价		备注
			26年/元	36年12月	26年/元	36年12月/万元	
巴血氏测量槽	座	1	300.00	36,000,000	300	3,600	以木料建筑
灌溉渠道	公里	10	3,000.00	300,000,000	30,000	30,000	
排水道	同上	10	3,000.00	300,000,000	30,000	300,000	
运费		约估30%			70,412	782,550	
垦荒费	市亩	10,000	4.00	400,000	40,000	400,000	每亩约估10工
管理费					35,000	380,000	
每道共计					381,000	4,170,000	
12道总计					4,572,000	50,040,000	

六、增　　益

本工程实施后，可灌荒地120,000市亩，每亩年产小麦2.7市石，每亩增产小麦共计324,000市石，除每亩农作成本1.2市石外，按民国二十六年麦价计算，可增益1,080,000元，按三十六年十二月麦价计算，可增益1,710亿元。

七、结　　论

1. 经济价值　兹按二十六年物价综合本工程经济上主要各点如下：

工程增益统计表

全部灌溉面积	荒地120,000市亩
工程实施后每年增产	小麦324,000市石
工程实施后每年实际增益	$F=1,080,000$元
全部工程费	$C=4,572,000$元
工程常年维持费（包括清淤修理及管理等费）	$O=50,000$元
工程平均寿命	$n=30$年
工程永久投资 $P=C+\frac{O}{r}+\frac{C}{(1+r)^n-1}$ 年利率 r 设定为8%	$P=5,713,000$元
折合常年工程费	$P_r=457,040$元
投资利益指数 $I=\frac{F}{P_r}$	$I=2.36$倍
投资年利 $R=\frac{F}{P}$	$R=18.9\%$

2. 国防价值 敦煌县东接安西，西邻新疆，南联青海，东北界□蒙，为甘省西北锁钥，自外蒙独立已成国防前哨。而本县现有农产不敷军粮、民食甚巨，故开垦本区荒地颇具重大意义。

3. 还款办法 按民国二十六年农贷办法，年利率8%，期限五年还清，计算本工程每年应还本利约1,144,000元，此数超过年增益，绝不可能，故拟定十年还清，每年约还本利681,000元，此数占年增益63.1%，农民力能负担。

4. 施工程序 本工程较旧渠整理之经济价值略小，故应列为第二期。其施工程序如下表。

表3 党河流域地下水灌溉工程施工程序表

施工程序	开工日期		完工日期		备注
	节候	日期	节候	日期	
准备材料	立冬	11.7	夏至	6.22	烧砖石灰购木及铁件等
挖沟及打井	春分	2.5	夏至	6.22	收获以前
挖灌溉渠	夏至	6.22	秋分	9.22	
砌涵洞并回填	夏至	6.22	立冬	11.22	
挖排水沟	秋分	9.22	立冬	11.7	

柒

民国报刊类文献

本类文献提要

近代新闻业兴起以来，甘肃全省虽不被媒体报人重视，但关于疏勒河流域之报道往往有之。除20世纪30年代兴起之开发西北之舆论颇有涉及外，报刊对于流域之兴趣，主要在于玉门油矿与敦煌文物两点，对水利问题皆不重视。即便如当时甘肃水利行业内部，疏勒河亦属冷门之区域，无甚工程，故《甘肃水利林牧公司同人通讯》杂志仅有短文三篇，形如电报。但考虑门类不可废，故存之。

除此而外，40年代夏鼐、阎文儒等人在敦煌的考古活动也曾连载于报章，偶有提及芦草沟等处水环境者，但无甚特殊。较集中记录疏勒河流域水利问题的报刊文章尚有三篇。段续文《甘肃河西水利改进之失效》，发表于《西北建设》1944年第2期，以永登、古浪、民勤、敦煌四县为例说明之；一夫《我们需要甚么样的水利专家》，刊载于《陇铎》1944年第3期，以狭隘地方主义出发攻击工程师们的“为害地方”“知识分子的傲慢和偏见”“对民众感情的伤害”等方面，以武威、民勤、张掖、玉门四县搜集到的所谓林牧公司职员劣迹为发挥重点，恐有政治目的；张怀《西北渔业之调查与前景》，以武威、敦煌“这两个河西走廊的头尾为例”讲述了南湖一带的鱼塘。但这三篇文章都是将疏勒河与其他流域特别是石羊河做对比，而石羊河实为重点，故拟在《石羊河卷》中收罗，本卷未予收录。

农林部托办关外三县小型农田水利[①]

农林部为促进甘肃省河西关外三县农业生产，特拨五十万元，委托本公司代办关外敦煌、玉门、安西三县小型农田水利建设。该款现已拨到，业经本公司函由酒泉工作总站督同敦煌工作站迅速查勘设计，择其急要之小型水利工程，补助农民施工，以应三十三年春季灌溉需要。

① 编者按：作者不详，原载《甘肃水利林牧公司同人通讯》第18期，1941年1月1日。

勘修敦煌南湖黄水坝[①]

此为本公司运用农林部特拨三十二年度农田水利费五十万元，促进甘肃关外三县农业生产之第一个计划。

敦煌县属南湖，在城西南七十公里，唐寿昌县故址，旧阳关隘口，为通南疆孔道。土质肥沃，气候温暖，赖泉水浇灌，四围沙漠，洵为塞外绿洲。

南湖东南区曰营盘，旧巴印不喇边汛，引黄水坝水耕种，灌区约十亩，该坝地形中洼四起，为一天然蓄水池，民国二十一年，居民筑坝潴泉，借垦营盘荒地，坝长约一千五百公尺，蓄水面积约达四十四万平方公尺，以水含碱色黄，故名黄水坝。

惟原坝坝身宽度边坡，均不足，有沉陷、裂缝、渗漏现象。又泄水闸闸底，刷成深槽，挡土墙后漏水。以坝址高于营盘，一旦溃决，耕地居室，即为所淹。

坝西东滩阳关堡间，有荒地五百余亩。如改善旧坝，增加蓄水量，无资垦荒，一举两得。其改善计划：

（一）增宽坝顶至八公尺，边坡改成1：3/2将坝身增高1.5公尺，则蓄水水位抬高1.28公尺，增加需水量约为五十万公方，增灌五百亩地，当无问题。

（二）附近缺乏石料，泄水闸仍用木质，结构稍加改良，使闸板有笋槽进出，水口两端添建木质桥，以木板铺闸底。

此项工程，拟辅助乡民合作修筑，利用农闲，酌购材料，雇用匠工。所需普通工人，由乡民担任，供给伙食，不计工资。估计共需九十七万元。除以农林部拨款五十万元拨用外，其不敷之四十七万元，依照该县建设提要，由当地筹集，或由保合作社向农行贷款。

---

① 编者按：作者不详，原载《甘肃水利林牧公司同人通讯》第19期，1944年1月1日。

敦煌工作站改安西工作站[①]

敦煌、安西与玉门三县农田水利，原设敦煌工作站负责办理。其主任一职，暂由酒泉工作总站原兼主任素欣兼任。兹经考察安西与玉门两县应办水利，实较敦煌为多，故决定将敦煌工作站移设安西，改称安西工作站，并聘现在兰丰渠工程处之郭工程师培鋆兼安西工作站主任。

① 编者按：作者不详，原载《甘肃水利林牧公司同人通讯》第19期，1944年1月1日。

捌

民国档案类文献

本类文献提要

由甘肃省第七行政督察专员公署于1946年制定、经甘肃省政府于1947年正式公布的《安西玉门分水规程》，是民国时期河西走廊最后一个由政府出面安排的流域性分水办法。该文件的出台，旨在解决疏勒河流域安西、玉门两县之间围绕“十道口岸”的长期水利争执。所谓“十道口岸”，系指安西、玉门两县在疏勒河中游实施县际灌溉水量分配的十个分水口。这十个分水口有的位于疏勒河河道之上，直接引用河道径流；有的则位于所谓“皇渠”附近，实际系引用泉水。“十道口岸”系清康熙至道光年间逐渐形成，伴随着流域人口的增加、荒地的开垦，用水格局不断发生变化，安西、玉门两县围绕“十道口岸”的大小水利纠纷不断积累、诉讼连年不断，地方政府疲于应付。为解决有关问题，甘肃省第七行政督察专员公署会同安西、玉门两县地方官员与士绅经过讨论，将原本责权不一、各自为政的分水口统一纳入一个制度框架中，由两县县长直接负责执行，并由甘肃省政府、甘肃省第七行政督察公署监督。

然而，貌似严整公平的《安西玉门分水规程》事实上缺乏清晰的核心精神，其实质只是粗略汇总既有分水习惯，对一些长期存在争执的分水口并未妥善解决各方关切。如同1936年甘肃省政府在讨赖河流域颁布的《酒金分水办法》直接引爆了“酒金水案”，1946年出台的《安西玉门分水规程》亦将安西、玉门两县水利冲突于民国末年推向高潮。本单元收录的民国档案文献，其中超过半数的文件与之相关。编者将其分为《1946—1947年安西玉门水利冲突档案》《1948—1949年安西玉门水利冲突档案》两部分，分别以1946年双桥儿水利冲突与1949年十道沟水利冲突为高潮。相关档案以分水活动中流血事件调查处置为基础，牵扯水磨修建争议、地方政治博弈等诸多内容。

除安西玉门水利冲突外，民国时期敦煌、安西两县内部的水利事务也颇有见诸档案者。编者以先敦煌后安西的顺序，将涉及民国时期两县水利事务管理、水利组织日常运作以及各县内部水利纠纷等内容的档案文献汇集一处，列为《敦煌安西县内水利事务档案》。该部分档案数量虽然不多，但透露出的相关信息则有极为重要者，以助于窥见流域水利事务在基层社会中的各种微观面相。此外，民国时期疏勒河流域为数不多的水利勘察与工程修造事宜，亦在相关档案文献中得到了记录，编者将其汇集一处，分水文气象调查、工程勘测兴建、专家视察三个方面编排，列为《水利勘测与水利工程档案》。

本单元所选疏勒河流域民国水利档案分别收藏于甘肃省档案馆与酒泉市档案馆，涉及全宗众多，卷帙略显分散。主要整理工作遵循下述原则。

一、关于文件的排序。编者沿用《河西走廊水利史文献类编·讨赖河卷》中的整理方式，一方面以“纪事本末”原则对档案文件进行重新排序、以便呈现因果，另一方面在排序中照顾到原案卷中的文书流程关系。因此，文按事件集中后，其排序首先服从编者上述所列事类的先后次序，其次服从各事件在时间上的先后顺序。编者在每一份文件题名前添加连续之序号，每份文件序号不重复。

二、关于文件的题名与编号。本单元刊布的民国档案中，由于收藏单位、注录标准不尽一致，致使原文件题名不尽统一，故编者仍然遵循《河西走廊水利史文献类编·讨赖河卷》的原则，对全部档案文献统一进行了命名，以“发文单位+事由+收文单位+文体”为命名原则。原文件注明系“训令”“指令”“派令”“命令”“签呈”“公函”等文体类型，一概尊重原文件；未经注明的，则根据文件自身传递方式，分别命名为“代电”“电文”等。编者保留原档案收藏编号并列于题名下方，以体现其原始出处信息。甘肃省档案局藏民国档案保留三组编号（依次为全宗号、目录号、案卷号），档案全宗号前冠以“甘”字；酒泉市档案馆藏民国档案保留两组编号（依次为全宗号、案卷号），档案全宗号前冠以“酒”字。

三、关于文件时间。一份文件中可能记录有多个时间，如发文有拟制时间、缮发时间等，收文有收到时间、抄译时间、存档时间等。为了统一起见，凡发文一概以缮发时间为准、收文以收到时间为准，列于题名之下、原档案收藏编号左侧，原文件末尾不再重复显示。处理意见、附件等所列时间因与收发文时间不一致，单独于文后列出。

四、关于文件基本格式。除表格、会议记录等形式以外，编者统一采用书信体整理大部分档案文件。遇有责任人并未署名但可据内容判断其身份者，并不刻意在文末添加，仅在档案命名中予以体现，以期接近原貌。

五、关于文件重复问题。为完整保留文书流程中的权力关系与行政运作机制信息，我们对于传统公文“层层嵌套”的结构予以保留，故时有重复之处；但对其中大段重复且无特殊史料价值的概予省略，同时在脚注中以“编者按”注明其所重复内容的文件序号，以俾读者查阅。至于其中所涉及《三道沟昌马水口历年碑记》《敦煌县十渠水利规则》，虽已见录于方志，但自有其版本意义，故予以全文保留。

1946—1947年安西玉门水利冲突档案

1. 甘肃省第七区公署为拟定《安西玉门分水规程》给甘肃省政府的呈文

1946年1月15日　酒历5-6948

主席谷：

呈为拟定《安西玉门分水规程》伏析核准公布，永资遵守事。窃查关外靖逆、柳沟、安西等卫所，自前清康熙、雍正年间，先后设置以来，招抚户民开辟草莱，民食国课赖以维持。洎乎民国分置玉门、安西两县，建置虽有因革，畎亩未改旧观，而数百年水利问题严重，迄未因时代之演进而有减轻。缘疏勒河为关外第一巨川，其源头在昌马大坝，蜿蜒北流，靖逆、柳沟两卫地亩同资灌溉，是谓“山水”。玉门城郊北区，各地源泉混混，前于乾隆三年奉旨拨发国帑，浚沟引源，分润靖逆、安西两卫，名曰皇渠，是谓“泉水”。山水固属两县之所分润，泉水亦非玉门之所独有。山水水势较大，向系依照规定分镶坪口、各有尺寸，昼夜长流。泉水则水势较小，或按日轮浇，或分成镶坪，各有定案、足资遵守。无如利害所关，争端时起，在政府则档案散失、无所依据，在人民则利害相形、易启事端。或恃强争多，或传闻误听。是以历年以来，屡控屡翻、结如不结。加之守令更调频仍，耆绅不免凋谢，或于先疏于绸缪，或于临时莫知抉择，一言之失，蔓讼随之。此两县水利纠纷之所由来也。民国三十四年春，两县县长甫及下车，即逢春耕之时，忽报分水不公，旋称斗殴滋事。文电纷驰，事态严重。爰经驰赴玉门实地查考，先将偶发事项迅速处理，再就永久办法详加研究，于七月四日至六日召集两县官绅及水利人员四十二员名，在玉门县政府讨论三次，并于民间搜集有关文献，当场研诘。两县绅民深明大义，一堂和乐，就事论事，所有纠纷问题，逐项迎刃而解。会后照案执行，两无异议。诚恐年代湮远，又失依据，爰将历年成案及会议公决事项，条分缕析，制为《安西玉门分水规程》呈由钧府核准公布施行，立为定案、永资遵守。伏维鉴核示遵。谨呈主席谷。

甘肃省第七区行政督察专员兼保安司令刘亦常

附件

安西玉门分水规程

第一条　本规程依据历年水案及三十四年七月四日至六日两县分水联席会议之决议综合订定之。

第二条　每年开始分水日期，依历年成案定为农历四月十五日，不得提前推后。

第三条　每年初解冻以后，即由安西县政府派定负责水利人员携带县政府公文，率领分水民夫驰赴玉门县政府报到，缴验公文，并由玉门县政府派遣负责水利人员，会同前往各分水地点修理坪口及渠道，最迟须于四月十三日一干修理完毕。

第四条　安西县长每年至迟须于四月十三日以前到达玉门县政府，由两县县长亲自会同检查分水准备情形，如有问题，立即会同解决。至须于十四日以前完成一切准备工作，自十五日起确切实行分水，并电报省政府及专员公署备查。

第五条　分水地点为昌马河大坝及皇渠各道渠岸，以历年有案各地点为限，此外不准私开渠口。

第六条　昌马大坝分水地点在睡佛洞以下三十九丈、龙王庙以上三百四十四丈之间，彼此不得任意改易地点，其分水比例为安四玉六。至柴坝庙分水比例原无成案，依三十四年七月五日两县水利联席会议之决定为平均分水，各得百分之五十，自民国三十五年春季实行，永为定案。

第七条　皇渠各道渠岸分水办法综合历年成案重加规定，其各道渠岸分水日期及分水比例，分列如左（日期均照农历）：

第一道口岸黄闸湾，系定量分水口岸。安西分水七成，玉门分水三成。

第二道口岸芨芨台，系定量分水口岸。安西分水六成，玉门分水四成。

第三道口岸湖水沟，安西长流口岸，玉门不得阻挡。

第四道口岸梁子沟，系定量分水口岸。玉门黑沙窝户民自每月初一日卯时起五昼夜，又自十五日卯时起四昼夜，共九昼夜；其余时间水入疏勒河归安西浇灌。

第五道口岸邓槽沟，系定量分水口岸。玉门自每月初一日卯时起五昼夜，又自十五日卯时起四昼夜，共九昼夜；其余时间水入疏勒河归安西浇灌。

第六道口岸双桥儿，系定量分水口岸。玉门自每月初一日卯时起五昼夜，又自十五日卯时起四昼夜，共九昼夜；其余时间水入疏勒河归安西浇灌。

第七道口岸蓝旗上，系定量分水口岸。玉门自每月初一日卯时起五昼夜，又自十五日卯时起四昼夜，共九昼夜；其余时间水入疏勒河归安西浇灌。

第八道口岸泉水湾，系定量分水口岸。玉门自每月初一日卯时起五昼夜，又自十五日卯时起四昼夜，共九昼夜；其余时间水入疏勒河归安西浇灌。

第九道口岸蘑菇滩，系定量分水口岸。玉门自每月初一日卯时起五昼夜，又自十五日卯时起四昼夜，共九昼夜；其余时间水入疏勒河归安西浇灌。

第十道口岸蔡家闸，系安西属户民口岸，定为宽一尺八寸、高八寸，其余全部归大河；又三稞茨泉水一道系玉门长流口，其退水归安西浇灌。

第八条　黄花营铁车坝，玉门人民于光绪三十四年所开渠口，履兴大讼。应遵照民国十六年之决定，铁车坝准予分水十分之一，其余十分之九仍归大河，灌溉安西地亩，均系长流口岸。

第九条　玉门人民各道渠岸所开私口，如黑沙窝（即梁子沟）刘举、何永泰、刘得爵、梁正科等所开各私口，邓槽沟（又作澄槽沟）王玉才等所开私口均经查明填闭，以后不得再行开放，亦不得在任何梁岸另开新口。

第十条　玉门人民在各道口岸架设水磨，不免妨碍水利。经两县水利联席会议议决，由玉门县政府据实查明、严加取缔，督令一律拆卸，嗣后非经两县同意，并呈经专员公署或省政府核准，不得在任何渠岸架设水磨。

第十一条　各分水坪口由两县水利负责人员会同镶修妥适后，不准私自移动位置或抬高压低，遇有争执时由两县县长会同解决之。

第十二条　各分水坪口及沿途渠道，由安西派遣水夫，常川坐守梭巡，安西人民并得在十道口岸之适中地点购置地皮，或向玉门县政府认领荒地建修龙王庙，以为水利员夫居留之用。

第十三条　两县人民，如遇水利发生问题时，依据国民政府颁布之《水利法》，及其他有关水利法令解决之。

第十四条　每届分水时期，如有聚众滋扰、叫嚣斗殴等情事，由玉门县政府负责处理，必要时送由当地司法机关依法办理之。

第十五条　负责分水员夫、各岸沿渠人民，如有分水不公及私开渠口或其他妨害水利行为以致影响各渠下游收获者，准由被害人民指名告发，一经查实即责令被告人等赔偿损失。

第十六条　一切水利纠纷先由玉门县政府负责处理，必要时由玉门安西两县政府会同处理具报备。查其情节重大、不能就地解决者，得由一县或两县据实呈报，听候省政府或专员公署核示遵行。

第十七条　本规程呈经甘肃省政府核定施行之，由第七区专员公署印刷颁发，安西玉门两县政府存业，并分发两县水利委员会及地方士绅收执，永远遵行。

2. 安西县政府关于赴玉门均水费用已令渊泉瓜州两乡镇挪借事给安西县参议会的公函

1946 年 5 月 8 日　　酒历 1-290

顷准贵会安参秘（35）卯字第 54 号公函以为“函请贵府转饬渊泉镇、瓜州乡两乡镇，将此次赴玉分水民夫食粮、菜钱、烧柴及购买修坝材料、工匠等费照本月二十三日临时会议决议，应由渊泉镇、瓜州乡颁布给价款项下暂行挪借一百五十万元，以资需用”等由。准此。除分令渊泉镇、瓜州乡照决议案遵照办理外，相应函复贵会照为荷。此致安西县参议会。

县长

3. 安西县政府关于转发甘肃省第七区专员关于安玉水利纠纷意见给安西县参议会的公函

1946 年 5 月 17 日　　酒历 2-613

案奉甘肃省第七区行政督察专员刘专员（35）辰佳电开，“辰鱼电悉。一、各处坪口渠道，均应于分水前赶修完竣。二、各地水磨已令玉门张县长督促拆除。三、一切均应遵照分水规程办理。四、两县官绅……[①]”等因，奉此，相应函转贵会查照为荷。此致安西县参议会。

县长

4. 安西县参议会请按甘肃省第七区专员意见敦促玉门县切实履行均水事给安西县政府的公函

1946年5月20日　　酒历2-613

安参秘（35）辰字第99号

案准贵府安建（35）辰字第一四四一号公函开“案奉甘肃省第七区行政督察专员刘专二（35）辰佳电开‘辰鱼电悉。一、各处坪口渠道，均应于分水前赶修完竣，入原文’，贵会查照为荷”等由，准此，相应请贵府查照，函玉门张县长秉公处理，勿再偏袒玉民、致生纠纷为荷。此致安西县长池。

议长刘、副议长狄

5. 安西县绅民代表安玉水利纠纷给甘肃省政府与第七区专署的代电

日期不详　　酒历2-613

兰州主席谷、酒泉专员钧鉴：

密查□寒日安西双桥水口，被玉门马生昌率众截堵，殴打重伤安西民夫黄国顺等十人。曾经呈诸玉门县府查办，但远逾□旬，水被截堵，点滴不放而，委伤民夫伤势日重危在旦夕，□□搁置不理，比□□区副司令□玉将一再需传希图诿过卸责，混乱听闻，民□□诬挖颠倒是非，截堵黄闸湾□堤水坝现□□□□田禾已旱，均□相率处□情势严重□有爰请□□严饬玉门情县专将本案以法会日安西县长会查办秉公□处理报请□府署核办以彰公理，民等绝不愿□张县长偏私□断以维民命，除坚诸本县地县专非支日赴玉外□□□乞示□

安西县绅民□□□刘永宽 □□□ 张积善 党启吕等全叩巳支

6. 安西县参议会就安玉分水冲突详情给安西县政府的代电[②]

日期不详　　酒历2-613

……徐开发等，率领蓝旗、黄旗徐家□□墩等民户□百余人，均手持木棒榔头蜂拥而来，将本县民夫不问皂白、逢人毒打。□势□□、□横异常，登时打倒在地□五六人，受伤者甚多，其他民夫风流四散。民见□□况，即拼命赶来，被打民夫现在死生未卜等

① 编者按：此处下缺一行。

② 编者按：此文件前部残缺。

□□□，当即会同赵理事长、党乡长、渠长□□冒雨驰赴蓝旗，而保长马生昌将打伤本县民夫囚禁□黄旗马黄周□屯□小□房内，并□壮夫多人手持木棒严守，坚拒不让，相持历三小时许，仍不开□□门。因雨大□涂，只将同赵理事长等前往报恩寺避雨。十五日早，□□玉马□□□□省视被打伤人，黄国顺、陈天礼，苗永槐、吴成贤、徐开发、石国顺等六人，均遍体重伤，惨不忍睹，生死呼吸，危在旦夕。即往蓝旗找保长，马生昌避不与见，又仍返黄旗。□该甲长马生全，□代雇牛车、载送伤人，该甲长拒不□□，只□将伤人□□□□工具□□□□点交该甲长取来，去向玉门县府报告，而其值张县长不在，毛秘书辞不见面，遂着党乡长赴柳河乡雇车。十六日往黄旗，马生昌已于十五日上午将受伤安西民夫棒打，强驮至玉门城交柳河乡公所禁闭，故议长于十六日下午二时将证据交司法勘验，民夫仍留玉门，伤势日益沉重。而本县□□□伤后，即将此情形以书面报咨玉门县府，□□□口岸水仍被截灌玉门民田，农田事在危急，遂于十七日上午面见张县长，请共速予解决，乃竟一味偏袒、抹杀公理，似此纵部民横行放刁、强截水源，意图扰乱法令，公理何在？□查马保长擅作威福，将安西被伤民夫私行羁押一日云久，又送乡公所禁闭一天断绝饮食，似此蔑视与会、摧残人权，毒辣手段、□微石虫。本县民夫被打伤手指、臂腿部、腰部等，□□□□□□□□□□□□□段向福四人。所有派去巡水及挑渠民夫卅六人，被打伤□十人，外来等卅五人被马生昌□□乡专员俞生云一名现无下落。被伤民夫黄国顺等六人，将十五日面交黄旗甲长马生全，曾有收取。据昨由柳河乡找到□有黄国顺、苗永槐、吴成贤、陈天礼、石国顺等五人，就中□□□□□□□□□□□□□，十五日上午，被马保长所看守□人徐开发叫去后，下午又拷打，彼等捆驮县城，禁闭乡长□□。并被蓝旗，黄旗□墩往家□□人民，抢去本县民夫铁锨八张、镢头一把、毛口袋一条、棉裤一腰、皮褂一领，开具清单，速□□□□□□□□贵县长查照，希即函请玉门县府，将肇事人马保长、徐开发严办，并将被伤民夫及抢去工具、衣物等件交还，一面转呈省府专署派员查办，以维完案而息争端。

安西县参议会议长刘永宽、副议长狄瀛宝

参议员　柳临春　张锡祺　张积善　高攀桂

杨培贤　樊飞文　潘生武

附清单一纸

打伤民夫：黄国顺、吴成贤、陈天礼、苗永槐、樊守才、张正禄、徐生甲、段向福、石国顺。

被打伤乡民：俞生堂、徐开发。

将抢去工具衣物陈列于后：

铁锨八张、镢头一把、毛口袋一条、棉裤一腰、皮褂一领、布鞋八双。

送交蓝旗甲长马生金驴尚缺一头、铁锨四张。

附伤单一纸

一、兹验得受伤人苗永槐年十九岁，安西人，住安西县瓜州乡。验得：头顶偏左，木棒打伤一处，长二寸宽、一寸浮肿；左肩膀木棒打伤一处，长四寸，宽三寸，皮色青紫浮肿；左胯木棒打伤一处，横长三寸，宽二寸，皮色青紫浮肿；左臀木棒打伤一处，长五寸，宽四寸，皮色青紫浮肿；左腿木棒打伤一处，长六寸，宽四寸，皮色青紫浮肿；左腿肚木棒打伤一处，长五寸，宽三寸，皮色青紫浮肿；左腿腕木棒打伤一处，全部浮肿，皮色青紫；左脚踝木棒打伤一处，皮破，全部浮肿，青紫；左脚面木棒打伤一处，皮破，全部浮肿，青紫。

二、兹验得受伤人吴成贤年二十八岁，安西人，住柳沟乡。验得：左背甲木棒打伤三处，总计长宽约九寸，皮色青紫，浮肿；左肩膀木棒打伤一处，长五寸，宽三寸皮色青紫，浮肿；右手腕木棒打伤，皮破肉烂，浮肿，皮色青紫；左手背木棒打伤，皮破血流，口长五分，宽一分，全部浮肿，青紫；左手小指木棒打伤皮破血流长七分，宽二分，浮肿；左胯臀形部木棒打伤数寸长，宽约九寸，皮色青紫，浮肿；后臂木棒打伤一处，皮破长一寸，宽五分，全部浮肿，青紫，左膝木棒打伤一处，长五寸，宽四寸，皮色青紫，浮肿；左腿肚木棒打伤一处，长八寸，宽五寸，皮色青紫，浮肿，皮破长一寸，宽二分；左腿踝木棒打伤一处，周围长宽约三寸，皮色青紫浮肿；左脚面木棒打伤，全部浮肿，皮色青紫。余无故。

三、兹验得受伤人陈天礼，年二十五岁，安西人，住安西渊泉镇。验得：左膀木棒打伤一处，长六寸，宽四寸，皮色青紫，浮肿；右手背木棒打伤四处，长宽不等，手背全肿，皮破血流；左膝木棒打伤一处，长宽三寸，皮色许红浮肿；左臂木棒打伤一处，围长宽约五寸，皮色许红紫，浮肿；右脸□木棒打伤一处，长二寸五分，宽三分，皮破血流，浮肿；右腿肚木棒打伤一处，横长五寸，宽四寸，皮色青紫，浮肿。

四、兹验得受伤人黄国顺，年二十四岁，安西县人，住安西瓜州乡，验得：顶心木棒打伤一处，长二寸，宽三分，深一分，致命皮破血流，浮肿；左膀木棒打伤一处，长五寸，宽四寸，皮色青紫，浮肿；右臂木棒打伤一处，长四寸，宽三寸，皮色青紫，浮肿；左臂木棒打伤一处，长六寸，宽四寸，皮色青紫，浮肿；左腿肚木棒打伤一处，长至脚踝，宽四寸，皮色青紫，浮肿；左脚腕木棒打伤一处，围约浮肿，皮色青紫；左脚面木棒打伤一处，全部浮肿，皮色青紫；左肩膀木棒打伤一处，长三寸，宽一寸，皮色青紫，浮肿；左腿肚木棒打伤一处，长六寸，宽五寸，皮色青紫，浮肿。

五、兹验得受伤人段向福，年十九岁，右肩井木棒打伤一处，皮色红，浮肿，长三寸，宽二寸；右腿肚木棒打伤一处，长四寸，宽三寸，皮色红紫，浮肿。余无故。

六、兹验得受伤人张正禄，年二十九岁，安西人，住安西瓜州乡，验得：左肩井木棒打伤一处，长约三寸，宽约二寸，皮色浮肿；左手腕木棒打伤一处，长二寸，宽一寸，皮破血流，浮肿，余无别故。

七、兹验得受伤人樊守才，年十八岁，安西人，住安西瓜州乡，右手大指木棒打伤二处，斜长一寸，宽二分，深二厘，皮破血流，浮肿；右手中指木棒打伤二处，长二分，宽二分，深一厘，皮破血流，余无别故。

八、兹验得受伤人徐生甲，年十九岁，安西人，住安西瓜州乡，验得：左膀木棒打伤一处，长四寸，宽四寸，皮色红，浮肿，余无别故。

九、兹验得受伤人石国顺，年十八岁，安西人，住安西瓜州乡，验得：右臂木棒打伤一处，长五寸，宽四寸，皮色红，浮肿，余无别故。

7. 安西县参议会就提请处理芨芨台黄闸湾等处争水纠纷事给甘肃省第七区专署的代电

日期不详　　酒历 2-613

专员刘钧鉴：

一、查芨芨台坪口被玉民全部拆毁，黄闸湾坪被拆一部分，水均流入玉门，□□□饬张县长着玉民赶□水□期信□□。

二、玉民王积义抢去□在□□修水磨一座、梁子沟张姓在黑沙窝修水磨一座，□饬拆除以免妨害安西水利。

三、去年安西水利联席会，议决徐家沟□□墩东□□户民截灌安西县水四处，本年由安西县长查办并仰派员会勘。

安西县参议会柳、刘、赵、张叩鱼

8. 安西县党团参议会与农会代表就提请处理芨芨台黄闸湾等处争水纠纷事给甘肃省第七区专署的代电

日期不详　　酒历 2-613

酒泉专员刘钧鉴：

□□□□黄闸湾芨芨台坪口，经池县长及张县长会同春等在委曲求全情形下，于真文两日筑竣，正期顺利完成分水工作。惟两县县长于文日下午离开芨芨台后，有川北镇张登第、王得荣等，突在靠该镇皇渠正身横堵一坝，将东西两岸所有泉眼、渠水全部堵上，该镇坝内点滴不使下流。虽即请同张县长实地勘查，仍然偏袒，不照水案执行。再双桥儿户民迄未遵守定章，将安渠填去数十步，一再交涉，仍未获合理解决，祈严饬张县长彻底执行定案以息争端。

安西党团参议会、农会代表　刘永宽　柳临春　赵存疆

张积善　党启昌　叩元印

9. 安西县水利委员会与参议会关于提请处理双桥儿等处争水纠纷事给甘肃省政府的代电

日期不详　　酒历 2-613

兰州主席谷钧鉴：

查本县双桥儿口岸鱼日分水，次日被堵，屡分屡堵，不遵水规。前任□□□□偷水玉民聂元昌送交张县长惩办。□保长马生昌、徐开□等仍□堵浇灌□□□□率众打伤本县民夫已□□□□□此案□□收水，马生昌等人随收随堵，填塞安渠□□意图推翻成案。张县长从容袒□、抹杀公理，马生昌遂借机□事。若不严惩，此案件永无宁息。□□派员查

惩，以维成案。

安西县水利委员会、安西县参议会叩

10. 安西县渊泉镇民众代表请关于控诉玉门县长给安西县参议会的公函

1946年6月1日　　酒历2-613

安西县参议会议长刘钧鉴：

查安西渊泉瓜州两乡镇，远居关外，浇灌农田水源来自玉门，昔年立有十道口岸，安玉浇水各有定案。不料近数年来，玉民恃居上流、任意截堵，不容安西人民生存，时相争执。故于上年安玉两县在玉召开水利联席会议，几度研讨双方有益具体办法。乃蒙刘专员至公无私，厘定《安西玉门分水规程》呈奉省政府核准施行。本年份因地方年老绅耆不便走远，民众集会一致公推刘议长、柳书记长、赵农会长、张理事长、党副乡长等赴玉会分。到玉后调查，十道口岸全行堵截，不一而足。故请议座赴玉主持，乃以玉门县长张联渊买好于民，贪婪绝法，暗唆玉民聚众，逞□殴伤安民黄国顺、吴成贤、陈天礼、苗永槐、樊守才、张正禄、徐生甲、段向福、石国顺，绑去民夫俞生云、徐开发。安西代表面请张县长速予解决，乃竟一味偏袒、形同流氓，置之不理、抹杀公理。似此纵容部民、横行撒刁、强截水源，意图扰乱定案，法令何在、公理何在？再玉门保长马生昌擅作威福，羁押安民一日之久，又送乡公所禁闭一天，断绝饮食、几致困毙，摧残人权、毒辣手段，无微不至。而本县双桥、蓝旗两口岸水仍被截浇灌玉门民田，刻下骄阳似火、田苗需水之际，河水细微、田禾受旱，民心惶惶。可恨玉门张县长偏执己见、阳奉阴违、无法无天、沐猴而冠，不似民主，视法令如儿戏，诚官场之败类。安西民众一致声讨。况参议会党部柳书记长乃民众之代表，公正无私，人皆信仰，人民公推为民分水。张县长先发制人、捏造黑白，可见居官敲诈、非循良之吏。当在玉门蓝旗分水时，张县长率领民夫二百多，各均手持木棒、榔头列成队伍，声势汹汹不可遏止，不遂其意即由张县长目指头，使渠长支博文、马生昌号令民夫蜂拥而至；而前数次举动几酿血案，安西参加分水者，人人自危不敢发言。虽由本县县长池公从中，主持公道，无如张县长一味偏袒玉民，纵容行凶、主使肇祸启衅，致主持公理者不能置一词。不料于县长分水毕返回后，而张县长主使玉民将双桥儿、蓝旗、柴坝等处水源截堵，灌溉玉门田地，而本县渠水断流、田禾亢旱，民情惶惶，不可终日。似此本县民夫即被打伤，生死尚随逆料，渠水又被截堵、庄稼强半亢旱，虽出玉民之暴行，实系张联渊之主使。若不严惩，将恐愈演愈烈，安民将无生路，只有呈缴农具以图生计。伏乞议座俯准，转呈省府专署将玉门张县长依法严惩，以伸公理，并请钧座为民分水，仍赴玉门交涉，以重水案，实沾德便。

安西县渊泉镇民众代表　焦天顺　王建杰　焦天泰　王中福　王中年　王中有

载运禄　王好义　刘生和　魏仁义　王有仁　康建德

康作尧　宋自泰　宋自明　宋兴□　刘日信　姜全福

康作善　康发诚　段复成　田发玉　王生福　彭德元

王好义　宋自泰　宋自明　徐继绝　王正奎　康作书
唐发兴　柳发春　年多生　王自珍　王殿邦　胡万福
张世明　赵兴财　王自有　赵存文　赵正栋　高正荣
苏天泰　聂海荣　高正有　康作武　狄秉钧　陈万仁
金文才　陈生荣　杨天甲　王庚年　罗安邦　康嘉德
孙自谓　　　　　　　　暨全体民众二千三百二十人全叩

11. 安西县政府关于玉门县长指责安西县参议长于分水时态度不佳事给安西县参议会的公函

1946 年 5 月 28 日　　酒历 2-613

公函安建（35）辰字第 1533 号

玉门县政府建（35）辰字第五六二号公函内开“查黄闸湾坪口上流东岸，旧有县属川北镇泉源一处，该处人民浇灌历有成案。近来泉源干旱，水量减少，竟截河身泉水浇灌。此次于真、文两日，会分芨芨台、黄闸湾坪水毕，途经川北镇勘查。该处人民数十，具呈请求保留河岸泉水灌溉。县长以关系定案、当即严令拆除拦沟阻堤时，有贵县参议会刘议长永宽，请求逮捕□□□即声色俱厉，面斥县长执行不对。似此代表人民分水，有意滋生事端。翌日大坝、柴坝分水，历年人数倍众、纠纷时起。本年执行新订规程，难免人民有所争执。如竟似此故意挑衅，将来发生意外，县长难负其责，相应函请查照惠。予劝告以免□□”等由准此，相应函请贵会查照为荷。此致安西县参议会。

县长

12. 安西县参议会关于安西县渊泉镇民众代表控诉玉门县长给安西县政府的公函

1946 年 6 月 1 日　　酒历 2-613

安参秘巳字第 98 号

案据本县渊泉镇民众代表焦天顺及全体民众二千三百二十八人等代电称“安西县参议会议长刘钧鉴：查安西渊泉瓜州属乡镇，远居关外，浇灌农田水源来自玉门，昔年立有实，入原电”等情，据此，相应函请贵府查照□□□□□并希分别办理为荷。此致安西县长池。

议长刘、副议长狄

13. 安西县参议会关于安西县渊泉镇民众代表控诉玉门县长给安西县政府的公函

1946 年 6 月　　酒历 2-613

安参秘巳字第□号

甘肃省政府主席谷、酒泉七区行署长官刘钧鉴：

案查本县渊泉镇安西县代表焦天顺及全体民众二千三百卅八人等代电称“查安西渊泉瓜州属乡镇”云云，除函转县府特请查办外，理合据文请钧鉴核准，派员放水、严惩肇事以苏民生。

安西县参议会议长刘、副议长狄叩

14. 安西县政府关于已将安西县渊泉镇民众代表控诉玉门县长代电转省府专署给安西县参议会的公函

1946 年 6 月 28 日　　酒历 2-613

安建（35）巳字第 1782 号

顷准贵会安参秘（35）巳字第 98 号公函敬悉。除分电转呈省府、专署依法办理外，相应函请贵会查照为荷。此致安西县参议会。

县长

15. 安西县政府关于转发甘肃省政府处理安玉水案的意见给安西县参议会的公函

1946 年 6 月 6 日　　酒历 5-292

安建（35）巳字第 1600 号

案奉甘肃省政府主席谷建二水（35）辰梗电开“据该县参议会参秘辰铣电，以‘安玉分水口岸第六道双桥儿、第七道蓝旗上水均□□□□□□为马生昌等强堵灌溉，并率众打伤巡警及民夫十名，请饬严予惩处’等情，除电张县长秉公查办报核外，仰转知照”等因，奉此，相应函转贵会查照，希将本案详情查明见复，以便转报为荷。此致安西县参议会。

县长池世英

16. 安西县政府关于转发甘肃省政府处理安玉水案的意见给安西县参议会的公函

1946年6月15日　　酒历5-292

安建（35）巳字第1682号

案奉甘肃省政府主席谷建二水巳□电开“县建□□□□电□专员及张县长□案查办□并据玉柳河乡四保民众聂元□等呈以‘刘永宽率众强开皂旗沟水口□□□□去聂元昌、王治国、翟双喜□来□□□办’等情，持电仰速秉公查办”等因，奉此，相应函转贵会查照为荷。此致安西县参议会。

县长池世英

17. 安西县驻甘肃省参议会参议员给安西县参议会与安西县政府的电报及处理意见

1946年7月　　酒历5-292

安西县参议会刘议长并安西县池县长及全县父老兄弟钧鉴：

水案□诵悉，当即□□崔科长□甫加具意分别呈送谷主席及省参议会并向谷主席、张厅长陈述一切，并蒙谷主席函复“六月十二日函悉。查安玉两县本年度分水当自五月十日起，已由安玉两县长经由芨芨台子及黄闸湾等地会同办理。嗣后安民柳临春等呈报玉民支博文堵水下流，并据玉民马生昌等呈报安民刘永宽恃强夺水各等情到府，当即电饬安玉两县长及七区刘专员秉公查办。专□□□□专员□□，玉民支博文及马生昌已由玉门县政府及司法处依法办理，□七月七日□□□亲往处□以□水利均沾，除饬□情□□□□此函复查照等□□达知照，刻下究□结□□如何□叩，俾使就近办理，乃□全县民生大计，与兴□不竭□棉□□□桑梓即……①

处理意见：

送柳、张参议员阅，交盖□□□。

八月八日

18. 安西县政府就侦办安玉水案冲突给安西县参议会的公函及安西县议长的处理意见②

日期不详　　酒历5-293

……代电□□□数悉□令□前，据□□县□柳临春、刘永宽等及县属柳河乡四保长，

---

① 编者按：此文件尾部残缺，多漫漶。

② 编者按：此文件首部残缺，多漫漶。

□□□□□□□□派□□传安西县绅民刘永宽、柳□□□等均避不到来。但柳临春于□□□□□□□□□□□□□□□□间未到案，无法侦讯。经面请□□□□令饬侦查，马生昌赴诉□□查。关于玉民强夺安民工具，及马生昌□□安民徐开发、俞正云二名一□查，据该保人民何长生等呈称户民并未扣留安民工具。自安玉人民互相斗殴，□□□□□除□伤五人、并看获伤人之徐开发一名外，徐均英□安民出有证明，可证□马生昌□去余正云一名，□无其事。惟徐开发一名，于十五日□□伤人，来城北大桥携带铁铣二张、农□□□□□一头，返回安西□□等情，经派员调查，事实相符。惟据该保民人何长生等五月二十八日呈报本县户民徐国泰自被安民殴伤，迄□□□日减卧，□不能行动，危在旦夕等情，依据本府传票，警察报告确属实。兹据侦查结果，除将安玉肇事罪嫌人等并案、依法移诉本县司法办理外，相应抄□□□□□证明电复查照为荷等由，附送□□□据一份，准此，相应□□证明一纸函送贵会查照，并见复为荷。此致安西县参议会。

县长池世英

附抄证明一纸

兹因本县户民谢安知等七人随赶毛驴卅一头，行□玉门柳河乡四保，与该保户□□冲突，遂有打架之事。另有□□而所营人、驴、行李、工具一应完全□□损失。特此证明。

具报人：安西县户民　谢安知　秦会科　余胜永　蒲生贵　王有祥 张□文

保人：贺占□

处理意见：

查本案玉民掠去工具等，究系本县……①

19. 安西县瓜州乡乡长就请求控诉玉门县长事给安西县参议会的呈文及安西县议长的处理意见

1946 年 6 月　　酒历 5-293

安西县参议会议长刘钧鉴：

查安西瓜州乡渊泉镇地瘠民贫，农田水源远自玉门照章分水而来。昔年立有十道口岸，安玉浇水各有定案。不料近数年来，玉民恃居上流、任意截堵偷赖，致使安西水渠涸竭、点滴不流，时有争执。故于上年安玉两县在玉召开水利联席会议，经钧座会同刘专员查明定案两县实际需要，至公无私，厘定《安西玉门分水规程》呈奉省政府核准施行。本年分水，地方户众一致公推议座会同池县长、柳主任委员、赵农会长、张理事长等赴玉会分，到玉后勘查十道口岸，全被玉民堵截，尤以玉门县长张联渊买好于民，贪婪玩法、任性偏袒，抹杀公理、率众横行。如本县双桥儿水源于农历四月七日被玉门张县长主使玉民堵截，并殴伤安西民夫十人。又于十七日将柴坝水源堵截后，迄今半月渠水断流，以致本县瓜州乡、柳沟乡、渊泉镇田禾干旱，几就枯萎，民情惶惶不可终日。曾经绅民电请省府查办纵容部民之张县长、恃众行凶之玉门马生昌、支博文等，经县府转知省府及专署，已

① 编者按：此件批语多漫漶，不可识。

令张县长秉公查办在案。惟时逾半年，张县长搁置不理，既未放开安西水口，又未查办肇事凶手，竟敢违抗上峰命令，徇私偏袒，甘心坐使本县渠水断流，陷于绝地不可。又张县长联渊在柴坝分水之际，率领民夫二百余名，各持木棒，列成队伍，暗中主使，由玉门渠长支博文几次呼打，稍不称其意，即指挥民夫蜂拥而前，屡次挑衅、几酿血案，安西参加分水者，人人自危不敢发言。虽由本县县长池公从中主持公道，无如张县长一味偏袒玉民、纵容行凶，主持肇祸启衅，致主持公理者不能置一词。似此怂恿玉门就近截水、持众殴人、无法无理，身为县长，事先既不加制止，反而暗中主使，事后又违抗命令，不办肇事凶手，不放安西水口，有失国家设官置守之本意。现本乡渠水干涸、禾苗枯萎，水关人命、万难忍受，民情惶惶、不可终日。本县民夫即被打伤，生死尚难逆料，渠水又被截堵，庄稼经半干旱。虽出玉民之暴行，实系张联渊之主使，若不转呈上峰严惩张联渊及肇事凶手，诚恐安玉纠纷愈演愈烈，安民将无生路，前途危机不可设想，只有呈缴农具、另走一方，图谋生计。临电不胜迫切待命之至。

安西县瓜州乡乡长崔汝荣叩齐印

处理意见：

县政府分别函请省府核夺并咨玉门县府办理。

六月十三日

20. 安西县赴玉门分水代表给安西县方面的信函[①]

1946年　　酒历4-5120

……于本月一日同玉门张县长赴大坝均水，约三日可返玉。

二、玉门县政府连日催，口呼柳书记长、张惜三等听讯，并口出不逊之语，务乞早日来玉共同面见。

三、张县长已赴大坝分水，牛科长尚未出面。

四、黄闸湾水坪，一号晚被玉民强将坪堤拆毁，本县渠水已干。

五、川北镇将黄渠水廿九口堵干，本县各渠长面呈报告赵副司令后方才放开，又于一号晚被玉川北镇将黄渠正身堵坝一道，本县渠水截干。

六、现侦悉玉门民蘑菇滩本县六月六日应收水势，必抢截浇灌，并悉得玉门官绅主持本年全县公筹巨款，准备人力，誓与安西挣持完，必推翻定案。

七、双桥儿将本县河身全被堵塞，因安民力少人微，无法□□。

八、诸公来时，将前后关于水利电信稿件一并带上，并捎带电码本一本以备水利。察秘复文应用，请缮写一人。

九、诸公接信之后，务乞催陈、张等会同柳书记长务必赶日前来玉面见赵副司令，并同时研究办法，以重水利而免玉民讥笑。

---

① 编者按：该文件无首尾，文字极为漫漶，根据内容确定题名及年月。

十、关于本县本年水利，玉境官绅已作详密扩大、任意挑衅、不遵水规，不守定案之准备。吾县本年若不趁此机会、准备抵制、收复水利原案，不但目前受穷，之后将来再添掣肘，一切更晚矣。……

21. 安西县柳沟乡三道沟山水梁民众代表就玉门方面违反水规事给安西县参议会的报告

1946 年 6 月 11 日　　酒历 5-293

报告于安西县柳沟乡三道沟：

查昌马大坝安玉分水口岸地点已于六月二日蒙赵副司令亲临大坝监视分水，面饬两县水利民夫不得擅自堵柴塞石，并勘定安西开掘水口地点限在一月半后，在法定三十九丈之内开取水口。安民等敬谨遵守，如期掘成，以符法令，现正积极筹备粮食，及应需筑堤材料，并按户数，自动派夫二百名准定于六月十五日，开始工作。孰料玉民不守信用、故意刁难，突于六月九日由贾某率领玉民约百二十余人，各手执铣钩，将安民所筑堵水堤坝全数拆毁，安西河内所分之水尽流玉河，安河断流、灌溉失望。玉民屡次分水举动不合理，倚强欺弱、损害安民，破坏水规，以强力造成旱灾，意在断绝安、柳两处六千人民生命，越吴视饥、无此残毒。水命相依，情急势迫，理合具文呈报钧座鉴核，俯念六千灾黎蠕蠕望盼，生死悬于缓急之间。谨呈安西县参议会议长刘。

安西县柳沟乡三道沟山水梁民众代表　朱有刚　赵玉珍　谢殿元　杨学文　徐进邦　杨安国　邱得智

处理意见：

函县政府查照，如果履实，咨玉门县办理。

六月廿三日

22. 玉门县民众代表何世俊等请求改换安西均水人员给甘肃省政府与甘肃省参议会的电报

1946 年 6 月 6 日　　甘 14-1-248

收文案第 1093 号

分送兰州省政府、省参议会钧鉴：

安玉素敦邻谊，水案久无争执。至去年刘永宽、柳临春领导以来，谩唱争水高调，占为安民所有，遇事颟顸、有意寻衅，对于分水巡坝，竟敢非法逮捕、唆使殴绑，种种横暴行动，民众时常痛恨。玉民酷爱和平，决不愿其扩大。为免以后纠纷起见，谨电请鉴核，俯准设法制止，并恳电转安西县府另派贤员来来玉和平洽办，以息争端。是所盼祷。

玉门县晋乐、靖边、柳河三乡镇民众代表　何世俊　杨　芪　海学珍　李俊喜　韩炳昉　雷耀义　及民众全体等叩辰感

23. 甘肃省参议会关于安西县民众代表为安玉水利纠纷来电的决议

1946 年 6 月 15 日　　甘 14-1-248

议长提议：据安西县民众代表张锡祺等电请称“玉门张县长主使玉门民众截堵水源，恳请严予查办”等情，应如何办理，请公决案。

决议：并案，咨省府查明核办。

附原电：

收文案第 1069 号

急分送兰州主席谷、省参议会议长张钧鉴：

查本县双桥子水源，于农历四月七日被玉门张县长主使玉民截堵，并重伤安西民夫十人。又于十七日将柴坝水源截堵后，迄今半月渠水断流，以致本县渊泉、瓜州、柳沟三乡镇田禾旱亢、几就枯萎，民情惶惶不可终日。曾经一再电请钧府查办纵容部民之张县长，恃缓速凶之玉民马生昌支博文等，并经奉县府转知省府及专署，令张县长秉公查办在案，惟时逾半月，张县长搁置不理，既未开闸放安西水口又未查办肇事凶手，竟敢违抗上峰命令，徇私偏袒。伏查张县长联渊在柴坝分水之际，率领民夫二百余人，手持棍棒、列成队伍，暗中主使，由玉门渠长支博文几次呼打，稍不称其意即指榷民夫蜂拥而具，屡次挑衅，几酿血案。似此怂恿玉民就近截水，恃众殴人、无法无理。身为县长，事先既不加制止，反而暗中主使，事后又违抗命令不办肇事凶手，不放安西水口，又失国家设官置守之本意。现安西渠水干涸，禾苗枯萎。水关人命万难忍受。乞速派员彻查纵凶抗命、截水殃民之张县长，及刁顽之玉门凶手严予查办。否则，安西民众惟有呈缴农具另谋生计。谨电示遵。

安西县民众代表　张锡祺　柳临春　刘永宽　狄瀛宝　赵存疆　张积善
焦天云　李述先　杨培贤　杨安国　杨翱风　陈培根
崔汝崇　王祯祥　焦顺棣　谷　邦　关启昌　陈学孔
苗根昌　暨三乡一万五千民众同叩

24. 甘肃省参议会关于安玉水利纠纷给甘肃省政府的咨文

1946 年 6 月 16 日　　甘 14-1-248

咨议巳字第 630 号

案准本会参议员段复兴函称“请转省府，电玉门张县长依据成案、秉公处理玉安两县水利纠纷，并惩处保长马生昌以重人权”，并据玉门县晋乐等乡民众代表何世俊等电称“请电安西县府派员来玉，和平洽谈玉安两县水利争执”，暨安西县民众代张锡祺等电称“请派员彻查截水殃民之玉门张县长，及刁顽凶手马生昌等并祈给予法惩”各等情到会，经本会第二届驻委会第一次会议决议并案咨省政府查明处理、记录在案。除玉门、安西原电经陈免录外，相应抄原函，咨请贵府查照核实，并希见复后。此咨甘肃省政府。

议长张

25. 甘肃省参议员段复兴就安玉水案事致甘肃省参议会驻会委员会的电报

1946年6月16日　　甘14-1-248

收文案第155号
敬启者：
顷接本县民众江电称：

一、本县双桥子水源于古四月七日被玉门张县长主使玉民截堵十四日，又暗使保长马生昌徐开泰等率众百余人手持木棒、榔头重伤安西民夫十人，并捕去徐开发、俞生方二人，迄无下落，填塞安西渠道，致安渠断流。

二、此刻川北镇刁民张登第私开水口、截堵皇渠水源，迭请张县长究办，行将一月、搁置不理。

三、十六日安玉两县长在栅坝分水，张县长率众二百余人均持木棒，气势汹汹，稍不遂意即目指跟使玉门渠长支博文，号令民夫蜂拥而前、数次令打，几酿血案。池县长主张公道，而玉民持势威胁打伤随从，张县长不加制止，袖手旁观。分水后十七日全被堵截。

四、本月一日晚，新开皇闸湾复被玉民拆毁。安渠堵干水已断流。以上种种意图混水定案。

五、刻下渊、瓜、柳三乡渠水已涸，禾苗萎枯，民心惶恐，群情沸腾。一万五千余民众纷向县府呈缴农具请求离县另谋生计。情势极为严重，俯思我公为政府耳目，做民众口舌。务乞鼎力呼吁向政府当局严重交涉，严惩纵凶截水殃民之张县长，截水恃众殴人凶手马生昌、支博文以重定案等语。查安玉两县水规曩有成案。惟近二三十年来玉门川北镇及皇闸湾垦荒逐年增多。以其优居上游之便，每当夏禾需水孔殷之际，不时堵截破坏成例。加以近年祁连山雪水逐渐减少，玉民不守水规任意灌溉，自私自利罔顾安民，几致下游涸竭。影响安西农民生计至巨尤其去岁为甚，造成安西未有之旱欠现象。今张县长意图示惠少数玉民不顾法规成例，率众纵凶酿成殴伤断流，呈缴农具逼迫离境。情事若不严惩凶恶重视成案，势必使安西二万五千余人民生计断绝，田地荒芜。将演成不堪设想之惨剧。兴谬应桑梓民意寄托，责无旁贷，心所谓危难安缄默用。特据情函请察鉴祈转请省府迅电玉门张县长，开放渠水填塞私口，并速派干员前往彻查，依据成案，秉公处理并严惩纵凶伤人之徒，以重人身保障而救安民蚁命则国计民生两有裨益。无任感荷之至。此上甘肃省参议会驻会委员会公鉴。

参议员段复兴敬启

26. 安西县参议长关于玉门人士控告自身问题请求省政府电饬查办的公函

1946年7月17日　　甘14-1-250

兰州省参议会请转主席谷钧鉴：

案准安西县府安建三十五辰字第六零五五号函准“玉门县府间三十五辰字第五九四号函准以据户民马生昌等十六人控告安西绅民刘永宽率众强争水口，非权逮捕”等由。查蓝旗玉民聂元昌于农历四月十日□□偷水，经安西渠长朱克礼查捕逮至芨芨台，报由池县长转函张县长惩办。该马生昌并于四日率众殴人截水，本会经以安参密□□电报查在案。兹查马生昌等控职唆使非权逮捕聂元昌、邓志国、翟文喜三人，又殴伤马生昌、侯开泰等情，聂元昌经安玉两县面讯时，声称朱克礼未带他人，玉门绅民亦未被称殴打及捕王翟二人之事。因马生昌于十四日率众打伤本县民夫，无论可资借叙，故强词夺理、捏造黑白以淆乱听闻、抹杀事实。张县长纵民殴人截水，如川北镇、双桥儿等处，前经专署派员亲履开放，后现仍截水两旬余，安渠点滴不流。迭经本县长报请张县长开放沟水，乃搁置不理、好私偏袒、倒置是非，意图罗致人罪、不察事理，将本案移该县司法处传讯。似此捏造黑白、饰词诬控，惟有电请钧府速饬张县长，将此案会同安西县长秉公查办。职绝不忍张县长偏袒偏断、抹杀公理，肃电恳祈示遵。

安西县参议长刘永宽叩安参秘午

27. 安西县政府关于玉门人士控告安西县议长事给安西县参议会的公函

1946年7月24日　　酒历5-292

安建（35）午字第2055号

……案准贵会安参秘（35）巳字第一三〇号公函敬悉。查玉民马生昌呈控贵议长强争水口、非权逮捕一案，除转呈省府准令由安玉两县令办外，相应函复……[①]

28. 甘肃省政府关于解决安玉水利纠纷情形给第七区公署的电报

1946年7月21日　　酒历3-3120

令第七区行政督察专员公署：

本年七月九日专二（35）午艳代电二件，电开“安民许某某因赴玉分水迄今无下落一事办理情形请决备”由代电悉。仍仰追查报定夺为要。此令。

谷正伦

29. 甘肃省政府就处理安玉水利纠纷事给甘肃省参议会的咨文

1946年7月11日　　甘14-1-248

建二水午字第3994号

案准贵会本年六月二十九日议巳字第六三〇号咨转参议员段复兴暨玉门安西民众代表何世俊、张锡祺等函电恳请派员查处安玉两县水利纠纷各情，嘱核办见复等由。附抄原函一件准此查此案。本府亦准段参议员函及安与民众电请前情到府经电饬第七区行政督察专

---

① 编者按：此文件首尾有残缺。又该案卷为草稿，书写颇为漫漶。

员刘亦常查办。去后旋据电复，玉民支博文及马生昌已由玉门县政府及司法处依法办理。该专员于六月七日出关亲往处理以期水利均沾等情。除处理情形俟据报后另案咨达外，相应咨请查照为荷。此咨甘肃省参议会。

主席谷正伦（印）

建设厅厅长张心一（印）

30. 甘肃省主席就处理安玉水利纠纷给甘肃省参议会议长的公函

1946 年 8 月 12 日　　甘 14-1-248

鸿汀议长吾兄台鉴：

接准抄送安西县参议会刘参议长永宽电，以“玉民马生昌捏情诬告、张县长搁置不理，嘱查办见复”等由，查专案，前据玉门县政府呈转到府。经令，据第七区行政督查专员刘亦常本年七月十日专二（35）午代电称“查本年度安玉分水，以玉门张县长办理未能周详妥慎，致有玉门蓝旗保保长马生昌纠众凶殴安民多人受伤，玉门柳河乡水利员支博文纠率愚民多人手持凶器，于安西县县长会商分水之际，喧嚷叫嚣，扰乱秩序，殴辱安西警士威胁县长不遵规定，私行变更流量等情事发生。安西分水绅民不能顺利达成经务，对玉门士庶以及县长于言语态度上难免有失正常和蔼之处，以致两县绅民不能互相谅解、互相忍让。于是电呈交驰、互控不休。然详查，率多故为耳听之词，有失真相，水案执行益滋困难。经令饬张县长先将为首滋事之马生昌、支博文二人传案管束、依法办理，并派本署赵副司令员玉亭驰赴各分水口岸，详为履勘妥慎处理。职复于六月七日前往玉安两县剀切晓谕地方士绅，应敦睦县际友谊，互让互信。分水纠纷暂告平息，除俟玉门县将马生昌支博文二人法办情形报署后，再行转报外，谨将赵副司令玉亭处理经过报告抄录，鉴核示遵”等情，附处理经过报告一件。据此，除指令准予备查，并仰将法办玉民马生昌及支博文案后速饬办报夺外，特抄送原报告，复请查照，顺颂议祺。

谷正伦启

八月十日

附处理经过报告

窃职奉令查办安玉皇渠分水一案，遵于六月七日会同安西代表崔文成、狄瀛宝、赵存疆、党启昌等，玉门水利委员会副主任委员宋信谏、参议会议长李徽献、前议长杨学孝等驰赴各该口岸实地勘查，兹将勘查情形缕陈如次：

一、双桥儿安玉第六道口岸。查该渠玉民未遵规定日期放水，当经传集分水户（玉门柳河乡皂旗、蓝旗）讯质后，据称“该渠之水为所私有，且水量过小、自用不足，从来未曾与安西分过，并不知有定案。其水冬季用余放归渠沟，北流约五里许即漫散于草湖滩，居春消水，水始能流达疏勒河”等语，不肯放水。职以成案攸关，勒令开放、严加申斥，并甲长杨发责强制执行，严饬当地甲长头人等负责遵照规定，遵守不擅行违犯。

二、蘑菇滩第九道口岸。查该岸水在安西，河流启闭已遵规定，惟该地（柳河乡第六保即蘑菇滩）户民以地多水少田苗亢旱，要求增加水分，据称“本保浇灌皇渠河水，历年以来仅与安西东湖下六户安六玉四长流口岸，并不知昼夜分水。由上年起，奉令实行定案，以致苗禾亢旱多未见水，请求设法补救”等语。职以事关定案、即予拒绝，并严饬不以水少旱苗之故触犯水规，致干处罚。

三、橙槽沟第五道口岸。查该道口岸已照规定分水，河内新修磨二座，一座已拆，一座已将磨沟填塞、轮已卸，惟房间尚存，已令拆毁。

四、黑沙窝第四道口岸。查该道口岸为安玉分水泉源及蓄水处，总名青塘子湖。安民将分水口挖低，蓄水池尽□；玉民水口过高，轮到蓄水不满、水不入口，约需日始能上水，有失公允。即饬双方出夫修理原日蓄水池，不得挖放，使之每轮某方接水时水即入口，免肇事端。案列该渠下游刘举、何永泰、刘得爵、梁正科等私开水口四道经查，共有五道，均高悬版崖，早已不能上水干置，据云自民国十五年查封后再未截堵，侦查情形亦属实在。再梁子沟地畔西边有沟一道名曰北沟，安西以其水为该县所有，经查证明此水为玉门人民所有，安民不应争求其所得，理由四点。论泉源，安玉所分之水在黑沙窝、青塘子湖定为口岸，此水在该湖边南龙王庙左右及梁子沟地坡下，其名为马连泉，最南东流为小西沟，浇灌玉门上梁子沟地亩；北下东流为下泉水沟，浇灌下梁子沟地亩；□□流为下北沟，浇灌官庄子地亩；中流东下其名北沟，为玉门下芨芨台及北湖人浇□□于该湖上下相隔不远，中间为干草梁间隔，且有天然界限，并不相混，此其一也。论分水口，安玉历在黑沙窝药王庙边，东定为水口与玉门黑沙窝人民按昼夜分水。查案安玉分水口岸只有一道，并无第二道之规定，此其二也。论渠身，北沟渠身接原马连泉，在下泉水之坝下向东北流入下芨芨台等处，其退水到安玉分水口下约百步外始能入沟。而北沟水放下不能汇注分水口内，显不相属，足证为玉门北沟之退水沟道。由此可证明与安有关之仅限于青塘子湖一处，此其三也。论私口岸，原案查封之渠为四道，兹查得为五道，其位置均在安玉分水口下游五里至十里之间，北沟在安玉分水口之另一间隔之东南对岸，根本与刘得爵等私开口岸不能混为一谈，此其四也。基上理由，经当场宣示，安西代表崔文成等亦认为议论平正，惟云事关大众，俟与其水利等商谈后至玉城再决，然于次日未先报知即行遄返。

五、皇闸湾第一道口岸。据安民报告该地户民偷挖坪底，据玉民称系为水冲。职到玉即饬填塞履勘是否为挖抑或水冲，既无痕迹又无证据可凭，既已堵塞，水量足分，应置勿论。

除以上各渠岸外，其他口岸均照规定分水并无纠纷，不赘。兹将所查及处理情形谨具报告，请祈鉴核。谨呈专员刘。

职赵玉亭（印）

31. 甘肃省参议会就转发安玉水利纠纷处理报告事给安西县参议会的代电

1946年8月28日　　甘14-1-248

议未字第254号

安西县参议会刘议长鉴：

来电悉。经咨准甘肃省政府本年八月十日函复称“查安玉分水发生纠纷一案，前据玉门县政府呈转到府，经令据第七区行政督查专员刘亦常，入原函，特抄送原报告复请查照”等由。附抄原报告一件，准此，相应抄同原报告，电达查照为荷。

议长张维

32. 安西县政府关于转发甘肃省第七区专署处理安玉水案的意见给安西县参议会的公函

1946年8月12日　　酒历5-292

安建（35）字第2156号

案奉甘肃省第七区行政督察专员公署专□□□□齐代电开“安建（35）辰字第1611号、安建（35）巳字第1200号、1518号、1622号、1685号、1620号、1626号、1761号并代号电均悉。查安玉一年一度均水，执行能否顺利，攸关两县人民福利。地方士绅应如何互让互信、建树友好关系，□□□□□□□□□。分水纠纷，固由玉民马生昌、支博文等纠徒行凶，不遵□定，然安西分水士绅于言语举动，亦有未合，均应痛加反省。□深体□□责己之道，再不可意气，将事故为耸听，增加两县民众仇恨心理。仰该县长广为晓谕安县士庶□体斯□。除饬玉门张县长详查马生昌、支博文等犯罪事实，解送该县司法处办理外，仰即知照。又据玉门县政府电称该县绅民在玉门分水之时□□□□□□□□□□□□□□等情，并仰该县长严□□□”等因，奉此，除将诬□详情呈复，并请□□□□解专署依法惩办外，相应函转□□□□贵会查照为荷。此致安西县参议会。

县长池世英

33. 安西县政府关于已将相关代电转呈甘肃省政府与第七区专署并收到相关处理意见给安西县参议会的公函

1946年8月15日　　酒历5-292

安建（35）字第2191号

案查前准贵会安参秘辰铣代电及附送清单伤单收条敬悉，当即照抄原件电请省府专署查办。去后，前奉专署专二（35）巳字第370号代电□□府以安建（35）巳字第1785号公函请查照在案。兹又奉甘肃省政府建二水（35）午字第0117号代电内开“代电及附件均悉，已电刘专员并仰查处报核”等因，奉此，相应函转贵会查照为荷。此致安西县参议会。

县长池世英

34. 安西县政府关于已向甘肃省第七区专署呈报安玉水案情形并收到相关处理意见给安西县参议会的公函

1946 年 8 月 15 日　　酒历 5-292

安建（35）字 第 2192 号

案查前奉酒泉专员署专二（35）午鱼电内开“池县长：最近分水情形各渠口是否遵照水案有关规定办理，仰该县长随即查明具报为要”等因，当即将玉民堵截各口案及水磨未拆除情形以安建（35）午佳电报查办。去后，兹奉甘肃省第七区行督察专员监保安司令公署专二（35）午字第 528 号代电略开“已饬玉门张县长查办矣持复”等因，奉此，相应函转即希查照为荷。此致参议会。

县长池世英

35. 安西县参议会关于请敦促玉门方面利用芨芨台荒地修建龙王庙给安西县政府的公函

1946 年 8 月 21 日　　酒历 5-292

敬启者：

案查兹奉略开“按《安玉分水规程》第十二条之规定，分水坪及沿途渠道由安西监修，并将在十道口岸之适中地点购置地皮，或向玉门县政府承领荒地建修龙王庙，以为水利员、民夫居住之用”等因，奉此，查本年农历四月□日在玉门县政府公开安玉十道口岸分水会议，经决议，依□□公布分水现状程十二条之规定，由□□并于四月三日在芨芨台修坪之陈□□□□□□□□□□□□□□□□□□□□□□□□□□□□□芨芨台坪下荒地一段，计面积为十亩零四分四厘，并绘具略图，相应函请贵府□□出玉门县政府□□占用俾便修筑。希将办理情形见覆为荷。此致安西县政府。

议长刘

副议长狄

处理意见：

函请□□玉门县□□芨芨台地以便本县修建龙王庙，供水利员、民夫居住。

八月廿二日

36. 安西县政府关于转发甘肃省第七区专署处理安玉水案的意见给安西县参议会的公函

1946 年 8 月 23 日　　酒历 5-292

安建（35）字 第 2254 号

案奉甘肃省第七区行督察专员监保安司令公署专二（35）未字第 567 号代电节开“案

据该县参议会秘午佳代电呈报玉氏马生昌诬控议长详情一案，查本年安玉分水发生争执地方人士对玉门人民支博文、马生昌一再报情依法惩办，经饬玉门县政府将该支博文、马生昌传案管押，依法移送司法机关进行侦讯，审判自应依照法定程序从速进行。乃该县原告人等拖延经月，迄未到案，以致无法结案，于法自有未合。查本署对予分水事宜始终劝谕两县官民，必须采取互信互让、互助合作之精神，然后分水问题始能顺利解决，乃事实上演变至竟发生斗殴互控案件，未能依照分水规程第十六条之规定由玉门县长或安西县长会同处理，于是不得不徇安西绅民之请，依照分水规程第十四条后半段之规定，送由玉门司法处理，致使本署爱护两县绅民、不令涉讼之初衷无由实现，实属痛心。至于马生昌等十六名呈控安西绅士刘永宽非法逮捕各节，如已呈经司法□□□□□，据电前情，合行电仰该县长就近向安西司法处查明实情具报，并转告刘议长知照”等因，奉此，除呈□外相应函达，即命查照为荷。此致参议会。

县长池

37. 安西县政府关于转发甘肃省参议会询问安玉水案情形给安西县参议会的公函

1946 年 8 月　　酒历 5-292

案奉兰州省参议会□□□节开“□□安玉水利纠纷未减，刘专员履玉公开联席会议：（一）分水口仍照原案，双方遵行；（二）黑沙窝刘得爵私开口，经专员□□查照，俟示还□向□□□告刘永宽、狄瀛生、柳临春叩申微□□水案□□争执，自刘永宽等领导以来，有意□□，分水巡填，随时意逮捕殴打民夫，请制止，并另派员接办、以息争端’等请，仰速查明具办报核”等因，奉此，相应函请贵会查照，希将本案详情查明见复，以便转报为荷。此致安西县参议会。

县长池世英

38. 安西县水利委员会计划在安玉水利联席会所提事项

时间不详　　酒历 5-609

第一道口岸黄闸湾，系长流口岸。玉门三尺坪口，安西七尺坪口。

一、旧有坪口被玉民拆毁。新镶坪口，赵副司令离玉后仍被玉民挖掘，向后倾下约六七寸，水成失平，依照定案应予赔偿损失。

二、川北镇堵截黄闸湾皇渠泉源，引水上岸偷灌。

三、川北镇堵截黄闸湾泉水泡草湖，妨害安西水利，应予依法科罚。

第二道口岸芨芨台，系长流口岸。玉门四尺，安西六尺坪口。

一、旧有坪口被玉民拆毁。新镶坪口，赵副司令走后仍被玉民挖掘，低下约五寸，水成失平，依照定案，应予赔偿损失。

二、其次旧有口岸，安玉河身高低悬殊过大，应找适当地点修建新口岸，以照公允。

第三道口岸黑沙窝，系昼夜口岸。玉门每月初一起五昼夜、十五起四昼夜，安西二十一昼夜。

一、梁子沟户民刘得爵私开水口，经玉门县府及赵副司令查封三次，仍不遵守，任意偷挖，妨害水利，依照定案，应请令饬赔偿损失，并科以妨害水利之罪。

二、梁子沟户民张姓在黑沙窝水源新开私口一道，请即制止，以免影响水利。

第四道口岸三棵茨，系昼夜口岸。玉门每月初一起四昼夜、十五起仍四昼夜，安西二十二昼夜。

一、三棵茨水全被玉民堵截，安西点滴不流，应请严加惩办，以免效尤而维定案。

第五道口岸橙槽沟，系昼夜口岸。玉门初一起四昼夜、十五起仍四昼夜，安西二十二昼夜。

一、玉民私挪口岸堵截泉源，应请令饬，仍镶于原地点，以免妨碍流量而利灌溉。

二、本岸泉源玉民私开水口四道，应请填平而增水利。

第六道口岸双桥儿（即半截皇渠），系昼夜口岸。玉门初一起五昼夜、十五起四昼夜。

一、此水被玉民堵截，安西屡收屡堵，意图霸占，不遵定章，应请依法惩办。

第七道口岸蓝旗上，系昼夜口岸。玉门初一起五昼夜、十五起四昼夜，安西二十一昼夜。

第八道口岸泉水沟，系昼夜口岸。玉门初一起五昼夜、十五起四昼夜，安西二十一昼夜，尚无问题。

第九道口岸蘑菇滩，玉门每月初一起、五昼夜，十五起四昼夜，安西二十一昼夜。

一、该处户民不遵定案，任意偷挖，应请从严惩办以维定案。

第十道口岸蔡家闸。玉门无分，安西东湖户民有长流坪口一道，宽一尺八寸、高八寸，尚无问题。

甲、此外尚有黄闸湾、芨芨台、橙槽沟等处共建水磨许多处。

一、黄闸湾：何虎、何峰年、王化□、张怀德。

二、黄花营子：李年能。

三、芨芨台子：刘尚好、闫昇。

四、橙槽沟：李某。

乙、责令黄花营户民将前之水一分归还安西，因其只知专利不负责任。

39. 甘肃省政府关于水利纠纷引发安西交农事件给第七区专员的代电

1946 年 9 月 7 日　　酒历 1-112

第七区行政督察专员公署刘专员：

一、安西农民六月二十四日作第二次向县府缴农具示威运动，县长无法处理，牛车百两，农具百十件均留于县府大礼堂空场，至今旬日还未解决。

二、安西水利委员会主任为刘书记长临春委员，有刘议长永宽，而玉民告刘永宽有率众殴伤玉民伤害案，由玉门县提起公诉，玉门司法处尚未受讯。

三、专员公署派赵保安副司令至玉，解除纷争，确有偏袒玉门人民情形，但未得到事实，专员刘亦常亦曾亲临其境，勘察尚未结果，只留两句话给安西水委员：“你们不愿意，去南京告我。我以为就是这样做，现安玉水的问题成了死局。”

四、安西社会人民又复攻击本县水利委员人等，说水点滴未分，来化去三百二十万路费简直是分赃，我们担不起。

五、观察县局政府与水委分立，人民与水委不合，一味地难为政府也无法做。

六、玉门政府及人民水委高级派与视察员亦是声同气合，安西刻前实无法挽救等情。

查此案前据安西县政府呈报到府，业于八月十六日以建二水（35）未字第4907号训令饬查办报核并指令在案。兹据前情除再令安西县政府妥慎查办外，仰仍遵照前令电，从速并办报查省政府。

谷正伦

40. 河西警备司令部关于彻查安玉水案给甘肃省第七区的代电

1946年9月10日　　酒历3–3120

刘专员钧鉴：

奉主任张清检未养代电节开，查安玉分水纠纷影响地方治安甚大，仍希妥慎处理，并将处理情形随时具报肃。

铁军申（冬）参延印

41. 甘肃省第七区专员关于安玉水案已解决事给河西警备司令部的代电

1946年9月12日　　酒历3–3120

河西警备总司令部钧鉴：

申冬参延代电奉悉。查本年安玉两县分水各项纠纷问题，经本公署八月二十八日在玉门召开安玉两县水利联席会议，已完全解决，前抄同决项会议记录一份，代电贵请法鉴。

刘亦常

附玉门安西两县水利联席会议记录

甲、主席报告

略谓本日上午会议业结，出席各方将分水情形详细报告，并将分水问题逐一提出，本次会议应将施行、讨论各项问题，逐项提出合理决定。

乙、讨论事项

一、专署颁布《安西玉门分水规程》有无呈请省府确认必要，请公决案。

决议：应以专员公署呈请省政府，原案核定公布。

二、昌马大坝分水点，原案指定地点不便筑坝，可否酌量公决案。

决议：昌马大坝分水地点应使水利林木公司肃丰工程处派遣水利工程人员适时勘定之。

三、筑坝分水比例，可否重新规定案。

决议：筑坝分水比例仍照分水规程第六条后半段之规定，玉门安西各得百分之五十。

四、拆除水磨事宜应如何执行案。

决议：仍照分水规程第十条之规定，各道口岸所在地点及分水地点以下之水磨一律拆除。其分水地点□□□妨害安西水利，分层拆除。

五、第六道口岸双桥、第九道口岸蘑菇滩，水势微弱、不敷浇灌，应如何执行案。

决议：仍照原规程第七条有关各项之规定执行。

六、马生高、支博文因执行分水聚众滋事，应如何处理案。

决议：马生高案仍由玉门法庭依法处理，支博文案仍由张县长侦查处理。其由安西人氏□行道传到玉，协助开庭侦查审理□日须到传。

签名：

安西县县长 池世英（印）

安西县联席会议长 刘永宪（印）　安西县政府建设科长 牛寿祯（印）

安西县参议会 杨培贤（印）　瓜州乡副乡长 党启昌（印）

瓜州水渠长 崔文苍（印）　瓜州水渠长 李发禧（印）

瓜州水渠长 朱克礼（印）　瓜州水渠长 聂海深（印）

瓜州水渠长 吴学荣（印）　瓜州水渠长 赵玉珍（印）

瓜州水渠长 杨安国（印）　瓜州水渠长 刘盛成（印）

瓜州水渠长 段生瑞（印）　瓜州水渠长 王殿祈（印）

瓜州水渠长 李启献（印）　瓜州水渠长 荣信谈（印）

瓜州水渠长 陈义才（印）　瓜州水渠长 张廷禄（印）

瓜州水渠长 张问圣（印）

玉门县县长张（病假）秘书毛程鹏代（印）

玉门县清泉乡乡长 李广基（印）　玉门县柳河乡乡长 李文明

玉门县柳河乡梁子沟 文穆文　玉门县政府建设科长 赵世思（印）

玉门县柳河乡二道沟水利 韩焕文　玉门县柳河乡川北水利 王得荣

玉门县柳河乡北水沟水利 李俊禧　玉门县柳河乡二道沟水利 李三民

玉门县柳河乡二道沟水利 王玉义

42. 安西县政府关于转发甘肃省政府处理安玉水利纠纷给安西县水利委员会的公函

1946 年 9 月 17 日　　酒历 5-809

敬启者：

案奉甘肃省政府建二水 35 未字第 4763 号指令开“本年六月二十八日、七月二日安建（35）巳、辰字第 1783、1784、1716 号代电三件呈转县参议会函请依法严办玉门张县长、并据瓜州乡乡长电‘请将不遵水规玉民马生昌、支博文严办，由’代电悉。并据该县水利委员会本年六月二十九日巳俭两代电‘以玉门县长主使玉民截堵水源，破坏坪水规以强力造成旱灾，断绝生命，请核办”，又据该县参议会刘议长安参午佳电以‘玉民马生昌捏情诬告，张县长搁置不理，请核办’各等情。查此案经饬，据刘专员本年七月十日专二（35）午□代电称‘查本年度安玉分水，以玉门张县长办理未能周详妥慎，致有玉门蓝旗保长马生昌纠众逞凶、殴安民多人受伤。玉门柳河乡水利员支博文，纠率愚民多人，手持凶器于安西县县长会商分水之际，喧嚷叫嚣、扰乱秩序，殴辱安西警士，威胁县长不遵规定，私行变更流量等情事发生，安西分水绅民不能顺利达成任务，对玉门士庶以及县长于言语、态度上难免有失正常和蔼之处，以致两县绅民不能互相谅解，互相忍让，于是电呈交驰，互控不休。然详查，率多故为耸听之词，有失真相，令水案执行益滋困难。经令饬张县长，先将为首滋事之马生昌、支博文二人传案管履，勘妥慎处理。职复于六月七日前往玉安两县剀切晓谕地方士绅，应敦睦县际友谊，互让互信，分水纠纷暂告平息。除俟玉门县将马生昌、支博文二人法办情形报署后，再行转报外，谨将赵副司令玉亭处理经过报告赍鉴核示遵’等情，附赍处理经过报告一件，据此，除指令准于备查，并仰将法办玉民马生昌及支博文从速饬办报夺。此令”等因，附抄发处理经过报告一件，奉此，相应抄附原报告一件，函请查照为荷。此致安西县水利委员会。

县长池世英

43. 安西县政府就安玉争水事处理情况给安西县参议会的公函

1946 年 9 月 17 日　　酒历 5-7292

安建（35）申字第 2432 号

敬启者：

案奉甘肃省政府建二水（35）未字第 4463 号指令“本年六月二十八日、七月二日安建（35）巳、午字第 1783、1784 和 1716 号代电三件呈转县参议会函请依法严办。玉门张县长等据瓜州乡乡长电请将不遵水规玉民马生昌、支博文严办由代电悉。并据该水利委员会本年六月二十九日巳俭两代电，以玉门县长土使玉民截堵水源、破坏水规以力强造成旱灾，断绝生命，请核办。又据该县参议员刘议长安参午佳电，以玉民马生昌□情诬告张县长，搁置不理请核办各等情，查此案经饬据刘专员本年七月十日专二（35）午□代电称“查本年度安玉分水，以玉门张县长办理未能周详妥慎，致有玉门蓝旗保长马生昌纠合凶徒，殴安民多人受伤，玉门柳河乡水利员支博文、纠率愚民多人，手持凶器于安西县县长会商分水之际，喧嚷叫嚣，扰乱秩序，殴辱安西警士、威胁县长，不遵规定私行变更流量等情事发生，安西分水绅民不能顺利达成任务，对玉门士庶以及县长于言语、态度上难免有失正常和蔼之处，以致两县绅民不能互相谅解、互相忍让，于是电呈交驰，互控不休，然详查率多，故为耸听之词有失真相。众水案执行益滋，因难经令饬，张县长先将为首滋事之马生昌、支博文二人传案管束，依法办理，并派本署赵副司令玉亭驰赴，各分水口岸，详为履勘，妥慎处理。职复于六月七日，前往玉安两县，剀切晓谕地方士绅，应敦睦县际友谊，互让互信，分水纠纷暂告平息，除俟玉门县将马生昌、支博文二人法办情形报署后，再行转报外，谨将赵副司令玉亭处理经过报告资鉴核示遵等情，附资处理经过报告一件，据此，除指令准于备查并仰将法办玉民马生昌及支博文，从速饬办报夺，此令”

外，特抄发原报告仰即遵照并专函知照等因，附抄发处理经过报告一件。奉此，相应抄附原报告一件，函请查照为荷。此致安西县参议会。

县长池世英

处理意见：

公告渊泉、瓜州、柳河镇人民知照。

44. 玉门县柳河乡民众要求释放支博文给甘肃省政府的呈文

日期不详　　酒历 5-809

具呈人玉门县柳河乡民众韩焕文、田育仁、李全成等，呈为安西县民柳临春等恃强争水、罗织截夺一案，谨声明事实、恳乞鉴察昭雪以免□柳而顺舆情事：

查属乡与安西柳沟乡分灌柴坝，山水量系安四玉六，乃数百年来之成规旧案也。去年□间，安民柳临春率众争水、至滋事端，曾蒙专员莅玉召开安函水利联席会议。安绅民李子乾当会提议，略谓安玉水案历年安西四玉门六成案，惟追年末安柳水不敷浇，请玉门让水一分”等语，当经属乡绅民韩焕文当会抗议声明否认在案。迨至去秋，安柳乡民竟将属乡之十道沟所筑坝堤全行拆毁，以致属乡秋冬两季一水未得到地。延至今春，属乡征夫复修，安民施以破坏手段，屡修屡毁。直至阴历三月二十日，双方会同分水，安民又将属乡在柴坝庙所修之坪口毁坏。该乡水利朱有刚等□人利己不顾天良，竟以最低之倒水为该乡坪口、水流急速以尺余之高岸作属乡之坪口，水流迟缓，遂适办□□□彼强词拒回，以致属乡河水断绝，民心惶恐。至四月十三日，依例前往柴坝会同分水，属乡仍请修理前次指定之地点为坪口，安民仍不允许。属乡民众忍无可忍，以为修此即不允许，只得修理以前之旧坪口，水势双方平均。十四日早，安西池县长至坝勘查河道，以水势平流，毫无异议。嗣因□□□赵玉珍、朱有刚之挑唆，着属乡上头坪口拆毁，以平民等声诘暂缓。翌日两县长至坝后，再行酌分。讵料安民调动警察，手持马鞭长枪，强词谩骂，硬行赶逐、逢人鞭打，因而口交是实，然确无殴打警察事情。而安□长发□带领民夫，竟将属乡坪口完全拆毁，向其理论，声言系奉池县长命令等语，民等遂约其原至千佛洞，当即报告池县长，请其惩办。不意池县长不讳公理，故意阻挠，对于安民违命拆坪等语概置不理。比主柴坝分水之时，安民柳临春恃其经年欺压玉民惯技，桀骜不驯、吹毛求疵，欺辱张县长，民等闻悉同深愤慨，故约同绅民支博文向柳临春质问，是实绳之。柳临春以试办新订之水规、属乡坚决否认，恼羞成怒，竟捏造骇人听闻之伪词，呈报列宪，以遂其借制玉民、强夺水利之目的，以致支博文被押在案，诚□宪抑之极。惟查柴坝水案相待数百年来，安西玉门两县人士素所公知，虽云造乱失案，实则十口皆碑。今安民恃强争夺，张县长依照新定水规强制执行，影响属乡民生实非浅，现民等决难承认。地非夷地、民非化外，彼此均系中华民国，同负纳粮当兵之义务，既有益于彼不能无损于此。况水为人民之命脉，岂能轻易让与、自绝生机？至支博文仍系民等公推之水利负责人，虽因分水问题与安民据理辩论，皆出自民意，确无其他不法行为。今安民罗织栽宪、捏造陷害致被关押，事太不平。人非木石、能无厌心？似此因公受累、无辜被押，凡属乡民势难缄默、为此具呈声明，恳乞钧府偏怜下情，准予令饬玉门县政府将支博文先行保释，以顺舆情，并恳援照成案整订水规，民生实感德便。谨呈甘肃省政府主席谷。

玉门县柳河乡民众　王建荣　田育仁　陈明俊　胡珍玉　富耀义　武学启
韩焕文　李民三　张国治　张诚福　李全成　李成才
陈大英　李清全　刘宗和　向登诜　贾永茂　王益成
柴国安　何生福　陈志田

等七十二人呈

45. 安西县政府为转函奉省代电呈请令饬玉门民众拆除黑沙窝新建水磨一案给安西县参议会的公文

1946 年 5 月 8 日　　酒历 5-6954

安西县参议会：

甘肃省政府建二水字第一八六七号卯真印代电开“据该县参议会本年三月十八日呈请令饬玉门民众拆除黑沙窝新建水磨以免妨害本县水利等情，除电玉门县政府依照《安西玉门分水规程》第十条之规定迅速查明取缔及电刘专员督促办理外，特电仰经洽办理并转函知照”等因，奉此，相应转函贵会照查为荷。

县长池世英

46. 安西县政府就转发玉门县就拆毁水磨事回函给安西县参议会的公函

1946 年 8 月 12 日　　酒历 5-293

安建（35）未字第 2159 号

案准玉门县政府建（35）巳字第 789 号公函内开“案准贵府安建（35）辰字第六二七号公函层开‘函转依照分水规程第十条规定，迅即饬黑沙窝、湖墩、芨芨台、黄闸湾户民所有架设水磨一律拆除，以免妨害水利为荷’等由，准此，查：一、湖墩水磨筑已拆除。二、黑沙窝安玉分水口岸，系□厘于湖泉源流，而该处水磨远在马连泉支流，安玉分水口岸在其西北、水磨建设在东南，泉源各别，支流未□□，又间隔很远，与安西分水口实不相属，前次赵副司令会同两县绅首亲履查明、绘具详图，水磨筑处既非安玉分水渠岸，所属碍难拆除。三、皇渠各口岸旧修水磨所历有年，且前奉省府卯真代电指明新建水磨依分水规程查明取缔，加以该县驻军林立，面粉供给无法应付，该磨户等承磨军队粉以现在□□实际需要情形相度，实难执行拆除，函前□□□□□□□”等由，准此，除呈省署及河西警备司令部并函复外，相应□□□贵会查照为荷。此致安西县参议会。

县长池世英

处理意见：

查案复□，并将事实呈专署核夺。

八月廿日

47. 安西县政府关于已将修筑水碾等提案转发各乡镇给安西县参议会的公函

1946 年 8 月 12 日　　酒历 5–293

安建（35）未字第 2167 号

案查前准贵会第一次第二届大会提议案内关于“建筑水碾造纸、增加生产及提高水利人员待遇各案，请饬各乡镇遵照执行”等由到府，已饬令各乡镇保甲长切实遵照查办，除再催令具报外，相应函复贵会查照为荷。此致安西县参议会

县长池世英

48. 安西县参议会关于安西县政府已分令各乡镇落实修建水碾等提案给参议员石积善等人的通知

1946 年 9 月　　酒历 5–293

安参秘（35）申字第□号

案准安西县政府安建 35 未字第 2167 号函开“案查兹准贵会第一次第二届大会提议案内云云，贵会查照为荷”等由，准此，除分行外，令亟待达，对于此项工作应切实专促保甲长认真办理。特此通知渊泉镇驻会参议员石积善、瓜州乡樊参议员□、瓜州乡高参议员攀桂、柳沟乡驻会参议员生武。

议长刘、副议长狄

49. 甘肃省参议会关于玉门双桥儿民众呈请调整《安玉分水规则》的决议

1946 年 8 月 22 日　　甘 14–1–248

议长提议：玉门县柳河乡民人马生昌等“呈请将双桥儿水由玉民浇灌，余水汇入疏勒河由安西浇灌”等情应如何办理，请公决案。

决议：此案已准省府函复，此件应存。

附原呈：

窃查柳河乡皂旗所浇双桥儿之水，历年久远，并未与安西分过，本渠老农亦不知有此例。按本渠所有之水源为泉水，旱即不敷浇灌。本年六月七日专署赵副司令莅临本沟，强制执行以初一五昼夜十五四昼夜与玉民浇灌，余水放归安西。今如以此分配，仅能浇灌原有地亩十分之二三，其他十分之七八即致荒芜。今夏渠流细小、田苗亢旱，户民恐慌万状。伏查本保（即皂旗）现住二十九户男女人口三百四十四人，耕地一千六百余亩。应纳田赋总额四十五石六斗余。双桥儿水量经测量面积，宽为八寸、深五寸，每时仅能浇灌三对，总计所有地亩长流且感不足。若按水利规则与安西轮流昼夜，则户民因无水致旱而荒芜之地亩田赋与负担均无法缴纳，且其生计必致陷于绝境。再四思维，良深焦虑。再查双

桥儿（即名皂旗沟）之水，向下漫流经湖即渗入湖滩，距疏勒河约五十英里之遥。前次专署赵副司令勒饬开放时逾七日，仅流十英里之远，似此与安民益少而玉民损失不堪。利害两权，孰得孰失？此项口岸仅由玉民浇灌，俟浇毕开放，此水退流柴窠墩下。民等实地勘查，该地发现泉源名为大泉湾，水势较大投入疏勒河由安西浇灌。有此一股水利，则安西所沾利益较所分双桥儿之水利益尤大。所有双桥儿安西口岸，肯准取消，则安玉两县户民亦免发生争执。柴窠墩下大泉湾以前不知，此系最近勘查所得，故敢联名呈恳。兹将绘是详图一幅，理合随文附赍，恳乞钧座鉴怜，俯赐派员履勘，准将双桥儿水由玉民浇灌，余水汇入大泉湾，经投疏勒河由安西浇灌。如蒙允准，并乞改订水利规程以维民生而免争执。临呈不胜迫切待命之至。谨呈甘肃省参议会议长张。计附呈双桥儿泉源支流一览图一幅。[①]

玉门县柳河乡第四保皂旗户民　翟吉亨（印）　徐国泰（印）　何长生（印）
马生昌（印）　田兴才（印）　聂元东（印）
李三民（印）　翟吉元（印）　杨　发（印）
杨学武（印）　曾占存（印）　魏泮绪（印）
于保全（印）　李忠禧（印）　李忠堂（印）
张宝仁（印）　聂元兴（印）　聂尚科（印）
翟凤鸣（印）

中华民国三十五年七月三十日

50. 甘肃省参议会关于玉门柳河乡民众代表电请不承认安玉水利会议决议给甘肃省政府的咨文

1946 年 9 月 16 日　　甘 14-1-248

咨议申字第 725 号

案据玉门县柳河乡水利代表韩炳文等电称“本月十六日刘专员召开安玉水利会，决议不承认，请函省府饬依事实处理等情咨请核办”等情到会，相应咨请贵府查照核办，并希见复为荷。此咨甘肃省政府。

议长张

51. 甘肃省参议会关于玉门柳河乡民众代表电请不承认安玉水利会议决议的决议

1946 年 9 月 13 日　　甘 14-1-248

议长提议：玉门县柳河乡水利代表韩炳文等电达，“民等对刘专员召开安玉水利会，

① 编者按：此图从略。

决议不承认，请函省府饬依事实处理，以顺民情”等情，应如何办理，请公决案。

决议：检阅两方电报，咨省府核办。

附原电：

急兰州省参议会钧鉴：

本月日，刘专员莅玉召开安玉两县水利联席会议，以本县柴坝、双桥儿、蘑菇滩、黑沙窝四处分水成数未能顾全事实，俯恤民命、圆满解决。又会议玉门出席人数未过半数之通过，不容研讨复议，似有武断以命令执行之意。事关命脉，民等肝脑涂地，决不承认此种会议。除详情另呈并经电省府外，谨电钧会鉴转函省府，饬其念事实、顺从民意，无任迫切叩祷之至。

玉门县柳河乡水利代表　韩炳文　穆　文　王正义　李民
王德荣　李忠堂　方秀师
同叩

52. 甘肃省政府关于玉门柳河乡民众代表电请不承认安玉水利会议决议事已责成第七区办理给甘肃省参议会的咨文

1946 年 9 月 28 日　　甘 14-1-248

建二水申字第 5880 号

案准贵会本年九月十九日议申字第七二五号咨“以据玉门县柳河乡水利代表韩炳文等电称‘民等对刘专员召开安玉水利会决议不承认，请函省府饬依事实处理’等情，嘱核办见复”等由。查此案已据该民等经呈同前情到府，业经令饬第七区行政督察专员刘亦常秉公妥慎查处报夺，尚未据复。咨准前由，相应先行咨复查照为荷。此致甘肃省参议会。

主席谷正伦（印）
建设厅厅长张心一（印）

53. 甘肃省参议会就相关电请已由省府办理给玉门县柳河乡民众代表的通知

1946 年 10 月 5 日　　甘 14-1-248

通知议西字第 1035 号

案查前据该民等电称“民等对刘专员召开安玉水利会决议不承认，请函省府饬依事实处理，以顺民情”一案，经咨准甘肃省政府于本年九月二十八日建二水申字第五八八零号咨复称“咨准据玉门县柳河乡水利代表韩炳文等呈请‘不承认刘专员召开安玉水利会，决嘱核办’一案，咨复查照由”等情，准此，合行通知该民等知照。右通知玉门县柳河乡民韩炳文等。

玉门县参议会转。

54. 玉门县民众代表韩文焕等关于水利联席会议决议无法执行给第七区专员的呈文

1946 年 9 月 12 日　　酒历 3-3120

专员刘钧鉴：

上月俭日钧座莅玉召开安玉两县水利联席会议，本县援照上年决议案，将柴坝水利让予安西一分，惟双桥儿蘑菇滩水量不敷浇灌，拟请增一昼夜，与安西无大妨碍，然安西并不允诺，殊欠平允。除分电呈省政府省参会外谨电呈恳鉴核，俯准依照以上情形，准予将处增加一昼夜，如不可能，则前次会议案予作本县所让柴坝之水仍请撤回可否之处乞电示遵。

玉门县柳河乡水利　韩文焕
司穆文　王正义　李俊禧
李忠堂　方秀诗　王得荣
等叩

55. 安西县参议会关于推举赴玉门参加水利会议人员的会议记录

1946 年 10 月 4 日　　酒历 1-133

时间：三五年十月四日上午十二时

地点：县党部大礼堂

出席者：陈国祚、柳昭李、牛寿祯、赵存江、赵生才、刘永宽、崔文成

主席：刘议长

记录事务员：王鲤幸

开会为议：

甲、报告事项

乙、讨论事项

一、主席提议：赴玉人选应推何人前往？请出决案。

决议：推杨书记长、赵理事长、王委员殿邦三人前往。

二、主席提议：关于赴玉人选旅费为何筹集请出决案。

决议：（一）赴玉五人每人每天膳宿费八千元，以十日计算，共计四十美元。（二）旅费以五人计往返共费十美元。（三）并准备预备金二十美元（应酬费）。

三、主席提议赴玉人员各项开支应为何负担。

决议：（一）渊泉镇应负担十七美元五千。（二）瓜乡州负担五十二美元五千。

四、关于赴玉人员之开支返里后应如何处理。

决议：按决议数字实支实销，不直选报销。

丙、散会。

56. 安西县政府关于安玉分水纠纷给安西县参议会的公函

1946 年 10 月 11 日　　酒历 1–133

安西参议会：

经复者，案准贵会函送第二届第三次大会决议案内关于“转请省府专署切实执行安玉分水定案、查闭私口并修正违纪水规及查水案，玉民狡赖不遵法定，用武横行，无法制止，应报省府委员查办解决定案”，已履呈省府专署核办，相应函复安西县参议会。

县长

57. 甘肃省政府关于玉门民众指控安西偷拆水坝给第七区专员的电报

1946 年 11 月 30 日　　酒历 1–150

专密

玉门民众刘世俊等电报安西民陶水顺、朱有刚、刘威成等指使人民偷拆水坝，破水倾入安西，玉民有失春耕之虞等情，仰速查办报夺。

寄峤建二水

58. 玉门县政府关于安西民众偷拆水坝事给第七区专员的代电

1946 年 11 月 8 日　　酒历 1–122

酒泉第七区行政督察专区兼保安司令刘钧鉴：

专二（35）戌字第 906 号训令奉悉。遵查，本案前据报告于旧历十月三日，被安民将玉门坝堤偷拆全部无余，水势向西，全归安西河流，玉门河口涸竭，点滴不留，当即函请安西县政府查明究办在案。时经月余，迄未准复。惟查明年农业歉全，以今冬冰雪定之，又以山水为泉水之母。而今冬河水点滴不流，势必影响来年农事，不堪设想。当经征夫一百八十名、稍条五十二车，由水利杨茂海率领前往。修筑时因天气严寒、工程浩大，损坏堤坝层冰坚壁、无法修筑，为此迫不得已，恳祈钧座转请省府准予拨款两千万元，以俟明春解冻，当即兴修而恳春耕，奉令前因，用特电请鉴核示遵。

试署玉门县县长张联渊叩建（35）□□印

59. 甘肃省政府关于安玉水利联席会议记录是否须经柳河乡长水利盖章始为有效事给第七区专署的代电

1946 年 11 月 8 日　　酒历 3–3120

令第七区行政督察专员兼保安司令公署：

代电悉。查安西玉门分水纠纷，关键在玉门柳河乡各口岸。该署既经召开水利联席会议且在记录上签名，其盖章自应全体一致，以期周全。但经核所资会议记录，除安西各代表及玉门少数人盖章外，该柳河乡长及全体水利人员均拒绝盖章，且电诉此次会议失实、绝不承认。嗣后执行时有无困难，该县是否能确保其将来永无纠纷？仰据详情、具复恳夺。此令。

郭寄峤

60. 玉门县政府为调查双桥儿民众要求改定水利规程事给第七区专署的代电

1946 年 12 月 6 日　　酒历 1–122

甘肃省第七区行政督察专员兼保安司令刘钧鉴：

专二（35）未字第 5047 号申廻代电奉悉。遵即，函请参议会及水利委员会前往勘查，去后旋准玉门县参议会玉参秘（35）戌字第 67 号公函内开“查本会第一届第三次大会，据本会秘书张锡五报告称‘窃奉钧令饬往柳河乡第四保（皂旗），履勘双桥儿水利一案，职遵于本月五日午后八时到达该旗，所有地亩人口数额有案可查，兹免赘述。翌日上午七时，会同县政府建设科长赵世思、水利委员会副主任委员宋信谈、该乡副乡长胡培仁、该保保长马生昌、绅老何长生、徐国泰等，由该双桥儿泉源起点至与安西分水沟止约四华里，坪口水位深八寸、阔一尺一寸，慢流细弱。征询当地老绅水量增减情形，咸云该旗土质因潮湿关系，泉水春秋增多而冬减少，若全部灌溉尚感不足。每月定为九昼夜，未免田地荒芜，人民流离失所，详查所云，诚挚不谬。查该旗坝土傍西，旧有水沟被安西民工填平，在东边新开一沟，位置与被填沟坝犬牙平行，分水沟坝下数十武，步步生津。最中之水流汲约一华里许，地名沙河，水势湍湍向西北迈进约五华里许，位柴窠墩西南注入大泉湾，迤西北流约十五华里再少许，东北直入疏勒河者。查该旗坝下水量较比坝上为无大，可否呈请上峰改定水规，将坝上之水归皂旗双桥儿长流灌溉，坝下之水归安西、长流灌溉？如蒙允准，则两造永息纷争，双方节省民力，所有经过实地履勘详情，具报核夺’等情，据此，业提会审查，拟由大会通过后建议县府分呈省府七区专署，将双桥儿坝上水流全部归皂旗灌溉，坝下沙河子、大泉湾水归安西长流，并将水利规程重新改定。蘑菇滩、双桥儿两处口岸如蒙采纳建议、另行改定水规，安玉两处连年因水纠纷可望解决。通过，记录在卷，相应函请查照转报为荷”等由，正核办间，又准该会玉参（35）酉字第 60 公函内开“案查本会第一届第三次六会，据柳河乡第六保民众李宗善、刘力士等‘呈请改定水规增加昼夜以重民生而资保障’等情一案，业经提会审查，拟由大会通过后，建议县政府转请省府及专署将水利规程重新改定，玉门自每初一日起浇灌七昼夜半并又自十五日起浇灌七昼夜，半余水均归安西，决议‘照审查意见通过’记录在案，相应照抄原呈，一并随文附送，函请查照办理并希见复为荷”各等由，附抄送原件一份，准此，除报呈省府核办外，理合照抄原呈一件随文，资请钧座鉴核示遵。

试署玉门县行政张联渊叩建（35）亥鱼叩

附原呈

呈为属保与安西分水口岸，如依民国十六年水案实行，属保地多少不敷灌溉，民情恐慌，势难立足，恳思予以相当之解救，以重民生而资保障事：

窃查属保地与安西分水口岸，相传百余年来属长流口岸、尽地浇灌，并无昼夜之分。至民国十六年安玉因水利涉讼后，曾开安西声言属保口案每月定为十一昼夜等语。惟当日整理水案时，属保民众并未参加签字，政府亦未通知公布，究竟如何规定，小民无从悉具底蕴。嗣后每年夏秋浇水之际，安民借口定案、时出阻挠，属保以水不敷浇垦未承认，历年以来未全按长流浇灌，然犹以水敷灌溉、地无亢旱为原则。不料近两年来，安民柳临春率众夺借口水规案，每月属保分水九昼夜，此外堵塞水口，滴水不能下流。前经呈请玉门县政府重定水案，兹奉批示，内开“该保与安西分水既经民国十六年定为昼夜口案，本府无权翻案，所请重定本案之处，应勿庸议”等因，奉此，自应恪遵定案，曷敢多事恳求？惟具中确有不得已之困难情形，不得不为□□□约四千余亩，应纳赋粮一百四十余石，枯沟河乃为一溪泉水，水势潺弱，每一昼夜约克浇地二百余亩。现时如按民国十六年所定水案实行，属保每月只能分水九昼夜，约可浇地二十亩之谱，诚属地多水少、不敷浇灌。若不呈请钧会议法解救，长此以往，属保土地无水浇灌，多半沦于荒芜，生产减少，人民生计日趋穷困，负担苦累，无力应付，势必弃地逃走，流离异域也。水为人民生命之所系，枯沟河水即由属保经过，民等居于上流，倘按民国十六年水案实行，属保水不敷浇，或值田禾亢旱之际，愚民无认识、拼命招水浇灌以顾目前之急，轻则口角相争、重则斗殴伤命，势必酿出事端、迄无宁岁矣。迫不得已，惟有呈恳钧会电怜下情、彻底勘察，在水敷浇灌、地无亢旱之原则内予以相当之解救，以重民生而资保障，实感德便。谨呈玉门县参议会长李、副会议长赵。

玉门县柳河乡第六保民众　李宗善　刘力士　方秀士　方如安
李等禄　白学仁　杨天明　刘生先
谢万才　杨立栋　蒲秀文　刘学士
李才贤　李配章　方学仁　刘生禄
王开禄　史告云　李福德　顾兴让
□生禄　范绪珍　范宝珍　高绥大
刘仁士　张廷禄　杨生才　杨国泰
刘金先　刘开福　宋国福　白学良
范许珍　高逑致　侯德祥　陈有信
陈子千　范崇珍

民国三十五年六月

61. 甘肃省参议会关于玉门柳河乡民众代表电请不承认安玉水利会议决议给甘肃省政府的咨文

1947年4月2日　　甘14-1-289

咨议卯字第80号

案据玉门县柳河乡水利代表韩炳文等电呈“查安玉分水瞬将即，据县府令‘转省府核定公布分水复示，并秉承专员意旨执行’等因，惟查双桥儿、蘑菇滩水量不敷浇灌，拟请增昼夜以利枯旱，证诸事实，尚与安西无大妨碍。去年迭请未准，谨再电恳轸念民瘼，准该两处增加昼夜以拯民命。万一不允，上年决议案将卑坝让于安西水一分即不认可，况决议案民等并未签认。除详情另呈外，谨电请示遵”等情到会，相应咨请贵府查照核办，并希见复为荷。此咨甘肃省政府。

议长张

62. 甘肃省政府关于不准玉门柳河乡民众代表所请给甘肃省参议会的咨文

1947 年 4 月 24 日　　甘 14-1-289

咨建水卯字第 2738 号

贵会本年四月二日议卯字第八〇号咨“据玉门县柳河乡水利代表韩炳文等电请‘为水量不敷浇灌请增昼夜以利枯旱’一案，嘱核办见复”等由，查此案已据玉门县县政府及该民等径请到府，经电饬，仍照旧例办理，所请不准，以免纠纷在案，相应复请查照为荷。此咨甘肃省参议会。

主席郭寄峤（印）

63. 甘肃省参议会关于甘肃省政府不准玉门柳河乡民众代表所请给相关人员的通知

1947 年 5 月 5 日　　甘 14-1-289

通知议辰字第 423 号

案查前据该民等电请“水量不敷浇灌，请增昼夜以利枯旱”一案，经咨准甘肃省政府本年四月二十二日建水卯字第二七三八号咨复称“查此案已据玉门县县政府及该民等径请到府，经电饬，仍照旧例办理，所请不准，以免纠纷在案，相应复请查照”等由，准此，合行通知该民等知照。右通知玉门县柳河乡水利代表韩炳文等。

玉门县农会收转。

64. 甘肃省参议会关于玉门柳河乡民众代表电请增加水口昼夜的决议

1947 年 5 月 3 日　　甘 14-1-289

议长提议：据玉门柳河乡双桥儿、蘑菇滩民众方秀诗等请愿“水量不敷浇灌、民情恐慌，恳祈增加水口昼夜，以活民命”等情，应如何办理，请公决案。

决议：查按省府前咨通知。

附原呈：

具呈人柳河乡双桥儿、蘑菇滩民众方秀诗、李宗善、李登禄、何长生等呈为水量不敷浇灌、民情恐慌，恳请钧会增加水口昼夜以活民命事：

窃查双桥儿、蘑菇滩与安西分水口案，自去年省府专署公布核定分水规程后，玉门县政府即秉承专署意旨执行等因，民众等以水量不敷浇灌，地多枯旱，势难立足，遂将详细事实迭次呈请省府、专署增加水口昼夜在案，迄今数月未邀恩允。惟查双桥儿、蘑菇滩与安西分水口案如照去年公布核定分水规程办理，实系地多水少、不敷浇灌，事难属于局部，实为数百户民生命之所系，水关民命、绝难承认。以故迭次呈请、增加昼夜，且证诸事实，尚与安西无大妨碍，事实俱在，不难详细考查。现居春种之际，民众等因水量不敷浇灌、恐慌不安，为此呈请钧会轸念民瘼、恩准增加昼夜以活民命，实感德便。谨呈甘肃省参议会议长张。

具呈人柳河乡双桥儿蘑菇滩民众 方秀诗（印） 李登禄（印） 方如安（印）
白学仁（印） 翟吉亨（印） 李宗善（印）
李才贤（印） 高述德（印） 殷生禄（印）
刘才仕（印） 刘学仕（印） 蒲秀文（印）
何长生（印） 马生昌（印） 谢万才（印）
曾占在（印） 徐国泰（印） 张宝仁（印）

65. 甘肃省参议会关于甘肃省政府不准玉门县柳河乡增加水口昼夜给相关人员的通知

1947 年 5 月 10 日　　甘 14–1–289

通知议辰字第 424 号

案据该民等请愿“水量不敷浇灌，民情恐慌，恳祈增加水口昼夜，以活民命”等情前来。查此案前据该乡水利代表韩炳文等请愿案，同前情到会，经咨准甘肃省政府本年四月二十二日建水卯字第二七三八号咨复称“查此案已据玉门县县政府及该民等径请到府，经电饬仍照旧例办理，所请不准，以免纠纷在案，相应复请查照”等由，准此，合行通知该民等知照。右通知玉门县柳河乡双桥儿蘑菇滩民众方秀诗等。

玉门县农会收转。

66. 甘肃省参议会关于玉门柳河乡民众代表电请增加水口昼夜的决议

1947 年 6 月 7 日　　甘 14–1–289

议长提议：据玉门柳河乡民众李才贤、方秀士等请愿“为水量不敷浇灌，人民极为惶恐，恳予轸念民瘼，转请省府派员实地勘查，以明真相”等情应如何办理，请公决案。

决议：查案答复

1947 年 6 月 7 日

附原呈：

具呈人玉门县柳河乡双桥儿蘑菇滩民众代表方秀诗、马生昌、何长生、李宗善、刘才仕等呈为水量不敷浇灌，民情恐惶，兹将详情分条缕呈于后：

一、双桥儿水流发源于本邑报恩寺东北，水量微小。泉眼有三，为半节；皇渠、沙河子、大泉湾有半节。皇渠起点至与安西分水沟坪口止约四英里，坪口水位，经测深八寸，宽一尺一寸，慢流而细微。沟东边被安民于三十四年四月间开新闸一沟，位置与旧沟犬牙平行，分水沟坝下数武，步步生津，药草之中水流汲汲约一英里许，地名沙河子。水势湍湍，向西北边进约五英里许，至柴窠墩西南注汇大泉湾，迤西北流约五英里再少许，东北约五英里直入疏勒河。由泉水之发源地至疏勒河共长约三十英里之遥，双桥儿坪口以上之水若不经汇合，坪下沙河子及大泉湾之水仅漫流渗入湖滩，势难流入疏勒河而与安民无益，则玉民损失不堪。因该三泉之水量及沿沟步步所生之水，综合一溪方能流到疏勒河。况双桥儿分水口岸以下之水，本地户民并未浇灌，但坝下之水较坝上之水尤大。故敢呈请以坝上之水归玉门、坝下沙河子大泉湾之水归安西浇灌，并将水规重新规定以活民命。此案当经本县参议会秘书张锡五会同地方绅首，亲自莅地详细勘查，确属事实，并经呈请本县参议会提交大会审核通过，记录在卷，并曾转呈钧鉴在案。

二、查本地（即蓝皂旗）现住二十九户男女人口三百四十四人，耕地一千六百余亩，应纳田赋总额四十五石大斗余。浇地水口水量，经测量得面积宽为八寸、深五寸，每时仅能浇灌三升地亩。总计所有地亩，长流且感不足，只能浇灌原有地亩十分之四五。若照规定九昼夜，则仅能浇灌原有地亩十分之二三，其他十分之七八势必荒芜，不但民食无法自给，且田赋与负担亦均无法缴纳。若不将水量改订增加、有地无水，则人民生计必致陷于绝境，户民该流往何方？且水为民命，民等既居于水流之上，岂有肯眼望待毙之理？

三、双桥儿水量微小，据本地老农云自康熙迄今并未闻有安民于该处分过水。据安民称，此案系由民国十六年所定口岸，本方年老绅民并不知晓，政府亦未公布水规。况在该处既有安西分水口案，数十年内安民焉有不去该处分水之理？然自三十四年夏间，方正式作有意强争水口之举。至该地另行该沟强开水口，无中生有，扰乱水规，民等以理法所关，未曾阻止。至去年安民更加重视，民夫蜂拥而来，人多势众，强争水口，以致发生行凶殴伤情事。迄今上坝口岸尚未奉准改订水规、顾全事实而安民生，此乃本处地多水少、不敷浇灌之详细情形也。

四、蘑菇滩水源来自枯沟河，水量甚小。历年以来，相传系安四玉六长流口案，并未有昼夜之分。惟自民国十六年，安玉因水利涉讼后，曾开安西声言属保口岸每月定为十一昼夜等语。惟当时整订水案时，民众等并未参加签字，政府亦未明文公布施行究竟如何规定，小民无从明悉其底。嗣后每年夏季浇水之际，安民借口定案，时出阻挠，属保以水不敷浇灌、坚未承认。历年以来虽未全按长流浇灌，然总以水足浇灌、地无亢旱为原则。不料近年以来安民每以人多势众、抢夺水口，借口水规定案每月属保分水九昼夜，其余都塞、滴水不流。此案民等迭经据实呈请，未尝蒙照准。

五、查蘑菇滩人口稀少、土地辽阔，全保共为七十余户，男女人口共五百有余，耕地面积四千余亩。应纳田赋为一百四十余石。枯沟河乃一溪泉水、水势潺弱，每一昼夜仅能浇地二百余亩。现时如按民国十六年所订水案实行，属保每月仅能分水九昼夜，约可浇地一千八百亩之谱，则田地荒芜、大半诚属地多水少，不敷浇灌。若不呈请钧会设法解救，长此以往，属保土地无水浇灌、多半沦为荒芜，生产减少，人民生计日趋穷困，无力应付，势必弃地逃亡流离异域也。且水为生命之所系，枯沟河既于属保所经过，民等既居于上流，岂肯甘心待望、着田禾亢旱干枯？愚民无识，舍生拼命以顾目前之急，倘安民强挖水口，民等甘愿不避铁钺，轻则口角相争、重则斗殴伤命，将必酿出意外事端，永无宁日矣。总之食为民天、水为民命，上项口案民等决难承认。地非夷地、民非化外，彼此均系中华民国，同负有纳粮当兵之义务，既有益于彼不能无损于此。况去年专员莅县召开安玉两县水利联席会议，经决议，结果未能顾全事实、以命令执行。民等坚未承认，未曾签字盖章。现闻发下新订水规，户民不胜惊骇、恐惶万状，誓以肝脑涂地，决不甘心让与自行待毙。万一不允，则将柴坝让与安西一分水仍予收回，或将原有田地推公、田赋与负担予以豁免，户民等各自迁徙、自投生机可也。

上述情形，皆经客岁专署赵副司令及本县党参县政人员亲自莅地，勘查确属事实。此乃数百户民生命所关，迫不得已，唯有将该两处详细事实联名呈恳钧会电鉴做主，轸念民瘼、顾全民命，恩予函请省府派员实地勘查以明真相，参酌事实改订水规，以重水利而安民生，则户民生生世世永感鸿恩于再造矣。谨呈甘肃省参议会议长张。

玉门县柳河乡双桥儿蘑菇滩民众　马生昌（印）　殷生禄（印）　李登禄（印）
刘才仕（印）　方秀士（印）　李才贤（印）
刘学仕（印）　李忠堂（印）　聂元东（印）
聂元茹（印）　聂元兴（印）　白学仁（印）
何长生（印）　李宗善（印）　高大受（印）
曾占存（印）　魏泮绪（印）　李忠禧（印）
翟凤鸣（印）

民国三十六年五月二十三日

67. 甘肃省参议会关于甘肃省政府不准玉门县柳河乡增加水口昼夜给相关人员的通知

1947 年 6 月 16 日　　甘 14-1-289

通知议巳字第 161 号

案查前据该民等请愿称“水量不敷浇灌，请转省府派员实地勘查以明真相”等情前来。查安玉两县分水纠纷，前据该乡水利代表韩炳文等请愿案，同前情到会。经咨准甘肃省政府本年四月二十二日建水卯字第二七三八号咨复称“查此案已据玉门县县政府及该民等径请到府，经电饬仍照旧例办理，所请不准，以免纠纷在案，相应复请查照”等由，准此，合行通知该民等知照。右通知玉门县双桥儿民众李才贤等。

玉门县农会转。

68. 甘肃省第七区公署关于奉命公布《安玉分水规程》给甘肃省政府的代电

1947 年 5 月 3 日　　酒历 1-277

专二（36）辰字第 242 号

兰州主席郭钧鉴：

本年二月二十一日建二水（36）丑字第一一八五号指令奉悉，遵将《安玉分水规程》

印刷就绪，于本年四月三十日以专二（36）卯字第二三七号训令，颁发安西十份、玉门三十五份，令饬遵照办理。兹谨电附是项分水规程一份，请予鉴核备查。

刘专二（36）辰江

69. 甘肃省第七区公署关于奉命公布《安玉分水规程》给安西玉门两县政府的训令

1947 年 4 月 30 日　　酒历 1-277

专二（36）卯字第二三七号

令安西、玉门县政府：

查安西、玉门两县分水事宜，前经本署订定分水规程，于上年元月十五日以专二（35）子字第二十六号呈文资甘肃省政府核示。去后奉令，准予先行试办，经以专二（35）寅字第一六四号训令，转饬该县遵照在案。兹为郑重起见，复于本年元月三十一日以专二（35）子字第四十八号代电请省府派员前往分水地点实地考察，核定该项分水办法。去后，奉省府本年二月二十一日建二水（36）丑字第一一八五号指令，开"代电悉《安西玉门分水规程》既系搜索原有成案纂辑，又遵照印刷颁行，并着由该专员负责妥慎执行为要"等因，奉此合亟印刷该项规程，令仰遵照实施，并转饬该县水利委员会及阖邑绅民，一体遵照勿违为要。此令。

印发附件如左：一、《安西玉门分水规程》；二、本署三十五年元月十五日专二（35）子字第二十六号呈文；三、甘肃省政府三十五年建二水（35）丑齐电；四、本署三十五年专二（35）丑真电；五、甘肃省政府三十五年二月十九日建二水（35）丑字第九一八号指令。

专员兼司令刘亦常

附件一

安西玉门分水规程[①]

民国三十六年四月三十日卯印刷颁行

附件二

本署专二（35）子字第二十六号呈文[②]

附件三

建二水（35）丑齐电

专二（35）子字第 26 号呈件均悉△密。分水规程第十七条第十道口岸所定高宽尺寸是市尺？仰查报。

正伦建二水（35）丑齐印

---

① 编者按：此文件与第 1 号文件正文内容完全一致，从略。

② 编者按：此文件与第 1 号文件附件内容完全一致，从略。

附件四

本署三十五年专二（35）丑真电

主席谷钧鉴：

建二水（35）丑齐电奉悉△密。第十道口岸，坪口尺寸系照旧案规定，拟作营造尺解释。按明清遗制与现制比较，每公尺等于三点一二五营造尺，是营造尺较市尺稍短而相差尚微。兹为便于记忆、便于执行起见，拟请定为市尺。查第十道口岸在安西境内，是安西少数户民与全体人民分水，不致涉及县际纠纷。再第六条所开距离是否应改为公尺、或市尺之处，并候核订，迅赐施行。

职刘亦常专二（35）丑真印

附件五

建二水（35）丑字第九一八号指令

令第七区行政督察专员兼保安司令公署：

呈本年元月十五日专二（35）字第二六号呈一件"为拟《安西玉门分水规程》呈请核准公布施行，永资遵守由"呈暨附件均悉，并经电饬查复分水规程第七条第十道口岸坪口高宽尺寸准定为市尺，及第六条之距离亦以市尺为宜，余准照办。仰于本年先行试办，如有成效再行公布，永资遵守可也。此令。

主席谷正伦

建设厅厅长张心一

甘肃省政府三十五年二月十九日

70. 甘肃省第七区公署关于请速汇缴《安玉分水规程》印刷工本费给安西县长与玉门县长的代电

1947 年 5 月 3 日　　酒历 1-277

专二（36）辰字第 241 号

安西池县长、玉门张县长览：

查《安西玉门分水规程》，业于本年四月三十日以专二（36）卯字第二三七号训令印刷颁行在案，该县计发十、三十五份，每份工料费一千二百元，共一万二千、四万二千元，已由本署垫付。兹检发票一纸，仰即照数汇署归垫为要。

附发票一纸。[1]

---

① 编者按：发票未见。

71. 玉门县政府关于已令限期拆毁黄闸湾水磨事给甘肃省第七区公署的代电

1947年8月25日　　酒历1–278

酒泉第七区行政督察专员兼保安司令王钧鉴：

专二（36）午字第四二八号文代电奉悉。遵查邓连昇在黄闸湾架设水磨一案，经职于午皓会同党团参议会及水利委员会诸首长前往详查，以该水磨确于水利有碍，当即案传来府、勒令撤除。唯因时值农忙，乃由该民出具切结，限于农闲之际即行撤卸，除派员勒令即日将水道查闭并饬在不得开放外，理合将办理情形及该民所具切结，电资署鉴核备查。

抄呈邓连昇所具切结一纸。①

试署玉门县县长张联渊叩建（36）申卅印

处理意见：

电鉴附件均悉。准予备查，并安西县水利委员会知照外□□□□□。

72. 安西县政府关于玉门县拘传安西县赴梁子沟口岸分水民夫事给甘肃省第七区专员的代电及七区专员的处理意见

1947年8月12日　　酒历1–277

安建（36）未字第2192号

酒泉第七区行政督察专员兼保安司令王钧鉴：

案准玉门县政府建（36）巳字第九二二号公函内开“据县属梁子沟人民报告，瓜州乡民大刘占有等截扰小北沟流水，应予究办。前来当经传讯录供，并将刘占有面交康渠长、朱渠长、李渠长带回谕饬，不得再事滋事、以作了案，除呈报备查外，相应抄录原笔录，函请查照严令制止，以免纠纷为荷”等由，附询问笔录一份，批准经本府函达水利委员会查办。去后，兹准县水利委员会安水（36）午字第五五号公函内开“安建（36）午字第一九八号公函‘为抄送瓜州乡民夫刘占有截挖小北沟水案，附询问笔录一份，请查办见复’等由，准此，查梁子沟口岸东边之渠系梁子沟水源支流之一，从无小北沟之名称。玉门县政府不事详查水案，竟至拘传民夫，显系有意破坏分水规程，相应函复查照，转请专署严究，以敬刁难而维水案，以期永息争端为荷”等由，准此，查该会所请属实。复查《安玉分水规程》第七条规定，第四道口岸梁子沟系定期分水口岸。玉门黑沙窝户民自每月初一日卯时起五昼夜，又自十五日卯时起四昼夜，共九昼夜，其余时间水入疏勒河归安西灌溉。以上有明文规定。查经年旧案，查案亦无小北沟之名，该玉门县政府显系有意滋生事端。除函复玉门县政府查照，遵照新颁《安玉分水规程》办理外，理合电请钧鉴转饬

① 编者按：切结未见。

遵办，以息纷争。

安西县县长池世英叩安建（36）未元印

处理意见：

据《安玉分水规程》，准予转饬玉门县府办报。

八月十二日

73. 安西县政府关于调查梁子沟争水情形给第七区公署的代电

1947年9月16日　　酒历1-278

安建（36）申字第2460号

酒泉第七区行政督察专员兼保安司令王钧鉴：

二（36）未字第54号有代电奉悉。关于此案，前经分别呈请并函玉门县府，查照办理并蒙钧署查明，准予转饬玉门县府照办在案。顷准玉门县政府玉建（36）未字第1123函复内开“案准贵府建（36）未字第三九三号公函内开‘查《安玉分水规程》第七条，第四道口岸梁子沟系定期分水口岸，原规定甚为详细，至东边之流水系梁子沟水源，复查在新旧水案从无小北沟之名称。现本县户民迭次申请本分不足，田禾大受干旱，请转赔偿损失等语，准函前由，除呈报查办外，相应函复查照属荷’等由。准此，查本县境内除安玉两邑水渠口岸以外，水流甚多，沟渠名称不一，此等水渠乃玉门独有之水，故在《安玉分水规程》以外，有关安玉新旧分水案，当无此种记载，系属必然之事。贵县即称在安玉新旧分水规程从无小北沟之名称，则该渠之水自属玉门所有。准函前由，相应函复，即希查照”等由，准此，复查历年新旧水规程在新颁《安玉分水规程》第九条规定，玉民在各道渠岸所开始口，均经查闭，并规定不得再行开放，并不得在任何全另开新口等。因查玉门所谓小北沟名词，即刘得爵私开水口。去年各该私口均经查闭，惟有刘得爵私人水口屡填屡挖，以致影响本县人民纷争不息。奉电前因，理合将经过事实情形，电复钧鉴伏乞，令饬玉门县政府切实遵照水利规程办理，不得借词改变名称，以息事端，并乞示遵为祷。

安西县长池世英叩安建（36）申铣印

74. 安西县政府转发安西县参议会关于安玉争水情形的决议

1947年9月20日　　酒历1-278

酒泉第七区行政督察专员兼保安司令王钧鉴：

本月十三日案准本县参议会，安参秘（36）申字第139号公函内开“查本会□□第六□□会经临时动议主席提议，建议县府转呈省署，将安玉分水黑沙窝刘得爵私开水口严令查封，以免纠纷请公决案。经决议，仍请专署令其查封等由，记录在卷，相应函请贵府查照办理”等由。查此案前经本府以安建（36）未字第2192号代电报钧鉴核准，转饬玉门县政府遵照在案，兹准前由，除函该会查照外，理合具文转，请钧鉴严饬玉门仍照《安玉分水规程》即行查闭、不得列名编词，以息争端，并乞示遵为祷。

安西县长池世英叩安建（36）申马印

75. 玉门县政府关于勘定安玉分水事的呈文

1947 年 9 月 6 日　　酒历 1-278

酒泉第七区行政督察专员兼保安司令王钧鉴：

专二（36）未字第五三号，有代电奉悉遵查，小北沟之水与黑沙窝，安玉分水口案之水两不相连。黑沙窝安玉分水口案之水，系发源于清塘子湖。玉门每月分水九昼夜，灌溉黑沙窝一带田地。而小北沟之水，乃发源于马运泉子，灌溉县属娘子沟，上芨芨台及北湖一带。且钧署赵副司令，曾于三十五年六月十一赴该地勘查，亦认该水为玉门之水，其理由有四点：

一、论泉源安玉所分之水，在黑沙窝清塘子湖定为口岸，而小沟之水在该湖迤南龙王庙左右，及娘子沟地坡下，其各为马运泉子，最南东流为小西沟灌溉，上娘子沟地亩，北下东流为下泉水沟灌溉下梁子沟地亩，中下东流其名曰小北沟，为玉门下芨芨台子及北湖人民灌溉，虽与该湖上下相临不远，中间为干草梁间隔，有天然界限，并不相混。

二、论分水口，案安玉历在黑沙窝，药王庙迤东定为水口，与玉门黑沙窝人民按昼夜分水查案。安玉分水口岸只有一道，并无第二道之规定。

三、论渠身，小北沟渠身接源马连泉子。在下泉水之坝下，向东北流入下芨芨台等处，其退水到安玉分水口下，约百步外始能入沟，而小北沟水放下不能汇注，分水口内显不相属，足征为玉门北沟之退水沟道，由此可证明与安有关之水，仅限于清塘子湖一处。

四、过去刘得爵等所私开已经封闭之口岸，均在安玉分水口下游，隔之东南，对岸根本，与刘得爵等私开口岸不能混为一谈。

上面四点理由，经赵副司令当场宣布，安西代表崔文成等亦认为议论平正，并无异议，详情已经绘具，图说报备，有案不难详查，且本年度安玉分水联席会议照案分水，并照常封闭过去各私开口岸，玉门民众照案执行，并无重启私口，讵料安西水利忽派瓜州乡民夫刘占有等堵塞小北沟流水，意图破坏水规切断芨芨台北湖一带民命，而置玉民于死地，且安西所认定最大之理由为安玉新旧水案，无小北沟之名称查，玉门境内独有水流甚多，该水流等，既安玉新旧水案均无记载，自为玉门人民独有之水第查，小北沟之水根本与安西无关，再查黑沙窝系梁子沟所属，分水规程第七条注明，第四道口岸梁子沟系定期分水口岸，玉门黑沙窝户民自每月初一日卯时起，五昼夜，又自十五日卯时起，四昼夜，共九昼夜之规定，并非包括梁子沟全部之水，次查政府为保障人民权力，维持地方治安，与执行上级法令之机关□不危害国家民族之权力，及不抵触政府法令之事宜均可执行彼等，历次□玉分水□预，滋事已成惯性，尚不扪心自省，反以刁难，与有意破坏水规，有意滋事之词，加诸本府借以上官更换，希图蒙混，实属以己度人之作风也，奉电前因理合，绘具黑沙窝泉源一览，图将详细情形，用特代电，呈请钧署鉴核查案，则泾渭自分矣。附玉门县柳河乡黑沙窝泉源支流一览图一份。[①]

试署玉门县县长张联渊叩建（36）申鱼印

---

① 编者按：示意图未见。

76. 甘肃省七区专署关于据黑沙窝水源勘复情形给安西县政府的代电

1947年10月2日　　酒历1-278

专二水西字第614号

安西县政府：

安建36申字第二四六零号、安36建申字第二五零七号代电均悉。查此案前据□县以安建36未字第二一九二号代电陈□□情形到署，当即转电玉门县长照办。□后□□电□□县在案，并据玉门政府建36申字第一一六八号鱼代电陈□为委，并附□县柳河乡黑沙窝泉源支流一览图一份。查□县小北沟之水源在马莲□子，而黑沙窝安玉分水口岸之水系发源于清塘子湖，形不相连。按诸□□县以结□资柳河乡黑沙窝泉源支流图□□此次呈赍之图，差合符节，水源地图方信准确，似不发生□水利问题。复查本署赵副司令于三十五年奉令查办安玉皇渠分水案内，每报告梁子沟河畔□□省沟一道，名曰北沟。安西□□水为该县□省往查□□此水为玉门人民请省，安民不应争□□理由□此须安西县政府□□无□似情形□玉门县政府呈发各节，当属实情。再□县电云玉门□县小北沟名词，即刘得爵私开水口一道，考察黑沙窝泉源支流图，二者泉源不同，且相距甚远，究竟为何情形，兹据前请令行，电仰知照。

专员王专二水（36）西□印

77. 安西县长关于请求依据旧案重定昌马大坝分水口位置给甘肃省第七区专员的代电

1947年7月9日　　酒历1-277

安建36午字第1880号

酒泉行政督察专员兼保安司令刘钧鉴：

顷据柳沟乡水利雷在云朱有刚、陶永顺、赵玉珍等呈称“呈为呈请事：窃查职乡分水口岸，历年旧案定为在睡佛洞三十九丈以内，任凭安民开分浇灌，玉民不得搅阻。其龙王庙以上三百四十丈，任凭玉民开分浇灌，安民不得侵占，从此各分各水，永息争端，原有定案可查。至于本年古四月十六日，两县县长会同分水地点在睡佛洞三十九丈以下、龙王庙三百四十四丈之间由安民开分水口一节，与旧案不符，恳祈钧座鉴核恩准，分别转呈更正，以资遵守”等情，附呈三道沟昌马分水口定案碑记一份，据此正拟办。间后复准玉门县政府巳真代电内开“柴坝两县水利座谈会议记录业经缮正，除电报省府专署备查外，兹特检取一份随电送请查照，转饬有关人民遵行为荷，附会议记录一份”等由。查本年农历四月十六日，县长与玉门张县长及两县绅士、水利在柴坝分水时，曾召集会议解释《安玉分水规程》第六条之意义。玉门宋主席提议，按《安玉分水规程》第六条规定，昌马大坝分水地点在睡佛洞以下三十九丈、龙王庙以上三百四十四丈之间，惟今年分水之口岸显系在睡佛洞口，对直即在三十九丈以内，大家是否遵守此项规程之规定？当时安西水利人员未将旧案带来，故无从解释清楚。今该会议记录第一条决议对政府明定水利规程自应遵守，但今年之分水口岸已经如此修理就绪，自可暂时通融，不必更动，嗣后自应绝对按照对定之分水地点，在睡佛洞以下三十九丈、龙王庙以上三百四十四丈之间。而柳沟乡水利检出旧碑记前来，所称尚属实在，玉门县所记之会议记录显与原文不符，除函复玉门张县长应照旧案，解释为睡佛洞三十九丈之中任凭安民开分水口外，理合随电照抄，旧碑记原文一份，电请鉴核示遵为祷。

安西县县长池世英安建（36）午胥印

附照抄旧碑记原文一份

三道沟昌马水口历年定案碑记

恭录雍正十年孟冬月定案碑记由：

柳沟地方，设立于康熙五十六年，招户守土，耕种为生，其地皆资昌马河引流灌溉，考昌马河发源于南山，由睡佛洞前西北一带散漫戈壁。自康熙五十八年，靖逆招来屯户，于睡佛洞前，高筑渠坝，竟将河水堵向东北，独灌靖民地亩，而三、四道沟田地，遂无点滴，以致柳民岁遭干旱。雍正七年，有柳沟卫汪公，目击柳民苦害情形，毅然具详，经请肃州道宪齐亲诣查勘，从公分水。蒙断，在睡佛洞下、龙王庙上定为柳民水口，昭垂久远。由此柳民方得分沾河润，国赋日增，民生永远矣。是为记。

恭录乾隆五十六年中仲夏月特授安西直隶州正堂李定案碑记由：

查雍正九年，因安、玉两处互争水利，经前督宪批饬前肃州道宪齐，踏勘明白，在睡佛洞下、龙王庙上定为水口，其水东北流者六分，灌玉门临城各渠，西北流者四分，灌头、二、三、四道沟各渠。详明督、提各宪立案，并载志乘。此原定之渠口水分章程也。嗣于乾隆四十七、八等年，因玉门农约相继为奸，希图多沾水利，将西渠水口强行堵塞，蒙混本官，敕令西渠百姓，另于睡佛洞上山麓处所另开新渠。各该管官受其愚弄，不查档案，遂竟指原之渠口为新冲，另开之渠口为定，以致玉县奸民得计，而安西良民受害。今本州细查案卷，翻阅志乘，此案原委遂得水落石出。集讯之下，两造倾心输服，仍照旧案，书立合同，各执一张，永远遵守。外又备两张，于安、玉衙门备案。从此以后，民既无所逞其奸计，官亦无所用其偏私矣。此判。

恭录道光十四年仲夏月特授安西直隶州正堂罗定案指示由：

查此案水利，前州李极酷费心，亦甚允公公允。所立合同四张，仍照旧案，在睡佛洞下、龙王庙以上开分水口，按四六分水，口不得改移，至为明晰。是当日水口，远原在坝之近中段，故云上不得改移，现在水口，两不相安。则唯有仍在龙王庙三百四十丈之上、卧佛殿三十九丈之中开分水口，永息争端。此皆照历年旧案细细查出，亦非本州己见也。此判。

恭录道光十五年二月，蒙上宪宫保杨大人批饬，兰州道宪金当堂提究，集讯之下，仍照历年旧案定为章程。安、玉两造，同具其甘结，其在睡佛洞以下三十九丈，任凭安民开分浇灌，玉民不得搅阻，其龙王庙以上三百四十四丈，任凭玉民开分浇灌，安民不得侵占。从此各分水，永息争端，所具甘结是实。道光十五年八月三道沟众户职员谢登桂、生员朱启聪、农约谢象厚、许宗基、陈三福、张勋、户民徐桂禧、谢葆华、刘四得。

专员兼司令刘〇〇专二（36）辰江印

1948—1949年安西玉门水利冲突档案

78. 玉门县政府关于协调维修昌马大坝分水口给第七区公署的代电

1948年4月2日　　酒历2-1725

酒泉专员公署：

查安玉昌马大坝分水口，年来不在分水规程所定地点，每年纠纷过甚，本年行将分水，恳电安西县政府责人民分水前，将法定分水口修妥，以待派员监分而免纠纷为祷。

职张联渊叩送（37）辰删

79. 安西县政府关于柳沟乡呈报各保征夫修理河道事给第七区公署的代电

1948年4月25日　　酒历2-1725

甘肃省第七区行政督察专员兼保安司令王：

一、据本县柳沟乡所水（37）卯字第27号呈为呈报事案："据本县第二十七保五灰滩等处水利邱得智、方全昌、孙万纶、王昌国、张迹先等报称'本年昌马大坝河水微细，下流不畅，点滴未沾，自下安西在急无水灌溉，播种失时，民心异常惶恐，除一面派夫星夜堵修水渠、疏通河流，以安民心'等情到所，以水利关系民命至深且大，当即召开水利会议决：一、三四五六各保共派精壮民夫八十名协助修理河道；二、民夫口食由各该保保长负责；三、限三日内将民夫集齐送交乡所，分编四组，指派熟练水利员为组长，率领工作，以收速效；四、工作时间定为十日，到达工作地点日起。事记录在卷、切实履行外，合具文呈报钧座鉴核备查，并请示遵。"

二、查修理水坝，补修出口等工作，经奉署二水（37）寅到达饬各水利员，责人员准备材料，早日补修在案。

三、报请钧鉴备查并请转饬玉门县府知照。

四、已指令该乡遵照《安玉分水规程》办理。

安西县县长池世英

80. 安西县政府关于请省署饬玉门县府切实执行分水定案给第七区公署的代电

1948 年 4 月 19 日　　酒历 2-1725

酒泉第七区专员王：

一、准本县参议会安参秘（37）寅字第 227 号公函："案据柳沟乡第二七两保保长宋国富许近文、水利委员雷在云等十一人呈称'查安玉昌马大坝之水程，亘古至今玉六安四，昔令成案□非民自扰其往而玉民□求非常□本河水细，既指控前者，民指控安民偷挖十道沟等情况，安民户鲜口少，难抵玉民人众舌广，安民忍气痛心受之。自本年寒露节前至于现在，安民水源渠口完全被玉民堵塞垄断，安河滴水不入，石寒冰结，□无流水之必要，到明春安民有何立足之处？查水为人民之命脉，而昌马大坝之水乃系安玉两县公共之水，非玉门一县独立在水，而今玉民恃强欺弱，完全将水堵尽，使安河滴水无入，迄今已五月之久。冬水本年浇地，春耕实无希望，此种垄断独行，安民焉能生活？似此情迫，令人难甘，除呈县政府水利委员会外，理合具文呈请钧座鉴核，早为设法均足水量，以待明春播种，□乎安民免为□，否则难免流尽，所呈可否，静候示遵'等情，据此，查自玉民恳报恩寺荒地以来，借迫垄断上流、截堵浇灌，以致柳沟乡户民逐年受旱。去年该乡户民田禾，自春至秋河水断流、点滴未沾，田禾被旱枯涸而死，去冬该乡户民迁者计数十家，而玉民妄与指控。刻届春耕在即，该乡渠内仍无点滴，春耕无望，何论秋收，当次军差繁重、补给重叠，若再贻误春耕，诚恐人民迁亡殆尽。除电请省署饬玉门县府切实执行定案以维水规外，相应电请贵府转请省署，饬遵定案，并函请玉门县政府，照定案均水，以免安民受旱。"

二、查刻届春耕之际，农民需水甚急，若再贻误春耕，诚恐人民迁亡，请严饬玉门县政府切实执行定案以维水规，而免安民受旱。

县长池世英（印）

81. 甘肃省第七区公署关于请切实执行分水定案给安西县政府的代电

1948 年 5 月 1 日　　酒历 2-1725

安西县长池：

一、安三建（37）卯字第 757 号代电悉。

二、应按《安玉分水规程》第二五四条规定，经速预备修订工作。届期本署派员令同监办。

三、仰即遵照。

专员兼司令王

秘书丁代行

82. 安西县政府关于本县参议会函电请省署对本年安玉分水转饬玉门切实执行水利规程案给第七区公署的代电

1948 年 5 月 6 日　　酒历 2-1725

甘肃省第七区行政督察专员兼保安司令王：

一、四月九日准本县参议会安参秘（37）寅字第 40 号代电附提案一件“电请省署对本年安玉分水，请饬玉门县府切实执行分水规程，以免垄断上流案，理由：‘查本县源泉、柳沟、瓜州三乡镇户民灌溉之水源，出玉门靖边、柳河两乡。及昌马大坝南山流至，分水既费人力又耗金钱，所费不赀。近年来玉门人民借口居上流，不遵水规，私行偷抢截灌，玉门县府又未切实执行定案，玉门人民益加肆无忌惮、任意妄为，以致纷争迭起、兴诉不已。本县田禾去年被旱，加以军差重，本县人民外逃亡日有，如再仍前敷衍，而玉门草莱日间、安西田土日荒。玉门人民垦断上流，实玉门县府姑息养奸。当此关外为边防要地，安玉两县人民不能有彼疆此域之分，殊非敢睦邻怜谊之道。叩请县府转请省署，饬玉门县府切实执行定案，以维水规而救民生办法，请大会通过后，函请本县田禾亢旱，杜绝两县纷争。’”

二、查水利攸关两县人民命脉，应当两县互相遵照，请严令玉门县政府切实执行分水规程。

安西县县长池世英（印）

83. 安西县政府关于撤销玉门报恩寺垦场以免熟田受旱案给第七区公署的代电

1948 年 4 月 30 日　　酒历 2-1725

甘肃省第七区行政督察专员兼保安司令王：

一、四月十日准本县参议会安参秘 37 寅字第 52 号公函开：“查本会第二届第二次大会临时动议，主席提议，据柳沟乡水利委员会雷在云等呈请‘撤销玉门报恩寺第一垦场以免熟田受旱废熟成荒’一案，终决议函请县府转呈省署、准予撤销等由记录在卷，相应抄同原呈送请贵府查照办理为荷附柳沟乡水利提案事”由。查柳沟乡第二七两保以及二三四五夹滩等处，耕种田地所需水须赖南山昌马河。来流至大坝，以四六分为网渠，东流六分灌溉玉门县属临城各渠，北流四渠灌溉头二三四道等处，定有成案，定于清雍正十年，两县人民遵守奉行，灌溉称便。迨至同治山西叛变，被出关□□响应为患，盘踞肃州持隅顽抗，并不时出击，抢劫财物、杀人叛义，民不堪其扰。劫余，难民相率迁亡、求生他方，壮弃因荒、赤地千里。光绪三年，在文襄公荡平匪患，在安玉各处派兵驻守，招收难民回壮，发给耕牛籽种，以复旧业。当劫余之下，来者寥寥无几，头二三四道沟等处第属玉门，因天道好还、水量充足，二三道沟荒地甚多，由金塔、鼎新、民勤各县人民，陆续徙入，承开已弃荒地。民国五年，金塔鼎新两县连续荒旱，大批难民迁入安境，政府处理难民善后，计准在三四道沟等处择荒开种。从此三四五灰滩以及上水、梁窑儿湾各处之荒地全开种，承赋纳粮已有三十余年长久历史，为国家所尽义务不少，理当保护以维民信。至头二道等处，荒业已近百年，无人过问，忽于民国三十四年，农林部委派人员出关办理垦荒事宜，终玉门人民图一时五年不纳粮便宜，昌然呈请垦种头二道沟之荒田地，只顾己利，有意妨害安民水利。农部人员初到关外，不明当地事实，准予开种，已将安民灌田之水夺去，一半灌溉养地，以至三四道沟等处水量不足受旱，三年啼号饥寒、哀鸿遍野。更兼人民负担过重，如先纳田军各粮、补给军需马匹物品为数甚巨，而旱灾负担、人财交困，民不聊生。无衣无食其小事，但差徭相逼、贫而不安，相率流离迁亡他方，以全残命，近数月来先后逃跑一百三十余家，抛弃熟地五千余亩，业最终报有案并经政府委派勘察属实。若不撤销第一垦场，则三四道沟等处人民受害不起，势必逃跑一空，抛弃百年之熟田、落空六百石之田赋，不为人民念，亦当为国家边防计。以水源论，玉门垦场居在安民上流，随时堵截下流，受害不浅。撤销垦场将水独归三四道沟，浇灌于民有益、于国止损。办法：一、派员彻查逃亡户抛弃熟荒地，招收难民、恢复农村事业，并请设法救济；二、撤销第一垦场，以裕三四道沟之水利免于受旱、废熟成荒。

二、正核办间，柳沟乡水委员雷在云、水利负责人杨培贤、朱友刚、万林方、方全昌、朱国富等十一人呈提案一件，案同前由。

三、请钧鉴核办并乞示遵。

安西县县长池世英（印）

处理意见：

报省府。

84. 安西县参议会关于请豁免逃户负担一重边防二安民生事给第七区公署的代电

1948年5月8日　　酒历2–1725

酒泉专员王钧鉴：

查本县地瘠民贫，甲于关外。又少天然物产，人民生活困苦万状，一切需要端赖农产。自民国卅四年玉门报恩寺开垦场，将安西二三道沟等处溉田之水占去一半，浇灌垦地以致三四道沟等处灌溉不足，常遭干旱，近三年来更为严重。去年亢旱成灾，收成特歉，计地一亩平均收成不过一成，生活失望，而马匹粮赋等等差徭官司应纳负担，人民已经精疲力竭，不逃势所不能。若不即刻设法救济、豁免负担，则甲逃累乙，乙逃累丙，诸如类推，层层积累，则逃者接踵而起，边防关重，诚难忽视。应恳钧座体察实际，准予减轻负担并设法救济，则未逃者不致再逃，逃者或可招来，国家幸甚，安民幸甚。

安西县参议会第二届第二次大会叩

85. 甘肃省第七区公署关于已将安西县柳沟乡各保征夫修理河道事通报玉门方面给安西县政府的代电

1948 年 5 月 6 日　　酒历 2-1725

一、建（37）辰字第 917 号代电悉。

二、准予备查。

三、本案业经饬玉门县政府知照。

专员兼司令王

86. 玉门县民众代表关于控诉安西抢夺水源一案给第七区公署的代电

1948 年 5 月　　酒历 3-3810

呈为破坏水利、勒索未遂、率众行凶、毒殴良民，伤害极重，呈请依法惩办，以维法纪而儆刁恶由：

该民保地小民穷，水源缺乏，于民国二年经民保民众受尽难苦，凿金泉开渠引水浇田地。迨至民国初年，安玉两县因水利涉讼，因民保泉水非由河岸开渠引水，不能浇田。因此安民开始向民保恃强争夺泉水。此泉由民保民众历年劳苦、凿泉开渠，以维四五十户之性命，泉高河低，泾渭两分，何容狡赖？该安民私改水规，将干泉坝南改为干泉一眼，恃强争夺，任意狡赖，借端勒索，民保及附近各保受害实深。每年如未明理，渠长各管水道，与民毫无干涉。自前年安西水利渠长朱克礼管理以来，强暴非常，每年率领民夫百余人，如狼似虎，借端勒索，凶恶无比，稍不遂意，即行放水填渠，以致去年将民保田苗完全枯干，少收三分之二。迭经呈请县政府依法保障在案，不料今年五月二十一日该朱克礼突于下午率众，领百余人手持铁锨、木棒放水填渠，经民保户民朱福寿、朱福禄、石发祥、吴生泰、张窦成五人理论阻挡，该朱克礼不容理论理，喝令民夫将朱福寿等五人横行毒殴，打得头破血流，遍体受伤，并将石发祥两指砍去，腰中已受刀伤。现五人伤痕极重，吐血不止，性命难保。似此率众行凶，实属目无法纪，为此伏祈专员大人电鉴俯准依法敢办，以儆刁恶而维民生，实为德便。谨呈甘肃省第七专员公署专员王。

具呈人：玉门县靖边县乡第大保保长王志汉，民众代表张登第王得荣、杨生荣、何凤海

被告人：安西县水利渠渠长朱克礼

87. 安西县政府关于指控玉门不遵水规挖毁本县水源坪口及堵塞水源给第七区公署的代电

1948 年 6 月 25 日　　酒历 2-1725

第七区行政督察专署：

一、六月二十五日以敬电奉悉。

二、遵查安玉分水，以蒙钧署派于视察来玉主持均分。查第一道口岸皇闸湾，玉门川北镇户民将皇渠正身水自古四月二十日起至二十九日连堵放四次；第六道口岸双桥儿，被蓝旗户民在此中间截堵三次。当经本县渠长报告于视察及玉门县政府，查办有案复于二十几日起至古五月七日止，双桥儿又被截堵二次，川北镇户民截堵二次，均经本县水委员电请玉门县府查办。

三、本月二十五日又据本县瓜州乡、渊泉镇两乡镇户民焦天顺、李发喜、马生仓等七十四人报告："一、本日在电局，据本县在玉水利渠长王廷宣，吴昌元电话请玉民，于六月二十三日将皇闸湾水坪挖毁，川北镇水渠堵塞不放等情；二、刻值需水孔殷之际，各渠之水均于古五月六日停流，田苗亢旱枯干，其原因一则天气炎热，再则因玉民强堵水源不能流，以来以致大河水量减少；三、查玉民不遵水案，任意破坏水坪口，强堵水源妨害农田上误国赋，下害民生，形同毒蛇猛兽，实属令人可憎，谨电叩请钧鉴电转上层追办，开函玉门县修坪放水以重水案而裕民生。"

四、查刻值田禾在需水之际，本县各乡镇渠内之水于古五月六日先后停流，田苗均已亢旱成灾，民心慌慌，均外逃亡，该玉民将上口任意截堵。

五、兹据前情谨电转请钧鉴查办。

安西县县长池世英（印）

88. 玉门县政府关于请求调整《安西玉门分水规程》给第七区公署的代电

1948 年 6 月 30 日　　酒历 2-1725

酒泉专员王钧鉴：

一、案往本县参议会玉参秘（37）巳字第六七号公函内开："一、案据柳河乡双桥儿户民何长生、马生昌等十人呈称'为呈请转请将《安玉分水规程》第七条第六道口岸双桥儿水规修正，原全事实，而维民命：查柳河乡第四保蓝皂旗所浇双桥儿之水，订定欠妥，安玉人民年有争执，原因前刘专员未曾派员亲莅本邑翔实勘察，耕地若干，居民几何，乃竟闭户造车，亦未原全事实。所定水规是否能够浇灌，竟听信一面之词，武断订定，民等迭经呈请省府及专署重定水规，原全民命，未邀允准。嗣于三十五年六月七日，专署派赵副司令会同本县绅首宋信谏、李徵献，安绅崔文华、常启昌等亲履本邑、详查水源。双桥乃一溪泉水势细微，发源于报恩寺东北水口，经测量宽为八寸深五寸，每时里能浇灌地亩五六分，本地即蓝皂旗耕地一千六百余亩，长浇尚感不足，田地荒芜大半。若照每月规定九昼夜则有地无水，田地全形荒芜，民等生命险于绝，竟无形，只得逃亡，当时赵副司令以命令执行难，即饬将水口开放，时经七日水流尽入湖滩，未能达到疏勒河。似此与安民无益，而玉民损失甚重，两无所得。水渗旷野、田地荒旱，岂不惜哉。况三十五年八月二十八日前，刘专员莅县召开安玉两县水利联席会议时，因本处分水成数未能原全事实、俯恤民命圆满解决，又会议玉门出席人数未过半数之通过，民等坚未承认，亦未盖章。前刘专员不容研讨复议，竟将未盖章之会议纪录携去，似有武断以命令执行之意。事关命脉，民等誓以肝脑涂地决难承认此种口岸，为此理合联名恳请钧会俯念下情，准予转请省府派员莅地翔实详查，以事实重定水规、以昭公允，而免人民弃地逃亡，不胜迫切待命之至’。二、经提交大会审查，《安玉分水规程》第七条内之第六道口岸攸关柳河乡水利，而联席会议之水案纪录并未经柳河乡人民之签字通过，应立即转请省府专署派员详确勘查、重新修正第七条条文，以原事实而免纠纷。三、决议照审查意见通过。四、请查照办理。”

二、请鉴核便复。

署玉门县县长张联渊叩建（37）

处理意见：

查《安玉分水规程》原经妥慎报厘订，呈奉省令切实执行并转饬遵照勿违在案，新修正第七条正文一节应毋庸议。

王维墉

89. 玉门县参议会关于请求调整《安西玉门分水规程》的提案（一）

1948年5月20日　　酒历1-243

案由：拟请转请将《安西玉门分水规程》第七条第六道口岸双桥儿水规从新修正，原全事实而维民命案。

提案人：韩焕文

连署人：陈羲才　李成儒

理由：查本县皇渠第六道口岸双桥儿水规订定欠妥，安玉两县年有争执，迭纷呈请专署重定水规，原全民命，结果未邀允准。嗣于三十五年六月七日，专署曾派赵副司令会同本县绅首宋信谏、李徵献、安西绅首崔文成、党启昌等亲莅该地详查水源，复经参议会秘书张锡五会同柳河乡副乡长及当地绅耆履地勘查，双桥儿乃一溪之水，水流细弱，发源于报恩寺东北水口，经测量宽为八寸深五寸，每时尽能灌溉不足一亩。查该地耕地约一千六百余亩，全部归余灌溉尚感不足，若照每月九昼夜，则有地无水田地全形荒芜，人民惟有外亡一途，况双桥儿水归玉门蓝皂旗灌溉年经已久，与安西昼夜口岸。安西既灌不到水，玉民亦因之受旱，拟请将《安玉分水规程》第七条第六道口岸重新修正以免争执而全民令。

办法：拟请提交大会审查并请县府转请省府专署派员，翔实勘查以重事实而垂永远。

90. 玉门县参议会关于请求调整《安西玉门分水规程》的提案（二）

1948 年 5 月 20 日　　酒历 1-243

议题：请原恳省府、专署修正《安西玉门分水规程》第六条后半段及第六第九两项以昭公允。

提案人：徐敦仁

连署人：李泽琴 李成儒 李徵献 陈羲才 赵纯诚 王光统 姜朝礼

理由：查刘专员前定安玉水规，特费心机、自当钦佩，惟渠案头续既多、情形复杂，难免有未彻底之处，兹分述如下：

一、昌马大坝及柴坝安玉分水比例，自清康熙五十六年玉门设卫置官招民，时靖逆卫首开重执，奉上谕募夫开河，后既定上四六下，四六成分水。乾隆二十四年改卫为县，亦依旧案读之，行之迄今几三百年未有更易。民国三十四年新订水规，大坝安四玉六（即上四六）照旧定案。惟柴坝安四玉六（即下四六），以原成案定为平均分水，经玉门县府强制执行而已，渠民恨官不作，玉绅不建言，怨声载道，若再酝酿必出事端。

二、双桥儿水源出玉门报恩寺附近，水量细小未至疏勒河已不成流。且其渠名皂旗沟，可见其为玉门水。三十四年定为与安西昼夜口岸，以有用之水散流于湖滩，安民不沾分毫之润，玉民遂遭亢旱之灾，推情酌理实未有合。

三、蘑菇滩水，据该保提出民国三年县府批示，谓为两县派员会同水利人员详勘，按户地亩多寡，议定玉门蘑菇滩二十户浇水十分之八、安西东湖下六户浇水十分之二，长流口岸。虽为抄录，但绝非假造，可资考证。三十四年定为昼夜口岸，该保地多水少，频年被旱，时苦连天。

办法：由大会原请省府、专署派员履地切实勘察修正水利规程以昭公允。

91. 甘肃省政府关于玉门县请求开放睡佛洞以下龙王庙以上河口一案给第七区公署的代电

1948 年 6 月 29 日　　酒历 2-1725

七区专署王专员：

一、据玉门县政府本年六月二十六日巳代电称："案准本县参议会玉参秘（37）巳字第四六号公函开：（一）按下东号水利张明才、上东渠水利徐积法、官庄子水利杨作机、下西号水利周春茂等四人呈称：'为呈特函达安西县政府按照定案开放河口以符功令：及去年安西户民在昌马大坝开放河口，并非案定地点，在睡佛殿以上私行开河堵水，玉门河口水量大减，以致浇灌失时，人民恐惶，除派大前往昌马大坝田堵外，理合具文，呈持钧会准予通达安西县政府，令饬安民遵照定案在睡佛洞以下、龙王庙以上开放河口，免滋纠纷，实为公便，谨呈。'（二）经提交本会第二届第三次大会审核，函转安西县政府饬，必在本年八月间履行会同开放口岸。（三）决议照审核意见通过。（四）特鉴核备并特饬安西县政府遵照。”

二、除特令准为所请外，仰遵照督饬办理。

三、本案并分令安西县政府办理。

寄峤

92. 甘肃省第七区专署关于协同处理柴坝庙争水一案给玉门安西两县政府的代电

1949 年 4 月 20 日　　酒历 5-7305

甘肃省第七区行政督察专员兼保安司令公署代电

玉门县△密：

据安西县建卯□电称，玉门第一垦场王吉祥率夫一百二十名截堵柴坝分水口，打伤安民方全昌等七人，仰制止并会同安西县长查办报核。

王〇〇二卯

安西县△密：

建卯□电悉，已电玉门制止，仰速同张县长查办报核。

王〇〇二卯

93. 玉门县柳河乡民众请求解决安西玉门柴坝庙争水事给甘肃省第七区专署的呈文（一）

1949 年 4 月 20 日　　酒历 5-7306

甘肃省第七区行政督察专员公署王专员：

呈为维护钧署所定水利规程，以解争端而苏民困事。窃查安玉分水成案，原案安西四玉门六，经三十五年刘前专员解决，定有水利规程，两县以各半均分，分水地点在柴坝庙，而十道沟并无分水口案。民等屡修该处堤坝，该安民屡次拆毁。又于柴坝十道沟等处附近备双枝柴捆，民等数十路拿人力负运修筑，每夫竭一日之苦，每天只负到六个柴捆。该安民到此屡修屡毁，玉民损失太巨，政府不赐予保障，何日了局？现值播种之际，民情急如星火。万不得已，为此呈恳钧署恻怜，俯赐派员彻查，赐予永久保障，并将屡次祸首安民王章有、邱得志二人严厉惩办，切实执行水利规程，以息历年两县纷争而苏民困，实感恩德两便。

玉门县柳河乡水利　刘柏山

民众代表　雷耀义　刘宗和

处理意见：

已电安玉两县长会商处理，处理意见知照。

94. 玉门县柳河乡民众请求解决安西玉门柴坝庙争水事给甘肃省第七区专署的呈文（二）

1949 年 4 月 24 日　　酒历 5-7307

七区专署王专员：

呈为□□□□□□□安玉水规，以息两县争端事。窃因安民强挖十道沟堤坝，两县惹起冲突，经政府将玉民王吉祥、杨志恒二人管押在府，民等不敢妄动，听候处理。孰料安民仍于四月二十二日，王章有、邱得仁等率领民夫二百余人，又将柴坝堵干，放火烧毁修坝之芨芨柴捆，民等河内滴水不见，民火势甚急，无奈只得呈恳钧署悯怜玉民之春耕，速予派员彻查，以息纠纷实为恩便。

玉门县柳河乡民众代表　贾永兴　雷耀义　刘宗和　刘柏山

95. 安西县柳沟乡民众请求解决安西玉门柴坝庙争水事给甘肃省第七区专署的呈文

1949 年 4 月 19 日　　酒历 5-7309

甘肃省第七区行政督察专员公署王专员：

呈为聚众逞凶、堵塞水口，预谋打人、破坏水规事。窃查安玉分水口岸，法定在柴坝庙以下，为玉属第一垦场。水利杨志恒、王吉祥、贾永茂等不遵水规，率领垦民一百二十余人，各执棍棒，扎定分水坪口，如临大敌，将安民应分之水全部堵截玉河，安河点滴不流。现值春种之际，需水孔急，安民点滴不见，群情恐惶。当即派民夫二十五名，前往柴坝法定分水地点交涉分水，垦民恃强欺弱，以众凌寡，堵定水口，不容安民分水，意在造成安民灾歉。水为人之命脉、生命所系，理难相让，不得已而以理相抗，垦民水利王吉祥、杨志恒、贾永茂等指挥所领民夫一百二十余人，手指木棒，怀抱石卵，石棒交加，将安民水利方全昌之左手打伤、骨断筋折，面部左腮打破、下颚错位，骨露齿落，饭食点滴不下，奄奄待毙、生命难保。民夫陶成祖头顶打破，王爱武左颧骨打伤，柳英才鼻梁打断，陈汉彪左腮受伤，杨万海五指打断，王正海面部被伤，魏大头顶砍破、伤中要害，均有生命之虞。其余数十人均被打伤、无一幸免。垦民既强夺水利，又聚众行凶，打伤安民，暴戾恣睢，目无法纪，安民弱小，生命已失保障，安全毫无希望，情急势迫，理合具文□恳。

安西柳沟乡第一七保民众代表　辛志成　邱德仁　万林芳　王咸章　□永顺
张万荣　朱国福　雷在云　朱有刚　赵玉珍

96. 安西县政府关于省府训令安玉水利纠纷给安西县参议会的公函

1949 年 4 月 21 日　　酒历 1–172

安西县政府公函

一、奉甘肃省政府水三（38）寅字第 3901 号训令："一、玉门县政府本年三月十二日呈称：'（一）查安西玉门分水频年纠纷争端不休，虽经订有水规，在安西人民认可异议，而玉民争持犹未公允，第经请令须布执行，永资远守在案，然安西人民狡黠滋事，每年分水时存，明争暗斗忘理，往往不守水规，纠众逞凶，破坏坝堤，肇事迭出，历案可查，乃上年十月间，竟有安西水利王瀚有、邱得羲等率夫拆毁十道清堤坝并绑去玉门民夫俩名，当该坝水利转换文等呈报到府，正查办间，复奉专署二（37）戌字第 2942 号代电，案同前由饬查明处理具报等因，嗣经调查折毁堤坝、绑去民夫重打确属实情，惟民夫早已外回，且事过经久，未便深究。（二）拟请钧府饬安西县政府制止该县人民嗣后，不得发生拆毁堤坝，破坏水规情事，以睦邻谊，而谧纠纷。（三）仰遵照制止该县人民嗣后不得发生折毁堤坝，破坏水规情事。'二、本案已指令玉门县政府。"

二、相应函转贵会查照。

三、本件已分令柳沟遵照。

县长

97. 玉门县政府就玉门县参议会要求解决十道沟水案玉门县政府关于调查十道沟发生水利纠纷经过给第七区专署的代电

1949 年 4 月 27 日　　酒历 5–7316

玉门县政府代电建（38）卯字第 481 号

甘肃省第七区行政督察专员兼保安司令王：

一、查十道沟发生水利纠纷，安民打伤玉民一案，已经建卯电告。

二、经派本府警佐陈广业、指导员陈洪典前往勘查。兹据报称"本月十八日，奉钧座手谕往昌马大坝调查安玉两县民夫因分水而起纠纷致伤人命一案，职等遵即往昌马大坝及十道沟柴坝、三道沟报恩寺依示详查，谨将调查情形分呈于右：（一）昌马大坝因未到分水时期，两县均有流水并各有筑坝民夫，无争水之纠纷。（二）十道沟打架之事，乃因安西民夫由大坝前来十道沟强迫拆毁玉门民夫所筑之堤坝而起。因十道沟向无分水口案，本月十八日方全昌、王万国等率领民夫五六十人，由大坝来十道沟强迫拆坝，并依照去岁之旧例，先绑民夫、后放堤坝。而玉门民夫因各河水攸关生命而不让拆毁，致起争斗。即在十道沟堤上，两县民夫互相殴打。安民由方全昌一人指挥，玉门民夫因人数过少、抵抗不佳，致受伤后即行逃散。安西民夫很多，一面打架一面放水，故亦有受伤。现堤坝拆去三分之一，并将稍绳均已割断，水已流向安西之河流。（三）安西户民所称，由十道沟放去之水，不能流入安民地点，但经职等跟河流调查之后，确实流入安西之地并已灌溉田亩很多。按推测，如不能流入安西地点，为何舍命拆坝？故水不流入安西之地，是属赖词。（四）打架地点，据安西民众所称乃系玉门民夫由十道沟前往大坝行凶。但玉门民夫往十道沟行凶不成，理由因大坝之水向由安西与玉门临城各坝之争，而报恩寺与安西所灌之水同河而流。故报恩寺之民夫在大坝无争之必要，并在十道沟坝上，已有大家所流之血痕数处。故打架之地点乃十道沟无疑。并有玉门临城之民夫在大坝观看，知安西民夫前往十道沟，但地隔很远、不知打架，故未曾前往。（五）柴坝之水久因未入正河，两县民众均未分水，但安西民众希图由十道沟分口，故不向柴坝来分。（六）安西民众称该处各坝之地，均是无水，经职等调查之后，各坝均具有灌溉之地”等情。

三、查十道沟系大坝至柴坝之间溢水破口，往昔安民偷水，即由该处窃挖。每年发生，即以“该水不能到地，漫溢戈壁，无水”为词，而经办人员亦不深究。此次经实地调查，大非其事实。查十道沟堵水堤，于三十四年往昌马大坝两县分水联席会议决定，在大坝永久工程未完成前，由玉民截堵，每年耗费巨工最少万余。况十道沟既非分水地点、又未属分水时期，究有问题，亦不来府报告，足证安民有意滋事，明目张胆，公然强制开取玉民堵截十道沟堤坝，致受重大损失，若不严加究办，将患不堪设想。

四、恳祈钧署责令安西县府将肇事人方全昌、王章有、王万国、邱得志、王怀善等五人代为传送过府，以便移送法庭依法办理，或恳由钧署提办，以遏后患而儆将来为祷。

署玉门县县长张联渊

秘书毛羽鹏代行

98. 甘肃省第七区专署关于处理十道沟争水一案给安西县政府的电报

1949年5月3日　　酒历5-7310

甘肃省第七区行政督察专员兼保安司令专署电

安西县△密：

据与玉门县电称“安西水利等率夫三百余，堵埋玉河八日，点滴不流，经交涉坚决拒放”等情，仰速查制止，并即日放水，不得妄滋事端为要。

王辰江

99. 玉门县政府为安西方面于柴坝庙截断玉门水源事给第七区专署的代电

1949年5月8日　　酒历5-7324

甘肃省第七区行政督察专员兼保安司令王：

一、查安西人民方全昌、王万国、邱得志、王章有、王怀善等五人于本年三月十八日率夫七十余名，将十道沟堤坝强行拆毁并逞凶打伤玉民四人，当派员前往勘查，确属实情，经以建（38）卯字第四八一号代电报请钧署核示在案。

二、兹据柳河乡直属保民众代表刘宗和、雷耀义、刘柏山等四月二十三日报告称“呈为率众横行强挖水口、不遵水规、有意滋事，呈请究办事：窃查安西柳沟乡参议员辛志成、副乡长李□林、水利赵玉珍、王章有率领民夫二百余名，突于四月二十二日将柴坝庙分水口全数堵塞殆尽，又将玉民苦力所打之柴料八百余捆全数夺去烧尽。玉民在场民夫仅三十余名，民力甚微、众寡悬殊、束手无策，现当时由钧府派何指导员、赵副乡长莅场视察，水全数流入安西河流，玉门河底干枯、滴水不见是实。该安民等不容理论、一味搅闹，七言八语、破口大骂，民等为息事计，唯恐酿成意外事件，仅只缄默、未敢动声，且安民竟敢于分水口外另指水口，实属有意扰乱水规、目无法规。现值春种，在急田地全形荒旱，玉民心焦如火，百思无奈，惟有具文恳乞钧座鉴核，恩予速即转电上峰、速予制止，并惩办安民以维水规，而全民命实为公德两便”等情。

三、经派本府指导员何承琥往查，旋据报称“（一）奉谕前往柴坝庙口勘查安西截水情形一案。（二）经职会同胡培仁前往该地勘查，由安西民夫二百余名，将玉门河口堵塞、点水不流。参议员辛志成、副乡长李□林亦往柴坝居住，经职等一再向该等交涉，信口推诿、置若罔闻，不让原口岸放水，另指出新口岸数处，地势太高，玉民无法开源，结果玉河仍滴点不流。（三）请电鉴核夺”等情。

四、查本年未属分水时期，安民竟纠夫二百余名，强堵坝堤、截断水流，致玉渠点滴不下。经派员前往谂劝制止，置若罔闻，且蛮横逞凶，有意滋生事端。刻下玉民惊慌万状，跃跃势不两立，除仍镇压玉民、谂劝安民并函安西吴县长先期来玉会同办理外。

五、恳祈钧署速电安西县政府迅即制止并修复毁堤、以杜纠纷而敦邻谊为祷。

署玉门县长张联渊

100. 玉门县政府关于十道沟水利冲突事给甘肃省第七区专署的代电及第七区专员的处理意见

1949年5月19日　　酒历5-7255

玉门县政府代电建（38）辰字第576号

甘肃省第七区行政督察专署兼保安司令王：

一、准玉门县参议会本年五月四日玉参秘（38）辰字第一六一号函开：“（一）据本县柳河乡民众代表刘宗和等四人呈称：‘呈为恃野逞凶、督放坝堤，目无法纪、打伤玉民，伏乞钧会电鉴，彻底详查、救民于水深火热事。查柳民全赖昌马大坝之水而济民命，去秋九月间安民方全昌等率领民夫七八十名，将柳民紧要之十道沟口撤放，又捆绑看水之民夫两名，将其全河有用之，全流于安西柳沟乡河内。安民灌溉，玉民滴水不见。兹案前经呈请钧会惩办在案，此值播种之际，土地干燥，形成一片焦土，民心急如星火，无奈只应催夫修葺坝口，旋于三月十五日方将安民绝放破口堵塞，水将入其正河流行。突于三月十八日，安民方全昌、王万国、邵得志、王张有、王怀善等五人仍率夫七十余人猛扑十道沟口，强恃撤堤，但该十道沟口并无分水口岸，玉民不许拆毁，而安民恃强逞凶，拆毁堤口三丈有余，并将柳民打得东奔西窜，受重伤者四人，遂将柳民费万人苦工修筑之十道沟堤口拆毁，水仍流归安民灌溉。玉民田地荒芜，春种失时，秋收无望，况食为民天，水为民命。柳民竭力苦修，安民任意破坏，忍无可忍，而今三年之久，非柳民故意嗷嗷，实由安民自造逞凶，有意罹害，如此长往，玉民碍难立足，此次玉民万不得已，除分呈外叩请钧会设法办理，以救民命，如钧座再不严加惩办，我柳民实无生路，难免安玉人民私行拼命，重受遭遇，演出惨剧，其后不可设想，为此具文呈请钧会鉴核，恩予函转县府呈专署，制止安民撤毁世道沟口并严惩垦民以维法纪而彰公道，临呈不胜待命之至。'（二）查《安玉分水规程》有案，安民恃强挖坝，蓄意破坏成案，实属不当。（三）函请贵府咨安西县政府严令制止并电转省专府署严予查究，以儆效尤。"

二、恳祈钧署转饬安西县政府制止安民切实遵守水规，永远不能拆毁十道沟堤坝，以免纷争为祈。

署玉门县县长张联渊

处理意见：

一、本案前已经电饬安西县府查办，并据该县府及该民众代表先后呈报到署。

二、据安西县府及该民众代表分别呈报，玉门人民将方全昌等七人打伤。

三、所请转令安西人民以后不能拆毁十道沟堤坝一节，准予转饬安西县办理。

101. 安西县政府关于处理安玉水利纠纷给安西县参议会的公函

1949年5月21日　　酒历1–172

安西县参议会

一、安参秘（38）辰字第162号代电悉。

二、查此案前处本县柳沟乡第二、七两保民众代表辛志成呈报县府，已先电省署核办，并有本府派员前往查勘，拟签。复经职遵即会同柳沟乡辛参议员志成、李主任干事茂林、柳沟乡韩参议员焕文及安玉地方士绅等，于四月三十日在此坝庙开会，商讨决议办法如下：（一）此坝口水源仍按原有口岸以东，纳十余丈外暂为通流。（二）安玉应得水量大小数，俟四月十五日安玉县长及地方士绅分水时商讨决定。（三）决议后双方和好，不得争端生非，亦不得私行堵截双方口岸等由，记录在案。至玉民打伤安民方全昌等十三人，确系实情，伤势沉重，众情愤慨，应请依法重究以重水案。

三、除将勘察情形及原呈转报省署，并函玉门县府将肇事首犯秉公法办外，相应函复查照为荷。

县长

102. 安西县政府就处理十道沟水案事给甘肃省第七区专署的代电

日期不详　　酒历 5-7251

安西县政府代电安三建（38）辰字第1043号

甘肃省第七区行政督察专员王：

一、据本县柳沟乡公所安柳（38）卯字第（32）号呈称“为专呈争案柳沟乡第廿区保民众代表辛志成等呈称‘呈为聚众逞凶、堵塞水口，预谋打人、破坏水规事，窃查安玉分水口岸，法定在柴坝庙以下，为玉属第二垦场水利杨志成、王吉祥、贾永茂等不遵水规，率领垦民一百二十人余人，各执棍棒，扎定分水坪口，如临大敌。将安民应分之水全部堵截玉河，安河点滴不流，现值春种之际，需水孔急，安民点水不见，群请恐惶，当即派夫二十二名，前往柴坝法定分水地点交涉分水，玉民恃强凌弱、以众凌寡，堵定分水口，不容安民分水，意在造成安民灾歉。水为人之命脉，生命所系、理难相让，不得已而以理相抗，垦民水利王吉祥、杨志成、贾永茂等指挥所领民夫一百二十余人，手执木棒，怀抱石卵，石棒交加，将安西水利方全昌左手打伤，骨断筋折，面部左腮打破，下颚错位，骨露齿落，饭食点滴不下，奄奄待毙，生命难保，民夫陶成祖头顶打破，王爱武左颧骨打伤，柳英才鼻梁打断，陈汉彪左腮受伤，杨万海五指打断，王正海面部被伤，魏大头顶砍破伤中要害，均有生命之虞。其余数十人均被打伤无一幸免，垦民既强夺水利，又聚众行凶，打伤安民，暴戾恣睢，目无法纪，安民弱小，生命已失保障，安全毫无希望，情急势迫，理合具文□恳’等情，据此，查该代表所呈情事，职即会同参议员前往柴坝勘查安河确无滴水并将水利民夫打伤树人，所呈情事均属实在，转呈钧府备查”。

二、经派本府指导员焦天云前往勘验去后，据该员签复，经职会同柳沟乡辛参议员志成李主任干事丛林、柳河乡韩参议员焕文及安玉地方士绅等于四月三十日在柴坝庙开会商讨决议办法如下：（一）柴坝口水源仍按原有口岸以东约十余丈外暂为通流。（二）安玉应得水量大小数，俟四月十五日安玉县长及地方士绅分水时商讨决定。（三）决议后双方和好不得争端生非，亦不得私行堵截双方口岸等由记录在卷。至玉民打伤安民方全昌十三人等确系实情，伤势沉重，众情愤慨，应请钧鉴依法重究，以重水案。

三、理合电请钧座鉴核，伏乞严饬玉门县府，将行凶之水利王吉祥等依法惩办，以维法纪，裨儆将来。

代理安西县县长吴文青

103. 甘肃省第七区公署就解决十道沟水案事给安西县政府的代电

1949年5月24日　　酒历 5-7258

甘肃省第七区行政督察专员兼保安司令专署代电二辰字第1200号

安西县政府：

一、安三建（38）辰字第1043号代电悉。

二、兹核示如下：（一）玉民王吉祥截水行凶、打伤该县方全昌等七人案，前据该县长电报及民众等呈报本署，仰交玉门县查办。(二）该县焦天云等会同玉门商讨解决水利纠纷一事，未据玉门呈报，如果双方愿息事宁人，自应该力求和好。

专员兼司令王

104. 甘肃省政府就安玉水利冲突给甘肃省第七区专员的训令

1949年5月26日　　酒历5-7267

甘肃省政府训令建五（38）午字第1962号

七区专署王专员：

一、据安西县政府本年五月七日代电称……①

二、复据玉门县政府本年五月八日呈称……②

三、查本案迭据玉门县政府电称安民拆毁柴坝、殴伤玉民，并据安西柳沟乡第二七保民众代表辛志成等呈称玉民逞凶、堵塞水口各等情，经迭电令查办在案。

四、兹据来呈双方各执一词，究系安民拆毁柴坝、截断玉民之水，抑是玉民堵截安西水口，速并案彻查妥处据报。

五、本案已指令安玉两县政府。

主席郭寄峤（印）

建设厅厅长骆力学（印）

处理意见：

本案已令安玉两县遵照《安玉分水规程》，将全案先送由玉门县审讯□□在卷，嗣各该县府呈□□再行转报。

王

105. 甘肃省政府就处理十道沟水利纠纷事给安西县政府的训令

1949年6月9日　　酒5-7281

甘肃省政府训令建五（38）巳字第2129号

七区专署王专员：

一、据玉门县政府本年五月十九日代电称：“准玉门县参议会本年五月四日参秘（38）辰字第一六一号函开：(一）据本县柳河乡民众代表刘宗和等四人呈称：‘呈为恃野逞凶、督放坝堤、目无法纪、打伤玉民，伏乞钧会电鉴，彻底详查，救民于水深火热事：查柳民全赖昌马大坝之水而济民命，去秋九月间安民方全昌无人率领民夫七八十余名，将柳民紧要之十道沟撤放，又捆绑看水之民夫二名，将其全河有用之水全流于安西柳沟乡河内安民灌溉，玉民滴水不见。兹案前经呈请钧会惩办在案，此值播种之际，土地干燥形成

① 编者按：此处照抄102号文件，从略。

② 编者按：此处照抄99号文件，从略。

一片焦土，民心急如星火，无奈只应催夫修葺坝口，旋于三月方将安民绝放破口堵塞，水将入其正河流行，突于三月十八日安民方全昌、王万国、邵得志、王张有、王怀善等五人仍率夫七十余人猛扑十道沟口，强恃撤堤。但该十道沟口并无分水口岸，玉民不许拆毁，而安民恃强逞凶拆毁堤口三丈有余，并将柳民打得东奔西窜，受重伤者四人，遂将柳民费万人苦工修筑之十道沟堤口拆毁，水仍流归安民灌溉，玉民田地荒芜，春种失时，秋收无望，况食为民天，水为民命。柳民竭力苦修，安民任意破坏，忍无可忍，而今三年之久，非柳民故意嗷嗷，实由安民自造逞凶，有意罹害，如此长往，玉民碍难立足，此次玉民万不得已，除分呈外叩请钧会设法办理，以救民命，如钧座再不严加惩办，我柳民实无生路，难免安玉人民私行拼命，重受遭遇，演出惨剧，其后不可设想，为此具文呈请钧会鉴核，恩予函转县府呈专署制止安民撤毁十道沟口，并严惩垦民以维法纪而彰公道，临呈不胜待命之至。’（二）查《安玉分水规程》□有案迤安民恃强挖坝，蓄意破坏成案，实属不当。（三）函请贵府咨安西县政府严令制止并电转省专府署严予查究，以儆效尤、恳祈钧署转饬安西县政府制止安民切实遵守水规，永远不能拆毁十道沟堤坝，以免纷争为祈。”

二、查本案前据该府及安西柳沟乡人民互呈到府，迭经电令该署查办在案。

三、仰遵照并案查办报核。

主席郭寄峤（印）

建设厅厅长骆力学（印）

处理意见：

令玉门县□讯办情形报署，以□转报。

106. 甘肃省七区公署关于玉门不得堵塞水口事的电报

1949 年 6 月 17 日　　酒历 5-7279

甘肃省第七区行政督察专员兼保安司令公署电

玉门县政府：

玉门县△密：

一、据安西电报川北镇双桥儿蓝旗等地水口被玉民堵塞并有五六十人持械把守。

二、仰转饬该地人民遵照《安玉分水规程》之规定，开放水口不得发生事端。

王（38）巳啸

107. 安西县政府关于安玉水利纠纷事请给甘肃省第七区公署的代电

1949 年 6 月 18 日　　酒历 5-7286

安西县政府代电安三（38）巳字第 1472 号

酒泉第七区行政督察专员王：

一、本年六月七日据本县水委会派赴玉门勘查水利人员康发诰报告“（一）川北镇之水时长被玉门人民偷截，并在最近常有五六十人手持木棒在渠口看守，我方民夫无法去放，经呈玉门县政府派员监督放口，早放晚堵，天天如此。（二）双桥儿之渠口在农历五月六日经我方渠长前去收水，渠口亦被玉民填塞丈余，并有数十人看守，不允挖放，县府来员亦无法解决，后经报请玉门县府数次，并未派员监放。（三）蓝旗之水，该处户民赖言并无我方口案，当时亦因人多威胁强制，不准我方开口”等情，旋又据渊泉镇渠长张正东呈报事，同前情。

二、查本县田苗刻不需水孔急，而玉门人民位居上游、时常堵截，以致河水断流、影响农田。刻下本县人民因河水断流，田永亢旱，民心惶惶不可终日，而玉门县府又不力予制止，伏乞严饬该县严格制止，以免讼争。

三、谨请鉴核示遵。

代理安西县县长吴文青公出

秘书刘南州代行

处理意见：

本案前据已令玉门县遵办，俟遵办后再报。

108. 安西县政府请将十道沟水利纠纷当事人就近处理事给甘肃省第七区公署的呈文

1949年6月18日　　酒历5-7289

安西县政府呈安三（38）巳字第1465号

酒泉第七区行政督察专员王：

一、建二（38）辰字第一二零零号代电奉悉。

二、案查本县民夫王章有前与玉民因水互相斗殴，经商得玉门张县长同意，已由本县惩办后，函复该县在案。

三、关于十道沟水利纠纷，当时本县人民受重伤者有七人，已交由当地司法处验明伤痕、进行侦讯。至该县函请交送凶手一节，所谓凶手方全昌者为本县被殴七人内受伤最重者，其面部左腮打破、下颚错位、唇破齿落，左手骨断筋折，尚在调养中，并据该民等请求，关传凶手法办。

四、本县为息事宁人、避免双方讼事起见，拟俟其伤愈，以息讼蔓，至玉民行凶之水利王吉祥、杨志恒、贾永茂等。如本县被殴七人，伤势无重大危险时，亦不拟再请惩办，以省繁冗。今若再将本县负重伤之方全昌交玉门县政府惩办，将恐激起讼争。

五、理合呈请钧座，俯赐饬玉门县府，本双方互谅之原则，息事完案，以免讼争，并乞示遵。

代理安西县县长吴文青公出

秘书刘南州代行

109. 甘肃省第七区公署关于应将打人者交玉门县处理给安西县政府的指令

1949年6月20日　　酒历5-7291

甘肃省第七区行政督察专员兼保安司令公署二巳字第1439号
安西县政府：

一、安三（38）巳字第1465号呈悉。

二、查不遵水规逞凶打人者不论何县人民，均应按照《安玉分水规程》，先交玉门县府处理，该王章有既经该县洽准玉门自行惩办，应依法审办报核。

专员兼司令王

110. 玉门县政府关于十道沟水利冲突有关人员未到案事给甘肃省第七区专署的代电及七区专员处理意见

1949年6月20日　　酒历5-7300

甘肃省玉门县政府呈建（38）巳字第896号
甘肃省第七区行政督察专员兼保安司令王：

一、钧署二巳仰电奉悉。

二、查本年度安玉水利纠纷除小争端随起随解外，关于前在四月二十日十道沟水利纠纷，两县人民斗殴双方均有受伤。当将本县肇事人杨自恒、王吉祥等管押侦讯在案，入凭信一面之词，意见分歧、无法侦讯。节经以建（38）辰字第五七三号代电安西县政府请将此案肇事人王章有、方全昌、王万国、邱得志、王恒善及受伤人方全昌等代传到府、以凭进行侦查，后一并送交司法机关办理。去后，并奉钧署五月二十四日二（38）辰字第1200号代电，副本饬由安西县政府将方全昌等七人交本府法办。又以建（38）巳字第六七二号代电催，遵钧署核示，速将有关原被证人送交本府侦讯法办，而结案去后。迄今久仍未见复。

三、究应如何办理，请核示遵。

署玉门县县长张联渊

处理意见：

除由署具电安西县□肇事凶手解送玉门讯办外，所有安西县要求终止惩办此□凶手各节，实属故意放纵。为维护《安玉分水规程》之尊严，安西县此种迁延程度，应予申斥。

111. 安西县政府关于处理十道沟水利纠纷事给甘肃省第七区专署的代电及七区专员处理意见

1949年6月28日　　酒历5-7296

安西县政府代电安三（38）巳字第1871号
酒泉第七区行政督察专员王：

一、二巳养电奉悉。

二、查十道沟安玉发生水利纠纷，本县户民方全昌受伤甚重、现正调养，业经本府以安三建（38）巳字第1465号呈，将讯办详情报请钧署备查在案。

三、祈仍饬玉门县府以双方互谅之原则，息事完案、以免讼争。

代理安西县长吴文青

处理意见：

不遵水规、逞凶滋事民人，应依法查办。□准绝□，否则随便胡闹，要水规何用？仍仰照前电，办理报核。

112. 甘肃省第七区专署关于安玉两县双桥儿水口案给甘肃省政府的代电

1949年7月5日　　酒历5-7299

甘肃省第七区行政督察专员兼保安司令公署代电二午字第1506号

甘肃省政府主席郭：

一、前奉钧府电饬"据该县报查办玉民堵截安西双桥等地水口一案，遵经即电饬玉门县府讯予开放，并究办具报"。

二、兹据玉门县政府建五汇电称，入原电（二）（三）两项。

三、谨请仰即知照为核。

全衔王

113. 甘肃省第七区公署关于催促安西县政府将相关人员解送玉门事给安西县政府的代电

1949年7月11日　　酒历5-7219

甘肃省第七区行政督察专员兼保安司令公署代电二午字第1564号

安西县政府：

一、据玉门县政府建（38）□字第八九九六号"呈报十道沟水利纠纷，安西肇事凶手王章有、方全昌、王□国、邱及智、王怀善等七人尚未解送玉门，以致案由□□□□请核示"等因。

二、查此案肇事凶手前经本□□□饬，依照《安玉分水规程》由该县解送玉门执办。该县实际故意放纵行凶，应予申斥。

三、为维护《安玉分水规程》之□□，解送玉门审办，□□□□办凶手，并仰迅速审判。

专员兼司令王

114. 安西县政府关于拟将十道沟水案相关人员在安西就近讯办事给甘肃省第七区专署的呈文及第七区专员的处理意见

1949 年 7 月 21 日　酒历 5-7246

安西县政府呈安三（38）午字第 1779 号
酒泉第七区行政督察专员兼保安司令王：

一、专二（38）午字第 1564 号代电奉悉。

二、关于十道沟两县人民分水互斗，双方均有受伤人民，尤以本县人民方全昌受伤最重。原拟伤痕若愈、不致危险时，不拟再请办玉门行凶人民杨志怀、王吉祥等，俾双方互谅互解，息事完案，以敦安玉邻封之谊，经函洽玉门县政府，并呈报钧署在案。

三、兹奉令解送玉门讯办，恐致双方启讼争，已函商玉门由本县就近传讯办，以免辗转解送，耗时费事。

四、理合呈复钧鉴备查，并乞饬知玉门县为祷。

代理安西县县长吴文青

处理意见：

此案肇事人犯，迭令该县解送玉门审讯在案，迄未上解，殊属玩乎，拟具电饬遵办。

115. 甘肃省第七区专署就十道沟水案相关人员仍应送玉门侦办事给安西县政府的代电

1949 年 7 月 25 日　酒历 5-7248

甘肃省第七区行政督察专署兼保安司令公署代电
安西县政府：

一、安三（38）午字第一七七九号呈悉。

二、查前在十道沟为分水纠纷，该县肇事人犯迭经令饬解送玉门讯办，而该县迄未遵办，词塞殊属不合。

三、为维护《安玉分水规程》并免除嗣后效尤起见，特电仰速解勿延。

专员兼司令王

116. 安西县长就解决梁子沟黑沙窝水权争议与陈得发水磨争议事给甘肃省第七区专员的代电

1949 年 5 月 20 日　酒历 5-7272

安西县政府代电安三建（38）辰字第 1217 号
第七区行政督察专员王：

一、农历四月二十一日据本县渊泉瓜州两乡镇水渠渠长赵正栋、谢天顺、吴昌元等三人报告：（一）四月二十日巡水时，查得第五道口岸橙槽沟上游修有水磨一座，确系三十七年东住玉门之客陈得发私自镶修，乞饬即日拆除以免妨害水流。（二）第四道口岸梁子沟被玉门黑沙窝户民十余人将水流堵塞，安河内点滴不流。（三）以上二项伏乞函请玉门县即日严饬该民等分别拆除开放。

二、祈请电饬玉门县政府将橙槽沟新修水磨及堵截梁子沟水口拆除开放。

三、乞鉴核示遵。

代理安西县县长吴文青

117. 玉门县长就勘查梁子沟黑沙窝水权争议与陈得发水磨争议事给甘肃省第七区专员的代电

1949 年 7 月 13 日　　酒历 5-7221

甘肃省第七区行政督察专员兼保安司令王：

一、钧署二（38）巳字第 1224 号代电奉悉。

二、遵即派员前往实地勘查。兹据报称："（一）第四道口岸玉民堵塞河流案。该安西渠长等所称与事实完全相反。查梁子沟黑沙窝之水，经民国三十六年六月十一日专署赵副司令详查，已有定案可查。按该地原有二泉，为马莲泉子及清溏湖。马莲泉子之水下流，北向经小西沟、下泉水沟而入小北沟，为玉门民众独有之水，与安西毫不相干。清溏湖之水下流至药王庙附近，为安玉两县分水地点，玉门九昼夜早有定案，玉门民众亦未敢丝毫侵犯水规。殊不意于旧历四月十四日山水爆发，泉水亦突然增长，以致小北沟东堤坝岸崩溃，玉门水渠为其冲毁，水势下流经入安西河内小北沟内，点滴不流玉门。梁子沟民众乃于旧历四月十六日征集民夫材料将冲毁之堤岸修复，不意安西水利竟强认该小北沟溃堤之水为安西之水，其用意实为推翻水案而争夺小北沟之水是也。（二）第五道口岸陈得发所修水磨一案。查陈得发所修水磨位于上磨坝桥，在安玉分口岸以上约半公里许，与安西水利无丝毫妨碍而且有利，其理由有五：一、查橙槽沟之水流至薛家桥以后多在草湖内漫流，水势甚缓迫，至上磨坝桥为磨坝聚成一道水沟，不但增加水沟之速度，并且防止渠水漫流、减少该沟水之渗透量，不但无害于水利尚且有助于水利也，况且水经水磨以后原水归入下流并不消耗丝微水量。二、查陈得发所修之水磨并非为最近擅自兴修者，远在逊清末叶该水磨即为洪家经营，中经数十年，直至三十四年秋因年久失修，为洪水冲毁。其时适逢陈得发租垦此地，遂出资依旧地重修，自为经营。三、安西分水旧案，橙槽沟有上下二磨坝桥，二桥相距约一公里许，在下磨坝桥下游方有安西之水，下磨坝桥以上之水为玉门河流。四、就历史性而言，该水磨亦尤其历史上之娘娘台、橙槽沟有上下二磨坝，桥磨坝之得名乃因水磨之坝而得名。该水磨之兴修，据老者言，关外初无水磨，满清中叶年大将军共定准部，大军驻防于苏勒河一带，今日玉门柳河乡蓝旗、黄旗、皂旗等地，亦即当初八旗兵驻防之地址而得名；当时因兵差繁重、需用面粉过边多，旱磨供应不及，因此及于橙槽沟建立水磨，即过去之洪家水磨、亦即今日陈得发所建之水磨，此水磨为玉门最古之水磨，亦为关外最早之水磨，盖因洪家水磨被洪水冲毁而陈家重修。五、由洪家水磨

(陈得发补修之水磨）之坝堤视之，该水磨亦绝非最近所兴修，坝堤两岸青草茂生，其旧日之痕迹历历可辨，绝非一二年所能生长者”等情。

三、据查，第四道口岸梁子沟安民所称被玉门黑沙窝户民堵塞水流一案，与事实全不相符。所谓安玉在梁子沟所分之水，系由青塘子湖发源之水，并非马莲泉子发源之水。两水既不同出一源，又有天然界限不相关联，数年以来独为本县所属小北沟人民灌溉。在三十六年，安民曾喋喋相争，意图将马莲泉子水流蒙混分得。当奉专署派赵副司令莅本县会同两县水利人员实地详勘，明确在案。节录赵副司令三十五年六月十一日报告：“再梁子沟地畔西边有沟一道名曰小北沟，安西以其为该县所有，经查证明此水为玉门人民所有，安民不应争求，其所得理由四点。论泉源，安玉所分之水在黑沙窝青塘子湖定为口岸，此水在该湖迤南龙王庙左右及梁子沟地坡下，其名为马莲泉，最南东南流为小西沟，浇灌梁子沟地亩；北下东流为下泉水沟，浇灌下梁子沟地亩；西流为下北沟，浇灌官庄子地；中流东西下名北沟，为玉门下芨芨台及北湖人民浇灌，虽与该湖上下相隔不远，中间为干草梁间隔，且有天然界限，并不相混，此其一也。论分水口，安玉历在黑沙窝药王庙迤东定为水口，与玉门黑沙窝人民按昼夜分水。查案，安玉分水口岸只有一道，并无第二道之规定，此其二也。论渠身，小北沟、梁子沟身接马莲泉水，在下泉水沟之坝下，向东北流入下芨芨台等处，其退水到安玉分水口下约百步外始能入沟，而北沟水放下不能汇注分水口，显不相属，足证为玉门小北沟之退水沟道，由此可证明与安西有关之水仅限于青塘子湖一处，此其三也。论私开口岸，原案查对之渠为四道，兹查得为五道，位置均在安玉分水口下游五里至十里之间，北沟在安玉分水口另一间隔之东南对岸，根本与刘得爵等私开口岸不能混为一谈，此其四也。基上理由，经当场宣示，安民代表崔文成等亦认为议论平正，故该水决不能混淆而争，历案可查。”

四、查第五道口岸橙槽沟上游陈得发所修水磨根诸实地勘查情形所得便利用原日磨坝加修并查该磨之坪坝嵌镶是浚诸上游漫流汇集而成，不但对于安西水利无害，且有助益于水流以水利灌溉也。关于此案现正洽商安西县政府就近协同解决中。

实授玉门县长张联渊

处理意见：

一、据报第四道口岸玉民堵塞水流，实系玉门所有马莲泉子发源之水遭洪水破堤流入者，并未堵塞安玉应分之水，有案可查，依此拟令安西县政府知该渠长恪遵以前旧规办理，免启纠纷。

二、第五道口岸橙槽沟上游修磨一案，□□与安西就近洽商解决，拟并饬安西县政府□□解决。

118. 第七区公署就处理梁子沟黑沙窝水权争议与陈得发水磨争议给安西县政府的代电

1949 年 7 月 19 日　　酒历 5-7229

安西县政府：

一、查该县前以文三建（38）辰字第 1212 号代电呈报“（一）玉民陈得发在第五道口岸橙槽沟上游私修水磨；(二) 玉门黑沙窝居民在第四道口岸梁子沟堵塞水流”等情，当即令饬玉门县政府查勘。去后，兹据该县建（38）午二字第918号代电报称，入原文，等情前来。

二、经核：(一) 梁子沟西边小北沟之水，确经本署前赵副司令勘查，据理验明应归玉门人民所有在案，依此该县人民自应免争，仰即根据前案敦劝该渠人民依照旧例，于用水再勿滋生枝节，各图分外。(二) 玉民陈得发私修水磨一案，该经玉门县政府报称，愿与该县就近协商解决并仰根据历史现实，禀公及早安商解决。

三、仰送照办理具报准核。

专员兼司令王

119. 甘肃省水利局就移送安西县参议会电请切实执行安玉分水规程事给第七区专署的公函

1949年4月4日　　酒历5-7314

甘肃省水利局公函水二卯字第3940号

七区专署王专员：

一、准贵专员移送安西县参议会本年四月□日以水二（38）卯字第○二一一号代电悉。

二、查本案并据该会经呈前情，业经省府于本年四月□日以水二（38）卯字第□号训令贵署及安西、玉门两县政府饬遵在案。

三、请查照，仍遵省令办理为荷。

局长黄

120. 甘肃省第七区公署关于已派员监督安玉分水事给甘肃省政府与安西县参议会的电报

1949年5月11日　　酒历5-7323

甘肃省第七区行政督察专员兼保安司令电

省府兰（省）△密：

一、建水辰灰电奉悉。

二、本署已派科长邹敬前往监分。

王

安西参议会刘议长△密：

一、辰佳电诵悉。

二、本署已派科长邹敬前往监分。

王

121. 玉门县政府关于安玉分水已处理妥当给第七区专署的代电

1949年5月20日　　酒历5-7328

玉门县政府代电军（38）辰字第578号

甘肃省第七区行政督察专员兼保安司令王：

一、昌马大坝及柴坝分水情形业以建（38）辰寒电报在案。

二、皇渠各口岸分水经商，承邹科长及各渠负责水利人等会同安西负责人刘议长、陈科长等，将旧渠冲坏之各坪口堪镶稳妥、逐渠依照成立案，已于本月十八日会分完毕。

三、谨电备查。

署玉门县县长张联渊

敦煌安西县内水利事务档案

122. 敦煌第二区绅民张德晋等为控诉区长肆行摊派紊乱水规事给甘肃省民政厅的呈文及民政厅处理意见

1933 年 10 月 13 日　　甘 15-13-140

敦煌第二区绅民张德晋、何清泉、张世俊、杨清泉、张作孝、任积禄等呈为区长紊乱水规肥己害众摊派各款，狼狈为奸，尖摊浮收，鱼肉贫民，勒支烟土，鞭打吊拷不堪其虐，吁恳钧厅查究以救民命事：

缘于客岁古腊月二十五日，与三十六师马旅长购烟土一节，户民与区长送贿摊派烟土则轻、不送贿者则重，或千两或百两，盖因核定所发价低之故。此项土价迄未闻抵折色粮价与否尚不知情，又摊派军需马料四次，区公所原明议，仅与好户摊、不与贫户派。乃该区长张有恕，于暗中令第一村村长田延寿私出其条，又与穷民摊派，计收粮料百十石，有村长私条为证。又与前善后局摊派坐消费，每区应摊洋六百元，并摊旅长烟土赔价，以及军费预借款等项，各浮收洋数百元，有条为证，均经尖摊浮收。至本年四月摊兵站费，每户摊洋二元，给条时据坊长说，牛皮价并豌豆价即抵兵站费，户民深信其言，亦未见催收此项。忽于收罂粟之时，据该区长言已经代户民之土全数垫交讫、每洋一元之土八两等语。至闰五月，又摊兵站费，每户三元。据云仍照前办，每洋按八两收土。绅民等窃思新土已经上市，乃何仍按八两收土？贫户畏其势力，敢怒而不敢言。

又于古五月二十三日，该区长恃势乱水，强将伊之烟亩夏麦秋禾园田一概灌足，其一人乱水半月余，以致中下两段四百户烟苗麦田均经亢旱，所有各户民秋禾迄今尚未见涓滴之水。该区长经遣田延寿率领多人，向各户收支烟土，不料本年天旱，罂粟不成，伊将户民鞭打绳拴，私行吊拷，打得户民皮破肉绽、鲜血满地，惨痛万状，或有拦阻者，该区长竟谓“即或打死，伊有四千洋元足当此事，乃将伊之区长一职取消不了”等语。以故民见伊等，畏如虎蛇，所有一切各款，均以派条催收，并未与民户给收据，亦未见其宣布。再者二区各村长，原日由该区长受贿，自用均系伊之戚友，一般私人为爪牙。当时各公民所举公正之人，其概不准行。

伏思该区长田连阡陌、富甲一方，乃何与田村长昧良丧心，朋比为奸，鱼肉贫民？绅民等不忍坐视，联名具书呈请县长彻底查究用救民命，并恳饬该区长将各款明白布告，俾众周知等情，业经呈明在案。旋奉县府牌示“原呈绅民张德晋、张作孝等呈一件诉第二区区长张有恕紊乱水规、肥己害众等情一案由呈悉，各区户民欠款尚多，正在催缴，立等交解。各区长村长负有催收之责，无暇他顾，俟收款稍齐，即令明白布告，俾众周知，至其他各节准，查明核办可也”等因，绅民等应即遵照候查，并望其悔悟缓颊，致吊拷稍松。

殊不知此批一布，该区长等之计遂矣，不惟不悔悟而假报私方。将书内署名之康茂宽、王君昌等数人借欠公款之名，面请县府管押已十余日矣。所有与出名之人摊派飞机捐款，本应摊三元者依按十倍摊派，借此任意报复，无论欠款多寡立即交清，或有欠三四元者喝令其从人吊打，立要交完且言骂万端，声言“伊系民政厅委任之员，尔等能奈我何”！其横暴更胜于前，现又假为禁烟善后局借款之名义，益形放肆，将文内联名之人加重派款，以泄其忿。查此项借款全县借洋二千五百元，每区仅摊五百元，该区长希图报复，不酌量贫富，任意横派。因本年天亢罂粟歉收，每亩地收割烟土不过十两，且县长躬亲履亩查勘核定，从实注册，并无含混，譬如有三亩者，该区长依然再加三亩。如有求减者，鞭棍立至，以致户民负担甚重。即使每亩所收烟土悉数售讫，尚不放宽亩款，何况再增加乎？以故民间财力竭蹶，似此横暴不堪其虐。绅民等复呈请县府饬地方另举公正之人，无如县长仁慈，仍以催收款项为辞，以致延搁迄今，若不更换，诚恐二区之民均抛弃田产而他往矣。

绅民等为地方计情迫不已，只得具文付陲，恳求钧厅电请主张公道、就近委员调查，自能得其底细并乞速为撤换查办而息他故，地方幸甚、绅民等幸甚。谨呈甘肃省民政厅厅长朱。民众团体设立住址敦煌县南关汤巢院，门牌第二十六号再者县府有案可查并证明。

敦煌县第二区绅民　张德晋（印）　何清泉（印）　张三智（印）
张世俊（印）　杨清泉（印）　张世雄（印）
任积禄（印）　何　恭（印）　康永和（印）
叶万国（印）　张建仁（印）　白　玉（印）
何　宽（印）　王君昌（印）　苏　千（印）
赵　杰（印）　许　英（印）　白生祥（印）
刘福基（印）　王　信（印）　任立清（印）
苟吉祥（印）　李　江（印）　叶　秀（印）
王生桂（印）　苟吉仓（印）　吕福成（印）
何正明（印）　马生有（印）　田大义（印）
康茂宽（印）　张三仁（印）　杜守枝（印）
张作孝（印）　毛生福（印）　王存孝（印）
史兆王（印）　殷士贵（印）　张　铭（印）
刘铸林（印）　马　仁（印）　刘全吉（印）

处理意见：

令该县长查照复核办。

123. 甘肃省民政厅关于切实查办敦煌县第二区民众呈控区长事的批示以及给敦煌县长与训令

1933 年 10 月 15 日　　甘 15-13-140

批第二七二号

原具呈人敦煌县第二区绅民张德晋等“呈为区长紊乱水规肥己害众请查办由”呈悉。前控各节如果属实，该区长殊属非法，应候令行该县县长彻查具复，以恳核办，仰即知照。此批。

民政厅长朱

训令第六九四号

令敦煌县长杨灿：

案据该县第二区绅民张德晋等“呈为区长紊乱水规、苛摊浮收，勒支烟土、鞭打吊拷，恳祈查究，以救民命”等情到厅。查所控如果属实，该区长张有恕殊干非法，岂能因正在催收款项、搁置不究？计检发副本一纸，令该县长遵即，按照副本内前控各节逐项彻查明确，据实具复，以恳核办。毋稍瞻徇，致干未便。此令。

计检发副本一纸。

民政厅长朱

民国二十二年十月十五日

124. 敦煌第二区绅民张德晋等为再次控诉区长肆行摊派紊乱水规事给甘肃省民政厅的呈文及民政厅处理意见

1934 年 2 月 20 日　　甘 15-13-140

具呈敦煌县第二区绅民代表张德晋、何清泉、张世俊、杨清泉、张作孝、任积禄等呈为区长张有恕私吞公款肥己病民，恳恩更换、严究查办，保重公款以苏民困事：

缘于去年七月间，将区长紊乱水规，勒支烟土，苛摊浮收，假公营私等情，呈诉县府核办。旋蒙批“该区各户欠款尚多，正在催缴，立等交解。各区长村长负有催收之责，无暇他顾，俟收款稍齐，即令明白布告，俾众周知，至其他各节准，查明核办可也”。民等遵候查办，不料此批一布，该区长暴横更胜，倒行逆施，借以摊粮派款任意苛收，以故人民财力竭蹶，无法支付，民等为地方计，情出无奈，只得于十月初将区长各劣迹具文投陲，恳请钧厅电鉴作主伏乞垂怜民难苦情，就近委员调查，自能得其底细查明核办。

民等即望委员来敦彻底查办，未蒙恩批，至十一月初幸蒙县长面谕，区长张有恕即限十日内将本区经过银洋、粮料暨收支亲项各账目整理清白、张贴布告，会同本区公正人民，核算详明，俾众周知等谕。民等引领而望，不料该区长竟延至十一月底方为布告。民等逐一细看，各布告全系村坊总数，并无花名，甚不明了内容。其蒙混含糊深疑不解之处，即请农会长公同向该区长提出交涉。推延至十二月十日再造到，会同商会长、各区长，民等提出其重要者，异询问之。查粮料收支，该区自元月起至十月终止，共收各村坊小麦一百一十九石二斗，除出各团部采买处副官处一百二十二石外，又出归还兵站处连安小麦并在案短斗头麦一十五石九斗八升。查此麦由各坊另行摊收连案，如何由区公所存麦支出？又一宗出仓斛入市斗出短斗头麦一十二石。民等再三思查，短斗不过二石余，则鲸吞一宗出借兴顺和本小麦二十七石八斗，出利息麦一十三石九斗，出归还兴顺和麦三石七斗，共四十五石四斗。民等向该区长质问，因何与汝胞叔之字号出借小麦及利息归还等名目？该区长答以春间借来之麦。民等问如是借来之麦收入项下，如何未收兴顺和升合？反复诘问，该区长信口支吾，账目捣错。民等问如系账目错，何以区公所收入小麦升合不存？该区长无言，抵赖此系实错，自认赔出。查此小麦该区长实入私囊，欲以欺己者反要欺人，但他还不称心，又于布告结局一宗该兴顺和小麦三十七石七斗，该区长言此麦由各坊收来，速即归还。以上三项反正共小麦一百零九石，意欲全吞。查兵站费洋实因军事方面用之，该区长银洋布告一宗出善后局洋五百八十元。民等问与善后局出付何款，该区长言此系春间坐销，是应出的，查坐销款，于正月间与土款赔价并为一起摊收，早已完结。有民等应摊赔价坐销洋派条可凭，如坐销款，由兵站费洋支出，而正月间摊收之坐销款，非私吞而何。又一宗出各种送情应酬费洋一百三十九元，民等问此项前数宗已出过，该区长支吾此项出样内有许多碍难不能言者，观此实系浮出私吞。又一宗出籴入高粮洋四百一十六元，查区长所执之底册，由一百余元涂抹改为四百一十六元，民等问此项因何涂改，该区长答以吾巢中高粮一仓，现在完了，思来想去垫付区公所用了，所以补出三百元，因而涂改。民等言如按区长语词将高粮垫付支出，各户将粮料交于何处，非出各项花名布告细看账目，不能明真相，该区长即限五日内，将花名布告贴出，以订正其各项是非，如靖远坊烟亩五十八亩四分。民等向户询问，共交过六十余亩。民等以花名单与该区底册对证，有完过亩款而册上无名者，有种烟多而册上全无者，此坊如此，不知其余各坊皆然否？

各会长区长以天晚散会，民等候至月余，催请核算。该区长借势推延不再核算，实与民等作对，一味含糊也明矣。以上算明三宗共吞洋一千余元，心犹不足，又借兵站费洋八百余元，每元勒支烟土八两，狠心辣手，吊拷催收，人民实不堪其苦。查马旅长仲杰，向敦煌买烟土六万两，除现款外，第二区应交一万零八十两，按四十六元合洋四千六百三十六元八角，又与第二区拨采买价洋一千五百五十元，二共六千一百八十六元八角，此款该区长宣言每户抵顶折色洋四元三角，而交烟土粮料之巢，均未能照领，不知作何用途？查今年烟苗，因连年天旱，其种者不及前数年五分之一，又每亩收烟不过十两之谱。该区长贪心不足，任意私加，共浮收二千余元。现年屈已过亦不公布。民等血汗资财，核算不明，绝不能甘心，此外如粮料麦麸款洋小股之支出，尚未逐一清算。民等俟各项花名布告贴出，再行证明其是非，不意该区长不出花名布告，不知是何居心？况该区长早在各方面宣言本区长对于区公所各项支出，丝毫不苟再在县长当面讲定处罚如吞洋一元者，即赔十元，吞粮料一石者赔出十石等语。

民等咸谓该区长身入黉宫、名列胶庠，又是敦邑富户，作六百户首领自定罚则，决不有失信之虞。民等迫不得已，将该区长鲸吞小麦并各公款洋聊各具文除呈县长外，又将原文呈恳钧厅鉴核作主，垂怜民命，主持公道查明真相，撤换严办以苏民困而重款，如蒙允准，则一区幸甚，地方幸甚。民等生生世世感鸿恩于无极矣。谨呈甘肃民政厅厅长朱。民众团体设立住址敦煌县南关汤巢院门牌第二十六号。

第二区绅民代表　张德晋（印）　何清泉（印）　康永和（印）
张世俊（印）　张三智（印）　杨清泉（印）
任积禄（印）　何　恭（印）　叶万国（印）
张建仁（印）　白　玉（印）　张世雄（印）
何　宽（印）　王君昌（印）　苏　千（印）
赵　杰（印）　许　英（印）　白生祥（印）

刘福基（印）	王　信（印）	任立清（印）
苟吉祥（印）	李　江（印）	叶　秀（印）
王生桂（印）	苟吉仓（印）	吕福成（印）
何正明（印）	马生有（印）	田大义（印）
康茂宽（印）	张三仁（印）	杜守枝（印）
张作孝（印）	毛生福（印）	王存孝（印）
史兆王（印）	殷士贵（印）	张　铭（印）
刘铸林（印）	马　仁（印）	刘全吉（印）
柴玉江（印）		

处理意见：

令县并入前案，查办复夺。

125. 甘肃省民政厅关于并案查办敦煌县第二区民众呈控区长事的批示以及给敦煌县长与训令

1934年2月22日　　甘15-13-140

批第一二一号

原具呈人敦煌县第二区绅民代表张德晋等"呈诉区长张有恕私吞公款，肥己病民，恳撤换严办，以苏民困由"，呈暨副本均悉。查此案前据该民等以紊乱水规将张区长呈诉到厅，当经本厅令行该县长查复在案。兹据前情，应仍候令发副本，饬该县长查明究办具复，以凭核夺，仰即知照。此批。

民政厅厅长朱

训令第三一三号

令敦煌县长杨灿

案据"该县第二区绅民代表张德晋等'呈诉区长张有恕私吞公款，肥己病民，恳撤换严办，以苏民困由'等情到厅，呈暨副本均悉。查此案前据该民等以紊乱水规将张区长呈诉到厅，当经本厅令行该县长查复在案。兹据前情，应仍候令发副本，饬该县长查明究办具复，以凭核夺，仰即知照，此批"寄发外，合亟检发副本一件，令仰该县长遵即并入前案，彻查明确，秉公究办，具复察夺，毋延为要。此令。计检发副本一件。

民政厅厅长朱

126. 敦煌县长就调查第二区区长事给甘肃省民政厅的呈文

1934年2月27日　　甘15-13-140

呈为呈复事：

案奉钧厅第六九四号训令内开"案据该县第二区绅民张德晋等'呈为区长紊乱水规，苛摊浮收，勒支烟土，鞭打吊拷，恳祈查究，以救民命'等情到厅，查厅控如果属实，该区长张有恕殊干非法，岂能因正在催收款项，搁置不究，计检发副本一纸，令该县张遵即按照副本内前控各节，逐项彻查明确，据实具复，以恳核办。毋稍瞻徇，致干未便。此令。计检发副本一纸”等因，奉此，县长遵查该绅民张德晋等前曾呈控到县，当由县长派员前往该区调查。紊乱水规一事业经查明，据称乱水之事有之，惟不止张姓一巢，并有其他农户抢浇田禾，业已儆诫，以后不准再乱水规。其余所控各节，一面调查并令该区长张有恕，速将经手各款详细宣布，以便人民了解。适值奉令筹措拨款，九师购买骆驼烟土棉花等事，纷至沓来。遂致一再迟延。其勒支烟土一事，查得系上年春间，三十六师要买烟土十万两。嗣经邀求多次，始允按六万两办理。朝发命令，夕即勒要，一时摊派亦实不及，不得已以区长之力支借凑齐，以致迭受重利。嗣后即摊于户民等，亦偿欠账。惟利息过重，人多不服，互相禀控，各区有之。至于苛摊浮收鞭打吊拷各节，县长详细调查，浮摊情事尚无实据。特以一时未能宣布，未便呈复。现该区长已将经手各款，逐项宣布，第内有一二款稍有不符之处，刻正派员彻查。关于吊拷之事，因各项拨款，提取万急，刻不容缓，倘不严压催收，殊无办法。有意玩延者，不免有鞭打等事，实亦办理不善也。特以该区长少年任事，性躁气暴，口角锋芒，且私心太重，不孚众望，长此以往，恐生事端，有碍政事。拟先行撤换，委妥员接充，以利进行。兹奉前因，理合具文，呈复钧厅电鉴核办，实为公便。谨呈甘肃省民政厅厅长朱。

代理敦煌县县长杨灿（印）

处理意见：

张有恕应即撤职，另选员呈请委员，其经手各款应由该县长切实查办明白追究，具报紊乱水规及吊拷等事应严行禁止。

二月二十七日

127. 甘肃省民政厅关于撤换敦煌县第二区区长等事给敦煌县长的指令

1934年2月27日　　甘15-13-140

指令第一二六九号

今敦煌县县长杨灿“呈复专令调查该县第二区绅民张德晋等呈称诉区长紊乱水规苛摊浮收勒支烟土鞭打吊拷一案情形请鉴核由”呈悉。张区长有恕既属私心太重，不孚众望，应即罢免，另选合格人员，呈请本厅核委。其经手各款并应由该县长迅速切实查算清楚，如有苛派浮收情事，即行进究，具报查核。至各农户因争浇田禾，紊乱水规，暨各区长因催收公款，吊拷民众等事，以后务须严行禁止，以均水利而重人道，仰即知照。此令。

民政厅厅长朱

128. 甘肃省政府关于查证敦煌水利事项给第七区专署的训令

1946年2月20日　　酒历1-172

令第七督察专员兼保安司令刘亦常：

案准奉行政院水利委员会本年元月十二日函开：“案查前准农林部三四年八月二十日

常甲推字第〇〇四号公函，以据农业推广委员会林专员委森呈以贵省敦煌县水利委员会主任委员康天衢、副主任委员陶尚義及该县建设设科长安维岳等开挖党河十条分渠、兴办水利有功一案，特请即将到会当转。同年九月一日以工字第七一二零九号公函检同兴办水利及承受灾人员清册及履历表格式各二份，特请转饬该县政府查核填送，以凭校办各在案。顷据敦煌县政府定（34）字第一九九二戌省代电‘遣送康天衢等三员兴办水利及登受灾事实清册三份、履历表二份请鉴核给灾’等情到会，查送该项及实清册内，关于‘地方利害关系、使水点滴浇田、无旱涝之虞’等语，殊嫌简略。究竟该县党河十条分渠兴办过程及统一完工后，当地受益农田共有几千亩、每年增加农产几千石，详情如何？”

查敦煌党河十条分渠是旧有工程，抑系工程何时兴办、何时设工、由何人负责办理、工期如何等，据办理经过及设功后增加受益农田共有几千，每年增加农产若干，均未据报有案。又查该县水利委员会副主任委员，前据该县委陶尚义充任经委，陶尚义因案尚在查办，暂予保留，并由本府委派□思恭充任在案，前由合订，令仰遵照，迅即分别详细查照根据，并饬以后此类事件应根据本府意见，不得疏于办理为要。此令。

郭寄峤

处理意见：

转敦煌县，有无邀功情形，速查报。

刘亦常

129. 甘肃省第七区专员关于敦煌党河十条水渠系旧有工程给省政府的代电

1946 年 3 月 18 日　　酒历 1–172

兰州主席谷钧鉴：

建二水（35）字第六一六号训令奉悉。查敦煌党河先后所开十条水渠，均远在前清道光帝以前，其各渠名称、长短及应浇民田坊数，《敦煌县志》均有详细记载。十条水渠系旧有工程，并非该县所开无论。且康县长自到任后，对党河水渠开挖修补事宜，迄未呈报有案，除饬该县长将开挖党河水渠前后情形查明报核外，谨复。

甘肃省第七区行政督察专员兼保安司令刘亦常专二（35）寅寒印

130. 敦煌县政府关于敦煌党河十条水渠工程给第七区专署的代电

1946 年 4 月 21 日　　酒历 1–172

酒泉专员兼保安司令刘钧鉴：

专二（35）寅字第一三四号代电奉悉。查本县党河十条分渠创自前清雍正年间，唯以沙土参半，渠身不坚，历年补修，渠深疏漏，渠沟俱由受益农户挨户出夫，亘古如是，于今亦然。上年夏季正在疏通渠沟、补修渠身之际，林专员莅县亲察，见县长与各该员在炎热酷暑之下督饬工作，不遗余力，殊不知此项工程在本县固以为常，但在林专员寓目之下，或以为工程浩大，事属创行。逆料其返渝之后即列为应灾之条，爰奉发兴办水利给灾表一件，并令填列出力员经报行政院水利委员会核办等因，当时县长以为通案并不计其邀功，遂饬科填责，无非冀免无误，故填列项目亦仅按经办事实，并无创建渠道之说，亦无任何利害之分。究林专员如何报请，殊非县长所知。奉电前因，理合电复鉴核。

试署敦煌县县长康天衢叩建（35）印

131. 敦煌县十渠水利规则

1946年10月29日　　酒历5–7202

按：敦煌干渠引党河水灌地十三万亩，此渠初修于清雍正年间。当时为三渠，河东、河西及河本槽各一。至嘉庆时始增至十渠，据敦煌宿学吕思廉以党河水量不丰，每起纠葛，因有水规之产生，逐年增册，共得四十条，某学者誉为“世界上最完备的人工灌溉习惯法”。此水规之管理制度实甚严密，全文分析之可成：（一）总则；（二）水量分派；（三）防洪；（四）灌溉次序（下分夏水秋水冬水春水及混水等）；（五）管理通则；（六）渠道修理；（七）管理机构——权限、经费、奖惩等；（八）其他等八项，每条规定明细，良可为现代河渠管理制度之参考。

陈业清志

总　　则

第一条　本规则以规定水利平均灌溉，上裕国用，下则利民生为宗旨。

第二条　十渠排水应仍照旧例，按春、夏、秋、冬、雨水、谷雨、清明、立夏、白露、寒露、霜降、立冬四季八节轮流灌溉之。

水 量 分 派

第三条 每年立夏之日，由渠长、渠正、排水、水利人等请县知事、警佐及水利监察会带领兵役至党河口黑山子分水渠，正指挥掌管天河，渠长头量河口宽窄、水底深浅合算尺寸，按户数多寡、平口长短摊就寸数，公平分水。其排水尺寸如左：

一、通裕渠，平口六尺，分水三寸五分；

二、普利渠，平口一丈，分水四寸五分；

三、庆裕渠，平口四尺，分水三寸；

四、上永登渠，平口六尺，分水三寸五分；

五、下永登渠，平口丈五尺，分水七寸；

六、大有渠，平口四尺，分水三寸；

七、窑沟渠，平口四尺，分水三寸；

八、伏羌、庄浪、新伏羌三渠，平口二丈四尺，分水七寸；

九、十渠平口六丈，均仍旧例每户按三分推算；

十、十渠水寸数暂照去年来源摊分，此后得按水势大小随时酌量增减以照公允。

防　　洪

第四条　通、普、庆、上四渠，应在本平口以上各镶退水闸二道；下永登、新伏羌、庄浪、大窑六渠应在本平口官闸以上，西崖□方各镶退水闸一道，以防水患。遵照规定地点，不得擅行改移。

第五条　十渠渠水应遵照旧例一律划归平口，所有私开支渠妨害水利者全行取消。

灌溉次序

夏水

第六条　每年立夏之日，十渠渠长按排水分数开放平口。除下永登一渠自上而下，其余九渠均自上而下额派灌溉：以庆裕、上永登、普利、下永登四渠为头，大有、窑沟、新旧伏羌、通裕、庄浪六渠收尾浇水一次，至迟不得过三十日。周而复始，轮流灌溉。

第七条　泰家湾渠户□，于四级浇水时随同庆余渠口灌溉。但须在十日以内浇足一次，由渠正指挥封闭渠口，不得重浇乱溉，有犯渠规。

秋水

第八条　秋季白露之日，通、普、庆、上、大窑六渠已将秋水浇过。听由渠正指挥，即将六渠之水完全退清，由下永登、庄浪、伏羌四渠分配灌溉，是谓浇秋水。

冬水

第九条　十渠冬水应由渠正会同水利监察人员，邀请警察、稽查跟同该渠渠长并排水人员等，按水势大小、渠份多寡合算寸数，依左列规定时期轮流派浇之：

一、寒露节为普、通二渠尽量开浇冬水之期，如有余水时，得由庆、上二渠酌量分流。但通、普派浇之水尽量灌溉，全迟不得过八日以后，该渠平口之水应于庆上二渠平均分流配之；

二、寒露第九日为庆余、上永登渠开流冬水时期，该渠平口之水应于通、普渠平均分流，如有余水时期，得由下永登两渠酌量分浇之；

三、霜降节为下永登、大有两渠开流冬水之日，该渠平口之水应与通、普、□、上四渠平均分流，如有余水时，得由窑沟渠酌量分浇之；

四、霜降节后五日为窑沟渠开挖冬水时期，该渠平口之水应于通、普、庆、大、上、下永登六渠平均分浇，如有余水时，得由庄浪、新、旧伏羌酌量分浇之；

五、立冬节为庄浪、新、旧伏羌三渠开流冬水之日，所有流过冬水之七渠平口应即一律对闭，将水退交下三渠平均分浇；但上七渠水量减少，确有特别情形，在春冬退水时得延长五日或十日，至下渠于清明节退浇春水时亦得按日延长之。

春水、混水

第十条　春季雨水之日水消河开，因由下永登、庄浪、新、旧伏羌四渠引水灌溉；至清明之日，上六渠始得开口灌溉，是谓之灌春水；至谷雨之日，上六渠将水退清，由下四渠开渠灌溉；至立夏前三日，下四渠将水退清，上六渠开灌溉，是谓之浇混水。其混水规则如左：

一、十渠混水仍照旧例，每地三分灌溉一分；

二、混水应由某处为头，每处为尾及某户应浇若干，其详细办法由各渠另定之；

三、十渠关于节后灌溉细则由各渠另定之。

管理通则

第十一条　十渠有左列情形之一者均属防害水利，不得开渠，私自灌溉迟则议罚。

一、各渠每逢秋分，凡献戏讽经，借放吃水私浸沙地者；

二、挖渠至峻、浸润渠道者；

三、凡夏水吃紧之际，有先灭苗而后麦田扰乱换浇，致防嘉禾者。

第十二条　各渠如有渠脱坝倒，须将渠水闸归退水，不得借端截留，达者罚办。

第十三条　十渠平口得照故列渠分，互相看守之：

一、下永登看守通裕平口；

二、上永登看守普利平口；

三、窑沟渠看守庆余平口；

四、大有渠看守上永登平口；

五、新伏羌看守大有平口；

六、庄浪看守窑沟平口；

七、旧伏羌看守下永登平口。

第十四条　通、普、庆、上、大窑六渠原名活水，坪口足于立夏之日，照依所分水量将开板济，不得擅动，违则以重处罚。

第十五条　通裕、普利渠开上游为十渠，毋须设置妥人严重看守，水利方能平均，其看守方法如左：

一、县公署派遣警兵二人，常年驻扎通普平口，专司看守事宜，不得状同作弊，致于究办；

二、县公署委派水利稽查员一人，不得视察通、普二渠平口并兼察各渠平口；

三、上、下永登两渠应照渠长额数，推举本渠妥实者二人为排水，按日轮流宿通、普平口，加意看守，不得代用雇工，仍蹈前辙；

四、窑沟、大有、庄浪、新、旧伏羌五渠，宜依渠长额数推举本渠妥实者为排水。除照第十一条第一项至第七项之规定互相看守外，并于四季渠水吃紧之时得在通、普二渠轮流住宿看守。

渠道修理

第十六条　十渠修理渠道时期如左：

一、白露节，为各口六渠挖渠时期；

二、寒露，下四渠；

三、谷雨，上六渠。

第十七条　每备挖渠时期，各渠户民无论绅耆农约，均须一律供给夫役修理渠道。

第十八条　各渠渠长已经优定薪金，此后不得盘剥渠夫从中获利。

第十九条　各渠起夫之日，宜遵守左列之时期：

早八点钟（即辰时）起互；

晚六点钟（即酉时）散互。

第二十条　各渠渠长于会茶之日，即公同绅番将渠夫、渠规先行议定。并推举经众数人，将某日挖某渠共起夫若干人，于前三日报告县政府警察所及水利监察会、十渠公所听候按日稽查，但支渠夫每年每户至多不得过十人。

管理机构

权限

第二十一条　县署为十渠监督总构关，警察所得辅助协理之：

一、警察所协理水利事宜，应由县署委仕警佐为水利监察员；

二、水利监察员承县知事之命督饬渠正、渠长、排水、水利等按照规定协理水利一切事宜。如各渠发生违犯条规诸事，得由监察员照章分别惩办，其情节重大者须呈明县知事执行之。

数额

第二十二条　十渠设渠正二人，渠长十五人，水利无定类。

第二十二条　渠正总理十渠水利事务，按规定督率渠长并水利等劳动服务。

第二十四条　渠正非具有左列资格之一者不得公举：

一、应在上下渠分轮流之列者；

二、曾任渠长、排水者；

三、曾任地方水利监察会会员者；

四、办理乡区公益三年以上著有声望者。

第二十五条　渠长非具有左列资格者不得被选：

一、充当排水一年以上者。

第二十六条　排水非具有左列资格之一者不得充任：

一、家道殷实者；

二、在本渠有田地半户以上者；

三、在本渠坊会素孚声望者；

第二十七条　公举渠正、渠长、排水、水利人等办法如左：

一、渠止由（各区长区员）六隅农长联名呈县署；

二、渠长、排水由本渠绅农户民公同选举，呈请县署委任之；

三、水利由本渠绅农公同选举之。

第二十八条　选出渠正、渠长、排水时期如左：

一、夏历正月十五日以前为选举时期；
二、夏历正月十六日为新任任事时期，但旧任须将手续交代清楚方准脱离关系；
三、渠正任期一年；
四、渠长、排水任期一年，但得连任一次或二次；
五、水利无定期。

经费

第二十九条　看渠警兵及渠正、渠长、排水薪金，水利互食依照左列数由十渠按户支给之：
一、县署派守通、普平口警兵二名，年支饷洋一百九十二元；
二、渠正二人，年支薪水洋四百一十元；
三、渠长十五人，年支薪水洋三十六百元；
四、排水十五人，年支薪水洋一千零五十元；
五、水利无定额，应支互食由各渠渠户照旧支给；
六、十渠杂费无定额，临时概由各户摊支，但渠正须将经常、临时各费于年终结账时开列项目册，报水利监察会查核；
七、十渠应摊经常临时各费，如遇渠户有拖欠情事，由警察所督收之。

奖惩

第三十条　渠正、渠长、排水、水利人等犯左列事实之一者，得受除名□授之罚则：
一、贿赂公举运动充任者；
二、请托放水受人酬宴者；
三、不遵时令，混乱节气者；
四、串通卖水，翻板乱规者；
五、贻害渠防，致伤人民生命财产者；
六、借章滥罚，诈骗有据者；
七、不服从长官依法命令者；
八、纵容强渠，妨害水利者；
九、才有庸务，不勤职务者；
十、簇众强浇，扰乱渠规者。
第三十一条　渠正如有左列事之一者，得受罚薪记过处分：
一、派水不公，致起交涉者；
二、约束不严，紊乱秩序者；
三、视察不力，惰慢户位者；
四、失察所属过犯而不举发者；
五、手续未清，擅离职守者。
第三十二条　渠长、排水、水利等有左列情事之一者，得受罚金或体罚：
一、扶同作弊，不顾名誉；
二、免揽民夫，贻误渠工者；

三、私营平口，损人利己者；

四、私收成规，苛索乡愚者；

五、本渠渠户如有贻误渠防，将水灌湖滩，波及官道，民团知情而不纠举者；

六、失守平口，放弃责任者（排水）；

七、视察不力，渠脱坝倒者（水利）；

八、传集渠夫，逾期不到，托故袒护者（水利）。

第三十三条　凡渠户有犯左列各款行为之一者，人则按律治罚，物则照数充公：

一、反对渠规，破坏水利者；

二、聚众要挟，强覆灌溉者；

三、当浇水吃紧之际，有暗作渠堤，借故乱水、倡首混浇；

四、决水侵害他人建筑物或土地者；

五、妨害水利，致荒他人田亩者。

第三十四条　凡渠户有犯左列各款行为之一者，将所浇地亩全数充公：

一、不守节段抢坝截浇者；

二、不遵守时令重浇乱灌者；

三、脱渠倒坝截借故混浇者。

第三十五条　渠户有犯下列各款行为之一者，得受拘役或罚金：

一、凡不慎防堤将水流入滩道，妨害他人之田地或道路者；

二、应搭桥梁坐视不理，或毁坏壅塞，有碍交通者；

三、凡挟公聚众，又捏造人名更换渠正、渠长、排水者；

四、借端殴打渠正、渠长、排水者；

五、不供给临时经常各费者；

六、不供支渠夫者；

七、不听从水利人员照章指挥，自行开渠灌溉者。

第三十六条　依本规则应受罚则者由县长执行之：

一、凡渠户受地亩充公，则罚者得按照时价交纳银洋。但上六渠每亩不得逾五十元，下四渠每亩不得逾三十元；

二、凡受罚款在无力交纳时，由县署令行水利监察会，遵照充公亩数按时价出卖之；

三、各渠罚款由县署如数令发，水利监察管理补勘。水利一切需要不得移作他用，但开支时须经县知事之许可。

其他

第三十七条　本规则应由县署公布后随时呈报首长及本管道尹公署备案。

第三十八条　本规则于县署公布呈报后，应由水利监察会印刷多张张贴，各坊俾知遵守，并得勒碑，以重永久。

第三十九条　本规则自县署公布之日施行。

第四十条　本规则如有未尽事宜，随时请县知事修正之。

132. 安西县渊泉镇就转呈第五保户民为新开荒地申请灌溉水量事给安西县水利委员会的公函及水利委员会处理意见

1946年4月3日　　酒历5-609

渊（35）□字第28号

案据职镇第五保户民刘有学、潘其俊、王有才等呈称“为呈乞转报事：查民等前年承开、去年已按次灌溉泡好之荒地，预料今年耕种，刻下下种在即，恐今春灌溉之际纠纷。民等为谋顺利起见，谨将承开、泡好荒地今春耕种亩数及其户民呈列于案，谨请鉴核，准予转报水利委员会议定水规，饬遵照以资照常灌溉为便”等情，附开荒地亩数花名单一纸。据此查该民所呈事关水利要案，自应理合据情呈转钧会鉴核，准予规定水量而便灌溉以利生产。此致安西县水利委员会主任委员柳。

附呈开就荒地亩数花名单一纸。①

渊泉镇长焦天云

处理意见：

准予设泉水量，并派赵水利履亩勘查是否属实。

133. 安西县水利委员会就同意为渊泉镇第五保户民新开荒地分配灌溉水量事给安西县渊泉镇的指令

1946年4月9日　　酒历5-609

令渊泉镇长焦天荣：

为“据户民刘有学等呈以垦荒地亩特请确定水量以便灌溉而增生序由”呈件均悉，准予确定水量，除派赵水利履亩勘查是否属实外，特饬知照。此令。

主任委员柳

134. 安西县水利委员会就同意为渊泉镇第五保户民新开荒地分配灌溉水量事给渊泉镇水利的训令

1946年4月　　酒历5-609

训令安水（35）卯字第□号

令渊泉镇水利赵：

案据渊泉镇焦镇长安渊（35）卯字第28号呈称以“据第五保民刘有学、潘其俊、王有才呈以“前年承开、去年已按次灌溉之荒地，准备今春耕种，刻下急待下种，恐今春灌

① 编者按：此花名单未见。

溉之际发生纠纷，谨将公报呈后，祈特转水委会议定水规，以便灌溉’等情，附呈荒地亩数花名单，特请鉴核，准予规定水量，以便灌溉而增生产”等情，据此，除指令准予议定水量外，亟令□该水利□履亩勘查是否属实，具报凭核为要。此令。

主任委员柳

135. 安西县政府就转呈渊泉镇第六保户民为新开荒地申请灌溉水量事给安西县水利委员会的公函及水利委员会处理意见

1946 年 4 月 6 日　　酒历 5–609

公函安建（35）卯字第 1172 号

案据渊泉镇第六保户民闫积德、鲁申芝、聂海苍、田发典等呈称“呈为呈请，祈要求水分以灌田苗、增加生产事：窃查渊泉镇第六保教场沟有荒地一段，土质优良，勘以开垦。农已于三十四年呈请开垦在案，今春试种籽入地，惟有均配水分尚未请分，并无时刻，诚恐苗稼出土时不能按时浇灌，苗有旱枯之毙。今联名恳乞钧座电鉴，怜念民艰、恩准按亩分配给水分，以灌田苗、增加生产，是感公德两便”等情。正核办间，又据同保户民张占文、曾发有呈称“呈为呈请祈求水分以灌田苗增加生产事：窃有渊泉镇第六保教场沟荒地一段，土质优良、堪以开垦，已于三十四年呈请田粮处清丈亩分在案，合春耕种。惟由该地无有水分之时刻灌溉田苗，垦祈钧座电鉴，俯念民艰，恩准分配水利时刻在地而以灌溉，增粮裕税，实为公德两遍”各等情，据此，相应函请贵会查照办理并希见复为荷。此致安西县水利委员会。

县长池世英

处理意见：

着聂渠长即日详加履勘具报。

136. 安西县水利委员会关于安西县南北工分水不均事给甘肃省第七区专员的代电及七区专员的处理意见

1947 年 7 月 25 日　　酒历 1–277

酒泉第七区行政督察专员刘钧鉴案：

据本县渊泉镇绅民张锡祺、崔文成，瓜州乡北工绅民陈学孔等四十四人，呈称“窃惟本年自春徂夏，南工渠水十二分涌流，而北工渊泉镇渠水细淌月余，忽而渠涸，夏禾麦豆菜蔬、秋禾完全被旱，麦豆、青稞枯萎，民众大失所望、忧心如焚，邀请士民等同民众前赴龙口坝查水，同南工人众清丈水量。南工实占水泽八尺，计浇南北地二百户之地，在龙口坝上公同理论，还出三尺之水泽灌溉北工渊泉镇两处田地、救急夏禾。不料南工首领王祯祥等大小不满意、心怀不良，使钱百万赴酒泉，上控专署、先发制人，希图垄断独□□□□。亟查龙口坝之河水，南工应分四分、小湾一分，共五分水泽，而北工与渊泉镇五分水泽；南工应得一丈六尺之水、小湾应得四尺之水，北工应得一丈之水、渊泉镇应得一丈水。而北工渊泉镇又在余丁坪分水，所分之水各一丈，共二丈水泽。今调查龙口，南工占去北工渊泉镇水八尺灌浇南工二百户之田地，惟日太久，因之北工渊泉镇水量成为一丈二尺、北工分水六尺，渊泉镇分水六尺，水断渠涸。加以妖风狂吹数日，又天气正值炎热、水少路远，河水不免风吹涣散、长途浸没，各处受旱，非南工一处被旱。该工不修渠坝，一味巧取成为照例，损人利己、暗偷渠水，以致北工渊泉镇夏禾大旱、日久枯萎，收成已歉，民失所望，实难聊生。所有枯萎麦豆青稞，拾取数捆，呈报水利主任，电鉴转报专署委员查办，以维水利而儆刁风”等情，据此，除函县政府查照外，理合据情电报钧署鉴核究办，以维水规而儆刁玩为祷。

安西县水利委员会叩安水（36）午宥印

处理意见：

令县府查照处理具报。

刘

七月卅日

137. 安西县瓜州乡南工民众代表请求解决水利冲突事给甘肃省第七区专员的呈文

1947年8月22日　　酒历1–277

呈为借供殃民、强夺水权、伏启鉴核提案惩处，以恤弱民事：

窃因安西瓜州乡南工大毗戈壁，人民粗弱。历年以来，与瓜州北工、渊泉、五营等处共同灌溉疏勒河之水量。每年至春月分水以前，该处预令敝渠人民运柴百担、用人夫数百名，将疏勒河水截上南工枯沟，使利伊渠、随意易权。分水数量照所纳粮额双方均配。不意于民国三十一年至今，有渊泉镇恶劣柳临春伸手遮天，累借公力、霸持政权，不按亩额均水，□□于伊渠较南工多分一百户有奇之水量，贪心尚未满足。于本年古四月初三日，该劣复率领警士数人、民夫五六十人，至坝上以强压弱，勒逼敝渠渠长与伊立具甘结、补填水量。又至五月初七日，该劣又率警士三人，手持武器并民夫数十名，以武力压迫，将南工坝堤硬挖，以致南工渠点滴未留，直灌五营北工，同时以非刑打伤长夫周吉寅，使南工弱民受涸渴之害，莫此至烈。又将南工进城人民马生苍、谢殿昌无故由城捉去，私行羁押多日，置不闻问。似此行为，目无法纪、放弃民权，实令人寒心，冤沉海底、屈暗覆盆。民等前已联名具呈安西县政府参议会及第七区专署，并乡长呈报涸渴情形各在案，至今未见批发。该劣反而勾串同类、买属爪牙，结移妄呈，诬控民等所举代表王祯祥等系控名私控等情。刻下伊渠倚该劣有水利委员、党部书记长之权势，灌溉益足，使南工累受无形影响，百般欺侮、实为痛心。尤其水为人民命脉、粮为国课根基，有地无粮、有碍国赋，有民无水、殃逼潜逃。若不严戒，民等不能立足斯地，茫茫前途、靡有孑遗。呈是呈明钧座电鉴作主、明察秋毫，从严究办、以儆恶劣，而救南工数千蚁命。临呈惶汗，悚栗不堪待命之至。谨呈甘肃省第七区行政督察员兼保安司令王。

安西县瓜州乡南工民众 苗根昌 方国荣 马兴隆 方玉存 朱克礼
俞松年 吴永辉 刘滋石 马生苍 俞生禄
康学功 谢殿卿 方玉福 林国栋 刘天昌
崔文华 吴学荣 王立德 赵发有 余生辉
雷生林 贾胜成 康学义 狄东荣 李兴文
民国三十六年八月廿二日

138. 甘肃省第七区公署关于安西县瓜州乡南北工水利纠纷事给安西县政府的训令

1947 年 8 月 25 日 酒历 1–278

专二（36）未字第 55 号
安西县长览：

据该县瓜州乡南工民众马兴隆等廿五人呈“以渊泉镇恶劣柳临春，借公殃民，率警掘水强夺水权，恳请提案惩办，以恤弱民”等情到署。查此案造据族民等呈诉前来，含再抄发原件[①]，仰该县长依照专二（36）午字第四一〇号支代电指示情形，从速办理、具复凭核为要。

专员兼保安司令王（36）未省印

139. 甘肃省政府关于安西县瓜州乡南北工水利纠纷事给甘肃省第七区公署的训令及第七区专员处理意见

1947 年 9 月 8 日 酒历 1–278

建水（36）申字第 5867 号
令第七区行政督察专员兼保安司令王维墉：

据安西县瓜州乡南工民众苗根昌等“呈诉渊泉镇民柳临春借公殃民强夺水权，恳请严究以儆恶劣”等情，并称业已呈请该署在案，除此批示外，合行抄发原呈，令仰遵照严饬安西县长，迅即秉公查办报核。此令。

郭寄峤

处理意见：

转饬县长张，委即情形拟报并分报本署。

九月十五日

附原呈

呈为借公殃民强夺水权伏乞鉴核提案惩处以恤弱民事：

---

① 编者按：原呈未见。

窃因安西瓜州乡南工大毗戈壁，人民粗弱，历年以来，与瓜州北工、渊泉五营等处共同灌溉疏勒河之水量，每年至春月分水以前，该处预令弊渠人民运柴百担，用人夫数百名，将疏勒河水截上南工枯沟使利伊渠随意易权分水数量，照所纳粮额，双方均配，不意于民国三十一年至今，有渊泉镇恶劣柳临春伸手遮天，累借公力，霸持政权，不按亩额均水，洪通于伊渠较南工多分一百户有奇之水量，贪心尚未满足，于本年古四月初三日，该劣复率领警士数人，民夫五六十人，至坝上以强压弱，勒逼敬渠渠长与兴伊立具甘结，补填水量，又至五月初七日，该劣又率警士三人，手持武器，并民夫数十名，以武力压迫，将南工坝堤硬挖，以致南工渠点滴未留，直灌五营北工，同时以非刑打伤长夫周吉寅，使南工弱民受涸渴之害，莫此至烈，又将南工进城人民马生苍、谢殿昌无故由城捉去，私行羁押多日，置不闻问，似此行为，目无法纪，放弃民权，实令人寒心，怨沉海底，屈暗覆盆、民等前已联名具呈安西县政府参议会及第七区专署。并乡长呈报涸渴情形各在案，至今未见批发，该劣反而勾串同类，买属爪牙，结移妄呈，诬控民等所举代表王祯祥等系控名私控等情，刻下伊渠倚该劣有水利委员党部书记长之权势，灌溉益足使南工累受无形影响。百般欺侮，实为痛心，尤其水为人民命脉，粮为国课根基，有地无粮，有碍国赋，有民无水，殃逼潜逃，若不严戒，民等不能立足斯地，茫茫前途靡有孑遗呈是呈明钧座电鉴作主，明察秋毫，从严究办，以儆恶劣，而救南工数千蚁命，临呈惶汗悚悍不甚待命之至。谨呈甘肃省府主席郭。

安西县瓜州乡南工民众　苗根昌　方玉存　刘滋石　马生苍
吴永辉　谢殿卿　方玉福　方玉福
康学功　崔文华　吴学荣　刘天昌
雷生林　赵发有　康学义　狄秉荣
朱克礼　马兴隆　俞生禄　林国栋
王立德　贾生成　李与文　俞松年
民国三十六年七月

140. 甘肃省第七区公署
关于安西县瓜州乡南北工水利纠纷事给安西县政府的训令

1947年9月22日　　酒历1-278

建二（36）申字第403号：

安西池县长览案：

奉省府九月八日建水（36）申字第五八六七号训令，会同“入原文”等因，附抄原呈一件，奉此，查本案前据该民等以原案报呈到署，业经以二（36）未字第五五号有代电饬从速办理报核。该案并合前因，除原呈相同不再重抄外，着该县长将办理情形，速报省府并报本署为要。

专员兼司令王秘书丁代行二（36）申□印

141. 安西县瓜州乡南工民众就催促处理水利纠纷事给甘肃省第七区公署呈文

1947 年 9 月　　酒历 1–278

窃因敝安西县瓜州乡南工水权被北工劣绅、安西水利委员会主任柳临春借公殃民，恃势强夺，私率县警携带枪械以物力威迫，掘断官坝，以致南工人民绝饮待毙。民等已将该恶劣行再四呈于钧署案下，迄今两月有余，未蒙批示。民等实有倒悬之急，不但水源涸渴，今年秋禾失收，已无补救，若再无完善解决，而来年且有失业之虑。民等饮食既绝，势必有出外逃亡之患。窃思民为国本，水为食天，是以不讳冒昧胆敢再具文，催恳伏乞钧座电鉴，烛照民瘼、明察秋毫、依法严惩，以救南工蝼蚁残，息民等当具结回报矣。谨呈甘肃省第七区行政督察专员兼保安司令王。

具催呈人　安西瓜州南工　苗根昌　朱克礼　党其昌　马生苍
谢天顺　俞生甲　马兴隆　崔文华
马兴隆　吴学荣　方玉存　方玉福
王立德　俞生禄　方国荣　俞松年
田玉成

民国三十六年九月

142. 安西县政府关于处理瓜州乡南北工水利纠纷给甘肃省第七区公署的代电及七区专员处理意见

1947 年 10 月 6 日　　酒历 1–278

安建（36）西字第 2663 号

酒泉甘肃省第七区行政督察专员兼保安司令王钧鉴：

专二（36）未字第五五号有代电暨申字第四零三号养代电均奉悉。查此案前据南北工户民互相控诉，经本府派员会同履龙口坝均分过二次，复经职会同党团、参议会、乡镇长及南北工水利渠长绅民前往，均分平允，双方各无异议。并据南工水渠渠长朱克礼、马生苍呈报，备查有案。至于双方互控情节，现正明密调查中，除详情另报外，谨电呈复钧鉴备查。

安西县长池世英叩安建（36）西鱼印

处理意见：

先行呈报省府备查并牌示依照。

十月十五日

143. 安西县政府就通报水利会议事给安西县水利委员会的公函

1948 年 3 月 19 日　　酒历 5-809

安建（37）辰字第 98 号

刘主任委员：

一、安□秘（37）辰字第 98 号公函敬悉。

二、经提交本县水利会议决定，水利主任委员仍推台端担任，并加委王祯祥为副主任委员。

三、会议席上，台端提出条件：（一）赴玉分水人员、民工住宿等经费□□委员□□造具详细预□送佳县□，一面分饬为乡镇负担，一面分呈省署备案。（二）水案根据中央暨省署法令规定，不得变更。□□乡镇违纪水规事宜，应由水委会根除，据乡镇水利成例，议定□□罚，则呈报省署备案，送县□□□彻底执行。以上三点，均经大会通过。

四、水利委员会经费及分水员夫各项经费预算，会议决定由贵会即日召集会议决定，函由本府一面分呈省备查，一面转饬为乡镇分担。

五、赴玉分水人员□□决推□□池县长、刘保长副主任委员□□、柳书记长、党乡长，赵镇长，朱克□、李发喜、王连宣、王祯祥、□根昌、牛科长等，于古四月六日集齐县城、赴玉分水，除由本府通知各委员外，相应函达查照。

六、以上各项，请贵会查照办，并希见复至府。

县长池

144. 安西县政府关于发放水利补贴给安西县参议会的公函

1949 年 5 月 15 日　　酒历 1-172

安西县参议会：

一、贵会安参秘（38）辰字第 0160 号大函敬悉。

二、嘱将“水利补贴两千石贷放乡镇，俾资兴修水利渠坝”一节已为命，转请省署俟核示再复。

三、先函复查照。

县长

水利勘测与水利工程档案

145. 甘肃省政府关于协助河西水利工程总队第五分队兴建敦煌水文站给第七区公署的指令

1946 年 7 月 1 日　　酒历 5-7200

甘肃省政府指令建二水（卅五）午字第 3703 号
第七区行政督察专员公署：

本年六月七日专二（35）巳字第三七四号虞代电一件"为协助河西水利工程第五分队在敦煌兴建水文站一案办理情形请鉴核由"代电悉，除电知照甘肃水利林木公司外，仰即知照，此令。

主席郭寄峤

146. 甘肃省第七区专员关于协助河西水利工程总队第五分队工作给敦煌县长的代电

1946 年 7 月 2 日　　酒历 5-7198

敦煌县康县长天衢：

建（35）巳字第 734 号代电一件"为电复协助河西水利工程总队第五分队在县党河川工作人员情形请鉴核由"代电悉，除函转甘肃河西水利工程总队第五分队查照外，准予备查。此令。

专员兼司令刘

147. 甘肃河西水利工程总队第五分队关于设立祁连山测候站给第七区专署的公函

1946 年 5 月 24 日　　酒历 1-172

甘肃省第七区行政督察专员兼保安司令公署：

案奉行政院水利委员会甘肃河西水利工程总队令，饬在酒泉、安西、敦煌等县境祁连山内设立水文气象测候站等因，奉此，兹勘定酒泉讨赖川公庄、安西疏勒川磨菇台、敦煌党河川芦草湾等地区，分别派员设立以利观测，相应函达，敬希查照，惠予协助并转请各县政府及当地驻军团队，妥为保护，以策安全为荷。

分队长王总善

148. 河西水利工程总队第四分队请求派员协助护送测候站物资给甘肃省第七区专员的公函

1946 年 7 月 6 日　　酒历 5-7199

甘肃省第七区行政督察专员兼保安司令公署：

查本队讨赖川测候站业于本年六月十五日在讨赖川公庄成立，尚有需用公物待运。惟路经哈民区域，惟避免发生意外，相应函请贵署派员惠予协助护送，以期顺利，至纫公谊。

兼分队长王用善

149. 甘肃省政府关于转发甘肃省临时参议会兴办党河水库提案给甘肃水利林牧公司的公函

1943 年 10 月 26 日　　甘 39-1-494

甘肃水利林牧股份有限公司：

案准甘肃省临时参议会十月十一日议酉字第 44 号咨开“查本会第二次首次大会，郭参议员永禄等提建议省府派员查勘敦煌党河上游蓄水库以利灌溉一案，经过审查报告意见，提交第八次会议决议，修正通过，咨省政府办理记录在册。相应录案，咨请贵府查照办理并希见复为荷”等由，除咨复外，特抄附原件电希转饬敦煌工作站查勘报转，以凭核办。

甘肃省政府建二酉有印

附抄发原送议案一件

提字第二十一号

提案人：郭永禄

连署人：成鸿志　张笃忠　周文基　崔崇佳　孙述舜　宋堪布　魏文秀　蔡景秋

案由：建议省府派员查勘敦煌党河上游蓄水库以利灌溉案

理由：查敦煌土地辽阔，人口稀少，可耕之地仅有百分之五十。又因水量不足，多有荒芜。军兴以来农村濒于破产，逃徙流亡，屡见不鲜。昔日繁荣之农村顿成荒芜之残墟，影响民生，诚属至巨。若再顺其自然，则必至固循坐弊。欲求挽救之法，必先由政府派员查勘水源情形、测量水位高低、计划工程巨细，然后筹划所需费用再为兴修，筑蓄水之工程，则多种困难自可解除。考查敦煌唯一河流即为党河，该河横贯全县、由南及北，全境灌溉恃为极重。其源则于祁连山积雪融化，每至春夏之际，因灌溉地亩过多、水量大减，不足以敷荒旱之地动以千百顷，水案纠纷时常有，废业失时、莫此为甚，终于饥歉之民流离嚎啕。然今欲补救多患，必须蓄水常流方可有用。该盖党河之水四时汹涌，春初秋末其水盛旺，且为农民不须灌溉之时。若在党河上游山中勘测地势，利用山型建筑广大蓄水库，将春初秋末剩余之水截流库内，不但足资灌溉熟耕地，即荒生之地亦可资以复垦。但蓄水库工程浩大、民力未逮，又特拟具办法，敬候大会公决。

办法：咨请省府转水利林牧公司派员查勘设计。

150. 甘肃水利林牧公司敦煌工作站关于预备查勘党河水库事给公司总管理处的公函

1943 年 11 月 29 日　　甘 39-1-494

案奉三二总字第三三四八号函"以奉甘省政府代电'准省临时参议会提议派员查勘敦煌党河上游蓄水库以利灌溉一案，即派员查勘议报，以凭核转'"等因，奉此遵查，本站拟于明春联合河西各工作站组队，分头入祁连山查勘各河上游蓄水地点，现在着手准备一切仪器用品。党河上游蓄水库，亦拟俟明春一并前往查勘。理合将拟议办法先行具函，只请鉴核转覆。谨上总管理处。

兼主任原素欣（印）

151. 甘肃水利林牧公司关于已预备查勘党河水库事给甘肃省建设厅的公函

1943 年 12 月 11 日　　甘 39-1-494

贵省政府建二酉有第九〇七五号酉有代电开"嘱转饬敦煌工作站查勘报转以恳核办"等因，附抄送甘肃省临时参议会提字第二十一号决议案一件，奉此，当经转饬酒泉工作总站派员查勘议报。据该站十一月二十九日函称"本总站拟于春联合河西各工作站组队，分头入祁连山查勘各河上游蓄水池地点，现正着手准备一切仪器用品，党河上游蓄水库，亦拟俟明春一并前往查勘"等情，相应函覆，敬希察照，转陈为荷。此致甘肃省建设厅。

总经理沈

152. 敦煌县政府关于请求催促肃丰渠工程处指导敦煌县南湖黄水闸修筑工程事给甘肃省第七区公署的代电

1943 年 11 月 25 日　　酒历 3-3221

专员刘钧鉴：

甘肃水利林牧公司工作站迄今半载尚未启程前来。该县属水利事业亟待整顿，尤以南湖黄水闸修筑工程即将开始，为期设施妥善而资巩固计，敬电请钧座转催该公司，迅予派员指导技术，并不要求发薪，并乞电示。

职陈邦启叩建戌灰

153. 甘肃省第七区公署关于敦煌县南湖黄水闸修筑工程事给肃丰渠工程处的代电

1943 年 11 月 28 日　　酒历 3-3221

肃丰渠工程处主任原钧鉴：

按敦煌县建成东电以“南湖黄水闸修筑工程即将开始，为设施妥善以资巩固计，拟请贵处惠予派员指导”等情，按此相应函请查照办理，见后为荷。此致肃丰渠工程处。

专员兼司令刘

154. 肃丰渠工程处关于已派员指导敦煌县南湖黄水闸修筑工程事给第七区公署的代电

1943 年 11 月 30 日　　酒历 3-3221

甘肃省第七区行政督察专员兼保安司令刘钧鉴：

接准专二戌字号第 633 号函开“据敦煌县建成灰电略以南湖黄水闸修筑工程即将开始，为设施妥善，以资巩固，计拟请贵处惠予派员指导等情，据此相应函请查照办理见复等由”准此，除派郭副工程师云生前往，即参照陈副工程师查照并请转行知照为荷。此致甘肃省第七区行政督察专员公署。

兼主任原素欣（印）

155. 敦煌县政府关于呈报郭工程师勘察水利工程情形给第七区公署的代电

1943 年 12 月 18 日　　酒历 3-3221

甘肃省第七区行政督察专员兼保安司令刘钧鉴：

钧署专二戌字第 634 号代电略开“准予另请肃丰渠工程处派员指导仍仰将修筑情形随时报署”等因，奉此，查肃丰渠工程处委派工程师郭云生来县指导本府，当即指派合作社主任、指导员陪同前往南湖实地勘察。旋以地冻土结，无法开始观察，遂按地势先行测量，并绘制各种工程图表及经费计算交送本府，而嘱事先筹备以便明春再行动工。现查郭工程师业已离敦返肃，除按图表指示该地民众筹备处理，将郭工程师来县测量工程情形具交报请。谨呈甘肃省第七区行政督察专员刘。

敦煌县长陈邦启（印）

156. 敦煌县政府为安化坊及党桥北修堤浚河保护农田事给甘肃省政府的呈文

1944 年 8 月 3 日　　酒历 5-7188

甘肃省政府：

查本县党河西岸安化坊附近及党桥北水势湍激，历年冲陷民田为害甚巨，县长为保护民田减少损害计，特于六月二十一日发动全县民夫二百二十四人工作五日，在安化坊附近修筑长约二华里之堤防一道，在党河桥北修筑长约半华里河堤一道。县长为鼓励民气发挥工作效率起见，亲自携带工作器具前往各处，以身倡导作工修筑并筹款购置馍馍一百斤分散各民夫，业经于六月二十五日正式……①

157. 敦煌县长为呈报动员修浚十渠闸坝事给甘肃省第七区专员的呈文

1944 年 8 月 4 日　　酒历 5-7190

甘肃省第七区行政督察专员兼保安司令刘钧鉴：

查本县原分十渠，需随时妥加浚修以免淤塞溃决。县长到任后，为整饬水利及保持水分、滴水归田，以求解决人民民生起见，于本年四月九日起经严令各渠渠长督促各渠户民将各渠进水闸、遏水闸及渠堤妥为修筑。至四月底先后完工，共计发动民夫三千三百十三人，纯以义务劳动法为原则除分呈外，理合备文呈请，鉴核备查。

代理敦煌县县长宋子衡

158. 甘肃省政府关于转发敦煌县政府关于该县参议员建议探勘党河水源事给甘肃水利林牧公司的公函

1946 年 5 月 21 日　　甘 39-1-494

甘肃水利林牧公司：

据敦煌县政府本年四月十八日呈，据该县参议会函送参议员胡宝镜等建议“本府派遣水利专家，前往县属南山探勘水源，以增党河流量而保全县耕地”等情，除奉令外特电抄附原案，希照办并复。

甘肃省政府建二水辰巧印

附抄原案一件：

主文：建议派遣水利专家，前往县属南山探勘水源，以增党河流量而保全部耕地案。

理由：本县耕地全恃党河灌溉，几年以来水量大减，以致连年干旱各地歉收。加以水量不足，荒地逐年增加，地方人士睹此危机，时有开拓水源之议。有云修筑南山钓鱼沟当

---

① 编者按：此文件下缺。

水坝者，有言引归其他泉源者，议论纷纷，迄今弗息。然水利人才缺乏、经济力量不逮，徒壅空谈、莫可奈何。现本县位居重镇，一切建设不容缓图，为补救地方不足及奠定国防基础，计拟请省府派遣水利专家躬赴南山实地调查，果能逐一兴办，则党河水量增加、耕地面积保持而生产丰足，人心安定，国计民生利非鲜也。管见所及，是否有当，请公决。

办法：由县府转呈省府核办，照此通过。

提议人　胡宝镜

联署人　朱　琦　姜家诚　王用权

159. 甘肃水利林牧公司关于探勘党河水源事给河西水利工程第五分队的公函

1946 年 5 月 24 日　　甘 39-1-494

河西水利工程第五分队：

案准甘肃省政府第 2112 号建二水辰巧代电“以据敦煌县政府转呈参议员胡宝镜等建议探测水源增加党河流量一案希查照办理”等由，特抄送该议案全文，希即派员实地查勘，具恳核转为要。

赵宗晋

160. 玉门县长呈报本县花海乡修筑防洪堤坝情形给甘肃省第七区专员的代电

1944 年 8 月 10 日　　酒历 5-7193

甘肃省第七区行政督察专员兼保安司令刘：

查本县花海乡自二十六年大水为患、冲成河道，每逢秋初山水爆发，弥天大水滚滚而来。就三十二年调查，叠经水淹三次，冲坏田苗已呈报有案，若不设法防御，势将田土变为沙洲。本年春，经县长洽商水利林牧公司派工程师测验，如在该乡之西南五公里地筑一防洪坝堤，一则可能免其水患，再则能以增加水量。去后即发动该乡民众，饬令乡长征工兴修并制定修堤办法，于七月一日开工，现正督率修筑。今秋爆发山水三次，村庄地亩料毫无所损。详细情形，另文报□□□修堤大概，电请鉴核备查。

玉门县县长张联渊

161. 甘肃省第七区公署关于呈报玉门花海乡防洪堤修筑情形给玉门县长的代电

1944 年 8 月 28 日　　酒历-7195

玉门县政府：

本年八月十日建未字第 088 号代电一件为电“呈该县花海乡修筑防洪堤情形请鉴核由”代电悉。仰于工竣后，即将施工地点、堤防情形绘具详图赍来，并仰将修堤办法工程土方数量、征用民夫数目、竣工日期及保护方法，详具报启鉴核。

专员兼司令刘
副司令李

162. 甘肃省政府就甘肃省水利林牧公司派员勘察玉门赤金青山坡水利事给甘肃省参议会的咨文

1946 年 7 月 18 日　　甘 14-2-326

建二水午字第 4059 号

前准贵会咨送第一次大会郑参议员延寿提建议本府提前修筑玉门赤金青山坡水利嘱办理见复一案，兹电据建设厅案呈甘肃水利林牧公司本年六月十二日函称，经函饬河西水利工程第五分队详细查勘具报。去后，兹据该队函称“查本年一月三十一日奉钧处三十五年一月十九日三五总字第六四号函饬派员查勘玉门赤金青山坡水利工程一案，遵经派本队使用工程员薛如桂前往查勘。兹据报告，略以青山坡水源系由坡上较大泉水渗下，非地下泉，流量无多，难资利用。挖泉增水，无大受益，附查勘报告地形图各一份。函请转陈鉴核”等情，经核，青山坡泉水量无多，下注清水河后即汇入赤金河，以河床低洼，在赤金两岸之耕田不易受益。至在青山坡麓及邻山之一角挖截堵蓄，仅能垦荒四五百亩，无大受益。惟该乡前经查勘，在距赤金湖稍远及沿河两岸渠水不到之平整地带可挖井灌田，补益非浅，已列入十年万井计划，如期举办。相应咨请查照为荷。此咨甘肃省参议会。

主席谷正伦
建设厅厅长张心一

163. 甘肃省参议会就甘肃省政府答复玉门赤金青山坡水利事给参议员郑延寿的公函

1946 年 8 月 5 日　　甘 14-2-326

笺函议未字第 817 号

案查本会第一次大会，台端提议建议对于玉门赤金昌马两处水利工程责成主管机构提前修筑以为灌溉一案，前经咨准甘肃省政府咨复办理情形，业已函达查照在案。咨复准本年七月十三日建二水午字第四〇五九号咨称“……”[①] 等由，准咨，相应查照为荷。此致郑参议员延寿。

① 编者按：此处系照抄 163 号文件，从略。

164. 安西县政府关于推举人员赴玉门会商昌马大坝修建事给安西县参议会的公函

1946 年 10 月 3 日　　酒历 1–133

安西参议会：

本月三日奉甘肃省政府建设厅建二水（35）西□电内开“本厅长于西冬乘汽车西上，三日后可抵玉门，修理昌马大坝事宜……①”等因专函除派本府建设科长牛寿祯相应前往外，相应函请贵会查照即希日内开会议推举赴玉人员。此致安西县参议会。

县长

165. 安西县政府关于改建黄闸湾坪口事业已汇报给安西县参议会的公函

1946 年 10 月 22 日　　酒历 1–133

安西参议会：

顷奉酒泉第七区行政督察专员兼保安司令公署专二（35）西寒电内开“以钢骨水泥建筑皇闸湾坪口一案，已由柳富春同志面呈张厅长矣，特复”等因，奉此，相应函达贵会知照为荷。此致安西县参议会。

县长

166. 玉门县参议会请求有关机关积极派员兴修昌马大坝给甘肃省参议会的代电

1946 年 10 月 13 日　　甘 14–2–128

玉门县参议会代电参秘西字第 15 号

兰州省参议会议长张、副议长郭钧鉴：

窃查本县昌马河堤，秋季山洪暴涨、冲毁无遗，全部水量投入安西河。是以工程浩大，迭经大批民工星夜赶修，旋被冲没。人民惶恐迫切万分，诚能积极兴修，秋水得以灌溉，冬水沿河结冰、河身润泽不致干燥，来春水量自必增多。该河水位南高北下，当此山水涸竭、下游泉水顿形减低。本秋若不兴修，安玉两属同受影响，来年旱灾势必酿成水案，纠纷自所难免。本会代表民意、未敢缄默，电请鉴核转有关机关，派员克日兴修而利民生。临电迫切，不胜待命之至。

玉门县参议会议长李徵献、副议长赵纯诚元印

---

① 编者按：此处页面残损。

167. 甘肃省政府关于昌马大坝工程正在设计中给甘肃省参议会的公函

1946 年 12 月 13 日　　甘 14-2-128

建二水亥字第 7576 号

准贵会本年十一月十九日议戌字第 894 号咨送段参议员复兴等提“建议本府从速兴修昌马大坝以息安玉分水纠纷并抄附原议案嘱核办”等由，查昌马大坝之兴修，早经本府于三十二年测量设计，以工款无着、迄未如愿。本年经筹拨工款一亿六千二百万元准备施工，惟该项工程异常浩大，为慎重计，已由河西水利工程总队长周礼亲往勘查测量，现正在设计中，一俟核定即行赶作，相应复请查照为荷。此致甘肃省参议会。

主席郭寄峤（印）

建设厅厅长张心一（印）

168. 甘肃省参议会关于甘肃省政府已着手设计昌马大坝工程给参议员的笺函

1946 年 12 月 17 日　　甘 14-2-128

笺函议亥字第 1341 号

查本会第三次大会台端提“建议省府从速兴修昌马大坝以息安玉分水纠纷”一案，经咨准甘政府十二月十日建二水亥字第七五七六号咨复称“查昌马大坝之兴修，早经本府于三十二年测量设计，以工款无着，迄未如愿。本年经筹拨工款一亿六千二百万元准备施工，惟该项工程异常浩大，为慎重计，已由河西水利工程总队长周礼亲往勘查测量，现正在设计中，一俟核定即行赶作。相应复请查照”等由到会，相应呈请查照为荷。此致段参议员复兴、郑参议员延寿。

169. 甘肃省政府关于转发敦煌县政府关于该县参议员请求改建十渠坪口以固水源给甘肃水利林牧公司的公函

1946 年 11 月 20 日　　甘 39-1-494

建二水酉戌字第 7028 号

甘肃水利林牧公司：

据敦煌县政府本年十月二十九呈称“本案准本县参议会参秘（35）酉字第一七六号函送县参议员朱琦等‘提请建议政府，转请上层委派专门工程人员履勘本县十渠坪口，改用新式工程从新建筑，以期永固而保水源’等由，准此，理合照抄提案，呈请钧府鉴核”等情，除指令外，特电抄送原提案，希转饬派员办理并复。

甘肃省政府建二水（三五）戌巧印

附抄原案一件：

主文：呈请省府委派专门工程人员，履勘本县十渠坪口，改用新式工程从新建筑，以期永固而保水源案。

理由：本县农田全恃党河之水，分支十渠普灌全境。每年田禾之丰歉，概视水利之充否以为断。开源节流询属治水之要，面查十渠坪口均用旧法建筑，坪口之补修动需民夫数百、柴草数百车，费时十余日不等。而一遇水洪，则坪塌岸倒、渠水泛滥。夏秋水之际，民时受亢旱，致连年突歉，民不聊生。虽天时人事均有影响，而坪口不固实为主因。况一渠坪口每年修五六次至十数次不等，农民苦于力役，多有将耕种之田因而荒芜者，至于耗费血汗及资财更无论矣。倘非另设补救办法，则民受其累、伊于胡底。管见是否有当，请公决。

办法：呈请省政府派工程技术人员来县履勘，按照十渠形势采取新式方法，一律另建坪口以期一劳永逸，并可确保水源、普利民生。

提案人　朱　琦　祁　鉴　王用权　郭琮

170. 甘肃水利林牧公司关于改建敦煌十渠坪口事给河西水利工程第五分队的公函

1946 年 11 月 28 日　　甘 39–1–494

河西水利工程第五分队：

甘肃省政府建二水戌字第 7028 号代电开"入原电"等因，附抄送原提案一纸，准此，令行抄发原提案一纸，即希查照，派员勘查并拟具计划寄处核转为要。

总经理常

171. 玉门县参议会关于水利事务的提案二件

1946 年　　酒历 4–5120

第一件

提案人：玉门县政府

议提：兴修本县昌马大坝水闸而减安玉纠纷

理由：查本县昌马河两岸农民，每年所灌之水悉导源于县境南部之祁连山，流经昌马大坝，即与安西以四六比例分水，没遇分水时期，因无科学管理方法，数年发生纠纷，而误耕种。爰经拟具办法如此，敬请公决。

办法：由安西县政府会同玉门报请省府准派专门人员前来指导，从事修理；所需经费由专署专请省府设法补助。

第二件

提案人：玉门县政府

议提：兴修本县赤金水利以增农产案

理由：查本海花海赤金两乡，终年亢旱。而该乡农民所赖灌溉者均系县属石油河之雪水，河水流经戈壁，其间渗漏蒸发损失达三分之二，及至流入该乡，不敷灌溉。值此抗战期间，后方生产益属重要，特拟具办法如此，敬请公决。

办法：大会后由专署请省府派遣专门人员来到实地从事疏浚，俾原有河渠务期畅达、原有农田均得灌溉，不致荒旱。所需经费由专署专请省府拨充。

172. 安西县政府关于转呈县参议会建议四墩湖改名振华池给第七区专员的代电

1947 年 9 月 20 日　　酒历 1–278

安建 36 申字第 2511 号

酒泉第七区行政督察专员兼保安司令王钧鉴：

本月十三日准本县参议会安参秘 36 申字第 147 号公函内开“查令会首届第六次大会，经临时动议主席，提议查县属布隆吉北四墩湖经池县长亲临勘查，派夫开渠引水流入疏勒河，以利渊泉、瓜州两乡镇灌溉，可否将此湖更名为振华池，为渊泉、瓜州两乡镇水源，由大会通过后，即行定案，以免今后纠纷案。经决议，四墩湖更名为振华池，以示纪念，并函县府转□定案为渊泉瓜州两乡镇水源等由记录在卷，相应函迟贵府□□□理为荷”等由。准此，除函复并分令外，理合具文转□□。

安西县县长池世英叩安建（36）申马印

173. 甘肃省第七区公署关于同意四墩湖更名振华池一案给安西县政府的指令

1947 年 10 月 2 日　　酒历 1–278

专二（36）西字第 528 号

令安西县政府：

本年八月卅一安建（36）申字第 2511 号代电为“该县四墩湖更名为振华池等情一案报请鉴核由”电悉。查四墩湖更名为振华池尚无不可，惟该地为渊泉、瓜州等乡镇水源，应避免其他纠纷。准予备查，并仰知照。此令。

专员兼司令王

174. 甘肃省参议会就转发关于从速兴建玉门昌马大坝的提案给甘肃省政府的咨文

1947 年 11 月 15 日　　甘 14–2–128

咨议戌字第 894 号

查本会第三次大会参议员段复兴、郑延寿等提“建议省府连办结安玉水利纠纷”“兴建昌马大坝以息多年水利争执，用利民生”议案三件，经府审查并为一案，并提交第十四次会议决议通过咨省政府办理，记录在卷，相应录案咨请贵府查照办理，并希见复为荷。

此咨甘肃省政府。

议长张

附原提案一

提案人：段复兴　郑延寿

连署人：王学泰　陈生蕃　曹奎文　刘世英　陈世光　崔清川　薛进文

案由：建议省府连办结安玉水利纠纷昌马大坝以息多年水利争执用利民生案

理由：查安西水利，其源均出自玉门县境。昔年两县分用水量墨守成规，并立专案可稽。年来本省多有旱灾，河西尤为甚。以是玉门近居上游，一遇天晒，水即不能下流。安西累受旱灾，因之两县水利纠纷不时发生，虽经省方派员随时处理，但以利害冲突未尽照案遵行。本年省府为彻底解决纠纷并为一劳永逸，决定兴修昌马大坝、河堤，并拟拨款一亿二千一万元，预计本年完竣测量工程，下年即可动工兴修。拟请照案赶速省府处理昌马大坝测量兴建为宜，以安群情，并请彻底终结两县水利纠纷以安民生。

办法：咨请省府赶速照案兴修玉安昌马大坝，以期彻底解决玉安多年水争。并举办小型水利，整顿安西十道口岸坪闸沟渠，终结以前两县水利纠纷。

附原提案二

提案人：段复兴

连署人：葛荣春 王桂中 杜凤彩 刘肇华

案由：咨请省府赶速办结安玉水利纠纷并兴建昌马大坝以期招本解决由

说明：查安西水源十道口岸均在玉门境内，两县分水量均经立有定案，远在二百年前。惟玉民因近水上游，且逐年垦荒、分水不足，时有窃掘私口，过去纠纷迭起。曾经省道委员勘查，依照定案填塞私口并严惩首恶，有案可稽。本年夏季需水孔殷之际，玉民竟背信蔑义、断绝水流，致安西夏禾干旱歉收。任省府饬七区专署并派员查办，鲜有成效，嗣省府为谋彻底解决，计决定兴修昌马大坝并在拟端宣布拨款一亿六千万，预计本年内测量完竣，明年间工程投建。县长据告，并未着手测量，同时工程浩大，款不敷用，短期颇难实现。提请在未兴工修坝前、应将两县水利纠纷依照定案彻查解决，以免安西连年干旱外，仍应赶速测量昌马大坝积极开工，俾一劳永逸彻底根本解决。

办法：一、在昌马大坝未测量兴修前，应先援照定案，解决纷争以免安西干旱歉收。二、积极测量工程，赶速兴修昌马大坝。三、举办小型水利整顿安西十道口岸坪闸沟渠。

附原提案三

提案人：郑延寿

连署人：王学泰 曹奎文 王桂中 葛荣春 崔清川 刘世英 陈生蕃 陈世光 杜凤彩 薛进文

案由：建议甘肃省迅速拨款建修安玉昌马大坝水利以利民生而苏民困

理由：查昌马大坝水利为安玉两县人民之命脉。历年以来，两县人民用以土法建修，复以地形险恶，每年筑建工程如遇洪水暴击即形冲毁，随建随毁。一年建修顶少亦得四五次，损耗之大，屈指不可胜计。自三十二年，即呈请建筑永久工程，并经林木公司派员数度勘查计划，迄今数年尚未开工。特此提请迅速拨款派员动工，俾利民生。

办法：咨请省府照案迅速办理。

175. 甘肃省参议会关于玉门县参议会请求有关机关积极派员兴修昌马大坝事的决议

1947 年 11 月 1 日　　甘 14-2-128

议长提议：玉门县参议会代电“请转有关机关，积极派员兴修昌马河堤而利民生由”收文一九七四号，特种审查会审查。

审查意见：原案通过，提大会讨论。

决议：并审查会决议案。

176. 甘肃省参议员雷恒闻关于甘肃省水利报告的询问函

日期不详　　甘 14-2-171

询字第 87 号

水利报告中关于执行安西玉门均水，解决水利纠纷一节，与实际情况不符。本年两县人民因分水械打流血，重伤多人，情况严重可知。贵局长对此事有无听闻？今后对增加水源修筑昌马大坝工程，能否如期实施？请分别说明答复。

询问人　雷恒闻

177. 甘肃省参议会关于参议员段复兴等提议省府从速兴修昌马大坝及安西在玉门境内分水十道口岸事给甘肃省政府的咨文

1948 年 1 月 18 日　　甘 14-2-177

咨议子字第 198 号

查本会第五次大会段参议员复兴提“建议省政府从速兴修昌马大坝及安西在玉门境内分水十道口岸以救民命”一案，经付审查成立，并提交第十九次会议决议“修正通过，咨省政府办理”，记录在卷，相应录案，咨请贵府查照办理并希见复为荷。此咨甘肃省政府。

议长张

附原提案一

提案人：段复兴

连署人：陈世光　曹奎文　陈克荣　郭永禄　雷恒闻

案由：建议省府从速兴修昌马大坝及安西在玉门境内分水十道口岸以救民命案

理由：查兴修玉门昌马大坝，为解决玉门安西两县水利纠纷办法，并兴修玉门境内分水十道口，彻底为解决安西水利纷争。闻省府施政报告，水利部门列有昌马大坝分水堰于三十七年底完工、解决安玉水利纷争，并一应而速赶工限期完成。分水十道口岸，关系安西水利尤为重要，应依照原定成规，按本年赶速兴修，以解决安西水利纠纷。

办法：咨省政府，以赶速兴修昌马大坝及安西在玉门境内分水十道口岸以解决两县水利纠纷。安玉分水十道口岸应照令实行水规，制止草民偷掘堵塞。

附原提案二

提案人：段复兴

连署人：陈克荣　曹奎文　陈世光

案由：咨请省府明年兴修安西玉门境内分水十道口岸以救民命案

理由：查安西农田灌溉，全赖在玉门境内分水之十道口岸流水以资灌溉，成法水规远在二百余年前，有案可稽。乃近年来玉门一部分草民任意垦荒偷掘堵塞、扰乱水规、毁法乱纪，视为固然，连年兴修迄未解决，以致安西亢旱成灾、连岁歉收。咨据省府施政报告，水利部门列有昌马大坝分水堰于明年底完工，解决河源上游问题。水利多在玉门，而安西主要之水利问题全在十道口岸之兴与。履行水规成法及严禁玉门草民之偷掘堵塞，方能裨益安西灌溉之利焉。

办法：一、请省府饬水利局，将安西十道口岸于明年夏初以小型水利兴工。二、水利局派工程技术人员由地派民夫若干协助兴修。三、厉行水规成法制止草民偷掘堵塞。

178. 甘肃省政府关于兴办安西玉门水利工程事给甘肃省参议会的咨文

1948 年 1 月 28 日　　甘 14–2–177

案准贵会本年元月十五日议子字第一九八号咨送五次大会段参议员复兴“建议本府从速兴修昌马大坝及安西在玉门境内分水十道口岸以救民命”一案，嘱办理见复等由。查玉门境内十道口岸建筑分水闸，仅能减少玉门向安西所窃之水，非增加水源治本之法。至安西玉门两县水利工程，已经水利部甘肃河西水利工程总队第六分队通盘规划，拟具分期举办计划，并将昌马大坝分水工程，列为第二期工程，正呈请核示中，相应复请查照为荷。此致甘肃省参议会。

主席郭寄峤

179. 甘肃省政府就安西县参议会电请兴办水利工程等事给第七区专署的训令

1949 年 4 月 7 日　　酒历 5–7311

甘肃省政府训令水二（38）卯字第 3943 号

七区专署王专员：

一、据安西县参议会本年四月□□代电称：“（一）查安西水源远在玉门，安远而玉近，安西分水之人一年一往，玉门民借近截灌，自顾个人利益、不顾安民死活。春秋水多之时，以安西为泽国，夏季需水之际点滴不流，连年被旱，田禾歉收，加以负担沉重，安民逃者十之六七，若不切实执行《安玉分水规程》，势必纠纷易起，演成惨案。（二）请钧府派员莅临分水地点，秉公监分，以杜纠纷。（三）布隆吉地下水引用，请速派水利工程人员兴工修筑，以资灌溉。(四) 玉门县境安玉分水第一道坪口黄闸湾，第二坪口芨芨台，于本年度请修筑昌马大坝工程费项下提先拨款修筑芨芨台、黄闸湾坪口，以钢骨水泥修筑，以资永久而杜纠纷。(五) 依照安西分水规程之规定，在安西分水坪口以上之水磨一律拆除，以免妨害源流等。因迭请玉门县府执行，迄今三载，搁置不理，本年如再拖延，诚恐引起安民激愤，后患诚有不堪设想者。(六) 以上请转饬安玉两县长切实执行并乞核示祇遵。”

二、兹核所称：(一)(五) 两项应由该署转饬安西玉门两县政府，于本年分水时秉公切实依照《安玉分水规程》执行，不得引起纷争。

三、祈请派员监督分水一节，仍由该署派员监督执行。

四、关于安西布隆吉地下水工程，已拟具计划，送请中国农村复兴联合委员会申贷美援，应俟准贷款到即可兴工。

五、关于玉门昌马河整理工程，河西水利工程处已拟具整体整理计划、贷款兴建。

六、仰遵照，仍将办理情形报查。

七、本案已分令安西玉门两县政府。

主席郭寄峤

180. 甘肃省政府关于行政院水利委员会将委派工程师视察农田水利给第七区公署的代电

1944 年 5 月 10 日　　酒历 5-7217

甘肃省政府建二（卅三）卯□□

第七区行政督察专员公署：

准行政院水利委员会本年四月十三日代电“兹派本会视查工程师李清棠驻青甘宁绥等省，视查农田水利，除分电外，相应电请查照，惠予便利，并赐指导为荷”等由，除分行外，特电仰遵照，予以便利为要。

主席郭寄峤

181. 甘肃省政府就协助经合总署中国农村复兴联合委员会代表视察河西水利给甘肃省第七区公署的训令

1949 年 6 月 18 日　　酒历 5-7292

甘肃省政府训令工建五（38）巳字第 2263 号

七区专署：

一、奉西北军政长官公署本年六月十五日代电开：“（一）经合总署中国农村复兴联合委员会水利工程组长陶德（Mr Todd）、兰州办事处处长萨汉民月内赴河西一带视察农田水利灌溉情形。(二) 希转饬有关机关妥订视察区域，并予协助监护。”

二、兹并河西水利工程处派该处科长侯书田、工程师张绍基陪同前往。

三、仰遵照协助。

主席郭寄峤

182. 甘肃省第七区公署就接待中国农村复兴联合委员会代表事给甘肃省政府的代电

1949 年 6 月 28 日　　酒历 5–7293

甘肃省第七区行政督察专员兼保安司令公署代电二巳字第 1455 号

兰州郭主席：

一、工建五（38）巳字第 2263 号训令于六月廿四日奉悉。

二、查该联合委员会水利工程组长陶德等于本月年廿三日抵肃，由本署洽借车辆，赴□□管□□面见□□工地视察。廿四日复经洽准石油公司，前赴老君庙油矿参观后，即日东返高台一带视察。

三、前奉命令监护，仰先电知，以免公文到署已迟、致事前毫无所悉，监莅协助□□□嗣后如有此□□核□□。

全衔王

丛书主编　王忠静　张国刚

河西走廊水利史文献类编
疏勒河卷

（下）

张景平　惠　磊　张　琼　韩稚燕　主编

科学出版社
北　京

内 容 简 介

《河西走廊水利史文献类编·疏勒河卷》是“河西走廊水利史文献类编”丛书第三卷。本卷收录敦煌文书、方志、私家著述、考察报告与游记、碑刻、民国工程文献、民国报刊、民国档案、双塔水库档案、二十世纪五六十年代其他档案、民间收藏水利文献以及口述文献等十二类历史文献，涉及历史时期疏勒河流域水系变迁、水利建设、水利管理、水利纠纷与水利文化等方面的各类一手资料。

本卷既可作为原始史料供历史学、水利工程学、环境科学、经济学、社会学等相关学科研究者使用，亦可为流域水利事业与社会经济发展提供必要的参考。

图书在版编目(CIP)数据

河西走廊水利史文献类编．疏勒河卷：全二册／王忠静，张国刚主编；张景平等本册主编．—北京：科学出版社，2022.11

ISBN 978-7-03-073867-7

Ⅰ.①河… Ⅱ.①王… ②张… ③张… Ⅲ.①河西走廊-水利史 Ⅳ.①TV-092

中国版本图书馆 CIP 数据核字（2022）第 219827 号

责任编辑：李晓娟／责任校对：樊雅琼
责任印制：吴兆东／封面设计：陈　敬

科学出版社 出版
北京东黄城根北街 16 号
邮政编码：100717
http://www.sciencep.com

北京捷迅佳彩印刷有限公司 印刷
科学出版社发行　各地新华书店经销

*

2022 年 11 月第　一　版　开本：787×1092　1/16
2022 年 11 月第一次印刷　印张：54 1/4
字数：1 300 000

定价：898.00 元（上、下）

“河西走廊水利史文献类编”丛书
编纂指导委员会

参与编纂单位

主持单位　清华大学

　　　　　甘肃省疏勒河流域水资源利用中心

　　　　　甘肃省档案馆

合作单位　兰州大学

　　　　　甘肃省酒泉市档案馆

相关科研项目

清华大学—甘肃省疏勒河流域水资源利用中心联合课题

“疏勒河流域水利史文献抢救性整理与研究”

“河西走廊水利史文献类编”总序

雷志栋

（清华大学水利水电工程系教授，中国科学院院士）

忠静教授来看望我，请我为“河西走廊水利史文献类编”丛书写一篇总序。在听完丛书的整体计划并翻阅了已完成的成果后，我感到十分高兴。在我国“一带一路”倡议中，河西走廊是重要的纽带和通道，“河西走廊水利史文献类编”丛书的编撰和出版，更显现出其重要的历史意义和现实价值。

清华大学水利系研究西北干旱区水资源问题有不短的历史。在这片自汉代以来就在中国的历史中具有重要战略地位的干旱区域，其边疆稳定、经济发展、文化繁荣，都与水利事业的发展密不可分。沿用上千年的新疆坎儿井就是古代著名的水利灌溉系统，至今仍在发挥作用；河西走廊的锁阳城遗址附近，密布着近百公里的汉唐旧渠遗址，在“丝绸之路”现存遗址中亦十分罕见。这些看似不起眼的水利工程构成了支撑干旱区文明的血脉。中华人民共和国成立以来，中央和地方政府都十分重视河西走廊的水利开发，在政策与资金上加强投入，经过数十年的艰苦奋斗形成了比较完善的现代水利工程体系，形成了较为稳定的绿洲经济与社会格局，这是历史上从来没有的事情。在其中，水利科研工作者也贡献了自己的一份力量，我们是历史的亲历者，并在某种意义上参与了创造历史的过程，也为此感到自豪。

历史意味着经验，注重总结经验是我国水利事业自古以来的优良传统。水利史作为水利科学的一部分，必须首先用科学的态度去发掘、整理丛脞芜杂的历史文献，在远绍旁搜的基础上去伪存真，才有可能将研究建立在可靠的材料之上。我们的祖先早已在做这样的工作，从《史记·河渠书》到《行水金鉴》莫不如此；当代各种水利行业志、水利年鉴的编纂，亦可谓水利史料整理的一种新的形式。

明清以来的河西走廊作为一个欠发达地区，文献积累不丰、保存状况较差，因此对其水利开发历史的研究还不充分。但令人深感欣慰的是，清华大学历史学科和水利学科的师生们合作从事河西走廊水利史文献特别是明清以来水利史文献的搜集整理工作，并在当地水务、档案、文物、地方志等部门同志们的大力支持下，编纂出版“河西走廊水利史文献类编”丛书，必然会对相关研究产生促进作用。这是不同学科间相互交流促进的很好尝试，同时也是一种很好的工作模式，值得推广。衷心希望水利、历史两学科的研究者以及环境、经济、社会、法律等领域的研究者们能携起手来，将河西走廊水利史乃至整个中国的水利史的研究更好地深入下去。

回顾历史是为了更好地创造未来。虽然河西走廊的水利工作已取得了重大的成就，但当前也面临一系列新问题，如工程建设不能满足经济发展的新要求、管理机制有待完善、生态环境恶化的趋势还没有得到全面遏制等。借着“河西走廊水利史文献类编”的编纂出版为契机，我真诚地希望新一代水利工作者能够鉴古知今、未雨绸缪，努力解决好这些新问题，使得我们的工作不但能接受现实，更能够接受历史的检验，也为创造美好的未来打造更坚实的基础。

2014年9月16日

《河西走廊水利史文献类编·疏勒河卷》序

张楚汉
（清华大学水利水电工程系教授，中国科学院院士）

欣闻《河西走廊水利史文献类编·疏勒河卷》即将付梓，谨向编纂团队与参编单位表示祝贺。

从“河西走廊水利史文献类编”丛书首卷《河西走廊水利史文献类编·讨赖河卷》（2 册）、二卷《河西走廊水利史文献类编·黑河卷》（4 册），至今天的《河西走廊水利史文献类编·疏勒河卷》（2 册），编纂工作已历数年，深感这项工作的不易与重要。王忠静教授团队深耕河西走廊水资源管理及水利史、水文化研究多年，曾编制《敦煌水资源合理利用与生态保护综合规划》，对疏勒河流域水利事业的前世今生有着深刻体认，由王忠静教授团队编纂《河西走廊水利史文献类编·疏勒河卷》是十分恰当的，这是清华水利人对于中国水利事业的又一贡献。

无论是在历史长河还是在现实维度，河西走廊的重要性不言而喻，是我国西北重要的生态屏障与工农业生产基地，是“一带一路”倡议的关键节点，具有重要的政治、经济、文化意义。千百年来，中华民族在此繁衍生息、文化交融，曾经良好的生态环境与繁荣的经济基础造就了丰厚的文化遗产。疏勒河作为河西走廊三大内陆水系之一，哺育了历史文化名城敦煌，在提供民生保障和环境屏障等方面扮演了重要角色。作为承载这一区域水资源开发利用历史的文献基础，《河西走廊水利史文献类编·疏勒河卷》的编纂具有重要的学术价值。

深居内陆的疏勒河流域气候干旱，水资源始终是制约当地经济社会发展的核心因素之一，水利问题亦成为全民关注所在。近年来，国家将“水”作为统筹区域经济、社会、生态发展的抓手，遏制生态环境退化、保障经济可持续发展，体现了水资源管理的多学科复杂性；以水科学为主、综合自然与社会科学各有关方面的融合性学科体系建设，是治水事业高质量发展的时代要求。《河西走廊水利史文献类编·疏勒河卷》的出版，是对疏勒河流域历史发展经验的总结，将为疏勒河流域水问题研究提供水利、生态、政治、经济、社会等方面的历史经纬，对推动相关研究的进展提供助力。

我对河西走廊并不陌生，但在翻阅书卷中波澜壮阔的治水史料时，仍感慨良深。疏勒河流域不但出土了中国最早的全国性水利法规《水部式》，这片土地本身关于“水”的故事也十分多彩。生活在这片土地的先辈们利用发源于祁连山的疏勒河、党河的水资源，在干旱荒芜的戈壁上营造了敦煌绿洲、双塔绿洲和昌马绿洲，使人们得以生存、文化得以发展、历史得以丰富。这是中华民族不屈意志与杰出创造力的生动体现，今日读之仍有诸多启发与感动。水利先驱者们克服种种艰难困苦，以筚路蓝缕之功奉献了知识、智慧与心力，使得现代水利生根发芽、开花结果，改变了区域社会的生产生活条件，值得铭记。

尽管包括疏勒河流域在内的中国干旱区水利事业已经取得了诸多成就，但水资源匮乏的自然背景未能改变，人们探索认识其自然规律、探索其发展之道的努力不会改变。寻找经济社会与生态环境之间的平衡、实现高质量发展，始终是我们需要努力解决的问题。我认为《河西走廊水利史文献类编·疏勒河卷》的出版是一个很好的契机，其从社会、人文的视角回顾水利发展的经验，有助于让更多来者了解新时代的水利工作是如何从历史中一步步走来；其中不仅蕴含前人的期盼，更是我们现实工作的重要动力，有助于我们更好迎接未来的挑战。在此，愿与诸位学者与水利工作者共勉。

是为序。

2022年2月10日

“河西走廊水利史文献类编”前言

河西走廊是我国西部重要的工农业生产基地与生态屏障，是内地通往新疆、青海以及中亚、西亚和欧洲的关键通道，是今日“一带一路”倡议中的重要建设区域。河西走廊是多民族共同生活的家园，几千年来曾数度创造繁荣的经济社会格局，留下了丰厚的文化遗产，在历史上具有举足轻重的地位。从清代中后期起，河西走廊已经为专治“西北史地之学”的学者所重视；19世纪末，中外探险家、考古学家以及地理学家纷至沓来，揭开了河西走廊的神秘面纱，使之为世界瞩目，至今仍是地理学、生态学、历史学、人类学等学科共同关注的热点区域。

由于气候干旱少雨，水资源始终在河西走廊的开发中具有先决性与关键性地位。近年来，国家相继在河西走廊各流域实施了水资源合理利用与生态保护规划，通过“以水为纲”的管理调节，遏制了生态环境的恶化趋势，维系了区域经济社会的可持续发展。在规划与治理进程中，社会各界普遍感受到，河西走廊的水利问题不仅是一个工程技术问题，更是一个在漫长历史进程中逐渐积累的复杂社会问题。因此，解决当前水利问题更需引入社会的和历史的视角。而在史学工作者看来，一部河西走廊开发史也是一部浓缩的水利史，其中隐藏着中国干旱区社会几千年发展变化的密码。因此，对河西走廊水利史的研究兼具现实与学术两方面的意义，可回应不同出发点的多种关怀。

长期以来，河西走廊水利史相关问题一直在历史地理、田野考古、屯田史以及区域开发史等研究方向中得到讨论，前贤时彦的一系列研究成果具有重要的学术意义。然而，相比华北、江南等区域的水利开发史研究在水利社会史、水利环境史等新方向中的高歌猛进，河西走廊水利史的研究在数量、质量方面都感到明显不足，与学术界的期待差距较大。此种局面形成的原因是复杂的，但历史文献的“稀薄”无疑是最为关键的因素。当前水利史的研究以所谓“近世”即明清以来为主要关注时段，高度依赖方志、碑刻、渠册、契约等特定类型的文献；而“近世”的河西走廊早已沦为偏远的经济欠发达区域，上述类型的文献传世数量有限，保存、整理状况更为不佳，难以为学者充分利用。因此，“无米之炊”的窘境是造成河西走廊水利史难以深入开展的最大障碍。

从20世纪50年代起，清华大学水利系的几代研究者对河西走廊水资源问题予以了长期的关注，近年来更与清华大学历史系围绕河西走廊主要内陆河的历史与现实水利问题展开了一系列联合研究。两系同仁意识到，一套经过广泛搜集、系统整理的历史文献，将会吸引更多学者投入到河西走廊水利史研究中，促进相关问题的充分探讨。为此，我们开始了“河西走廊水利史文献类编”的编纂工作。

“河西走廊水利史文献类编”丛书共分为《河西走廊水利史文献类编·讨赖河卷》、《河西走廊水利史文献类编·黑河卷》、《河西走廊水利史文献类编·疏勒河卷》以及《河西走廊水利史文献类编·石羊河卷》。这种以流域为单位的编纂方法，既是对《水经注》《行水金鉴》等传统水利文献的继承，也充分考虑到河西走廊水利事务与社会发展的内在规律。丛书除努力搜集当前水利史研究所关注的热点史料外，也力图展现河西走廊水利史文献自身的特点。例如，出土文献的存在使河西走廊水利史文献的上限不局限于近世；诸多的近代中外学者考察报告、近代水利工程文献以及大宗民国水利档案等在其他地区较为罕见；当代水利文献以及见证人的口述资料蕴含着大量的历史信息，体现了河西走廊水利工作的历史连续性。在尊重文献的原始形态并分类编排的情况下，丛书针对河西走廊水利史文献驳杂、散碎的特点，对史料进行了考订、标点、缀合、分类、提要等整理工作，以期更好地服务不同学科背景的读者、兼顾学术界与当代水利工作的共同需求。

“河西走廊水利史文献类编”的出版是清华大学水利、历史两系同仁精诚合作的成果。大家深感到从解决具体问题出发、打破各学科间的楚河汉界，对于响应国家重大战略需求、培育新的学术增长点具有不可替代的重要意义，如何建立一种良好、高效的跨学科合作研究机制，也是我们在丛书编纂中力图探索的课题。丛书各卷的具体编纂工作由清华水利、历史两系的青年学者担纲，这对于年轻人而言是一项极好的锻炼，有助于充分挖掘他们学术潜力、促进他们的成长。

“河西走廊水利史文献类编”的编纂工作得到了多位两院院士以及水利、历史两个领域专家学者的指导，他们以极大的热情与严肃认真的态度，为丛书的编撰给予了巨大支持，谨向他们表示敬意与感谢。在丛书尚未付梓之时，为丛书惠赐总序的雷志栋先生以及本书顾问陈志恺先生等前辈竟归道山；捧颂他们的鼓励与教诲，我们在沉恸之余深感责任重大，希望我们的工作能够告慰他们的期望。

“河西走廊水利史文献类编”能够顺利面世，还有赖于地方各级水务、档案、文博、地方志等部门以及各兄弟院校的大力支持，体现了社会各界对于水利问题的高度重视，我们在此对他们表示由衷感谢。来自全国各地的各位耆宿、领导、专家以及广大同仁，以不同方式参与支持了丛书的编纂工作，学术作为天下公器的特点由此得到了生动体现。

文献整理是学术研究的基础。我们希望“河西走廊水利史文献类编”能够为河西走廊乃至整个中国干旱区历史与现实问题的研究起到新的推动作用，希望我们的工作为“一带一路”、生态文明以及节水型社会建设，为推动中国的可持续发展贡献一份应有的力量。

王忠静 张国刚

于清华园

2016年1月15日

《河西走廊水利史文献类编·疏勒河卷》叙记

《河西走廊水利史文献类编·疏勒河卷》是“河西走廊水利史文献类编”丛书的第三部成果。为方便读者阅读与理解，编者在此谨对疏勒河流域水利开发的历史与现状进行简要介绍，并对本卷编纂缘起与经过等相关问题略作说明。

一

疏勒河，其名源于中古突厥语，意为来自雄伟大山的河流。干流发源于祁连山深处讨赖南山与疏勒南山两大山之间的沙果林那穆吉木岭，终于敦煌西北的哈拉湖（又称青盐池），全长670千米，流域面积4.13万平方千米。其中河源至昌马峡为上游，长346千米；昌马峡至双塔堡水库坝址处为中游，长124千米；双塔堡水库至哈拉湖为下游，长200千米。疏勒河上游汇集讨赖南山南坡与疏勒南山北坡的诸冰川支流，穿越一系列高山峡谷入昌马盆地，左岸汇入小昌马河，随即出昌马峡进入河西走廊平原区，形成了河西地区最大、最完整的冲积洪积扇景观。今疏勒河中游干流沿扇缘东侧东北流至玉门市南新河口一带分为两支，右支巩昌河东北流入玉门市东北花海乡花海子盆地，左支城河北流经黄闸湾折向西北，经蘑菇滩、饮马农场等地，向正西流入瓜州县（原安西县）境内，经桥湾、布隆吉等地进入双塔堡水库。疏勒河下游自双塔堡水库西流，经小宛过瓜州县北大桥，西行至西湖乡一带，穿过国道215线敦煌至柳园段，第一大支流党河从左岸汇入，继续向西不远即注入终端湖哈拉湖。中华人民共和国成立以来，由于流域内灌溉面积不断扩大，水资源消耗日益增加，今日疏勒河自双塔堡水库以下并无常年径流，仅有部分灌溉用水可沿渠道流至瓜州县城西68千米的西湖乡，哈拉湖也于20世纪60年代干涸。除疏勒河干流与党河外，今日划入疏勒河水系的重要河流，尚有榆林河（又称踏实河）、石油河（下游称赤金河）与白杨河等。疏勒河干流中下游河道呈现出东北—西北—西的流向，在玉门市西部一带形成明显的大转弯。疏勒河桥湾以上的河段在习惯上被称为昌马河。

疏勒河上游穿行于祁连山地之中，海拔高度从4787米（源头）逐渐下降到1870米（昌马峡口），冰川广布、植被良好，年降水量50—400毫米，是疏勒河径流的主要产生区。疏勒河中下游地区处于河西走廊西部，地势较平且干旱少雨，平均年降水量不足50毫米，平均年蒸发量则高达1860毫米，因此疏勒河径流占到本区水资源构成的90%左右。疏勒河在昌马峡口的常年出山径流约为10.14亿立方米，其中有56.3%—76.3%渗入洪积冲积扇砾石地面以下形成潜水，潜水流至地势较低的扇缘后形成泉水，泉水又重新转化为地表径流。从清代以来，玉门镇与布隆吉之间的扇缘地区，从东到西依次排列有从“头道沟”直至“十道沟”的十条泉水河（其实不止此数），疏勒河干流爆发洪水时这些河道还有分洪作用。因此，地下水与地表径流的多次转化是疏勒河中下游地区重要的水文现象。地形方面，疏勒河中游地区主要为广阔的冲积洪积扇平原，又称玉门—踏实盆地，盆地内地势由南向东、北、西三面倾斜，其北部边界为北山山地（又称马鬃山山地）及其山前冲积平原（地势北高南低），西北部边界则为狭长的北截山山地（又称截山子，敦煌三危山、鸣沙山即为其西段）。北山山地与北截山山地因经历漫长的剥蚀作用，相对高度一般在200米以下。疏勒河出山径流在玉门—踏实盆地有三个出口：与花海子盆地相连的玉门东北部洼地（下简称东北洼地，清代为布鲁湖）、乱山子峡谷（双塔堡水库坝址所在）以及芦草沟口。其中乱山子峡谷与芦草沟口皆系地质时期河道切穿北截山山地而形成。乱山子峡谷以西、芦草沟口以北便为广阔的疏勒河下游冲积平原，终端湖哈拉湖海拔1040米，向西则为党河谷地（亦称疏勒河下游谷地）。党河谷地系指哈拉湖以西介于北山及南部阿尔金山的东西向谷地，其西端隔三陇沙（库姆塔格沙漠北部）与新疆罗布泊盆地东部的阿齐克谷地相接。

当今的疏勒河流域在行政区划上分属青海省天峻县、甘肃省肃北蒙古族自治县、玉门市、瓜州县、敦煌市，以及阿克塞哈萨克族自治县。其中，玉门、瓜州、敦煌为流域核心区，是中国西北重要的农业基地、能源工业基地、重点生态保护区域及著名的国际旅游目的地，是“一带一路”倡议中的重要交通枢纽。疏勒河流域拥有花海、昌马、双塔、党河等四个大型灌区以及诸多中小型灌区，分别以库容0.34亿立方米的的赤金峡水库、库容1.94亿立方米的昌马水库、库容2.4亿立方米的双塔水库和库容0.15亿立方米的党河水库为龙头。甘肃省疏勒河流域水资源利用中心统一管理干流水资源，形成从“源头到地头”的独特水资源管理模式，流域水利工程建设水平、管理信息化水平位于全国干旱区前列。

二

疏勒河流域当东西方交通之孔道，尤其是敦煌地区，向以“四大古代文明之交汇点”著称，其历史已为人熟知，本不欲赘述。限于体例安排，仅就其与水利关系密切者略叙述梗概。

疏勒河流域在距今3700多年即有人类活动，并在流域东部创造了著名的火烧沟文化，出土有中国最早的陶埙实物，以及一大批兼具东西方考古文化色彩的独特陶器与青铜器。春秋战国时期，流域为月氏、乌孙游牧地，后为匈奴所占。汉武帝击走匈奴，汉廷在流域西部设敦煌郡与阳关、玉门关，将流域东部划入酒泉郡治下。汉代流域的农业开发已经很兴盛，水利发达，设置有都水、平水等专职水利官员。水运亦有发展，边将甚至一度有在疏勒河下游凿井聚水以成运河之想法。至十六国时期，西凉政权在流域内立国，利用大量涌入的移民大力兴修水利，将农业区的范围扩大至汉代垦殖区以外。2002年在玉门花海比家滩地区发现一批西凉墓葬，出土《晋律》残卷等珍贵文物，此即是西凉新辟之灌溉区域。公元421年北凉进攻西凉首都敦煌，引党河水灌城，西凉亡。其后经北魏、西魏、北周时期，流域内人口不多，水利开发水平亦十分有限。

隋唐时期，疏勒河流域水利开发再度繁荣，并形成沙州敦煌县、瓜州晋昌县（今瓜州锁阳城镇）两个灌溉中心。公元728年吐蕃进攻瓜州，为削弱唐军实力，曾大肆毁坏渠堰，而瓜州都督张守珪击退敌军后首先即抢修渠堰，可见水利工程对地方的重要性。唐代敦煌已形成十分发达的灌溉工程体系与完备的水利管理制度，基本以民间自办、官府监督为主，同时设立得到严格监管的水磨系统。敦煌水利在吐蕃统治时期、归义军时期乃至西夏时期，始终保持了稳定与繁荣。

元明易代，疏勒河流域被整体弃置边外，除布隆吉等局部地区外全部沦为牧场。直至康熙五十四年（1715），清廷为用兵准部，开始在疏勒河流域开设屯田、安插民户，就地解决粮草问题。经三年的准备，朝廷于康熙五十七年在疏勒河流域的三处主要屯垦地区设立了赤金卫（卫城在今玉门市赤金镇）、靖逆卫（卫城即今玉门市）与柳沟千户所（城址在今瓜州县三道沟镇，三、四道沟河道之间）。雍正年间，疏勒河中游屯田面积进一步扩大，今瓜州县城附近的屯种也大举展开。雍正元年（1723）朝廷于布隆吉尔（今瓜州县布隆吉乡）设安西卫，于库库沙克沙（今敦煌市）设沙州千户所。雍正三年升沙州所为卫，雍正五年移柳沟所于布隆吉尔并升为卫，同时移安西卫于大湾（今瓜州县城附近）。乾隆二十五年（1760年）改疏勒河流域诸卫所为州县，渐形成今日玉门市、敦煌市与瓜州县的政区格局。今日疏勒河流域的河湖分布与主要灌溉体系，亦从当时开始形成。清代疏勒河干流的灌溉面积与人口开始超过敦煌地区，流域经济中心东移至玉门。因为屯田的存在，清代疏勒河流域的水利管理有浓厚的军事色彩。晚清时代，疏勒河流域受起义波及，人口锐减、民生凋敝，进入民国又受地震、鸦片、苛捐等要素影响，流域经济社会已趋于崩溃。幸于20世纪30年代，疏勒河流域发现玉门油矿，现代工业经济开始兴起。

中华人民共和国成立之后，疏勒河流域水利发展突飞猛进，其大型水利工程建设规模居于西北前列，为流域的现代化进程提供了巨大支持。进入21世纪，流域内生态保护与经济发展的矛盾逐渐尖锐，敦煌月牙泉水位降低、流域中下游湿地不断缩减。为了“决不让敦煌成为第二个楼兰”，国务院于2011年批准实施《敦煌地区水资源合理利用和生态保护综合规划》，流域水资源得到了科学合理的规划安排，流域生态显著改善，疏勒河流域已成为“一带一路”倡议中干旱区生态文明建设的样板区域之一。

三

疏勒河流域水利史研究长期以来居于河西走廊前列，主要集中敦煌学范畴的社会经济史研究与历史地理研究，围绕《沙州都督府图经》《沙州行水细则》等卷的中、英、日文研究成果诸多，基本上搞清了唐至西夏时期敦煌大小河流、湖泊的位置、复原了渠系、明确了灌溉活动的制度、组织与方法。由于敦煌学与中古史研究之间天然的密切联系，很多研究都能以小见大，如渠社中所见中古基层社会、“河口作”差徭中所见中古赋役结构、渠头所见中古地方官制等，都颇有创获。但是，这种研究在时间上局限于公元6—11世纪、地域上局限于党河流域，明清以来疏勒河大流域水利史研究基本为空白。

2016年，清华大学和甘肃省疏勒河流域水资源管理局（2021年6月改名为甘肃省疏勒河流域水资源利用中心）正式启动“疏勒河流域水利史文献抢救性整理与研究”联合课题，在甘肃省档案馆、酒泉市档案馆的大力支持下，编纂工作得以迅速推进。《河西走廊水利史文献类编·疏勒河卷》注意搜集未刊布文献，对可以方便获取但信息零星的主流传世文献未予摘录，主要收集清代、民国、中华人民共和国时期文献，各类文献介绍详见相应本类文献提要。敦煌文书中的水利文献在学术界早已为人熟知，但考虑到巨大影响，本卷予以择要收录。

《河西走廊水利史文献类编·疏勒河卷》的编纂过程得到了各有关方面的大力支持。甘肃省疏勒河流域水资源利用中心作为与清华大学有着良好合作关系的兄弟单位，有着极强的文化自觉意识，作为本书编纂牵头单位提供了大量支持。甘肃省疏勒河流域水资源局原局长栾维功同志积极促成本次合作的开启，甘肃省疏勒河流域水资源利用中心主任陈兴国同志对本书编纂始终给予大力支持。甘肃省档案馆作为本书牵头单位之一，依据双方协议开放了相关档案的刊布授权，并在时任甘肃省委副秘书长兼甘肃省档案馆馆长赵国强同志的亲自关心下，积极协调有关部门完成了开放权限审核，甘肃省档案馆馆长卢琼华同志、副馆长李永新同志以及各相关处室领导在档案整理中给予了事无巨细的宝贵支持。本书合作单位负责人、酒泉市档案馆馆长韩稚燕同志以极为高远的文化眼光，积极推动酒泉市档案馆藏民国档案对课题组开放。2018年1月和2019年3月，编者邀请相关专家、领导，对本书先后进行了两次初稿审查，北京大学韩茂莉教授，清华大学仲伟民教授、梅雪芹教授，中国人民大学夏明方教授，北京师范大学徐宗学教授，南开大学王利华教授，山西大学胡英泽教授，以及原水利部办公厅主任顾浩教授、水利部宣教中心纪委书记王乃岳研究员、中国水利学会副秘书长吴伯健教授级高级工程师等专家、领导先后莅临指导，对本书的编纂提出了大量意见与建议。本书初稿修订阶段，兰州大学黄建平院士、杨红伟教授作为本卷合作单位代表提供了诸多支持。在此，谨向所有关心、支持《河西走廊水利史文献类编·疏勒河卷》编纂的各位专家、各位领导、各位同仁表示诚挚的感谢。

宁夏大学副校长、清华大学水利系王忠静教授作为《河西走廊水利史文献类编·疏勒河卷》编纂委员会主任，是本书编纂的最早倡议者，给予编纂过程以全面指导，主导解决编纂机制等重要问题。甘肃省疏勒河流域水资源利用中心主任陈兴国同志、甘肃省档案馆馆长卢琼华同志作为本书编纂委员会主任，对本书编纂提供了各种具体支持。《河西走廊水利史文献类编·疏勒河卷》编纂框架制定、史料甄别筛选、重点文献录入和全书统稿工作，由本书第一主编张景平完成。其中，初稿系张景平在清华大学水利水电工程系从事博士后研究时完成，任职兰州大学历史文化学院后完成了增补、精简、调整等工作。甘肃省疏勒河流域水资源利用中心规划计划处惠磊处长、甘肃省档案馆开发利用（编研）处张琼副处长、酒泉市档案馆韩稚燕馆长作为本书主编，在口述史组织、民国档案整理等方面为本书的编纂做了许多具体工作。

在《河西走廊水利史文献类编·疏勒河卷》的编纂工作中，西北师范大学副校长田澍教授，甘肃省档案馆李永新副馆长、陈乐道二级巡视员，甘肃省疏勒河流域水资源利用中心王玉福副主任以及办公室王治泉主任、康建坤副主任，兰州大学历史文化学院院长杨红伟教授、东莞理工学院郑航副教授、西北师范大学王新春副教授、厦门大学王炳文助理教授，曾在清华大学土木水利学院水利水电工程系攻读博士学位的朱金峰、郑志磊、蒋光昱、徐国胤、张子雄诸君，曾在兰州大学攻读硕士学位的宋若谷、晁芊桦、毛建荣等同学，都给予不同形式的宝贵帮助。在此，向他们表示由衷感谢。

张景平代表本书编纂委员会执笔于金城诚意斋

2022年2月1日

《河西走廊水利史文献类编·疏勒河卷》凡例

一、原始文献不论其字体为何，全部统一为简体字；对于文中异体字，除人名、地名外，一律径改为标准字。对于历史档案中公文用语与当代标准用法不同者，保留其原貌。对于原文件中的别字一般不予改动，不影响阅读的语法错误予以保留，错讹过大的以脚注说明。难以识别的文字，以“□”代替，如系文献残损，则予以注明。

二、由于原始文献时间跨度大、类型差异明显，对于标点的使用情况不尽统一。对于原本没有断句的文献，编者进行了断句，对于虽断句但不尽规范的文献则保留其本来面貌。编者断句时，以使用逗号、句号为主，疑问语气明显的加问号；尽量不使用省略号、破折号、感叹号、分号，此四符号出现而未有特别说明者，皆为原文自带。断句时亦不轻易使用引号、冒号、括号，本卷文中出现者多数为原文自带，系编者主动添加者集中于档案文献。

三、本卷原始文献的作者，凡在各部分文献提要中已说明的，正文中不再显示；文献提要中未予说明的，在题目下或脚注中显示；档案文献根据正文内容确定其作者，不另行标注或单列责任人。

四、原始文献中，年代、数字以及序列符号的书写方式不尽相同，编纂时也未做统一，基本保持原貌；有改动处则予以特别说明。

五、原始文献中的计量单位多与当今标准体系不同，为如实反映历史，一律遵循原貌，未予更改。

六、原始文献的图表基本遵循原始面貌，个别图表因清晰度与排版原因，进行了格式调整，对其内容文字或数据则不做更动。

七、原始文献中地名、人名多音近而字异，皆有其形成之原因，概维持原状，不作统一修改，个别易有歧义处以脚注注明。

八、编者需要对内容进行必要说明时以脚注出现，并加“编者按”。原文献自带注释，则以“原注”冠之。

九、原始文献的格式复杂、版式各异，编者为便阅读进行了统一。如传统书写格式中表尊敬的转行、提格等形式，表谦逊的缩小字体、侧写等形式，本卷未予保留；夹批、眉批、双行注释等内容，改在脚注中表现；遇有涂改等，正文保持其改后面貌，抹去部分以脚注展示。《私家著述类文献》中《西域水道记》一书因形式特殊，原注释文字在正文中以缩小楷体显示，同时以分段尾注显示校记。

十、本卷正文字体以宋体为主，但遇档案中的处理意见等内容时，为便于读者区分，改用楷体。

十一、档案类文献的整理牵涉具体问题较多，其整理方法详参第柒部分第一节本类文献提要，兹不赘述。

十二、由于时代局限，历史文献中有个别文字存在地域歧视、特定的意识形态色彩以及对兄弟民族的不公正态度等问题。编者对较为集中的部分进行了删减，删减若干字出脚注说明之；零星之词、句，以“□”代替，一□一字。还有一些在历史时期广泛使用的词句已成习惯表达，在语境中无特殊意涵，皆保留原貌，相信读者自会分辨批判。

十三、本卷各种类型的原始文献标题层级众多，表现方式差异很大、排列分散，影响到阅读效果。为使全书中相同类型的文献标题统一、方便读者阅读利用，对其进行了如下处理：全书中可单独成篇的白话类单篇文章如报刊、文史资料总标题汇总按一级标题宋体字排版；文言类单篇文章，除奏折类文献外按一级标题宋体字排版，其余诗、文标题按三级标题黑体字排版，部分省略二级标题；档案、公文类文献题目按三级标题黑体字排版，部分省略二级标题。

十四、本卷各部分第一节的本类文献提要的编写目的主要是介绍文献的保存、流传、版本等信息，对整理中遇到的主要问题进行说明；为与原始文献相区分，以仿宋体排版，希望引起读者注意。

十五、本卷中的一些法规排版，有的原始文件采取悬挂式排列（横排或竖排）、有的按照一般方式排版，谨遵循原貌并考虑各部分具体情况，未作统一。

目　　录

上

下

玖

双塔水库档案文献

本类文献提要

双塔水库又称双塔堡水库，因建于瓜州县（原安西县）双塔堡地区得名，是疏勒河流域的第一座大型水库。该水库建设于20世纪50年代后期，根本改变了疏勒河下游瓜州县(原安西县）的灌溉格局，为大型自流灌区双塔灌区的形成奠定了基础，亦对疏勒河下游水生态格局产生了深远影响。受政治氛围、技术水平以及施工工艺等因素的制约，双塔水库初建时的工程质量存在一定问题，特别是渗漏严重，竣工后的几十年中经过数次改造才彻底解决问题。虽然如此，双塔水库仍因其开创之功在中国干旱区当代水利史上拥有一席之地。

作为当时甘肃省水利建设的重点工程，双塔水库档案建设档案在甘肃省档案馆得到了较为完整的保存。经有关部门鉴定，准予将其中满足开放条件的档案择要进行刊布整理，从而使学界第一次较为完整地看到20世纪50年代大型水利工程建设的全貌。本单元刊布档案分为四个部分。

《工程计划》为各类工程计划文件，既包括开工前的整体规划，也包括工程建设之中的阶段性、临时性计划，还收入了工程竣工后的改造计划，反映出工程计划在现代水利建设各阶段中的重要地位。

《会议记录》为本单元文件中的精华，主要为工地领导机构各类会议的记录，事无巨细地展现出工程各阶段方方面面的内容，中华人民共和国成立初期大型水利工程建设的筚路蓝缕于兹毕见，并在工地领导、施工组织、技术攻关、矛盾协调等方面特点展现出诸多富于时代特征的细节，是新中国第一代水利建设者艰苦奋斗精神的集中体现。

《报告与总结》收录了水库施工各阶段形成由工地向不同上级部门呈递的内容各异的报告与总结，包括阶段性报告总结、专门问题报告总结以及经验介绍，集中反映出水库施工工作各阶段面临的问题以及解决办法。

《其他施工文献》较复杂，涉及技术标准、安全生产、组织协调、批示指示等方面，内容十分丰富。双塔水库档案中目前允许刊布的下行文件不多，仅有的一些文件都集中于此处。

双塔水库档案总量十分巨大，但目前获准刊布的并不多。此次刊布整理的这批档案中，有极个别内容涉及当时特殊的政治表达，今日出现已不合时宜，我们一概予以节略；其中大段节略出编者按说明，局部节略直接以□代替，一字一□。特别需要指出的是，会议记录中除少数为誊写版本外，大多数为原始记录，不仅字迹潦草，且语意多缩略、不规范。经过编者艰苦努力，字迹辨识问题已解决，但句子时有不可卒读者。对此，我们一概保持原貌。

工 程 计 划

双塔水库工程介绍

1958 年 6 月　　甘 232-1-209

绪言

双塔水库于一九五二年即进行初步勘测工作，并选定坝址（第四坝址）。1954 年沿坝轴线进行钻探，因坝址两岸山峦较低、筑坝高度有限，遂于 1955 年又重新对水库区进行勘查，故在峡谷中段另选第一、第二、第三坝址，1956 年又进行第三坝址钻探。同时进行工程勘测工作，收集坝区、库区工程地质，水文地质等资料。1958 年 2 月省水利厅提出安西双塔堡水库工程设计任务后，今年 3 月经国家计划委员会批准，同意该工程设计任务并进行扩大初步设计。6 月 5 日扩大初步设计完成并选定工地，昌马河工程处随即抽调干部及部分劳动力开始筹备，于 7 月 6 日正式开工。

第一章　水库地区自然地理概况

第一节　地貌

双塔堡水库位于疏勒河中游、安西县境内，地理坐标经度 90°30′，纬度 42°32′，东距玉门 89 公里，西距安西 48 公里。利用双塔堡村附近南北冲积及接触处洼地与侵蚀河谷组成水库。坝址在该村约 3 公里处乱山子峡口河谷，修建拦河土坝一座。

水库地区分为山区和冲积平原区，一般高程均在 1310—1340 公尺之间，水库以西为乱山子，山势低平，山顶最高高程 1,360 公尺。坝址附近约高出河床 30 公尺。西南为截山子，山脉走呈东南东方向，截山子在水库附近山脊高程 1375 公尺，山脉东南端伸至兔葫芦附近。西端大致与疏勒河平行，延伸约 80 公里。乱山子花岗岩盘仅露出地表约 25 平方公里。北面广大地区被戈壁掩盖，截山子以南兔葫芦至桥子一带为河谷冲积平原，是过去疏勒河古河床之一，地下水位接近地表，广大地区沼泽化。水库地区地形以疏勒河为基准面，南北渐次递高，紧靠疏勒河北岸的风蚀地呈条带形，坡度平缓，风蚀地北为戈壁土，地面坡度约 1/100，疏勒河南岸地表坡度约 1/200。

第二节　河流

疏勒河是甘肃西部较大的内陆河流之一，发源于祁连山区的大通山以西、青海湖北部，流经玉门、安西，在敦煌北部流入哈拉湖。疏勒河分上中下游三段，由源头至昌马峡下游，全长280公里，均在祁连山内，属上游地区。河槽沿祁连山褶线，山脊之间河床深切基岩。河水流量主要为祁连山融雪水补给。昌马峡至安西双塔堡卡房子以上属疏勒河中游地区。卡房子以下为疏勒河下游地区，流域面积8420平方公里。

疏勒河自昌马峡以后，河槽分歧，至昌马大坝分为二歧流，一为玉门河，至玉门县城南新河口，分为巩昌河及城河，引浇玉门县城附近耕地。巩昌河东北流经十墩、六墩滩，经红山峡至花海子，消失在沙漠之中。城河的支沟至黄闸湾通入疏勒河，由黄闸湾至三道沟有芨芨沟、湖水沟、梁子沟、三栈茨泉水沟、澄槽沟、双泉沟、苦沟河等泉水沟流入疏勒河。由昌马大坝分出的另一支流安西河，因地势较玉门河低，故为疏勒河主要洪水河槽。安西河经柴坝庙、垦场河及三道沟，引浇玉门柳河区及安西柳沟区耕地，最终经三道沟东西各泉水沟道流入疏勒河。由三道沟至乱山子泉水沟道较多，计有三、四、五、六、七、八、九、十条沟及布隆吉沟、潘家沟、兔葫芦沟等泉水沟道，均流入疏勒河内。

第三节　气候特征

本区气候干燥寒冷，雨量极少，属半沙漠性气候。全年平均雨量50—65公厘，所有耕耘土地全赖人工浇灌。每年10月底开始结冰，次年4月初才完全解冻。全年蒸发量约1,400公厘，每年五、六、七、八四月蒸发量最大，每月均在150公厘以上，月平均温度为5.92°，月最高平均温度24.5°，月平均最低温度-18.2°，每年6、7、8三月气温最高。月平均相对湿度一般为60%。本区向来以多风而著名，风是影响本区气候的主要因素之一。夏秋季多东风，冬季春初多西北风，风力出现的频率以1—4级最多，最大达十级。

第四节　地质及水文

一、库盘岩层

水库区内岩层主要是以前震旦纪（敦煌组）变质岩石，花岗质麻岩、云母角麻岩、片岩、砂质、千枚岩分布最广，组成整个水库以西坝区底部基岩。第四纪冲积层分布在疏勒河以南到库址内及其北岸边缘地带，水库以北广大地区被洪积沙砾层（戈壁）覆盖。

二、坝址工程地址（第三坝址）

北岸坝端河岸基岩坡度12°，山顶高程1,340公尺。风化严重，残积层厚度2—3公尺，山坡残积层0.5—1.0公尺。坡面花岗质麻岩表层破碎，内部岩层整状，岩性坚硕在7级以上。北部固堤下部为花岗质麻岩，岩层风化剧烈，表层岩石破碎，风化层厚度约1—3公尺。

河床地质。根据钻探资料，基岩埋深最低处及河谷的中部，覆盖层最厚达18.4公尺，除上部不到1公尺的壤土，其余全部为砾石层。深谷以北覆盖层不超过3.5公尺，主要为砂壤土，底部夹浅层沙砾。

底部基岩。河床以南岩层破碎，岩石极其风化。河床北岸岩石风化较均南岸坝端，土塔山高程 1332 公尺，表面坡度 20°，表面坡积 0.5—1.0 公尺，以粗粒花岗质麻岩为主。靠河岸分布有细粒花岗质麻岩，节理发育，岩层在 1,315 公尺以上较为破碎。

三、水文

玉门河及安西河均流经戈壁滩上，有一定河槽，洪水期多呈漫流。安西河一带洪水河床分布宽广，因而河水渗漏损失极大。上游来水在此多下渗而为地下水。由于昌马戈壁北面边缘各泉水沟道露头，水量大部分沿沟道再汇入疏勒河。

根据昌马堡水文站及双塔堡水文站 1952—1956 年实测资料统计径流量。昌马堡为 8,014亿公方，平均流量 25.3 秒公方，最大供水流量600 秒公方（水文站至昌大坝间尚有部分泉水未包括在内）。双塔堡为 3.432 亿公方，平均流量 11.4 秒公方，最大供水流量 373 秒公方。含沙量根据实测资料双塔堡历年平均输沙量仅为 204 万公吨（150 万公方）。

第二章　水库枢纽工程

第一节　概况

双塔堡水库是以满足工业交通部门对洪水的要求，并以发展农村为主的综合性水库。本流域是否设置工厂尚未确定。如果将来建厂，则以减少中游地区的灌溉用水而满足工业用水。兰新铁路横贯本流域，机车所需水量根据铁路部门的要求，全年需用水量 550 万公方。本区属大陆性气候，雨量极少，蒸发量又大，无灌溉即无农业。因此灌溉是农村生产的先决条件，故农村对灌溉用水十分迫切。同时双塔堡水库是以满足工业交通部门对供水的要求，并以发展农村生产为主的综合性水库。

双塔水库总库容约 20 亿公方，其中死库容（淤积库容）0.1 亿公方，有效库容（灌溉库容）1.15 亿公方，拦洪库容 0.75 亿公方。水库的各种特征水位如下：最低水位（死水位）1,315.40 公尺；设计洪水位 1,330.30 公尺；校核洪水位 1,331.50 公尺。

第二节　水库枢纽组成及其总体布置

双塔水库枢纽工程由拦河大坝、输水涵洞及溢洪道三大主体工程组成，另外尚有小坝、围堤工程。

根据地形地质和施工条件，双塔堡水库以第三坝址为主，采用土坝和河岸式拦水的水利枢纽。输水涵洞位于大坝北端，绕山谷低地开挖明槽，并横穿第一围堤（小坝）下面，而□又是□槽。溢洪道亦在输水洞之北边。

本枢纽方案的优点是施工简单、迅速而且经济。由于输水涵洞距土坝较远，因而土坝边坡不致因横向水流而遭受破坏。

第三节　土坝工程

土坝为复式心墙坝，但由于在施工中截水槽开挖效率不高，而 0+600—0+690 一段砂砾层最深达 18.4 公尺。水库工程，按上级要求一定要在 12 月底完工，这样就成问题，因而将原设计做了修改。经省水利厅同意，将此段清至 12,970 公尺高程，最终张掖地委决定挖到 1,300 公尺高程不再向下开挖。土坝心墙前加设铺盖长 120 公尺。

坝长 1040 公尺，水库最高水位 1331.5 公尺，超高 2.5 公尺。坝顶高程 1,332.8 公尺，坝高 26.8 公尺，坝顶宽度 6.0 公尺。上游坝坡 1∶1.5、1∶2.5、1∶2.75、1∶3.0。下游坝坡是用 1∶1.5、1∶2.0、1∶2.5。为了在运用期间检修方便及拦截雨水，所以在上游转坡点处，即上游坡分别在 1,321.5 公尺及 1,315.5 公尺，下游坡分别在 1,321.5 公尺及 1,311.0公尺高程处设置戗台，戗台宽 2 公尺。心坝顶部高程比坝顶低 1.0 公尺。心墙中心线与坝轴线相重合，心墙顶宽 3.0 公尺。两侧坡度为 1∶0.3，最大底宽为 14.48 公尺，均相当于正常水头的 3/5。

混合式坝型（0+595—0+840），其他外部尺寸及心墙尺寸均与复式心墙坝一致，所不一致的仅是增加铺盖。铺盖伸至坝前 120 公尺处，铺盖与心墙连接处为 2.0 公尺，铺盖前端厚度为 0.75 公尺。

土坝上游坡面用干砌块石护坡，以防波浪和雨水的冲刷，块石最小边为 25 公分。厚度为 50 公分，块石与坝体、砂壳、沙砾之间设二层反护层，下游不加护面。

截水槽底宽 3.0 公尺，边坡 1∶1.5。截水墙建于较坚硕的新鲜岩石上，底板嵌入岩基 0.5 公尺，墙高 2.0 公尺，顶宽 0.5 公尺，底宽 0.8 公尺。

第四节　输水道工程

双塔堡水库输水洞位置原定在紧接土坝北端的石山内，开凿隧洞。后经苏联水工专家波斯拉夫到工地查看，在原洞线北面 470 公尺，第一围堤山洼处另做涵洞式输水道方案，进行设计比较。

根据比较，涵洞式方案比隧洞方案为佳。这不仅因为施工便利，进展迅速，而且可利用开出来的大量石方，供土坝做截水墙及坡面护坡材料，使总造价降低。

输水涵洞主要作为灌溉输水及施工导流之用，故宜录用无压导流洞，洞长 110 公尺、宽 2.6 公尺、高 2.6 公尺、圆拱半径 1.3 公尺之标准拱顶槽断面，最大输水量 Q=30.0 秒/公方。

闸门采用平板式滑动闸门，闸门承受最大水头 21.3 公尺，用 3 孔规格为 1.5×1.0 公尺之平板闸门。

输水洞进口洞底高程为 1,309 公尺，采用框架式启用塔，进口正常运用时仅有一道闸门，在小水时期可以用木叠楔闸门挡水，以备检修。启用塔用来使桥上与岸坡相接。

第五节　溢洪道工程

双塔堡水库设有主要溢洪道及非常溢洪道，位于土坝之北端，堰顶标高均为 1327.50

公尺。主要溢洪道净宽 29.7 公尺，并以闸墩分为 9 孔，每孔净宽 3.3 公尺，墩厚 1.0 公尺。溢流堰总宽为 37.7 公尺。当库水位达 1,331.5 公尺时，泄流量为 450 秒/公方（即 50 年一遇之洪水）。

非常溢洪道□□工砌体堰墙，长 28 公尺。最大泄流量 255 秒/公方。堰顶上填筑土坝，堤顶标高为 1331.5 公尺。运用中根据洪水预报，如若洪峰超过设计流量时，使用人工将土堤掘开，宣泄特大洪水（1200 年一遇之洪水）$Q=705$ 秒/公方。

第六节　小坝围堤工程

在土坝以北乱山子戈壁滩一带，地势较低，均要设置围堤，方可控制水位，围堤的顶标高为 1,332.8 公尺。

第一围堤（小坝），由土坝北端至溢洪道，全长约 640 公尺，最大堤顶高度为 18 公尺，堤顶宽为 5.0 公尺，迎水坡为 1∶2.5、1∶3.0，背水坡 1∶2，1∶2.5，在高程 1325.0 公尺，设戗台一道宽 2 公尺。

第二围堤在北戈壁滩上，全长约 750 公尺，最大堤顶高度为 4.5 公尺，堤顶宽度为 3 公尺，迎水坡 1∶2，背水坡 1∶1.8。

第三章　工程数量及效益

第一节　主要工程数量

兹将各主要建筑物工程数量列为下表：

工程部位	工程项目	单位	数量
土坝部分	清基开挖土石方	公方	166,437
	截水槽开挖土石方	公方	46,993
	回填土方	公方	1,426,928
	填筑石料	公方	25,700
	小计	公方	1,646,058
围堤部分	清基开挖土石方	公方	6,100
	回填土方	公方	111,742
	小计	公方	117,842
输水道部分	开挖土石方	公方	166,608
	块石及砼石	公方	1,090
	回填土石方	公方	6,500
	小计	公方	174,198

续表

工程部位	工程项目	单位	数量
溢洪道部分	清基开挖土石方	公方	10,750
	砌筑石料及砼	公方	2,364
	排洪道夯填土方	公方	218,440
	小计	公方	231,554
总计土石方		公方	2,169,652

第二节　工程费用及效益

一、双塔堡水库工程属昌马河第二期工程，因此它是国家投资的水利工程，全部工程总概括为10,440,000元。

二、双塔水库是以满足工业交通运输部门对供水的要求，并以发展农村灌溉为主的综合性水库。双塔堡水库完工以后，可以满足兰新铁路机车的用水问题，同时可以发展灌溉面积65万亩。其中干河口以东的下游地区46万亩，安西西湖的下游地区19万亩，另外还可以防止洪水的灾害。

三、水库淹没损失

1. 移民。双塔水库蓄水高程为1,330.3公尺时，需移民490人，牲畜724头，树木20,470棵。水文站迁移等共计赔偿费为105,378元。

2. 交通电讯改线。甘新公路在双塔堡以北约10.3公里处被淹没，因此需要改线。电讯线路为主要国防干线，初步估计10公里。此二次共计赔偿8.97万元。

附设计变更的情况

一、坝基改变加设铺盖，减少挖深。

二、输水道改为明槽，不打隧洞。

三、改围堰为土质的。

四、减小坝的尺度，顶宽改为5公尺。

请示问题

一、土坝的渗漏问题及铺盖的厚度问题。

二、输水道上游明渠在库满时的问题。

三、输水道两岸堆土是否复入输水道的问题。

四、冬季施工黏土夯冻土问题及砂砾干打。

昌马河水利工程双塔堡水库工程的跃进计划

1958年　　甘232-1-156

一

昌马河第二期工程双塔堡水库工程是我省的一个大型水利工程，经勘查钻探扩大，初步设计确定全部工程有大坝、输水道、溢洪道、围坝等共计土石方2,014,108公方，砼2,200公方，并共修公路18.5公里，轻便铁道15公里，桥梁5座。水库完成即拦蓄疏勒河水1.29亿公方，增灌安西农田57.3万亩，原计划国家投资10,440,000元，□□□□□□□□□□，原计划两年完成，在初步跃进的基础上计划一年时间完成工程任务。为了加速工程进展，学习先进施工经验和方法，促进工程，早日完成，我处于7月21日派高永昌、李桂荣二同志根据省厅批示前往引洮工程和永靖英雄渠进行现场观摩，学习先进的施工方法。参观四处后，□□□□□□□□□□□□□□□□□□□□□□□□□，广泛地作了传达，把引洮工程及英雄渠劳动人民的冲天干劲，创造发扬，英雄事迹在全体职工中做了动员报告。通过报告及深入地开展讨论，解放了思想，大大地鼓舞了群众的斗志，激动了，全体职工的干劲和创造，在讨论中一致表示，要大闹技术革命，搞工艺改进运动，要学先进、赶先进、超先进，不达先进决不罢休。会上争先恐后地献计献策，提供合理化建议，要逐步取消落后方法，实现半机械化和机械化施工，并坚决贯彻多快好省的方针，纷纷提出要在现有劳力四千人的条件下，十个月完成党交给的任务。为了彻底解放思想，扩大职工眼界，又组织了□□□□□□□□□□□□□27人观摩团，前往古浪曹家湖水库、民勤水库参观学习，进行吸取先进经验，给双塔堡工程，再添一股跃进力量。

接着8月19日，张掖专区高专员来水库工地，同时还有安西县委李书记及部队，昌马河水利工程队和工程处负责干部和主要施工二人员参加的座谈会，传达了张掖地委常委会的决定：双塔堡水库工程必须于今年12月底完成，根据地委常委这一正确的决议，大家座谈了有关施工中的主要问题，安西县委书记在会上表示安西县将全力支援工程建设。20日上午又召开了有工程队、工程处、部队、全体干部、工人、官兵参加的双塔堡水库工程跃进誓师大会，会上首先由高专员，报告了目前国外国内及张掖专区的形势和地委的决定，明确地交代了任务，具体地指示了施工中的几项重要措施，按着各单位负责人、党团支部工人代表都欢欣鼓舞，纷纷向党表示决心，坚决在总路线到光辉照耀下，保证年内完成这一艰巨而光荣的工程任务。

二

为了贯彻党和上级的指示，争取工程早日完成，工程处全体职工在讨论高专员的报告时，提出了“领导亲自挂帅，全体职工一起动员，在整风运动的基础上遍插红旗，深入开展技术革新运动，苦我一百天，完成双塔堡水库工程”的战斗口号，并采取以下措施：

一、坚决贯彻政治挂帅，做好思想工作。在上级党的统一领导下，工程处以党支部为核心领导力量，党内每月作出工作计划，检查施工计划的执行情况，经常紧抓思想工作，彻底地解放思想，拔掉白旗、灰旗，插上红旗，以□□□□□□□□的形式，展开大争大辩，贯彻批判、鼓足干劲、力争上游，多快好省地建设社会主义总路线，坚决地与松劲泄气、甘心落后、少慢差费、□□□□□□和“三风”“五气”进行不懈的斗争，善于运用群众路线的工作方法，负责同志和全体职工要做到“五同”，即，同吃、同住、同学习、同劳动、同娱乐，深入工地了解职工的思想和生产情况及时，解决施工中存在的问题。

二、掀起技术革命高潮，抓紧工具改革，大办附属工厂，实现机械化和半机械化施工。在解放思想的基础上，树立敢想敢作敢为的共产主义风格，发动职工创造发明，每人献计三条。根据已提出的建议，经研究决定采用交线运土、挥杆运土，试制风力运土机、电力运土机，改装电动抽水机、拖拉机，改装羊角滚，一人三夯机、一人一夯机、单人打眼机、沿槽打眼机、滑车打眼机、跃进四柱打眼机、洒水机、滑车运土机，并在就地取材的原则下筹建水泥厂（指标水泥100吨）、火药厂（指标生产火药30吨）、翻砂厂、钢筋厂、模板加工厂、石料厂、机械修理厂、冶气站等。力争土方五公里平均使用劳工日30公方，石方平均开挖深度挖6—12公尺，达到20公方。材料尽量就地取材，降低工程费用，节约建设资金。

三、发扬共产主义大协作的精神。为了加速工程顺利进展，由工程处、工程队、部队三个单位负责同志组成工程指导委员会，统一领导解决工作中的矛盾，统一安排调配劳力，交代工程任务及责任，负责工具改革，编办工地简报，并设办公室办理日常工作三个单位，在党的统一领导下，加强团结，拧成一股劲，目标一致，一切为了完成工程建设而努力。

四、加强施工建设任务，分片包干。工程处除了工务、器材、财务、人力、办公职能科室外，为了明确任务，分片包干，依照工程项目设立大坝、输水道、溢洪道、围堤、公路大型设施等六个工区，负责施工。我们的行动口号是："分兵把口、坚守阵地，统一指挥、全面进军。"

五、培养典型，树立旗帜。抓住检查评比，开展劳动竞赛，领导同志经常深入工地、工厂了解情况，发现问题，对于微小的创造改革都应该缜密研究，以使树立为大家学习的榜样，激发职工的主观能动性，□□□□中的积极因素，召开不定期的现场检查评比会议，及时推广先进经验和施工方法，批判落后，并发动各科室、工区、厂、队、每个人之间开展社会主义劳动竞赛，来提高效率，加快工程进度，为了避免工地排挤富工，进行日社三班施工。

六、工地学校化。设立红专学校、文化夜校、党团夜校、业余学校，开展文娱体育活动，以活跃工地生活。

七、建立必要的学习、工作、生活制度。简化原来器材工作繁杂的手续，如将直接材料这类于工地一次报销，不再见领报销等。搞好医疗环境、卫生工作，保证安全施工，做好供应工作。

总之，在党的英明正确领导下和大自然的斗争中，双塔堡水库工地就是我们现在的战场，我们将以战斗的姿态来劳动和工作，保证打胜这一仗、提前修成双塔堡水库，在1959年的元旦作为向党的献礼。

双塔堡水库后期施工安排计划

1959年8月1日　　甘232-1-307

一、工程完成情况

昌马河二期工程的双塔堡水库工程是1958年7月6日正式开工的，至今年7月底止施工时间已超过了一个年头。在此阶段中由于党政的正确领导及全体职工的积极努力，加之各兄弟单位的无私支援，已经取得了很大成绩。在水库工程的四项主体工程：输水道257,800公方的土石方工程已全部完成（其中包括输水洞围堰及临时交通桥梁五座），并充分发挥了导流输水作用；大坝工程完成土石方1,047,750公方，占计划数1,426,800公方的73.5%；围堤工程完成土石方11,900公方，占计划数111,350公方的10.7%；排洪道工程完成土石方64,500公方（其中包括主要排洪闸一座），占计划数235,680公方的27.4%；总计完成土石方1,382,450公方，占总计划数2,031,650公方的68%。

完成以上所述工作量使用直接工数如下表：

时间	直接工数/工日	附注
1958年7月6日至1959年3月底	1,186,398	
1959年4月份	177,733	
1959年5月份	173,565	
1959年6月份	120,829	
1959年7月份	147,888	
合计	1,805,813	不包括修房及木铁等施工

二、剩余工程数量

由于我们主观努力不够，施工劳力及运输力量没有按时按计划增补上来，□□□□□□□□□□□□□□□，劳动强度不高，工效达不到定额，致使水库任务未能按照计划时间完成，拖延至汛期施工，使工程进展被动，而且受到洪水的极大威胁，汛期抢洪又花费了很多努力，7月15日下午9时半昌马堡290秒公方的洪峰到达双塔堡以后（双塔流量达71.8秒公方），输水道不能容纳（设计输水量为30秒公方），水库内不得不有计划地挖坝□水，淹没了砂料场，给工程进展上又带了困难。所幸的是我们安全度过了第一次洪水，使工程上未受到任何生命财产的损失。目前坝体临时断面高程已赶筑到1322，并作好了临时的溢洪的出路，估计再来一个20年一遇的洪水，工程可以保证安全。虽然如此，但截至7月底为止。工程量还剩余很多，需要更进一步地加强施工，否则工期将拖延很长，在经费与管理等方面均会造成不利情况。兹将7月底以后剩余工程量列表如下：

工程名称	计划数量/公方	完成数量/公方	剩余数量/公方	附注
大坝工程	1,426,800	1,047,750	278,550	原计划的铺盖少填11,700
输水道工程	267,800	257,800		
围堤工程	111,350	11,900	99,450	其中小坝土石方74,338公方
排洪道工程	135,700	64,500	171,200	
合计	1,031,650	1,382,450	649,200	少作铺盖11,700

三、后期工作安排计划

根据去年的施工经验，十一月中旬以后即因天气寒冷，回填黏土不易压实，无法进行施工，同时在冬季，天气严寒□□□迁移工地也有很大困难。因此，后期施工作应在10月底以前完成大小坝回填黏土及冬季不迁移□□大队住地前提下进行计划安排。

1. 剩余工程需要劳力的估算

工程名称		剩余工程量/公方	估计定额/公方	需要劳力数	附注
大坝工程	黏土	车运84,800 人运24,300	3.0 0.3	28,300 81,000	汽车运每日900方 马车运每日160方
	砂砾	上游72,500 下游167,260	0.5 0.5	145,000 334,400	
	干砌片石	29,750	0.4	74,400	
	小计	378,550		663,100	
小坝工程	黏土	26,500	0.30	88,300	人力夯实
	砂砾	32,400	0.70	46,300	
	干砌片石	3490	0.40	8740	
	小计	62,390		143,340	
围堤工程	砂砾	36,260	1.0	36,260	
	片石	800	0.40	2000	
	小计	37,060		38,260	
排洪道工程	挖方	170,100	2.5	68,000	
	浆砌片石	950	0.40	2380	民工做
	浇筑砼	150	0.33	450	民工做
	小计	171,200		70,830	
总计		649,200		915,530	

由上表估算结果来看，水库工程除七月底以前完成的工作量以外，剩余工作量还需要劳力915,530工日，再加上修路、清理场地等零星用工24,470工日，则需用工总数为920,000工日。

2. 今后劳力调度

目前水库实有劳动力8800名，直接出工者为5500名，出勤率为62.5%。在十月底完成水库黏土任务和冬季不搬家的原则下，将现有劳力作如下调度：

（1）9月下旬至11月上旬抽调劳力10,000工日（每日200名），分别修建冬季迁至下游渠道工程上的两个大队的住房。

（2）11月中旬分期迁移两个大队的劳力到安西总干渠线上开挖渠道，一队在15+000桩号附近，一队在25+000桩号。

（3）8月26日至9月1日间抽调劳力1500名赶修小坝工程（尽先填筑黏土），基于上述劳力调度，水库大小坝工程上实有直接劳力分布计算如下：

月份＼工程名称	大坝工程		小坝工程		附注
	出勤人数	可做工日	出勤人数	可做工日	
8	8月1日至25日5500 8月26日至31日4000	141,000	8月26日至31日1500	7,500	
9	3930	102,200	1500	39,000	9月下旬抽开200人盖房
10	3800	102,600	1500	40,500	十月全月200人盖房
11	3800	98,800	500	13,000	
12	3000	81,000	500	13,500	
元	3000	81,000	500	13,500	
2	2500	62,500	1000	25,000	
		669,100		152,000	

按上表计算大小坝工程可于1960年2月底完成，围堤工程和排洪道工程于三月上旬开工，连同清理修路等零星工作，全部水库工程将在四月底完工。

3. 施工安排

（1）在8月份汛期内集中全力赶筑大坝工程，汽马车队亦以回填大坝黏土为中心工作，并要求汽车运黏土上坝量每日最少达到900公方，马车日运160公方，共1060公方。

（2）为了便于汽车运卸黏土及拖拉机碾压，减少夯实劳力起见，在施工方法上，大坝应加速黏土上游与砂砾连接处三角的补填，并加强下游砂砾的回填工作，尽量使与黏土等高并进。目前下游砂砾宽度较大，全面施工赶不上黏土进度，可适当收缩。在1317高程留15公尺宽。按1：1坡度收坡。剩余下面一块待黏土完成后再增补。

（3）为了避免黏土冬季施工起见，大坝工程除现有二个中队继续拉运黏土外，待小坝开工后大坝仍该抽调四至五个中队劳力拉运黏土，工程处负责配备架子车50辆以利运输，小坝工程黏土仅靠人力十月底完不成，可能得再请求外援汽车10辆或于11月初用汽车突击赶运。

（4）8月26日至九月一日汛期基本度过，由大坝抽调劳力1500名赶筑小坝工程，主要回填黏土。为了确保于十一月上旬完成小坝全部黏土任务，可将上游砂砾暂先停止回填，将下游砂砾与黏土同时并进，最后补做上游砂砾。

（5）九至十月汽马车仍以运输大坝黏土为中心任务，全部完成后，马车调运围堤护坡片石及渠道砌护石料，目前应即筹购饲草堆存总干渠沿线，汽车于十月以后除供应必要的生活资料及工厂原料外，在11月间检查损坏情况分别向外接头排队修理，以备渠道运输石料。

（6）为了便于冬季施工，在10月份以前尽先挖去河床砂砾，以免冰冻难挖。

（7）1960年2月初以后，大小坝竣工，将劳力分布在围堤排洪道及整修甘新公路等工程上，至四月下旬除留1000人修做总干渠0+000至8+400的一段渠道及建筑物外，其余劳力迁往渠道施工。

（8）八、九、十三个月中暂停水泥及火药生产待11月份再行恢复。

（9）主要溢洪道尾工及非常溢洪道工程自9月1日起抽调普石工90名开工，要求9月底完工，□□□□□□□□□□□□□□□□□□。

（10）9月10日筹备修建输水塔便桥及洞前□□，必须于十月底完工。

（11）60年安西总干渠拟组6000人（实出工5000人），分为大段进行施工，每段长10公里，并由就业人员300名修做建筑物及装卸车辆等零星工作，不致分散的□□力量，目前应即勘查地理进行筹备。①

四、今后工作必须注意的几项问题

在以往的工作安排中，每次偏于先进致使计划不能落实，这次的安排意见是按照实际情况，并考虑一切可能考虑到的客观因素（如冬季施工等）进行计算的。因此，所估定额与目前实际工效比较，稍为偏低。但今后坝身越筑越高，工地干扰逐渐增多。同时，12月以后气候寒冷工效必然降低，按计划完成剩余任务，仍需尽很大的努力，特别是要抓紧8、9、10三个月适合于施工的季节，赶出元、二月冬训期间的工作量来。为此，提出以下几点要求：

1. 加强团结和一盘棋的思想，一切为了完成水库工程而努力，尤其重要的是要搞好工程处与支队的关系，施工员与带工干部亲密地团结起来，作好现场布置工作。

2. 保证劳动出勤率减少冗杂工，并在现有出勤率的基础上进一步提高。

3. 搞好卫生医疗工作，降低发病率，保障身体健康。

4. 推广先进工作方法，合理组合劳动力，发挥全体汛期的积极性，提高平均工效。

5. 充分发挥现有工具的使用率，整修车辆减少人背肩挑，并推广先进工具。

6. □□□□□□□□□□□□□□□□□□□□□□□□□□□□□□□□□。

五、几项技术措施和建议

1. 排洪道在1+000桩号以上的岩石底层上修改纵坡，以下的戈壁砂砾地层上采用临时断面，地面纵陡坡（1/400）流速大，当泄洪时可以自行冲刷调整，不影响干渠安全，这样改正可以节省少挖戈壁沙砾土74,800公方，此项建议已征得设计院雒院长面许。

2. 安西总干渠跨越疏勒河的位置，移在旧渠口以上约800公尺处，越过河后渠线投入旧渠道。可以利用旧渠线五公里（旧渠过水时间不长，断面很整齐），可以少挖戈壁砂砾土约11万公方，且越河两岸地势较高，少做填方涵洞也较安全，此项建议亦征得洛院长面许，现已开始定线。

3. 原设计安西总干渠断面变化复杂，施工不便，根据关外已成渠道经验，酷寒地区因陡坡已被冻坏，因此，建议总干渠上除留个别可资利用水力的陡坡外，全部改用片石衬砌渠道。渠线沿戈壁边缘行走，开采片石及运输均较方便，不但可以减少土方工程数量少用劳力，且可少用水泥千余公顷。渠道安全施工方便两有利益，唯在经济价值上需要根据实际情况进行比较。

---

① 编者按：以下删去42字，有序号（12）。

4. 第四干渠沿戈壁边缘选线布置，可便于排水并减少跨越干沟的建筑物。

5. 总干渠线有部分地方不够合适，要求设计院派测量人员及设计人员到工地进行改正。

安西县双塔堡水库六八年大坝抢险工程施工安排初步意见

1968 年 4 月 19 日　　甘 234-2-25

最高指示

要使全体干部和全体人民经常想到我国是一个社会主义大国，但又是一个经济落后的穷国，这是一个很大的矛盾，要使我国富强起来，需要几十年艰苦奋斗的时间，其中包括执行厉行节约、反对浪费这样一个勤俭建国的方针。

我们的方针要放在什么基点上？放在自己力量的基点上，叫做自力更生，我们并不孤立，全世界一切反对帝国主义的国家和人民都是我们的朋友。但是我们强调自力更生，我们能够依靠自己组织的力量，打败一切中外反动派。

革命战争是群众的战争，只有动员群众才能进行战争，只有依靠群众才能进行战争。

双塔大坝抢险工程，今年二月份酒泉专区安西县、疏勒河水管所、双塔堡水库管理所、河西建委、农建十一师与水利厅等单位在兰州开会研究过。鉴于大坝上游裂缝较严重，且在继续发展中，其原因由于缺乏科学依据，至今判断不清，经过与会同志的分析，认为沉陷是明显的，滑坡的可能性也是很大的。因之严重地影响水库安全，直接威胁到了下游五个公社（镇）三个国营农场，二万多人，十二万八千多亩农田灌溉及生命财产的安全，通过与会同志的认真研究，遵照毛主席的教导："使水利更好的为农业增产服务"，一致同意今年首先采用临时抢险措施抛石稳定土坝上游坡高。并提出了其他有关处理意见，详见水利厅（68）水办字第 0022 号文"双塔堡水库问题会议'记要'"（以下简称"记要"）。

根据"记要"意见，三月中旬在酒泉成立了"双塔水库临时施工指挥部"，3 月 3 日在双塔堡水库召开了指挥部第一次扩大会议，筹备开工，进行抢险工作。

为了配合筹建工作，现提出六八年大坝抢险工程施工安排初步意见如下：

一、施工进度

遵照毛主席教导："不要遇到问题成了堆，晾出了许多乱子，然后才去解决。"根据"记要"意见，结合目前情况，今年抛填石方总工程量为 36000 立米（其中包括施工道路填石 6000 立米），施工期是五月至十月，其中 7 月 15 日至 8 月 15 日为安西县夏收季节，社员需要回家收麦，届时根据具体情况进行调整，初步安排的轮廓进度见附表一。最大运抛强度为 386 立米/天，高峰人数约 640 个，总工员 89000 工日。

二、石料开采场选择

遵照主席的教导："世界上的事情是复杂的，是有多方面的因素决定的，看问题要从多方面去看，不能只从单方面去看。"双塔堡水库基岩为花岗岩，石料质量均能满足需求。经现场踏勘在坝上游南北两岸各选料场一个，这两个运程均能满足路线平坦，运距近，辅助工程量小，掌子面大，场地布置方便，干扰少等施工方便的要求。为了防止开采震动的影响，主料场应距坝至少为200米。

三、施工方法

毛主席教导我们："我们所犯的错，研究其发生的原因，都是由于我们离开了当时当地的实际情况，主观地决定自己的工作方针。"根据现有情况，石料开采方法只能采用工人打验房，石料运输工具，双塔水库临时施工指挥部，第一次扩大会议，曾研究过汽车，斗车，架子车，船筏，马车等方案，现将各方案主要指标列于表二。

四、工程估算

1. 编制依据：双塔大坝临时抢险工程的工程预算，是在施工方案没有完全落实的情况下，暂按斗车方案进行的计算（以斗车为主，架子撑、船筏为辅）。根据中央的水利方针，坚持群众办水利，勤俭办水利，走自力更生的道路，省有关部门的规定，结合本工程的特点，在工程费用计算上，主要原则如下：

（1）由国家提供三材、炸药、雷管、导火索及主要设备，工具购置费，发电机台班费，人工调遣费，临时设施建筑费。

（2）抢险工程所用普工均由灌区受益单位承担，技工原则上应由各受益灌区抽调（修建双塔水库和历年维修中已培养了一批技术力量），不足者由农建十一师负责调剂解决。根据工程量大，施工期长，社团场距施工现场远，民工确有一定困难，并经与会同志讨论，同意普工每天只发补助费0.40元。至于技工，考虑到民工代替技工，在工效上有所降低，工资按普工的3.5倍（即1.40元/工日）发给。

（3）在工程估算中没有直接从工资中提取间接费，考虑到劳保用品，生活与物资运输补助费，医药卫生及工程管理等费用，单另开列间接费5万元。

（4）施工定额采用1966年9月甘肃省水利厅编印的水利工程估算指标，并增加5%。

（5）不可预见费按总费用的5%提取。

（6）斗车、铁轨、枕木无价调拨。

（7）本工程结束后，所有设备工具及临时宿舍，由水库管理单位负责保管，以供双塔水库整修加固工程开工时使用。

五、主要数据

本工程主体工程石料开采，运抛30000立方米，辅助工程6000立米。总工日约89000工日，其中技工3139工日，民工85516工日，总投资为259096元，高峰人数654人。

甘肃省河西建设规划委员会

会议记录

甘肃省农林厅水利局昌马河水利工程处第六十次处务会议记录

1958年6月20日 甘232-1-397

时间：1958年6月17日下午四时半

地点：处长室

出席者：李鸿璋、高永昌、李桂荣、穆春贵、王世清、李建邦、林甡、薄连安、任义生、戴一诚、黄锡璋、朱获栋、刘名淮、郭振宸

主席：李鸿璋

记录：温克璧

讨论决定事项：

一、会议首先讨论了双塔堡水库工程问题，双塔堡已搬进去劳动力二百多人，本处派出干部八人，现已开工，目前主要任务是：1. 布置平整工程处地址；2. 修通工地公路；3. 不要使现有劳力停工；4. 定好建筑物和各种道路线；5. 先开始输水道挖基和土坝清基。

除现已搬进去的劳动力以外，计划六月底搬进去两千五百人，七月中旬达到五千至六千人；根据此情况，本处暂不进去干部，七月中旬陆续进去，但为了不影响目前工作进展，会议决定财务科暂派去会计一人搞经费，款由本处直接汇去，器材料派器材员一人，做备料工作，工务科再派去一名测工。

根据派出干部的调查地形，会议确定了劳动力的分布和工程处地址问题。警戒部队和□□□的房子单价每平方不能超过十二元，工程处的房子暂一律修建临时工棚，待人开工全部搬进去后再修建较长久的房子。会议又决定，玉门火车站现存容易卸车的小型机器及掺合机，与火车站联系运往双塔堡，其他机器用料暂不运送，双塔堡用料主要从柳沟车站拉用，并工务科将双塔堡开工情况向省厅写一报告。

二、会议讨论了西大桥的发电站问题，经上级批准给玉门县西大桥发电站投资10万元的经费，由工程处掌握开支，财务科建立户头，并担负技术、修建、机器安装等工作(架线设备等安装及开支由县上负责)，材料、运输、劳动力及行政管理由玉门县负责，为了工作方便共同领导，在西大桥发电站成立一个段的建制，抽调朱获栋、魏茂玉，朱文辉三人，县上分配五人共八人，朱获栋担任段长，县上派干部中再指定一名段长，一人作正式工作，一人作技术工作；由工程处统一领导进行工作。至于用料及开支的审批手续，先经工地研究提出意见，报主管业务科审核后，送处长批准，方能开支或使用段上设电话机一个。

三、会议讨论了各工段完工情况，北一段、东一段已完工，渠首总一支最近要完工，

会议要求已竣工的工段，要工完账清，没有结清的，很快结清账项，并作出竣工图，准备到新的工作岗位去。未完工的工段要加油干，要求北干渠（包括一场）六月底完工，东二段、东三段七月底完工，西干渠七月中旬完工。以后北三段和东二段合并起来搞，今后的方法上，留人要少，管的事情要多，会议并要求工务科、器材科、财务科密切配合，抓紧各工段要做到工完账清，并要做出竣工图纸，器材科督促已完工的工地将全部材料运回处，以免造成浪费。

四、会议讨论了第一期工程验收移交问题，会议决定工务科很快做出工程验收移交方案，我们提出七月中旬开始验收，再报省厅确定验收移交时间。在验收前，集中力量，整修一次渠道。确定大干渠及农村所属渠道交给水利单位管理，属于农场范围以内的支渠道交给农场管理。

五、会议检查了计划，研究了渠道架设电线，修理管理房子的问题，确定北干渠电话线架至北一支渠。东干渠电线架至第三分水闸，西干渠电线架支西四支渠分水闸，由器材科备料开始架设。总一分水闸架设总机一台，至于渠道管理房子问题，工务科作出设计，必要修建的，予以建修。

六、会议讨论了汽车队目前的存在的问题，根据有关人员的座谈，在汽车队暴露出不少问题，司机丢失工具、损坏机器零件、抽换材料、工作不负责任、与领导闹对立等现象相当严重，因此，为了严肃纪律，会议决定器材科配合汽车队根据座谈情况，整理出单行材料，按情节轻重结合运动予以严肃处理，并与检查所联系，有重点地进行执照复验，不够格者下降为助手。

会议最后指出对会议决议要认真贯彻执行。

双塔堡水库部分会议记录讲话报告（一）

1958 年 8 月—1959 年 8 月　　甘 232-1-365

双塔堡水库工程委员会第二次会议记录

时间：一九五八年八月二十六日下午三时

地点：工程处会议室

出席者：高专员、段局长、高副局长、李副处长、尹大队长、王大队长、林科长、□科长、李科长、戴一诚、温克壁、常股长、杨股长

主持人：李副处长

记录：梁锋

一、会议首先讨论了目前的施工进展情况，认为通过高专员的动员报告的学习讨论，全体职工的工作积极性普遍有了高涨，工程处在工具改革、义务劳动等方面作了一些工作，正向前跃进，但是跃进的速度赶不上工作的需要，如工具改革创造发明的少，推广不够及时，特别是□□□有个别带工干部工作涣散，消极疲沓、工地睡觉，不积极推广使用新式工具，□□□□□□□□□，这种情况必须立即扭转。

二、根据高专员的指示，为了进一步改善施工管理以切合实际需要，会议决定，将原

工程指导委员会改为“双塔堡水库工程委员会”，由工程处、工程队、部队负责同志组成，定于每星期一下午三时召开会议一次（特殊情况例外），商讨有关施工各方面的问题，委员会下设办公室，工地施工小组，研究技术改革小组进行具体工作。

三、会议决定由工程处工务科人事科会同水利工程队指定专人草拟工作制度和规章纪律，以保证工程任务的顺利完成。会议又决定安西县公安、检查、法院在工地设立临时法庭，深入工地了解情况，惩处各种不法分子，保障工程安全。

四、会议认为必须加强工程处与工程队的密切联系，决定由公务科和工区依照工程主次，提出各工地工程数量和劳力安排意见交工程队调配劳力，为了加速工程进展，从本月底大坝工区在现有条件下，开始日夜双班施工。

五、会议在讨论了工具改革情况后，认为必须大力发动广大职工□□□创造发明。改良工具，提合理化建议，一方面进行鉴定试验，一方面下决心推广使用，坚决于九月中旬消灭肩挑人背现象，特别是土石方工具应大力推广，会议又提出机器困难，段局长提出由赤金水库抽调两台拖拉机来支援，决定表示感谢。

会议最后听取了高专员的指示。他指出近一周来水库工程有了新的进展，领导思想、干部作风、工程效果都在向前跃进，但是跃进还赶不上要求，劳动组合工程效率、工具改革还要在现有情况下来个大的跃进，还必须：

一、在双塔堡水库上一定要贯彻群众路线的工作方法。昌马河第一期工程所以历时两年，花的钱多，质量事故不断出现，是因为设计施工没走群众路线，应作为教训。今后不论哪方面的合理化建议，创造发明都应和群众商量，适用的采纳，不适用的再废弃，□□□□□□，也要研究讨论。工具改造、施工计划、工程质量等必须通过大家。

二、本年十二月底水库非完成不可，这是党交给的硬性任务。如果施工条件改善，时间还可以提前；因此教育使用干部就成为一项主要问题，对好人好事进行表扬奖励，表现不好完不成任务的根据实际情况该批判的就批判，该辩论的就辩论，该斗争的就斗争，情节严重的还要法办，是思想问题的即按思想问题处理，是革命不革命的本质问题，就按本质问题处理，这一措施在职工中普遍深入地讨论，让其自选道路，特别是工程队个别人把革命当开玩笑，不安心、不积极，应注意。

三、工地上开展三比运动，即比发明创造、比工作方法、比完成任务，对好的单位个人要鼓励表扬，坏的批评处分，促进工作飞快进展。

四、领导问题

1. 领导亲自上战场，所有干部常上工地，发现问题及时解决，有意见随时讲，不接受作批判。

2. 领导要经常发现问题，研究问题，解决问题，行动要迅速。

3. 已制出的工具通过群众鉴定采用，再不能推迟，否则工程效果要受到影响，如何提高效率，用何方法，必须组织各队讨论，订出具体计划，工程效率一日比一日高，不能停滞，引洮工程每日平均挖土方一千五百方，我们还在三方半上磨，这是不行的。□□□□□□□□□□□□□□□□□□□□□□□□□□□□□□□□□□□□□。带工干部要□□□□□□的教育，任何干部□□□□□□□□□□□。

4. 订出干部纪律，违法就要处理，要以纪律集合执行任务。

5. 劳力组织安排要注意研究，免得形成窝工浪费。

6. 坚决贯彻多快好省的原则，能不开支的一定不开支，该节约的一定要节约。

会议确定各单位应对高专员的上述指示要认真讨论，坚决贯彻执行。

双塔堡水库工程委员会第五次（扩大）会议记录

时间：一九五八年九月九日下午二时

地点：工程处会议室

出席者：高专员、高副处长、李副处长、尹大队长、王大队长、王营长、林科长、李科长、党指导员、郭指导员、侯连长、杨股长、常股长、戴一诚、陈声有、王宝生、黄先泰、刘名淮、贺永德、师文杰、郑从龙、梁继富、文秉前、王世林、李成茂、拓千珍、张旭杰、李仲谋、邢俊杰、郑春荣、于焕章、张金太、杨德富、慕学思、启应方、金光明、方明义

主席：李桂荣

记录：赵世璧

决定事项：

一、会议首先讨论了劳力安排问题。考虑到大坝清基夜间加班，天冷水深，效率不高，需要暂停止，其劳力决定抽两个中队放至输水道一个放至北山坡，新来的一千五百人放在南山坡，并决定输水洞从九月十日夜开始加班（一个中队）要求十月十二日完成输水洞清基，必须于九月底通水输水道出入口土方围堰及弯道填方加固，要求于九月廿五日完成，大坝清基仍要继续进行，在抽水机工具解决后则应进行突击开挖和回填，此外抽出劳力一千名进行土场布置工作。

二、接着会议讨论了《双塔堡水库工程委员会工作制度》，决定通过、予以宣布，从九月十日起实行并交全体职工讨论，贯彻执行。

三、最后会议听取了高专员对目前施工中一些问题所作的指示（另发），希各单位认真贯彻执行。

附高专员在第五次工程委员会（扩大）上的讲话

双塔水库在安西县来说是一项具有伟大政治意义和经济价值意义的社会主义建设工程。在党的正确领导下，张掖专区大修水利高速度发展农业生产的形势下，为了把安西县建设成为粮棉基地，确定兴修双塔堡水利工程是一件伟大而光荣的任务。工程开工以来，在党的领导下，在工程技术人员和所有参加工程建设全体职工的努力下，已取得了一定的成绩，给十二月份完成工程任务已创立了条件。但是根据目前工程进展情况来看，施工中存在的问题还很多，主要是排水机具出问题很大，工作效率还不够高，劳动积极性不强，干劲不足，缺乏力争上游的勇气。先进工具推广利用得不多，特别由于水抽不出去，对工程效率的影响很大。针对这些存在问题，目前首先应集中一切力量搞坝基排水工作，将已借得的五台抽水机和翻砂的三个水龙头，很快运回来安装起来，连原有的共十一台，集中

抽水，这样基本上可以解决抽水问题，水抽干后集中力量清基，这一工作特别要抓紧，此外还应抓如下的问题。

一、组织领导问题

1. 应从政治思想教育着手，除抓紧思想教育之外，还应当提出适当的口号来。我们的口号应该是："党委挂帅，工委出战，大队亲自上阵，中队作先锋，分队长一马当先，小组长带头苦干，全力勇往直前。"另一个是："工地是战场，钢钎是长枪，一天当十天，月亮当太阳。"再一个是："灯塔照人心，奋勇再跃进，双塔堡摆开战，一百天大苦干，人人显能又尽力，各种工具当武器，英勇机智投战役，拔掉白旗插红旗，一场战胜又一场，队队都把英雄当。"这些口号如可行，那么进行的方法应先干部、后各队，再深入到实际工程中去，其目的是进一步加强思想工作，破除迷信，解放思想，树立敢想、敢做、敢说、敢为的共产主义风格，彻底改变工作作风。应该启发干部订个人跃进计划，都要鼓足干劲，力争上游，为多快好省地建设社会主义努力奋斗；同时开展运用批评与自我批评的武器，表扬先进，批评落后，带动中间，更实际地教育大家把工程推向新的高潮，要求从今天以后，有一个更新的面貌出现。

2. 开展评比竞赛、树立先进旗帜，建立评比制度（十天或半月评比一次）。通过评比表扬先进，批评落后，刺激劳动积极性，工程队应组织评比观摩小组，对工作成绩给予正确的评价，奖给优胜红旗，要开展个人与个人、组与组、分队与分队，中队与中队之间的红旗竞赛运动，各队可根据任务，提出保质保量的相应措施。如评为一等模范者工程委员会也给予奖励。

3. 规定劳动定额、改进劳动组合。正确贯彻群众路线的工作方法，必须提出定额来，土方多少、清基砂砾多少、石方多少、每工日运土多少，这些具体数字都应交下面反复讨论，然后确定执行。关于具体的劳力组织，各队可自行研究确定，总之要根据不同的工种，组织搭配劳力，在方法上要按劳力强弱、技术高低、工具好坏适当搭配，也可以实行专人专事，各尽其能，各负其责，如可分开石、清基、挖土、砌石、打夯等，同时要发挥分队长、中队长、小组长的智慧。除工程队作出统一安排外，各工程、厂、中队应经常计划安排任务与劳力，加强管理，加强指导，加强督促检查，调动各种积极因素，提高工作效率。

4. 要及时处理问题，解决问题，发扬共产主义的大协作精神，如工程问题、困难问题及□□□□□□□□□□□□□，都应及时会同有关部门作处理。

5. 根据任务和每个队的实际情况，划片分段、包工到队，实行三包，即中队包片、小组包段、个人包方。这样作不但合理地使用劳力，提高工效，还加强了各队中的责任制，这个制度要坚持执行。

6. 开展队与组、个人之间的夺红旗竞赛，主要是以比思想、比干劲、比口号、比任务、比出勤、比实效、比质量、比安全的八比运动为内容，最好是十天比一次、评一次，我们一定要贯彻抓两头带中间的工作方法。

7. 要狠狠地抓一下工具改良，这是一场新旧思想的斗争，因此必须要贯彻改良工具运动，对已发明创造出的新工具要一定认真推广。

8. 目前的工程任务安排和劳动力的调配，李副处长已提出了安排意见。如果大家没有意见就按那样办理，我基本上同意这个安排意见，但各队要根据这个大的安排精神，再进一步研究作具体安排。

二、如何提高打夯效率问题

现在我们的打夯情况是效率不高。在打夯中是脚忙手乱、抬得不高，抬着夯是你上我下、乱七八糟，喊起口号是你快我慢、很不一致。特别是□□□□差，平均一、二十秒钟打一次，有的十来八分钟打一次。为了加速水库工程进展，使每个打夯的人能很快提高技术，提高打夯效率，应对打夯的人很好地调整，进行打夯编制，把打夯熟悉的与不熟悉的很好地搭配，使熟悉的带动不熟悉的。在打夯工作上可以培养先进模范，在打夯的要求上比干劲，要抬得高、压得硬、速度快、实效高，要夯声震地，喊得齐、打得准。在原来的效果上提高多少，要具体研究订出实施计划，最好把打夯的人固定下来，这样做工时方便、不乱，又适合施工要求，并加强了对工具的爱护和管理。同时把羊角磙、石磙手、木夯、石夯配合起来，效率一定会提高。

三、关于爆破石方问题

爆破石方的情况总的是向前进展的，工效有所提高，但对要求还差得很远。首先是放炮问题，已取得了经验，技术上也有提高。但是爆破的石头少，工效不高，需要进一步研究。需要研究打直眼、打斜眼，究竟哪一种眼炸的石头多、哪一种石头打哪一种眼、炮眼打多深、装多少炸药？为了提高工率，这些问题都应该研究，都应该总结一下经验，及时加以推广。另外要保证安全，不出人身伤亡事故，还应该规定三天或五天开一次炮工会议，交流经验，互相学习。同时要建立开挖石方的评比制度，内容主要是比干劲、比领导方法、比创造发明、比出勤率、比实效、比安全，大家应提出一些开挖石方的响亮口号来，作为努力的方向，成为实际行动的表现。□□□□□□□□□□□□□□□□□□□□□□□□□□□□□□□□□□□□□□□。各中、分队、小组每天要进行小总结，看是否完成了一天的任务。总之对石方工程要很快加强，特别要抓紧思想教育工作，抓紧时间向石山进军，要开展劳动竞赛，鼓舞劲头，在很快的时间内完成输水道工程任务。

四、关于运土的运输工具问题

首先是道路问题，我们要从七公里的地方运土，这是一个很大问题。因为有条河隔阻，地面不平，有砂土地，如果路修不好，行走困难，行走拥挤，会造成窝工浪费。我们的运输工具种类很多，有汽车、胶车、木车、斗车、架子车、平车、推车等等，要求就应该是有什么运土工具就应该准备什么路，分别列队行驶，同时还要经常组织些人作修路养路工作，因为道路是运输的关键，没有好的路对完成任务有困难。

其次是要解决先进工具，这是提高工效、增加载重量的唯一办法，同时应根据运土工具的不同类别，规定载重量，远近不同的距离，规定不同的次数。

最后，劳动组织在这样人多路远的地方运土是一件很要紧的事情，我们的做法：1. □□□□□□□□□□□□□，分编各队，需要重新调整劳力。2. 按照各种运土工具规定劳动定额，规定各工具的载重量，激发做活的劳动积极性。3. 因运土里程远一些，人又多，运土工种多，需要设立管理人员，指定几个干部负责，他的任务就是管理各工种运土是否按规定道路行走，是否装够载重量，防止出事故和混乱。4. 以大队或中队为单位，按不同工种分编为若干中队或分队，如汽车、胶车、斗车、平车、架子车等队，中队长、分队长要带队，每个车都进行编号，挂上车牌子，注明载重量，这样就避免次序紊乱，也便于检查。5. 应提出响亮的口号，鼓动情绪，口号应提得生动有力，口号成为工地做工一致努力的方向，鼓舞他们的干劲，启发他们的积极性。□□□□□□□□□□□□□

五、几个具体问题：

1. 工程处、工程队应集中一切力量为十二月完成工程着想，不要在工程费用上纠缠，凡是上面没有新的规定，照旧规定办事，规定付的工程费用，应该付工资的全数付给、分文不欠，低工作效率提不高，按时完不成任务，工程队要负责。

2. 对通过的工程委员会的工作制度，各单位要认真研究贯彻执行，以后要按制度检查总结工作。

3. 工程设计一定要本着多快好省的精神，不必要的建筑物就不建筑，如果有些设计标准过高，也可以降低，严格注意工程设计上的浪费现象，但还要提高工程质量。

4. 今天会上对工程处提出的意见有些很对、很好，今后由工程处分别处理。

5. 土坝清基究竟挖多深，我的意见还是按照上次工程委员会讨论决定的最深七公尺，最浅的四、五公尺进行，这个问题我准备再和地委研究一下决定。

双塔堡水库工程委员会第九次会议纪录

时间：一九五八年十月十三日下午二时

地点：工程处会议室

参加者：高鹤龄、高永昌、李桂荣、曹文财、尹子秋、王兴中、陈声有、杨清枝、常文魁、林甡、李建邦、薄连安、戴一诚、方明义、郑从龙、李仲谋、李文斌、贺永德、李成茂、刘成藩、刘金祥、薛俊祺、张承纳、黄光泰、张启甲。

主持者：高永昌

纪录：赵世璧

讨论决定事项：

一、会议首先由各单位汇报了国庆节以来的工程进展情况。虽然这一阶段对布置的任务没有全面完成，但从总的方面来说是有成绩的，工程不断在跃进着，所完成的工程数量比九月下旬完成的情况良好。因此，会议确定今后仍然要坚持每旬布置工作任务的方法，以使工程形成一浪赶一浪即跃进再跃进的形势，要取得一个胜利，再取得一个更大的胜利，用不断革命的方法，指挥工程前进。

二、会议严肃地批判了工程中各工地的各种窝工浪费现象。坚决要求在施工中克服器材和工地上的浪费，对于浪费现象人人有责予以提出批评，对大坝周围能被利用的土、砂料，应由工务科派员进行鉴定并核算出数量，提出用的部分交工程质量的检查工作，以保证工程质量合乎标准。工程处应多增加检查人员，经常在工地进行检查，杜绝因质量检查而影响施工连续进行的现象。

三、会议确定将已修好的铁轨，应马上充分利用起来，用铁斗车运土，交由□□五中队负责，今后对劳力的调配应逐步走向专业化，不要调动频繁。

四、为了加快大坝回填速度，会议决定应抽一个或两个中队，进行夜间施工，至于开始时间由工程处、队研究确定。

五、会议同意曹支队长提出各大队再进行动员布置十月中旬任务的意见，并决定工程处、队的领导人应每隔一两天到工地去实地检查，解决问题。同时施工小组应充分发挥其解决工地具体问题的责任，负起责任来，召开现场会议，解决问题。

六、关于今后的工作应抓重点，集中主要力量作大坝工程，输水道可以留一个中队作输水洞砼工程及小坝清基工作，其他工点均放在以后进行。

七、最后会议听取了高专员对工程方面的一些指示，各单位必须坚决贯彻执行。

附高鹤龄专员在第九次工程委员会上的讲话

今天的会开得很好，汇报了国庆节以来的工作情况并提出了一些问题和解决的办法，我认为这样很好。只有展开思想交锋、思想斗争、思想见面的辩论，才能促使工程的大跃进，今后的会就要这样开。现在我准备谈几个问题：

一、取得的成绩应该肯定，成绩是主要的。截至十月十日，我们已完成了百分之二十二的工程数量。从八月二十日经过动员以后工程已形成了跃进高潮，发展的情况是一浪接一浪，速度是一个阶段一个变化，总的看来是前进的，有些单位搞得还很好，如大坝、南山工程队的有些中队较好，跃进得快，工程处的汽车队、马车队、木、铁加工厂，也同样有很大的跃进。从这五十来天的工程发展情况里边，我们得到一条很重要的经验就是采取波浪式的发展。这一条经验我们应很好地加以总结，对我们今后是有很大好处的。当一旦跃进起来，就将大大地鼓舞了群众干部的情绪和干劲，目前我们的工程进行应该主要是依靠群众运动，我觉得主要要靠这一条，我们不光是依靠技术和设备，应该很好地发动群众，只有把大家都发动起来，就是在没有机械化的条件下，也能把任务完成。在方法上必须采取打完一个战役接着再来一个战役，及时总结、投入战斗，领导思想也必须采取这个思想——跃进再跃进的思想。

二、取得成绩的原因很多

首先是各级党委的正确领导，其次是传达了北戴河会议精神和毛主席的讲话，及省委、地委会议精神，对各干部工人的政治积极性鼓舞很大。第三是全体干部工程技术人员、官兵、工人响应了党的号召为完成工程任务不顾一切地艰苦疲劳积极搞工作，忘我地劳动，干劲很大。干部群众干劲为什么会这样大哩？主要是靠我们的政治组织工作和放手发动群众、□□□□□□。在这样的情况下，使干部、工人、群众了解到为了建设社会主义，认识到现在的苦比过去的苦是差了好多，从群众方面来说形成了一个声势浩大的修水库的高潮。但是群众运动若没有政治思想动员工作，群众很难发动起来（□□□□□），对我们领导干部来说，群众的政治思想工作必须加强；特别是现在天气冷了，我们必须掌握思想动态（□□□□□□□），在生活上、思想上多做工作，吃、穿、住的问题都要解决，工程队的家属问题可以考虑，根据情况适当研究解决，但着重应从思想上解决问题，使得干部和群众觉得我们温暖。国庆节的评比奖励也是为了鼓励大家的干劲。因此要用一切的机会、场合、会议教育干部（□□□□）使之成为自觉的劳动，因为自觉的劳动是愉快的，必须促进更自觉。在改造干部的本身问题上，我们要改造小资产阶级意识为无产阶级意识，现在看来大部分干部很好，但的确也有个别的干部不好，要严厉地批判。干部要和群众打成一片（□□□□□□□□□□□□□□□□□），不论工程处、队、部队及安西县驻工地单位的干部都应参加劳动，一个星期一天，规定具体定额，这个制度从这一周开始一定要坚持到底。□□□□□，我的意见不一定每月两天，这个月因国庆节休息了两天，十五号就再不要休息了。

三、领导方面的问题。领导是一个很重要的问题，领导思想应该一致；一切思想应集中在十二月底完成水库上。我觉得领导思想水平、方法总是赶不上形势发展的需要。□□□□□□□□□□□□□□□□□□□□□□□□□□□□□□。从工程进展情况来看，领导思想和方法赶不上实际、不敢大胆设想，我认为领导思想必须马上赶上去，如果赶不上去，我们一定要落后的，应该考虑这个问题。

同时这种落后状态表现再全面安排是不够的，窝工浪费现象也有，互相有些意见不一致的都有，劳动力的安排也有不好的地方，有些混乱。另外不敢大胆设想、大胆地干，还有哪些方面同志们好好回忆一下。总之我觉得领导方法上、设计上、施工中都有一些问题，应该很好地检查，总结我们的缺点和毛病，这样做我们就会进步，至于存在的问题，大家提出的一些施工中的问题和某些干部的问题，属于哪方面的就由哪方面很快地解决，能今天解决的就今天解决，能明天解决的就明天解决。当然，有些缺点和毛病也很难免，其原因是工程大、顾虑多，缺乏经验和知识，应很好检查总结，凡是窝工浪费都是错误的。李处长负责应派技术人员鉴定大坝周围的土质，哪些能用，用在工程的什么部位，提出意见交给工程队及施工员执行。

工程任务还很艰巨，逼得我们要很好地想办法，若按目前的速度进行，完成任务是有危险的，因此，任务逼得我们要想办法，要想办法就得依靠群众。现在对我们领导方面来说，应该冷静下来通过总结工作，检查缺点和毛病，吸取教训，来改进工作，我觉得今后要一段、一段、一个工区、一个工区组织跃进，总比慢腾腾地前进好吧？不能慢腾腾的，每个领导同志应该考虑这个问题，用较多的时间来考虑问题，对群众来说要有具体的任务，明确的指标，这就要求我们领导者在每一段胜利后得加强思想鼓励工作。马上再组织下一个战役，在指导思想上组织波浪式的发展，一浪赶一浪、跃进再跃进，成为不断革命者。

同志们，天也冷了，任务很大，时间很紧迫，这就逼着我们要拼命地大干一场，逼着我们想办法，要我们组织跃进再跃进，紧上加紧。如果不努力，任务很危险，现在我们还是甘心落后，还是愿意前进呢？这是摆在我们面前两个重要的问题，我想大家都不愿落后，究竟怎么办？应该发动群众想办法、动脑筋、多做工作，组织跃进再跃进。

四、工具问题。工具是个很大的问题，我在工程委员会上已经讲过，今天不再多讲，但我们应该看到全国各地、各项事业都在跃进，工具供应是紧张的，在这样的情况下，我们应把所有的工具都用起来，把运回来的车子零件很快安装起来，两三天就解决这个问题，没有充分利用的要清理一番，进行使用。

五、几个具体问题

1. 打夯的标准应该打结实，合乎规定的标准为准，□□□□□□□□□□□□□□。

2. 质量的检查问题由工程处、队共同进行，检查人人有责，不能光靠检查员，都应抱对党和人民负责任的态度。工程处应告诉检查员跑快些，多跑几遍，尹大队长提出的由工程处、队领导隔日共同检查，解决问题的意见很好，要执行。领工员和带队干部经常研究解决工地上的问题，大队开会必须通知领工员参加。

3. 必须抓重点，重点就是大坝。应把全部力量集中到大坝，无论如何大坝得十二月底完成，晚上施工我同意，究竟什么时候开始搞，你们具体确定。

4. 困难问题很多，我们共产党人不能叫困难吓倒，如何解决要依靠群众多想办法。

5. 取土应由近而远，截水墙按实际情况砌筑，不一定按原设计作，只要保证不出问题就行。这些问题同志们好好考虑，总之在十二月底一定要完成主体工程的任务。

双塔堡水库工程委员会第十一次（扩大）会议纪录

时间：一九五八年十一月十日下午一时

地点：工程处会议室

出席者：高鹤龄、高永昌、李桂荣、马树明、王兴中、张继坤、张国治、方明义、林甡、薄连安、穆春贵、李建邦、戴一诚、陈声有、郑从龙、刘金祥、贺永德、刘成藩、杨清枝、曹文财、任义生、张登荣、朱获栋、刘名淮、邓文选

主席：李桂荣

纪录：赵世璧

讨论决定事项：

一、会议着重检查，严肃地批判了输水道填方部分在施工导流时发生穿孔及冲垮事故及输水洞砼质量差的问题。大家一致认为这一事故的发生给党和人民的事业造成了重大的损失，不论在政治影响及经济意义上都有不良的后果。因此必须严肃地批判，引起所有职工的警惕，记取此次沉痛的教训，在大坝工程中必须抱着多快好省的精神，提高工程质量。由于事故的严重，并为了慎重地作出其责任结论，会议确定这一事故将由高专员亲自主持召集有关人员的会议，更进一步了解情况、分清责任后作出正确的结论，并确定工程处、支队、大队，应在干部中继续展开这一问题的大辩论，以教育提高干部对社会主义建设事业的责任感。

同时会议认为，由于这一事故的发生而引起了□□□□□□，情绪不高，特别表现在十一月上旬任务完成得不够好。这种情况不能允许继续下去，必须迅速扭转，工程处、支队、大队应立即在干部中进行动员工作，□□□□□□□，进行鼓动教育工作，掀起冬季施工高潮。

二、关于冬季施工问题。会议确定，工程处所拟定的冬季施工规范在十一月十日召开的生产会议上讨论修改后印发各大队，工区讨论修改以便顺利地贯彻执行。

三、会议认为目前大坝工地上有些工具未很好地被利用起来，特别是平车、斗车被搁置扔在一边。这种现象不好，必须进行纠正，把一切能用的工具都充分地用起来，将送饭

所使用的架子车全部抽出来。当然由于木轨不平，自制斗车不灵，使用时容易发生问题，但很大程度的是人们的思想问题。因此，会议确定，□□□□□□□□□□□□，思想上解决问题。另一方面，应加强轨道及车辆的检修、保养工作，两方面未解决问题。

四、最后会议听取了高专员关于目前工作的一些指示，同时印发各单位，请很好地学习讨论，确实贯彻到工作中去。

附高鹤龄专员在第十一次工程委员会议上的讲话

今天召开的第十一次工程委员会议研究讨论了冬季施工及目前工程施工中存在的问题和严肃地批判了输水道导流中发生的问题以及输水洞工程质量问题，大家发表了很多意见，现在我准备再谈下面几个问题：

第一，关于输水道导流时冲垮事故的责任问题，我的意见不作最后确定，另外召开会议，把支队大队、工程处、工区的负责人和施工员，带工干部等有关人员召集来参加，把设计文件摆出来，进一步地作检查，找根子追清责任，搞清楚，作结论。今天为什么把这个问题提到工委会上讨论，我觉得很有必要检查，我认为这个教训对我们很深刻，这个事故的发生给党和人民在政治上、经济上造成了很大的损失，所以必须要搞深、搞透、搞出结果。总的说来，我认为工程处、工程队的领导及施工员和带工干部都有责任，希望同志们把这个问题交群众很好辩论，工程队已经开始了辩论，工程支队已作了布置，所以要求同志们把辩论会领导好，写出书面的辩论报告来。总之，要求深刻地吸取这个教训，认识到问题的严重性，在我们当前应当特别注意工程质量问题。在大坝上重视工程质量，但也要注意不重视数量的偏向，否则若大坝发生问题，其后果将不堪设想。同志们既然已都认识到了这一点，那就应该在工作中采取有效措施，抱着多快好省的精神，保证工程质量。

第二，目前的工程进展情况不够好，效率是不够高的。每天未完成一万五千方的任务，如果不抓紧，让其继续下去，问题就严重了，就会影响主体工程的按期完成，群众情绪不高，固然因为发生事故而受到影响，但我们应认识到这一件事的两面性，是坏事亦是好事。坏的方面是拖长了工期给党和人民造成了损失。好的一面是教育了我们的今后工作，不致有更大的事故发生。因此各单位应给大家讲清楚，问题既已发生，就要研究总结教训，不要因此而降低了群众的积极性和工作效率，支队、大队应很好地动员一下，□□□□□□□□□□□□□□□，并从组织上、思想上加强整顿工作。在支队曹支队长、尹大队长开会去了，王大队长、马教导员应把支队的帅挂起来，各大队长应把大队的帅挂起来，立即进行动员工作。

第三，领导问题。领导方法上我觉得有些乱，工地上意见不一致，各管各、协作差，这些问题要纠正。在领导方法上，我们必须抓重点，重点是什么□重点就是大坝工程，每一个都应认识这一点，大坝工程的重点目前就是黏土回填，工程队、支队、大队都应抓住。施工方法采取野战军、游击队、民兵相配合的办法，野战军是主力、搞土方，游击队搞砂砾，民兵搞其他的如工具修理、养护道路等。大家协同作战，工地上意见不一致，工作就做不好。施工员、带工干部必须协作，工程处、支队、大队都应强调这个问题，双方面都要进行教育，当然重大问题如质量问题等，意见不统一时可以提出来由双方领导研究解决。我认为一切问题都可以得到解决，应加强协作，都应该抱着一切为了工作，一切为了多快好省地进行工程建设的态度。在指导方法上要加强巡回指导，负责同志都应经常地深入施工现场，发现问题及时解决问题，有些问题就可以召集有关人员研究，或者召开现场会议作解决。同时还应加强经常的政治思想工作，放松政治思想教育工作是不行的，经验证明只要思想问题解决了，群众就很快地会发动起来。今天大家谈的平车、斗车不使用的问题，很有一部分是思想问题，所以就要解决思想问题。

第四，冬季施工问题。在冬季修水库、打土坝，是可行的，冬季施工特别要注意保证质量，但是数量也不能放松。既要防止只重数量、不重质量，也要防止重视了质量忽视数量两方面的做法。应该是一手抓质量，一手抓数量，质数量并重，不能有所偏废，同时要抓住下面的原则：

1. 必须要用溶解土料填筑，冻土我们意见不能超过百分之十至二十，大家可以考虑。

2. 压实工作量要连续进行，必须保证已压实的土层在下次铺土时不冻结。

3. 土料的含水量万不能过大过小，必须合适，我认为用土办法即用手抓起能控成土团就行了。

4. 压实问题，不论土料、砂料都得压实，主要是采用拖拉机碾压，现在的问题是拖拉机的领导问题，工程处要指定专人负责领导，对拖拉机手生活上要多照顾，但要求做到什么时候需要都得出工，拖拉机压不到的地方，必须用夯夯实。

5. 铺土的厚度要研究，究竟铺多厚？我的意见不要超过二点五公寸，大家可以研究。

6. 填方接头地方要注意土料中的土块只许多大，要研究确定，给下面交代清楚。

7. 砂砾的含水量要降低，要加强覆盖工作，防止冻结返土浪费。

总之，我觉得我们修这样大的水库，经验还不足，知识也缺乏，特别是冬季施工，所以要好好地学习，把干部都召集起来，将施工文件进行学习修改，这个问题很重要，工程处应指定专人作一番交待，这样不但搞好了工作，也可以解决了工地上的一些互相意见。总的要求是保证质数量。

最后，我想谈几个具体问题：

一、道路很重要，我在第五次工委会上详细谈过，现在应该将各种道路都加强养护。方法是指定专人、限期搞好，几天内必须把轨道铺好、坏的木轨补修好。

二、工具问题，特别是运土工具，汽、马、平、斗、架子车，抬筐都要充分地利用起来。为了提高工效，我觉得第二土场可以搞旱船运土，二、三土场可以搞高线运土。各大队不要依靠工程处，能搞的你们就搞起来，设备上有困难，提出来工程处解决。关于架子车的修理由大队负责，工程处供给一部分工具，同时工程处把架子车的零件清理一下，能安装一辆就安装一辆交给工地使用，非生产的架子车一律用到工地上去。工程处现有的抬筐除过目前要用的队以外，可交给工程队使用。

三、汽车运土可以双班进行，采取换人车不停的办法，但应考虑装卸的劳力问题。

四、土场的用水问题，由工程处负责解决，不能影响土场工作，但土料拌和不好，要大队负责任。

五、输水道返工加固工作要抓紧，第二次合拢要在十五日前完成，这次合拢的准备工作一定要搞好，包括人力物力。

六、晚上施工的问题以后研究确定，冬季施工的有些设备待准备执行。

今天的会上我就简单地谈这些问题，总之希望同志们回去很好地动员，采取有效措施，提高工作效率，完成工程任务。至于今后各大队的任务，曹支队长已作了布置，我同意，大家就去贯彻执行。

双塔堡水库工程委员会第十二次会议纪录

时间：一九五八年十一月二十五日上午十二时

地点：工程处办公室

参加者：高永昌、李桂荣、王兴中、马树明、林甡、薄连安、穆春贵、陈声有、张治国、武和修、郑从龙、刘金祥、贺永德、李成茂、刘成藩、杨清枝、王振刚、周生德、张孝炳、黄锡璋、朱获栋、薛俊祺、马駇、李忠义、郭璋定、邓文选、魏茂郁

主持者：高永昌

纪录：梁锋、赵世璧

讨论决定事项：

一、会议考虑在零到十五度左右进行冬季施工，黏土回填质量达不到标准，所以确定暂时停止黏土回填，将填好的部分覆盖保暖，覆盖及厚度应为零点七公尺。但工程重点仍是大坝，进行砂砾填筑，运土铺盖等工作。至于以后黏土上坝的道路问题，决定除南北两山坡按地形各留一条外，在中间再留一条。

二、合龙成功后，除加强渠道防护工作外、在龙口应设法堵住渗流而外，五大队应迅速展开河槽的清基工作，并应首先打冰，机械队应充分准备好抽水机具，以便适应需要。

三、会议决定今后砂砾填筑应创造大面积的条件，以适应拖拉机的碾压，要求和提高工效，在拖拉机发生故障停车时，应尽量利用石夯进行夯实工作，不能因机械停顿而停顿压实工作。

四、会议讨论了工具改革的问题，将现有平、斗车、架子车一定用起来。关于冰船运土，待二大队试验成功后大力推广，机械队要试制皮带输送机所用的人力、物力，各厂都应尽力支援。

五、关于草皮收方及点工问题，凡规定应该收的，应该记的，施工员都应收方和记给工日，不要推脱。关于输水道返工和零工，由工委再次会议研究统一解决。

六、关于工程队提出的工程计价问题，在省新规定未下达前要按原规定计算的意见，会议认为一个工程不能两个单价计，都应按省计委的统一核定计算。

七、关于二、三大队提出干部住房不够的问题，会议确定由支队按照总人数的平方米，统一掌握控制，自行调剂解决。至于□□多余房子拆迁的问题，支队可自行决定，工程处不再付给拆迁费。

八、关于第一土场取冻土的问题，由李处长和工程队共同协商，按实际情况解决。

九、会议最后由高处长作总了结性发言。他特别强调指出近来工效不高，有个别队工效下降、有个别人情绪不高，这是很不好的，对十二月完成大坝工程不能有所动摇，一定

要坚定意志拼命地去完成。同时他提到关于各单位提出施工中的浪费问题，应该结合反坏运动，展开辩论进行检查，以便纠正堵塞。汽、马车装不够吨位的问题，他指出必须从两方面去解决，一方面由□□□□□□装够、另一方面工程处要教育司机。他同时认为现在工地上吵嘴的情况很不好，首先双方面都应了解情况，然后召开有关人员会议座谈，分清是非，作出处理，最后他特别强调指出会议的决定一定要执行，各单位应该给《跃进报》写送稿子。

双塔堡水库工程委员会第十五次（扩大）会议纪录

时间：一九五九年一月二十九日下午二时

地点：工程处工务科

参加者：高鹤龄、高永昌、马树明、林甡、穆春贵、郑从龙、刘金祥、贺永德、李成茂、刘成藩、李仲谋、梁继富、门生瑞、杨清枝、李文斌、戴一诚、张国治、周生德、郭璋定、王振刚、曹文财、李仲义、高永仁、刘名淮、黄锡璋、郭彦方、封雪山、舒炳秋、高荣旭、贾怀智、李玉山、南生荣

主持人：林甡

纪录：赵世璧

这次会议首先由高专员作了《提高工效，确保质量，节省人力，坚定不移地于洪水期间完成水库工程任务》的报告（全文另发）在听取报告之后，根据高专员的报告，大家发表了一些有关运输、工具改革等方面的意见，最后确定各单位应对高专员的报告进行学习讨论，并至去年春节前从下而上地订出计划来，春节后开展全面的施工高潮。

根据高专员的报告精神，工委于三十日下午又召集了工程处，工程各大队有关人员，专门座谈讨论了工具改革的问题并做出了相应的决定：

一、为了五月底完成水库工程，在工具上提出的口号是："土洋机器一齐抓，二月上旬车子化。"为此首先应发动群众大鸣大放，开展工具改革专题辩论，通过辩论反对右倾保守思想，彻底地解决职工思想问题，工委办公室拟出奖励制度，各大队应抓紧爱护公共财物的教育，并将已领去的架子车全部用于工程生产上。

二、工程处将现有的车辆迅速全部安装起来并购置一批，斗平车应将现有的四百八十六辆积极使用外，暂不增购；二月上旬试制成功皮带输送机，二十至三十公尺的两台，高线运土机根据需要尽量地由工程处于二月中旬安装起来；斗平车的修理由工程处负责，架子车仍要各大队负责检修，铁轨安装技术由工程处负责，劳力由大队担任。

三、工程队首先应于二月开始将非生产的架子车全部抽出来，用于工程运土，并应加强车子的保养、及时修理，指定专人养护道路，□□□□□□□□□□□。王兴中同志所创造的木轮人拉车，成功后马上推广，赶二月上旬作出五百辆。

四、制作各种工具材料供应处在不影响大型建筑工程的情况下供应部分材料及有关工具；各大队已领去的架子车零件规格不符时可交回工程处。

五、道路和料场的布置由工务科和生产统一安排；为保证水库任务完成及□□□□□□，工程处拿出花胶靴等五百双。

六、对于工具改革运动，必须坚持思想工作和大力发动群众，对合理化建议要做到提一件，研究一件，试验成功一件，马上大力推广。

甘肃省水利厅昌马河水利工程处（印）

附高鹤龄专员一月二十九日在水库工委会上所作的报告

首先，学习问题。学习很重要，如果不很好学习，马列主义的理论就提不高，思想觉悟也就提不高，工作也就做不好。[①] 我们提出洪水以前完成任务，各单位、各大队、小组、个人，都应根据总的要求订出计划。由下而上订计划是有群众基础的、是可靠的，计划中要求自己能达到什么程度就完成多大任务，提出完成指标的措施，然后由领导上综合起来。在订计划前必须给各干部、群众再三说明水库的重大意义，讲清楚远景，还应当说明洪水期前完不成任务，将会造成什么后果，以学习讨论订计划解决思想问题；因此，我要求在春节前把计划订好，思想工作做好，在春节后就要大干、特干、巧干起来，为了这场干，各方面都要作好准备工作。所以只有抓紧学习才能提高马列主义，才能提高觉悟，达到搞好工作的目的。关于学习具体安排，要订出计划来。

第二，不断地进行革命的问题。潜力是无穷无尽的，□□□□□□□□潜力是很大的关键，问题是我们挖不挖潜力，若很好地挖就能挖出来，若不挖，潜力就不会出来。如果说无潜力可挖，那是不合乎事实的，因为无潜力可挖事物就不会发展，科学就不会进步，挖潜力中间一个是做好人的工作，一个是对客观事物如何去掌握，如何掌握发展规律。要把潜力挖好，每时每刻都要和旧的保守思想进行斗争，这是先进与落后之间的矛盾。技术革命和劳动力的组织，潜力是无穷无尽的，永远也到不了底，洪水以前完成任务一定要挖潜力，我们要做的事情很多，今后的任务相当艰巨，我们不能老停留在现有的水平上，这样就不是不断革命者。我们要不断地革命、不断地前进、不断地发展。因此我觉得，每一个时期，一个领导者都要对技术革命提出新的要求，如以后冰船不能用了，再用什么？我觉得要用斗车、架子车，上坝用高线运土，这一方面大家都应考虑，并应该考虑提出每一个时期都应研究什么问题。

第三，开展高工效施工运动。总的要求，□□□□□□□□□，应该苦干、实干、巧干，开展高工效施工运动。开展这一运动要抓这样几个环节：

1. 发动群众、大闹技术革命运动。目的是要减轻劳动强度，为了加速工程进展，只有依靠群众进行技术革命是一个最好的良策、最好的办法。

2. 抓土方。砂砾工程中工作量最大的，抓挖、抓装、抓运、抓卸，有问题看到后就解决，对工具和操作方法要进行全面的改革，总之要求土方、砂砾，工效大大的提高。

3. 抓生活。工程工地伙食生活是个很重要的问题，在规定的指标内如何使大家吃好吃饱、如何管理好，要提高工效，好好劳动，必须把生活搞好。搞好生活的关键在于领导，要求做到：吃热饭热菜、喝开水，使大家安心满意。

4. 要开展爱国卫生运动。作好环境卫生、个人卫生，减少疾病、提高出勤率，提高

---

① 编者按：以下删去二百余字。

工效，工地上大便一定要指定地方，春季到来疾病容易流传，所以要做好预防工作，这一工作必须狠狠地抓起来。

第四，领导问题。我们一个领导者绝不能向困难低头，绝不能把困难推到上面去，绝不能怨天怨地，绝不能等待别人给我们创造条件，而应该依靠党的决定指示，大胆地进行革命建设。我们的困难很大、很多，问题在于我们如何克服。我们领导者要有顽强的建设社会主义的意志，对存在问题，抓得快，抓得多，抓得及时，这是一个领导者所必须的。一个领导者要在所有的干部中提倡革命的热情，要提倡革命的干劲，要提倡实事求是的态度，作风上要实在，要诚诚恳恳，反对形式主义，干部的思想作风要大讲特讲。我们是革命的大家庭，应该到处都温暖。现在有些人对待人没有人情，没有人情是不好的，应该注意。一个领导者要把工作做好，□□□□□□□□□□□□□□□□□□□□□□□□□□□□，进行社会主义和共产主义教育，好的要表扬、有贡献者要奖励，坏的要批评斗争、有破坏活动者要打击。同时要把生活管理好。要求每个同志两条腿走路，领导者更应特别注意，要两个手抓，在工程上既抓数量又抓质量，在工具上要抓洋的、还要抓土的。在工作中一定要采取抓两头带中间的工作方法。现在的情况不是生气勃勃，而是消沉的景象，要大力扭转这种局面，过了春节以后要大搞起来，全面地行动起来，这一点不能动摇。

第五，干部问题。干部绝大多数是好的，忠实于党和人民事业的，工作是积极肯干的，作风是踏实朴素的，能够和群众打成一片，关心群众生活，这是“大跃进”中我们的骨干和力量。但是确有少数干部是不太好的，有这样几种：一种是坏分子，披上干部的外衣，拿上国家的工资胡作非为，试问这样的人能当干部吗？还有一种是蜕化变质，为非作歹。第三种是思想意识上有毛病做了一些坏事情，贪污盗窃、强迫命令、乱搞男女关系（全面分析起来，还未完全变质，能接受教育，改正错误）。第四种属于思想问题，有右倾保守思想，赶不上形势的发展要求，在工作中缺少办法，疲沓，暮气很大，工作不负责任，革命意志不坚强。以上四种人虽人数不多，但影响极坏，给党的事业造成了很大损失，更重要的是和他们没有及时作斗争。前两种人是阶级立场问题、是敌我矛盾，要坚决斗争、严肃处理；后两种人属于思想意识，是内部矛盾，发动群众坦白检讨，检讨好的可免予处分，但要注意保护干部，必须使干部高举共产主义的革命红旗。

第六，工具问题。必须很好地抓工具，把现有的工具抓起来，全部用之于工地，斗车、平车、架子车，固定专人具体明确地分配交代任务，规定每天的次数，每次的方数，每天晚上进行检查。

另外，春节快到，要进行彻底的大扫除运动，作到干干净净地过春节，王玉生等医生同志应组织起来把所有的病号作一次会诊治疗。在春节期间要开展以社会主义、共产主义教育为内容的文娱体育活动，还应提高警惕防止意外，特别部队要注意建立值班制度。

总之要求，提高工效、确保质量、节省人力，在洪水前完成水库任务。

第十九次（扩大）工程委员会会议纪录

时间：一九五九年四月二十日上午十二时

地点：工程处

出席者：高专员、李处长、高处长、尹大队长、王大队长、马教导员、林科长、薄科长、穆科长、李科长、周主任、郑大队长、民工队张大队长、各大队生产股长、施工组长、工程处各厂队负责人

主席：李处长

纪录：温克壁

会议讨论的问题：

首先各大队根据十八次工委会的精神，对四月中旬的工作进展情况向会议作了汇报，并互相介绍交流了经验，根据汇报，会议认为各大队贯彻执行了上次工委会议精神，做了许多工作，想了好多办法，采取了有效措施，因此，四月中旬各大队工作比上旬又进了一步，平均工效比上旬提高了零点零四方，□□□□□□，出勤率增加了。根据评比，二大队平均工效一点二四方工效最高，七大队工效最低，七大队应很快赶上或超过二大队。会议又指出各大队在中旬又采取了许多有效措施和经验，应予交流和推广。如七大队五中队建立了二交一找一查制度，即是：早上干部给交代任务，晚上向干部交代任务，如完不成任务者，找出原因，查清责任，并制作了竞赛图纸，如老牛车、汽车、火车、飞机、火箭等图样；工效最高的中队坐火箭，最低的坐老牛车，互相促进工作，提高了工效。二大队三中队采取了表扬先进，促进落后，搞协作、抓全面、抓关键的办法，又实行了轮流交班制。三中队每天三个干部到工地亲自上战场各把一关，即是两头中间分工负责，督促劳动，又组织了青年突击队，实行了突击手制度，三日一记载。五大队四中队实行了劳动日定额、提高了工效，并每天进行三突击，早、中午、晚各突击一次。六大队实行了交任务制，即人给中队交、中队给大队交。　大队采取指标下工地、措施到人，抓住人小组长过一关，并提出具体行动的实际口号，中队三日一放卫星、大队七日一放卫星，抢时间与风沙搏斗，采用现场休息时间评比。四大队提出一日三高潮、三日一卫星，开展了组与个人的红旗竞赛和思想互助等。三大队将任务印发到中队、组、个人，包干任务，在拌和黏土上采用干土定量泡水、待泡后翻一次就行了，这样既节省了劳力又质量良好。会议指出这些经验和措施都很好，各单位应积极推广，并要求各大队根据具体情况，将这旬的工作总结出经验和教训，以推动下旬工作。

会议又讨论了工程上的基本问题。

一、围堰问题。由于围堰未达到高程，不能全部截流，影响大坝工程的顺利进展，为此会议决定六大队用三个中队的力量加高围堰，必须在“五一”节前做到设计的高程。

二、劳动力的调配问题。会议决定五大队全部调到大坝河槽中，进行大坝合龙。为了赶任务，会议同意了五大队浆砌河槽加夜班的意见，工程处配合五大队准备照明及抽水机的设备，并同意拨给河槽附近拆除的便桥木料做挂线架用，很快进行施工，并详细核算任务保证完成。五大队现做工程由四大队接替，四大队完成至一三一八高程后，五月十日全

面开始干砌坝前石料任务开运砌全部包干按期完成。三大队的劳力从“五一”开始进行小坝工程的施工。六大队完成围堰后，接替三大队的现做工程。支队应根据各大队的实际情况，将工作地段（按工效及劳力情况）及取砂料场进行划分，不能乱取乱倒。会议又要求各大队要平铺平起，便于拖拉机碾压，以保证质量、减少夯实人。

三、工具改革问题。会议指出，□□□□□□□□合理化建议及工具模型，适合这儿用的，先制成样品合于使用时即交木、铁工厂制作推广，不适用或条件不可能的应作答复说明。工地坏了的车子送来后即时修理，缺乏材料不能修理者，应说明充分发挥现有车子的作用。为了配合大队加速任务，会议决定汽车每天延迟到下午六时收工。

四、工程质量问题。会议强调指出，在提高工效的同时要做好质量，据最近检查，四、五大队质量尚好，其他大队质量较差，应该引起各大队注意。

会议指出，关于在会议上提出的有关问题及合理化建议，属于哪个单位的，由哪个单位处理解决。

为了加速工程进展，会议又提出了四月下旬的战斗口号：“开展高工效，突破一点五关（即一点五方）；大战十昼夜，迎接‘五一’节。”实现这个口号的措施：

一、继续贯彻第十八次工委会议的七比、七抓精神，继续贯彻四高，即是出勤效率高、劳动效率高、做活质量高、生产情绪高。

二、要求发展要平衡，根据汇报，大队与大队，中队与中队相差很远，发展很不平衡，落后的应即赶上或超过先进的，发展一定要平衡。

三、能利用的工具全部利用起来，坏了的车子要即时修理。对创造发明的新式工具，能适用的要大力推广。

四、要继续开展竞赛，互相评比，互相挑战，互相竞赛，互相提高。

会议要求各单位根据这个总的口号和措施提出具体的口号和措施，有了口号就能具体行动，方能保证任务的完成。

最后高专员作了重要讲话。

附高专员在第十九次（扩大）工委会上的讲话

今天听了各大队的汇报，均贯彻执行了上次工委会议提出的七比、七抓精神，因此不论在工效、出勤率、措施、情绪等，都比上旬又进了一步。各大队想了好多办法，采取了各种具体有效措施，如一大队采取指标下工地、措施到人，抓住大小组长这一关，并提出具体行动的实际口号，二大队三中队干部每天都上工地，亲自上战场，搞协作抓全面、抓关键、红旗竞赛、开辩论会，□□□□□□□，大组、小组、个人实行包任务，组织青年突击队。其他大队均采取了好多有效措施，这些措施和有效办法在今后工作上值得推广，并继续巩固下去。

各单位虽贯彻执行了上次工委会议精神，但从十天情况来看，还存在不少问题。1. 工效不高。平均工效比上旬仅提高了零点零四方，这很不能令人满意的。2. 思想工作还抓得不深不透。有些干部思想不安，对工作不负责任。□□□□□□□□□□□□□□□□□□□□□□，因此各单位要加强思想教育工作，开展思想辩论，如果严重者要处理。从这旬的情况证明，思想抓得紧的，工效高，问题解决得好。思想工作没作好的，工效不高、问题过多。3. 出勤率不高。□□□□□□□□□□□□□□□□□□□□□□□□□□□□，今后必须从这方面要抓。4. 质量问题。有些地方质量不大好，黏土中有草根和砂砾、有些地方接茬也不好等，应引起今后注意。

四月中旬二大队平均工效一点二四方、工率最高，六、七大队工率最低。六、七大队应总结以下这一旬的工作，为什么工效低？其原因何在？今后如何赶上去促进工作？各大队都有好的中队，应该总结出经验来。好的推广，继续发扬先进，促进落后。

我们提出苦战六十天完成大坝任务的战斗口号，这是在洪水前完成大坝任务的重要措施，根据这个战斗口号来要求，还相差很远，仅仅完成了大坝工程的百分之五十二。现在我觉得是否完成党交给我们的光荣任务，完全取决于在座的每个同志、取决于每个共产党员、取决于每个革命干部、取决于每个领导者、完全取决于今后四十天。要求每个大队长和生产股长、每个职工要认识到这个战斗口号的重要意义，也要认识到这个口号的关键，否则是完不成任务的，所以同志们要很好地认识到这一点。如果这一战斗不能胜利，那就将成为一个不得了的问题，如果如期完不成大坝任务，就要耗费多少人力、物力和财力，政治上受到不可挽救的影响。只有认识到这一点，就会完成任务，为此要求各单位针对现在□□□□□□□□□□□的思想情况，再很好地、深入地做一次动员，应该全力以赴，不惜一切力量，决心保证把大坝工程完成到一定的高度。究竟完成到什么程度，还需要大家研究。对此，同志们万万不可有任何疏忽，如果一旦有疏忽，那就会出大问题。因此，要求各大队再努一把力，千方百计、想尽一切办法，鼓起更大的勇气，争取圆满地完成大坝任务。

现在四月份只有十天了，对这十天的要求和口号是：“开展高工效，突破一．五关(即一点五方)，大战十昼夜，迎接‘五一’节。”这个战斗口号，大家再考虑是否适当。如果同志们要同意，这个口号的主要措施：1. 要继续贯彻上次工委会议提出的七比七抓，要继续贯彻四高，即是“出勤效率高、劳动效率高、做活质量高、生产情绪高”。2. 要求发展上平衡。根据汇报，大队与大队、中队与中队之间均相差很远，应该想办法使落后赶上先进，平衡发展。3. 要继续开展竞赛，互相评比、互相挑战、互相竞赛、互相提高。上旬各大队提出赶三大队，现在有些大队已超过了三大队，三大队应鼓起勇气，保持先进。各大队均应有志气，超过先进大队。4. 能够利用的工具，全部利用起来，工地上坏了的车子什么时候送来、什么时候修理，同时修理时求质量，不求图快、凑数，决不能马虎。对合理化建议和创造发明能适用的工具及时制作，大力推广开展工具改革，不能用的或条件不许可的要打招呼，不打招呼是不好的。

现在有些人完成任务完不成任务，毫不在乎，抱一种完成多少算多少的消极思想，有些人在洪水前完成任务信心不足。这是不对的，应该加强教育，纠正其不正确的思想，坚定信心，完成任务。如果思想工作做不好，实现上述口号就能具体行动，就有奋斗的目标。

现在六大队要抓围堰的关键，这个关键抓不住，就会影响大坝工程的进展，如果围堰出了问题，由六大队负责。你们具体地研究一下，决定完成任务的时间，不一定在月底完成，争取提前完成。大队长要分工抓，一个抓围堰，一个抓大坝。

另外，在会上提出的一些具体问题和合理化建议，李处长已提出解决的意见，如大家同意就那样办，总之属于哪个单位的，哪个单位解决，对提出的问题要认真研究解决，采取不理的态度是不对的。

双塔堡水库工程第一次指挥部会议纪录

时间：一九五九年六月三十日下午七时

地点：工程处

参加者：高鹤龄、曹文财、李桂荣、陈一枫、郑载福、林甡、薄连安、尹子秋、刘政委、李文斌

主席：高鹤龄

纪录：温克壁

会议讨论的问题：

为了加强工地组织领导，经会议研究成立了工地指挥部，由高鹤龄、曹文财、李桂荣、陈一枫、郑载福、薄连安、林甡、尹子秋、李仲义、张国治、代一诚等十一人组成，高鹤龄任总指挥，曹文财、李桂荣任副总指挥。并确定各大队成立工地指挥小组，由管理生产的大队长、生产股长，为了加强工地医疗工作，确定在工地成立医疗组。

指挥部的主要任务是：工程技术问题上的确定，劳动力的组合调配，车辆工具的调配修复，工地的安排，掌握了解每天工程进展及任务完成情况，解决处理工地存在的问题。

会议又讨论了指挥部制度问题。会议确定：指挥部组成人员李桂荣、薄连安、代一诚、尹子秋、李仲义五人每天在工地轮流值班（工程处、工程队每天各出一人）指挥工地工作。

指挥部每礼拜二召开一次会议，小结一周来工程进展情况，总结经验教训，研究确定重大问题。在开会前一天，通知出席人员在本次会议讨论的问题，以便做充分准备。

会议又讨论了劳动力问题。工程队现有劳力九千一百多人，实际出勤率尚达不到70%；经过算账，还完不成任务。因此，会议指出将现有劳力的使用，进行一次彻底清理核算，集中全部力量修筑大坝，除此以外可做可不做的事情一律不做、可延迟做的事情暂时不做。尽量减少非生产人员，投入生产。□□□□□□□□□□□□□。

汽马车装卸劳力的安排。经过详细核算，汽车挖、装、卸土劳力需一百九十人，马车挖、装、卸土需劳力一百二十人，共计劳力三百一十人，另外工程队出付（四大队负担，必须配合上汽马车运土时间）。汽车夜班挖、装、卸土，劳力工程处出付，在装卸时间上不得超过十分钟。

□□□□□□□□□□□□□□□□□□□□□□□□□□□□□。

为了加速工程进展、赛过洪水，会议确定七月份水库职工开展献方运动，每人一月献方不得少于五方（包括工程处全体职工、工程队全体干部、民警大队全体指战员）。各大队带工干部及施工员不规定方数，主要加强工地指导和检查，提高工效、工具，和工地事先各单位与大队联系解决，所做方数另外收方。

会议指出，各大队将现有工具车辆进行一次清理，做到心中有数，适合使用，并指定薄连安负责掌握工具及器材领发情况。

第二次指挥部会议纪录

时间：一九五九年七月五日下午四时

地点：工程处

参加者：高鹤龄、陈一枫、郑载福、李桂荣、林牲、薄连安、周生德、曹文财、尹子秋、李文斌、王龙、李鑫福、张兴玉、王兴忠、全光明、高盛忠

主席：高鹤龄

纪录：温克璧

会议讨论的问题：

会议着重检查总结了“大干卅天”开始四天以来的工程进展情况。会议认为，自大干以来，各单位经过深入细致的动员，不论□□□□□□□的思想、情绪、劳动、干劲、出勤率、工效上均有好转，工地上出现了一片紧张的气象。但经过检查和详细算账，仍然存在很多问题，出勤率不高，与计划要求相差很远。其次劳动效率不高，汽车完成三四九零点三七公方，马车完成土方九七五点零八公方，□□平均工效为零点五公方，完成了一一九八三点七一万公方，共总完成土方一六四四九点一六公方，完成了计划数的百分之六十一点六九，且最近二天工效还有逐渐下降局势。再次在提高工效的同时，在某些质量上有所忽视。

基于上述情况，到七月底完成二十万任务，相当艰巨。因此，会议指出，在现有的基础上，以劳力为主，挖潜力、想办法，要求工效在现有零点五的基础上，提高到零点六、零点七。要这样，必须加强思想教育，将所有的积极因素全部调动起来，一方面要奖励启发教育，另方面处理坏人坏事。领导干部要深入到工地亲自督促检查，提高功效。另外加强对爱护工具的教育，坏了的车子及时修复，充分发挥现有车辆利用率。提高效率，完成任务。

除此以外，向外单位要求支援运输工具及机械力量，□□□□□□□□□□强有力的劳动力一千人，加速工程进展。但这是不可靠的，主要地要从我们内部想办法、挖潜力，完成任务。

最后，高专员在会议上作了重要指示。他说，当前我们的出路是全党动员、全力以赴，想尽一切办法、有效措施，完成任务、渡过难关。四天的经验证明，领导问题很重要，只要领导同志认清形势，真正痛下决心，踏踏实实深入细致地工作，能带头苦干，一切工作就能做好。他又指出，二十万任务的完成，关系着人民生命财产安全问题，如果不从这方面努力，一旦大坝出了问题，是不得了的事情，因此请同志们再思再想。

他又说，现在有些人对党的事业是很不关心的，而斤斤计较个人得失，不从工作方面努力，这种思想是革命意识的衰退，不求上进。现在有些人不顾工作闹思想，劳动情绪不高，装病、耍死狗，这怪他们吗？绝不能。主要是领导问题，工作方法问题，应从这方面考虑。有些干部在困难面前不是挺胸前进，而是强调困难，向困难低头，这是很不好的。

应该鼓起干劲、挺胸前进、克服困难、渡过难关。有些人昏头昏脑，对分配的任务满不在乎，对每天任务的布置和完成情况心中无数。有些人落荒而逃，不干工作，工作态度表示不强。有些人幸灾乐祸，算账派。以上这些人各单位程度不同地存在着。

他指出，七月份是我们的难关月。只要大家积极想办法、找窍门、挖潜力，坚决完成任务，难关月就会度过。我们的工程只许做好、不许做坏，只许为人民谋福利，不许给人民带来祸害。因之大家必须协调一致，拧成一股劲，大家出主意想办法，共同研究、共同决定、大家负责，认真做好工作、完成任务。

他说，要完成任务，首先要在现在的劳力、物力、运输力基础上，提高工效、挖掘潜力，充分发挥现有工具和机械力量，这是完成任务的关键。其次，在必要的情况下，调换一部分较强的劳力，再次从酒泉、敦煌等地要求支援一部分车辆和机械力量。除此以外，要发扬共产主义协作精神，从各方面配合上去，拼命地为二十万任务而奋斗。

现在的情况总的是形势很好，但忽冷忽热，很不正常，在发展上很不平衡，有的大队好，有的大队不好。现在的问题是如何提高工效，如何提高出勤率，如何保证完成定额零点七公方，这是摆在大家面前的严重问题。□□□□□，应该采取教育和惩处相结合的办法来解决问题。当然教育为主，经过多次的教育，仍不改正，要处理，决不能马虎。□□□□□，在完成任务中是对每个干部的一次考验，完成任务后对每个干部要进行一次鉴定。要提高工效、完成任务，带工干部的关系很大，因此要求带工干部一定要负起责任，加强管理，充分发挥积极性，安排好劳力，要做到四勤：眼勤、手勤、口勤、腿勤。

各单位将这四天的工作小型地总结一下，然后再做一番深入细致的动员工作，将所有的人都动员起来，现在还有一部分人没有起来，□□□□□□□□□□。

第三次指挥部会议记录

时间：一九五九年七月十六日上午十二时

地点：工程处会议室

参加者：高鹤龄、曹文财、李桂荣、陈一枫、郑载福、周生德、代一诚、尹子秋、李文斌、郑从龙、王龙、马树明、李成茂、张兴玉、王兴忠、金光明

主席：高鹤龄

记录：温克璧

会议讨论的问题：

会议着重讨论了当前防汛问题及工程安排问题。水从七月十五日下午四时入库到十六日上午十二时，库容水约已三百万公方，入库流量为五十五秒公方，如果洪水持久不落，约在三天左右，库容水就可达到大坝现有高程。因此，为了确保大坝工程安全，会议提出了两个防汛方案。第一方案，从输水洞顶排洪，优点是可及时排除特大洪水，能够保证大坝安全，缺点是对输水洞有影响，工程处、邮电所、合作社、银行等要搬家，损失较大。第二方案是从大坝以北山口排洪，优点是工程量小、损失较少，缺点是大坝安全不可保险，如有特大洪水不能解决问题，排洪时将路截断、影响整个施工。根据这种情况，经会议讨论研究确定，采用第一方案，从输水洞溢洪。因此会议指出，集中力量突击大坝，务

必于十七日要达到一三二零高程。汽、马车运黏土，劳动力运砂砾，根据劳力各大队分段包干完成任务。其次抽出一部分劳力，进行输水洞保护工作，并且工程处准备筹划迁移住宅及交通桥梁架设等工作。

会议最后指出，料场劳力的安排及道路改道的问题，各单位领导在现场具体布置安排，以便施工，并各单位在干部、工人、□□中进行动员，继续努力，突击大坝，确保安全。

劳动红旗竞赛小组第一次会议记录

时间：一九五九年八月十日晚上八时

地点：工会办公室

出席：马进义、杜廷臣、李广昇、崔多□、刘明淮、郑传、许和清

主席：马进义

记录：许和清

会议讨论的问题：

一、会议通过了开展劳动红旗竞赛运动的内容，以及评比条件（另发文），希各单位按照文件精神认真贯彻执行。

二、会议通过评比范围，以工作性质相似为原则，把工程处各单位化为数个评比区域，每个区域设一面红旗。即汽车队、马车队、拖拉机组、机械队、□□□等五个单位为“红旗竞赛评比区域”，设一面红旗；铁工厂、木工厂、石料场、水泥厂、炸药厂等五个单位为“红旗竞赛评比区域”，设一面红旗；处内各科室（搬运组包括在器材科内，炊事员包括在办公室内，理发室包括在公会内）为“红旗竞赛评比区域”，设一面红旗；各大队施工组及排洪闸施工组为一个“红旗竞赛评比区域”，设一面红旗。

三、会议研究了评比方法，决定各“红旗竞赛评比区域”在规定时间内进行评比，先由各评比区域的单位写出本单位在竞赛阶段的成绩（包括完成任务量、出勤率、思想教育、增产节约、技术革新等方面）总结材料，报劳动红旗竞赛小组（工会办公室）再由劳动红旗竞赛小组召集本小组（扩大）会议，由各单位负责同志或组长等人参加。即在会上评出哪个区域的某个单位应得红旗，就在职工大会上发给红旗，哪个单位得了红旗以后，本单位再下去具体研究，该是哪个小组成绩最好，就给哪个小组。会议决定哪个区域的某些单位没有被评上红旗（当然由于本单位有些小组的影响）但有个别小组特别好，由于其他小组影响、没有使单位得到红旗的，可以整理单行材料报劳动红旗竞赛小组，由劳动红旗竞赛小组研究决定，或者在职工大会上表扬，或者印成材料发给各单位进行学习。

四、奖励办法。先进集体是以红旗做奖励，先进个人除物质鼓励和口头表扬外，还可利用其他各种奖励（如□□□、用大字报、黑板报表扬）办法。

五、评比时间。会议决定定期评比先进个人、先进集体，都在一个月以内一次，第一次准备在八月底评比，各单位应该重视这个工作。

六、会议决定劳动红旗竞赛小组会议时间是半月一次，有重大问题临时召开，在会议上一方面检查这一阶段的工作情况，另一方面研究讨论下一步的工作步骤与方法。

七、为了更好地全面地掌握每天全处完成的生产量和工作量，必须每天做出日报表，有困难者可以不超过三天报一次，希各单位指定专人负责搞好此项工作，并要求各单位负责同志亲自督促、检查，及时填报，在翌日早晨八点前报送工务科郑传馨同志那里。

附件：

关于开展劳动红旗竞赛的动员报告

昌马河二期工程的双塔堡水库工程，是一九五八年七月六日正式开工的，至今年七月底止施工时间也超过了一个年头。在此阶段中，出于党政的正确领导及全体职工同志们的积极努力，加之兄弟单位的无私支援，已经取得了很大成绩。在水库工程的四项主体工程中：输水道二十五万七千八百公方的土石方工程已全部完成（其中包括输水洞围堰及临时交通桥梁五座），并充分发挥了导流输水作用；大坝工程完成土石方一百零四万七千七百五十公方，占计划计划数一百十二万六千八百公方的百分之七十八点六；围堤工程完成土石方一万一千九百公方，占计划数一十一万一千三百五十公方的百分之十点七；工程完成土石方六万四千五百公方（其中包括主要排洪闸一座），占计划数二十三万五千六百八十公方的百分之二十七点四。总计完成土石方一百三十八万五千六百八十公方，占总计划数二百零三万一千六百五十公方的百分之六十八。目前还剩余的工程量计：大坝三十七万八千五百五十公方；围堤工程九万九千四百五十公方（其中包括小坝土石方七万四千三百三十八公方）；排洪道工程一十七万一千二百公方，总计剩余土石方六十四万九千二百公方，占总计划数二百零三万一千六百五十公方的百分之三十二。

从剩余的工程量来看，由于我们主观努力不够，施工劳力及运输力量没有按时按计划增补上来。□□□□□□□□□□□□□□□。劳动力不强，工效达不到定额，致使水库任务未能按照计划时间完成，拖延至汛期施工，使工程进展被动，而且受到洪水的极大威胁。

七、八月份是昌马河的汛期，洪水下来对大坝威胁很大，为此党提出了“苦战三十天，确保大坝安全”的号召，要求我们每一个职工同志，为了不使我们辛苦了一年的大坝工程被洪水冲垮，为了不使国家的财产受到损失，为了安西、敦煌两县人民的生命财产安全，我们拿出了冲天的革命干劲，以共产主义的风格，日夜奋斗，保障了大坝的安全。

七月份已经过去了，我们在第一次防洪工作上已取得了很大成绩，胜利地拦住了洪水、保住了大坝，没有使国家和人民财富受到损失。这些成绩说明了我们每一个同志响应了党的号召，不辞辛苦、不惜疲劳、不怕一切困难地辛勤劳动而取得的光荣成绩的取得归功于党的正确领导，其次是与我们每一个同志的努力是分不开的，如果没有党的正确领导，我们每一个同志的努力，我们不会取得这么大的成绩。

我们虽然取得了这样大的成绩，但是我们不能为这些成绩而冲昏了头脑，因而产生骄傲情绪，以为洪水已过，可以高枕无忧了。我们应该戒骄戒躁、再接再厉，因为我们的工程任务还很大，还有土石方工程六十四万九千二百公方没有完成。这些任务还需要我们每一个职工同志继续努力，用更大的革命干劲去完成。

为了更好地发挥每一个职工同志的积极性和创造性，集中群众的智慧，进一步组织全体职工掀起一个规模宏大的轰轰烈烈的比先进、学先进、赶先进、超先进的热潮。工会决定在今后工作中开展一个全面的劳动红旗竞赛运动。

一、竞赛的内容

1. 在短期整风运动中获得成绩的基础上，加强政治学习和思想教育工作，做到人人管思想，个个做思想工作，使其成为推动各项工作迅速发展的前提。

2. 大搞技术革命和技术革新运动，提高工作效率，特别应该充分发挥现有的机械力量，充分发挥每一个角落的积极因素，不浪费一分人力、物力、财力，为早日完成双塔水库任务而奋斗。

3. 要解放思想，破除迷信，大胆设想，敢于发明创造，在器材缺乏的情况下，我们要大破大立，动脑筋、想办法、挖潜力，创造出新的工具和材料，改良和改革新的工具，来满足我们的工程需要。

4. 发挥共产主义大协作精神，各单位之间要互相配合，互相帮助，互相督促，在一切为了水库任务的前提下，要统一思想认识，统一步调，这样才能圆满地完成和超额完成双塔水库工程。

5. 开展全面的增产节约运动，在器材和原材料缺乏的情况下，想尽一切办法，利用代废料、节约原材料，为国家社会主义建设积累更多的资金。

6. 加强团结、互帮互助，在一定时期内，培养出又红又专的人才。互相帮助，取长补短，共同进步。深入群众，和群众打成一片，有事和群众商量，做群众的知心朋友，关心群众生活，帮助群众解决生活上的疾苦。虚心听取群众的意见，及时向领导反映，研究解决，做到“从群众中来，到群众中去”。

7. 提高警惕，防止坏分子的破坏，使国家和人民的财产免受不必要的损失。

8. 大力向群众宣传工地卫生和安全操作技术，保证消灭责任事故及技术事故，消灭流行性和恶性的疾病，增强全体职工的身心健康，提高出勤率。

9. 关心群众生活，多动脑筋、想办法改善职工伙食，使伙食搞得群众满意，尽量做到使伙食既便宜，又吃得好。

二、竞赛的组织形式

以党为核心领导力量，工会为主，与人事、公务、共青团紧密配合，组成一个“劳动红旗竞赛小组”，具体搞劳动红旗竞赛运动。下面各单位以厂与厂、队与队、科室与科室、小组与小组、个人与个人互相展开竞赛。每个人都应以昂扬的斗志，无比的干劲，英雄气概，饱满的信心，先进的指标，坚定的决心，掀起一个热火朝天的生气勃勃的生产新高潮。

三、评比范围

把工程处各单位化为四个评比区域，每一个区域设一面红旗。即汽车队伍、胶车队、拖拉机组、机械队、□□□等五个单位为一个“红旗竞赛评比区域”设一面红旗；铁工厂，木工厂、石料场、水泥厂、炸药厂等五个单位为“红旗竞赛评比区域”设一面红旗；处内各科室（搬运组包括在器材科内，炊事员包括在办公室内，理发室包括在公会内）为“红旗竞赛评比区域”设一面红旗；各大队施工组及排洪闸施工组为一个“红旗竞赛评比区域”设一面红旗。

四、评比方法

各“红旗竞赛评比区域”在规定时间内进行评比，评比时先由各评比区域的各单位写出本单位在竞赛阶段的成绩（包括完成任务量、出勤率、思想教育、增产节约、技术革新、创造发明等方面）总结材料，报劳动红旗竞赛小组（工会办公室），再由“劳动红旗竞赛小组”召集本小组成员（扩大）会议。由各单位负责同志或组长等人参加，进行总的评比；即在会上评出哪个区域的某个单位被评为先进集体，应得红旗，就在职工大会上发给红旗。那个单位得了红旗以后，下去再有得红旗单位具体研究该属于哪个小组成绩最好，就把红旗发到那个小组里去。

先进个人评比由各单位整理出具体材料，报劳动红旗竞赛小组，由劳动红旗竞赛小组研究提出意见后，提请支委（扩大）会讨论决定在大会上受奖、表扬和其他奖励方法。

五、奖励办法

先进集体是以红旗作奖励，先进个人除以物资鼓励和口头表扬外，还可以利用其他各种奖励（领导掌握），即大字报、黑板报等表扬方式。

六、评比时间

“劳动红旗竞赛小组”研究决定，先进集体和先进个人评比时间暂规定每月月底评比一次，希各单位负责同志必须以一个政治任务及时评比，而且重视此项工作。

七、评比条件

（一）先进个人评比条件

1. 工作积极，认真负责，工作时干劲大，能提合理化建议，找窍门，想办法，有发明创造，对改变本单位面貌起到一定作用者。

2. 认真学习技术和业务，刻苦钻研技术和业务知识，很快地提高技术水平和业务能力，同时具有敢想、敢说、敢做的共产主义风格者。

3. 对党和行政上的指示决议和号召，能积极认真贯彻执行，能贯彻党提出的勤俭建国、勤俭办一切事业的方针，而节约人力、物力、财力，提高工作效率，对多快好省地建设社会主义起到一定作用者。

4. 思想进步，能帮助、团结、关心群众，能和群众打成一片，有事和群众商量，在群众中能起积极模范带头作用者。

（二）先进集体评比条件

1. 本单位思想工作做得好，使每个同志在思想上都有积极上进性，对党和行政上的指示、决议都能认真贯彻执行，对党提出的号召能积极响应，对每一次指示、决议和号召都能认真讨论，统一思想，步调一致，并能组织有关业务方面的学习，在一定时期内，能培养出又红又专的人才。

2. 每一个职工同志们都能以冲天的革命干劲，发挥每一个同志的积极性和创造性，能树立敢想、敢说、敢干的共产主义风格。并有发明创造，提高工效，提合理化建议，能完成或超额完成党和行政上所交给的任务。

3. 能坚决贯彻党的“勤俭建国，勤俭办一切事业的方针”在工作中能发挥大家的智慧，节省人力、物力、财力，对增产节约的工作做出一定的成绩，对多快好省地建设社会主义起到一定作用的。

4. 本单位在上下级之间，同志之间，以及单位与单位之间，能发挥互相团结、互相帮助、以师带徒、互教互学、取长补短、共同进步，能发挥共产主义大协作精神，使工作效率有一定提高的。

5. 革命性纪律性强，汇报工作做得好，问题能及时向党和行政上反映，与领导共同研究办法，及时解决。

6. 能大力向全体职工同志们普及宣传工地卫生和安全操作技术，减少疾病，提高出勤率，能消灭一切责任事故和技术事故，消灭流行性和恶性的疾病。

7. 提高警惕，防止坏分子破坏，对保护和爱惜国家财产起到一定作用的。

凡先进个人具备先进个人评比条件一至二条者及先进集体具有先进集体评比条件二至三条者，均可评为先进个人和先进集体。

八、评比中应注意的问题

1. 在评选先进个人、单位时，一定要从开展劳动红旗竞赛开始起为主要依据，以上述条件为评选标准，但必须要注意政治、思想、业务三结合。

2. 评选中必须要实事求是，从实际出发，既不能降低标准、又不能过高地要求。

3. 评选时一定要抱着为党的事业负责，以无产阶级大公无私的精神打破情面，先进是先进、不先进就不用勉强。

4. 在整理先进个人、先进集体的单行材料时，要求切实具体（即发明创造、合理化建议，以及技术革新和技术革命所做出的成绩，能值多少价值，节约多少财富，提高工效多少倍等都应详细写明），不得有虚造、夸大的现象。

5. 在评选先进个人时名额不限，有多少评多少，只要合乎条件要求，都可以评为先进个人，但没有的也不必勉强。

双塔堡水库部分会议记录讲话报告（二）①

1958 年 8 月—1958 年 9 月　　甘 232-1-223

说明

1. 记录时必须填写明时间、地点、出席人、缺席人、列席人姓名。
2. 记录时要求勤听细记、实事求是、避免偷懒偏差。
3. 每本装订 100 页，必须事先填明页数，不得随便撕损。
4. 讨论每一个问题时必须记清决议，但有不同意见争执时可予保留。

工程指导委员会第一次会议

时间：1958 年 8 月 26 日下午

① 编者按：文件内原封皮写有“第一本”字样。

地址：处长办公室

主持人：李副处长

出席人：王大队长、尹士队长、张连长、侯连长①、高副处长、戴一诚、温秘书、常股长

讨论事项：工程进行情况，存在的困难的讨论解决。

李副处长：

自高专员动员以后我们的跃进情况，工效方面的改进，另外工具改革和推广的进行，上面也要创造发明及经验总结。经过探究确定的印要制作，大队、部队也有合理化建议，改革委员会也研究确定。材料使用也要详细核采，和使用配合重点培养，推广全面、插红旗，赶九月中废除人背现象。

为了施工有效配合，委员会下设施工小组，由工区成立，工区之间也要密切配合（六个工区：黄负责大坝、输水道，戴、王溢洪道，刘名淮、□□□□）。

为工地正常进度，使用普遍施工、统一调度，协调起来就调度灵活。大坝目前工效不平衡，有的工具闲放，到处无用具调不开。部分是次要，效率不高就不能适应进展需要，因此经成立工程小组统一研究调度，使工程有先作缓定之发展。在委员会教导下统一指挥，工改、材供都要有力配合。为工程发展，在现有木、石、铁工基础上充当力量，试制石夯。吊土工具经试验改进 1.5 倍。再改进估计效率可提高 5—6 倍。增加材料，配合力量才能有效推广。平车是成功经验，人力在 1 公里以外背土可由它代替。

蒋科长：

工程质量和施工办法提议，我的观察有些工程要返工，引水道垫材不符合要求，经不起水的考验，不规则，凹凸不平，渠道太高。

尹科长：

1. 高处长说给付三十万之条子，送来未取到。

2. 门板厨房都安不上，至今未送到。□□□□□□□□□□□□□□□□□。

3. 劳力安排，大坝、水渠各给多少？劳力不适当，影响行程和时间。剩余与不足要调剂，木工厂很多人，在何处立？保卫警械如何布置，防止材料破坏及其他混乱现象。工具由谁解决？

4. 施工小组是需要，蒋主任看出说很多问题，认为要返工，我认为是事后诸葛亮，事前倒为何不说？这样也影响关系，工作交换。土质干湿度等情况都令施工员早应注意到的，目的是保质保量保速度。中队工区紧密配合，施工放松了要核。下挖 11 公尺的□□□石方，会形成以后的困难。

杨股长：

1. 劳力安排，现存劳力数量知而工程数量（分工）不了解，分布难确定。

2. 大坝是工人抽水，最好设一专人负责，劳力由大队调配，以加速度。免得形成不良影响。

---

① 编者按：此处张连长、侯连长两人名上方有××。

3. 石方钢钎不足，是否可由土方工具上加以调剂。如抬筐和锹等。

王大队长：

发动全体改革工具完成工程任务是件大事，8 月 16 号到工地，其存在的问题是浅水道有利挖方，因又挖深、石头多故而没从此开工。垫方中土干，要桶中心作了三分之二，桶也未及时要来，就影响了质量。内外坡度都小，我觉设计上值得考虑。浅水道不坚固，收手会影响大坝整个工程？各个工区的土方数要明确，□□□□□□□，不窝工浪费。以包干制，有事故追责任。派遣的 3000 人还没工具——筐子和抬杠，人在月底就到，□□用在急。向二厂借些，他们说存 4000 筐子的。

在小组应该正副组长领导，生产股工区负责指导工作。

改良工具，□□□□□，是模型或围样都应及时研究，说以采纳情况，工具改革小组大队上应有人参加。

高专员报告在全体人员中作工传达，正在讨论，土方由公方达到 3—5 方，石方由 2—3 寸、提高到 4—5 寸，□□□□□，后效待观。

工程质量，我们希望合格，现工地有电话，可以及时发现，及时解决，免招致损失。工程完了话就更难说啦。□□□□□□□□□□。

戴一诚：

关于垫方垫土 1 公尺，是有垫土块现象，胡某某□□□，把土块向边倒，经交流，老刘我们都谈过。水桶给了 30 对，工地上只有 10 对，吵架以后魏宝珍，徐能得及我都去了，老魏因质量不好叫胡□□队长签字引起纠纷。过后无改正，队长也强调不能向□□说。但队长在凉棚内睡觉，高专员都看见过。陈□□就了解，有个王队长车棚内吃饭喝水都睡着，心也不安，要给外地打电话的。（输水道垫方一级□□，压抑稍，以承 30 个水才可）加固放平坡度。输水道重点一小洞处 12 公尺深，应两头挖，虽现在没挖，说劳力在修房屋的。中队秘给说过多次，至现在大队还不知道。

先进工具，打桩机做出，未理。其他模型也多都未完成，看来好像没兴趣，只九中队在打炮方面采用了。其他队，五、七中队均不管。这是值得强调的。使用工具要合坚持性。炸石只九中队加 30% 石子在炸药内，效用也好，比盐好，无米粒石子，输水道上面深处要用中、大炮，断面大的地方才坏不了。

劳力安排：水道须 13 万工日，计划正在拟制（除已完成 5 万多方，共数 14 万方）。

钢钎：□□□，队上说够了没领去。中队向下级情况汇报不够及时。今后应注意，应加强配合。大坝有 2 台抽水机，每晚 12 时抽，一天坏了直修到 6 时有耽误。人顶不过来，应该为二班二作。

工具的合理化建议，木型有 10 多种，还有石材料，今天已签订，分迟早动用，今天亦值得确定。

蒋科长：

大队生产股，报改委应该都向指委会汇报工作，以随时掌报施工情况，报准确及时。工地施工小组一为工区负责人，一为带队负责人（为牛队长负责）。

高副处长：

自高专员大会报告后，干部工人进行讨论。设计出了单位和个人跃进规划，表以决心，提出措施并交代了任务，划分了工区，口号是包干负责。机械队去年2—3人1台机器，今年1人3台机抽，保证按时抽水。24号早5点上工，还嫌迟。

木工：报研小组，型模21件，80%被采用。经初试工效提到50%。

铁工组：翻砂、冲套、创造洒水机，规划所提95%。还提出实现教导亲自动手，同甘共苦，口号得到响亮的回答了，如一次干部有半小时劳动来参加。工人生产上了很多大字报。施工员白天施工，夜间算账。夜党团校，红专校正开学。中午二小时都占用了，在大鸣放中通过的。工程指委员会成立后解决了不少问题。

1. 进一步成立了施工小组，大中队工区加强联系，有问题解决要及时。

2. 劳力安排：土石方工程量工务科联系生产股计算明确交代。

3. 盖房子：□□□□在现有条件充分利用帐篷，不足把数字交器材料，拉旧料用。在就地收放树，成材的用，（木轨等）不能用，再放下来摘用。玉门西大桥房与当地换料，不住我们拆，借外帐篷全部收回。

4. 月底来3000人的工具，从明日起一运到地就能发。先工具批队，能用的就用，新的现发，旧的价低，一三二厂有工具，我们借。社会主义大协作，他们会换借，要应顾的。

5. 工具改革难于推广，但还是要纠正坚持推广，扫除一切思想等障碍，就要以革命的干劲贯彻下去，未签订的模型，组织一个工具推广的技研小组，记载要及时。

6. 输水道工程质量要特别要紧，任务第一，安全当先，我们也要提编。否则将影响安玉二县的引水需要。双方负责，不能单指一方。

7. □□□□□□□□思想情况，大队考虑个别人扯皮还要适当处理，如睡大觉的干部，这很不好，□□□□□也有住此人员，并要求下工地。了解问题，胡□□的纠推行为可以处理。

8. 30万元未拨到。

9. 指委会下设《跃进报》，以宣传鼓励批判为主，大队应有专人收集资料，提供意见和投稿。统一编审。劳动竞赛也要结合进行。

10. 办公室考虑设立动员可行的制度，大问题提在桌面上，正面解决。

段局长①：

1. 每次工程中全体干部、党员认识沟通，工程技术人员要给上报，批评落后，表扬先进，教解施工常识，进行思考，精神一致，统一实现计划。

2. □□□同志应在党的号召下红专，学习水利技术，行政长变技术员，其他工地行政技术员合一，工作很连贯。工程作完，课要讲完，根据工程进展，组织组织方案。工作中以效果为主，定人定量。同时统计工作就要加强，《跃进报》要加强，先进落后通过它指明。还应建立广播站，起一定促进作用。同时要加强纪律、教育，惩处都必要，完不成任务的要处分。

---

① 编者按：此处“段局长”前有×标志。

3. 改善使用工具，先从主要着手为主，如土石方目前就为主。送土发展在天上地下，多头并进。高专员到来给我们了最大的鼓舞，我们必须无条件地执行任务，先库而后渠的施工，光荣的同时要艰巨地完成。

4. □□□□□□□□□□□□□□□□□□□□□□□□。

5. 大坝清基是值得早挖，尤其地下水的清除较难，大家发挥才能，克服此困难。

6. 拖拉机强压比人打夯好，平磙、羊角磙压都可以。赤金水库的拖拉机可以抽调，机压4—6夜即可，也接得好。

政指施工调成一股劲，技术措施人人知是施工中大问题之一。用功既少，质还要好。

高专员讲话[①]：

听了上边发言，段局长意我同意，总的看双塔工程：来往动员讨论工作进展，干部作水，领导思想。工程效果都有好转，向前跃进，特别是工具改建出现几十件模型。

但跃进还干不上要求□□、工效、工改，要在改情况下大跃进。

1. 双塔水库一定要坚决贯彻群众路线的工作方法，不止经验教训证明了这点，昌马如这样就花不了那么多钱，用时二年，报后施工没走群众路线。这些创造还要和群众商议、采纳。□□□□□□□□□□□□□□。工改造施工计划，工程质量等必须通过大家意见。

2. 干部问题：准备在双塔水上处理些人的。表现不好，任务完不成，就要处理一些，特别是工程队，这些党的任务，革命才是现实方法，□□□□□□□□□□□□□□□□□□□。应该在干部中讨论自选道路，任务非在12月底完成不可，是硬性的。思想问题按思想问题处理，是本质上的问题（革命与否），就按本质问题处理，该怎办就怎办。

3. 工地开展比完成任务，比发明创造，比工作方法的三比运动，促进工作的飞快进展，好的鼓励表扬，坏的批评处分（单位和个人）。

4. 领导问题：（1）要按时完工，领导是关键，指委会改工程委员会，直接领导。（2）领导亲自上战场，所有干部常上工地，发现问题及时解决，有意见随时讲，不按敌我批判。（3）领导要经常研究问题解决方法，行动要迅速。大队要钱就给，修房子要解决，完不成任务就大队负责。钻研、发现、处理问题的三部曲要抓住。（4）已出现的工具，通过群众讨论采用。再不敢迟延了。否则工程效果要受阻，如何提高，用何方法，必须组织各队讨论，订立具体计划（日的和月的）。任务效率一日比一日高，不能停滞和下降。[②]

5. 劳力组织安排，要注意研究，免得形成窝工浪费。

6. 多快好省的精神坚决贯彻，能不开支的坚决不开支，以省力和今后投入到工地，该开支的一定要开支，该节约的一定要节约。不能开支的一定不开支。

李副处长[③]：

坚决贯彻段局长、高专员指导。

1. 工具改革，各大队长明日上午开会传达，对守旧斗争要坚持。

---

① 编者按：此处“高专员讲话”前有×标志。

② 编者按：以下删去一百余字。

③ 编者按：此处“李副处长”前有×标志。

2. 劳力安排，同意定出工程安排意见，以定量分配。

3. 为了加强组织成立施工小组，和工具改革研究小组。

4. 红专学校、高技班、中级技校，已开学，以随学随用充实施工力量。□□□□□也列入日程。61人已入学，大队没报来。

5. 质量一定要达到要求，清基改土蓄，已备上报。给了拖拉机。我们就没改变目前施工方法，以达平基平土和平压，质量会强固。

6. 大队的统计工作要加强，与我们密切联系，如工具改革不但要边改边用，还要适时宣传鼓励，教育全体。多快好省是前提，统计与工务科结合，报纸要广播。

7. 劳动组合是提高效率的一部分，利用地形、工具催人，清除了偷懒和闲人，出勤率要提高，亦重要。工程紧就改变了少、慢现象。

8. 大坝工区已安电灯，明日起大坝劳力组合日夜班施工。边挖边垫是现在的施工方法。大坝一班领1200人。

蒋科长：

1. 技校要给本单位负责签字审核。

2. 质量检查制度，工程要拼命地干。

工程委员会，始每周一次，星期一下午，除必有问题研究。

工程委员会第三次扩大会议

时间：9月1日

地址：处长办公室

出席人：高专员、邹营长、尹科长、常股长、郭正环、张孝炳、王大队长、李科长、蒋科长、林科长、赵玉枝、黄光太，黄锡章、高荣旭、包守才、董孝连、舒炳秋、任队长、温秘书、戴一诚、李副处长、高副处长、杨股长

主持人李副处长：

1. 土坝原由人10公尺下挖18公尺，因水量大挖不下去，改变后计80公尺挖到7.8公尺，由二边先挖，待四号专家来观察后决定。现在先挖80公尺以外的基础，计划抽水机16台，现有3台，一面挖掘，一面改变设计。我们提下挖4.6公尺，还未得到同意。扩展面积小，渗水量也小，700—940开挖，缩小范围，回填黏土不宜挡回渗水。

2. 为统一领导起见，工委会即是最高形式，并在它领导下建立制度纪律以便为工程而努力。

3. 工地质量和劳力调动问题已交，大队定了计划。

4. 高专员报告以后，工效情况的汇报（对比）。

5. 水平与路面高度仅几百公尺，公路是否改道也值得讨论。

讨论：

高专员：

水库只要能存水，不出问题就行，所以质量可降低，渗漏在开始可能大些，一年后就稳固了，渗量也就小了。这为三级标准，340公尺挖深4—6公尺，每天就渗一方，减为

80 公尺，每秒钟流 0. 18 方，50 公尺 0. 28 方，100 公尺 0. 16 方，上铺 10 000 多方土即可少挖 20 000 多方土，这样就能争取时间，黄土墙须几千方土。下挖基至河道处 2 公尺就接上了岩石。18 公尺完全挖到，每天渗透 5 公尺水。75 公尺秒渗 0. 18 公尺，因内边含有碎石，以初步渗漏为据的。经过洪水澄浆就会稳定，沉陷的可能很小。

蒋科长：

年上全体辩论会上提到正在铺盖，浅挖 8—10 公尺，另外挖到好砂石不移动挡板。如挖先铺 75 公尺 0. 18，50 公尺 0. 21，坝面大危险性不大。

1. 先挖 7 公尺（不挖 18 公尺）打 2 公尺的截水板 7—9 公尺。

2. 两头挖 3—6 公尺的地方都有减少的必要，与截墙接触（在与洋灰墙），现已下挖 2. 5 公尺（按原地面表土在内）部分正接近硬土。

尹科长：

每日一方渗不算多，年渗减少和逐步扩大开垦面积不违背。方法是水最深处加三班做工（白二晚一）。加快速度。同意少挖。

邹营长：

我同意挖 8 公尺以下，渗水量工石土质好，常流洪水淤积大，挖出红黏土的地方不必再挖，随挖随看根据土质决定增减。

施工工具为捞筛工具还非人下水不可，是否用改进的长柄勺挖。

劳力组织：集中挖重点，干部轮班加强工率。为适应施工，部队上的制度酌情也改进。二周抽出一次讲解任务，启开思想的课程。

王大队长：

同意深挖 8 公尺，库存水淤积大，渗水量不会人，压填完土时就强固了基础。分段施工还要加强重点，天快冷，实挖基础很当紧。全部基础要清出来。

吴嘉嵩：

土坝基础，流失是主要问题，打墙垒水坝，即渗水不影响安全，坝下采用砂筑渗水坝，基础数量不大，即外坡水露头处防渗坝，渗漏加大的话就须这样。向中心伸去，也起防冻作用。坝地基有岩石和戈壁，坝会有沉陷，地基不会沉陷。

吕鸿兴：

改设计必要，起初清基 2—3 公尺，流量每秒 1. 12 方，威胁安全，库在蓄水必清基和加长铺盖。1. 50 公尺长秒流 0. 217、70 公尺长秒流 0. 187、100 公尺秒流 0. 1678。2. 铺盖加八十道墙流量可减少到 0. 125，虽流量不大，初期许可渗量，我意其他清下去。每 80 公尺不清，铺盖加 75 公尺。土坝伸长一些。每年 150 万方沙，初期即会淤积于坝以减少渗漏。就等于几万到八千公尺的铺盖，只增加 5000—6000 方黏土。同意河床 80 公尺不下挖，打钢板桩不必要。3. 溢洪道以 450 流量 50 年以内预设的，预设洪水即从闸门放出大量水，过水线长洪峰大，只要准备早也没什么危害。主要溢洪道不需要：1. 加强预报；2. 以历史看没多大洪水。

戴一诚：

渗一个多水对坝稳定没影响，现在下挖深度即够，否则就值考虑。加铺盖是首创，土质应为了考虑，现用冲出砂含泥量多，渗量又大，就有问题。河床采石倒比它强，运距也短。

水渗量0.16，八十公尺不挖，那么周围是否会渗量大。须下挖十公尺呢，一天渗1万方水，在灌溉一月蓄一次水（60万亩地）还没问题，增加了长度就减少了渗漏。

高处长：

①荒逐步开，渗水无影响。②只要安全就可成立。③围堤是否须改公路。

温秘书：

设计根据：①渗漏一定有。②下挖18公尺是否为了坝的安全或是接上岩石防止渗漏。有胶土和沙渗漏不会拉开空隙影响坝基。

黄光太：

地势不同挖3、4、5公尺都可，不过有的处是净沙，有白红黄土块，还有处有（700—300）树根，河床不一致，砂砾内有土块很好，是否要清出来？下挖7公尺有困难，7月6号开的工。

舒炳秋：

最深处同意挖7公尺，水库就在于注蓄用水，下挖缩小渗量不增大了吗？修复库后，渗漏再大就不好了。渗量大势必影响坝基的，为安全计清积还是要照原来作。

黄锡章：

①土坝须防渗层，这是黏土带砂砾是戈壁，本质就是防渗层。②坝基土质不同，肯定渗漏小；证明是河床，也有变挤痕迹。地质复杂，可以变更。但得肯定坝基稳固，我意是河流淤起的土及植物要清出去。

李副处长总结：

坝面宽以水深压力决定的，下挖主要解决渗水。渗水过大可能造成从上到下接触如管流。大家：①400公尺不挖就起填：不接岩石深浅关系不大。②钻探资料后挖到有植物根等，现地质有变化（承受过滤，为全为戈壁的问题也不大），堆积物质腐朽易生管流，就不安全。我意斜挖，减少流量和清除朽物。上面水到20公尺压力不住的，下挖7公尺斜至10公尺（有机物质）0.2每日渗量17000多方。日1方到近乎10万方水。修库目的是蓄水。此数可能减少50000亩地灌溉。斜面可减少十分之一的渗水，一方面可清除有机物。

施工方法：一面深挖、流尽一边水再挖干工，但排水量要解决，抽水机不胜任渗水量就作不了干工。排水设备不足。这样还不适宜。我意是出水多少与探挖面积有关，应突击小挖深挖。分头班两头动工（三班作）抽水机日夜不停工作。把别处水都引到该处以利作工。全面开工加强重点即可。抽水机只能抽到7.5公尺。增加一台机子，集中日夜抽，也日夜三班挖。抽水机处为重点。该处为……①

火车给的抽水机二月去拉，最深处挖七公尺，其他处能少挖的更好。都是砂砾可以不下挖至7公尺的也可。发现有机物时再下挖。心墙内没问题，其他方面就更不会有问题，

① 编者按：原文至此中断，为一加号。

心墙以隔除腐殖物。

讨论制度纪律（读原文）印发下去讨论确定（初稿），尹大队长讨论合同要写进去，往工地□石本很好，就两次点名太费时。可不付价，形成扯皮。住地限 1.5 平方，板床即 1.8 平方。修建一平方八元五角。是根据处内建房 12 元为标准的，是本着节约原则确定的。单价要获省厅批。（高专员）今天以前的按过去办事，今天以后的请示省厅处理。打破陈规。（李副处长）部队干部 1.5 平方不够可提出讨论。计划平均 12 元也是省厅指示。开支标准 8.50 元，实在不足用也可提出意见。

高专员讲话：

过去规定不动，今后问题再请示。（新规不来旧规不倒）原则就是要节省。本着多快好省。部队的提出意见讨论决定。□□还是按 1.5 平方计，不包括伙房、药房、医务所、警备等只占百分比。干部连办公宿舍每人平均 6 平方可以。（确定 5.5 平方）厨房、厕所、会议室另计。部队干部与大队干部一样，战士每人平均三平方计。厕所、伙房、仓库、马棚不在内。

讨论跃进情况：

（改报时间在 4 号）察计小组长公布工具施用和办法。批评表扬领导人要签字。统计日、月报要统一及时。暂执行 1958 年定额。工具改良提高效力不在定额以内。日报、旬报，9 月 1 日后执行，以前的只补月报。

高专员讲话：

从 20 号会后，对工程总情况看法，17 天来，情况好了一点。干部工效，思想行动是跃进了一步的，效果比以前提高了，许多干部参加了劳动。带队干部也打夯挖土。前天装石一天，说明积极了。对干部管理也抓得紧了。带队干部对□□也抓紧了，总看十天来各方面大有进步，但仍有些观战派人和说法。看工程如何办，十二月完成否，如有人说十二月份完不成，连大坝清积都下不去，这不对的。有干部对做工□□抓得不紧（管理管得不紧不严）。三、两个扯闲，个别人不管事睡觉，所以要注意做好工作。同时一定要看到自己的缺点问题，才能针对解决，转变错误。本质思想要分清。水库情况看，十指九指光明，积极苦干为 12 月完工努力。一指阴暗面，不积极、负责，怀疑十二月完工的人，部队、工程队、干部很艰苦应表扬。但以缺点看到的是暗面。不积极有问题的，针对这些情况，我讲下面几个问题：

1. 工程改变（设计的话）是肯定的，以大家意见为意见，总精神“设计一定要与新出情况相结合的”，否则改变有问题，18 公尺挖为以实情挖 4—7 公尺就行了。深 7—7.5，不须的还不少，渗漏难免，为减少渗漏挖 7—7.5 公尺，对坝的巩固寿命起作用，对省设计院也可交代任务，各点的深浅决定，处内处理。要求不出大问题为限，再进一步研究确定。历时长了，渗水就不大了。改设计就施工方法要进一步研究，应采突击办法提出可行的来，在干部□□中讨论。全面施工，重点放抽水机处，加班为二班制作工。很快完成此一工程，再不敢拖长了。天冷水下作工不行。突出办法，积极措施可行口号要提出。时间 10 天半日要限定。加一层（50 公尺）铺盖土（5000 多方）还可进一步考虑。至于其他工程这里不作决定，再进一步考虑，哪里须改就提出，再次会上讨论。

2. 根据当前任务，目前应注意：

（1）一定要和群众密切联系，改坝完成任务，其必须联系群众，有些人有思想问题，对工程完期动摇，群众的思想感情要深入到我们脑海中，以利考虑决定问题。现在的困难问题很多，如何解决大家要考虑各方面，想办法解决问题，一定要贯群众路线和群众商量。统一意见进一步研究确定，困难可解决。总的来说常有光明与黑暗面存在，我们就要考虑，不应被黑暗面吓倒，看到好的情况，也看到黑暗面。增加劳力了好，但人多，亲情重。巩固管理不当就是阴暗的一面，但我们有党的领导不害怕，一定按时完成。对观战派（潮），要恨、批评教育，使其很快转变（很快）过来。

（2）政思问题，是项重要工作，不论干部□□，思想工作不好情绪提不起，积极性发挥不了，首先搞好宣传鼓动教育工作，政思工作是一切工作的灵魂统帅，一定要贯彻下去，□□大部分积极，只一部分人不好。一切工作都必须政治工作挂帅，否则什么工作都搞不好。几十年革命经验教训……抓住政治工作，一切工作都会开展起来。全面动员展开思想大辩论开展思想斗争，（干□在内）解决不了问题有纪律和法律。应作什么辩什么，如大坝，我以大坝工程为辩内容，大事大辩，小事小辩。是解决一切问题的方法，要大力开展。如有□□一日大便八次，这就是辩论材料，大辩套小辩，辩深辩透。倘□□□□不守法不劳动，就要辩深透。对□□不能提好人主义。不对就讲批评，该法办就办。敌我分清。就思想工作和工程工作两面锣鼓都同时打响打好：一招解决任务，一招提高效率。定技工作是水库修建先锋，不能放开一定抓紧，是扫荡思不良，扳白旗插红旗的一支巨大力量要求我们一定赶形势。（安西农田开展形势）赶时间，不能等到十一腊月结冻期。十二月底一定完工。

（3）要继续贯彻大协作，三个单位为主，一定要坚决贯彻大协作的精神，互相解决问题。共同行动，互支援，互相帮助。在工委会领导下协作是加速水利新修任务加快。有问题就商量解决，大协作是工程完全面大跃进的重要措施。全省大协作，我们更应协作。水库决定提前完成是完全适应新的形势发展的。地委准备 10—20 召开上级干部会，专讨论水利问题。我们不甘心落后就必须 12 月份完成。水库计划的改变是开展大跃进，在一些人的思想上发生了巨大的变化的，二年、一年、四月任务的变化必须要看到，因此应团结一致，互相支援，在大协作精神下共同努力。大协作精神应到处表现。可以解决各方面的困难，运输、器材、劳力关系问题都可解决。可以促进一些人思想上的变化。另外和外面单位如油矿，各级采取协作办法解决问题。

（4）在大搞技术革命，现在的进展不快，推广不多，一定要开展技革运动，开技革很重要（光靠现持工具不行），要提高工作效率。是取得水利工程高速度发展的重要保证，改良工具改进技术提高工效是水利工程上有决定意义的主要措施，一定要进一步地贯彻。大队也要宣传创造推广使用。只有这样搞才适合大跃进的形势需要。跃进从工效看的，才能适合于减轻劳动强度和广大人民群众目前的迫切要求。因此必须抓住这关键。参观后适用的就采纳，改良工具不难，问题在于认识重要性有否决心，组织推广。这也是□□的思想斗争。它是标志先进与落后的依据，改良工具就是考虑每个领导的，干部是否有群众观点，也是考虑一个人关心与否群众的疾苦。改良工具因此上是一个共产主义的品格问题，我们是马列主义的，必须在这问题上下功夫，努一把力，领导改进。

(5) 新修水利和其他工作都是一样的，必须加强党的领导。党的领导很重要，党支、党委都健全，特别是工程队更应加强，纠正少数人的错误，要不断地批评右倾保守思想(任务大有困难等)，要贯彻执行群众路线，加强技术指导。

工程改变后：大队很快研究提出新的口号计划，提出交群众讨论以贯彻。

爱护工具：一定教育爱护，破坏以犯法行为看。

3. 我们任务是艰巨的，光荣伟大的，做的是前人所没有作过的光荣事情，(共产主义及时) 有党和毛主席的英明领导，有四百万广大劳动人民的支援。有许多单位、县、场矿支援我们，工程处队有几年经验，也有创造。我们坚决相信我们能及时、定能够胜利，计划一定能够早日实现的。本着这种精神领导完成任务。劳动组合、施工安排，大队应很好研究如何完成任务，大家想办法出主意，现在的主要工程是大坝和输水道石方是真的早解决的，带工干部一定作到眼、嘴、腿勤。

第四次工程委员会议

时间：1958 年 9 月 4 日下午

地址：处长办公室

出席人：高专员、高副处长、李副处长、林科长、蒋科长、尹科长、王大队长、陈声有、杨股长、党指导员、郭指导员、刘名淮、温克璧、戴一诚、侯连长、王宝生

主持人：高副处长

高副处长：

1. 工程进展情况，存在的问题及施工小组组织情况。2. 制度订立情况，希大家发言。工程委员会组织人员的确定。

杨股长：

近来工效根据 8 月 25 日—9 月初情况：输水道石方（25—31 日）平均达 0.85 公方。9 月 1—3 日平均达 0.912 方。九中队 9 月 3 号 1.05 方，三中队 1.2 方，二中队 2.0 方，六中队 0.87 方，二、三中队开工迟松弛些。

大坝土方工程五个中队，8 月 25—31 日，十中队 2.75，十一中队 1.36，十二中队 1.95，十三中队 1.56，十四中队 3.46 方。中四队高。清基处干些。九月一日—三日：十中队平均 2.5 方，比 2.75 方降低是因水多，十二中队 2.0。十三中队 1.8 方，十四中队 2.6 方。

总的看还不太高，大坝清基中劳动情绪高，往返速度快，筐子装得满。尹大队长有二次动员，工地督促抓得紧，纠正了以往放松睡觉现象。

输水道石方工程，九中队采用的 2 公分钎改 6 公分，炮眼大了放石就多。

1. 问题上铁工錾子不够用。如能用钎子应全改为 6 公分的。黄色炸药已分配任务，主要放在炸破上。20 号可完成输水道。

2. 撬杠不足，起石困难，三人中队不能充实力量。黄色药、雷管均未到。

3. 大坝（1）抽水三台机子抽不及，工率高了，效能少了，时间加长了，但水大抽不

干。(2) 抽水机在0+600—0+700处按一台，下边再放一二台，分开抽水，可能要比集中好些。(3) 明晚开始加班施工，要解决一部分雨鞋（长腰的），只限水下作工的人用。(4) 夜间带工干部，部队手电筒需用。工地设置问题。(5) 除大队领导、中队干部外施工指导人员的配合，领工员在家吃饭，找不到可能影响工作。

王大队长：

动员全体干部、部队由7点出工提到6点半出工，十四个中队在互争先出，8月25日，二中队争先出工，下午7点半才收工。工效由0.67方土增到1.2方。过去干部吃饭后拉闲，现在一吃饭就下队了解情况了。□□原担土起停后至几分钟，现在按组分任务，互换互监督，如挖、担互不供应即开展批评。劳动热情提高了。是高专员动员的结果。

1. 以后劳力调动前几天即研究，有回旋的余地。劳力摆布，干部配合和订立制度等，□□□□灯光不足，院内照明须16个灯。以免发生问题。

2. 石方我们要求18号完工，干部、□□提出苦战半月，完成任务。但每中队得30个撬杠（300多人）起石。洋镐支不住。多为立石（非卧石）空隙大，便于撬，光打费工太大。三凿扒，在水里能连挖带扒。抽水机非增加不可。

我们干部，下午六时在家吃饭（下午1—12时收工，另一班早作到12时收工）后出工半中队赶到明，另半队早出工晚回家，各股夜间出动。发电机设二台轮换。

尹科长：

□□□□□□□□□□□□□□□□□□□□□，盖房出了两个中队，其他是水渠大坝，□□3日开工修轨。思想混乱，吃不完饭向地上倒。馍皮扔到地，叫吃他还说“不讲卫生”，到处大小便，劳效很低。

夜间施工，七点出、第二日6点半收回，来去12小时。白班7点出、7点半收。每班做工时间9.5小时。共四个中队，主要突击大坝挖方，工地后红绿灯，后瞭望台，手电要解决，40个，每个2.5元，电池每月得20多元。粮食也要增加一些。

□□□干部五人，经过整训干劲有，中午少休息，多研究工作，情绪也还好。今晚12时二中队去那，还汇报工作，□□□还在想请假回家，想在二月以后回去。生活、工作还都愉快。

□□□□：

1. 说哄了，“建设西北，挖金、锡、钢矿，结果挖水利了”。有的说是一级工，技术员等。①

教育马车工人注意安全。

蒋科长：

木铁工干劲大，工效相应地提高，木工作模型板由6—11方，铁工不分日夜坚持工作，（自动），昨天中午12.5时还工作，晚饭完后才吃饭，决心赶工，一定是保证按期完成水库工程。负责干部工作安排不当，强作模型。结果一致提为收集除了白旗多，他能去。

---

① 编者按：以下删去一百余字，原有序号“2”。

按省厅关安全工作检查通报，[1] 有通报必要。

戴一诚：

1. 改钎子后炸一炮8—11方。2. 砼洞子准备10号浇，赶不出任务来（扎钢筋炸石）要加夜班，六号夜开始，尤其钻洞子要紧。3. 砼浇筑（去年九月十三日结冰）这更冷，要把溢洪道石600方900砼余方。

大坝问题：地下水□□，挖不下去，有砂砾处用耕地犁人拉。新工具赶不出来。大队上也推广中动起来了。九队好，好的工程委员会奖励，对有抵触的以纪律看待。

侯连长：

加夜班路口没问题，□□□□□□□□□□□□□，下午工地灯开了观察一下，看有否问题，围墙处应拉灯。

夜间施工路线，制度要设立，电话不行，改用信号指挥。

高副处长：

总的看各单位干部、工人在报告后，行动起来了，个别干部对新工具的使用不力，要深入宣传带动。

1. 抽水机六台，龙头回来分安（四台），足抽就要集中水流。雷管由兰州直接送到这里。

2. 撬杠买不到，打不及，现有95根适当分配，镂子买去了。

3. 出工手电待研究后决定，第一次补充得200多元。

4. 带工干部晚上要出动，两头7点出工。（下午7出12时收，上午7时出，下1时收）机子受不了。

5. □□拉灯、宿舍不拉，四角可以安。院内16个灯，下午看清决定。

6. □□□□很快定制度，宣传贯彻，个别依法处理。

7. 指挥的灯明日挂起。

8. 加班粮要加些。

9. 干部不准假。

10. 安全问题以工委会发文。

11. 砼工程输水道加班我同意，溢洪道也要轮作。

12. 干部工人全戴袖章，以作区别。

13. 拴扒，大坝工，输水道。

李副处长：

大坝清基，三个抽水机，再往下还有困难，分开抽可以，加班目的为了施工顺利。全面施工，六台机子不以供应。砌墙黏土铺起就好了。人多容不下，干挖二方，水抽尽可能挖不到半方。电动机拌和机带龙头□□用，北□□浅，中间深。只有分二班才能调剂开，加人加时要一致。电机不能超20小时，还会为三个工区：大坝、输水道、大型设施人行路公路等为重点，抽水机再难增加了。输水洞容人不多，中队可以，要加夜班。110公尺

① 编者按：此处删去72字。

长，挖到底打洋灰，不能放大炮。

1. 灯光下午三方面作检查，试电，该增就增。

2. 手电筒大部分有筒子，电池处内买。

3. 工具调度，人力调度王大队长，杨股长负责，其他调度交工区施工小组，以免窝工。

4. 安全主要是炸石，加固全用木钎。

5. 大坝质量：砂料达1700公斤比重够要求（垫土标准）实打1.68（木夯16下，石夯12遍，1890斤）石夯打8下比木夯高，可以采用。1700的土在水内只有700公斤，14斤水浮占有。

动员后，思想行动都有变化，但还不够。洮河坚石2.5方，要继续努力，从工具改革多想法。劳动强度也是一个因素。如打眼机只用了，没查看优点，交钱运土有人不感兴趣，作得无效。大坝1—200米范围运最适宜。清坡中应推广。由慢转快。8个洒水车1个未用，砂子饱和打实质点高。

铁轨斗车很快安装，固定到木轨上。近距处仿制。是用机械加速劳效很要紧。

高专员：

我提几点意见，依据汇报看，总的情况大有进步。不论从□□□□□做工看，积极性提高了，责任性加强了，工地督查管理都有进步。□□□□效率也大有提高，无论从工具改革，哪方面看都好了些，存在的问题还很多。

1. 晚上做工，很复杂艰巨，如组织不好，准备不好，管理不严，可能发生问题，应很好研究安排，不然一旦出了问题就大了，应引起每个同志的特别注意。所以加夜班（二班）可以，具体安排要进一步研究，一定要作好准备工作。①

3. 排抽问题是工程的大问题，如深水排不出工效就提不高，增加抽水机省上不批调，无处借，依据现有力量如何适当安排解决，否则对按时完成任务影响很大。增加一台，今日下午安一块□□龙头。共安六台，效率充分利用，后基本上解决些问题。大队应把排水沟挖好，使用集中各个抽浅地点。再派人赴兰州交涉。施工集中主要地点挖，设法排水，要想尽一切办法。②

5. 清洁卫生问题：工地指定大小便地点，避免乱便。防止传染病，病的要隔离。饮食注意，清洁卫生。

6. 工具改革，推广很不够，这是革命问题，不采用革命手段一下解决不了问题。水库要坚决的革命精神贯彻推广。这方面不坚决慷慨，犹豫很大，如不很好贯彻，工效提高仍有问题，凡创造人应很好帮助推广了为止。不然就是半途而废，干部党员要保证。

总之要集中一切力量抓紧工程工作。学习要和工作结合起来。

邹营长、李书记、蒋县长、高专员、高副处长，三连党指挥员为工程委员会增加委员。

---

① 以下删去二百余字，原有序号“2”。

② 以下删去二百余字，原有序号“4”。

高专员主任、尹大队长副主任委员，邹营长、李书记、李副处长等为副主任委员。李科长、陈声有，办公室主任高副处长兼。

施工小组织成员：大坝小组刘金祥、杨进枝、黄光泰、黄绍侯连长率；输水道李成茂、陈文才、戴一诚、王宝生、郑玉文；大型设施李仲谋、薛后棋、徐进魁、刘名淮。

第五次会议

时间：1958年9月9日下午2时

地点：工程处会议室

出席人：高专员、高处长、李处长、尹大队长、林科长、李科长、3594部队王股长、党指导员、郭指导员、戴一诚、王宝生、刘名淮、杨股长、王大队长、侯连长、黄光泰

主持人李处长：

今天召开第五次扩大会议，讨论布置工程情况，和通过工作制度。目前工程抓紧是大坝和输水道工程，输水道还剩4900方，还有些土方，我们计划9月20日要打通输水道，首先作完输水洞工程，要求9月12日一定完成，13日开始浇筑石砼，灯已架安，要求打四个晚班。后留一个中队作小坝，要求输水道10月10日前通水，要求输水道前口等工程25日前完成，大坝南北共需3300人，9月20日完成清基和回填平均1177公方，截墙砌石2500公方。修道路、铺路，布置土场，□□□□□□，1000人。以致再补充人力在溢洪道。鉴于目前坝基抽水问题不能解决，加班效率只达0.5公方。考虑不加班，白天赶。劳力一个抽出来放在输水道加班，三个中队开凿山坡。

王大队长：

输水道增加二个中队，争取白天放两次炮，晚上放两次，大坝现在不加班。将来天再冷就更难作。要完成任务，抽水和炸药工具问题要解决。不然就不能按时完成任务。输水道解决12部8磅锤。我的意见晚上不施工。

李处长：

大坝的夜班不加为我意见，从今晚就停工。输水道就赶一下，大坝水中掏有问题。我们可在南北山坡上加人。抽水机龙头做出来。距七里，我们已抽出人到各地去购买。如果没意见就按提出的意见安排。

用人工排水，抽一个中队。①

高处长：

抽水机问题，已派出人找，大坝上除不断抽外，把解放水车安上试一下，用杠杆吊水来排水，清到一定程度就不难了。我看可以。

杨股长：

同意晚上不施工，同意晚上排水，白天展开普遍施工。突围一礼拜，现在分段排水也有影响。并同意人工配合排水，输水道增加二个中队劳力。施工现场存在的几个问题：1. 清基（土场）我意见以点工计算。2. 0+060—0+400河南地形相差太大，要求增加木

---

① 编者按：此处前有×标志。

桥。3. 要求分布劳力，大坝之清方断面及数量给我们。4. 合理化建议及新式工具，为提高创造积极性。希望及时答复。5. 二中队推广新式工具抓得很紧，但到处领工具不及时。

陈声有：

领工员各搞一套，工地上找不到施工员，结果造成浪费窝工，最后堆积了30个点工，但浪费还是国家的。

王大队长：

土场劳力布置问题，没办法算土方。还没考虑这个问题，哪一部分权力应放到段上解决，哪一部分由大队处理决定。

李处长：

大坝夜班不加，二个中队调到输水道，其余三个放在坡上，具体问题由下面决定。转来1500人放在南坡上。输水道从9月10晚开始做。现在讨论制度。

尹大队长：

工具的问题，属工程处，工程队的。新式工具由双方面负责，工具问题我还不明确。验收计价应按上级规定。

王营长：

制度应明确住地、预防设备归谁负责，照明等设备由谁解决。发现设计有问题及时提出，共同研究解决。

大家意见：

通过制度。

高专员：

双塔堡水库在安西县是具有政治意义和经济价值的，在党的领导下，张掖专区大修水利的情况下是把安西县建成粮棉基地的重大措施。自开工以来由于工程技术人员和大家的努力已取得一定成绩，给12日完成任务创造了有利条件。但还存在问题。如排水问题、效率低、劳动情绪不高。有些干部干劲不足，力争上游信心不强。先进的工具利用得不多。推广得很不够。现在如何办？我觉得应该集中力量搞排水。抽水机回来就安起来。坝基我的意见还是挖7公尺以下。我准备回去在地委上讨论，再通知你们。针对这些问题提出如下意见：

1. 组织领导是很重要的问题，应抓这样几个问题。

（1）抓政治思想教育工作，除此而外还应提出适当的口号，一个“党委挂帅，工委出战”“大队亲自上阵，中队领兵挂帅，小队一马当先，小组……①”“一天当十天，月亮当太阳”。

进行的方法是先干部，后各队，最后在实际工作中去贯彻，目的是进一步加强思想工作，破除迷信，解放思想，树立敢想敢作敢为的共产主义风格。定出个人跃进计划，鼓足干劲，力争上游，多快好省地为建设社会主义而奋斗。展开批评与自我批评。表扬先进、批评落后、带动中间。要实际地教育大家，为了把工程推向新的高潮。

① 编者按：原文至此中断，原文“小组”后为空白。

（2）开展评比竞赛运动树立先进旗帜，要建立评比制度时间最长，不能超过半个月。评比过程中，表扬先进、批评落后。刺激劳动情绪，大队应组织评比观摩小组，对工作成绩给予正确的评价。奖给优胜的红旗，展开红旗竞赛，个人与个人、小组、分队、中队的竞赛运动。在这种情况之下，大家都要提出可行的口号，提出措施办法。同时也可提出保证质量的办法，评为一等模范的工程委员会要发给奖旗、物质。

（3）规定劳动定额，大队到中队，分队、组、个人都要布置分配任务。要改进劳动组合。这一问题中正确贯彻群众路线的方法，具体劳动力组织由队自行确定。总的要求是根据工程搭配劳力。方法应根据劳力强弱、工具的好坏分配任务，也可以实行来人来事，各尽其能各负其责，比如挖土方、渠道、排水、打坝等。同时要发挥分队长、中队长、小组长的智慧。除工程处、大队对任务的安排，□□□□□□计划安排自己的工作。加强管理、督促、检查、指导工作，对劳动力的调度要作统一安排，要调动一切积极因素。昨天打了人的要法办。

（4）及时处理问题、解决问题。在这种精神下，协作很重要，应互通消息，互相研究解决。

（5）根据任务和队的实际情况，实行包工到队、组。应划片分段，合理地解决劳力，实行包干制，小组包段、个人包方、中队包片，也会加强责任制。

（6）采取措施，开展队、组、个人之间夺红旗竞赛运动，比思想、比干劲、比口号、比任务、完成比质量、比实效、比出勤、比安全的八比运动。我的意见10比一，至于小的比如个人、小组可一两个比。比的过程中随时表扬先进，带动落后。我们应抓两头，带中间。

（7）改良工具问题要狠狠地抓一下，改良工具是尖锐的斗争，一定要贯彻。

2. 如何提高打夯的效率问题，现在打夯效率不高。是足忙手乱，抬上夯是你上我下，喊出口号是你快我慢，抬得高低不一致，值得引起我们注意。使每个打夯的提高技术，效率。对打夯人员要很好调整。编制确定，熟悉的和不熟悉的很好地搭配。打夯中要比干劲，抬得高、压得硬、喊得齐、打得准。效果究竟要提高多少，你们具体研究。打夯的人固定下来，这样做工便不乱。加强责任制度，各方面工具都要用。我想效率一定会提高。

3. 关于挖石方问题，总的来说向前进展着，工效有所提高，但和任务比要求比还差得很远，爆破的效果上看不高，要进一步研究。打炮眼要研究、打直眼、斜眼。究竟哪种眼爆破的头多，究竟哪种石头打哪种眼，要很好地研究。还要研究眼打多深，装多少炸药。另外要保证安全，不出事故，召开炮工会议，互相介绍经验。在总路线的照耀下进行挖石方的评比运动。同时应提出挖石方的响亮口号，成为努力的方向，作实际行动的指针。提高抬石、背石效率，得抓紧督促检查，每天进行总结。总之要求，现在对石方任务要很快加强，特别是应该抓紧石方工作，抓紧时间性，向石山进军，开展劳动竞赛，鼓舞劲头，很快完成挖石方任务。

4. 运土问题。首先要解决道路问题，修好公路，要从七公里远运土是个很大的问题，如果路修不好，引发困难，会造成窝工浪费现象，引发拥挤。我们的运输工具多，有什么运土的工具，就得有什么路。分别列队行驶，组织来人作养路工作。因为道路是运输的关键，路修不好完成任务有困难。再一个解决先进的工具，这是提高工效加重载重量的唯一办法。规定载重量，都要提出计划来。第三个，劳动组织很重要，在人多路远的情况下运土。这是很要紧事情。(1）按□□住地等情况具体编各队。(2）按各种运土工具规定劳动定额，规定各工程的载重量。(3）运土路远人多，要成立指挥站、中途管理站，要干部负责，任务是管理指挥各工程是否按规定道路行驶、检查载重量，防止出事故、混乱。(4）以大队和中队为单位按不同工程编小队或中队，具体安排中队长、分队长要带队，考虑车子上编号、挂车牌，就可避免次序紊乱，也便于检查。(5）要响亮的口号来，鼓动情绪，口号应提得有力生动，□□□□□□□□，积极性调动起来，启发他们。

最终说几个事情。不管哪个单位都应该为12月份完成任务着想。工程费用在上面未来新的规定，一切按原来的办，凡是做了工的按规定都要给，但是任务完不成不行。

第二个事情，把工作制度加以修改，引发讨论，好好贯彻执行。

第三个，工程的设计计划，一定要本着多快好省的精神。不必要的建筑物一律都不建筑。质量不必要那样高的，就不搞那样高。

第四个，大家对工程处提了一些意见，很好，要查清问题分别处理。

另外我准备明天回去，这里的事情就开会讨论。

我们相信在抽水问题解决后一定会出现新的高潮。

李处长：

各单位回去讨论高专员的讲话，另外要写稿子。

工程委员会第六次会议记录

时间：1958年9月21日下午3时

地点：工程处会议室

出席人：高专员、李处长、尹大队长、李科长、侯连长、杨股长、常股长、戴一诚、王宝生、刘名淮、陈声有、郭指导员、林科长、薛世秀连长

李处长：

工程任务完成的情况，上次布置重点工程是输水道和大坝。156000方土，9月20日完成13342方，尚余25000多方。大坝完成26480方，效率0.8，如按0.8的效率，输水道还需16天才能完成。石方，输水洞还剩余228方石方，工效0.14，28日才能完，按目前的进展情况10月6日才完成，10月10日即可放水。输水道总共需24900个工日（不包括砼工）。

其次大坝工程183500公方至9月20日，共清掉114424公方，截水井42300现在剩11700公方，工效保持0.96的话在月底才能完成。计委提的定额为1.15公方。土石方共计973350公方，要求砂砾达到1.08，挑走土1.15方（车运），光大坝需工97万工日。

另外第一、二围堤需101210工日。

目前仅有100天每日出工约12000人才能完成。

公路每公里600元，10公里的改道可不能省去。

总干渠改道已去人勘测，溢洪道省去20多万方土方。

昌马河水利工程处借物单

借物部门：		年　月　日		
物名	单位	借用数	核准数	实借数
用途				
部门负责人		借物人		

运输工具，平斗车共300辆，每天要求运8趟，日运1500公方；每天可投入15部汽车，每天20趟，每日运900公方；马车52辆投入30辆每日四趟，每日运120方；架子车100辆，每日运8次每日运200方；木推车300辆，日运6次每日完成180方；砂砾人力挑运，每日8000人挑运；按1.5方算每日完成1.2万公方；时间从10月开始，11月开始冬季施工，所以工作很紧。

其他建筑物10月半完成洞子。

另外昨天省计委来了，公文对扩大初步设计修改预算，改为660多万元。

国庆节进行一次评比，（包括大队、工程处、部队）成立评比委员会，拟定评比办法，分成单位、个人、大队以中队为单位，部队以排、工程队以厂，由评比委员会提出条件，单位送材料经评比委员会审核。个人的评比也送材料。拟出国庆口号。

尹大队长：

现在大家可根据李处长说的问题来提意见，目前有劳力8000余人，每日出劳力能起20万工日，要提高效率。设备上现有的东西就可以利用，一方面解决水的问题，要抓紧时间解决这几个问题。

高专员：

先把这10天到国庆的任务提出来，把十天的口号提一下。确定下去就执行，大的安排大家考虑。

李处长：

10天完成大坝清基，每2日□□方。

高专员：

水中挖基1.2方，石方1.2公方，北面山坡3公方，输水道进口5方，围堰4方，南面挖石泄2方，挖土5方，土场8方，河滩11筛砂石方，防洪堤至少6方，浆砌1.5，南山爆破3方，国庆前完成塔帽子砼1.5公方。

马车运砂为8方（8次），运土6趟。汽车运土20次每次60方，装石头15分钟每车10人，卸石5分钟4人，装土10分钟8人，卸4人5分钟。

输水道加夜班。

关于领火药的问题，由器材科长批，科长不在可托人办，耽误了事由器材科负责。

陈声有：

郑□□同志在工地上和干部吵仗。

杨股长：

拖拉机工作的□□□□□□以免结账时麻烦。

李处长：

这个问题每天是拖拉机的工作，互相参认，还有报表问题。

高专员：

这十天每天要天天报告。评比委员会只评这十天的，两个处长，及教导员，尹大队长，部队一、九，民警队各一人。主任高处长，副主任尹大队长、拓千珍、侯连长、方明义，薄科长提出办法。

坝基最深挖 7.5 公尺，一般 7 公尺。

为迎接国庆我们的战斗口号是“苦干十昼夜，突破我定额，大战土坝基，打通输水道”。

大家下去应立即开动员会，□□□□□□□□□□□□，进行动员，所有的人都应该动起来。

劳力应根据任务很好地安排，如何分工很好，注意研究。不能浪费劳动力。

另外工具问题，赶不上任务的需要，要继续派人去找。架子车很需要，器材要很快向省上要，创造出来要很好地用。

生活问题要适当地改善调剂，粮食还可以研究，现在可适当调剂，□□□生活也要注意。

□□很快准备材料，是准备□□的住房子，家属可以缓一步。

大家都要拼命地干，完成这十天的任务。

尹大队长：

今天的会就开到这里，大家回去后要很好地动员。

第七次会议

时间：1958 年 9 月 30 日下午 2 时半

出席人：高、李处长，曹支队长，尹队长，王大队长，侯连长，唐科长，林科长，李文斌

高处长：

主要汇报九月下旬完成情况及存在问题。

李文斌：

目前主要问题是大坝抽水问题。

王大队长：

1. 排水问题如何解决。2. 放炮时间的影响，每天早晚要两个小时，耽误生产。3. 晚上发电机有问题应解决。4. 输水道滑轮没办。5. 钢钎不够。

戴一诚：

1. 大坝开工以来水的问题，还未得到彻底解决。现在采取二头集中来挤，中间大排，二头小排。这是个办法，另外再安装一部抽水机。中线没有多错。施工员意见不一致，没有这种现象。

2. 运土问题。是个大问题，一方面要砌石头，一方面要灰填。这些土量要很快运，修路的事，要很快进行。

黄铭章：

1. 工程质量问题，有时填7、8寸也不打夯，质量上很难保证。把大石头等都填在最里面。生产股相应布置下去要执行。

2. □□有时候把桩号就填了，或拔了。洒水不均匀。□□下了车，不拾草、不平土。又另外来人平，浪费劳力，我意见哪个中队工地由哪个中队负责。在搬石头时，我意见就把石头搬到工地就砌，不需要码方，可节省劳力。

李科长：

工程队第一期工程哪些尚未结清，同时把一些计开单还回来了，不知什么原因。今天应提出解决。

尹大队长：

1. 同志们提了些意见，很好。主要有些新转来的干部不熟悉业务是个原因。□□□□□□□□□□□，所以各方面都差得很远。所以我们干部都要检查督促，提高他们的业务。

2. 关于清草皮的问题，我认为一面清、一面填。

3. 拌土问颢还是运到大坝工地利用排出的水来拌，装卸石头运土问题，哪个中队做的，哪个中队运装，直接可将石头运到工地，不码方。把夯都要分配下去。

4. 把桩子没保护好是事实，应给□□布置清楚，予以保护。

李处长：

1. 展开竞赛以来，效率提高了，27号统计大坝达到9090多，石方达到30.72。根据这种数字，跃进以来有进步。主要是把这种方法总结，予以推广。

2. 排水只靠抽水机不解决问题，主要是要改进施工方法。现在采取的两头挤、集中排，另外再安装一部抽水机用汽车带动，另外利用人力排，用麻袋中间隔离，逐步□□用人力机具排水。

3. 清草皮翻土问题：边清草皮边挖土，清草皮不用距离。

4. 劳力问题尽量缩小工程，不应分为码放、装运、平土等不必要的多种工程。

5. 原装车一个钟头，以后是在施工员和带工干部研究，随来车随装，达到五分钟就不装上，但下车尚未解决，仍固定几个人装车，效率不高，应改进。目前存在的运土问题，所以要把路修好些。

曹支队长：

解决工作效率问题，利用十月一日至二日二天休息时间，推动积极因素，批判落后的，分片包干。另外工程处很快把大坝计划布置明确，计划在三号开个中队长、生产股长会议汇报一下情况，□□□□□□□□，要布置任务。技术上要一定服从工程处施工员，调动劳力要通过中队，把装卸土的人等配备。卸车做几个推土板，可提高效率。

高处长：

1. 目前中心工作，大坝清基、铺盖、运土、道路、工具需解决，抽水机今天停了，国庆节抽水机不放假，在现有的基础上加强起来，并将80马力的抽水机安装起来，必要时用桶排、水括子等人力排水。

2. 突击输水道石方和砼工程。在10月10号完成任务要努力，否则完不成任务。把发电机搞好。

3. 土场劳力安排，钻探工序的调配要很好地考虑。

4. 十月节后，组织人彻底检查一下工作，各队科室都要检查，这样可促进工作。

今后应注意的几个问题：

1. 双方关系问题，互相不应扯皮，抱着协调可解决问题。

2. 双方注意工程质量，如果大坝发生问题，那不知造成什么后果。

3. □□□□□□□□□，只靠干部是不解决问题的。

4. 双方不要有依赖思想，不分你我，要思想统一。

5. 除工程委员会定的制度以外，应互相尊重制度。

目前解决的办法：

1. 输水道一节要返工，至于单位计算，李处长考虑。

2. 抽水机不能停。

3. 运输工具明天做出来，木平车50辆，铁车100辆。

4. 详细再交代任务，明确布置。

5. 我建议冬季施工采取哪些工地保暖设备，现在应筹备。

高专员：

1. 工程部把干部、□□、通过10天竞赛整顿一下。

2. 工程部把任务重新布置下去。

3. 双方面思想要统一。

4. 领工员和带工干部思想行动要一致。

5. 要发动职工跃进再跃进。提出要符合实际的口号，采取什么措施完成任务。

第八次会议（扩大）

时间：1958年10月7日下午2时

参加者：高副处长、李副处长、曹支队长、尹大队长、王大队长、李科长、薄科长、侯连长、方队长，黄锡璋、任义生、张奎荣、戴一诚、刘怀勋、李仲谋、林科长、杨股长、舒炳秋、张连长、（国治）酆从龙、刘重发、李忠义、牟科长

李副处长：

今天召开第八次工程委员会，是讨论国庆的任务完成情况，劳力布置有什么问题，目前存在问题的解决，先由各工区说工作。

高副处长：

我先把工具改革情况说一下，共423件，存在的缺点是推广执行不力，制出后来很好使用。

李副处长：

关于工具改革情况就谈到这里，现在由大坝工区汇报。

戴一诚：

大坝目前进入正式施工阶段，主要是清基和砌截水墙，运土次数昨天提高到日运25次，装土还不能满意，我们正设法试验采用海磅。

存在问题：填土质量一定要强调。

任义生：

装车时间应规定，上午装得快，下午就装得慢。平均装车16分钟一车，卸车最快7、8分钟，说好应短些，质量问题装够3、4公方，装卸土的人要固定，必须熟练。同时要指挥，汽马车一同行驶有问题。

黄锡璋：

大坝工程回填从最低的方面来填起，高的继续填，这样就不能使用拖拉机，挖基□□□不挖不行，昨天才得到解决。队与队之间分得很开，影响了抽水机的工作进行，这个问题应马上解决，土场的土应先出，石夯300个得全部用到河南，河北全用拖拉机压。

舒炳秋：

自制木平车，车轴车辐条需要改进，下旬开始，要作130辆斗槽子。电锯原计划二班制，因电力不足，不能完成任务，影响整个工作。请领导考虑解决这个问题，作自卸汽车的车厢。下旬137辆平车二厢，如电锯不解决，任务很难完成。

杨股长：

10月上旬的劳力我们进行了安排，施工中的问题：

1. 回填土展不开填，施工员布置不够一致，工作很难进行，要砌出来一点、填一点，不行，填不起来，运来土还堆放着。

2. 炸药问题，听说没有炸药了，若没有的话，劳力得另行设法。

3. 点工结账问题，9九份的如何结。

酆从龙：

大坝北边运土道路问题，拉不进去车子，是否可以用水车洒一下，以便提高工效。应当加强协作，争吵问题在工地上发生不好。

刘重发：

每天汽车应出多少说正确些，以免浪费劳力，同时应有人指挥，因领竹竿而吵，结果未领去。

陈声有：

完成任务和定额相差很远，原因找不出来，大概是劳力差。输水道围堤取土问题，为了安全防止人身事故，汽车应注意。把住地周围的竹竿收集一下，解决多少就算多少。

李仲谋：

围堰挖出的土很好，可以挖出来填到工程土方，领工员朱□□说这土不成，不说填土。河南工地效率低，就找不出原因，我看来原因很明显。主要是□□□□□□□，工作效率低，土质也硬，提不高效率是原因。施工人员不要搬教条，而看实际情况来解决。

1. 要求工程处技术指导的同志到工地多跑，解决问题，并在布置工作时步调一致。以免造成浪费。

2. 技术员和技术领导的同志意见不统一，如黄段长说1—4把沙子不要倒在这里，就可填。但李某某非这样做不行，他们二人吵了一顿，并把责任推到工程队身上，就不按计划执行。

3. 砂场人太多，形成窝工，希建解决调派。

高荣超：

架子车在坑里放了炮，轴有的弯了，修理工又少。

李忠义：

以后领用手续，审批应及时，领东西时间长。工地上有些问题得不到及时解决，以免浪费返工。

王大队长：

1. 电灯问题，输水道倒土的地方没有电灯，能否解决。

2. 五中队长在输水洞打砼按时是否能打起来，我有问题。由于塌陷石方增加，会影响工期。打了砼，石方运不出来。我的意见还多等运出来后再打砼。

3. 竹竿尚缺2200根。

4. 门窗板子只解决了30%。

5. 输水道返工情况，约4000多方（进口返工部分）。

曹支队长：

1. 今天的会汇报了情况，说出来的问题，架子车要重视很好，整修路。

2. 能利用的土都得尽量利用。

3. 劳动力的调配问题。装车不能死板，汽车走后应把土准备好。

4. 今天晚上把施工员按大队、中队固定起来。

5. 炸药问题一省要节省，尽量减少。

6. 工地的椽子收集在一块来盖房子，九连的房子门窗在很快盖。

7. 输水洞砼我的意见要打，渣用滑车吊。

8. 开会最好提前两天通知。

9. 我们认为生产布置（10天的工作）是否可以在一块搞检查，召开现场会议。另外，我的意见把计划叫我看一下。

薄科长：

1. 工地不团结，在工地设总指挥。

2. 规定的施工范围应进行学习。

3. 截水墙浆砌水泥超过定额一倍。

4. 工地带工干部和施工员工作都应加强责任性。

5. 土料拌和问题。

6. 炸药没有了，工程还得进行。

高副处长：

从近来工地发现的问题，及今天会上反映的问题，我同意曹支队长的意见。

1. 打夯要加强，今后不能光重视次数，应重视质量。

2. 50 辆斗车不重安装。

3. 协作应搞好，不应分你我。

4. 运土距离应由近到远，应适当地缩小，要求汽车尽量运到回填地点。

5. 截水墙应由下到上，应适当地缩小，要求质量要好。

6. 炸药有浪费。

7. 汽车增减应和大队联系，第二天出动多少汽车，这每日先讲好。围填真正要把好土清出去，再到远处取土填，应改正。

8. 河南下游由上而下。

9. 汽车安全问题。另外领材料手续要办，组织检查，还要改试制度，土材料应适当改变，不要窝工浪费。盖房子没有竹竿，把帐篷的竹竿和大坝的竹竿集起来交给……①门窗问题，用烂板，更进一步研究。

李副处长：

大家说得很多，我基本同意曹支队长和高处长的意见，我的意见：

1. 大坝截水墙应很快回填。

2. 汽车装卸必须把路修好，尽量延长上下游取土，可以深一些、远一些。取砂料范围，若输水道因无炸药停了则应该将劳力加至回填。

3. 关于预计意见送地委审核后再送省计委批准执行，看支队的意见如何。

4. 砌片石质量、架子车道路问题应很快布置，铺上石子，铺路工计清基，以后另外算。

围填的取土问题，不需要多规矩，哪里取土方便就在哪里取。

工地上存在好些问题，我同意组织检查组进行检查，不要互相推责任。

河南能挖多少，我们还要抢挖。

输水道返工填方，括上来以小渠引水来泡土，用水括子。

无炸药的问题，劳力调去。

输水洞砼的浇筑，增加吊车，出碴、砼仍然打，既然意见不一致可在现场解决。

第九次会议

时间：1958 年 10 月 13 日下午 2 时

参加者：高专员、高副处长、李副处长、曹支队长、尹大队长、王大队长、陈声有、

① 编者按：行文至此中断，此处将竹竿交给谁并没有指明。

杨股长、方队长、酆从龙、常股长、李仲谋、李文斌、林科长、李科长、贺科长、李成茂、薄科长、刘成藩、刘重详、薛俊祺

高副处长：

今天开会着重是汇报：

1. 国庆节后劳力调配情况。

2. 工程进展情况。

3. 存在问题，曹支队长参加工程委员会并担任副主任。现在就开始谈。

陈声有：

根据各工地的工程情况来看，一中队作围堤外规定定额2.36，大队改为5.0，完成61.2%。按队只完成28%，五中队完成……[①]石方定额1.38，工率1.07公方，占77.5%，清草皮3.7，实作4.9，超过32.4%，挖黏土3.7，完成4.77，超过28.9%装车。在各中队中有的队完成了，有些未完成。

劳力安排问题：五队的任务到18日才能完成，以后推去若有多的加在土场内，装车方面二队比较装得好，仍继续装车，三、四队挖加工土，六队修路挖土。

在9月22日到10月9日装土中，10月11日中装车时，浪费时间1点40分钟，由于郑□□同志调车的问题而影响的。

拉土当中司机给□□□□给纸烟、代买纸烟，如郭□□。

□□□□思想情况，准备着未送报告。

五队实行工票制，效率提高了……[②]

干部蒋根元同志在国庆节以后表现得突出、积极，以前有闹地位的思想。

吕应才同志想回家去看孩子，受了奖的同志都仍然表现得好、起得早，□□□□□□。

杨股长：

我们召开了生产会议对10月上旬的任务作了布置，在□□中也作了动员，规定的任务还没有完成。大坝清基还有200□，黏土回填平均0.4，输水道截止10月6日8900公方，平均工效0.5。依此计算到10月25日才能完成输水道工程。实运输数由日运50次提高到100次，能使落后的都能表现出来。远运土实行满筐缓行，克服了带工干部睡觉的毛病。组织回填黏土突击小组，两三天来就填了100公尺。打夯方面指定专人打。

存在的问题：第一土场什么时候开始运？第二土场的质量，有些清出起的土可以用，我们意见还可以用的进行鉴定。

大坝下游挖砂砾，双方把质量提一下就分开，免得上游的往上运。另外关于大坝清出的废土倒在下游来挡路，形成爬坡运砂砾。工程处领导上没有真正地重视大坝的水，两三晚上未抽水。泡了回填的土。我的看法是这样。同时给下面布置工作也不够明确，只是有些教条。填1.5寸打8、10、12次都是一样的（高专员指示打几下只打好就行了，不一定按规定的次数打，只要保证质量就行，分片包干，出了问题要负责）。

---

① 编者按：行文至此中断，此处五中队完成数额并无具体数字。

② 编者按：此处删去67字。

填砂洒水问题，天冻了怎么办？没水了怎么办？

大坝晚上加班问题，我们意见晚上不加班，工率也很低。

最后关于拌和土定额问题，原定额中无此工序。

修架子车的问题，把材料发给我们。

李文斌：

从总的情况看，比 9 月下旬提高了，如架子车，现在拉到六七筐子，重担缓行，十一队装不满与干部有关。我深深地觉得，说的做的不统一，如第二土场把有些土就担出去了。会上决定了下面就不管了，如砂砾的问题，说可以从下游取，但事后就不管了。

任务 10 天只布置不检查，做不完了又加到第二个 10 天去了。

劳力问题，原来计划需 240 万劳工日，实际只能出工 60 万工日，要求上级增添人，但运输工具不能解决，架子车只有 200 多辆，如何解决，采取什么措施于 12 月底完工，再来能用的土废了，这些问题都得及时解决。

输水道小坝的清基连桩子都没放上，问所长，朱所长也不知道。

砼的浇筑，老是机器按时开不了，□□出工早，机器工去得迟，经常发生故障，始终得不到解决。

领工员分到大队上共同研究解决问题。

戴一诚：

1. 回填砂砾按现在的情况来看，还得劳力……①才能完成。解决水的问题，回填跟不上石墙，应赶紧回填。

2. 关于第二土场的问题，有些大的意见已经和生产股的问题解决了。

3. 上游的铺盖也得抓紧。

4. 土场砂料的杂质，应拣出去。

5. 不愿意用石夯，有的还用木夯。

6. 冬季施工如何进行，应考虑，这是个重要问题。

张孝炳：

关于机械问题，不论抽水和拌和的情况，抽水机夜里未停过工，拌和机未发生故障，我们可以保证，输水道拌和机和发电机不会出问题。

另外大坝的抽水机从开始到现在未停过，但是还抽不干。看还有什么问题。

李副处长：

根据 9、10 月以来按上次布置大坝只完成 37%、截水墙砌 21%、回填只是 6.5%、开片石 23.4%、汽车 93%、输水道围堰完成 63.7%、石方 73.6%、砼 3.54%、石子 27.8%。总的来说不到 50%。这当中原计划是回填黏土，因土量有限，集中沙砾增加达到 11000 方。这样看跃进情况不怎么乐观。若这样进行，到 11 月半还不能做好大坝的 5 公尺高。以后因条件的关系就更有困难。按目前定额只完成 2 公尺高。具体的布置需要工程队

---

① 编者按：行文至此中断，此处需劳力具体数目为空白。

进行。布置工程处只能搞到这一步，每一次做不完。原计划 240 万工日。若跃进加一番，有 12000 人来作就完成了。但劳力也不足，完成的只是推后一倍。

今后怎么办应该提出具体意见，根据现有情况我的意见：

抓重点。停止冬季可以做的工程，力量要集中在大坝。我觉得输水道除打砼等而外调到大坝。大坝重要回填黏土、沙砾。土场的清皮不清了，留下来作为覆盖层防御冬冻。沙砾尽量堆起来，也不会冻结。沙子拌和水的问题，我们再进行试验。我们目前必须把劳力集中到大坝。同时请高专员和□□□□谈把劳力调来。

另外，一方面争取近处取土，如两边可以取，下游的砂料可以扩大一些。从河床取砂，再详细核算。另一方面如何解决工具问题，46 辆铁斗车，轨铺了两道，很快用起来，□□□□□□□□。

关于回填问题。施工方法采取两头挤。除机械抽而外，还要靠水括子。抽出一两个中队接连回填，夜间施工应很快地解决。

另外争取输水道早日通水，石方 8900 方，砼 995 方。上下的浆砌片石，把石工调来。

挖溢洪道的土方 230000 方暂不考虑。

公路加高以后做。围堤放到冬季搞。

关于质量检查的问题。我们如何加强检查、不影响施工，结合配合起来进行。

另外关于拌和土的定额无有，只是在大坝收方才算，其中的工序都在内。

砼浇筑有干扰，要配合一部清基。

李仲谋：

输水道进口要返工的部分变道应取掉。大坝用的土在现场洒水拌和。木道上面钉的铅丝应改进。

高副处长：

1. 修架子车的问题我同意叫队长做。
2. 大坝下游砂料范围可以扩大。
3. 打夯问题都应重视质量。
4. 工分制我看全面可以实行。
5. 截水墙可适当地减低。
6. 提出郭□□问题要说，郑□□的问题晚上就开会。
7. 拌和机发生问题可以人工拌和。
8. 小坝放线要放。
9. 领工员分到大队可以研究，施工小组为什么不进行工作。
10. 晚上大坝要施工。

李处长：

施工员派到大队我们考虑有问题。

曹支队长：

召开大队会议挖□□，并进行布置。

严大队长：

1. 应当专业化；

2. 工地现场天天发生问题，以工程委员会由双方面领导组织到工地一块去检查解决问题。

高专员：

今天会开得很好，汇报了一些状况，提出了一些问题和解决的办法。这样很好，只有展开思想斗争今后就这样开。思想见面辩论。我准备谈几个问题：

1. 成绩应该肯定，是主要的，已完成全部的22%。从8月20日以后已形成了跃进高潮，发展的速度是一个阶段一个变化的。总的来看是前进的，有些单位搞得还很好。汽、马车队，木、铁加工厂看都是跃进的、波浪式的发展。这是个重要经验应很好总结。若一旦跃进起来就大大鼓舞了群众的干劲。目前工程应该靠群众运动，我觉得主要靠着一条，应很好发动。不光是依靠技术和设备，把大家都发动起来，因此没有机械化施工也要做，必须采取打完一个战役接着再来一个战役，应该总结国庆节后的工作，这个战役打得如何。指导思想上必须采取这个思想——跃进再跃进。

2. 取得成绩其原因很多。首先是各级党的正确领导。第二传达了□□□□□□□□□□□□□，和省委、地委会议精神，对干部与工人鼓舞很大。第三全体干部工程技术人员、工人不顾疲劳坚持积极搞工作、忘我地工作，响应了党的号召。为完成任务不顾一切地进行工作，其干劲为什么会这样大？主要是政治组织工作和放手发动群众、□□□□。在这样的情况下使干部、工人、群众了解到现在的苦比过去是差了好多。形成了一个声势浩大的修水库的高潮，没有政治思想动员工作群众很难发动起来。对我们领导干部来说，群众的政治思想工作必须加强。特别天冷了，我们必须掌握思想动态(□□□□□□)。在这种情况下，在生活上、思想上多做工作。住的问题、吃的问题、穿的问题都要解决，家属问题，工程队考虑可以解决。还着重从思想上解决问题，使得群众觉得我们温暖。国庆节的奖励也是为了鼓舞大家的干劲。因此要用一切的机会场合、会议教育干部、□□□□，应该使他们成为自觉的劳动。自觉的劳动是愉快的，使他们更自觉。在改造干部的出身的问题上，我们改造小资产阶级意识为无产阶级意识，现在看来有的干部很好，大部分都好，但的确也有个别的不好，如郑□□在今晚施工员会上要严厉批判，最后警告他，有消极情绪来应付，要批判纠正。所以干部要和群众打成一片(□□□□□□□□□□□□□□□□□□□□)。不论处、队、部队及安西单位都应参加劳动。一个礼拜参加一天规定土方。这个制度从这一周开始一定要坚持，□□□休息每月两次，我的意见不一定休息两天，一天就行了。

3. 领导方面的问题。是一个很大的问题，领导思想应该一致。一切思想应集中在12月底完成水库。我觉得领导思想水平、方法上赶不上形势发展的情况。敢不敢放一个“卫星”。应该这样想，完全可以提出来。从工程进展情况来看赶不上。领导思想和方法赶不上实际，不敢大胆设想。领导思想必须要赶上去，如果赶不上去，我们一定要落后的。应考虑落后状态上全面安排是不够的。浪费窝工现象有，互相闹意见不一致都有。劳动力的组织安排是不好的，有些混乱。另外是不敢大胆设想，大胆地干。应结合实际情况，不一定按书本认为搞到什么程度行了就行了。还有哪些方面，同志们好好回忆一下。领导方法上也有问题，设计上也有问题，施工中也有问题，检查了缺点毛病就会进步。存在的问题属哪方面就由哪方面很快解决，能今天解决的就今天解决，明天能解决的就明天解决。当然有些缺点很难免，其原因是工程大、顾虑多、缺乏经验和知识，工作方法上造成浪费混乱现象，器材、工程都有，应很好检查总结。凡是浪费都是错误的。李处长应派技术人员检查周围的土哪些能用，用在什么地方，交给大队和施工员。工程任务很艰巨，逼得我们要很好想办法。若按目前情况进行，完不成任务。要想办法，得依靠群众。现在对我们领导方面来说，应该冷静下来通过总结工作来检查缺点毛病，吸取教训，来改进工作。我觉得今后要一段一段、一个工区一个工区组织跃进。总比慢腾腾地前进好吧？不能慢腾腾地，对领导来说应考虑问题，用多的时间来考虑问题。对群众来说要有具体的任务指标，要明确，要硬给任务。这就要求我们领导的在每一段胜利后得加强思想鼓动工作，马上再组织下一个战役。在指导思想上组织波浪式的发展，一浪赶一浪，跃进再跃进。

同志们，天冷了，任务很大，时间很紧迫，这就逼着我们要拼命地大干一战。逼着我们想办法，要我们组织跃进再跃进，紧上加紧。如果不努力搞任务很危险。现在我们还是甘心落后，还是愿意前进，这是摆在我们面前很重要的问题。我想大家都不落后，究竟怎么办？应该想办法，多做工作，组织跃进再跃进来提高工程效率。

4. 工具问题：工具问题是个很大的问题，我们应当看到这个问题。各地都在跃进，现在把我们所有的工具都给用起来，把拉回来的车子零件很快装起来，两三天内就很快解决这个问题。没有用到工地的要修理一番。

5. 几个具体问题：

（1）打夯的标准应打结实，合乎规定质量为准。这个问题，工程队应给□□讲清楚。

（2）检查的问题由工程处、队共同检查，检查人人有责，不能光靠检查员。谁看见都可以解决，应抱对党、对人民负责任的态度。工程处应告诉检查跑快些，多跑几遍。严大队长提出的意见很好，应该去搞。

（3）必须抓重点，主要是大坝，把全部力量集中到大坝，无论如何大坝12月底完成。晚上施工我同意，究竟什么时候晚上开始搞，你们去具体确定。

（4）困难问题很多，但不能叫困难吓倒，应如何解决，要提出办法来。

（5）土方和沙砾，李处长负责把周围看一下。哪些土放在什么部分明确规定。土总应该由近而远。

（6）截水，不需多好的话就够了。

这些问题同志们考虑，总之在12月底完成任务。

工程委员会议（扩大）第十次

时间：1958年11月1日中午12时

地点：处长办公室

出席人：[1]

主持人：[2]

今天会主要汇报施工作的情况，得到的经验、存在的现场困难及下一步的具体工作。

李处长：

这旬跃进情况汇报。动员会后各大队展开了竞赛。以数字看收获大，而今接近指标，放出卫星。大坝平均效率（指示 1.5 方）1.43 方——夯填砂砾。最高卫星 2.7 方。夯填黏土平均效率达到 1.88 方，最高 2.05 方，完成 10144 方。砂粒 33611 方，挖土 423，汽车运土……[3]马车运土 11 方。清除草皮 5.87 方，清理坝基 4.24，最高 6.79 方，备砂达 4.15 方，突破了统一定额，接近高专员提出的指标。

输水道开石方 0.5，砼 0.68，砌片石 0.53，围堰土方 0.8 方，土方加固 0.9 方 2 号可过水，栓闸台尚余 83 方。其他完成 90% 以上，按预定时间提前了一天。

养护道路 8 里，架轻便铁轨 5 公里。

木柴加工厂完成架子车 40 辆，平车 70 辆，分模板 150%，平车完成 40%。保养平车 40 辆，保养轨道 2 公里，塔桥一座，修理安装平车完成了，只铁轨未完成。

修理厂：轨道条子计 3200 公尺，2400 公尺。将根据数字看出有接近完成和超额完成的。这是听动员后，鼓足干劲的新表现。30 日平均放工方案，5 中队放到 5.5 方。从竞赛来看确实跃进了。

三大队情况：支队会议一大队也研究布置了本旬任务，下旬比中旬好。大队会议上各中队提出动员□□自发讨论放卫星。如一中队全体干部写了决心书。李正洲同志表示决心完成任务。各队召开了□□□□会、检委会、□□会。二次又提出具体指标办法讨论。如四中队提出“超火箭赶卫星，跃进红旗必须多”□□的口号。“不怕顽石坚，不怕顽石硬，只怕大家加干劲”作工中有挑战。干部为完成任务□□□按不同性质重新编队。如有火箭组、红旗、前进、跃进组。[4] 干部一方面参加了体力劳动，一方面每天大都出动督促生产，□□□□□□□□□□□□。如郭某某原很落后。劳动中一贯消极，看到干部劳动而改，“干部都参加劳动，□□□□□□□，供吃供穿还有何说”，从此转变很好。

工率方石：石方 11—20 日平均 0.53 方，20—30 日，0.66 方。提高 0.12 方。运土：中间平均 1.58 方，20 日后运 1.97 方。拌砼每天原 150 盘，后升 160—170 盘，最后到 223 盘。

放卫星方面：22 号动员后，连夜准备工具去 12 时许。三大队三中队 23 日□□提出回填黏土 3 方，实完成 3.02，超 0.02 方。会议研究干部鼓动□□又计划 28 号放 5 方，实达 5.08 方，超 0.08 方。又提第三个卫星，原提 10 方，因一中队放的数大，□□又改变到 15 方卫星，决定 2 号放。石方原工率 0.49，下旬升（24 号）0.58 方。25 日达 0.71 方，

---

① 编者按：原文件于此空白。

② 编者按：原文件于此空白。

③ 编者按：行文至此中断，此处汽车运土数量未有具体数字。

④ 编者按：此处删去 29 字。

24 号个别须达 0.75，25 日最高达 0.91，低 0.46。

主要意见：

1. 输水道砼工程应提前完成，但拖得长有浪费。有二台机器应全收用，可是干部不按时来，10 时开工，只开一台，12 时有时开不了。第二台下午二时许才开，实际只用一台多点，故拖时间。主要计划性差，钢筋绑紧不好，影响别的工务。

2. 机器开后没路灯，带工干部提出增灯、不停机子的用，可是仍没准备，有等等的浪费。

3. 因路斗少，打砼土墙没斗。有斗用了 7—8 或 10 人，结果用人浪费了人力，又拖了时间。领工有错不承错，一天三斗用成一斗，运不过去倒不下去，还说大队劳力作得不好。

4. 工程质量保证不够。钢筋开始生锈最后不去锈安装了，说明任务紧不顾量了。

5. 材料供不上，29 日晚石砂不够，提出早备，砂石不够才开始拉，砼捣固得不好，主要干部没负责好。

陈声有：

干部主要提出放卫星，11 时前睡觉的很少，三中队□□□□□□提出少赛多作的口号。□□□□□□。结合作思想教育，提出向党交心，大字报表明态度。让大队干部都劳动，一定把卫星放上天。吃饱穿暖不干对不起政府，礼拜四劳动一天。晚间看到围堰将被冲坏，而齐动手 2 小时多压好了。□□□□做干部的成就，□□□□二组一天也干不下的。起土皮 11.5—8 方，实完成 7.15 方。三队定 4 方，完成 3.16 方。二中队 15 方完成 6.6 方。4 中队定 11.5 方或 8 方，完成 4.85 方。各队平均 5.06 方加工土。装汽车一中队每人每日 15.51 方，二中队 13.12 方，一中队超额。三中队清草皮 5.16 方，推斗车定三方完成 1.1 方。五中队围堰另清基 2.36，完成 2.56 方。黏土定 2.36，完 1.84 方。垫沙粒定 2.36 完成 3.09 方，超 130%。30 日与中旬工率对比有显著提高。加工土 3.97，下旬 6.86。

下旬指标：加工土，五队土硬平均 5.5 方，斗车每人 6 趟推 2 方，木斗车 5 趟，一趟装 0.8 方。柴汽车 15 方，马车 16.5 方。

今后意见：

1. 轻便道有高低不平处，易掉道，一车掉、多车等。木道多坏，最好换铁木岔道。

2. 枕木稀少，应加多，铁道接头上没枕木。

3. 修车工人应分三组：中间流动组，土场大坝各一组。等车中抢修省力省时。

4. 二土场土干下坚硬，须设一部抽机，便于加工。

5. 二号放水，出工人 600 多，一个桥挤不开，须增设架便桥，6 至 8 条；加工土垫道。车直接赴土厂取土。

30 日□□□□与马车工人因没给牌子吵了架。李大队长与工人吵□□□□，把工人耳朵抓住了。这在今后要避免。抬筐少，榔头自作 200 个。

二大队：

10 月 25 日起放卫星。一二四中队 126 人，完成 59500 方，平均 4.7 方。二中队最高，

50 人达 5.12 方。26 日三、四、五、二队 155 人，工率 4.82 方。二队……①

没参加放卫星的也有提高，一队最高工率 1.57 方提到 1.88 方。炊事员四五队传达后，经讨论提出“大力支援中队放卫星”，后在一菜饭作好、送饭时参加二小时劳动，16 人完成 12 方以上。26 日中队放卫星，他们参加完成 80 方，平均 5 方。30 日中队放卫星，一队在 220 米中放 3.04 方，二队是□□□未放出，其他队均在 2 方以上。全大队平均工率 2.42 方，下旬平均 1.54 方，比中旬 1.36 方提高近 0.2 方。10 月份上旬 1.35 方，中旬 1.36，下旬 1.54 方。远距上旬 210，中 220，下旬 250 米。全月平均 1.417 方，完 94.46%。工率是还有提高。11 月份工率计划 1.6 方（坑深，坝高及距远）。有利条件是放卫星高潮大，极性觉悟，党性不断增长。基本上可以完成。

措施：除推广五大队三包五派，4 大队工分卡片制外，三个战术，循环、游击、卫星战。循环强强互赛，出现更高和低，再到高与高、低与低赛。游击战中队间抽出组互赛。卫星战：五天由中队放小组卫星，十天大队放中队卫星。做到三快三不误。三快：装快、运快、倒快。不误：装不误运，运不误打夯，打夯不误倒砂。存在问题：1. 越山运输路不够运，修路工如何记。2. 取砂土面上有废土，皮土翻下或分清除工如何计。3. 领工员指挥不统一。□□与否。4. 挖砂中出水。计划开渠结冰便于冬行。

一大队：

放卫星先在干部中作了动员，输水道 30 号一定要通水，□□同时作了讨论。二中队干部提出保证 28 号打通输水道，□□□说如 27 号放水，□□组织突击组（24 人）23 号作准备。22 号挖石 0.32 方，23 号达 0.56 方，24 日挖到 1.11 方。□□□□也写了决心书□□□运动。大坝亦如此，提出放卫星。一大队一、五队回填黏土中一队领先，五队提出坐火箭争红旗等。“筐担步行快，夯打实土就来”，提出 4 方量，五组达 5 方。四组 4.3，7 组 4 方。（26 号）全队平均达 3.4 方。须过路牌，如四队赵祥平时担 40 回，发牌中达 70 回。传至下边后。提出超赵祥高潮，28—29 日□□□达 79 回、运距 700 多米，□□□担 78 回。拉车一般 30 多次，用牌后多到 55 回。一般 40 多回。三队提 1.5 方，四队 2 方，实际 4 队达 2.3 方。

下旬情况全队平均 4.4 方，最高达 5.96 方。29—30 日平均 6.6 方，高的 7.97 方。问题：1. 有窝工现象。三个队回填，三个队运土。一、三中队运土（汽、马车）。5 中队靠二四队人力运土。22—23 号有汽车，25 号汽车未通知调了，8 点等 11 点了只一辆，最后来到三辆和加几辆马车。405 人半天未做工。2. 平车运土有干湿，领工员说不合质量，也不指明办法。

五大队：

大队会讨论报告，研究指标，一致表示决心完成任务。中队会议干部分工，组长、检委、中间、落后会议启发也都提了个人保证。同时一人三人带工，是中队的决定。三快，解决问题快，表扬批评快。卸车 20.1 方。29 号清皮土 8.2 方，砂 2.19 方。工率逐日上升。中队根据处内指标，长计划、短安排。三早三包五派是根据思想变化、施工进展提出

① 编者按：行文至此中断。

的。三快也是由此提出的。11 月上旬准备插红旗拔白旗，能不发白旗更好。条件是获工具、生产指标、不偷盗等。为今后继续放卫星，决定每月 5、15、25 号全大队放卫星日。准备工作事先做好。流动卫星旗已制完，□□□□推广。

问题：

1. 收方慢。收中不通过大队自量，问题常有出入。今后应协助共同收方。

2. 卸汽车，如为 22 日 60 人出工，7：30—5 点只卸三车。窝工大不好。

3. 检查质量不通□□□□□□□□□□，使责任难查。

四大队：

30 日大队填砂 2824 方，工率达……①

放卫星中大字报起了作用。火车、飞机，魏子汗一天担到 150 担砂，干劲、有劲、没劲，完工后一批三队。下一步安排，按远近布置 2.5 方。实际填黏土超过，其他没达到。仍以原布置为标准。夺红旗，中队之间，十月中三中队没，下旬一中队没。三队不服就超车，□□□□□□□作用好些。

问题：

1. 架子车领得不全，珠子少，还磨损轴头。

根据上面情况看，工率是逐上升，主要在于启发□□劳动积极性，多表扬有效，并应及时。本人信心高，别人也追赶。

2. 根据自身地形，远距确定目标□□□□□□□□、实行有效。

杨股长：

对高专员，报告干部会讨论如何放星和参加劳动，23 号就出动了。并在重点工程上突击三分工，开干部会，□□□□，领全工具。11 时左右还在工作，26 个干部只留 3 个照应的，□□□同出同劳动。一大队一中队已往回填 10 公尺，在 23 日就达 63 公尺，如不是水漏，任务就完了。沙子 0.12 方，回填 4.6 方。输水道，30 日干部劳动完成了砼浇筑。

1. 以大坝情况，除坝基填外，上游要铺盖，最好汽车晚间加班。

2. 汽马车运土集中一土厂。

3. 二土厂（输水道）应改水，以多取土。

4. 二大队挖砂出水要结冰运土，在目前任务说不适用，是否可提高几寸，少出砂粒。

5. 斗、平车作好不少，运途不大，主要轨不适用高低不平，易出轨。岔道作得少，出土不利。

6. □□□□要惜车辆，格外重要。同时处修理但也要加强。大队有人修设工具，处内开发一些。

7. 第二土厂往机房运土须修一条直路。

8. 伙房偷木料，在 10 月 18 日中午。张□□去向大队要，并极为粗暴，骂大队干部□□有问题，“李□□，安□□等三人拉的，我说负责清查，张都不应，骂人我提议作

---

① 编者按：行文至此中断。

处理”。

9 月 20 几号河南□□张□□批我处一抱柴，叫他送回他过后又挑走了，今后应办手续。

10 月 26 日晚 1：30 钟□□□挑走 6.70 斤，舒炳秋挡住了，各叫□□□放下柴火走了。干部又说他是山上拾的，还不高兴。

9 月 19 日陈股长要柴火，负责拉走二车，并顺便带了 3 个筛子走了。王□□领的工具交不齐，收工中有人将席子带回。我管不好。

三大队三中队筛的砂在河滩浪费很大，开工第一天是筐抬，沿路撒。领工员徐同志叫找车子，一去不返。宋□□负责后，常在输水道淹过□□现在还漏。浪费 30% 左右。（洋灰支衬）输水道用料常不够，铁铣常遗失，拾走、车压坏均有。赶车碾坏二台磅秤，砣也丢了。□□□作坡度太大。（坝和围堤太宽）废土已聚了水，何况要夯呢。我们谈时领工说有土方在。

周主任：

工程质量不好，输水道打砼不好，风窝多而小。还有 5 公寸多的地方没打实，空心，这就问题很大。明天通水不可能。

戴一诚：

1. 心墙黏土不够，要立地垫夯。

2. 上游运土铺盖如不填，今后会空荒。目前铺相当紧，尤其运土。关乎着整个工作面。

3. 心墙黏土质量不好，草壤未减，个别代工同志视而不理。（第一土厂）工地也不检。抽水机北工地土墙大，说几次不理。汽车行驶仍须指挥，以免出现压人事故。

4. 三场运土马车工人自装一车土走了。□□□□说为啥不使牌子。他说我装的，使啥牌子。大队长说把他拉过来，结果□□□□二人就拉着耳朵、牵着肘弄过去了。

高副处长：

1. 珠子还有 2000 粒，可以马上领。岩层继续再砸。

2. 今后股方一定要联系大队，双方进行。

3. 各工地运土要加强，特别是□□□要注意。铺盖要抓紧。调车联系由周生清和年科长相互联系并告知支队。

4. 乱挖东西问题不大，双方面注意能用不可的就办个手续。工具清理一次，在外的往回收，以免□□□中出问题。铺轨少慢，大坝回填也慢。

舒炳秋：

木厂增加平、架车各 50 辆，作为放卫星条件。定模板不占 100 个工，会超额修，按计划完成了。车子质量不好 248 辆多，没发挥大作用。模架不端等也作了检查。至于浪费在于纠正工人思想。

今后计划：大坝运土 6 寸轨，上月全数完成。木轨受发电影响，工作是要在今后补救。浪费今后加强由上而下的责任制，防止浪费。

王光中：

1. 汽车争取晚间运土。2. 收方统一。

林科长：

架轨珠子是自制，坏轴每达 10 个以上，每日修 40 多辆，此数惊人，值得工地上注意。

任义生：

运土□□□□装得少又慢。原提装 5 分都 3 分，实则装在 12 分钟多，还希改进。汽马车通到桥上很不好。

张鸣云：

一个马车装 25 分钟。

李副处长：

根据跃进情况，工率主要巩固更进一步跃进。下一步工作从输水道抽劳力往大坝，集中全力完成大坝。二土厂尽快运土往铺盖。天冷再填砂粒，心墙黏土要完成。争取劳力尽量利用机械，打夯以机代，劳力抽出运黏土。余部分（100 多）人留输水道看泄洪闸和留的砼工程。在保证质量条件下提高效率。二号检查洞子研究补救方法。带工干部怕费劳力，放松了质量很不好。大坝工程质量就值得十分注意。气温已达零下 13 度，按规定零下即为冬季。施工方法要变更。黏土内冻到不能超 20%。碾压要够质量。土不能铺到冻层上。因此打冻土的黏土冻后不能补。办法：1. 联系施黏土工。二或三班结修后没冻结机会。夜班就要加，砂料上不必要，白天施工，夜间续 1—1.5 公尺干土。2. 加浮盖施工，启冻土。砂粒填后第二天再压，天太冷干压也可。架子车一方面□□□□爱惜，定量运输。一方面各队自行找人修理。（修理组）放水确定后，事先须充分准备抢险材料，如草柴和防护人员。带工与施工干部的争执常有。土方单价及现有材料计委未同意，有赖下一步研究。目前收方问题尽量双方研究。根据石料、黏土、砂粒实际质数量空账，上面发的单价为根据。

放水以后：第三土厂的土为减少工序直接打到坝上，抽出抽水机就厂洒水。土厂道路全架桥也不宜。目前先过原桥，如万一须架桥时再架，须高线运土时就架线。二土厂从内取土后改过水，这边就可全部取土。路须开到二号桥上边。土约 2 万多方，人力运土较便当。车仍拉一厂土。马车填河南，汽车填河北。取土（下游）翻山须算账开道，土方算修路工上。领工员干湿指挥不统一，是程度不高。一方面工区组织实习提高，一方面加强互相联系使问题处理得更周密。砂粒挖到水面为止。利用冰冻滑运，只怕那时河床土挖不动。干料要从两边风化砂场取。汽车误工情况今后避免。队上联系施工以后汽车加夜运土可以。各少出动一部分。平斗车施工主要轨少，影响车子行驶。目前准备以加铺轨 4 道为主开磨运土。二号土厂修直路缩短距离可以。

高专员：

根据支大队材料和今天汇报。大会后，支大队领导下全体职工□□掀起劳动高潮。有些队组表现出冲天干劲。跳跃式、波浪式的指导思想、方法，主要是具体安排。长计划、短安排，组织了各种先进机构。如跃进组启开动员各种会议，随时表扬都是推动工作的有效方法。提出了可行口号、比赛条件和响亮口号，由此提高了工率。这周工程大家想了办法也激发了作工热情。步步上升，跃进形式上形成大跃进的新局面。卫星最高 5.7 多，腾空上升，一次比一次多、大，不断鼓舞人心。说明我们采取跳、波式战役性的前进方法正确，劳动潜力无穷。关键在于组织领导，及好工效一定提高的。思想不良好有问题就会糟的。证明许多问题只要通了思想就会正确执行党的政策、贯彻党的决议，就能发动群众、胜利完成。所以这周经过思想方法上的措施，跃进成绩是很大的，是否还存缺点：汇报中提意见不少，特别输水道上。

今后怎么办：1. 应明确任务，集中一切力量完成大坝工程。地委要求 12 月份放水，我推到元月份。除抽 100 人作泄洪道点物外，其他力量全抽去大坝，运土、砂是主要任务。打夯全由拖拉机做。要认清大坝工作量大，任务艰巨，要更努力加劲来完成。困难很多，不能强调，要解决困难，不能投降。

2. 抓整风运动这条纲，才能完成水库任务，把工效推向更高潮。现在的高潮还不足。要求每天完成 15000 方土，不论填或挖。各大队自定任务，对象是□□□□。有时间长短不一，□□□□□□□□□□□□□□□。在□□制造紧张局势情况下他更张狂。如不加强管理，整场会出问题。因此应该分发群持的大鸣放、大字报、大辩论，进行两条路线的斗争。否则完成任务就有问题。对破坏的要进行斗争，一旦发现就应追根到底，给予严厉打击。通过二条道路斗争来提高职工政治自觉悟，积极性，激发大家劳动热情。这周能收到这大成绩就是抓住了这条纲。

3. 必须开展两条□□□□，在干部中扫脾气、官气，批判打掉少慢差废的右倾保守思想。今天反映的问题有这方面的。批判严重的资思（在职工中），具体表现有人工作疲沓，脾气很大，强调困难，不负责任，无计划盲乱行事。实际工作做不好，工作情绪不高。屡教不改，如郑某某收来，再不改要受处分的。这种人走何路要展开批判。一定要认识到少慢差废的右保思想对社总的危害性。许多浪费就是危害（如劳力、器材浪费），问题有，如何检，总吸取经验教训的。昌马的浪费本应吸取，可此地仍浪费，为什么不引起警惕性，应总结研究的。能否提高工效关键在于领导思想和工作作风问题。这周领思想是大跃进的。但总的看还赶不上需要。经证明只有不断进行两条道路斗争，才能在巩固成绩的基础上向前发展。等待更大的跃进。工程上只有这样着想，采取这样措施方法才能完成交的光荣伟大任务。

4. 应贯彻群众路线的工作方法，这条要坚决贯彻。发动群众辩论任务，由下而下，再由下而上地定任务，一定作到任务到队中去，措施到队、（个人）应掀起人人献策高潮。干部一定要参加，领导生产。今后一定要坚持贯彻这一任务。这样做密切党与群众关系，上下级之间关系。发现问题解决问题。除组织检查组发现问题外，个人遇到就检查。一定作到职工情绪要高昂，干劲要冲天。政治领帅，队队、人人放卫星，个个争先进。

5. 要经常想队伍，加强思想、思考、教育。组织整顿，思想整顿要抓紧。这周的卫星放射就证明这点要开展。有什么问题就辩什么大辩论。只有这样才能解决问题。提工效，遍壁插红旗拔白旗消灭黑旗。这样才能达到提高工效的目的。做好工作解决问题。

6. 一定要树立共义思想、风格。没这条什么问题都不好解决。无论何事都从这出发，好解决的。否则许多问题不好解决。一切为了共产主义着想。要加强协作配合，今天反映的问题证明协作配合不够，凡配合好的地方问题就少。双方都应注意一层，谁的谁教育、解决。要坚决与阻碍工程发展的一切坏思想作斗争，这样才能把工作做好。哪件事、哪个人、哪个问题的处理阻碍任务进展就向哪方面作斗争。展开思想见面交锋才能办好事。要在职工中深入展开共产主义教育，作风上不能拖拉。提出的问题能解决的及时解决，不能的就讲清楚。

7. 反对浪费，凡浪费的要坚决反对。特别大队要注意。国家财产人民血汗只许合理使用，当然需要的人还要给。

8. 设计方面问题还得研究。有否保守、教条可以研究。设计一定要切合实际情况。大坝高度不动，宽度可减 4 公分以内。

9. 卫生要改进，病号要减少。□□□□□□□□□□□□□□。同志们提的意见是哪里的，哪里研究解决。工具要□□□□爱护，破坏工具以犯法处分的。

第十一次会议记录

时间：1958 年 11 月 10 日下午 1 时

地点：会议室

参加者：高专员、高处长、李处长、马指导员、五大队长、李科长、林科长、薄科长、年科长、张连长、酆从龙、刘重祥、贺永清、李成茂、李成藩、陈声有、杨股长、曹文财、任队长、张队长、方队长、戴一诚、刘名淮、邓文选、张参谋长

主持者李桂荣：

今天工委会讨论的问题：

1. 冬季施工问题，为保证大坝工程质量，工程处拟定出来了冬季施工简则，印发至各大队。工区实行，今天讨论确定后，由工地正式执行。

2. 检查输水道的填方在导流时发生决孔，这个问题由工程处已展开辩论。今天再提到工委讨论，目的是吸取教训，提高大坝工程质量，输水洞砼的质量很差，直接影响工程寿命，需要检查责任。

3. 鉴于目前天冷、时间又短，如何采取措施，完成任务。这一旬完成的数字比上一旬低落要找原因。平车、斗车未很好地利用起来，运土量低赶不上工程需要，如何采取有效措施在这一旬做好黏土心墙回填。

另外工地上存在什么矛盾问题，如大坝有的队做得好，有的队质量就差。由于有的队放卫星，而不打土块，含水量也不够，如果大坝再造成质量问题的事故，那问题就更大了。

高专员：

主要是冬季施工采取什么措施。其次讨论输水道的事故问题，认真严肃地讨论批判是什么问题。第三，目前施工中的问题。

任队长：

汽车拉了 20 个斗车，日运三次共 18 方，不如汽车运得多。汽车拉时常掉道，效率不

高。车要按期保养。木轨要想办法，桥下沉应解决，路要保养，不然工效不高。

输水道的问题是没清基，施工员有责任，再一个大队也有责任。大块土打不碎，夯不实，故双方都有责任。

据反映，现在装车又慢了，日运只15次左右，这是作风问题。

这月6号，□□□□拉了两条木头，我叫放下了，但又来个干部，就拉了一车子。

陈声有：

输水道工程发生的问题，在经济影响上很大，很多工具丢了，水淹了，在政治上也影响大。这几天□□□□、干部情绪不高。说这样作再作两个月也作不起来。原因根据同志们的反映，设计上有问题。放在半挖半填上省工，施工员有责任，当然带工干部也有责任。这个问题应在全体干部中检查。

第二个问题。斗车、平车的利用问题，为什么没全部利用。道路有问题，有的车空着三个人都推不动。他们说修理工具没有推不动就不推。路要解决。

再一个提高数量问题，是否可以放土炮。否则目前的任务就完不成。

刘成藩：

输水道因导流事故问题，据我个人了解，设计上有问题。只从节约这一方面着想了，清基不到底。工程队作的时候土块打得不碎，目前工率不高。

冬季施工，原河道部分，我们计划两个队作砂料场。我们也马上要清草皮。我认为首先要在干部中展开辩论。□□□□□□。等导流过去。我们准备日夜施工。我们认真贯彻冬季施工方案。

陈文财：

由于有认为这是临时工程，这是主导思想。坡是1∶1太陡，渠道沿山坡，有腐殖土。在施工中，准备工作中差，土壤不好，水桶少，水洒不上，大土块多，有空隙。水是从渠堤底部走的，盐碱腐殖土未清完。当时给许领工员说了。坡比问题给老代谈了，他说是因为是临时的。土块提出来也未彻底纠正。返工加固时，李□□说是只加一米。我觉得太低了，王所长说这是会议确定的。

轻便铁道没有把铁道规格加以调整，把弯道上的轨用到直道上了。铺轨时未作环形的，影响装卸时间。张□买来的车轴是死的，木轨道占的面积大，拆起来费力。冬季施工运来的土尽量夯打完。在土场要覆盖。

薄科长：

输水道的问题，我认为不是设计问题。选择的地方也对，坡度比也没有问题。我认为是清基有问题，一概而论错对是错误的，这是错误的决定。失掉了施工中的要求，不按规定作，做工单位应负责任，施工员也要负责任。土方不合乎要求，这是缺乏革命的责任感。输水洞砼质量太差也是责任问题。

另外斗车是有毛病的。但有些能推动即放在那里，□□□□有思想问题。又如装土干劲又不大了，装车要用15分钟。

酆从龙：

输水道填方是二、三、四、八中队作的，是清基问题。有大土块，质量问题。这是干部责任性不强，□□□□□□□□。工程队应负质量责任。工程处魏□□应负责清基问题，我们应吸取教训，在大坝上注意。应该包下来，要求施工员也包下来。根据需要，桶还不够用，是否可以把抽水机搬过去加速进度。

冬季施工问题还未学习讨论，根据这次教训在干部中强调质量。大队长、生产股加强检查。我们应在干部中进行思想整顿，加强技术指导。今后冬季施工，调蓄闸是值得详细布置，轻便轨道木轨被车压土石，钢筋钉上不行，同时轨道宽窄不一，轨距不合适，应纠正。

陈声有：

下一次合龙是否可以日夜施工，合龙仍在原处。输水道的责任是两方面，总而言之清基为什么不清到底，质量为什么还是那样，应展开教育，要求上课学习讨论。

斗车的利用不够，双方都应深入实际加强检查。

杨清枝：

关于冬季施工问题，今天我们召开了各队生产股长会议，布置了11月6日—12月底的任务，我们强调了质量问题，也强调了工具，如斗、平车的利用率。同时加强覆盖，加强第一土场土料的运输，再修一条架子车的路。

输水道发生的问题是严重的，我的看法主要是清基问题，若是清基厚度，工程队未做够，责任是工程队负，若已做到，则由工程处负责，在质量方面我们也有责任。

施工中存在的问题：泡土问题晚上是否可以派工人去干，二大队的砂料场是否可以把抽水机搬过去，把水抽一下。

刘重祥：

把水抽掉，工具捞出来，目前是轮换做工，工具问题解决不了。输水道的责任问题是设计问题，未放水前曾提过好多次，没有改线，两方面都有责任。输水洞的问题几家做的，应追清是谁做的。

王大队长：

输水道的问题，我自己责任性不强。从冲开的情况看，设计上有问题，另方面，施工员在工地未坚持。再一方面，工程队做得质量不好，夯打不实，有土块。我们将进行检查中队的责任，做批判，纠正大坝质量问题。我们看见个缺口，有石渣子，一个是原山水渠冲积砂未清除。对于输水道在原来是否处领导上给工程队通知过渠放水时间，在做到70%才发现质量有问题。这个责任应当追，说□□多照顾不过来这是借口，应当批判。

冬季施工，浆砌墙子应准备毛毡保暖。输水洞捣固有问题，这是我们的责任，我们要批判这个生产股长。施工员也有责任，如部队作得未很好指挥。有些地方结合不好，地没清，施工员都未提过。

斗车装卸运土，木轨效率不大，订的不一制，有的地方宽窄不一，应把木轨很好地整理一下，斗车如何解决。

此外，李处长应给下面交代，工区和大队应当统一一下。

那天填大坝的这个坑，应当研究解决。高处长做得对，有些地方不能对，二大队砂场抽水机还未提上。

工具问题，处里的可以给我们解决一部分。

刘成藩：

输水道的事故问题，有的同志说设计上没有问题，我认为，质量不好工程应负责任，设计上有没有问题，还应搞清楚。把施工员、带工干部、设计文件摆出来，我们分析这个问题。为保证大坝质量，这个教训，应在干部中展开辩论。工程处还应在施工员中很好地辩论一下。

贺永清：

输水道发生事故，是清基未清完，设计有问题，另一方面是工程队有问题。这些问题我们结合支队布置在干部中辩论。

李处长：

经过今天的辩论，对我们今后的工作是有好处的。责任问题。我也不能开脱责任。我没有明确布置和检查（由于我在玉门）。挖基2公寸是不能机械地搬到这个工地上，这是施工指导的错误，施工时给了断面图和规范。另一方面就是质量差，第一次未做好，第二次也未做好。设计上也没有错误的，我们检查的目的是提高下一步工作。同时施工员和带工干部之间有距离、各顾各，各强调各的问题。单纯的观点，本年就把工作做不好。如何作好哩？应当打成一气，统一这个矛盾，一手抓质量，一手抓数量。

冬季施工规范从昨天就要按照执行，单价从昨天起计算，深入学习，贯彻到实际工作中去，今天晚上在生产会议讨论确定。

质量方面，四大队做得好，水掌握得好。河南比河北的好，五大队三中队作的好。四大队三中队挖夯高度合乎标准。回填中草根检除得不尽。

高专员：

今天召开的工程委员会讨论冬季施工，目前存在问题及输水道发生的事故问题。

输水道的问题的责任问题还不做最后决定，后天另外召开会议。找有关的人来参加，把设计摆出来，进一步检查，找清根子，追清责任，搞清楚。今天为什么要讨论，我觉得有必要检查，我认为这个教训对我们很深刻，这个问题的发生给党和人民造成了很大损失，政治上经济上，所以这个问题要搞深搞透。搞清楚结果。我认为总的都有责任。工程处，工程队都有责任。施工员，带工干部，领导上都有责任。我觉得今天对这个问题不做确定，希望同志们回去把这个问题的辩论领导好，写出书面材料来。总的要很深刻地吸取这个教训，这个问题在我们当前是应特别注意的，否则大坝发生问题，不堪设想。

目前的施工情况不够好，效率不高的，应很好动员一下，从思想、组织上动员。如果不抓紧，如此下去，问题就严重了。曹支队长、尹队长走了，王大队长及教导员要把支队的帅挂起来。各大队长应把帅很好地挂起来，从组织和思想上加强整顿。

领导方法上，我觉得有些乱。工地上意见不统一，要纠，必须抓重点，大坝主要是回填，工程处、支队、大队都应抓住，采取野战军、游击队、民兵，相配合的办法。野战军搞土方，游击队搞沙砾。协同作战。意见不一致工作就搞不好，施工员、带工干部要协作，工程处、队应强调这个问题。双方面都要进行教育。当然质量方面有意见不一致的可以提出来解决。问题都可以解决，一切都应为了工作，为了多快好省地做工程。

在领导方法上加强迂回指导，发现问题及时解决，比如质量问题，觉得不对就应召集起来研究解决，工区都可以召开现场会议。

必须加强经常的政治思想工作。属于思想问题就应解决思想问题，如推斗车的问题很有一部分是思想问题，就应当解决。

第四个问题，冬季施工问题，修水库打土坝是可行的，冬季施工特别要保证质量，但数量上也要注意。应两方面抓，一手抓质量，一手抓数量，不能保证了质量不抓数量，抓下面的原则：

1. 必须要溶解土填筑，冻土不能超过10%—20%，可以考虑。

2. 压实要连续进行，保证压实的土层在下一次铺土时不易冻结。

3. 土料的含水量，只要抓起成土团就可行。

4. 压实问题，不论土料砂料都得压实，主要采用拖拉机，现在的问题是拖拉机的领导问题，要指定专人领导。对这些人，生活要照顾，但要求什么时候需要就得去，拖拉机压不到的地方必须用夯工实。

5. 铺土的厚度，同志们要研究，究竟铺多厚要研究，我的意见不要超过2.5公寸，同时总的要求在碾压以后保证第二次铺土不发生冻结。

6. 新填方和原填土的配比问题应注意，在压实工作中土块究竟有多大就行，要研究确定，交代清楚。

砂砾的含水量要降低，还要加强覆盖问题，总之在压实和冬季施工要好好地学习，我觉得我们修这样的水库，我们的经验很不足。知识缺乏，应须很好学习，把干部召集起来学习，这个问题很重要。工程处指定专人作是一番交代，这样也可以解决工地的互相意见。总的要求是保证质量，数量。

最后我想谈几个具体问题。

1. 道路问题很重要，必须要加强养护，要在几天内打轨铺好，道路搞好，木轨坏的要补修，总之把道路搞好，指定专员，限共同搞好。

2. 工具问题。运土的工具，汽马车、火车、斗车、抬筐我觉得可以搞旱船，第二土场完全可以。高线运土，这些问题各大队不要光依靠工程处，你们想搞就搞起来，有困难提出来，工程处解决，提高效率。

3. 如何提高汽、马车的运土效率，平斗车也应这样搞，架子车的修理，工程处没力量，大队能解决，要工具工程处解决，没有的就应做。现在我们一切的力量、思想、措施都应放在大坝。

4. 架子车的零件，工程处清理一下，能装一辆就装一辆交给工地。工程处能帮助解决的就应当帮助解决，如抬筐。有些问题不解决是不对的，陈队长应狠狠地把平车斗车抓一下。所以我觉得凡是非生产的架子车都用到工地上去。

总之可以把一切力量都组织起来，汽车可以双班，就是考虑装卸的问题。至于提出的具体问题，李处长考虑解决。如二大队提出要抽水机等。另外土场的用水问题要解决，由工程处负责任，不能影响土场用水。土料拌不好，要大队负责任。

再次，输水道返工得加固、问题要抓紧，很快地完成。□□□就应考虑合龙。李处长去看在什么地方合龙。研究确定。第二次的合龙准备工作一定要搞好，物力人力，一方面是渠道，一方面是合龙的地方。必须于15日前完成合龙。

这几天效率不高，1万5千方来完成，□□□□□□□□□，很快地扭转，给大家讲清。虽是协商，也是好事。事实教育了我们，首先加强思想工作。

晚上施工问题我们以后再具体研究确定，冬季施工问题的设备要准备。今天就主要地谈这些问题，希望回去很好地动员，提高效率，完成任务。至于任务的分配，曹支队长已做了布置，我同意，你们去做。

第十二次扩大工程委员会

时间：11月25日

高处长：

1. 大坝回填黏土方法，夯打18遍，机械碾压，一天一夜不够质量，一台增到五台，不能跃进再跃进都坏了。方案：（1）怎样在多快好省的原则下质量等达到。（2）大坝工程是否可用干土铺盖保护起来。（3）冬季打砂粒，河东南两头留下口子。（4）省上决定渠是冬季做，劳力摆不下又怎办，只好在大坝摆不下时才抽人摆到渠道上。

2. 清基突击：首先要打冰，发电机、抽水机准备好，一边抽水，一边清基（河槽清基）。

3. 劳力安排如不填黏土，就挖冬土滩平铺盖。

4. 工程中存在哪些问题，工具改革如何提高效率。

刘大队长：

大坝最深处1.5公尺，冻冰后水从底下走，清基。在桥上建临时土坝聚水，先搞上游，边打水边填砂粒，水壕不留，截水塘回时挖。进展差不多再挖下边，浆砌石墙要夜间进行。黏土打20遍，因冻也不及时，更好的办法还没有。

冯大队长：

1. 冬季施工先解决合龙处的漏水问题，抽不可解决，河流处倒黏土减少下游流水量。

2. 黏土回填主要一大队劳力摆不下，土场小，汽、平、斗车运不及，覆盖一公尺还可摆劳力，人力机器地界划分开对施工有利。

陈大队长：

回填取不上土，取上提不及，第二天即冻又得打，或作废土倒出，干湿不均，这就造成了夯打困难，因此同意在摆不下劳力时调出挖渠。

架子车工中队须100辆，只10辆有珠子，钢管替珠子，尽断轴，所以道路重要。一土场土不好，□□□，好土被废土压究竟倒否，倒时是否计工。斗车三中队131辆，路不好，好车不好用不成，如火箭32号修多次用不成。开始30多辆日五趟，90多辆2—3趟，24号才跑一趟，路道钉松了，运难，一等土倒不出，二等桥头没路，三等装土，这就影响了工率。

铁斗车须46辆，用45辆，二人推一车上还加筐子□□□尺，一次可推1.3方。有的统一车上加16筐土，计划作木架，掉道翻车的工伤事故还有。

土场要扩大，土少装不满车，上车时间久都大有妨碍。挖出的冻土再挖费力，提出多发杠子撬。

吊桥围堤中劳力浪费很大（人少不行，多则窝工），16号下木笼后石被冲起，水由西边冲堤受险。朱□□也在，即汇报收拾，后朱又打电话说不叫搞，说处长、专员来的，我未理坚持下去，二次又为是电话，戴□□来后，意见不合，磨到11：45钟，后拖出一点多冲脱了。劳力调配也不做主。又拖一点多，打夯中朱□□叫□□□□打，不见他做，不填土。结果由晚上打到第二天12点，还在打，而朱□□在机房烤火。

蒋大队长：

水船拟作，陈□□说大坝要停的，所以未作。形和雪橇相近，每个装1方土，口号是50方竞赛。11月6号1344人批裂口，可否算工。按1.5升2016小时折256个工日，11月20日5队287人，二队19人排水以2小时计，612小时折610.5工日。18日二队18人小工，36小时折4.5工日。共26644小时折3343工日。输水道上靠水边挖6尺深一道壕后算工。11月6号五大队580多人加工一次。河南垫砂粒60多方均未收。垫黏土处一天窝过80多人未算。50人到了一天也未算。

我工地冻上挖不下去了，冻土5—1.5公尺，石子挖不出，20万方完不成，路北可挖3万方。

四队：

砂场11月6号416个做土3841.4方。上下游用砂现在交换运用不大好。

杨股长：

大坝回填质量是不好，散土多还冷却了。墙心回填同意先放下，铺盖继续进行。540—750一段由4、5中队在盖，是领工员决定不做。盖1公尺正填时又出取这太费工。同意垫薄些，不垫黏土。土场土是否挖，土挖下做何用。输水道安抽水机解决。一、二土场拌和问题还未解决。

结账问题：输水道定成分结账到需要。点工的账须对一下。

一大队二中队原交钱运土中领重钢筋（87公斤）截后未用丢了很久，24号晚马股长叫王□□带回。但被李处长要回，还骂是土匪等。

冬季施工不能保证质量，同意把心墙先留下。心墙铺盖干土1公尺，再厚就会形成大返工。但填砂粒铺盖要作成，口子留上五个、每大队一个，按占地长短留。如三大队200多公尺得留一个，四面坡计形作到10公尺劳力就展不开了，值得研究。此处土质量最坏，土场只能摆两个队。土须解决。大坝回填洒水以前算点工签了字，现在就不一样了。拖拉机坏了，将来少不了人工夯，夯很少，现存夯也不见了，这值得查究。

张孝炳：

合龙后的留水很大，抽水机难解决问题，做土坝截水也不行，因为它没有出路。主要问题还是再填拢口。

冬天排水就困难，天冷它（水管）会冻的，拖拉机27号早可出4台，大型的一台非进场不可。大面积蹍压要靠大队给予条件。

工具改革：十月下旬讨论准备装起重机，经铁木工研究组通过技改小组，而且他们没时间。(皮带输送机）一个台班可达1300—1600方土。工期长就可以试制的。

输水道填方出须加宽、加高。并在输水洞口上打井，以防不测。

第一次合龙□□□丢工具80多件，推斗车缺30多件。

薄同志：

架子车268辆，加原有278辆，修的多，坏的也不少，15号开始后用到25号大修72辆，小修163辆，用49人作46个工。十天断轴22个，加原多12个共34个。管替珠子不行。整断了44根，也有二合一重制的零件领不到，要求解决。轴头发给些我们继续修理。

22号100人排水几小时未给工，土场一天弄坏15根洋镐把和抬杠，钎子也有，尚待解决。

黄锡璋：

回填问题同意，路留的不能多，土场留一条，北东头一条。南坡直接去土坝上。轻便道上排水，免得成年成患。

夯原计800个现存300个，5台机子，至今夯把有的被烧了，所以现有的不能全用。洒水桶斗40个已用20个，现还停用了，只要利用起来还是顶事的。

第一土场开初把草根土装上了，18—19又转用冻土块，工地退回去一车，一队一组专门把草根放路边等车。架车运土场子，五队来去乱走，汽车难行。用车不爱惜，遇坎上遇坑下当然坏得容易。河南清基的方一定要收，四、五大队相结合才能处理。

收草皮原高程点上就有，砂粒上坝后按断面算，多填的先不动，新填就计起。

李处长：

为进一步跃进，目前气温降至-15℃以下，规范定冻土块不超20%，现已万分好。检查组的人如11月17号后黏土质量未达要求，8.5下8.0以及到7.14斤。这说明不适宜施工。转方法：黏心墙停工，上铺盖干土有6—7公寸即可。保养住以免再冻。明年气温上升平均达零上5度时就可开始施工。土场不停，黏土继续运，以为明年做好准备。除草根，砂土都可拉到大坝上游处外面（2公里以外堆到100公尺以内），运堆排存上明年用。供应汽斗车的运输量。铁轨是银川的。还在催要中。水库包括渠道明年月底要完成。劳力先去不摆渠道。心墙停止，作砂粒，因他冻后膨胀不大。河床砂粒易达质量，填的数量目前大坝只47万多方，总数160多万方还差得很远。达10公尺高时砂粒还需5.60万方高。9000多人，出勤率7000多，每人完成一方（评论），全月21万方，砂粒还须二月的时间。因此劳力不能向别处调。元、二月天气最冷，二月完了就入五九，那时可以出工。350公尺的铺盖随铺随压，上面铺砂的未完成它。泄洪道20多万方挖土，2万方石头在坝两端开采。为提前排水必须先完成大坝。死库容1000—1500万方，水要二、三月才能排起来，抬高7公尺输水道才可进水。(上指坝底铺盖）合口留一个（等于三个）汽车道高可用。留口多影响质量，也侵占积土，所以只留在斗车路上。

河槽：怎样回填，水下去了，两边废土清理后，二边相挤□□□□□□（不要冻坏）即够质量。打小坝蓄50万方水（一尺多）也须50天（日一万方）不会上地面。河床用砂粒填。

劳力7000多还是尽量集中大坝，汽马车不停，劳力分段填砂粒，一二大队填黏土铺盖层，随填随打。如大坝万一调不开，公路、排洪道、渠道、开石都可行事。65 公里渠道是明年 7 月完成。

质量问题：工程做好不发生问题，工程上的浪费不在乎施工期间，主要怕……[①]

双塔堡水库部分会议记录讲话报告（三）

1958 年 9 月—1959 年 2 月　　甘 232-1-223 案卷下部

说明

1. 记录时必须填写明时间、地点、出席人、缺席人、列席人姓名。
2. 记录时要求勤听细记、实事求是、避免偷懒偏差。
3. 每本装订 100 页，必须事先填明页数，不得随便撕损。
4. 讨论每一个问题时必须记清决议，但有不同意见争执时可予保留。

第四次工程委员会记录

时间：1958 年 9 月 4 日下午 2 时

地点：工程处会议室

参加人员：高专员、高处长、李处长、秦科长、薄科长、戴一诚、尹大队长、王大队长、杨股长、陈声有、党指导员、郭指导员、刘铭□、王泉生、侯连长

主持人：高处长

记录：□□□

高处长：

1. 汇报工作；2. 通过制度。

杨股长：

工效情况，输水道石方情况 8 月 25 日—月底达到 0.85 公方。9 月 1 日—9 月 3 日达 0.91，九中队达 1.05 公方，二中队达 2.0 公方。大坝土方，8 月 25 日—月底，12 中队 1.96，11 中队 1.95，13 中队 1.56，十四中队 3.46 公方。

大坝上□□劳动情绪比以前提高了，运输往返速度上快了，根据会议高专员指示，纠正了监督不紧，干部睡觉的现象。

输水道铁工搬至工地修理钢钎，解决钻子、黄色炸药。

大坝是排水问题，抽水机地点搬了，晚上施工解决长腿靴、手电筒。

王大队长：

电灯未安装泡子。工地撬杠问题，中队提出苦战半个月，但撬杠不能解决，需要马上解决。抽水机的问题，要很快解决，大队每晚有一个人在工地亲自指挥。

---

① 编者按：行文至此中断。

尹大队长：

现有4465人，□□1782人，共6247。盖房两个中队，其他都作工程，□□的800多出工了，效率低，需要整顿。□□工作实际9.5□白天班7时出、晚6.5时收，晚班下午7时出、上午6.5时收，这个安排。突击大坝挖方，红绿灯和瞭望台。手电筒40，及电池开支的解决，部队的粮食问题。

陈声有同志：

干部一般比较好，个别的提出是否过两个月是否能回家。□□□□说叫他来西北是搞矿哩结果叫他搞水利，□□□□吃着土开了。打架每天有，前天把一个的头打破了。有的偷馍，打扑克据说是赌博，前晚上有一个偷着跑，□□□□□□□□□□□□□□□□□，如何处理还未确定。

薄科长：

木铁干劲足，效率有显著的提高，模型板由原6公尺提高到11公尺，铁工自动加班。木工下班晚，争取提前完成任务。

接到省水利厅关于安全施工进行一次检查的通报，结合这里的情况进行通报。

戴一诚：

输水道改大斗钎可炸到11方，输水洞要加夜班，等突击到6号就可以加班。溢洪是调一个队来作砼。同志们情绪很好。大坝挖地下水砂砾土，可以用群众的犁。新式工具主要是搞不出来，工程委员会应表扬鼓励九中队，制度应加上不推广新式工具的要处分。

侯连长：

工地设置工事，指挥问题、设备问题、今晚开灯先看一下。另外夜间施工制度、出入路线，进行检查。

高处长：

根据大家汇报，从高专员报告以后大部分都动起来了。抽水机共解决6台，再安装3台。雷管马上就运来了，铁锹不能解决，钻子就解决，手电再研究一下，要解决。

李处长：

大坝抽水问题，原准备分段作，全面班还得考虑。着重三个重点，大坝、输水道、大型设施。大坝加班、输水洞要加班，要一个中队。

灯光问题今天下午三方面看，电池这里解决。调度劳力以后要和王大队长商量。

安全问题，一定要用木钎捣，马车问题我们谈。

质量问题，大坝、木夯打16次还差一点是0.02，石夯为1.89，超过了1.75。石夯再试验打8夯，再决定。

使用新式工具问题，要推广。

高专员：

根据汇报，总的情况大有进步，干部积极性提高了，责任性加强了。督促管理大有进步，效率大有提高。无论从哪方面来看都好些了。我觉得存在的问题还很多。

1. 晚上做工问题，很复杂，很艰巨。如果管理不好，很可能发生问题，这要很好地具体安排，应引起每个同志特别注意，原打算搞三班，现在决定搞二班，一定要做好准备工作。①

（1）发生问题干部位置，同时研究晚上带工干部如何管理。

（2）晚上做工时间安排，考虑晚上七点第二天7时，若行应大力搞，工程处抽一半干部参加。另外晚上做什么工作具体安排，总之晚上做工要□□□□□□□□□□，考虑到晚上会出什么问题。

（3）要给干部交代清楚晚上施工是很艰苦的，凡是干部、党团员要保证晚上施工不发生问题。

2. 排水问题是很大的问题，增加抽水机调不来，也借不来。在这样的情况下，如何适当安排解决这个问题。将现有六台适当把位置安置好，使得达到基本上解决问题。抽水机要派人现挂电话向省上要。另外施工应考虑，用尽一切力量想尽一切办法来解决。②

另外，清洁卫生很重要，工地周围不好，指定大便地方，防止传染病，采取有效措施，防止传染要隔离。饮食方面要注意。

再谈谈工具改造问题，推广得不好，要采取革命的办法。如何很好研究执行贯彻，要坚决贯彻执行。创造出来要帮助推广使用，保证贯彻。总之要求工程，大队抓紧工程工作，学习和实际做工要相结合起来。把大坝工作搞好，集中精力在这方面。

评比委员会第一次会议

时间：1958年9月23日

地点：会议室

出席：高处长、李处长、马树明、尹大队长、薄科长、薛连长、拓千珍、方明义

高处长：

今天开会是工程委员会拟了评比的办法研究决定后决定：

民警队以分队，连以排，两个连一个队由王营长负责主持评比出一个连，每连、队评出一个排或是队。

个人奖励在总人数占3%—5%。

工程队6个先进单位名额，股一个。

工程队五个单位名额，两个厂，一个队、一个工区、一个科室。

由工程处交给150元，作为给□□的奖励，以工程委员会名义进行。

物质奖，甲等占20%，乙等30%，丙等50%。

第二次评比委员会议

时间：1958年9月29日下午2时

出席者：高副处长、曹政委、尹队长、拓千珍、侯连长、薛连长、方队长、薄科长、

① 编者按：以下删去36字。

② 编者按：以下删去172字，原有序号3。

梁继富

高副处长：

第一个问题讨论材料。第二个问题时间步骤方法。第三个内容前 90 天工作总结和后 10 天的工作安排。

国庆节大会时间：上午 10 时正式开始。

大会主席团：高专员、曹政委、尹队长、薛连长、高处长、李处长、潘学智、薄连安、范金莲。

大会程序：主席报告人：曹支队长，司仪：林科长。

首长报告：高专员

主持：高副处长

会场布置：温克壁、赵玉枝、戴一诚、丁宝珍。

标语口号：

评比工作：

工程处薄连长、民警队方队长：

单位：木材加工厂、机械修配厂、机械队、办公室、大坝工区二小队、九连二排。一连为先进连。

工程队：□□二中队，十五中队、廿一中队、材供股、二中队、四中队。

以上单位决定为先进单位。

个人：

甲等：

工程处：王嘉宾、张殿忠、宋如月、郭宝南、王荣先、李建枢、何有仁、张仲庆、赵明章、潘学智。

工程队：王树民、敬正奎、杨含辉。

部队：何占元、牛正发、南克、王仁、李永足。

乙等：

工程处：李兴、高长才、刘恕之、郑天芳、杨继德、魏宝珍、张秋枫、巴宝珊、赵智超、李玉山、范重莲、丁宝珍、陈文清、唐炳□、马超海、李金卯、肖成积、刘应宝、李大于。

工程队：王采云、金吵喜、苏响才、贾安、张富荣、沈学业。

部队：邹同学、雷心堂、张付有、李学重、常学仁、裴彦林、孟加斗、权万春。

丙等：工程处：杨士哲、蒋嵩山、□广治、谭进玉、杜廷臣、蒋宪保。

工程队：李银武、南征武、严敏、温治义、刘爱贤。

部队：鱼占龙、□贵田、任智慧、释起华。

安西单位银行。

国庆大会

参加者：双塔堡水库工程全体职工、官兵

主席团：高专员、高处长、李处长、曹支队长、尹队长、薛连长、薄连安、潘学智、范金莲

主席报告：

今天是中华人民共和国成立九周年，工农业各项事业的伟大成就。

李副处长：

关于工程总结报告：

双塔堡水库6月3日开工，7月6日正开始，8月20日以后掀起了跃进高潮，为了搞好大协作成立了工程委员会。

评比中先进单位15个。

甲等奖18名，乙等33人，丙等15人，表扬20人。

从评比当中来看，我们可以达到计委规定的定额，输水道完成土石方17.8万公方，大坝12.9万公方，合计30万方，占总工程量的14.7%。

截至9月底共完成45万公方，占总工程数25%。石碾提高效率三分之一，和人力比人力提高13倍，1台拖拉机可顶人800个。

□□□□□□□□□□□□□□□□□□□□□□□，基本上完成了任务。

如何利用脑力劳动代替体力劳动提高工作效率，减少劳力，完成工程任务。

今后怎么办：

首先要求各个部门、各个同志为工程努力，为解决缺少劳力问题而奋斗。

其次应抓重点，尽先完成输水道和大坝工程。要求输水道10月10日通水，劳力以后全部到大坝，输水道只留一个队作小坝挖基。

从评比中来看潜力未全部挖出来，10月上旬输水道，10月10日一定要通水，输水洞石方7日以前就要完成。

大坝在9日以前装备好合龙的材料，10上午合龙，其劳力调入土场。

输水道填方质量很差，由本月3日起调一个中队做加固工作。

走土场的四座木便桥要在10月5日前完成。

大坝浆砌截水墙及黏土回填于10日前填平地面。

10日前修好各程道路，同时要配备适当劳力养护道路。

加强马车、汽车装卸，要跃进，括板卸车，争取二分钟卸一车，五辆马车要达到一个汽车的效率，尽量在机械方面下手。

完成以上任务的措施：

1. 提出响亮的口号来。

一战南河坝，水深也不怕，填平坝基坑，筑坝成山岭；二战输水道，□□□□□□□□□□□□，高山把头低，顽石开成渠；三战砂料场，砂土齐飞扬，万人齐用力，顽砂变成墙；四战围水堤，完成在到底，干砂多井赛；五战溢洪道，个个逞英豪，完成建筑物，攻开排洪槽；六战各尾口，战场一扫清，水库全完成。开会庆大功。红旗卷西风。

2. 采取具体的办法，要求政治挂帅，加强团结，搞好协作。

高专员讲话

同志们：

今天是中华人民共和国成立九周年纪念日，我今天准备讲三个问题。

一、一年来国际国内的巨大变化。双塔堡水库经9月20日跃进誓师大会以来已经取得的伟大成就；二、掀起更大的生产高潮来反对美帝国主义；三、水库当前的问题。

我觉得我们水库当前的工作中政治挂帅做得不够。从许多的事实证明，只要政治挂帅，工作就会大跃进。群众发动得不够。因此许多问题解决得不快，有些人对水库任务不够了解。强调的困难多，采取积极措施少，空喊话，具体安排少。只要能政治挂帅，每个人都动起来水库任务就难完成①。

根据国际国内、张掖专署、安西县的情况来看，都要求我们去完成水库，时间仅有90天，要很快地抓时间，以后一天比一天冷了。把党的领导贯彻到各项工作中去，也就是说把每一个职工群众都发动起来。

抓存在的问题，具体困难一定要想办法解决，工具、器材、干部思想的整顿。

计划安排问题：大计划、小安排，每月、旬、日都要安排，必须在安排任务的同时提出具体的口号，按时检查，随时发现问题、解决问题，根据计划安排劳动力，要注意窝工浪费。

任务分片包干，贯彻四包，即中队、小队、组、个人包干。新式工具的创造发明要继续搞，大力推广使用。

我们的任务很紧，时间很紧，要“分秒必争”。要求共产党员每个干部拼命地克服困难，鼓足干劲力争上游，大战90天于12月底完成任务。要大搞群众运动，确实有效的人都发动起来，把所有的人的冲天干劲、革命斗志组织起来，保证社会主义高速度地跃进。

另外，发扬共产主义大协作风格，加强团结，要求同志们接受马鞍形的教训，紧前不紧后，要求工程日日上升。

总之。②

第十次工程委员会

时间：1958年11月1日12时

地点：工程处

参加者：高鹤龄、高永昌、李桂荣、曹文财、尹子秋、王兴中、杨清枝、常文魁、林牲、年春贵、陈声有、方明义、张连长、王振刚、酆从龙、贺永□、李建卯、刘金旌、薛俊祺、高牧、张孝炳、任义生、张岑荣、高荣超、舒炳秋、贯怀智、朱禾东、戴一诚、刘成藩、陈文财、李成茂、参谋长、郑指导员

主席曹文财：

今天的会主要汇高专员动员以来的工作情况及经验及今后的工作安排意见，汇报主要

① 编者按：推测原意为水库任务就不难完成。

② 编者按：行文至此结束。

抓关键。

李桂荣：

我先把完成任务总的情况根据统计做如下汇报，这二旬的跃进收获很大，放出了卫星，大坝平均工效：砂砾1.43公方，最高卫星2.7方，填黏土平均效率1.88，高效率2.05方。完10044，砂砾3万多方，浆砌0.33，运土4.35，汽车13.33，马车11方，清草皮5.87，坝基清基4.24，备砂4.15方，突破了统一定额，接近专员布置指标，这是令人满意的。

输水道开挖石方平均0.5，砼0.68，浆片0.63，围堰加固0.8，按专员指示完成了，计划明天通水。

大型设施，养护道路8公里，轻便铁轨1公里。

木材加工厂：完成架子车50辆，平车70辆，模型板150%，桥梁完成了，模平车40%。

机械修理厂：完轨道铁条2400。

根据这些数字可以看出比以前各旬都有了前进。

三大队王振刚：

自从高专员动员以后，支队又召开了会，大队作了研究，这一旬要比中旬前进。

大队向□□作了动员，干部有的写了决心书，如一中队的干部及李振刚；四中队提出“超火箭、赶卫星、跃进红旗必须争”“不怕顽石强，不怕顽石硬，只怕大家加干劲”。按不同性质进行编队，大部编为火箭组、红旗组、跃进组、前进组。□□□□□□□□□□□□□□□□□□□□□□□□□□□□□□□□□□这样起了作用，自编队后，只发生一次□□。

干部参加了劳动，促进了□□的生产积极性，如□□□□□一贯消极怠工，看见干部动起来了，他也积极了。

工效：原0.53，现0.66，运土原1.58，现1.97，砼原150盘左右，后上升到223盘。

放卫星，22日动员后半夜12时干部都不睡觉，3中队要放3方，完成了3.02方，后来提出放5方的卫星，28日放5.08。□□又提出放15方的卫星，准备于11月2日放。

在石方方面原平均0.49，下旬逐渐上升，24日平均0.58，25日到0.71，有的组最高为1.04方，输水道按期完成。

意见：输水道工程拖延的时间长，首先机器不能按时开工，只开一个，我认为计划性不强、钢筋□□、缺乏周密计划。其次，机械开后没有漏斗或者少，浪费了劳力。另一方面在质量方面保证得不够，最后钢筋也不取锈了，砂料也供应不上，捣固也不够，看起来也差一些。

陈声有：

自专员报告后，支队进行检查，大队作研究，把指标根据不同情况作了确定，三中队提出了口号，□□□□□，并启发向党交心。□□□□反映说队长都来劳动，我们不干还能行吗？思想比过去有了提高，24日收工后，干部和□□60多人自动参加劳动，把围坝加固了未被破坏。工率、加工土，清草皮处规定8方，我们按不同情况给各中队布置了任务。放卫星，一中队加工土达15方为卫星，作到19.6。总的来说比前一阶段有了跃进。

今后指标：我们向施工员一块研究，挖土5.5，推斗车平均为2方，装汽16.5方，马车15方。

意见：轻便铁道接头高低不平，容易掉道，要修理，木道要换成铁的，如□铁工作不得，我们大队可作。枕木宽窄不一。修车子的工人，应分成流动组，大坝及土场各一组，这样不窝工。第三土场应设抽水机泡土。昨天放水道路的问题要解决，我们意见架便桥6—8。

施工员和职工干部的关系也密切了。

二大队：

二中队25日放卫星5.12方，26日放卫星4.82方。没有参加放卫星的人也有增加。原平均1.57，提高到1.88方。任务队进行讨论后，送饭的人参加两小时劳动，和中队挑战。26日放卫星，他们也要求参加，我们就抽了16个人，共完成80方，每人平均5方。30日全中队放，一中队平均3.04方，二队□□□□□□□□□，其他队在2方以上，全大队2.42方，下旬10天平均1.54方。

根据十月上旬1.35，中旬1.36，下旬1.54方。但运距增加了，只完成1.46。从此情况来看，我们计划11月平均达到1.60方。措施：除推广五大队三包、四大队的□□□而外，我们提出了循环战，各组互相的输赢竞赛、争冠军。游击战、中队之间不固定抽出组竞赛。卫星战，5天之内中队放小组卫星，10天大队放中队卫星，作到三快（装得快，运得快，倒得快），三不误（装不误，运不误，夯不误）。

存在的问题：1. 运输道路有拥挤现象，需要修路，工地设法。2. 取砂有废土，清理计工问题。3. 领工员指挥不够统一。4. 挖砂已出水，准备挖成渠采取水上运输。

一大队□□：

自听了高专员报告以后干部下去首先讨论，提出7天展开突击放卫星。

26日五队中有11组达到了五方的卫星，4组达到4.3方，这日全队平均3.4方。

运土23日以前工率很低，利用了发牌子效率提高了，有的□□由40次提高到70回，利用中午全队提出超赵祥。第二天马世汉达到了79回，拉车子实行牌子制也很好，有的拉到55回。四队全队达到2.3方。总的说21—28日平均4.4方（折合方），29—30日为6.6方（折合方）。

存在问题：有窝工，大队上在25日发现汽车调走了，也未事先通知。同时汽车去得迟，有些运来的土是干的，又要加工，加工费不能处理。

五大队陈文财：

听了专员报后召开干部会，提出了指标。接着召开中队会议，干部进行分工，□□各中队作动员，召开积极分子组长会。任务作分配到组、个人，争取中队每天干部到工地，家中只留一人。工地干部又进行分工，即坝方、□□道等各一人，基本消除了□□的偷懒，采取三找三快。

放卫星：砂砾、黏土、清表土、清基、卸车。

今后意见：在11月上旬展开拔白旗插红旗运动。

刘成藩：

我们根据处及支队的规定指标，我们具体规定指标，实行三包、五抓、三找、三快。根据□□思想情况，定出指标，到达了就不发白旗。另一个卫星要继续放，5、15、25 日为大队放卫星的时间，卫星流动旗。发旗在干部中发改为在□□中发。

意见：关于工程处收方问题，9 月下旬至现在未收。今后收方和生产股会回收。汽车数字应事先通知，避免窝工。施工员在质量检查上应给带队干部说，通过研究，汽车出工迟，修架子车工具少。

四大队李忠义：

自听了高专员的报告后回去就讨论，方法上采取按人的情况合理分工，推行原来的方法，提出的口号：打响第一炮，卫星飞上天。

砂砾回填 2.55 方，23—29 日放卫星，各中队放。30 大队放，共放 14 个，平均 4.184。30 日全大队平均 4.41 方，平均 2.51，比中旬 1.93 提 0.8 方。可见工率上升，潜力还有。

放卫星中用大字报刺激很好。有的□□担砂砾提高到 150 回。

今后安排：指标仍采取以前的。夺红旗在中队与中队之间的竞争。红旗在工地上送，起的作用比较大。

新的问题：收方问题，架子车领得不全。

李成茂：

工率上升，主要是要启发□□的劳动积极性。办法是多表扬，及时在工地上公布好的□□，当日红旗只有两个中队发，未推广，依照具体情况规定指标。

杨清枝：

自 22 日听了高专员的报告后支队又召开了会，23 日干部就参加劳动，支队部干部参加到重点工程上去，和□□一同劳动，以往一大队回填只是 10 公尺左右，但这一天就回填了 63 公尺，从这个情况来看是有潜力可挖，只是强调了客观困难。

放卫星方面：砂砾 5.12；黏土 4.6 方；输水道。干部参加劳动，30 日完成了任务。

几个意见：根据大坝施工情况看，土是个很大问题，我们意见，汽车是否可以晚上加班。汽、马车运土，全部集中力量运第一土场的土料。在第三土场把输水道的水改一下，能多取土不会窝工。大坝下游挖砂砾出水问题，是否可以提高几方，但要少取砂砾。平车铁斗车使用率不大，主要是轨道问题，应加强修理。关于架子车领出去因无珠子，太费轴，同时用车子应教育□□，加强修理组。

酆从龙：

是否可以发工具到工地由大队修理，否则对生产有影响。运距远弯道是否可以直修一条路。第二土场要及时确定。

关于□□偷工程处的木料问题，来找木料的张□□同志来骂人，态度不好，我认为就应该处理。

舒炳秋：

9 月下旬有一个□□是□□的来偷挑柴火。10 月 26 日一时半，□□又挑的柴火。

王振刚：

沙子在河滩浪费得很大。

周生清：

输水洞砼据今天拆模情况看有些质量不好，有的地方露骨。

戴一诚：

完成的任务比以前好些，我提出几点意见。

1. 抓紧回填心墙黏土。

2. 上游铺盖的土应很好运，加强运土工作。

3. 关于心墙黏土质量打得不够好，草根不捡，有的队长负责，有的不负责，应很好地重视。

4. 汽车运土的指挥问题，有的队应加强，通知加强联系。

高永昌：

1. 珠子还有两千个，你们去领。2. 收方时工程一定要和大队联系。3. 大坝运土要加强起来，车子都要用起来。4. 抽水机的问题，还要坚持两天。5. 调车联系，由周生清告诉支队。6. 乱存东西是小事①，应注意，工具应抓紧收拾。

总的情况是跃进的，但有些还不够，大型设施工区铺轨的是少慢差费，今后扯皮都要注意。

舒炳秋：

由于是模板而斗车等任务未完成，今后计划把木轨按起来。今后应加强由上至下的责任制度。

王大队长：

1. 汽车晚上运土。2. 收方应统一起来。3. 生产土质成分问题。4. 平车斗车的利用率及道轨的修理。5. 汽马车全部放在第一土场（专员意见，明天就放过去）。

□□：

架子车的问题，近来坏的很多，车子轴平均每天有十辆断，修理的每天有几十辆，请大队注意。

任义生：

装车问题□□人员装得不够吨位，要求装快些，汽马车全部过去，会车桥上的问题，安全问题应特别注意。

李桂荣：

根据跃进情况看成绩应巩固下去，下一步如何办，集中全力来完成大坝。输水道劳力调去，将第二土场的土运到铺盖。目前应尽量利用机械，拖拉机代替夯工。另外将一部分约 100 人，放在输水道作砼及溢洪闸，要继续提高工率，必须保证工程质量。在大坝和输水洞都有问题，因此昨天不能通水，负责同志检查后研究补救办法，主要是施工干部不负责任，和带工干部不重视质量而引起的。希望大坝方面应该特别重视。目前气温已到 0

① 编者按：原意应为乱存东西不是小事。

下，我们考虑应进行冬季施工应注意的问题。黏土应采取连续施工，考虑加夜班或者复土保暖，施工办法印发辩论。

架子车尽量载重，教育□□爱护，□□破坏的情况要进行处理，同时各大队可以自行修理，我们搞些工具，随时做修理。

输水道确定了放水的日期，应作抢险材料，和布置防护的人，明天就得派车拉材料。

工地施工员和带工干部之间往往发生矛盾，目前应着重在保证完成工程任务，至于算账问题，根据省委批状后再说。

第三土场的土应在土场泡土，在土场拌和。土场的道路问题，以后可以架设便桥，或采取高线运土，马车填河南，汽车填河北。施工员指挥不统一的问题，一方面大坝工区应加强学习和互相研究。砂砾挖到水平为止（下游取砂砾）。汽车去多少联系不到造成窝工现象应尽量避免，必须事先通知。汽车去多少联系不到造成窝工现象，应尽量避免，必须事先通知。汽车晚上运土上下土能解决，我们再考虑。平车斗车主要是轨道少影响，车不能充分发挥效率。第二土场修直路可以，计工在修路上。

高专员：

因时间问题，我谈几个问题。自22日以后在支大队领导下，职工□□都跃进起来了。指导思想是跳跃波浪式的，在方法上启发动员用各种会议，随时表扬采取大字报等，都是有效方法。提出了口号，根据汇报来看，我们是步步上升，这一周来看形成了一个大跃进的新的局面，卫星5.77腾空上升，这充分说明了我采取跳跃式战役性的，经验证明，人的潜力是无穷无尽的，关键问题是组织领导问题，我认为领导是加强了的，经验证明，只要搞通干部思想，就能认真贯彻党的决议和指示，只要把干部发动起来了，任务完成就有保证的；我认为这个成绩是空前的，是否还有错误缺点，是有的，我都不讲了，根据这些情况如何办：

1. 思想应明确工程任务，集中一切力量搞大坝，除100多人搞溢洪闸而外，力量都得在大坝，运土得集中，打夯全部用拖拉机，同志们应认清楚12月底完成大坝任务是很艰巨的。困难还很多，我们是共产党人不能向困难低头投降，应抓几个问题。

2. 抓住运动这条纲，否则就完不成，只有抓住这条纲，把工程推向更高的高潮，要求每天完成1万5千方。因此各大队应根据这个要求定出自己的任务。只要我们向前进一步，完成是没有问题的。①

3. 必须开展两条路线的斗争：在干部扫除疲沓、暮气和少慢差费，所以我觉得要在干部中批判严重的个人主义。表现在有些人工作疲沓，不负责任，无计划忙乱，对工作具体安排不够；有的消极，累教不改，如郑□□再不改就得处理，这都属于少慢差费的现象。这些问题必须要□□□□□□中解决，不论哪个单位都得进行。我们一定要认识少慢差费右倾保守思想对建设社会主义的严重危害性。现在就是问题摆着应该接受教训，进行总结研究这些问题，应好好研究能不能提高工程效率。关键问题在于领导思想和工作作风上面。我们的经验证明只要进行不断的□□□□□□的基础上向前发展，只要我们采取这

① 编者按：此处删去103字。

样的方法，才能完成党交给的光荣伟大任务。

4. 坚决贯彻群众路线的工作方法，我觉得要坚决贯彻，我们要发动群众，辩论任务。一定要做到任务到队、组、人，办法到队、到组、到人，应该掀起人人献计献策，干部一定要参加生产，领导生产。根据这种经验很重要，密切了党与群众关系问题和上下级关系问题，发现问题及时解决。总的要求职工情绪饱满，干劲冲天，政治挂帅，队队放卫星，个个争先进。

5. 经常整顿队伍，加强思想工作，抓紧组织整顿和思想整顿，加强了思想教育，必须经常这样进行。开展有什么问题，大辩论什么问题，才能解决问题，提高工程效率，通过辩论要插红旗拔白旗消灭黑旗。

6. 要树立共产主义风格和共产主义风格，我觉得工程上有许多问题，要根据这一条来解决。一切为了共产主义着想，要加强协作配合，双方面都得注意，双方教育，在协作配合的精神下做解决。我们要和一切阻碍工程跃进的坏思想作斗争，我们要职工中展开共产主义教育。作风上不能拖拉，要很好地反一下，疲沓不行，必须注意提出的问题能够解决的马上解决。

7. 要反对浪费，应该提出来引起注意，凡是浪费都得坚决反对，必须采取革命的办法。

另外在设计方面的问题应该研究，要反对设计上的右倾保守和教条主义。设计一定要适合于实际情况，坝的宽窄可以减，高度不减，究竟减多少得在 4 公尺以内。

另外得把卫生工作抓紧，把医生很好地组织一下。减少疾病，保障健康。从生活方面注意。

关于提出的问题应分别地解决。

另外特别教育□□爱护工具，破坏工具的要以犯罪论处。

对工程的安排李处长考虑提出意见。关于冬季施工问题另得召开会议研究解决。

全体干部会议

时间：1958 年 11 月 13 日下午 8 时

参加者：工程队 115；民警队 4 人；部队 6 人；工程处

高专员：

报告工程方面的一些问题：

今天晚上召开全体干部会有两个内容：1. 我先传达□□□□□□□□□□□□□□结合工程方面的问题。2. 更进一步开展储蓄运动。

现在先传达□□□□□□□□□：[1]

从□□□□□□□□□看出明年农村重点还是农业。根据□□□□□□□□和双塔堡水库的目前情况我准备讲：千方百计完成双塔堡水库主体工程。

我们的水库工程在党的领导下在双塔水库全体同志的努力下取得了一定成绩，曾连续

---

① 编者按："传达内容"从略。

几个大跃进。如国庆节前的共产主义竞赛运动，10 月下旬又掀起了跃进高潮，放卫星，有的达 5.77，由于全体同志的努力使水库工程进展很快，但是根据目前完成情况来看，完成情况很不好的，不能令人满意。各大队完成的支队给的任务来比较检查还差得很远。因此我感觉到我们若不很快地提高工效，要完成党交给的任务是会落空的。若任务落了空，这是很不好的。大家都不光彩，我们每旬完不成布置任务，是值得我们每个人严格注意的。

12 月底完成双塔水库工程任务是党交给的任务，每个党员、团员、干部都应执行这个任务。若执行得不好就对不起党对不起人民。我们对计划完成得不好，原因究竟在什么地方，这就需要我们深刻的检查，反复深思的问题。我们应该从中吸取经验教训。我觉得不能按期完成任务，不能跃进再跃进。我觉得最主要的是对党的指示执行不力，修水库困难很多，但我们是共产党人要克服困难，就是看对困难是如何解决的。

现在我们要集中一切力量抓大坝，这个大坝工程是我们完成今年任务的最大关键，对这个关键我们不能马虎，大坝是否能完成，完全取决于 47 天的时间，如不把 47 天的时间抓紧，就不行，完全取决于双塔水库的全体同志，现在有许多同志对 12 月完成大坝工程表示的决心，很好。但是有一部分人表示得很不坚强，这是很不好的。我们应该必须看到 12 月底完不成大坝工程任务，将成为不得了的大问题。为什么提得这样严重呢？因为完不成任务，将在政治上、经济上造成很大影响。如不完成任务，我们就主动不了。因此问题就是这样重大，因此我要求每一个同志，特别是各大队，必须立即全党动员全力以赴，不惜一切力量完成大坝工程。近来输水道发生了问题不应该影响了积极性。对此，万万不可任何疏忽。任务完成较好的大队、中队要再努一把力，把任务完成得更好更多。我看河南的几个队保持得很好，更应该提高任务完成。差些的大队更应该千方百计地想尽一切办法保证分配的任务，圆满地完成。在这种情况下，我想讲水库的几个重要问题。

从我们的情况来看工效不高，这个问题是严重的问题，值得我们严重注意的。根据这种情况我想讲下面几个问题：1. 怎样完成任务。这个问题我讲了好多遍了，在几次的工程委员会上讲了，我觉得要完成任务，首要的是政治挂帅。2. 要做好各方面的思想工作，要做好干部思想工作，也要做好□□思想工作。3. 要贯彻群众路线的工作方法，我认为我们贯彻得不好。4. 要大搞工具改革，要创造、使用。只要我们做好这四条工作，我觉得我们任务一定能按时顺利地完成。

现在到 12 月底只剩 47 天了，天气越冷了，我们又进到冬季施工了，这就要求我们提高工效，确保质量。我们要一手抓工效数量，一手抓质量，这一个问题确实是一个很大的问题，这就要求我们每个同志都应很好考虑大问题，因此我觉得各队应很好考虑自己的任务和劳动力，每个工日完成多少，需要多少时间，应该有周密计划和安排，如果完不成任务，那就了不得了，如果完不成任务，将会得到怎么样的结果，这结果就可想而知。如果是质量不好，多少血汗、劳力白白浪费，东西消耗了。输水道发生问题是坏事，亦是好事，出了问题更应该搞好。究竟谁应负责任，我觉得都有责任；究竟谁应负多少，大家考虑，这个问题的发生应该汲取教训。可是有的同志又走了另一个极端，束手束足，不敢大胆搞，我们应该大胆地搞。

同志们，我们这里11月下旬以后就会更冷了，这是自然条件，我们的劳动力是□□，是处在冬季施工是有困难的，因此我们应根据这样的情况，要求各队同志、水利战役上的指战员同志、所有的共产党员同志们、共青团员同志们都应考虑这个问题，我们怎样保证完成任务是个重大问题。事情怎么办，我觉得解决的办法，请同志们研究：

1. 怎样提高工效完成任务，关键在于组织领导，另外一方面，要各队长亲自督战分工包干，协同作战很重要，大队与大队，中队与中队，带工干部和施工员都要协同作战，共同为了完成任务，不能各顾各。召开现场会议研究解决存在问题，要抓紧检查督促工作，不能放松，一定要加强责任性。我们各队每天都应有每天计划，每天中午看组织行动怎样，到每天晚上要检查实际效果。同时应该研究总结经验，及时推广。

2. 如何提高质量，关键在于思想重视与否。这个问题也确实是个大问题，若质量不好，就要发生问题。质量问题不光是检查员的责任，带工干部也有责任。同志们可以考虑，只要施工员和带工干部重质量的话，可以取消检查员，若不取消，大家应与检查员搞好关系。提高质量要在拌料方面注意。冬季施工员注重质量很对的，如果过高要求超过标准也是不对的。因此要求土块打碎，草根捡净，水拌好，夯打实，茬接好，就对了。凡是拖拉机碾不到的地方一定要用夯打。

3. 要抓工具，这是很大的问题对技术改进要创造。斗车、平车要利用起来，这个问题值得我们注意。有毛病的要修理，整好改装用，路不好要修好。属于思想问题要批判，思想开展思想斗争。我们要发挥干部群众的智慧，□□也要发动，人人来讨论，要求各大队中队把工具很好地抓一下，架子车坏了的要修理，有意破坏的要以犯罪论处，我们要站稳立场，划清界限。

4. 放卫星的问题，现在放不放，我觉得各队要算账，根据自己的任务组织人放，放多大，那天放，都应考虑。要考虑劳力组织问题，准备工作很重要，有把握的时候就放。我觉得我们要突击、要放，应很快整顿跃进起来。

5. 浪费问题。我们的浪费很多，劳力的浪费，天天多少都有。凡是浪费了劳力，施工员和带工干部都有责任，返工浪费都是错误的，都应该反对。我讲了好多少次这个问题。浪费材料也应考虑，应该做的必须做。关于浪费，人人都有责任反对，不能采取袖手旁观。是党员、革命干部都有责任，袖手旁观是错误的，凡是浪费的事坚决不干，看到浪费就要讲，就要纠正，就要干涉，就要批判。

6. 大家都应该团结一致，把关系搞好。开展共产主义大协作，总的来说我们是团结的，但某些方面不够融洽，施工员和带工干部应该团结成一个人样。

总之水库方面问题很多，要求施工员和带工干部研究解决，若不能解决有意见提上来，都应从水库出发。

总之要求同志们从此次会以后保持经常的干劲和情绪，在10月下旬的基础上再跃进，不能忽冷忽热，采取跃进突击的方法向前进。

输水道要求一大队于15日前交出任务来，早日通水，便利大坝施工。

第十二次会议

时间：1958年11月25日上午12时

参加者：高永昌、李桂荣、王兴中、马树明、酆从龙、刘金祥、李成茂、贺永清、刘成藩、陈声有、杨清枝、王振刚、薛俊祺、□□、李忠义、张治国、□□、周生清、张孝炳、黄锡章、邓文选、魏茂郁、朱禾栋、牟岑贵、武和修、郭璋定

主持者高永昌：

今天研究三个问题：1. 大坝回填工作如何进行，黏土因气温关系受冻达不到质量如何办。2. 原河道清基的问题。3. 劳动力的安排。4. 工程中存在哪些问题。

刘成藩：

原河道问题的炸水问题，最深的达1.5公尺。我的意见在车桥上面筑一条小坝，下面来打水，截墙砌好后再作下游的黏土回填及砂砾回填。黏土冻了达不到质量。

酆从龙：

首先应解决合龙地方的漏流水，要继续填光，抽水机不能解决。关于大坝回填黏土问题，若光回填了砂砾，黏土往进运有问题。根据施工规范规定压实有问题。

陈声有：

冬季施工中的问题：1. 架子车的问题，每天抽六个人修理都做不过来。架子车的道路问题。2. 斗车的问题主要是路的问题，目前有的车容易挡道，没有倒土的地方。路不够用，在土场还要等，因而工效不高。有的每天只推一次，因此斗车道路问题也应解决。土冻了费工具，我看是否可以用□子？砍的树很多，是否可以作。施工技术指导问题，如导流时冲坏堤的问题，再次互相推脱。

酆从龙：

我们准备作一个水船，初步划了围杆，道路开两个槽，放上水，这样比斗车轻。准备展开50方的竞赛，渠道上开口做了些工，11月6日的工的问题如何处理。折合252个工日，11月20日折合76.5工日，22日早上折合4.5工日，共折合333个工日。

李忠义：

砂料收方问题。九连上面的土料是否还挖，据说质量检查所用的秤一平一高，要错开用。

杨清枝：

黏土回填不论夯打或碾压都达不到标准，我同意放下黏土心墙工程，铺盖继续进行，不填黏土土场是否要挖。

输水道已完工应确定土质成份，进行结账，并把点工的账结了。

另外，高专员经常说要协作，但是有些矛盾老是得不到解决，如昨天在输水道往回拉钢筋，被李处长挡住了。

王振刚：

我同意把黏土心墙放下，原因是达不到工程质量。我同意把铺盖层做了。

张孝炳：

合龙以后漏下去的水，我看抽水机很难解决，我的意见主要要靠在合龙处解决。拖拉机这两天坏得很多，同时拖拉机碾压应该尽量创造大面积碾压，道路问题也应该尽量注意。此处关于皮带输送机，若时间长的话，我们准备搞。

陈声有：

输水道要加固，洞口要打水，第一次合龙工具丢了80多件，找不见了怎么办。

薛俊祺：

架子车坏得很多。

黄锡章：

我同意黏土心墙暂放下，进土口留得越少越好。石夯原计划800个，现有300个。我们希望各队清查出来充分利用，洒水桶也应清理利用。土场运土有的把草根土及冻土运来了，经问是一队一组的。架子车道路来回分得不开，架子车运土到现场指挥不听；收草皮的问题还要收；河南拖拉机碾压片太少。

李桂荣：

今天关于冬季施工问题谈得很多，意见趋于一致。目前气温在零下15度左右，根据冬季施工规范规定冻土块不能超过20%。但目前大部都冻了，因此需要扭转、暂停。上面进行盖覆，厚度0.7，黏土需要继续运土，除草根土而外不加拌和，运至坝上游。准备明年填，劳力的安排重要是大坝作砂砾。铺盖层要随铺随压；除此我们还可以把劳力安排在溢洪道，或炸石。留路只留中间，并从两面进土。河槽打掉水后两头挤，并在上面采取蓄水，抽水时有很多问题也不可能，河槽先填砂砾。劳力问题还是分段填砂砾。必须在保证质量的条件下提高数量。输水道的加固问题很必要同时要打水，算账问题等上报的决定下来后再进行。

王兴中：

我同意李处长说的这样做，留路是否可以留两条，工程质量应重视。高专员临走时说要15日合龙，后来确定要在18日合龙，结果16日晚上去合龙，造成了冲走片石和土方。夯的问题缺乏，希望工程处帮助买一部分。斗车效率降低，我的意见是否可以在土场和卸土的地方增加轨道。架子车的零件如何解决。建议马车运土和□□同时收工，汽车装够吨位。

马树明：

李处长说的工程问题，我同意这样做。道路问题应很好准备；点工应该出，也应该记，口角吵架也就减少了。我们的关系问题，高专员曾在工委会上几次强调过，都应虚心一些，双方面把干部加强教育。新的规定未下来之前，旧的还应该有效。

周生清：

输水道合龙时间用的□□抢险问题按李处长谈的给计工。斗车效率降低我认为装土问题多，应根据实际情况搞一下。

□□：

大坝覆盖我同意，运来的土堆放有问题。

王振刚：

钢筋问题，是工程队领来的，70公斤一周来取，有条子可查。汽车问题，运土拉的少，距离红线很远，对完成工程有影响，装得慢也□□。今后要快，吨位还要够。房屋问题，工程处管起来。工程队干部没住处，工程处家属房盖得比我们干部还好，这是个问题。薄科长堵水中，（第二天）河开了我们用草塞住了。我们已堵住，上去提意见，“下面堵住了，上边先用草护”，薄科长说，“你的□□，是否总在这筑坝”，这使人很为难。

□□□：

上次高专员给省委审报告，要我去工程队要材料，尹、王大队长我都说过，第……[①]天才送来但内容空虚。第二次放卫星又要我同梁锋下去了解情况，下队需持介绍，某股长左推右推，不愿给下队了解情况，还问“究竟你给工程处了解还是高专员要的”，又一再说“队上说忙不要下去了”，在我们坚持下才去了三处。从下边看办事很顺利，也支持了□□化，就是上边同志有思想隔阂，一方面需要消除你我彼此。另则向领导需要及时反映情况藉以改进关系。

工委会开会应讨论原则性的大问题，七八次会开得很长，会后整理找不出问题来就不好。具体问题要多加讨论，小事提出不见得妥善。有领导同志认为这个会不解决问题也欠妥，架子车虽少但也有相当数量在使用，不能没起作用。

牟科长：

李大队长骂工人“来干□来啦”，我也认不得就说他瞎眼了，堵住口子后第二天抬石头没带工具，借用时也弄得不合适。我们拾去的东西也没带回的多。工程铺盖问题很被动，今天讨论，昨天已开工，在我问时下边说领工员已签了字。清基问题质量是重要，地下水也没多大，以后的工如何算？我意作多算多，400 个工包红囫头也不好。冰土相交，就应该合计算。委员会上解了不少问题，但有些问题还解决得不快，工作联系总是差的。

高处长结论：

会议上大家提的建议不少，对失职浪费提了不少意见，但是会议质量不好，发言准备不充分，今后注意改进。

12 月份完成大坝主体工程不能犹豫摆动，不要因李处长的传达又发生错觉、乱传口令。50 方的卫星放了，就真正做到了政治挂帅。

1. 大坝回填暂不做，道路共三条（两边中间）垫 3—5 公尺才能拉平。如宽须数更多，大家可以现场讨论。铺盖 0.7 公尺左右我同意，调配劳力中也有浪费，黏土填否是叫施工员会议讨论，再交委员会研究？不是今天就传会了。

2. 河塘清基一面打冰一面积槽，机械准备好等待使用。

3. 劳力安排：高专员指示既就心墙土不垫也要集中力量在大坝。

4. 合龙口的水一定要堵死，现有抽水五台机子抽不及。泉水另设法解决。拖拉机坏了用夯工，不等待。为改进工程加快速度要做好联系，工区每晚有一碰头会，今后办公室要按时检查。检查组和施工单位进展有意见了注意，检查后常和大队联系交换意见。土场取土冻实的也可于明天现场看后决定迟取或早取，反正要取。施工员主观，如刘□□在，就向□□作了指示后，背过他就叫勿听，派数量也派质量。施工中的浪费，合龙后还有 50 人在打草捆，汽车调动提前没计划安排，浪费了时间和力量，联系要紧。冰船做 10 个，成工时全面推广。张孝炳的皮带输送机全力支援，充分利用工具，30 个铁车框子一定要

① 编者按：行文至此中断，此处天数无具体数字。

做，车子坏了不能按时修要自己负责、叉道不足要漆。在第三土厂要架设高线运土。输水道点工该算就算，铁车推到半路不走了就不算，输水道加固工等高专员来时解决，或开专题会议解决。收方要及时，注明其中存在的问题。挖砂粒根据现在情况具体看一下再适当支配。距离、条件都要考虑到。九连条子提到黏土不能挖（是他们住地上）可以暂停。另一问题是干部义务劳动计划，不过这是国务院的规定谁也不能例外。输水道黏土拌和可按一台抽水机，由黄锡章同志负责。

吵架是不好，首先双方了解情况，然后召开当事人会对面查证严肃处理并文字告知全体周知。刘□□第一次揪住魏□□，第二次与周□□吵架并收拾得打起来，□□子也须教育一下。拖拉机创造大面积压清对。工具要全面查，查出就还。汽车装不够是实，马车回得早我也说了，装车是双方造成的，□□人不愿多装，司机也想多跑趟，所以就有了问题，应双方纠正。架子车零件吕□□买的不知道何处，很快地找回来用。计到账目反正不会有两种方法。房屋大队吊桥有长的，下面不够可以调整。与会同志都是领导的，遇到风吹草动要加辨别，不敢受坏人影响。看见返工浪费不合理现象就要提出。决定一定要执行，报道稿件太少了，下个决心大家扭转。

第十三次会议

时间：1958 年 12 月 21 日下午 1 时

参加者：高专员、曹支队长、高副处长、李副处长、王大队长、酆大队长、刘大队长、贺大队长、李大队长、刘大队长、尹大队长、李科长、薄科长、任队长、周主任、郭队长、张队长

主持者高专员：

今天找大家来我准备谈两个问题，重谈研究：1. 输水道发生的几次大事故，已进行过辩论，又发生火灾和决口事故。把原因找一下，把主要的几个根本原因找一下，究竟是设计、施工或技术指导问题。2. 安排 10 天的工作。主要是第一个问题，针对领导上的责任也可以谈，叫思想见面。

陈声有：

输水道的几次事故也不小，首先我谈围堰合龙，位置不恰当。领导上给施工员布置得不明确，第二次合龙，先一天把木笼下下去，两面是片石干砌，有可能吹垮。我的意见把木笼中的石头取出来，上面放上板子用石头压住，但施工员不同意，结果把一千多方土吹走了。渠道决口第一次的问题说明设计上有问题，薄科长说设计没问题，但水容不下，在加固中薄科长说再不加高，还要减低。第二次决口发现得迟，在挖方上冲开了，填方接头有问题。

李副处长：

输水道自从合龙就未安省过，我们认为从根本上就踏错了。渠线未选好，半挖半填是经济，但没考虑地质情况，清基时没把腐殖土清掉，施工中没有重视质量，提出返工也未弄彻底，重要是技术指导上，经验不足，因此两次决口才改线，另外我们对水的认识太简单了。第二方面是质量问题，虽经加固加高，但基本上质量不好。第三方面设计上渠道是

1：1 的坡，过水位 2.5 公高，设计上也是因为考虑到是临时渠道，纵坡是三千分之一，流速不够，而我们实际做到 3.1 公尺比原计高 0.1 公尺，水位比原设计高 3 公寸，这样渠堤稳定性就不够。坡太陡过水就往下流，设计上未考虑冬季过水、冰凌问题。16 日那天渠堤就有不稳定的现象，水流得很慢，冰冻缩小了断面，抬高了水位。另外防险工作做得不够，16 日已经发现情况，晚上派了一个干部带了 20 个人去防险，准备第二天就搞加固加高工作。出了事故未及时发现，人被掉到坑里才发现了。炸冰的经验不够，技术指导差，防护物料也未准备。

合龙问题，第一次基础不好，将合龙、渠道冲坏了，所以失败。原设计是石方，我们为了节约采取土方合龙。方式不对，所以技术指导上要负一定责任。现在水量大自然条件也给了我们威胁。

陈声有：

事故发生以后领导上接受群众意见不够，领导上还不够重视，如改线出口和原渠接头太少。取土坑及探坑将来要很好处理，同时有些问题，领导上处理得不够果断，有些具体问题解决得不够干脆。李处长在某些地方有些主观是带工干部的反映。

薄连安：

输水道从开始到现在翻来覆去，这次教训应吸取，是对我们很大的。发生问题，防护工作做得不够好，从前发生了很快就堵住了，这一次发生问题，到无法堵时才发现了。从前去的是负责干部，这次去的是青年学生。

渠道减低是我提出来的，原来说过 30 个水，我考虑当时只有 10 个水，最大有 20 个水可以减低 5 寸。根据现在情况看，对冬季冰冻考虑不足，我的意见冬季不合龙，明年开春再改，把劳力放在小坝、溢洪道。

火灾问题我自己有责任，教育不够，工程处在安全防火做得不够。安全教育我们今天作了布置，加强教育，同时领导上有责任。

林生：

事故发生后我们进行了座谈，我们重视不够，16 日白天李副处长、王大队长、朱禾栋等看了后认为很危险。我听见后就叫木工去了，据舒炳秋说，李处长说有□□队，半个中队里，不需要就回来了。防险的人开始注重东边，后半夜两个工人换了班只到东边去看，返回来时，一个工人掉下去了。这才发现的，干部还在抽水机房里。

失火问题，两个人看守，当天李处长中午去在上面还说温度太高了，但施工员未注意，守火的人说没柴了，他们回来取柴来了，约一个多小时后就发生了火。开始是第二层北面的一个火燃的，是四日下午□□□一根木头约三公寸大，到第二天中午他想用足踏未踏断仍然放上，分析是燃断后□□□□□□□□，主要是我们干部没有很好检查。

尹子秋：

输水道的问题，我同意李处长的看法，当时采用线路只从节约看，未考虑地质的复杂情况，未考虑安全。在施工过程中土块大水洒得少，从思想上和物资准备上都做得差。开工后，我没去过工地，填方拌和土只给了三十担桶，挖了两口井，因质量不好，后来加固用到水。若事先在思想上重视的话进行座谈，轻视的原因就认为是临时渠道水量小，总的检查是线路选择不当，施工中轻视了这个东西，连续地发生问题后仍未重视。

关于火的问题重视很不够，如李处长发现了问题后而未采取措施。

王兴中：

输水道发生问题，我的看法分五方面：1. 主要是设计上的问题，考虑土质能否容水，1∶1坡的稳定，冰冻等问题考虑得不全面。2. 工程处领导要负责，开始施工未重视，未考虑长远问题，戴一诚同志在这里负责，把工程未放到重点，把房子建筑放在重点上。这种造成质量不重视，只考虑节约，未考虑容水情况。3. 施工中我们没很好布置质量问题。4. 发生火灾问题，去年工地上发生的火灾事故很多，给了我们很多教训，但我们没有重视，同时我的意见火灾要查清责任，是否是有意破坏。5. 处理问题果断性不够，在处领导上和工地上用料有。

曹支队长：

输水道从现在看来选择得不恰当，工地上开始施工，发现基础不好，是否给领导上反映过，施工中发现问题未给工程处反映过，总之损失很大。失火问题是我们责任性不强，高专员在很多会议上强调了很多问题，下面总是执行不力，贯彻得不够，组织性不强。高专员强调的问题，下面仍然照样做。接受经验教育不够，问题发生了，研究得不够，只从经济上考虑，不从安全上考虑。将来干渠的问题线路还应考虑，今后我们都应各方面注意，这一次的问题给我更进一步地敲起警钟。从各方面看，现在施工员和大队及其他方面都互相挂钩，协作得很差。从现在情况看，不论工程处、工程队都应吸取这个教训，展开了讨论。

刘重祥：

我认为输水道一再发生问题不属于设计问题，属于领导思想问题，未通以前就有人提出来，领导上未采纳意见，怕浪费工，再从渠道上加固。已经意识到输水道设计上有问题，我认为发现后不改就是领导思想问题上的教条主义，根本问题不解决，什么时候都有发生问题的可能。临时渠道的思想在支配着，质量不够好，要为人民办好事情，就应到处去考虑，李处长说很多问题未考虑到，那么考虑到的是什么问题。

关于大坝的工程问题，确定填砂砾，我认为填砂砾也有问题，挖砂砾上面冻着，下面是水，挖出来是冻块，我看超过约70%以上，这样如何办。

黄锡章：

输水道发生问题是领导同志重视不够，我认为质量上有问题，一直坚持不够。再如大坝工程上有些问题上下不一致，上下不接气，冬季施工步调不一致，说冻块不要，但是把大块仍运过来了，影响了工程质量。我的意见今后仍按施工规范执行，建议处和队联合成立质量检查组。

周生清：

目前来说水很大，如此下去对我们取砂砾有很多困难，再比如大坝的周围都要翻浆，还要想办法处理，新渠道通了是否很快合龙。输水道发生问题，施工和设计详细研究不够，发生问题是两方面的，我总觉得设计和施工上都有问题。发生火灾我自己有责任，只是说过注意火，但防火设备一点都没有准备，自己有错误，请领导上给我处分。根据了解情况是责任事故，主要是烧火的王□□来取柴来了，要以责任事故要处理，干部也要处理。决口我们了解两个是前半夜，两个是后半夜，主要是后半夜的人，我们要进行处理。

高处长：

输水道发生问题，我觉得工程指导方面有问题，第一次发生了问题后说加固，我认为工程处领导上有责任，只是口头上提，没有很好研究。第二个施工质量上有问题具体施工同志也没有提出来保证质量，有责任。第三方面设计上有问题，从渠道来看没考虑到冰冻的问题。

发生火灾的问题，已经发生过几次，未给领导上汇报，工人要负责任。现在还存在问题，如把雪打在坝中，把石膏土在下面填上。

人员的处理：输水道累次发生问题我们有责任，要做检讨。具体的人员朱□□，工人也要严厉处分，输水道发生火灾，朱禾栋要表示态度，雪上填沙砾的问题也要处理。

薄连安：

我再补充，确定线路时亦考虑土质发生问题，巡渠责任不够，决口的地点是质量问题。另外刚才黄锡章的发言不对头，认为是领导的责任，工区就没责任。我认为应先把工区负责人拉下来，进行思想检查。

1958 年 12 月 22 日继续开会。

高专员：

今天更深刻地批判这些问题。

酆从龙：

输水道的问题，设计上有问题，我早已提过几次，但领导不重视，只重视了经济，但不安全，这次事故不是填方，而是挖方。大坝工程还未真正地抓质量，我们把石夯用起来，黄所长说机器压，但等了三天未压上，结果冻了。领导在工地解决的问题，下面就不执行。输水道失火的问题应该追清责任。

陈声有：

屡次发生问题，我认为李处长要负主要责任。有主观，接受经验教训差，比如推斗车，在一条道上全部推，工率低，结果停了 50 辆，70 辆所完成的总土方比 120 辆多，这儿没考虑到，那里没想到这是什么问题，为什么对革命事业不兢兢业业的呢。点工不做工停下来，朱□□说，人是我们的，我们出了钱的，是问这钱是公家的不是私人的。这次发生决口领导重视不够。

刘成藩：

输水道第一次决口未引起处理的领导重视，结果出了第二次的决口事故。我认为是设计问题，当然质量也有问题，工程事故责任，我认为主要由李处长负责。大坝工程质量问题四大队填石膏大有责任，工区有责任，填了一公尺多都未发现。工程处上下步调不一致，上面布置的下面不执行，如清草皮的方还未收方，工程委员会上确定要收，但下面不收。

李成茂：

□□说薄薄一层，但我们有责任，把雪压到填上我们要负责任的，干部未亲自检查，叫□□哄了我们。

第二个问题，土膏土运车填上，在12月初旬开始填的，我们大队生产股长李忠义把石膏土拾了一块，交给领工员拾回去化验，未做明确的答复，说未做回答前你仍取你的。黄所长到土场说不超过3%的还可以用。我认为要技术指导方面负主要责任，我们□□反映后再未很好注意，仍然在做建议把砂场土质进行鉴定，以免再发生问题。

昨天会上我听黄锡章同志说领导上确定怎么办就怎么办，需要很好检查，否则革命观点上有错误。输水道发生问题主要毛病是设计问题，合龙技术指导上有问题，不明确，不恰当。

贺永清：

关于输水道决口问题，我同意李处长的意见，看护渠道的人事先未发现，这是失职问题，要给予处分。失火问题，要朱所长负责，是否破坏还要查清。

陈声有：

围堰的问题是否做新的，什么时候做。

曹支队长：

今天和昨天发生问题，各大队自己检查得不够，发生这些问题，我自己有责任，大坝质量问题，再三强调，我检查得不够，自己有责任的。从这次会议后各大队应对自己的一段工程很好检查。对于输水道的问题自己犹豫，把这个责任推给李处长一个人也是不合适的。黄锡章同志应检查自己是否尽到了责任，填了那样厚的石膏土，你为什么不负起责任。同时只管质量不管劳动力是错误的，如河南清基时把能用的土清出去，你负的什么责任，对领导的指示不执行，应把思想根源挖一下。李处长对下面工作布置了，检查不够要负责任，有些问题出来了迁就，渠道出问题，原来未进行检查，今后应给明确责任。制度不严，如河南石膏土化验了很长时间，问题发生后缺乏互相细微的研究。总之我们应在工程委员会以高专员为首的领导下搞好工作，我们从明年应把工程主次分开，全面考虑安排。

李处长：

昨天的发言只是把事故的发生从客观原因，没有把自己的思想见面，因此发生事故，责任在于我，同志们严格地批评，我自己要接受改正。水库发生了很多问题，火灾、决口，大坝质量的发生与技术指导、领导作风有关系。首先施工布置安排得不够，工作失去主动，工作形成乱抓，如输水道选线，半挖半填只适于一般渠道，自己未深入考虑。技术交底工作未做，对半挖半填地质和施工条件未考虑。其次领导作风上走群众路线差，处理问题不果断，不能耐心听群众的意见，如输水道已发生了问题，有的同志提出线路不妥当，只是迁就加固，返工又不彻底。再次计划性不强，一般问题想得多，有系统的安排做得很差。自己未做过水库工程，经验差，学习不够，因此有些工作就不能胜任。考虑得也不细微，对有些同志有迁就和姑息，思想赶不上发展需要，瞻前顾后有时不敢大胆，意志不够坚定，有时有些随风倒浪。由于这些思想主导造成了连续的事故，这是主要的原因，布置多检查少，如输水道的失火问题，5号当天我去后觉得温度高，只是说把火熄了，而未主动地把火熄了，其他各层未去检查，问题虽发现但布置不彻底、果断。16日布置巡渠工作自己未重视亲自督促，当天晚上只布置了第二天加固加高的问题，布置了一些劳力去看护。自己思想还是重视不够，再如河南石膏土的问题，十多天自己未去工地进行过检查。我的这些缺点已造成了损失，要求组织上给我以处分，同时都请同志们严厉地批判，帮助我，我也不因而灰心，保证今后加强责任性，搞好工作。

今后意见：一、质量问题要大家强调，专靠检查只能起一部分作用。二、今后工作重点还不能脱离大坝，石膏土在3%以下可以用，以往汇报制度很差。三、目前劳力的布置，工程重点是大坝，具体划分砂场，三大队调到排洪道上，□□□将这段完成后，储备黏土。另一部分劳力接力运沙砾或调到排洪道上，另外关于合龙问题我还没有成熟的意见，初步意见在四月初合龙。

高专员总结发言：

这两天会开得很好，大家能畅所欲言，对工程发生的事故能找根源，对领导提出了意见，互相批评。有些同志做了自我检讨，我觉得这是思想见了面，过去在这方面做得不够，通过两天的会议对水库发生事故原因分析，这对我们认识提高了很大一步，对今后工作起到了推动作用，对质量有了保证。虽如此，我觉得有些问题批判得不够严格。如何弥补，今后要继续开这样的会，否则还会发生问题。

几个月来我们的水库虽发生了问题，但成绩是主要的，总的来说是有成绩的，应该肯定。但事故发生问题是很严重的，比如失火，使人民财产损失1万4千多元。发生两次决口使人力物力浪费很大，工具冲走了，木料吹走了，这要进一步计算，最大的问题是拖长了工期，对目前施工影响很大。若不发生问题，施工还不会如此困难，问题的发生主要的原因是工作问题、领导思想问题，因为我们把工作没做好，如果做好就不会发生问题。指导思想不敏感，如若敏感也不会出问题。我认为对原因思想上是一致的，我认为主要的是我们把工作没有做好，设计上有毛病，考虑得不全面，对变化情况估计不足。设计有问题我们没有给上面提出建议，所以我觉得在座的同志都有责任。我有责任，这个问题的发生应很好吸取教训，这个教训对我们是很深刻的。若不汲取，今后还会发生重大事故的。我觉得政治挂帅挂得不够，一年来的经验证明，只要政治挂了帅，思想工作做得好，就不会发生这样的问题。

究竟有些什么教训，我认为：一、大规模的施工本身就是一个艰巨的政治工作、组织工作和技术工作，今后必须从这方面抓紧。输水道问题教育我们，领导对问题处理要果断，要及时解决问题，布置任务要明确细微周密，交代得清楚全面考虑，有布置就要检查，问题就会出得少一些。相反，问题就多，工作就搞不好，不能前进。从会上同志们发言中看，问题不少，如质量、劳力调配、安排、布置上有很多问题，如不汲取这些经验教训，问题就会更大，作为一个领导者应该注意。二、责任性的问题。看你负责与否，如对党和人民负责，工作就会搞好，相反工作也就搞不好。如果一个同志对党和人民事业的责任心强，事业就会搞好，我们在这里修水库是党交给的任务，我们的责任性不强，所以发生了很多问题，如失火问题。若责任心强布置明确就不会发生决口，大坝上的问题都是如此。黄某某责任性要强，大坝质量就问题少；朱某某责任性强的话，就不会决口；朱某某也不强，发生火灾他有责任。从这些事实说明要我们每一个人加强责任性，提高责任性，把党的事业搞好。

现在有些同志革命意志衰退了，如黄某某没有把工作搞好，意志衰退，不想革命，所以就没有责任性了；支队、大队也有些干部马马虎虎，不负责任。我觉得凡有这种思想的人就要批判，这个教训教育我们要加强责任感。

第三个教训，教育我们一定要贯彻群工方法，输水道有很多人提出了很多意见，这说明我们对下面的意见很少采纳、研究、征求，如合龙也是如此，有很多同志有意见，我们在这些问题上没有和群众很好商量，重大问题应该很好研究。这个教训教育了我们要贯彻群工方法，遇事和群众商量。

第四，教育了我们处理问题要有决心，处理问题要及时有决心，一个领导者处理问题要有决心，作风上要果断。由于处理问题不果断、及时，造成了窝工浪费，工程不能进展。例子我再不讲了，犹豫动摇对决定的东西都应坚决地贯彻，不贯彻等于没决定。若下面不贯彻就应批评斗争，但我们斗争得不力，如质量问题，我讲，支队、工程处都讲，但施工员不贯彻。这种情况应很快改变，不然事业也搞不好。

第五，教育了我们一定要保证质量，确保质量大家都有责任，绝不敢马虎。一旦疏忽就要造成很大乱子的。我觉得通过这次会议，质量一定会提高。输水道的问题就是，大队长回去要教育干部，冬季施工要注意。

第六，就应受教训，如第一次发生了问题就应接受第一次的教训，现在的问题是我们不很好地接受教训，在今后工作中注意、改正，再不能叫发生问题，否则是实在不得了的事。但也要注意束手束足不敢搞工作了，我们接受了教训，就应该大胆地去搞，我们应共同努力协同一致，向一个目标前进。我们都是为了水库的完成，这是我们共同的目标。通过此次会议，步调应该一致，布置工作都是统一的，有问题要一块研究商量决定，为了提前完成水库。

究竟发生问题由谁负责任，我们都有责任，领导上有责任，技术指导上李处长说了他有责任，是对的。四大队的返工，主要责任是黄某某，提的方法是四大队的责任。有关具体人员的处理，在大坝上，黄某某同志不负责任，工作疲沓，暮气很大，看起来是白旗，并先把工区负责人扯下来，令其检查，进一步作检讨。朱某某要做深刻的检讨，干劲很好，工作积极，检讨以后再说。朱某某未完成巡渠任务，自己烤火出了问题，犯了失职的错误，令其检讨，要给行政处分。□□□□□□□□□□□□□□□□□□□□。

戴一诚同志回来了要作检讨，大家考虑是否恰当。工程处领导上还要进一步地检查，在运动中进一步作检讨。今后处领导一定要抓大的问题，李处长今天做了检讨，高处长也要进行检查，支队上也应该对有关人员进行处理。

另外，在反坏运动的基础上要开展整风运动，内容是抓住工程、思想、领导思想作风，工作作风为主要。通过整风运动解决这些提出的问题，达到提高思想觉悟，爱工程爱社会主义建设，干部要搞思想作风、工作作风。能够争取在年关左右告一段落，我觉得通过整风提高干部敢想敢说敢做的共产主义作风，发挥艰苦朴素、实事求是的作风。同时通过整风总结我们的工作，总结一年来的大跃进，在方法上采取五大形式，开展批评与自我批评，提高干部思想认识水平，帮助一些同志改正缺点错误。

再者，我们要有不断革命不断跃进的思想，现在有些人不愿革命、不安心，不积极地工作，否则工作搞不好。水库问题已经发生了，谁也不愿，我们不能因此而降低我们的信心。这点要给全体干部讲清楚，应该如何赶上去，如何跃进，动员一下把大家的情绪提高，不灰心丧气。目前施工困难很多，我们如何想法克服困难，同志们应该进一步研究。

施工应进一步安排，李处长负责把任务再具体地研究分配，工程的重点还是大坝。

思想问题，思想搞得好工作就好。思想很复杂，一个人一个思想，思想问题必须用斗争来解决。这就是说要处处斗争，时时斗争，再能解放思想，要想打破思想障碍，一定要开展思想斗争，通过检查、总结、整风来解决这个问题。应由上而下，由下而上，这些做法对各方面作用很大。我觉得工程上的问题通过两天的会议就会很大好处，只要我们用群众路线的方法，是很必要的，总的要求必须搞好工作。

合龙问题现在不确定它，另外再行研究，关于整个工程安排，李处长应考虑元月及明年的，提出意见，下一次会议上研究，今年仅留的几天任务你们再安排一下。

对工程问题都要联系，研究确定交给下面执行，我的意见把技术员分到大队，吃住都在大队，今天就进行辩论，明天就下去，这就会避免很多问题的发生。

双塔堡水库部分会议记录讲话报告（四）

1959 年 2 月—1959 年 10 月　　甘 232-1-225 全案卷

双塔堡水库工程委员会第十五次（扩大）会议记录

时间：1959 年 1 月 29 日下午 2 时

地点：工程处工务科

参加者：高龄龄、高永昌、王兴中、马树明、林甡、牟春贵、鄷从龙、刘金祥、贺永德、李成茂、刘成潘、李仲谋、梁继富、□生瑞、杨清枝、李文斌、戴一诚、张国纶、周生德、郭璋宝、王振刚、曹文财、李仲义、马永仁、刘名淮、黄锡章、郭彦才、封雪山、舒炳秋、高荣□、贾怀智、李玉山、南生荣

主持人：林甡

记录：赵世璧

这次会议首先由高专员作了“提高工效，确保质量，节省人力，坚定不移地于洪水期前完成水库工程任务”的报告（全文另发）。在听取报告之后，根据高专员的报告，大家发表了一些有关运输、工具改革等方面的意见，最后确定各单位应对高专员的报告进行学习讨论，并在春节前从下而上地订出计划来。春节后开展全面的施工高潮。

根据高专员的报告精神，工委于 30 下午又召集了工程处，工程各大队有关人员，专门座谈讨论了工具改革的问题，并作出了相应的决定：

1. 为了五月底完成水库工程，在工具上提出的口号是：“土洋机器一齐抓，二月上旬车子化。”为此首先应发动群众，大收大放，开展工具改革专题辩论，通过辩论反对右倾保守思想，彻底地解决职工思想问题。工委办公室拟出奖励制度。各大队应抓紧爱护公共财物的教育，并将已领去的架子车全部用于工程生产上。

2. 工程处将现有的车辆迅速全部安装起来，并购买一批，斗平车应将现有的486辆积极地使用，处暂不增购。二月上旬试制成功皮带输送机，20—30公尺的两台。高线运土机根据需要尽量地由工程于二月中旬安装起来，斗平车的修理由工程处负责，架子车仍要各大队负责检修，铁轨安装技术由工程处负责，劳力由大队担任。

3. 工程队首先应于二月开始将非生产的架子车全部抽出来，用于工程运土，并应加强车子的保养，及时修理，指定专人养护道路，和对□□爱护工具的教育。王兴中同志所创造的木轮人拉车，成功后马上推广，赶二月上旬作出500辆。

4. 制作各种工具，材料供应工程处在不影响大型建筑工程的情况下，供应部分材料及有关工具，各大队已领去的架子车，零件规格不符时可交回工程处。

5. 道路和料场的布置由工务科和生产科统一安排，为保证水库任务完成及□□身体健康，工程处□□□□□□□□等500双。

6. 对于工具改革运动，必须坚持思想工作和大力发动群众，对合理化建议要做到提一件，研究一件，试验成功一件，马上大力推广。

第十七次工委会议记录

时间：1959年3月13日上午11时

地点：工程处

参加者：曹支队长、李处长、高处长、林科长、蒋科长、穆科长、李科长、周主任、尹大队长、王大队长、冯大队长、刘大队长、贺大队长、李大队长、刘大队长、陈大队长、李科长、王连长、侯连长、乔指导员、戴一诚、黄锡璋、刘铭几、马进义、郭齐才、张发荣

主持人：曹支队长

记录：温克壁

会议讨论决定事项：首先李处长在会议上详细地计算了双塔堡水库工程，计划安排了三至五月份的任务，并提出了完成任务的措施，经过会议讨论，在五月底完成任务是有政治条件和物质条件保证的，因为我们的有利条件是：

1. 有党的统一领导和统一指挥。
2. 全体施工人员经过冬训，基本上提高了工效。
3. 气候条件逐渐好转，对我们工作有利。
4. 从放任量来看，□□中还存在很大潜力。
5. 增加劳动力。
6. 再抓一把工具改革，实现车辆化（包括汽马车）。
7. 全体职工有冲天的干劲和完成任务的决心。

所有这些有利条件，就会促进任务提前实现。同时为了计划变成每个人的实际行动。会议提出各大队将计划在干部中进行讨论，根据实际情况提出先进指标和具体措施，总的要求各单位想尽一切办法，必须于五月底完成任务。

其次会议讨论了几个工地具体问题：

1. 地委决定五月底完成任务，我们要有决心，绝不能有任何的动摇，应积极行动起来，□□□□，发挥积极因素，提高效率，并做好卫生防预工作，减少疾病，提高出勤率。

2. 大坝心墙，一、二、三大队高低填得不平衡，不便碾压。会议决定三大队抽出部分劳力帮助一、二大队赶上三大队，平填平起，以利碾压，保证质量。

3. 充分发挥斗车，架子车的作用，生产科根据各大队工作需要，将车辆进行调整。车子管理必须“专人化”，损坏的要追查责任。车子坏了，双方共同修理，不能单靠一方。

4. 运输问题，经常要整修道路，路平了，就会加速转运率，减少损坏车辆。并要加强汽马车工人和装车□□的教育，指定干部专门负责装车。必须要装4趟，装够吨位，争取多运土。

5. 更进一步地加强协作，有问题多加联系，互相研究解决。树立一盘棋的思考。为了不影响工地工作，各大队下去的技术员，不要晚上查哨，发挥技术指导作用和工程安排计划。在工作上互相监督，扭成一股劲。把工作搞好。

6. 狠狠地抓工具改革，特别要抓架子车，运土上坝工具，高线运土等，并要试办牲畜拉斗车，总之要想尽一切办法，提高工作效率。

7. 最近省上和专区饮马场□□□□□□□□□□□□□□□□□□□□□。

第十八次扩大工委会议记录

时间：1959年4月10日上午12时

地点：工程处

参加者：高专员、李处长、高处长、林科长、薄科长、周主任、戴一诚、郭彦才、封雪山、王大队长、马教导员、鄚大队长，王大队长、贺大队长、支大队长、刘大队长、李大队长、陈大队长、李大队长、各大队生产股长施工组长，工程处各部负责人

主席：李桂荣

记录：温克壁

会议着重讨论了九天来的苦战情况，首先一、四、十大队做了苦战以来的全面汇报。其他大队做了重点的汇报。根据汇报及统计资料，会议认为，各大队九天以来坚决执行了党的号召，积极想办法，采取了各种不同形式的有效措施，广泛地开展了红旗竞赛运动，因此九天来，取得了显著的成绩，完成砂砾29,748.27公方，黏土39,617.56公方，共计69,365.83公方，平均工效达到1.08公方，比三月份提高了52%，二大队工效达到了1.24公方，比三月份最高工效提高了29%。这种工效的突然提高，是党的正确领导和全体同志积极努力的结果。经过了充分的讨论，苦战九天以来提高工效的主要经验是：

1. 坚决贯彻执行了党的指示，各大队听了苦战60天的动员报告以后，立即□□□□□□□□□中深入进行了动员，明确地布置了任务。经过讨论，订出了计划，进行了分片包干，由大队专直包到个人。

2. 抓住了关键，各大队根据□□□□□□□□□□□□□□的特点，找出了以前只重生产、不重教育与生活的一条腿走路方法。首先抓了思想工作和生活卫生工作，事实证明

只有做好了思想教育工作和生活卫生工作，才能减少发病率，增加出勤率，相应地提高工效。

3. 坚持了政治挂帅，各大队领导每天亲临工地作战督战，干部除一定的时间办公外，全部到工地，一方面参加劳动，另一方面领导督促生产，这样不但能够及时发现问题，解决问题，更重要地刺激了生产积极性。

4. 开展了红旗竞赛运动，苦战开始后各大队长采取了黑板报、大字报、插红旗、啦啦队。公布成绩表扬，互相挑战、应战等各种形式开展了劳动竞赛，对工效提高上起了很大的作用。

朴科长抓汽马车队，薄科长抓工人思想教育，周主任除抓工程处，还要抓民工队的思想教育，刘名淮抓道路，支队抓七个大队，大队需具体抓。

5. 充分利用和推广先进工具。

会议又指出各单位必须吸取经验，抓住关键，采取有效措施，在现有的基础上，四月中旬把工效达到1.5方的指标，为了实现这个指标，会议决定各大队开展评比运动，即是比思想、比干劲、比任务、比质量、比实效、比出勤率、比安全，在下次工委会上进行评比。

会议指出为了加强领导，由高专员亲自抓各大队，高处长抓车辆发工具，李处长抓工程及拖拉机。各单位目前必须要抓思想、抓竞赛、抓生活、抓任务、抓工具、抓道路，抓配合、不但要抓，而且要大抓、特抓、狠狠地抓，抓好、抓深、抓透、抓具体、抓到底。

最后高专员在会议上作了重要指示，会议指示要认真执行。

附高专员在第十八次（扩大）工委会议上的讲话

今天听了同志们的汇报和这两天的了解，十天来总的来看情况很好，十天的主要特点是：

1. 各单位□□□□□□□□□较普遍深入地进行了动员，把任务包到队、组、个人。

2. 各单位组织开展了红旗竞赛，采取了各种有效措施、办法，提高了工效。

从四月以来劳动情绪比过去高了，干部干劲也大了，干部整天到工地既参加劳动又领导生产，并采取了抓两头带中间的工作方法。所以工效有了显著提高，平均工效比三月份提高了52%，这是好的现象，要求各大队在四月中旬把工效在现有的基础上再提高一步。这十天虽收效很大，但问题不少。从1.5方的任务指标要求来看还相差很远。1—9日只完成了计划数48%，依此情况，我讲以下问题：

根据十天的经验来看，一个领导者，要把工作做好，必须要抓关键，各单位的领导要善于研究分析工作中的主要关键，找出关键，要大抓特抓，拼命抓，狠狠地抓，抓深、抓透、抓具体、抓到底，不这样做我们要在洪水以前完成任务危险性很大。因此要求同志们好好回想一下，要求同志们学会几条腿走路，不但要抓工程，而且要抓思想教育、生活卫生。一个领导者对工作必须要深入细致，必须要动脑子想办法，亲临作战。不能走马观花，而是要下马观花，有些大队长很好，是下马观花的，整天在工地上参加，作战督战，但有些大队长不是这样，是走马观花的，这样很不好，应即改进。我们的任务能否完成，对每个大队长是一次政治考验，也是对全体同志的一个政治考验，也就是衡量一个革命干部，一个领导者能不能完成党交给的任务，能不能经得起考验。根据十天来的经验，我认为目前要抓以下几方面。

1. 要抓思想。现在有些干部工人，因家属及其他等等问题，不专心工作，思想很不健康，特别工程处新报到的流动人员，思想相当混乱，汽马车队的工人思想也是很复杂。□□□□□□□□□□□□□□□□□□□□□□□□□□□□□□□□□□。只有思想解决了，工作就能搞好，思想解决不了，工作就搞不好。十来天的经验证明，哪个单位的思想工作抓得紧，工作就搞得好，哪个单位思想没抓好，工作就没搞好，就跃进不起来了，工效就提不高。准备在20号再开一次工委会，各大队长要进行评比，即是比思想、比干劲、比任务、比质量、比实效、比出勤率、比安全（□□□□），下次工委会上就从这七方面来比较一下，看哪一个大队占先。

2. 要抓竞赛。根据十天来的经验，红旗竞赛对工程进展起了很大的作用，这是推进工作，提高效率的有效办法。现在各单位在竞赛中采取的形式很多，黑板报、大字报、挑战、应战、插红旗等多式多样的方法，要求各单位采取有效的方法，把竞赛的红旗举得更高。

3. 要抓生活。生活是很重要的工作，生活包括得很多，除抓吃饭、喝水外，并要抓文娱活动、卫生工作，不但要抓，而且要抓好。只有生活搞好了，职工干劲就大了，发病率就会减少，出勤率增加了，工效相应地会提高。

4. 要抓任务。任务就是定额，工程处和支队下达定要研究统一，结合实际。任务确定后再不能层层加大，把任务定在可靠的基础上，要落实。中间的计划要再研究一下，我的意见，中旬的计划定在1.5方上，并按实际出勤率计算。大家意见如何，请考虑研究确定。

5. 要抓工具问题。现在的工具是赶不上工程需要的，各单位要大抓车子，狠狠地抓车子修配，提高利用率。另方面抓工具制造，现在停顿的车子很多。从今天起，高处长大抓车辆工具。不论哪一方面的工具都要抓，从各方面抓，每个人都要抓，特别各大队也应狠狠抓一下。

6. 要抓道路。由于道路少、窄、小，又不平坦，车辆来往推挤，又损坏工具很多，影响着工程进展。因此要指定专人来抓，刘名准负责抓道路。至于修道路问题，工程处和支队研究，分段包干，谁的坏了，谁就负责。并要固定人修道路。交通道路很重要的。如没有路就不能行走，路不好就碍工效提高。

7. 要抓配合。现在黏土、砂砾、工具、道路等都配合得不太好，因此要求各单位要全面地抓，哪个地方薄弱，配合不上去，就抓哪个地方。我今后要抓七个大队长，李处长要抓工程指导和拖拉机，高处长要抓车辆工具，林科长要抓汽马车队，薄科长要抓工人。周主任除抓工程外，还要抓收留下流动人员的思想教育。支队抓七个大队，大队要具体抓，各中队分工抓，抓不好是不行的。总之要求一切工作都要配合上去。

其次关于合龙问题：李处长、王大队长、戴一诚等同志亲自到现场研究，确定合龙的方法，尽量争取提前合龙，早合龙一天对我们工作有利。合龙后河塘还会有水，因此在大坝河槽中间暂留一个小河槽，以利通水。

第十九次（扩大）工程委员会会议记录

时间：1959 年 4 月 20 日上午 12 时

地点：工程处

出席者：高专员、李处长、高处长、尹大队长、王大队长、马教导员、林科长、薄科长、穆科长、李科长、周主任、民警队高长大队长、酆大队长、王大队长、贺大队长、李大队长、刘大队长、陈大队长、各大队生产股长，施工组长、工程处各队负责人

主席：李处长

记录：温克璧

会议讨论的问题：

首先各大队根据十八次工委会议精神，对四月中旬的工作进展情况，向会议做了汇报，并互相介绍、交流了经验。根据汇报，会议认为各大队贯彻执行了上次工委会议精神，做了许多工作，想了好多办法，采取了有效措施。因此四月中旬各大队工作比上旬又进了一步，平均工效比上旬提高了 0.04 方，□□□□□□□□□□□□□□□□□□□□，出勤率增加了。根据评比，二大队平均工效 1.24，工效最高，七大队工效最低，七大队应很快赶上或超过二大队。

会议又指出各大队在中旬又采取了许多有效措施和经验，应予交流和推广。如七大队王权家建立了二交一找一查制度，即是早上干部给□□交代任务，晚上□□向干部交代任务，如完不成任务者，找出原因，查清责任。并制作了竞赛图纸，如牛车、汽车、火车、飞机、火箭等图样。工效最高的中队坐火箭，最低的坐老牛车。互相促进工作，提高了工效。二大队三中队采取了表扬先进、促进落后搞协作、抓全面、抓关键的办法。又实行了轮流交班制。三中队每天三个干部到工地亲自上战场各把一关，即是二头中间分工负责督促□□□□。又组织了青年突击队，实行了跃进手册制，三日一记载。五大队四中队实行了劳动日定量，提高了工效。并每天进行三突击，早、中午、晚各突击一次。六大队实行了交任务制，□□□□□□□□□□□□□□□□一大队采取指标下工地。措施到人，抓住大小队长这一关，并提出具体行动的实际口号，中队三日一放卫星，大队七日一放卫星。并提出三□一定，六□一担，按时间与风沙搏斗。采用现场休息时间评比。四大队在□□中提出一日三高潮，三日一卫星，开展了组与个人插红旗竞赛和思想辩论等。三大队将任务印发到中队、组、个人，包干任务。在拌和黏土上采用干土定量灌水，待泡后翻一次就行了。这样既节省了劳力，又质量良好。会议指出这些经验和措施都很好，各单位应积极推广。并要求各大队根据具体情况，将这旬的工作总结出经验和教训，以推动下旬工作。

会议又讨论了工程上的具体问题：

1. 围堰问题：由于围堰未达到高程，不能全部截流，影响大坝工程的顺利进展，为此会议决定六大队用三个中队的力量加高围堰。必须在“五一”节前做到设计的高程。

2. 劳动力的调动问题：会议决定五大队全部调到大坝河槽中，进行大坝合龙。为了

赶任务，会议同意了五大队浆砌河槽截墙加夜班的意见，工程处配合五大队准备照明及抽水机的设备，并同意拨给河桥附近拆除的便桥木料做树线架用，很快进行施工，并详细核实任务，保证完成。五大队现做工程由四大队接替，四大队完成至1318高程后，五月十日全面开始干砌坝前石料任务，开运砌全部包干，按期完成。三大队的劳力从三月一日开始进行小坝工程的施工。六大队完成围堰后，接替三大队现做工程。支队应根据各大队实际情况，将取工作地马车（按工效及劳力情况）及砂料场进行划分，不能乱取乱堆。会议又要求各大队要平铺平起，便于拖拉机碾压。以保证质量，减少夯实人力。

3. 工具改革问题：会议指出，干部和□□提出的合理化建议及工具模型。适合这实用的先制成样品，每于使用时即交木铁工厂制作推广，不适用或条件不可能的，应做答复说明。工地坏了的车子，送来后及时修理，缺乏材料不能修理在应说明，充分发挥现有车子的作用。为了配合大队加速任务，会议决定汽车每天延迟到下午六时收工。

4. 工程质量问题：会议强调指出，在提高工效的同时要做好质量，据最近检查，四、五大队质量尚好，其他大队质量较差。应该引起各大队的注意。

会议指出：关于在会议上提出的有关问题及合理化建议，属于哪个单位的，由哪个单位处理解决。

为了加速工程进展，会议又提出了四月下旬的战斗口号：“开展高工效，突破一五关(即1.5方)，大战十昼夜，迎接‘五一’节。”实现这个口号的措施：

1. 继续贯彻第十八次工委会议的七比七抓精神，继续贯彻四高，即是出勤效率高，劳动效率高，做活质量高，生产情绪高。

2. 要求发展要平衡，根据汇报大队与大队，中队与中队相差很远，发展很不平衡，落后的应即赶上或超过先进的，发展一定要平衡。

3. 能利用的工具全部利用起来，坏了的车子要及时修理。对创造发明的新式工具，能适用的要大力推广。

4. 要继续开展竞赛，互相评比，互相挑战、互相竞赛、互相提高。

会议要求各单位根据这个总的口号和措施提出具体的口号和措施，有了口号就能具体行动，方能保证任务的完成。

最后高专员作了重要讲话。

高专员在第十九次（扩大）工委会议上的讲话

今天听了各大队的汇报，均贯彻执行了上次工委会议提出的七比七抓精神思想，不论在工效，出勤率，措施、情绪等，都比上旬又进了一步。各大队想了好多办法，采取了各种具体有效措施，如一大队采取指标下工地，措施到人，抓住大小组长这一关，并提出具体行动的实际口号。二大队三中队干部每天都上工地，亲自上战场，搞协作抓全面、抓关键、红旗竞赛，开辩论会。用□□教育□□，大组、小组，个人实行包任务。组织青年突击队。其他大队均采取了好多有效措施。这些措施和有效方法，在今后工作上值得推广。并继续巩固下去。

各单位虽贯彻执行了上次工委会议精神，但从十天情况来看，还存在不少问题：

1. 工效不高，平均工效比上旬仅提高了0.04方，这很不能令人满意的。

2. 思想工作还抓得不深不透。有些干部思想不好，对工作不负责任，□□思想混乱，情绪不高，□□□□□□□□□□□。因此各单位要加强思想教育工作。开展思想辩论。如果严重者要处理。从这旬的情况证明，思想抓得紧的，工效高，问题解决得好。思想工作没做好的，工效不高，问题也多。

3. 出勤率不高，本旬虽有所好转，□□□□□□□□□□□□□□□□□□□□□□，特别五大队严重，今后必须从这方面要抓。

4. 质量问题，有些地方质量不大好，黏土中有草根和砂砾，有些地方接茬也不好，应引起今后注意。

四月中旬，二大队平均工效 1.24 方，工效最高，六、七大队工效最低，六、七大队应总结一下这一旬的工作，为什么工效低，其原因何在，今后如何赶上去。促进工作，各大队都有好的中队，应该总结出经验来，好的推广，继续发扬先进的，促进落后的。

我们提出苦战六十天，完成大坝任务的战斗口号，这是在洪水前完成大坝任务的重要措施。根据这个战斗口号来要求还相差很远，仅仅完成了大坝工程32%。现在我觉得能否完成党交给的我们的光荣任务，完全取决于在座的每个同志。取决于每个共产党员，取决于每个革命干部，取决于每个领导者，完全取决于今后四十天。要求每个大队长和生产股长，每个职工要认识到这个战争口号的重要意义，也要认识到这个口号的关键，否则是完不成任务的。所以同志们要很好地认识到这一点。如果这一战斗不能胜利，那就将成为一个不得了的问题。如果如期完不成大坝任务，就要耗费多少人力、物力和财力，政治上受到不可挽救的影响。只有认识到这一点，就会完成任务。为此要求各单位针对现在干部、工人和□□的思想情况，再很好地、深入地做一次动员。应该全力以赴，不惜一切力量，决心保证把大坝工程完成到一定的高度。究竟完成到什么程度，还需要大家研究。对此，同志们万万不可有任何疏忽，如果一旦有疏忽，那就会出大问题。因此要求各大队，再努力一把力，千方百计想尽一切办法，鼓起最大的勇气，争取圆满地完成大坝任务。

现在四月份只有十天了，对这十天的要求和口号是：“开展高工效，突破一、五关(即1.5方)，大战十昼夜，迎接‘五一’节。”这个战斗口号，大家再考虑，是否适当。如果同志们要同意这个口号，就回去组织职工□□研究讨论，贯彻执行。实现这个口号的主要措施：

1. 要继续贯彻上次工委会议提出的七比七抓，要继续贯彻四高，即是出勤效率高、劳动效率高、做活质量高、生产情绪高。

2. 要求发展上平衡，根据汇报，大队与大队、中队与中队之间均相差很远。应该想办法使落后赶上先进，平衡发展。

3. 要继续开展竞赛，互相评比，互相挑战，互相竞赛、互相提高。上旬各大队提出赶三大队，现在有些大队已超过了三大队，三大队应该鼓起勇气，保持先进。各大队均应有志气，超过先进大队。

4. 能够利用的工具，全部利用起来。工地上坏了的车子什么时候送来，什么时候修理，同时修理时求质量，不能图快、凑数，绝不能马虎。对合理化建议和创造发明，能适用的工具即时制做，大力推广开展工具改革，不能用的或条件不许可的，要打招呼，不打招呼是不好的。

现在有些人完成任务完不成任务，毫不在乎。抱一种完成多少算多少的消极思想。有些人在洪水前完成任务信心不足，这是不对的。应该要加强教育，纠正其不正确的思想，坚定信心完成任务。如果思想工作做不好，实现上述口号是不可能的。同时各单位根据这条口号，提出具体的口号，有了口号就能具体行动。就有奋斗的目标。

现在六大队要抓围堰的关键，这个关键抓不住就会影响大坝工程进展。如果围堰出了问题，由六大队负责。你们具体地研究一下，决定完成任务的时间，不一定在月底完成，争取提前完成。一大队长要分工，一个抓围堰，一个抓大坝。

另外在会上提出一些具体问题和合理化建议。李处长已提出解决的意见，如大家同意就那样办。总之属于哪个单位的，哪个单位解决。对提出的问题要认真研究解决，采取不理的态度是不对的。

第二十次工委会议记录

时间：1959 年 5 月 20 日下午 1 时

地点：工程处会议室

参加者：高鹤龄、曹文财、李桂荣、薄连安、林甡、李建邦、周生德、戴一诚、封雪山、马进义、李仲义、鄞从龙、李成茂、刘成藩、王兴忠、马树明、王龙、金光明

主席：李桂荣

记录：温克璧

会议讨论的问题：

会议着重讨论了如何采取紧急措施。在洪水前将大坝筑到一定高度，确保工程安全。经计算，双塔堡水库全部工程 2,049,758.23 公方，截至 5 月 19 日完成 1,315,571.64 公方，尚剩 763,508.27 公方。其中大坝 479,407.67 公方、围堤 112,908.60 公方、排洪道 1,717,192.00 公方。从此看来在洪水前保证工程之安全，任务相当艰巨。同时自从大干开始以来，四月平均工效为 0.98 公方/工日，平均每日上坝量为 6700 公方。五月份以来平均功效为 0.77 公方/工日，平均每日上坝量为 4970 公方，工效逐渐下降。因此在洪水前将大坝建到一定高程危险性很大，难保工程安全。

据上述情况，会议进行了充分的讨论，检查了工效逐渐下降的原因，提出了扭转这种趋势的办法和措施，布置安排了下一段工程任务。

会议决定：

1. 河南大坝高程已超过 1320 暂停回填，四大队除负责河南干砌片石外，并负责大坝河槽上游砂砾回填。

2. 五大队负责大坝河槽心墙黏土粉砂，及下游砂砾回填。为了加速工程进展，突击河槽，马车白天给河槽运土，汽车晚上给河槽运土。

3. 大坝河北片石干砌。属于哪个大队所做工程范围的，由该大队包干。从六月一日起大量砌护片石。先将坝前堆放石头砌护，以利清铺盖基础和行道。各大队□□，石料场由支队生产科具体分配。

4. 为了避免洪水威胁，造成损失，目前抢运上游砂砾和第二土场黏土。坝前取砂料时要平取，给铺盖做好清基工作，从六月一日开始，在砌护片石的同时，进行铺盖。从五月底开始着手清库工作，将库中斗车、轨道、桥梁木料等按照需要情况逐步迁移至大坝下游。

5. 二、三、七大队黏土自运，六大队由汽车运。

会议最后指出：根据会议决议，各单位分别在干部、工人、□□中逐层进行动员，贯彻执行，立即扭转功效下降的松劲情绪，鼓足更大干劲，于洪水前将大坝工程先建到1318高程上，以保工程安全，防小量洪水，然后将大坝高程筑至1328高程方可。并指出此项决议自五月二十二日开始施行。

会议最后听取了高专员的指示。(另发)

桂荣

五月廿一

高专员在第二十次工程委员会议上的讲话

现五月只有10天了，也是苦战60天的最后10天了。因此今天会议上讨论研究确定的问题，工程处、支队，支队、各大队分别在干部、工人、□□中进行动员，积极扭转目前在干部、工人、□□施工中的松劲情绪，重整旗鼓，鼓足干劲。将大坝工程在洪水前达到一定高程。现在我简单地讲几个问题。

1. 开展增产节约运动。省委常委扩大会议已决定在全省范围内开展增产节约运动。我们双塔水库也应该坚决执行党的这一决议。各单位立即开展增产节约运动。增产节约运动是多快好省建设社会主义的基本方针，也是经济工作的群众运动。现在双塔水库在劳力、物资、器材等方面均浪费很大，工程处、支队应立即召开各种会议，研究布置增产节约工作。工程处着重检查物资器材、运输工具等方面的浪费，工程队着重检查劳动力的窝工浪费现象和工具等。开展轰轰烈烈、扎扎实实的增产节约运动。节约是多方面的，应从各方面寻找节约，给国家积累资金，加速社会主义建设事业。

2. 各级领导要大抓生产。今天讨论研究的问题，就是目前施工中的关键问题。各级领导在现有鼓足干劲的基础上，大抓生产，抓紧检查、督促、管理。如果不抓紧，就会松劲，一松劲就会出问题。时不可待，机不可失，应该发动群众，掀起这一个新的生产高潮，促进工程飞跃发展。

要抓技术革命。技术革命提高生产效率的有效办法，因此必须因地制宜，改良工具，提高生产率。特别要充分地发挥利用现有机械力量，现在汽车、斗车、架子车等损坏很多，严重地影响了工效的提高。因此各单位抓紧对机械、工具的修理，充分发挥利用率。

其次改进生产组织和劳动力的安排。妥善组合劳动力也是提高生产效率的措施。任务今天决定了，各单位就应适当地安排劳动力。不浪费、不窝工，保证任务提前完成。

在领导方法上，必须贯彻群众路线的工作方法，充分发扬民主，有事与群众商量，共同解决。在领导方法上，既要抓先进，也要抓落后，继续总结推广先进的，促进落后的。

另方面要搞好配合。这个问题我讲得很多了，但现在有些地方搞得不好。配合很重要，今后必须要搞好。车子问题，从两方面来解决。一方面加强教育□□爱护工具。另一方面，坏了的要抓紧修理，能制造的车子零件，大量制造，以解决工具缺乏之困难。总之，从各方面要配合上去，我们要为共同完成水库任务而奋斗。

道路问题：必须要修好道路，只有道路修好了，才可避免车子损坏，提高生产效率。因此要有养路的人，哪里坏了就哪里修补。保证车辆安全行驶，畅通无阻。

现在天气渐渐热了，为了保护职工、□□的身体健康，单位应该大抓特抓一下卫生工作。目前我们的卫生工作得不够好，特别是工地上大粪没人拾，也没有人过问，望各级领导扭转这种情况，开展人人讲清洁卫生工作运动。

总之要求再动员一下，努一把力，领导亲自上战场，督促生产，多、快、好、省地完成水库任务。

双塔堡水库工程委员会第廿一次紧急扩大会议记录

时间：1959 年 5 月 26 日下午 1 时

地点：工程处会议室

参加者：高鹤龄、曹文财、李桂荣、林甡、薄连安、周生德、李建邦、戴一诚、吕鸿兴、郭彦才、封雪山、鄷从龙、王龙、马树明、李成茂、刘成藩、王兴忠、金光明、李仲义及各大队生产股长，施工队长

主席：李桂荣

记录：温克璧

会议讨论的问题：

会议上首先李桂荣副处长介绍了工程完成情况，并提出采取紧急措施，在洪水前将大坝工程筑到一定高程，保证工程安全。他提出，双塔水库工程截至五月二十四日为止，共完成 1,334,400 公方，但是计划数 2,049,700 公方的 63.6%，其中大坝工程完成 977,440 公方，但是大坝工程总量 1,438,500 公方的 68%。就大坝高程来说，五月底可筑到平均高程为 1316。根据现有的出勤率和工效，在六月底可筑到 1320 高程。七月廿日可筑到 1326 高程。根据历年来双塔水文资料分析，一般的洪水发生在七月下旬，洪水量约 100—300 秒公方。最近接到省水利厅转达气象台的预报，今年的洪水又早又大。根据这种情况，会议一致认为，在洪水前将大坝筑到一定的防洪高程是我们目前的严重任务，也是战斗胜负的紧要关头，关系着几百万的国家财产和安西几万人民的安全问题。因此经会议研究讨论提出了以下的紧急措施：

一、与洪水拼命赛跑，将大坝及围堤筑到安全高程上。

1. 要请上级增调劳力 6000，并与有关运输单位协调支援运输工具，争取大坝及小坝高程在洪水前达到 1326 上，以保证工程安全。

2. 修复工具、大闹技术革命。加速修理已坏车辆，充分发挥现有工具的效力，利用各种可能利用的机械力量。并根据需要创造新式工具，以加速工程进展。

3. 加强工程处现有运输工具的运输效能，提高车辆出勤率，减少不必要的非生产车辆，配合工程队加速装卸时间，教育司机多装快跑，提高生产率。要求汽车六月份达到行

车 13,500 次。完成黏土 31,000 公方。马车达到日出拉土车 40 辆，行车 9000 次，完成黏土 10,000 公方。

4. 加强思想教育工作，摆对思想，调动一切积极因素，发挥潜力，减少非生产人员，增加出勤率。在现有的基础上，各大队认真组合劳力，避免窝工浪费，提高生产效率。

二、按照目前劳力及工程进度情况，在施工布置上采取以下紧急措施：

1. 工程以大坝为重点，小坝为辅。相应地修建排洪闸。目前尽快填筑大坝，达到安全承受 200 秒公方的洪水 1326 高程上。小坝在保持比大坝低二公尺的原则下随之而起。如果当大坝万一处于洪水危机时，可放弃小坝，保护大坝。

2. 立即抢修重点工程：

（1）自六月一日起全面开始铺盖。五月卅一日拆出坝前 50 公尺以内的铁轨，做好准备工作。修做的方法，架子车路北整平场地，即进行全面铺盖黏土。路南挖出可用砂砾，再填铺盖层。南北均以缓坡与路相接，路面可不挖去，但质量、接头、厚度均须合乎技术要求和便于拖拉机碾压。铺盖厚度与原坝底铺盖厚度相等。全部工程量约 20,000 余方。二、六大队全部出动。三大队除拉黏土者外，调一部分劳力抢修铺盖及坝面。每日以 2500 直接工，工效 1.5 公方计算。每日可完成 3700 公方，可于六月七日全部完成。土料来源均由第三土厂及□输水至堤上取砂壤土，表面清除的废砂砾可用作保护层。

（2）从六月一日起开始干砌片石，先整平第一平台，在平台上不用小石，砌护坡必须走在铺盖前面。随清铺盖，随砌片石。石料来源除爆炸山坡外，从输水道运石料。

（3）在回填铺盖工程期间，二、六、三大队砂料暂停。清基废砂砾可就近铺在坡脚铺盖上（去年已修成的 5 公尺）。

（4）为了争取坝高拦蓄洪水起见，可将下游砂、壳暂填 10 公尺宽，用一比一的坡度辅助心墙黏土上升。集中力量先填上游砂、壳和黏土心墙，待填高到 1326 上再回填下游砂、壳。四、五大队坝前无铺盖，仍按原布置抢修河槽。同时四大队应全力抢河槽上游砂料及干砌坝石，五大队下游砂料填到 1314 高程，也可同样放弃下游砂砾回填黏土。

（5）七大队全部、三队一部分运黏土劳力仍继续运黏土，并加强运输。

（6）汽车仍按上次布置进行。为了快装快卸，提高效率，四大队应加强挖土备料劳力，民工队修整路面，车队提高出勤率。汽车每日夜要求定额 36 次，每次实方 2.5 公方。马车要求定额 8 次，每次 1.05 公方。为了缩短运距，加大上坝量，车队和七大队勘察地形，寻找运输路线，可由第二土厂运土。所有修路挖土装车劳力皆由七大队配备。

（7）斗车轨道河滩铺设要在 6 月 20 日以前拆除，移于下游。山脚斗车路待洪水预报后抢拆。

（8）一大队仍在大坝回填并要求提高工效，以后酌情增加劳力。

（9）便桥及输水洞闸门要求六月二十日完成。

（10）坝面石子可用 2 公分孔径筛子过筛，一部分铺 15 公分，可以减短运距，补助备料的困难。

（11）自六月一日起由工程处派人到昌马看守预报洪水情况，并召集灌溉人员会议研究洪水降临时如何分散水量问题。

（12）输水道及围堰的养护责任仍不变更。当洪水超过300方时，考虑开闸蓄洪问题。

会议最后指示，各单位必须在干部、工人、□□中进行一次总动员。调动一切积极因素，提高工效，全力以赴为在洪水前将大坝工程筑到1326高程而奋斗。

桂荣

1959年5月27日

第二十三次工程委员会会议记录

时间：1959年6月21日上午8时

地点：工程处会议室

参加者：高鹤龄、李光旭、曹文财、李桂荣、林甡、薄连安、穆春贵、李建邦、周生德、任义生、张登荣、尹子秋、酆从龙、王龙、李成茂、李鑫福、王兴忠、金光明

主席：李桂荣

记录：温克璧

讨论的问题：

会议再次讨论了双塔堡水库工程汛期防洪问题，经过现场抄平和详细计算，截至六月廿日止，大坝平均高程为1316。如果按照上次郑工程师来水库研究确定采用第一防洪方法，使大坝（临时断面）达到1328高程，尚差12公尺，还需做土石方247,701公方。按现有实际劳力3977人，平均工效0.5公方计算，需要从即日起增加6000人，并解决工具粮食运输等问题，方能在七月底达到1328高程。因此会议认为，根据现有劳力及工效，采用第一防洪方案确有困难，同时我们不能肯定洪水何时来临。为了确保大坝工程安全，会议讨论从输水洞顶排洪的方案较为妥当。为了使输水洞安全不遭受洪水威胁，在小坝下游坝距筑一截水墙，与原地面高程相平，使水从上面均衡流过，或由截墙顶分水于两侧，以保护输水洞身的安全。会议认为采用此一方案可以防止早期洪水之灾害。如果据现有劳力及工效情况计算至七月下旬可以达到第二方案的要求，虽然需要挖去多余方的土方，但比较起来损失较小。会议认为第二方案也是切实可行的，因此必须动员全体职工鼓足干劲坚定信心，想尽一切办法提高工效，加速工程进展。

会议还听取了高专员对目前工作上的重要指示。

桂荣

六月廿一

双塔堡水库工程委员会第二十四次会议记录

时间：1959年11月6日下午12时

地点：工程处

参加者：曹文财、李桂荣、林甡、符连安、李建邦、周生德、李玉山、戴一诚、吕鸿兴、尹子秋、酆从龙、刘金祥、贺永德、张兴玉、刘成藩、陈声有、李仲义

主席：曹文财

记录：温克璧

会议讨论事项：

会议首先检查了工程完成情况，截至十月底所剩工程量大坝：黏土26,000公方，砂砾70,030公方，片石26,500公方。小坝：黏土5600公方，砂砾23,000公方，片石2600公方。围堤：砂砾26,000公方，片石1300公方，溢洪道：砂砾131,800公方。鉴于上述情况，任务相当艰巨，还需全体动员，鼓足更大干劲，须尽最大努力，方能按期和提前完成水库任务。

为了加速工程进展，不断跃进，会议检查分析了目前工效情况。[①] 所以工地上出现了一种情绪低落、工效日益下降趋势。这种情况是相当危险的。因此会议指出，必须引起各级干部的重视。大队干部除必须工作外，全部上工地参加生产领导生产。督促检查，加强管理。立即扭转□□□□□松劲情绪，掀起生产热潮，提高工作效率，促进工程进度。全体职工要以信心百倍、热情奔放，为提前完成双塔水库任务勇往直前。

由于坝体升高，断面缩小，下游砂砾赶不上黏土进度，互相干扰很大，直接影响盖黏土施工。因此会议决定人力运黏土暂时停止，上游适当抽调部分运砂砾劳力，集中劳力和架子车填筑下游砂砾。争取3天到5天时间赶上黏土，以便平衡进展。

会议强调指出，在提高数量的同时，必须重视质量，对黏土要选择好土，加强施工管理。必须做好洒水、刨毛，捡草、平土两头接缝。加坡打夯，保证工程质量。

阅

桂荣

1959.11.7

高专员在1959年8月13日双塔水库各级领导干部会议上的报告记录

我昨天去酒泉开会，今天召开一个会议，向大家交代一些问题，能记的记一下，讲后如有意见可提出来，如无意见就要执行，我回来后要检查执行情况，我现讲几个问题，如何贯彻□□□□□□□□□□□□的问题，我根据中央、省委、地委的指示，归纳三个问题来讲：

一、□□□□□□□□□□□□，力争增产节约，是适时的、必需的，为什么这样说呢，我认为有如下几个原因：

1. 今年已经过去七个月了，剩下只有五个月时间，从全国、全省、张掖专区全区，在五个月中要完成经济战线上的任务是非常繁重的，必须经过很大的努力，才能完成任务。八、九月又是关键月，如不从这两个月努力，要完成第四季度的任务是成问题的。今年的夏季作物已经收了，现在不从秋季作物里争大丰收，要争取今年的全面大丰收，是有问题的。中央、省委、地委提出很好地抓工业，加强秋田管理，争取全面大丰收，所以当前有许多工作要做，□□。在双塔水库工程上来说，七个月来任务完成得不够好，如果这样下去，也是很危险的事情，所有这些都就明了八、九月是非常紧张的季节，也是商业上的

① 编者按：以下删去143字。

一个旺季，所以随着工业、农业、商业的大跃进，运输业也要跟上去。总之机不可失，时不再来，必须要分秒必争，掀起一个增产节约高潮，在水库工程上也应该掀起一个施工高潮，同时将改造工作也要做好。总的精神鼓足干劲，克服右倾情绪，是我们领导思想上十分注意的一个问题，因此要求各单位立即组织全体干部进行学习讨论，要坚决批判和克服一部分干部新近抬头的右倾情绪。

2. 通过贯彻□□□□的方针，多数干部是好的，绝大多数的干部是团结群众，鼓起新的干劲，但的确也有少数干部在困难面前被吓倒了，思想上摇摆不定，畏缩不前，有的不安心工作，想调离职务，有的想回家，有的闹工资、闹思想、闹情绪，躺下不干，各项生产指标渐渐往下溜，松劲情绪到处可以看到的，这种形形色色的右倾误导思想是成为当前大跃进的拒力，阻碍着各项任务的完成，这种情况如果不加以彻底批判，就会影响总路线的进一步贯彻，影响今年全面大跃进计划，影响明年继续大跃进，因此我们□□□□□□□□□□，不能有任何动摇。

我们双塔水库当前的情况是怎样的呢？从主导方面来看，我们的工程从开工以来，一年的时间内，在党的领导下，经过全体职工的努力，取得了很大成就，工程处、工程队、民警大队，经过了几次的整顿后，密切了党群和干群关系，职工情绪基本是高涨的。七个月以来，广大职工受到了教育，树立了扎扎实实的生产，各个干部受到了教育，接受了教训。工作作风上有很大转变，浮夸作风也有很大改进，各级干部参加生产，领导生产很好，所有这些给今后的大干奠定了基础，以上这些情况，这些成绩，在这次反右倾情绪时，要肯定下来，更进一步地发扬光大，把这些好的东西不能反掉。从次要方面来看，出现了一种值得严重注意的右倾危险，从工人来讲，思想波动很大，有些人想脱离革命，有些逃跑不干了，有些工人对人民公社的优越性缺乏应有的认识。现在有些人不想要人民公社了，这种做法是资本主义的道路，不是社会主义的道路，从国家、集体、个人三方面来看，对国家、集体关心少，对个人关心多，这样的人不少。在粮食问题上也有问题的，我们这儿虽然粮食上没有发生什么大的问题，但对粮食问题是怎样认识的，应该考虑。现在有些工人在劳动生产在缺乏干劲，某些人某些方面还有问题，闹工资、闹思想情绪，躺下不干，但这是少数人。□□中思想问题更多了，这些问题不管怎样，不能怪工人和□□。关键问题在于领导、在于干部，因为工人、□□都是在我们领导下的，只要我们做好工作，讲清道理，问题就会得到解决。哪里问题多，说明哪里的思想领导很薄弱，要求将思想领导工作赶上去。从干部方面来讲，干劲不足，松动情绪有所抬头，有些干部思想模糊，当一日和尚敲一日钟，马马虎虎，不负责任，不再力争更大跃进，不抓紧时机搞好工作，有的夸大苦难，不求上进。所以要改变这种情况，必须深入了解调查工作。我们的工程上，不论从哪方面讲，不算什么困难的。有些人就看不到有利条件和积极因素的，有些人盲目悲观，想请假回家不干了，有些人认为革命工作不好搞，问题多，且都是新的问题，有些发官瘾，想退休，甚至有个别的连党籍都不要了。有的请短假回去不来了，在计划指标上渐渐下溜，好像是越低越少就越对，好像是越低是马克思主义者。这个问题请大家考虑。现在我们应该心情舒畅，只有心情舒畅了，工作就会搞好，如果心情不舒畅，工作就搞不好。我们的干部绝大多数是心情舒畅，但有少数的是心情不够舒畅。不管怎样，应做好工作，只有工作做好了，大家吃饱了，心情就舒畅了，工作就会搞得更好。如果像现在的工效和□□□这样下去，日子是不好过的，这种情况很严重，如果吃不上饭，穿不上衣，发不了工资，怎能使心情舒畅呢？要解决这个问题的办法：要求同志们更加奋战，更加努力，搞好各项工作，提前完成任务，事情就好办了。

另方面，思想动摇不定，在工作中有右倾情绪，有许多问题上表现了不是前进，而是倒退。以上这些问题，是认识问题，必须讲清道理，统一认识，提高思想，对这些人，主要是采取教育的态度，只要他认识了，改正了就对了。对这种人不能批判，不能斗争，这种人不多，但也为数不少，我们要团结一致，帮助他们改正错误，一道前进。有个别的人，有□□□□□□□，看不见我们的成绩，看不见有利因素，只看到我们的缺点和错误，在工作上夸大缺点，幸灾乐祸，□□□□□□□□□，但有算账派、资产阶级右倾味道。我们对这些人仍然采取教育、提高的态度，采取团结、批评、团结、惩前毖后、治病救人的方法，使他们必须认识错误，改正缺点。□□□。问题的根子是干部问题，是领导问题，绝大多数干部是好的，但事物的发展总是不平衡的，人们的认识总是有差别的，我们应该看到有右倾情绪，但应该看到在什么情况下，什么环境中，什么条件下产生的，这是思想观点方法问题，只要认识了这个问题，就在这次领导反右倾情绪上不会出偏差。工程处、支队均处理了一些问题，但并非把所有的问题处理完了，应该结合反右倾情绪继续处理，要求各个单位把这次反右倾情绪工作领导好，领导健康。

二、根据上述情况，如何贯彻中央的指示，我考虑我们这儿应提出这样的口号：克服右倾，鼓足干劲，加强团结，战胜困难，以增产节约新的辉煌成就，迎接国庆十周年。在这次反右倾思想方法上，应该采取以下几方面：

1. 大张旗鼓地进行宣传，造成一个大张旗鼓地厉行增产节约运动的声势，鼓足干部，群众干劲，奋战八、九、十三个月，争取更大的成就。我们这样搞，是把干部群众引导到生产高潮中来，鼓足干劲，大搞生产，使社会主义事业搞得快一些。要把政策贯彻到各个方面中去，我们这次反右倾的做法上，不能坐在房子里批判右倾，要走出办公室，和群众打成一片，深入实际，深入工地，深入到工棚，深入到伙房中去。在时间上要注意，机不可失，时不再来，所以各单位抓紧时机，搞好反右倾工作。

2. 对工人主要反复地宣传总路线，加强社会主义教育，□□□主要是加强社会主义教育，肯定他们的成绩。加强思想教育，要教育他们抓紧八、九、十三个月大搞生产，要教育他们不能离开党、离开政府，要听党的话。在工人群众中不进行反右倾，主要是加强社会主义和共产主义教育，要在正面加强教育，讲清道理。经过这样的教育，把倒追停下来，把积极性调动起来。

3. 对干部主要是政治教育为主，对中央的指示要作报告，要讲解，组织讨论学习，分别召开党、团、干部会进行讨论，进行检查，互相批评，在检查中要划清哪些是正确的，哪些是右倾的，肯定正确的，克服右倾的，不要不加分析，一切都反掉，划清以后要深刻认识危害性，要正确认识当前形势，鼓起勇气，克服困难，领导生产，参加生产，要扎扎实实地把群众领导好，把□□领导好，把工作搞好，把生活搞好，要统一思想认识。

教育、批评与自我批评相结合起来解决问题，宣传声势要大，在方法上要和风细雨，不能下暴雨。

4. 加强领导，在领导思想上要明确下面几个问题：

（1）反右倾的重点不是反群众和一般干部，而主要地放在领导干部上，工程队正副大队长科长以上，工程处正副科长以上，有个别的中队长和股长右倾思想严重的，也可列入重点。因此上要进行排队，排队要具体要分析，对人要排队，对问题、对政策也要排队，对不同的思想情绪、不同的问题要不同地分析，不同地对待，哪里有问题、有右倾，就在哪里搞。但不要戴帽子，重点不要太多了，找出个别的以教育群众。

（2）反右倾斗争中一定要划清政策界限、划清思想界限。要分清哪些是正视困难，看到困难，积极想办法克服困难，哪些是向困难低头，对困难采取消极态度；不要把条件加干劲与唯条件论者混在一起；把实事求是反映客观情况与下流的右倾情绪要分开；反右倾中对前一段未改正的错误，要继续改进，这与反右倾是一致的，不矛盾，总之这次反右倾一定要采取慎重的态度；在政策上要肯定正确的，纠正错误的。

5. 在这次运动中，应该搞些好的典型，树立标兵，鼓起勇气，鼓足干劲进行大跃进，要根据条件、实际情况加上主观上的努力，制订出指标来，睡觉指标是消极情绪，吹牛指标也不对。

6. 从今天起，各单位组织干部，认真学习《人民日报》两篇社论，领会文件精神，讨论研究本单位的情况。

三、认真贯彻□□□□□□□□□□□□七月份召开的会议，这二个会议上方针、办法措施很明确，现在的问题是贯彻执行的问题。要求□□□□□□、生产、生活很好地联系起来，全面地安排，三方面都要跃进，都要大干，都要大抓，特抓、拼命地抓。三项工作都要并举，这三方面的工作搞不好，不仅影响生产，更重要的是政治影响问题，因此要及时纠正干部、工人、□□的松劲情绪，做好思想政治工作。要经常向干部、工人、□□交待计划，交代任务。当前的生产、改造并举，生产数量和质量并重，要继续鼓足干劲，掀起生产与改造的高潮，按时按质按量地完成生产计划任务。

四、加强组织领导，做好各个方面配合和协作，建立计划、财务、成本预算、行政管理、个人负责制度。目前需要的器材要买，不需要的一律不买。现在工地上混乱，浪费器材现象很大，应该计划落实、周到，责任明确，层层负责，做好施工具体安排，检查施工方法，全面地安排好工作。

五、生产与改造工作，必须发动群众，依靠群众，发挥全体干部和工人的积极性和创造性。各级党的组织、行政领导很好地发动群众，经常地总结检查，通过检查、总结，建立奖惩制度，开展红旗竞赛运动，提高工效，促进工程发展。

六、开展增产节约运动，清理库房物资，挖掘潜力，要不断地提高生产率，减少非生产人员，减少非生产开支，降低成本。

七、加强党的领导和政治思想工作，领导同志要分工负责，各把一日。走出办公室，深入实际，深入工地，深入宿舍，深入伙房，实行分工，包生产、包改造、包数量、包质量，领导生产、参加生产。□□□□□□□□□□□□□，都要必须认真地贯彻党的社会主义建设总路线。要多、快、好、省地完成任务，既要注意增产，也要注意节约，劳力是很重要的，不能随便浪费劳力，这次反右倾运动中各单位很好检查一下。

今天就讲这些，可能有些地方提得不妥当，望大家考虑，提出意见。

1959 年 8 月 14 日

工程委员会记录

时间：1959 年 6 月 24 日

地点：会议室

出席人：高专员、郑厅长、徐厅长、雒院长、郑工程师、李处长、□□局长、曹支队长、各大队长、科长等。

主持：高专员

高专员：

首先分析了今天摆在我们面前的任务，根据目前情况，洪水很可能在 7 月初或者 7 月底来，完成，否则我们是会犯很严重的错误的，不能完成党的任务，也对不起党。因此，看采取什么措施，完成这一任务，大家讨论一下，怎么样去干，我们还有这样多的党员、团员和干部，还有这样多的劳动力，是很可能的，大家讨论一下吧！

郑厅长：

这次省上决定必须走第一方案，必须完成这一任务，统一思想，统一认识。根据洪水情况，1952 年是 373 秒公方。省长议：这个任务必须完成，否则是要受处分的，是指处分某个人是小事情，党的事业受到损失，安西人民受到洪水灾害，几百万元也损失了。因此，这是个大事情，我们要鼓足干劲完成仟务。

李振荣：

水库去年 7 月 6 日开工，当时人数很少，9 月下旬才补充到 9000 余人。到今年 3 月天气渐暖，工程才大开展，当时提出苦战六十天，5 月底完成大坝工程，9 月份工效达 0. 95 公方。五月份工效就开始下降，□□□□，到六月份工效又逐渐下降 0. 5 公分，当时工程还差 50 万公方，恐难完成，遂报省厅，派郑工程师前来，提出三个方案。第一个方案坝筑至 1328. 0 公尺高程，土方约 26 万公方，故难以完成。遂二次报厅，一则工效降低，二则劳力减少。目前每天可完成 3300 公方，至 7 月下旬完成约 10 万公方，碍难以完成。这次雒院长和郑工程师即提出临时断面，大坝还差 18 万 1 千方，小坝差 2 万 7 千 3 百公方，如果增加些劳力，也是可以完成的。我们算了个账，汽每天 40 趟，16—17 个汽车，加上马车可以完成 45,000 公方，其余 163,000 方要人力去完成。斗车 46 辆，木轮车 562 辆，铁轮木斗 100 辆，架子车 244 辆。赶月底还可以作 100 辆木轮车，加上黄羊河支援 100 余辆，参加劳力 3000 名就可以完成，现有劳力每日可完成 2800 余方。在新式工具使用方面我们还有些不好现象，比如上坝工具比较省力，但使用了没有多少天就不用了，石料方面采用了放大炮，节约劳力。目前我们因□□□□□□□□，就影响了生产情绪，工效在本月 15 日以后显著降低，这方面我们很好想办法克服，于七月底完成这一任务还是可能的。

雒院长：

双塔水库工程是疏勒河流域规划中很重要的工程，现在的关键问题是如何很快完成，渡过汛期，这也是全面性的问题。中央指示，拦河的工程必须搞上去，完成工程任务。大坝的质量上还是不错的，其他工程在质量上是有问题的，根据全面情况来看，我们这里的情况是很优越的。第一场面大，便于施工。第二坝前渗水未形成小型水湖影响施工，这一点很好。第三工具上问题不大，铁轮木斗车在一公里运距上可完成 10 方，架子车在 400—500 公尺运距上可完成 4—5 方，采用临时断面，仅剩 21 万余方，也是可行的一个办法。具体指导方法上加强一下，一个是把路修好，一个是装快卸快，争取 20 趟是不难的，工作紧张些，时间短一些，坝高程到 28 公尺。洞子上不能过水，至于冲不冲很难讲，把洞子一淹是没法的，把非常溢洪道降低一些，这样问题很大。水文记载都在 7 月 20 日以后来洪水，如果大水车 7 月 24/25 日来水，或者来些小洪水，取料都深在下游，上游的料赶快取完，以免淹没后无法着手。因此，这一点必须着眼很快搞。总的来讲，这一方案不是很冒的，还是可能的。坝面石料暂时不作，以免影响上坝，上面铺上 3—5 寸石头，如果 7 月 15 日来洪水那就是出乎意料之外。

郑戴夫：

上次来研究了三个方案，张省长指示一定完成第一方案，当时来看困难不大，现在困难是大了一些，但还是可以完成的。高程上升不大，平均 1317.0，还差 11 公尺高，根据近来临时断面土方还有 23 万方，改为现宽 3.0 公尺，土方还有 21 万方。这个任务看怎样完成，汽车马车可以完成多少，剩余的□□□□承担，看需要增加多少劳力，汽马车每天完成 1300 方，可完成 55,000 方，还剩 155,000 方，七月份负担 14 万方，保证 0.7 功效，还要增 2800 劳力，做出施工计划，进行任务分包，各人保证完成任务。根据工具情况不是很缺的，胶轮架子车，在祁家店 800 公尺运距也 4.8 方，以 4.0 方计，可完成 2100 方，铁斗车以 8 方算，一天完成 2600 方。因此，工具不是很缺的，总数占 4000 人的样子，故工具差得不太大。打算由黄羊河调些架子车、斗平车。还是能够完成省上给我们的任务。□□□□□□□□□□□□□□□□□□□□□□□□□□，规定奖惩制度，提高功效，起些作用。

殷科长：

今天讨论走哪个方案，省上决定走第一个方案，我完全同意，是个积极方案，损失最小。最近□□□□□□□□□调走了劳力，影响了情绪，功效降低，增加上劳动力，但由于坝面砌石的衬砌，道路行走不便，可能影响工效，加强管理。要抢上游砂砾，我的意见是实行双班制，时间短一些，工效不一定降低，以后工地行走保证工效。河中间是否可以解决照明，三班制，加快河床段进展。工具上：架子车修理，另东少，想办法解决，上坝工具还可以用，汽车带斗车是否还可以到。增加劳力后房子还是挤一些，还是再盖一些。锅不够了，□□□□□□□□，再调些医生，粮食调剂上好一些，质量好些。人增加后供应运轨上就要增加一些，那边只有六部车，拖拉机可能赶不上，还要很好计划一下，冬季棉衣，还要用很大一单开支。

曹支队长：

大坝从今年三月份就压上了，还有 21 万方，汽车的零件很缺，从生活管理上加强一些，增加些医师，养的病号2000多人，医药买不到。有决心有信心完成第一方案，调上2000—3000人，劳力如何摆。架子车实用的只有600辆，没有油，适沥青搞，影响工程工效，工具数量不少，但质量上不好。工具利用上很不高，下游砂砾是不是可以取下去1—2公尺，将上填高是否可以，再调上3000人也完不成，每天出工也不能达到3000人，□□□□□□□□，洋镐还是不够，抬筐还将解决一些，买不上。统一研究，至于解决，完成工程任务，扭成一股劲。

牟科长：

汽车队完成二十趟问题不大，就是缺机油，拖拉机也要用机油，因此，要很快解决，否则可能停车，1956年、1957年还可以，现在也不成了，高专员解决了一些，钢板也是问题。

二大队长：

□□问题很严重，工程任务一定要完成，充分估计力量，如果完不成造成的损失，影响是个很大问题。我们大队领了100余辆架子车，使用的仅有60余辆，架子车损坏不能及时修补，零件无法领到。斗车也有110余辆，使用者仅60—70余辆，工具改革问题，大队和施工员要扭成一股劲，施工员不坚持工作，技术问题不解决。

薄科长：

土场重新进行一次规划，挖土方法运土并进，汽车路还得规划，以免互相干扰。

王兴中：

架子车最先进，斗车次之，架子车210辆，能用的140辆，有70辆不能用，零件缺乏。

郑厅长：

汽车每天出勤16辆，每辆昼夜40趟，完成38,400（任务40,000方）。马车出勤45辆，每天9趟（0.9方）一月完成□[①]方，月底任务11,000方，共计完成51,000方，还剩余159,000方。

李处长：

晚上装汽车民工70人，平均装11方，卸车30人，卸车21方，装640方，备土工180人，白天装挖车280人，白天晚上共560人。马车挖装卸每天160工日，汽马车劳力共需660人。保养路30人，共690人，□□□□□□□□□□□□。

郑厅长：

□□功效多少，大家讨论。

① 编者按：此处原文为一月完成10800方，其数字被划掉。

报告与总结

双塔堡水库工程进展情况及今后工作安排意见的报告

1958年9月　甘232-1-221

一、前言。双塔堡水库工程自六月三日开始筹备，七月六日正式开工，原计划两年完成，为了配合水利大跃进，省水利厅计划一年完成，张掖地委鉴于双塔水库工程关系着明年安西农业的大发展，确定要四个月内完成任务。八月廿日高专员传达了地委的决议，并在全体职工大会上做了动员报告，工地上掀起了跃进高潮，在此同时为了使部队、工程处、□□队三方面大协作，工地上成立了水库工程委员会并制定了工作制度，在四十天紧张的施工以来，工程进程基本上是良好的。九月二十日工程委员会发起了迎接国庆的劳动竞赛，经过了十多天的竞赛，结果各个部门涌现出不少的模范单位和个人。经过群众的评议及评比委员会的审核，结合今天国庆节大会进行奖励，我希望在此次得奖的同志戒骄戒躁，继续保持模范荣誉，未获得奖同志必须迎头赶上，争取再一次的模范奖励。

二、工程完成情况。为了使大家了解竞赛前后的工作效率，我现在把九月廿日以前和九月廿日以后的完成数量及工数向大家报告一下。虽然完成的数字不太令人满意，但是我们可以与此得出一项问题就是：潜力还有需要我们更进一步的挖掘，我们当如何在施工中搞好协作，找窍门，想办法，提高工率，完成组织上交给我们的任务。

在九月廿日以前完成的工程数量为：

1. 输水道：开挖石方5255.8公方+106,528.66公方=159,086.66公方①。开挖土方17,703公方、备砂石1000公方、清溢洪道基1,270公方，合计19,973公方。

2. 大坝：挖截水桥基42,300公方、清坝基66,286公方、料场挖草皮20,868公方、备砂511公方，合计129,365公方。

以上共完成土石方308,365公方，占全部工程量的14.7%。

自9月廿一日开展竞赛以后至9月底完成工程数量为：

1. 大坝：大坝清基47,201公方、填土方12,524公方、备砂子869.4公方、料场挖堆土21,328公方、浆砌片石90.3公方、料场草皮39,864公方、挖截水桥9,415公方，合计131,291.7公方。

2. 输水道：开挖石方11,353公方、开挖土方13,450公方、备砂砾632公方，合计25,435公方。

① 编者按：此处计算似有误。

以上共完成土石方156,726公方，占计划数量237,835公方的66%，占全部总工程量的11.3%。

截至9月30日为止共完成的工程数量为：开挖填土石方455,000公方、备砂石916公方、砌片石284公方、弯钢筋32公吨、模板1,600平方公尺，在大模设施方面计完成木桥2座、铁路3.0公里、汽车道7.0公里、建房屋3,323.3平方公尺、搭工棚（未注明）平方公尺①，占总工程量的21.6%。

三、由于上级党政的正确领导及全体职工在党的英明号召下鼓起了冲天的干劲，在竞赛中涌现出了很多的模范事例，如大坝工区采用了正确碾压的办法，提高拖拉机工效的1.33倍，比人力抬石夯的效率大13倍，采用函步井占挤水的施工方法基本上克服了排水的困难，使砌石工程得到了正常的进展。坝脚铺设轻便铁轨用灰浆斗子代平车厢运出清基孤石500余公方，提高功效9倍。使用铁推车铺轨当路，提高功效二倍，使用洒水车提高功效5倍，撑竿运土提高功效3倍。机械队改装了电动抽水机效果良好，解决了大坝排水的问题，输水道改用大头钎子打眼，由原来多爆破0.5公方到10方以上。九中队在黑色炸药中掺头发、大便末子、食盐及小石子，节约炸药30%—40%，并且提高了效率，利用黄色炸药及电雷管避免了放炮的危险，也提高了效率。部队同志由于吃苦耐劳、坚守岗位、当心看管，在此竞赛期间少有□□逃跑的事件发生，适应了生产的需要。工铁2组更以惊人的辛勤劳动，自动地加班跃进，更制造了唧筒抽水机，自卸架子车及斗车等。并以一当十地超额完成分配给的任务。诸如此类的事迹很多，这说明了在我们双塔堡水库中，各个单位的积极性和创造性是没有止境的，我们应更进一步地发扬光大，为着按期或提前完成任务而努力。按照统一定额计算，我们现有的劳力还要差100余万，我们不能再依靠上级调拨劳力即或调来也是无法容纳，那么如何解决劳力的不足呢，只有依靠我们全体同志开动脑筋创造新式工具提高工效来解决，没有新式工具就完不成伟大的社会主义建设。

四、今后工作安排意见。

1. 九月廿日五项工程委员会所提劳力计划中，以原有计划工程量按计划委员会批示定额核实需劳力120万工日，这次依照实有工程量，按统一定额计算，尚需劳动力242万工日。（如所发附表所列）其中按现有运输工业条件计划，土砂料运输有50%为人力担运，因此需用劳力数字就加了一番，在施工中需要发动全体职工找窍门想办法，突破定额，并发明创造新工具代替人力，以减少需用人工的总数字，争取再需百万劳动力，则我们水库工程劳力增至12,000名即可完成任务。

2. 目前工程仍要采取推重点的方针，即尽先完成输水道及土坝工程，相应地配合大型设施，进行施工。因此在输水道过水以后，大部分劳力集中在大坝施工，水利工程队参照“剩余工程数量所需劳力计划总表”详细安排劳力，尽可能地加强组织提高劳动出勤率，投入直接生产上。

3. 通过这次迎接国庆的劳动竞赛，我们认为潜力还未挖掘出来，尤其□□□□还未行动起来。国庆节以后我们必须更进一步地展开评比。在十月上旬我们的要求是：

① 编者按：搭工棚原件未注明具体数字。

（1）输水道于十月十日放水，大力突击剩余的11,000公方石方，限定8号前完成，输水洞基础还有石方100公方，要求于七号以前完成，才不致影响通水。

（2）十月十日通水以后，输水道只留一个中队的劳力清坝，坝地基及完成输水洞的尾工，其余劳力均集中在大坝。

（3）围堰共有土方6000公方，要求九日前准备好合龙材料，十日上午进行合龙后，将劳力调往土场。

（4）输水道填方质量过差，危险性很大，由三日起调一个中队返工加固，赶十月八日完成。

（5）输水道上有桥梁四座（包括第二料场取土便桥）于五日前完成架设工作便于通水后通行。

（6）大坝工程要求完成截水墙砌石工作（除河桥占据部分60公尺），黏土口墙回填至与地面相平，计有土方60,000公方。

（7）修好轻便铁轨及公路便于车辆通行。

（8）加强装卸汽马车的效率，增加车辆运输量，减少人力运输量。

五、完成以上布置任务的措施。

1. 提出响亮的口号：在上次竞赛中工委会曾提出“苦干十昼夜、突破新定额、大战土坝基、打通输水河”的口号来，我们在这个口号的前提下，虽然没有突破计委所订新定额的指标，但也接近了五八年全国统一定额，这个新定额的突破还得再一步的努力。以目前完成情况来看，大战土坝基已取得了辉煌的战果，局部黏土已开始回填了，输水河亦接近打通啦！这一次我们更应该提出几项口号作为我们奋斗的目标，我初步提出如下的几首语句来：

一战拦河坝，水深也不怕，填平坝基坑，筑坝成山巅。
二战输水道，万人齐放炮，高山把头低，顽石开成渠。
三战砂料场，砂土齐飞扬，万人齐用力，散砂变成烊。
四战围水堤，完成在年底，砂干多掘井，宛如筑长城。
五战溢洪道，个个逞英豪，完成近筑场，轰开排洪槽。
六战各尾工，战场一扫清，水库全完成，开会庆大工。
红旗卷西风，模范要力争，人人比诸葛，个个赛罗成。

上述词句是否恰当，还要同志们修正。

2. 采取具体的办法，要求政治挂帅：在我们的工地上常常发生争吵，扯皮、互不协调的现象。这都是由于政治还没有挂帅，干部对当前国内的形势发展认识不足，因此或多或少地存在着本位主义，这都是错误的。有了本位主义如何能适应共产主义的道路事时呢，全国各地都在轰轰烈烈地搞大协作，而我们在施工中都在搞不协调，这是不应当的，而且是落后的。因此我们要求必须加强团结搞好协作，一切为着工程，完成了任务账目咋算都成。在今后的施工中，要做到“五过手”“四改进”“三注重”。

所谓五过手即是土坝施工上缩减工序、加速工程进展、减少劳力的浪费。卸车捡草洒水一次过手、平土夯实刨毛一次过手、挖土拌和装车一次过手、开石抬运安砌一次过手、筛备砂石一次过手。所谓四改进即是在工作中要：改进施工办法、改进工作作风、改进协作关系、改进运输工具。

所谓三注重即是注重质量、注重安全、注重卫生。

以上是我个人不成熟的看法，提出来供各位同志参考！

最后，敬祝各位身体健康，国庆愉快。

双塔堡水库工程进展情况报告

1958 年 9 月 8 日　　甘 232-1-397

昌马河第二期工程双塔堡水库经上级决定于本年 6 月开工，我处于 6 月 3 日起，组织了部分力量，抽调干部 8 名，劳力 200 余人，开始了水库工地情况了解及场地布置、搭盖工棚等工作，经过廿多天的努力，大致筹备就绪，与此同时原计划七月初全部开始施工力量移至水库，由于饮马各农场播种任务扩大，主要劳力投入农业生产，要求延期至七月底完成第一期工程中的支斗渠工程，影响了水库开工日期的推迟，为了坚决执行上级指示，6 月底我们仍然抽调了一部分施工人员和技术工人及劳力 2000 余名至水库工地，七月初水库土坝工程开始清基，中旬相继开始输水道工程土石方开挖和临时房屋建筑工程。在开工之初，因工具落后，而且供应困难，工效极低，平均土方 1.2 公方，石方 0.85 公方。

为了解放思想，学习先进施工方法和先进经验，促进双塔堡水库工程进展速度，在省水利厅通知观摩引洮工程时，我处派高永昌、李桂荣二同志前去参加，8 月初回处，召集全体职工传达了引洮工程的英雄奇迹，特别是工具改革在施工中的重要性，经学习讨论，大大鼓舞了职工的信心，下定决心解放思想，大闹技术革命，一致提出"一年任务，十月完成"的口号，为进一步增长施工知识，根据高专员的指示，又组织了有干部技工 27 人的参观团前赴古浪、民勤水库参观学习，并于 8 月中旬将工程处全部迁入双塔堡，并将昌马水利工程队二千余名劳力一举迁到水库，开始了全面的施工。

八月十九日张掖专署高专员来双塔堡水库工地当天晚上，召集安西县委李书记及工程有关负责人员传达了中共张掖地委决定，要增加劳力至 12000 人，在本年 12 月底完成水库工程，接着 20 日又召开了有工程处全体干部、工程队干部、警戒部队全体官员的跃进誓师大会，高专员宣布了地委决定，并作了动员报告，通过学习讨论制定了跃进规划，贯彻执行地委的这一正确的决定。

为了加强施工领导，搞好互助合作关系，保证工程按期完成，在地委省厅的领导下，工地上由高专员、安西县工程处、队、部队等有关单位负责同志组成了水库工程委员会，从全面开工以来的工作情况看，委员会在指挥工程和解决施工中的重大问题上起了很大的作用。

我们在施工的同时，发动全体职工大搞技术革命运动，坚决地进行工具改革，干部、工人、官兵以及□□中调动了一切积极因素，掀起了工具革新运动的高潮，至目前为止，创造及仿制的新式工具共 34 件，鉴定后推广使用的有高线运土车、双臂杠杆运土机、洒水机、打眼机、木轨平车等，一定要争取实现半机械化施工，在工地上又创办了学校，工人有木工训练班、机械工训练班，干部中有中等技术学校、文化学校、及党校、团校等，经两周的学习来看，苦学情绪饱满，这就为明年更大的水利建设事业，培养出更好的红专人才。

在各工点上开展了以插红旗为主的社会主义劳动竞赛，发动了各单位与个人之间的挑战、应战，目前各种工作效率都有很大程度的提高，如爆破石方元原每炮炸 0.8 公方左右，采取了“大头钢钎打眼法”，并在火药中加石子、头发等物，效率显著提高到一炮 11 公方多，原平均每工日 0.85 公方，现为 2.0 公方，土方原为 1.2 公方，现为 2.75 公方，模型板加工的效率由五平方提高到 12 平方，这一运动现正继续深入开展，职工的干劲正在蓬勃上涨。如在疏勒河暴涨时，利用两天中午休息时间，在急流中搭好木桥一座，8 月 30 日□□□编队休工，全部干部参加义务劳动，修好马车道两公里，装卸石料 300 余方，使马车的工率由原日运 5 次提高到八次。

此外还大力兴办各种附属工厂为工程服务，工地上相继成立了木材加工厂、机械修配厂、翻砂场、水泥厂、火药厂等，都正积极采集原料陆续投入生产，来解决部分物资供应的困难，降低工程造价。

由于采取了上述一系列的措施，截至 8 月底，共计完成土方 103997 公方，石方 49035 公方，建筑临时房屋及工棚 1600 平方公尺，修筑公路 8.5 公里，安装高压输电线 1.2 公里。

目前施工中存在的最大问题是：1. 土坝基础因抽水机具不够，地下水不能排除，开挖太慢。2. 输水道石方坚硬开炸困难，经过辩论，大家一致认为这是今年是否完成水库工程的关键问题，解决的办法是：在保证坝基安全和减少渗漏流量的原则下，适当改变基础截冰槽深度（修改方案另报），并请省水利厅解决十部抽水机，速运来工具和爆破雷管，绝缘皮线等，以应急需，否则会影响工程顺利进展。

甘肃省水利厅昌马河水利工程处（印）

甘肃省水利厅昌马河水利工程处一九五八年工作总结

1959 年 1 月　　甘 232-1-265-24

一

一九五八年我处的工作任务按照党的指示进行了昌马河第一期工程的支干渠工程和第二期工程——双塔堡水库的主体工程。

在整风运动和反右斗争获得全面胜利的基础上开展了第一期工程下半期工程的施工，在元月份随着冬季土方工程的施工，即对本年第一期工程任务所需材料机具着手准备购置，并对劳力按工程分布情况作了具体安排。二月下旬省委第一书记张仲良同志来玉门县视察工作时，指示昌马河第一期必须于五月中旬通水，争取六月底全部完成，并开始第二期工程中的双塔堡水库工程的施工，为了贯彻执行张书记的指示，多快好省地完成任务，二月份我们集中了主要力量，运用整风的方法，大力开展了双反运动，对以往工程上存在的右倾保守和浪费现象，以及职工思想工作上的“三风”“五气”做了系统而彻底的检查和批判，通过典型单位和个人的重点检讨，教育了广大职工，从而提高了思想觉悟，加强了责任感，为本年的施工打好了思想基础。

3 月 15 日我们召开了全处职工动员大会，对上半年工程任务作了动员布置，并根据工程分布情况提出了相应的措施，通过两天的讨论，使大家思想认识一致，16 日下午全体施工干部均星夜分赴各个工地开始了战斗。六月初旬各干渠（除西干渠）工程完成，开始通水灌溉，除了继续进行支斗渠工程的施工外，并于 6 月 3 日抽调干部 8 名劳力 200 余名进入双塔堡工地筹备第二期水库工程的施工。

在祖国社会主义各项建设事业大跃进的形势下，饮马各农场开荒播种任务连次增加，劳动力主要投入农业生产，所担任的昌马河第一期水利工程任务不得不暂时缩减力量，所以六月底全部工程未能如期完成，经与各农场协商日期延长至七月底，按照农场灌溉系统的发展，必须配合开垦荒地的部位而进行，过分强调沟渠系统的早日完成，势必影响少开播种面积。因此，经商讨将各个农场所剩余的部分支干渠沟工程移交其自己负责，配合耕作的发展情况而修做，年底进行验收结算工程费用，将施工力量迁往水库工程上施工，免得影响二期工程的正常进行。

八月初根据上级指示由张掖专属高鹤龄专员主持组织有关各部门的负责同志对昌马河第一期工程进行了验收，通过座谈讨论，大家一致认为工程质量基本良好是成功的，应即移交管理单位管理使用。从此第一期工程的施工任务即告结束，八月中旬我处职工人员均迁至水库工地，全面地展开了水库工程的施工。

双塔堡水库工程的施工原计划一年完成，即从 1958 年 8 月至 1959 年 7 月底，劳动力由昌马水利工程队担任，8 月中旬中共张掖地委提出“必须于本年 12 月底完成主体工程”，并由高专员亲自领导，指挥建修水库，8 月 19 日高鹤龄专员来工地后在负责干部会议上传达了地委指示，20 日召集了水库工地全体职工、官兵，作了动员报告，鼓舞了全体职工同志，都愿在水库工程上贡献出自己的全体力量，从此施工跃进高潮全面地开展了。

工程施工的步骤是以输水道及大坝为主，相应地配合其他工程的施工；十月底输水道工程基本竣工，十一月开始，全部力量集中于大坝工程，并进行施工导流工作，11 月 7 日作围堰合龙，由于渠道坝方质量较差，发生了决口，合龙失败，经过加固后于 19 日进行第二次合龙成功，河水即导向输水道。随着气温的降低，土坝心墙黏土因冻块多碾压达不到质量要求，只好在 11 月下旬暂停心墙回填，集中砂砾建筑，基本上克服了冬季施工的困难。

二

本年施工过程中，我们按照党所指示的“十分任务，十二分措施”精神，采取了下述一些主要措施，保证任务完成的。

首先我们坚持了党对工程的绝对领导，坚持政治挂帅，凡工程方面重大的问题，如施工计划，人员分配，劳力安排等都事先经过党支部的讨论通过，并在执行过程中党团员干部发挥模范带头作用，使党的决议切实地得以贯彻，在每一段任务的安排上都提出了响亮的战斗口号，如第一期工程在进行动员时，领导上就提出了“鼓起革命干劲，苦战三月，力争五月中旬放水，六月底全部完成昌马河第一期工程”的战斗口号，水库工程开工后提出了“一年任务，十月完成”的口号，在施工中间又提出了阶段战斗的口号，如“苦战十昼夜，突破新定额，大战土坝基，打通输水河”。在总的行动口号之下，各科室、工区都提出了自己的具体行动口号，如在输水道工程日夜双班施工中，提出了“工地是战场，钢钎是长枪，一天当十天，月亮当太阳”，这些战斗口号指明了奋斗目标，鼓舞了职工情绪，促使了工程进展。

为了适应工程跃进的形势，对工程的指挥第一期工程上采取了“先干、后支、再斗，依照灌溉需要先急后缓”的办法，在水库上组织了阶段战役性的突击施工，促其不断跃进，同时，每一时期工程都有一定的重点，领导重心就放在重点上，如十月前重点在输水道和清理坝基上，11 月开始主要力量全放在大坝回填土方上，在战略上采取了大计划、小安排、野战队、游击队、民兵配合作战的方法，对工程跃进起了很大的推动作用。

其次，在施工组织上根据工程特点建立机构，除处属各科室而外，在第一期工程中，按照任务大，施工面广的特点，将原工区一级机构撤销，成立了十个工段，实行任务分片包干，采取了一竿子插到底的领导方法。为了加强检查，督促工作，将各科室负责同志一部分下放到工地按渠系进行督战，及时解决工地上存在的问题，这样的办法从效果上来看，完全是恰当的。到了水库工地后，由于工点集中，原设了大坝、输水道、溢洪道、土场、料场、大型设施等六个工区，在施工过程中，群众提出组织庞大，应该合并，我们仔细地考虑了这个意见通过群众辩论后，合并为三个工区。随着施工的进展，为了及时解决有关工程问题和加强与□□□的联系，扭成一股劲，协同作战期间，在 12 月中将工区撤销，把施工员分配到各大队改为工作组，在大队上食宿，规定了汇报请示制度，工务科下只设一个检查组巡回检查，从而加强了协作，减少了无原则扯皮现象，保证了工程质量，加速了进度。

第三，认真贯彻了党的群众路线的工作方法，事先通过群众，如今年的第二期工程任务布置，组织机构撤销工区，渠道及建筑物的设计修改，水库工程跃进规划的制定、技术革命，以及大坝设计的修改，都是通过五大形式，经群众广泛讨论以后而贯彻执行的，这就使得党的指示更有群众基础，易于贯彻执行。

第四，大搞技术革命运动，反对右倾保守和浪费，如本年春季燃起了反保守、浪费的烈火，领导上抓紧了双反运动之纲，把反对保守和浪费的浪潮推向了实际工作中去，使得很多同志能以革命的首创精神大胆地设想，修改一期工程设计，仅此一项即给国家节约资金达 30 万元之多。为了把技术革命推向新的高潮，先后两次组织人员赴引洮等工程上学习参观，经传达报告后，大大地解放了职工思想，使得工具改革运动很快地在水库工程上普遍开花结果。同时，创办了红专学校、工人训练班，从而提高职工的技术业务水平。

在春季开工时各种模板、铁件，采取了集中预制，但未大办工厂，随着水库工程任务的来到，工程实践证明必须大办附属工厂，就能更多地就地取材，贯彻党的社会主义建设总路线的精神。因此，在水库工地上，成立了水泥厂、火药厂、木材加工厂、机械修配厂、钢筋加工厂，这些工厂的设立，对工程跃进起了一定的推动作用。

第五，广泛地开展劳动竞赛和评比工作：本年开工初期，我们就重视了开展评比运动对工程的促进作用，因此在开工后就发动了全体职工的社会主义劳动竞赛，各个单位都以学先进，赶先进，力争超过先进的精神，投入了这个运动。如有的工段在□□队休工之日仍然上工地作放样准备工作，汽车运输片石效率，由原来每日四趟提高到八趟，木工制作模型提高工效 40%，大大促使了工作的顺利进行。在这个基础上利用“五一”劳动节日召开了评比大会，采取大鸣大放，大争大辩，大字报的方法，摆事实公论长短，比出了四个先进段，18 个先进人物，插上革命的红旗，作为大家学习的榜样。在水库工程上同样抓紧了评比这一环，8 月 20 日的跃进誓师大会上我们就向全体职工提出了开展共产主义劳动竞赛的号召，全体职工从此掀起了修建水库的高潮，各厂工人纷纷向党提出保证和决心，他们每天下午饭后就主动地去工作，学习后仍到工棚、车间进行劳动，干部也不落后，坚守工地，晚 12 时前很少有人睡觉，机械队甚至有连续工作两个台班的同志。为了把竞赛进一步搞好，九月下旬又规定了定额提出苦战，国庆节日即进行了评比，受到了红旗奖励的单位（包括部队、□□□）共 15 个，个人 66 名。在这次评比中汽车队完成任务较差，但通过评比后汽车运土效率真是“与日俱增”，由原日运 8 次，一直提高到>8 次之多，石工组每天自动“日出而作，日入才息”工作 12 个小时，所以有些单位在评比后的阶段流动红旗评比中又得到了流动红旗，木材加工厂先后两次得到了红旗，保持先进的荣誉，机械修配厂由原来每人每天安装一辆架子车提高到 2 辆，铁条由 50 公尺提高到每人日产 180 公尺，道钉效率提高一倍等。所以说评比运动必须抓紧，只有这样才能更好地鼓舞职工干劲。

除此而外，我们还特别重视了共产主义大协作精神的发扬，加强与各有关部门联系，解决了器材和机具等项供应不足的问题。比如向敦煌借用水泥 120 吨，向 8510 部队借来钢轨六公里，向各农场借来拖拉机五台等，对工程进展起到了很大作用。

三

在党的正确领导下，在各国工农业及各项社会主义建设事业飞跃发展并取得了辉煌成就的情况下，我处各方面的工作也是在不断跃进着，也取得了一定的成绩。

1. 政治思想教育工作：通过了伟大的整风运动和□□□□□，广大职工的政治积极性空前提高，在此基础上，我们根据上级党委指示开展了肃反运动和审干工作，经群众检举揭发，及几次派人出外调查，查清了多数干部政治问题，并作出了结论，使得组织彻底了解干部情况，合理地使用和培养干部。开展了反贪污盗窃及其他坏分子的运动，这一运动目前更向纵深发展中。

按照“批判从严，处理从宽”的原则，本年对整风运动中的□□□□及各项运动的重点分子进行了适当的处理，因此不但纯洁了革命队伍，而且维护了党和国家纪律，并教育职工和犯错误的同志。

在职工思想教育方面，除了经常地加强思想教育工作，发现问题及时在适当的会上提出而外，并做到了个别了解交谈解决一部分职工的思想问题，及时纠正错误思想如工人原富合闹思想要回家，准予短假。个别谈不顶事，交群众辩论后再进行说服，他连短假都不请了，工作也积极了。对职工教育不但从思想上着了手，而且还抓紧了经常的政治学习，并设立了夜党校、团校，培养了大批的党的积极分子，为发展党团组织创造了有利条件。

在教育方法上采用了集体讲，小会讨论和五大形式，还经常出黑板报，墙报和广播等进行政治时事等教育，鼓舞群众情绪和干劲。

在职工福利事业上，我们设立了浴池、理发、缝纫、锥鞋组，并组织家属参加劳动生产，洗衣缝补，便利了职工生活需要，个别生活困难的职工进行了补助。

2. 完成的工程数量：全年内计完成昌马河第一期工程东、西、北干渠及各支、斗渠工程，计土方3,982,836公方，砼1037公方，砌片石34,968公方，砌沥青砖3751.4公方，工程项目有各种闸31座，桥涵76座，斗门65座，大小陡坡339座，农门174座，渠道干砌片石2.68公里，及启闭机械的安装工程和管理房屋工程162平方公尺，并完成昌马河第二期水库工程土石方650,048公方，砼990公方，浆砌片石2275公方，桥梁12座，公路24公里，铺设轻便铁道10公里，完成工作量占总工程量的37%，并建修临时房屋30,205平方公尺。

3. 工程费用开支情况及财务工作：昌马河第一期工程本年国家投资为554万元，在施工过程中，由于破除□□解放思想，进行技术革命，反对了设计上的保守，缩减了部分不必要的工程和设备，在此基础上会同建设银行经详细核算，节约了一百多万元（确定为416万元），申请上级及时调出，支援了其他工程，避免了国家资金的闲置，年终结算，共支出为4,720,725元。

昌马河第二期工程双塔堡水库本年度投资为438元①，支出为3,279,082.87元，占投资的74%，由于省计委所核定额没有和□□队协商一致，使1958年所做工程没有结算，影响了决算，将所完成的工作量不能正确地反映出来。

在财务制度上除了按上级规定及时地填报了会计报表，并为了适应大跃进要求，简化财务领款手续，如经和银行协商，以记账凭证代替签发支票，减少了层层盖章的手续，及等候的时间。

4. 器材供应运输工作：器材的采购供应工作也有很大程度的跃进，在工作中提出了“三勤”“四到”“五化”的行动口号，首先在各项事业大跃进物资供应紧张的情况下及时地组织了一批人力，分赴河西、兰州、西安等地采购工程上急需的器材，购不到的器材就设法向附近的兄弟单位借□，基本上满足了工程上的需要；其次在材料的保管上做到了“堆放有次序”，并建立了卡片管理制度；在颁发制度上建立了领料证，凭证领料，最后结算报销，减少了单据账务的繁琐手续；同时大量利用了废料，代替了新材，既节约了国家资金又解决了供应问题。

本处现有汽车27辆，对工程运输起了很大的效用，大跃进以来，即例假日仍在行车，全年行车共计90多万公里，除运输日用，生活用品外，主要的力量集中用于材料的转运和工地短途盘运。如春季运片石13,000多公方，在水库工程上运黏土30,138公方，52辆马车亦发挥了很大作用，共运片石、石子、黏土43,091公方，其他材料4500余吨，这些车辆的确在全民炼钢，运输任务紧急的情况下，对工程材料的供应起了很大作用，如输水洞砼工程进入紧张施工阶段水泥短缺，我们自己的汽车就星夜去永登拉运，使砼施工未曾

① 编者按：应为438万元。

间断。

5. 安全卫生工作：在各工地工厂，都坚持了安全工作的要求，一年来在紧张施工的情况下，只有一个工人在架线时，杆子不稳被摔下，心脏受震而外，再未发生其他伤亡事故。为了加强工地的卫生医疗工作，在分散施工□□按渠系固定医务人员，水库施工中更打破了常规，医疗疾病随到随治，由于重视了这一工作，职工出勤率经常保持在98%左右。

除了进行经常的卫生预防工作和出黑板报等方式进行卫生宣传教育而外，还在全民性的除四害讲卫生的运动中，展开了卫生突击运动，消灭苍蝇十万余个，打麻雀500多只，消灭老鼠200多只，堵麻雀窝400个，积肥530车，支援了农业生产。

6. 节约工作：第一期工程施工中，由于批判了右倾保守思想，树立了大胆设想敢作敢为的工作作风，破除了迷信，使全体职工都能参与技术革命，各个工段结合工地施工的具体情况，修改设计，减少不必要的工作量，就地取材，采用代用器材，并创造了很多先进工作方法，从而节约国家资金529,486元。

在二期工程施工中也结合实际地形情况，对原设计予以合理地修改，如缩小坝体断面，减少土方90,000公方，合165,780元，取消围堤心墙，减少远运黏土节约4000元，改变迁移甘新公路10.5公里的计划，节省工程费用56,604元，改变土坝基础至岩层的计划，□铺盖层少挖土方15,000公方，合23,400元，而且解决了清基工程排水的困难，这些措施均呈报上级批准施行总计节约249,784元。

在工程大跃进中各方面，所取得的成绩是很大的，应该肯定，可是也曾发生了一些事故，除了第一期工程在验收中发现的冲刷问题及时修好以外，在水库工程上的是：

输水洞启闭塔的砼是在冬季施工的，上面搭设了苇席暖棚，当浇筑好砼进行取暖养护之际，由于防火不慎，于十二月五日下午三时发生火灾，烧坏暖棚材料及模板等，损失约计人民币一万四千余元，并且使工程质量受到了一定的影响。

在施工导流合龙后，12月15日由于冰冻抬高水位（超过设计水位0.3公尺），有的部分和渠道一般平（渠堤3公尺），我们发现后，就在当晚一方面增加了人力，派工人20名，干部一名去巡渠，另一方面研究准备，第二天就抽调劳力对渠道加高加固，由于巡渠人员责任心不强，发现渠堤穿孔流水较迟，而发生了决口，遂又从拢口处决开，让水从原河道溃流，这次决口是在半夜，拦堵不易致大坝部分心墙淹没（渗透约0.2公尺），淹没了部分砂料场及一些工具，为了输水安全计，将填方渠道部分删去另选挖方渠道。这次事故的发生给国家造成了很大损失，改线土石方达6万余方。

这两次工程事故，给党和人民造成了损失，且造成了施工的困难，追其根源主要是对革命事业的责任心不强，和设计上对冬季冰封问题考虑不周，除了负责同志进行检讨而外，对于事故的直接人员，给予处理，并且以此作为教训，从而在今后的工作中要加强革命的责任感，作到对党和人民事业真正的负责态度。

四

在本年施工过程中，我们深深地得到了一些体会：

1. 党的领导永远是社会主义和共产主义建设事业的最大动力，必须坚持政治挂帅，思想先行，才能获得更大的成绩。刘少奇同志说："千条万条，党的领导是第一条。"的确我们在实际工作中深深地感到，不论什么时候，什么工作，若离开了党的领导，将一事无成。今年昌马河工程建设上的事实，都充分地说明了政治挂帅和思想先行重要性，只要政治挂帅了，群众的干劲也就来了，办法也就多了，困难也就克服了。如在本年的施工中，我处党支部一直坚持了正确的领导及工程任务的布置等重大问题，都先党内后群众的讨论，再贯彻执行。水库开工后地委派高鹤龄专员来工地亲自领导施工，更加强了党对工程领导力量，如高专员亲自挂了水库全面的帅，统一了施工的步调，加强了甲乙方的协作关系，处长、科长除了挂好本身业务的帅而外，还分片包干督战，这样就充分地贯彻了党的指示和决议。再如大坝清基，基坑水深，工作不能开展，排水机具不够时，领导上就将这个问题提出，叫大家发明创造抽水工具，很快电动抽水机改装成了，人力唧筒抽水器也试验成功了，龙骨车也出现了，及时地解决了一部分排水问题，使得清基工作顺利进行。党决定10月底必须完成输水洞砼工程，全体干部就在晚上参加劳动，绑紧钢筋38吨左右，使任务按期完成。在支援钢铁元帅算账之际，支部确定每人完成拣拾废铁20公斤，半月内就拾得6.3吨。再如全处职工在疏勒河水暴涨之时（约100多公方），在急流中利用中午休息时间，两天即搭起木桥一座，便利了车辆通行。工人的自动加班干活是经常的，在渠道抢险中很多同志连衣下水，不怕冰冷，在输水道改线工程中，虽然12月下旬的天气，但在干部亲自参加劳动的带动下，很多人脱去棉衣，两人抬四筐，辛勤愉快地展开了竞赛。这些冲天干劲和昂扬的斗志，充分说明是政治挂帅，做好思想工作的结果。

经验证明，组织阶段跃进（即跃进、再跃进），是不断把工程推向新的高潮的革命办法，如在水库工地在"大任务小安排"的方法下，我们组织了九月底的阶段跃进，获得了当时空前的胜利，接着又组织了十月中旬的跃进，提出大放卫星的口号，最后工效比原来提高一倍，有的队放出了每人6方的卫星，几个阶段跃进，一次比一次工效高，浪潮大，从而推动了工程不断地前进。

2. 贯彻党的群众路线的工作方法，大搞群众运动是完成工程任务的重大保证，发动群众运动的方法，唯一的是采取大鸣大放，大争大辩，大字报的形式。

毛主席教导我们各项工作都要大搞群众运动，刘少奇同志指出："千计万计群众路线是第一计。"事实上要完成党交给的任何一项工作任务，都必须依靠群众，坚决地贯彻群众路线的工作方法。在本年施工中，我们首先采用五大形式，发动群众，进行双反，因而在第一期结尾工程就比1957年作得又快又好又省，节约了工程费用约43万多元。在水库上开工后，党和领导就抓住了"事事通过群众"的工作方法，工程上的问题大都交给群众辩论解决。这里再把大坝的清基问题提一下，在大坝清基中遇到的最大困难是地下渗流量大约在0.3秒公方左右，原设计需12马力的抽水机12台，但开工初期只有三台，根本不能解决问题，随着深度的增加，人在1.0公尺以下的水中捞砂工效太低，等抽水机吗？不会再增加，若等待下去，光挖基都到年底还挖不出来，更谈不上回填了。如何办呢？还是决定交给群众去解决，经群众辩论提出了两个方案：一个是修改设计，挖基5—7.5公尺（原设计最低挖18公尺深），并增加上游铺盖及减少渗漏；另一个是创造发明抽水机具。这两个意见得到了领导的大力支持，修改设计意见报地委、省厅批准执行，创造工具也很快地收到了效果，机械队苦战了三昼夜改装了三台电动抽水机，木、铁工厂共同配合制作了20多部人力唧筒吸水器，及24辆龙骨车，土洋机器一齐动起来，水位逐渐下降了。这样使人最觉头疼的困难，在广大职工敢想、敢说、敢作、敢为的共产主义风格的威力之下解决了。再如工具改革的运动能迅速地开展，都是依靠全体职工的智慧而形成的，这样的事例不一而举，均可说明群众路线的优越性。我们除了组织专题辩论而外，并在学习期间内每周还规定了一个小时的日常生活辩论，水库4个月多的时间内职工贴出的各种大字报即达一万余张，有力地推动了工作，因此，只有依靠群众，相信群众，大搞群众运动，将会使社会主义建设事业搞得更好。

3. 实践经验证明，在工程部门必须大闹技术革命，它不但可以解决材料、工具的供应问题，而且能提高工效节省劳力，是执行多快好省方针的有力措施，昌马河水利工程上的技术革命是本年8月份开始大闹的，通过参观学习，解放了职工思想，在此基础上，掀起了人人献计，个个献策运动，要求每个职工都提工具改革意见，从8月份以来共提出建议114件工具，模型29具，经鉴定试验后本着“工程急需的先作”的原则，大力推广，计创造改革制出的工具有：平车100辆，自卸木斗车50辆，自卸架子车290辆，高线运土机5架，双臂杠杆吊土机5架，辘辘吊土机6架，洒水车28部，唧筒吸水器23部，电动抽水机三台，翻砂铜瓦50付，石夯300个，石磙2个，羊角磙2个，带式磙2个，自制磙珠6000个，架子车花骨都40个，冰船800多个，木轨6.5公里。这次工具的推广使用，都直接地提高了工效，加快了工程进展。如大坝清基时，改装的电动抽水机和土机器，人力唧筒吸水器及龙骨车结合起来发挥了很大效力，使挖基工作顺利地进行，弓弦吊土机，提高工效三倍以上，在深沟内运渣，充分发挥了效力，特别是冬季以来利用气候条件，大力地推广冰船运土效果很好，这种工具制造简单，两个人在冰上拉动运土8筐，可以顶住16个人的工率，目前正在全面推广中。自制的羊角砼磙成本约计250元，比外购降低费用94%，这些工具的制作是在大办附属工厂的情况下进行的，根据实际需要，我们设立了木材加工厂、机械修配厂、水泥厂、火药厂，对及时供应工地需要起了很大作用。如水泥厂从投入生产以来，截至年底生产水泥达100余吨，这种低标号水泥由浆砌成的片石考验，可以耐五公尺流速的冲击，估计标号在#150左右，而其成本每吨只用28元，比永登掺和料降低成本三分之二。

在技术革命运动中，我们发扬职工敢想、敢说、敢为的共产主义风格，工具改革上如此，在核算设计保守部分仍是如此，已经省水利厅同意修改的大坝基础深度和坝的断面两项即节约土方9万公方。同时成立了红专学校，及工人训练班，学习工程知识，培养社会主义建设人才。

从技术革命运动的成果上看，的确在工程部门特别重要，只有把苦干、实干、巧干很好地结合起来，就能促进工程的大跃进。

4. 发扬共产主义大协作的精神是推动工程顺利进展的主要关键：我们所进行的工程劳动力都由□□队担任，这是和其他兄弟工程不同之点，任务的安排，劳力组合施工方法等都和□□部门协商取得一致意见后才能执行，所以说协作的好坏直接关系着工程的进展。因此，针对这种情况，为了统一领导指挥，成立了工程委员会，由各单位负责同志共同组成，并设立了办公室专门办理日常工作，委员会定期召开会议，解决工程上的重大问题和日常工作具体问题，这样就解决了不协调的□□使施工计划和劳力组合相适应，任务执行得也比较顺利，从几个月解决的彼此之间的矛盾来看，组织□这样的委员会是十分必要的。

同时在施工过程中各有关部门的支援协作对工程跃进也起了一定的推动作用，在料具供应方面，玉门市党政领导给予了大力支援，派给消防车三部来抽水，□□□锯一台，及油料电讯材料、机件等，敦煌县在急需水泥的情况下，借给120吨水泥，安西县借给炸药三吨，张掖专属商业局和酒泉□□分局让售给平车100辆，饮马各农场及安西、敦煌农场借给拖拉机五台担任大坝碾压工作，8510部队借给轻便钢轨6公里（计180多吨），这都是难以买到的物资，这些共产主义的协作支援，也有力地加速了工程进展。

不但如此，在生活供应方面，玉门市、张掖专区、敦煌、安西等县都给了很多生活用品的供应。在文娱生活方面，安西、玉门、玉门市剧团、电影队都来工地为职工慰问演出，丰富了职工生活，鼓舞了战斗情绪。

这些实际事实，都说明了在共产主义大协作的精神下各单位对水库工程的关怀，这种支援对工程起了很大的促进作用，也是工程得以跃进的关键。

总之，上述四个方面的经验，在实际工作中，我们深深地体会到是缺一不可的，只有在党的领导下遵循总路线指示的方向，在1959年更好地运用这些经验，争取在工程施工上获得更大更好的全面跃进，提早完成党交给的任务，修好双塔堡水库工程。

五

根据上级指示，双塔堡水库工程必须于1959年5月底全部完成，并开始安西灌区干、支渠工程，在保证完成这些任务，除了按照党的指示，加强党的领导，政治挂帅，大搞群众运动，大闹技术革命，加强协作而外，还有两个问题：

一个是水库工地现有的劳力约9000，□□□□□□□□□□□□□□□□□□□□□□□工效极低，目前每日出勤率仅达80%左右，因此，劳力是一个重要的问题，依目前情况及所剩工程量估算，必须在三月前增加劳力5000名，请求上级及时解决。

另一个是材料机具供应问题，我们除了大力办工厂就地取材就地加工而外，水库工程上还需要高标号水泥390吨，钢材40吨，木料600公方和大型机具，如车床、汽车（10辆）等及时地予以调拨供应，特别是架子车，必须于春季提早解决2000辆，应大坝运土需要。

以上问题，请上级予以及时解决，以利水利工程顺利发展。

甘肃省水利厅昌马河水利工程处关于双塔堡水库元至四月份工程进展情况的报告

1959年5月18日　　甘232-1-269

省水利厅、张掖地委、专署、安西县委：

双塔堡水库工程截至12月底仅完成总工程量的37%，从此看来，我们的任务仍然是相当艰巨的，依水文资料六月份就有洪水之可能，因此张掖地委决定水库大坝主体工程必须在洪水前完成。我们根据党的决议，结合工程任务，全面细致地做出了元至五月份计划和安排，元二月份在安西地区来说，仍然天气寒冷地面冰冻，黏土心墙仍不能回填，为了使劳动力和汽、马车运输在冬季仍能保证正常施工，元二月份主要集中力量回填上游砂砾和运输黏土，给将来地消气暖后全面开展大坝施工打下基础。但由于劳动强度低，以及其后严寒风沙特大，工效仍然不高，元月份平均工效为 0.36 公方/工日，二月份 0.56 公方/工日，二月中旬春节回家探亲的职工陆续回处，气温逐渐上升，因此很快地又掀起一个施工高潮。二月十六日由李桂荣代理副处长，在全体职工大会上作了动员报告，布置了任务，提出了完成任务的措施，号召全体职工提高思想认识，坚定工作信心，对整个工程又进行了详细的核算，根据工程任务，呈请省上和张掖专区增补劳动力 6000 名（未得到解决），并经安西县批准在峡东站招收流动人员 300 多名（已招 200 多名），以保证任务的完成。除增调劳力以外，我们在全体职工中开展一个轰轰烈烈的红旗竞赛运动，发动职工大搞技术革命，提出向工厂要工具，向工具要劳力。因此，在各个战线上掀起了一个人人献计、个个献策的劳动竞赛高潮，互相挑战应战，精神饱满，意志昂扬，向着洪水前完成大坝主体工程的目标而忘我地劳动，党支部提出在三月份实现车子化的口号，全体职工以冲天的干劲，和英雄的气概，向着技术革命大进军，为工地实现车子化而努力。

三月廿二日进行了一月来的劳动竞赛评比工作，对先进单位发了红旗，并总结了一月来的劳动竞赛情况和经验，并在原有的竞赛基础上，号召全体职工，立即掀起一个更大更好更全面的生产高潮。三月中旬气候好转，地消冰解，因此全面地展开大坝心墙黏土回填工作。截至三月中旬，完成大坝土石方做坝工程的 38.1%，工效平均 0.74 公方/工日，加之劳动工中大部分是□□，没有劳动习惯，□□□相当大，所以出勤率仅占总人数的 66%，增调劳力也没有得到解决。针对这种情况，高鹤龄专员于三月廿六日在水库全体职工中进行了动员，并正确地分析了当前的情况后，提出“大战 60 天，完成大坝主体工程”的战斗口号，各单位进行讨论，订出了完成任务的具体计划和措施，重新整顿了队伍，举行了誓师大会，四月一日向大坝工程进行了猛战猛攻，各大队长亲临工地督战，其他干部除家里必须搞的工作外，全部上工地，各把关口分工包干，因此四月上旬工效比三月份工效提高 49%。在取得胜利的基础上，高专员在四月九日召开了工委扩大会议，总结了十天来的战果，会议分析了当前的情况，又指出领导上一定要抓关键，具体是要抓思想、抓竞赛、抓生活、抓任务、抓工具、抓配合的七抓工作，相应地提出开展比思想、比干劲、比实效、比任务、比安全、比质量、比出勤率的七比运动，作为“五一”节献礼。因此，在水库上又展开了一个波澜壮阔、声势浩大的竞赛高潮，四月中旬的工效比上旬工效又提高了 3%，四月廿日高鹤龄专员在工委会议上又提出了四月下旬的战斗口号“开展高工效，突破 1.5 关（即 1.5 方），大战十昼夜，迎接‘五一’节”，根据这个口号，职工干劲更大了，一致表示在十天内做出显著成绩，作为“五一”国际劳动节的献礼。

由于我们采取了各种有效措施，因此在四个月以来，取得了很大成绩，截至四月底工效不断上升，平均工效为 1.08 公方/工日，最高工效为 1.74 公方/工日。

大坝工程完成 802,377 公方，占大坝工程量的 57.3%，输水道工程 277,577 公方已全部竣工，排洪道工程完成土石方6500公方，占55%，共计完成土石方11,278.43公方，占总工程量的55%。

在工具改革方面，提出了向工厂要工具，向工具要劳力，三月中旬实现车子化的口号下，鼓舞了全体职工的信心，根据工程的需要，制作了自卸架子车1500余辆，自卸斗车150辆，多快好省车350辆，提高工效3—10倍，碾压工具上制作了砼羊角碾三个，平磙三个，带形磙2个，自制断筋机一台，快速割胎刀一台，空心钻子6个，老虎钳子一个。尤其目前买不到的电瓶木隔板，经工人的钻研自制了2000片，并试制成功了架子车辐条，条帽，现正在大量生产。随着大坝工程的逐渐升高，机械队以半月的苦战，用汽车改装了高压抽水机一台，解决了高扬程的用水困难，制作了手摇转盘双轨上坝运土机一台，脚踏双轨上坝运土机6台，提高工效1—3倍，目前正在利用拌和机零件改装了三台电动掺扬机，据初步试验，上坝运土效果良好，为了加速水泥磨碎的工效，作成水力带动钢磨一盘。

我们在自力更生、因陋就简、就地取材的原则下，元至四月份水泥厂制作半成品水泥21吨，正在试验制作高标号水泥，石灰厂烧制白灰74吨，炸药厂已制作狄拉孟炸药11.4吨，黑色炸药6.24吨，石料厂开片石1253公方，修料石101.68公方。

其次为了使大坝工程顺利进展，随着气候的转变，我们从四月初开始输水道围堰工程，并指定专人进行了充分的准备工作，于四月十五日开始截流，十七日截流工作基本成功。随着水的降低，即时进行突击大坝河槽的合龙工作，这给大坝工程的进展上起了促进作用。

能够取得上述的成绩，主要是有了张掖地委和省厅的正确领导，全体职工的高度觉悟和冲天干劲，和有关单位的协作而获得的。

四个月来我们采取的主要措施和体会是：

1. 坚持了党对水库工程的绝对领导，坚持了政治挂帅、思想先行。我们首先抓住了这个关键，进行了工作：

（1）□□□□□□□□□□□□□□以八届六中全会决议文件为中心，开展了政治理论学习，通过学习和高专员的各种报告，普遍地提高了政治认识，给完成任务打下了思想基础。又于四月下旬由省厅党组派来工作组，帮助我处进行了短期整风，解决了几年来在工程处领导上存在的主要问题，确实地发扬了民主，对一切不良现象和作风进行了斗争和批判，使全体职工的干劲更大了，对工作的责任心加强了，工效提高了。

（2）在张掖地委的正确领导下，高鹤龄专员和工程处党支部亲自挂帅领导工程，根据任务的发展，在每一个阶段和战役中，提出了不同的政治口号和先进的指标，大大地鼓舞了全体职工不断革命，不断跃进的信心和斗志，更重要地给每个阶段指明了奋斗的目标和方向，如根据洪水期限首先提出：在五月份一定要争取完成大坝工程；二月中旬又提出“苦战一月，三月份车子化”；在劳动力缺乏的情况下，又提出向工厂要工具，向工具要劳动；三月底又提出“大战60天，力争洪水前完成大坝主体工程”的战斗口号；四月廿日又提出“开展高工效，突破一五关（即1.5方），大战十昼夜，迎接五一节”。根据这些总的口号，各单位又提出了具体的行动口号，在战斗口号的鼓舞下，职工干劲饱满，信心百倍，以共产主义的高度觉悟，苦干、实干、加巧干的精神，自动加班、加点，不要加班费，突击任务，因此在每个阶段的工效日新月异，不断跃进。

(3) 干部参加劳动，搞试验田，既令锻炼自己密切群众关系，也令鼓舞群众的生产积极性。干部每礼拜最少参加劳动一天，工地干部同工人一起参加劳动，提高了工效，特别大队干部除有工作留家里以外，全部干部每天出工地，一方面参加劳动，一方面指导□□做工，通过干部的模范行动，激动了工人和□□的劳动积极性。

(4) 抓关键：据工程的发展和需要，党支部以统一领导，明确分工的原则下，在每个阶段找出工作薄弱环节，领导亲自抓。因为双塔水库工程的主要劳动力在工程队，能否完成任务，决定于工效的提高，因此高专员亲自抓七个大队，每天各大队汇报完成任务情况，因此四月份工效有显著的提高，处长和科长分工抓工具、工程、思想、车辆、运输、道路等，这样加速了工程的进展。

2. 开展共产主义的劳动竞赛是促进工程的有效方法之一，根据党在洪水期前完成大坝任务的决议，我们就发动群众，在水库上开展了群众性的红旗竞赛运动，进行经常性的评比，及时总结推广先进经验、鼓舞先进、树立标兵、带动中间、促进落后、达到共同提高的目的。二月中旬提出评比竞赛以后，各种工效有显著提高，木材加工厂原五个工日做一辆木制架子车，提高到两个工日做一辆木制架子车；机械修配厂一个炉子用废铁一天打道钉 280 个，提高到 400 个；安装架子车每个工日 20 个提高到 40 个；石料厂每个工日打 2.5 方，提高到每个工日打 3 方；在□□中也开展了竞赛。因此，在工地上又出现了新的面貌，日上坝强度由 4000 公方/工日提高到 6500 公方/工日。经验证明，开展评比竞赛方法对工效提高上有着重要的意义。

3. 大搞群众运动，走群众路线是一切工作的有力保证，一切工作大搞群众运动，遇事同群众商量，大问题交给群众辩论，与群众同吃、同住、同劳动、同学习，经常以普通劳动者的姿态出现，相信群众、依靠群众，一切困难就会迎刃而解。

在每一个战役开始前，提出战斗口号和先进指标，交给群众充分地讨论，变成自己的实际行动，并提出具体的口号和计划，先进指标和措施，使指标下工地，措施到厂、队、组，责任到人，明确任务，包干完成，这样群众的任务明确了，干劲更大了，责任性越加强了，并且领导上经常检查总结任务的完成情况，促进工程更大跃进。在党的领导下，团支部发动广大青年，开展了“青年红旗”和“红旗集体”的竞赛运动，工会各小组也开展了红旗竞赛，通过了这些群众性的运动，带动了各个角落的群众，在工程完成上起到了积极作用。

4. 大搞协作，贯彻一盘棋的思想：双塔堡水库施工的特点是工程处负责技术指导，和一些大型工具的供应，供给工程费，而主要劳力由□□队负担，在这样的情况下，容易产生互相扯皮、互相争执。因此，在工程委员会和高专员的统一领导下，我们首先搞好了协作，思想行动作到了一致，对一些重大问题召开工程委员会讨论研究，统一思想，统一认识后贯彻执行。所以基本上做到了一盘棋的思想，我们把技术员下放到大队，与带工干部等密切结合在一起，发现问题共同研究，协商解决。在技术工人困难的情况下，抽调一部分有一定技术水平的□□制作工具和修理车辆。为了加速工程进展，从四月份起，汽车日夜双班施工，又抽调能开汽车的□□白天开车。工具坏了谁能修理谁就修理，互不推脱，在各个工作上不分你我，总的目标都是为了在洪水前完成水库任务。在物资采购困难的情况下，除就地取材、因地制宜解决部分器材外，又以互通有无、等价交换的原则，在各大城市采购了大部分各种机器零件，和物资器材，解决了工程之需用，使工程未受到任何影响。

目前存在的问题：

1. 在张掖地委、玉门市委、省厅党组的领导下，工程处在四月十九日开始了短期整风运动，领导上存在的大的问题已经得到了解决和处理，取得了很大的成绩。但通过整风，部分干部束手束脚，不敢大胆管理，在工人中出现了个别不服从组织、不执行任务、闹个人问题的极端民主倾向，所以目前有部分职工思想比较混乱、不安心工作、闹工资待遇、嫌工作苦等。针对这些情况，我处在党支部的领导下，继续深入整风，开展思想互助运动，逐步解决思想问题和实际问题，可以很快形成一个生动活泼的跃进高潮。[①]

3. 大坝工程基本完成后，就抽部分劳力开始渠道施工，除我们现在抽调人进行准备工作外，并请领导很快解决水泥、炸药、钢材等大型器材，以免影响按时施工。

甘肃省水利厅昌马河水利工程处（印）

1959年5月18日

双塔堡水库工程进展情况报告

1959年7月8日　　甘232-1-156

昌马河第二期工程——双塔堡水库工程经上级决定于本年6月开工，我处于6月3日即组织了部分力量，抽调干部8名，劳力200余人开始了水库工地情况了解及场地布置，搭盖工棚等工作，经过20多天的努力，大致筹备就绪。与此同时，原计划月初全部施工力量移至水库，由于饮马各农场插秧任务扩大，主要劳力投入农业生产，要求延期至7月底完成第一期工程中的制斗渠工程，影响了水库开工日期的推迟，为了坚决执行上级指示，月底我们仍然抽调了一部分施工人员和技术工人及劳力2000余名至水库工地。7月初，水库大坝开始清基，中旬相继开始输水道工程、土石方开挖和临时房屋建筑工作，在开工之初，因工具落后，而且供应困难，工效极低，平均土方1公方多，石方0.85公方。

为了解放思想，学习先进施工方法和先进经验，促进双塔堡水库工程进展速度，在省水利厅通知观摩引洮工程时，我处派高永昌、李桂荣二位同志前去参加。八月初回处，召集全体职工传达了引洮工程的英雄奇迹，特别是工具改革在施工中的重要性，经学习讨论，大大鼓舞了职工们的信心，下定决心解放思想，大闹技术革命，一致提出“一年任务，10月完成”的口号。为进一步增长施工知识，根据高专员的指示，又组织了有干部、技工27人的参观团前赴古浪、民勤水库参观学习，并于8月中旬将工程处全部迁入双塔堡，并将昌马河水利工程队两千余劳力一起调到水库，开始了全面的施工。

---

① 编者按：以下删去110字，原有序号2。

8 月 19 日张掖专署高专员来双塔堡水库工地当天晚上召集安西县委李书记及工程有关负责人员，传达了中共张掖地委决定，要增加劳力至 12000 人，在本年 12 月底完成水库工程。接着 20 日又召开了由工程处全体干部、工程队干部、警戒部队全体官兵的跃进誓师大会，高专员宣布了地委决定并作了动员报告，通过学习讨论制定了跃进规划，贯彻执行地委的这一正确的决定。

为了加强施工领导，搞好互助合作关系，保证工程按期完工，在地委省厅的领导下，工地上由高专员、安西县、工程处队、部队等有关单位负责同志组成了水库工程委员会，从全面开工以来的工作情况来看，委员会在指挥工程和解决施工中的重大问题上起了很大的作用。

我们在施工的同时发动全体职工大搞技术革命运动，坚决地进行工具改革，干部、工人、官兵以及□□中调动了一切积极因素，掀起了工具革新运动的高潮。至目前为止，创造及仿制的新式工具共 341 件，鉴定后推广使用的有高线运土、双臂杠杆运土机、洒水机、打眼机、木轨平车等，一定要争取实现半机械化施工。在工地上又创办了学校，工人有木工训练班、机械工训练班，干部中有中等技术学校、文化学校，夜党校、团校等。经两周的学习来看，苦学情绪饱满，这就为明年更大的水利建设工事业培养出更多的红专人才。

在各工点上开展了以插红旗、拔白旗为主的社会主义劳动竞赛，发动了单位与个人之间的挑战应战。目前各种工作效率都有很大程度的提高，如爆破石方每炮炸 0.8 公方左右，采取了“大头钢钎打眼法”，并在火药中加食盐 、石子、头发等物，效率显著提高到每炮 11 公方。原平均石方每工日 0.85 公方，现为 2.0 公方，土方原为 1.2 公方，现为 2.75 公方，模型板加工的效率由 5 平方提高到 12 平方，这一运动现正继续深入开展。职工的干劲正在蓬勃上涨，如在疏勒河暴涨时利用两天中午休息时间，在急流中搭好木桥一座，8 月 30 日□□队编队休工，全体干部参加义务劳动，修好马车道两公里，装卸石料 300 余方，马车的工率由原来日运 5 次提高到 8 次。

此时我们，还大力兴办各种附属工厂，为工程服务，工地上相继成立了木材加工厂、机械修配厂、翻砂厂、水泥厂、火药厂等，都正积极采集原料，陆续投入生产，为解决部分物资供应的困难降低工程造价。

由于采取了上述一系列的措施，截至 8 月底，共计完成土方 103,997 公方，石方 49,035 公方，建筑临时房屋及工棚 1600 平方公尺，修筑公路 8.5 公里，安装高压输电线 1.2 公里。

目前施工中存在的最大问题是：1. 土坝基础因抽水机具不够，地下水不能排除，开挖太慢。2. 输水道石方坚硬开炸困难，经过辩论，大家一致认为这是今年是否完成水库工程的关键问题，解决的办法是：在保证坝基安全和减少渗漏流量的原则下，适当改变基础截水槽深度（修改方案另报），并请省水利厅解决十部抽水机，速运来工具和爆破雷管、绝缘皮线等，以应急需，否则会影响工程顺利进展。

1959 年 7 月 8 日

双塔堡水库高工效运动是怎样掀起的

1959 年 12 月　　甘 232-1-256

双塔堡水库是河西兴建的大型水库之一，蓄水能力 2 亿 4000 万公方，灌溉面积 65 万市亩，坝高 32.8 公尺，长 1040 公尺，宽 140 公尺，全部土石方为 205 万公方，土料的来源大多在两千公尺以外，运输工程是极其复杂而艰巨的。

由于关外地广人稀、劳力缺乏，因此工程费用全部由国家投资，施工劳力除了一部分技术工人之外，土石方工程均系利用□□□□修做。在组织领导和政治思想教育方面，与其他兄弟工程单位有些不同，敌对阶级的本质要求一下子改好，的确是很不容易的，施工中总是要滑、偷巧、磨洋工，甚至耍死狗，抗拒劳动等现象是司空见惯的事，政治教育鼓励工作对他们是收效不大，尤其是一批上海□□分子和□民，过去是没有劳动习惯的社会渣滓，更难鼓动教育。因此自 1958 年 7 月水库工程开工以来，工效更是每况愈下，距离定额很远，在今年六七月间，第七大队出勤 900 多人，正日□完成砂砾 19 公方，在工程施工过程中出现了一个小“马鞍形”。

自从学习了党的八届八中全会的决议和省第十一次党代会大会的决议以后，在工地上开展了一个以反右倾为纲的轰轰烈烈的生产高潮，各项工作立竿见影，显著有巨大发展，9 月份全月完成 120,700 工公方，较 6 月份平均工效的 0.48 提高到 0.91，增加 1.89 倍，10 月份完成 116,430 公方，较 6 月份增加 194%，工效提高 1.8 倍，由于工效显著提高，直接促进了工程的提前完成。七八月洪峰安全度过以后，根据当时的劳力及工效情况，作出了双塔水库的后期工程计划，计算若 1960 年 4 月底才能完成任务，库内今冬就不能起到蓄水作用，由目前的工效及劳力情况来计算，则于今年底可以全部完成水库工程任务，可以提前 120—130 天，并保证今冬明春蓄水 6000 万公方，供应安西 1960 年农业机械化灌溉用水，保证粮棉天旱无雨大丰收。

在双塔堡水库工地上所以能够提高工效，缩短工期，提前完成任务的原因，仅就我们在施工中的一些体会介绍如下：

一、政治挂帅是做好一切工作的动力，要革大自然的命，必先革人们思想的命，有了思想大丰收，才会有社会主义事业的大跃进。事实证明，在我们双塔水库工地上，六七月间出现的小“马鞍形”，工效不断下降的原因就是政治没有挂帅，右倾机会主义思想在作祟，右倾机会主义分子在向党猖狂进攻之际而形成的所谓“□□难管理”“技术工人难管理”“工效在□□中难提高”等谬论，干部在工地上不管事，听任□□自发提高工率就等于“缘木求鱼”，甚至于有些干部连□□在工地睡大觉也不敢批评一句，只管教育不管生产。自从学习了党的八届八中全会的决议以后，工地上展开了一个以反右倾为纲的增产节约运动以后，批判了右倾机会主义思想，对社会主义建设的影响，提高了全党干部的马克思列宁主义的思想水平，学会了两条腿走路的工作方法，水库工程效率才日有起色，逐步提高。在党提出了“反右倾，鼓干劲，大干一冬春，加速实现水利化”的战斗口号以后，水库高工效运动才汹涌澎湃地形成了。

二、开展社会主义劳动竞赛，是提高功效的最有效办法。在反右倾鼓干劲，加强对职工政治思想教育的同时，双塔堡工地掀起一个轰轰烈烈的竞赛高潮，并将全部工程有计划地分成两个战役，分别重点进行战斗。在11月初，工程发动了汽车队、马车队、民工队为重点的红旗竞赛运动，加强夜班，突击大坝黏土任务，汽车队工效提高一倍，汽车由原来的10辆提高到19辆，每班完成的趟数由原来的10次提高到32次，每车运送数量由原来平均2.0公方提高到2.7公方，半个月内完成拉黏土8800余方，提高工效达228%。马车队由原来每日出车30辆提高到38.5辆，每日拉运7次提高到9次，半月内完成黏土2366公方，提高工效158%。民工队装汽车由平均每车装12分钟提高到4分钟，提高工效3倍。结合这次竞赛评选红旗手9名，先进个人14名，先进单位一名，并进行了物质奖励。紧接着这次红旗竞赛，工程处又展开了一个"突击周"，自11月21日开始，每晚由全体职工自愿参加劳动三个钟头，装卸汽车采用分车包干的办法，规定每晚定额，每组九车，一周内完成黏土2100公方。自开始之后，全体职工斗志昂扬，信心百倍地与风沙严寒作斗争。这一战斗结束以后，共完成黏土2181.5公方，超额4%。个别组还有每晚完成14趟者，装车时间提高到2.5分钟，27日省委野外工作者慰问团莅临工地进行了慰问，以及省六干会议的精神传达到工地以后，全体职工深受党的无微不至的关怀及感召，纷纷表示要以实际行动表达决心，向党献礼。接着又发动了"突击旬"，向着大坝仅剩余的7500公方黏土开刀，据初三天的统计，已完成黏土3500方，这个一浪赶一浪的高工效竞赛运动，带动了□□队的全体干部也进入了运动，以拉运沙砾1050公方的献方竞赛揭开了序幕，同时也带动了民警队的战士们也要以实际运动回答党的慰问，提出了挖砂砾方1500公方竞赛，由此在水库上掀起了一个热火朝天的高工效运动，促进了工程顺利进展。

在这次实际行动号召下，也带动了□□的积极性，如炊事班的自动献方，各个大队的红旗竞赛，□□□组与组同地挑战应战工作，也在工地上活跃起来了，有的□□就□开讲说"干部都在积极劳动，我们更应该从劳动中改造自己，改恶从善"。

三、大闹工具改革和技术革新运动，是提高工效加速水利工程建设的方向，中共中央和国务院关于开展大规模水利运动的指示中，特别指出水利工作要"大闹工具改革和技术革新，逐步实现施工机械化和半机械化，开展高工效运动"是兴修水利的总方向，这是千真万确一定不移的方向，双塔水库在施工中也紧紧地抓住了这一环节，按设计工程上须投入劳力27,000人，架子车6000辆，两年才能完成任务。事实上，既就是有这些劳力，在生活供应、食粮加工、房屋住宿，锅笼灶具上，就成了很大问题。与其增加人力未若改进工具，因此在物资供应困难条件下，双塔水库的领导方面决定大搞工具改革，发动群众自己创造，解决困难，在工程上投入劳力平均仅为7500名，就顺利地完成了工程任务，这与工具改革和技术革新是分不开的。举凡箱式架子车、冰船、碾压工具等，都是显著发挥了作用的优良工具，在工地上基本实现了车子化，消灭了人背肩扛的重体力劳动，有力地促进了工程的发展，减少了劳力提高了工效。就冰船该项工具来说，提高工效五倍，制作简单，每个冰船成本仅为一元左右，便可以代替170元的架子车，而且坚固耐久，携带轻便，符合建设社会主义总路线的精神，利用混凝土浇筑的羊足碾带齿碾，每台可以代替繁重的人力打夯，减少劳力400—600个，在大坝工程的夯实工作80%以上是利用机械的，也是一次革新。最近在反右倾干劲的高潮下，群众性技术革新工作更有显著发展，目标是利用机械、利用水力发电解决久置而未解决的食粮加工问题，也正在开始兴建中。我们认为只有采取土洋结合，半机械化与机械化相结合的两条腿走路的方针，才能全面地提高工效。

四、目前水库任务进行的情况，由于我们在施工中采取了以上提高工效的措施，仅水库工程可以提前四个月完工，目前大小坝工程的黏土心墙已接近完成，剩余黏土 3000 余方，将于最近发动的“突击旬”内可以扫清，剩余砂砾 3 万余方，坝面砌护片石万余方，均可于 12 月 20 日前后宣告结束。上月底输水渠关闭闸门一孔，开始蓄水试验，12 月中旬，将三孔闸板全部关闭，每日即可蓄水 70 万公方，为了提高工效，防止劳力因坝面缩窄的拥挤现象，自 12 月初调迁劳力 1500 名，开始了安西渠道工程的工作，提前一个月跨入 1960 年。

双塔堡水库施工组织领导经验

1959 年 12 月　　甘 232-1-256

一、党的领导，政治挂帅，永远是我们社会主义建设事业的动力源泉，思想工作是政治工作的灵魂，经验证明组织战役性的阶级跃进——不断革命是推动工程不断跃进的唯一指挥方法。

双塔堡水库工程的特点是工作量大、工期短、劳动力缺乏，中共张掖地委派高鹤龄专员来到工地亲自领导施工，这样在水库的政治挂帅是更加坚强了，这个帅是怎样挂的呢？办法是委员亲自挂帅，全面指挥，处长、科长除做好本身业务工作外，并分批包干工程施工的督战工作。由于领导同志的亲自动手，并经常地重视了思想工作，所以职工群众的干劲冲天，斗志昂扬，如施工导流时，职工苦战四昼夜，坚守工地，下水抢险，充分表现了共产主义的高尚品质。

在施工的领导方法上，我们采取抓重点，大计划小安排的办法，在工程跃进规划下，每月每旬都有具体安排，任务布置到□□的中队和小组，每一个时期工程都有重点，这样就进展主动化了。

在指挥方法上，组织了战役性的阶段跃进方式，在大坝工程上我们采取了野战军，游击队，民兵相结合的作战方法，野战军是主力部队，主要是搞黏土心墙回填，游击队搞坝上下游砂壳，民兵搞运土及其他工作。职工同志其所以干劲大的原因，我们认为是党的正确领导，坚持了政治挂帅，做好了思想工作，这是我们获得力量的源泉，特别是高委员几次传达中央和毛主席的重要指示，以及省委，地委的决议精神，对全体干部鼓舞很大，同时战役性的阶段跃进——一个阶级战役胜利后，马上组织了第二个阶级战役，这样不断地组织跃进——是我们正确的指挥方法和指导思想。

二、用整风的方法采取大鸣大放，大辩论，大字报的形式广泛地发动群众，大搞群众运动是完成任务的重大保证。

凡工程方面较大的问题，都提出来让群众辩论，便于坚决执行，如施工规划，技术革命运动等。如水库大坝工程在施工中，开始清理首先遇到的较大问题时，地下水渗漏量过大，约在0.3m^3/秒，原设计需12匹马力的抽水机16台，但开工时只有3台。随着基坑深度的增加，人力在水中捞砂是极其困难，如此困难我们是怎样解决的呢？“还是人多智广”召开诸葛亮会交给群众讨论，经过群众辩论，提出了二个解决的办法，一个是坝的清基深度由原来最深的18.4公尺减为最深的只清7公尺，就开始回填，并为了减少坝基的渗漏，于坝的上游增设黏土铺盖，比清基18.4公尺省劲得多，加速了工程进度。第二是加强抽水机具的创作发明，在党的支持和鼓舞下，机械队的全体同志改装成五部电动抽水机（是利用拌和机上的马达）。木工厂制造出了人加唧筒抽水机，这样使人最头痛的地下水问题解决了，使泥浆砌截墙与黏土心墙回填工作很迅速地进展。

上面所述的是干部工人群众运动的情况，这里再谈一些□□的情况，我们知道，□□是敌对阶级，它处处是不满意社会主义建设事业的，因此对他们进行劳动改造，要做好多的细微工作，如干部亲自参加劳动，带动□□，如有的较积极的□□反映说：“委员队长都劳动里，我们是□□，就应更好地劳动改造自己。”同时在工作中采取三包、三抓、三快、三好和工票制的办法以及工地大字报等方法，随时表扬批评，工效是会有显著地提高。

三、大闹技术革命运动不但解决了工具，材料供需的问题，而且是提高工效加速工程进展，执行多、快、好、省方针的有力措施。

技术革命运动的开展，是以引洮、红崖山等工程的参观学习的先进事迹作为解决思想的钥匙而进行的。双塔堡水库全体职工在大跃进的形势下，在总路线的光辉照耀下，在党中央，国务院今冬明春兴修水利的总方向指引下掀起了人人献计、个个献策和三超四比的红旗竞赛，高涨前后共提出工具改革的建议500多条，模型30余具，经查鉴定实验且本着工程“急需的先做”的原则，大力推广，提高了工效，加速了工程进展。如大坝清基为解决地下水的问题，机械化队装了五部电动抽水机，一部高压抽水机及木工厂试制成人为唧筒抽水机23部，在碾压工具方面，铁工厂试制成砼带齿碾，砼羊足碾，松毛耙，在运输工具方面制造了大量的冰船，适用于冬季施工的各种运输，还有单臂开高运土机，箱式自卸架子车，在木工工具方面制造成了锯齿铲子，开槽刨子。在机械工具方面，制成了手摇磨缸机，胶皮切削机，电钻，钢珠切断机，手摇电钻，电动电钻，老虎钳子，扳牙，系公等。在学习了党的八届八中全会文体后，以反右倾、鼓干劲为教育的思想的钢厂纷纷提出保证，如修配厂全体工人，建立了翻砂车间，试制成简易刨床一台，弹簧锤一具，铰刀三把等。总之工地大办工厂，解决了二具及材料的砂问题，尤其是机械修配厂工作，在双塔堡水库显得更为突出。

在技术革命的另一方面，充分发挥了全体干部敢想、敢说、敢做的共产主义风格，核算了在设计上的保守部分，如双塔堡水库减浅清基深度、减小坝体断面，取消公路改线，取消了围堤的黏土心墙等各项工程，经报厅批准，共为国家节约资金201,754元，大大加速工程的进展，保证1960年安西县实现农业化，机械化和粮棉大丰收。从以上情况看，从全国各地经验看，技术革命运动，尤其在工程部门必须大搞，因为它不但可以解决工程的供应困难，还会大大地加速工程进展，可以大量节约建设资金，所以说大闹技术革命运动是贯彻执行党建设社会主义的总路线，多、快、好、省旗帜的有力措施。

四、发扬共产主义大协作精神是保证工程顺利进展的主要关键。

在双塔堡水库工地上，这一工作更为显著，前面说过双塔堡水库工程施工和其他兄弟水库不同之点，是□□□□修建水库，因此工程处工程队，民协队的协作好坏直接关系到工程进展问题。施工开始为了统一指挥工程量，成立了双塔堡水库工程委员会，由水库各单位及安西县委人委的负责同志组成，从一年多的施工中解决的矛盾问题来看，组织工程委员会是十分必要而正确的，三个单位是一股劲，团结得很好。

同时，在施工过程中，各方面的协作，支援对工程的顺利进展起了很大作用，在工程紧张，缺少水泥的情况中，借用敦煌县水泥 120 公吨，借安西县炸药 2 公吨，还有碾压式拖拉机，都是安西各农场及玉门饮马各农场支援的，代替了人力夯实工作，减少了很多劳力，需计划投入劳力 27,000 名，实际投入劳力最高额仅为 7800 人，这些共产主义大协作的支援，使水库工程顺利而不断地跃进再跃进。

五、七月份水库防洪工作取得的经验：由于省水利厅对于双塔堡水库工程的重视，派了工作组，加强了水库的行政领导和技术领导，加强了各个角落的思想工作，坚决地依靠了群众。在洪水来临之先，充分地根据历年的水文资料推断了水情，并在六月五日召开防洪会议，布置了群众性的防洪工作，深入了解地形情况修筑拦洪堤分散洪水，煞减洪峰，设置昌马预报站，随时预报水情变化，指导防洪工作。因此在防洪中全体职工都是一股劲，真是人人当先锋，个个争上游。在技术指导工作上大坝采取了临时断面，尽量先抢坝的高程，增加坝的防洪库容，同时加固围堤及输水道渠堤，使小洪水不要入库，在洪水延续河内水位继续上涨，输水道渠堤对抗不住的时候，大坝也抢到了 1322 高程，这时400 公方/秒的洪水入了库，库内蓄水 700 万公方，没有受任何损失，安全地度过了洪水关。我们认为双塔堡水库汛期防洪工作的胜利，标志着党的领导的胜利，标志着厅党组对双塔堡水库防洪工作采取有效措施的胜利，标志着搞群众运动工作的胜利，在这一胜利中也有力地驳斥了那些右倾机会主义分子，说什么采取加固围堤及输水道渠堤是“劳民伤财”“得不偿失”的右倾反党谬论。

六、施工导流中，围堤合龙的经验及教训：双塔堡水库施工导流工程围堤合龙前后共三次，其原因是这样的，第一次是由于原先没有很好地计划，合龙后不能完全闭起，随着输水道填方工程质量不好，造成放水后渠堤发生决口，没有合龙成功；第二次合龙的方法是采取木龙闸板合龙，由于接受了第一次的教训，他们一切准备工作全都顺利成功，但输水道工程由于冬季结冰，断面缩小，水位的上涨，造成渠道决口，不得已将围堤挖开使大坝工程免受重大损失。第三次合龙是在今年四月份进行，接受了一二两次的教训，做好了材料、人力的指导工作，统一了指挥方法，采取了临时性的木闸截流法，收到预计的效果。围堤合龙后对于渗流的处理也是极其妥善的，在河床内采取了堵坝捆蓄的方法，使渗流与蒸发量平衡，达到了圆满的收获，直至大坝合龙坝体筑至在水位高程以上，并没有因渗水而受到影响。

总之，从双塔堡水库一年多的施工中，我们深深地体会到上述六条不够成功的经验，我们谈出来供兄弟水库及各县参考。

双塔堡水库工地办工场内经验介绍

1959 年 12 月　　廿 232-1-256

中共中央和国务院关于今冬明春开展大规模兴修水利运动，和积肥运动的指示中着重指出水利工作要“大闹工具改革和技术革新，逐步实现施工机械化和半机械化，开展高功效运动”。双塔堡水库全体职工自看到这个指示后，在学习党和八届八中全会及省委第十一次□大会决议文件精确的同时，开展了以反右倾为纲，大鼓革命干劲，大闹工具改革和技术革新的三超四比红旗竞赛高潮，在高潮中涌现了不少的先锋人物和先进单位。并创造了各种先进工具，加速了双塔堡水库的工程□□速度，为提前 130 天于 12 月 20 日完成水库工程。奠定了物质基础，并提早蓄水 3000 万公方，保证了 1960 年安西县的农业机械化及粮棉大丰收。这些成绩主要是由于党的英明领导。不断地给工地指出了奋斗的方向而取得的。现就双塔水库一年□□工地大办工厂的一些点滴经验作如下介绍。

一、□工所创造的先进工具

1. 碾压工具

（1）混凝土锯齿碾系用混凝土浇筑的齿形碾，制作简单，效用良好，碾压坝壳砂料极为适合，必要时也可碾压土料，其总重约 4. 0 公顷，由一个拖拉机带动，其功效比认为夯打提高 80 倍以上，能代替 400 多个劳动力。

（2）混凝土羊足碾：是仿普通常用铁制的羊足碾而制成，羊足碾用□铁铸成以钢筋串联绑□用混凝土浇筑，外壳用二□钢筋，内填坝石、土重各 5 公斤，用拖拉机带动，工效比人工打夯高 60 倍，每台班可碾压 150 公方。

（3）拉毛耙：拉毛耙是一种刨毛工具，其主要作用是为了防坝方上下层能紧密结合，防止分层现象。它可以挂在羊足碾后面，也可用人力拉动，刨毛均匀工效高，每把可带动 100 个人力的劳动。

2. 运输工具

仿造架子车条帽“4500”个，装配架子车 288 辆使黏土运输量每日增加到 968 公方，提高工效 5 倍。并推广 10 幅条木轮架子车 70 辆，提高工效 90%，钢珠切断机，是由汽车废钢板制作而成，用以切断直径 9 公厘以下的钢筋。切成均匀的颗粒，再用人工原因，装配架子车滚珠轴承，解决了珠子买不到的困难，工效比人工剁切提高廿倍。在缺乏架子车辐条的情况下创制粗形□帽辐条，既实用又节省，由每辆车子使用辐条 80 根降低到 40 根，每根成本降低 2/3。

二、木材加工厂

1. 运输工具

（1）冰船：冰船是一种简用木制的冰上运输工具，用两条梭形木棍连接而成，棍下安装铁制冰刀最为省力，特别适用于较寒冷地区。冬季运输工具材料（如砂砾，土料及片石等），利用优越地形，更能发挥它的作用，通常小型者二人牵拉，可拉动 400 市斤的重量，大型者由人牵拉，可拉动 1. 5 公吨的重量，工效比人力抬运提高 20—29 倍。

（2）单臂升高运土机：单臂升高运土机是一种运土工具，适用于坝□运土，平均比人力担、挖、运提高工效二倍以上，制作和安装过程也很简单。

（3）箱式自卸运土架子车：每车可装土0.24公方，适用于拉运黏土及砂砾使用，共制造1500辆，是完成土方任务的主要工具。

（4）木斗车：每辆载土1.2公方，共制100辆，工效比人力提高8倍。

2. 创制自用工具

（1）胶皮切削机：是木工厂集体制作，用手摇卷扬机来绞动绳索，绳索拉动胶皮。胶皮用刀切削成槽形（或其他形状）用以钉炉架子车木轮，比人力切削可提高工效五倍，且质量较高。

（2）锯齿孢子：这种工具主要用于制作电瓶木隔板，解决了□□不到木隔板的困难，同时手工做得质量也很好，合于使用的标准，共制成三千片，每片成本0.01元，□□□价格低0.05元。

（3）开□孢子：主要是用来开□，提高工效五倍。

三、机械修配厂

1. 运输工具方面

（1）手摇磨缸机：系修配厂工人集体创造。主要用来搪圆汽车气缸。其构造系机用汽车活塞。四边加上油石，人工进石磨缸。汽车缸不圆时，可以立即修理。加速了修理工作，每辆车可节省搪缸修调□3000元。

（2）电钻：是用□入式振捣器改装而成，用来冲根，□汽车大墚。平均每分钟可冲一根，提高工效卅倍，因而大大加速了汽车修理，在电钻不需要时，仍可将原□安装起来，恢复振捣器的作用。

（3）手摇台钻：修配厂工人集体仿造而成。全部构造，零件，郑□修带工人自造，与外□台钻效用相同。

（4）电动台钻：修配厂工人集体制造，用电动机带动钻头□钻根，全部构造，另外由修配厂工人亲自做成，平均每一分钟可冲一根，较人工□钻提高工效卅倍。

（5）老虎钳子：修配厂工人□□仿造，二构造□零件，都是工人自己打出来的，自己进行安装，使用起来亦较方便，和一般钳床一样，解决了钳子不足的困难。

（6）□于丝公：修配厂工人进行仿造，用来做□□丝帽及阴阳螺旋，共制成十套，解决了自己工具不足的问题。

（7）自制刨床一台，□□锤一具，铰刀三把。

2. 材料方面

□□发电机□子，使用效果良好，且成本低廉及时□□了发电机。

3. 翻砂汽车、发电机、抽水机、拖拉机的一般配件，□□常用，小型自缸汽车，对工程进展促进很大。

四、水泥机造厂

生产低标号（200号）水泥200公斤，并继续制造厂制造的标号水泥，生产白灰150公斤，为60安西总干渠准备了充足材料。

五、炸药厂

自制黑色炸药50公斤，做炸石使用，大爆破威力很大，而且成本低廉，每公顷造价只0.50元，而由兰州购买的炸药每公斤则需3.0元，自制比外□降低成本6倍，并由新疆购买火硝自制黑色炸药30吨，每斤成本2.4元，较外购每斤节省0.6元，并及时保证了工程上的需要。

昌马河水利工程处关于双塔水库工程进展给中央水电部与省水利厅的报告

1960年2月20日　　甘232-1-314

双塔水库全部计划投资额为672万元，自建设开始到本年2月20日止，实际完成投资额637万元。计划土石方工程量共为211万公方，实际完成198万公方，占全部工程任务的93.85%，在完成土石方量内：其中清基数量为18万公方，筑坝数量为155万公方。工地现有劳力4900名，实际出勤率58.4%，填方平均工效0.68，砌石平均工效0.23，土石方综合平均工效0.26。

整个水库之四项主体工程，其中输水道工程已在1958年底全部竣工，截至本月20日止，大坝工程剩余片石9659公方，围堤工程剩余土石方28,000公方，排洪道剩余土石方96,000公方，总共剩余工程量为134,000公方。

双塔冬季气候严寒，病号增多，出勤率仅为58.4%，工效很低，因此工程任务不能按计划完成。目前天气转暖，工地正在加强管理，开展一、二、三、四、五运动，三天之内提高工效一倍，全部工程于三月中旬可告结束。

为了配合工程任务的进展，工地自办工厂四个：机械修配厂、木材加工厂、水泥厂（1960年计划生产石灰500吨）、炸药厂（计划生产黑色炸药110吨）。在技术革新方面，共创制新式工具20件，其中能够使用的14件，工具种类包括上坝、平道运输、深挖方弃土等工具，其使用效果良好，目前正在大力制造推广中。

昌马河水利工程处（印）

1960年2月20日

双塔水库工程竣工总结报告

1960年3月20日　　甘232-1-419

一、工程情况概述

双塔堡水库工程位于疏勒河中游安西县□□□双塔堡。在堡下游约三公里的乱山子峡口修建拦河土坝，拦蓄疏勒河□□□□□□□嘉峪关外最多的内陆河，□源于祁连山至昌马峡出山口，□□玉门，安西至敦煌西北注入哈拉湖。因河水的主要来源是靠山上的融雪，所以河水的涨落与气候关系甚巨。疏勒河流域地区气候寒冷，雨量稀少，全年平均雨量50—85厘米，“无灌溉即无农业”这一客观因素构成了，“水就是生命，就是粮食”的现实意义。在旧社会里水被黑暗的枷锁所束，农民常因水而斗殴，在历史上安西、玉门两县人民因水打架的情事层出不穷。解放十年来在党的正确领导下，开渠、修库、大兴水利，满足了现有土地的用水，彻底拔掉了因水争斗的根子。随着农业的发展，人民公社的建立，在这关外广阔的荒原上，将要建成一个粮棉基地。千百万亩肥沃土地急待着开发。一望无际的戈壁滩急待着绿化，这就显示了人民对水的更迫切的需求。双塔堡水库就是为满足这种要求的基础上□□□起来的。

水库工程是由拦河大坝、输水道、溢洪道及围堤四大主体工程组成的。拦河大坝高26.8米，长1040米，底宽143米，顶宽5米，共计土石方1480,000立方米；取料运距均在1000—2000米之间，输水道上的输水洞系钢筋混凝土筑成，长110米，正常泄流量30立方米/秒，最大允许泄流量40立方米/秒，是灌溉输水及施工导流孔道，计完成钢筋混凝土和浆砌块石1139.73立方米。土石方29,078.64立方米。溢洪工程有主要溢洪道和非常溢洪道；主要溢洪道净宽28米，分为3.5米的8孔，高7米，最大泄流量450立方米/秒(可调归30年一遇之洪水)，非常溢洪道□圬□溢流堰，宽28米，最大的流量255立方米/秒，堰顶填筑土堤，洪峰超过50年一遇流量时，用人工掘开土堤□泄特大洪水。两座溢洪建筑物共有浆砌石料及混凝土3208.56立方米，排洪道有土石方193,278.94立方米，围堤分为□□，长1480米，最大高度18米，计有土石方109,065.47立方米，全部工程□共为2,289,096.21立方米（包括□及160,000立方米及加高公路15,000立方米)。

水库的总库容约二亿立方米，其中死库容一千万立方米，灌溉库容一亿一千五百万立方米，拦洪库容七千五百万立方万米，最大洪水时的库容可达二亿四千万立方米。

水库全部工程均由国家投资，原计划投资为1040万元，在全国大跃进高潮趋势下，各项建设工程工效都有飞跃发展，结合此种情况省计委批了计划的保守部分确定投资额由原来的1040万元降低为672万元，除过国家规定节约外，实际下达投资额为668万元，□据计划□布置了1960年□正式施工□投入□□最高□要求达到27,000人，至1959年9月底全部完工，施工中在总路线的光辉照耀下，□勤俭办一切事业的方针，反复核算预算，减去了不必要的部分，在大闹技术革新，合理地修改设计缩减工程量至全部竣工后共开支投资66313元。

预算的编制其基本工资部分是按照甘肃省水利系统各类工人工资登记表而确定的，间接费经计委审核为直接费□□5%。由于□□□工效低开支大，经请示省计委批准将基本工□□原来的1.5元提高到1.75元。间接费由原来的15%提高到22.45%，并增加了调迁费草皮土的工资等共77,740元，原则是在不增加原来投资的基础上，从增产节约和调剂工程项目等方面平衡开支。

完成全部水库工程在计划上需要普工385万工日，技工13.5万工日，平均每日出工113,000人。自1958年7月开工以来截至3月底为止，实做工568天，平均每日出直接工5700名，共需直接工324万工日。此外病杂工占23.1%，合97.6万工日，总共投入□□工421.6万工日，平均每日7440人，占计划投入劳力的65.8%。工程外共投入劳力188,136工日，其中技工169,579工日，占计划的118%。由于施工中采取种种有效措施，如人力打夯变为机械碾压节省劳力99,000工日。汽、马车双班运输黏土代替人力架子车运输节省劳力675,876工日，促进了工程提前三个半月完成。

在去年十月十二日省所召开的水利水土保持誓师大会，正确地判断了1960年的旱象，掀起了波澜壮阔水利运动高潮。在“誓把干旱消灭在今冬”的口号下，要求1958年开工的各大型水库必须于1959年底完工蓄水。双塔水库的全体职工坚决地响应了党的这一伟大号召，以反右倾、鼓干劲为纲，工地上掀起了一个全面性的高工效运动，尤其是汽车运输黏土采取双班制的满载快装，工效提高两倍以上，因此加速了工程进度，十二月下旬基本上结束大坝砂砾任务，二十四日水库正式关闸蓄水，给1960年安西农业大旱大丰收打下了良好的基础。

二、施工经过

这座水库工程是在1958年全国人民大跃进的高潮中□□□□□，本来昌马河水利工程处在完成了第一期工程的总干渠工程之后，1958年的任务是继续完成北东西三条干渠及灌区沟渠系统的工程（渠道投资550万元）。由于大跃进的促进及河西人民对“水”的迫切要求，水库工程成为刻不容缓的紧急任务了。党及时地领导着我们跨上了兴修水库的骏马，驰骋前进！1958年2月经省委张仲良书记亲临玉门指示了水利工作的方针与任务。并要求5月中旬各干渠工程通水。6月初筹备双塔堡水库的开工事宜。有力地推动了施工中的保守与落后思想，及时地发挥渠道工程的效益。

1958年6月3日昌马河水利工程处开始了修建双塔水库的筹备工作，6月15日接到了自县送来的水库设计图图表及预算，7月6日正式投入劳力二千名开始了输水道工程的开挖，在设计书上要求劳力最高额达到27,000人，连同渠道工程计划两年完成（即自1958年7月至1960年7月）。由于劳力调度不够及时至7月底才达到8800名，□□□□□□□□□□□□□□□□□□□□，工效很低，这对工程进度是极为不利的。然而在党的正确领导下及时地克服了前进中的困难，批判了右倾机会主义分子的畏难情绪，终于取得了辉煌的成就。兹将各重点工程施工经过情况分述于后：

1. 输水道工程：施工导流工作是水库施工的主要环节，也是首先要作好的工作。我们一开始就抓紧了这一环节，因此在这一工程上也深入地研究了如何加速的措施和方法。首先是呈报设计院批准将原来的隧洞改为明渠，多加劳力，然后是增强开挖石方的力量加速输水涵洞的施工。在□常委号召年底完工的口号下，要求十月中旬合龙导流，十月上旬完成了输水道及围堰的土石方，并浇筑好了输水洞的混凝土，就在此同时布置了导流准备工作，按照计划时间进行导流。但是由于事前对合龙工作估计不足，渠道填方质量过差，引水未到一公尺水深即发生决堤事故，导流宣告失败。在进行渠道加固之后，第二次顺利合龙。河水顺流过洞经一日之久，因入冬后河水结冰，渠道输水断面逐渐缩小，土渠部分水位急骤加高，终至巡护不力造成二次决口。接受此经验教训之后，党及时提出辩论，总结了失败经验。决定砍去填方质量过差的一段渠道，另开石方辟新渠，做新围堰，推迟导流日期，求得安全输水的方案。

在完成六万多石方渠道及三万多土方的围堰工程之后，已经是1959年的四月初了，由于总结了导流的经验，做好了施工导流的准备和妥善的导流方法，1959年4月22日顺利地完成了合龙工作（详施工导流经验介绍），这次合龙工作不但节省了人力、物力，而且完成之后围堰渗水也得到了良好的结果，没有第一、二次导流合龙后的渗水量过大，甚至达到难于处理地步的现象。在这次合龙之后，我们对于渗水的处理只是动员了全体干部义务劳动，在围堰下游河床上修作了两道围堰就含蓄了渗水，达到了蓄水面的蒸发量与围堰渗流量互相平衡的地步，给大坝施工创造了极为有利的条件。自4月22日开始至7月15日洪水入库之前，将近三个月的施工期中坝前砂料场还是大坝砂料主要的取料地点。

输水道在第三次导流之后一直是畅通无阻的，随着洪水季节的降临，它又逐步地受到了威胁。7月初我们就调迁劳力加强输水道堤的低洼部分，使其高程均达到1316高程，最大导流量达到50秒立方米以上，7月14日昌马水文站预报洪峰达到290秒立方米之后，就立刻做好了清库工作，15日晚9时双塔流量达到76秒立方米，洪水才溢堤入库的。从此大坝拦水，输水道的上半段便消失了他的作用。

输水洞工程是输水导流的咽喉，因此在开挖输水道的同时就开始了洞身地基的开挖工作，并积极准备了模板及钢筋的预制工作。由于地基系花岗岩片马岩，挖深又在七八米左右，取运比较困难，工效很低。又加之在风化岩石上开1：0.5的边坡发生坍塌现象，增加了工作量。因此清基工作延缓直至九月中旬才开始了混凝土浇筑工作。混凝土是机械拌和人力浇捣，洞底部分的质量基本上是良好的，但在浇筑侧墙时，由于边坡过陡，浇捣空间狭小，接缝部分难于清除，人践风吹将地面风化砂及污物吹入，施工人员在浇筑时注意不够，就造成局部接缝互不粘接的质量事故，此外空间狭窄阻碍捣固，而捣固工作配备的人力也不足，因此在拆模后侧墙及顶部蜂窝麻面的地方很多，甚至还有露出钢筋的地方。造成此项工程质量事故，以后经过群众批判讨论，实地观察教育研究出补救的办法。首先是利用手摇抽水机冲洗接缝间的污砂，用石工打毛接岔，填一层水泥砂浆再将混凝土填饱充分捣固后，用模板加撑顶固，经过这样措施处理之后，得到了良好的结果，十月下旬输水洞就可以安全通水了。

在第二次导流后洞内冬季通水一个月，1959年三次导流后洞内继续通水，洪水期间库内拦洪水位达1317高程。输水洞泄流量达50秒立方米，至12月24日关闸蓄水，洞内进行检查证明经过此一阶段的过来考验，洞身完整，没有发生任何不利现象。

在完成了输水洞全长110米的砼洞身之后，随即开始了启闭塔的砼浇筑工作。由于天气转寒在塔周搭设了暖棚生火保温，浇筑混凝土的质量基本上是良好的。但到完成了塔顶浇筑混凝土的第二天（12月3日）由于养护人员疏忽暖棚失火，烧毁了暖棚及模板的大部分材料，造成了严重的事故，影响了启闭塔的质量，虽然连夜抢救搭设临时暖棚，保温养护最后一层的混凝土，但在质量上已造成了不可弥补的损失。

2. 拦河大坝工程：随着输水道的开挖于一九五八年八月初陆续增加的劳力即投入土坝的清基工作，起先是按照设计断面及心墙清至新鲜岩石的要求向下挖的。但是河床挖至一公尺深时就出现了旺盛的地下水，工地上针对现场情况及排水工具的设备情况提出了修改坝体断面及增设黏土铺盖心墙清基七公尺深的建议，经张掖地委的许可报请设计院审核批准确定了清基深度。除两端岩层高的地方仍清至岩基上外，中间的300米原设计需要清到12至19米深的地区完全改为黏土铺盖。但是清基的排水问题仍然是个很大困难问题，由于党的正确领导及全体职工大闹技术革命创造了各种形式的排水工具，并得到了玉门市矿务局的有力支持，终于克服了排水困难。在施工方法上采取了分段排水两头进占的方法。顺利地将截水墙及黏土心墙突击出地下水位之上，中间的浆砌截水墙采取了围砂灌浆的方法，按照设计尺度修建在砂基上，虽然不起截水作用，但经群众讨论由于水下灌浆凝固可以起到防止管涌的好处。十一月上旬圆满地结束了坝基与地下水斗争的战役。紧接着就展开了一个回填黏土心墙高潮。

十一月中旬天气严寒黏土碾压30遍还达不到设计要求的质量，因而停止了黏土回填工作，□□70厘米厚的黏土以保温，随即集中全力回填大坝上下游砂砾坝壳，克服了冬季施工的困难。

一九五九年三月五日天气转暖，大坝挖开了覆盖土又重新开始了黏土回填工作，根据挖开的情况来看，覆盖保温的干土有40厘米就可以防冻。在冬季三个月的时间内全部汽、马车运输力量仍放在运输黏土上面，堆放在坝体的两侧及前后坡脚之外，给一九五九年的回填黏土心墙工作上打下了基础。由于改进了碾压黏土的工作，黏土心墙的质量基本上符合了设计标准的要求。

在回填砂砾坝壳的过程中，因为河床砂砾质地较高很容易达到设计要求。为了碾压和测验的方便，规格每层铺厚0.3米，碾压8遍。经测验干湿重均在1.8米以上，准两端所填风化砂砾质地较轻必须严格掌握质量，要求干湿重达到设计要求（1.75），但是由于施工人员经验不足，将石膏土认为白石渣使碾压后质量仅为1.5至1.6，造成800余万的返工事故。

当汛期到来时为了赶工，大坝采取了临时断面施工，在质量的掌握上时有不足的现象发生，在下游砂砾达到1322高程以上，采用了清基废土，减少远运取土的困难，布置的方法是采取外包两米好砂砾的方法，但是由于施工干扰不便，因为没有用好砂砾镶边，仅预留幅度在修坡时加压山皮石渣，以防风蚀。

黏土铺盖原设计为两万余方，长50米，宽300米，厚1—2米，铺盖上覆保护砂砾0.5至0.7米。在施工中由于洪水期的过早来临，未及完成，平均只铺盖0.8米，完成了1000方，砂砾保护层没有来得及铺盖，库内就进了水。

坝面护石是一九五九年五月中旬开始的，最初的选用□□中的石工领砌的，因此在第一平台至第二平台之间砌得比较平整而合乎质量要求，石料是由马车拉运到坝前50米之外的，所以工效高，而质量好。为了促进砌石工的□□，工程处创造了大爆破的开石方法，在坝两端爆破万余立方米石料，大大地加速了砌石工程的进展。在完成了坝前砂壳之后，加强了砌石的人数，新添的生手不能掌握砌石的办法，因而所砌石料不但标准过差，而且质量也不符合设计要求。部分中队所砌石块大小颠倒，垫层铺设不均匀，砌筑厚度不一致，不但浪费了，而且影响了质量。

在下游坝趾上，原设计没有考虑滤水设备，但在库内蓄水位达到1321高程时，坡脚渗水即开始漏出地面，带动细砾泥沙，形成轻微管涌现象，尤其冬季地冻之际，潜水在冻层以下□串流量易形成管流，工地及时采取措施，挖开坝脚排水沟及筛压反滤料，阻止了管流现象，也降低了坝脚浸润线水位。

3. 围堤工程：围堤分第一围堤和第二围堤两部分。第一围堤包括小坝在内，其地面高程为1317是输水洞所在地，因此小坝工程也是水库工程的主要部分。小坝工程地基良好。在地面风化砂砾约两米以下即为新鲜岩石，五月下旬首先清好了地基（无地下水），砌好了浆砌块石截水墙，并用反滤料处理了输水洞顶的伸缩缝，然后开始回填黏土心墙。在黏土和砂砾填至与截水墙相平时，为了考虑防洪第三方案，因而停止了回填工作，将劳力集中回填大坝，并在坝趾之下砌筑浆砌片石，截水截上游洞顶深槽部分用铅线笼填护以防洪水漫溢时冲毁洞身。九月初安全渡过了汛期以后，小坝重新开工，所填筑之砂砾黏土基本上符合设计要求，准在入冬以来高程在1328以上。黏土质量下降，干土冻块难于夯实尺度也是有不足现象，砂砾颗粒配合不匀，坝面砌石不□，石块过小不合规格等等，都要在养护时注意。好处就是砂砾洁净质地较重，不论是冬夏季施工均很容易达到设计要求。坝体与风向平行，风浪的冲击力及浪的高度没有大坝那样严重。

除小坝之外的围堤部分高程均在1328以上，经设计院批准省去了黏土心墙，完全利用砂砾回填的，在水位超过堤底的高程时，可能渗漏严重，但堤身是稳定的。

4. 溢洪道工程：溢洪道在第一围堤的北部，建筑八孔跨度3.5米的正常溢洪闸一座和28米长的非常溢洪堰一座。正常溢洪闸的闸墩堰顶及挑水槛都是混凝土的，其他部分均用质地良好的花岗岩浆砌而成。地基建筑在花岗岩层上，可谓坚固耐久不怕洪水冲刷，当50年一遇的洪水来临时可泄450秒立方米的水量，闸底高程为±327.5，用叠梁闸板以司启闭，控制库内蓄水闸上有木桥相通。

非常溢洪道系宣泄200年一遇的洪水最大泄洪流量为255秒立方米，地基也在岩石上，完全用浆砌片石修成。堰顶用砂砾填筑临时坝。当有非常洪峰预报时，人工掘坝泄洪，两个溢洪道的泄洪汇流一处。开挖排洪道长4235米连通疏勒河，原设计底宽20米，弃土堆在两侧50米之外，土方235,680立方米。在施工中考虑排洪道纵坡很陡（1/400），可以缩小断面。当溢洪闸溢洪时，水位由小变大可以□□水流□□□□□□，节省土方□报□设计院地基改底宽为□□□□，弃土为两侧五米之处，减少土方量达42,400立方米（岩石部分未变断面）。

三、水库拦洪蓄水以后的考验

水库工程是1959年7月15日开始拦洪的，水位高程达到1316.0，五天之内蓄水1250万立方米，此时大坝上游砂砾坝壳有微细裂□（与坝轴平行方向）出现，坝下游渗水估计约在0.1秒立方米左右，第二次和第三次洪峰到达水库后，因水位没有超过第一次水位纪录，经过五个月的蓄水时间，坝体没有发生过裂缝现象。

在1959年12月24日输水洞关闸蓄水之后，水位涨至1321左右，坝下游坡脚潜水露出地面，且库水位逐渐上升，渗水位亦逐渐升高。并在原地面冻层之下有管流裂缝等现象。经工地采取了挖坝脚排水沟及筛压反滤料处理之后，渗水位逐渐降落，原地面管流裂缝现象也逐渐消失。目前水位已达1324高程，库内蓄水达7500万立方米。坝体仍在发现裂缝或局部沉陷的现象。经实测渗流为0.32秒公方，按理论计算最大渗流量为0.48秒公方。估计今后水库蓄满后当不超过此数，小坝工程当水位至1321时，坝脚下游的取土坑内发现有渗水流出，其量甚微，证明系坝体渗流，因为小坝基础是完全□在岩石上的，至于沉陷方面也没有发现裂□或局部沉陷现象。

输水洞闸门及启闭机是1959年7月间安装的，在安装之先，首先用槽钢矫正了闸板滚轮的灵敏度和垂直线的吻合度，并加固了拉杆接头的固定口丝，闸门板是用东北黄花松沥青油浸煮过的，拼合严密。底部钉有胶皮，装妥后试验启闭灵活，唯闸门两侧及顶部系钢性止水设备，与槽铁胸墙间不够密合，因此在关闸蓄水之后随水位上升逐渐加大了漏水量，当水位达到1323时实测漏水达0.7秒立方米，管理过程中当库腾空之后必须拉出闸板安装柔性胶皮以防止漏水，在启闭闸门时宜先启边孔，因为中孔拉杆短0.16米。在拉杆接头部分固定螺丝力量不足，有受力剪断的可能，其他部分再没有什么毛病。

四、施工中的主要措施

1. 坚持了党的绝对领导，坚持了政治挂帅，思想先行。

水库工程自开工以来就经受着一场先进和落后两种思想的激烈斗争，省厅党组、张掖地委和工程处党支部一开始就紧紧抓住了这个环节，开展了两条道路的大辩论。1958年8月20日经过高鹤龄同志的动员报告以后辩论更为高涨。施工中采取了有问题就辩论通就干，边辩边干和大鸣大放大字报相结合的方法，确实加强了职工的思想教育工作，对工人、干部都进行了摸底排队，彻底掌握了职工思想情况，如在刚开工时工人中思想比较混乱，有的不安心在这里工作，有的怕吃苦，怕风沙大。干部中也存在着不健康的思想，表现斗志不强，革命意志衰弱，要请长假回家。有些干部还显示出思想没有解放，暮气很大。这些都大大地影响了工程的顺利进展。党支部发现了这种情况后，立即掀起了一个反坏运动为中心的整风高潮，并经高专员几次传达了北戴、郑州、武汉等会议的精神和阐述了修建双塔堡水库的政治意义和经济意义，并提出了战斗口号和具体的指标。又于1959年4月份在省水利厅、张掖地委、玉门市委的直接领导下在全处范围内进行了“短期整风运动”处理了领导核心中的一贯违法乱纪、道德败坏的分子，彻底摧毁了家长式的统治，解决了工程处三年来没有得到解决的问题，因此民主空气高涨了，干群关系密切了，在这样有利的基础上加强了党的核心领导，选拔了一批优秀的干部担任领导工作。紧接着又在全体职工中进行了评定工资的工作，实质这也是对全体职工的一次具体、深刻的教育。在工资评定中，广泛地开展了批评和自我批评，彻底地扭转了全体职工的思想情绪，鼓起了工人的革命干劲，加强了干部的斗志，因此工效显著上升，有力地说明了省委张仲良书记指示的“革自然的命，必先革人们思想的命”是非常正确的。工人自觉地晚上加班，白天不休息，虽然一再讲清加班时间不宜太长，而工人干劲如潮如荼势不可挡。这主要说明加强党的核心领导，作到人人政治挂帅，军事政治挂帅，加强政治思想教育工作是完成任务的先决条件。各种工作都是书记亲自挂帅，全党动手，因此形成了坚强的党的核心领导力量。一切工作都是先党内后党外地进行统一安排。共青团组织在各项工作中确实起到了党的助手作用，在青年职工群众中开展了“红旗青年”和“红旗集体”的竞赛，充分显示出了党团骨干作用，积极带动了群众，工会工作在党的领导下，促使全体工会会员都投入了紧张的工作高潮中。

由于加强了共产主义教育，大抓思想，因此解决了职工思想中长期存在的问题，如人民公社化以后有些工人对人民公社性质不了解，怀疑很大，经过对人民公社的学习以后都解除了顾虑。对人民公社有了正确的认识，在一九五九年春节有些职工请假回家回来后召集了座谈会针对人民公社进行了谈心，大多数职工认识上是正确的，由于结合工程进展进行了人民公社的学习，因此全体职工干劲更足了，有些人因父母去世带信叫回去，但为了提前完成水库工程任务都没有请假回家，职工思想情况空前高涨。结合工程的跃进，一部分先进积极分子入了党，增强了党的血液。一部分先进青年入了团，加强了党的助手作用，全体职工团结在党的周围真是一呼百应干劲冲天，如干部每星期规定义务劳动二天，有时相连几天的劳动。由于干部参加了劳动了解了工作情况，同时也带动了各项工作。

党还根据各个时期的具体情况提出了先进的指标，响亮的口号，明确的任务。各项工程在开工时就逐日逐旬地作了细致的施工安排，在工委会充分讨论后下达到工程队由大队到中队，由中队到小队，由小队到个人，使每个人都明确了自己的奋斗目标，在突击开挖输水道和坝基时提出“苦战十昼夜，突破新定额，大战土堤基，打通输水河”。在输水道日夜双班施工中提出“工地是战场，钢钎是长枪，一天当十天，月亮当太阳”，这些战斗口号大大地鼓舞了职工情绪，促进了工程进展。一九五九年三月底四月初党根据工程任务和工程进展情况分析了完成任务的客观可能性，确定了“大战六十天，力争洪水前把大坝筑至1328高程”，在这一新的战斗口号的鼓舞下，全体职工干劲更足了，纷纷表示决心，展开了在工程处范围内空前的劳力竞赛高潮。并提出“宁愿头破血流，不让任务落空”“向工厂要工具，向工具要劳力”等等的战斗口号，群体职工把口号变作实际行动反映到工作中去，掀起了不分昼夜苦干、大干、巧干的革命高潮。

2. 开展共产主义的劳动竞赛，树立标兵，水库在开工以后就抓住了劳动竞赛的关键。在各个阶段的运动竞赛中涌现出了很多优秀工作者。一九五八年十月一日工委会发动水库各个单位进行了一次大规模的评比奖励，共评出了先进个人130名，先进单位25个，树立了旗帜，从此在工地上更全面地展开了红旗竞赛。发现先进，及时总结，及时推广，不但在工效上、操作上、劳动组合上、创造发明上起到了作用，而且在思想上也得到了丰收，一九五九年三月又进行了工程处范围内的单位流动红旗评比竞赛，促使落后的单位急起直追，超越先进，并于选拔出席省优秀工作会议的代表时，在全体职工中又进行了充分的讨论，评选了确实有突出表现的同志。各厂、队、个人均以挑应战表决心，擂台比武等方式进行。经过一系列的评比竞赛，大大促进了工程的进展，各种工效均有所提高。如木工厂原七个工日作一辆架子车，但在竞赛的高潮中四个工日就作了一辆架子车，提高工效1.75倍。在总的上坝土砂料也显著上升，由原来0.80公方/工日，提高到1.03公方/工日。在这苦战六十天中高专员在工委扩大会上，正确地估计了以前的成绩，指出了工作中的缺点和错误，又布置了下一步的工作，提出了在工程中应注意的事项。特别着重地强调一定要住关键，并具体地提出抓思想、抓竞赛、抓生活、抓任务、抓工具、抓道路、抓配合的七抓工作。相应地提出了在“五一”评比的条件以比思想、比干劲、比实效、比任务、比安全、比质量、比出勤率的七比为标准。在工委会这一口号下，双塔堡水库范围内又展开了一个风起云涌的竞赛高潮。日上坝强度由原三千公方提高到九千公方。从评比竞赛工作中我们深深地体会到抓两头带中间这一先进领导方法的重要性。

在反右倾斗争开始后，全处范围内立即形成了一个生机蓬勃、万象更新的局面，在领导核心中对一撮党内的反对派进行了鼓励和批判，把他们的谬论驳得五体投地。在这次运动中确实找到了过去某些工作落后的内在原因，既教育了全体同志，核心领导也经受了一次严峻的考验，各项工作以反右倾鼓干劲为纲，工地上很快地掀起了一个竞赛高潮。以

“突击旬”“跃进月”“卫星日”等方式猛攻大坝心墙黏土。在这一战役中，全体职工日以继夜、大干、特干，既有生气蓬勃的紧张劳动，也有轻松愉快的欢欣歌唱，在这种热情奔放的情况下，于十二月十一日胜利完成了全部的黏土任务，经过评比涌现出39名红旗手和四个红旗单位，这就给十二月底完工奠定了稳固的基础。

3. 认真贯彻了党的群众路线的工作方法，大搞技术革命和技术革新，不断地创造先进工具。在总路线的光辉照耀下，战斗在双塔水库的全体职工，在党的领导下，破除了迷信，解放了思想，打破陈规，以政治加技术，干劲加钻劲，在不断发挥群众无穷无尽天才智慧的基础上，在1958年8月20日以后开展了声势浩大的技术革新运动。人人都在出主意，想办法，有的写合理化建议，有的制作模型。自1958年8月20日至11月20日共提出了合理化建议一百一十四件，模型二十九具，通过试验鉴定推广了十多种计五百余件，给工程节省劳力起了一定的作用。从此技术革命的高潮更为热烈，合理化建议更普遍了，工具改革日新月异，出现了万紫千红的壮阔局面，这就给“智修双塔水库”奠定了物质基础，在不断革命的形势下，党支部提出“工地车辆化，逐步做到土□运土机械化”的口号，又掀起了一个更大更好更全面的改革工具的□□高潮，截至目前共推广使用了二十余种五千余件。这些新式工具的发明、制作、使用、推广都是根据工程进展的需要和季节因素配合起来的。如在开工初，因坝挖基渗水很大，在抽水机具不足的情况下，制作了唧筒抽水机三前台，龙骨车三十个，改装电动抽水机三台，基本上解决了排水困难。在1958年冬季，河水漫溢，土坝上游遍地是水，为了□□这一自然条件，就发明了冰船运土，试验效率高，制作简单，节约材料，共推广了八百余件，天气转暖河水融化冰船不适用了，就又制作□架子车（计有一千五百余辆），和自卸斗车一百五十辆，多快好省的三百五十辆，提高效率三至十倍。碾压工具上制作了混凝土羊角碾四个，□平磙五个，带形磙二个，这些磙子重三至五公吨，代替了二千人的夯土工作。坝面洒水工具上制作了洒水车二十辆，卸汽车的耙一百三十余把，比原来用铁锨卸土提高效率一倍。在输水道开挖石方，深沟运土石方而制作了弓弦吊土机十台，双臂转动运土机六台，辘辘运土机四台，工效比人抬提高了一至三倍，各个工厂工具上也作了很多的改进。如自制的断筋机一台，快速割胎刀一台，空心钻子六个，老虎钳子十个，刨床一台解决了很多问题。还有些是目前市面买不到的东西经工人同志的钻研就制作出来了，如电瓶木隔板，自制了三千片和一些汽车、拖拉机零件。在大坝逐日升高的情况下，工人们又活跃于制作土砂料上坝工具和高压抽水机具。经十天的苦战用汽车改装了高压抽水机一台，解决了高扬程的用水，并制作了手摇转盘双轨运土上坝机一台，脚踏式双轨运土机六台，效率比人力提高一至三倍，在铁轨缺乏的情况下，还自制钢铁条木轨六公里。

综合以上情况在工具改革上大搞群众运动是完成或超额完成任务的第一条妙计，更重要的是发挥了党组织的战斗堡垒作用，采取了领导亲自挂帅，党团员事事带头，全部进行动员，人人着手大干的领导方法。对大闹技术革命首先在党团员和工会会员中展开了充分的辩论，使他们在思想上和行动上取得了一致，认识只有大抓工具改革才是减轻劳动强度提高工作效率的有力保证，在此基础上才充分地发动了群众展开了一个轰轰烈烈的技术革命运动，确实破除迷信，树立了人人可以发明创造的思想，揭破了群众对技术的神秘观念，增强了职工对发明先进工具的信心。此外，还组织了现场观摩，现场推广，使所作先进工具达到了因地制宜，灵活运用，克服了一切死搬硬套和形式主义的浪费人力、物力、财力的现象。

4. 大办工厂，就地取材，解决了工程材料供应的不足，在目前社会主义建设全面大跃进的形势下，物资供应不足是很自然的，这种不足的情况不是给我们以困难，而是给我们以力量。随着工程进展的情况我们以自力更生，因陋就简，就地取材的原则下白手起家自办工厂，解决工具材料问题。自水库开工以来共办了工厂八个，这些工厂主要是以生产工程材料为主，本着土法先上马的精神建立的。水泥厂已生产低标号水泥二百吨，高标号水泥八吨，现在还在大力试验更高的标号，石灰厂□制白灰二百吨，炸药厂制出炸药二十二吨，修配厂修复汽车和拖拉机，并自制架子车零件。石料厂共开片石四万七千七百三十七立方米，修料石一百立方米。铁工厂、木材加工厂均在赶先进工具上作出了很大的成绩。

5. 解放思想、开动脑筋、修改设计、改进施工方法，反对右倾保守和浪费。在1958年双反运动获得全面胜利的基础上，全体职工确实发扬了敢想、敢说、敢为的共产主义风格，揭发了工程上的保守部分，提出了修改设计的意见，对促进工程提前完成起了推动作用。首先是修改了大坝截水壕的清基，原设计大坝清基必须清到新鲜的岩石上面，最大清基深度达18.4米，但在施工中地下水很大，当清基至5米时七台抽水机还抽不完，在一米深的水中涝沙，效率非常低，同时在7米以下抽水机扬程就达不到了，天气也一天比一天冷，工程任务又一天比一天紧迫，面临这种情况，张掖地委提出“清基7米”并提示在全体职工中进行讨论，经群众性的辩论后，一致认为没有必要挖到那么深，在坝前加设铺盖即可，可节约资金二万三千四百元，更重要的是加快了工程进展，使土坝早日得到了回填。其次是修改了大坝断面和大坝心墙。原设计大坝断面上游坝坡高程1306至1313.5米和□□□□□高程上□□□至1321.5米为1∶2.75，下游坝坡高程上□□□至□□□1.5米为1∶25，坝顶宽6米，群众提出缩小土坝断面，经审核计算断面确属偏大，就进行了修改共减少土石方85000方，其他如排洪道均作了修改减少土石方42400方，这些修改均报请省□批准，付诸实施的。

在施工方法上也是进行了细致的研究和妥善的布置。如施工导流工作中，经过两次失败的教训，在群众中讨论总结了一个最切合实际施工最方便、用材料最少、资金最省、施工期限最短的木闸分流席包合龙的方法。□□□□□了第三次合龙，并取得了很好的经验。

6. 与兄弟单位大搞共产主义协作，处内各单位互相成□，水库开工后在物资的供应上是十分困难的，尤其所需机具和器材更感缺乏。但是这些困难并没有吓倒我们，除了大办工厂自力更生外，就是大搞协作的办法解决了很多主要器件，用自己制造的水泥、石灰、炸药、电瓶木隔板等交换了汽车轮胎、隔板、机器零件等材料，与附近各个农场大搞协作，如碾压土坝所需用的拖拉机都是农场支援的，一共达七台之多，每日节省劳力二千多个，在防洪时期，玉门油田、敦煌部队、运输公司等单位支援了汽车40余辆，加强了大坝黏土运输，保证了大坝的安全，促进了工程的进展。处内各科室、厂、队不输在工作、学习、思想等方面，在党的统一领导下都做到了互相帮助，互相学习，如在1959年9月份苦战时期，制作输水塔便桥的全体工人同志，在工作中一环套一环，互相促进，木工为了提前架桥自动帮助石工抬石头，拌砂浆砌基础，石工的工作完成后，又为木工抬木料搭架子，铁工为了便桥早日架成也是彻夜不眠，赶制铁件，由于这样互相的结果提前了七天完成便桥搭建任务。从这一例子说明了团结起来可以克服一切困难，同时工人中互相之间互教互学，共同进步，不断地提高技术水平。

7. 抓关键、抓重点，双塔水库全部修建过程中具有五大关，即是：清基排水关、截水槽回填关、施工导流关、防洪关、回填心墙黏土关，这五大关就是双塔水库的关键和重点。自开工到竣工党组织适时地抓住了重点，在清基排水工作上运用了改变截水壕的深度，木排挖沙，改进提水工具等方法战胜了第一关。截水槽回填工作中运用了分段施工集中排水，两端拼齐，突击回填的方法战胜了第二关。施工导流工作中运用了木闸分水，席包合龙的方法战胜了第三关。七月份防洪工作中运用了主体工程突击施工达到安全高程，输水渠道集中抢险，加高培厚，发动群众分散洪水。加强预报工作，全面布置找出洪水出路等方法战胜了第四关。回填心墙黏土工作中运用了集中主力，突击运土的方法战胜第五关，由于抓住关键和重点过了第五关。这也是按期完工的一项主要措施。

五、□□□□

1. 施工导流工作中两次失败两次成功，给予了我们很大的教训，施工导流工作第一次是在1958年11月7日进行的，由于施工经验的不足，也没有发动群众研究合龙的方法，在领导思想上轻视了与水斗争的重要性，输水道的土方质量过差，认为是临时性的工程，没有及时纠正，以致未流过输水洞就在填方渠道上决了口，造成了第一次导流的失败。第二次是在1958年11月18日进行合龙的，这次的合龙基本上是成功了，但是对于冬季河水冻结，输水道断面缩小，水流不能畅通，水位超过了设计高度，加之巡护不力造成渠堤决口的失败。第三次合龙充分总结上两次失败的原因，坚持了政治挂帅，进行了细致安排，经过群众讨论，在技术上进行了革新，准备了足够的器材、物力、人力，也作了统一的调配和布置，因此上得到了1959年4月12日导流工作的彻底胜利。从这两次导流失败，给我们的教训很大，领会到任何工作离开了党的领导就一事无成，不走群众路线单靠主观臆断和纯技术观念是不可能搞好工作的，更不可能使党的事业大踏步前进。

2. 技术并不神秘，只要被群众掌握了就可发挥无比的力量：在改变大坝挖基和坝断面设计工作中，由于走了群众路线，就为国家节约了巨大资金，在这项工作中，也是经过了尖锐的斗争，激烈的辩论而取得的。当刚提修改设计时就遭到了很多人的反对，有的前怕狼，后怕虎，怕工程发生问题，有的光讲理论，不能结合实际，有的抱一种观望态度。在这种情况下，党及时地组织群众讨论，彻底摧毁了右倾保守思想，修改了设计并报上级批准施行。从这项工作中深深领会到只要依靠群众革新技术才能够得到良好的收获。

3. 输水道取水塔施工是在冬季进行的，由于施工人员对暖棚取火不加注意，警惕性不强，管理人员思想麻痹，造成了失火事故，给国家造成了很大的损失，降低了工程质量。从这一次沉痛的事故中确实教育了全体职工，对某些人的麻木不仁的大少爷作风给了一次严厉的痛击，加强了职工的革命警惕性，对一些只重生产不重安全的麻痹思想敲了一次警钟，提高了同志们的思想认识，紧密地把安全和生产结合起来了。

4. 对设计深入细致地钻研，使理论结合实际也是工程顺利进展的主要一环。在河西兴建水库一定要根据河西地区的特点进行，双塔水库就是欠缺这方面的研究。因为河西地区尤其关外三县气候特别酷寒，冬冷时间又长，在这种条件下，必须充足利用冬季时间施工，否则会延长施工期限。从我们一年多的施工中体会到在严寒的地区采用斜墙坝是比较好的，因为砂料在冬季施工对质量影响较小，土料在零下15℃以下就很难露天施工了。如果在冬季做砂料天暖作土料，不但在施工布置上能统一安排，而且可避免砂料过坝干扰，大大节约劳力，保证质量。而双塔水库拦河大坝系心墙土场，在冬季土料停工后，回填砂料由于四边收坡的原因，减小了工作面，窝工浪费的情况无法避免。待天暖解冻后又形成填筑土料翻越砂壳的困难，这就无形中增加了回填黏土的困难。

六、今后工作安排及管理意见

水库工程于7月中旬拦洪，十二月下旬开始蓄水，1960年□□□□结尾工基本上起到了预期的效果，消灭了安西的干旱面貌。□□□□□的局部尾工拟与安西总干渠工程□□结合修理。目前蓄水已达八千万立方米，高程达到1324.5，从拦洪到现在已经历了八个月的蓄水考查，从渗水量和坝体变形情况来看基本上是良好的。可以根据国家规定进行□□□□□□□运用了。至于管理机构依河系来说，应该统由张掖水电局疏勒河系灌溉管理处统筹管理，设立水库管理所专门管理养护，准水库受益地区全部隶属于安西。因此在目前应由安西水利局组织临时机构接收管理，充分发挥灌溉效益。仅目前库容蓄水即可供30万市亩，灌溉三次用水（不算灌溉期河流的正常流量）。

关于双塔水库工程质量问题的检查报告

1960年5月14日　　甘232-1-265

双塔水库于1960年3月23日竣工，并于竣工之日由省验收委员会进□□□□组成管理单位接管，充分发挥灌溉效益。截至四月底为止已灌耕地面积达十三万余亩，较之往年同期浇灌二万亩面积的数字增加6.5倍，充分满足了安西全县公社、农场开荒抗旱的需要，该水库已成为安西发展农业生产的“聚宝盆”，因此如何管好水库，保证水库的安全，具有非常重大的意义。

水库自1959年12月24日关闸蓄水，1960年3月2日启闸放水，在此运用期间启闭机启闭灵活，输水洞工作正常，大小坝渗水正常，沉陷均匀。除闸门关闭不严，坝鞍马部干砌石料护坡不够紧实以及输水道便桥木质结构、桥台不够稳固，验收委员会责成施工单位继续负责修筑解决外，其他各方面均属完整良好，但在四月廿五日发现大坝背水坡面出现裂缝，经工程处报省水利厅处，责成安西县组成有关人员进行检查，计参加检查的有安西县副县长郭春林同志、安西农业局长宋禾祥同志、安西水利局副局长兼双塔水库管理处负责人分潘发廉同志、甘肃第一水利工程支队长曹文财同志、生产科副科长张俊杰同志、昌马水利工程处党支部书记林甡同志、工程师李桂荣同志，于五月八日赶到现场进行了详细检查，兹将检查情况报告如下：

一、裂缝情况：在大坝下游坡面“双”字以南0+660处，开始高程在1327米与1328米之间断断续续出现裂缝，首段长308米，二段长7.0米，三段长27.5米，四段长88.94米，全长126.58米，其中相连有三道缝者长10米（最上缝距坝顶5米，中缝距上缝0.4日，下缝距中缝0.9米），有二道缝者长12.5米（上缝距坝顶5.6米，二缝相距0.4米），缝向与坝轴平行，最宽处达5厘米，最深1.6米。大部分缝宽1至2厘米，呈□咀形状□缝□□不相错。

二、裂缝原因的判断：根据裂缝位置及裂缝情况判断造成裂缝的原因可能有如下各点：

1. 黏土与砂砾沉陷速度不一致而造成折裂，因为坝体为黏土心墙坝，黏土收缩性大，受砂壳压力处沉陷较快，砂砾收缩性小，沉陷较慢，因而使砂砾在变坡（由1：2变为1：5）的弱点地方折裂。

2. 黏土与砂砾坝壳间0.4米厚的过滤层夯实不够，因其收缩造成砂砾折裂。

3. 坝体下游排水沟排水不利及冬季施工部分黏土压不够质量，也是造成裂缝的原因之一。

三、处理方法：先用泥沙浆灌缝的方法处理一段，观察其是否有继续沉陷裂缝的现象，至证实完全停止沉陷而不再折裂时，全部以灌泥浆处理，根据已灌一段十天观察，再没有继续裂缝的现象。

四、裂缝危险性的分析

按裂缝情况来看，其原因主要是由于水库蓄水处土壤沉陷即根据实测沉陷记载高程校对，坝体高程呈弧形沉陷，符合河床弧度的形式，沉陷幅度最大为0.21口，两端为3—5厘米不等，发现裂缝的地段亦即是沉陷幅度最大的地段，而此种裂缝均与坝轴平行，高程又在1328米左右，为最高水位浸润范围以外的部位，因此危险性极小，其次坝体渗水及移位均属正常，证明坝体稳定，亦无管涌侵涌现象。

在上游坝坡经过四月九日11级大风浪的冲击，除部分石料松动及时补护外，风浪并没有携带出泥沙，危及坡面安全，因此证明坡面是稳固的。

五、今年的防洪问题：水库是按照50年一遇的洪水设计、200年一遇的洪水校核的，工程完工后还没有经过较大洪水考验，对于洪水期坝体防护问题是十分重要的问题。除在防汛期采取有效措施放减洪峰外，最主要的是不能让洪水位猛然涨至最高水位，因此在洪水前，拟腾空库容，正常溢洪道与非常溢洪道不拟关闭，这样即可宣泄50年一遇的洪水使库水位不超过正常水位1330.3米的高程。由于安西耕地面积目前还没有发展到需要满库水量的要求，并不影响农田的灌溉需水问题，这样对坝体的安全是更有很大好处的。

昌马河水利工程处（印）
双塔水库管理处（印）

安西县人民委员会关于双塔水库裂缝情况的检查报告

1960 年 5 月 27 日　　甘 232-1-306

张掖专署水电局：

我县双塔水库裂缝问题，于五月八日县上派副县长郭春林及农业局宋天祥二同志前往水库会同双塔水管所长潘发廉同志，与省第一水利工程支队长曹文财同志、生产科副科长张俊杰同志、昌马水利工程处党支部书记林甡同志、工程师李桂荣等同志一道进行了现场检查，并对裂缝原因和采取的措施作了分析、研究。兹将检查情况报告如下：

一、裂缝情况

该库坝全长 1040 公尺，高 26.8 公尺。底宽 143 公尺，项宽 5 公尺。据四月廿五日水利工程处检查发现。从“双”字以南 13 公尺开始裂缝，向南共有四段裂缝，长达 126.58 公尺，其中裂三道缝的有 10 公尺，上缝距顶 5 公尺，离中缝 0.4 公尺，中缝离下缝 0.9 公尺，下缝距坝底 20.5 公尺。裂三道缝的有 12.5 公尺。缝与缝之间相距 0.4 公尺。其余裂缝均系一道，距坝顶 5.6 公尺，距坝底 21.2 公尺，缝宽 0.5 公尺。上述裂缝均与坝平行开缝，均有沉陷。在坝的下游深度 1.6 公尺，裂缝比水位高 3 公尺，再蓄 5000 万公方水就可以达到裂缝之处。

二、裂缝的原因据分析研究主要是

1. 坝中有黏土和沙土。黏土沉陷快，沙土沉陷慢，容易裂缝，并且裂缝是上大下小。

2. 土层与沙砾交接的茬子中有过滤层，在施工中夯实不够就沉陷大些。

3. 在冬季施工中土有冻结，没有夯实。

4. 坝中有 50 公尺覆盖黏土。因此去年为了防止七月间洪水，赶急施工，质量较差，有一部分未做完。

5. 蓄水猛了一些。原计划蓄水 6000 万公方，为了适应今年抗旱斗争，蓄到 8300 万公方。

三、采取的措施

1. 裂缝发现后，为查清裂缝的真相，指定人员专门进行了观察。据现在观察来看，除坝的北面发现裂缝二公尺外，原缝均未伸长和加宽、加深。

2. 上述裂缝现正采取用细泥沙浆灌的方法，已于五月二十日全部□□完善。

3. 为了加强该库防洪工作，确保安全，最近除抽调干部 4 人加强领导外，决定配备 40 个养护工（即将到达水库）开展养护工作。同时，按五个受益地区计划，在县上召开防洪准备工作会议，制定防洪具体措施。

有不妥之处，请专署水电局指正。

安西县人民委员会（印）

对甘肃省水利厅“关于双塔水库工程和蓄水问题的意见”的紧急报告

1968 年 1 月 5 日　　甘 234-2-25

最高指示

多少事，从来急；天地转，光阴迫。一万年太久，只争朝夕。

疏勒河流域灌溉管理处：

处工程管理股转来甘肃省水利厅水农字节 212 号文收悉，经研究认为：

一、毛主席教导我们说：“我们这支队伍完全是为着解放人民的，是彻底地为人民的利益工作的。”我所同意来文中指出的，“大坝输水洞的问题比较严重，特别是大坝今年出现的纵向（平行坝址）裂缝，尚在发展中，输水洞衬砌被严重侵蚀”，（至 1968 年元月 3 日测大坝裂缝仍在继续发展，输水洞水下侵蚀部分，因我所人力、物力及施工季节影响，未能修补——双塔水库管理所注）。“工程安全和蓄水影响极大”；“从目前出现的问题看，双塔堡水库在近期内确应改善加固”；“同时在蓄水前应做好抢险准备工作”，及“迅速召开灌区委员会和有关人员会议”等意见。

二、毛主席早在 1934 年就指出：“农业生产是我们经济建设工作的第一位……水利是农业的命脉，我们也应予以极大的注意。”双塔水库的工程安全与否和蓄水量的增减，是直接关系到安西、西湖灌区农、牧业生产和发展的大事，是直接关系到几万人命，财产安全的大事。因此，对来文中“今年明春最大蓄水高程应略低于裂缝的高程，最大蓄水量最好不超过 8000 万立米为宜”（8000 万立米已超过大坝裂缝高程 3.2 米——双塔水库管理所注）的指示。我们认为根据历年灌区用水情况，蓄水 8000 万立米是不能保证灌区适时适量灌溉的。同时我们认为，这回指标并没有相应的措施，在汛期洪水未临时，也很难保证水库工程和下游的安全。

三、毛主席教导我们说：“我们的责任，是向人民负责。每句话，每个行动，每项政策，都要适合人民的利益……”因我所人力、物力、设备条件所限，特提出如下请求。

1. 请疏勒河流域灌溉管理处，迅速召开灌区委员会和有关人员会议，并呈请省第一线指挥部、省水利厅、河西道委、酒泉专署、安西县等单位负责同志参加。以只争朝夕，不失时机的精神鉴定水库工程质量，工程维修，加固改善，蓄、配水等有关事宜进行讨论落实。

2. 请疏勒河流域灌溉管理处，迅速呈请上级部门组织勘探设计，维修和施工队伍。根据工程和运用的具体情况，按照轻重缓急，订出分期分批改善加固计划。

3. 为了保证今春工程蓄水安全，请输入河流域灌溉管理处和农十一师，立即组织抢险和运输力量。调配抢险素材，并于放水前（三月下旬）完成大坝 0+550 至 0+450 段上游泥石，稳定坝脚，处理大坝裂缝，抢修输水洞□□□机械等工程。

4. 为了确保上述问题及时实施，以及对水库重大问题作出实时处理，请疏勒河流域灌溉管理处、农十一师及上级有关单位，立即组成双塔水库临时指挥部，亲临现场，开展工作。

上述报告请速研究批复

生产建设兵团农业建设第十一师（印）

疏勒河流域灌溉管理处双塔堡水库管理所（印）

抄报：省地县指挥部，省水利厅、农十一师，酒泉专署，军营小组，安西县。

附件 1968 年 1 至 3 月双塔水库工程改善加固工程素材表

一、大坝加固处理

施工方案：大坝前脚抛石，工程量，抛石 310 米，开石 30000 立米，劳力 75000 工日。

施工方法：库内采石前期水上爬犁运，后期木筏运抛。

需用材料如下表：

素材名称	规格	数量	说明	素材名称	规格	数量	说明
块石		3000 米		钢丝绳	9-13 6×19	1000 米	拉线用
导火线		6000 米		大锤	8#	100 把	
硝磺炸药	1-2#	6 吨		手摇绞车	5 吨	2 套	拉线用
火雷营	6-8#	15000 发		滑车	5 吨 6. 25-30	4 具	拉线用
麻绳	315mm	300 公斤		圆木	30×600	22 立米	制筏用
板材	10mm	15 立米		钢丝卡子		10 副	
八角钢	530-25mm	2 吨					

二、大坝裂缝处理

工程量：310 米

劳力：390 工日

施工方法：柴油、沥青灌缝

需用材料表：

素材名称	规格	单位	数量	说明	素材名称	规格	单位	数量
沥青		吨	4		煤炭		吨	4
柴油		吨	1		扁担		支	5
大桶	53 加仑	个	3		水桶	铁皮	支	20
水勺		个	4					

三、输水洞维修

工程量：150 米　劳力 200 工日

施工方法：另作施工组织设计

需用材料表：

素材名称	规格	单位	数量	说明	素材名称	规格	单位	数量	说明
水泥	矿渣 大山农 700	吨	1	洞勺衬砌	次玻璃				
氯化铝	工业月	公斤	500						

四、启闭机维修

施工方法：换新　施工组织设计　　材料：由上级解决

五、输水明渠清淤

工程量：700 米　劳力：700 工日

六、坝后管涌处理

施工方法：清理排沟，铺盖反滤层。劳力：1500 工日

需用材料表：

素材名称	规格	单位	数量	素材名称	规格	单位	数量	
架子车		辆	20	铁铣		?	50	
长筒鞋	雨鞋	双	20					

七、抢险素材

常备汽车一辆　临时汽车 10 辆　架子车 50 辆

长草 10 吨　潜水衣 2 套

八、其他

素材名称	规格	单位	数量	说明	素材名称	规格	单位	数量	说明
火炉烟筒		套	20	工人取暖	煤炭		吨		民工取暖
工作服		套	20		手套		双	3000	采石工人用
工作鞋		套	24		麦草		吨	4	工人铺

九、施工技术力量

请上级解决。

甘肃省河西建设规划委员会

关于双塔水库新开输水洞的请示报告

1968 年 1 月 5 日　　甘 234-2-25

最高指示

按照实际情况决定工作方针，这是一切共产党员所必须牢牢记住的，最基本的工作方

法，我们所犯的错误研究其所发生的原因，都是由于我们离开了当时当地的实际情况，主观地决定自己的工作方针。

省革命委员会生产指挥部：

由省革命委员会生产指挥部张亚夫同志、省水利厅梁兆鹏同志等七位同志组成的解决双塔水库问题的工作组，于6月29日至7月4日，先后在酒泉及双塔水库召开了三次会议，参加会议的有农建11师，专线革命委员会的负责人，河西建委的代表，11市军管会夏副主任和上述各单位，驻水库工地有关人员，及西北设计院等20余人，与会人员先后听取了河西建委工地勘测人员及有关方面的情况介绍，进行了现场察看了解，最后对水库目前存在的大坝裂缝及输水涵洞等问题进行了全面的分析讨论，与会同志认为：

一、水库大坝问题：根据河西建委已有的勘探资料及原水库施工人员的介绍，大家认为，大坝裂缝主要是由于沉陷所产生，虽然局部滑坡现象也不能排除，但不明显！据水管所介绍和今年放水前后的观测，水库大坝1965年一条较大且长的裂缝，几年来基本没有变化！根据现有资料认为，目前水，可以照往常蓄水量（1.19亿立方）正常蓄水；但是从水库原设计蓄水2∶01立方标准来看，竣工时大坝护坡断面，在施工中做了修改，没有达到原设计要求，为了彻底解决问题，保证水库绝对安全，当前要加速勘探，等勘探资料全部出来以后，由设计单位提出加固方案，报省审批！为此，县工地闸后，抛石工程均暂停进行，工地工人除留下30名民工，帮助勘探设计单位勘探外，其余工人全部撤回原单位，原水库临时施工指挥部仍保留，负责清点保管好现有一切物资、财资等工作，并根据上级对此报告的批示，做水库的加固改建的准备工作，现已开支的费用十余万元（另有决算上报），请省批拨。

二、输水涵洞问题：根据观测和原施工同志介绍，现有的输水洞及建筑物，由于苏修的毒瘤，施工质量较差，库内死库容大，由于岩石内矿物质的腐蚀，现洞壁局部有脱落，个别地方漏筋，原岩石壁中有一层夹沙，在施工时处理不彻底，闸槽损坏，启闭不灵，大量漏水且维修困难，框架单薄，已发生不少裂缝，难以抵抗大风和冰冻的危害。涵洞泄水量只有30秒公方，而安西总干流量为40秒公方，同时泄水洞漏水和通水时间很长，难以进行加固工程。我为了确保水库和输水涵洞的安全，及输水洞的正常输水及泄洪，与会同志认为，应急速着手进行新建一个输水洞，这样，不但可以彻底解决目前输水洞存在的严重问题，而且也起了保护大坝安全的作用。为此要求承担勘设的单位，应先加快输水洞的选点和设计工作，尽快地提供施工图纸；并请省先拨30万元投资，以作新涵洞的施工准备，待设计单位提出设计后，争取及早开工。

三、根据以上情况，与会同志认为：管理单位除积极进行正常的防洪准备工作外，必须加强观测工作。勘探设计单位，除应早日提出新输水洞的设计外，必须加速大坝钻探工作，索取资料，提出彻底加固改建方案，并于9月底提出水库设计任务书，争取列入1969年国家基建项目。

四、为了加强对水库改建工程的组织领导，与会同志一致要求省革委会生产指挥部、省水利厅、河西建委参加施工指挥部进行全面指导。并请由省派人直接领导指挥部的工作。

以上报告妥否，请批示。

注：以上意见，酒泉专区革命委员会生产指挥部完全同意。

中国人民解放军生产建设兵团农业建设第十一师文化革命委员会生产办公室（印）

抄报：师军管会

抄送：省水利厅、河西建委、酒泉专区革命委员会、安西县革命委员会、输管处、施工指挥部、水库工地河西建委及水利厅钻探队

其他施工文献

双塔水库工程土坝施工规范（草案）

1958 年 7 月 7 日　　甘 232-1-215

一、基础处理

1. 凡在坝基范围以内含有下列杂物要全部清除：

（1）有机化合物含量大于 2%（重量）土壤；

（2）极细砂，泥砂及相对密度小于 0.66 和自然干□重小于 1.48T/m^3 的中细砂；

（3）树根、草根、顽石和卵石及砾石堆、大石块及粪便等；

（4）岩石表面的风化层。

2. 在开始填筑坝体之前，整个坝基范围内的清理工作以及所用土层的铲除工作，必须全部完成。

3. 所有试坑、锁穴和其他取样地点，在填筑第一层土料之前，必须用坝基材料填塞，并仔细加以充实。当具有勘探锁孔和其他锁孔时，应仔细填塞。清理后的坝基表面不应有裂缝、鼠穴、树根、废井、沟渠和坟墓等。

4. 坝体与两岸山坡结合的表面，不得陡于 1∶0.75，在条件许可时以 1∶4 为宜。如有骤然的变化与反坡现象，应削减坡度，如受地形限制不能太缓时另做规定。

5. 为避免岩盘受爆炸破坏，炮眼深度不得超过一公尺，装黄色炸药不得超过 22.5 克，开基槽至计划面 0.25 公尺时，即应停止炸破，改用人工开凿。

6. 坝基在清除浮土以后，必须达到分封底压实，如含水量超过最优含水量，可先铺一层 10—20 公分的沙石条，再进行压实。

7. 清理时，应根据进度随时挖坑检验，下层情况，避免多挖，挖至设计高程后，如下部仍有淤泥存在，不得随便回填，及时上报待后决定。

8. 基础清理后，有与设计不相符合之处，应详细测量，勘绘地质剖面图并附以文字记载说明。

9. 坝基清理之土壤，经检验及鉴定如可利用者，应在不干扰施工的原则下暂存于坝基附近，如不可利用者应全部运在坝脚下于划定之废料堆放区域。

10. 基坑中的永恒地方水，应采取必要的排水措施。泉眼不大的可用水玻璃直接堵塞，对其上土生的地方水或微小渗水 K=0.001-0.1□/24 小时可直接压住。

11. 因排水而挖的集水坑，最后对集水仍然无法排尽者，可打砼盖板，埋双管，用抽水和压力灌浆的办法解决。

12. 在坝体填土开始以前，地基的处理状况和处理程度须用文字予以阐明，并应附入地基平面图，用颜色或各种记号标明锁孔、试坑、泉眼、岩石走向和裂缝呈报上级核批。在现场必须经过负责工程师和测量检查机关当场检查机关检查签字后开始回填。

二、填心土料

1. 土场取土

（1）土料必须按照设计文件的规定，对颗粒□□最优含水量有机物和可溶性盐允许含量等等完全符合土料设计的要求。

（2）在取土未开始之前，必须对已确定之土场范围和储藏量进行复查，其土料储藏量必须较所需土料数量大 20%—25%。

（3）土层过检复杂的区域，致使可用土料和不可用土料很难区分时，不得使用。

（4）在开挖取土场之先，应将表层树根草皮全部清除。

（5）腐殖土及冻土不可使用。

（6）大土块在土区必须打碎，最大粒的不得大于 2 公分。

（7）为了使土场内土料的运输，应把储备土料的地点选择在交通线和车站附近较为平坦的地带堆筑土牛。

（8）土牛大小应按地形来决定，尽量堆积大体积的土牛，避免蒸发。

2. 土料的加湿和晾干

（1）运至填筑地点的土料含水量应与土料设计中所规定的最优含水量一致，其误差容许范围为±3%。

（2）若土料的含水量小于最优含水量，则土料中即应加水，土料的加水工作可以在取土场和施工过程中综合采用，如在土场加水时可稍大最优含水量，以备运输耗损。

（3）土场堆筑土牛时，要保持分层平起，如原土料含水量小时，可用分层洒水的办法提高含水量，每层土厚不要超过 5 公分，逐层在边坡部分用木拍板拍实 0.3 0.5 公尺。

（4）若土料的自然含水量大于最优含水量，必须降低自然含水量，其基本原则是分层取土，分层晾晒，切片打碎，薄取勤翻。

（5）土料自然含水量的降低与日照时间，温度，气温，风速等因素有密切关系，所以晾晒时间要根据不同季节的气候条件灵活掌握。

（6）坝体表面如遇雨水淋湿，应根据具体情况和工程师现场观察来决定处理办法，否则不能随意继续填筑。

（7）在填筑地点浇水，通常可分两次进行。第一次是在将铺新土以前的原铺土层上浇水，使相邻两土层良好地黏合。最好较下层压实土面略湿，第二次浇水是在新铺土层耙平后进行。

（8）洒水必须均匀，如在施工过程中发现因洒水不均匀而形成太干，或因太湿成□□土者必须全部返工重填。

3. 黏土心墙的填筑

（1）在回填黏土之前，基础应全部处理。在最初开始回填时，必须用拦水、排水、集中及阻水等办法，尽量保持岩石的干燥状态。

（2）铺土要平整，不应有连续起伏的表面与个别凹凸不平之处，最好保持向上游倾斜

1/20—1/30 的横向坡度。

(3) 铺土次序应按平行坝轴向垂直方向延伸铺土，但必须铺筑整齐，在铺土时应把握进度一致，厚度均匀，坚决禁止坝面乱倒土。铺土和碾压的界限，用各色旗帜标认，并要严格遵守。

(4) 每层土料铺填碾压后，必须经过检查严格，始能铺筑上层新土（干容重□□：黏土 1.42，□□±1.65）。

(5) 心墙建筑应全面水平上升，如受施工条件限制（如坝面窄狭，进料困难，一面进料，干扰严重等），应用平行流水填筑，其相邻两面必须相应地平衡填筑上升，尽量减少心墙的填筑接缝。

(6) 在用夯或硪压实的地方，铺填新土前应将光面刨毛，深达 2—3 公分。

(7) 土料填筑必须连续不断地进行工作，如需在大气中停工了三到四小时，应在表面用喷壶不断洒水，以防土料干裂。

(8) 如在万不得已的情况下，坝体存有接头，其填土高度不得大于 1.0 公尺时，接头的坡度不得陡于 1：4（竖：横）。在填筑新土前，须将坡面松土与过湿、过干土料清除干净，并将表面耙松，如填土高度大于 1 公尺时，则应开挖与坝坡平行的齿状结合槽，以使互相镶嵌紧密（尺寸应具体情况设计）。

(9) 黏土与岩石接合，必须预先将岩石上浮土、松石、石霄、石粉清除干净，用水冲洗，刷一层黏土泥浆，然后铺土，用木榔头和小面积的夯头加强按次夯实。

(10) 土料压实，在施工条件允许时，应尽量采用羊足碾压，如在心墙边缘，砼隔水墙，坝身接头与山坡相接等处，用羊足碾无法碾压时，则可采用硪或铁锤击实，但必须达到设计要求。

(11) 土料全部用硪和夯压实时，应使夯茬排列，连环套打，切边压实，夯夯平稳，严禁纵横平列留有空隙。

(12) 用羊足碾压时，机械应沿坝轴进行，禁止与坝轴垂直进行碾压。

(13) 为了保证设计断面内达到新需的□重，填筑的断面应有富余，一般为 0.15—0.2 公尺。

(14) 在坝面土料和砂料平起时，土料不得超过砂料 0.5 公尺，但也不得低于砂料，以利工程顺利进行和保证质量。

(15) 不论用任何压实工具，在填筑时铺土一层即行压实，不可拖延或因故中途停止。

(16) 压实一定要按设计文件和实验资料的规定，不能少压减低工程质量，也不能过分碾压，致使土料发生剪力破坏。

三、坝壳砂料

1. 砂场采砂

(1) 采砂场在坝上下游均有很大储备量时，应在土坝合龙前，尽量利用上游砂场砂料，以缩短运距，降低成本。

(2) 各砂场都要留有备用量，以免由于调查数量不够准确和其他原因发生的时候，打乱了正常计划。

(3) 砂场内夹泥层在 10—20 公分可以混合使用，超过 30 公分的夹砂层可考虑停止使用。

(4) 在砂料开采之前必须对砂场进行测量和规划。

(5) 砂场在开采之先，必须将所在区域内的树木杂草，树根拔除并清除表土，必须保证达到开采砂料符合设计要求。

(6) 将所清除之表土堆积在指定地点，不得随意堆放在未经批准的任何角落。

(7) 砂料运输最好分别自上下游砂运厂运填，不得经过黏土心墙，如因条件限制非经过不可时，要有特殊设备，并经工程师批准签字后才能进行。

(8) 砂料在运输上坝过程中，为了避免不同大小颗粒的复杂，卸土高度不宜大于三公尺。如有其他情况应混合使用。

2. 砂料填筑

(1) 砂料填筑前，坝基内如有淤泥，腐殖土及其他不符合设计要求的杂物等，应根据技术设计的要求与规定，彻底予以清除。

(2) 坝面采用人工挑运和架子车拉运的情况下，跳板应尽量垂直坝轴线放置。为了防止跳板埋入坝体，在铺砂的同时，应有专人来管理，按一定时间来检查。

(3) 不论采用何种铺砂方法，但当砂料运到碾压区域时，都必须随即铺平，碾压时砂料不能有凸起或凹下的情况产生。

(4) 铺土时避免沿高坡向下倾斜，并要铺得均匀，不允许卵石铺成一堆或一条，也不允许有泥块的存在。

(5) 铺土厚度应根据砂料□配，碾压器械等参照下面规定：

碾压器械名称	铺土厚	重量	薄距	加水量	遍数
A2 打夯	30 公分	40 公斤	50—60 公分	15%—20%	16 遍
C-80 拖拉机	40 公分	履带碾压	回档速	15%—20%	干压 4 遍 湿压 8 遍
机械夯	100 公分	2000 公斤	250—350 公分	15%—20%	2 遍
六轮汽胎碾	40 公分	气始压力 2.1 公斤/平方公里	2—3 档速	10%—15%	14 遍

无论采用哪种碾压工具，都必须达到设计要求，其干容重规定为 1.75。

(6) 砂料填筑应平行坝轴向垂直方向延伸，应尽量避免小块面积的铺筑，以免接头太多影响质量。

(7) 砂料在铺至规定厚度后，碾压时要均匀，防止漏压现象的发生。

(8) 粗料（粒□大于 5 公厘）含量不得小于 10%，不得大于 70%（重量比）。

(9) 碾压时，碾子应沿坝轴线方向进行，禁止横向碾压。

(10) 坝坡与山坡结合的地方不得陡于 1∶1。

(11) 分区碾压时的结合缝在横向上至少重叠碾压 2 公尺，纵向上重叠碾压 1 公尺，在结合缝铺土时必须层层错开，不得有通天结合缝存在。

(12) 分区碾压其相邻层高度在 1 公尺以内者，其结合坡不得陡于 1∶3，如超过 1 公尺者，应以开挖土槽的办法相互镶嵌紧密。松土不论何种办法必须清除，清至达到相应的密度、标准为止。

四、护坡反沪料与石料

1. 反沪料

（1）反沪层材料规格应符合设计要求，即每层搭配其不均匀系数不超过5。

（2）反沪层材料含泥量不得超过3%，必要时应清洗干净，以免阻塞排水。

（3）反沪层铺设位置及厚度应按照设计图纸施工，铺设要均匀，在反沪层上铺砂石料时，不应使反沪层破坏，反沪层铺设后严禁行人践踏。

（4）反沪层铺置必须与砌石堆石配合进行，靠近反沪层部分放置较小块石，向外逐渐放置较大石料，块石表面不得夹有泥块。

（5）反沪层的压实，当水平铺筑时，可根据面积大小，直接夯实，直至符合设计要求。但在斜坡铺筑时，每次填筑高度不得超过0.5公尺，每铺一层后，于其坡面上用拍板拍打五遍，使其略为密实，再铺此一层，砂料片石要随反沪料逐层上升，然后于其顶上用木夯或石夯打15遍，夯距不低于0.5公尺，夯重40公斤。洒水严禁高压水头集中一处，以防因水流冲动颗粒使各层材料相互混合。

2. 护坡石料

（1）沪水坝址所用石料必须新鲜坚硬，不易风化，无裂缝及锐角的石料。

（2）砌石时应使大小不同尺寸之块石均匀分布，切忌将小石块或大石块集中某一部分或某一层。

（3）砌石厚度一定要按设计文件，不能随意减薄或增厚，每块所砌石料其厚度不能小于0.25公尺，绝不允许大面薄片石料平铺，如有尖锐棱角或局部风化的地方必须用铁锤打掉。

（4）砌石之对角接缝处，尽量避免三角窝，超过10公分之孔眼，必须用片条块石竖向填塞。

（5）砌石应紧密平整、犬牙交错，不得留有水平接缝和竖向通天缝，表面的允许误差为±5公分。

3. 心墙两旁反沪层

（1）含泥量要小于10%。

（2）在填反沪层时，为了配合土心上升，砂壳可先临时填筑，边坡不能小于1：2，宽度不能小于5公尺。

（3）三者边坡混合碾压，但碾压标准不能小于设计规定。

（4）三者连接处铺土必须细心，以防三者混合降低工程质量。

五、质量控制

1. 土坝所用材料为土、砂、反沪料及石料，检查部门均应先根据施工规范和技术设计之规定进行检验。检验工作应在料场进行，经认为合格后，即发给石料合格证，否则不得运至坝面。

2. 土坝填筑时应严格检查施工程序以及填筑断面部位尺寸，如发现不合乎施工规范和设计条件者，及时向直接生产部门提出，以期迅速纠正。

3. 坝面检察人员应注意以下几项：

（1）坝面所用材料腐殖物含量是否符合规定，过湿或稀软之土层是否清除干净，各部开挖断面和填筑断面是否合乎规定。

（2）土料填筑的刨毛情况，含水量高低是否符合要求，还要注意洒水的均匀性及土料砂料的纯洁性。

（3）坡面接缝的疏松土是否清除，接合槽是否合乎规定尺寸。

（4）土心与岩面接合是否合乎规范和技术设计的规定。

（5）各种材料中是否将草根、树皮、碎砖、泥块等已全部清除干净。

（6）铺土（砂）其厚度是否均匀一致，必须纠正局部过厚或过薄地区，以防碾压不实。

（7）砌石堆石处反沪层的厚度、密实度是否合乎规定，对反沪层更应分层进行，不能待全部做好后再进行检查。

（8）压实要检查碾压或夯碳过程中之均匀性，有无漏压或漏打情况。

4. 坝上实验人员应随时取样实验，凡低于标准干密度之处，必须补压、补夯，土料每40—60方必须取样一次，砂料每50—100公方取样一组（一组三个样品），测完其干比重，其最大差数不能超过规定，干比重的3%，一组中有两个合乎标准及认为合格。砌石每1000—5000公方测定其空隙率一次，其测定方法系就砌石内取出石料3—4公方，量其取出石料的体积并称其重量，测定次数及取出方数，选定地点都由工程师确定。

5. 检验中，除取代表性样品外，应随时在以下可疑地区取样：

（1）夯碾交接之处。

（2）松土层太厚地区。

（3）碾之转弯地区。

（4）含水量不甚适宜地区。

（5）碾压遍数不是规定遍数的地区。

（6）材料变化较大的地区。

（7）岩边接合地区。

（8）未及发现尚有不合规格的材料埋入土中的地区。

甘肃省水利厅答复昌马河工程处对土坝设计修改意见的函

1958年6月10日　　甘232-1-268

昌马河水利工程处：

前你处李桂荣工程师来兰研究，关于对土坝等设计修改意见，经研究除前已将结果告李工程师外，兹补行批文如下：

一、关于土坝问题

同意你处修改坝型的上下游坡度，坝顶宽由6.0公尺改为5.0工程较为合适，心墙顶宽可由4.0公尺改为3.0公尺，黏土铺盖亦同意由34公尺加长为50公尺，厚度由3.0公尺改为2.5公尺，前段由2.0公尺改为1.5公尺，由于考虑到此处黏土渗透性较大，□了就可能减小铺盖的作用，坝坡稳定分析，原设计没有按不同的高程分层计算，这次修改的设计中核算的安全系数，厅复核是比较正确的。

二、关于双塔堡洪水流量分析计算问题

关于资料系列长短问题：我们最后采用的资料是双塔堡水文站1952—1957年共六年的实测资料系列的确比较短、少，关于这个问题苏联专家认为："资料系列虽短，但其中包括有1952年一年大水根据一般情况认为具有5—7年资料，且其中包括有1—2年大水年资料时，即可据以推求最大流量特征值"，因此由现有大年资料进行双塔堡洪水流量的分析计算，在目前资料情况下，认为是可以够用的。

甘肃省水利厅

关于解决双塔堡水库挖基排水和修改设计便于施工问题的请示

1958年8月24日　　甘232-1-205

省水利厅：

双塔水库基础设计最深处达18公尺，现挖深两公尺，地下水旺盛，三台抽水机（水库仅有的）已不能解决抽水问题，影响工程正常进行。8月19日，张掖专区吴局长来工地也提示这个问题。但是根据他们修水库经验，均未挖到底，提出必须修改设计的意见。八月二十三日刘荣工程师来工地视察，提出这个问题研究，但是可以考虑坛后坝前铺盖，适当缩浅坝基，清理尺度，具体设计及修改方案还请设计院研究提出，目前施工正急，两千人正加速开挖，但由于地下水问题影响难以下手，恳请速予决定及早指示。

昌马河水利工程处

双塔堡水库工程委员会评比办法

1958年9月3日　　甘232-1-397

一、根据工程委员会第六次会议决定，为了迎接国庆，在九月下旬掀起一个更高的施工高潮，开展全面的劳动竞赛，已作出更大的成绩作为向国庆节的献礼，并在红旗竞赛的基础上进行一次全面的评比运动，特制订本办法：

二、评比运动的领导由评比委员会负责，评比分为两种，即单位评比和个人评比，单位评比工程处以科室、工区、厂、队，工程队以股、中队、部队为排为评比单位，个人评比由各单位中产生。

三、评比内容

（一）单位评比条件

1. 比完成任务：完成的工程数量（或工作量）多少，突破了新定额多少，超额完成了多少任务量。

2. 比工程质量：经工程质量检查组，检查工程质量完全合乎规定标准。

3. 比创造发明：提出了几件合理化建议，创造了几件新式工具，提高效率多少倍，对已制出的新式工具推广使用得如何□在工程进展上起了那些促进作用。

4. 比工作方法：工作中采取了哪些先进措施，遇到了哪些困难如何克服的，对群众路线的工作方法贯彻得如何□出勤率占单位人数的百分比。

5. 比组织性纪律性：对党的各项政策贯彻得如何，领导交给的任务执行的情况，请示报告制度执行得如何，各种工作制度（包括本委员会工作制度及各单位的各项制度）贯彻得如何。

6. 比安全卫生：工作中是否按操作规程进行，采取了哪些办法防止人身及各种事故的发生，环境个人卫生搞得怎样，运用了哪些安全卫生措施。

7. 比大协作精神：帮助其他单位解决了哪些问题，如何从自己的模范行动带动别的单位。

8. 比生活管理：对生活管理得如何，采取了哪些措施来改善生活，粮食节约得如何。

（二）个人评比条件

1. 有哪些先进事迹，执勤任务有哪些突出表现。

2. 创造了什么先进工具。

3. 团结群众及帮助群众解决了哪些问题。

4. 个人完成任务的情况如何、每日工作量有何突出表现，超过定额多少、对自己担任的工作有何认识。

5. 政治、业务学习情况如何。

6. 对工作制度遵守如何，执行领导交给的任务上起了哪些积极作用□在群众中起了哪些作用。

四、评比步骤

单位评比可由本单位根据上述要件进行民主评定，写成书面材料送交评比委员会评比确定等级，个人评比由单位召集会议民主评出先进个人写成单行材料，于九月廿八日上午十时前送评比委员会审核。

评比委员会对单行材料进行评比，确定等级及名额，提请工程委员会批准后进行奖励。

五、奖励

先进单位发给优胜红旗，先进个人分别等级发给不同的物质奖品。

甘肃省水利厅昌马河水利工程处（印）

安西双塔堡水库工程预算调整意见

1958 年 11 月 24 日　　甘 232-1-197

安西双塔堡水库自今年 7 月 6 日开工以来，□□□□□□□□8. 88 万人。其中进行土坝输水隧洞，输水道等主体工程，截至现在，共完成土石方 56 万公方，砼输水洞已经基本完成，土坝回填预算到 12 月底可达 1,315 的高程。□□□□□□□□□□□□□□□□□□□□，工作效率比较低。由于加强组织领导，开展劳动竞赛，工效有了显著提高，十月份以前平均工效为0.9方，现在提高到1.43方，但仍不能达到计划足定额。因此，按照审核后的各项工程预算与实际施工情况有所出入，导致甲乙双方难于签订的合同和结算项目。经与省经济计划委员会、□□工作管理局、昌马河水利工程队、昌马河水利工程处，共同研究结果，本着勤俭办水利的精神，在加强施工管理与检查修改设计的基础上，并在已核定的672万元投资内，作了如下的调整：

一、核减部分

1. 原计划的设备，按照订货和工程需要情况核减395,200元；

2. 核减了计委核批增加水库工程上缴利润89,221元；

以上两项共核减484,421元。

二、增加部分

1. 基本工资根据安西地区情况调整为1.6元，比计委标准增加了1角。按照各项工程需工数量计：

（1）拦河坝增加224,000元；

（2）输水洞增加41,000元；

（3）溢洪道增加22,000元；

（4）围堤增加13,000元；

上四项共增加300,000元。

2. 间接费按直接费15%，相应增加45,000元。

3. 增加了冬季施工补贴139,421元。

以上三项共增加484,421元。

另外，关于房屋及工棚修建费，同意工程处的提要实有人数修建，每平方公尺造价工棚按10元，办公用房宿舍等按12元计。在审核后的预算内调正解决，不再增加，其余各项工程定额仍按省计委核定标准，分别计算出单价分析表参照执行。

附：

安西双塔堡水库工程概算调整案总表　　单位：元

单位工程或费用名称	计委审核总值	调整后总值	增减情况	备注
总计	6,720,000	6,720,000		
一、建筑安装工程	6,312,071	6,172,650	-139,421	
1. 直接费	5,657,348	5,562,148	-95,200	
（1）拦河坝	2,317,381	2,541,381	+224,000	
（2）输水洞	414,675	455,675	+41,000	
（3）溢洪道	225,694	247,694	+22,000	
（4）围堤	145,598	158,598	+13,000	
（5）大型临时工程	730,000	730,000		
（6）设备或安装	1,824,000	1,428,800	-395,200	

续表

单位工程或费用名称	计委审核总值	调整后总值	增减情况	备注
2. 间接费	565,502	610,502	+45,000	
3. 利润	89,221		-89,221	
二、其他基本建设	210,100	210,100		
三、不能预见的工程费用	197,829	197,829		
四、各季施工补贴		139,421	+139,421	
说明	间接费内有工程处理管理费10万元			

甘肃省水利厅关于双塔堡水库最近连续发生工程质量和安全事故问题的通报

1959年1月26日　　甘232-1-250

(59) 水工李字第0142号

各专、州水利局、农建局，各省、市、自治县人民委员，昌马河水利工程处、黄羊河水库工程处、武山北梁渠工程委员会：

安西双塔水库最近连续发生工程质量和安全事故问题，造成很大损失。

一、输水渠道填方曾先后两次决口，第一次于1958年11月7日开始放水时，水深仅0.5公尺发生问题，经修复后又于12月16日第二次决口，将大坝施工地及道路一部分淹没，造成损失。

二、输水洞启闭机工作台冬季施工暖棚，因用木柴燃火取暖，于12月5日发生火灾，将脚手架、模型板等大部分烧毁，损失达一万元左右。

从上述两起事故的发生，可以看出双塔堡水库工地对于安全施工重视比较差，没有认真按照安全技术操作规程进行施工，并且忽视工程质量，部分施工人员缺乏责任感，因之连续发生事故，除该工程处应认真检查事故发生的原因及损失情况外，特通报各地在今后大规模水利建设施工当中，必须切实注意保证工程质量，加强安全教育和安全技术措施，特别是冬季施工，更应严格控制质量检查和防火等安全工作，切实到安全施工。

抄送：引洮山水利工程局，张掖地委、专署。

抄报：省委、省人委、省委农村工作部。

甘肃省水利厅印

关于双塔堡水库结账问题的意见

1959 年 8 月 11 日　　甘 232-1-268

一、施工情况

双塔堡水库工程是 1958 年 6 月 3 日开始筹备，七月六日正式开工的。截至 1959 年 7 月底为止只出勤直接工 180 万工日，完成工程量仅为全部工程量的 68%。目前汛期施工中虽经省厅派员莅工地指导，并协助制定后期施工安排计划，在计划中也考虑了可能考虑到的因素，并通过了指挥部扩大会议的研究修正付诸实施，看来还要加强党的进一步的领导，在工作中不断地采取措施，才能于明年（1960 年）四月份完工，否则计划还不能落实。

二、工程费开支情况

水库工程扩大初步设计预算为 10,400,000 元，经省计委审核决定数为 6,720,000 元，扣除节约款 86,000 元，实际下达数 1958 年为 4,294,000 元，1959 年为 2,340,000 元，合计为 6,634,000 元。由于与□□□合同未能签订，账目未算，大部分开支属于暂付，至目前为止（1959 年 7 月底）正式入账款为 1,427,720. 62 元，材料预付为 306,133. 18 元，□□□工资预付为 3,422,072 元，垫付渠道备料款为 689,206. 2 元，库存现金为 788,868 元，剩余工程费占总投资额的 22. 3%。

三、结账问题的意见

水库工程定额和基本工资虽经省计委核定与省水利厅二次调整，但工程处与□□□终未达成协议，致使工程计价问题随时不能清结，在施工中事实上因为□□□劳动强度过差管理上松懈，施工计划欠周，架子车未能按计划购到，（原计划劳力 27,000 名，配备架子车 4000 辆，现有劳力 8500 名，实有架子车 1511 辆。）部分土方没有消除人力背挑，完成数量相距计划很远，输水道及围堰改线土石方增加，地面清除草皮将近 40 万公方在计划上漏列项目，不但影响了工效，而且推迟了工期。在结算账目问题上也增加了困难，在此情况下，我们考虑工程费不能负担将占 30% 至 40%，病号长期修养的生活费用，只能在工程量的超额劳动定额及基本工资上进行调整结算，兹提出调整结账的意见如下：

1. 水库工程施工定额相距计委审核定额很远，当然也不能按照劳动强度极低的实际工效计算，我们的意见按照 1958 年水利电力部颁发的国家统一定额计算较为合适。

2. 劳动基本工资计划为 1. 3 元，计委审核为 1. 5 元，省水利厅二次调整为 1. 6 元。二月一日工程处王尊泰处长到□□□与吕局长商谈，吕局长提出 1958 年按 1. 6 元计算，1959 年按 1. 75 元计算，我们同意此项意见。

3. 清理草皮及增加的输水道土方，我们意见按实际增加的数量和相应定额计算，追加修改设计减少的工作量和未做够的数量，亦应按相应定额计算扣除。

4. 计委审核意见是按斗车架子车远运粗略计算的，我们的意见应按实际运距及使用工具情况进行分析，找出车运和人力挑运的百分数分别工程项目，定出综合单价算账。

5. 大型设施房屋按双塔水库工委会决议执行。

6. 直接工程结算超额以设备购置，不可预见工程费用，节约资金及其他项目进行调整。

双塔水库工程期限完工保证书

1959 年 10 月 7 日　　甘 232-1-365

在党的八中全会精神的鼓舞下，双塔堡水库全体职工个个精神勤奋，继续以大跃进的姿态，高举总路线的红旗，以反右倾、鼓干劲为纲，立即掀起一个轰轰烈烈的增产节约的群众运动，大战四季度完成水库工程。

根据目前生产情况来看，八月份共完成土石方 84,000 公方，九月份跃进为 111,000 公方，增产 24.3%，这一事实有力地证明反右倾、鼓干劲是做好一切工作的纲，我们坚决向党保证，把反右倾机会主义的斗争进行到底。遵照地委指示，坚决于十二月廿日完成大小坝土方工程任务，并争取年底完成全部工程任务，兹订立以下各项具体条件做为各部门实施的目标及上级党政检查的依据。

一、坚持政治挂帅，继续开展一个群众性的增产节约运动，克服右倾保守思想。

二、劳动出勤率要求平均达到 85%，在现有□□□□5700 名中直接工要求达到 4845 人，并按人数分配任务。

三、生产效率按后期计划提高 25%，即大小坝砂砾每工每日完成 0. □公方，黏土每工每日完成 0. 5 公方，干砌片石每工每日完成 0. □公方，黏土每工每日完成 0. 5 公方，干砌片石每工每日完成 0. □公方（包括运石在内），装卸马车每工每日完成 4. 5 公方。

四、汽车仍然昼夜两班拉运黏土，白昼每班完成 700 公方，夜晚每班完成 500 公方，每车满载黏土实体积 2. 5 公方，每班平均出车 14 辆，最高 16 辆。

五、马车每日要求出动 40 辆，完成 300 公方。

六、建筑物工程要求 10 月底完工，由工程处负责。

七、保证 10 月份出勤 26 天，11 月及 12 月每旬出勤 9 天，自 10 月初至 12 月 20 日共出勤 71 天。

双塔堡水库工程委员会
1959 年 10 月 7 日

给双塔水库工程处关于工程完成时间的通知

1960 年 1 月 15 日　　甘 32-1-265

双塔水库工程处李工程师：

定案会省委王书记主持，各单位肯定下来总工程，另定员额到日旬，协调总时间，完不成纪律处分。

兰饭店西 407 号

处理意见：

传阅。

关于新研技术革新评比会的通知

1960 年 2 月 13 日　　甘 232-1-265

双塔堡水库安西：

为系统总结交流大跃进以来，特别是 1959 年经过反右倾斗争以来，各个行业在技术革新和技术革命方面所获得的经验成就，把这些分散的先进经验和革新创始，通过会议总结鉴定补充，配套变成完整系统的经验，全面推广。省委确定三月一日在兰州召开技术革新和技术革命竞赛评比大会，希接电后派负责工具改和技术革新的领导干部一人参加，并积极准备关于工具改革方面的经验总结材料包括创造发明推广使用的先进工具种类名称件数等数字、已推广使用、效果良好的先进工具实物模型图片、单行介绍材料等于二月 24 日前派专人送厅。开会人员于二月 29 日前到兰州饭店报到，会期 15 天自带粮票。

省厅

处理意见：

经研究派人参加会议。

林甡

2 月 14 日

关于让双塔堡水库上报工程情况的通知（加急）

1960 年 2 月 5 日　　甘 32-1-265

双塔堡水库：

希于 6 日前电报汇报：(1) 工地现有劳力实际出勤率，最高工效、平均工效。(2) 统计完成各项工程量分别按照单位工程项目，如清基坝身、填筑轮水洞溢洪道等，详细列报开挖土石砂方、砌石及钢筋、混凝土等。(3) 水库工程确实完工日期及需水量。(4) 渠道工程累计完成干、支渠长度，建筑物座数及土石方量。(5) 渠道边修边灌实效面积。(6) 工具改革种数和推广件数。(7) 工地、工厂个数生产能力。(8) 水泥、钢材、木材收用量尚需数。(9) 本年即完成投资额。

处理意见：

李工程师：根据电报指示将水库、出勤、工效及渠道长度，需用材料的汇报。

林甡

二月六日

陈汗培同志立即按照算账决定的工程数量及现在情况统计上报。

桂荣

二月六日

双塔水库竣工及尾工工程验收清单

1960 年 3 月 15 日　　甘 32-1-265

一、竣工工程

1. 拦河土坝

坝长 1040 米，高 26.8 米，最大底宽 143 米，顶宽 5 米，前坡由高程 1306 米至 1313.5 米为 1∶2.75，第一平台宽 2.0 米由 1313.5 米至 1321.5 米的坝坡为 1∶2.5，第二平台宽 2.0 米，由 1321.5 米至 1330.3 米坝坡为 1∶2.5，由 1330.5 至 1332.80 米的坝坡为 1∶1.5。后坡由高程 1306 米至 1311 米间为 1∶2.5，第一平台宽 6 米，1311 米至 1321.5 米间为 1∶2.0，第二平台宽 1.5 米，由 1321.5 米至 1330.3 米间为 1∶2.0，由 1330.3 米至 1332.8 米间为 1∶1.5。护坡厚度 0.85 米共分三层，下层厚 0.15 米，铺直径 2 厘米的碎石，中层厚 0.2 米，铺直径 10 厘米的小块石，上层砌筑大块石。

黏土心墙前坡 1∶1，后坡 1∶0.3，顶高为 1331.8 米，比砂壳低一米，加筑沉陷高度 0.2 米，黏土与砂砾之间加筑粉砂过滤层，坡前厚 0.2 米，筑至 1328 米坡后厚度为 0.4 米，筑至 1322 米，自桥点 0+484 至 0+885 米间因截墙未清到岩石上，筑有黏土铺盖。坝壳下厚 2 米，上游坡脚前铺盖填筑 0.5 米时被洪水侵占，未筑至设计厚度。坝基下修浆砌片石截水墙底宽 2 米，顶宽 0.5 米，高 2 米，基座厚 0.5 米，两边筑有 0.5 米的平台，除 0+590 至 0+890 未衔接在基石上外，其余部分均与花岗岩相接，下游坡脚 2 米外挖设排水沟底宽 1.5 米，深 2 米，边坡 1∶1，长 600 公尺，坡脚上在未挖到岩基的范围内增设反滤坝址长 440 米，斜宽 5 米，厚 0.8 米。

坝址未用原定第三坝轴线，由截山子最高峰向东北方向伸延在 0+190 桩号转 18°向北至 1+040 桩号接于乱山子山巅，两端接头形势良好。

拦河土坝：坝工程共完成土石方 1,516,862.93/1,516,869.93 立方米，其中清基 171,580立方米，回填黏土 441,520.85 立方米，回填砂砾 856,970.33 立方米，干砌护坡片石 39,160.90 立方米，浆砌截水墙片石 2286 立方米，挖排水沟 3586 立方米，压填反漏坝址 1758 立方米（包括挖方），此外料场清理草皮 160,000 立方米（未计在正式土方之内）。

2. 输水道工程

输水道全场 2840 米，中间设输水闸分为前后两段，前段长 2290 米，底宽 5010 米，边坡 1∶1，水深 2.3，输水能力 30 秒立方米，蓄水后淹没水中。后段长 440 米，底宽 3 米，边坡 1∶0.5，水深 2.3 米，纵坡 1∶175，正常输水能力 30 秒立方米，加大流量 40 秒立方米。共完成土石方 291,888.37 立方米。

输水洞为铅马蹄形涵洞，进□分为三孔，每孔高 1.5 米，宽 1 米，渐变合而为一孔涵洞，宽 2.6 米，高 2.6 米，全长 110 米，底呈反弧状，半径 3.9 米，顶圆半径 1.3 米，洞居第一围堤之中间，当库水位在 1316 米时半有压输水 30 秒立方米，加大输水量为 40 秒立方米，洞前修理闸台高 8 米，侧墙筑有修理阶梯，闸台之上修有框架式的铪启闭，塔高 15.9 米，8 根立柱组成，柱之见方 0.4 米，分 4 级相连。并设有通气孔三个，用外径 10

厘米，内径7厘米的铸铁圆管通达启闭台，闸板为木制，宽1.4米，高1.6米，厚0.2米，用檀钢做闸槽和门槛，闸两侧安装滚轮，版底钉胶皮止水，两侧及顶部设钢性正水设备，闸板用直径9厘米的筑钢圆形拉杆直通启闭台，台上设铸铁圆锥形螺纹式的启闭机三台，每台用四条钢棍以司启闭。

启闭台上建木结构闸房流线式屋顶，墙高2.6米，宽4.0米，长7.4米，计29.6平方米。以八孔木便桥与坝体相通。桥墩系石座木桩，建筑在山坡岩石上，桥面与坝顶同高，宽2米，长73.5米，并设有1米高的栏杆。洞身启闭塔及便桥等共完成铪及砼1036立方米，浆砌块石179立方米，浆砌料石21立方米，木料112立方米。

3. 围堤工程

在拦河土坝之西北山峦起伏之低凹处筑有围堤工程，其高程均筑至1332.8米，堤分两段，第一围堤长657米，最高处称小坝，亦为黏土心墙形式坝高18米，顶宽5米，底宽95米，底部并设有浆砌片石截水墙规格与拦河土坝相同，基础均清理在岩石上。北头高程在1328米以上的部分纯砂砾坝，侧坡1∶1.8，顶宽3米。

第二围堤在第一围堤之北，与山峰相隔，互不连接。堤长840米，最高处为4.5米，顶宽3米，侧坡1∶1.8，北头与甘新公路相连，为就地取料之纯砂砾坝，内坡砌护0.5米厚的干砌片石，两段围堤共完成土方石94，840立方米。

4. 排洪道工程

排洪道开口于第一围堤之北端山腰中，分正常主要溢洪道和非常溢洪道两部分。

主要溢洪道系八孔，跨度3.55米的永久性建筑物，中有高7米，宽1米，长7.2米砼墩七座，翼墙为浆砌料石修做，闸孔堰顶高程为1327.5米，堰体为料石与加工块石砌筑而成，高3米，为欧奇式的沉水堰塘，宽12米，长35.4米，厚0.4米，为1∶4水泥砂浆砌块石而成。尾部设砼挑水槛，基础设在新鲜岩石上，□之间架设木制闸台，且便于行人，宽2.16米，并设有栏杆和叠探式的闸板，用人力启闭，当库水位达到1331.5米时，可宣泄水量450秒立方米。共完成浆砌料石89立方米，基础石方2870立方米。浆砌片石1392立方米，砼1076立方米，木料11.3立方米。

非常泄洪道为浆砌片石筑成欧奇式的滚水堰，跨度28米，基础亦挖在岩基上，当疏勒河200年一遇的洪岸来临时，挖掘土坝可宣泄水量255秒立方米，共完成浆砌片石1107立方米，清基石方625立方米。

二座排洪闸合流一道通入疏勒河，长4350米，底宽10米，边坡1∶1，纵坡1∶400，已完成土石方103,280立方米。

5. 附属建筑物

青砖及砼结构示意塔两座，高8米，系六角体，底宽3米，每塔各占一山头，隔河相对，二塔相距950米。

木制岗楼一座，高2.6米的六面体，每边0.8米，用以守卫启闭塔及坝体的安全。双孔木结构公路桥一座，宽9米，高5米。

二、尾工工程

排洪道土方工程共计剩余土方石90，000立方米，拟由工程处与安西渠道合并修做。

省水利厅关于请审核双塔水库工程决算表的函①

1960年5月20日　　甘232-1-299

甘肃省财政厅：

安西双塔水库工程自1958年7月开工至1959年12月重要工程基本完成。并在60年3月22日正式验收移交生产使用，全部工程核定预算为8780000元，实拨限额6684000元，累计支出数为6631355.76元，支出数占预算的88.88%，占拨款数的99.96%，从开支情况来看，拦河大坝、输水洞、溢洪道工程比预算超支较多，因为修改设计增加工作量，相应地增大了开支，这是合理的。设备购置费由于部分设备买不到，采取租用的办法，□少购置费的开支，□有其他基本建设和间接开支比预算减少，把这些资金调剂到主要工程使用，对于完成任务有着积极作用。经我厅初步审核，同意该工程的决算报表，现送上“甘肃双塔水库工程费决算表”一份，请审核。

甘肃省水利厅

1960年5月20日

① 编者按：预算表未见归档。

拾

二十世纪五六十年代其他档案文献

本类文献提要

1949年以后，疏勒河流域的水利事业发生了巨大变化。特别是疏勒河干流区域，从一个水利事业极为落后的边远区域一跃成为中国干旱区水利保障能力最高的区域之一，近年还曾收获全国最高春小麦连片亩产等殊荣。这些成就的取得得益于几代水利工作者的努力，但20世纪50、60年代的水利工作起到了至关重要的基础作用。本单元即根据甘肃省档案馆藏有关档案，加入一份甘肃省疏勒河流域水资源利用中心藏档案，分三个部分择要整理有关文献。

《流域水利工作文献》系涉及流域整体水利工作的文献，选取流域灌溉管理委员会决议以及流域规划各一份。在全面建制化、职权完备的流域管理机构出现之前，干旱区内陆河普遍由各政区行政首长以及水利机构人员不定期开会商议灌溉问题。这类会议记录在疏勒河流域存留不多，通过本单元所选取者可窥见流域委员会的大致运作情况。流域规划是干旱区水资源管理工作的基本依凭，1949年后疏勒河流域经历前后出现5部流域规划，目前大都不宜公开。本部分所收录系流域第2部规划，因未充分付诸实施，经鉴定准予刊布，以展示这类文献的历史面貌。

《骨干水利工程文献》主要选取昌马河灌溉工程与安西总干渠工程文献。昌马河灌溉工程曾位列1956年水利部确定的全国三大灌溉工程之一（另两项工程为河南人民胜利渠和山东打渔张灌区），是甘肃省最大的自流灌区建设项目。原本列入其中的双塔水库工程后单独列为计划，故昌马河灌溉工程实际指以昌马总干渠为代表的疏勒河中游灌区建设。安西总干渠实际属于双塔水库竣工后的一项配套工程，但建设时间稍晚，实际是疏勒河下游灌区的主体。两个工程都是国家直接投资、同样设有较高级别的独立工程指挥机构，都涉及诸多行业、诸多单位，本单元所选取文献从各个角度体现了当时这些骨干工程建设的全貌。

《县级水利工作文献》则以选录体现流域内玉门、安西（今瓜州县）、敦煌三县内部水利规划、小型灌溉工程建设与水利管理事务的文献为主。虽然骨干工程多由较高级别政府部门投资并主持兴建，但县域毕竟为水利事业的基本单元。通过本部分收录文献，可以窥见20世纪50、60年代县域水利工程的特点。

本单元收录文献大部分为工程技术文献。其中的专业术语、计量单位、表述方法等已与当下极为相近，但仍有微小不同，在此一律涉保持原貌，未予更改。其中附有的大量大比例尺地图、工程设计蓝图以及大型数据表格，有些不宜刊布、有些则占用大量篇幅，在此皆从略。原文件中涉及一些不宜公布的人名、地名、机构名等，皆以□代替之，一字一□。

流域水利工作文献

疏勒河系1959年第三次灌溉管理委员会决议

1959年4月22日　　甘32-1-265

疏勒河1959年第三次灌溉管理委员会于4月22日上午8时30分开会，参加会的由张掖专署水利局灌溉科长程万鹏同志、安西县水利科长李天德、安西水管所长张占武、玉门市农业局水利科王天荣、玉门市昌马河水管所侯泮芹同志、玉门市玉门镇公社社长张寿文、饮马一农场师邹贺、二场生产线关科长和杨□华同志、三场生产科段科长和王明同志、蘑菇滩农场贾学仁同志、疏勒河灌溉管理处处长崔光明和潘发钧等共20人。在会上由管理处负责人崔光明同志将1959年春洪及渠道管理养护工作做了简短汇报，并对今后渠系管理养护及夏灌方面提供积极的建设意见，与会同志进行充分的酝酿讨论。会议对渠系建筑物及夏灌因天气干旱（渠水同一时期相较比去年减少25%）将会遇到的困难作了充分的估计，并根据管理处建议，经过讨论作出了决议，现将工作汇报及本会决议综报如下。

一、工作汇报

昌马河系第一期渠道工程在党的领导下，经工程处全体同志的努力，即通水进行了灌溉。保证了170,000亩地的灌溉用水，并取得了大丰收。在去年灌溉一年期间除总干渠外，其他东、西、北干渠的建筑物均未发生大的问题，可以说基本上是健康的。但从去年十一月中旬停水到现在，唯有土渠即东、西、北干渠经过冬冻和春淌变化，在今春三月二十七日放水以来，陆续发生问题；其系因一方面是设计施工上存有问题，另一方面在管理养护上缺乏经验，对于冬冻、春淌变化的自然规律掌握得不够，发现问题在战术上重视不够。尽管问题发生如此之多，但我们在各级党政的直接领导下，采取了积极的措施，想办法进行了抢修，可今整修总干渠陡坡16座，并全面进行了部分的整修，东北干渠陡坡19座，西干渠水闸3座。从三月二十七日起，除东干渠外，其他干渠通水进行了灌溉。

在灌溉方面，玉门这一时期主要是泉水灌溉，现可灌溉15,938亩，安西浇170,000亩；在整修中渠道，经饮马一场、玉门镇公社，都很重视。饮马一场发现陡坡冲坏后即立即组织劳力抢修，并组织干部召开现场会议，在渠道清淤中行动很快。玉门镇公社养护的53、54号陡坡发生问题后，公社党委书记立即研究并组织了有关单位现场进行检查，组织了渠道整修指挥部并抽调了大批劳力，专门负责领导在饮马一、二、三农场的大力协作下，8天内就完工，完工后公社留下20人进行养护，至今没发生较大问题，保证了渠道基本通水。

在灌溉方面，安西县灌得为早，专署水利局二周水利会议后，专门有一科专负责灌溉，将10个泉水和消冰水全部打上浇地，我们认为上述行动表现很好，这样夏灌就不会造成紧情。

总的来说，我们的成绩是肯定的，采取的措施是积极的。但也有些单位，尤其下面对灌溉及渠道管理养护工作抓得不紧，重视不够，如饮马二农场这次渠道10个陡坡被冲坏，就是因没作好组织巡护，开始有4个陡坡发生漏水现象，没有及时检修，这样存在着一种没问题不重视管理养护，发现小问题，不积极抢修，结果造成大的问题，陡坡被冲坏。问题发生三天多时间，还未组织努力抢修，一直影响着通水，使下游饮马三场12,000亩地还未下种。

在春灌方面。玉门镇公社去年秋冬灌80%的地进行灌溉，并有4秒立方的泉水，看来问题不大。因此下面生产队重视不够，抓得不紧，如二道沟、北门等地。党委重视作了布置进行检查，但下面强调浇水早、劳力少、渠堤冻，打不上来等等。因此直到4月14日才开始打泉水，春灌至4月14日才达10,390亩，占春灌计划的30%。这一种居于上游，满足现状的消极思想将会影响和造成今后的夏灌紧情。

另外管理处对下面检查督促不够，只偏重于渠道得修，对灌溉抓得较松，就连各单位的灌溉面积都未掌握清楚，造成下面虚报，以少报多。如玉门，原计划春灌12万亩，在三月二十七日春灌配水计划是7万余亩，但根据现在来看也就是5万亩左右，这一样造成配水不结合实际，我们应作检查，并立即纠正。

另一个问题向委员会汇报清楚，今年疏勒河灌溉土地虽无大的增加，但根据省委提出的“七水八肥”，要在作物生长期保证浇5次水，又加1958年深翻地、用水量大。再说疏勒河实际流量来看，去年这时间要有25秒立方水，而今年这时间只有18方水，较去年同时期减少25%。再加目前渠道发生问题多，如果不及早抓紧灌溉，不整修渠道将会使夏灌受到影响，因此我们必须积极想办法找出路，保证灌溉，争取更大丰收。

二、决议

这次会议对管理处提出的夏灌、渠道整修等几个主要问题进行讨论，并作出了决议。

1. 原计划春灌从3月27日开始到4月22日结束，但因渠道发生问题中间停水15天，这样春灌就要延长，可是原报春灌面积共7万余亩，现只有5万余亩。目前公社和一、二场春灌基本没有问题，主要是饮马三场尚有12,000亩地没有下种，这是一个严重问题。因此本会决议由4月22日起，灌东干渠应灌地流量1.5秒调剂饮马三场，至4月27日—5月12日共15天的时间。总干渠停水整修渠道，总干渠停水将18方水全部从第一排□闸排出到□□□，抢浇三场直到5月4日停止，整修□□闸以上总干渠，将水全放到安西夏灌（因安西布种早）。在5月12日总干渠放水，玉门也开始夏灌，采取计划配水，全面开口，连续灌溉，要求各单位做好田间工程，小畦灌溉，并在每轮水前5天将用水计划报南阳镇分水闸，否则就无法配水。

2. 从4月22日到5月12日停水期间，要求各单位将责任里的渠道及建筑物和田间渠道进行一次全面性的整修，以保证夏灌不发生问题，尤其玉门镇公社西红号养护的东干渠填方要进行彻底清淤，并在渠岸压毛柳护岸。

3. 为解决渠道发生问题，确保夏灌不受大的影响，现决定饮马三场抽调40人立即到黑崖子堵坝拦水进行灌溉；在总干渠不能引水或大水时，玉门镇公社柳沟地区仍可从大坝引水灌溉。

4. 为防止灌溉紧情时，渠道发生冲坏而影响灌溉，要求各单位做好有关干渠引水输水工程。现决定饮马一场作好城河渡槽、前后防洪堤，引疏勒河水灌溉；玉门镇公社官庄子、南阳镇在总干渠修一渡槽并修好渠道引城河铁路桥下泉灌溉。为防止城河渡槽和总干渠发生问题不能通水，并能保证适时适量灌溉，会议决定总一分水闸到总二分水闸双修一□渠道（顶□渠），若城河渡槽出问题不能通水，则总干渠水从排沙闸排出引水转改渠道里；若总干渠冲坏不能通水，将水□渠道第一排沙闸放水通过城河引水入转改渠道而不影响灌溉和整修渠道。转改渠□□□出专15,00公尺、土方22,135方，需劳力8,853个工日。决定从5月20日开始到5月30日完成；劳力由饮马一、二、三农场及玉门镇公社按地亩负担，会议认为将4月14日调来整修□□□及渠道的人，抓紧施工提高工效，提前1月完工后可将上面人力调往下面修转改渠道。施工和建筑物由玉门市负责。并决定改修渠道所用建筑物由玉门市农业局水利科负责制作。

5. 委员会第二次会议决定从饮马一、二、三场、玉门、安西共抽调520人于4月14日前来报到。开始整修渠首溢流堰，据19日统计饮马二场已按时报到，三场报到一部分，公社报到40人，饮马一场、安西还未来一人报到。不按时报到这种现象不好，要求各单位速快将人员如数送到，于5月20日前将这一段关键工程修好，否则就会影响灌溉。

6. 从渠道冲坏情况来看，面很大，用原样办法补修需要洋灰量大。在目前洋灰缺乏的情况下不可能，只有用土办法去打芨芨墩来补修，这样就需要大量的芨芨，因此要求各单位出拿一定数量的芨芨以养护渠道。其具体数量是玉门镇公社25,000斤、安西15,000斤、饮马一场5,000斤、二场3,000斤、三场2,000斤。但饮马一、二、三场出拿芨芨有困难，会议认为由饮马一、二、三场出钱，委托并责成安西县水利科负责购芨芨，集中在一个地点，由管理处汽车运输，并要求各单位将芨芨于□日送来。

7. 汛期快要到来，为了在汛期保证渠道不发生问题，必须在玉门、安西两县抽一批劳力担负防洪工作。但劳力缺乏，因此会议认为将4月14日调来整修渠的人员抓紧施工，提高工效，提前完工，叫大部分人回去在公社劳动，在玉门留35人，安西留25人担负防洪工作。时间从6月开始至9月结束。

8. 现正在植树造林，要求各单位在渠道养护段渠里压上毛柳、渠外植上杨柳树，以养护渠道。

9. 根据饮马二场的建议，调整东二干渠养护段，即饮马二场养护段改至东二分闸（包括分水闸的养护）自此以下由三场养护。

疏勒河灌溉管理委员会（印）

甘肃河西地区疏勒河流域初步规划

1964 年 8 月　　甘 234-2-16

为了积极地、有计划地、有步骤地开发河西、建设河西，发展河西农牧业生产，根据省委指示，从今年四月到七月，我委集中全部力量，由西北勘测设计院、省水利厅、农建十一师、酒泉□□分局和酒泉专区有关县（市）协助配合，进行了疏勒河流域的初步规划工作。为了适应军垦近期发展的要求，我们编制了疏勒河流域初步规划。为昌马水库工程的规模以提供第一性的资料。因之在规划过程中，进一步搜集了各有关部门历年勘测调查、测验研究、成功分析等资料，踏勘了玉门、安西、西湖各灌区的水利工程，灌溉管理现状，主要渠道及昌马水库至双塔堡水库的输水线路，着重核对了荒地资源、土壤分布及土地利用情况，并对流域内各人民公社的生产状况，作物配置和今后农林牧业的发展确定了指标，对近期（一九六四——九七〇年）和远期（一九七一——九八〇年）发展规划进行了摸底了解。工作方法，主要采取了以现有资料为基础，结合实地调查及核对的数据，进行了汇总整理，分析计算，综合研究以后，拟定了疏勒河流域一九六四——九八〇年初步规划。

疏勒河流域规划遵循为中央“以农业为基础，以工业为主导”发展国民经济的总方针，并按照省委、省人委“水利先行，看水种田，统一规划，军民兼顾”的原则，根据国民经济各部门的发展要求，结合流域内的自然条件和生产特点，本着下列几个基本原则编制的。

1. 充分地利用水利资源。依照水利资源采取综合利用的原则，以灌溉为主，发电、发展水产为辅；充分地利用地面水和地下水；在满足灌溉现有农田的前提下，保证工业及交通运输用水，并供给农林牧副业发展用水。

2. 合理利用土地资源。首先以水定地；平坦、集中连片、垦殖较易的大片荒地规划为军垦发展，公社附近的小片零星易垦荒地均规划为公社发展；合理地划留和保护天然牧场，发展畜牧业，在保证灌溉的条件下充分利用了土地。

3. 合理进行农业区划及作物布局。规划玉门灌区以粮食生产为主，相应地发展油料、甜菜等经济作物；安息和西湖灌区以粮食、棉花生产为主，在保证粮食自给的条件下，逐步扩大棉花种植面积，积极发展瓜、果、蔬菜等生产；布隆吉宜牧地区规划为发展畜牧业的重点地区。

4. 有计划、有步骤地，分期分批地建设基本农田。在种好管好现有全部农田的基础上，近期内将现有耕地基本建成旱涝保收，稳产、高产农田；新垦荒地要积极地为建设基本农田创造条件。本着建好一批，巩固一批，再建一批的原则进行。建设基本农田包括水利建设，水土保持，平整土地，增施肥料等，以适应稳产、高产田的要求。建设基本农田，要和建设一般农田相结合，并且要使建设集中成片的基本农田和建设分数的基本农田相结合，两者不可偏废。建设基本农田，要发挥农工和农民的积极性，以自力更生为主，依靠自己的劳动积累和现金积累进行建设。另一方面，必须加强国家对农业的支援。

5. 为了适应酒泉地区工业迅速发展的需要，该流域的农业生产建设必须尽快地跟上去。争取在一九七〇年以前基本建成水利工程，灌溉面积达到规划总面积八十九万亩的百分之七十左右，其余部分力争在“四五”期间全部完成。

一、农业发展规划

根据中央“以农业为基础，以工业为主导”发展国民经济的总方针和省委、省人委“水利先行、看水种田，统一规划、军民兼顾”的开发原则，结合疏勒河流域玉门、安西地区的实际情况，对流域内所属农场和公社的农林牧发展规划为：

1. 国营农场

（1）农业

一九七〇年农林牧业灌溉面积达到六十三万三千八百亩。除去果园，林带约六万九千一百亩外，种植面积达到五十六万四千七百亩。其中，粮食二十八万五千五百亩（占种植面积的百分之五十点七），平均单产二百六十五斤—二百七十八斤。总产七千七百二十九万斤，扣除口粮、饲料、籽种、储备等外，可提供商品粮三千三百八十六万斤，占总产的百分之四十点二二，商品产值为二百七十万零八千八百元；油料二万九千八百一十亩（占种植面积的百分之五点三），平均单产六十斤，总产一百七十九万斤，除生产职工，家属每人按十二斤扣除外，可提供商品油一百二十三万八千斤，商品产值约一百零二万七千五百元；棉花五万八千一百亩（占种植面积的百分之一十点三），单产六十斤，总产三百四十八万斤，扣除职工自用棉外，可提供商品棉三百四十三万斤，商品产值为二百九十六万元；甜菜二万四千七百亩（占种植面积的百分之四点四），单产三千斤，总产七千四百一十万斤，出去留种、损耗百分之二十八，其余百分之七十二供榨糖原料为五千三百四十万斤，可出糖七百四十七万斤，每人按六斤供糖，共需二十四万斤，可提供商品糖七百二十三万斤，商品产值六百一十四万五千五百元；蔬菜一万九千八百四十亩（占种植面积的百分之三点五），单产三千斤，总产五千八百六十二万斤，除去职工、家属需用外，可提供商品菜四千零就是五万斤，商品产值为一百二十二万八千五百元；牧草十万零二百八十四亩（占种植面积的百分之二十），单产四千斤，总产四亿五千一百二十万斤；多汁饲料一万六千九百三十亩（占种植面积的百分之二点九），单产四千斤，总产六千八百五十六万斤；小经济作物一万六千九百四十亩（占种植面积的百分之二点九），单产五十斤，总产八十五万斤。

一九八〇年农林牧灌溉面积达到七十七万亩，除去果园、林带七万七千亩（占灌溉面积的百分之十），种植面积达到六十九万三千亩，其中粮食三十万八千二百亩（占种植面积的百分之四十四点九八），平均单产四百一十四斤，总产一亿二千七百五十五万斤，扣除口粮、饲料、籽种、加工、贮备共六千九百三十九万斤外，可提供商品粮五千八百零七万斤，占总产百分之四十五点六，商品产值为四百六十四万五千六百元；油料二万八千六百亩（占种植面积的百分之四点一三），单产一百斤，总产二百八十六万斤，扣除自用油六十二万斤外，可提供商品油二百二十四万斤，占总产百分之七十八点三，商品产值约为一百九十余万元；棉花十一万零七百亩（占种植面积的百分之一十五点九），单产八十斤，总产八百八十六万斤，扣除自留用棉约十万斤外，可提供商品棉八百七十六万斤，占总产百分之九十八点九，商品产值为七百四十四万六千元；甜菜三万二千四百亩（占种植面积的百分之四点六八），单产四千斤，总产一亿二千九百六十万斤，供榨糖原料以百分之七十二计，约九千六百万斤，可出糖一千三百万斤，扣除自用糖六十二万四千斤外，可提供商品糖一千二百三十八万斤，占总产百分之九十四点四，商品产值为一千零五十二万余元；瓜菜二万四千四百亩（占种植面积的百分之三点五五），单产四千斤，总产九千七百九十二万斤，扣除自留需用三千七百二十八万斤外，可提供商品菜六千零六十四万斤，占总产百分之六十二点二；牧草：十四万三千九百亩（占种植面积的百分之二十点七七），单产六千斤，总产八亿八千一百八十二万斤；多汁饲料二万零七百亩（占种植面积的百分之三），单产五千斤，总产一亿零三百九十五万斤；小经济作物二万零七百九十亩（占种植面积的百分之三），单产八十斤，总产一百六十六万斤。

（2）畜牧业

一九七〇年各类牲畜达到：牛一万四千四百头、马二千八百八十四匹、猪二万三千九百口、羊七万六千余只、禽三万五千一百二十只；总产各种生肉二百九十七万三千五百斤，按每人供给十二斤计，共需四十八万一千斤，可提供商品肉二百四十九万二千五百斤，商品产值为一百二十四万六千二百元。

一九八〇年各类牲畜达到：牛一万四千二百头、马三千四百四十匹、猪二万八千八百口、羊九万二千四百只、禽四万二千一百只；总产各种生肉三百一十九万四千六百斤，除每人按二十四斤计，共一百零九万二千八百斤外，可提供商品肉二百一十万一千八百斤，占总产百分之六十五点二，商品产值为一百零五万一千元。

（3）林业

一九七〇年累计造林面积达到六万九千一百亩，其中防护林五万五千二百八十亩（占林用地面积的百分之八十）、经济林一万三千八百二十亩（占林用地面积的百分之二十）……①

2. 人民公社

（1）农业

一九七〇年耕地面积达到二十五万五千五百亩，播种面积达到二十二万九千四百亩，其中粮食播种面积二十万零三百亩（占总播种面积的百分之八十七点三），平均亩产三百四十六斤，总产达到六千九百三十二万斤，同一九六三年比较，单产增长百分之五十六点六，年平均递增率为百分之六点六，总产增长百分之五十七，年平均递增率为百分之六点七，扣除籽种、饲料、口粮、征购、贮备外，可提供商品粮一百五十七万斤，连同征购粮共计一千八百九十万斤，占当年总产量的百分之二十七点三；棉花播种面积六千四百亩（占总播种面积的百分之二点七），平均亩产五十九斤，总产达到三十八万斤，同一九六三年比较，单产增长百分之二百六十一，年平均递增率为百分之二十点一，扣除社员自用外，可提供商品棉二十六万八千斤，占总产量的百分之七十点五；油料播种面积一万三千四百亩（占总播种面积的百分之五点八四），平均亩产一百四十六斤，总产量一百九十六

① 编者按：原文件于此处缺行。

万八千斤，同一九六三年比较，单产增长百分之三十九，年平均递增率为百分之十一点九，扣除社员食用油外，可提供商品油二十万斤，占总产量的百分之三十六点四。

一九八〇年耕地面积达到三十万零二千六百八十亩，播种面积达到二十九万六千五百亩，其中粮食播种面积二十二万四千六百亩，占总播种面积的百分之七十五点八，平均亩产达到三百八十三斤，总产量达到八千六百一十七万八千斤，同一九七〇年比较，单产增长百分之一十点五，年平均递增率为百分之一，总产量增长百分之二十四点三，年平均递增率为百分之二点二，扣除籽种、饲料、口粮、征购、贮备外，可提供商品粮二百四十一万斤，连同征购粮共计二千三百九十六万斤，占当年总产量的百分之二十七点八；棉花播种面积达到一万九千三百亩，占总播种面积的百分之六点五，平均亩产八十斤，总产量一百五十四万四千斤，同一九七〇年比较，单产增长百分之三十五点六，年平均递增率为百分之三点一，总产量增长百分之三百零六点三，年平均递增率为百分之十五，扣除社员自用外，可提供商品棉一百三十四万四千斤，占总产量的百分之八十七；油料播种面积三万一千六百亩，占总播种面积的百分之一十点六，平均单产达到一百八十五斤，总产量五百八十七万三千斤，同一九七〇年比较，单产增长百分之二十六点七，年平均递增率为百分之二点四，总产量增长百分之一百九十八点四，年平均递增率为百分之一十三点二，扣除社员食用油外，可提供商品油一百零三万斤，占总产量的百分之六十一点八。

（2）畜牧业：一九七〇年大家畜总头数达到三万五千三百头，比一九六三年净增一万二千八百三十头，年平均递增率为百分之六点七，其中：

役畜达到一万六千九百头，净增四千三百一十头，年平均递增率为百分之四点三；

猪达到一万六千八百口，比一九六三年净增一万二千四百六十口，年平均递增率为百分之二十一点三，平均每五人有一口猪；

羊汏到十六万一千二百只，比一九六三年净增八万三千一百五十只，年平均递增率为百分之一十点九。

生产各类生肉二百三十七万斤，扣除社员食用外，可提供商品肉一百七十万斤，皮革三万张，羊毛八万九千斤。

一九八〇年大家畜头数达到三万八千头，比一九七〇年净增二千七百头，年平均递增率为百分之零点七。其中：

役畜达到一万七千头，比一九七〇年净增一百头，年平均递增率为百分之一；

猪达到二万三千口，比一九七〇年净增六千二百口，年平均递增率为百分之三点二，平均每三人有一口猪；

羊达到十七万五千只，比一九七〇年净增一万三千八百只，年平均递增率为百分之零点八。

总产各种生肉三百二十五万斤，扣除社员食用外，可提供商品肉一百八十八万斤，皮革三万六千张，羊毛十四万三千斤。

（3）林业：林业建设本着国造国有，社造社有，队造队有，社员个人造归个人所有的原则，继续贯彻“造、管、护”并举的方针，加速林业建设。初步规划为：

一九七〇年累计造林面积达到额定一万亩（零星植树不包括在内）。其中经济林一千亩、防护林四千亩、用材林一千亩、护岸林四千亩。

一九八〇年累计造林面积达到一万二千亩（零星植树不包括在内）。其中经济林一千亩、防护林六千亩、用材林一千亩、护岸林四千亩。

二、大搞基本农田建设

今后三五年内着重要改造现有耕地，以现有耕地为基础，依靠现有生产条件，集中力量打歼灭战，分期分批有计划有步骤地建设旱涝保收，稳产、高产农田，是我们农业生产战线上一项重大的战略任务，要求在一九七〇年建成四十一万六千七百亩。

（一）国营农场：

一九七〇年建设稳产、高产农田的面积计划达到二十一万八千五百万亩，占当年播种面积的百分之三十九，各类作物为：

粮食：十七万九千五百亩（约占粮食播种面积的百分之五十六），总产达到五千九百零五万斤。其中：

亩产四百斤以上的五万四千亩；

亩产三百斤以上的十二万零五百亩；

亩产二百斤以上的五千亩；

油料：一万四千八百亩（占油料播种面积的百分之四十七），总产达到一百二十九万六千斤。其中：

亩产一百斤以上的五千七百亩；

亩产六十斤以上的九千一百亩；

棉花：一万三千五百亩（占棉花播种面积的百分之十九点六），总产达到一十五万八千斤。其中：

亩产六十斤以上的一万二千七百亩；

亩产四十斤以上的八百亩。

（二）人民公社：

一九七〇年，建设稳产、高产农田计划达到十九万八千二百亩，各类作物为：粮食面积十八万二千亩，总产量达到六千六百九十一万斤（约占当年粮食总产量的百分之九十六点五），其中：

亩产四百斤以上的十二万三千一百亩；

亩产三百斤以上的五万八千九百亩。

棉花面积五千五百亩，总产量达到三十六万二千斤（约占当年棉花总产量的百分之九十五点三），其中：

亩产八十斤以上的二千七百亩；

亩产六十斤以上的一千七百亩；

亩产四十斤以上的一千一百亩。

油料面积一万零七百亩，总产量达到一百八十四万斤（约占当年油料总产量的百分之九十三点五），其中：

亩产二百斤以上的七千七百亩；

亩产一百斤以上的三千亩。

三、经济效益

一九六四——一九七〇年和一九七一——一九八〇年规划实现以后，对发展疏勒河流域农、林、牧、副业生产，进一步改善人民生活。农业支援工业建设、支援国家社会主义的贡献将会更大。

农产职工人数按万亩配备量为：玉门地区二百九十人；安西地区三百六十五人；西湖地区三百六十五人。一九七〇年农场职工总人数达到二万零四百七十人，家属及非生产人员按一比一控制，这样一九七〇年流域内总人口达到四万零九千余人。

据调查农村人口的增长率一般在百分之三左右，今后对人口的自然增长必须加以控制，大力宣传节制生育，必须把人口增长率控制在百分之二以下（除军垦发展需增加人员外），一九七〇年总人口达到七万六千余人。

到一九八〇年全流域总人口达到九万七千余人，其中参加生产的劳力达五万余人。

一九七〇年国家可征购原粮一千七百二十三万斤；可提供商品粮三千五百三十三万斤，农、林、畜产品有一百二十余元；

流域内人民生活水平将达到：

	农场每年每人	公社每年每人
口粮	五百斤	六百斤
食油	十二斤	六斤
絮棉	二斤	二斤
肉食	十二斤	十二斤

四、农业灌溉及水利工程措施

根据玉门、安西及西湖灌溉的荒地、水利资源，将来灌溉面积可达到一百零九万亩，在水源保证灌溉的地区，选择土地平坦、土壤含盐量低，较易垦殖的土地，首先开发利用。

（一）排灌系统布置及工程标准。

进行干、支、斗、农、毛渠的渠系配套和植树插柳，护岸固堤，防渗，防漏，防冲，并且平田整地，提高水的利用率，在工程新建改建改善中，对不能满足远景通水要求，为了适应农业发展之需要，採取在原线上进行改建的方法，对既不能满足远景通水及防渗要求，也不能适应近期发展或保证灌溉的水利工程，则予以废弃，必须进行彻底改建或新建。

本流域均属军垦农场重点发展地区，水土资源虽然比较丰富，但从水利工程来看，远不能满足开发全部土地的要求，同时，今后工业交通用水将增加很快，因此，必须在经济合理的原则下，采用较高的工程标准，衬砌防渗。

总干渠及干渠除已进行了整修改善，渗漏又不太大的土渠维持原状外，其余主要渠道都采用高标准的防渗措施，以保证农田灌溉。

支、斗、农渠也要提高标准。农场支渠基本上考虑全部防渗，根据支渠大小，图纸情况，分别采用该混凝土、浆砌石等高标准的防渗措施及夯实、沥青、草席衬砌等建议防渗措施进行处理。公社一些较大支渠也进行防渗。另外在渠道上均需建立永久性建筑物及完善的分水、量水设施。

1. 玉门灌区规划灌溉面积五十七万亩。总干渠及东、北干支渠在现有工程的基础上改善改建，并进行必要的新建，一九六八—一九七〇年完成全部剩余工程。西干渠现为临时渠道，将来负担玉门灌区近十六万亩耕地用水，又为昌马水库向双塔堡水库输水渠道，因此必须改变线路，将原线移到兰新铁路以南，全部采用混凝土衬砌。

2. 安西灌区规划灌溉面积二十六万亩。现有渠道均为旧渠，尤其是渠系工程破坏严重，远不能适应本灌区发展的要求，因之，必须要使渠系配套，渠系工程基本上都要有计划地重新建立，一九六八—一九七〇年完成新建各渠道一百八十余公里，除一般简易渠道进行临时防渗措施处理外，主要渠道均需采用高标准的防渗措施。

3. 西湖灌区规划面积二十六万亩。部分渠道均为一九六〇年定线，但未进行施工，为满足该灌溉区发展需要计划全部渠系进行新建，一九七〇年完成各渠道二百五十余公里，除一般简易渠道进行临时防渗措施处理外，主要渠道均需采用高标准的防渗措施。

4. 确定了昌马水库工程规模，并对双塔堡水库工程的规模进行了复核选定，以适应工业及农业用水，两水库联合运用，统一调节，在首先满足工业及铁路用水的前提下，对农业的发展灌溉用水，也带来了较为显著的效益。经过综合分析比较，昌马水库初步确定拟采用第Ⅲ方案于一九七〇年建成，其主要指标及水库工程特征值为：

工业及铁路用水四点五秒立米；

保证灌溉面积一百零九万亩。其中：玉门灌区五十七万亩；安西、西湖灌区五十二万亩；

水库总库容为一点五三亿立米。

双塔堡水库于一九六〇年建成，迄今已经五年，水库任务以灌溉为主，原计划总库容为二点四亿立米，但今年来工程破坏严重，渗漏、塔架横撑裂纹，大坝纵向裂缝等问题发生。计划除一般性工程整修外，还需适当加固，以满足灌溉及工业用水。整修加固的工程项目有：

原设计要求，加大上、下游坝壳；

翻修上游护坡，将高程一千三百一十三点五米以上的干砌改为浆砌护面；

加固输水洞进水塔和工作桥的设施；

加高加厚下游滤水堆石体、增修坝顶防浪墙；

更换主要溢洪道叠梁闸为机提闸门等工程，并修筑非常溢洪道临时挡水土坝。

今后充分利用库容达到二亿立米，全部整修加固的工程量十二万立米，需劳力三十七万工日，水泥二千二百吨，投资一百七十万元。

工业及铁路用水，近期（一九七〇年）采用二点四秒立米，远期采用四点五秒立米，要求供水保证率为百分之九十七。

根据估算，全流域共二十九项水利工程，共需做土、石方一千二百零五万立米，其中：混凝土及砌石五十六万千立米；需用劳动力八百零五万工日；国家投资五千五百七十八万元；水泥九万一千七百一十吨；钢材七百一十八吨；木料一万三千零二十立米。凡属农场专用以及农场与公社公用的工程，属农场场外水利投资，由农场负担劳力。公社专用工程及公社水利投资，应由公社负担劳力。

五、实施规划中应解决的几个问题：

1. 组织力量，加速勘测、测验、规划、设计等项工作的进行。

本流域规划是根据国家计划的要求和流域内所属场、社、队的生产和生活需要而编制的，着重进行了水利发展规划，并对农林牧业的发展和建立基本农田确定了指标。以便把规划的具体措施逐项落实。

2. 在掌握第一性资料的基础上，深入实际，分配研究，落实规划，争取在一九六五年进一步编好疏勒河流域规划。在这同时，还应积极组织力量，加快进行昌马河渠道，双塔堡水库的整修改善及安西总干渠、西湖干渠的新建等工程的勘测设计工作，尽早地落实勘测设计任务。

3. 要狠抓基本农田的建设，加强对稳产高产农田的领导，在全面规划统筹兼顾的原则下，集中劳力、时间、资金，大力开展老农田的改建工作，改建同新修必须密切配合，上下对口，彼此协调，互相促进，基本农田的建设必须按照建设一批、巩固一批、再建一批的原则进行。在老农田改建工作中，各场、社、队、应奋发图强、自力更生；在管好现有农田的基础上，近期内各国营农场和人民公社在搞好新垦农田的同时，要狠抓多种经营，使农林牧副业全面发展，认真贯彻“以粮为纲，多种经营”发展农业生产的长期方针。

在发展粮食生产的同时，积极开展多种经营，要因地制宜地发展棉花、油料等经济作物。要抓好畜牧业，积极繁殖牲畜，为农业提供更多的畜力和肥料。大力开展植树造林工作，在村旁、路旁、地旁、水旁植树造林，重点营造林带，防风固沙，积极发展经济林，增加收入。

4. 加强水利管理，统一机构。现有水管机构不统一，人员少，水平低，不能适应形势发展的需要，这是当前水利工作中最薄弱的环节，应立即配备技术力量，健全一套完备的水利队伍，在改进经营管理的同时，实行计划用水，加强灌水技术同灌水方法的传授与指导，防止漫灌、串灌现象发生，合理灌溉，节约用水，是保证规划全面实施的关键。

5. 本流域土地资源虽广，发展潜力大，可是部分土地为虎滩草地，历来为群众的割草和放牧场所，今后如何合理地划分和利用它，则是一个比较复杂的问题，各有关部门应组织力量，深入现场，同群众协商，合理地区划农牧用地，确定场、社界限。

6. 为保证以上规划的实现，必须加强政治思想工作，要高举毛泽东思想红旗，活学活用毛泽东思想，抓活的思想。政治挂帅，思想先行，是正确地落实规划的主要保证。必须坚决贯彻党的建设社会主义总路线。总路线是毛泽东思想的具体化，是指引我们胜利前进的灯塔，在任何时候都不能离开它。发扬实事求是的精神，教育干部和群众，我们的规划要走群众路线，依靠群众的力量，把冲天的革命干劲和严格的科学精神密切地结合起来，为实现流域规划而奋斗。

我们的规划在毛泽东思想的光辉照耀下，在省委和当地党委的正确领导下，高举三面红旗，一定能够实现。

甘肃省河西建设规划委员会

骨干水利工程文献

关于玉门昌马河水利工程筹备会议记录报告

1956年7月12日　　甘229-2-171

玉门昌马河第一期灌溉工程计划于今年7月份进行施工，根据上级指示，由酒泉□□□□与省水利局共同主持，准备有关施工各项事宜，按时开工。7月11日于酒泉□□□□召开了会议，座谈讨论了施工问题，参加者为□□□□黄局长、屈副局长等六人，水利局杨局长等三人，玉门饮马场第一农场白厂长等三人，□□□□玉门昌马河水利工程队刘作奋同志等三人，共计15人。昌马河水利工程总计共可灌地150万亩，其中开荒任务为127万亩，保证现有耕地用水23万亩，工程实施配合兴建水库发展灌溉及水电事业。各项工程拟分三期进行，第一期工程包括昌马河拦河坝渠首工程，总干渠及北、东、西三个干渠工程，为了解决冲刷渗漏问题，总干渠施行衬砖砌，西干渠为临时性工程，计划经费为1260万元，本年开工，1957年10月完工。总任务为563300亩，其中开荒为445650亩，保证原有耕地用水117650亩，荒地中有373000亩，由□□农场经营。

根据材料使用，施工管理及养护资用等便利与经济的比较，第一期工程采用了工程造价较低，水泥用量较少，又能配合发电的方案，总干渠砖砌，采用洋灰混凝土与沥青混凝土两种办法，其他渠系建筑物东干渠因有采石条件，主要为石方，两干渠为临时性工程，主要为混凝土木料混合建筑物，北干渠为混凝土工程，所需材料数量很大，其中水泥为17.88吨，沥青9252吨，木材1885方，石料29697方，砂子82653方，汇土10837方，各项材料虽分由兰州、玉门及施工现场配用供应，但运程都极长，运输力量很大，所以运输供应之全部工程中一项关键性的工作。除渠首工程外，总干渠长42.63公里，北干渠长19.5公里，东干渠长29.5公里，西干渠为22.95公里，总计土方工程680万方，普通劳动工235万，技术劳动工12550，1956年需要完成的工程量为366万方，其中土方工程量1648000方，备料水泥为4160吨，沥青1650吨，木料900方，石料4178方，土□4355方，普通劳动工687000，技术劳工28700，但在定线中，由于勘察出新的石场，石质与采运条件俱优，故采石数量则需加，另外初步获悉水利部对工程计划的意见，可能要扩大发电数量，并改部分混凝土砖砌为全部沥青混凝土砖砌，如此渠道断面需加大总干渠土方约需增加150万方，全部石料增加数万方。

以上工程数量是极为庞大的，工期亦极为破促，需要增强组织领导，保证劳动及物料供应，妥善安排施工，做到按期定工，所以会议就和组织、施工规划、工程单价、劳动力调配、运输供应及施工防设□等问题，初步讨论决定各项如下：

一、机构组织方面

拟成立昌马河灌溉工程委员会，全盘指导有关工程，进行事项，并成立冒马河水利工程处具体指导工程施工工程委员会，拟设主任委员一人，副主任委员四人，委员十人，主任委员由农林厅贺厅长担任，副主任委员由张掖专区高专员，酒泉□□□□黄局长，水利局郑局长，与我处正处长担任。委员由张掖专区水利局段局长，玉门县委书记及县长，酒泉建设银行行长，酒泉运输公司经理，酒泉商业督导处处长，粮食公司主任，3594部队负责同志，工程处副处长二人等担任。

工程处组织如下：

正副处长三人：正处长由省人民委员会调配专职干部，副处长由省水利局酒泉□□□□在现有干部中委派。

处内设工务科：负责全部技术与统计施工管理及检查等工作，内设技干十人，行干八人，技工两人，行干由□□□□与水利局各调配四人，余皆由水利局调配。

办公室：负责全部公文来往，报告总结，干部及生活管理，学习组织等工作，内设职工共18人，□□□□调配12人，一人担任正职领导，玉门县调派一人担任副职领导，水利局调五人，一人担任副职负责领导。

财务科：负责全部财务管理与监督工作，内设行干七人，□□□□调配三人，一人负责副职领导，水利局调配四人，一人负责正职领导。

器材供应科：负责全部较大施工机具，主要物料采购运输及调配等工作，内设职工共30人，□□□□调配29人，一人担任副职领导，水利局调配六人，一人担任正职领导。

工程队：负责□□工的财会、生产统计、管理教育等工作，内设行干21人，全部由□□□□调配。

工区四个：分区负责工程施工工作，各设职工20人，共80人，其中技工36人，行干16人，工人28人，行干由有改分局与水利局各调配8人，正职领导由水利局调配，副职领导由□□□□调配。

以上，共计行干100人，技干46人，工人34人，总计180人，其中□□□□共计调配85人，水利局共计调配94人，玉门县人民委员会调配1人。

二、施工计划

原计划本年施工区划为渠首闸八的基础工程，总干渠部分土方及建筑物安装工程，北干渠及东干渠的部分土方工程，相应的各种备料工程，工程总量为366万方，根据劳动力的供应情况，力求施工地点集中，便于管理与领导，现计划渠首工程依原计划进行，9月上旬开工，11月上旬停工，总干渠土方工程布置于分水闸以上12公里以内，争取冬季施工完成数量100万公方，东干渠本年不开工，集中力量完成北干渠干支渠全部和斗渠，部分土方共约50万公方及建筑物工程，争取10月底通水泡地，北干渠饮马场石场及东干渠采石厂，各采石料一万方，其他备料工作依原计划进行，尽管争取准备。本年对施工技术领导，拟暂成立三个工区分别负责渠首、总干渠及北干渠的施工，1957年开工时，北干渠工区转移东干渠进行施工，增加节水工区，集中力量，其余进总干渠工程，根据工程进行情况，逐步开展西干渠工程施工，按期完工。

三、劳动力调配

全部劳动力皆由酒泉□□□□调配，北干渠于7月25日开工，总干渠于8月1日开工，本年劳动数量初步计为60万工日，计划分配渠首工程3万工日，总干渠30万工日，北干渠土方9万工日，各种建筑物安装及备料工18万工日，7月下旬到达工地1700人，8月中旬至下旬再补充2000人，北干渠全部工程施工由饮马厂第一农场□□工担任完成，并完成采石料20000方，计共供应130000工日。

四、工程单价

各种单位工程单价，皆遵照1956年国家建委及中小部厅颁发全国统一建筑安装费用施工定额制定，工程单价内所包括间接费部分，根据前与公安厅，所拟定之15%计算（其中包括风雨、病工、护工管理费、医药费、工棚费等）。□□工地点的迁移费按公安部的规定补助，但由外地调到玉门的调迁费，按规定由□□□自己负担，建筑工人工资标准，依前公安厅所拟定的标准执行，唯砌石、砾石、技工及木工、石原定日工资2元稍嫌低，拟工增加为2.2元，其余为普通工资为1.5元。开石工、混凝土工、钢筋工皆为1.8元，各项工程施工所用的工具，为筐担、绳索、铁锹、洋镐、八磅锤等，皆按照铁道部第一工程局规定的消耗率计算列入单位工程单位内，并且由□□□自备，工程处仅供于所用各种大型施工机具。根据昌马河工程现场土质观察，就全国统一通用施工定额规定六种土质工资部分单位为附表，土质为未尽印份于施工中根据实际情况再予以补充，另外，开砾石料工资部分单价，亦暂依1956年甘肃省水利工作定额草案而列，约以七折计算如附表，以供参考，开工后在编制技术设计时，再根据全国统一通用定额，由水利局设计单位与常马河水利工程处，研究制定施行。

五、运输力供应

运输力的供应是昌马河工程施工中关键性工作之一，需要加强筹划解决周计划，估计划除原设计购的十部运输卡车，增列为到十五部，并增购胶轮车20辆，以参加施工现场物料运输为主，另外长途运输施工材料的运输列造计划，宋请酒泉运输公司托运，对于全部运输力的不足部分，则由□□□□抽调汽车或胶轮车支援完成任务。在开工前计划列购汽车未置到时，由水利局就现在运输力量中调配汽车2辆以供工地需用。

六、施工防寒设备

为了按期完成任务，进行均衡施工，冬季防寒设备需要工程甚属需要。工程单价中所列15%间接费亦不足全部设施，故请于计划中增列防寒费10万元，解决2000人的皮衣衣帽及部分毡靴手套的设备需要。其中包括干部150人，工人1850人所需数量，并规定使用年限，工人为三年，干部为五年，以昌马河各期水利工程的进行。

七、房屋修缮

所有办公房屋厂房及干部住宿等房屋修缮所用的材料及设计图纸皆由工程处供应，修缮由□□□□的□□工进行。眷属住宅1956年不准备，本年所盖房屋并可配合管理需要统一计划。修缮地点计划设在玉门县城附近，并要求进行技术设计时包括管理机构、房屋的技术文件。所有□□□□的工房，均由□□□负担自行解决，但另有就业工人1000名，需由工程处解决工房，估计需工房修建费36000元。

八、预付款项

为了施工准备工作的需要，计划于开工前于工程经费内预付酒泉□□□□工款20—30万元，开工后由其列清于各□□□的收方结账款内分期扣还。

以上各项经分报省农林厅及省公安厅，审核同意后执行。

关于昌马河第一期工程实施问题的报告
(在昌马河水利工程委员会第一次会议上所作)

1956年9月5日　　甘229-2-171

一、基本情况及办理经过

疏勒河自疏勒峡下口至昌马大坝一段亦称昌马河，因本工程的渠首和将来的昌马堡水库位于此段，故定名为昌马河水利工程。

疏勒河流域中下游地区约有可耕荒地190万余亩，其中只要一经洗碱即可耕种的土地有80余万亩，但目前引用该河的山水泉水仅灌溉玉门、安西两县耕地23万亩，其水量情况据昌马堡水文站统计，一般年份10月至次年4月的流量约有12秒公方，5、6月间约为15秒公方，789月常在30秒公方以上，平均年径流量总量为8.35亿公方，可以够灌一百几十万亩土地，现在不能充分利用疏勒河水的主要原因是，河水流出昌马峡后，渗漏潜没变为地下水，同时冬冰消水及洪水一大部未被利用而流失，为了充分有效地利用疏勒河水利资源，必须以修建水库与渠道防冲防漏工程配合，在本流域的昌马堡、双塔堡附近均可修建水库，初步规划昌马堡水库和昌马河渠道工程配合共可灌地125万亩，除保证17万亩原有耕地用水外，可新开荒地108万亩，双塔堡水库和安西渠道工程配合，初步计划共可灌机25万亩，除保证6万亩原有耕地用水外，可新开荒地19万亩，总计共可灌地150万亩，其中新开荒地127万亩，在水电方面，昌马堡水库及昌马河总干渠，年发电总量约有2.56亿个小时，灌溉时期约可发电2.5亿个小时，所以本流域的水土资源的潜在力很大，就国民经济各部门对本流域的要求来看，玉门矿务局距昌马堡约有一百公里，距玉门县城仅有75公里，其他工业部门亦将在本地区内选择建厂，本省□□部门已在大片集中的荒地上开始修建国营机耕农场，比较分散的荒地也要安置移民来开垦，这些大规模的工矿及农业部门都要求在本流域内及早修建灌溉（包括林、牧）结合水力发电及工业给水的综合的水利工程，昌马河水利工程初步计划分三期实施。第一期工程，包括昌马河渠道工程的渠首闸坝、总干渠、北干渠、东干渠及西干渠的临时性工程，共需工程费概算为1300万元（为原报送的初步设计概算为1260万元），于1956年—1957年完成。第二期工程包括双塔堡水库工程及安西渠道工程，估需工程费450万元，于1958年到1959年完成。第三期工程包括昌马堡水库及昌马河渠道工程的西干渠工程，估需工程费3660万元，于1959年—1961年完成，全部工程共需工程费5410万元。第一期工程是以昌马堡水库未修建前使灌溉制度尽量与天然径流相通应，达到对昌马河自然径流最大限度的利用，开发本流域中游地区四墩门至七道沟的荒地，并保证灌溉现有耕地，同时利用各干区水头发电供应附近地区动力及照明用电。计划进灌面积563300亩，其中原有耕地117650亩，新开荒地445660亩。灌区南部接近农业合作社的荒地116245亩，由合作社及移民来开垦，北部比较集中的荒地329415亩，规划为三个机构农场，由□□管理局开发经营。为了防止土地的次生盐渍化，增加土地肥力，提高农业产量，耕作采用牧草大田轮作制。在地下水位距地面20公尺以上地区，开挖排水沟，降低地下水位，农业合作社耕种土地，农作物以小麦为主，配合棉花牧草及其他夏秋作物。青山子以东的第一二农场经营的土地，以小麦为主，配合其他夏秋作物及牧草。青山子以东的第三农场，以棉花为主，配合其他夏秋作物及牧草。

在工程布置方面，入手工程位置选在昌马大坝千佛洞附近，拦河坝工程600公尺，西端土坝长约500公尺，东端滚水坝长约100公尺，冲刷闸三孔，进水闸五孔，设计最大引水量为57秒公方，下接约长一公里的沉砂道，总干渠由进水闸沿玉门河至川北镇第二总分水闸工程42.3公里，其中有40.6公里需要防漏，分段采用卵石、片石及沥青混凝土灌砌。东干渠自第二总分水闸分水经西红号、下冬号、青山子至莫坡湖共长42.8公里；北干渠由川北镇沿甘新公路经黄闸湾营马场至渠尾共长18.5公里，西干渠由沙窝墩第一总分水闸立经官庄子、三道沟至渠尾共长25.3公里，各干渠本期修建的有支渠14条，斗渠71条，共长29.5公里，排水干沟系利用天然沟道，石河子排水支沟亦大部利用天然沟道，排水斗渠及农沟则需新开筑。渠道建筑物主要为分水泄水消能及桥梁等，并有渡槽及涵洞，全部灌溉排水系统共有大小建筑物500余座（不包括农门）。本期全部工程土方总计约7500000工方，渠道衬砌及建筑物石方、水泥混凝土及沥青混凝土共计186800公方，在工程材料及劳动力方面，共需石料128900公方，水泥11000吨，钢筋90吨，沥青5600吨，木材1350公方，普工2550000工日，技工125000工日，本期工程1956年国家投资300万元，1957年国家投资1000万元，计划开发的荒地于1959年全部进入生产，在农业效益方面，全部荒地开发后，每年共可增产粮食4776万公斤，油料作物624万公斤，棉花322万公斤，每年增产总值计划可达1931万元。

昌马河第一期工程初步设计文件系于本年5月下旬完成后，分别送请国家建委、水利部及省计委审核，至7月下旬审计委、水利部及国家建委水利处已基本同意初步设计（唯正式批准文件尚未收到），各级审核意见，综合起来主要有下列几点需要研究，并在技术设计中补充修正：

1. 根据昌马堡水库坝址地质地震资料，在水库坝址库址选择上作出充分论证。

2. 应研究上下游工业和农业的发展前途及其配水要求，用以符合综合利用的最大利益。

3. 灌区内定场开发程序，农业工作机械化程度以及土壤改良上的农业技术措施和水利措施的结合方面，应列入规划内统一考虑安排。

4. 灌区内对大片的沼泽化土地，应进一步研究改良措施，并研究对地下水的利用。

5. 决定主要水库的兴修方案，再随之解决二、三期工程开发次序的合理安排。

6. 根据重新划分的土壤改良区，确定每一土壤改良区轮作及灌溉制度，进行渠道流量计算。

7. 总干渠衬砌，建议全部改用沥青混凝土（注：在没有石料的情况下），加做跌水减低流速，再与其中较大落差，减少发电站数量作经济效益上的比较，同时再建议参考苏联专家意见，为便于集中落差及防止沙石淤积采用暗管（压力水管）办法，在经济效益上作研究比较，根据工程要求与经济效益做最后选择，另外建议在排沙闸以下修一段混凝土衬砌，接近灌区附近一段用红土、沙子、石子混合料衬砌。

8. 渠首工程建议在就原设计第一方案闸坝位置沿东岸稍向下移，避免开挖隧洞与第二方案作经济效益上的比较选择。

9. 总投资数超过计划任务书数额时由省内自行调整解决（原计划任务书扩灌指标为40万亩，投资指标为1100万元）。

省纪委根据上述国家建委和水利部审核意见，为使百年工程任务能按期完成，决定总干渠衬砌沥青混凝土、跌水跌差基本采用5公尺。渠首工程比较方案，同意中央审核意见，同时决定可以先行备料及部分土方和附属工程的施工。

本期工程原计划于本年7月份进行施工，根据上级指示，由酒泉□□□□与省水利局共同主持筹备有关施工各项事宜，按时开工。7月11日于酒泉□□□□召开了会议座谈讨论了施工问题，参加者为□□□□、水利局、营马场第一农场、□□□□、玉门昌马河水利工程队，共计15人，会议就机构组织、施工规划、工程单价、劳动力调配、运输供应及施工防寒设备等问题，初步讨论作了以下的各项决定，兹摘要：

1. 机构组织方面：拟成立昌马河灌溉工程委员会，全盘指导有关工程，进行事项，并成立昌马河水利工程处具体指导工程施工工程委员会，设主任委员一人，副主任委员四人，委员十人（后经报准增为十一人），工程处设处长一人，副处长，二人事，处内设工务科、办公室、财务科、器材供应科、工程队、工区四个，以上共计行干100人，技干46人，工人34人，总计180人，其中□□□□共计调配85人，水利局共计调配94人，玉门县人民委员会调配1人。

2. 施工计划：本年施工项目为渠首闸坝的基础工程，于9月上旬开工，11月上旬停工。总干渠土方工程布置于分水闸以上12公里以内，争取冬季施工，完成数量为100万公方。东西干渠本年不施工，集中力量完成北干渠干支渠全部和斗渠部分土方约50万公方及建筑物工程，并在北干渠营马场石场及东干渠石场备采石料一万公方。及东干渠的部分土方工程，相应的各种备料工程，工程总量为366万方，根据劳动力的供应情况，力求施工地点集中，便于管理与领导，现计划渠首工程依原计划进行，9月上旬开工，11月上旬停工，总干渠土方工程布置于分水闸以上12公里以内，争取冬季施工完成数量100万公方，东干渠本年不开工，集中力量完成北干渠干支渠全部和斗渠，部分土方共约50万公方及建筑物工程，争取10月底通水泡地，北干渠饮马场石场及东干渠采石厂，各采石料一万。

3. 劳动力调配，全部劳动力皆由酒泉□□□□调配，北干渠于7月25日开工，总干渠于8月1日开工，本年劳动数量初步计为60万工日。

4. 工程单价：各种单位工程单价，皆遵照1956年国家建委及中小部厅颁发全国统一建筑安装费用施工定额制定，工程单价内所包括间接费部分，根据前与公安厅，所拟定之15%计算，普工资为1.5元，开石工、混凝土工、钢筋工皆为1.8元，砌石、砾石、技工及木工、石原定工资2元，后增加为2.2元，各项工程施工所用的小工具，参照铁道部第一工程局规定的消耗率计算列入单位工程单价内，由□□□自备，大型施工机具由工程处供应。

5. 运输力供应：运输力的供应是昌马河工程施工中关键性工作之一，需要加强筹划解决计划，估计划除原设计购的十部运输卡车，增列为十五部，并增购胶轮车20辆，长途运输请酒泉运输公司担承，对于全部运输力的不足部分，则由□□□□抽调汽车或胶轮车支援完成任务。在开工前计划列购汽车未置到时，由水利局就现在运输力量中调配汽车2辆以供工地需要。

6. 施工防寒设备：为了按期完成任务，进行均衡施工，拟增列防寒费10万元，解决2000人的皮衣衣帽及部分毡靴手套等。

7. 工棚问题：所有□□□□的工房，均由□□□负担自行解决，但另有就业工人1000名，需由工程处解决工房，估计需工房修建费36000元。

8. 预付款项：为了施工准备工作的需要，计划于开工前于工程经费内预付酒泉□□□□工款20万—30万元，开工后由其列清于各□□□的收方结账款内分期扣还。

上述筹备会议的决议已于7月下旬经省农林厅转报省计委审批，除增购汽车暂不报请中央外，其余各项决议均已批准，并明确工委会由省农林厅领导，工程处由省农林厅水利局领导。关于筹备及施工情况及其目前计已配到职工91名处长尚未派到，副处长二人已到职，至于技术设计工作，为了配合加紧施工，已于8月初派来设计组在玉门进行，在土方工程方面，北干渠于8月4日开工，劳动力最高至1100人，目前为400人，总干渠于8月21日开工，劳动力为1200人，共计已用劳动力27430工日，完成土方55960公方，在工程器材储备方面，洋灰、木料、钢筋由省调配可以赶上供应，沥青正洽购中问题也不大，现在最困难的是运输工具尚未得到妥善解决。

昌马河水利工程中工作量较大，由于我们力量薄弱加之准备工作抓得不紧，存在的缺点和问题很多，希望各有关单位大力支援，各位委员大力领导。

二、提请讨论的几个问题

1. 机构组织与干部配备

①即日成立工程处，并要求在9月份内分别负责按质按量完成1956年职工150人的配备计划，工程处原计划分配科、室、队与工区等九个单位，编制职工180人，其中办公室编制18人，负责办理秘书、总务和人事管理的工作，现因考虑到它的事务繁重，人事工作合在一起生恐影响到全体职工的学习教育、安全卫生和党团工作，故拟于工程处添设人事科，负责办理职工管理教育、生活福利、安全卫生、保卫检查及党团工作，人事科设科长一人，共编制5人，其编制名额拟在总编制180人内，办公室减少3人，公务科减少2人调剂解决。②为了在施工中与群众取得密切联系，进一步了解具体情况，改善施工措施，要求玉门和安西县人委会除由玉门县参加县科、部长级领导干部一人，请即派来外，再由玉门县配备乡级领导干部3人（1956年先派2人），安西县配备乡级领导干部2人（1956年先派1人）参加工程处或工区工作，所派干部的工资及办公福利等费自到职之日起改由工程处开支，这样由县配备的干部比原计划增加5人，拟由省水利局减派2人，酒

泉□□□□减派6人平衡解决。

2. 工程方法的修改、施工进度及劳动力的调配和警戒工作问题

于7月份在酒泉举行的施工筹备会议中，根据饮马场农场已经建场与开荒播种的实际情况，并为了便于集中管理起见，决定1956年的施工着重于北干渠及总干渠工程，东西干渠暂不开工，现在经过现场进一步观察和研究，东干渠部分渠线需经过沼泽地，1957年春季开工，地下水上升将增加施工难度，在原规划中部分巩昌河需要改道，通过北一支渠与东干渠中间的天然沟道泄出，此天然沟道系计划中的排水支沟，如能配合巩昌河改道提前完成此一排水支沟的开挖，对于1957年东干渠渠系工程的开展，可降低地下水有利施工；对于开荒洗碱改良土壤也有好处，此项工程的工作量约为5万个标准工作日，在今年计划60万工日中调剂解决，另外总干渠拟大部分改为卵石衬砌，需在昌马大坝附近采取大卵石6万多公方，需在河水结冰以前完成，这项工作约需6万工日，要求及早调配办理。

在总干渠的施工方法上，原计划16公里以上采取钢筋洋灰混凝土衬砌，16公里以下采取沥青混凝土，后经张掖专区水利局等部门的建议，并经实地勘察分析，已基本上改为石料衬砌，初步意见进水口至20公里底帮全部采用干砌卵石，下喷沥青铺沙砾做垫层，平均流速限制3.0秒公尺，20—30公里采用干砌卵石铺底，沥青混凝土铺砖砌帮，平均流速限制3.0秒公尺，30—40公里采用干砌开山片石铺底，沥青混凝土砖砌帮，平均流速限制3.5秒公尺。工程所用工程材料较原计划增加片石约14000公方，卵石约68000公方，沥青较原计划减少3610吨，只用5600吨，洋灰减少6800吨，并增加陡坡6座。唯配合发电采用5尺落差陡坡，增加土方数量约45万公方，除需增加劳动力外，还要增加工地运输力量。现计划自营马场一带石场坐片石14000公方，运距平均26公里，使用15辆汽车，实际工作日约需160天，卵石运输除远距离计划使用人力、□力、胶轮车运输搬运外，计划使用汽车转运卵石以30000方计，平均运距以20公里计，使用20辆汽车，实际工作日约需200天（现正研究冬季冰上运输，工作日可能减为80天，汽车仍需20辆）。其他工地转运洋灰、料石等尚需汽车10辆，工地物料运输共需汽车45辆，目前汽车购置困难，估计今年能购到10辆，□□□□调配10辆，相差25辆。拟请专区运输公司，除解决昌马河长途工程材料运输外（包括沥青），此项工地物料转运工作亦请大力支援，要求9月下半月支援5辆，10月份支援15辆，11月份及12月份均请支援25辆，此外工地□转砂料约5万公方，短距离16万公方，除工程处自购胶轮马车50辆，人力胶轮车300辆外，并计划用预付运费6万元，与玉门县群运站订立合同，购置胶轮马车20辆，请建设银行核准发款。

工程中所用各种劳动力完全由酒泉□□□□供应，全部工程计划需用普工约255万，各种技工125000，依七月份施工筹备会议决定，本年度做工60万，饮马场农场担任挖土工具全部开石工约13万工日，总干渠至8月下旬到达工地3700人（包括渠首基础工400人），截至目前，一方面因为技术工艺有不足，另一方面营马场农场劳力时有变动，总干渠劳力亦为到齐，依计划工作量计算，除北干渠要求营马场农场分配固定劳动力，完成原定任务外，总干渠及第二农场需要增加劳动力至4700个，1957年3月1日到达工地7000

人，自4月1日起至9月底，工地保持劳动力10000人，9月份减至9000人，10月份减至5000人，11月份工地仅留劳动力2000人做工程结尾工作，至11月半全部工程结束，并将本年度各种劳力数量列举如下：①

(1) 普通工	总干渠第二农场　4700	北干渠1200（包括开石、采砂等普工）
(2) 开石工	总干渠第二农场	北干渠　300
(3) 木工	总干渠第二农场　60	北干渠
(4) 泥瓦工	总干渠第二农场　40	北干渠
(5) 砌石技工	总干渠第二农场	北干渠　100
(6) 干砌石工	总干渠第二农场　100	北干渠
(7) 混凝土工	总干渠第二农场　50	北干渠
(8) 钢筋工	总干渠第二农场	北干渠

本年度施工范围除北干渠全部渠系工程与总干渠土方工程外，计划开工的尚有巩昌河改道及排水道工程、渠首基础工程、营饮场开石、十二墩、东干渠开石、总干渠采用卵石等工程，地点相当分散，在渠系建筑物上，更因单位工程数量不大，工点很多，在这种情况下，对警戒工作就有一定的困难，但为了适应水利工程的施工具体情况，要求武装部门研究设法解决零星工地施工的警备问题，另外在使用劳动力方面，工程队应预先进行统计工作，根据生产队员本身的具体情况，分别其需要警卫的程度，实行编组分配工作，力求既可供应各工点的劳力数量，又能精简警戒力量，使工程顺利进行。

3. 施工管理：昌马河水利工程是为国营农场服务农场，又由□□局经营，工程处领导全面施工，所以无论在工程管理与劳动管理方面，因目标一致，立场也是一致的。在工程实施中，我们共同的中心任务，是必须加强管理，不断改进工作方法，逐步提高工作效率，保证工程质量，按期按工程定额完成任务，经过1月来的施工，粗估工效，仅达到计划定额的65%左右。就客观方面讲，因为一部分是新□工，而且工作也刚开始，但主观方面，由于彼此交流意见和贯彻不够，对于发挥生产队员的工作积极性，以提高工作效率，在不少的基层干部中上关心不足，存在着做不出来由国家供应或求提高单价的想法，所以现在的关键在于在基层干部中克服本位，统一立场，贯彻“提高效率，节约国家投资，做好工程质量，保证使用，并减少□□”的多、快、好、省的建设思想，发动全体人民想办法、找窍门，做好劳动组合，发现培养并推广先进的工作方法，严格避免施工浪费，为了鼓励工作积极性，同时必须明确交代任务，在承办的方式上，应结合实际情况实行包方包段，如在土石方工程方面，凡土质均匀或对土质能估计接近正确者，皆可签订阶段合同，总收方总结账，如土质复杂需要工□鉴定者，则根据不同定额，估计工率，实行任务签发办法，对于建筑安装亦根据统一定额，就单位工程签发任务，逐步达到计划管理，凡不易计方如基础排水一类工作，可以实行理工计价包作。在达到提高效率的同时，生产队对及队员需在政治上或物质上实行奖励。另外现在营马场赢第一、二农场建场任务中，除修渠

① 编者按：此表数字有缺失。

外，还有基建及开荒平田灌水等工作，任务一多，平均推进，修渠一项就可能被挤掉，同时修渠任务无论在农场或将来的总干渠及西干渠上，若参加的单位都不止一个大队，所以为了统一领导，密切联系，共同研究推动工作起见，拟于各工区各成立施工管理委员会，设立主任委员及副主任委员各一人，委员人数不等，有关农场的工区主任委员由厂长担任，副主任委员由工区主任担任，不关农场的工区，由工区主任担任主任委员，由大队长中推选一人担任副主任委员、工区副主任，参加本工区施工的大队长及个别中队长和个别技术干部为委员。凡属作业计划布置，依期完成任务，重大施工方法变更等都由该委员会集体讨论决定，施工管理委员会由工程处直接领导，在农场进行修渠与建场的同时，应该成立渠工大队与基建工作分工实行专业。

4. 渠首工程：本工程渠首工程原初步设计，位于昌马大坝千佛洞下河床上，此处与峡口沿河距离约五公里多，尽为砂砾河床沙澧河潮，用渠道相应引水量来估计此段河床渗漏，当水量为15秒公方时渗漏量约为1.8秒立方公尺，当水量为56秒公方时渗漏量约为3.1秒立方公尺，为了防止这种渗漏，应当考虑渠首工程上移，经过最远探测，将渠首移至峡口附近引水，从地形上布置，需要添设隧洞一座及高落差陡坡两座，隧洞长约2600公尺，全长约52000公尺，经估算需要增加工程费200万元，渠所经地带，从外表上观察，土质属于砾岩，但是仍有不少变化，需要进一步钻探测定，如不及时准备亦恐影响本期工程的开工，同时还要增加工程预算，因此我们意见，渠首工程本期不予改变，仍照原计划进行施工，将来可以在挡水坝附近上游河床实行防漏处理，此项工作亦可随灌区荒地开发的情况决定施工时间，并继续做好渗漏及地层测验工作，为采取技术措施准备资料，再根据测验成果分析渗漏水量对发展灌溉的影响程度，作为防漏措施是否需要举办的依据，初步计划如渗漏量影响发展较大，则将此项工作列为第一期工程施工项目之一，于1957年汛期后开工。

5. 对于渠道占地的处理问题：铁路基建部门在玉门境内对占用群众地亩规定有给价收购办法和标准，昌马河水利工程对于农民的直接效益是改善用水和扩大耕地，所以对于占地处理问题，我们初步意见是，尽量采用荒地兑换，如被占地农业社或农户附近有荒地可资开发者，则以同等数量的土地兑换并补价其整地工费每亩六元，如被占地农业社或农户没有相宜荒地可以兑换者，则参照铁路占地给价标准按2/3给价收购，采取兑换荒地或给价收购，由各乡人民委员会主持订定。

本工程的各干支斗渠双方工程均必须在1957年夏收前开工，故渠道需占的耕地应在明年春耕前由工程处测定全部用地，边□，以避免种子和施肥等损失。

6. 作物组合及配水意见：第一农场的东部和第二农场的中南部是地下水位很高的地区，并发生土壤春潮的现象，故为防止灌溉后地下水再度上升而形成沼泽化及次生盐渍化旗舰，除开挖排水系统之外，采用合理的轮作制度也是一个极其重要的措施，因之选择了以小麦为主的九区轮作制，其中各类作物的百分比为：①春小麦56%，②苜蓿22%，③豌豆11%，④亚麻11%。

第一、二农场的区域部分地下水位较低，土壤盐渍化的程度也比较轻，故选择了以小麦为主的八区轮作制，其中各类作物的百分比为：①小麦50%，②草木栖12.5%，③秋作物25%，④黄豆12.5%。

第三农场地下水矿化程度较大，需要冲洗盐分，但其位置较第一农场约低100公尺（海拔1290），月平均气温降低农场至少高出1℃。总而这一地区对于植棉较为适宜，但为达到渠系上的合理配水，更为满足国家在河西开辟新棉区的需要，因此选择了以棉花为主的九区轮耕制，其中各类作物的百分比为：①棉花56%，②苜蓿22%，③春小麦11%，④黄豆11%。

对于划给国家的地区，因一般农民耕作种类比较杂乱，因此选择了以小麦为主的十区轮作制，其中各类作物的百分比为：①春小麦40%，②棉花20%，③苜蓿10%，④亚麻间豌豆10%，⑤马铃薯10%，⑥谷子（或玉米）10%。

各种作物所占面积统计如下表：

农场名称	播种净面积/市亩									合计
	春小麦	苜蓿	豌豆	亚麻	草木栖	谷子	黄豆	棉花	马铃薯	
第一农场	55500	11010	5505	5490	6870	13755	6870			105000
第二农场	78000	14460	7245	7245	10320	20655	10320			148245
第三农场	8310	16800					8310	42750		76170
农业合作社及开垦荒地	99435	20460	2580	21495	2655	24240	2655	37845	18930	233895
总计	241245	66330	15330	34230	19845	58650	28155	89595	18930	56310

农场小麦播种面积可达141810亩，农业合作社耕地及荒地小麦播种面积可达99435亩。

甘肃省农林厅水利局昌马河水利工程处

甘肃省农林厅昌马河水利工程委员会第一次会议（扩大）纪要

1956年9月6日　　甘229-2-171

会议自1956年9月5日下午开始，至9月6日中午结束，共开会两个半天，这次出席的委员及委员代表15人，列席同志16人，共31人，由副主任委员高鹤龄专员主持。

会议听取了杨子英局长代表昌马河水利工程处所作的“关于超马河第一期工程实施问题”的报告，经讨论决议如下：

一、昌马河水利工程意义重大，任务艰巨，必须各有关方面的大力支援，才能胜利地完成任务。

二、基本同意工程处所提出的报告，除了下面几点应按决议意见修改或补充外，其余均通过，并授权工程处上报。

1. 经费拨支问题：(1) 按照银行的监理制度，应即报送设计文件及按季按月编制预算，兹根据甘肃省人民委员会准先局部开工的批示，和为配合加紧施工起见，在技术设计尚未作出批准以前，酒泉建设银行暂按照初步设计拨款，工程实施中如需款计划有变更时，变动较大的应由工程处逐级报省计划委员会通知执行，小的变动如零星用具器材等超计划的购置，可报省农林厅或张掖专署批准后先行拨款，后在技术设计中叙明理由，请省纪委追认。(2）关于玉门群众运输预付6万元，订立承运定例合同购置胶轮马车20辆问题，因预付款本年度内不能扣清，故只能可在今年内扣请的条件下最多不能超过3万元，否则可由工程处在已批准的20辆胶轮马车计划中自购。

2. 运输问题：(1）自玉门东站、清水及玉门油矿运至玉门县城的器材，只要按规定时间报送计划，酒泉运输公司可以全部解决工地运输汽车，9月份的五辆由酒泉运输公司照拨。10—12月份所需的汽车，只要按时报送计划，均可满足要求，为了照顾实际困难，酒泉运输公司对于昌马河工程的运输困难，只要出入不大，可在长短途运输量中互相调剂更改。(2）酒泉□□□□亦因运输力困难，今年只能给工程处调配到五辆汽车。

3. 劳动力问题：(1）渠首捡石及挖基工作机即派去就业工人1000名开工。(2）1956年原计划完成60万工作日，现引调配设备困难，拟改为50万工作日。

4. 关于干部、工人和□□的食品及生活品的供应问题，由玉门县贸易公司负责解决，设立工地流动供应组，货品由□□□运送，网易公司则按玉门价格价格供应。

5. 机构组织及干部问题：(1）工区施工管理委员会应增加有关部队建设干部为委员，又在必要的会议上可邀请有关部队的营级干部参加。(2）玉门县应派的县科部长级干部一人有困难，改派较强的科员级干部。

6. 渠道占地的处理问题：(1）尽量使用荒地调换，调换是在面积上掌握调整，可不给荒地补价费。(2）如无适宜的荒地调换者，则所占耕地按铁路局标准约3/4发价，所占民房坟墓，都按照国家规定标准发给迁移费。

7. 昌马河第二期工程为了配合安西的北干渠工程，要求渠道工程争取于1957年开工。

8. 关于工程处办公室等的修建地址问题：结合原来的管理处，所需的办公室和宿舍，应设于县城北郊，可购较次耕地12亩，作为修建地基，其余仓库、车棚及预制厂等，均可设在县城西郊的戈壁滩上。

三、工程委员会定期每半年召开一次，遇有紧急的重大问题，得由主任委员临时召开，闭会期间的一般紧急问题，主任委员可以酌情处理，于下一次的委员会中加以追认。

甘肃省农林厅昌马河水利工程委员会

附件：

甘肃省农林厅昌马水利工程委员会第一次会议出席名单

委员：张掖专署高鹤龄专员、酒泉□□□□黄钲局长、中共玉门县委鲁愚书记、玉门县刘□章县长、张掖专区水利局段子敬局长、昌马河水利工程处惠权瑞副处长、李鸿璋副处长、酒泉商业督导处董学谦经理、酒泉粮食局刘隆昌局长

委员代表：省水利局杨子英局长、酒泉建设银行吕文告同志、3594部队代表张孝英、邵贵财同志、安西县蔡柏林副县长、酒泉运输公司何峻岷同志

列席：酒泉专区银行督导处张志雄同志、公安厅杨栋山科长、饮马农场白秉璋场

白领长、昌马河水利工程队邢千吉副队长、酒泉专区水利局张守宽工程师、玉门县水利科崔光明科长、省水利局刘荣工程师，安西县水利科马培彪同志、农林厅荒地勘测队贺涤新同志、昌马河水利工程处王世选、王自立、梁锋、周瑞、李建邦、李景洲等七同志

关于验收昌马河第一期工程及双塔水库工程开工和机构组织意见的报告

1958 年 6 月 20 日　　甘 232-1-204

水利厅：

昌马河第一期工程渠首及总干渠工程已于去年基本完工，今年二、三月间收遗留尾工完成，于三月二十七日试水至目前为止，已将所有启闭机及闸房安装就绪，并于六月四日放水达二十三秒公方，经过大水试验，除个别陡坡，下游有冲刷现象之外，其他方面均甚完整，东、北、西三条干渠至今年三月十五日正式开工以来，经过全体职工苦战跃进，结果各个干渠亦先后于五月十六日至六月四日正式通水，还有支、斗、毛渠及排水系统均将于七月底全部完成。目前工程处工作，出大力完成第一期工程尾工外，并开始了双塔水库工程的施工（已于六月三日开工）为了集中施工力量及加强渠道管理，充分发挥灌溉效益起见，必须将第一期工程移交管理单位。兹决定于七月三十日请厅内组织有关单位前来玉门工地进行工程验收，以便辅疏勒河管理处进行管理。

昌马河工程处公务科

疏勒河系昌马河渠道工程管理养护暂行规程（草案）

1958 年 9 月 19 日　　甘 232-1-273

玉门、安西县人民委员会、饮马一二三场：

依据昌马河第一期工程移交会议精神，由昌马河水利工程处协助疏勒河系管理处草案“昌马河渠道工程管理养护暂行规程”（草案），已经草案就绪，希您县、场将草案寄发各所属乡、站，进行讨论，结合本单位养护渠道具体情况，提出书面意见，所提意见于 10 月底前送交我处，以便进行修订。

此致

敬礼

抄报：张掖专属水利局　昌马河水利工程处

张掖专属水利局疏勒河系管理处（印）

附件：

疏勒河系昌马河渠道工程管理养护暂行规程（草案）

第一章　总　　则

第一条：为了加强渠道的经营管理，保证行水安全，发挥和提高工程的输水能力，防

止土壤盐碱化，并提高工程寿命，特别制订本规程。

第二条：昌马河渠道工程（以下简称本工程）以农田灌溉为主。随着农业电气化的需要，在不影响农业用水的情况下，适当地有步骤地发展水电经营。

第三条：本规共分四章十八条，由昌马河工程处协助疏勒河系管理处拟定草案，报请张掖专员公署批准后正式执行。在批准期间灌区暂按规程试行经营管理。

第二章　管理组织及养护范围

第四条：根据灌溉面积及技术要求，本工程由张掖专员公署水利局（以下简称水利局）疏勒河系管理处统一经营管理，并结合灌区各有关□位进行养护。其养护范围划分如下：

一、总干渠

管理处除负责经营外，并负责分闸至总一分水闸的渠道工程养护工作，下设三个站：

1. 渠首站：负责昌马河系渠道水文测验，掌握渠首输水量及渠首至17号陡坡间的渠道及建筑物的养护工作。站址设大坝。

2. 黑崖子养护站：负责17号至43号陡坡间的渠道及建筑物的养护工作，并负责调整下游水量及该□的冲泄洪等工作。站址设黑崖子泄水闸。

3. 南阳镇平衡配水站：负责灌区计划配水，执行和检查用水情况，领导灌溉试验，指导灌区配水及田间工程，检查灌区各级渠道的养护状况，并负责43号陡坡至总一分水闸的渠道及建筑物的养护工作。站址设南阳镇总一分水闸。

二、各干渠及主要斗、支渠

总一分水闸至总二分水闸——由南阳镇乡负责养护。

东干渠：

总二分水闸至9号陡坡——由西红乡负责养护。

9号陡坡至东三分水闸——由饮马二场负责养护。

东三分水闸至渠尾——由饮马三场进行养护。

北干渠：

总二分水闸至北一分水闸——由黄花营及黄闸湾分□负责养护……①

昌马河渠道工程检查报告

1959年4月7日　　甘232-1-268

昌马河渠道于1958年6月放水至11月灌溉了17万亩的夏秋作物，对1958年粮食大丰收起了一定的作用。同时还秋冬泡地约20万亩。保证一九五九年粮食更大的丰收打下了良好的基础。经过半年来的放水考验。总的来说工程质量是好的，大都达到了预计的标准。发挥了它的灌溉效能。但由于规划设计与当地实际情况结合得不够；洪道放水后被冲坏的地□很多，亦给管理养护上带来了不少困难。

① 编者按：此文件以下残缺。

由水利厅、专属水利局、疏勒河灌溉管理处、玉门市、安西县共同组织了检查组于四月四日至六日检查了渠道工程。四月七日共同座谈讨论研究检查情况，并提出了工修意见，将讨论的几个问题报告如下，是否，请指示。

一、渠道冲刷的情况

渠道工程：溢流□坝面冲还约有15%左右，下游因□消□反游坦□备，河床刷深，靠坝脚处深达2公尺左右，尤其右岸和土埂连接部分更为严重。溢流□与土坝间之导水□打因河底冲深而坍塌，去年整修冲刷闸及总干渠时把水全部导向西边，现在除水量泛溢流□流走一部分。大部分绕土坝前向东流，经冲刷闸。土坝前坡脚下河床亦冲深1公尺多，直接影响着土坝的安全。冲刷闸护堤出口去年被洪水冲坏，整备时仍未彻底解决，护堤力度不够经不住洪水的冲刷，必须在洪水前加固以保证建冲闸的安全。

总干渠：渠道工程比较好，个别冲坏及冻裂部分正在整修。沥青现砌渠道，凡地基为砾石层的均较完整，砌于壤土上的因冰冻关系膨胀凸起，产生裂缝等现象。混凝土部分由于卵石沿渠道滚动磨损较大。表面成为凹凸不平的坑。个别地段的小坑深达5公分以上，一般的为1—2公分，虽对渠道安全通水没有影响，但工程寿命不会长。在47、48号陡坡间，有200余公尺的一□边坡混凝土与沥青接头部分，沥青砖高出混凝土面3—5公尺，该□混凝土因系冬季施工质量不好现已剥落，卵石浆砌的部分经过半年多放水及冬冻春消情况良好。

渠道附近建筑物除分水闸及桥梁完整外，陡坡冲坏得最多。其中陡坡冲坏得最多，其中1号及20—23号等5座冲坏得厉害。1号消力槛下游渠道冲深1—2公尺。20—23号上的人工糙面全部被石头打掉，消力槛混凝土表面打坏，钢筋外露。22号出口渠底亦冲深一大坑。灌24号（黑崖子排沙闸）至51号（南阳镇分水闸）间的陡坡泄水槽底，人工糙面和消力槛被冲打坏，一再打坏的程度为30%—50%。

53及54号陡坡，今年三月二十七日放水时全部冲坏，渠道放水为4.7秒/公方。下午六时半管理人员发现渠道内有淤淌，立即乘脚踏车跑到总一分水闸关闸退水（距离1920公尺），闸门关闭后渠内尾水继续下流，半小时内就全部冲垮。这两个陡坡都是灌建筑物前钻水洞而掏空建筑物下面的坍塌，53号仅左岸免水槽和消力塘一段的侧坡及消水塘底还存在。控制口裂缝倾斜，其余全部倒塌。54号除消力塘底完整外其余部分虽未倒塌，但均裂缝倾斜或凸起已不能继续使用，裂缝最宽者达30公分。

启闭机损坏情况：冲刷闸（向西）36吋大盘轮和大轴结合处的轴承裂口一个。另外一个36吋大盘轮牙损坏22个，大轴变形不能启闭。

□水洞：颈孔36吋的主动轮轴弯曲，大轮结合处裂口的三个。两个大轮的主动轮损坏。

每个启闭机的大轴都有不同程度的弯曲。

渠道排沙闸：36吋大轮轴承处裂口，黑崖子排沙闸拉杆坏一组。节制闸大轮损坏一个。

东干渠和北干渠：渠道均有程度轻重不同的冲刷，尤其陡坡出口因消胀情况不好，渠道两岸冲刷严重。东干渠5号陡坡上面约300公尺处填方渠堤冲坏长5公尺，宽4公尺，深4.5公尺一处（□□去年秋灌时也曾发生过决堤事故），建筑物中也是陡坡发生的问题较多，但不严重，一般是土冻裂缝。其中东干渠50号陡坡较严重。水灌进口处的两角漏进去由消力池侧坡石缝渗出来。掏空背后填土边坡裂缝沉落。现已拆掉重修。

二、工程冲坏的原因

经过检查分析研究，我们认为渠道及其建筑物冲坏的原因有以下几方面：

1. 设计方面：渠道溢流□无护坦，因而冲刷河槽。冲刷闸出口护坦太短，且质量不高（部分为干砌卵石）抵抗不住5公尺以上的高流速。边坡及截水墙基础下得浅，因而造成1958年洪水冲刷整个混凝土墙的事故。所有陡坡消力池都小，水能不能完全消失，水故延伸到出口20—30公尺处。据西北水工试验所的试验，出口须有40公尺的浆砌护面，才能避免冲刷，实际灌堤护面只有5公尺，因而出口两岸的干砌卵石被冲垮。每个陡坡冲坏一没石头，就被水冲到下游，愈到下面石头越多，陡坡损坏亦愈大。20—23号冲坏严重就是这样造成的。因23号以下为黑崖子排沙闸，大石头大部分存在沉沙池内。因而黑崖子以下陡坡冲坏的情况又稍好一些。同时在□渠道上加建很多消能建筑物人为地制造了一些弱点。即或全部为混凝土渠道也难免不发生问题，何况干砌卵石渠道。若是一块石头不掉那是不符合实际的。所以规划设计上存在着很大缺点，尤其混凝土人工糙面。河西地区水量宝贵，无水经常冲沙而砾石多，渠道内不可缺少的有砾石等推移与这一客观现实相违背。因而所有混凝土表面均有程度不同的冲坏磨损。同时试验研究工作偏重的于沥青混凝土。且在砾石片上壤土地区及土渠上没有试验资料。所以土渠上的建筑物也和砾石应上同样对待。截水墙深度仅60公分起不到截水作用。又因气候严寒渠道冻裂，水道建筑物下面穿过将土带走。53、54号陡坡就是这样垮的。土渠□的□砌渠道及建筑物背后砾石垫后没有或者很满（20公分）。因而沥青砖护面及一部分建筑物（特别是地下水高的地方），有冻裂反塌陷或凸出等现象。

2. 施工方面：1958年6月份放水以后到7月间总干渠水量逐渐加大到15—17秒/公方时（设计流量57秒公方）。水路就延伸出消力池以外数公尺，水流波浪喷到免水塘侧坡以上，并且冲坏了出口处干砌卵石护坡。当验收渠道时发现渠首及渠道冲坏很多。会议决定渠首及总干渠冲坏部分由昌马河工程处负责整修，并把总干渠陡坡下游的干砌卵石改为浆砌。一再砌20公尺。工程处仅整修了一部分。溢流□护堰没做，冲刷闸出口只修补冲坏部分没加长。陡坡下游的卵石亦未浆砌。渠道一直放水，坏的部分也随之增大。虽1959年□月份工程处拨给1.5万元整修工程，但因工程冲坏得多，仍不能解决总干渠的全部整修材料费用。

另外北干渠陡坡一般质量较差，块石平砌（厚度仅15公分左右）、大面向上、坐浆不稳、底下空隙多，石头被水冲翻，陡坡出现漏洞。施工过程中与设计单位联系得不够紧密，虽在施工中发现了设计中存在的一些毛病与缺点。曾向设计单位提出修改意见，设计人员不同意，就没有再坚持。如西北水工试验所代作的陡坡试验，资料送来陡坡大部分修成。认为不能起施工指导作用。但当时若和设计单位积极主动研究，还是可以补救的而没有做。

3. 管理方面：在渠道验收前管理处只负责灌区的配水，灌溉工作，渠道放水的大小根据用水情况和工程处联系增减。渠道管理仍有工程处负责。7 月下旬渠道验收报告移交给管理处管理。在整修放水期间总干工程处负责管理或管理处负责管理。当发现渠道被冲坏时没有立即停水修补。尤其 8 月 5 日总干渠放水 43 秒公方，虽维半个小时但因水大顷刻间冲坏很多。因浇水紧情仍未立即停水整修，致使卵石愈冲愈多，破坏很多陡坡。同时 1958 年冬灌到 11 月中旬才停水，渠道受冰冻影响，今春消后，土壤疏密，没生漏洞。放水前没有发现，另外因管理人员较少且经验缺乏，也没有主动地和工程处联系养护渠道应注意的问题与兄弟单位的管理经验。对渠道检查不够及时，也没有检查记录。同时由于工程处及全部按会议把渠道整修完善更有些怨言，双方互相都有些意见，就借口说是工程处没把责任尽到。因而管理处本身的主观能动性发挥得不够。

4. 启闭机的损坏主要是机械设计力量不够，其次是操作技术不熟练，自己不会修理，小毛病修理不及时就会出大问题。

三、整修意见

溢流□坝面仍浆砌卵石修复，护坦用芨芨草装石笼铺底 1—1.5 公尺（靠土坝附近铺 2 公尺以上）长 10—15 公尺。下游作一白灰沙浆砌卵石截水墙深 3-5 公尺，右岸（靠土坝的一岸）作石笼挑水坝，把主流逼向左岸。导水堤源头及中间部分亦下石笼围砌，土坝上游坡脚抛石护底。冲刷闸出口加长护坦 30—50 公尺，厚度 60—80 公分浆砌卵石。右岸也浆砌卵石护坡。这些工作在洪水前全部作好。

陡坡整修根据冲坏的情况结合流水间隙分别修复。其中黑崖子以出在夏灌前完全完成：即 1 号陡坡在原消力池的下面接着再作浆砌卵石消力塘。22 号免水槽及消力塘底部混凝土上面浆砌一层卵石。消力塘下面接连再作一个浆砌卵石消力塘。20、21 及 23 号免水塘及消力塘底部混凝土上面均浆砌一层卵石。出四护坦及侧坡已浆砌整修，暂不用改建，并和 22 号对比。观测过水情况看消能效果。给今后整修陡坡提供资料，24—50 号在不影响灌溉而又保证渠道能正常通水的原则下分期分批地于明年夏灌前全部整修好（包括解决消能问题）。凡人工糙面打掉一半以上的靠上面砌一排卵石。底部钢筋外露且混凝土破坏严重者，普通浆砌卵石一层，损坏不严重者仍用混凝土修补。至于出口护岸部分根据 22 号及 23 号观测对比其优缺点后，再决定改建或加护坦及侧坡。53、54 号群众已用树梢埽捆及胡麻草等修建时陡坡，暂维持通水。到夏灌结束把石料、水泥、石灰等材料备齐后停水修复。再修时混凝土全部改为浆砌卵石，以即省水泥。并把上游截水墙加深 1—1.5 公尺失两道。砌石下面加垫面砾石。其磨皮和砌石总厚度应大于 1 公尺（大于冰冻厚度），出口应流出水孔，避免砾石层内存水影响建筑物的安全（见附面）。

□砌渠道基本上没有大的问题，现已整修。只有 47—48 号陡坡之间的一段混凝土已剩□脱冻坏的须在夏灌前修复。把冻坏的混凝土打掉砌上卵石即可。

启闭机除冲刷闸的一个大齿轮齿牙已损坏 22 个，必须更换新的，其余加以修理还能使用，因目前实在缺之到以后逐步更换。

（整修工程所需器材及劳力见附表）

四、存在的问题及今后的一些意见

1. 灌区大，管理人员少，有顾此失彼的现象，尤其今年渠道整修工作量大，技术力量更为缺乏。因此希望双塔堡工程处把技术员和技工迅速□给管理处工作，并请工程处对技术工具等方面予以大力支援。

2. 管理处对工程管理定出管理养护制度，加强观测记载，及时检查。发现问题及时处理。渠道有冲坏的地方应立即补修，如需停水时亦可以停水半天或一天的时间突击完成。必须做到随坏随修，每个陡坡进口处沉沙池应经常清理使其发挥作用。因这一工作是经常性的，必须改良工具使不进水或少进水，就能挖出沙石。

3. 因为整修及抢修任务大，建议管理处的玉门镇及安西调60—80个长期工人，沿岸养护。渠道冲坏时立即突击抢修，平常准备修补陡坡的石料。

4. 建议把旧渠道用木头闸和树梢做成临时的引水口，并备加整修。以备新渠道发生问题不能通水时拦临渠引水灌溉，避免田禾受旱、并可抢灌洪水，一举两得。

5. 总干渠的三个排沙闸下游都淤积得比较严重，比渠底还高，是去排沙效能。主要是下游没有排沙道水出的闸孔，以后即分散于漫河滩，流速减小沙石沉淀。建议今年清淤时把下游排沙道同时做好。大坝和黑崖子的排沙道干砌卵石流速保持在3秒公尺以上。南阳镇排沙闸因卵石走跑远，采用树梢和柴埽护岸。缩窄了冲刷道，流速保持在2.5秒公尺以上。但在管理上边，在大坝严格控制了进渠沙石，并尽量多经大坝排沙闸排出。

6. 渠道两岸绿化问题，应立即行动，特别是土渠要栽毛柳以草固渠岸。

昌马河水利工程处关于统一控制渠道工程质量和预算的通知

1960年4月23日　　甘232-1-306

各工段：

近据反映各段掌握渠道标准及质量情况各不相同，如垫层厚度打夯遍数以及施工次序收方标准等。各段布置各有出入。为了统一施工方法，便于今后结算工资起见，各段除切实掌握前所引发的统一定额外，关于具体控制质量及标准方面将规定如下几项意见。希各段参照执行为要。

一、砂砾垫层厚度规定为0.15米，渠底及坡度均须按此标准铺修。沙砾必须过筛，其粒径为1—4厘米。

二、垫层部位的土方可结合施工的方便与否会同大队研究决定。一次放□挖出或留待刷坡时过筛取出细粒均可。

三、填方打夯以三遍为准，但须连环套打，不能漏夯。铺土厚0.3米打至0.2米为度（普通土铺0.3米打至0.18米）夯重30市斤，直径25厘米，举高0.8米。

四、填方接头要犬牙相错不能留槽。接头不宜过多，每中队为一段，平铺平起。

五、砌石必须平整。大面朝下，坡面砌石要求石轴与坡垂直，较大石块砌于坡脚，石料互相挤紧不可两层重叠相垒，砌缝须用碎石砸实。

六、土方开运砌石料及垫层必须同时进行施工，避免互相脱节现象。

七、洒水包括在夯土之内不另计工。各段应就地制宜，寻取水源节约劳力，土壤干湿必须合度。

八、每段土方衬砌必须全部完成后，方能进行验收，互相交卸责任，在非衬砌段内土方每完成一段，即可验收一段。建筑物须全部完成后方能进行验收。

九、各段渠道侧坡按照设计标准修做，不可自出心裁造成二次返工，如侧坡有不稳定现象时，可洒水伴砌石方，不可随意修整临时稳定坡度。

十、坡度为六百分之一的段落内可酌试用灰土（1：4）夯实护底的办法以减少石料用量，灰土厚为0.2米，护坡忌用灰土。

以上各点希个工段切实执行为荷。

甘肃省水利厅

1963年12月

甘肃省昌马河第一期灌溉工程规划设计技术经验初步总结提纲

1962年　　疏勒河管理局藏档案

甘肃省昌马河第一期工程设计灌溉面积57万多亩，建成迄今，已经五年，经过几年来的应用实践，工程是成功的，原来的规划设计也是正确的，不过在运用中也发现了一些问题，有的已经进行了修改，取得了成功经验，有的正在研究修改，本文主要就这些方面的经验进行了总结，归纳为四个方面。

在灌区规划方面，本文对旧灌区的改建提出了一些建议意见，并总结了新灌区的轮作制度，灌溉制度以及灌排系统的布置及规格等方面的经验。

在渠首枢纽的布置方面，总结了布置形式，引水防砂效果及冲刷闸出口消能设计等方面的经验。

对于昌马河渠道采用的干砌卵石、水泥混凝土、沥青混凝土防渗防冲技术措施，本文作了简要的介绍，并提出今后发展意见。

在渠系建筑物的规划设计方面，本文着重总结了陡坡的设计工作和在地下水位较高，季节冻土地段处浅基薄，体结构物的防冻经验。

甘肃省昌马河第一期灌溉工程规划设计技术经验初步总结

1963年12月　　疏勒河管理局藏档案

一、概述

甘肃省灌区150余处，管地700余万亩，其中河西地区110余处，灌地500余万亩，全省10万亩以上的较大灌区10余处，全部在河西。河西地区气候干旱，雨量稀少，农业生产全赖灌溉，所用水源大部为发源于祁连山区的各河流。在解放以前，河西各灌区渠系紊乱，工程简陋，灌地能力仅为300余万亩。解放以来，进行了整修、扩建以及加强灌溉管理等工作，因而灌溉能力获得了很大的提高，现在实灌面积已经达到上述的500余万亩。整修和扩建比较有系统的和比较全面的灌区则为玉门的昌马河武威的黄羊河等处，其他各处一般都是不够彻底，工程设施也不够完备，所以今后河西各灌区的改建和扩建任务仍然是很艰巨，也很复杂，现在把河西地区灌区工程的规划设计等方面的经验进行研究总结，对于今后各灌区的改建和扩建工作的开展，就会有很大的帮助。因此，选定昌马河第一期工程进行规划、设计等方面的经验总结。

昌马河是疏勒河在昌马堡附近的一段的名称，疏勒河发源于祁连山，出山以后，流经玉门及安西两县，为该两县的主要灌溉水源。疏勒河年径流量，在昌马堡处为 9 亿立米。在解放前，玉门和安西两县灌溉面积 21 万亩，但不能灌好，经常发生争水纠纷。解放以后，对疏勒河流域进行了全面规划，并且提出了昌马河第一期灌溉工程。

昌马河第一期灌溉工程计划灌溉面积为 572900 亩，其中旧有灌溉面积的 12 万亩，需计划发展灌溉面积 45 万余亩，在新发展的面积中，计划建立国营农场的面积为 329400 亩，大部分为盐碱化土壤或易于发生盐碱化土壤。计划国家投资 1500 余万元，全部工程属于水利部门修建的包括渠首枢纽，总干渠和北干渠、东干渠和部分西干渠及部分排水工程，共有大小建筑物 1200 余座，灌溉渠道 4700 余公里，排水沟道 200 余公里。

1950 年开始对昌马河灌区进行勘测、调查、经验研究等方面的工作，1955 年来开始第一期工程的初步设计，1956 年 5 月完成并继续进行技术设计，1956 年下半年开始施工，1958 年下半年全部完成交付运用。

运用五年以来，实践证明，昌马河第一期工程在规划设计方面，基本上是成功的，对玉门及安西两县的农业生产起了很大的保证作用，在过去连续三年的灾害中，也起了很大的抗灾作用，玉门及安西两县群众对本工程的反应也认为极其满意。国营农场的盐碱地改良和开荒在 1960 年曾达到 15 万余亩，后因劳力不足，1962 年又缩减为 4 万余亩，各国营农场的生产，凡重视了土壤盐碱化的防治工作，实行排水，灌溉合理，耕作适宜的，产量都能稳步上升。例如饮马农场的垦殖面积中，凡是进行了适宜的盐碱化防治措施的，按收获面积计算，1958 年每亩为 75 斤，1960 年 168 斤，1963 年 240 斤。在饮马农场和黄花农场，个别丰产地段亩产达到 600 斤，小块实验地段则达到亩产 800 斤。

昌马河第一期工程在规划设计上，基本上获得成功，主要是由于：

1. 在规划设计之前，进行了必要的勘测、调查、试验和研究工作，为了流域规划和昌马河第一期工程的规划设计，除作了大量的地形测量、灌区调查、工程材料调查和地质勘察工作以外，还进行了土壤普查和详查，对计划灌溉的水文地质做了比较多的观测和研究，并且进行了灌溉实验。另外对于渠道防冲防渗和如何利用当地材料进行衬砌，还进行了较多的试验研究工作。因此，灌区规划布置和主要建筑物的规划设计，基本上避免了大的偏差和错误。

2. 贯彻执行了基本建设的程序，昌马河第一期工程，先进行勘测、调查、试验研究工作，再制定流域规划，提出第一期工程，然后进行第一期工程的初步设计和技术设计，并经过规定的审批手续，然后施工。在几次的审批过程中，经中央部门和专家们所提意见，进行了修改，因而规划设计基本上达到了正确。

3. 施工期间不断改进，昌马河第一期工程的施工，无论对工程备料或施工方法以及质量检查等都还比较严格，并且在施工过程中，又按照实际情况，对一些设计及时做了必要的修正，因此除基本上保证了工程质量之外，对规划设计也起到了较好的弥补作用。

但是，通过五年来管理运用和各国营农场的生产实践，也发现了规划设计上还有不少的缺点和问题。灌溉工程规划设计所涉及的方面很多，但是到现在为止，我厅所积累的资料较少，而且进行的研究也还不多，所以目前只就灌区规划布置、渠首枢纽的规划设计、渠道的防渗及渠系建筑物的规划设计这几个方面的一部分问题，其经验分别如后：

昌马河第一期工程布置如图（一）

二、灌区规划布置

昌马河灌区规划净灌溉面积57.3万亩，其中公社原有的灌区约12万亩，公社开荒扩大1.2万亩，新建国营农场、开荒发展33万亩，根据土壤气候和水文地质条件，并结合水利土壤改良措施，将计划灌区分为四个土壤改良区，对这四个土壤改良区，根据其不同特点，分别进行了不同的规划布置。当时我们为了这方面的规划设计做了很多调查试验工作，规划设计做得也认为是比较全面详细，但是经过这四五年实践经验和工作体会，现在发现有很多不够的地方。例如群众旧灌区的改建问题、轮作制度问题、灌水技术和灌溉制度、渠道网的布置及土壤盐碱化的防治等方面都还需要今后加强研究和总结经验，兹分别论述如后：

1. 公社旧灌区（第三土壤改良区）的渠系改建和工程配套问题，旧灌区占全灌区规划面积的21%，是在历代封建制度反动统治和小农经济条件下逐渐发展起来的，渠系简陋，地块零星分散，水量损失浪费很大，无论从提高单位面积产量、节约水量，扩大灌溉面积出发或是从整个昌马河灌区的土壤改良和土壤盐碱化的防治出发，都必须对旧灌区渠系的技术改造、工程配套和合理灌溉进行规划。原规划对旧灌渠禁止修建支渠或斗渠，输水到耕地边沿与旧渠系相接，按照旧例供水灌溉。从昌马河灌区整体来看，这样是不够全面，现在我们初步认为，对旧灌区的技术改造和工程配套的规划可以考虑以下几个方面：

（1）轮作区的划分：结合公社土地利用规划，根据现行生产体制，在生产大队与大队之间，可以适当进行调整，使土地集中，每一个生产大队有一条或两条斗渠，把各生产队的土地集中调整到一条或两条农渠上。按轮作计划，把土地分成大致相等的轮作片（可以有一个或几个相连的地块组成）以便在生产队范围内按计划实行轮作，并按斗渠续灌，农渠轮灌的方式供水。

（2）轮作制的规定：制定旧灌区的轮作物，必须考虑群众多年生产习惯和经验，对作物种类和面积比例不宜做过多的调整和修改，旧灌区过去春小麦面积比例约为60%—65%，原计划设计把小麦面积降低为40%而增加20%群众没有种植经验的棉花是不适宜的。

（3）重视农牧结合的问题，认真解决牲畜饲料：过去群众多在附近荒滩上放牧牲畜或割储冬春季饲草，荒地大面积开垦利用之后，群众放牧和割草的场所将受到很大限制。所以在规划时必须根据公社现有牲畜（牲畜和羊只）和今后发展需要，扩大轮作制中的牧草面积，尽可能从灌区内解决这个问题。原计划制定的10区轮作制中，仅依靠一年生草木樨以改良土壤，现在来看还是不够的。

（4）土壤盐碱化的问题：旧灌区下边沿的耕地，地下水位较高，出现程度不同的沼泽化和次生盐渍化（二潮地和下潮地），所以除了改建渠系，实行小畦灌溉，减少渗漏损失和地下水的补给外，还应考虑旧灌区下边沿一带耕地的土壤盐碱化的防治措施，以保证全面的产量稳定和提高。

（5）灌溉制度的规定：旧灌区土地分布较为复杂，作物灌溉制度应该按南边沿，中部和北边沿分别制定。一般在公社旧灌区的南边沿，或宽浅天然河床的两岸多“漏沙地”、土质薄，在0.5—0.8米以下为砂砾层，不耐旱，不保墒，灌溉制度应该定额小、次数多（小麦5—6次），灌区北边沿靠近沼泽区的地带多“二潮地”或“下潮地”，土壤黏重，地下水位高应该采取定额小，次数少（小麦2—3次）的灌溉制度。

2. 新灌区国营农场的规划布置：玉门、安西地区，农业生产上的主要问题，除了干旱以外，尚有风大、风多和□东风的问题，而新垦灌区处在下游，地下水位较高，一部分1—3米，另一部分3—5米，土壤都有不同程度的盐渍化，而且有的盐渍化程度很高，原来规划设计注意了这个问题，各方面做了考虑，不过从这几年经验来看，农田轮作制方面，灌水技术和灌溉制度方面和场内灌溉网的布置等方面都含有许多不恰当或不足的地方，今后应在本灌区以内加以改进，并且也可以作为其他灌区技术改进的参考。

（1）农田轮作制：根据玉门地区，土地较多，大多数地区土壤盐渍化的防治较为重要，又应该考虑农牧结合等特点，原规划的轮作制中列进了苜蓿和草木樨是很对的，但是几年来，各农场都未实行，尤其这两年劳力不足，缩小了耕种面积，几乎全部小麦很少倒茬轮作，其实这是很不利于土壤的改良的。

原规划在公社旧灌区轮作之中，安排了棉花生产，又在新灌区的东部地区划定第四土壤改良区，实行以棉为主的轮作制，现在看来还很缺乏科学依据，并且有的群众也提出了这些地区不适宜于种植棉花的意见。现有的嘉峪关外种棉地区，包括灌区以西的敦煌、安西和灌区以东的玉门花海区，多分布在海拔1100—1200米的地带，年平均湿度温度10℃，5—9月棉花生长期平均温度在22℃以上，本灌区海拔都在1300米以上，而大部分在海拔1400—1500米之间，划定的主要产棉区在1315—1340米之间，年平均温度7—8℃，生长季平均温度18—20℃，无霜期150天左右，所以在本灌区内发展棉花生产尚应进行试验，如果合适再予确定。

土壤盐渍化强的地区，豌豆、胡麻、洋芋等耐盐能力较低的作物应少选用，而油菜、玉米、糜子等耐盐性较强的作物则可采用较多。但是糜子在成熟期，谷粒极易被风吹落，损失很多，所以在防风林带成长之间亦不宜种植。原规划安排的复种绿肥，在小麦收割后播种，生长期仅80天左右，产量很低，肥田作用不大也可放弃。

（2）灌溉制度：在国营农场垦区范围之内，一般是地下水位较高，天然排水条件不良，所以采用合理的灌水技术和灌溉制度，对于土壤盐碱化的防治是具有重要意义，这里的各国营农场几年来以种植春小麦为主，所以对春小麦的灌溉经验也比较多，先就这一方面的经验总结如下：

①畦田规格：适宜的畦田规格是实行小畦灌溉，正在□执行灌溉制度的基础，新灌区地坡1/350—1/500，畦田的长边顺地布置，畦长不宜超过35—50米，原规划规定畦长70米，致设计灌水定额不能使全地均匀见水，形成用水过量。饮马农场试验改进，根据地坡，畦长采用25—40米比较合适，这样灌水定额可控制在40—□立米/亩左右，保证了小定额灌水。同时为了使灌水达到在畦内均匀分布，畦子的平正工作极为重要，畦长上下两

端，高差最大不能超过□厘米。

②小麦灌溉定额：小麦第一次灌水，因耕作属土壤疏松，透水性强，原规划设计偏小。距饮马厂实测0.3亩小畦，第一次灌水量60立米/亩，0.7—0.9亩小畦需65—70立米/亩，以后各次灌水除第三水（孕穗期）需水较多（60—70立米/亩）外，其余各次50—60立米/亩已足。

③小麦的灌溉天数：在一个轮作区内，小麦灌水天数以12—15天为宜，在每片轮作地块内的灌水（农渠）天数，即应以2—3天内完成，使地块内土壤水分均匀，作物生长整齐一致。

原规划设计第二次灌水天数为19—20天，采取斗渠连续通水，农渠分两组轮灌的方式灌水，这样一个轮作地块的灌水天数将延续8—12天之久，其他各次灌水也在5—9天，这是不适宜的。农场的经验是应该把轮作区的□□25天，并采用□□□□□□条轮作地块能在2—3天内灌完，对于作物生长和拖拉机耕作都较为合适，因此农渠设计的容量，需要相应地加大。

④小麦各次灌水的间隔时间：玉门地区无雨水补给，作物生长全赖灌溉，小麦灌水适时与否对产量的影响，较之灌水定额的大小所引起的差异更为显著，所以灌水适时是灌区小麦增产的一个关键。原规划设计头水、二水15—20天以后，各次灌水间隔20—26天，都嫌太长，不能达到适时灌溉的要求。小麦灌头水后苗小，又不能覆盖地表，蒸发量大，不耐干旱，易裂断幼根影响生长，含盐土壤易发生返盐，造成幼苗死亡减产。故头水、二水间隔12天为宜，不可超过15天，二水以后各次灌水间距可在15—20天左右。

⑤未灭茬耕翻的一次灌水：小麦生长期用水一般四次一组，目前公社和农场都灌水五次，最后一次灌水在麦收前7—10天，称为灭茬水，其作用是为了使土壤湿润，便于小麦收割后随即翻耕晒地，否则耕作□板结干硬，畜耕费力，机耕容易损坏机具，并且耕翻质量不好，不能达到要求深度，并延长翻耕时间，土壤不能充分曝晒，从提高劳动生产率、保证耕地质量、减少机具损耗、提早晒地、风化土壤等方面综合考虑，对次年作物产量将起良好作用，对总的农业生产是有利的，所以灭茬水还是需要的，应该成为灌溉制度的内容之一，这对于河西其他的一些灌区也是应该考虑的一个问题。

⑥储水制度（泡地水）：玉门地区如同河西其他地区一样，泡地保墒供第二年春天播种和45—55天幼苗生长用水，群众泡地有两种方式：一种方式是于9月下旬至10月中旬秋泡，泡后耕翻并耙耱2—3次保墒，土壤水分适宜，肥力好，早春解冻快，可适时早播。另一种方式是于10月下旬至11月上旬冬泡，泡后冻结，土壤含水量呈饱和状，其缺点为早春融消后泥泞，延迟播种期且肥力稍差。以上两种泡地方式，以秋泡为好。只有在水量调配不开和估计劳畜力不及耕翻的土地才进行冬泡。目前群众冬秋泡地定额约为150—200立米/亩，比较偏大，原设计定额130立米/亩是适宜的。

饮马农场泡地，分两次灌水，先在9月下旬至10月中旬秋泡，定额70立米/亩，不进行耕翻。再于10月下旬至11月上旬冬泡，定额50—60立米/亩，共计为120—130立米/亩，泡地在盐渍化地区兼起当年洗盐作用，分两次灌泡，不致引起地下水位大幅度上升，是较好的经验。

综上所述：玉门地区，包括泡地水在内，小麦全年净用水量约380—420立米/亩。

（3）新灌区田间灌排系统布置：对开荒新灌区，原规划干、支、斗、农各级渠系互相垂直，采用苏联机耕地块面积标准40—60公顷（600—900亩），第一土壤改良区排水农沟垂直于地下水位等高线，有些林带防风效果不好（与主风向夹角小于60度），为了控制轮作地块面积达到600—900亩，地块宽度有的在400米以上，长度有的又达1600—1800米，拖拉机满负荷耕地作业时间太长，机具消耗很大，从几年来的生产实践表明，单纯地从灌溉的角度出发，进行田间渠系布置而以其他需要作为附带条件考虑适不适合。所以在新灌区规划设计田间渠系布置时，必须密切结合生产实际，对生产中所关联的各个方面作全面的综合研究。

为满足渠道对纵坡的要求（斗、农渠防淤）或轮作地块对防风的要求（主林带与风向大致垂直）上下两级渠道不一定互相垂直，可以在60—90度范围内选择，必要时可平行排列。

在确定轮作地块长边方向、长度、宽度和面积时，应综合考虑如下几个条件：

①防风：玉门地区作物生长期（4—8月）多年平均风级为3级强，最大可达10级，必须建立防风林带以防风害，风向多东西风，主林带应与风向垂直，为南北向，当照顾其他条件时，允许有30度偏角，防风以树高20倍距离内效果较好，以10年左右树高可达15米计，主林带间距应小于或等于300米。

②排水洗盐，降低地下水：在排水洗盐改良区，应使地块宽度在农沟影响范围之内，根据饮马农场经验，农沟以平行地下水位等高线排水效果最好，当沟深2.5—2.7米时农沟间有效距离为250—300米，农沟垂直地下水为等高线排水效果稍差，有效距离为200—230米。

③机耕：拖拉机耕作长度一般为400—1500米，实践经验以800—1000米为最好，所以地块（农渠）长度以1000米为宜，不宜超过1200米。

东方红拖拉机单机作业，每天2班（24小时）耕翻地140—150亩，如泡地后，掌握土壤最适宜湿度及时翻耕，要求每块在2—3天内耕完，则地块面积应为300—450亩，如长度为1000米，宽度则为200—300米。

④平正土地：在不影响防风时，轮作地块长边应顺等高线布置，平正土地的工作量可以节省很多。九区轮作区（第一土壤改良区）和八区轮作区（第二、四土壤改良区）的每个轮作区面积略相等为3600亩，斗渠强度各为2250—2430米及2640米。

农场内部建设上尚未作筑，可以参照上述意见实施。至于已按原规划布置完成了田间灌排渠系工程的地段，宜再作大的变动。为满足防风保产、排水洗盐、改良土壤的需要，轮作地块宽度超过300米的，在第一土壤改良区可在地块中间顺长增加一排农渠、农沟和主林带，在第二土壤改良区增加一排主林带，以谋补救，除东干渠5—10支渠的农场以外的其他农渠则应当加大断面，加快灌水速度，以便每一轮作地块可以在2—3天内灌完。

三、渠首枢纽工程的规划设计

1. 引水防砂措施

渠首引水枢纽位于昌马河下峡口以下7公里的河谷末端（即扇形冲积椎的前缘），河槽较宽为570米，原枯水主河床位于右岸，引水枢纽采用单岸引水的正面冲砂、侧面引水的布置型式（俗称印度式），引水口位于右岸，进水闸与冲砂闸呈70度夹角，进水闸槛比冲砂闸槛高出1米，进水闸为五孔3.2米的闸孔，冲砂闸为六孔3.2米的闸孔，进水闸的设计流量56秒立米，在闸前水位与溢流堰顶齐平时冲砂闸的泄洪流量为155秒立米（即每年一遇的洪水流量能全部由冲砂闸宣泄），左端为溢流堰长150米，堰顶标高比进水闸坎高出2米，冲砂闸与溢流堰之间为长347米的挡水砂砾土坝，高7.7米。百年一遇的设计洪水流量为820秒立米，泄洪建筑物的泄洪比是：冲砂闸为35%，溢流堰为65%，渠首引水枢纽布置见图（二）。

在防止泥沙入渠方面（特别是推移质），要求底砂不进进水闸，0.5毫米以上的沙及细砾不通过总干渠排砂闸的管制闸，由总干渠两岸入渠道的风沙和砾石分段沉积在陡坡进口及泄水闸，前的沉砂池中。在工程措施上采取：渠首设有沉砂袋的冲砂闸，要求枯水期定期冲砂，洪期经常冲砂；在总干渠桩号0+860处设有单池式排砂闸，沉沙容积为2600立方米，要求在灌溉期间，根据不同时期渠水中的含沙量按时排砂；51座陡坡进水口均设有15—25立米的小沉砂池，沉砂总容积为900立方米，要求在灌溉停水期间根据淤积情况进行人工清淤，并结合泄水闸与分水闸附设沉砂池，其沉砂容积为2900立米。在泄水时排除淤砂，或必要时进行专门排砂。

运用以来，由于区首冲砂闸出口消能不善，不敢宣泄100秒立米以上的流量，冲砂闸启闭机不□，不能及时冲砂，以及枯水期的主河槽曾一度在上游1.5公里处改向左岸等原因，致使渠首发生了以下几个主要问题：（1）进水闸上游900米范围内，泥沙淤积严重（距闸上游150米处的淤砂厚2.5米，200米处淤砂厚2.2米，500米处淤砂厚1.0米，900米处淤砂厚0.5米）；（2）泥沙入渠较多，估计每年从进水闸进入的推移质（粗砂、砾石及卵石等）约1500立米，淤积在各级渠道中的中细砂及部分推移质在10万立方米以上（渠道引水量现在每年平均约2.6亿立米，灌灌引水期天然河道含砂量平均约2.2公斤/立米（不包括底砂），10万立米的估计可能偏小，实际数字可能很大），因此清淤工作量很大；（3）上游主河槽在1961年间，1962年间改向左岸以后，灌溉枯水期约有50%的流量由溢流堰顶流失，其余的流量从左岸绕流水坝前坡流到右岸进水闸，这不但增加了临时堵水工程，且影响进水闸的引水。

总干渠排沙闸由于几台启闭机操作不当，排砂闸后排砂道纵坡稍缓，排砂道护砌长度不够，冲刷严重，排砂工作未能按要求进行，又由于大卵石及砂砾沉积在沉砂池中，水力冲砂不能排出，又未进行人工清除等原因，致使从渠首进渠的一部分砾石及绝大部分沙通过节制闸，带往下游渠道，造成混凝土渠道与建筑物的磨损和下游各级土渠淤积严重等现象。

针对以下问题，我们对昌马河工程进行了一些整修加固工程，例如：渠首冲沙闸出口消能工的改建，启闭机的部分更换，排沙闸后排砂道的衬砌，在上游河道1.5公里处的左岸修筑临时堵水堤，以及陡坡进口清淤等；在管理中改进了应用方法。例如：对渠首冲砂闸进行了合理的泄洪与冲沙，效果良好，乃将数年以来淤积在闸上游的沙洲冲去了一大部，汛期以后主河槽□在右岸，在进水闸临时闸槽内加设0.3—0.5米的叠梁闸，这样当同时冲砂与引水时，减少了推移质跃入进水闸孔的现象，并利用余水在总干渠排沙闸及黑崖子泄水闸进行排沙，因此大大减少了黑崖子泄水闸以及渠道中的推移质来量，同时为了改善渠首防沙效能，已委托西北水利科学研究所进行渠首防沙模型试验，要求改进。

在实际应用中初步得出以下几个经验：(1) 根据昌马河渠首的地形、地质、水文及泥沙等具体条件，采用正面冲砂，侧面引水的引水枢纽是合适的，它与费尔干式及冲沙廊道式的引水枢纽做比较，有运用方便、造价便宜、施工技术性简单等显著优点，但溢流堰布置在左端不如布置在右端与冲沙闸连在一起优越，今后对单岸引水的引水枢纽的泄洪建筑物最好布置在同一侧，这样能使上游形成一个主河槽，有利于冲沙及引水。(2) 冲沙闸宜修宽一些，最低限度应使每年一遇的洪水流量在不漫溢流堰顶的条件下全部由冲沙闸孔宣泄，这样在闸上游会经常保持住一个深河槽，并且沉沙袋较宽，沉砂量较多，相应的冲沙间隔时间也可长一些，有利于沉沙及冲沙。(3) 冲砂闸宜采用中跨度的弧形单门及手插摇动两用启闭机。(4) 昌马河工程中所采取的以渠首防沙为主，渠道防砂为辅的防沙措施是合理的，但总干渠排沙闸的沉砂池按沉淀0.5毫米粒径的泥沙设计，这虽对减少混凝土磨损是正确的，但对减少渠道淤积还嫌不足，今后应考虑淤淀0.1—0.15毫米粒径的泥沙为宜。(5) 在管理工作中合理运用冲沙和排沙建筑物，对防止泥沙入曲极为重要，如果运用得当，就能发挥很大作用，否则不能得出预期效果。(6) 在兴建大中型引水枢纽工程时，必须进行引水枢纽的总体模型试验，以验证设计并使其更加完整。(7) 加强渠首泥沙的观测研究工作，为生产实践和科学研究积累资料。(8) 上游昌马堡水库即将修建，在水库建成以后，河道中的大部分泥沙会沉淀在水库内，经水库放出的水所含的泥沙量就会大大减少，这对泥沙渠首引水枢纽处的来砂量很有利。

2. 渠首冲沙闸出口消能设计

冲沙闸的设计单宽流量为17秒立米，闸前水位4.8米，上下游水位差3.1米，闸基及下游河床的表层均为卵石构成，最大粒径为20厘米，平均粒径为2.5厘米，结构疏松。距地表以下2.5米处有一层泥质稍胶结的砾石层，7米深处尚未遇到砾岩。冲沙闸槛标高比建闸处的原最低河床高出0.5米，相当于该处的平均河床标高，闸的出口采用不设消力塘或消力池的护坦，海漫式消能工，护坦长15米，用混凝土浇筑后为0.6—1.2米，海漫长25米，用干砌卵石与浆砌卵石框格砌筑，厚0.7米，并在海漫末端修筑深4.5米的隔墙。当1958年汛期冲沙闸泄流约200秒立米时，海漫即全遭破坏，护坦末端的河床被冲刷降低了2米，危急闸体安全，因此不得不关闭闸门，已壅高上游水位，使洪水由溢流堰宣泄，冲沙闸下游的河床纵坡由原来的1/140变换为1/200，影响范围长达1公里。汛期以后曾及时修复，但在修复时，只将海漫改成混凝土干砌卵石，同时为了便于与下游河床吻接，乃在护坦末端修建了落差2米及六分之一，坡度的陡槽段，海漫总长度约为2.5米未变。自1959年运用以来，下游河床及右岸的洪□得基脚冲刷仍很严重，因此不敢宣泄100秒立米以上的流量，是造成闸道淤积严重和冲砂不利的主要原因。

在1962年秋季的冲沙闸出口消能改建工程设计工作中，曾进行了两种设计方案，一种是长护坦并附设消力池的消能工；一种是长护坦具有深隔墙与扬水裙板的消能工。经水工模型试验，两种型式各有利弊，但后一种型式的圬工数量少，在施工排水条件不太困难时，造价便宜，乃采用了后一种型式。经1963年汛期宣泄200秒立米流量的考验，运用情况良好。

从冲沙闸的实际应用中，我们取得的经验有以下几点：（一）对冲沙闸槛标高的决定，既要考虑到闸下游不因淤积而影响冲砂和泄流；又要考虑到不会因闸槛设置过高，而加大下游河床的冲刷深度。在河床纵坡陡的条件下（1/100—1/200），冲沙闸下游是不会发生严重淤积现象的，因此建议冲沙闸闸槛标高应采用建闸处原河床的最低标高，或稍低于最低标高，但不宜高于原河床的平均标高。（二）从昌马河渠首冲砂闸下游河床冲刷情况知，在河道纵坡较陡时，冲沙闸下游的稳定纵坡相当于建闸以前天然河床纵坡的0.7倍（由1/140变为1/200），因此在冲沙闸出口消能计算中应与下游河床冲刷降低以后的下游水位计算闸上、下游水位差，以此水位差再计算冲刷坑的深度（或护坦长度）；或按下游河床可能降低的深度，增加隔墙的安全深度，以策程安全。（三）在施工排水条件不太困难时，冲砂闸出口已采用短护坦深墙与扬水裙板的消能工，在推移质泥沙多的条件下，冲砂闸底板和护坦的面□，宜采用抗磨能力较高的材料，例如混凝土灌砌大卵石（□石）浆砌料石及高标号细骨料混凝土等。

四、渠道衬砌与减少输水损失的经验

昌马河总干渠全长43公里，其中40.6公里流域砂砾冲积扇体□（称戈壁滩），它的特点是坡陡，渗漏严重。在渠道衬砌以前，总干渠有效利用系数很低；衬砌以后（在目前放水的条件下），总干渠有效利用系数提高到0.8以上。

昌马河总干渠渠道衬砌采用了干砌卵石、水泥混凝土及沥青混凝土的衬砌型式，其具体分段是：从渠首至19.6公里利用当地卵石，采用干砌卵石渠道，19.6公里以下卵石缺乏，渠坡全部采用沥青混凝土块衬砌（利用玉门油质丰产沥青，运距为80—100公里），渠道采用干砌卵石及水泥混凝土两种，其中干砌卵石，渠底长8公里，水泥混凝土渠体长18公里。从当时的人力、物力、财力等方面来衡量，昌马河总干渠在衬砌类型的选择及其分段方面都比较合适。

运用以来总干渠实放流量为20—25秒立米（为设计流量56秒立米的36%—45%），最大曾放过45秒立米，各段衬砌渠道的运用情况良好，兹分述如下：

1. 干砌卵石渠道渠底宽7米，渠深2.6米，边坡1：1，砌边的卵石，粒径为18—20厘米，渠底用的为15—18厘米，设计流量1.2米/秒，实放流速2.2—2.7米/秒，为了加强防渗，曾考虑到砌石之下，增设8公升/平方米，□□□□□，在防渗层铺设厚10厘米的砂砾垫层，但后来又认为：（1）渠底的干砌卵石缝□□□□□粒的砂及黏土，其防渗效果能与放水时间的时长日益□；（2）着重渠底的沥青防渗层，在砌石过程中可能踩坏防渗层或使防渗层断裂，□□□□□□效果，乃取消了渠底的沥青防渗层，现在着重渠底沥青防渗层的做法不够恰当。实测的输水损失为每公里0.□流量达20—25秒立米计算□□□□□值为1.25米/秒。□□□□□0.24—0.25，运用以来情况良好；（3）水泥混凝土□□□□，水泥混凝土层属于□□□边坡下都33厘米范围内，混凝土层□□□90级，衬砌层厚度约为15厘米，边坡12厘米，每隔5米设置横向伸缩缝一道，缝中设两层沥青纸涂热沥青止水。运用以来渠里发生了不同程度的磨损，一般的磨损深度为1—3毫米，渠中间部位磨损深度在0.5—1厘米的占渠长的28%，磨损深度在1—3厘米的占渠长的25%，在两个伸缩缝之间，很少发生纵横向裂缝；实测的粗糙系数 n 值为0.016—0.017（为水泥混凝土渠底及沥青混凝土块边坡的复合衬砌断面），输水损失每公里在0.05%以下（系初步测验值可能偏大）。从实践中我们得出以下几点经验：（1）在修建混凝土衬砌渠道时，首先必须解决泥沙入渠问题，才能延长混凝土渠道的使用年限；（2）在严寒地区混凝土标号应该不低于10级，也不宜加非水凝性的掺合料；（3）在砂砾地基上混凝土渠道的横向伸缩缝间距采用5米还是合适的，必须作好缝中的止水设施。

2. 沥青混凝土衬砌渠道：根据我省玉门油质分产沥青的特点，我们于1951年就开始进行沥青衬砌渠道试验，经过多种试验，至1953年得出的比较成熟的衬砌型式、施工方法和沥青混凝土的配合比，并对沥青混凝土的防渗性能及防冲流速取得了一些成果，在试验的基础上曾兴修小型渠道一年，运行情况良好，为此在1965年修建昌马河总干渠时，采用了沥青混凝土衬砌型式，但由于当时施工这些条件的限制，对浇筑边坡沥青混凝土的压实工具未能很好解决，乃采用了沥青混凝土预制块衬砌边坡的型式。

昌马河总干渠沥青混凝土衬砌渠道的渠深2.6米，边坡为1∶3，衬砌厚度8厘米，沥青混凝土的体积配合比为1∶3∶3（沥青：沙子：石子），每立米沥青混凝土的材料用量为：沥青170公升，砂子0.6立米，石子0.63立米。沥青混凝土预制块的规格为8×25×50厘米，每块重约23公斤，铺砌边坡时，采用宽缝填筑法，砌筑沥青混凝土预制块，缝宽2—4厘米，缝中填1∶3∶3细骨料沥青混凝土，每隔25米留伸缩缝一道。运用以来，实际流量达到15—22秒立米，实测流速为2.2—3.0米/秒，运转情况基本良好，发生的主要问题有：（1）有些渠道每隔3—5米发生横向裂缝一道；（2）水面波动范围内的填缝有脱落现象，甚至有因脱缝将地基中的细骨料淘出，以致沥青混凝土预制块下沉的少数严重现象；（3）砌缝中生长杂草对后面不利，实践证明，沥青混凝土衬砌渠道是一种高标准衬砌渠道，它的抗冲流速可达3—4米/秒，防渗性能较高，渗透系数 k 值在0.05米/昼夜以下，因此在有条件的地区可以采用，今后应注意以下几个问题：（1）尽量采用□地浇筑整体式衬砌，并要提高压实质量，渠底采用滚筒压实，边坡宜用混凝土平板振捣器压实；（2）每隔3—5米留横向伸缩缝一道，并用沥青砂板止水；（3）若机械化施工水平低时，边坡宜用沥青混凝土块衬砌，并用水泥砂浆砌筑（黄羊河实验中用水泥砂浆砌筑的沥青混凝土块运用10年，情况良好）；（4）当砌缝中一旦长出杂草，需及时拔除。

从昌马河总干渠的运用经验，我们认为在输水渠线较长的灌区内，要提高水的利用率，必须将渠道衬砌视为减少输水损失的重要工程措施，并在工程实施步骤上列到首要地位，关于渠道衬砌类型的选择，则应根据就地取材的原则，采用防渗效能高的衬砌型式。例如：加强沥青防渗层的干砌卵石、干砌卵石灌细骨料，混凝土、浆砌块石、水泥混凝土、沥青混凝土等，至于一般的干砌卵石衬砌渠道，它虽具有固定渠床、加快流速、减少冲刷等作用，并且比天然河床能起到一定的防渗效果，但它对减少渗透系数的作用并不显著，因此不能满足高标准防渗的要求。例如昌马河总干渠，若全部采用边坡砌石之下有沥青防渗层的干砌卵石砌筑时，总干渠的渠道有效利用系数只能达到0.65左右，若全部采用一般的干砌卵石在渠道时，渠道有效利用系数在0.6以下，这显然不能满足充分利用水源的要求。如若分段采用干砌卵石灌溪骨料混凝土和水泥混凝土与沥青混凝土衬砌，则渠道有效利用系数可提高到0.97，因此对昌马河总干渠干砌卵石渠道，今后应根据农业生产发展的需要，改建成干砌卵石灌细骨料混凝土衬砌渠道，以提高水的利用率。就甘肃河西水利事业的发展方向而言，在提高水的利用率方面，应根据不同情况分别对待。例如：对渠道渗漏水严重，但输水距离不长的旧渠宜尽量先采用能就地取材、造价便宜、施工技术简单及群众容易掌握的干砌卵石渠道，对输水距离较长和用水比较迫切的灌区，宜采用干砌卵石灌细骨料混凝土和水泥混凝土衬砌渠道，对输水干渠宜用干砌卵石衬砌，并且各级渠系与田间工程已经配套的宜将输水干渠改建成干砌卵石灌细骨料混凝土衬砌渠道，以提高水的利用率。

五、渠系建筑物的规划设计

昌马河第一期工程中的渠系建筑物种类，除渠首枢纽之外，有泄水闸、放水闸、陡坡、渡槽、桥梁等，其中数量最多的建筑物是陡坡。运用以来，陡坡建筑物出现问题最多，例如陡坡的型式、消能效果、地基冻胀成结构破坏的问题，现就这方面的问题及以及其他问题分别论述如下：

1. 陡坡型式的选择问题

昌马河工程中的渠道联接建筑物都采用了陡坡，共计大小陡坡280余座，陡坡型式有：(1) 双渠折槛人工糙度型式；(2) 菱形扩散形式；(3) 狭缝缺口等宽槽扩散塘型式；及 (4) 收缩缺口等宽槽塘型式等四种。

在总干渠上，从渠首到第一分水闸，长40公里，共设陡坡51座，全采用了缝，通过技术经济比较选定，落差为5米，又考虑建筑材料允许流速的限制，采用了人工加糙，目的在于使高流速减缓和剪短消力塘长度以降低工程造价，因施工时间紧迫，未能等待水工模型试验所提供资料进行校核，陡坡建成后所发生的问题为：(1) 闸口上游产生较大壅水；(2) 渡槽断水流飞溅跃起，超出边坡护砌高度；(3) 消力不善，急流涌出塘外，冲毁出口渠槽的卵石衬砌，卵石受水推移，又引起下游纵坡人工糙度遭受击毁，因之消能效果更为不善，出口段渠槽衬砌冲毁现象愈加频繁，造成管理工作中当前最大的问题；(4) 人工糙度受推移质磨损现象严重（如照片所示）。

根据模型试验提供的资料与建筑物实际运用情况检查分析，可得出如下经验：(1) 有推移质的渠道，不宜选用人工操度型式的陡坡，尤其对不能保证质量的干砌卵石渠道更不适宜。(2) 流速较大渠道陡坡缺口尺寸计算，因采用宽顶堰型式，流量系数“M”值以1.62—1.75较合适，不宜采用狭缝验公式中的“M”值为2.1或更大，同时由于衬砌渠道的抗冲能力较强，且限制平均流速度值较大，因而不一定要求缩窄陡坡缺口断面以保证上游水位，防止冲刷；因而可以考虑按渐变槽计算方法，规定缺口尺寸，达到保持一定水深。(3) 对于流速、流量都比较大的渠道工程，而且采用连级阶梯式联接建筑物数量较多时，无论采用何种型式，在施工之前，通过水工试验和以验证和进行修改，还是很必要的，否则难免有遗留症，对于后来的管理使用影响巨大。

总干渠末端修建了三座菱形扩散形式。东、北干渠上的陡坡采用了三级缝堰缺口、等宽度槽、扩散形消力塘陡坡。在各支渠上修建的为收缩缺口，陡槽与消力塘底宽相等，海漫为扩散形式，与下游渠道断面相接的陡坡（为水利部北京勘测设计院定型设计）。就后三种的消能效果观察，以菱形陡坡比较好；其他两种型式都很差，如在东、北干渠上的宽缝堰决口型式的陡坡出口渠道侧坡都出现冲刷现象，冲刷坑长15—20米；两岸边坡一般被冲宽2—5米，严重的达8米。各支渠上的收缩式缺口陡坡出口冲刷更为严重，冲刷坑的长度达到10米，宽度有达8米者。我们认为今后对不同衬砌的渠道陡坡型式，采用菱形扩散形式较为合适，而对于其他则应进一步加以研究改进。

地下水位高，壤土地区护面式建筑物的防冻、防渗问题。昌马河渠系建筑物的基土，自总干渠第一分水闸以下，绝大部分为壤土（黏土及细砂土），地下水位较高，少数为砂砾土层，地下水位较低。建筑物凡属基土上为砂砾土层或泄水、分水与陡坡实行联合建筑的，运用情况就比较好，护面也很稳定；而修建在护面地基上的损破情况就很严重，如总干渠末端的三座陡坡，除与车桥联合建筑的一座稍有损坏外，其余两座经过一次冬、春灌就全部损坏。再如东、北干渠、北一支、西四支及总一支渠道的分水闸和斗门节制闸后的陡坡，因属于联合建筑，各部垂直结构，等于加长了建筑物的护底底部长度，再加进口护砌较长（约为5—8倍水深），防渗效能得到提高，所以绝大部分基本良好。

陡坡属于纯护面浇基式的建筑物，当其基土为壤土层，地下水位又较高时，土壤含水较多冬季冻胀，因而陡坡的底板及边坡砌体隆起，灰缝破坏，春暖冻土消融，土基收缩，砌体塌陷，但与基土并不密合，放水时即产生基土流失现象，最终就导致陡槽陷落，缺口倾倒以致消力塘以上全部损坏，在同样基土上的分水闸，其护面部分亦有不均匀隆起，裂缝损坏现象。分析这些破坏现象，其根本原因首先在于砌体不能抵抗基土冻结膨胀作用，其次是砂砾垫层□嫌薄或没有设置砂砾垫层，不足以起到防冻或抗冻作用，再次是陡坡底下无截水墙的设置，不能防止砌体破坏并与基土分离以后所发生的基土流失现象。对于季节性冻土应采取的适当措施，我们现在研究得还差，亟待继续进行，现在提出几点初步意见：

（1）在上述地段因考虑建筑物的结构型式，避免采用□性浅基薄体结构，如果采用这种形式，则因加设适当的砂砾垫层，垫层的厚度随地区冰冻情况而不同。壤土基土上垫层还应该是双层反滤垫层，对昌马河总干渠末端两座陡坡的恢复重建中，曾就按质量要求铺设了反滤垫层，观察其效果尚好，为阴面侧坡砌体，仍显有轻微的裂缝和隆起，说明相关数据还应有所修正。

（2）加长渗径长度，减少渗透流速。壤土基土的陡坡及进口护面长度应采用5—8倍水深，并宜采用通过渠底与边坡的环状截水墙，其深度采用一倍水深，但不小于冻土深度，对缺口和陡槽以及消力塘末端到截水墙亦宜加强，当陡坡落差较大时，陡槽段每隔5米左右应增设截水墙一道。对含细砂层的基土，进口护面长度则宜采用8—10倍水深，陡峭坡度以1∶5—1∶8为适宜。

（3）增设伸缩缝及沉陷缝，改善建筑物的稳定。侧坡护面与底板实与分离砌筑并设置沉陷缝，陡坡缺口翼墙与其上、下游护坡的接触面上亦须设置沉陷缝，陡坡末端与消力塘前段护面的接触面上，需设置伸缩缝，所有缝间都使用沥青油毡纸，并涂沥青作为止水设备。

（4）改变工程结构形式：在上述地段，采用跌水可能比陡坡更为合适，今后应在这方面再作比较。

2. 泄水、退水建筑物的规划布置问题：为保证工程安全着想，应在渠系中适当地点布置泄水、退水建筑物，以便在必要时迅速泄空某段渠水或部分多余水量，或排除泥沙。昌马河渠道工程原规划设计时对泄、退水闸是有一定布置的，但照现在情况来看，仍然显得不够。

总干渠在近几年中，前16公里的干砌卵石衬砌，由于陡坡消能不善，时常出现局部破坏，由上游闸泄水，包括启闭机闸门在内泄空时间长达两小时以上，因此造成了工程破坏范围的扩大，并且延长了修复时间而影响全渠通水，并且由于大量的砂砾、卵石冲向下游渠道，又引起陡坡以及混凝土衬砌段的严重破坏和磨损。因此总干渠的干砌卵石地段，应该迅速改善陡坡的消能效果，或将陡坡出口附近一段卵石改为浆砌，以免时常发生冲毁现象，如果不能保证干砌卵石全部达到稳定，为了保护工程安全起见，在干砌卵石渠段则应增加泄水闸一座。

北干渠全长18公里多，又系分段输水，设计流量逐段变小，除渠尾设有退水闸一座外，中间再无泄水或溢水建筑物，这样就不便分段放空整修，而且上游支渠关闸停水，就有招致下游漫溢的危险，所以应当在各段设置溢流建筑物，如果为了同时冲洗渠道淤沙，也可以考虑设置泄水建筑物。

东干渠全长37.8公里，虽然设了一处泄水闸和两座退水闸，同样存在着上述问题，也应当考虑改善这方面的布置。

3. 闸门启闭机的问题：闸门属于渠系建筑物的一部分，启闭机的性能直接影响闸门的工作情况，昌马河第一期工程中所有进水、冲泄、节制及分水等闸，在总干渠上就有40孔，其间闸板尺寸分别为宽高3.6米×2.3米、2.8米×2.2米、2.3米×2.4米三种，因受力较大，设计采用双齿板直升式启闭机，各干支渠的闸门也很多，因闸门尺寸较小，设计采用了定型单拉杆螺旋启闭机，所有启闭机为人工操作。在设计中按渠首及总干渠和干渠及支渠，简化为两种类型进行设计制造，各方面都有很大便利，这是一条很好的经验。所有启闭机自安装应用以来，发生以下几方面的问题：（1）铸造质量不好，像总干渠各启闭机的轨道板齿、传动齿轮几轮齿，操纵中时有断裂，目前即有十余台不能使用，严重影响管理运用工作；（2）启动设计能力不足，同样损坏情况多发生在冲水闸和泄水闸上。如总干渠的排砂闸、泄水闸各闸门启闭机因承压较大，就比节制闸和分水闸的损坏数量多。干、支渠系各启闭机也由于螺杆过细，多发生弯曲；（3）安装不平、不稳，轴线不准；（4）操作中降落无度等毛病。在上述几种原因中，仍以前两种为主。因此对于灌溉工程上使用的启闭机的设计制造，我们认为应该注意以下几点：首先对此工作应给以应有的重视，计算机械力量应精确而有富裕；采用定型设计，亦应审慎选择，对螺旋拉杆、规格，不宜单以水力计算为准，尚应考虑其能以抵抗一般能达到的压弯或撞击等情况。其次，对启闭机型式结构设计确定后不应因加工制造时，对加工质量或材料质地有所迁就改变，如锻改铸或钢材改铸铁等。另外对于小跨度孔数多的闸门，今后应该结合闸门结构型式考虑大跨度型闸门（如弧型闸门）并采用适当的设备，以求启闭较快并减小劳动强度与劳动数量。

六、结语

昌马河灌溉工程规模较大，而大部分灌区有土壤盐碱化的问题，所以在它的规划设计方面，可以进行总结的经验无疑很多，但是这次总结只能对于某几个方面的某几个问题进行一些初步总结，总的说来，这还是很不够的。

从这次的经验总结工作中，更加认识到我们对于一些经验研究工作连续进行坚持得不够。例如渠首衬砌的防渗防冲、灌区的地下水和盐碱的动态、灌水技术和灌溉制度等方面，在规划设计期间还是进行了不试验研究，但是后来就未再继续，因此在这些方面的收获和成就不大。

昌马河灌区是比较大，设计灌溉能力57万余亩，但是开发的进度比较迟缓，虽然一度开荒数字较大，总面积曾达到30多万亩，可是时间很短，随即就又急速收缩，发展情况到现在，与原来设计规模还相差很大，因而在原规划设计中可能存在的问题，直到现在还没有显示出来，所以应该已经可以吸取了一些经验教训，到现在还没有获得，也许这次的总结内容还不够丰富。

工程完成之后，在管理应用中，加强一些观测性试验工作，积累技术对于科学研究和经验总结是有决定性的意义，在昌马河灌区，我们对于这项工作还是作得很不够，例如入渠的泥沙观测，建筑物情况，渠系的输水损失等方面，观测工作很少，因而也不能很好地研究和总结提供足够的和科学的依据。

一项工程是否能发挥其预期的作用，固然有赖于规划设计得是否准确和施工质量的保证情况，但是在管理工作中如何用好和管好，也是起着极其关键作用的。几年来，昌马河的管理工作还是很不够健全，这对于这个灌区今后发展是很有影响的，应该早日加强它的管理工作。

昌马河第一期工程整修加固工程初步设计

1964年3月　　疏勒河管理局藏档案

一、概况

昌马河第一期工程自1956年兴起，至1958年8月竣工投入生产，国家投资1500余万元，设计灌溉面积50余万亩，是一项大型水利工程。该工程投资运用以来，对减少输水损失，节省岁修工料，保证原有农田适时适量灌溉，扩大灌溉面积和发展农业生产等方面起了一定的作用，灌溉面积由原来的9万亩曾一度发展到31万亩。1968年实种面积为15万亩左右，但是由于该工程在原设计和施工中及近几年的应用管理中，都有一些缺陷，因而工程存在的问题很多，不仅直接影响工程效益，而且威胁工程安全，为了保证昌马河灌区现有15万余亩的耕地的灌溉和充分利用昌马河水量迅速开发利用荒地□□以扩大灌溉面积，我院曾于1962年和1963年进行了昌马河第一期工程的调查研究工作，并于1965年7月和12月先后提出了“昌马河灌溉工程五年整修计划”和“昌马河第一期灌溉工程规划设计技术经验初步总结”。今年农建十一师计划在本灌区垦荒造田7万亩，为此我院又在元月会向农建十一师等有关部门共同进行了现场踏勘，并研究确定了今年整修加固和改建的工程项目，本初步设计及根据共同商定的工程项目和省计委（64）甘计基字105号文对“昌马河灌溉工程五年整修计划”的批复精神以及本工程规划设计技术经验初步总结进行编制的。

在今年整修加固和改建的工程项目中，总干渠的陡坡受灌溉的干扰，必须在夏灌（5月5日）通水以前全部完成，因此对总干渠42座陡坡的整修加固，基本上达到技术设计的要求，作为第一部分技术设计编入，施工单位可以据此施工，唯清基和加固人工糙度的工程量还有待于施工开挖前经实测后再作修整。北干渠（北一支分水闸以上）和东干渠（7号至20号陡坡）的设计达到初步设计要求，可以据此备料，进行施工准备工作，技术设计已分为第二、三两部分报送。东干渠20号陡坡以下干砌块石渠段，今年只对砌石护面隆起和坍塌的部位进行翻修整理，以维持通水，故不作设计，只在概算中列入一笔翻修整理费用。

综上所述，1964年总干渠、北干渠（总二分水闸至北一支分水闸）和东干渠所需水利投资共计为130万元，其中总干渠53.6万元，北干渠33.8万元，东干渠35.6万元，大型临时设施2.1万元，冬季施工增加费2.9万元，不可预见费用2万元（详见总表一）。

要完成以上工程，共需作土石方85,264立方米，其中砌石15,175立米，混凝土5,636立米，需劳动力122,171工日，运输力马车60车天，汽车1408台班，共需水泥2254吨，木料193立方米，钢材364吨（详见总二、三、四表）。

二、基本资料

1. 工程概况

昌马河第一期工程的主体工程（如引水枢纽总干渠衬砌渠道，以及总干渠和东、北干渠的分水闸及桥梁等水利设施）运用情况基本良好，但在引水防砂，总干渠陡坡，各干支渠道及其陡坡建筑物等方面还存在着一些问题，急待整修加固和积极研究解决，关于昌马河第一期工程存在的主要问题及整修加固的初步意见详见我厅1963年编印的“甘肃省昌马河第一期灌溉工程规划设计技术经验初步总结”和“昌马河第一期工程整修计划”。现仅就1964年度拟整修加固的干渠以上工程存在的主要问题简述如下：

（1）推移质泥沙入渠问题：经1963年初略计算从渠首进水闸进入渠道的推移质泥沙量约1500立米，探讨其进砂的原因，除渠首防砂设施不够完善外，近几年来，在管理应用中对渠首冲砂闸和总干渠内的排砂闸未能合理运用。沉砂池被沙砾和卵石沉积满，致使这些水工设施未能起到预期作用，也是主要原因之一，因此造成了总干渠陡坡和混凝土衬砌渠道的磨损现象。

（2）总干渠陡坡存在的问题：总干渠从渠首到总一分水闸（桩号40+100）之间共有陡坡52座，其中1号、2号、3号及51号四座系无人工糙度的陡坡（落差在3米以下）其余47座陡坡均为有人工糙度的陡坡（陡坡落差除48号及49号两座为8米以外，其余均为5米）。这些陡坡共同存在的问题是：（一）消能不善，出口的干砌卵石衬砌渠道或沥青混凝土砖衬砌边坡都遭到不同程度的冲坏，冲坏程度一般为15—30米或25—50米，个别的长达60米；（二）进口的缺口断面偏小，发生壅水现象，已修建的缺口断面只能通。

过流量40秒立米（设计流量50秒立米，近几年实放流量20至25秒立米）。除此外：有人工糙度陡坡还存在着以下问题：（一）陡槽底板上的混凝土糙度被不同程度地被腐蚀或打坏，其中以9号至18号最为严重；（二）人工糙度段陡槽边坡道护砌高度不够，水浪跃出坡顶冲刷戗合。

（3）北干渠北一支分水闸以上渠段存在的问题：北干渠从总二分水闸至北一分支水闸长4.9公里，全部为土渠地坡陡（1/100—1/200），地下水位高（1.5—2.5米），原设计采用土渠，用陡坡调整纵坡，桥共有陡坡24座。其中5号陡坡至18号陡坡间道渠长1850米，地下水位距地面1.5—2.0米，上下陡坡约差1.0米，陡坡的平均间距约为140米，这些陡坡损坏情况较严重填方渠堤又不稳固，急待整修改建。其余的10座陡坡，除2号陡坡已全部损坏，并于1963年秋季改建成跌水外，还有全部损坏的2座（20号至24号）和局部损坏的7座。

（4）东干渠桩号20+000以上渠段存在问题：

①4号陡坡至5号陡坡间距长□米，其中填方渠长□米，渠道淤积严重，影响过水能力和工程安全。

②陡坡损坏严重，其中以7号陡坡至20号陡坡之间更为严重，这14所陡坡中严重损坏或全部损坏的有7座，局部损坏的有7座，唯这段渠道的地下水位较低，约3.5米以下，且渡槽处于挖方中，渠床比较稳固。

③桩号12+300至17+300渠段用干砌块石衬砌，因冻胀作用力损坏严重。

2. 工程地质和水文地质条件

（1）总干渠：从渠首到总一分水闸以上的渠线全部通戈壁砂砾层地下水位低，建筑物基础良好。

（2）北干渠：从总二分水闸到北一支分水闸处，渠道大部分通过季节性沼泽地，少部分通过耕地，表面属砂壤土，往下土壤黏性愈大耕地段，地下水位距地表约2.5—3.0米，季节性沼泽地则为1.5—2.0米。

（3）东干渠：7号陡坡至20号陡坡间渠道主要通过耕地土壤黏性较重，地下水位距地表在3.5米以下，干砌块石渠段（桩号12+300—17+300），渠线通过盐泽土荒地，地下水位距地表约1.5—2.0米。

3. 当地材料

大卵石：位于渠首（昌马大坝）附近的河槽内，一般长径为15—20厘米。

块石：北干渠饮马场北山有花岗岩石场距北一支分水闸21公里；东干渠在东四分水闸至东六分水闸间渠线以南有花岗岩石山可开采石料，最近的石场距东干渠7号陡坡为19公里。

沙子：总干渠用沙的来源有四处：（一）渠首冲沙闸下游河槽中，（二）黑崖子泄水道下游的旧玉门河道中，（三）玉门镇一带的城河中，（四）城河渡槽上下游的城河中。

北干渠用砂：主要在总干渠成河渡槽上下游，以及北干渠以西的城河（通称疏勒河）内。东干渠用砂：主要在下冬□以南的巩昌河中亦可在塔儿湾一带的巩昌河河槽中采集。

石子（砂砾）总干渠在渠线两侧的渠道冻土中都能筛选。北干渠石子产地，与沙子产地大致相同，东干渠石子产地除与沙子产地相同外，还可在农建十一师一团农场（即原黄花农场）的场部和灌区内小戈壁滩上采集。

4. 施工劳力：基建工程由农建十一师工程团承担，共有劳力约2000人。

5. 1964年垦荒造田面积及其分布：农建十一师计划1964年度在昌马河灌区垦荒7万亩。其中农一团4万亩，即位于黄花农场东干渠渠线以西范围内，3.8万亩和北一支渠0.2万亩，农二团3万亩及位于原西干渠二支渠范围内1.1万亩，三支渠范围内0.9万亩，四支渠范围内1.0万亩。

三、工程设计

1. 整修原则及1964年度拟整修项目的初步安排

省计委（64）甘计基字105号文对“昌马河工程五年整修计划”的批复中指出“整修原则，先重点修影响全局的控性建筑物和控制灌溉面积大的渠道，以及修复工程量小但收效大的工程，以确保工程安全”。本此原则精神，经与农建十一师研究，今年拟先整修加固或改建以下工项目：

（1）总干渠：损坏严重或较严重的陡坡42座。

（2）北干渠：北一支分水闸次上的损坏严重的渠道及陡坡建筑物。

（3）东干渠：7号至20号陡坡间的14座陡坡；20号陡坡下的干砌块石。

以上工程项目，需水利投资130万元，其余水利投资带农场渠系规划布置审批后，再安排具体工程目。

2. 总干陡坡整修加固设计

（1）整修加固标准：陡坡的陡槽出口消能部分按设计流量56秒立米设计，一次加固好，进口部分目前尚基本完好，除对小沉砂池两侧的干初卵石边坡翻修为干砌卵石灌细粒混凝土以外，其他暂不整修。

（2）整修加固的型式及设计概述：第一种型式为无人工槽度的陡坡，用这种型式的除原为无人工糙度的1号、2号、3号及51号四座陡坡外，还有原人工糙度的，但目前已严重损坏的12号和14号两座陡坡。这次整修加固系根据水力计算，在原消力池出口以后加强和加深不足的消力池部分。

第二种型式：为恢复人工糙度，加强陡坡出口以后的渠道衬砌及加高陡坡边缘高度，除12号和21号陡坡以外，其他原有人工糙度的陡坡都采用这种形式，这次加固系根据1957年12月西北水工试验所编制的“昌马河总干渠陡坡模型试验报告”中原设计陡坡模型试验□□□进行加固的，并根据出口渠道衬砌的型式不同（分干砌卵石和□□干砌卵石、边坡沥青混凝土砖衬砌及渠底混凝土边坡沥青混凝土砖衬砌三种）。对出口部分采取不同的加固办法。另外对人工糙度予以加固加厚，并在前三道糙度榄的引水面上加设钢板。

3. 北干渠北一支分水闸以上整修改建设计

（1）整修（改建）标准：渠道和跌水仍按原设计流量进行设计（正常流量7.5秒立米，加大流量9.0秒立米），对这次整修（改建）的渠道和跌水需一次作好。2.5号陡坡至18号陡坡间渠道的整修（改建）。

（2）方案比较：曾进行了两种方案比较：

第一方案：自5号陡坡以上70米（桩号1+180）至18号旋坡（桩号3+100），在旧渠右侧15—25米（中线间距）处另修一条混凝土衬砌渠道和18号跌水（将18号陡坡改为18号跌水）。

第二方案：在旧渠线上原有14座陡坡改过成跌水和加固半挖半填渠段的渠堤。

兹将这两种方案的优缺点和技术经济指标的比较结果列入下表：

	第一方案	第二方案
优点	1. 根据地形条件渠道设计可以避免或减少半挖半填渠堤且衬砌渠道的质量高，防渗性能强，工程较安全。 2. 在施工方面，可减少灌溉和施工的矛盾，施工场面大，工程布置方便。 3. 管理运用中，维护费用较少。	1. 水泥用量较少，比第一方案少116吨。 2. 投资较少，比第一方案少5.4万元。
缺点	1. 水泥用量较多，比第二方案少116吨。 2. 投资较多，比第一方案多5.4万元。 3. 由于对地下水位高壤土地区做混凝土护面上缺乏成熟经验。本工程具有试验性质。	1. 地下水位较高，消力池部分施工较困难。 2. 由于灌溉和施工有矛盾，在灌溉期间施工，需挖工引水渠和作临时消能工。 3. 管理运用中，渠堤填方和跌水砌石构缝的维修养护费用较大。
投资/万元	29.4	240
水泥/吨	433	317
木料/立米	67.5	10
劳力/万工日	1.8	2.3

从上表中看出，第一方案的优点较多，另一方面从河西地区提高渠系有效利用系数，减少渗漏损失和防止地下水位上升以防治土壤盐碱化等长远利益出发，对灌区范围内壤土地渠道因地制宜进行衬砌防渗，具有重要的意义。但在这方面我们还缺乏成熟的经验，很需要进行重点试验，而这段渠道，具备有供做实验的条件，故拟选用第一方案。

（3）采用方案的设计概述

对这段渠道衬砌在型式上曾考虑过混凝土衬砌及干砌块石衬砌两种，但由于块石运距远（约23公里），块石衬砌的厚度较厚（混凝土衬砌为8—15厘米，干砌块石为25厘米），以及干砌块石的衬砌周长较长的原因，计算得混凝土衬砌渠道的投资仅多0.2万元，但需要的运输力和劳力均较少，且防渗效果较高，故拟采用混凝土衬砌渠道。

混凝土衬砌渠道：渠道纵坡基本上按顺地面纵坡设计有1/100、1/140及1/160三段，渠线设计要求高出地下水位以上0.5米，最少与地下水位线齐平，而不能低于地下水位线。渠道横断面采所窄深式，但为施工方便计，渠底宽采用1.2米，边坡系数为1.5。渠深1.3—1.4米（其中超高部分0.3—0.35米），平均流速3.2—0.8米/秒。

在渠道衬砌的结构型式方面：着重从防治地基的季节性对护面破坏和排除地下水（或由渠中治下的水）两方面考虑。仍采用在渠底和边坡的护面与土壤地基之间设双层，垫层厚度由防冻胀和排水要求而定（采用阳坡 50 厘米，渠底 40 厘米，阴坡 40 厘米及 30.50 厘米、40 厘米两种），并在 18 号跌水进口以上 20 米处设横向排水盲沟，将护面的地下水或浮水通过渠底穿过甘新公路排到疏勒河中。为了减少护面的变形和适应其变形，在渠底与渠坡相交作好止水设施。又从施工方面和结构稳定等方面考虑，渠底采用就地浇筑的 110 级的干硬性混凝土，厚 15 厘米，边坡采用 100 号水泥砂浆、110 号泥凝土块，水下部分的厚度 12 厘米，水上部分 8 厘米，并作泥凝土块封顶。

4. 18 号、20 号、24 号跌水设计

先按水力算计算决定跌水的各部尺寸，并已委托西北水工试验所进行水工试验，在技术设计中将按报告中的建议进行修正。

在结构方面，除跌水底板，跌唇和缺口侧墙以外，主要采用浆砌块石和干砌块石，为加强护面的抗冻胀能力，特设置反滤式垫层和适当地增加伸缩缝和沉陷缝。从 1963 年冬修建的北干渠 2 号跌水经过一个冬天的情况看，这种结构基本上是能抗冻的，是安全的。

5. 东干渠 7 号至 20 号陡坡间（桩号 8+000 至 18+300）整修加固设计

（1）整修加固标准：渠道和渠道建筑物仍按原设计流量设计（正常流量 5.2 秒立米，加大流 10.0 秒立米）对这次整修加固和改建的部分须一次作好。

2.5 号陡坡 20 号陡坡之间渠道的加固和改建

方案比较：暂考虑过三种方案：

第一方案：在旧渠线上整修加固局部损坏的陡坡（8 号、9 号、13 号、14 号、15 号、16 号和 20 号七座）和改建损坏严重的（7 号、10 号、11 号、12 号、17 号、18 号和 20 号七座），为跌水。

第二方案：在旧渠道的左侧另修一条混凝土衬砌渠道。

第三方案：旧渠道临时维持通水，在 1965 年另修一条凝土衬砌渠道。

兹第一方案与第二方案的技术经济比较列如下表：

次序	方案类别	投资/万元	水泥/吨	木材/立米	钢材/吨	劳力/万工日
①	第一方案	31.6	505	18	8.2	2.71
②	第二方案	87.9	1193	191	0	6.12
③	②-①	56.3	688	173	-8.2	3.41

由上表比较结果知：第一方案除钢材比第二方案较多外，投资、水泥、木材及劳力都较少，根据今年人力、物力、财力的具体情况能够实现，且第二套方案则相反，今年不能完成，在技术上还缺乏成熟的经验。至□□在本段具体条件下土渠渗漏损失的绝对值也不大。况且在将来为适应灌区发展的需要还可以对土渠进行夯实防渗处理，渗漏损失还会减少，因此拟采用第一方案。

就第三方案来说，今年的投资虽少，但在东干渠灌区内要垦荒 3.0 万亩，比之东干渠现灌面积（约 3 万亩）增加一倍多，这段渠道内的陡坡可能要发生更多的问题，通水无保证，因此不宜采用。

（2）采用方案的设计概述：

整修加固陡坡的措施：将东坡进口端的砌石全部拆除，按进口护砌长度相当于5倍渠道正常水深的要求予以加长，并在护面的最前端做一深1.5米的环状截水墙，以达到加长渗径的目的。消力池长度按9倍厚水深予以加长护坦及海漫段的长度中采用5倍下游水深，并在消力池新增长段的出口，护坦东端及海漫末端种设置环状截墙一道。

在结构方面除海漫段为干砌块石砌筑以外，其余均采用水泥砂浆砌块石，在砌面与壤土地基之间加设反滤式垫层，垫层厚为阳坡30厘米，渠底30厘米，阴坡40厘米。关于原陡槽段及消力池端的砌面基本上不拆除，但对其裂缝和构缝脱落等，需重新构缝一次。

这项设计已委托西北水利科学研究所进行水工模型试验，在技施设计中将试验数据进行修正。

跌水设计：与北干渠跌水设计同。

四、施工计划

1. 施工程序和进度：考虑到施工现状，尽可能减少施工与灌溉的矛盾，农场渠系规划的编报和审批时间以及充分利用劳力等方面的因素，初步拟出阶段性的施工程序如下：春灌以前（4月5日）完成总干渠黑崖子以上1至3号，10号至16号等十座陡坡，夏灌以前（5月5日）全部完成总干渠42座陡坡的整修加固，在春灌以后夏灌以前停水期间的突出施工期间，每天需上工2500—3000人，3月份进行北干渠混凝土衬砌渠道和三座跌水的施工，平均出工人数约需1500人，可于5月底完成。东干渠施工导流工程的施工于6月初开始，在7月14日以前完成，平均每天需出工约200人，东干渠整修加固陡坡和修建跌水工程于7月15日开始备料，7月25开始导流和正式施工，平均每天出工约11500人，于8月10日完成。因东干渠原黄花农场11斗已播种31000亩的小麦和油菜，若要提前导流用水，这一千亩地生长周期需用水，因地形限制不能自流灌溉，需用抽水机提灌，费用大，再则从昌马河灌溉用水情况知，6月份用水量最紧张，7月份河道流量逐渐加大，水量有宽余，在此期间，从东干渠右侧巩昌河导流输水，就不会因输水损失较大而影响灌溉，故东干渠施工导流时间定为7月23日。

2. 施工质量要求：除按施工技术规范和昌马河（第一期工程）整修加固工程技施设计第一部分中提出的要求进行施工以外，兹再着重提出以下几点，请施工中切实重视，以保证工程质量。

（1）春灌以前施工的总干渠1号等十座陡坡，必须按冬季施工的要求，切实保证混凝土与砌石的质量。

（2）东、北干渠所需要的垫层，必须按设计图中所提出的粒径进行过筛，并要求不小于规定最小粒径的含量（包括含泥量）不得大于5%。

（3）垫层的施工质量极为重要，直接关系到护面的稳定性，因此必须严格掌握施工质量，在铺设垫层以前对地基须先进行抛石铺设，反滤池垫层须分层夯实。

（4）混凝土护面的伸缩缝和止水层很重要，必须按设计尺寸和要求施工。

3. 工程数量和技术供应

（1）工程量：本工程共需作土方64,453立方米，混凝土5,636立米，砌石15,175立方米（见总表二）。

（2）劳动力：共需劳动力 125,346 工日（其中普工 104,644 工日，混凝土工 3,071 工日，木工 2259 工日，砌石工 15,848 工日，钢筋工 201 工日，其他技工 118 工日）（见总表三）。

（3）主要材料：共需 400 号水泥 2254 吨，木材 195 立米，5 毫米钢板 15 吨，钢筋 21.4 吨，沥青 78 吨，油毛毡 9284 平米，砂子 5751 立米，石子 6990 立米，外运块石 1337 立米，卵石 3081 立米（见总表四）。

（4）运输力：共需要汽车 1498 台单马车 60 车天（见总表四）。

五、工程概算

1. 简要说明：

（1）定超依据：根据甘肃省水利厅 1964 年水利工程预算定超（执行）编制的。

（2）工资标准：根据甘肃水利系统各类工人工资标准，按玉门地区计算得：普工工资 1.95 元/工日，技工平均工资 3.0 元/工日。

（3）外调材料价格：除水泥按新疆水泥运到工地的价格计算以外，其他材料按玉门市价格转运到工地计算。

（4）间接费标准：按企业单位承包性质的标准计算，即以基本工资的百分数计，其规定如下：混凝土 100%，砂石备料 75%，砌石 60%，土方 45%。

（5）各类施工增加费标准：按省经委 1962—1963 年度冬季施工增加定额说明中规定玉门属三类地区，自 11 月 5 日至 3 月 29 日为冬季施工时间。冬季施工增加费的标准为：土方工程 25%（为挖非冻土与转输的综合值），砌石 12%，混凝土 24%（钢筋混凝土与混凝土的平均值）。本工程的总干渠计划从 3 月 16 日正式开工，属冬季施工的工程项目有 1 号、2 号、3 号、12 号至 18 号等十座陡坡。

（6）大型临时设施及机具购置费：农建十一师另有一批机具设备，帐篷等购置费，故本工程，只计算仓库、食堂、加工厂等大型临时设施费，至于职工住宿用的帐篷、施工机具的购置费，则由农建十一师的购置费专额内开支不再计算。

（7）当地材料运输距离的计算：

①总干渠用的砂子：平均运距按 6 公里计，外用大卵石平均运距按 10 公里计，石子就地采集。

②北干渠用的砂子、石子及垫层，主要从总干渠城河渡槽的上下采运，平均运距按 4 公里计，跌水用的块石从原 12 号至 17 号陡坡砌石的水面以上部分拆用。

③东干渠（8+000—12+300）段用砂、石子及垫层从下东□以南的巩昌河河槽内和戈壁滩上采运，平均运距 4 公里，陡坡跌水所用的块石不足部分，从东干渠原东四分水闸以南的青山上开用，平均运距 17 公里。

2. 投资概算：总干渠、东北干渠今年共需投资 130 万元，其中主要工程项目 1229699 元（总干渠 535445 元，北干渠 338192 元，东干渠 356062 元），占总投资的 94.6%，大型临时设施 21250 元，占总投资的百分之 1.64，冬季施工增加费 28803 元，占总投资的 2.21%，不可预见费用 20240 元，占总投资的 1.55%。

六、管理养护和观测研究工作

1. 健全管理机构问题：昌马河第一期工程灌区内现有的专管机构不够健全，从体制上讲，机构不统一，有昌马河河西灌溉管理处、玉门市昌马河水管所和安西县昌马河水管所等三个单位，在管理方面，昌马河灌溉管理处负责总干渠总一分水闸以上总干渠的工程管理和西干渠与东、北干渠的配水；两个水管所负责各该县（市）灌区的灌溉管理和干、支渠道工程管理；从人员编制上讲，不仅人数少，且管理水平不能适应这一大型工程的需要；为了切实搞好这个工程的工程管理和灌溉管理，并积极开展试验研究工作，建议成立一个县级的统一管理机构，充实必要的行政和技术干部，由酒泉专区直接管理加强指导，以便充分发挥这个工程的效益，促进农业生产。

2. 当前几个重要的工程管理和试验研究问题

（1）防砂、排砂问题：昌马河第一期工程的进砂问题是严重的，不仅磨蚀混凝土渠道及混凝土建筑物，而且造成土渠的淤积现象，为此必须加强防砂排砂工作，在现有的水利设施条件下，须首先加强渠首防砂，具体做法是：①在进水闸临时闸槽内插 0.3—0.5 米高的叠梁，以提高进水槛，减少推移质入渠；②根据闸内淤积、水情和灌溉用水紧迫程度的不同，及时冲砂，在丰水期须经常打开冲砂闸冲砂；③在泥沙进入总干渠以后，需定期利用余水，排除总干渠沉砂池中的淤砂，若排砂不畅时，可利用灌溉停水期借助于人工清淤，特别在今年春灌以前，进行一次彻底的清淤工作，有利于陡坡人工糙度的安全，在目前总干渠引水量为 25—30 秒立米的条件下，可在各节制闸上插叠梁闸高 0.3—0.5 米，有利于沉积总干渠内的泥沙，减少泥砂下挟量；④对渠堤两岸风化刮落的泥砂砾需经常清理平整，以免掉入渠道内。

（2）衬砌渠道的检修：总干渠干砌卵石衬砌渠道的边坡，在水面波动范围内卵石缝中基土的细粒料有被淘失现象，影响到砌石的稳定，需经常检查维修，以免造成坍坡，以致大卵石滚动而打坏已恢复的陡坡的人工糙度。沥青混凝土砖砌的边坡有脱缝现象，需及时维修，对缝间长出的杂草需铲除，对个别冲蚀严重的混凝土渠底亦进行适当的补修。

（3）总干渠（包括排砂闸、黑崖子泄水闸和总一泄水闸的泄水道）和东干渠 7 号陡坡以上的渠段（特别是 4 号至 5 号陡坡间）淤积严重，今年必须清楚。这项工作，除总干渠陡坡附近的淤沙由农十一师工程团结合清基进行清除外，其余各处建议由昌马河河系灌溉管理处和玉门水管所组织灌区群众迅速清除，以利通水和排砂。

（4）总干渠、北干渠（北一只分水闸以上）□□□□（桩号 20+000 以上）的水工建筑物，除今年列入计划整修加固的以外，尚有一些陡坡和分水桥梁，渡槽等建筑物基本上是良好的，或仅有局部损坏，这些建筑物请管理处（所）必须加强维修养护，防止损毁。特别是东、北干渠，今年不准备进行整修加固的陡坡，必须在春灌前进行一次构缝的维修工作，以防止损坏和程度的扩大。

（5）加强观测研究工作：观测总干渠和主要支渠的输水损失，计算灌区的渠系有效利用系数，观测渠首防砂效果和排砂闸的排砂能力，以及计算年排砂量，对改建的建筑物和衬砌渠道，应加强冻结、沉陷、裂缝、稳定等项的观测研究工作，对总干渠陡坡、北干渠跌水、东干渠陡坡加固后的消能情况，需进行观测研究工作。同时还应加强灌溉实验及经济用水的研究工作。

处理意见：

对昌马河灌溉工程的整修计划，提出如下几点意见，请在设计时参考：

一、昌马河工程从渠首到种级渠道，病害很多，且□严重，直接影响灌溉，威胁工程安全，搞清病害的原因，同意分期分批进行，有计划地整修的原则，先重点整修影响全局的控制性建筑物和控制灌溉面积大的渠道，以及修复工程量小但收效大的工程，以确保工程效益。

二、对整修工程要求解决以下几个根本问题。

1. 积极采取措施，防止推移质入渠。除同意恢复排砂闸、泄水闸等建筑物的功能，加强排砂作用外，对渠首的防砂问题，应重点进行根治性的研究，提出有效的工程措施。

2. 调整好干、支渠道纵坡，解决渠道水流动能问题，昌马河全部灌区地形坡度很陡，干支渠都系土质渠道，渠道淤积与渗漏情况严重，采用多级陡坡渠系方案，只解决了降低纵坡的问题，没有解决消失水流动能问题，造成了冲塌现象，因而在修复时对陡坡的建筑形式，应重新加以研究改造，是为采用效能好的重力跌水方案抑或加大纵坡全部采用高标准衬砌方案，请进行比较，作出经济效益分析。

3. 注意冻土地基的技术措施和固渠措施。在冻土地及修筑水工建筑物和渠道衬砌工程，是一个很复杂的技术问题，在设计中应充分考虑，为了巩固渠型，在土质渠道上植树种柳，应视为一项重要的工程措施。

三、整修进度与措施，请农建十一师再做进一步的研究，作出的整修工程总体设计和各单项设计，由原组织审批报我委备查。

甘肃省水利厅

一九六四年二月二十七日

甘肃省水利厅关于西湖棉花农场渠道安排情况的函

1959 年 12 月 30 日　　甘 232-1-265

安西双塔堡水库并转水利工程队：

经计委、省农垦局研究确定（1960）年在安西西湖建立棉花农场，水源依靠双塔堡水库供应。为确保春灌，计划自水库至安西城附近先用旧渠送水，在安西城东四工渠附近开临时渠，泄入疏勒河。再从断岘子附近开临时渠（长 15 公里，土石方约三十万）通入西湖农场灌区。这段临时渠道，必须在（1960）年三月底前完工，为此，希速将劳力进行安排（在留安西总干渠的五千多名□□中调一部分），并立即着手做好准备，力争早日开工，并希将安排情况复电。

甘肃省水利厅（印）

1959 年 12 月 30 日

处理意见：

林书记考虑布置。

桂荣

元月六日

李工程师同志开临时渠道的闸今年3月底完工。劳力的安排，抽调劳力，事前和工程支队联系解决以免影响灌溉。

林甡

一月六日

安西县委关于转发水利大军抢种蔬菜及帮助农场公社夏收情况给昌马河水利工程处的报告

1960年7月31日　　甘232-1-282

各公社、农场党委：

现将安西总干渠水利大军当前抢种蔬菜及帮助农场、公社夏收情况的报告印发你们。从这个报告中可以看出西干渠水利大军的干劲是多么得大，又看出他们真正树立了以农业为基础，以粮为纲的思想，既修筑又种菜，又为附近社、场收割、锄草的共产主义精神，各个单位都应仿照学习这种精神。

安西县委（印）

附件：

安西总干渠水利大军当前抢种蔬菜及帮助农场公社夏收情况的报告

省委指示，全党全民立即动员起来，迅速开展抢种蔬菜生产运动，保证做到今冬明春蔬菜自给有余，起具有巨大的经济意义和政治意义的；特别是安西总干渠工地，不论从当前情况和今后发展形势来讲，都有他的重要性与现实性，因此，在工地大种。多种多收蔬菜，不但可以保证工地蔬菜需要，办好工地食堂，改善工地生活，保证全体职工身体健康，发挥工作积极性，提高工效，推动生产，确保工程任务的完成；并且为河西水利大军建立副食品基地打好基础，为明年更大更多的面积地种植蔬菜、饲料，粮食创造出有利的条件和更多的经验；同时，由于蔬菜供应量的增加，还可以节约粮食，大力发展饲料，特别是养猪事业。因此，坚决贯彻省委指示，大搞蔬菜生产运动，不但是一项重大的经济任务，而且是一项重大的政治任务。

根据安西总干渠、水源充足，土地较平整，工地肥料多和当前劳动力的情况，我们决定一营在指挥部附近的蔬菜基地种菜三千亩，二、三、四、五营在其他四个工点，各种二百五十亩，全工地共种菜四千亩，目前工地五千余职工，平均每人将有菜地八分。目前正集中力量，完成种植白菜、萝卜三千亩后，再种菠菜、黄菜、□葱一千亩。在大搞种菜运动的同时，我们还要□□开展工地副食品的多种经营，首先要求各营养猪30头至50头，到本年底全工地养猪达200头至250头，小猪由双塔堡水库按价协商支援一些，其余在安西和张掖专区其他县市按价解决，我们采取利用工地食堂洗锅水，组织体弱的劳力采集野菜，供给一部分青菜，播种五百亩荞麦的办法，解决养猪的饲料问题。

为了确保某种蔬菜任务的胜利完成，我们首先采用何种会议形式，在党团员积极分子，各级干部和青年工人中，进行政治思想动员工作，反复说明这次播种蔬菜的重要性，使全体职工坚决贯彻省委指示，立即展开每人平均中二分到三分地蔬菜的运动。保证每人平均收获500斤萝卜，500斤白菜的光荣任务。这样做不但可以使今冬明春蔬菜自给有余，树立安下心、扎下根，为建设祖国的后方——甘肃，贡献一切力量，而且为办好工地食堂创造物质条件，保证全体职工的生活改善和身体健康，确保工程任务的完成并为建立我们水利大军的蔬菜基地打好基础，同时，还可以为国家节约粮食，发展家畜，这就是正确地解决个人利益和国家利益，当前利益和长远利益的关系。也是贯彻执行党的光荣传统，自力更生，努力生产，克服困难和解决问题的实际行动。因此，完成全部抢种蔬菜的生产任务不但是我们全体职工的一项重大的经济任务，也是一项重大的政治任务。

另一方面，我们也纠正了某些职工中存在的一些错误思想，认为安西总干渠完成后，就要迁往其他工程，开出来的菜地，给农场、公社丢下了，自己不能长久种吃，就是种上也吃不上，“远水不能解近渴”和马虎草率的种植作法和想法，经过思想动员、说服教育，最后统一了思想认识，端正了态度，立即投入了战斗。第二是种菜的安排。在支建青年到达工地前安西县委召集有关部门和农场负责同志，给水利大军划□种菜土地，拖拉机和菜籽。支建青年到达工地后，我们聘请五爱公社的种菜能手和□□□场的技术人员，以及召开支建青年中的种菜能手座谈会，交流内外的种菜经验，根据安西的自然特点，和河南种菜的经验，进行了具体研究，采取平□一块，灌溉一块，翻好一块，种植一块，先抢种熟地、好地、平地要求土地平，畦块小，下籽均匀，深浅适当，种得细，种得快，组织□□检查验收，做到保质、保量、保种、保出、保苗、保收。第三是要求各级领导干部坚决贯彻与群众同吃、同住、同劳动、同商量的“四同”运动，深入工地，深入田间参加生产，领导生产，总结经验，具体研究，布置生产使任务到人，措施到地，分片包干，负责到底，坚决克服一般化的领导作风。第四是组织种菜专业队，分工进行菜地的田间管理，拾□工地粪便，储沤肥料，抽出专职干部进行引水渠道及田块的规划布置，做到节约用水，灌溉方便，并与省地质队协商，结合水文地质结构，在蔬菜基地内打机井，并挖土井，进一步保证菜地的灌溉。

由于采取了以上的措施，我们在抢种蔬菜的战役中，已取得了初步成果，现在各营出勤率达到95%左右，自本月18日至25日的几天中，共开荒二千六百八十亩。播种萝卜、白菜七百七十四亩，积肥十六万余斤。在开荒中拾柴十五万余斤，因为种得细大部分菜地出苗均匀，生长良好，但是还有少部分菜地，种得粗，生荒地，土壤板结或含有盐碱可能产生出苗不齐，并因风沙大还会影响幼苗生长。还要有一千余亩新开荒地，因为渠水不足，还未进行灌溉，由于种菜的面积较大，还感到工具不足。这些也还影响着播种的进度，现在距立秋仅有十余日，播种时间还很紧迫，根据这些情况，我们决定仍以抢种蔬菜为当前的中心任务，□□□□这一工作，为了保证种菜任务的完成，我们从三营又调了劳力二百五十余人。支援指挥部附近蔬菜基地，抢种蔬菜过程中虽然还会有一些困难，但因为工地有较多精壮男女劳力，我们有信心完成全部种菜任务。

近来工地附近农场、公社的夏禾均已先后成熟。因为收割的劳力不足，农场、公社要求我们帮助夏收，为了做好附近地区的夏收，我们□抽调一千八百余人男女精壮劳力，帮助农场、公社抢收夏禾。为了做好这一工作，我们要求各营：（一）营连领导干部必须以身作则，亲自负责带队；（二）必须自带干粮菜食；（三）服从命令听指挥，严格遵守群众纪律；（四）教育职工爱护工具，保护田苗，在收割工作中要保质保量。做到割净、捆净，使“颗粒归仓”；（五）要注意安全和其他事故的发生。截至本月 26 日，各营帮助农场、公社共收割青稞、小麦五千一百余亩，锄草松土四千三百余亩，对保证附近农场、公社快割快收夏禾，做到丰产丰收起到了一定的作用，在收割过程中，由于各级干部普遍地重视了这一工作，各营连基本上做到了指挥部提出的各项要求，没有发生其他事故，特别是二、三营，由于帮助瓜州公社和十工农场收割得好，得到了农场与公社的好评，受到了群众的欢迎，和赠送了锦旗。这样做的结果，不但解决了当地夏收劳力不足的困难，保证了夏禾的快割快收，发挥了共产主义的协作精神，而且也加强了指挥部与农场、公社的联系，密切了工地青年工人与场□的关系。

在抢种蔬菜及帮助农场公社进行夏收的同时，我们也积极准备并逐步开展总干渠的土石方工程。截至本月 26 日各营共完成渠道土石方一万一千四百余立方米。因为当前抢种蔬菜和帮助农场、公社夏收在急，我们预计 8 月 5 日左右在总干渠的施工可以全面地开展起来。

以上不妥之处，请指正。

安西总干渠工地指挥部

1960 年 7 月 29 日

关于安西总干渠设计修改情况报告

1960 年 10 月 6 日　　甘 32-1-265

安西总干渠全长 68.19 公里，原设计正常流量 40 秒立方米，加大流量□秒立方米。38.5 公里以上为片石衬砌渠道。38.5 到渠尾为土渠，共□建筑物 12 座，陡坡 10 座，有公路桥 9 座，渡槽 1 座，斗门一座，山□□□6 处。挖填总量 2462554 立方米，开砌块片石 148130 立方米，浇□□□立方米，需水泥 4000 吨，总需劳力 2241000 工日。

□□为配合开荒进度，并使工程早日发挥效益期间，经上级领导核示，总干渠设计作了如下的修改：

一、流量修改：渠首到第三干渠分水闸正常流量 30 秒立方米，第三干渠分水闸到渠尾流量为 25 秒立方米。

二、横断面修改：第一段 0+400—38+541 间全为片石衬砌断面，原设计底宽 3—4 米，渠深 3.2—3.4 米，衬砌高 3.0—3.2 米，水深 2.7—2.9 米。此段挖方 481880 立方米，填方 348085 立方米，开片石 105287 立方米。经修改，渠深为 2.3—2.9 米，衬砌高 2.1—

2.6米，水深1.73—2.40米，底宽不变，填方减为297674立方米，挖方不变，渠石长较远地段采用砼砖衬砌（约12.6公里）。石场较近坡段仍用片石衬砌，须用片石59206立方米，浇筑砼砖17120立方米，需水泥29020吨。第二段38+451—46+300间（二干分水闸到三干分水闸）；原设计纵坡为1：8000，底宽12米，渠深3.4米，水深2.6米，挖方337274立方米，填方81390立方米，经修改底宽为10米，纵坡不变，渠深3.0米，正常水深2.5米，挖方减为234337立方米，填方减为55773立方米，除43+000—44+200间渠顶降低0.4米外，其余地段均为抬高渠底0.4米。第三段46+300—68+190间原设计全节二段，挖方为956902立方米，填方为257023立方米。经修改，底宽为8.0米，纵坡不变，正常水深2.5米，渠深3.0米，渠底抬高或堤顶降低0.4米，挖方减为675146立方米，填方减为170863立方米。

横断面经修改，共减少挖方383643立方米，填方1602187立方米，片石46081立方米，增加砼17120立方米，增加水泥2920吨。

三、建筑物修改

总干渠主要建筑物为分水闸陡坡及公路桥，原设计分水闸墩台高均为4.0米，修正后均改为3.2米，闸孔孔数及宽度没有变更，共减少砼1300立方米。浆砌块石720立方米，干砌块石420立方米，减少水泥320吨。陡坡除2号及10号陡坡落差由原设计3.0米增大为3.4米，3号陡坡由原设计3.0米减为2.6米外，其余陡坡落差均没有变更，各陡坡消力塘宽度随渠道宽度减少（和渠道同宽），共减少砼30立方米，浆砌块石920立方米，干砌块石280立方米，减少水泥80吨。桥墩原设计高在38+600以上为4.4米，均为两孔跨度，以下为3.4米，均为3孔跨度。经修改后，38+600以上桥墩高为3.0米，跨孔不变，38+600以下桥墩高3.2米，跨孔改为2孔，共减少浆砌块石600立方米，木料60立方米，减少水泥50吨。

以上建筑物经修改后，共减少砼1260立方米，浆砌块石2240立方米，干砌块石700立方米，水泥450吨，木料60立方米。

总干渠设计经这次修改后，共减少土挖方383643立方米，填方162187立方米，块片石51021立方米，增加砼15860立方米，增加水泥2470吨，共节约劳力196556工日，对提前通水面湖创造了有利条件。

经这次修改后，在渠系有效利用系数达到60%条件下，总干渠正常输水量还可以灌溉60万亩，足可满足安西及西湖两灌区的近期灌溉要求。

安西总干渠规划设计组

1960年10月1日

甘肃省河西建设规划委员会关于报送安西总干渠设计任务的报告

1966年1月20日　　甘234-2-81

省纪委：

安西总干渠设计任务书，我委业已编妥，随交送上。关于去年十二月在河西规划工作会议上，经讨论后选定第二方案的情况及依据另行报送。

甘肃省河西建设规划委员会（印）

一九六六年一月二十日

抄送：省人委农办、省水利厅、河西水利指挥部、农建十一师、省□□局、酒泉专署、安西县、河西建委水利勘测规划队

附件：

甘肃疏勒河流域安西总干渠设计任务书

一、设计任务的提出

疏勒河流域水利资源比较丰富，有大片集中平坦的宜垦荒地，水利工程及国营农场的建设已有一定基础，水土资源开发的潜力很大，农牧业生产发展条件比较优越。为了加快河西地区农业生产建设，贯彻集中力量打歼灭战的方针，我省已确定疏勒河流域为河西"三五"期间开发国营农场"建设稳产高产农田的重点"，因此必须加快这个地区的水利工程建设。根据全省"三五"地方基本建设计划，安西总干渠工程应在一九六六年开始施工，一九六八年完成。为了适应工程实施的需要，必须尽快地提出安西总干渠设计。

安西总干渠设计必须依据党的多快好省地建设社会主义总路线的精神，坚决贯彻自力更生，依靠群众，勤俭办水利的方针及省委关于开发河西"水利先行看水种田，统一规划，军民兼顾"的原则，应在深入现场，加强勘测调查和实验研究，狠抓第一性资料的基础上，比较和选择灌排渠系布置和工程标准的方案，确定灌溉及渠道工程的规模，提出工程概算。

二、流域规划概述

疏勒河为甘肃河西地区第二大河，发源于祁连山区，流经肃北、玉门、安西、敦煌等县市，汇入哈拉湖。流域各灌溉区干旱少雨，蒸发强盛，多年平均降雨量仅42—50毫米，而蒸发量高达3000—3400毫米，因此农业生产全赖灌溉。疏勒河出山口多年平均年径流量9亿立米，中游地区玉门钲到双塔堡水库有泉水出露，年径流约为2.5亿立米。流域中下游有大片荒地，总面积272万亩，其中地形平坦，土壤较好，垦殖较易的有171万亩。全流域自上而下可分为玉门、安西、西湖三个渠道，灌溉面积共计34.8万亩。玉门灌区已建成昌马总干渠，东干渠，北干渠及临时性的西干渠，现有灌溉面积22.3万亩；安西及西湖灌区已建成双塔堡水库，拦蓄玉门灌区引水后下泄的河水及泉水，灌区仍利用老渠道和河道由水库输水灌溉，现有灌溉面积12.5万亩。由于河流上游无水库调节，渠系渗漏大，灌溉管理不善，水的利用率低，已利用的净灌溉水量仅占水源的百分之十七左右。现有七个国营农场已开发利用的土地仅约十万亩，因此流域水土资源利用潜力很大。

根据"疏勒河流域初步规划"，流域治理的主要措施是；上游修建水库，拦蓄冬开水及洪水；中、下游进行渠道防冲、防渗。提高渠系水的利用率；大力开发利用地下水，发展井灌；进行以排水洗盐为中心的土壤改良，建立明沟与竖井相结合的排水系统；加强水利管理，合理灌溉，节约用水。规划在疏勒河昌马峡上口修建昌马水库，进行保证率75%的径流完全年调节，控制利用年水量7.4亿立米；整修改善昌马总干渠、东干渠及北干渠

和扩建西干渠，在确保工业用水0.65亿立米，满足玉门灌溉用水2.85亿立米外，余水在汛期经过昌马总干渠、西干渠及疏勒河输入双塔堡水库，年净输水量为3.2亿立米，加上远景泉水量0.7亿立米，双塔堡水库年来水量为3.9亿立米；调节上游来水，双塔堡水库需要修整加固，达到原设计库容2亿立米，必须在下游修建安西总干渠及西湖干渠，扩大安西及西湖灌区灌溉面积。完成上述措施以后，全流域一九八〇年前地下水、地下水引用量可提高8.17亿立米，占水源的91%，净利用水量提高到5.4亿立米，占水源的60%，除保证工业用水外，灌溉面积比现状可增加102万亩，达到137万亩（地面水灌溉115万亩，井灌22万亩)，其中安西及西湖灌区增加58万亩，达到七十万亩（地面水灌溉64万亩，井灌6万亩)。全流域国营农场增加灌溉面积92万亩，机关农场达到3万亩。

三、安西总干渠工程规划

安西灌区位于疏勒河下游安西县境内，东自双塔堡水库，西至干河口附近。灌区范围内现有环城、瓜州、南岔三个人民公社和小宛军垦农场及十二、四工二个□□农场，共计灌溉面积10.4万亩；其下游为西湖灌区，现有西湖人民公社和西湖军垦农场，灌溉面积1.9万亩。双塔堡水库目前年来水量为3.5亿立米，自水库至安西灌区引水渠首龙口坝长30公里，全由疏勒河道输水，河床宽浅，水流分散，渗漏损失约为25%；灌区内分南、北两条干渠。共长65公里，均为旧渠，断面宽浅，渠线弯曲，大部经过沙土层，渗漏严重，以下支、斗、农渠系紊乱，平行多口，建筑物不配套；龙口坝以下到西湖引水渠首敦煌开。仍利用长约70公里河道输水。估计全渠系水利用系数仅0.23。为了充分利用水量，满足安西灌区大片荒地灌溉，并向西湖灌区输水，必须修建安西总干渠。为了发展安西及西湖地区国营农场，在一九六〇年九月会进行安西总干渠的施工，总干渠上段38公里土方大部分已经开挖，下段也断续开挖了8公里多，一九六〇年年底停工。

规划安西总干渠控制灌溉面积70万亩，其中安西灌区36万亩，向西湖灌区输水灌溉34万亩；渠道设计流量33—18秒立米，加大流量38—24秒立米。对安西灌区灌排渠系布置和总干渠工程标准，提出了三个方案。各方案总干渠以下干支渠布置相近似；根据地形及公社农场灌溉面积的分布等，在安西灌区布置干渠六条，一干渠灌溉小宛农场西部耕地，二、三干渠灌溉十工农场耕地，四干渠灌溉环城公社耕地，五干渠灌溉瓜州、南岔公社耕地，六干渠灌溉四工农场耕地；为了减少平行渠道，从总干渠上直接分出十条总支渠。按照远景地下水流储量及灌区内水文地质条件，规划井灌区流完亩，利用总干渠水电站的电力，提水灌溉，并可降低地下水位，满足井灌区土壤改良的要求。根据灌区内土壤含盐量及水文地质条件，农场范围内均需设置排水渠系，总干渠以北排水泄入疏勒河，以南需开挖排水干河，泄入灌区以西的白旗堡地区。各方案总干渠线路及工程标准简述如下：第一方案：甘肃省水利厅一九六〇年提出，上段38公里沿灌区南隔壁边缘，渠线行径多为风化碎石夹沙地下水位在设计渠底以下0.5—1.5米，采用浆砌片石及混凝土衬砌防冲、防渗。

以下29.7公里行径灌区中部，采用土渠，修跌水或陡坡调整纵坡。第二方案河西建委一九六四年提出，上段32.6公里及末段9.5公里与第一方案相同，中段24.7公里渠线以北。行径灌溉区中部新城隔壁，地下水位在地面下2.5—34米，全部采取混凝土衬砌。

第三方案一九六四年底中央河西工作组来河西时提出；向西湖灌区输水是通过总干渠上段40.2公里，于安西北大桥以上泄水入疏勒河，沿河道输水到干河口或望竿子。再引水入西湖干渠。总干渠46.2公里以下只负担安西灌区用水。其余线路与第二方案相同。这三个应根据充分利用水资源，防止灌区次生盐碱化，节约劳力投资，减少调拨材料管理运用安全，施工便利等原则，选择技术经济上最优越的方案。

根据初步布置，安西总干渠上共有泄水道3条，泄水闸3座，分水闸11座，公路桥2座，陡坡跌水共5座。总干渠以下六条干渠长约43.3公里，十条总支渠长约25.7公里，17条支渠长约50公里。井灌6万亩，约需设置竖井100眼，为满足井灌提水用电，需在双塔堡水库及安西总干渠上建电站4座，发电容量900瓦，建设10—35千伏输电线40公里。

初步估算，支渠以上工程量约470万立米，其中混凝土工程量约13.6万立米，需水泥3.2万吨，木材5500立米，钢材及钢筋380吨。约需要劳力330万工日，国家投资约1600万元，其中总干渠1000万元。

工程实施后可净增灌溉面积58万亩（包括昌马水库修建后，增加双塔堡水库来水量及修建西湖干渠增加的灌溉面积），可生产粮食8,000万斤，棉花1,200万斤，农牧业总产值2,400万元，可提供商品粮2,900万斤，安西、西湖灌区将成为河西重要的粮棉基地，对支援河西特别是酒泉地区的工业建设，将起很大的作用。

四、设计阶段的划分

安西总干渠灌溉面积在50万亩以上，属重大型灌溉工程，设计应分初步设计和技术设计（或施工详图）两个阶段。

安西总干渠设计由河西建设规划委员会水利勘测规划队负责，1965年四月已开始进行初步设计的勘测工作，十一月中旬外业工作已完成，十二月下旬在河西规划工作会议上，经讨论后选定第二方案，为了适应工程建设的要求，确定一九六六年四月底提出初步设计后，按施工需要分期提出施工详图，十月底全部完成。

五、施工期限及施工单位

根据全省“三五”地方基本建设项目的安排，安西总干渠应自一九六六年下半年开始施工，一九六八年上半年完成。

安西总干渠修建后的发展的灌溉面积，绝大部分属于国营农场，人民公社因人少地多，近远期发展面积较少，劳力也比较缺乏；根据这一情况，初步意见；总干渠应由农建十一师负责施工，农场及公社的干支渠应分别由各农场、公社负责施工。

甘肃省河西建设规划委员会关于报送安西总干渠设计任务书修改意见的报告

1966年4月27日　　甘234-2-78

省计委：

我委会以（66）建字第001号报告报送的安西总干渠设计任务书，根据今年三月中央水电部开会审定昌马堡水库库容的变动，和经有关单位现场踏勘情况，做了修改，现报上，请审批。

抄送：省人委农办、水利厅、农建十一师、□□局、酒泉专署、安西县人委、建委水利勘测规划队

甘肃省河西建设规划委员会（印）

附件：

甘肃疏勒河流域安西总干渠设计任务书修改意见

一、设计任务的提出

疏勒河流域水利资源比较丰富，有大片集中平坦的宜垦荒地，水利工程及国营农场的建设已有一定基础，水土资源开发的潜力很大，农牧业生产发展条件比较优越。为了加快河西地区农业生产建设，贯彻集中力量打歼灭战的方针，我省已确定疏勒河流域为河西“三五”期间开发国营农场，建设稳产高产农田的重点，因此必须加快这个地区的水利工程建设。根据全省“三五”地方基本建设计划，安西总干渠工程应在一九六六年开始施工，一九六八年完成。为了适应工程实施的需要，必须尽快地提出安西总干渠设计。

安西总干渠设计必须依据党的多快好省地建设社会主义总路线的精神，坚决贯彻自力更生，依靠群众，勤俭办水利的方针及省委关于开发河西“水利先行，看水种田，统一规划，军民兼顾”的原则，应在深入现场，加强勘测调查和试验研究，狠抓第一性资料的基础上，比较和选择灌排渠系布置和工程标准的方案，确定灌溉及渠道工程的规模，提出工程概算。

二、流域规划概述

疏勒河为甘肃河西地区第二大河，发源于祁连山区，流经肃北、玉门、安西、敦煌等县市，汇入哈拉湖。流域内各灌溉区干旱少雨，蒸发强盛，多年平均降雨量仅四十二至五十毫米，而蒸发量高达三千至三千四百毫米，因此农业生产全赖灌溉。疏勒河出山口多年平均年径流量九点一亿立米，中游地区玉门镇到双塔堡水库有泉水山露，年径流约为二点五亿立米。流域中下游有大片荒地，总面积二百七十二万亩，其中地形平坦，土壤较好，垦殖较易的有一百七十一万亩。全流域自上而下分为玉门、安西、西湖三个灌区，现在灌溉面积共计三十四点八万亩。玉门灌区已建成昌马总干渠、东干渠、北干渠及临时性的西干渠，现有灌溉面积二十二点三万亩；安西及西湖灌区已建成双塔堡水库，拦蓄玉门灌区引水后下泄的河水及泉水，目前年来水量为三点四亿立米，仍利用老渠道和河道由水库输水灌溉，现有灌溉面积十二点五万亩。由于河流上游无水库调节，渠系渗漏大，灌溉管理不善，水的利用率低，全流域已利用的净灌溉水量仅占水源的百分之十七左右。现有七个国营农场已开发利用的土地仅约十万亩。因此流域水土资源的潜力很大。

根据“疏勒河流域初步规划”，流域治理的主要措施是：上游修建水库，拦蓄冬闲水及洪水；中、下游进行渠道防冲、防渗，提高渠系水的利用率；大力开发利用地下水，发展井灌；进行以排水洗盐为中心的土壤改良，建立明沟与竖井相结合的排水系统；加强水利管理，合理灌溉，节约用水。规划在疏勒河昌马峡上口修建昌马水库，进行保证率百分

之五十的径流完全年调节，控制利用年水量八点九七亿立米；整修改善昌马总干渠、东干渠及北干渠和扩建西干渠，在确保工业用水零点六五亿立米，满足玉门灌区用水三点二亿立米外，余水在汛期经过昌马总干渠、西干渠及疏勒河输入双塔堡水库，年净输水量为四点二六亿米，加上远景泉水量零点五亿立米，双塔堡水库年来水量为四点三九亿立米，为了扩大安西及西湖灌区的灌溉面积，双塔堡水库需要休整加固，达到原设计库容二点〇亿立米，必须在下游修建安西总，干渠及西湖干渠。完成上述工程措施后，全流域一九八〇年前地面水引用水量可提高到八点二四亿立米，占水源的百分之六十，除保证工业用水外，灌溉面积比现状可增加一百零四点二万亩，达到一百三十九万亩，其中玉门灌区增加三十六点七万亩，达到五十九万亩，安西及西湖灌区增加六十七点五万亩，达到八十万亩。此外，国营农场可发展井灌二十万亩，其中玉门灌区十四万亩，安西灌区六万亩。全流域灌溉面积增加一百二十四点二五万亩，达到一百五十九万亩，其中国营农场（包括机关农场）增加灌溉面积一百一十四点五万亩，达到一百二十七万亩，人民公社增加九点七万亩，达到三十二万亩。

三、安西总干渠工程规划

安西灌区位于疏勒河下游安西县境内，东自双塔堡水库，西至干河口附近。灌区范围内有环城、瓜州、南岔三个人民公社和小宛、四工两个军垦农场及十个□□农场，灌溉面积共十点七万亩；其下游为西湖灌区，现有西湖人民公社和西湖军垦农场，灌区面积一点八万亩。双塔堡水库至安西灌区引水渠首龙口坝长三十公里，全由疏勒河河道输水，河床宽浅，水流分散，渗漏损失约为百分之二十五；灌区内分南、北两条干渠，共长六十五公里，均为旧渠，断面宽浅，渠线弯曲，大部经过沙土层，渗漏严重，支、斗、农渠紊乱，平行多口，建筑物不配套；龙口坝以下到西湖引水渠首敦煌闸，仍利用长约七十公里河道输水。估计安西及西湖灌区渠系水的利用系数仅零点二五。为了充分利用水源，满足安西灌区大片荒地的灌溉，并向西湖灌区输水，发展安西及西湖地区国营农场，在一九六〇年九月会进行安西总干渠的施工，总干渠上段三十八公里多，一九六〇年年底停工。

自一九六〇年以来，对安西总干渠的线路及工程标准（包括灌排系统布置），先后提出三个方案：第一方案是甘肃省水利厅一九六〇年的施工方案，上段三十八公里沿灌区南戈壁边缘，渠线行经多为风化碎石夹沙地段，地下水位在设计渠底以下零点五至一点五米，采用干砌及浆片石及混凝土衬砌防冲、防渗；以下二十九点七公里行经灌区中部，全部采用土渠，修跌水或陡坡调整纵坡。第二方案是河西建委一九六四年提出，上段三十二点六公里及末段九点五公里渠道线路工程标准与第一方案相同，中段二十四点七公里渠线在第一方案渠线以北，行经灌区北部新城戈壁，地下水位在地面以下二点五至三米，全部採取混凝土衬砌。第三方案是一九六四年年底中央河西工作组来河西时提出一九六五年勘测过程中做了局部修改，向西湖灌区输水是通过总干渠上段四十六点二公里（这一渠段与第二方案相同），于安西北大桥以上三公里泄入疏勒河，利用河道输水到断岘子，再引水入西湖干区，总干渠四十六点二公里以下的安西干区只负担环城、瓜州公社及四工农场灌溉用水。安西总干渠的工程方案，应根据充分利用水利资源，防止灌区次生盐碱化，节约劳力投资，减少调拨材料，管理运用安全，近远期结合及施工便利等原则，选择技术经济上最优越的方案。

今年四月中旬由甘肃省计委主持，省水利厅、河西建设规划委员会、水电部西北勘测设计院、农建十一师及酒泉专署等单位参加，在安西灌区进行了现场踏勘，讨论研究了三个方案，认为第一方案虽然工程投资少一些，但与第二、第三方案比较，灌溉面积少八万亩，经济效益比较低；其次第一方案与第二、第三方案比较，总干渠通过不良的石膏层富集段长，渠道隐患多；由于土渠长，可能引起渠道两侧土壤次生盐碱化的范围大；渠道占用耕地多；确定不采用第一方案。第三方案与第二方案相比：总干渠不通过四工农场，可减少渠道两侧土地次生盐碱化面积四千亩；可节省投资二百余万元，还可减少劳力及材料；由于河道两岸地下水位高，特别近期输水损失小、灌溉面积也要大一些；最后决定采用第三方案。

安西总干渠控制灌溉面积八十万亩，其中安西灌区三十万亩，向西湖灌区输水灌溉五十万亩；渠道设计流量四十秒立米。工程标准及干支渠布置根据地形及公社农场灌溉面积的分布等，在安西灌区布置干渠四条，一干渠灌溉小宛农场西部耕地，二干渠灌溉十工农场及南岔公社耕地，三干渠灌溉环城公社耕地，安西干渠灌溉瓜州、环城公社及十工、四工农场耕地；为了减少平行渠道，从干渠上直接分出八条总支渠。按照远景地下水储量及灌区内水文地质条件，规划井灌区六万亩，利用总干渠水电站的电力，提水灌溉，并可降低地下水位，满足井灌区土壤改良的要求。根据溉区内土壤含盐量及水文地质条件，农场范围内均需设置排水系统，总干渠以北排水泄入疏勒河，以南需开挖排水干沟，泄入灌区以西的白齐堡地区。

根据初步布置，安西总干渠上共有泄水道二条，泄水闸二座，分水闸八座。总干渠以下四条干渠长约五十一点一公里，八条总、支渠长约二十五点四公里，二条支干渠长七点九公里，二十三条支渠长约七十七公里。井灌六万亩，约需设置竖井一百眼，为满足井灌提水和安西县地方工业用电，需在双塔堡水库输水渠、西湖输水道及疏勒河道建电站三座，发电容量一千六百瓦，建设十至三十五千伏输电线四十公里。

初步估算，支渠以上工程量约四百七十万立米，其中混凝土约八万立米，干砌浆砌块石四点五万立米（包括一九七〇年以后干砌改浆砌一点五万立米）；需水泥二点九万吨，木材五千七百立米，铜材及铜筋四百九十吨。约需劳力三百万工日，国家投资一千二百万元。

规划一九七〇年前，安西、西湖灌溉面积达到五十九点七万亩（包括洗盐面积十四万亩），其中安西灌区灌溉面积达到三十三点七万亩，西湖灌区灌溉面积达到二十六万亩。修建安西总干渠（设计流量约为四十秒立米）安西灌区支以上灌排渠系。安西灌区不发展井灌，为了满足地方用电，修建西湖输水道电站一座，初步估算，支渠以上工程量四百六十万立米，其中混凝土约八万立米、干砌、浆砌块石约三万立米，需水泥二点七万吨，木材五千五百立米，钢材及钢筋三百八十吨；约需劳力二百八十万工日，国家投资约九百万元，其中总干渠约六百万元。

全部工程实施后，可净增灌溉面积七十三点五万亩（包括昌马水库修建后，增加双塔堡水库来水量及修建西湖干渠增加的灌溉面积），可增产粮食九千七百万斤，棉花一千六百万斤，农牧业总产值二千四百万元；可提供商品粮四千五百万斤，安西、西湖灌区将成为河西重要的粮棉基地，对支持河西特别是酒泉地区的工业建设，将起很大的作用。

四、设计阶段的划分

安西总干渠灌溉面积在五十万亩以上，属重大型灌溉工程，设计应分初步设计和施工详图两个阶段。

安西总干渠设计由河西建设规划委员会水利勘测规划队负责，一九六五年四月开始进行初步设计的勘测工作，十一月中旬外业工作已完成，为了适应工程建设的要求，确定按第三方案进行初步设计，本年六月提出设计文件后，根据施工需要分期提出施工详图，十月底全部完成。

五、施工期限及施工单位

根据全省“三五”地方基本建设项目的安排，安西总干渠应自一九六六年下半年开始施工，一九六八年上半年完成。

安西总干渠修建后发展的灌溉面积，绝大部分属于国营农场，人民公社因人少地多，近远期发展面积较少，劳力也比较缺乏；据此情况，初步意见：总干渠应由农建十一师负责施工，农场及公社的干支渠应分别由各农场、公社负责施工。

甘肃省水利厅关于安西总干渠等项目工程设计施工安排意见的通知

1966年1月29日　　甘234-2-78

河西建委、农建十一师、水电部西北勘测设计院、疏勒河管理处、酒泉专署水利局、张掖县人委、张掖专署水电局、省公安厅□□局：

在一九六五年十二月河西建委召开的河西地区建设规划工作基本总结和一九六六年农业建设规划工作安排会议上，由河西建委主持，在有关单位参加下，对安西总干渠、昌马总干渠、北干渠、张掖大满渠等项工程的设计和施工进行了安排。为了早准备早施工，现将这几项工程的具体安排如下：

一、安西总干渠：由河西建委负责勘测设计，农建十一师为主负责施工，□□□参加施工，当地群众是否有力量参加一部分施工，请农十一师与当地政府商量。各参加施工单位所担负的工作量，请农十一师召集有关单位会同设计部门共同研究解决。

二、昌马总干渠：一九六五年施工的40多座建筑物，未完工的，仍由农建十一师负责施工。一九六六年的整修工程，由疏勒河管理处负责施工。

昌马北干渠，由□□局负责施工，一九六六年的施工任务的具体安排，请□□局与河西建委联系。

三、张掖大满渠：由水电部西北勘测设计院负责勘测设计，施工组织领导，以张掖县为主，专区、农建十一师参加，具体施工任务，上段由张掖县负责，下段由农十一师负责。一九六六年的施工具体施工任务与工作量，请施工单位与西北院联系。

以上如有不妥之处，请省基本建设委员会指正。

甘肃省水利厅（印）

报：省基本建设委员会、省计划委员会。

报送安西总干渠上段32公里施工详图设计的函

1966年7月25日　　甘234-2-78

省水利厅：

为了适应安西总干渠施工需要，我委水利勘测规划队在进行总干渠初步设计的同时，做了总干渠32+675公里以上渠道纵横断面施工详图设计。在进行施工详图设计过程中，经省水利厅设计院雒鸣岳院长及省建委李纯玉工程师等同志在该队研究审查，同意在完成初步设计前可向农建十一师提交总干渠上段渠道纵横断面施工详图设计。据此，该队已于六月二十二日完成该段施工详图设计，二十三日提交农建十一师工程一团，并报我委审查。经我委审查：

一、25+800—27+800公里渠底石膏富集层应挖除，填换沙砾土或不含石膏的碎石。渠坡有石膏或石膏富集层的地段，采取换土夯填或不于处理，待试验后再研究确定。

二、设计渠道超高偏大，应减少0.2—0.3米。以加大水位以上留0.2—0.3米超高为原则。

三、渠道除坡底均为亚砂土亚黏土地基的渠段层厚采用0.35米（底）—0.15米（坡顶）外其他地基的渠段垫层厚度一律采用0.25米（底）—0.15米（坡顶）。

现随函并送上设计图件，请一并审查。

另外，安西总干渠工程初步设计，该队已经完成，我委正在审查打印，八月上旬可送上。

甘肃省河西建设规划委员会（印）

附件：施工说明

安西总干渠工程施工质量队必须符合有关施工技术规范和设计图纸要求外，还要特别注意以下问题：

一、填方取土必须在堤外坡脚5米以外。

二、弃土尽可能堆放在南岸。弃土堆渠坡脚必须在渠堤要求宽度（2米）以外，弃土要堆成梯形，尽可能按其连续，不要凿有缺口（高低宽窄不能相差过于悬殊）。

三、已经开挖的地段，不论原断面尺寸符合设计要求的，还是原断面尺寸不符合设计要求而简要回填的，都要剖去表土0.2米，如遇有风积沙或淤泥其铲除深以挖至新鲜土层为止。

四、原有填方，必须先检查质量，后选择利用。确定利用的旧填方渠内坡均需量新松翻夯实，其厚度不小于0.5米。

五、新老填方结合，填挖方结合，必须把老土挖松，然后逐层夯填。斜坡上结合应挖成阶梯状夯接。

六、凡原来干砌的渠段一律拆除干砌，垫原田于落淤失效也应挖除换铺新的。拆来的石料质量好的可以选用。

七、渠道填方金肯用砂砾石碎石土夯填，少用壤土。不得用石膏土。砂砾填方的干比重要求不小于21吨/立米。土质填方干比重要求不小于16吨/立米（亚砂土）—165吨/立米（亚黏土）。用透水性不同的土填方时，必须水平一致。

八、砂砾石垫层料必须根据设计要求的粒径筛选，不论坡或地垫层均需铺匀，洒水压实。经洒水冲洗后，基本上不再含土。除干砌段按反滤层铺设外，一般只作单一垫层。施工中如发现渠床有较厚粉细沙层时，应酌情铺设反滤层。反滤层在分段铺垫时，接头处垫层成阶梯状搭接，以免层次错乱。

九、石料最小也长不得小于设计砌石厚度的1.5倍。砌石必须坐实，不允许表层空隙存在。石块必须砌平卡紧，砌石的空隙要用小碎石填塞，砌石要平高差不大于3厘米，砌石与砼相结合尽量砌平。

十、施工单位在施工过程中必须碎石进行质量检查。

甘肃省河西建设规划委员会水利勘测规划队

甘肃省水利厅关于报送安西总干渠上段32公里施工详图设计的审查意见

1966年8月31日　　甘234-2-78

省计委、省建委：

根据河西建委（66）建字第086号文送来安西总干渠上段32公里施工详图设计，经审查提出以下意见：

一、同意河西建委对设计审查后的三点意见。

二、对于衬砌伸缩缝的止水结构形式，如何到达最大限度防漏目的，希望能总结群众经验研究提高。

三、对于衬砌用预制混凝土薄板，建议由三边肋条改四边均带肋条。有利于增加板的强度以及上下两行胶结更牢。砌筑时对于板后空间回填有困难，可以考虑回填。

四、对于提高顶角，建议利用小块片石材料浆砌封顶。

五、渠底所用石料在石质方面应规定要求，例如，采用岩石种类及如何将防止风化软质的石料误用等。

六、在高流速渠道渠旁应选择适当地点设置取水井，以便利群众安全取水。

七、上段渠道有排洪槽的布置，希注意洪水宣泄出路问题。

甘肃省水利厅（印）

抄送：河西建委、河西水利指挥部、酒泉专署农业局、农建十一师

中国人民解放军生产建设兵团农建十一师工程一团司令部请示安西总干渠承建施工中有关问题的报告

1966年5月31日　　甘234-2-78

师首长：

关于安西总干承建施工问题，我团虽先后调派两个连队前往备料，但由于技术设计至

今尚未定案，因而我团其他工程撤下之劳力仍不能大量投入施工。本月中旬我们收到了河西建委勘察队邀我们前往商榷概算编制中有关问题的通知。我们于21日派薛明同志前往参加，据该同志回来反映；在双方的几天交换意见中，有关工地大型临时设施问题、材料来源、运输、费率问题、施工机械台班费用问题、远征工程费用问题、冬季施工项目及费用问题等，均已初步获得一致意见。唯人工工资与定额採用问题，该队编制概算之高才开同志说："这个问题已经在张付师长参加，葛省长召集的会议做了决定（採用水利厅定额，工资每工日一元）。已有会议纪要在卷，没有讨论余地。我们认为这个问题关系甚大，必须向师请示。"

经我们初步核实：

一、以我们现行的工资情况来看，1965年度我们全团平均工资即为：1.44元；今年截至五月底亦还近似此数，再加上15%的定额外用工约为1.66元；如果每工日以一元计算，在全员全年满勤全员全年平均100%完成定额的情况下，工资一项要直接亏损153万元。

二、以1965年度决算数字的情况来看：1965年我们按照师规定29万元上缴指标进行测算，使用水利厅定额，用1.80元计算日工资，结果年终决算基本平衡。这说明1.80元的日工资，是我们基本接近略有偏高的工资率。

三、从定额完成的情况来看，如果工资定在每工一元的水平上，我们要做到收支平衡，就必须全年全员完成定额180%以上，这实在是有困难的。1965年我们完成150%以上的项目是挖二类土、夯填土、铺垫层、打预制块，这几个单项除挖二类土系水利厅定额偏低外，其余在施工要求上由于新成员增加迅速，技术水平还不过硬，确实还存在一些问题，影响工程质量。今年我们已下决心彻底克服，在克服了这些问题之后，定额完成的情况肯定会有所下降。因而，以超定额弥补工资亏损的办法，亦不一定有多大的把握，且水利厅现在正在依据中水部1966年定额指标，编印新定额。根据中水部1966年定额对照我们实际工效，我们比较的十个项目中，超额的只有两项，完成的一项，其余的七项均只完成30%至70%。如果本年水利厅新编定额接近于中水部定额水平，那么我们要全员全年平均大量超额就有很大问题。如果现在照水利厅1964年定额编制概算，将来以1966年新定额编制决算，以超定额弥补工资亏损的办法就会落空，造成十分被动的后果。

四、该工程浆砌块石有3万立方，这项工程是我们最大的弱点。生产块石在我们现在没有风动工具施工的情况下，每立方米要亏损材料费2.80元，回砌每立方米亏损砂浆0.1立米，折合人民币3.20元，那么每砌一方块石，我们要亏损6.00元，3万立方石块就要亏损18万元。这笔数字亦需由其他项目之盈余进行弥补。

五、从费用上来看，该工程人工工资如果以每工日一元计算，工资总额为252万元，间接费以50%计，只能收入125万元，再以两年平均每年仅为62.5万元。而1965年我团间接费实际支出即为96万元。如按照该工程所需劳力的情况，将编制扩大一倍，每年就要近200万元，起码也少不了150万元，这样两年工期的工程间接费还不足一年的开支。

从以上五个方面的情况来看，每工一元的工资标准确实太低，势必给师造成很大亏损。因此，是否按照他们的会议纪要执行，请予核实。

生产建设兵团农业建设第十一师工程一团司令部（印）

抄送：省计委、水利厅、河西建委

中国人民解放军生产建设兵团农业建设第十一师司令部建议安西总干渠工程成立工程委员会的问题

1966年7月29日　　甘234-2-78

省人委农办并省计委、水利厅、河西建委：

安西总干渠工程已于6月份开始备料施工，我师投入五个连队的劳力。按此项工程为省计划内的大型项目。我们会于5月5日建议成立工程委员会，河西建委便字175号函复："安西总干渠除群众使用部分外，主要由你师使用，没有必要成立工程委员会。"经我们再三研究，如不成立工程委员会有以下问题我师确实不好解决。

一、总投资包括公社及□□农场。每年的施工投资、三材、劳力安排、施工工段划分、施工组织上下工程衔接等，师不好统一。

二、各团施工单位在施工中的疑难问题的及时解决、施工技术要求及进度，师不好统一掌握。

三、公社及□□农场以及师的施工质量检查验收，我们意见应有专人负责统一检查验收。

以上问题师无力量，也统一不起来，据此，我们认为应有一个统一的组织为好，我们再次建议以河西建委或者其他有关部门为主，组成并负责工程委员会，师及县、□□□□派员参加工作，统一领导，分组负责，解决工程中重大具体问题，是有好处的。

中国人民解放军生产建设兵团农业建设第十一师司令部（印）

关于安西总干渠设计施工若干问题的会议纪要

1966 年 11 月 12 日　　甘 234-2-78

时间：一九六六年十一月三日

地点：农建十一师第六团团部

参加人员：

农建十一师张兴汉副师长

河西建委水利规划队王引之队长二人

师勘测设计处单位魁工程师等五人

师基建科连清

第六团李学福代团长

工程一团钱旺生副股长、周官鲁营长等五人

会议根据张副师长十一月一日检查安西总干渠的施工时，工程团四营提出有关在设计、施工中存在和需要解决的一些问题。为此，召集了河西建委水利规划队、工程团及四营、六团等单位的会议，专门研究了安西总干渠存在的问题。会议上，解决了设计、施工中的一些具体问题，有些问题需要设计部门研究解决。现纪要如下：

一、经研究确定的问题

1. 混凝土预制块采用模型板，其规格大小按设计尺寸施工。

当前工程四营在施工中损坏混凝土预制块很多，会后应操作技术上着手解决。并严格控制质量，达到设计标号（170 号），起运时要注意，尽量减少损坏。混凝土预制块尺寸较大，一块约 80 公斤，起运安装不方便，需要用葫芦或三角杆安装起。

为了使技术上早过关，工程四营可派人到武威西营二干渠进行参观学习。

2. 在桩号 20+700 以下，有 2 公里渠床含有石膏层，一定要清除，进行换土处理。

3. 严格掌握施工质量，坚决贯彻“百年大计，质量第一”的方针。凡是浆砌石渠底有砌筑凸凹不平的地方，要凿平，今后要注意砌平，块石大小要符合设计尺寸，不应过小。砌筑时要挤紧，砂浆要捣实。

4. 为了便于安排冬季劳动力，除大部分在冬季进行备料外，一部分劳力在冬季要开挖土方，同时修筑渠道，但要求冬季只施工全部挖方或正常水位线以上之填方渠道，不施工正常水位线以下之填方渠道，以保证填方的质量。

5. 总一支以上及总干渠以南有两小片荒地要留上 2 个取水口，埋设涵管。具体位置和管径由师勘测设计处和第六团共同研究提出，仍由工程四营施工。

6. 沿渠线设计几处人行踏步，便于取水。

7. 不设里程碑，其里程数刻在混凝土预制块上。

8. 同意疏勒河流域灌溉管理处报告中提出的意见，由疏勒河水管处和工程四营协商修建。预算中已列入。

9. 因缺钢材，目前使用木模预制混凝土块，造价较高，钢木模差价问题，工程团另专门报告由设计算预中解决。

10. 施工图纸发给每个连队一份。以便施工和在职工中进行技术教育，保证质量。

二、需要设计上进一步研究后确定的问题

1. 原设计伸缩缝间距是四米，河西建委水利规划队补充修改设计中可适当地放大间距，以6米左右为好，减少伸缩缝数目。

2. 垫层问题：

目前垫层厚度是25/35厘米，（上口处为15厘米），由于渠床系混合戈壁石，而逐段含土量多少不同，河西建委水利规划队应根据渠床戈壁石含土量多少规定出一个变更垫层厚度的幅度，由施工单位具体掌握执行。

3. 砂石垫层现在取料场没有良好的砂石料，必须先开挖一层50—60厘米的地皮，方可取得砂石料，而且利用率很低。如果刮表层地皮砂石料，平均100平方才能筛出1立米砂石料。除继续采用这部分砂石料外，万一不够，可到远处疏勒河河床筛取砂石料。其余算差额，由设计单位现场代表出证按实结算。

4. 混凝土槽型板，原设计地面为四面环形肋模，工程四营考虑到四面肋模不好回填垫层，所以改用三面肋模，从受力上来看不如四面肋模好，我们建议改成三面肋模，为受力均匀起见，中间再加些小肋模。

5. 工程团提出按普工工资1.2元/工日，技工工资1.9/工日计算，目前实在发不下工资，而实际平均工资是1.46元/工日。设计单位表示；设计单位不好改变，施工单位要求设计单位在设计预算文字上反映出这个实际情况。同时要求上级单位解决这一实际问题。否则，影响发放工资，职工很有意见。

6. 施工单位要求设计单位派代表驻施工现场，以便及时研究解决施工中的问题，以免发生返工、窝工。

7. 以上问题希望尽快解决。

三、施工进度和施工机械上存在和要求上级考虑解决的问题

从五月下旬，开始进入安西总干渠施工，到十月底共进入八个连队1350人，截至10月20日完成渠底块石衬砌3.7公里，土方开挖4.8公里。预计到十二月底可完成土方开挖11公里，完成投资37.5万元，预制混凝土块2300立米，生产块石15000立米，生产砂石料4000立米，生产石灰352吨。预计完成备料产值26.6万元，合计64，1万元。

施工进度比较慢的原因是多方面的，但突出的是缺少施工机械和运输力。

1. 混凝土搅拌机全团只有250公升的两台，均用于总干渠施工，运输不正常，经常只有一台工作。团还有800公升的二台，因无动力，而停放着。按设计预算和工程进度1967年需要7台。振捣器需要13台，现在只有4台（正常运转只有三台），发电机组需要6台，现在只有一台。推土机需要4台，现在一台也没有。

2. 由于运输力差得很多，今年的混凝土预制块及其他材料，均没有完成计划，1967年按设计预算及施工进度需要30部汽车，现在有6部，相差很远。人用架子车需要800辆左右，现在只有110辆，因而人工工效也不高。

如以上两类机械运输工具解决不了，1967年计划实难完成。

甘肃省建委关于建议农建十一师抢修疏勒河渡槽的函

1967 年 5 月 10 日　　甘 234-2-78

农建十一师：

安西总干渠疏勒河渡槽（位于总干 2+622 处），由于渡槽下涵洞的实际过水流量远远超过原设计流量（原设计流量为 10 秒立米，而实际过水流量经常在 20 秒立米以上，最大达 32 秒立米）。致使下游护坦发生严重冲刷，左岸护坦已冲刷到接近边墩，造成边墩开裂和底板发生纵向裂缝，且在继续发展。左岸翼墙早已倒塌，右岸翼墙最近也已部分倒塌。为了不使渡槽垮掉，我们认为：这要立即进行临时工程维护。方法可用铅丝笼抛石法，将水跃引向下游，保持护坦现状，使冲刷不再继续发展，待九月份停水时，再进行永久性加固工程措施。此项临时维护工程投资可以从修建安西总干渠中拨款，初估工程量为：石方 100 方，铅丝（8-10#）200kg. 工作量：300 工日，投资约 1500 元，建议由你师工程一团迅速组织人力施工。

永久性加固工程设计待详细调查具体情况后再提出。

此致

敬礼

甘肃省河西建设规划委员会水利建设规划队（印）

抄送：省河西建委、十一师工程一团、疏勒河流域水管处。

甘肃省河西建设规划委员会关于安西总干渠工程施工质量问题的函

1967 年 7 月 17 日　　甘 234-2-78

最高指示

我们的责任，是向人民负责。每句话，每个行动，每项政策，都要适合人民的利益，如果有了错误，定要改正，这就叫向人民负责。

农建十一师：

安西总干渠工程是我省“三五”期间水利基本建设的重点工程之一。它担负着改善和扩大安西、西湖两灌区六十多万亩农田灌溉的重大任务，是疏勒河下游军垦农田的主要输水干线。为了加速开发的需要，这项工程于一九六六年十月正式开工，至今已近一年。在这近一年的施工中，工程团广大革命职工高举毛泽东思想伟大红旗，坚决响应我们伟大领袖毛主席的号召，抓革命、促生产，完成了部分施工任务，在工程上取得了很大成绩。但是，还存在一些问题。根据我委水利勘测规划队多次反映的情况，主要有以下几方面：

一、混凝土预制槽型板的质量问题：1. 根据现场初步检验，混凝土板的标号达不到设计要求。2. 板的肋线损伤普遍。3. 板的周边尺寸控制不严。

二、渠底砌石的质量问题：1. 砌石咬不紧，有些干砌石块可以随手拔起。2. 部分地段石块偏小，不合要求。3. 有叠石现象。4. 石缝大，有的地方石块四边不靠。5. 石面灰土没有洗净，影响与灰浆胶结。

三、垫层质量问题：1. 筛洗不够，含土量大。2. 有些厚度没有达到要求。3. 坡脚层因长期风沙淤积，铺渠坡垫层时一般都忽略清除，将造成坡底垫层不通的隐患。4. 利用砌底下余的小石块代替垫层，而且石块成堆。5. 个别地方发现有完整的混凝土板填入。

四、砌混凝土板的问题：1. 砌缝大且不规则，一般三至五厘米，宽的达八至十厘米。2. 破块集中，有些已经碎成四五小块的也拼用上。3. 层缝洗刷不干净即填浆。

上述问题，我委勘测规划队已多次书面或口头提出，据知仍未彻底解决。我们认为安西总干渠工程目前存在的施工质量问题，有些是比较严重的，必须引起重视，负责，通水后将会造成重大损失，为了确保工程质量，希望施工团、营重视，并请师部注意督促检查，最好在最近进行一次系统的检查。为了更好地配合施工，我委已与勘测规划队研究，抽调部分设计人员深入现场，并建议与施工单位，银行共同组织工作组，共同研究一方面及时进行局部与实际不符的设计修改工作，另一方面配合施工质量检查工作。

甘肃省河西建设规划委员会（印）

甘肃省抓革命促生产第一线指挥部关于讨论“农建十一师目前急需解决的几个问题”的会议纪要

1967 年 7 月 21 日　　甘 234-2-78

毛主席语录

我们不但要提出任务，而且要解决完成任务时的方法问题。我们的任务是过河，但我们没有桥或没有船就不能过。不解决桥和船的问题，过河就是一句空话。不解决方法问题，任务也只是瞎说一顿。

不要等到问题成了堆，闹出了许多乱子然后才去解决。领导一定要走在运动的前面，不要落在它的后面。

时间：1967 年 7 月 8 日

参加人员：省第一线指挥部、有关厅局、农建十一师和农建十一师军管会负责同志

决定事项：

一、关于农建十一师的体制、“三五”规划、财务制度、工资福利和当前急需解决的资金、物资，以及调整计划等问题专案报请国务院农办和农垦部研究解决，并于最近由第一线指挥部组织人员向中央汇报、请示。

二、农建十一师的产、供、销、今后按业务归□各厅、局，列入全省计划，统一安排。

三、夏收劳力安排第一线指挥部三夏工作指示办理，由农建十一师和各专县第一线指挥部具体协商安排。

四、农建十一师全体职工，应积极响应毛主席“抓革命，促生产”的伟大号召，坚守生产工作岗位，完成生产定额。当前十一师急需解决的资金问题，除专案请示国务院农办和农垦部外，在现有指标内先拨一百万元亏损费，解决生产部队七月份工资及夏收所需资金；基建部队一、二季度已借工资和三季度工资差额，由第一线指挥部发电请示国务院、

国家计委和农垦部。糖厂流动资金及甜菜预付金，在国家尚未明确如何解决前，先由财政借给五十万元、甘肃省分行调剂给贷款五十万元，解决急需。

五、调整基建计划问题。同意农建十一师补充报告中所提的调整原则，但需报国务院、国家计委和农垦部审批。为解决急需职工的住房，在原计划基础上先增加一万平方米房建任务。

六、劳动工资及福利问题。一九六四、一九六六两年的复员军人没有达到省规定的初期待遇的，从六月份开始按初期待遇执行外，其他如工程团一九六四、一九六五年见习工，可以转为普通工一级，由师考虑内部平衡关系确定。招收社会青年担任干部工作的，按照一九六五年前甘肃省人委批转省人事局、劳动局“关于企事业国家机关录用干部的规定”办理。家属参加劳动可以执行所在工种的工资标准；临时工按临时工工资标准；执行时间在省确定定级开始后进行学徒工按学徒规定办理。

工程团野外施工津贴问题，现在暂时不实行，由省劳动局上报劳动部批准后再实行；夜班津贴根据劳动部答复，未建立的暂不建立。农业部队夜间浇水（指两班制的夜班）的同志，每晚可供应一餐夜饭，标准不超过0.2元，在生产费内开支。

福利问题。公交企业按劳保条例执行，基金按规定比例提取。农业部队是否执行劳保条例，由劳动局报农垦部审批。

七、今后对农建十一师水利事业费按一个专区对待。

1. 支渠以上改建工程和较大的整修工程，列入小型农田水利计划。

2. 支渠以上岁修养护所需费用，首先由水费中解决，不足部分由农田水利事业费开支。

3. 支渠以上渠道工程应由水管所的管理人员经费由水费开支。

以上三条办法，由水利厅派人在八月底以前和有关专县协商落实。

八、水泥价格问题。同意自用部分按成本计算，外调部分可与当地物资局协商，按每吨八十六元就厂直拨。

九、场界问题。由河西建委继续与有关专、县协商划定，特别是八一农场的场界，要在夏收前妥善解决。

十、工程团的管理体制不变。

十一、嘉峪关水泥厂，在完成今年生产任务后基本停产。

十二、第一拖修厂的领导关系不改变。生产方向，修理车间担负农建十一师和酒泉地区社区修理任务，加工车间主要生产配件。生产任务由农机局统一安排，产供销纳入省统一计划。

十三、工程团现有在张掖以东的施工部队，在施工任务完成后，调安西总干渠工程。

十四、成立安西总干渠工程委员会，由河西建委负责组织有关单位筹建，具体问题请河西建委与有关单位研究确定。

十五、小宛大队的领导关系和计划体制不变，生产粮、油，按规定上交国库，奖售问题由粮食部门解决。

十六、安西总干渠第二、五支渠的投资和材料，由农建十一师按定额拨安西县，不足材料由省上研究另行解决。

抄报：农垦部，兰州军区党委，甘肃军区党委。(共印40份)

关于要我委筹建安西总干渠工程委员会的意见的报告

1967年8月5日　　甘234-2-78

最高指示

不懂得和不了解的东西要问下级，不要轻易表示赞成或反对。……我们切不可强不知以为知，要“不耻下问”，要善于倾听下面干部的意见。先做学生，然后再做先生；先向下面干部请教，然后再下命令。

共产党员对于任何事情都要问一个为什么，都要经过自己头脑的周密思考，想一想它是否合乎实际，是否真有道理，绝对不应该盲从，绝不应提倡奴隶主义。

省抓革命促生产第一线指挥部：

一九六七年七月廿一日（37）秘字第158号文件印发“关于讨论农建十一师目前急需解决的几个问题的会议纪要”收悉。现就“纪要”中的有关问题，申述意见如下：

省第一线指挥部印发的会议纪要中，要我委承担的几项工作，事先不通知我委出席会议，参与讨论，事后又不听取我委意见，而仅仅根据某个单方面的意图，就做出了由我委负责组织筹建安西总干渠工程委员会等项的决定。我们认为，这个决定本身及其做法都是有问题的。

河西建委的职能和工作范围上是很清楚的。我委既不管投资、三材的分配和调剂，又无权审批计划和设计，甚至安排和调整计划的会议我委均未参加，在这种情况下，让我们组织工程委员会，管理水利建设施工，我们不能承担也无法承担此项任务。

关于成立工程委员会的问题，前年和去年农十一师个别负责同志提过此事；经我委与省纪委研究，认为：安西总干渠的修建，主要是为军垦开发的需要，与地方的牵连只有几条支渠，在安排计划时即可解决，所以，由十一师负责领导对建设施工有利。同时，省建委在安西总干渠技术设计批复中已明确提出：“一切工程设施，应由农建十一师负责安排。”因此，再无必要由我委筹建成立安西总干渠工程委员会。

关于解决场界问题，今年我们会同有关部门对“八一”、五团、七道沟等农场进行了划界，但遇到了许多困难，特别是“八一”农场划界过程中，师、场的一些同志造成了不少阻力，因此，使划界工作不能如期完成任务。关于“八一”农场划界问题另有报告。

关于安西总干渠第二、五支干渠的投资和材料问题，省计委已于（67）甘计农便字第018号函批复在案，问题已阐述清楚，应以此文精神办理为好。

以上报告，如有不妥之处，请指正。

甘肃省河西建设规划委员会（印）

抄送：农建十一师、农十一师军管会、省计委、水利厅，武威、张掖、酒泉专区、安西县第一指挥部

河西建委水勘队移交酒泉专区生产指挥部资料

1969 年 7 月 5 日　　甘 234-2-81

河西建委领导小组：

兹介绍酒泉专署革委会生产指挥部陈志锐同志前来联系索取双塔堡水库有关勘测设计资料。关于索取资料手续问题，请按规定办理。

甘肃省革命委员会生产指挥部农林水牧组（印）
甘肃省河西建设规划委员会领导小组

处理意见：
贾实同志：

酒泉专区农林牧业派陈志锐同志取双塔堡水库资料将原来的资料取给，以便工程上用。

建委领导小组
甘肃省河西建设规划委员会领导小组（印）
1969 年 7 月 5 日

甘肃省水利厅关于双塔堡水库的有关问题报告

1960 年 2 月 7 日　　甘 232-1-265

省计划委员会：

现将双塔堡水库的一些有关问题案报于后。

一、双塔堡水库主体工程已基本竣工，现已蓄水 4000 万立方米，预计春灌前蓄水可达 7000 余万立方米。截至目前，剩余工程量还有大填护坡砌石 16000 立方米，围堤夯填砂砾 16000 立方米，共 32000 立方米。工地现有□□□5000 余名，但病号达 50%，每天实际上工仅 2300 余人，平均工效 0.12 立方米/日，日上坝强度约 200 立方米左右，工程已呈停滞状态，如不迅速扭转，势必拖下去不能很快地全部完工，关于这个问题，我们已通知公安厅请速派人前往工地会同解决。

二、关于安西总干渠下游开挖临时渠道问题，我厅遵照计委指示，曾于 1959 年 12 月底函告昌马河工程处立即调遣□□□2000 名前往工作，但截至目前，□□部门不同意调动。另外，安西县委提出：新开渠道渗漏甚大，不如先整理旧渠维持今年灌溉，待农垦师去安西后，连干渠一气完成。这样可节省一些劳力，但仍需调 1000 至 1500 名劳力。为此我们意见，请计委就此问题在最近期间，召集公安厅、水利厅、张掖专署、安西县等有关单位在兰州或张掖会同研究确定方案和调动劳力数量等问题，以免拖延时间过久影响西湖农场棉花用水。

以上意见，妥否请批示。

甘肃省水利厅（印）

甘肃省水利厅向安西县昌马河水利工程处调24千瓦发电机

1960年2月13日　　甘232-1-265

昌马河水利工程处：

去年七月防洪紧情时支援你处24千瓦发电机迄未归还，目前全省各地大搞水库工程，急需使用，希接电后立即运厅，另调拌和机一台随同我处羊碾一并运回。

处理意见：

阅。电复厅我处汽车只有两个，现在一点汽油也无有，无法运回。

林甡

二月十四日

器材、公务两科会稿请示厅派车将两部抽水机，一部发电机（20千瓦）运来，拉回24千瓦发电机羊角碾、拌和机。

桂荣

二月十四日

国家计划委员会办公厅与甘肃省水利厅关于作好工程验收工作的通知

1960年2月18日　　甘232-1-265

昌马河水利工程处：

电悉关于竣工验收问题，厅正请示省人委办理，希与□□□研究，迄速加强尾工，提早完成全部工程并根据1959年颁发水利基建设验收暂行规程要求作好验收准备工作。

甘肃省水利厅

双塔堡水库坝面整修工程审批意见

1964年4月8日　　甘229-2-477

双塔堡水库坝面防浪措施，尚属实验阶段，1963年所作浆砌石方格，据了解在一定风力下（八级左右），仍有遭受破坏现象，在技术措施和工程质量上可能都不够好，现根据其他地区实践经验提出以下意见：

一、技术措施

1. 根据气象资料，本区风速达20.7米/秒，浪高在1.5米左右，所用护坡块石粒径最好能达35厘米，块石重量为50公斤以上，块石质量必须坚固，这样才能满足在风浪作用下块石本身稳定。

2. 护坡块石的翻动，首先是垫层颗粒的走动变位，以致下层空虚而引起的，所以必须保证合格的垫层之数、厚度和级配，现在八体经过沉陷和淘刷后，断面缺陷很大，所以翻修中应首先做好垫层。垫层铺设：先在垫层底层加25厘米厚的沙砾，其粒径应为0.5—2.5厘米，然后加25厘米厚的碎石，其粒径应为5—10厘米，再于其上铺砌块石。对护面块不加固，据官□水库已有成效的经验，应在坝面块石缝隙内用灌注砼的措施，使坝面块石连成整体增强抵抗风浪的能力。

3. 同意衬砌厚度选择50厘米，施工时先将八面块石砌平，将块石缝内清理干净，然后用140号砼灌注，并且要注意，砼足捣实，每两米见方每一排水缝不灌，以作排内水用，挂完后压缝并洒水养护，块石砌置按大小搭配，间格排列交相错风，彼此嵌紧，确实砌好砌平。凡大于10厘米的三角窠，均用长条试垂直填塞，表面力求平整。

4. 可在高程1321.5—1329.5米上进行衬砌，衬砌长200米，衬砌面积3900平方米，在风浪冲刷严重之处，应特别注意保证质量。

二、工程预算

1. 材料：水泥450吨，木料8方，钢材10吨，比省上原来安排水泥减少95吨，钢材减少2吨。

2. 投资：预算中的普工工资、技工工资以及水泥、钢材、麻绳等单价的偏差，经初步核算后工资13382元（普工每天补助不超过5角，技工每天工资不超过2.5元），汽车费13000元，大车费16092元，材料费17931元，管理费1295元，共计5万元比省上原来安排减少3.5万元。

3. 粮食：按照核算后的劳力情况（见附表），与省上安排1.9万斤粮食出入不大，省上不再增加粮食。

4. 为了继续进行坝面护坡，这些材料投资，不予收回，希冀另行□报计划，在秋后续修。

三、观测工作

护坡整修，按上述技术措施进行施工后，在今后运用过程中应加强观测，看其效果如何，以便为今后护坡整修提供可靠的资料。

农水局冯天良

甘肃省水利厅关于双塔堡水库64年整修计划的批复

1964年4月22日　　甘229-2-477

□水计夏字第368号

酒泉专署水利局：

据安西县人委（61）安人水字第018号报送到双塔堡水库1964年整修计划，经审查研究提出以下意见：

一、根据库区风速20.7米/秒，河浪高在1.5米左右，护坡用的块石粒径以35厘米河重量为50公斤以上为宜。在翻修时，先在垫层底层加25厘米厚的沙粒（粒径0.5—2.5厘米）垫层，并在垫层上再铺25厘米厚的碎石（粒径应为5—10厘米），然后铺砌块石。据官厅水库经验，应在坝面块石缝隙内灌注混凝土，使其连成整体，增强抵抗风浪的能力。

二、同意衬砌厚度选择50厘米。施工时先八将坝面块石砌平，将块石缝内清理干净，然后用140号砼灌注，并且要注意灌足捣实，每两米见方每一排水缝不灌浆，以作排内水用，挂完后压缝并洒水养护。块石砌置按大小搭配，间隔排列，交相错缝，镶紧砌平。凡大于10厘米的三角窠，均用长条试垂直填塞，表面力求平整。

三、按计划在1321.5—1329.5米衬砌3900平方米核算，需要水泥450吨，钢材10吨，木材8立米，工资补助，普工按0.5元，技工2.5元，共计需要投资5万元。比去年全省水利会议上安排数，核减投资3.5万元，水泥95吨，钢材2吨。为了继续进行坝面护坡，这些材料投资，不予收回，希冀另行□报计划，在秋后续修。

四、在今后运用过程中，加强观测，以便为今后护坡整修提供可靠的资料。

附件：

双塔水库1964年整修工程计划报告

双塔水库至1960年3月竣工后，我所认真贯彻了党中央提出的巩固提高、加强管理、积极配套、重点修建的水利方针，以及去冬、今春，农村开展了社会主义教育，城市机关开展了坛产节约和五反运动的学习，大大提高了职工群众对兴修水利的积极性，在大坝工程进行了测量计算，绘制工具现形图标。

为了确保农田灌溉安全，安全蓄水，我们提出1964年坝面整修计划如下：

一、工程任务

水库自竣工后，近几年来的蓄水，大坝的坝体有些沉陷，□水护坡破块石滑动，和风浪的冲击淘刷、水泡，有部分坝石成为碎片，不能抵抗风浪冲击，虽每年都岁修不断地养护，但亦未得到彻底的修理。在1963年省专的指示，采用浆砌块石做永久性的防浪工程。此项工程在施工过程中，由省厅技术人员协助设计，采用浆砌方法缝、格内干砌块石，可是去年只从0+050—0+155段，共作了105公尺长的一段，未有全部完成受损部分，1964年计划从0+155—0+355公尺，共长200公尺，今年我们计划分两期来完成这项工程，第一期3月底至4月份完成块石备料和块石转运的任务（工期是一个月），在4月份做工的主要原因，因2月份天气较冷，对工程的开展有较大影响，3月份正是春种期间，劳力抽不出来，只有4月份比较合适。第二期在6月中旬开始，在汛前完成全部工程，洪水来临，不使水库受重大影响，另外我们意见，应配合一定数量的石工技术人员，以便领导浆砌，达到质量标准。

二、材料计划

共需块石1000立方米，碎石1000立方米，水泥270吨（不需要这么多），沥青4吨，砂子500立方米，木材8立方米，沥青□500平方方尺，钢钎1吨（详细材料见附表），需普工18000个工日，技工1000个工日（包括铁木工在内），需要汽车70车天，每车天按130元计运费9100元，马车434车天，每车天按18元（偏高）计7810元，普工工资按每天，0.80元（不超过5角）计14800元，器材费49430元，技工工资每天3.86元（2.5元足够）计3860元，总计工程费85000元，需补助粮食19500斤，饲料1302斤，共需20802市斤，普工工日每人每天按一市斤计算的，车工每个车工3市斤计算的。

以上的工程量所需用的器材和投资款，请上级批示为荷。

双塔水库管理所

1964年2月2日

玉门市花海干渠整修设计任务书

1963 年 2 月　　甘 229-2-579

花海干渠位于赤金峡水库的下游，灌溉花海公社和农场的耕地 2 万余亩，赤金河的上游为石油河，赤金峡无水文资料，石油河在石灰窑以上为山水，水量变化大，冬季断流，估计年径流量约 2500 万立方米，石灰窑以下 2 公里有泉水露头，最小流量 0. 23 秒立米，最大流量 2. 29 厘米，年径流量约 4450 万立方米，是下赤金和花海灌区的主要水源，总计灌溉面积 4 万多亩。赤金灌区均为旧渠道，但渠道距离短，均为土渠，输水损失较小，花海和赤金输流灌溉，冬季由赤金峡水库拦蓄，水库于 1958 年开工新建，1959 年停工，原设计坝高 26 米，库容 1000 万立米，1959 年停工，坝高 17 米，蓄水 400 万立方米，1962 年秋冬又加高 2 米，蓄水量增加到 600 万立方米。花海干渠于 1956 年建成，长达 20 公里，全部用片石衬砌，并建进冲闸和拦河坝一座，位置在峡口，在天津卫大队上六分龙王庙西侧，渠道设计引水量 3 秒立米，底宽 1—1. 2 米，侧坡 1 ∶ 1，渠道纵坡大致和地面平行。但由于施工质量差，砌石背后未做垫层，第一次放水就被冲坏，而劳力又集中修水库，渠道一直没有整修，水仍在河滩漫流，虽有水库控制，调节灌溉□用水量还不到一半，因而近几年来播种面积逐年减少，花海农场几乎全部砍掉，现在只种几百亩地，而可垦荒地还有 4 万余亩，土地肥沃，气候温和产量高，且宜种棉花，但一般情况下浇二次苗水，亩产小麦200—300 斤，浇三次苗水，单产在 400 斤左右，因此恢复整修干渠工程是保证生产和扩大灌溉面积的有效措施。根据花海地区地多水少，土质肥沃，产量高的具体条件，应尽可能地提高渠系有利于系畂，该渠虽已用片石衬砌，但没有发挥效益，设计衬砌复修，并用砼灌缝，渠道引水量仍按 3 秒立米设计，加大 4—5 秒立米，20 公里的渠道，共计工程量 6 万立米，其中砌石 2 万立方米，需劳力 10 万工日，水泥 1400 吨，木材 50 立方米，钢材 5 吨，投资 50 万元。其中：1963 年完成 3 公里，春季备一部分料，秋季施工，工程量一万立米，其中砌石 3000 立米，需劳力 2 万工日，水泥 200 吨，木材 10 立米，投资 8 万元，补助粮 2. 5 万斤。

干渠渠首距花海 30 公里，距玉门市约 70 公里，有公路便道直通工地，交通便利。

本工程全部完成后，渠道利用率平均每公里提高 1%，则全年节省水量约 1200 万立米，除保证现有 2 万多亩地适时灌溉外，还可扩灌 5000 亩，效益显著。

附件：

玉门市花海干渠设计任务书

一、简要情况

花海，包括花海人民公社及花海农场，位于玉门市东北角，地势平坦，由西南向东北倾斜，四周戈壁包围，现有耕地 23000 余亩，可开垦荒地有 110 万亩，人口 6000 多，劳力 2457 人，主要农作物为小麦及棉花，气候干燥，常年仅冬季有小雪，其他季节雨水稀少，地下水在 10 公尺以下，农作物仅靠石油河水浇灌，于 1958 年在石油各下游赤金峡口处修中型水库一座，设计库容为1—1.4千万公方，但水库未全部建成，现有库存量为650万公方。

花海干渠系水库以下至花海大坪分水闸一段渠道全长约35公里，流经赤金公社赤峡第八生产队、天津卫大队至花海公社。水库至天津卫大队为上段，长约10公里，为天然河道，走向北偏东60°至高家湾转向北偏西65°，河床为沙砾，河道两岸高山峻岩，山岩风化严重，山脉为东西走向，河床宽100—300公尺，水流无固定河床，水量损失为10%。河道由高家湾离开山谷，接近戈壁。中段为天津卫大队进水闸至西河口长约17公里，于1958年修建，渠线走向由正北转向北偏东55°，穿过戈壁，全线为干砌块石护面，样梯形断面，底宽1.0公尺，渠深1.5公尺，设计流量3立米每秒，由于渠道砌筑质量差，通水后冲毁严重，不能正常使用，原从天然河道引水，河床为岩石，河道曲折，水量损失为10%。西河口至大坪分水闸为下段，长8公里，是原始渠道。渠线贯穿树林，曲折破烂，土质较细，为沙壤土水量损失30%，大坪设置简陋，仅有几根木桩，历□□□□□，泉刺护玉，多年用工日约6000余个，交接水极为费力。

二、规划意见

1. 第一期工程修建西闸口至大坪分水闸（即下短），因此段是全线渗漏损失最严重的地方，同时渠道破烂曲折，大坪分水闸有名无实，每次灌水前需临时修筑，全年需用6000多个工日，群众渴望修建分水闸及渠道，先修渗漏最大的地段，是符合节约用水，提高水的利用率的精神。修建分水闸及渠道，节省了每年筑坝、分水、护渠的劳力，还可修建一段，收效一段，所以第一期工程选择下段是合理的。为彻底解决渗漏问题，渠道需要防渗能力高的材料衬砌，需要浆砌卵石衬砌，卵石材料在20公里以外拉运，数量又少，而混凝土粗细骨料，在10公里左右可以采用，因材料的限制，就采用混凝土护面渠道，采用下游向上游修建，修成一段，使用一段，若由上游向下游修建，需全部修成才可收益，第一期工程于1964年全部完成。

2. 第二期工程由天津卫大队进水闸至西河口，在原有渠道的基础上进行翻修衬砌，解决渗漏问题，将原来干砌块石护面改成浆砌块石护面，于1965年度一次完成（共29公里）。

3. 第三期工程，赤金峡水库加高至设计高程，1966年—1967年。

4. 第四期工程完成水库至天津卫大队进水闸渠道修建，采用干砌块石护面，于1968年完成。

全部干渠工程及水库工程完成以后，水的利用率可达85%以上，扩大灌溉面积约1万亩。

5. 设计流量的确定，花海现有耕地23000亩，赤霞水库修成，花海，北干渠饮用水量0.5立方，干支渠配套，耕地面积可扩大到3.5万亩，按每方水浇灌1万亩，又考虑分水灌溉，下段渠道设计流量定为$3m^3/s$，最大流量为$3.5m^3/s$，中段渠道较长，设计流量为定为$3.5m^3/s$，最大为$4m^3/s$，上段渠道因灌天津卫大队全部耕地约2500亩，所以设计流量为$4m^3/s$，最大为$4.5m^3/s$。

三、第一期工程（西河口至大坪）设计

渠道选择考虑到少占耕地及树林，且渠线要直，渠高处，沿线土质较好，不受风沙侵袭，根据以上条件进行选线工作，因为南线，渠线直，弯道少，但占地较多，渠线较□为北线，用耕地树木少，但渠道较多，弯度在5—9°之间，渠线高，南北渠线土质较为细□壤土，选线偏重于少占耕地及树林，所以，所用北线，虽北线弯道较多，但弯度在5—9°之间，弯道和缓，完全是允许的，所以选北线是适当的。

渠长八公里，分水闸二座，平交道一座，大车桥一座，需投资□元，劳动日□工日，设计流量3m³/s,，最大流量为3.5m³/s，渠道底宽为1.5公尺，渠道计1.0公尺，渠道沿线土质为细砂及砂壤土，过高的渠堤不稳定，所以采用宽浅式渠道断面，渠道，纵坡最大为1/180，最小为1/330，平交道设在7+300处，第一份水闸设在0+450处，第二分水闸设在0+000处（大坪分水闸），大车桥设在2+220处，以投资8万元计算，只能修建第一、二分水闸及一公里渠道，就花海公社的努力讲，常年可抽出300—400个劳力修渠，农闲时可抽出500—600劳力修渠，八公里渠道一次修成，在劳力上是可以保证的，我们的意见是增加投资，全段一次完成。

渠道沿线占用熟荒地132亩，民用房24间及少数树林，占用的熟荒地未纳入国家计划，不作赔偿，由公社进行调整，占用民房24间，因设置房屋简单，每间付价40元，共计960元。

玉门市花海灌区工程设计书

1964年1月　　甘229-2-579

一、缘由

花海灌区位于赤金哥下游，玉门市东北93公里，赤金河东与白杨河连接，西与昌马河毗邻，河源出自祁连山，至老君庙出峡后，浇清泉农场及上赤金耕地，经兰新铁路后入赤金峡水库，至天津卫出峡，经38公里到花海大坪，计分上、中、下三段，水库至天津卫为上段长12公里，河槽系宕石并有地下水汇入，因而水量损失较少，天津卫至西河口为中段长17公里，河床为泥质胶结砾宕，质地疏松，水量损失每公里约为0.87%，1958年修建干砌卵石渠道，由于工程质量低劣，放水后冲毁，西河口至大坪为下段长9.6公里，水流行经戈壁及沙砾地带，损失严重，每公里约在2%—4.9%，为了提高水的利用率，本着受益大、见效快的原则，有计划有步骤地期修建，即首先修建下段，然后再进行灌区渠系配套，再整修中段干渠，本设计仅涉及下段工程。

二、基本情况

1. 自然条件及水文气象

花海灌区成掌形，面积23平方公里，西南高，东北低，海拔高度1300余公尺，灌溉五个生产大队、一个农场的现有耕地2.1万亩，尚可发展可垦荒地约6.03万亩。

本区气候干燥，年降雨量仅60毫米，多降于七、八月，蒸发量2000-3000毫米，年最高温度36.7℃，最低-30℃，早霜在九月下旬晚霜在次年四月中旬，无霜期150—170天，春夏多东风，冬季多东风，风力平均4—5级，最大达9级，气压605毫米，相对湿度40%，每年10月下旬结冻冰层平均厚1.0米，冻土层56.8厘米，于次年3月下旬解冻。

水库进库流量：1961 年 0.38 亿立米，1962 年 0.43 亿立米，1968 年 0.47 亿立米，平均流量介于 1.0 亿—2.01 亿方米/秒间，6 至 9 月为 1.6—3.0 立米/秒，4—5 月为 1.0—1.3 立米/秒，10 至 3 月 1.1—1.6 立米/秒。

距赤金峡上游红山寺流量站实测最大洪水量 1959 年为 49.8 秒立米，1938 年及 1952 年洪水较大，据洪水痕迹推算可达 300 立米/秒，水库按 200 立米/秒设计，经调节后溢洪道泄量 130 立米/秒。

2. 地质、土壤及水文地质

渠道沿线前 3.7 公里段为砂卵石戈壁，卵石粒径较大约 4 到 15 厘米，还有少量壤土；3.7—7.0 公里段，表层砂卵石较多，下层为含少量细卵石的黄土，7.0—9.0 公里段渠线穿经砂土河滩或壤土耕地地带。

灌区土壤多为漠钙土，土质肥沃，适宜种植小麦、棉花等农作物，在灌区东南方地下水埋藏较深，一般达 20 米，灌区内地地下水水位较浅，一般在 3—5 米，地下水位升降差距约 1.0 米。

3. 农业及社会经济

本灌区夏禾以小麦为主，其播种面积占 80% 左右，于 3 月中旬播种，8 月中旬收割，最高产量 400 斤/亩，最低 150 斤/亩，平均产量 250 斤/亩，秋田约占 20%，其中主要是棉花（产量为 40 斤/亩），一般在 4 月下旬下种，9 月下旬收割，夏秋禾浇水二次，每轮水 12—15 天，全年需水量 550 立米/亩以上。其中：灌溉需水量 300 立米/亩以上，泡剂需水 250 立米/亩以上，灌区有效利用系数 0.35。

花海公社共有 1378 户，人口 6294 人，男女全半劳力共 2620 人，共有大小家畜 6169 头，其中役畜 1030 头（马 223 匹，骡 52 头，牛 118 头，驴 417 头，骆驼 220 峰），有木车 425 辆。

4. 工程材料与交通运输

在距工地 20 公里南山处，可开采大量块石，但运距较远，因而建筑物与渠道铺底所用的块卵石，拟取自渠首处原河道中或拆用旧干砌块卵石渠道，在渠线前 5 公里就可以就地采用混凝土骨料，5 公里以后所用粗骨料，需自上游运送，细骨料可自临近河道中采用，沿渠线附近即可采得垫层材料，在 6 公里以下可从河道中筛选，距渠线约 200 米。

玉门市至花海公社有简易公路，干渠 6 公里以下与公路大致平行，相距 100—300 米，前 6 公里戈壁滩可通行汽车，沿渠线并可通行大车。

三、规划设计

1. 灌区规划

上游干渠同意原规划意见，自天津卫渠首引水，以下旧有 17 公里干渠在标号 14+776 处，与本次设计干渠相交，原 14 公里余废弃渠道曾进行干砌块卵石衬砌，由于质量低，通水一次后冲毁，近几年并未进一步观测天津卫至西河口段河床渗漏损失，决定今后是否需翻修重建，以提高抗冲防渗标准。

灌区原有支渠四条，花海农场支渠在大坪以上引水：苗水桥南渠二队共用支渠一条，自大坪引水行一公里后二分支渠绕灌两队耕地，中间先进二队共用支渠一条，自大坪引水行进二公里以后再分二分支渠浇灌两队耕地；小泉大队单独设口自大坪引水，本次规划意见：按原照大坪以下分三条支渠，将花海农场支渠并入苗水桥南渠支渠，其余二支渠不变，灌区中斗农渠系混乱，在渠系配套时再进行改建设计。

赤金河经水库溢洪道下泄洪水或水库以下暴雨洪水，在西河口开口泄入北戈壁，绕小泉大队耕地流入沙窝。这样可以避免洪水与新渠干扰，或危害房屋耕地，新渠建成后条湖滩地不再蓄病，以免提高地下水位，冬水可拦蓄在上游河道中。

2. 渠线的布置

西河口至大坪段曾进行了南线与北线的对比，北线沿旧支渠穿行条湖农场耕地，南线上段绕南戈壁，下段位于公路及旧河槽间。经比较：北线长 8.72 公里，由于穿经条湖，曲线曲折多弯道渠床沿线为壤土，需较厚垫层，附近并无工程材料，又无正式道路运送，既增加工程造价又影响工程寿命，加之施工与农业生产互相干扰，建成后难于管理。南线长 9.6 公里，前 6 公里渠床为戈壁，地质条件良好，施工时可就地取材，大量减少劳力，运输量及工程造价，并且施工场地开车运输方便，6 公里以下至 9.6 公里段，沿渠多系砂土，有局部壤土，垫层材料可在附近处采用，其他材料需由上游运输，北线修建后与耕地距离远，并邻近公路，今后管理工作容易进行，据以上比较，南线虽较北线为长，但由于工程寿命施工管理等方面有利条件较多，故选用南线。

南线由西河口 12 公里河床稳定段引水沿南戈壁下行，在 2+701.15 及 4+735.45 处，有二弯道，再沿河滩边戈壁下行至 6+269.4 处设弯道，后沿河道及公路中滩地直线穿行，直至 9+760. □大坪分水闸。

3. 渠道设计

（1）干渠负担灌溉输水任务，渠道通过，渗漏最大的戈壁及沙土地带，地面坡度在 7.5%—4.5%之间，最下一段设水利站一处，渠道纵坡为 1.0%，因而区道必须衬砌，考虑到当地工程材料及渠首不能完全处理泥沙，渠底用碎石混凝土浆砌块石，侧坡采用混凝土砖，这样工程寿命长，并且经济，例如：沥青铺底上设干砌卵石，需由 20 公里处运送石料，增加了运输力 4000 车天，当地难以解决，如渠底改用 50 级水泥石灰砂浆砌块卵石，也只能节约水泥 25 吨，但增加了白灰 80 余吨，考虑金塔县东干渠混凝土砖衬砌渠道，冬季冻胀经验，会研究桩号 5+500 下渠道全部□方方案，这样增加夯□方 2.5 万立米，劳力 3.0 万工日，但本地区地下水位较深，一般 3 到 5 米，渠道全部□方意义不大。渠道开始短 86 米，系临时性建筑，将来天津卫志溪河口段渠道整修后，仅春季引消冰水，输水时间较短，因此本段采用石灰浆砌卵石衬砌渠道。

（2）花海干渠灌溉面积为 2.3 万亩，近期可能发展为 3.0 万亩，本地区夏秋禾种植比例约为 8∶2，苗水每次净灌溉定额，为 130 立米/亩，每轮水为 20 天，目前灌区有效利用系数为 0.35，当渠道修建渠系配套及平整土地后，净灌溉定额可降低 110 立米/亩，有效利用系数将提高到 0.6，根据上述资料确定干渠流量：

目前：Q==3.95 立米/秒

近期：Q=-2.78 立米/秒

大坪上目前有北沟水汇入，其正常流量约为 0.8—1.0 立米/秒，因而干渠设计流量选为3.0秒立米，北沟汇入后干渠设计流量选用4.0秒立米。

根据赤金峡水库年平均径流量4000万立米计算，将来共计可发展4—5万亩，夏秋比例调整为6∶4，夏禾仍为3万亩，渠道段设计引水量可以满足远景发展需要。

（3）渠道断面根据土质条件及人工操作的施工方法，边坡系数3+700以上采用1∶1.25，采用1∶1.5，当底宽为0.8米时，纵坡为7.5%、4.5%及1.0%的情况下，水深分别为0.76、0.80、1.25米，选用超高0.2米，则渠深0.96、1.00、1.45米；当底宽为1.0米时，渠深分别为0.70、0.75、1.20米。上述两种不同底宽进行比较，后者渠深沟浅，混凝土需用量增大，因此选用第宽为0.8米，糙率系数混凝土为0.017，块卵石0.03，加权平均为0.020。

（4）从抗冻、抗磨及防洪效果等方面考虑，预制混凝土砖侧坡采用110#，混凝土厚8厘米，顶端一块采用90#，混凝土厚6厘米，确定采用浆砌块（卵）石厚20厘米（最小厚度不得小于15厘米）。底部及侧坡，每隔4米段伸缩缝一道，渠底与坡脚砖结合处，设纵向伸缩缝两道，在伸缩缝中铺三层油毡涂四层沥青止水设备。

（5）渠线前3.7公里段，土质为砂卵石戈壁，不设垫层，3.7公里至5.0公里段，渠床黄土含量逐渐增多，需设粒径0.□—4厘米卵石垫层厚10厘米。5.0—9.3公里土质为砂土或壤土，需作砾石垫层厚30—50厘米，9.3公里以下进入滩地，垫层厚度60厘米，垫层厚度还没有成熟经验，加工时将再进一步，根据当地地质与水文地质条件适当增减，渠堤顶宽为1.5米，外侧坡为1∶1.5，在砂土地带外侧坡改为1∶2.0，当挖什大于渠深时，渠顶做作1.0米马道，以上另设一级，其边坡为1∶1.0—1∶1.5。

四、建筑物设计

1. 渠首建筑物

在天津卫至西河口旧有，14.7公里渠道未整修重建前，需设置临时渠首引水，渠首位置上、中、下三段对比选择，上段河床较深，取水时渠道挖方工程量较大，下段河床较浅，洪水时渠首建筑物有漫溢冲毁之可能，否则需要筑围堤，增加的工程量中段，可以避免了上述缺点，在中段中又对比了三个不同的坝轴线，以目前选用的□□河床稳固狭窄，并且水流在此处有弯道便于凹岸引水。

渠首系半永久性建筑物，选用40立米/秒流量设计约相当十年一遇标准，用白灰浆砌块石做主要建筑材料，采用□孔泄洪冲砂，排洪□共4孔，每孔宽24米，闸墩高3.5米，最大排洪量为40.0立米/秒，临近进水闸一孔上设启闭机，与平板□门，其余三孔用叠梁闸板关闭，在洪水时期开启泄洪，进水□为一孔宽2.0米，设计流量为3.0立米/秒，闸孔高2.5米，上设白灰砌块石启闭机墩台，安装启闭机与平板□门。

2. 干渠分水闸

干渠总分水闸，在旧大坪下约200米，下分三条支渠，设三孔，南孔控制南区大队、苗水桥大队与花海农场用水。中孔浇先进、中□两个大队耕地，北孔浇小泉大队，根据各孔流量分配为2、2.1秒立米，为施工管理方便，闸孔宽度系采用1.0米，孔高为2.0米，上设启闭机台，安装启闭机与平板□门，闸孔后做深0.5米，长5.0米消力池，以防水流冲刷下游渠道，分水闸采用混凝土结构，启闭机台与消力池采用钢筋混凝土结构。

3. 桥梁、陡坡与斗门

跨过干渠于桩号位于5+500及8+500处，计划修建车桥两座，按载重5.0吨设计，桥宽4.0米，桥长4.1米，采用样板式钢筋混凝土上部结构，重力式混凝土桥墩。

于桩号9+200处，做2.0米跌差陡坡，以便集中落差在渠道附近修建水利站，陡坡及消力池底板为钢筋混凝土结构，陡坡进口前做一孔节制闸，用启闭机启闭，使水流由1.5米宽进水闸进入水利站，其对岸有北沟水流汇入的进水口，一孔宽1.0米，采用混凝土重力式闸墩及□□，陡坡消力池后留有水利站尾水口一处，尾水汇入渠道后，浇灌下游耕地。

在7+700处，修建斗门一座，向公社农场放水。

五、工程预算

1. 简要说明

（1）定额依据：根据甘肃省水利厅，甘肃省水利基本建设工程预算定额（1964），甘肃省水利工程施工定额（草稿）（1964年），并结合金塔县支干渠混凝土衬砌施工定额编制。

（2）材料单价：水泥根据煤建公司价格另加运费，其他材料按酒泉，玉门的市场价格再加运费计算。

（3）工资标准：按1963年省水利会议决定，重点工程受益区普工工资按0.5元补助，技工工资按1.0元补助，胶轮车运费为9.0元。

（4）间接费标准：本计划间接费按基本工资的20%取费。

（5）不可预见费：采用总费用的3%。

2. 总预算

本期工程共需投资31.5万元，其中，工资为5.64万元，间接费为9153元，不可预见费为8900元，防洪工程费未包括在本期计划内，1964年春夏进行查看设计后另报。

六、施工安排

为了见效快，首先修分水闸及以上500余米渠道，建成后即可通水，以减少柴茨、打水的工程量，因此今冬即可着手备料，干渠部分由上而下分段修建。

本工程总计工程量为8.25万立米，其中砂石垫层12700立米，混凝土3000立米，共需劳力9.8万工日（普工9万工日，技工0.77万工日），1964年元月至3月备料及开挖土方共用劳力约3万工日，每日平均出工250人，3月后到10月每日平均出工300人，在5月播种后即可增加一部分劳力，4月20日大坪建成，10月即可完工。本期工程，共需运输力1425车天，根据渠道沿线道路及公社运输力情况，可使用部分骆驼用，近距离拉运砂石及混凝土砂可采用架子车。

民工每人每天补助粮食12两，技工1斤，牲畜饲料每天2斤，每辆车以一头牲畜，一个人计算需补助量粮食7斤，本工程共需补助粮食9万斤（包括饲料1.0万斤）。

本工程共需水泥865吨，木料180立米，钢筋1.8吨，铁件3吨，沥青130吨，启闭机7套。

七、工程效益

本工程完成后水量损失约可减少15%，全年可节约水量600万立米，相等于水库一次蓄水，约可增加2.3万亩耕地用一次水。

县级水利工作文献

玉门县城河系水利委员会会议

1958年6月4日　　甘232-1-273

地点：南阳镇乡人委会

时间：一九五八年六月四日上午十时

我河系为了保证计划用水的实现，以建高□而稳定的产量，特召开河系委员会研究解决，干渠的管理养护及指定相关制度问题，具体研究决如下：

一、管理养护

首先说明各用水单位引水的支、斗渠的养护完全由引水单位出员负责养护，以下所分配的仅是总干渠、东干渠、北干渠的养护问题：

1. 总干渠

□□□□负责养护南至铁路，北至第一斗门，抽调人人养护，主要有得力社干部一人负责领导。

南阳镇乡：从第一斗门起下至公路桥，抽调十五个护渠工人。

2. 东干渠

西红号乡：养护、上坝公路桥分水闸下至第五陡坡，抽调二十个工人。

饮马二场：上顶第五陡坡下至二、三分水闸中间，抽调十个工人养护。另外抽调干部一人，工人二个负责检查东干渠的养护工作。

饮马三场：抽调干部一人，工二个，到水管所同统一分配工作。

3. 北干渠

饮马一场养护上顶第一分水闸，下至第二分水闸，抽调十个□调二十个工人，另外抽调干部一人，工人二个，负责□负责检查北干渠。

黄闸湾□黄花营□负责养护上顶第二分水闸下至第三分水闸（八家庄抽调十个工人）

二、养护制度

1. 分段包干，做□抢险准备工作，发现决口及时抢险。如决口情况特殊可由水管所统一调□□另外所用的材料可另行处理。

2. 各单位批调干部、民工，离开工地必须经水管所批准，方可离开，否则要追查责任。

3. 护渠人员要做到白天夜晚轮流养护不得放松巡查，如不负责任而造成决口者，有关人员应负完全责任

三、参加会议的姓名

水管所吴义成、灌溉管理处崔科长、水工处李主任、□庄子胡张、南阳镇朱张、西红号潘同瑞、黄闸湾何士英、黄花营白张。饮马二场杨玉华、辛科长、饮马三场王科长、北湖机耕农场徐鑫甲。

共参加十个单位，缺席饮马一场。

城河系水管所（印）

玉门市1958年水利水土保持工作的总结和1959年工作计划

一、现有水利情况

我市现有耕地10000亩，由于雨量较少，蒸发量大，所有土地完全依靠灌溉，目前我市用水来源主要□石油河和白杨河沟流域的水，石油河水渠的容量为0.7秒公方，白杨河水渠的容量为2秒公方，淤青渠、石油河水仅可灌溉7000万亩土地，白杨河干渠灌溉2万亩地，但由于石油河水，玉门市建设后，新民□和我市赤金农场共同使用，白杨河村支渠经常发生事故，白杨河干渠由于玉门矿务局，和明年投入生产的玉门市化肥厂，纺织厂等工业用水增加就截然不同。

为了进一步利用地下水，我市赤金农场从去年7月至今年7月人工钻井11口，机械钻井两口，下半年计划机械钻井四口，每口井每天可灌15亩，这样就可以解决赤金农场灌溉的一部分。但白杨河总和窑洞地农场因地下水源不丰富，而且工业用水增加，以致仍感相当困难。我市6月下旬组织了一个督查水源工作组，从6月26日起进行工作，在祁连山经过了十天的时间，初步督查有五处河流水系：

1. 水峡河：流量最大为3秒立方，最小为0.3秒立方，如能合理用水可灌5万亩地。

2. 二道河：流量0.2秒立方，可灌3000亩。

3. 河洛河：流量0.7秒立方，可灌8000亩。

4. 哥塘子河：流量0.1秒立方，可灌百余亩。

5. 大东河、大泉口河：水量很小。

综上情况，水峡河和二道河可整修引入白杨河流域，并从天生□□建设闸门放水到荒地□雅□。这样即可灌溉银□滩荒地，又可解决白杨河和窑洞的农业用水。河洛河及哥塘子河距银□滩大约五公里左右，二河隔一小山，可修涵洞汇合，在出山口地，利用天然水，即可流入荒地。

二、水土保持工作：我市地势平坦，四周环山，水的冲刷流失不大，因而水土保持工作除了在大渠道植有防护林带和坡度较大之渠道内有铁水外，所有农田是地埂相连，其他水土保持工作未进行。

三、存在的问题及今后的意见

1. 目前水源不能满足我市需要，明年耕地面积3万亩，为了解决农田用水，据地质部河西水文地质队勘测证明，我市赤金农场地下水源丰富，因此开发与利用地下水源，这是我市的一个方向。恳请省上给我们买钻机一部，钢管2400公尺（直径六寸），共需6万元（每口井以80公尺钢管计每公尺为25元）。油料费15000元（每口井500元）。在钻井技术上，我市自己培训人才，其次我市明年要修筑石油和水库，可将□□洪水引入石油河需投资15万元。□□洪水的流量为0.7—0.9立方公尺。这个水库修成后，可灌一万亩地(需水泥50吨)。

2. 明年成立机械打井队一个，以解决赤金用水知不足。

3. 修建玉门市支渠，支援肥料厂，纺织厂，但要地方工业受益厂矿投资。

4. 解决用水不足的另一办法，就是大力搞人工降雨机。

5. 修理铆树咀子水库，需投资220万元，1957年最小流量0.74秒立方公尺，1958年最大流量，69.4秒立方公尺，此水库可引入白杨河干渠，为此，白杨河土地灌溉才有保证。(需水泥150吨)

6. 下半年专门组织人力进行水库设计，技术人员自由给予支援。1959年水土保持工作，我们计划搞水半沟，渠道上搞护林带，田坡上种植□树，同时玉门市区附近完全种植草木，以防水土流失现象。

赵根权给玉门县水利局负责同志关于□□□同志浪费水的信

1959年6月　　甘32-1-265

玉门县水利局负责同志：

我有个问题就是搞不通，关系着水利问题，我是饮马第三农场第三作业站，我站前个时期干部、□□吃不上水，(刚进场时) 现在不但吃不上水而且水是大量的浪费，我想这问题只得反映你们进行严格的检查，很好地来我站了解处理。

一、在六月二十五日我听站长让□□□同志前去放水浇地，当时派了二十多□□将水放下，在同日的下午两点钟下来水到两点半钟，□□□就将水渠打开三个口子放到荒滩，说什么，水太大了会将他队修的渠涌坏，就不顾别的？当时有我在，我就向他几次地劝告，他不听，一直让水从两点半向外漫，到下午五点左右。

二、我带二十多名□□修陡坡，我就说他，老□，你这样将水放得东一股西一股影响我做工和涌坏陡坡，再将工程处的沙子涌走可不行。该同志怎么答复我不管，只保质量，求亩量为了工率高。所以水一放下去就涌坏几个口子，当时我很不满，再没敢想说什么，只好回来向站长反映吧。下午回来我去就向我们站长反映此事，我们的站长听都不想听，最后向我回答说，那是他无意的，就这样一句话，我看到思想更为搞不通，领导对这样大的问题不认真，我只好向有关单位反映处理。

水能浪费多少不能估量，反正水是很大，一直流了几个钟头。请你们来人到我站检查了解。

此致

敬礼

赵根权

玉门市向中共张掖地委水利检查评比团汇报材料

1959 年 12 月 25 日 甘 230-2-38

从中央提出，在今冬明春继续掀起兴修农田水利的积肥运动的指示后，在党的八届八中全会和省市委□大会的精神鼓舞下，我们以反右倾为纲，大鼓革命干劲，高举了总路线，大跃进，人民公社的胜利红旗，大兴水利工程，大搞土地平整，大力进行秋冬灌溉，全市4000名英雄，大战在水利战线上，日夜不分，天寒不怕，从山谷到平川，从戈壁到田野，东从白杨河西到二道沟，南从昌马，北到花海，到处红旗招展，歌声洋溢，干部群众欢欣鼓舞，干劲充沛，不论是冬修、冬灌及田间工程和水能利用，都显示出了一片新的跃进局面。

今年我市水利用的特点是反右倾渗透，领导决心大，群众干劲足，认真贯彻了三主方针，冬修冬灌同时并举，所以着手早，声势大，范围广，进度快，又在农村开展了整社及两条道路斗争的社会主义教育，因此又给水利运动顺利开展奠定了良好的政治形势和群众思想基础，在短短的80天中，我们在党的坚强领导下，依靠了人民公社和广大群众，在农田水利上取得了辉煌的成绩，现将我市10月份以来的水利工作向检查团做如下汇报，不妥之处请指示。

一、在水利工程上，市委早已安排计划在今冬完成，白杨河、昌马、花海等四条新修和扩修干渠和赤峡水库的结尾工程，赤峡水库于11月8日结工，累计完成土石方392498公方（包括第一期累计工程量），占原计划工程量的85.5%，共投入劳力601541个工日，现可蓄水560万公方。新修及扩修白杨河、花海、昌马、赤金干渠四条，以昌马河为重点，整修干渠12条，新修支渠35条，整修支渠125条，加上新整修农毛渠共计渠道总长1162公里，新修□昌河小型水库一座，已完成水库工程量的70%，计划在12月底以前完工，整修小型水库五座，可增加蓄水21万公方，新修蓄水池21座，打出自流井18眼，半自流井12眼，共计25眼，占全年计划70眼任务的35.75%（其内有玉门石油管理局钻井大队帮助赤金公社，在上赤金打出自流井9眼，出水量很大，平均每眼井水量在20秒公升左右），目前全市还投入三副人工打井架和赤金农场自己□制的钻机一部，并打出水井一眼。在□引地下水上，共挖排水沟14条，长达37.7公里，尤其赤金农场为了彻底改良盐碱地，今冬已挖排水沟12公里，全市掏泉408眼，以上小型水利工程（包括水利水电工程）共完成土石方872701方，加上农毛渠土方总计完成709847方（其中十方4797方），占全年计划87.4万方的32%，其中在第二个战役（11月10日至12月20日）中完成土石方39万方，占全年计划的44%，从10月以来，小型水利工程共用去劳力145087个工日，加上田间农毛渠总计用去劳力225567个工日，平均工数3.15方，较第一战役增高0.15方。

今冬开展的水利工程，除白杨河和赤峡水库为市办以外，其他均由各公社、场自办，其社办水利工程土石方占总完成工程量的97%以上，社办水利工程绝大部分已提前胜利完成。

昌马公社，扩建的南干渠，采取大兵团作战，坚持群众路线，政治挂帅工程和整社紧密结合在工地，以如何完成和提前完成水利工程为内容进行辩论，坚定公社大办水利威力，在中央广播大会以后，劳力猛增六倍以上，上工人数最高达680人，约占总劳力的25%，出勤率达98%。整社干部亲入工地，参加劳动，帮助群众，劳苦实干，由于声势大，所以在这一天完成土方3570方，当天工效较以前提高一倍达5.4方，工地上发动群众，开展技术革新，采用“山式犁”在松软的土石方上，采取先犁后挖的办法，使出土工效由原来2.6方提高到6方，全部工程较计划提前五天于12月10日提前完工。

玉门镇公社，整修和新修昌马河西干渠的水闸中，国家没有投资工程费，上面没有派技术人员，也没有拨给水泥等器材的条件下，他们提出“破除技术绝密论，不当伸手派，要自力更生，就地取材”，工地组织了农民水利技术员、老水工、土木工共14人的技术研究指挥组，依靠群众，大家商量，利用土办法，没有洋灰钢筋，组织劳力打柴一万余斤，编筐110个，搓绳1660公尺，群众献木料20方，这样解决了工程所用的一切器材，在20天的时间中修好可通过7—8秒公方水的木质水闸四座，并给国家节约资金1200元，水泥50吨。

玉门镇公社新建的□昌河小型水库，从中央水利广播大会和张掖地委吴书记的电话会议后，市委及公社党委立即研究，迅速布置，提出要在12月底前完工，组织各管理区包干支援，先后上去牛车178辆，继续动员各机关单位干部、职工、市民、车队共730人上工劳动，大力支援水建设，全工地从12月上旬以来，每天上工人数较原来成倍地增加，最高上工人数达到540人，公社及各管理区组织慰问共四次，公社领导到工地鼓励安置，社员情绪高涨，也未有逃跑。公社还调出拖拉机一部到水库压土坝，实现碾压机械化。原来全工地四个石碾，一天压土100方，现在用一个拖拉机每天工作八小时就可完成，日进土500方的碾压任务，较人工石碾节省劳力160人。工地上发动群众大搞技术革新，开展高工效运动，原来工地进土100方，需要100个人挖土，由于土冻，土方赶不上压坝需要，他们采用爆破，这样只有5到6个人放十炮左右即可解决500方的挖土任务，挖土工效较原来提高一百倍，工程进度迅速猛增，在12月上旬十天完成总工程量的22%，较原来进度提高四倍。

蓄水方面，采取边修边蓄，边灌边蓄，目前赤金条湖水库、玉门镇公社变桥子及昌马的蓄水池，已蓄水3.5万方，赤金峡水库正安装启闭机，将开始蓄水。

二、今年的秋冬灌，我们预料到明年的大旱和播种面积的增加，在冬修冬灌同时并举的方针下，较往年提早半个月，即从9月上旬开始灌溉，截至20号已完成秋冬灌农田面积809427亩，为1959年播种面积26万亩的119%，占专区分配任务的108%，为1960年44万亩播种面积的70%，较去年冬灌14万亩，其内冬麦播种2128亩全部灌了水，新开荒地109067亩，已灌水61319亩，此外还泡林地61824亩，草地10544亩，目前还继续破冰。背冰冬灌，市委在12月9日召开了水利电话会议，坚决贯彻了省纪委提出要“把干旱消减在今冬”的指示，及时批判克服了“冬灌到顶论”、结冰不能灌的右倾松劲思想，树立起“无语大增□，大旱大丰收，人定胜天”的信念。郊区，又继续掀起破冰背冰冬灌高潮和收耙□□保墒工作，全市在12月9日到20日完成冬灌4277亩，这在历年来说都没有的进度。花海公社在电话会议后立即研究，组织劳力142人，昼夜突击三小时背冰1950方，灌地18亩；花海农场12月8日至11日，组织24人背冰灌地48亩，玉门镇公社历年来到现在已经停止灌水，但今年还继续破冰冬灌，全公社完成秋冬灌面积125144亩，占计划任务50万亩的125%，开荒50108亩，已灌水41999亩；马场和蘑菇滩农场在会议前，已经停止冬灌，但已重整武装，组织人力60多人连夜破冰冬灌，日灌水进度从没有进度而提高到200亩，全市目前已组织冬灌专业队21个，220人与冰斗争，背冰破冰冬灌。张掖地委最近又发了重要指示，要继续破冰冬灌，要求我市在12月底秋冬灌达到32万亩，今年我市的秋冬灌在党的坚强领导下，抓得早，抓得深，查得彻底，较去年相较有很大的增加，但与1960年播种面积相比和省委指示要把"干旱消灭在冬季"还很不够，目前天气虽然寒冷，但领导的决心更大，群众的热情更加高涨。整社和两条道路斗争进一步取得胜利，在12月底完成32万的任务是有保证的，入秋以来已翻地219000亩，秋沙地106000亩，全部进行秋耙保墒，较去年提早1月完成。

三、平整土地，今年省地委把我市列为提前实现农业机械化市县之一，这是一件大喜事，也是光荣而艰巨的任务。省上派技术人员来我市帮助机耕亲□，专区也常派技术人员在工地上具体指导，我们非常感谢，我们玉门市的干部和广大群众，从听到这个消息后，人人欢欣鼓舞，精神振奋，因此，全市组织84□的农业劳力即4000多人投入平田整地，为机耕化积极创造条件，至20日共完成机耕土地平整161576亩，占计划任务7万亩的280%，其中园田化面积达到24668亩，一周平整地完成106068亩，占计划任务8万亩的132%。在机耕地的平整上，高差在八公寸以下者，打去死埂一次平整；高差在八公寸以上者，局部平整，打去死埂，并根据地形差距筑上机耕区新的死埂。目前我们所平整的土地一般在20—30亩，对比较高的固用渠道留下，并进行正道。

平整机耕地，这是一个新的工作，开始时，部分群众和干部对平整机耕地很担心，怕地埂打了，渠道坏了，对渠道道路及整个规划没有安置到春天费工，又怕拖拉机是否能来等等，所以我们大力宣传机械化的优越性和为什么及如何实现机械化的教育，先后在南阳镇、饮马厂，召开了两次全市土地平整现场会议，进行参观评比，明确了机耕平地的规划，统一了思想认识，在平田正地当中，相应地开展技术革新，赤金公社仿制挖梗器（又名砍头犁），工效较原来提高3倍。赤金农场创造土地平正器，工效较原来提高14倍。

玉门镇公社南阳镇大队，从今春由公社统一抽调47人组成田间工程专业队，在大胆设想、敢想、敢做的共产主义思想指导下，完成地下输水管道3800公尺，通过放水试验，完全可以灌地，尤其在机耕的条件下，更需要地下输水管道，这就更便于机耕，但也有部分群众认为不够明确，认为占地费工、花钱多、不习惯，右倾机会主义分子趁机也对管道化进行攻击，说"管道化，滚轴化，把人气了个咋"，有些只看到修了管道，挖了渠占了地，而没有看到扩大面积，所以我们就算账对比。在南阳镇一小队有1块30亩的地块，经过平整土地，正直渠道，挖去埂，面积扩大到36亩，这一□的事迹，莫到了右倾积极主义分子，明确统一了群众思想认识，从9月份又开始全面规划，并组织94人专门进行平田整地，大搞田间工程，截至目前已完成机耕地平正3800亩，重点平正达到840亩，新修农渠3条长2.6公里，新修农毛渠6条长105公里，占全部工程的40%。在工地上开展了红旗竞赛，有力地促进了工作，如花木兰队在红旗竞赛中超额完成任务，争得红旗；赵一曼队的队员绝不灰心，要争上去比一比，立即增加人数，由原来 10 人增加到 14 人，并提前一个钟头上班。她们提出的口号：

政治挂帅打头阵，全党全民齐出阵，
党的□□山河动，全力以赴搞机耕，
干劲冲天寒气散，要和自然来宣战，
怀抱月亮和太阳，分秒必争抢时光，
宁叫心血少几斤，不叫任务落了空，
反掉右倾拼命干，提前踏入 60 年。

他们的工效由原来 40 方提高到 48 方，工地妇女们自编自唱，他们编出“歌唱机械化”“五唱南阳镇”“□唱反右倾”，所以工地上到处歌声四溢，红旗飘扬，涌现出，红旗标兵四个，为了迎接检查，全工地劳力猛增到 146 人，突击三天则完成拖拉机桥六座。

四、水能利用方面：在天祝参观以前，只完成赤金公社郑家□水电站两座（未发电）。3□后，在全市范围内还没全面铺开，从省委指示学习天祝水能利用经验，并组织人进行了参观后，立即开始研究制定计划，掀起了一个学天祝、赶天祝、超天祝，水能利用全面开花的高潮，目前全市有 250 人投入水利水电建设，饮马一场组织干部、工人、家属和□□共 160 人，于 12 月 10 日开工，新建一座发电的水电站，赤金公社采取以先动力后电力，以生产为主，就地取材，因陋就□的方法，将郑家□水电站在缺乏电力建设的条件下，按设石磨三处，现已投入生产。□磨□4020 斤，完成水电站三座，和一驴拉三磨一处。全市现已完成水电站 4 座（已改水力站，投入生产），正在加工的水电站两座（饮马一场，赤金西湖）设计□□，已完成水利站 8 座，28 马力。正在施工的 3 座 48 马力，计划在年前全部投入生产。

五、在这 80 天中，共兴修水地 60693 亩，全部已灌上水，占年计划任务 20 万亩的 60. 7%，整修水地 47000 亩，占年计划任务 73000 亩的 76%。

全市又一□□工程白杨河中型水库于 12 月 17 日比较原计划，提前半月开工，现投入 913 人紧张施工，目前水库形势极为良好，结合整社开展两条道路斗争的社会主义改造运动更加深入，民工思想基本安定，工效由开工时 1750. 6 方提高到□方。

决战 80 天，大兴水利和冬灌等都获得全面的胜利，并涌现出赤金公社利用地下水，饮马场田间工程及玉门镇公社南阳镇大队三个红旗单位和红旗个人 87 人，成绩是巨大的，其取得成绩的原因，我们体会总结如下几点：

1. 坚持党的绝对领导，这就是要反透右倾，彻底粉碎右倾机会主义分子的进攻。巩固无产阶级专政，我市原计划 1960 年共兴修水地 3 万亩，秋冬灌 80 万亩，并没有计划修建白杨河及赤峡水库重点工程，但经过省市委扩大会议及深入开展反右倾，大鼓革命干劲，跃进计划成倍增加，新计划兴修水地 10 万亩，较原计划提高五倍，现已完成 60693 亩，为新计划任务 10 万的 60. 7%，秋冬灌计划增加 30 万亩，已完成 309407 亩，占计划任务 30 万亩的 103%，赤闸水库 11 月 30 日结工，白杨河水库于 10 月 17 日正式开工，目前 913 人紧张施工，这一切都充分证明了党的坚强领导和反右倾鼓干劲的伟大胜利！

2. 树立“无雨大增产，大旱大丰收，人定胜天”的思想，革大自然的命，首先要革人们思想上的命，这就是改造自然战胜旱灾的毅力和雄心，我们今年冬灌至今，继续破冰灌溉，较去年增加4万亩地，已证明了这一点。

3. 坚决贯彻中央提出的三主方针，依靠人民公社大搞群众运动，广泛发动和组织群众，开展大兵团作战，轰轰烈烈，有声有色地开展运动，这就是昌马公社提前五天完成南干渠和玉门镇公社巩昌河水库的兴建足以证明。

4. 深入开展一、二、三、四、五运动，大搞群众技术革新和技术革命，开展高工效运动，这就为巩昌河水库采用挖土爆破法提高功效一百倍所证明。

总的说大兴水利所取得的巨大成绩，充分显示了玉门人民改造自然的雄心大志，是党的领导、总路线、大跃进、人民公社、反右倾、鼓干劲伟大胜利的标志。

目前在水利工作上还存在几个问题，并安排意见：

1. 已完成的赤霞水库和赤金公社的四座小型水库还未投入蓄水。预计赤霞水库25日投入蓄水，在此前完成蓄水40万公方。赤金公社□□崖头、甫家湖沟、马家坝及条湖水库在12月底完成蓄水25000方，全市至12月底完成蓄水，51万公方，1960年元月完成蓄水250万方。

2. 昌马公社冬灌尚未全面发动，待春水浇灌的思想是很危险的。目前荒地只灌到8000亩为50%，还必须积极发动人力破冰背冰冬灌，全县在12月底秋冬灌交到323030亩，并超额完成专区分配320000亩的任务，各社又按市委□村工作□配第四战役任务提前超额完成。根据省委又一次提出“再接再厉，把干旱消灭在今冬”，我们必须赶前不赶后，争取多灌一亩，早灌一亩。尤其玉门镇、昌马、赤金公社及蘑菇滩，饮马□场，这些有水源的地区，尽量争取超额完成。花海地区在元月25日前开始春灌，全市元月份再灌两万亩。

3. 工□工地，在开展正社□□□□要大力进行防旱抗旱，把干旱消灭在今冬的思想教育。目前天气来说特别是搞好职工暖、吃、住、生活安排工作，办好工地食堂，搞好巡回医治疗站，修好工棚和房间，搭好热炕，在开展这一整套工作中，也要培养重点，树立典型，取得经验，大力推广，要吃熟，吃饱，吃好。对民工寒衣鞋帽，也可动员群众、干部进行支援，组织慰问，鼓励他们，安定民工思想，鼓舞劳动情绪，做好工地政治、文化、技术和卫生安全教育，建立必要的安全制度。

4. 大搞技术革新和技术革命，开展高功效运动，玉门镇巩昌河水库的爆破取土成效很大，要学习推广。

白洋河是我市的重点工程，计划到工人数1000人，但目前只有9□5人。为了提前完成水库，应按党的“集中力量保证重点”的方针，全公社立即按分配人数，用去员工及吃粮、菜等生活供应，使白杨河水库在6月前顺利完工。

5. 平田正地各社场已完成任务，但在质量上还有待进一步检查提高立即转入，修建田间渠道，道路及其建筑物。

6. 赤金公社地下水非常丰富，但目前只有两副人工打井架，投入工作进度不大，需克服依靠下游及差不多的思想，将现有的水井全部利用起来，投入冬灌，目前是打井的良好时机，打井时效快，因此，在地下水丰富的地区，大力推行打井，全是在今冬完成打井□眼，在春灌前掏泉两万眼。

总的我们为贯彻省委提出“无雨大增产，大旱大丰收，要把干旱消灭在今冬”的指示，我们必须大反右倾，大鼓干劲，结合正社及开展两条道路斗争的社会主义教育，要全面安排劳动力，整顿组织，建立灌溉专队，充分利用一切井水、泉水、打冰坝、背冰上地、扫雪扫田，保证滴水必争，寸土有墒。

时间越来越紧，目前主要抓住，冬修、冬灌、冬蓄，一□、二革、三超、四比、五成和高工效运动，把水利建设推向更高潮，实现明年更大更好更全面的跃进！

玉门市三年来水利工作的基本情况

1964 年 8 月　　甘 230-2-68

玉门市的水利工作在党的鼓足干劲、力争上游、多快好省地建设社会主义的总路线指引下，在上级党政的正确领导下，一切以现灌实效为中心，从库、渠、井、泉、坝五方面工作，充分发挥了现有水利设施的作用。在认真地为农业增产服务方面，取得了显著效果。

玉门市是一个以石油工业为主的工业城市，全市人口 134,000 人，其中城市人口 87,000 人，农村人口 47,000 人。全境 15,000 平方公里，有耕地 28 万亩，气候干燥高寒，雨量稀少，农作物全靠引水灌溉，所以群众说“水就是粮食”“水就是命”。解放前，由于反动政权的统治，劳动人民挣扎在死亡的边缘，水利几乎完全失修，原来的一些水利设施也惨遭破坏，水的利用率只占到总流量的百分之二十八，群众说：“三十里河滩，四十里转弯，尽头淌到，黄羊兔子咂干”。赤金花海分水，要抬着棺材拼死拼活；为获得 131 斤的亩产量，昌马河系每年得花去相当于二百万斤小麦的代价去拦水，人民群众为争水的痛苦，真是可想而知。解放后，在党和毛主席的英明领导下，水利建设方面，取得了辉煌的成就。国家投资了大批财务，修建了长达 473.7 公里的昌马河总干渠的灌溉工程和库容 600 万公方的赤峡水库等重要水利设施，从南向北，横贯全市的昌马、石油、白杨等三条内陆河流，年径流量最高的约为 10 亿立方，最近也达到 7 亿立方，基本上满足了现播 22 万亩地的需要，可以稳产高产，旱涝保收，特别是近三年来，水利建设一马当先，对保证农业生产的空前丰收发挥了巨大作用。仅 1963 年就整修水库两座，增加库容量 220 万方；整修干支渠 201 条，长达 1177 公里；整修斗、农、毛渠 3339 条，长达 962 公里；打井 6 眼，掏泉 827 眼，挖涝坝 9 个。总计工程量为 192,937 立方，使用劳动力工日 181,695 个，耗用水泥 703 吨，木材 320 立方。以上工程的完成，增加了保证灌溉面积 13,637 亩，改善灌溉面积 28,000 亩，扩大灌溉面积 9118 亩。经过三年的不懈努力，全市农业生产面貌大大改观，1963 年全市粮食产量已经超过了历史上的最高水平。

实践证明，水利工作必须要用毛主席思想挂帅，加强政治思想指导工作，要严格执行党的政策，积极贯彻群众路线，这就是我们取得一切成绩的最关键原因。三年来我们在水利工作中主要的有以下几点体会：

一、必须坚决认真地贯彻执行党的各项方针政策

三年来，我们始终把党的方针政策，忠实地，不折不扣地通过各种方式，贯彻到群众中去，树立干部和群众自觉地执行政策的观念，如河西水利会议以后，对于有关文件，首先组织水利干部一字不漏地学习，充分讨论，联系思想，联系实际，领会□□实质，然后在由各公社、农场的爱水干部，对水利有一定经验的老农参加的河系委员会和渠系委员会上进行传达讨论，并通过他们向群众进行讲解，使有关水利方面的政策精神，直接和群众见面，变成伟大的物质力量。有了以革命的精神，面向群众，面向基层，我们在传达贯彻党的方针政策方面，三年来一直是采取了“农闲集中，农忙风化，大忙深入田间地块”的方法。有水利会议以后，正值工程整修和秋冬灌紧张时期，为了不影响工程进度和灌溉进度，确保。农业生产领导干部带着政策精神到工地渠道，边传达边贯彻，发现问题以政策精神对以解决，从而使政策及时地用到实际工作去，在贯彻执行党的方针政策方面，更为重要的是要取得党的领导的重视和支持，要及时向党政领导公报并提示意见。这几年来，市委和人委把如何做好水利工作，经常地列为重要议及日程，领导干部层层负责，分兵把口，从工程兴建和农田灌溉都按照政策精神一项一项地落实，一件一件地研究，并且经常深入工地和田间了解工程进度和灌水情况，所以使领导能够更好指导工作，能够使政策条条实现，使政策在群众中生根，从而大大调动了群众大办水利的积极性。

二、水利工作必须认真地搞群众运动

依靠群众，勤俭办水利是长期的，坚定不移的方针，要搞好水利工作，必须依靠广大职工群众的革命行动。近三年来，我们在水利职工中每年都要召开一次冬训会议，主要是搞总结评功活动，特别是学习了石油部总结评功的经验以后，内容更加丰富，进行大评大比、大讲大摆、正面教育，鼓舞干劲，开展以“五好”为内容，以先进人物为榜样的比、学、赶、帮竞赛，光1963年，就评选出“三好集体”一个，“五好职工”六人。不甘落后，争当“五好”的风气已经社全局轰轰烈烈地形成。在群众中结合水利工作的具体情况，每年同样地也要召开几次水利代表会、老农会、群众辩论会，以新旧对比的□级教育方法，发动群众大评比，大表扬。柳河公社过去是“到处抓口，下引上截”，水量常感不足的地方，经过正面教育以后，1963年秋冬灌紧张季节，自动地给黄花农场青山农场让出两方水，达到合理用水，节约用水的目的。赤峡水库防洪抢险工程中，原计划赤金公社上50人，花海公社上150人，后来赤金公社了解到花海公社正在奋战北干渠时，就本着团结治水的精神，动员了150名社员，主动支援，提前完成了防洪抢险任务。花海，北干渠道通修，过去几辈子也梦想不到，由于依靠人民公社的力量，依靠群众，发动群众，勤俭办水利及业，才实现了群众多年来的欲望。决渠长达42.7公里的渠道，需要完成土方工程量9万多方，劳动工日3万多个，若靠国家兴建，不仅需要两三年时间，而且投资额高达30万元以上，人的因素第一，只要群众发动起来就没有不可解决的问题。他们实行定额管理，不断开展劳动竞富。中闸十小队的14个社员，15天就开挖土方2327方，平均每人每天8方，超过定额（3方）的2.6倍，并且时间短，收效快，只用了28天的时间，就全部完成修建任务。清泉公社的跃进大队，发动群众采取人工打井的办法，在不到两个月的时间里就打成自流井8眼，并且眼眼出水，每眼的投资只用了500元左右，如果要靠国家

投资用机械打井，每眼至少也在5000元以上。目前群众办水利的热潮，已经在全市形成，这种旺盛的革命干劲，高涨的革命精神，才转化成为水利工作能够取得成果的物质力量。

三、加强组织领导，实行“四级干部，层层爱水”

爱好、用好水的基础，是明确管理体制，健全管理机构，充实管理人员。我市各级水利工程建筑及渠道管理工作，根据“统一领导，分级管理”原则，对原有建筑物和渠道做了统一划分。属一个生产队受益的渠道建筑物，由一个生产队管理养护；属几个生产队受益的，由公社和大队管理养护；属几个公社和农场使用的，由有水管站管理养护，并由受益单位按面积划段包干，或抽调劳力组成常年专业养护队，经常巡逻检查，维修养护，保证渠道正常通水。三年来我们注意了专业管理和群众管理相结合的方法，市委在充实和加强农村各级领导力量的同时，加强了水利专管机构，领导力量增强，管理人员大幅度增长，职工总人数由1961年的31人增加到1963年的54人，特别对技术人员注意培养和充实加强，由此技术力量迅速增长。原来只会搞土法施工的技术人员，现在提高到能搞“洋工程”，并且质量不断提高。与此同时，我们还注意建立健全群众管理机构，依靠群众，实行民主管理，充分发挥民主管理机构的组织作用，公社成立灌溉委员会，由各收益单位负责同志、老农、专管机构人员参加组成。生产大队和生产队成立灌溉小组，市、社、大队、生产队都指定负责干部专抓水利工作，形成一个完整的水利管理系统。

四、做好配水计划，健全水规制度，加强灌溉管理

水利工作的一切目的是增产粮食，为了满足作物需水的适时、适量，必须做上步、看下步、步步争主动。因此，认真地作好配水计划是一个主要问题，近几年来的配水计划采取了由下而上，由上而下，步步深入，层层落实的方法，如昌马河系在制定计划方案时，是根据河流水量变化规律，试验渠系各类土壤灌溉定额，渠系利用系数，本着“以地定水，以水定时，节约表扬，浪费受罚，因地制宜，量渠输水，一般全面开口，个别集中轮灌”的原则，先做出全年计划，然后每轮水前七天，根据水量印发具体计划，按所灌地亩面积分配流量。这样既可以使工作争取主动，又可以避免用水的矛盾，要保证配水计划的实现，达到合理用水的目的，最重要的有以下几点。

五、做好工程的管理养护是保证适时适量灌溉的重要因素

三年来，我们大力推行了“渠道两岸植树插柳，坡底草皮衬砌”。植树插柳保护渠岸，在昌马河的干渠及总支渠已植树三十公里。草皮衬砌，防止渗漏和冲刷，在南阳镇、泽湖、梁子沟以及上赤金等地普遍采用，既可节约投资，又可就地取材，效果良好。今后计划进一步推广，并注意加强工程养护和保证正常通水的工作。白杨河系、昌马河系均建立了比较正规的常年养护队。采取分级管理，划段养护，责任包干的方法，做到有专人有检查，发现问题及时检修，特别是市的党政领导对水利工作极为重视。以往破坏比较严重的重点建筑物，从财力和物力上给予了有力的支持，进行了恢复整修，改建扩建。昌马河系，仅1963年内就整修各种建筑物364座，比1961年增长两倍，同时还注意了工程维修，必须从当年收益为主，并与长远利益相结合的方法，白杨河系年内掏泉226眼增加水量0.06m^3/s。当年增加灌溉面积300亩。同时根据农忙季节统一安排，争取农闲大搞，农忙小搞，大忙不搞的原则，一般地春秋两季都要大搞两次群众性的整修清淤工作，并逐步

形成制度化和群众的自觉行动。西红号大队社员，就自觉地发起了一个书记、队长带头，男女社员一起上阵的大搞整修渠道运动，清淤渠道占全大队渠道的90%，正是在工程管理养护方面，每年来都是扎扎实实地做工作，用各种方法教育，启发群众的革命干劲，因此减轻了群众负担，降低了生产成本，增加了农业生产力量。仅柴茨一项，1963年比1961年就下降了约58万斤。相反地，渠道维修长度，历年均有所增长，昌马河系1963年整修各级渠道1438公里，比1961年增长75%。土方量达48000m^3，比1961年增长一倍。三年来我们由于依靠了灌区的广大群众，健全了管理机构和责任制度，充分发挥了群众性的管理组织作用，使水利设施的灌溉时效不断地有所提高。

六、领导干部亲临前线，狠抓基层建设

要贯彻好党的政策，要做好人的工作，要领导好水利工作，必须重视调查研究，扎根到基层，扎根到群众中去。三年来，领导干部深入基层的时间约占80%以上，深入下去，就能发现问题，解决问题。一九六三年整修白杨河支渠的设计方案编定以后，领导干部就亲自到工地，抓备料工作和泄水闸等建筑物的冬季施工，为解决劳力的不足，就到非受益地区动员劳动力，参加白杨河支渠的修建工程，结果质量良好，按期完成了任务。由1962年灌溉3700亩增加到1963年的5000亩，利用率提高到95%以上。群众称白杨河支渠为"幸福渠"，花海、赤金是个缺水地区，在春灌紧张时期，领导干部深入河系安排讨论配水计划，大力提倡拦洪蓄水，让洪水为农业增产服务，保证上两个地区都浇了三个苗水。在秋冬灌中，昌马河干渠工程几次被水冲坏，影响秋冬灌的进度，全局组织的工作组深入各社队检查，算水账，督促灌地，提示抢修措施，扭转了秋冬灌的紧张局面，使秋冬灌超额6%完成了任务。所以我们深刻地感觉到，领导水利工作要做"笨"工作和"苦"工作，由于领导以身作则，在水利干部中养成了一种艰苦奋斗、吃苦在党的好作风。干部跟水走，水到哪里，干部就跟到哪里。工程技术人员在工地和民工同吃同住同劳动，与群众建立了亲密无间的感情，有力地推动了各项工程如质如量的完成，几年来水利局只有一至三人坚持日常工作。水管站也只有一人处理急务和管理公报。90%以上的人走出了办公室，就能够面向田间地块，面向群众，面向基层。开会和传达文件，由领导同志到基层、工地进行。材料和一些生活物资的供应都是送货上门，保证了基层职工一心一意地搞好工作。

七、积极培养干部，提高管理水平

在水利工作中培养一支又红又专的队伍，是当前最迫切的任务。

1. 最根本的是用毛主席思想武装干部，组织他们坚持不懈地学习毛主席的著作。三年来，根据水利干部经常分散野外的特点，对基层干部一直坚持"三七"制的学习方法，即工作七天，学习主席著作两天，休息一天，干部的思想觉悟提高了，就可以最大限度地发挥人的积极性，把水利工作做好。

2. 在工作上正确地使用干部，特别是技术人员，要大胆地把他们放到基层工地和实际接触，到实际斗争中锻炼，把参加体力劳动形成制度，有成绩的就表扬，有缺点和错误就直率地批评以主席著作对照思想，帮助他们提高思想认识，解决工作中存在的困难，因之技术提高很快，过去不能搞的工程，现在能搞了。北干渠2号跌水的兴建，质量合格，达到设计要求，就是一个明显的例子。

3. 每年搞一次冬训，狠抓大表扬，大树标兵，开展思想总结评功活动，用两分法总结一年的成绩和经验，学习党的有关方针政策，活学活用外地经验，大讲大摆，大评大比，采取正面教育的方法，开展以“五好”为内容，以先进人物为榜样的比、学、赶、帮、超、竞富。使先进的更加先进，后进的不甘落后，形成一个积极因素大调动，革命精神大发扬的生动活泼局面。

4. 全面关心职工生活。水利工作虽然大多生活在野外，但职工们经历一直是热情饱满。这主要是我们从吃、穿、用、家居生活等方面全面安排照顾的结果。首先是组织职工在不影响业务的前提下，大搞副食品生产。1963 年全区生产的量是 13000 多斤，平均每人 240 斤，冬菜、冬季烤火用煤，都提前安排得扎扎实实。领导干部挤休息时间串职工家属住宅，了解情况，问寒问暖，已经成了风气。并且及时地解决职工在疾病中、生活中的实际问题，做到有劳有逸、劳逸结合，因而大大地调动了职工的革命干劲。

总之，近几年来的水利工作取得了一些成绩，这些成绩的取得，是党的政策的胜利，是全体职工学习毛主席著作的结果，今后必须以主席思想为指针，向解放军学习，促进人的思想革命化，机关工作革命化，克服故步自封，骄傲自满情绪，为我市农业生产的新高潮做出更大的贡献。

玉门市水利局关于参加省水利厅张掖会议的材料

1964 年　　甘 230-2-68

我市 1963 年的水利工作，在市委、市人委和酒泉专区水利局的正确领导，下取得了显著成绩。一年来整修干支渠 201 条，长达 1177 公里；整修斗农毛渠 3339 条，长达 962 公里，总计工程量为 192937 立方米，使用劳动工日 181695 个，完成以上水利工程，增加了保证面积 13637 亩，改善了面积两万 8000 亩，扩大的灌溉面积 9118 亩。共计使用了国家投资 362937 元，耗用水泥 203 吨，木材 320 立方，国家拨给补助粮食 102967 斤。花海公社自办水利，修通了北沟渠，适时地收到了灌溉效益；白杨河支渠建成通水以后，水的利用率由原来的 15% 提高到 95%，基本上摆脱了干旱，达到了工程进度快，质量好，效益高。去年的春灌与夏灌都超额完成任务，总计完成灌溉面积 266405 亩，没有旱下地。就是历年缺水的花海灌区也都普遍地浇过两次苗水，部分半产田，还浇上了三次苗水，社员反映说：“今年的水都浇到时候上了。”这是促成我市粮食总产达到最高年产量的 1957 年的水平的重要因素之一。

一、去年 10 月份参加省水利、水土保持会议回市传达以后，对我市水利工作启发很大，使我们进一步明确了勤俭办水利和依靠群众办水利的重大意义，我市的党政领导对水利工作极为重视，把省水利会议精神在市上各种不同的会议讲而特讲，下到公社和生产队也讲。这就给了我们莫大的鼓舞和有力的支持，这是我市水利工作取得显著成绩的主要关键，市人代会和今年的党代会，水利工作均列入了会议上的重要议题之一，结合具体情况进行了广泛而深入的讨论以后，在全市范围内群众自办水利的高潮即将形成，赤金峡小西沟引水。要流经一个大土梁，在半山腰开渠输水，年年塌方，岁修至少需要 2000 个劳动工日，赤金公社发现了这一问题，积极发动社员组织各生产队支援赤峡六队，劈开了土梁，只使用了1500个劳动工日，完成了土方量11700立方米，平均工效达到8m^3/工日，充分地表现了群众的干劲，又一次证实了依靠群众办水利的巨大力量。清泉公社改进大队，是一个缺水的地区，社员为了挖掘地下水，力争达到粮食增产的志愿，本着勤俭办水利的精神，积极组织和发动人工打井，两个月来便完成了8眼，每口井投资只需500元左右，井井出水，符合多快好省的建设方针，我们要大力提倡，并予以技术和物质的支持，今年春季再增打7眼，保证夏灌期完全发挥效益。

加强经营管理，发挥水利投资的应有作用，我们在五反和四□运动的推动下，清理了仓库、旧欠，建立和健全了账目和各项财经制度，收效很好。近年来，由于水利专业的发展，管理制度没有赶上去，加之机构撤销合并，人员调动频繁，造成了财务制度松懈，器材管理不多，发生暂付款项达144705元，大量积压了资金，影响了水利专业的正常使用。为了扭转这一情况，我们在增产节约和五反运动的推动下，从发动群众，提高思想认识为首，采取了两次彻底地清理仓库，核实账务，建立了器材账，明确规定采购与领发材料必须履行审批制度，没有计划，绝不开支，不购与不发材料的管理制度，具体的做了以下几点工作：

1. 清理暂付款，处理坏账，这是一项几年来积压下的“老难大”问题，我们采取的办法是：(1) 查清账项，开列清单；(2) 派出专人，分户催要；(3) 最后坏账，申明原委，报请处理结案。截至目前，已经收回暂付款62000元，其余各款仍在继续清理催还，争取在第一季度末，将这一“老难大”的问题处理完毕。

2. 清理外借物资，达到专材专用，这一问题的特点是：(1) 镇碎；(2) 面广；(3) 时间长。例如：赤峡水库陈正礼，在1961年以来因公或私借出物资达21种，价值5895元以上。有的物资借用时间已久，没有及时收回。根据这种情况，我们清理的办法：(1) 收回原物，收取折旧费；(2) 原物已失去使用价值，折旧收现；(3) 原领用而没办领用手续者，查清后补办出库报账手续；(4) 属于公私不分，占用公物者，按运动精神查处。

3. 在提高思想水平的基础上，我们建立了一些可行的制度：(1) 执行了职工借用制度，职工欠款已大大下降，去年9月底，仅水利局现有20个职工的欠款额即达1775元，自从积极扣还以来，现在已下降到650元。为了避免职工借支工款而又能帮助职工解决生活问题起见，水管站已成立或正在成立经济互助小组，争取第一季度内扣清职工借用；(2) 建立了物资采购、保管与领发制度，加强了物资保管。根据水利工作的具体情况，我们主要采取分散保管，统一调配，没计划不采购，规格不明和用途不详不采购，没有计划和手续不发料等等，一年来，我们分类整理了仓库，利用业务和职工体力劳力时间，自建简易材料棚160平方米，材料场120平方米，从而使排灌机械和物资材料都得到了妥善的保管；(3) 健全了请示报告制度，每月有简要工作报告，年年有总结；(4) 建立了野外工作人员“三七”学习制度，即野外工作七天，回来学习两天，休息一大的制度。职工的思想水平、工作态度都有不同程度的提高。

4. 1964年计划征收水费100696元，实收水费93400元，占计划的93%，其余7000

元，均属于减免费用，现正在核实减免手续。与此同时，还收回1961年以来旧欠水费21000元。在水费征收中，大多数公社、生产队都预先做了安排，花海、柳河及赤金的盈田大队，收得齐，交得快，水管站干部说："手到拿来"。但也有的单位，对交纳水费认识不足，使水费征收工作遇到一些困难，如赤金公社星光大队，水管站派干部跑了六趟，才交了水费。天津卫大队，对交纳水费，还有拖的思想，总想拖过去完事。这种情况只是个别的，总的来看，今年的水费征收工作，完成得比较顺利，其主要原因是：（1）领导重视；（2）动手早；（3）行动快；（4）农业丰收等有利条件，促成了我们按期按量地完成了水费征收任务。

二、灌区清查整顿工作，在专区统一领导下，我局参加了玉门镇公社的五查试点工作，从中学习了方法，培训了骨干，计划三月份普遍铺开，争取第三季度末结束，根据试点经验认为，灌区清查整顿，工作量大，时间短促，若要将灌区清查整顿工作进行到底，必须进一步安排人力和研究时间问题。为此，我们的意见是，按灌溉面积每2500亩，抽调民工一名，参加五查工作，一则可弥补人力之不足，二则可以训练培养农民技术员，壮大技术队伍，但必须认真组织，达到查清楚、查正确，保证实现五查的意义和目的。

其次，我们从元月31日到2月10日，在玉门镇水管站召开了冬训会议，参加职工42人，占现有职工总数的80%，会议的内容主要是在传达市党代会的精神的基础上，总结评功，安排1964年的工作任务，采取大讲大摆，贯彻正面教育的方法，最后达到起干劲，坚定信心，开展一个以阶级斗争为纲，以"五好"为内容，以雷锋和先进人物为榜样的比学赶帮竞富。这次冬训会议，情绪饱满，紧张严肃，富有活泼的特点，达到了会议的预期目的。技术人员李立言说："冬训还不是一般会议，谈谈完事，谁知刚三天，觉得劲头挺大，"老工人李行缘说："到玉门七年，年年要冬训，哪年也没有今年感受大，我一定改正缺点，争当五好职工，明年冬训再见。"特别是学习了玉门石油管理局讲摆的成功经验，正面教育人的方法以后，激发了所有职工的荣誉感和上进心。在这次会议上，共评选出"五好"集体一个，"五好"职工六人，为了会议开得有声有色，表扬先进，树立旗帜，我们召开了庆功会，邀请先进人物的家属参加，给他（她）们坐光荣椅，戴光荣花，置了茶店，在座谈会上畅谈形势，讲摆成绩，并穿插了文艺节目，庆功会开得很活跃，丰富多彩。许多同志表达了决心，提出了保证，要学先进，争当"五好"职工，技术员李进煌、汤银宝感动地朗诵了诗歌，称赞了"五好"职工的先进事迹。"五好"职工史福绵，表达决心，要向同志们学习，努力克服缺点，创造更多的成绩，来报答党和大家给他的荣誉。冬训会议着重讨论研究了1964年的工作安排，分配了任务。水管站之间，掀起了具有详细内容的挑应站，每月自我检查一次竞富内容，半年评比一次，以争取流动红旗的形式，推动比学赶帮竞富的深入开展。总之，冬训会议的内容丰富，职工普遍都受到一次活的思想教育，收效很好，但也由于时间短促，有些问题研究得不够深，解决得不够细致，还需要在今后工作中予以巩固和具体实现。

此外，我们合并了机构，健全了水规制度，强调了学习制度，从抓政治思想工作，整顿了灌区专业管理机构，在这方面，我们的做法是：1. 赤峡水库管理可合并到石油河系水管站，合并的好处有三，一是集中起来人的力量大，好用好管，二是灌溉与蓄水期有机结合，三是精简机构，节约管理人员的开支。2. 健全水规制度在，中央十条的要求下，结合各个灌区的不同情况，修整水规制度，改选河系委员会，恢复“绿旗准备，红旗迎水的灌溉管理方法。3. 要求水管站普遍实行“三七”制度，上半年精读主席的三篇著作，人人展示学习心得，以提高阶级觉悟和革命人生观。4. 学习解放军“四个第一”和“三八”作风，达到机关工作革命化。其中主要内容是：学习毛主席著作，干部参加体力劳动，每年不少于30天，以二分之一的时间走出办公室，深入库渠、田间、地块，练好基本功，健全各项制度等等。灌区整顿工作，首先着重整顿内在因素，抓好人的工作，使之在提高思想水平的基础上，努力工作，完成任务。

三、1964年省拨我市水利投资40万元，计划安排单项工程三项，配套工程七处，总工程量124200立方米劳力104000个工日，其中，花海干渠的修建，是我市水利工程主要项目，占投资总额的58%，从去年11月份开始，勘测设计任务书和技术设计，已于元月份报上级审批，现在花海干渠工程委员会已经正式成立，下设指挥部，业已开始备料工作。截至目前，实际运到工地水泥500吨，占设计需要量的62%，准备三月份开挖土方和备沙方石料，正式动工，争取今年完成9.8公里的修建任务。

配套工程七处，上半年安排四处，下半年完成三处。我们抽调了技术员四人，专门组成配套工程小组，负责配套工程的勘测设计和指导施工、调拨材料、工程质量验收等工作，施工劳动组织调配及生活管理等由公社负责，目前配套工程已动工者两处，一是白杨南渠，现已完成渠道开挖700公尺。作为配套工程试点，培训干部，找出样板，总结经验，然后普遍铺开。二是下赤金的“赤花分水闸”，已开始了备料，此系下赤金配套主体工程。此外，配套工程原计划需水泥325吨，我们意见在不影响工程质量的基础上，尽可能减少水泥需要量，以便集中水泥，保证花海干渠的施工需要，为此，计划从配套工程中，把原计划的砼斗门改为块石浆砌的；把流量不大的斗渠由原设计水泥砂浆衬砌改为白灰砂浆灌缝。现已按上修改后的计划，备足水泥200吨，钢材3吨，木料尚缺52立方米。

春灌计划55000亩，其中包括林草地20000亩，全市粮食作物，计划播种面积224000亩，秋冬灌实际完成190462亩，占播种面积的89%，所余35000亩，列入春灌中。按目前昌马等三条内陆河流的流量换算，从三月上旬春灌开始，水量完全可以满足需要。此外，计划赤峡条湖两水库共蓄水630万方，现已安全蓄水600万方，占计划的95%。计划在白杨河、花海等处打冰坝800万方，现已打冰坝约有570万方，占计划约71%，仅蓄冰一项计算，即可春灌9000亩，因此，估计完成春灌计划是没有问题的，但须注意防止浪费水的现象。

春修工程，除花海干渠及配套工程以外，计划安排春季岁修工程量为40810立方米，需要劳动工日38138个，截至目前，实际完成工程量为17659立方米，占计划的43%，完成劳动工日6918个，占计划的23%。其中：条湖水库土坝加高六公寸及赤峡大队的小西沟工程均已按期完成，春灌期可以发挥效益。

提前做好防汛工作，防汛工作主要安排三项，即赤峡水库、城河渡槽及白杨河支渠封顶等工程，需要投资27400元，常备防汛职工22人，计划工日4250个，按质按量地完成防汛工程，保证工程设施安全度汛，同时，购置防汛器材，准备好防汛期的所需物资的充足供应，其中，需要购置麻袋1760条，木材七立方，以及铅绳水泥等防汛物资，均必须在汛前（五月份）运达防洪地址。请求上级及早安排，拨给防汛费，以便按期实现防汛计划。

四、我市行政区划，共有八个公社，五个国营农场，一个机关农场，1964年计划总产粮食达5千万斤，较1963年实产4744万斤，增产10%还强，全市粮食作物播种计划共为224005，其中400斤以上半产田，公社按25%安排，国营农场按播种面积15%安排，各公社、农场实际安排的半产田，均超过了以上比例，约为67375亩，占播种计划的30%，花海和清泉两个公社播种面积共为2700亩，亩产计划单产均在410斤，其中花海公社半产田4000亩，计划亩产达到550斤以上，清泉公社半产田2500亩，计划亩产达到600斤以上。亩产400斤以上的半产田，按灌区分布在：昌马河灌区32850亩，占播种面积的22%；石油河灌区6500亩，也占播种面积的9%以上，半产田的粮食总产量将达到28000斤，约占1964年粮食总产量的56%，实现半产田的计划，对保证完成全市粮食总产任务有着决定性的意义。为此，我们对半产田的配水原则，一是适时适量，二是遇到水灌不足时，首先满足半产田的灌溉，以确保完成粮食增产的任务。

五、工程与灌溉工作中到几点初步经验与教训

1. 坚决认真地执行和贯彻党的政策，是做好一切工作的根本保证。河西水利会议后，市委召开了常委会，对全市春灌与春修工程作了全面安排，随即市人委又分别召开了水利会议，传达讨论了河西水利会议的精神，使政策被群众领会掌握，贯彻得深透，才使得今年的水利工作取得了显著的成果，在春修水利工程中，市长亲自领导工程委员会的工作，市党政领导和石油管理局的负责同志也经常亲临工地检查工作，有关领导和工程师也几次来工地指导，如白杨河渠底衬砌不合规格标准，就是经省专领导同志深入工地发现，即时得到纠正，而未造成大的浪费。我们在工作中的体会是：保证听党的话，按照党的政策办好，工作中及时向党政领导汇报，沿着党指示的方向走，就万万无错。

2. 发动群众力量，依靠群众，依靠人民公社的集体力量，是办好水利工程的重要关键。实践证明，单纯依靠业务部门办水利是无论如何也行不通的。今春各个河系都先后建立与健全了核心委员会，各个公社、农场都有一名负责干部抓水利，并选择老农和灌水有经验的社员，组织灌溉小组，形成了“四级干部，层层管水”的水利管理系统，管水干部跟水走，水灌到哪里，人跟到哪里，充分发挥了管水机构与群众相结合的管水方法，群众自办水利的积极性大大提高。如：花海多年愿望修渠引石河子水灌溉农田，祖孙三代都没实现，自从农村六十条权力下放以后，激发了社员的生产劳动的积极性，风餐露宿修通了北沟渠，得到了灌溉效益。所有这些如果不依靠人民公社的集体力量，不依靠群众力量，贯彻管修用并举的方针，单纯依靠业务部门去做，无论如何也是行不通的。

3. 加强劳动管理，严密劳动组织，实行包质量、包任务，勤检查督导，按计划验收，是提高水利工程质量，加速工程进展的有效措施。充分做好施工前的一切准备工作，深入勘测设计。通过典型试办，找出样板，全面推广的工作方法是我们几年来行之有效的主要工作方法之一，同时搞水利工程，必须提出扎实可靠的施工计划，切实避免粗估冒算的做法，施工前，劳力必须安排确实，材料必须准备充足，组织领导和技术力量必须紧紧地赶上去，以避免由于准备工作不够而影响工程进展和造成浪费，这一关，是我们今年以来在

施工中摸索的主要经验，今后要继续贯彻下去。

4. 1963 年的水利工作成绩很大，这首先是党领导的正确，也是党的政策的胜利，是我们相信群众依靠群众的结果，但是，由于水利局成立不久，人数少，技术力量赶不上去，特别是调查研究工作不够，也还存在着不少的问题，这主要表现在以下几方面：

（1）缺乏调查研究工作，水利资料掌握不清，储水量申报不实，有粗估冒算的现象。对土质勘察、工程设计，缺乏深入实际的作风，今后要大大提倡调查研究的风尚，以提高我们的技术水平，改进工作。

（2）任务大，人手少，工程多，技术力量赶不上去的问题仍然存在。改变有些工程勘测设计草率，准备不够充分，就急于开工，工作有时显得被动、忙乱，形成工地缺啥要啥，送不上去就要逾工浪费，施工前考虑不周到，造成工程超支，完工后工程决算拖延报不上去，影响了上级的汇编，这些都要我们力争改进。

（3）在灌溉管理上，水规制度执行不够严格，个别地区仍然有恨水思想，发生串灌、深灌和泡水的现象，特别是深灌问题，要引起足够重要，加以制止，以免造成土质变化，在个别生产队还存在土地申报不实。所有这些问题，我们计划通过今年“五查”叫他改进，同时建议在全省的范围内，编写有关水土保持和农田灌溉的宣传手册，向广大农村和群众，展开宣传教育，启发诱导其自觉遵守水规制度。从提高政治思想和科学常识，克服目前水利管修用的存在问题。

安西县 1953 年上半年水利工作总结报告

1953 年 3 月　　甘 230-2-15

安西县一九五三年农田水利工作，在上级政府指示和县党政首长的直接指导下，经过了全体农民与干部的积极努力，上半年也获得了许多成就，特别是经过了岁修、新修工程，调配水量等工作，已经基本上保证了农田灌溉。

一、任务布置

除三干会上讨论了整个生产任务外，3 月中旬，召开了全县农田水利干部会议，吸收了各乡水利干部参加，详细地订出岁修新修工程计划，水利组织及灌水规定，各县各区再来召开水利工程计划会议，直接由各乡掌握时间准备供料人夫，动工兴修，县抗寒办公室并下了指示，水委会派出三人检查组督促帮助各地。

二、水利组织

县水利干部会以后，各地首先着手组织了水利委员会，整顿了浇地小组，县水委由 21 人组成，吸收各部门及区乡水利参加，区水利委员会五个，参加委员 28 人，乡级水委由两个至三个乡联合组成的六个，一个□组成的一个，委员 7—9 人，其他乡由乡生产建设委员会统一领导，安西和玉门水利问题组织安玉水委一个（各 81 人），昌马柴坝各一个（各 5 人）。安西二区（柳沟）与玉门柳河区组织水委一个，委员七人（安西四人），除此各乡以渠道为单位，组织了浇地小组 204 个，吸收了水利工作积极经验丰富的农民 491 人参加，取消了去年的工程组、检查组、巡渠组、灌溉组等繁多的形式。

三、动员工作

县水利会上，常书记即指出：1. 祁连山落雪少；2. 今年夏田多，需水多；3. 下了春雪，地多风多，证明今年有旱灾的威胁，提引干部警惕，也指出人力可以战胜旱灾，树立干部防旱抗旱信心，会后各地一直贯彻了这个精神。五区经过宣传防旱抗旱重要性以后，四乡农民桑□仁检讨了去年搞水利不负责任的错误，一般农民反映“解放前旱灾连年都说无法，解放后扭转过来了，今年雪少，只要努力，仍然可以战胜旱灾”。

四、工程进行

3月10日至25日，各项工程先后开工，至6月10日第一阶段完成工程，计水坝36处，干渠18道，支渠农渠3854道，合并渠17道，新开渠9道，修屏闸桥、亮水、澄槽93个（内新修车桥15个），掏泉9006个（新泉2926个），上述工程共用工42157，坝柴（草及芨芨茨、枝梢）264781捆，木料804根，筏子12100个，银行贷款87270000元。

工程领导：一般工程，当地工作组派人领导，四区榆林河、一五区龙口坝、三区布隆吉渠、二区一五乡大干渠、玉门掏泉等较大工程，除工作组、区水利参加外，县县水委都去专人（四人），四区党委周亮书记认真钻研，创造分工分段，桥梁办法，原来410个工的工作，只用303个工就完成了，五区十二工作组石富邦同志创造的“用水不同工作标准，不同分类吸收不同劳力的人参加”的办法，发扬了劳动积极性，五天的工程两天半完成，还改造了懒汉。三区布隆吉工作组干部三人亲自下水带头修坝。四区一乡水利干部于建才对水利工作一贯积极，水坝发生漏水，被他巡坝发现，动员了群众80多人，将一丈多宽缺口堵住，保住了2800亩的水，救了800多人的命。各工程上人民群众都出了很大的力量，发挥了劳动的积极性，三区罗文金等三个七年，每回比别人多抬一个筏子做着加倍工作。一区小产妇女□□□下水工作三天，得了全乡奖励。四区一乡徐正元家中五口人上坝的就有四人，人口少的甚至锁上了门，俞老太太55岁还上坝，她说“过去人说女人上坝有晦气，不准去，现在也该我上坝啦”。该乡与三区三乡还共帮军属二户，修取两道。北桥子村夏吴家沙窝修坝工30个，柴300捆，三区布隆吉评模范市民，玉门掏泉队涌现个人模范八名，模范组二个。

今年水坝与大干渠道岁修工程比去年规模都要大，二区一五乡大干渠的兴修，则更是一个艰巨的工程，该区由一道大干渠，九条分干渠组成，共长200华里，从1934年以后18年未修过，渠面最宽处已达22丈，平均也在五丈左右，水量大部分渗漏，上游昼夜浇600亩，到下游只浇38亩，造成两乡历史纠纷，今年县上派水利委员与二科长等得力干部，专门负责解决了两乡纠纷，并发动农民将1490丈渠面挤窄到1.5丈—1丈，又新开直渠170丈，共用柴4万多捆，目前仍继续整修，整修前一轮水18天，现在已缩短到15天半，群众反映说“我们的破水碗换了个金水碗”，玉门农民羡慕地说“修得真好像铁匣子齐边齐底”。

现在岁修工程已基本结束（有的数字未报来），只有二区一五乡修干渠挤窄挤占工程仍在进行，四区新坝工程计划于7月5日动工。

五、灌溉工作

为了达到经济用水这一目的：

1. 水松时早打水，还在2月1日至25日就引水上地，比去年提前25日天，利用水量增灌了天然林与荒地，培养了林木草滩。3月初正式浇地，3月23日至4月12日，光后开始浇头水农苗。

2. 在三水四水关键上，统一调配水量，二三区给一五区让水四天，一五区给西湖上水二天。

3. 同时实行并水浅灌，五区一区起初乡与乡，村与村并水，后来县上派专人检查，发现五区急应浇约有9000多亩，而每24小时只浇670多亩，照这样就得半个月，那么3000多亩小麦就得旱死。当时县委常书记认为问题严重，一方面派干部到一区检查薄浇，一方面亲自到五区下地检查，发现在缺水时，农民反而深浇满灌，他进一步深入研究了每亩需要的浇水时间，然后计出个沟浇水时间，由浇地小组将八个乡的水合并区一渠，“集中薄浇”发挥了水的效能。24小时可浇1400多亩，根本克服了三水不足的困难，已开始浇四水了。

4. 革新水规，原来玉门柳河镇区七乡与我县二区一五乡共浇一渠各占五分水，前者渠长50里，浇地7359亩2分5厘，后者渠长70里，浇地181亩5分，极不公平，经双方协商，改为前者四分，后者六分，同时今年各区乡四不浇、倒沟浇的旧习惯也开除了大部分，并开始填闸窝，水口子上挖坑，控制澄沙窝与涝坝的盛水。

经过了岁修新修工程，和上述各种经济用水措施，除浇耕地外，各区合法开荒1739亩，其他非法开荒236亩，都按时浇了水，至6月22日，二、三区已交完了二水，一五区浇完了二水，四区交完了四水至五水，现在正采取分次按成方法浇好四水，群众反映说“没有常书记，我们就没办法了，现在丰收十有八成了估计”，区二十天后早麦子即可开镰，1月即可普遍收到。

六、九个问题

1. 山区修布降吉草率从事，跑水一次全部流干，浪费水1400多亩，人工工资30多万石，九道沟也跑水一次，损失不大。

2. 有的水大不分沟，浇地总不负责，群众思想麻痹，二区一、三、五乡倒水28次，浪费水1800多亩，冲散桥闸5座，路一段，一、二、四、五区淹苗163.1亩，淹庄子19座，粮食4.99石，无故造成损失（区乡已经处理），五区吴吉荣跑水40亩，二区石喜堂乱浇田苗，均已送法院法办，但二区并采取了分工分段分组巡渠，浇水后再未跑水。

3. 去年水利工程账目至今都不清楚，水利干部工资，农民拖延不付，五区三水利干部石国正工资一石二斗，只收到了二斗，还有的以糜子代替麦子，使干部工作受到影响。

4. 浇地小组分工不明，　拥而去，二区60多人延水，跑了水6000多亩，二区浇地小组三昼夜合不上眼，支持不住，也跑了十多亩水，四区水松常泡草滩，浇地小组一点作用不起。

安西县1955年水利计划

1955年1月　　甘230-2-21

甲、计划任务

一、保证农田用水

在保证原有播种面积灌溉面积146308亩需水外，1955年扩大灌溉面积3850亩。（内开荒1500亩，减少歇地2350亩）计：一区550亩，二区一千亩，三区350亩，四区650亩，五区800亩，县农场500亩（二三区不开荒）。

二、田间工程

1. 改大块地：规定够三亩以上的大块地计7359块合23922亩，今春一律改完，加成死埂，埂宽一尺五寸，并开引水沟，不准串水。

2. 挖地窟窿：窟窿不长苗还浪费水，消减一亩窟窿顶省一亩水，增加一亩产量，全县计划消灭窟窿4662块，合744市亩。

3. 平整地块：不平的地浪费水产量又低，必须整平，计划平整5751块，合2834亩。斜坡太大整平不完的加成小块。

4. 劈地埂：宽的地埂规定一律改为二尺至二尺五宽，计划共增加面积277亩。但不得借口开荒，靠渠沿大路的地埂不种劈。

5. 取消串水地：据了解个别地区（四道渠、泉子、东湖、双塔堡，东巴兔等地）尚未彻底取消203块、517亩，今春一律取消。

6. 挖效力池：地口粮是容易被沙草冲埋，计划每个陡水地口内挖方圆二尺至三尺大小坑，一铣深。全县计划挖39373块，每块少压一厘地苗，共可增产粮食10万斤。水口灌溉水闸用红柳或芨芨编在木双杈上堵水，省工、省料又省水。

三、水利工程

1. 渠道方面：整修原则，不论干、支、斗、农渠，一律挑修。特别注意用茨柴挤修南工，北工，踏实，柴坝下干渠，八工、三工、山水渠、先农台等支渠挤修工程。一、四、五等区合并斗农渠五道，共缩短渠55里，南工渠改弯应按段□修改查。

2. 水坝工程：新修蓄水坝五处，一五区今春在八道沟河修好二座，秋季在九下修一座，春并将双塔堡两个蓄水坝整修一次，九道沟乡在九上新修一座，双塔堡乡在兔葫芦河上游新修一座。估计春修四座坝可蓄水80万立方米，旧有蓄水坝要接受布隆吉坝倒水教训，桥子蓄水坝去冬已钻水两次，坝内蓄水降低二尺余，各级领导应十分重视，目前雇专人看守，一面准备柴草以防万一，春消即动员大力进行整修，一五区龙口坝及防洪大坝今年还要补修一次。

3. 掏泉修闸：干、支渠全部修闸，斗渠修闸二分之一，农渠闸尽量动员群众自修。(数字如附表）所有闸必须修坚实，不得减工减料，以防冲坏。掏泉要多找水源，哪怕是能浇一亩二亩地的水量，也要掏浚，尽量利用“细流成河”，一五区掏泉工包括修坝一次征齐。

4. 渠道造林：今年要做到“保栽、保获、保活”。共渠道造林104100株，其他造林不在内。每五尺栽一株，渠里外要适合。以上工程完成后，对增加水量，输水安全，保证农田用水起着重大作用。

乙、灌溉管理和统一用水

一、统一调水

1. 安王两县分水仍按1954年规定不变，柴坝分水安西6/10，玉门4/10。专署派驻干部今年取消，今后两县有问题直接到玉门协商。渠口管理：昌马大坝分水由玉门完全负责，柴坝分水由安西二区负责，如水有变动，急速调整，绝不可偏左偏右。十道口岸从夏至之日起，给安西调水五昼夜，安玉分水坪口如须变动时，须经双方同意。

2. 本县调水：一五区水浇完，6月1日给西湖调水四昼夜。二三区于6月8日（芒种后两天）即农历四月十八日，给一五区调水五昼夜。秋季一五区排白露前两天给西湖调全河水半数，时间十天，以备秋翻，谷地调水期间，玉门与本县，区与区之间，由县通知派员协区执行；乡与乡调水由区掌握。调水时闭实渠口，不得明堵暗放。

二、灌溉管理

1. 加强责任制：每次浇水前，区、乡党政领导必须召开水利干部会议，作出计划统一安排，如何领导几天浇完，加强责任实行包干。一五区龙口坝在县府召集，四区踏实，二区泉子四道济及山水地由区召集，其他以乡为单位由乡上召集（包括村长小组长）水利会议，三区同。浇水开始一律按计划执行，并实行水规牌交接制，接水者不来，交牌者不走。群众送信要有回话，每次浇完，召集汇报总结经验，解决发生和存在问题，布置下次浇水工作。用水紧张时期区长、区书亲身参加领导浇水，夏灌时必须坚持层层汇报制，一五区三天向县报一次，二三四区每星期向县书报一次。

2. 组组方面：一五区照水规试行办法组织外，其他各级水委会在原有基础上加以整顿（委员5—13人）。各区建设助理员专门领导水利工作（原有水利助理员不另组设）。至于生产工作由统计员主办。目前水利工作快要开始，各区建设助理员应赴各乡对工程准备工作，（如做闸、打茨、工程计划设计）进行巡回检查。渠系水利员根据专署精简精神，或互助合作发展，党政领导重视，各个小型渠系是有必要精简的，各级党政领导按灌区实际情况，酌子减少干部报县批准再取消。薪资问题，调整另行研究，发工资按三、六、九月三次发清。其工作平常谷渠负个责任，备水集中浇时，可统一集中他乡浇水，但不得延长。

3. 灌溉小组：农业以社为单位灌溉。社内选出水利委员领导，其他均互助组为单位实行包浇，有些地方互助组不巩固的，可以农渠组织3—5人灌溉小组，各小组选组长一人，必须在水利员领导下完成浇好田禾任务，附近自耕户可临时吸收参加在内。水量集中灌时，可由行政、自然村长动员各级助组领导集体浇水。所出劳力由设组评分记工互相选工办法为主，个别不能顶换时可酌顶渠工或辅助些工资，由乡处理。

4. 浇水时间和次数：应按配水计划时间严格控制。次数：冬水和秋地沙小麦、洋芋得浇四回水，春水小麦（包括豆子、青禾、胡麻）浇三回水。秋田糜谷浇四回水（踏实浇三回水）。棉花浇二回水。小麦九道济、东巴兔浇三回水，平头树、槽子沿浇二回水。

麦子三、四水最深不超过三寸，消冰春水3月中旬上地（泉水4月中上地）应充分利用灌溉茬地、荒地、树圈、苗圃、天然林。各地苗水：一五区（包括踏实）五月一日开始，泉水地五月二十二日开始。

5. 渠道安排：一五区按水规执行，个别从新规定：二区今年从五夹滩轮头起，第二山水梁，第三三道沟（五夹滩先从二三夹滩开始）。泉子、四道济：先从泉子乡二村起，再一村接水，向上四道济三村二村轮推。四区先从西渠乡破城子轮头，接着新济、中渠。再南渠乡先从张家沙济起，最后小南渠收尾。

6. 灌溉方法：泉水坝采取“小蓄大放”办法。山水地要贯彻“集中轮灌”办法：洪水时可有计划分沟浇灌，任何时候，都不许乱放乱浇，澄沙坑在浇苗时一律封闭。涝池也要限制，几个合用一回。扣济尾水，先通知接水者，放开一部分，水小好扣尾水，同时尾水扣长些，但不要过长浪费。机关、团体放水，必须取得水利干部同意，否则不许。浇苗水开始：头二轮水树园苗圃按轮浇，三四轮水本年育苗可浇，其他水量按情况决定。

7. 冬水日期：一五区9月23日开始，三四区9月15日开始，1955年秋冬水争取全部浇一次，土质拣硬地区取泡两次。

8. 灌溉试验：今年确定试验作物和方法：棉花、洋芋、瓜一律实行沟灌。种的方法（1954年水利计划内有详细规定）小麦试验。去年面积有些分散，今年计划每乡在干、支渠上游集中10—20亩。试验对象以干部、劳模、农业社、常年互助组各试验1—3亩。冬水或秋沙地旱种小麦原浇四次水，试浇三次。桥子、东巴兔、九道沟、布隆吉等原浇三次水，试浇二次水。试验开始，各区乡领导首先选好地点，进行登记试验户姓名、地亩、施肥、耕种浇水日期、除草都要专做记录，以便考查，夏收前要组织观摩，并单收单打。

丙、加强施工领导

一、工程期限

共分三期完成：第一期3月5日起（20天）山水地完成挑修斗农渠工程（过深的不挑，但要铲除区内杂草）。第二期3月25日起至5月20日（55天）完成新修和整修渠、坝、坪闸、掏泉等工程。第三期5月21日起完成赴玉门及四区石包城掏泉工作。秋季修坝修渠工程9月开始。

二、工程领导：

在进行工程中，区干部抽调1/2，乡干部全力参加，重点工程由县派主要干部协同区专门领导。八道沟坝动员民工400名，车一百辆，工作20天（包括玉门掏泉双塔堡补修坝在内）四月十五日由县点验出发，工具、推车、灶具、账房乡准备。二区昌马坝及柴坝雇长夫30名（工作三个月），必要时得延长。

三、做好组织动员准备工作

开工之前必须要有计划地准备好工料，日期，人数，地点，指定谁领导，同时做好思想动员，编组编队，检查工具，带足口粮。工程质量上做到“坚固，可观，耐久”以防冲垮。施工中做好政治教育工作，互相竞赛，注意妇女过分劳动及工地安全工作，防止伤亡事故。实行包工制，做工要评分发票记账办法，以鼓励群众情绪，个别工程大力量单及娇弱无力要互相照顾，每次工程结束，评一次模范。一般给予口头表扬，特殊者报县奖励，工料负担必须按地亩受益多少负担。

四、对违反水规者，必须按照水规纪律认真处理

(水规纪律十条及龙口坝水规办法有详细规定)

总之，1955年是具有关键性的一年，是紧张的一年，水利计划完成得好坏，直接关系到五五年农业增产主要一项工作。各级领导应以十分重视精神，教育干部、群众首先克服骄傲自满，松劲麻痹思想。结合互相合作发展，努力完成灌溉事业光荣任务，为农业增产服务而奋斗。

安西县水利委员会

安西县1957年上半年水利工作总结

1957年8月　　甘230-2-28

一、水量变化情况

我县今春和去冬水量比往年是小，去冬末虽降多年来未有的两次大雪，但因气温较凉，雪未融化，水量一直小到7月25日，以疏勒河为例，根据双塔如流量站水文记载，去年5月同期水量14.3秒立方，1957年10.1日，6月16日降到4秒立方。以泉水河东乡来说，去年24小时浇苗1050亩，今年只能浇760亩，再加去年和今年开荒30000亩。夏田作物比例由60%增加到70%，使今年夏灌，显得更为紧张。7月25日疏勒河发洪水，由3.16秒立方米增长到49.6方，以后仍很小，到2.89方，8月31日发洪水五天，估计流量达到200多秒立方。在洪溉秋田、二茬田、泡茬地解决缺水问题，不过在上游三四道沟，由山口渠道水坝受到损失，踏实于8月8日下午发一小时雨洪，由正常1.7流量增加到150左右流量，干支渠受到很大损失，泉源部分被澄，继续在整修。

二、完成灌溉任务

1. 春灌：除去年冬灌过面积139646亩外，尚有春播胡麻、□谷、棉花等茬地58400多亩，踏实浇三次春水，根据水量许可条件浇育苗造林面积21000多亩（一至三次水），泡天然林、草湖、红柳林、荒草滩（生绿肥）约132140亩。春灌中遇到问题，西湖乡去年没交上冬水，今年春6400多亩下种就是一个不可迟缓的任务，县派水利干部协同乡发动群众，集中力量打冰挖渠5700多公尺，引水上地，采取"先种先浇，分次轮灌"办法解决春耕用水。又如三道沟因昌马河工程，使用水迟上地半月，形成紧张，采取"先耕地后林地"浇灌办法，不完成春播适时用水，同时利用灌溉6000多亩草地，生长良好。

2. 夏灌：1957年实播种面积174697亩，其中新开荒6387亩，各种作物夏田122411亩，占总播种面积70%，秋田28877亩，其他经济作物23409亩，占30%。夏灌山水地五月一日开始七月中旬结束，泉水地，较迟半月。夏灌是我县最紧张阶段，也是决定农业增长主要关键。根据今年水量情况比去年水小，春灌开始一直小到七月下旬，特别是六七两个月水量小得更为显著，如疏勒河是我县最大灌区，播种面积达8万多亩，六月下旬麦子正浇四水，5月1日水量10.1秒立方，六月下旬已下降到2.67秒立公方。灌区分散，本应7月7日计划夏灌结束，结果延迟到7月16日，由于党政领导重视，采取积极措施，

基本保证夏灌用水。

3. 秋灌：秋田及经济作物共52286亩，基本上保证适时用水，现除了谷子再浇一次水外，糜子已开始收割，今年秋田比去年生长良好，只要不受风霜灾害，可获得丰收。二茬田，指疏勒河荞麦、糜子及其他灌区秋菜预计一千多亩，秋泡茬地（夏灌）全县122000多亩，浇过88250亩，占茬地72.3%。浇灌茬地中，包括四道沟、河东寻乡秋沙地40000多亩在这一方面存在问题，主要踏实从8月8日发一个小时最大洪水150流量，渠道受到很大损失，部分泉被澄淤，夏灌中每小时浇37亩，现只能浇10亩左右，全乡茬地只浇30%，计划九月下旬开始冬灌，对秋翻地是受到影响。

三、采取几项措施

1. 大力兴修水利

截至八月中旬，全县共完成水利工程如：新修干支渠5道长31公里，整修干支渠50条，修斗农渠2193条，新修蓄水坝5处，整修蓄水坝29处，新修和整修截水沟77条，整修拦河坝16处，合斗农渠15条，掏新苗泉8975眼，整修桥梁15座，新修坪闸、渡槽211座整，整修坪闸、渡槽557座，打深井3眼，明井32眼，贷出水车45部（安装10部）。共用人技工83330工天，车工8812天，共投入水费59340元，共可增加33400亩水量。

2. 开展田间工程

据不完全统计，改3亩以上大块地20796亩，劈埂扩大地222亩，平整地18778亩，消灭窟窿731亩。根据检查和了解，有些社队做到有地有沟、防止串水、踏实，三道沟整地做得较好，踏实改大块基本没做，有的乡仍有四亩以上大块地，特别是改地没开沟，形成新串水，社社都存在。共用人技工83330工天，车工8812天，共投入水费59340元，共可增加33400亩水量。

3. 加强灌溉管理

（1）组织领导：县上于2月6日至17日举办短期水训班，由县长徐廉身同志和水利科长参加掌握，参加学习163人，其中县渠系水干35人，社技术员128人，内社正副主任17，队长40，社员29，其中党员36，团员23，女2，劳模3人，以上56年参加学习54人。通过这次学习，在思想上技术上是有所提高，在工作上也起到了一定积极作用，但流于形式，不能专职也是不少。组织方面，在各级党政领导下，以河系为单位成立水管所四处（疏勒河、昌马河、榆林河、布隆吉），所长由县调任，计水利干部31人。社水利股，有的建立，有的仅指定社主任负责领导，以生产队为单位，组织灌溉小组221个，环城以队为单位，实行分段包干养灌区办法很好，每乡指定乡长一人专领导水利工作，特别是在夏季用水期间都发挥各级组织领导力量。

（2）加强灌溉工作，从春灌开始，截至目前，坚持水利会议制，随时检查，统一布置，贯彻配水计划，控制用水次序，统一调配，集中轮灌，特别是六七月用水最紧张阶段，组织力量抓紧这一增产关键，因而在我县农田灌溉上保证全面用水，获得很大成绩。具体说来建立各级以至社队接交用水制度，贯彻节约用水。一再强调进地口八成闭口原则，沙坑、涝地一样封闭，用水紧张时期，上下游采取统一调配用水。从6月6日起以后，调上游三四道沟等五个乡水量，先后三次解决下游头工环城等三万多亩一次用水，疏勒河并给最缺水西湖乡两次调水十天解决6400亩夏秋作物用水，灌溉中疏勒河系采取“三集中”和“三包干”方法，即水量、干部、群众三集中和由县、乡、社按计划时间保证完成灌溉任务。这样克服分散和供给制用水，为自力更生，用水法办，发挥灌溉效益。在小北沟设量水灌溉试验，由于人才和技术配备不妥及各社大小块作物对比试验，夏灌中没得出结果。

4. 施工领导：根据全县工程，一般改建工程。经过测算后，县派技术干部协同乡进行修建，如踏实东戈壁滩，三道沟沙河沟13公里，九工渠、双塔新修蓄水坝等较大的工程，如新修三岔河水库，由县领导修建，此项工程每次可蓄水21000亩，一年蓄两次。西湖打自流井、县配两副打井工具，由于地层复杂，技术薄弱，打三眼井最深51公尺，一般40公尺，费1100多工没发挥效益。现专区和县仍在继续着打，在施工中，我们认为群众情绪是高涨的，不论是在质量和数量上也取得一定成就。如踏实播种前隙时由水利科协同乡修14里支渠，施工中，由于干部亲自动手冒着风雪同甘共苦，群众情绪并未降低，用4400工，克服材料困难、采用柴修跌水，这不仅仅解决原有灌溉面积用水，还扩大500多亩荒地，对以往灌水缺口大量浪费水量、劳动力大大减少，群众也很感激。又如三四道沟河东三个乡牲畜春季缺草是很大矛盾，今春在沙河口新开近10公里长支渠，利用春余水泡草6000多亩，施工中采取包工制办法，因而激发了群众积极性，有的提早出工，有的不休息，如河东乡青年提出夜间突击，仅三道沟用柴茨在柴坝下挤渠30里，可节省1000多亩二次用水。仅环城、头工、踏实三个乡先后用2200多车茨挤修渠道，上述情况，对今年抗旱工作起着决定性作用。

四、存在缺点和问题

1. 春灌中由于基层组织不够健全，河道尚未整修，水量较多造成大量浪费水还是普遍的，包括农场12个，乡统计春季淹麦苗330亩，村庄13个，对行水安全工作训练水利干部时已做宣传教育。春灌开始初发现环城淹死一个小孩事件发生，具即通报各乡、社注意防止，从未引起注意，想起半年时间内五个乡淹死三岁小孩六个，造成惨痛教训主要原因是宣传教育工作不够深入，再加家长管理不够，使小孩从门口涝池、桥头、庄墙沟，推磨不管小孩滑在渠内，今后进一步注意防止类似事件发生。

2. 发洪水受到教训：七月二十五日昌马河马河发洪水流入疏勒河，双塔堡流量站记载49.7秒立方。各地一般进行防洪准备，除了河东乡蓄水坝闸门冲坏外，其他地区未受到损失。八月八日榆林河正在修渠，下午三时突发一小时暴洪150多流量，是数十年来未经过的，民工及时逃出，洪水只淹死毛驴一头，干支渠4000公尺，部分泉眼被澄淤，水量正常每小时浇39亩，先只能浇7亩地，现正在掏泉修渠中。八月三十日昌马河发生五天洪水，流量达370秒立方，疏勒河上游三道沟干支渠受到极大损失，四道沟乡两个新修蓄水坝闸门冲坏，农口坝水深4公尺，白山口拦河坝冲掉，根据以上发洪水估计损失两万多民工，材料也损失是不少。

3. 上下游矛盾：工程方面、劳力负担矛盾、上游水量比下游足，本灌区工程比较大，但下游工程多，劳力负担比上游要多，可是修蓄水坝、掏泉工程都在上游，要上游农业社出工修，水是下游浇，要付工资，经济力量不能负担过重。这一矛盾尚未得到合理解决，浇水上下游社与社存在着严重的本位主义，甚至于个别支部书记存在本位，如三道沟支书刘秉□对，统一调水行动不力，其他多少存在着。

安西县人民委员会

安西县新修水利及冬灌的报告

1958年12月1日　　甘232-1-200

自从党中央于8月29日发出关于水利工作的指示，以及专区指示，为了今冬明春再掀起一个千军万马声势浩大的兴修水利运动，保证全区完成万个水区的任务。因此，我党县委提出完成千个水库的艰巨任务后，那时我县正达深翻、收棉、炼铁一系列重要的工作正在齐头并进之际，所以县委为了保证农田适量地进行灌溉，1959年种棉翻一番，必须搞好水利这个不可容□的一项艰巨任务。在这个紧张的季节中，如何安排好劳力是个关键性的问题。

县委针对这种情况，专门召开了会议。讨论对深翻、收棉、炼铁等工作将所用劳力进行全面安排，按照不同比例，对水利、深翻、收棉、炼铁等重要工作全部作了常计划短安排，并决定50%的劳动力投入水量大军，采取统筹兼顾全面安排。一期分配分期调用的办法。第一期抽出20%劳力，第二期出80%的劳力，先后共5000余人，第一期劳力已于十月中旬，陆续投入兴修水利运动，全县兴修水利分为三套人马，划为三片以不同的方法进行修水利、找水源，我们的口号是人人献计策，个个出主意，苦干，实干，创造性地干，争取1959年粮棉翻几番，第一套人马在东牛县整修水坝，一套自流井，一套修水渠，截至目前已整修蓄水池8处，整修支斗渠40条，新修双毛渠81条，打自流井6眼，水库工作正在清基地过程。

一、组织领导方面

正式工地的领导使水利工作飞跃地发展。并由书记一人，县长一人，科部长、局长级的干部5人，组建了工委会，一般干部10人，深入现场亲领阵地，以军事化的行动，组织了营6个、连21个、排35个、班93个。从上而下分层负责，同时结合反坏运动不断批判右倾保守思想，并采取做什么“学什么、什么不通辩什么”的方法，功效大有提高。农业，提出坚持冬季不停工，春季不回家，从冰河到荒滩，从河湾到田间，再形成一个万马奔腾、一日千里的兴修水利高潮，真是干劲冲天、披星戴月、移山倒海之精神，仅水库农工苦战七昼夜修好运输公路40里，挖好窑房200座，备好烧柴240车，解决民住宿及烤火问题。

发动群众大搞技术革命是解决劳力不足的基本出路，我们在工地，组织了部分劳工，采取了自力更生的办法，按技术特长分工，加工十字架340个，编担筐600余个，自己制作高线运土、自动倒土车、木夯、木质抽水机等样品，各置一套，目前正在大力推广，另外还计划自己办水泥厂、石灰厂各一处（正在准备）。

二、工程开始，始终坚持了政治挂帅，抓住了思想教育，贯彻了党中央提出的以蓄水为主、小型为主、社队自办为主的方针，批判了落后论、有人说安西劳力少，小型工程不顶事，大型工程任务艰巨完不成，依靠上级投资等言论。实施全年坚持的原则，采取定地、定时、定水、定量的常年配水制，认认真真贯彻大水分灌，小水适当开灌，反对上浇下截，串灌漫灌，坚决执行勤浇薄灌，严格批判了恨水思想的表现，截至30号统计冬灌熟地166,247亩，荒地30,767亩，林苗地11,329亩，统一灌过一至二次，基本上满足了冬灌的需水要求。

完成以上任务所采取措施有以下几点：

1. 党委领导重视，组织健全，自从建立起人民公社后，人民公社带来了优越性，社内成立了水利部，有专职干部常期负责公社灌溉工作，同时各连、排、一致到班都有专人管理。

2. 做到了系统的管理，层层负责，明确分工，做到了渠渠有干，节节有闸。引水有口，地地有埂，杜绝了跑水事故，克服灌溉中争水、恨水、堵水、偷水等忙乱现象，并加强了渠道管理，养护工作，如疏勒河系，为了灌好冬水新锒闸18座，新修农渠5条，整修渠道40条，保证了输水安全，如五爱公社三营社员，他们在灌溉中所提出的战斗口号："修渠如修仓，爱水如爱粮，全民总动员，过好冬水关，"如该营三连三排社员，他们正在吃早饭，听到水已输放到他们排内来，有的社员只吃了一碗饭便立即放下碗去浇水，总则正常供应了灌溉。

3. 加强思想教育改进了灌溉方法，提出全体上前线，战斗在沟沿，点滴不浪费，冬水齐灌完，一碗冬水一碗油，坚决把它浇在地里头，广大群众从思想上明确了计划浇水的重要性，保证了计划用水贯彻和实行。为了保证输水长流，在较大灌渠口上安装了电话，便于指挥工作，一般干渠支渠口上，固定了专人掌握水量和灌溉时间，以达到配水合理，用水经济，保证了适时适量灌溉，实行了由上而下，先近后远，昼夜输灌的制度，并在灌水期根据各社、场下年粮食播种面积依用水申请书，并算出输水的损失，然后由水管所根据水量地亩，统一安排确定，每段放水时间按秩序排队灌水秩序表，通过水十会议讨论决定后经县审查批准进行浇灌，由于健全了灌溉制度，执行了计划用水，因而冬灌工作胜利地完成了任务。

4. 彻底贯彻了党的鼓足干劲，力争上游，多快好省地建设社会主义总路线和勤俭办水利的方针，充分发动群众，以苦干实干，创造性干的精神，由于气候的变化，水也结冰，不能流入灌渠，便想出办法，以孙悟空大闹天宫的精神进行打冰浇灌，在五条支渠上长60华里，共组织了劳力1062人，有五爱公社，水利部部长赵明祥同志及水干王茂成同志的领导，苦战了四昼夜，利用群众的双手及智慧，想了各种办法，终于战胜了水被冻结不能灌地的困难，共灌荒地5800亩。

总之，我们的水利工作，在短短的时间内成就是伟大的，根据上级指示，我们采取正常修水利的方法，始终加强党的领导，发扬了共产主义协作的精神，是胜利完成1959年兴修水利的基本关键，以及八届二次会议精神发出高举无产阶级红旗，向技术革命，文化革命进军，树立插红旗，拔白旗，破除迷信，解放思想，建立敢想、敢说、敢做、敢为的精神，发挥群众的智慧走群众路线，我们的口号是：长期苦战，季节突击，坚决与形形色色的右倾保守思想作斗争，在新修水利上，我们要拿出惊人的毅力，排除万难的决心，不顾一切献出自己的青春力量，为215亿公方水而奋斗到底。

安西灌区渠道工程安排计划

1960年1月　　甘32-1-265

双塔水库工程于1959年底基本竣工之后，在党的“无雨大增产，大旱大丰收”的响亮号召之下，紧接着展开了安西灌区渠道工程的修订，为了调剂劳动力，住房和避免冬季迁移住地起见，早在1959年12月初即将水库部分劳力跨入了今年的渠道工程，目前已有将近一公里的土方工程和两处□□工住地完成了，关系着渠道衬砌石料的第一石料厂也在元月二日开始生产了，给今年的施工满堂红创造了有利条件。

安西渠道的施工计划是根据党的“边修边灌，现灌为主”的水里方针，并遵照张掖地委只是，“水利工程要求灌溉、发电、航运综合利用的原则”，结合现场情况，本着多、快、好、省的精神，修改了原来的设计，呈报省厅设计院审查同意而规划的施工定额是参照1959年国家用一定额及省委指示，“经济核定各级盈亏实行合同”的精神和省计委1959年9月份审查安西地区劳动工多，单价和预定标准而编制的。

全部工程计分渠系和洪系两大部分，其中渠系包括总干渠，四道干洪和16道支渠，总干渠全长71公里，计有挖方1220990公方，填方有657220公方，石方101010公方。支干渠全长110公里，计有土方512860公方，洪系包括干洪一道及支沟12条，全长48.2公里，计有土方2303350公方，施工的方法是“先渠后沟自上而下”来进行安排的。

一、渠道工程的工段划分，段现有劳力编制情况结合施工办法，将总干渠分成如下七个工段：

自0+000至9+000为第一工段，段址住4+000附近，劳力住水库原址不动，负责本段土方衬砌、疏勒河涵洞，及泄水闸等工程的施工事宜。

自9+000至20+000公里为第二工段，段址住14+000附近，劳力与段住在一起，负责本段内总干渠一切工程的施工，兼管小宛第一支渠的施工事宜。

20+000至30+000公里为第三工段，段队合住在24+000附近，负责本段内总干渠一切工程的施工，及十宛二、三、四、五等支渠的施工事宜。

30+000至40+000公里为第四工段，段址与队部住在35+000公里附近，负责本段内的总干渠全部施工事宜。

自40+000至50+000为第五工段，段址住十丈农场二大队附近，劳力住45+000公里，负责本段内总干渠及十工支渠等工程的施工事宜。

50+000至60+000公里为第六工段，段址及劳力均住55+000公里附近，负责本段内总干渠及四工支渠全部工程的施工事宜。

自60+000以下为第七工段，段址及队部均住65+000公里附近，负责本段内总干渠六工四干等支渠的全部施工事宜。

二、沟道工程的安排

小宛一支渠划归第二工段施工，全长 3. 4 公里，计土方 91750 公方，联系十工农场劳力开挖。

小宛二、三、四支渠划归第三工段施工，全长 11. 15 公里，计土方 514500 公方，联系十工农场的劳力开挖。

施工支渠划归第五工段施工，全长 3. 65 公里，计土方 82400 公方，由十工农场布置劳力开挖。

第三支渠及四工二、三支渠划归第六工段施工，全长 11. 86 公里，计土方 342800 公方，由四工农场布置劳力开挖。

四工四、五支渠及六工二、三支渠归第七工段进行施工，全长 16. 178 公里，计土方 451900 公方，劳力亦请四工农场布置开挖。

排水渠全长 24. 2 公里，计土方 1020000 公方，分成三个段，元月初三四工段劳工迁去完成两段，剩余一段尚无劳力开挖，拟请上级解决，泚上桥梁、涵洞等建筑物隶属何段者，即由何段负责修做。

三、劳力安排

水库工程竣工后共有□□工 7300 名，除元月 8 日调敦煌 2300 名外，只剩有劳力 5000 名，将这些劳力组成五个大队，每队 1000 人，分别进行施工，其中一个大队当作尾工，其余四个大队于二月初全部投入渠道施工，顺序开挖总干渠。工程技术工人（包括木、石、铁工）共 115 人，配合工程支队就业人员约 200 名修建闸涵桥梁等建筑物工程。

四、施工时间的安排

1. 施工顺序：水库工程竣工后还剩有局部尾工是为了调节□□□冬季搬家和住房问题，计有排洪道砂砾，挖方 108000 公方和公路围堤填方 35000 公方，□两个大队不迁移住地，负责修做水库尾工及安西总干渠第一段工程，二月初一、二、三、四工段全部开工，目前大浆砌石尾工及整修坝坡，挖排水沟等项工作，务须于元月底前结束。

2. 工作量统计：总干渠是 1960 年利用第一工程支队劳力，修建的主体工程，兹按此计划工段统计工作量如下：

表一

段别	起讫桩号	填方/公方	挖方/公方	垫□/公方	片石/公方	合计/公方
1	0+000 至 9+000	130,170	77,860	16,000	20,870	253,900
2	9+000 至 20+000	96,970	126,750	18,640	24,270	266,630
3	20+000 至 30+000	72,690	161,360	20,040	26,040	280,130
4	30+000 至 40+000	91,880	161,280	15,630	20,310	189,100
5	40+000 至 50+000	102,100	244,440	1,400	3,500	351,440
6	50+000 至 60+000	85,970	259,600	1,310	3,210	350,090
7	60+000 至以下	68,440	189,700	1,120	2,810	262,070
合计	0+000 至尾	657,220	1,220,990	74,140	101,010	2,053,360

注：上表内不包括闸涵桥梁及斗门等建筑物的工作量。

表二　支干渠工程量统计表

渠道名称	长度/公里	挖方/公方	填方/公方	合计/公方	附注
一干渠	6. 04	51,000	17. 650	68,650	
二干渠	7. 765	71,780	9,512	81,292	
三干渠	6. 00	69,650	24,770	94,420	
四干渠	9. 37	42,090	20,625	62,715	
十工支渠	2. 28	8,360	7,544	15,904	
四工支渠	28. 54	46,836	42,268	89,104	共计五道
六工支渠	12. 48	20,947	18,904	39,851	共计三道
四干支渠	12. 07	14,706	13,272	27,978	共计二道
小宛支渠	24. 70	17,410	15,532	32,942	共计五道
合计	110. 245	342,779	170,077	512,856	

以上各支干渠开挖共需工 180000 公月，拟结合此属农场需水情况，由农场配备劳力进行开挖。

表三　沟道工程量统计

沟道名称	长度/公里	挖方/公方	需用工日
小宛一支洴	3. 4	91,750	23,672
小宛二支洴	3. 25	87,700	22,627
小宛三支洴	4. 05	118,800	30,650
小宛四支洴	3. 85	108,000	27,864
十工支洴	3. 05	82,400	21,257
三工支洴	3. 06	88,700	22,885
四工二支洴	3. 00	77,100	19,892
四工三支洴	5. 80	17,700	45,666
四工四支洴	4. 00	108,800	28,070
四工五支洴	6. 50	178,100	45,950
六工二支洴	2. 328	74,000	19,092
六工三支洴	3. 25	91,000	23,478
排水干沟	24. 20	1,020,000	263,160
合计	69. 738	2,303,350	594,264

3. 各段在总干渠上需用劳力计算及安排：

表四

段别	项目	数量	定额	需用劳力数	附注
第一工段	填方	139,170	0.34	47,320	
	挖方	77,860	0.258	20,000	
	垫□	16,000	0.60	9,600	包括筛运在内
	片石	20,870	1.40	29,000	包括开砌在内
	小计	253,900		105,920	
第二工段	填方	96,970	0.34	32,600	
	挖方	126,350	0.258	32,700	
	垫□	18,640	0.60	11,200	包括筛运在内
	片石	24,270	1.40	34,000	包括开砌在内
	小计	266,630		110,500	
第三工段	填方	32,690	0.34	24,700	
	挖方	161,360	0.258	41,600	
	垫□	20,040	0.60	12,000	包括筛运在内
	片石	26,040	1.40	36,400	包括开砌在内
	小计	280,130		114,700	
第四工段	填方	91,800	0.34	31,200	
	挖方	161,280	0.258	41,600	
	垫□	15,630	0.60	9,380	包括筛运在内
	片石	20,310	1.40	28,400	包括开砌在内
	小计	289,100		110,580	
第五工段	填方	102,100	0.34	34,700	
	挖方	244,440	0.258	63,000	
	垫□	1,400	0.60	840	包括筛运在内
	片石	3,500	1.50	5,250	包括开砌在内
	小计	351,440		103,790	
第六工段	填方	85,970	0.34	29,200	
	挖方	259,600	0.258	67,000	
	垫□	1,310	0.60	780	包括筛运在内
	片石	3,210	1.50	4,830	包括开砌在内
	小计	350,090		101,810	
第七工段	填方	68,440	0.34	23,200	
	挖方	189,700	0.258	4,900	
	垫□	1,120	0.60	670	包括筛运在内
	片石	2,810	1.50	4,220	包括开砌在内
	小计	262,070		77,090	
总计		2,053,360		724,390	

在干渠1—4工段挖土方和干砌块石工作的开砌平均需工约为110000工日，每段配备劳力1000名，每月出工以26天计，出勤□按70%估计，则每月可出直接工18200工日，渠道干砌□□□□全由人力架子车担任，按1959年定额三公里运距，每工日平均运石10公方，则块石运输共需80000工日，平均每段需20000工日，按此计算各段完成任务需用7.15个月的时间（即214天）要求在八月底完成。

整修水库尾工的一个大队于五月底完成□，即迁往第五工段施工，第一、二、三段于九月初迁接六、七工段任务，平均每段需工77000工日，要求年底完成任务（其中第四工段接替六段做25000工日）。

4. 四工段于八月底完工□，即分迁排水干沟。担任排水干沟的二个工段，平均每段需要132000工日，至1961年四月初才能完成。拟请领导由三月初增调1000人，则可争取年底完成。

小宛支沟及十工、四工、六工各支沟共需工330000个，尚无劳动力配备，须请求另调劳力或与各该农场研究调迁劳力开挖。

西湖干渠及临时引水渠道由地方调劳力或移民修做，水库现有劳力唯于胜任。

安西渠道建筑物材料运输由马车担任，共计18700公方，闸涵桥梁的安装劳力由就业队及工程处技术工人担任。

五、措施

安西渠系工程□属简单，但因工程量大劳力不足，运输力也太弱，因此要完成此项工程，须要鼓足更大干劲，采取有效措施不可，兹报据现有劳力情况及物质条件提出具体措施如下：

1. 加强党的领导坚持政治挂帅，在反透右倾的基础上作好思想建设工作，进一步发挥全体职工的社会主义劳动热情，做到开门红、月月红、满堂红。

2. 搞好一、二、三、四、五运动，提高工效，在挖土方运石料和开石料等关键工作上大搞工具改革和技术革新运动，渠道上杨杆成林，运石上卷扬机化，开石方采用大爆破。

3. 采取技术措施，修改设计减少工作量，在渠道上修改断面，加大纵坡，渠道改线利用田渠，减少土方250000公方以上，缩短施工时间。

4. 大搞共产主义协作，租借汽车运输石料，联系农场开挖支渠支沟，加速工程进展。

六、存在问题及说明

1. 西湖临时渠道及永久渠系，新需劳力无着，请上级研究调迁，以便按期完成。

2. 安西渠道新需石料总计100000余公方，如采取人力架子车运输达到1959年定额，将需80000余工日，拟请调汽车20辆，拉运四个月，可以调出劳力赶修干泄年底可成。

3. 支渠及支沟工程现有劳力无力担任，拟由工程处与□属农场签订合同，包修是否可行，请上级指示双方进行。

4. 工程处与工程支队还未签订修渠合同，拟请省厅速订总协议，须发工地，商定细节协议，□资双方履行。

5. 修路架电线等大型设施工程□需劳力，未在正式劳力之内计算，拟由提高出勤及功效方面筹措。

安西灌区渠道工程施工预算

1959 年 5 月 31 日　　甘 32-1-265

我处接省厅（59）水计李字第 0630 号来文后，即对水库工程投资计划及使用情况作了较详细的核算，并对安西灌区渠道工程预算作了较充分的研究，兹提出以下意见：

一、本着中央勤俭办一切事业的方针，我处尽量紧缩了开支，节约资金，兴修收益率大的水利工程。对水库工程投资计划及使用情况作了较详细的核算；首先水库预算内所列设备购置费用 142 万余元，大部分设备订不上货，但也购置了相当数量的工具，架子车及零件等，故此项费用尚余 92 万元可移用于渠道工程。其次，大型临时工程预算及其他基建费用亦可剩余 18 万元移用于渠道工程，此两项共计 110 万元可移用于渠道工程。但乙方（昌马水利工程队）不同意，认为应将此款调拨给他们，因为，由于设备购置不上影响了工效，这就是他们的理由，请省厅研究确定。

二、关于安西灌区渠道工程预算，我处按照原编预算定额并结合实际情况作了较充分的研究；根据原编预算定额，工效及单位进行分析研究，并考虑水库工程施工中所用的施工机具，除小号外，尚可在渠道工程施工时使用，因而核减了渠道工程预算内所列大型临时工程，其他费用不能预见的工程费用，并取消了利润一项，大大缩紧了工程费用。兹提出以下意见：

1. 安西灌区渠道工程全部均作，总预算费用为 392 万元，又根据劳力计算，1959 年不能作完，1960 年第二季度方可完工，故 1959 年投资金额为 235 万，1960 年投资金额为 157 万元（见安西灌区渠道工程总预算表）

2. 仅作总干渠工程，其他干支斗渠及排水系统交由各地方去作。预算费用为 300 万元，根据 5000 劳力计划，1959 年底可基本完工。见安西灌区总干渠工程预算表 1。①

3. 乙方对安西灌区渠道工程总预算另有意见。②

以上情况请省厅研究确定，为全部工程均作，除用水库工程费用 110 万元外，尚差 282 万元，为仅作总干渠工程尚差 190 万元。其他干支斗渠及排水系统均移交农场和公社去作。不过按照安西地区现有劳力情况来衡量，修做干支斗渠及排水系统还是有困难的。

此外我们研究在水库完工以后，将现有九千多名劳力挑选精装 5 万 6 千人，编成五个大队分布在总干渠上，□□□□□送交农场休养，这个意见已基本得到同意，本预算即按此精神编制。

甘肃省昌马水利工程处

① 编者按：预算表未见。

② 编者按：以下删除 72 字。

酒泉专员公署关于安西水利会议情况的报告

1963年2月18日　　甘229-2-235

安西、敦煌县，玉门市、肃北自治县人民委员并报省人委：

一、继2月4日至6日酒泉市、金塔县水利会议之后，专区又于2月15日、16日两天，在安西召开西片四个县市的水利会议。出席这次会议的有安西县、敦煌县、玉门市（肃北自治县因故缺席）主管水利工作的县长、主办业务人员；昌马水管处负责同志等18人。会议由张志华专员主持，这次会议着重检查各县市贯彻执行河西水利工作会议的情况；检查河西会议确定的重点水利建设工程的施工准备情况；关于农田灌溉情况和建立健全水规制度的问题。会议听取了各地情况汇报，相互交流了水利工作中的经验，对于当前工作中存在的一些迫切需要解决的问题进行了讨论。经过讨论，认识达到一致，作出了相应的决定。这次会议开得很好，达到了预期的目的。

二、（1）参加河西会议的同志回来时接近春节。在春节前都先后向各市县委汇报了这次会议精神。春节后，各县市根据会议精神分别召开了各种会议进行传达和布置，组织水利干部学习有关文件。敦煌县在2月14日至18日召开了全县水利会议，参加会议的有各基本核算单位的水利代表300余人。会上传达了河西会议精神，反复强调水利工作的重要性，统一安排了重点水利工程建设的劳动力，运输力等问题；制定了水规和违反水规的奖惩办法。玉门市不仅召开了全市水利工作会议，而且还确定最近召开石油河、昌马河、白杨河三个区系的水利代表会议，春灌前具体地制定和提倡用水规程制度。安西县已经决定在2月24日全县劳模会吸收水利代表参加列入会议，讨论水利工作情况贯彻河西会议精神。这些情况说明，在河西会议后各级党委进一步重视了对水利工作的领导，业务部门的工作也抓得紧，进展得十分活跃，与会同志在讨论中，一致认为河西地区“有水就有粮”，为了把农业生产赶上去，水利工作先走一步是正确的。目前虽然在水利方面做了不少工作，但今后还需要做更多的细致的工作，才能适应形势需要，促使农业生产更快地恢复。会议要求各地必须进一步加强组织和宣传工作，反复地向基层干部和社员进行节约用水、合理用水的教育，以严格遵守各项水规制度，加强水库渠道的维修和管理等方面的教育，把河西会议精神全面深入地贯彻到最基层群众中去，成为推动全区水利工作的重要力量。

（2）这次会议中根据已确定的重点工程项目的计划、设计、劳力、器材、投资、粮食补助等问题一个一个进行讨论和落实。

省上确定酒泉地区西片县试点水利工程重点建设项目八个，计安西三项、玉门四项、敦煌一项。玉门市上半年内计划完成重点工程是西干渠堤坡工程、南阳镇渡槽和川北镇分水闸工程。这几项工程目前材料已准备齐全，即将动工。昌马河总干渠大堤工程根据今冬天寒雪多的特点，预计夏季洪水较大，因此决定提前动工。截至2月10日已完成总工程量的25.1%，除继续进行紧张备料外，必须同时做好民工食宿等准备工作。计划3月1日起全面突击施工，争取在洪水前提前完成。全面施工开始，必须确保250名劳动力，这些劳力来源，由玉门市抽调200名，安西县抽50名。花海干渠工程5月份抽出四辆皮车，积极运料准备，8月前做好施工一切准备工作。白杨河工程仍按原计划进行。安西县先进行两项重点工程：一是三道沟西六支分水闸，目前积极备料，春播完后立即施工，争取6月底竣工；二是城郊排水工程，此项工程为了克服劳动力不足的困难，可以分两期施工。春季潮地泛滥前期，可先搞好二条排水沟，引水至城外蓄积，陆续排出，秋后再抽劳动力完成全部工程计划。敦煌县北干渠17公里的清淤护养，确定3月初开工，从国棉农场、黄渠公社抽调150名劳动力，从其他公社雇佣两百名劳动力，集中力量，用半个月时间完成。西干渠700公尺衬砌工程，由县统一组织力量，从2月15日至4月15日内完成备料任务，5月初动工修建，抽350名劳动力，争取半个月内竣工；黑山嘴涵洞工程从5月初抽150名劳力进行备料，两个月完成备料任务，9月抽调400名劳力正式施工，争取11月前竣工。

会议指出：对于已确定的重点工程必须集中力量，积极完成。已经列入今春修建的工程项目除白杨河工程，敦煌的黑山嘴涵洞、西干渠衬砌工程已先后提出设计和计划任务，此外其他各项工程必须迅速抓紧提出设计资料和计划任务书，上报审批。与此同时要做好劳力的调配、材料的运集等施工准备工作。对于这些工程的修建应当贯彻“赶前不赶后”的原则，以符合春灌需要、符合库堤安全需要，达到为农业服务的目的。有的县市提出要求在原有基础上扩大工程面积的问题，会议决定：在不增加投资、不增加补助粮、不影响工程质量的前提下，属于技术性的，经过原设计单位的批准后，允许适当地增加工程量，各地可根据上述三项原则，自行进行。

（3）这次会议对于中央提出“小型为主、配套为主、群众为主”的水利建设方针，有了进一步的认识，一致认为这项方针是完全正确的。今后全区的水利建设应当把恢复、配套、整修作为中心，充分发挥现有各项水利工程效益，不仅要保证重点工程修建，如期如质地完成修建任务，而且也要重视县办和社办的大面积小型兴修水利工程。这次会议，各地对此也都作了具体的安排。玉门市采取依靠群众力量为主，国家补助为辅的原则，兴修昌马河总一支渡槽、条湖沥青渠衬砌；赤、花木制分水闸；赤金打井等小型的社办工程。敦煌县计划在7月份前，分期分批有计划地完成20项小型水利修建工程，以及对农毛渠、小型闸口等整修。安西县社办小型水利工程计划搞三座小型蓄水坝，新开三条支渠（九公里）16区分水闸和16座小型塘坝的整修。会议认为，这些工程一般技术性不高，用料不多，便于施工，不少地方兴修工程已成为群众习惯，充分依靠群众力量，兴办小型水利工程，潜力是很大的，所发挥的效果也是十分显著的。

（4）这次与会同志讨论了灌溉管理等方面的问题，指出：这几年来，对于以往长期实践中经验积累而总结出来的行之有效的水规制度，破的多，立的少，或只破不立。有的地方群众拥护的制度长期不能执行或流于形式，浪费水，不遵守水规制度现象比较普遍，不能及时予以处理，影响农业生产，影响了团结。对于这类现象，必须迅速地坚决地予以改正，绝不允许继续存在与发展下去，为了保证灌溉有效面积，合理用水，节约用水，杜绝明浇夜过、深浇满灌等不良现象，最适合的先后争取“以水种地、以地配水、定时定量、浪费不补”的定额管理办法，这种办法是正确的，效果比较好，必须坚持贯彻执行。河西会议之后，各地普遍重视水规制度建设工作，这是好的。会议认为，水规制度的制定，必须根据不同情况，因地制宜。制定水规条文，力求通俗、具体，简单明了，群众容易理解和接受，防止生搬硬套，内容冗长，群众不易懂，无法贯彻。根据各地经验，制度建设工作必须由下而上，反复同群众商量，征求群众意见，既定的制度要积极向群众宣传解释。事实证明，只有把水规制度建立在群众基础上，执行就有保证，制度就能发挥应有的作用，相反，不通过群众，不积极向群众宣传，群众思想上没有接受，再好的制度，也往往流于形式。

（5）会议认为，搞好水利工作是恢复和发展农业生产的重要前提。因此，水利工作的队伍必须实事求是地予以充实，管理体制应当逐步健全和完善起来。各市县人委应分别成立主管水利业务的局或科。根据省上确定的原则，凡其他部门设局的，成立水利局；凡其他部门设科的，成立水利科。对于管理体制应当因地制宜确定，可以实行按渠建立渠长管理制；不设渠长制的可以根据渠系情况设立水管所。每个生产大队设专管水利干部一名，工作报酬来源，可与群众商量后，由本队自行负担；生产队各设水利员一人（不脱产、记工分）。这次会议中讨论了水利干部体制和缺额来源问题。根据各地汇报，敦煌县现有水利职工34人，其中，干部20人，拟编制50人，其中干部28人，增加16名，其中干部8人。安西现有69人，拟编制85人，其中干部40人，需增16人，其中干部8人。玉门市现有44人，其中干部26人，拟编制50人，其中干部35人，缺额十人（批示：应缺6人），其中干部九人。除专区要求省上今后分配80名技术人员或大、中专毕业的学生予以培养，充实各县市水利队伍外，各县市缺额的一般管理干部，主要自行解决，解决不了，报告专署，平衡解决。安西县对缺额干部采取原水利上调出去的老人手归队；原处理不合适的水利干部调回；选拔一批能吃苦耐劳，工作责任心较强的干部充实水利队伍等方法，各地都可以仿照推行。对于原来水利干部已做精简处理，这次要重新吸收或归队的问题，必须请示，经批准后才能进行。

三、会议期间对以下几个具体问题进行了讨论，并作了决定

1. 敦煌县与肃北自治县用水问题：根据以水种地，以地给水的原则，两县用水必须按地、按量、按时合理地固定下来。会后由专署主管部门根据两县具体情况，测算确定。考虑到肃北少数民族地区的用水习惯，测算用水比例时，可以适当予以照顾。但既定用水标准，两县必须坚持遵守。

2. 机关、企事业单位举办的农场，在各县市开荒种地，应当严格控制，加强管理，纳入计划，统一安排，反对无计划乱开。机关企事业单位应当模范遵守当地既定的水规制度，实事求是向当地提出种地亩，合理负担费用。对于未经批准，乱开荒地，盲目扩大种植面积，以及发生与民争水等不良现象，各地应予严肃处理，如影响到农业生产用水时，可以停止给水。

为了加强管理，今后各机关、学校、部队、企事业单位要求开种荒地，必须提出计划，予以审批。审批权限属于市县所属单位由本市县批准，专区以上所属单位，一律由专区审批。

3. 关于安西县要求增列双塔堡水库工程问题，这项工程去年列入计划，化了些投资，今年未列入计划。考虑到冬季蓄水等实际问题，专区同意县上意见，写出专题报告，请示

省上解决。其他工程增列，不再考虑。

4. 关于白杨河水管所管理问题，地委以作研究，并确定白杨河水管所仍归玉门市管辖。今后工作遇到一些具体问题，应当同玉门石油管理局研究商量解决，解决不了，可上报专区。

以上报告，如有不妥之处，请省人委指正。

酒泉专员公署

安西县 1964 年水利工作计划（初稿）

1957 年 9 月 10 日　　甘 230-2-74

我县 1964 年水利工作仍然是以党的巩固提高，加强管理及其配套重点兴建的水利方针为主导，继续贯彻中央、省水利会议精神，大搞小型配套，加强现有水利灌溉设施的受理，积极为进西步发展创造条件，争取农业更大的丰收，加速社会主义建设，为此，现将一九六四年水利工作做如下计划：

一、工程计划

1. 一九六四年计划整修双塔水库坝面衬砌块石工程，炸用补充块石 1000 立米，碎石 1000 立米，沙子 500 立米。浆砌块石 1000 立米，干砌块石 1000 立米，回填碎石 1000 立米，需劳力 19，500 工日，其中技工 1000 工日，需汽车工 70 单天，马车工 2434 单天，需水泥 270 吨，木料 8 立米，钢材一吨，共需工程费 85000 元，其中工资 18,660 元，器材费 47,524 元，运费及其他费用 18,816 元，补助粮 19,000 斤，其中补助牲畜饲料，每车天 3 斤，计 1300 斤，所有参加工地技术及施工人员每天补助 12□，计 17,700 斤。

此项工程计划分两期进行，第一期计划从 4 月 1 日开始至 4 月底，用一个月的时间，从所属灌区抽调民工 100 名，皮车 15 辆，炸运块石 1000 立米，碎石 1000 立米，采集 500 立米。同时，配备水泥 270 吨，木料 8 立米，钢材 1 吨，沥青 4 吨以及其他所需用材，为第二期施工做好备料工作。第一期工程共需普工 3000 工日，技工 120 工日，车工 434 工天，汽车工 70 工天，共需工程费 67,300 元，补助粮食 4000 斤。

第二期砌石工程计划六月中旬开工，七月下旬结束，抽调民工为 500 人，浆砌块石 1000 立米，干砌 1000 立米，回填碎石 1000 立米。共计划投入劳力 16380 工日，其中技工 2880 工日，需工程费 17,700 元，补助粮 15,000 斤。

2. 一九六四年我县计划小型农田配套工程五项（详见附表），计划新开配套支渠 2 条，11 公里。整修配套支渠 1 条，长 5 公里。斗渠 6 条，28 公里与农渠、毛渠 86 条，58 公里，在现有的基础上加以合并，才用裁弯取直，削坡填坑，压柳固堤，固定断面进行整修，计划新修及改进砼分水闸 2 座，斗、农门 15 个。

因材料有限，采用木质斗农门 114 个，木质桥梁 13 座。根据上述配套工程合计总工程量 39,000 立米，其中：土方 38,500 立米，砼 500 立米，需劳力 26,600 工日，其中：技工 4,000 工日。社队自筹资金 39,900 元（主要是劳力），需国家投资 115,000 元，其中材料费 98,380 元，技工工资 7,450 元，工具配置及运输其他费用 9170 元，需水泥 132 吨，钢材2吨，木材302立米，需国家补助粮32,300斤。

上述五张配套工程，根据我县实际情况和现有条件，计划从4月份起到9月底共6个月的时间一次完成。

3. 因岁修养护工程，在完成重点工程和小型配套工程的同时，全县计划抽调3%—5%的劳力，分别在春灌、春灌前，对现灌设施干、支、斗、毛渠以及水坝水闸，全面进行一次清淤整修，并积极开展压柳固堤，为全面配套创造条件：大搞平田整地工作，全县计划整修干渠3条，21公里，支渠46条，16公里，斗农毛渠1500条，890公里，渠道压柳固堤531条，321公里，整修小型塘坝20处（拦河坝在内，各种小型坪闸603座，需劳力53700工日，其中：技工2,650工日，需车工1,425工天，需柴茨570万斤，计划完成总工程量90,800立米。这些工程的整修，对1960年农田灌溉是有很大的促进作用。今年必须在夏灌前全部进行一次清淤固堤，以保证灌溉任务的顺利完成。在完成上述任务的同时，计划在春播前大搞一次平面整地工作，凡有盐碱危害的生产队，计划每队改良50亩，再大的盐碱地，挖高垫低，碱地铺沙压蒿子进行改良。上述工程国家不投资，全部由社队自筹（主要是劳力）进行整修。

按照以上配套工程计算，共需劳力26,600工日，以全部耕地17,011亩计，每亩需负担1.6个工日，每亩平均投资6.76元。

以上斗农渠配套工程完成后，可以大大减少水量的浪费，提高水的利用率，由原来的40%提高到60%以上，还可扩大灌溉面积3000亩。每年还可减少堵口子、打坝等劳力896工日，减少堵水打坝的柴草45,000斤。

二、农田灌溉及蓄水

1. 我县一九六四年计划有效灌溉面积达到196,500亩，保证灌溉面积192,000亩，根据这一任务的要求，我县一九六四年计划总共播种面积为192,235亩，其中：社、场计划内播种面积153,608亩，机关生产和自留地38,627亩。总播种面积内：夏禾作物148,330亩，秋禾作物288,407亩，经济作物15,498亩，已完成落实冬灌面积151,183亩，林地3350亩，草地5950亩。六四年计划春灌面积46,074亩，同时在春秋两季节结合农田灌溉，利用多余水量计划灌溉林地2000亩，草地1471亩。

2. 根据一九六四年农田需水要求，和现有水利蓄水设施，全县计划在春灌前蓄水1.14亿立米，其中双塔水库计划春灌前蓄水1.1亿立米。泉水灌区有小型塘坝24座，除六处拦水坝外，其余能蓄水的18处，计划蓄水400万立米。因大部分水坝库容小，目前只有乔子南坝已蓄水，其余还未关闸蓄水，总之在春灌前不论大小水库塘坝，保证蓄存足够的水量，以满足农田灌溉需要。

三、农田灌溉配水计划

根据我县的现有水源情况和灌区土壤气候条件以及灌水制度，一九六四年配水计划，灌溉面积192,035亩。每亩全年灌水次数实为七次，灌苗水四次，泡茬地一次，冬灌两次，巩固与发展，每亩全年用水，实为800立米，具体分为灌苗用水360方，泡茬地140方，冬灌两次300方。根据我县历年各河系正常年平均流量计算，全年总径流量为52,577万立方米，平均利用率为35%，净利用总径流量18,000万立米。一九六四年灌溉面积需水量15,280万立米，年结余水量3120万立米。总的来看，安西地区不缺水。

一九六四年计划春灌面积49545亩（包括林草地3,471亩），计划山水地区从3月10日开始，4月25日结束，泉水地区从4月5日开始，5月20日结束（因气候不同，开始较迟）。春灌平均每亩定额为146立方米，共需水量7231万立方米，计划夏灌面积163,828亩（包括经济作物15,498亩），计划山水地区5月7日，开始7月10日结束，泉水地区5月10日开始，7月20日结束，夏灌每亩平均浇灌定额333立米，总需水量为5,461万立米。计划面积176,747亩（包括泡茬地148,340亩）。秋灌山水地区7月10日开始，9月30日结束，泉水地区7月20日开始，10月10日结束。秋灌每亩平均浇灌定额236立米，泡茬地定额为130立米，共需水量26,039万立米，各河系，春、夏、秋灌配水计划：附表。

四、完成上述任务的措施

1. 加强组织领导，健全管理机构，明确职责是管好用好灌溉工程的首要保证。根据我县六四年的农田灌溉和工程任务，是很大的，艰巨的，必须进一步加强领导，彻底整顿水利队伍，县上已经对水利科、水管所的干部进行了冬训，思想认识都有很大提高，决心要搞好一九水利工作，这就为搞好一九六四年水利工作打下了思想基础。但是完成六四年的水利建设任务，单靠几十个专职水利干部是不行的，更重要的是健全群众性的管水队伍，以河系、灌区分别成立委员会，公社有一名主任，负责水利，生产大队和生产队分别成立水利股和灌溉小组，层层加强领导，分工负责，才能更好地依靠群众力量，广泛吸取群众意见，使专管机构和受益群众紧密结合起来，把工作做好。

2. 坚决依靠群众，勤俭办水利，是□的全面发展国民经济，多快好省地建设社会主义的有效措施。必须坚决依靠群众自力更生，本着社队自办为主，国家支援为辅的精神，正确地贯彻合理负担政策，充分发挥广大群众的力量，调动广大农民的积极作用。根据上级指示精神，在近九年内规定，岁修清淤工程国家一律不给补助，必须是以大搞斗渠以下的小型配套工程为主，国家只补助调拨木料设备，技工等工资。根据我县的实际情况，一九六四年除有重点地搞小型配套外，还必须发动广大群众以自己的力量，斗农毛渠为主，大搞植树造林压柳固堤，为全面配套创造条件。

3. 加强调查研究，合理安排劳力，首先本着农闲多搞高，农忙少搞，大忙不搞的原则，根据工程计划用工，按不同农时季节进行不同的安排，切实做好一切准备。对每项工程，都必须同群众商量，深入调查研究，摸清底子，对劳力、田材、时间都要很好地安排，并经常地加强民工的思想教育工作，关心民工生活，以发挥更大积极性。

4. 加强灌溉管理，严肃水规制度，认真贯彻水利规章。根据我县近几年来的实际情况，灌溉定额普遍过高过大，为了防止土壤盐碱化，又要确保农田需水，一九六四年农田灌溉，首先是因地制宜地把灌水过高过大的现象，在做配水计划加以调正控制，根据灌溉定额达到科学用水，经济用水，坚持年有计划，季有安排，每轮有时间，亩有定额的配水计划，算清水账，摸清地亩，没清，坚决实行定水量定时间，节约归包，浪费不补，进一步调动广大群众的多灌地用好水的积极性，彻底纠正漫灌、串灌、恨水多灌的倾向。

敦煌县农田水利检查情况报告

1954 年 6 月 15 日　　甘 229-2-134

敦煌县灌溉系统整一，属党河灌溉者有耕地 19 万多亩，南湖泉水灌溉者 8000 多亩。唯党河河床及沿岸全系流沙，没有固定河身（河床宽自 500—800 公尺），有十条渠道上下分引水量，分散渗漏严重，在流量十二三个时旱地内只有六七个，加上风建水规制度，因而大部分土地年均有程度不同的受旱、减产、薄收。农民生活困难，解放后，由于党政的正确领导，重视水利广大群众面积，参加渠道整修，将十条渠道合并成两个大干渠，减少渗透，增加产量，同时改进了水规和灌溉方法，减少了浪费。不但原有地亩都能浇灌，三个水（其中包括 7 万亩旱灾严重的地区）在现有基础上尚可增加一万亩耕地水量，同时，由于渠系的整修完成，可以合理配水，逐步改进加强灌溉管理，为逐步扩大耕地面积打下基础。

该县在灌溉管理：水量由县水委会统一掌握调配，集中输灌，经旗（白天）经灯（夜间）引水灌地做得比较好。在满灌及串灌基础上改变了过去的工作法，但对浇地小组缺乏政治领导，今后应加强对浇灌小组的领导，自发教育群众及灌溉小组的政治觉悟达到经济用水。

一、惠煌渠并坝工程

全长 20.55 公里，浇地 126000 多亩。自五一年秋季开始，合并了上永丰、下永丰，大有、窑沟、新渠、富强、庄浪七条，共有跌水 42 座。进水闸一座，退水闸一座，大车桥五座（已作成一座，计划本年秋改作四座），公路桥一座，溢洪道一座，拦河坝一座。

该区土质疏松大部分是流沙地带，一部分系戈壁小石子无卵石，对于兴修工程因地制宜、就地取材、节省宏效、就地推广的办法逐步改进。建筑物及渠道均得到了巩固。一九五一年修渠 16971 公尺，因纵坡太陡（约三百分之一）未做防冲建筑物，渠道断面也不规整，宽窄不一致，致放水不久即被冲坏。当时，系由西千佛洞水文站同志用手水准测一渠线，未经上报即可开工。故于 1952 年继续整修加建跌水，因人物力及时间限制，仅整修干渠 9500 公尺，修建跌水一八座，进水闸一座，退水闸三座，均系就地取材，用木料、柽柳、白茨修建，渠道纵坡有 1/300 调整为千分之一。1953 年继续整修下游干渠 6441 公尺，坡度为两千分之一，做跌水 14 座，因 1952 年做的跌水简陋多不牢固，在 1953 年放水后被冲毁五座，当即修复，其余跌水亦需加固，并需调整原来千分之一坡度变成两千分之一，方保输水安全，故四年计划：

1. 新修渠道工程进水闸一座，拦河坝一座（长十公尺），新开干渠 3000 公尺，纵坡 1/2000，跌水十座，退水闸一座。

2. 整修 1952 年做的跌水 13 座，并调整干渠纵坡为 1/2000。

3. 在下游天休退水闸三座，大车桥四座。本年 6 月底上争取渠首工程全部完成，整修工程及大车桥待秋后做。退水闸三座因水调上游浇灌无退水必要，故决定不做。

效益：经兴修后可扩大耕地面积 24000 亩，并消除了 5 万亩地的历史性干旱，并能节省岁修工程，据占计柴茨50万斤。民工5000个今后继续整修渠道（补修干渠，整修支渠，防止渗漏及冲刷），加强灌溉管理，还能节省一万至两万亩地的水量。

贷款：因地亩多贷款较少，1952年至1953年贷款均系当年归还，1954年贷款原计划贷五亿三千万元（均系材料费），现已贷3亿多，下余部分移在秋季贷用（估计可能减少），该区贷款及民工等负担由县水委会掌握，除南湖泉水地区外，全县统一平均负担，因而工程修建较快贷款归还也容易。

二、敦惠渠（渠名尚未最终确定）

1954年开始整修，合并通裕、普利、小庆有三条，共浇耕地6万多亩。以原普利渠口引水，裁弯取直，加固渠堤，稳固渠底，已完成整修干渠1500公尺，东西岔渠8000公尺，新开两条小渠2300公尺。并修分水坪三座，下游尚有一万公尺渠道及渠首工程待秋后继续整修。该渠所用供料均系惠煌渠本年计划内的已决定不修三座退水闸材料及节省民工5000个，于5月21日动工兴修，约6月20日完成。

整修后的效益：减少32华里渠道的水量渗漏，节省两个渠首的岁修工程（约柴茨20多万开，民工3000个），基本消除了平常水量不够浇，发洪水浇不上的情况（洪水时□时渠首被冲毁水即顺河而下，拦水时颇费供料及时间，影响农田用水）。除保证原有耕地浇三次水外，并能节省一万多亩耕地的水量。

三、南湖黄水坝工程

在旧南湖筑坝拦蓄泉水浇灌现有耕地三千一百多亩，□□□□□80万立公方，现应给水闸年久（木料作）一部分木料朽毁，群众要求，急需整修，但担心该坝一旦□即淹没两个行政村的耕地、房屋的危险。因此我们这次连技术人员带仪器一同□□□准备本年秋后水放完后整修闸门及水坝，加固工程（工程计划由酒泉工作组另拟呈报）。

四、勘查国营棉植农场

奉水利局5月21日电报，遂即于敦煌党政府研究根据，现游水现有水量情况，拟在二区四乡下游开垦距城约4000华里，旧有群众开种过的荒地的情况下及利用旧有渠道在该处开辟农场更为适宜，但需彻底整修。

五、我们的意见

敦煌气候温和，土质较好，沿党河下游（县城东北部），能开40多万亩（群众在该区内每年种田，遇有雨水收成甚好），要是连土质内带碱的地区洗碱开垦的话，其能开60多万亩地，另外，在南湖的新工坝、山水沟、西头沟的下游有两个半流量的水没有利用，全部流入戈壁滩。在山水沟用抽水机吸水，可以开垦3000亩地，下游修40华里防漏渠道可□圈槽据老农听谈可开垦一万至两万亩，唯因交通及时间有限，没有亲自去了解该处留有过去被人开垦的痕迹，在荒地中到处残存的住房及耕地遗迹均很清楚，敦煌有这样大的富源急待开发利用。

我们的意见：

1. 水利局应派勘察队对于党河进行全面查勘，兴修山谷水库，开发水源，发展国营农场。

2. 对于流沙地带修渠成功经验以详细总结组织研究推广，对相同情况的民勤、金塔、鼎新等县找到渠道整修的良好途径，我们认为惠煌渠的经验□值不能低估。

3. 敦煌现有耕地面积平均每人约占四亩之让宜，领导群众深耕细作，增加农业面积产量，不宜号召大量开荒。因限于劳动力形成广种薄收，浪费水量，同时加强深灌管理，继续整修干支渠道，达到经济用水、科学配水，并能节余更多水量做国营农场扩大耕地面积。

4. 今日准备整修干支渠道所用材料（木材、柴茨、柽柳条），除木料需用贷款解决外，其余柴草等应估计计划数量，发动群众准备，据了解群众过去均有在渠道岁修工程中准备此项材料习惯，因此，在每年冬季农闲时间发动群众挖白茨打柽柳准备下年修渠材料是能做到的，为此既可减少群众负担，又能节省国家贷款。

水利工作检查组：胡生秀　彭世泽　赵兴财

处理意见：

小型水利科，关于报告中的意见待胡生秀同志返局后再研究。

敦煌县七年来农田水利工作进展情况和今后发展意见

1957年9月10日　　甘230-2-28

敦煌县位于甘肃最西，全县总面积约9万平方公里，计十一个乡，一个镇，共计12992户，72482人，其中农业户9894户53714人，男全劳9042人，男半劳3597人，女全劳8157人，女半劳2805人。全境地势平坦，土壤肥沃，适宜于多种作物生长，尤以棉花最著。经踏勘荒地234万亩，详测91万亩，可利用有52万亩，由于受水量限制，现有耕地23万亩。它的基本特点，气候干燥，终年少雨，蒸发量大，为标准沙漠性气候，平均年雨量为44.7公厘，最多雨量为95.7公厘，因此，全部耕地必须灌溉始可种植，“有水即有田”，群众称水为“粮食”“生命”道理也就在此。

一

解放初期，全县仅有耕地75万亩，且有25%土地经常受旱减产，农民生活十分穷困。解放后七年来，在党和人民政府正确领导下，大力地进行了各项水利工作，废除了封建的水规，加强了灌溉管理，实行经济用水，开展了各项水利工程建设。指截至1956年，共兴修了大型干渠两条，合并干渠十条，废除党河17公里，截河坝四道，共修和整修了孟家湖及阳关小型水库各一座。此外，并大力地开展了田间工程，在进行以上工程后，除保证了原有耕地面积用水外，并扩大了灌溉面积7万余亩，粮食单产由185斤提高为1956年303斤，即增加了66.48%。棉花由6斤提高到100.3斤（系55年产量，56年因受灾减产，产量为65斤），即增加了177.7%，因而也就迅速地改变了农民生活面貌。

1. 工程方面：重点工程

（1）惠煌渠工程：该渠全长20319公尺，渠底宽10公尺到12公尺，共计土方□□公方，建筑物、进水、退水及节制闸12座，分水坪10座，溢洪道及截水坝3处，木材跌水44座，共计用了人工137942个木料4944根，柴茨4158157斤，全部工程费用405167元（包括民工工资），合并了上永丰、下永丰、大有、窑沟、新渠、富强、庄浪七渠，该渠完成后，增大了水流速，节省了水量，过去从上永丰渠口流经50华里党河河身至三渠口，需一天一夜时间，而且因党河河身都是流沙，蒸发渗漏很大，浪费水量达40%以上。该渠完成后，从上述地点流到下面，仅需八小时，这样既节省了水量24000余亩，同时也保证了农田适时灌溉。

（2）北干渠工程：该渠全长25.12公里，支渠长40.01公里，土方301000公方，建筑物计分水闸4座、陡坡28座、斗门12座、车桥8座，共用人工2103397个，车工18514个，水泥562吨，白灰107吨，钢筋113吨，木料170公方，卵石、沙子等4357公方，全部工程费71万元（包括民工工资）。

该渠目前灌溉主要对象国营棉花农场以及沿渠一些荒地和旧有灌区，但它的下游存在大面积荒地，在水源问题解决后，即可灌溉荒地20余万亩，每年可给国家增产大量工业用棉和粮食。

（3）小型水利工程七年来共计新开干渠3条，支渠15条，农渠601条，毛渠2265条，整修干渠12条，支渠83条，农渠3577条，新调和整修闸和口子2851个。

（4）田间工程：改大块地94030亩，取消串水地9291亩，取消涝坝1161个，沙坑859个，仰水渠114条，填平坝窟405个。

2. 灌溉方面

在灌溉管理方面，主要是加强灌溉管理，实行经济用水，首先是废除了封建的水规和分水制度（主要节干渠分水），实行民主管理，架设了电话通信，精简了人员和马匹，在灌溉方法上采取了集中轮灌和薄浅浇灌，减少了渠道渗漏，从而提高了灌溉效能。其次逐步地实行和改进了简易计划配水。

在1956年农村实行了合作化后，根据农业社土地统一经营特点，提出了分区轮作，以支、农渠划分了秋夏作物区，分区轮作在实行后，对战胜1956年干旱起到了很大作用，保证了丰收。它的特点是节省了水量和劳力，便于渠道整理和养护及田间管理工作。

在组织机构方面：在原有的基础上进行了整顿，县、乡设立了水利管理委员会、互助组以农渠为单位，组织了灌溉小组1956年，随着农业合作化计水利事业发展，新的水利委员会改为了水利科，全县水利干部（包括工人）由原有18人增加了44人，较原先增加了240%，下半年又成立了灌溉所4处，加强了用水管理和指导，在基层用水方面，农业社成立了水利股。

此外，在技术力量的培养上：除省专区训练的水利干部16人外，并在县训练农民水利技术员95人，在新修北干渠工程中并在培养了技术工人85人，这些人员们已在初步懂得了一些施工知识，给今后修小型施工打下了基础。

二

七年来，在水利工作上虽取得了很大成绩，但仍然存在着很多缺点。首先，重工程、轻管理现象仍然存在，深浇满灌、跑水等浪费现象仍在发生，用水制度贯彻执行不够，田间工程做得不够，有的地方大块地改后又变成了串水地，沙坑、涝地有的取消后又放了水，在1956年大量开荒以后，有的未平整好浪费水量很大。打井方面因计划不周，未根据具体情况，盲目地向下分配了任务，因此所打1388眼井，80%以上未能利用，浪费了劳力，占用土地，并造成耕地上不便。总之，成绩是主要的，缺点是在前进道路上所产生的，今后我们应戒骄戒躁，深入群众进行调查，克服主观主义，这些缺点即会得到纠正。

三

敦煌总面积约9万平方公里，计有荒地234万余亩，经过详测的计有91万余亩，可利用的有52万余亩，除地下水外，党河总流量3.3亿公方（55年流量），每亩地全年用水以450公方计以80%水利用，可灌地29万余亩，除去冬季暂不能利用水量外，亦可灌地25万余亩，而全县现有耕地不计泉水外，只21万余亩，加上草地、果园、造林仅有23万余亩，所以现有水量利用率很低，约38%左右，那么这些水量到哪里去了呢？主要有下述方面：（1）不合理灌溉；（2）渠道蒸发渗漏；（3）冬季余水流失。因此解决敦煌水利问题，也就是要解决上述问题，现就敦煌今后水利发展问题提出如下意见：

1. 加强灌溉管理，做到合理用水

（1）加强用水管理，改进灌溉方法，充实和健全现有管理机构，提高干部政治业务水平，健全基层用水组织领导，大量训练农民水利技术员。

（2）改善渠道，加强养护工作。由于过去渠道受地主阶级霸占和私有制度束缚，渠系分布极不合理。几年来，虽经大力整修合并，但仍纵横交错，引水口多，输水距离长，渠道断面不规则，渠道输水能力与灌溉面积不相称，因而渠道输水损失占其全部20%左右，且跑水现象也在不断发生，今后应采取全面规划分析施工方法合并整修或新开支农渠，并开展田间工程，使耕地适合机耕，经济用水和提高产量要求，并扩大土地利用面积。争取1958年将全部农渠规划完毕，到1960年施工完毕，基本上灌田的渠系达到正规。为保证工程完整，每年春秋两季应进行整修养护工作，交由农业社养护。

（3）提高灌水技术，实行计划用水

改进灌溉技术，主要是实行薄浇浅灌和小块洼灌，这一工作是依靠农业社来进行，各灌溉管理所要加强督促、检查、指导，并要注意及时地总结群众先进灌溉经验。通过会议，训练及组织参观等方式，大力推广并结合土地耕作规划，做好土地平整工作。

计划用水，在土地配水基础上，先行编制和执行简易的用水计划，逐步地做到妥善的计划用水。

2. 衬砌渠道，减少渗漏

（1）1958年至1959年完成惠煌渠总干渠工程（整理党河工程）党河口至惠煌渠口长25公里，因此渠道河水浸流、渗漏损失达22.5%，即兴修干渠一条，采用水泥、沥青、卵石等衬砌，预计全部工程费1000万元。

（2）1959年至1960年完成惠煌渠衬砌工程：惠煌渠至三渠口长20公里，因渠道经常流沙，河底渗漏损失达10%以上，能改线的地方改线，不能改线的地方采用沥青衬砌，预计工程费400万元。

（3）1960年完成整理下游永丰渠及敦惠渠工程，该渠全长约45公里。其中下永丰渠约15公里，需要衬砌渠底，预计工程费200万元。

以上工程投资最大，技术复杂，劳力需要多，县的力量很难达到，要求上级解决。上述工程完成后，可扩大灌溉面积20万亩，1960年可受益15万亩，1961年可受益5万亩。

3. 增加水源，修建水库

1961年至1962年完成党河山谷水库，根据省水利局踏勘，党河上游鳌盖、水峡口均可修建水库，可蓄水6000多万公方，可扩大灌溉面积6万余亩，预计工程费600万元。

4. 利用地下水源打井及安装水车，解决菜地、菜园用水及补足一部分地缺水。

敦煌县人民委员会

处理意见：

拟出张掖专署水利局对该县所提今后发展意见应协助全面规划量力分期进行。

1957年9月25日

敦煌北干渠工程检查报告

1957年6月14日　　甘232-1-273

敦煌北干渠是去年十一月完工，今春三月二十日开始放水，经过两个多月的放水考验，证明了本工程在这种地下水位高，砂质地基，冻□影响较大等复杂情况下，大部分工程基本上是安全的，为保证灌区五万多亩群众耕地，和国棉农场各个时期灌溉用水提供了有利条件，但由于放水时缺乏对渠道的养护和安全操作，加之工程质量不够高，设计方面在某些地方不切合实际，致使放水后，发生了部分渠段的淤积，有些渠堤被冲刷，建筑物有两座被冲垮，部分已发生裂缝，急需解决，以确保今后工程安全和顺利灌溉。

甲、目前情况和存在问题：

一、渠道方面

1. 淤积在本渠存在得最为严重，渠首至4公里一段淤沙深达0.5—1.5公尺：这是由于上游惠煌渠全凭砂质渠道，纵坡教陡（自然坡度1/1000以上），流速较大（一般在0.8—1.5秒公尺），因此含沙□□下，而北干渠14公里以上纵坡有1/2000，流速缓（0.7秒公尺），所以砂质大量淤淀。现在这段渠道陡坡的落差均被淤平。另外15公里至17公里一段全为砂质渠道，施工时每隔10公尺在边坡上压一筑□，而两岸全为落滩，经常将沙子吸入渠道，加之沙堤的抗冲能力小，放水后，现渠堤大部分被淘冲，大量沙子淤积渠内，深达0.5—1.0公尺。

2. 冲刷情况

（1）凡是黄土渠道一般均未冲刷，渠道整齐，凡砂质土，特别是盐渍土（老乡叫泛碱土）抗冲能力低，坡度冲刷眼中，将坡角冲走后，即发生坍塌。

（2）陡坡下游由于两□情况不坏，护坦以下约20—40公尺，边坡均有淘刷。

3. 渠道冲毁情况

（1）17+600至18+700一段渠道系凝聚力很小之盐渍土，质地松软，极易风化，见水后易塌陷，根据老乡经验，□此种土壤的新渠道，须先放小水渗泡稳定后，再正式通水，但这渠道没有泡水，开始头几天水小未出问题，到第四天，水量增大，即发生冲毁，就这段渠道，西堤几全部冲垮，东边渠堤部分被冲。

（2）下段国棉农场22公里附近约1公里渠道，因修建无水，只用干土夯填□堤，经过丰年多放水，现冲毁甚多。

除以上各处外，其余地区，也均有程度不同的冲刷□系。

二、建筑物方面

1. 6+250即12号陡坡冲垮情况：这个陡坡完工后，为了浇灌渠东一部分高地，在已完工的陡坡缺口上临时打开3—15公分宽的闸槽，使稍加□水后，由渠东开一斗门使可浇地（原计划这些地从上游新开支渠引水，因新开需工两千多个，群众不预负担未作），当时天气已上冻，急于完工，打的槽子过深，□的地方混凝土□砖被打透，下层三合土已露出，今春4月30日开始放水时，由群众自己上闸，由于闸柱太大，老乡曾将闸前一块砖拆除，将闸柱塞入土内，水位被垫很高，几与□□顶相等，上下游水位□过大，同时衬□已被冲坏，水由缺口渗入，约半天时间，即由下游东边坡将□砖冲开一洞。另外该陡坡上游15公尺如一段土方未挖，今春放水时因地冻仅挖开一小□口流水，将渠底至陡坡上游□坦除，拉开一个□子，破坏了上游护坦地基，当时没有水利干部检查，群众发现即告知水利干部，干部又去打电话请示，这样延迟两三小时后，陡坡东边墙、上游□坦、□□□一起冲垮，下游护坦因水力震动，也受破坏。

2. 19+096□梁分水闸冲毁情况：这个分水闸，是去年11月完工的，修建时受到一些寒冻影响，验收时冬眠支渠边坡已有部分下陷，同时地基也为轻盐渍土，所以工程质量不够高。今春3月30日开始放水，头两天水量正常，并未发生问题，至四月三日水量突然加大，超过可能泄水量□面□高与闸顶平齐（设计水位1.4公尺，建筑物高1.9公尺）并超过上游护坦高，水即渗入□砌下土坡内，形□□流。土壤冲空后，□砖即塌下，故将西面衬□边坡全冲坏，又将西闸□下地基淘突，闸□即向西倾斜。而东边干渠边坡也冲坏甚多，□用麻袋柴□压塞暂时维护放水。

3. □□完好的建筑物，经过两月多几次放水，一□均较正常，但边坡裂缝甚多，没有钢筋的上下游护坦及急水槽，因地下水位高经过冬季冻融膨胀，现裂缝现象很严重，有的宽至0.5公分，据养护工人记述，有的急水槽和下游护坦在去冬甚多至冻胀凸起达10—20公分高。此外去年施工时有的消力池底部，因受地下水影响而穿孔的，当时未堵塞好，有的现在已冲开，地下水向外渗出，并挟带有少量沙子。凡是在地下水位以下，建筑物下游护坦的□砖边坡，压缝很多地方，现已裂开并向外渗水。

三、国棉农场渠道（18公里以下进入场地内的渠道）

1. 除干渠有些需补修外，由于土质不好，支斗渠部分冲刷亦较严重。此外农场斗门原计划19座后改为57座，尚余53座未作，每次灌水很难掌握，有的将农田冲淤，影响作物生长。

2. 国棉农场原设计9万亩，根据当前已修□的支斗渠只能浇1万亩，今年农场实播5000亩，其他4000□亩，因水量不足，未能浇灌，其余8万亩的支斗渠尚未修建，以目前播种面积和所辖渠系的管理养护来看，农场当前负担很重。

根据以上总的情况来看□□的原因主要有下列四点：

1. 规划设计方面：对于敦煌地区的具体情况，事先了解研究不够，如对当前水量问题，渠道淤沙的处理，在沙质地基中抵抗地下水，冻融影响，建筑物形式和强度等方面，都未很好注意调查研究。因此在施工过程中修改设计两次。

2. 施工中，技术力量和经验不足，加之在地下水位高，流砂地基中施工，劳力及运输力及材料接不上，停工待料现象经常发生，致使许多工程延期，受到冰冻影响，所以工程质量不够高，在完工验收时，已发现有裂缝沉陷等现象，放水前未很好处理，现在变严重。

3. 管理不善，今年放水初，渠道及建筑物均未详细检查和试水，管理人员认为新修渠道不会出问题，一开始就放大水。农场渠道上游配水过多，超过支斗渠容水量，放水中也未派专人巡守，以致建筑物出□后，不能得到及时抢救，致使损坏部分一再扩大。

4. 省、专、县各级领导，对此工程督促检查不够，如当年完工验收时，即发现有些工程存在问题，须加固补修，但省局仅作出计划，未督促检查，今春放水前，县上请示派人进行检查整修，但省专亦未及时处理。从工程修建到完工及后来发生问题，县有关领导未深入现场检查，去年施工中经常发生劳动力和运输力接不上，造成停工待料，工委会一再反映，常不能得到及时解决。

乙、今后意见：

根据以上情况，今后如何正确地经营管理现有灌溉设施，维护输水安全，防止冲坏事故，保证棉麻增产，灌溉管理和工程养护工作，就□□重要的一环，为此我们提出如下意见：

一、加强组织管理，同意县上的意见，该北干渠与惠煌渠组织一个管理所，统一领导管理工作，但因本渠系新修工程，建筑物都为混凝土结构，与柴□木结构不同，而在用水单位上有群众和国营农场，因此建议在管理所下面要分□设专职干部和工人，负责管理养护，人员编入管理所，经费归县统一开支。管理范围根据会议确定东新分水闸以上干渠，由管理所负责管理养护，工料费用由全灌区负担，以下为国营农场渠，属于那八乡或国营农场者，由乡（场）自营自管。工料各自负担，由水管所督促检查，指导。其具体划分，东新分水闸以下至 24 号陡坡归七八□负责，24 号陡坡以下全归农场负责。另外县上已组织有渠系水利委员会，包括农场和有关□长，今后应加强研究工作。

各渠系在每次放水前，必须要作全面的、仔细的检查，如发现有现场建筑物裂缝、下陷、倾斜等情况，应即找出原因，进行补修，防止扩大，对土渠如有冲刷淤积现象，应即清除加护，防止阻碍流速，影响建筑物安全，放水时各□要建筑物和渠段，要派人巡守，如发现问题，应即动员附近群众□护，每次引水时必须由小到大，不能一次放走，更重要的不能加大流量超额引水，各陡坡口严禁堵闸板抬高水位，冬季停水后，对积存在建筑物附近的水，必须要□净，不□在建筑物上结冰，各闸门启闭机安装后，要经常保持清洁和机□的完整，上面要有油布或帆布□，或做□木□，并经常要擦油，防止生锈。除此而外，为了稳定渠身，防止冲刷，要利用春秋两季进行沿渠植树压柳，以保护渠堤。

在配水上管理所要把农场的播种面，列入至灌区灌溉计划以内，和群众同样的配水，不能有两样看待，而国营农场要把当年播种面积和用水计划，报告管理所，并要服从管理所统一领导，在负担上要和群众一样。

二、目前整修意见

干渠冲坏的两座建筑物及部分陡坡下游护坡与土渠接头处被冲刷而修补所用的款，由省局拨款18000元，现已基本解决，其预算如下：6+250陡坡修补需水泥7.0吨，由库存的水泥□吨解决。石子、沙子、块石、混凝土砖由7+550处及其附近拉运解决，运输费1500元，和补修共需工500个，计1000元。19+096亩渠分水闸补修共需水泥10.0吨，由库存水泥解决，石子、沙子、混凝土砖，去年有节余，足够用，只作短距离的运输，运费2000元和补修共所需工500个，计1000元，其他费500元。所有建筑物下游，加柴管护□，共需柴□32万斤，计10000元（人工620个由义务工解决），其他费用500元。启闭机安装费除闸门板木料由库存木料解决外（库存木料□公方），木工、民工1500元，以上共计18000元。

施工问题由县负责统一掌握领导，对修复的两座建筑物由省局和专区水利局联系派李存志同志前来协助，除此以外，其余建筑物的补修，渠道整修由县负责施工。

关于农场渠冲坏部分修理费和去年未作，今年需要作的53座斗门及两座木桥（一座新修，一座加宽）的修建费，经预算尚需款40000元。其中渠堤补修需柴□30万斤，计9000元，劳力4000个计8000元，53座柴□斗门需款13500元，新建木桥一座需款5000元，为适应大型农具的通行，加宽原有一座木桥12公尺，需款5000元。但根据增产节约精神，本急需作的即作，可作可不作的或缓作的原则，我们的意见请省局研究暂□决□0000元，作为渠堤冲垮的修补费，以便维护目前的灌水至□斗门和木桥的修建费，在今后规划中统一考虑解决。

该渠经过此次补修，今后的管理养护等问题由县负责处理。

三、渠道的淤积、冲刷、渗漏、地下水对建筑物的威胁等问题建议省局勘察设计处具体研究，彻底处理。

四、从银川调运来的帐篷原来较破□，运来后部分经过补修用过一个时期，一部分未用过，我们的意见，因敦煌风沙很大，今后作水利工程需要帐篷，给该县水利科留下五顶外，其余四顶全部运回该省水利局考虑。

本报告我们经过几天的实地了解和有关施工人员及群众交谈，并在6月12日会同县委黄书记，县委合作部，县水利科，农业科，国棉农场和有关乡等单位负责同志进行了研究讨论对存在问题和今后意见，在原则精神上取得了一致，但由于时间关系，所了解的问题，不一定完善，请核示。

省水利局：胡生秀　刘名泽

张掖专属水利局：程万鹏

甘肃省农林厅水利局关于敦煌北干渠工程存在问题的处理意见

1958年8月9日　　甘232-1-273

敦煌县人民委员会、张掖水利局、昌马河工程处：

据我局胡生秀、刘名泽及张掖水利局程万鹏三同志报告关于敦煌北干渠工程检查情况，经于七月廿日召集有关同志并邀请在兰的张掖水利局□子敬局长和张守宽工程师对该渠存在问题进行研究，兹综合为下：

一、北干渠设计和施工都存在着一些缺点，工程质量不够标准，更主要的，许多建筑物被冲毁，是由于管理不当，并按照检查报告所提出的组织和分工意见即由张掖水利局督促成立主管理机构进行。

二、渠首要淤积确是个较严重问题，其泥沙主要来自上游惠煌渠，部分是由于河水挟带，部分是由于渠道的冲塌和风沙沉积所致。如果不设法解决，不仅影响输水，且会破坏建筑物，但这问题又比较复杂，需要通盘规划和作相当的工程，拟待1959年党河流域渠系改造时一并考虑，只要修好固定渠首和整修惠煌渠工程后，即可基本解决。在上游工程未兴造以前，暂时应加强人工清淤，以保证正常输水和建筑物的安全。规划设计时，对于新渠淤的严重程度且又处理非易一点认识不足，应引为教训。

三、防止渠道冲刷和塌岸，当地群众对于沙土渠道，在材料缺乏的条件下，积累了很多经验，采取种树记以压茨的办法以稳渠道，北干渠也同样应采取这种简易而有效的措施。且种树的好处，还可以防风沙，降低地下水位及增加渠上的收入。

四、12号陡坡及庙梁分水闸，同意投资修复（已解决）。追其损坏主要原因，都是由于管理不善所造成，今后应严格掌握限制水位，不许越过。施工干部，即由张掖水利局派李存志去，并由余秉禾同志前往作一次布置。

五、部分建筑物发生裂缝，主要是由于地下水受冻，结冰膨胀所引起，证明对建筑物抗冻的处理还不够。我们意见：因问题不太严重，小缝可以暂时不管，但2公厘以上的，应即填补沥青沙浆。

六、有些建筑物下游护坡冲损部分，应即修复，如考察认为护坡长度不够的，可以酌量延长。

所□□昌水孔现象，虽挟带泥沙不多，但存在是很危险的，希参照本年二月六日（57）水勘字第0209号通或“甘肃水利”1957年第3期介绍的办法，即予整修。

七、需增建的57座斗门，希按照1958年开荒生产需要情况修建，我们估计暂建20多座就够用；木桥增建一座同意，但不同意过分加宽（一般规定为5公尺），因此再给调拨2.2万元（包括帐篷运费）。

八、帐篷问题，由昌马河工程处借去的6顶由该处继续使用，并折价每顶300元，合计1800元，即□系局，□款银付，兰州市城关区办事处，账号19910105，其余借用银川分局的，全部无偿拨给张掖水利局，并由该局□拨一部分交敦煌。

以上希查照办理。

附帐篷折价单一纸。

甘肃省农林厅水利局（印）

1958年8月9日

敦煌县1962年水利工作总结及1962年水利工作安排意见

1962年11月　　甘230-2-50

我县水利工作，由于坚决贯彻执行了中央“调整，巩固，充实，提高”的方针，并认真总结了几年来灌溉管理、工程修建的经验教训。根据“恢复，整修，加强管理，健全制度，巩固提高”的水利建设方针，在灌溉管理上充分发挥了专业管理和民主管理相结合，在工程上坚决贯彻了“以小型为主，配套为主，群众为主”的方针，纠正了水利工作上的瞎指挥和平调之风，因而基本上保证了全县农业按季节用水，使农业生产获得了较好收成。水利工作在上级党政及县委的正确领导下，充分发挥了依靠群众的力量，加上来自各方面的有力支援，使1962年水利工作取得了显著成就和宝贵经验，但是在前进道路上，还存在一些缺点和深刻教训，在今后工作中应加强调查研究，积极地改进，为做到1963年水利工作保证农业增产而奋斗。

我县水是保证农业增产的关键，因此加强管理、合理用水、恢复整修渠道、重点修建配套、控制耕地面积、计划配水、车田整地、改变用水方法、严格水规制度是保证农作物按季节灌水的中心，水是全县人民的生命，管好用好必须从全局观点出发，任何本位主义和个人主义是极其有害的。只有收一方丢一片，不能保证农业全面丰收。由于认真总结了上述多方面的经验教训，不但改进了工作作风和工作方法，而且更重要的是，基本保证了农作物，按季节用水使农业生产获得较好收成，全县灌溉有效面积为203394亩，保证灌溉面积为19568亩，夏禾作物计划127041亩，实灌139164亩，超额计划9.5%，并基本按季节灌了两次水，并有30781亩灌交三次水；秋禾作物计划73000亩，实灌77758亩，抄超额计划的6.5%，基本按季节灌了两次水，并有10940亩灌了三次水，在秋禾作物灌水季节正是水量急剧下降，干旱十分严重的情况下，经和公社商量和群众研究后，将部分公社农场缺苗严重的棉田、秋粮砍掉了8000余亩，因而保证了大部分的棉田和秋粮取得了较好的收成，除保证农作物基本按季节用水外，泡茬完成了30725亩，冬灌完成了80667亩（其中冻沙27748亩），完成计划冬灌9万亩的88%。在工程修建方面，根据保证现灌，当年得到效益的原则，按渠道兴修情况进行了分类排队，按劳力、物力、时间的实际具体情况分期分批地进行，整修和抢修。首先保证重点工程，其次对一般小型工程采取了农闲突击大搞，农忙重点小搞，特忙不搞的原则，并建立了分区划段包维修、脱水时间固定专人巡防看守，全年岁修工程共先完成干支渠道整修32条，长达238公里，斗农毛渠3214条，长达1500公里，渠道改线一条，长达2公里，整修大闸220座，新修125座，整修跌水30座。除此外，对田间的闸口进行彻底整修的闸1632座，新修的132座，整修了地口209个，以上岁修工程完成土石方190163立方米，实用劳动工日88540个，使用木材125立米，护岸柴茨91万斤、麦草22700斤，水泥36吨，共用资金16.4万元，其中国家拨款9.39万元；除此，在重点工程修建方面，在9—11两个月的时间内利用比较农闲季节，集中力量完成了党河总干渠总分水闸的续建工作，完成后，不但保证了总干渠9公里的正常通水和上下游的正常灌外，并给全县人民减轻了危险地段的重大负担。这项工程实完成土砂方8235.94立米，干砌石669.63立米，浆砌石507.18立米，砼197立米，□35立米，碎石垫层370立米，构缝242平方米，使用劳动工日24347个（除杂工在外），其中技工2115个，实用汽车工223个车天，胶皮车工447个车天，用木材35立米，钢材4.3吨，水泥实用172吨，耗损10吨，以上共用182吨，使用资金147303.63元（国家已拨款14万元），共补助粮食18574斤（国家已拨14000斤），竣工后经过检查验收，基本上按期保质保量地完成了任务。综合上述，水利工程，全县全年合计总共完成工程量203271立米，用劳动工日117019个，消耗水泥218吨，木材160立米，钢材4.3吨，国家共投资233938.90元。从这些数字来看，国家给了我们很大的支持，全县人民对水利工程的恢复整修是积极努力的，各级党政领导也是十分重视的，还有各方面的支援也起了极大的积极作用，由于大搞水利工程，保证了全县195568亩土地全年的正常用水，大大减少了受旱面积，1961年夏秋作物严重受旱面积有10155亩，1962年夏秋作物严重受旱面积有5004亩，比1961年减少约46.6%，这就很显然地说明了两个问题，一个是加强了灌溉管理，一个是重视了农田水利工程的恢复整修，在财务工作上坚决贯彻了增产节约，勤俭办水利的方针。

1962年我县在水利工作上，同各项工作一样紧密团结在党周围，克服了种种困难，向自然灾害，向一切不良倾向作了顽强的斗争，因而取得了一定的成绩，取得这些成绩的主要原因还是：

1. 各级领导都认真地正确地抓了水利工作，不但具体抓了灌溉管理，而且积极抓了农田水利工程的恢复整修，县委和县人委分别召开了五次公社书记和主任会议，专门研究了灌溉和工程修建问题。在水紧张阶段，书记、县长还分别召开了分层会议，采取了和群众商量的办法解决了灌溉上存在的问题，县上是一手抓工程，一手抓灌溉；公社、大队是灌水时间集中抓灌溉；停水期间集中抓农田型水利工程，公社、大队都有一主任、队长，专管水利工作，因而形成了从上到下都有专人管理。孟家桥公社在灌水时，书记、主任及全公社干部分渠、分段、分层包干地集中力量抓灌溉。停水时有一主任专抓渠道的整修。在全县来说，孟家桥公社的灌溉管理、农田小型水利工程搞得比较突出，特别是冬灌时8公里多长的渠道冻结后，书记、主任亲自领1000多名群众，坚持七天之久的破冰灌水，一会儿，使9000多亩土地灌上了冬水。在重点工程上组织了工程委员会，除有一名书记和县长亲自抓外，工地并配备了区级干部两名，对施工、生活安排、劳动组织、材料供应保管、财物管理、技术指导都固定了专人。因此大大促进了工程进展，保证了工程质量和预期竣工。

2. 加强了灌溉工程的管理，在灌溉管理上，根据多年来的经验和群众多方面的意见，在管理体制和制度上进行了调查研究和总结经验，根据群众的习惯和要求，全县按渠系经过群众选举产生了19名渠长，协同管所共同管理。经过一年的工作证明，实习渠长制是水利管理工作上的恢复和改革，这种渠长制也适合我县的具体情况，因为我县的灌溉是一个河系，地区集中，在水利工作上便于集中统一领导，便于条条管理，同时渠长制的好处是：第一，是经过群众自己选举产生的，群众信任。第二，情况熟，工作决心大。因为我县的灌溉比较复杂，这几年来是破坏了一些合理的制度，如底坝制、上下游的配水、群众民主管理制度，渠长是本渠系所产生一切情况熟、对水指挥灵、群众满意。第三，是专管机构和群众民主管理相结合的最好办法。第四，水权集中统一，县上统一的水到渠系，渠长协同公社配到大队和生产队，这样条条配水、条条管理，可以给公社、大队一级的领导干部腾出更多的时间，领导农业生产和其他工作。第五，有利于渠道的整修养护，灌水时集中领导灌溉，水后领导整修渠道和常年养护及保护渠道上的一切建筑物、树木等。第六，有力地克服水利工作上的瞎指挥和教条主义的作风。第七，由于集中轮灌，带来上下游灌水的矛盾、灌水时间的矛盾、配水和定水量的矛盾、群众和管水机构及管水人员的矛盾，总认为配水量定时间，要求按比例灌溉不合理，漏洞多，管理机构和管理人员有私情，意见多，不相信。实行渠长制后这种矛盾和意见可以基本消除。在农田水利工程上除划层分段包干而外，对小型工程，坚持了常年维修，常年养护，并采取了群众为主，重点科目，具体指导，全面检查的方法，坚决贯彻了专款专用，专粮专用，因而促进了群众对农田水利工程的积极性，不但恢复整修的渠道，而且保证了灌溉。重点工程在水利部门的具体管理下，调了专管会计和专门保管，建立了财务管理和材料领发制度，并坚决贯彻了专款、专粮、专用，基本堵塞了贪污浪费不良行为。在工程技术上，工地上组织了技术小组，具体在工地研究指导，并抽调了公社主任和一般比较强的干部负责领导和组织民工，同时，在工地上为了加强政治思想教育，成立了党团支部，组织了中央开展学习政策时事和劳动竞富的高潮。再加上定额包干超额奖励的办法，大大提高了工效，虽然工程量比原计划超4565立米，但按预定的时间全部竣工，基本上保证了通水和冬灌。

3. 一手抓灌溉，一手抓工程，保证农田灌溉的关键是认真负责整修维护渠道，重点工程的修建，在灌溉和工程方面组织了两套人马，一套人马是灌水时集中抓灌溉，水后集中力量检查渠道和组织劳力进行维修养护，另一套人马是集中抓重点工程的修建，由于灌溉和工程紧密地结合，工程的整修新建基本没有影响灌溉和农业生产，而且还促进灌溉进度，保证了农业生产的丰收。

4. 严格水规，坚决贯彻计划配水，水是全民所有的，对恢复发展农业生产、巩固集体经济起着极其重要的保证作用。两年来实行了按地定水，定时定量，节约归己，短水不补的三级配水制度。从我县干旱缺水的情况来看，这种制度是全县人民要求合理用水，照顾全局保，证农业生产全面丰收的期望。三级配水在灌溉管理上起了积极的促进作用，社队心中有数，干部社员人人有责，不但促进了灌溉，而且促进了对农田小型水利工程的整修养护，更克服了争水闹事、抢堤截浇、跑水浪费无人负责的混乱现象。

5. 加强调查研究，总结经验教训，改进工作作风，在灌溉管理上几年来是存在着一些问题，群众也提出了不少合理建议，根据情况，对解放前后的水利组织机构，管理制度进行了调查研究，恢复了渠长制。调整加强了水利管理干部，对一些在农村工作没基础，不熟悉农业的学生出身的干部，进行了调整，调进了一些比较熟悉农村工作有群众基础的干部，加强了灌溉管理工作。根据精简的精神，精简和调动的干部共11人（其中调动的四人），为加强充实水利工作调进了干部6人，并且还召开了一次管水有经验的人和一些老农参加的座谈会议，着重总结了经验，听取了群众的意见，在水利职工中进行了社会主义和爱国主义的教育，主要树立大公无私的全局观点，提高思想认识，不断克服工作中的缺点错误，改进工作作风。

6. 健全灌溉组织，充分依靠群众力量，这是保证灌溉和促进灌溉进度，节约用水的有效措施，一般按生产队组织灌溉小组，采取了包地亩定时间，包质量定工分的制度，并在生活上给了适当的照顾，同时做到了闸口有人负责，渠道有人巡护，底坝专人看守，大大提高了灌溉效率。

7. 各方面对水利工作的大力支援，在水利工作上起了积极的促进作用，在灌溉管理上水紧张阶段，除县上抽调人力组织力量加强领导外，公社、大队抽调各方面的人力组织领导小组集中抓灌溉，这对管好、用好水起了极大的推动力量。在工程上，除县上组织技术干部和领导干部加强领导和技术指导外，省上派了技术干部作了设计和技术指导，保证了工程质量和顺利施工。石运司、青海运输公司北台站、酒运司和本县有汽车单位，在运输力量上给了极大的支援。在商业、供销部门，除保证对主要材料的供应外，还在生活日用品方面给了民工特别照顾，促进和鼓舞了民工的积极性。

总之，我县水利工作的形势，仍然如同全国水利会议所指示，“成绩很大，问题不少，潜力很大，任务很重”。这也是符合我县实际情况的。虽然1962年在水利工作上取得了很大成绩，但是问题确实不少，其主要问题是：

1. 各个地区对一部分渠道的恢复、整修、检查养护做得不够，还严重地发生跑水浪费。如肃州公社的张家河湾，杨家桥公社的羊圈湾子，吕家窑公社窑井渠腰渠子湾等危险地段发生问题较多，没有引起足够重视，只有部分斗农毛渠比较失修严重，没有彻底恢复，还有些恢复整修比较好的地段，由于水前检查不够，通水时没有固定专人看守，也有发生跑水浪费的严重问题。如郭家堡公社管理的大庙桥以下倒水，三危公社营天台大队的倒水，这都是由于检查不够，没专人看守和责任不强而造成的后果。

2. 对田间工程抓得不紧，土地不平，块子大，串灌等还是普遍存在。转渠口公社全圣宫大队三生产队有14.5亩的大地块，由于田间工程做得差，也造成水量浪费，这些工作县上水利部门也布置抓得少了，可是在下面，由于多方面的原因，也放松这一工作，因而影响灌溉，造成农业生产减产。

3. 贯彻执行水规制度不严，因而在某些地区，抢坝截浇、偷水乱水，还是不断出现，个别地区还出现了成群结队、打架闹事不良现象，其原因是，在水利部门存在反行主义和管理不严的工作作风。个别干部因多吃多占、耍私情、延长灌水时间，对问题不严肃处理也是存在的，但是下面某些公社、大队的领导存在着严重的本位主义和个人主义所造的后果，同时在执行水规过程中对违反水规的集体或个人，是按情节轻重进行了处罚，所罚的工、柴、钱、粮没有限期，不及时催交，个别还有违抗不交，可是对这些工作只限于水利部门去抓和催，下面公社大队没有认识到有罚有奖，罚者必收是严格水规，管好灌溉的一部分，因而放松了催缴的责任。由于这些原因的存在，造成贯彻水规的不利。

4. 在水利管理制度上，也存在削弱集体、助长单干之风，提出先浇自留地、照顾自留地、对浇灌自留地违反水规制度的处理不严，所以，自留地水水浇灌，没有一家一户剩下的，可是集体的全县严重受旱的就有5000多亩，还有800余亩没有灌上水全部未收，由于这种错误的做法，不但助长单干之风，而且造成灌溉管理的混乱。

5. 秋冬灌抓得不紧，有松劲乐观情绪。全县计划秋冬灌 9 万亩，只完成了 80667 亩，应灌冬水地区的三危公社和吕家堡公社的 99000 多亩地未灌上冬水，给这些地区春耕造成紧张，更严重的是给 1963 年春灌带来了问题。造成冬灌没完成的原因是：上游管理不严，多交多灌，没有坚决贯彻执行配水计划，重点工程的施工时间计算不□根据按时通水，没按次序灌溉，上下游扯浇浪费了水量，拖延了灌溉时间，水利部门对气候的变化，没有认真地分析研究，天气突变结冰，渠道结冰淤积不能通水而直接影响冬灌任务的完成。

6. 在工程上设计工作，没有赶上施工的需要。由于采取了边设计边施工造成了□工和浪费工的现象。同时工地特别对水泥造成了很大浪费，保管不善，几次下雨损失达十吨以上。同时对财产的管理不严，丢失损坏也是严重存在。

7. 对一些重点干渠的树木保护管理不够，造成了严重的砍伐破坏，特别是惠煌渠树木破坏得更为严重，从客观上讲，人员少，没人管理；从主观上讲，努力不够，管理不严，对所发现破坏砍伐树木的没有严肃处理。

我们深信，通过总结 1962 年的工作，进一步改进工作中的缺点错误，克服困难，坚决贯彻党的八届十中全会精神和全国水利会议所指出的方针，鼓足干劲，充分发动群众，依靠群众，多、快、好、省千方百计地解决存在的问题，全力搞好灌溉和工程，为恢复和发展农业生产而努力。

1963 年的水利工作在上级党政及县委的正确领导下，只要坚决地贯彻党的政策和水利方针，紧密地团结在党的周围，认真地总结经验，接受教训，坚决克服工作中的缺点和前进中暂时的困难，深入地调查研究，充分地发动群众，依靠群众，实事求是地扎扎实实地抓住灌溉管理、重点工程的修建，小型农田水利工程的恢复整修，彻底地改进工作作风，同时要认识到我县水利工作的重要性，粮棉增产必须要水领先，没有水就没有粮棉的丰收，没有水就没有生命，这个强调并不过分，搞好 1963 年水利工作和争取农业生产的更大丰收是十分有利的。有党的八届十中全会的精神鼓舞，更指明了发展方向，通过社会主义、爱国主义教育运动，对巩固集体经济，发展集体经济，走社会主义道路和集体化道路，坚定了信心，在水利形势上向更好方向发展。中央水电部总结了水利工作多年来的经验，使干部们更好地发展水利工作，西北局，省专对水利工作十分重视。在我县来说，去冬积雪多，据气象站预报，今年气候可能正常，水量比去年可能有所增长。调整体制，加强领导，改建灌溉管理制度，严格执行水规纪律，大搞渠道的恢复整修和重点工程的套配，平田整地，改进灌水方法，严格贯彻执行计划配水，坚决实行以水定地，定时定量，长水归己，短水不补的合理灌溉制度，同时坚决地贯彻执行中央“巩固提高，加强管理，积极配套，重点建设，并为进一步发展创造条件”的方针，必须加强领导，统一规划，因地制宜，勤俭办水利，集中力量搞好灌溉管理，农田小型水利工程，为多打粮食、多收棉花，积极努力。为此 1963 年我县水利工作的任务是：

1. 加强灌溉管理，狠狠抓好灌溉工作

今年得在灌溉管理工作上坚决贯彻以地定水、定时、定量、长水归己、短水不补的合理灌溉制度。在灌溉管理上，坚决克服本位主义和个人主义，调整体制，实行渠长制，组织灌溉小组，按配水计划集体个人统一灌溉。坚决克服水利上的分散主义，彻底改变灌水方法，改串灌满灌，改大块地为小块地，实行合理用水，节约用水，上游照顾下游，反对偷水、乱水，抢坝截浇；严格水规制度，实行灌水按浇和坝底制，大力支援农业生产，为增长更多的粮食，棉花，积极地努力搞好水利工作，为此1963年初步计划有效灌溉面积达200000亩，保证灌溉面积达185000亩，其中春灌是110000亩（其中安夏根35000亩，安秋根75000亩），夏禾作物110000亩，秋禾作物75000亩，基本保证两次用水，秋禾作物头水时代灌回茬12000亩，泡茬17000亩，秋冬灌90000亩。

完成任务，从地亩、水量、时间来计算还是非常紧迫的，确实是时间很紧，问题不少，任务很重，但是我们也相信，只要发动群众，依靠群众，也一定能够完成任务，争取农业生产的丰收（配水计划具体另有安排）。

2. 积极完成重点工程的修建，并大搞农田小型水利工程

搞好水利工作的修建，是直接保证灌溉工作的有力措施，因此县上除集中力量抓好重点工程外，积极配合渠长、公社、大队组织力量抓好农田小型水利工程，其主要抓干支渠的清淤护岸、斗农毛渠的恢复整修、彻底整修渠道建筑物分层划段地进行养护和保护、渠道的树木、对严重破坏渠道建筑物和树木等重要设施者，要给予坚决的打击，保护渠道建筑物就是保证灌溉，争取农业丰收的关键，破坏渠道和建筑物就是破坏灌溉，破坏农业生产。在水利工程上仍然坚持：农闲突击大搞，农忙少搞，特忙不搞的常年维修养护的原则，在水利上的投资，坚决贯彻增节约、勤俭办水利的方针，要少花钱、多办事、专款、专粮、专用，坚决反对挪用和浪费的不良行为，初步计划今年重点工程为：西干渠700公尺的衬砌、修建黑山嘴的涵洞，北干渠的护岸清淤，这三项工程，西干渠五月初开工在孟家桥、肃州、党河三个公社及黄渠公社巴子场大队，抽调350个劳动力计划半月完工，备料工作由县上统一组织力量，在2月15日至4月15日备齐；涵洞5月初在杨家桥、三危、五墩、郭家堡、转渠口、黄渠、城湾、县农场、国棉抽调150人备料，计划两个月时间将料备齐，九月初继续开始修建，抽调400人在11月初基本竣工，北干渠三月初开工，计划在各公社雇用民工200人，国棉、黄渠公社抽调150人共350人，计划半月时间完工。护岸柴茨由国棉场负责，在开工前备齐，这些工程设计在专区的具体帮助下，于2月20日左右可完成，并抽调干部一人带设计到省厅研究，调拨资金、材料，计划在四月底将全部材料调到工地。在农田小型水利工程上，全县计划除1962年计划的20个项目（已将款、粮拨给），按计划在今春全部整修与修建外，今年再计划搞20个项目，国家在资金，粮食方面还可酌情补助一部分。计划分期分批地在七月底前全部竣工，斗农毛渠、小型闸口、在配合春耕生产、发动群众、依靠群众力量全面彻底地进行整修一次，并在秋收前再全面彻底地整修一次，除集中力量全年全面地整修两次外，并坚持常年维护。每轮水前检查抢修，按案段固定专人看守的制度，基本保证全年不倒水浪费，促进灌溉制度，提高灌水效率，满足农业生产的按季节用水。

3. 保证完成任务的具体措施

（1）坚决贯彻党的政策，以党的八届十中全会指示的方向水利工作，坚决为发展农业生产、巩固集体经济服务，坚决贯彻全国水利会议指示的“巩固成绩，加强管理，积极配套，重点新建，并为进一步发展创造条件”的方针。

（2）调整体制加强领导，我县除南湖全部是党河一个水系，灌溉地区集中，便于集中的统一管理，这几年来对管理制度，水规纪律有所破坏，灌溉管理所在管理工作上起了一定作用，但是由于干部的调动性大，业务不熟，地理情况不明，对水的调动指挥不灵，对一些问题的处理决心不大。个别地方也出现了瞎指挥，在干部工作作风上，也有群众观点不强，不民主的作风，多吃多占，阶级观点模糊，全局观点不强等也是存在的，因而在灌溉用水上，个别地区也出现了不合理的现象，使群众不满和有意见。根据上述情况，调整体制，加强领导是完全合乎群众的愿望和要求，因此经过调查研究，将原设置的四个灌溉管理站的机构撤销，党河灌区按渠系实行渠长制，南湖将人员编制、财务管理全部下放南湖公社自己管理，给公社编制干部一人，工人两人，每年收入的水费全部自己管理，支付工资和小型工程的补助等，但预算、决算必须报水利部门审查后执行。除南湖外，党河灌区按渠系由群众民主选举渠长15人，按节或按段选取水利员48人，形成一个民主管理和条条管水的制度。渠长初步研究是完全脱产，必要时可以统一调动，由水利专业费供给，马匹由水利科配备。水利员由所受益地区的大队、生产队共同负担其报酬，灌水时集中领导灌溉，水后除领导组织整修渠道外，可以参加本队的生产，除自己参加生产的外，受益单位按地亩平均负担全部交本人所在生产队凭此工分参加当年分配。县上水利科学下设四个股即：人秘股、工务股、灌溉管理股、财务股，分别管理业务，大的渠口由水利科配备长期工人看护，其余一般较大支渠的渠口由公社配备固定专人看护维护。

（3）严格执行水规，坚决贯彻配水计划，对水规制度，在春灌前组织群众通过对过去违反水规事件的检查，全面彻底地发动群众，充分讨论，修正充实，民主定案，公布实行以后，任何单位或个人都不得违反。通过检查，对以往违反水规处罚后不执行或违抗的，结合社会主义，爱国主义教育运动，从新进行处理，轻微的通过群众进行教育，严重违反水规、造成重大损失的、对过去处罚违抗不满要从严加重处理，并做好群众的思想教育工作，使水归制度家喻户晓、人人皆知、互相监督、共同遵守使计划用水，节约用水成为群众的自觉行动。不论机关团体、集体或个人都要遵守统一的配水计划和时间，不争先抢水、不乱开口子，机关团体不能与群众争水，今年采取全年用水一次定案，按次序、按地亩、分作物、按季节、定时间、定水量、长水归已、短水不补。没有特殊情况，坚决按时开口、按时闭口，若有特殊情况需延长或提前开闭口时，必须预先通知渠长及公社，并讲清原因。

（4）加强灌溉管理，实行统一用水，管好用好水是节约用水、提高灌溉效率的有效措施。为此，必须以生产队统一的组织灌溉小组，生产队长担任组长，实行定地，定水，包工，包时，保质保量地灌溉，集体和个人的应灌地亩，除灌溉小组外，任何人不能私自开口引水灌地，对集体或个人土地必须按次序浇灌，不得先灌自流地后灌集体的，也不得先灌集体的后护岸自留地，同时在灌溉小组中制定出灌水公约和灌溉纪律，若私自开口，必须按水规纪律分情节轻重给予处罚。

（5）树立全局观点，上游照顾下游，下游观护上游。水是保证农业生产丰收的命脉，要达到合理用水，必须要有全局观点，要坚决克服本位主义和个人主义。上游要照顾下游，坚决反对上游对下游地区应灌的水，抢堤截浇、偷水、乱水的行为，如发生此种情况，除对上游处罚，扣水严重者依法处理外，并要负责赔偿下游的损失。

(6) 改变灌水方法，大搞田间工程，坚决改变串水地，克服满浇满灌的恨水思想，某些地区由于恨水思想，不是旱死，而是水深成灾。郭家堡公社土塔大队去年就浇水过深，造成减产，根据调查全县5亩以上的大地块，占总耕地面积约30%以上。运家堡公社盐茶大队四生产队共460亩地，5亩以上的229亩占总耕地面积的42%。五墩公社苏家堡大队二生产队共642亩地，5亩以上的330亩占总耕地面积约54%。从调查来看大地块比例还相当，大地块不但浪费水，而且还会减产。改大地块对节约用水，增产粮棉都是有利无害的。为此，在春耕前，集中力量大搞平地整地，坚持大块地改小块地的工作，要求5亩以上的大块地全部改为小块浇水。

(7) 积极地抓好水利工程的准备，重点工程主要是抓设计，抓备料；农田小型水利工程积极地进行摸底排队，做好计划，全面地安排劳力，积极的备料，在春灌前有组织有领导地采取打歼灭战突击一次为灌溉工作做好准备，在水利工程的恢复整修中，必须坚决贯彻以小型为主，配套为主，群众为主的方针，组织各方面的力量，大力支援水利工程的恢复整修工作，根据勤俭办水利的精神，多快好省地、千方百计地完成或超额完成任务。县上组织两套人马，一套集中搞好灌溉，一套集中抓好重点工程和农田小型水利工程的集体指导。

(8) 坚决控制开荒和扩大耕地面积，必须按实播种计划，今年是按国家计划面积配水，开荒多种的土地，坚决禁止灌水。机关、团集没有县上审查批准的手续，坚决不让灌水。

(9) 切实做好水费的征收工作，不论集体个人，灌水就有交纳水费的义务，水费是取之于民，用之于民，应当把水费征收当成一项政治任务去完成，不是完不成，而是有些公社大队就没重视，有的生产队还不知道，自由地没有收。不是群众不愿交，而是我们工作做得不够。1962年应征水费97144元，实收29792元，占应征的30.8%，水费收不清公社、大队要负责，要求在3月10日前必须全部交清，坚决不能尾欠。

同志们，1963年水利工作任务是繁重的，只要我们坚决贯彻党的政策，紧密团结，依靠群众，更高地举起三面红旗，艰苦奋斗，鼓足干劲，一定能够搞好工作，完成任务，争取农业生产更大丰收！

甘肃省水利厅对敦煌县党河东西干渠工程计划的初步审核意见

1963年2月12日　　甘229-2-444

党河东干渠黑山嘴涵洞已经省经计委（63）甘经计某字第158号文的批复，同意1963年先建。现对酒泉专署报来的该工程计划提出初审意见如下：

黑山嘴涵洞工程系东干渠控制建筑物，是一个关键性工程。根据灌溉面积18万亩，同意按Ⅲ级永久性建筑物设计。据此溢洪槽的宽度应按50年一遇洪水设计，200年一遇洪水校核。涵洞结构，建议采用整体的钢筋混凝土双孔箱形涵洞，并浇筑一层厚30厘米的

90 号混凝土做基础。在施工时必须严格保证质量，确保工程安全。

关于原设计的结构方面，溢洪槽侧墙地基砂砾部分，未考虑水的渗透压力，对倾覆及滑动安全因素都偏小，希在结构上采取措施加强，在墙下部加设排水孔，消除渗透水压力。溢流槽底上下游齿墙，适当加厚，其深度按冲刷深度确定。涵洞系按轻型结构设计的洞墙，按□支木梁计算，要考虑在排水孔被泥沙淤塞失灵的情况下对洞墙的作用，并以校核洞墙的稳定性。此外对施工中填土所产生的冲击荷，在砼干缩裂缝及分期浇铅砼的影响等因素，在设计中都应予以充分考虑，砼承受弯应力不应考虑过大。在洞底砼板与洞墙分离的条件下，希就上浮力的验算砼板的厚度是否足够。涵洞盖板支撑于边王顶的长度约 20 厘米偏小，改为 30 厘米。洞墙顶凸出部分厚 20 厘米，希就剪力，加以核算，是否足够。洞中隔墙须加厚，加强对洞墙的支撑。洞基为新冲积层砂砾，可能不够深密，允许压应力不要估计过高，系在施工中开挖时加以调查研究后确定。

关于西干渠衬砌工程，未列入 1963 年计划，故对该设计未予审核。1963 年投资 20 万元，除保证建成黑山嘴涵洞工程外，余物未经批准，不能挪作他用。

邱宫学

敦煌县党河东西干渠工程计划书

1963 年 3 月　　甘 229-2-444

一、概况

敦煌县除南湖公社泉水灌溉外，其余 10 个人民公社和两个农场的耕地，均引党河河水灌溉，全灌区现有耕地 24 万亩（1962 年实耕 19 万亩），尚有可垦荒地约 60 余万亩，土质肥沃，是我区的主要粮棉基地之一。

党河灌区大部为旧渠道，1958 年曾开工兴建总干渠，计划在党河建引水枢纽工程，渠道土方工程基本完成。沙枣墩梁至总分水闸的 5.3 公里用卵石干砌，并于 1960 年正式通水，设计引水量 50 秒立米，用实际引 45 秒立米（在沙枣墩梁建临时引水口）。该工程 1960 年冬下马停建，总分水闸，直到 1962 年冬季全部建成，其下分东西干渠两条，西干渠灌溉党河、肃州、孟家桥三个人民公社的耕地 6 万亩，全长 15 公里，设计引水量 12 秒立米，加大 15 秒立米。1962 年冬接总分闸下浆砌卵石 80 米以下为戈壁至 750 米处，普利东岔分水，228 米处，又分通裕及普利西岔两个支渠，三条支渠经戈壁平行而下，共计长达 19 公里，特别是普利东岔，沿党河而下，无固定渠道，输水损失达 80%。东干渠灌溉杨家桥、山危、五墩、郭家堡、吕家堡、黄渠、转渠口七个公社及国棉、城湾两个农场的耕地约 18 万亩，设计引水量 25 秒立米，加大 30 秒立米，1959 年用卵石环砌 366 公里至黑山嘴党河西岸。干渠与党河平交接惠煌渠，汛期渠岸常被洪水冲断，影响惠煌渠 10 余万亩的农田灌溉。惠煌渠系 1953 年以后，合并旧渠，裁弯取直，植树压抑，修建了一条临时渠道，长约 20 公里，最大引水量 15 秒立米，渠道沿党河东岸而因，大部分经过砂卵石及细砂土，渗漏损失很大。县城东北一带渠道通水时，岸外地下水位均在 1—2 米，渠道停水后随之下降，冬季约在 3 米以下。据实测每公里损失 1% 以上，主要支渠有上下永丰有分渠等2条，全长11公里，1956年从惠煌渠尾（三渠口分水闸）至国棉农场，新建北干渠一条（实际是惠煌渠的延长），长20公里，修建砼分水闸7座，跌水22座，由于管理不善，渠道及建筑物全部淤塞损坏，输水能力由原8秒立米减少到2秒立米。

二、资料

1. 水文、气象

根据沙枣园水文站记载，□常年总径流量为3.02亿立米，最大3.472亿立米，最小2.773亿立米。1959年7月8日实测最大洪水314秒立米，一般洪水20—45秒立米，最大含沙量375公斤/立米，一般33—52公斤/立米。进入渠道的推移质最大粒径5厘米左右，最高气温39℃，最低气温-26℃，年温差为65℃。初霜期10月7日，终霜期4月15日，平均无霜期177天，绝对无霜期118天。年日照3100—3300小时，一天最长日照时间达14小时。风向冬季以西北风为主，春秋多东北风，最大风力为8级，风速14秒米。封冻期一般在10月15日前后，解冻期在3月底前后，地冻厚度约1.4米。

2. 灌溉制度

春灌于惊蛰开始，立夏前结束。夏灌在立夏前开始，小暑结束。作物生长期一般灌水一次，一部分（凉沙地）灌三次水，头水在播种后50到60天开始浇二水距头水相隔25天左右。夏秋比例大致为6：4，夏禾以小麦为主，其次为油料、瓜果菜园，夏秋都浇水，秋禾苗水于小暑前开始，秋分结束，棉花浇二次水，粮食浇三次水。秋泡地（凉沙地）秋分前开始，寒露前结束，冬灌于寒露前开始，立冬后小雪前结束，全年灌水期约250天左右。

3. 人口及劳力

党河灌区共有农业人口约5万人，男女全半劳力将近2万人。

4. 交通情况

由兰新铁路柳园车站至敦煌县的公路130公里，县城至工地也有便道可通行汽车，交通尚便利，唯运距远，运输费大，因而工程造价高。

5. 工程材料

党河口有变质石灰岩，石质差，寿命不长且运距远。党河口至西千佛洞河床内有20厘米左右的卵石，河底距岸顶约在50米以上，运输困难，成本高。距黑山最24公里左右，8厘米以下的卵石较多，戈壁滩上取之不竭。使作砼骨料的天然材料砂子一般均可就地采集，运输距离不远，水泥、木材、钢材等器材均须有国家调拨。

三、工程设计

黑山嘴涵洞，东干渠从总干渠分水后，仍沿党河西岸而行，至黑山嘴横穿党河接惠煌渠口，临时在河中筑坝堵水，河床宽200多米，汛期常被洪水冲断，不仅影响灌溉，且浪费劳力。黑山嘴以上约33.5公里，已于1959年用卵石干砌，为弧形断面，渠道纵坡1/140—1/200，设计水深1.6—1.8米，设计流量25秒立米，加大30秒立米，流速2.5秒米左右。关于排砂问题，应渠底比河底低3米左右。河床纵坡1/150左右，排砂渠道纵坡缓，流速小，排砂不力，且渠道挖方大并不太经济，因此排砂问题将来在总干渠上一并考虑解决，较为适宜。

水工设计：根据沙枣园水文站实测，最大洪水为314秒立米。经访问老年人和实测以往洪水痕迹，推算分析约相当于40—60年一遇的洪水，我们就采用这个数字，也符合一般三级工程的设计指标，但沙枣园距黑山嘴36公里，中小水期损失30%的水量，洪水期损失按10%计算，共计损失水量约为31.4秒立米设计洪水流量应为314-31.4=282.6≈283秒立米。涵洞长采取60米，净过水断面为58米，水深1.8米，流速2.72秒米。当水深达2米时，可宣泄400秒立米的洪水。涵洞设计流量和渠道相同，洞内水深接近渠道水深为无压涵洞，采用钢筋砼盖板矩形双孔涵洞，高、宽各为2米，纵坡为1/100，水深1.8米，流速4.17米/秒。进门段由梯形渐变为弧形，与上游渠道相接，进口水深2.5米，出口为梯形断面，暂接惠煌渠口。以后东干渠再继续改建成砌，涵洞进口底低于河床3米，盖板以上填土厚0.6—1.2米。

结构设计：河床全部为砂砾石，地下水位在3米以下，施工阶段因渠道引水灌溉，基坑内可能出现渗水，一般情况对建筑物无影响。涵洞底墩均采用110#砼。盖板即一字墙为140#钢筋砼。河床上游底下护砌10米长，河岸区治150米长，即东岸接到山头，西岸接到上游固定河岸边。内坡用干砌卵石和柴茨护岸。下游区治15米，底部干砌卵石，并在末端横穿河床作2.5米深的砼截墙一道（约为水深的1.4倍），两岸做圆柱体裹头和上下游渠岸相连。

酒泉专员专署农林牧办公室

甘肃省水利厅关于报送党河东干渠工程计划的报告

1963年4月30日　　甘229-2-444

（68）水计刘字第0354号

省经济计划委员会：

敦煌党河东干渠黑山嘴涵洞工程的设计任务书，你委（63）甘经计□字第158号批复准予列入1963年修建，现送上该工程的设计文件和预算，开提出以下审查意见，请核示。

一、黑山嘴涵洞工程，系东干渠的一项关键性的控制建筑工程，根据灌溉面积18万亩，□意按三级永久性建筑物设计，据此：

1. 溢流槽的宽度，应按50年一遇洪水设计，200年一遇洪水校核。

2. 涵洞机构建议采用正体的钢筋混凝土双孔箱形涵洞，并浇建一座厚30厘米的90号混凝土做基础，在施工中，必须严格保证质量，以确保工程安全。

3. 关于原设计结构，对溢流槽倒墙地基细砂砾部分未考虑水的渗透压力，关于原设计的结构方面，对倾覆及滑动安全因素都偏小，希在结构上采取措施加强，并在墙下部加设排水孔，消除渗透水压力。

4. 溢流槽底上下游齿墙适当加厚，其深度按冲刷深度确定。

5. 涵洞系按轻型结构设计的，洞墙按□支木梁计算，要考虑在排水孔被泥沙淤塞失灵的情况下，地下水压力对洞墙的作用，并以校核洞墙的稳定性。

6. 对施工中填土所产生的冲击荷重，混凝土缩裂缝等因素，在设计中都应予以充分考虑，混凝土承受弯应力不应考虑过大。在洞底混凝土板与洞墙分离的条件下，希就上浮力的验算混凝土板的厚度是否足够。

7. 涵洞盖板支撑于边墙顶的长度约20厘米偏小，改为30厘米。洞上顶凸出部分厚20厘米，希就剪力加以核算，是否足够。

8. 洞中隔上须加厚，加强对洞墙的支撑。洞基为新冲积层砂砾，可能不够深密，允许压应力不要估计过高，系在施工中开挖时加以调查研究后确定。

二、关于西干渠衬砌工程，今年已决定不搞，原分配投资，除涵洞工程考虑按15万元控制外，其余投资另行安排，不得挪用。

甘肃省水利厅关于党河干渠设计预算审批的通知

1963年6月17日　　甘229-2-444

（63）水计雒字第0538号

酒泉专署水利局：

敦煌党河东干渠黑山嘴涵洞的设计和预算，我厅于4月30日（63）水计字第354号报告及审查意见一并报请省经计委审批，嗣接省经计委（83）甘经计某字第334号通知该工程的设计审批权下放我厅，特此通知。希按照我厅原报省经计委所提审查意见研究安排施工，并将工程进展情况，按月报告。

甘肃省水利厅

甘肃省水利厅对东干渠黑山嘴涵洞修改设计审核意见

1963年1月8日　　甘229-2-444

一、溢流槽上游左岸应增做导水堤一道，位置大致与河岸线相平行，并用浆砌与干砌卵石护面，在坡脚加做齿墙与坡面砌石连成一体，对其他各处的堤坡脚亦同样处理。

二、溢流槽护坦下游末端齿墙深度应在计算冲刷深度以下1米，由原2.0米改为2.7米，齿墙上并设排水孔，下游抛石数量不够，应增加。

三、侧墙排水孔外面应设通路，将排出的水妥为引出。

四、涵洞里四个直角加做一三角形棱体，排水孔直径偏小，由原2厘米改为3厘米，背后加设反滤层，排水孔坡度改为向洞内倾斜，左侧墙及中间墙下端应留工作缝。

五、涵洞钢筋砼含钢量，当混凝土标号为110—140号时不能小于0.2%，不够的地方应增加。

六、溢流槽侧墙上的进水闸取消后，则隧洞出口消力槛亦应取消。

邱

甘肃省水利厅关于党河东干渠黑山嘴涵洞修正设计的批复

1963 年 8 月 6 日　　甘 229-2-444

（63）水计雒字第 0651 号

酒泉专署水利局：

（63）酒署水字第 056 号报告及附件均悉。关于党河东干渠黑山嘴涵洞修改设计及投资问题，提出以下审核意见，希望研究执行。

一、设计方面

1. 溢流槽上游左岸应增做导水堤一道，位置大致与河岸线相平行，并用浆砌与干砌卵石护面，在坡脚加做齿墙与坡面砌石连成一体，对其他各处的堤坡脚亦同样处理，干砌护坦务必保证质量，防止洪水冲毁，影响涵洞安全。护坦下游末端齿墙深度应在计算冲刷深度以下 1 米，由原 2.0 米改为 2.7 米，齿墙上并设排水孔，下游抛石数量不够，应增加。侧墙排水孔外面应增设通路，将排出的水妥为引出，侧墙上的进水闸取消后，则隧洞出口消力槛亦应取消。

2. 涵洞长度为 80 米，洞内四个直角加做一个三角形棱体，排水孔直径偏小，由原 2 厘米改为 3 厘米，背后加设反滤层，排水孔坡度改为向洞内倾斜，左侧墙及中间墙下端应留工作缝。

3. 涵洞钢筋混凝土含钢量，当混凝土标号为 110—140 号时不能小于 0.2%，不够的地方应增加。

4. 关于春季饮用消冰水的问题，应再详细研究，可考虑在涵洞下游适当地点设置临时引水口。

二、工程费用

根据上述修改意见，本着节约原则，再行详细核算，目前包括工程回收费，总造价按 15 万元执行，尚缺补助粮，因省上今年指标已分配完，希在专区调剂解决或适当降低补助标准，不再增加。

抄送：省经计委

抄送：省建设银行、敦煌县人委

附件：

敦煌县东干渠黑山嘴涵洞工程设计书

一、前言

东干渠在黑山嘴北旁和党河正交，过去是河渠不分，遇洪水则□堤岸冲毁影响干渠的正常输水，且对已衬砌的干渠工程也受到破坏。现在黑山嘴修建渠水涵洞工程，不但能保证东干渠的正常输水，而还能起防洪的作用，使东干渠灌区约 18 万亩农田得到适时的灌溉。

黑山嘴涵洞工程在生计划会议、河西水利会议确定为今年修建的国家基本建设项目，

3 月份本工程初步计划书上报省经计委、省水利厅等，4 月份我们派员在涵洞所在地区详细地进行了地形测量和党河洪峰流量断面的调查与测量，以及地下水情况的调查，这些资料的取得，从中发现有几个主要问题，在前次设计中（即 3 月份上报的工程计划书）是没有考虑到，也确系当时没有较完整的资料所致。

1. 党河的最大洪峰流量，实测资料只有 1959 年出现 314 秒立米，其他年份均小于 100 秒立米，而根据调查访问及历史洪水痕迹推算在前 30 年内像 1959 年的洪峰还是较小的，比这大许多的洪峰已出现过 2 至 3 次，若拿 1959 年的洪峰资料作为设计依据是不可靠的，故对党河的洪峰水文分析需加入历史洪峰资料来作为水文计算才是最合适的。

2. 党河每年的冬水都集中在黑山嘴以内的河床内，形成带浪的冰库，春季融化后是下游灌区必不可缺少，而又适当的安种水，以及平时的上游渗漏水，也在黑山嘴入东干渠，此外是当洪水时，若上游渠道及建筑物发生的故障时（如总干渠、东干渠、拦河坝等)，则要利用党河来通水，在黑山嘴才能入干渠（这样的事例在过去和今年都发生过)。在未修建涵洞工程前，由于河渠不分，消冰水及河道来水还可入渠现要修建涵洞工程，必须考虑这些水的入渠问题。

3. 黑山嘴附近是地下水露头地段，水位较高一段距地面 1.5 米，1960 年在涵洞上游的一段渠道衬砌时，因地下水位高又无排水设备，挖不到设计高程，故停止衬砌。关于地下水情况，在前次设计中是一个很大的疏忽，故要在这次的涵洞工程设计和预算中加以注意，比如在设计上涵洞洞底尽量抬高，故涵洞不宜作完全有压式，宜作半压式。涵洞出流的消能不宜作深挖的消力池，宜作消力槛，此外在施工上要有充足的排水设备等。

鉴于以上三个问题，并遵循 5 月初省水利厅（63）水计刘字第 0354 号，对本工程设计及预算的审查意见之精神，本工程确有重新设计及预算的必要，在此次设计过程中，听取了县的党政领导及业务单位领导同志的意见，又经群众技术干部的多次研讨，并以多种方案做的比较，故这次的设计与预算是比前次较为完善。

本次设计与预算是我局柴润山同志，根据省水利厅（68）水计刘字第 0354 号指示及实地了解的资料和该县领导上的意见，在县上重新做的设计与预算，后带回我局审阅。经数次研究，又听取了省厅李桂荣工程师对本工程提出的宝贵意见，现确定在溢洪槽上不设进水闸，以免泥沙入渠，其他尺寸仍按这次设计要求，但因设计图已经完成，故图上再不作更改，只在文字上加以说明。至于消冰水及渗水入干渠，要设进水闸的问题，有无必要设置和设置地点、结构形式等问题现尚未完全肯定，尚在施工中根据劳力、物力等或在今后的干渠扩建中加以考虑。

现根据新作的设计，其结构尺寸、工程量有所增加，比初步设计与预算多 6000 元为 160000 元，但补助粮缺少 15100 斤为 30000 斤，本次预算是结合本地区的具体情况，并参考酒泉市讨赖河北面一支干渠和金塔县东干渠实施的施工定额及单价分析来作的（前次预算是按省水利厅的预算定额，其定额一般偏低）。

此次设计与预算和前次初步设计与预算作一比较为简明之，对比列表于后。

关于本工程的修建，原计划于 4 月开工，6 月底竣工，后因计划未及时批复而没有开工，6 月份本工程修建正式批准，现计划在夏收后和汛期后的 8 月中旬开工，10 月下旬完工，准备工作已于6月中旬开始，如卵石运输和模板制造等。主要工程材料正在购置，工程量费现已拨15万元。补助粮已拨28000斤。现根据此次设计预算总工程费16万元，补助粮30，000市斤，分别尚差钱1万元，粮2000市斤，现路开工今有半月时间，本工程技术设计与预算，上报省经计委、省水利厅，请速批复，以待施工。

二、概况

黑山嘴涵洞工程位于敦煌县西南部约30公里的沙山脚下即黑山嘴北边，它是东干渠上的一座输水与溢洪两用的建筑物，起着防洪、溢洪与输水的双重作用。

注：附表未整理（062）。

东干渠灌溉着杨家桥、山危、五墩、郭家堡、吕家堡、黄渠、转渠口七个公社及国棉、城湾两个农场的耕地约18万亩，设计引水量25秒立米，加大30秒立米，1959年用卵石环砌366公里至黑山嘴党河西岸，干渠与党河平交接惠煌渠，汛期渠岸常被洪水冲断，影响惠煌渠10余万亩的农田灌溉。

惠煌渠系1953年以后，合并旧渠，裁弯取直，植树压柳，修建了一条临时渠道，长约20公里，最大引水量15秒立方，渠道沿党河东岸而引，大部分经过砂卵石及细砂土地带渗漏损失很大。县城东北一带渠道通水时，岸外地下水位均在1—2米，渠道停水后随之下降，冬季约在3米以下。据实测每公里损失1%以上，主要支渠有上下永丰有分渠等2条，全长11公里。

1956年从惠煌渠尾（三渠口分水闸）至国棉农场，新建北干渠一条（实际是惠煌渠的延长），长20公里，修建砼分水闸7座，跌水22座，由于管理不善，渠道及建筑物全部淤塞损坏，输水能力由原8秒立米减少到2秒立米。

三、资料

1. 水文气象

根据沙枣园水文站记载，正常年总径流量为3.02亿立米，最大3.472亿立米，最小2.773亿立米。59年7月8日实测最大洪水314秒立米，一般洪水20—45秒立米，最大含沙量375公斤/立米，一般33—52公斤/立米。

进入渠道的推移质最大粒径5厘米左右，最高气温39℃，最低气温-26℃，年温差为65℃。初霜期10月7日，终霜期4月15日，平均无霜期177天，绝对无霜期118天。年日照3100—3300小时，一天最长日照时间达14小时。风向冬季以西北风为主，春秋多东北风，最大风力为8级，风速14秒米。封冻期一般在10月15日前后，解冻期在3月底前后，地冻厚度约1.4米。

2. 灌溉制度

春灌于惊蛰开始，立夏前结束。夏灌在立夏前开始，小暑结束。作物生长期一般灌水一次，一部分（凉沙地）灌三次水，头水在播种后50到60天开始浇二水距头水相隔25天左右。夏秋比例大致为6∶4，夏禾以小麦为主，其次为油料、瓜果菜园，夏秋都浇水，秋禾苗水于小暑前开始，秋分结束，棉花浇二次水，粮食浇三次水。秋泡地（凉沙地）秋分前开始，寒露前结束，冬灌于寒露前开始，立冬后小雪前结束，全年灌水期约250天左右。

3. 人口及劳力

东干渠灌区有农业人口约40000人，男女全半劳力将近15000人。

4. 交通情况

由兰新铁路柳园车站至敦煌县的公路130公里，县城至工地也有便道可通行汽车。

唯有主要材料的卵石是距24公里多里的党河口渠堤便道送往工地，因需用量多，路运输费大，使工程造价高。

5. 工程材料

党河口有变质石灰岩，石质差，运距远。党河口至西千佛洞河床内有20厘米左右的卵石，河底距岸顶约在50米以上，运输困难，成本高。距黑山最24公里左右，8厘米以下的卵石较多，戈壁滩上取之不竭。使作砼骨料的天然材料，沙子一般均可就地采集，运输较近。

水泥、木材、钢材均须由国家调拨。

四、工程设计

1. 黑山嘴涵洞东干渠从总干渠分水后，沿党河北岸至黑山嘴横穿党河接惠煌渠口，临时在河中筑坝堵水，但汛期常被洪水冲断，影响灌溉，浪费劳力。黑山嘴以上约33.5公里渠道，已于1959年用卵石干砌为弧形断面，渠道纵坡0.007—0.005，原设计水深1.6—1.8米，设计流量35秒立米，加大30秒立米，流速2.5秒米。但由于施工时部分渠段未达到设计渠深，，现最大输水约20秒立米，在黑山最以下渠道有2825米是利用惠煌渠，还有23公里渠道工程尚未修建，当本工程的涵洞修建后，原设计修建的渠道工程还要继续完成。

2. 黑山嘴涵洞工程由溢流槽及涵洞两部分组成

（1）溢流槽：其建筑规模属于三级永久性建筑物，在正常使用情况下，设计过槽洪峰率部=2%（即50年一遇），在非常使用情况下以部=0.5%（200年一遇）作校核。

由沙枣园水文站历年的实测洪峰，并加入调查的历史洪峰算得 Q_{50}=440秒立米，Q_{200}=630秒立米，溢流槽就以此作设计与校核，但有36公里的河道渗漏损失和总分水闸的分洪而过槽洪峰，Q_{50}=396秒立米（设计）Q_{200}=522秒立米（校核），算得净宽78米、设计水深1.8米、校核水深2.0米、槽墙净高2.4米及2.5米，槽侧墙为砼的长22米，两端做浆砌卵石，渐变段翼墙，各长10米，后接堤岸，槽内用干砌卵石护底32米宽，在前后两端分别作1.0米及2.0米（为最大冲刷深度约1.2倍）深的齿墙，上游的东西护堤，分别接黑山嘴及东干渠道南渠岸堤（向上延长200米），槽下游在西岸作40米长的护堤，末端作浆砌圆柱体裹头。

在东岸护堤40米左右和旧堤相接，槽上下游的护堤，临水坡用卵石砌护40米至50米。

（2）涵洞：设计流量和渠道相同，按加大流量30秒立米计，洞上游渠道水深1.8米，洞前需2.8米的水深，适用1.0米落差的曲线陡坡来产生的，涵洞为正体浇筑的钢筋混凝土双孔箱涵，每孔高和宽约为2.0米，顶底板、边墙中隔墙厚度约为0.4米，总长度为80米，纵坡0.0075，落差0.6米，洞内无压式水流水深1.30—1.74米，在进出口每5米中间段，每隔 10.0 米，作一沉墙缝，在边墙底部每隔 2.0 米设排水孔，在洞底用素砼做基础，厚 0.2 米至 0.4 米，洞顶填土 0.55—0.75 米，并作卵石护面洞出口设消力池及消力槛，以便和下游渠道衔接。

五、工程预算

工程量 15045 立米，其中土石方 13920 立米，砼及同 925 九立米，需劳力 24000 工日，总预计 16 万元，扣除工程收回费 10000 元，总造价为 150000 元，补助粮 30000 市斤。

六、工程效益

本工程完成后不再受洪水危害，不但能使东干渠正常输水保证东干渠灌区 10 余万亩农田的适时灌溉，而还能起防洪作用。

七、施工安排

本工程于 6 月中旬开始拉运卵石、制作模板、购置器材等，计划于 8 月中旬开工，10 月下旬完工。

酒泉专员专署水利局

1963 年 6 月

拾壹 民间收藏水利文献

本类文献提要

疏勒河流域传统水利事业的组织和石羊河、黑河相比明显粗放，较不依赖契约性文字进行，故民间收藏仍以建国后文献为主。编者在本流搜集到的主要有两种，即1960年编印的铅印本《伟大的双塔水库》与《赤金峡水库第一期工程总结》。

《伟大的双塔水库》系油印品，封面缺失，前三页有撕扯痕迹，封底有“《伟大的双塔水库》张掖专区水利局编”小字，故名。从其内容上看，为水库竣工后各单位的贺信，不见于各处档案馆，可以反映当时地方社会对于双塔水库的普遍重视。此件为2017年4月编者在孔夫子旧书网购得。

《赤金峡水库第一期工程总结》，铅印本，封面有“西北水电设计院资料室”蓝色章，系记录20世纪50年代末赤金峡水库初建之资料。赤金峡水库为当今流域三大水库之一，因档案中对这一工程初建状况缺乏记载，特予以刊布以备稽考。

伟大的双塔水库

阙题文之一

……不是个人的胜利，是总路线的胜利。让我们齐心合力，在党的领导下，和英雄的疏勒河人民一起，和兄弟单位一起，赢得改造自然的更伟大的胜利。

阙题文之二

……六十年代继续大跃进的第一个春季战役中，在党的英明正确领导下及当地政府和广大群众支援下，双塔水库竣工了。为了大搞水利高潮，彻底改变甘肃干旱面貌，实现省委提出的“无雨大增产，大旱大丰收”多快好省地兴修水利，确保今年年底完成安西渠道工程任务。我代表昌马河水利工程处全体职工同志向大会提出以下保证：

一、坚持政治挂帅，思想领先，坚决贯彻党的“鼓足干劲力争上游多快好省地建设社会主义”总路线，高举毛泽东思想的红旗，达到思想好、工作好、学习好。

二、大搞技术革新和技术革命的群众运动，发挥广大职工的积极创造性，向工厂要工具，向工具要劳力，向工具要工效，提倡大干实干加巧干，争取在今年创制2000种渠道运输新工具，来促进安西渠道工程。

三、继续开展一二三四五运动，办好工地修配厂、石灰厂、炸药厂、木材加工厂等，争取在今年工程材料和零件基本自给。自制炸药1000吨，石灰500吨，架子车零件5万件。

四、坚决贯彻八届八中全会关于增产节约的决议，本着□价办一切事业的方针，动脑筋，想办法，找窍门，挖潜力，修改设计，就地取材，加强施工管理，保质保量，做到少花钱，多办事，优质高工效，做到有计划，有布置，有检查，有总结。增产增□不增人，充分发挥集体力量。

五、健全工地安全制度和管理工作，消灭一切工伤和责任事故，做到安全施工确保……

阙题文之三

……玉门镇公社党委和三万多名社员，向大会致以热烈的祝贺，并向昌马河水利工程处全体干部和工程技术人员致以崇高的敬礼。

双塔水库的建成是党的多快好省建设社会主义总路线的胜利，是党的绝对领导胜利，是大跃进的胜利，双塔水库的建设胜利完成，充分体现了党的战胜困难，改造大自然的方式的无比英明。使我们在改造大自然，利用一切水利方向，取得的又一次伟大的胜利。这一水库的建成，不仅使安西的广阔肥沃的荒地能够大量开垦，为国家增产更多的粮食和棉花，而且也间接地缓和了玉门浇水上的紧张情况，也就保证了扩大面积的及时灌溉。

双塔水库是继昌马河总干渠工程之后的第二期工程。我们以满腔的热情等待着昌马河第三期工程——昌马水库的早日建设，在不久的将来，昌马水库的建成，将从根本上解决关外地区的农田灌溉用水和工业用水，也将会彻底消灭干旱，促进电气化的早日实现。因此，在这庆贺双塔水库胜利竣工的大喜日子里，我们全体社员热烈要求工程处早日投入昌马水库工程，这将从根本上保证农业早日实现三化。

在这里我们再一次感激党对我们的关怀，处处为我们的幸福作了周密的安排，特别是张掖地委和专署领导上经常深入水库工程现场，在第一线指挥战斗，这是保证水库胜利完成提前完成的根本保证。

水库已经建成，这是一个大好的喜事，我们要在党的绝对领导下，继续贯彻上级照顾下级，开源节流的原则，想尽一切办法，解决玉门部分地区的缺水问题。为了保证用水，我们于去年冬季组织社员一千多名掏泉五万多眼，并新修□昌河水库，作到三水齐用，并普遍整修了渠道，组织了灌溉专业队和护渠专业队实行经济用水，计划配水的办法，保证今年扩大灌溉面积达到十四万二千五百亩，作到农田、林地草地全部灌遍。力争1960年粮食生产达到四千二百万斤，比1959年增产64%，蔬菜达到三千七百万斤……

阙题文之四

……玉门市交通运输管理局公路段来参加双塔水库竣工典礼大会，我感到非常荣幸，非常高兴。在大会上听了各位首长的报告和各位同志的□□，知道我们双塔水库是在党的正确领导下，在大跃进总路线的光辉照耀下，动工兴建的。使我们甘肃的第一流大型水库，在工程数量和工程质量上都是浩大的和细致的。在设备条件□材料方面困难的条件下，我们双塔水库全体职工同志能高举无产阶级的红旗，克服一切困难，发挥每个人的智慧，以顽强的革命意志，完成了党交给这一光荣而伟大艰巨的任务。□我感到十分敬佩，我代表张掖交通运输管理局向玉门镇汽车□和玉门市交通运输管理局公路段的全体职工，向全体工程技术人员和全体工人同志致以革命的崇高敬礼。

双塔水库造成后，给我们的河西人民带来了很大的幸福，水库造成后，可□大量的电流，可灌溉农田□亩，对河西的工业、农业将有很大的促进作用，为我们社会主义建设事业的迅速发展，打下了良好的基础。

在双塔水库建设中全体职工日以继夜地在天寒地冻气候非常严寒的条件下，全体职工在施工中，以冲天的革命干劲，发挥了无穷的智慧，克服了重重困难，完成了任务，这种大无畏的革命精神，这种伟大的建设速度，使我们值得效仿和学习。在建设中培养出很多的技术人员和红色工人，为我们今年的水利工作打下了良好的基础。在大协作和各光荣单位以及我们运输单位做到了紧密的联系，有了以上这些共产主义精神，促使工程早日完成，促使我们这个竣工典礼大会早日召开。今天的大会使我们□到了很多的建设经验，我们要把双塔水库的建设经验带到我们工作中去。最后，向全体双塔水库工程技术人员和工人同志致以崇高的敬礼。

张掖专员公署交通运输管理局　玉门市汽车站
一九六〇年三月二十三日

张掖专区的贺信

双塔堡水库工程处并全体职工：

欣闻双塔堡水库工程胜利竣工，是党的总路线，大跃进，大搞群众运动的胜利和全体职工辛勤劳动的结晶。这一工程的建成将给河西农业高速度发展创造有利条件，对目前抗旱生产提供有力的保证，这是党的领导胜利，我们预祝你们再接再厉，战胜干旱，永远当水利战线上的尖兵。值此举行竣工典礼大会之际，谨致热烈的祝贺。

张掖专区计划委员会
张掖专区基本建设委员会
张掖专区经济委员会
一九六〇年三月廿二日

玉门石油管理局的贺信

双塔堡水库工程处：

双塔堡水库的早日竣工，是安西人民在党的领导下，征服自然的伟大胜利，特此电贺，并邮送锦旗一面，并祝安西人民在水利建设事业中取得更大的胜利。

甘肃省引洮上山水利工程局
一九六〇年三月二十一日

引洮工程局的贺信

县委并转双塔水库：

三月十九日电悉，欣闻你县双塔水库举行竣工典礼特表祝贺。由于我局最近正在召开几个现场会议加之生产任务十分紧张，实无法派人前往参加，甚感抱歉，见谅。

玉门石油管理局
1960 年 3 月 22 日

酒泉新生机械厂贺信

昌马河工程处全体干部职工、□□□□□□□同志：

欣闻你库于三月廿三日举行竣工典礼，我厂全体职工，以兴奋的心情，谨向你们致以热烈的祝贺。

伟大的水库工程的竣工，是你们在党的正确领导下，总路线的光辉照耀下，经过大家的苦干实干而取得的。同时也是总路线的胜利，水库的建成为河西的农业水利化奠定了良好的基础，为无雨大增产，大旱大丰收提供了可靠的保证，加速了我国的社会主义建设，为党为国家创造了丰功伟绩，望你们保持荣誉，鼓足更大的干劲，乘胜前进！为党为国家创造更加辉煌的成就！

甘肃省国营酒泉新生机械厂
一九六〇年三月廿二日

酒泉市机械制造厂贺信

双塔堡水库竣工典礼大会：

你们在党的总路线光辉照耀下发挥了不断革命的精神，征服了大自然，为大旱大丰收奠定了可靠的基础，完成了党交给的光荣任务。我们致以热烈祝贺。

酒泉市机械制造厂
一九六〇年三月廿三日

酒泉市机械修配厂贺信

双塔水库：

电悉你库举行竣工典礼，说明领导全体职工在党的总路线照耀下发挥了革命英雄气魄，我厂实无法派人参加，特电表示衷心祝贺。

酒泉机械修配厂
一九六〇年三月十九日

玉门市二中贺信

昌马河水利工程处党委及全体同志们：

当我们听到双塔水库胜利竣工的时候，我们以万分喜悦和兴奋的心情，衷心地祝贺您们在党的社会主义和共产主义事业中取得的又一新的成绩，并向您们致以崇高的敬礼和热烈的祝贺。

正在全省人民热烈响应省委号召，在各级党组织的领导下，大擂“无雨大增产，大旱大丰收”的战鼓的时候，全省最大的水库——双塔水库工程的竣工，对实现这一号召，具有重大的意义。

双塔水库是改变河西干旱面貌的大型水利工程之一，它将使关外广大无水、缺水的地区和沙滩、戈壁彻底改观。把几千年来所谓“不毛”之地变为沃土良田。为扩大耕地面积，增加农业生产都起着坚实的保证作用。这是党的总路线的又一桩胜利，是全体职工同志们在党的领导下辛勤奋战又一次辉煌的结晶，我们再一次向您们致以亲切的慰问和真挚的敬意。

你们不但是多快好省地完成本项工作任务的典范之一，而且对住地的机关、学校和单位的友好帮助，充分地显示了大公无私的共产主义协作精神。当我校在经验缺乏，基础薄弱的情况下，开展勤工俭学运动的时候，您们毫不犹豫地伸出了友谊之手。无论在技术方面，运输方面和住房、原料、材料、工具等物质方面，都给了我们无私的援助，为我校进一步开展勤工俭学活动和提高教学质量创造了极大有利的条件。请让我们向您们致以亲切的谢意。

我们在党的正确领导下和有关单位的大力支援下，经过全体师生的努力，勤工俭学活动已获得进一步的发展，仅 1959 年一年，我们就为国家创造财富 20494 元。最近，我们根据省教育厅的指示：初中以上的学生停课一月，参加人民公社的防旱抗旱运动。到三月十八日上，经过三天激战，我们已将巩昌河水库合龙，为按原计划提前两天完成第一期工程奠定了稳固的基础。预计今年在勤工俭学活动中，我们将为国家创造财富十万元。在这一工作中，您们对我校的支持，将永远成为鼓舞我们前进的力量。

更大更好更全面跃进的 1960 年，已经过去了三个月，愿我们在党的领导下进一步发挥革命的英雄气概，携手并进，继续为实现今年的更大跃进而作出更大的成绩。

同志们！尽管我们的岗位不同，但我们的奋斗目标是一致的，让我们紧密地团结在党的周围，在自己的岗位上，高举毛泽东思想红旗，在党的绝对领导下，在总路线的光辉照耀下，大踏步地奋勇迈进。

最后我们热烈地祝贺双塔堡水库的胜利竣工和预祝您们从胜利走向新的胜利！

谨致以崇高的

敬礼

玉门市第二中学（印）

一九六〇年三月廿二日

赤金峡水库第一期工程总结

一

赤金峡水库位于石油河下游的赤金峡口。上游发源于祁连山内野马滩，较大支流有吊沙河、红沟头，二、三道峡沟、东大沟、西大沟、东小沟等8条。但水量都很小，只是在每年6—8月间山洪暴发后流量突然骤增。水库上游流经赤金农场，纵穿赤金人民公社，下游直到花海人民公社和花海农场，河流全长约为150公里。赤金河流域耕地面积为近十万亩，河道平均比降为1‰—3‰。常年最大洪水量据实测洪水痕迹推算为300个秒公方洪水量历时约24小时，年终输沙量约3.7万公方。在解放前由于历代的统治者不顾人民的生命保安和生活的提高，大肆掠夺自然，造成了严重的洪水灾害和大量的水土流失。由于河水中砂砾较多，每年总有不少的土地庄稼被淹没，更突出的是造成大量的土地受到干旱。因此形成赤金与花海人民因用水而发生的不可调解的冲突，每次冲突的后果是人财两伤，使流域两方人民终年过着衣不遮体，食不充饥的悲惨生活。

解放后，由于党的正确领导，重视了农田水利建设和水土保持工作，特别是自中央提出的以“蓄水为主、小型为主、民办为主”的农田水利建设方针，和省委关于“苦战三年基本改变甘肃面貌”以及专区提出“苦战三年改变河西干旱面貌和开展万库群的群众运动”的宏伟号召以后，大大地鼓舞了群众对水利建设的信心。县委根据群众的迫切要求和为了在花海地区扩大耕地面积，为此提出“鼓足干劲苦战三年多快好省地把玉门建设成为河西的棉粮基地目标奋斗”的口号，并根据花海和赤金地区农业发展的需要作出了修建赤金峡水库等有关问题的决定。

赤金峡水库在玉门来说是一个中型的水利建设工程，坝身高达26公尺，底宽158公尺，长184公尺，顶宽7公尺，最大蓄水量为1000—1400万公方，可灌溉面积10—14万亩。给水洞位于大坝西端，启闭闸门设在坝外，洞长130公尺，其中开炸隧道约52公尺，给水洞断面采用拱形面宽1.2公尺，高1.5公尺溢洪道位于给水洞顶端，进口宽20公尺，出口10公尺，纵坡1/200，全部工程原计划清基66250方、块石护面9000方、夯坝土方219620方、溢洪道16000方、砂砾坝壳141000方、开炸石方6380方、沥青混凝土200方，共计200方，需劳动工日696000个。

工程是从1958年月底开始兴工修建的，它自始至终保持了全市人民的大协作。在市委工地党委的领导下，以政治挂帅、思想先行为前提，大搞群众运动，坚持了群众路线的工作方法，推动了工程的顺利进展，不断地掀起了以技术革新和技术革命为主体的群众运动，在工程上采取了“边勘测、边设计、边施工”以及“以土为主，土洋结合”的方针，经过了一年三个月的昼夜奋战，完成了第一期工程。坝身高17公尺，底宽158公尺，顶宽53公尺，长184公尺，最大蓄水量为460万公方，共计完成土砂石方382650方，占总工程任务的83.5%（原计划系440450方，工程修建中增加坝前铺盖层18000方现为458450方）。尚余工程量16.5%，计75800方，待第二期继续修建。根据水库现有能量除满足当前下游耕地55000亩用水以外，尚可扩灌一定数量的耕地。

第二期工程系经过水库党委提出方案，请示市委市人委批准，其剩余工程目前不再修建，待今后土地发展的需要再继续进行。在目前大跃进的形势下，又适于夏收秋种的农忙季节，以及洪水期的威胁在工程中造成窝工浪费。为了更好地调剂农村劳力和避免窝工现象，这一方案的决定是完全正确的，也受到了各人民公社的赞同和拥护。

此期工程质量，经张掖专署工程检查组进行鉴定后，土坝质量都达到设计标准。经抽查含水量偏低（11%—14%），不过按砂壤土的要求，还是可以的。坝下基础因中间部分有60公尺的一段，在清基时未清到岩石层，故有渗水现象，但因库内淤砂较厚，渗水甚微。根据河流洪水期含泥较多的情况，坝前在1—2年内就淤积很厚的一层黏土天然铺盖层，将对基础防渗起到良好的效果，渗漏量亦将随之逐年减少。

临时溢洪道宽14公尺，高程1549公尺，低于坝顶5公尺。经测量洪水最高流量在200个秒公方时经过库容调剂，土坝并无漫顶的危险。

输水河内部分未进行加固，现已发现洞顶漏水。水位上升后，估计有渗入坝顶的可能，今后需进行处理，消力池出口部分已被冲破，须立即修补，以保证输水洞与土坝的安全。

土坝还未经过蓄水检验，临时溢洪道东边坝头用于砌块石护坡，可能质量较差，在第一工程结束后，工地仍留部分人员作抢险防汛工作。

赤金峡水库是以“民办公助”的中型水利工程，全部投资分为两个主要部分：

民办投资以劳力为主，共投资劳动日585249个，折合资金702299元（每个劳动日一元二角计算）。

公助部分共投资人民币525211元，基本上符合“民办公助”的原则（附资产、负债表）：

资产负债表

本表系为第一期工程资产负债表：

名称：赤峡水库　　1959年7月20日			
科目	金额	科目	金额
库存现金	802,178	专区投资	22,000,000
暂付款	3,813,519	市县投资	14,800,000
工程支出	47,905,493	银行贷款	11,000,000
材料费	27,941,059	代管干渠经费	15,842
设备费	3,431,556	暂借款	4,583,696
固定资产	7,051,310	其他收入	121,652
运费	5,396,372		

续表

名称：赤峡水库　1959年7月20日			
科目	金额	科目	金额
旅差费	275,906		
医药费	631,222		
奖励费	41,772		
工资	1,935,808		
补助费	15,680		
管理费	445,839		
修理费	462,454		
其他	276,515		

本表外还有购买的一吨炸药，一部分运费等没有算在内。

二

一年三个月来在修建赤峡水库实践中，我们有以下几点体会：

1. 加强党的领导是推动工程顺利进展的根本保证

党的领导首先是政治挂帅，思想先行。正如省委张书记所说“要革大自然的命，必须先革人们思想的命”。这是千真万确的，如果思想不解放，墨守成规，那就一事无成。在实际工作中我们深刻地体会到，右倾思想和条件论者是修建水库中的主要障碍。工程一开始就有人说“玉门人就没有搞水利工程的经验；就地无器材，交通不方便，劳力又缺乏”，还说什么“水库工程大，国家不投资水库建不成”等等，他们企图阻挠玉门十八万人民的信心。当时也有一部分人认识模糊，立场不稳，就受到了这些条件论者的迷惑，不能安心工作。在这种情况下，县委立即召开了有关会议，特别是在乡支书、乡长会议上，严肃认真地批判了这种不正确的认识，排除了思想上的障碍；并决定了水库工作仍为“民办公助”正确方针，立即调兵遣将，两千余名水利大军来自四面八方，占全市农业人口劳力的10‰。在工程进展中又出现了个别领导干部，违反了党的政策，不关心群众生活，致使群众信心涣散，意见纷纷，对工程进度受到了一定的损失。县委发现后，立即组织了慰问团来水军慰问，一方面与群众口头谈心，另一方面解决存在的问题。县委鲁书记和人委刘县长亲临工地，深入群众，了解情况后毅然决然地对有严重官僚主义，脱离群众的工程负责人水利科长梁秉信同志进行了严肃的处理。群众的劳动情绪大为好转，从而取得了在思想战线的又一胜利。

在工程后一阶段，又出现了一些用心不纯的人说“工程太大，遥遥无期”，在群众头上泼冷水，特别在洪水即将到来的时候，有人就借机大肆煽动说：“过了七一关，背着行李回家转，谁要不行动，就是王八蛋”。在粮食问题上也进行了一系列的污蔑，说：“50斤粮吃不饱，肚子饥就不能干活”等等。工程党委立即采取了措施，首先在党团内统一了思想认识，然后以大鸣、大放、大辩论、大字报的形式，在群众中展开了专题辩论，如“50斤粮究竟够吃不够吃”“停工回家好，还是完工回家好”“战胜洪水呢□还是工程让洪水冲走呢，要不要花海人民的生命财产”，经过酝酿讨论后问题弄清了，认识明确了，群众一致提出“50斤粮足够吃的”“水库不完工誓不回家”“战不胜洪水决不罢休”等强有力的行动口号，干劲也突然地高涨起来，在生产中又掀起了新的高潮。

因此我们认为党的绝对领导，是工程建设中的重要核心力量。不断地与右倾思想进行无情的斗争，高攀无产阶级的红旗，拔掉资产阶级的白旗，从而，才取得了思想战线上的伟大胜利。

在各个工程阶段中，工地党委提出了不同的政治口号和工作措施；明确方向，鼓动群众和干部的工作热情。工程一开始，县委立即提出“为扩10万亩耕地亩产粮食600斤、棉花80斤，把玉门建成为河西的粮棉基地之一而奋斗”的口号，使全体民工和干部懂得了为什么要修建赤峡水库。在工程进展中又经常不断地举行了动员会、报告会、现场观摩会、誓师比武会。工程开始不久因缺少领工员和技术员，就在工地上办起了技术训练班，很快就培养出百余名领工员和技术员，基本上解决了技术上的问题。

在炎热的季节里采取了“上午早上工，下午到天黑，中午休息三点钟”，到严寒的季节里又提出了“地冻三尺不休工，青年的心火熔雪冰”。特别是在今年的六、七月份因为洪水即将来临，如果土方不能在洪水前抢运完，道路因被洪水淹没，就要停止运土。更重要的是直接威胁着土坝的安全。为此，党委果断地提出了三大措施“加强思想教育；增加运土车辆；小爆破改为大爆破”并提出“苦战40天猛攻土方关”“要分秒必争抢在洪水前”的战斗口号，还编出了鼓励性的歌曲：

赤峡水库的英雄汉，个个干劲冲破天；
要河水倒流，要高山让路；
要把洪水聚成洋，要把荒滩变良田；
工程不能再迟缓，凶猛的洪水在眼前；
同志们，加油干！党的生日把礼献。

七月十三日夜间发现了有洪水上涨，由党委书记、总指挥、副总指挥以及全体干部一齐出动，带动民工大搞土方运输，一直坚持到天亮，道路被水淹没不能继续工作为止，一夜干了两夜的活，基本解决了第一期工程的土方。这对民工的鼓舞很大，在民工中的英雄事迹、模范人物也就像雨后春笋一样不断地涌现出来。如：昌马公社民工殷国泰，他是多次要求来参加水库的建设，而没有批准跑来的。在拉车的工作中经常突破劳动定额，工程后期还长期带病工作，在水量上树立了标杆，评为劳动模范。五十多岁的老铁匠雷迎春，他是水库开工就来的，一直坚持完工。在工作中，他不管是白天还是晚上，有活就做。还提出：“绝不因缺工具，影响了工程。”也是几次被评为模范。在抢险工作中，如王志雄、李兴禄下水抢捞输水洞口的石头，身上冻得发红，也不上来，在水里坚持了十二个多小时捞完才出了水。

工地上有技术连、“三八”妇女连、跃进队、尖兵队、黄忠队、赵云队等36个工作效率有了显著的提高。如翻土由每天每人5方提高到17方；打炮眼每人每天0.7公尺提高到3.3公尺；运土每人拉18车次提高到35车次。这就是党在各个工程阶段观察了形势，深入了工地，发现了问题及时地提出了不同的政治口号和工作措施，大搞群众运动的结果。

2. 用不同的形式鼓动群众的积极性

第一，开展红旗竞赛运动。营与营、队与队、组与组、个人与个人，进行友谊的挑战，争夺红旗，使先进的更先进，落后的赶上去。连续三天超额完成任务，获得个人小红旗者即发给物资奖励，先后共奖励了420人次。中等红旗共五面，其中四面是在营队之间进行评比，并分为四个等级：一等是火箭，二等是卫星，三等是标杆，四等是跃进，亦为每天评比一次。另一方面是各食堂医务室之间的流动红旗，每三天评比一次。大红旗有五面，固定红旗在完工时总结评比，由各单位带回。这对各营各队的民工干劲鼓舞很大，从而掀起一个学先进、赶先进、夺红旗保红旗的竞赛高潮。

第二，利用广播会、现场会、大字报、大辩论、比武台、光荣榜等形式，会议，对比，算细账，向民工和干部进行社会主义和共产主义教育，互相开展批评与自我批评，广播上经常播送新人新事，模范事迹、照片也不时地出现在光荣榜上。并经常由党委组织报告，召开广播大会，以提高民工和干部的共产主义思想和建设社会主义的积极性。如在六月一日下午听取了广播会议以后，昌马、柳河、花海、靖西、赤金共五个营的民工392人，立即行动起来，自动地加班翻土，两个小时内就翻土700多方。

第三，各地组织慰问团来水库慰问。市委和市人委首长自始至终就关心民工的文娱生活，经常派剧团来水库进行演出。白市长会要求电影队每半月必须放映一次，如在没有交通工具的情况下，也要将影机用人抬去演出。专区水电局也几次派来电影队，各个公社也是如此，并在每次慰问时都要带来许多的慰问品，再加上工地也经常组织小型的节目，不断地举行会演，工地上共来了35次慰问。演戏剧6场，电影11场，收到慰问品蔬菜33432斤，肉食6276斤，鞋210双，慰问信134封，价值7940余元。使每个人都体会到党的关怀与温暖，纷纷表示要安下心，扎下根，要更好地为建设水库贡献出自己的力量。

第四，干部参加劳动，与民工同吃、同住、同劳动。这样既锻炼了干部，改造了思想，又带动和教育了群众，密切了干群关系。在这一问题上特别表现在由市上下放锻炼的一批干部，他们密切地团结在党的周围，以艰苦奋斗的精神和卓越的劳动成绩，深入到群众中去。与民工打成一片，学习着民工的劳动经验，又鼓舞了群众的干劲，为党的建设事业起了他们积极的作用。

要在生产不断发展的基础上逐步改善民工的生活。这才充分地体验到我们社会主义制度的优越性。解放以来祖国随着生产的不断发展，人民物质生活和文化生活也得到不断的提高，劳动人民在对这个问题的体会最深刻。他们说："生活越过越有味，生产越干越有劲。"党的任务也就是要全面地做到生产生活一齐抓，应当强调全面，反对片面；强调发展的观点，反对静止的观点。生产与生活是一个问题的两个方面，不能把他们决然分开，分开就会出问题。它们二者之间是相互联系的，相互制约的，是相互贯通和相互促进的。这是我党在建设社会主义时期，对于唯物辩证法的发展，是毛主席早就提出的"用两条腿走路"的思想的发展。

工地党委在水库建设中，具体地掌握和运用了两条腿走路的方法，因而在大闹技术革命获得了显著的成绩。在工程中党委提出“苦干、买干加巧干”和“见活先动脑，干活不离巧”的响亮口号，号召全体人员，首先要解放思想，破除迷信，大胆设想，创造发明。先后从群众中提出了合理化建议96件，采纳率达到60%，经试办成功改制有效者共21种，其中主要有木轨平车、洒水车、轧路机、羊角滚、气门嘴、水船、滚珠、钢碗、钢圈、辐条等，不仅节约了国家资金也解决了停工待料的困难。同时大大地提高了工作效率，弥补了人力的不足。如洒水车制成后只用两个人操作，节约洒水人员7—8人，提高工效8倍以上。架子车轮内滚珠、气门嘴、幅条等，会一度地缺少到处又购买不易。几乎造成车辆大批地待料停驶。经过群众的大胆设想，制成了土制的气门嘴，并以钢圈代替了滚珠，利用旧条复活。结果功效良好，迅速地恢复了架子车的正常使用，在运输工作中增加车辆100余部。仅此一项既节约资金3400余元，在大搞技术改革的运动中水库基本上实现了三化：

（1）运土车辆化。工程中往返运送土砂石方全部系架子车、手推车，彻底消减了肩抬人挑的笨重体力劳动。

（2）轧坝机械化。坝面上轧路机、羊角滚、石磙、辗转不停。既提高了工作效率，更保证了工程质量。

（3）水库工厂化。先后在工地上建立了铁工厂、木工厂、滚珠厂、修车厂、加工厂等五个工厂，从民工中抽出75人参加这类工作，目前为国家节约了资金17990.5元。

在大闹技术革命的生产效率逐日上升的同时，党委随之又提出“动员人员下现场”和“开水经常有，饭菜花样多，医务人员下工地”的口号。为了巩固群众的劳动热情，确保施工安全，提高劳动出劲，会组织了食堂、茶炉房、医务室等部门的竞赛，促使生活服务部门迅速赶上生产的需要。

今年五六月间，粮食青黄不接以及运输困难，造成主食较少。工地党委立即指定专人负责接运粮食，市委也会派专车送来粮食8000余斤。此外又发动了群众，利用工余时间大搞野菜，增加副食，使民工吃到丰富的蔬菜。群众一致反映说：“党对我们真是无微不至的关怀，我们决心要把全部力量贡献出来。”

在文化生活方面：一年来组织文化学习扫除文盲2007人，占总人数的94%。达到了水库民工基本脱盲。做好这些工作是解决群众切身问题的关键，从而使群众感到党的关怀和工地温暖，进一步在生产上发挥了力量。

在大搞技术革新和技术革命中我们另一个体会是：只有坚决贯彻党的群众路线才能实现多快好省；同时在修建水库过程中也我们进一步深讨大自然的秘密，使我们丰富了向自然斗争的经验。破科学技术高不可攀，立人人可以创造发明。对那些墨守陈规，坐享其成的右倾保守者们，又是一场尖锐激烈的斗争。如在轧路机试制过程中，会有人认为“器材缺乏，技术复杂”，没有信心，以致使试制工作拖延了四个多月。最后在党委的大力支持和群众的努力坚持下，终于试创成功。虽在工作进度上造成了某些损失，但经过四个月来反复斗争，条件论者与单纯技术观点者们终究失败了，铁的事实和群众的力量教育了他们。从而，工具改革之花也万紫千红地在工地上到处开放起来。

3. 加强施工领导，严密劳动组织

根据水库工作人员均来自不同的工作岗位，除70%系由各公社调来的农民外，还有30%其成分比较复杂。□□□□□□□□□□□□□□□□□□□□□□□□□□，因此思想类型是多种多样的。值此情况下，如不能很好地加强领导，严格地进行劳动管理工作，就会带来严重的窝工浪费，将给工程造成不利。依据工程需要和便于领导管理的原则，工程总的负责为工程指挥部，下设工务、总务、器材、保护等四个股及技革委员会分工负责具体领导施工。在劳动组合方面，公社农民以民兵组织形式，编为六个营（以社为单位划分），以下分运、排、班；其他人员分为四个中队，以下各中队分为三个小队，每小队分为3个小组，进行管理。在经营管理上采用“分片、分地包干制”；每当下达任务时采用“自上而下的抽管，由下而上的包干”的方法。并在生产上以五天一次安排，十五天一次计划措施。□□。这样进一步为巩固了人民民主专政，也严密了劳动纪律，促使工作效率的提高。

4. 党、团员在工程中的作用

每当一个运动的开展，首先在党团内做好启发动员，统一思想认识，使党团员能在群众中像机车一样发挥其带动作用，保证运动的顺利开展。为在今年6月间党委提出“大搞土方，突击运输，向洪水斗争”的号召后，共产党员马积福、魏宗英、共青团员杜江亮在700—1000公尺长距运土中，首创每人35车时出色成绩突破生产定额，树立了标杆。群众情绪也随之高涨起来，共青团员何玉翏同志因公受伤，但坚持不休息继续工作，群众为此激动很大。诸如此类，不胜枚举。

5. 党中央提出的“重点治理，集中治理”的方针和“一地有事，四方支援”的精神是完全正确的

赤金峡水库在第一期工程进展中就具体地体验了这个方针，发挥了共产主义大协作的精神。上级领导和各个公社以及兄弟都源源不绝地给予我支持和支援，保证了工程的顺利开展。如省水利厅派来了拖拉机，水利工程处送来了抽水机，大草滩支援了大批的炸药，运输处发给了汽车，商业局尽量满足我们器材的需要，赤金农场不仅开来了拖拉机，而且在人力上也大力地援助了我们。会于今年五月间抽调生产队员500余人来水库工作，这一切对完成第一期工程来说起到了决定性的意义。

三

一年多来通过水利工程的修建虽然已经取得了巨大的成绩，但距党对我们的要求尚不够满足。同时也不可否认，在我们工作中还存在着一定的缺点，需要在今后工作中克服和纠正的。

1. “施工必须安全，安全为了施工。”这是在各个施工过程中应当确实注意的，特别对全体工作人员的安全操作教育，应进行认真反复的讲解，并将安全操作规程更具体地定入到劳动纪律中去，使每个人能严肃地对待这一问题，认真地在实际劳动中去执行和遵守，否则将会因个别人员的疏忽大意以致在工程中带来不应有的损失。如在开炸给水洞

时，因放炮人员不按安全规程进行操作，造成伤亡事故，一起炸死民工五人。在翻土工作中，因不重视安全制度挖掘伸瑟土方，以致造成塌方事故，压死女民工一人，其次在劳动中碰伤、跌伤、打伤、压伤等不同的工伤事故也会断断续续地发生过。既给人身带来了不可避免的痛苦，也给工程建设造成了不可弥补的损失。为此，应当深刻地吸取这些血的教训。在今后工程进展中提高警惕，做好安全教育，严防事故的发生。

2. 在清基工作中，我们采用了“一箭双雕，边清边夯”的办法。结合夯填、回填土方同时进行，全部清基量计66250方，从而节约了工日25000个。但在清基后的合龙工作中表现了过早的情况。合拢工作应根据实际施工条件和自然形势适当地考虑，既不宜过早，亦不应过迟，以免影响工程的进展。赤峡水库系于1958年11月开合龙的，在今年工作中感到有过早的现象，造成坝前运土比较困难。同时在冬季结冻时进行合龙亦无别的不利于土坝质量。

3. 工程进展中应做好粮食供应工作。水库民工大多数来自各个公社，粮食问题系由公社解决，在客观条件上比较困难，交通不便，运力缺乏。因而往往不能按时供应。但也有个别公社，由于不能很好地重视这一问题，一拖再拖，不按时机运造成数次的无粮而停伙。昌马公社表现较为严重，18天没粮吃，一借再借。最后借不到钱了饿一天肚子。这对工程的进展受到了直接的阻碍，严重地影响了民工的劳动热情。此外也有个别公社把原粮大批地送到水库，而因水库没有加工设备导致不能及时解决需要。因此，我们认为：

（1）较大的工程工地，设立粮仓，应集中解决食粮供应，以免因运输条件造成不能按时供应。

（2）工程工地上，应设粮食加工厂，以便进行原粮的加工工作。

（3）为了调剂民工的生活，在地上应适当地种些蔬菜。和养猪养羊等。

4. 在工程中由于计划不周，安排不当，以致造成劳力与物力的浪费。如在工程初期运土地区不能慎重考虑。在河东修筑有轨和无轨平车路土基两条。事后又不能适用，造成浪费工日4000多个。又在修筑便桥工作中因缺乏周密的考虑，结果水位上涨后，便桥数次损坏，在人力、物力上均遭受到损失，估计浪费工日2000余个。仅以上两项估计浪费工日6000余个。其他类似情况亦时有发生。总之，在工程中对劳力的周密计划，适当安排是值得重视的问题。

5. 赤金峡水库原计划为十个月完成全部工程，但实际已达15个月之久，亦仅完成全部工程的83.5%。其主要原因是：

（1）劳力没按计划到来。原计划劳力4000—5000人。开工后最高达到2700人，后来由于各方面工作形成了大跃进的局面，劳力显得特别紧张，水库的劳动逐渐下降，平均人数只有1300人。更重要是在劳动强度方面也随着减弱。如去年玉门镇公社在所有民工中就有十七岁以下的178人，老汉98人，孕妇2人。在每个阶段都有一定数量的民工逃跑。如花海南渠大队，在动员民工来水库时，给民工许了愿打了保条，结果工作两个月后，未来人换，来的30人就跑回去了。中闸大队党支书于六月廿五日给民工侯秀俊来信说：你们水库如工作重，受不了可以跑回来。接信后就跑回七八个人。各公社和生产队经常把人就要回去。请假回去和跑回去的就扣住不再回来。有的家长来探望后，暗自领回等等。再加上工程负责人梁策信同志不能很好地关心群众生活。造成了大量的民工逃跑。这给我们的教训是：不论搞任何工作要合理地计划人力，并保证下来这是按期完成任务的主要因素之一。

（2）工程计划不周，措施跟不上。在工程不同时期是缺乏计划安排，特别是措施跟不上去。去年修路过多。花工5000多个。只起到了部分作用，估计浪费工日2500多个。发现了问题。缺乏具体的分析和采取具体的措施加以解决。特别是在劳动定额上，虽然还没有达到专区提出的定额标准。但是根据我们实际施工情况是有些偏高。有90%左右的人是完不成定额的。形成了计划得多完成得少，拖延了工程的时间。我们认为：劳动定额要根据各地的具体情况和不同的工种，制定出合理的劳动定额，使他既有余地，又有奋斗目标。才能充分地调动群众的积极性。

（3）鞍形的思想工作。生产中往往表现了波浪式的起伏不平，忽高忽低，由高潮到低潮，由低潮又走到高潮，这是在工作中的正常现象。但是，思想工作往往落后于客观实际。对事物的发展在一定的条件下会转化为自身的反面，认识不清，所以思想工作也就形成了时紧时松，抓住了一头，而又丢掉了另一头。为此，使低潮转向高潮时，就变得吃力迟缓。这使我们深深地体会到：政治思想工作，一旦受到损失或不能随着形势的发展而加强，必然会造成经济上的损失；在低潮阶段也是进行修整做准备的阶段，促使低潮快步转向高潮。这是我们在施工中得到的一些教训。

中共玉门市赤金峡水库工地委员会

玉门市赤金峡水库工程委员会

拾贰

口述文献

本类文献提要

口述文献是疏勒河流域水利史文献的重要组成部分。在甘肃省疏勒河流域水资源利用中心的大力支持下，编者在2015—2019年进行了长达5年的口述史采访，访问对象多达40余人，身份涉及水利部门领导同志、技术人员、普通职工，以及地方政府基层干部与农民群众等，受访者年龄在50—90岁，内容涉及水利工程史、水资源管理制度演化、水环境变迁等诸多问题，访谈方式包括座谈会、单独访谈、电话访谈等，累计录音达30余个小时。这些口述史料极为宝贵，绝大部分皆可与传统历史文献相呼应，不仅补充订正了许多历史细节，更为深入理解文献、展开进一步求索提供了诸多角度与线索。然而经过反复评估，大部分内容目前暂不适宜公开。本单元只选取2015年、2017年两次耆老座谈会上的发言纪要，并做了适当节录。

2015年座谈会与2017年座谈会均由甘肃省疏勒河流域水资源局（2015年称甘肃省疏勒河流域水资源管理局，均简称疏管局），会前由清华大学方面事先提供了访谈大纲和人员建议。两次座谈会气氛坦诚、热烈，老同志们纷纷发言，所谈论的很多问题都大大超过了提纲范围，透露出很多重要信息。涉及1949之前的历史信息，涉及“安玉水案”的一些细节、玉门地区基层水利组织的运作模式、龙王庙相关问题、昌马地震对泉水灌区的影响等；涉及1949年之后的历史信息，则包括传统水利技术向现代水利技术的过渡历程、重点工程修建历程、流域管理机构的运作与变革、水资源开发的生态后果等。其中很多信息极为珍贵。由于身份、立场的不同，会议上有很多精彩的“交锋”，充分反映出历史记忆的复杂性。在整理中，我们在尽量保留不同受访者语言风格的前提下对文字进行了逻辑梳理，使其具有基本的可读性；对于现场的“交锋”，也尽量予以保留。编者对其中涉及具体人物的褒贬以及其他一些敏感问题做了删节或模糊化处理；主持人开场白以及采访人感谢词等皆予以省略。

整理稿完成后，编者曾请部分参加座谈的老同志审阅。这批老同志中，一部分对具名发表有疑虑，另一部分则表示不能接受删减。经反复研究并做工作，编者决定将所有人物隐去姓名、职衔，仅介绍其职业、年龄，并按发言顺序以大写英文字母指代，以避免不必要的误会。其中要特别感谢流域耆宿乔生强、胡正明、王聚行、李发福、宁瑞栋、杨昌庭、张万新、张怀德、虎占山、李吉元、郭兴文、魏兴福、焦登华、许钧衡、刘常生、张学文等先生，耐心细致地为我们提供了诸多重要信息。在此，谨向他们以及所有接受编者采访的前辈表示由衷的敬意。

2015 年耆老座谈会纪要

参会耆老：A 先生　玉门市文化部门领导干部，时年 69 岁
　　　　　B 先生　瓜州县三道沟镇农民，时年 75 岁
　　　　　C 先生　原疏勒河管理处基层水利职工，时年 70 岁
　　　　　D 先生　原玉门市水利机构领导干部，时年 72 岁
　　　　　E 先生　原疏勒河管理处技术干部，时年 76 岁
　　　　　F 先生　原疏勒河管理处领导干部，时年 78 岁
　　　　　G 先生　原玉门市水利机构技术干部，时年 70 岁
　　　　　H 先生　原疏勒河管理处领导干部，时年 72 岁
　　　　　I 先生　原玉门市委党校教师，年龄未详
座谈地点：甘肃省疏勒河流域水资源管理局会议室
座谈时间：2015 年 7 月 22 日
主 持 人：陈兴国　时任甘肃省疏勒河流域水资源管理局副局长
采 访 人：张景平　时为清华大学水利水电工程系博士后
　　　　　王治泉　时任甘肃省疏勒河流域水资源管理局办公室主任
　　　　　惠　磊　时任甘肃省疏勒河流域水资源管理局办公室副主任

A 先生发言：

我就是玉门人，有些人可能知道我。我做了一辈子文化工作，在文化局干了三十多年，退休的时候在市政协文史委专门搞文史资料搞了几年。接到疏管局关于疏勒河流域口述史的采访大纲，我感到很高兴。一方面是以前水利上没有做过这样类似的大型的采访，在座的各位老前辈和我年龄也差不多。我也退休了，当然也有些比我大，有些和我同岁，我们提起当年的事情都知道一些，我感到很高兴，现在是在挖掘历史、记录历史。咱们祖祖辈辈几千年就靠疏勒河生存，咱们都知道水是生命线，所以我认为这件事情很好，也很及时。我简单谈一下我知道的几件事，从我们来讲整理的东西也很多，因为我一直是搞文化的，对水的内容也不专门关注，以前也不搞专门的东西，就是在搞文化的过程中碰上了一些，所以我就谈两件事。

第一件事是八十年代初，我到文化馆工作，整理资料的过程中听说有个《赤金断水碑》，这个名字是后人起的，意思就是定了一些水规。我是赤金人，赤金和花海在清代、民国的时候就经常为水打架、争斗，有时候打死人就把棺材抬上。这些事情我在十几岁、二十几岁的时候经常听到。听说有《断水碑》后，我就注意找这个碑。玉门镇是清代玉门县的老县城，这里有很多著名的碑，但是一开始没有找到《断水碑》。1986 年的时候，无意中听说这个碑在赤金。当时说了三个地方：一是在赤金红山寺的一个油坊，说当时在做

油渣的时候把很多碑都放到了那个油坊；二是在修赤金峡水库的时候，把几十块碑拉去做了闸墙；三是修乡政府的时候把碑拉去修了地基，说法很多。最后碑是在一个农民家发现的，这个碑有一米七八高，很可惜的是这个农民在捶芨芨，把这个碑破坏了。这个碑的正面刻的字是行书，拳头大的字，刻得很花哨，刻的是水案的解决方式。背面是小字，一寸见方，刻得很详细，但是破坏掉的就正好是这边，留下的字还不到三分之一。碑现在就在新建的博物馆。从资料来说这件事很重大，因为这件事，我也写了一些文章。清代花海、赤金经常争水，还有军队的土地，到了春天三方都需要用水，但水量有限，特别容易起纠纷。老人们传说是朝廷派了钦差大臣立了水规，刻到石头上。但是找到这个碑后发现，没有什么钦差大臣，这就是地方官判的，时间是道光二十一年，就是鸦片战争的第二年。我当时就写了一些东西发表了，当时的想法是想看看别的地方有没有人提出不同的意见，但是后来也没有其他。

第二件事是黄闸湾这个地方的"皇闸"和"皇渠"，这个也专门调查过，但当时不是为了水利，是由于文物普查和省上下达的命令调查民间艺术，拨了一些钱和资源去调查社火在玉门的起源和发展，收集民间故事、民间小曲子。我们调查了一年，在这个过程中发现了皇渠。当时老百姓传的是皇帝下令在这里修的渠，说皇闸是花岗岩修的，上面刻的是龙纹、分几个口开的闸，初一、十五放水等。当然这里面有他们自己添加的东西，以及老人们口口相传难免有出入。我们在调查的时候，皇闸已经完全没有遗存，都是现代的闸，但是老百姓们说就在某块地方。皇渠倒是发现了一段，大概是从黄闸湾北湖开始一直到柳河蘑菇滩，很多地方完全看不出来了，我们也没有走完。当时我们的主要精力是放在文化上，就主要问的是皇闸的来历，为什么起了"皇闸湾"这个名字，那里的老百姓都很自豪，说这就是皇上赐给他们那里皇闸，因此得名的。后来我发现了一副清代的地图，上面写的是"黄闸湾"，那么是老百姓叫对了，还是本来就是"黄闸湾"？因为谐音是很常见的，当然后来没有资料去验证到底是什么情况，但是很多老百姓是称"皇闸"，最后可能说是地方奉上级命令修闸分水。但是"皇闸湾"这个名字、皇闸、皇渠的遗址在，民间传说也在，于是我们也就原封不动地记载了这些事情。

下面我想说说龙王庙。我记得五十年代的时候到处都是龙王庙和土地庙。赤金河就有四个龙王庙，印象中龙王庙比土地庙大，并且都是圆窗户，朝向东。后来听说天下衙门朝南开，龙王庙都是向东开，后来搞文化就注重一些。龙王庙都靠近河，当时还小不敢进龙王庙，一是害怕二是敬畏，毕竟龙王庙里是有龙王的，就感觉不能随便进。五八年的时候，我十二岁，大规模毁了一次，后来是"文化大革命"时代"破四旧"，又毁了一次。大概就是这些情况。我研究民俗几十年，很多资料都没有，走到哪就是问当地老百姓。当地老乡有多种情况，有些是不识字，记忆力好，记得的也是老人们传下来的；有的是识字，记的也是老人传的，再加一点自己的想象，真真假假都有，我们都会记载下来，然后再进行梳理、分析、辨别、整理。那时候关于玉门的一些地名、风俗等也是就陆续写了东西发表，发表后也会有人提出问题，会写信来指出错误，就这样慢慢一点点完善的。水利上的问题，我不是很懂，就提一些，可能也有不对的，欢迎水利上的老前辈进行补充。

B 先生发言：

我先说一下龙王庙的情况。我们老家在瓜州三道沟镇东湖村，据我印象中是有龙王庙的。我们的家乡四面都有河，四面都有个龙王庙。上面有两个龙王庙，下面有两个龙王庙。都修在河沿上，距离河沿大概一百米。我们这附近几个村子水源不一样。上面有几个村子，用的是从柴坝庙分下来的昌马河的水；除了洪水，河水一般流不到我们这里，上面就用完了。但是河道里、河道边又不断有泉水冒出来，慢慢又汇成河水。

我们东面的龙王庙叫东庙，西面的龙王庙叫大庙，为啥叫大庙呢？因为规模在这一带是最大的，有三进院落。龙王殿在后面，中间是个三官殿，前面是娘娘殿，我们小时候敢进娘娘殿，三官殿、龙王殿不敢进，因为画的画看起来让人觉得害怕。大概六七岁的时候，我还曾经在大庙看过一回戏。我记得娘娘庙里的一个娘娘像肩膀背着个双头褡裢，前面一个娃娃，后面一个娃娃。记得那时候两边的墙上都塑的小娃娃。东庙就在我家不远，那个庙敢进去，但是我们进去的时候已经没有龙王了，土地改革的时候第一个毁的就是龙王庙里的神像。我还能看到龙王庙大殿大的柱子上还缠着两条龙，墙上有壁画，当时并不知道壁画上画的什么，根据我们现在的分析，壁画上应该画的是封神演义上的东西。东庙毁于 1958 年，大炼钢铁的时候把庙里的钟都拿去炼钢铁了，庙也拆了，毁了。

东、西庙上游还有另外两个龙王庙。一个庙叫公田地庙，因为它有公产和庙产，庙里住的是道士不是和尚，所以搞一些活动的时候就打一些粮食，作为公产来招待一些人，也是五八年拆毁的，拆了后农民修了水磨。庙里什么情况也不知道。另一个庙叫夹坝庙，在东南面分水口，因为它是三叉分水，前面是个坝，中间是分水龙头，刚好是坝中间修了一个庙。现在已经完全不见踪影，被水冲没了。

四个庙中，原址还存在的就是大庙，后来改修天元寺。前几年也进去过，但是旧的建筑都没有了。1958 年修水坝的时候也曾经在里面住过，地方很宽敞。四个庙里，东庙和公田地庙有庙产。东庙的庙产是大户张家经营的，我小的时候，东庙还有三十亩的庙产，常年住着个道人，早晚要去敲钟。庙产的作用两个，一是每年二月二龙抬头的时候会有庙会活动，大户张家会在庙里杀一只羊，做大锅饭，每个去庙里的人都能吃一碗羊肉饭；二是每年修坝的时候，张家需要杀羊做大锅饭，修坝的人每人都要吃一碗，称为祭坝。

东庙的庙产由张家经营，也是有原因的。张家在我们那里是大户，但是比较开明。张家原来有个老大，为人比较刻薄，对长工很不好；后来有一次晚上家里进了贼，他喊长工来打贼，结果自己反而被长工当作贼打死了。后来老二当家，因为这件事就特别害怕长工，对长工很好，当时的穷苦人家都比较喜欢去张家干活。后来土改的时候就没揪没斗，只没收了财产。庙产交给这样的人经营，大家也比较放心。

解放前我们这里有个大户是不容易的。这有个缘故。据说早先大户们都喜欢种东庙那边的土地，因为那边泉水多，河坝也比较浅，用水就比较容易。所以单说龙王庙，东庙就比大庙大，因为它整个就是个龙王庙，不像大庙里只有一个龙王殿，而且东庙有庙产，大庙没有。大庙主要靠香火了。但是昌马大地震之后，东边的一些泉水突然就干了，大户的地都浇不上水。他们要买西边的、或者买我们下边的土地，不给他卖，或者加价卖，这他们就受不了，所以就剩下一个张家。张家日子也没有那么好过，搞各种额外的摊派总找他，他家一个儿子被马步芳的连长给打残疾了。

我老家那个自然村叫下六户，就是六户人家，纪家、顾家、蔡家、唐家、费家、丁家，我小时候后三家已经没有后代了，但清明我们会去给他们上坟。当时就有老人说，这里面有和玉门打架死的。我们当时会因为用水和玉门打架。每家都会出人去打架，不出人打架，四月种完麦子需要浇头水时就不让你浇。听说解放前玉门和我家乡因为分水官司也有立碑，之前玉门是每个月浇水九天，我们浇水二十一天，但是打架过程中打死了玉门的两个人，于是官府判决我们的浇水时间减两天，初一他们放水五天，十五放水六天。这只是我们三道沟这个水口，不是全部的地方。全部的水口要十几个。水碑找不到了，但是水规一直沿用到八十年代后。后来总干渠修好，慢慢配套支渠，泉水也没有了，纠纷也就平息了。

解放前因为分水的纠纷，玉门和安西是不通婚的，解放后关系才逐渐改变，普遍来往通婚了。龙王庙据先辈讲有两个作用，一是保佑风调雨顺，二是可以镇土地，不要让河水把我们的地给冲刷没了。所以二月二龙抬头的时候，老百姓会去龙王庙磕头上香。我们的分水叫钻洞子闸，因为我们木头闸口上有一个石板，中间有个洞，我们用来放水。这个洞是我们下六家的人，每人收一双筷子放在一起，在石板上墩齐画一个圆，砸了个洞。其他的水要放到下游，给安西县城的人去使用。我们因为是泉水灌区，水量丰沛，所以钻洞子水就只给我们下六户浇水了。

其实我们自然村的灌溉一直是不存在问题的，水很丰沛。我知道的是我们当时浇水是按户浇水的，不是按亩浇水的。比如说我在水口上浇水，浇完水就把水放下去了，一直放到渠下面，最后就放到河里去了。当时有很多河坝，都是泉水汇聚而成，六十年代的时候有的推平，有的干了。我们村子其实和玉门没有直接的纠纷，水源也不在玉门境内，但是为什么要和玉门打架？这里面两个问题，一个是我们乡里的其他地方有和玉门分泉水的，就是我前面说的初一、十五两次轮灌。有时玉门不按规矩来，多占，我们就要去抢回来。另外，安西县城周围的那些区域，水源大部分还要从玉门来。我们是为乡上去打、为县上去打，不是为我们村子打。

水虽然不缺，但是每年打坝是个苦力活。用的虽然是泉水，沟道不宽但切得很深了。每年灌溉前，十天左右就需要打出来近 10 米高的坝，附近几个村子基本都去，用的手推车，当时是有三个生产队。疏勒河的沟道在我们这里落差很大，但到了安西就没有这么大的落差了。当时修的是柴草坝，秋天浇完水需要把水再放回河道里，因为没有地方可以储水。后来人多力量大、树多了，就修了个闸。我知道的是叫“十二年闸”，修了十二年，从上到下的斜坡闸，用木头修的。那个坝承受的压力很大，有一次水积起来后我们都很高兴，但是水太多了，水压大就把坝推走了，所以还需要再打，加固。但这样的情况就、出现过一次，一般情况下，坝还是很牢固的。

C 先生发言：

我说一下我在昌马总干渠工作的情况。我从参加工作就到了昌马大坝上，七零年到八五年，当时刚去的时候是合同工，七二年的时候合同工、临时工都转成了正式工。我一直在昌马大坝上，当时在那里休息不好，最开始是石头房，就在水闸后面，水声很大。当时我们一起是七个正式职工，其他都是安西、玉门各乡镇派的护渠工，和我们一起管理总干渠。开始的时候，那里条件很艰苦，一有时间我们就需要打芨芨墩。最初没有坝桥，都是拿各乡各村的树去截水，后来修了坝桥，再后来又修了挑水坝，水就都向北，向我们的闸的方向调过来了。于是就修了三孔临时闸，洪水来的时候就打开闸口泄洪。我记得很清楚的是1979年的雨水猛得很，一个小时之内闸没有来得及提起来，导致国营404厂的闸口都开始淌水了。当时404是有部队的，当时驻扎了一个连，我拉了联系铃，部队就派人下来了。他们就帮着我们起闸，后来就改成了电动闸，就好了很多。当时灌溉科的杨科长就说要，水大的时候闸是几个人提不起来的，要赶快把渠里的进水闸压住。我们一般情况下不能随便压闸，否则出了问题会遭处罚。我们每年冬天都会培训，讲混凝土的配合比等等，于是我就跟段长说，雨这么大，我们去压进水闸吧。但是段长不同意，说灌溉科不同意坚决不能压闸，发生了争执。当时那个闸是生铁的，把弹簧卡子取了就会咣当转，转得差不多了就用摇把控制住，没有四个人根本搅不动。当时我们待在那里的时候，只有石头打的一截子坝，其他还要用芨芨墩。我们当时都是小娃子，打坝的时候水很急，大家都很小心，站在河里的人都是会水的。不会水的就待在水沿边上，要是掉下去，还要去救人。打坝最吃紧的时候就是传石头、压芨芨笼，站着几排人，要很快用石头把芨芨笼子装满，芨芨笼才能站住，水才能拦过来。芨芨要搓成草绳、编成笼子串在一起，做成柴草坝拦水。芨芨笼子一米半高，底子大，上面是小口，中间装卵石。当时人很多，有两、三百多人，一排排地站着传石头，要传得很快，不然人在河里站不住，站不住坝就毁了，一天白干，所以要尽可能发动很多人。除了芨芨，每年都需要去昌马的山坡上打稍稍杨，去周围农村把树秧子拉过来，抢险堵口子用。70年代末，柴草已经很难弄了。

当时我想换地方，有阵子我情绪就比较大，因为待的时间久了，就想往下游调一下。疏管处的领导就跟我说，让我在总干渠待三十年，给我立个碑，让后人向我学习。我就多次建议总干渠搞花岗岩人工槽条，示范成功后，就一年搞十次。过去民工来在陡坡上需要卸一车水泥，水泥卸下后，要把石头码成人字形，用水泥抹得光光的，春修、夏修、秋修都是，后来在石板上打洞，然后把木头用水泥抹上，效果也不错。再后来搞木制槽条，一年三次就冲掉了，再到后来老百姓木头拿不起了，因为树很少，所以就放的混凝土槽条。这种槽条里面有四根钢筋，比石头好很多，但是也不行。当时我们在那里的时候，每个人需要捡三方石头。后来就搞成了花岗料石的人工槽条。

D先生插话：

放槽条，是因为水从陡坡上下来，需要消能。昌马干渠设计了几个大陡坡，速度特别快。开始槽条是石头做的，但是硬碰硬不行，就用了混凝土，时间也是短，再后来就是木头，最后是花岗岩。

E先生插话：

槽条最早是1964年放的，最初是用铁皮包混凝土，坏了以后就需要修，也不太行。后来就是花岗岩石，也不大行，再后来就是桦木，也还是不成，因为这个工程的设计最开始是来自苏联，他们不了解，没有通过实验去做。每年都需要修，一年三次。当时修渠是安西、玉门的人都要上。施工人员包括机关单位处长以下的所有人都要去，一般在十天左右，少的是七天。刚才所说的大坝拦水的问题，在我印象中是最头疼的事情。我六一年来就参加打水，刚才A同志就说了打一米多的墩子，上面小下面大里面装石头。再就是卷埽，一个在十五米左右，外面包的是树秧子，然后就地用柴搭上，垫在里面，垫上石头，再用芨芨绳子捆起来。夏天河坝涨水期间，进水闸、泄洪闸是在流水的，慢慢地就会把闸的高度抬得不一样，尤其遇到洪水，大溜直接就偏移了，水就可能渠进不了水。所以必须用卷埽拦水。80年代改造溢流堰，渠首永备化，才慢慢解决。还修了排沙闸，是个三孔闸，每个孔可以排30方水。如果进水闸中淤积的石沙过多，就抬进水闸，这样石沙就从冲沙闸走、水就从进水闸入渠。

C先生继续发言：

每年去找这些树、柴草是个麻烦事。做卷埽的树秧是从农村里砍的，柴是戈壁滩上砍的，当时树很少。树都是集体的，各生产队有任务，要种一些专门给我们用，但是大部分树长不及嘛。这些材料主要是在秋灌的时候用，因为秋灌的时候就没水了，需要这样去截水。90年代，一亩地收水费四毛钱，全灌区一年收十一二万。我们的进水闸又焊的一米五的栅栏，用来拦石头。石头泄不出去。那时候是交七毛钱的水费，交了费，你就得让老百姓有水灌溉。那时候单位上就给我们下的命令，一个月不管河水有多紧张，都要排一到两个小时的沙，不然闸前面泥沙淤满了，水都向其他方向走了。

F先生发言：

我说几件灾害有关的问题。我五十年代后期参加工作，一来就在水利上工作，在水利上忙活了四十一年，1999年退休，时间过去已经很长了。亲身经历的旱、涝都有，但时间太久了，都记不大清楚了。具体数据我这都还有，但是具体说不出来了。我大部分时间是在石油河工作，70年代到花海，80年代又到赤金。从洪水方面来讲，我现在记忆中损失最大的大概是1959年，南山、鸦儿峡下暴雨。鸦儿峡是石油河的一个油矿区。那次洪水冲掉了大概三百多间房子，二十二辆汽车，还有职工的行李、铺盖都被冲到了戈壁滩上，死了十三个人，损失十分严重。70年代白杨河发洪水，把玉门东的公路、桥梁、铁路、老百姓的房子都冲坏了，损失比较大，那次大概停水十天。再就是70年代的花海，宽台山下雨发洪，淹得比较厉害。后来就搞了防洪坝。再就是赤金峡水库的修建，大概是1958年开始，到1959年5月份，第一期工程大概就结束了，人就都调到白杨河水库了，我倒是参加过一年多的修建。后来又进行了二、三期扩建，到1965年，花海干渠就开始修了。这些工程建设，对于当时的玉门来说都是很大的工程了，花海干渠就是市长指挥，水电局长负责指挥，下面调集各公社主要负责人。我1971年到花海，还去过干海子，水面很大。70年代修了花海北干渠，把昌马灌区的排碱水引到花海。花海是个盆地，引水过去使得地下水位上升，盐碱比较严重。另外还听老人说有地震，是解放前的事，很多泉水一夜变干、泉眼冒沙，整村子的人逃荒，这就不是亲眼见的了。

G先生发言：

我今年70岁了，赤金峡第一期工程的时候我才13岁。1962年第二期加高工程，土是推土机压碎，人拉的架子车运的。我当时是去工地劳动了两个月，十月到十二月。因为十月的时候，上游石油河的水就停了，赤、花大闸就下了，水库就不进水了。坝后面是有渗水的，人工挑水上去，全部是用的石头，用不了的就木头夯。水、土都是人工运的。第三次加高工程，玉门的八个镇除了清泉和昌马没去，其他六个镇都去了人，当时工地上最多能有五六千人。第四次是1966年的秋天，花海干渠的全部工程人员都参与了，也是加高工程。

H先生发言：

我主要说一下机构设置和工程管理方面的。我原来是昌马管理处的，我们六一年来的时候都是小灌区，六四年合并了，成立了昌马管理处。六六年又把昌马处交到农建十一师，交了三年。六九年又交回酒泉管，到九十年代年又成立了疏勒河管理处，后来变成疏管局，把双塔、花海都收回来。机构设置大致是这样的情况。当时灌溉情况是，原来是五个乡镇，三个农场，后来变成七个乡镇，灌溉面积由原来的十六万亩，水库修好后变为一百多万亩。

这个灌区建于五六年，五八年正式交给张掖管。当时移交的时候，干渠条件艰苦得很，只有一个分水闸，大坝上修了一个排洪闸、一个进水闸，住的人都在道人住的小房子里。我记得我们三个人在大坝上住了三个月，是个小房。那时候，说的是三个段的分水闸，但是修的都是卵石房子。我当时和一个河北的老技术员一起待了一个月，后来我就调到大坝上去了。后在五十三号、五十四号陡坡就下来了。到六四年以后，环境才慢慢改善。我们现在住的房子基本上都修了三次了。原来的职工生活条件真的很差。我们找对象，玉门找不上，机关根本找不上，就到农村里找还可能找得上。招工也根本没有人到水利上去。昌马处最开始有三十个人编制，六零年我们去的时候有十六个人，加上我们是十八个人，人都不愿意去那里。那时候，昌马处是科级单位，后来到了农建十一师提成了县级单位。昌马水库的修建解决了大问题。昌马水库起源于六四年，那时候我记得我已经到了昌马处，那时候西北勘测设计院设计，六六年准备上马，施工人员都来了，但是“文化大革命”一开始又撤了。再上马，就到了90年代。

水费问题，六一年每亩地四毛钱，六七年的时候升到了七毛钱。到七十年代末，按方收费，一方水一分钱。那时候都没有维修费，配水也是按亩配水，浇水都是大水漫灌。六七十年代虽然有量水标准，但大家都不节水，地比现在少得多，水却相当紧张。尤其是每年六月十号到二十号，正好是夏灌第二次、第三次的时候，水非常紧张。九十年代之前，管水人员是很受尊重的。八三或者八四年的时候，我下灌区去检查，玉门市的市长和水电局的局长追到灌区来要水了，要两方水。我说，其实还有一个小时我就回去，你们没有必要跑。以前就是这样，市长、县长、乡长整体都会去水管所要水。我听说现在水利上有问题的时候，水管所、水管段的人去乡政府，找主管乡长都不接待。怎么看待这个问题？我觉得是我们水利工作进步了，不缺水了。

我们水利职工的生活条件现在也提高了，我们的住房也已经改变了三次了。过去不是这样。说个笑话，七十年代我们处长买了辆自行车，地区还要查，看合不合规，他们认为你买不起。那时候上昌马大坝等这些地方，职工们都是要走路，偶尔看能不能搭部队的车。现在情况完全变了。但是比起其他单位来说，我们还是苦。这水利上的人不得不承认，你的工作地点就在戈壁滩上、深山老林里，谁不愿意在城市里呢？

I先生发言：

我就是个教书匠，不熟悉水利也没研究过民俗，不过调到市委工作的期间倒是接触过水利方面的事情。那年市上花了很大的代价找了飞机、航拍用的地图，做土地利用规划，把我抽上去给各位专家记录行程报告。这个报告写完，就要收到土地志里，写土地志就要接触到水利。当时的提纲上专门说明，要弄清楚解放前水是咋管的。我们都不知道，我就利用那个时间去调查了一下，走了好几个村。我觉得以黄闸湾乡的泽湖村的解放前用水管理比较典型，我就说一下。

泽湖村解放初有一百一十户，人口是五百六十人，耕地是三千三百多亩，灌溉用水以泉水为主。本来那地方形成的泉水足够灌溉，但由于他们那里属于下潮地，如果只灌泉水会返碱。必须还要每年以一定数量的河水来补充，所以每年所有的土地必须灌两次河水，不然会返碱。它的用水管理模式用现在的话说基本上是协会制度，它是由所有的用水户选举产生的水会会首负责，它就叫水会，不叫用水协会，老百姓们称龙王会。龙王会就是在龙王庙里开会，所有用水户参加，推选一位会首，负责管水、收水费。

首先说说会首的产生。每年二月二龙抬头的时候，大家都去龙王庙祭祀。其实泽湖村没有单独的龙王庙，是一座佛寺里有个龙王殿，就到那开会。先祭奠龙王，然后选会首。上一年的会首如果干得可以、自己也还想干，大家就同意他继续；原来的会首不愿意干了、或者干得不好，就要改选。用水户先自己报名，然后公议，定几个候选人，大家再选。选的办法是举拳头就行了，其实就是投票。担任会首的人有两点最重要，一是要办事公道有能力，再一点是不畏权贵，不能当有钱人、有势力的人的狗。因为水会不受保甲长的制约，它还要管保甲长的水。不畏权贵是大家最看重的一点，不能因为保甲长势力大，就给多分水，盘剥普通老百姓的水源。会首的职责主要有三条。第一是要根据实际耕地面积给各渠系分水。当时泽湖村有两条渠，一条是东大沟、一条是西大沟，要根据这两条渠的实际耕地面积给分水；第二个职责是组织用水户维修水利设施，会首派工；第三是调解处理用水矛盾，会首不直接给用水户分水，还有下一级，所以出了矛盾，他来调节。会首的报酬是由寺庙公地来出，大概十亩的样子。会首可以自己耕种，也可以出租收租子。

水会是第一层组织，还有第二层组织。水分到渠里再怎么往下分，他们又选了四个坊长，每条渠两个坊，共四个灌溉区域，基本就是对应自然村。坊长都是由会首提名，再由各坊认可。坊长一般不能是本村的，也不能是邻村的，因为怕舞弊。会首先把水分到渠里，然后坊长再分。会首会给每个坊长两面旗，坊长就拿着旗分水，旗插到谁家地头了，就该谁家浇水。坊长派水的原则是按照农户的地亩计算灌溉时间，那时没有手表，就靠点香。各家的香长度不同，所以燃烧时间不同，烧完就把口子堵上了。

会首是个半义务性质的角色，没有固定报酬，作为会首可以减免一些修水利的出工、出料。农户要遵守用水时间、维护水利设施，渠上不能随便开口子，还要按要求在修水利设施的时候出工、出料。违反水规的处理方式有三种。第一种是上工点名，就是把用水户都召集起来，不叫开会叫上工。谁违反水规了就要做检讨，大家原谅就可以，不原谅就有进一步的惩罚。第二种就是惩罚，一般有罚水、罚工、罚料、罚物。罚水就是这一次用水超时、或者偷水了，下一次派水的时候就减掉你的用水时间，超了半炷香，就罚一炷香。罚工就是多做工，不然就拿钱。罚料就是需要用料的时候，你多拿别人少拿。罚物与罚料不同，祭祀龙王的时候、开会的时候，犯规者要负责出牛、羊等。这些处理方法都没用的话，最后一招的就是公断，就是严重违反水规，且屡教不改的人，让所有用水户来决断，是报官还是想其他办法处理。

关于公断，有个老同志给我讲了一件事，泽湖原来有一家姓马的大户，老子突然中风了，嘴歪了，走路时腿也抬不起来了，就把在县衙里混迹的儿子叫回来当家。分水的时候坊长派水，他不理，自己想怎么浇就怎么浇；罚他，他也不害怕。不仅如此，还变本加厉，自己私开了口子、挖了新渠，还把原有的引水设施弄坏了，全村的人浇水都受影响。要怎么处理呢？会首就敲钟，大家聚集到一起讨论了一个办法，说我们就都去他家吃饭，全村的人就都去他家吃饭了。吃了三天，他受不住了，把挖的口子填平了，毁坏的水利设施重新修好了。这就是最严重的处罚了。当然，还有一种是去衙门打官司，这就不说了。

这就是我大致了解到的。这个村子的特殊之处在于，既用泉水又用河水，像在河坝里拦水，他们还是需要派工派料。纯泉水灌区，水利负担轻得多。但是泉水也有他的问题，除了盐碱以外，水量也不稳定。特别是昌马大地震之后，好多地方泉水干了，这些地方人就不好过，很多地主都破产了。

水会在龙王庙里开会，是每家派代表，但是祭祀是全家都去，二月二龙抬头很热闹。当过会首的人，在当地很德高望重的。民国时期也搞农会，还有参议会，很多农会的委员、参议会的参议员都是当过会首的。还有一些民团之类武装，防土匪的，首领也多是会首出任，因为有威信，能指挥。群众对会首的印象，比保甲长好很多。会首一部分是地主，但也有不少就是普通农民，以及小学校长、国民党搞的农会里的高级干事等，都是平时敢于出头如带头抵抗土匪、反抗恶霸、替群众争取利益的人物，因此树立有威信。保甲长就是收税、拉壮丁，群众很反感。保甲长有时收不齐税，还得请会首出面帮忙劝说。

泉水灌区的土地是很肥沃的，原来舍不得浪费一点点，所以也不会去安排专门的打麦场，不能有一块空地一直闲置。麦收以后，找一块麦茬地往里面灌水，把麦茬泡软以后用石碾子压平，这样充当打麦场，进行脱粒等工作。可是这块地的土壤就给压实了，第二年不好耕，也可能会影响收成。所以这块临时的打麦场是家家户户轮流出，而且要选一个合理的位置，既不能离村庄太远，也不能把最好的地给破坏了。这项工作，一般由坊长负责协调；如有争议，会首也要出面解决。

2017 年耆老座谈会纪要

受 访 人：A 先生，原瓜州县水利部门领导同志，时年 77 岁；
B 先生，原瓜州县乡镇领导同志，时年 74 岁；
C 先生，瓜州县农民，时年 72 岁；
D 先生，原瓜州县基层水利职工，时年 65 岁；
E 先生，原瓜州县基层水利职工，时年 63 岁；
F 先生，原瓜州县近城某村支书，时年 68 岁；
G 先生，时任双塔灌区灌溉管理处领导，时年 58 岁；
H 先生，原瓜州县林草部门领导同志，时年 80 岁

采访地点：甘肃省瓜州县，甘肃省疏勒河流域水资源局双塔灌区灌溉管理处会议室

采访时间：2017 年 9 月 1 日

主 持 人：张占银　时任肃省疏勒河流域水资源局双塔灌区灌溉管理处处长

采 访 人：张景平　时为清华大学水利水电工程系博士后
惠　磊　时任甘肃省疏勒河流域水资源局规划计划处处长

A 先生：

欢迎各位专家学者到我们瓜州来调研。有这个机会，我们学习交流一下。我是 60 年代后期水利学校毕业后到瓜州参加水利工作的，当时叫安西县，我老家不是河西地区的。先说两个方面的内容。第一是双塔水库加固工程的有关情况，第二是其他工程建设管理情况。

双塔水库始建于 1958 年，1960 年 2 月经过施工验收，1960 年 3 月正式初步运行。在那个特殊的历史条件下，集结劳动力困难、技术条件也非常缺乏，所以水库自建成运行以来不断出现这样那样的问题。为了大坝的安全和下游人民的生命安全，甘肃省水利厅经过现场鉴定后，定为危险水库、限制蓄水、改变运行。水库有哪些问题呢？第一条，基础施工时机器设备相当缺乏，都是人工开挖，350 米宽长的河槽里，14 米厚的沙砾层，地下水渗漏非常严重，不断有塌方和人员伤亡。当时省上决定不挖了，直接用黏土做了一个防渗墙，就回填上了。这 14 米的砂砾覆盖层，就形成了最大的隐患，水库使用越久，渗漏也越严重。我们双塔水库加固了十年，坝后渗漏有多严重？每秒 0.2 方，我们用桶子“啪”一舀，那就是一桶水。第二条，当时施工质量差。黏土芯墙、砂壳坝的大坝，海拔高 1332.8 米，比我们这个地方的海拔高 200 多米，设计蓄水 2 亿多方。这就等于我们瓜州县城上头顶了一口大碗，一旦垮掉，县城全遭殃。由于这两条理由，省上让水电设计院经过 1975、1976 两年的勘测设计，拿出两个设计方案，最后经过水利厅批准，在 1978 年开始加固处理。经过 7 年多的加固处理，1985 年 2 月经过验收、交付使用。加固以后，这个水

库基本上化险为夷，能够达到设计蓄水能力，大坝也安全了，大坝的渗水减少到每秒0.0015方。

双塔水库的加固工程是我亲自参与的，所以比较了解。当时由于有了抽水能力，大坝施工中对250米宽河槽的14米沙砾覆盖层全部挖开，做混凝土防渗墙。它的施工工艺是春季凿孔、泥浆涂壁，泥浆下插入导管，浇筑混凝土，这是我们甘肃第一个使用这种施工工艺。水利厅的工程地质队他们一直就在现场，技术上有保证，所以成功了。这个防渗墙前后80公分厚，最大的深度是42米。大坝防渗墙合拢以后，坝体的渗漏立即干了，没合拢以前，相当大的水在冒。原来渗下来的还有细沙子，合拢以后细沙也都没有了，职工们都高兴，事业成功了嘛。还有其他方面的改造，比如排洪工程，正常溢洪道和非常溢洪道的改造，7年多的时间，花了国家投资1733万。1985年验收以后，1987年水利部现场鉴定，评定为部优工程。我们那个年代，虽然机械施工只能占到一半，但是做的质量还是可以，所以被评为部优工程。这就是双塔水库第一次加固处理。

以后又陆陆续续搞一些维修。最近是从2016年开始，为了提高汛限水位，又开始了一次加固处理。这个汛限水位应该提高，不提高的话，我们本地灌溉吃紧的季节，老百姓都反映水怎么还在河坝里面淌着？这就是因为水库的汛限水位偏低，超过汛限水位的水在汛期必须要排掉，不然防洪有问题。现在群众这么需要增加灌溉，就要使大坝加宽，提高它的汛限水。这就是最近一次大的改造。上面我说的就是第一件事，双塔水库的加固，双塔水库是瓜州水利事业的第一个工程。

接下来我说说其他工程，头绪比较多。第一是总干渠，这最早是部队的农业水利工程团施工，在“大跃进”和文化大革命”时期陆续做的，工程质量问题也比较多，都是我亲眼见的。各种地质资料不充分、工艺不到位，“三边工程”很难避免这些问题，也不能责怪建设者。有些地方渠道的沉降、滑坡特别严重，最后变成台阶状，怎么衬砌都不行，土质不行嘛。渗漏也很严重。几十年中，也是一直在改线、治理、修补。

第二是南、北干渠。南干渠1974年开工、1976年完工，全长55.7公里，灌溉面积6.1万亩；北干渠，1975年开工建设、1976年完工，全长11.4公里，灌溉面积6.8万亩。南干渠是总干渠的配套工程，北干渠是另外修。

第三是泉灌区，也就是机井灌区。1990年以前，全县共打机井725眼，现在能够使用的224眼，年取水量1200万方。我为什么这样清楚？因为原来我们没有机井。我们河西，尤其瓜州，号称有两大水库。一个是祁连山的冰雪融水，一个就是安西的地下水。1970年底，我们要挖掘地下水资源，就向省上提出建立打井队。1974年才开始成规模地打井，当初使用的冲击钻打井，以后改用回旋钻。

第四是人畜饮水问题。以前瓜州农村城市吃水都非常困难，我们吃的都是苦井水。这个地方的地下水位高，房子都修不住，墙要倒，所以县城都搬了。1968我分配到当时的安西县，特别荒凉，一棵树都没有，可几乎每座房子的墙都用一根斜着放的木头顶住。我叫住一个人，问到城里怎么走？他们说这就是城里啊。我的心一下凉了半截。一棵树都没有的地方，墙可都是用木头顶着，为什么？怕地下水把墙基泡坏了，就这么用木头加固一下，你们想想这建设成本多高？开始打机井后情况就不一样了，地下水位降低，房不塌了，农田的盐碱也大有改善，不过最明显的还是群众吃水问题的改善。以前城里吃土井里的水，乡下吃渠里淌的水、涝坝水，相当不卫生。水的含氟量很高、地方病严重。所以开始搞人畜饮水工程，采集深层水，50 米以下的水含氟量变了，适合饮用。这个深度，只有回旋钻能达到这么深，以前冲击钻大概 30 米。50 米上面的表层水处理掉，饮用下面的优质水，城乡吃水大大改善。80 年代以后开始建水塔和无塔压力罐，现在都完全进化到自来水了。

第五个问题是灌区建设。从 60 年代开始实行农田条田化、渠路林三配套建设。条田化很重要，以前地是乱的、小的，很不利于节水。有些地就是随意种的，因为渠到了下游就散了，水到哪里就这水跟前种一块地，水多就多种点、水少少种点。我们刚来的时候，河上、渠上都没有桥。人要过渠、过河，就是打澡儿过。打澡儿，是个方言，就是蹚水过河。夏天蹚水很舒服，冬天就不行。而且打澡儿也是有危险的，有时候河里、渠里水大，那是根本不敢过的，怕被冲走。我在基层管水的时候，有次骑个毛驴到一个村上去，要过一条渠。那毛驴看见渠里水大，死活不走，我只能下来打澡儿过，深一脚、浅一脚，站都站不稳。人过河过渠不容易，汽车、马车过河过渠就更难了。我们得事先在渠道做一个弧形断面，车就直接从渠里面过；可是运的东西一多，下去就上不来了，要是汽车还可能抛锚在水里。

B 先生插话：

你们问，有时渠道是不是会把某个村子弄成一个孤岛？那倒不至于。解放前没有现在这种很深、很急的干渠，都是土渠、宽而浅，而且每年只有几天走洪水的时候水才会很大。不过就在这几天里，渠道限制人们行动还是明显的，老人、妇女、娃娃就不敢过嘛，没有急事也没人冒这个险，等水小了再说，洪水时间也不长。以前有一种给别人做工的，帮着别人割麦子，割完算完工钱就走。可如果这时刚好碰见洪水、渠里水大，那就要在这主人家再住一晚走，主人要多管几顿饭，不然如果过渠淹死了，那是要担待的。渠道淹死人的事，到现在也还是有的，这是我们安全生产一直特别注意的一个问题。

A 先生继续发言：

所以我们后来就逐渐搞焊管式桥梁、橡胶式桥梁，越来越先进，越来越安全。现在每一条渠上的桥梁都很普遍，有路就有桥。后来桥梁都成了渠道建设的配套工程，渠和河就没不会限制人行动。

现在我谈几个总的感想。我们瓜州、我们双塔灌区，之所以解放后有了显著的发展，首先要归功于党中央、归功于水利部。中央在不同时期结合实际对全国各地制定了不同的水利方针，方针是灯塔。我刚参加工作的时候，当时中央就提出来，要“配套为主、小型为主、自办为主”。那时国家力量还不强大，对不对？所以国家主要是给已经建好的少数大工程搞好配套建设，只有配套起来，这些勒紧裤腰带建设的大工程才能发挥效应，这就是配套为主。小型为主，就是不能贪大求洋，先搞规模小的、实用的。自办为主，就是各县乃至各公社、各大队自己想办法，发动你的劳动力，国家略补助一些。

还有一个重要的方针，是“中小型结合、土洋结合、循序并进”的两结合并进方针。土洋结合的方式，在当时那个年代很有作用。比如说，修建闸墙，那得是钢筋混凝土的，对不对？可是那时国家的物资财力相当紧张，没有这么多钢筋混凝土，我们就不搞建设了吗？我们用土办法。把红柳砍下来铺在地上，一层红柳、一层胡麻、一层砂砾石，然后把它卷起来，底下绳子捆得紧紧的，再把它码起来，最后用木桩固定，这就是个闸墙，两米多高的埽工闸墙。一层埽也就一米高，我们两层摞起来。你们问，为什么要加胡麻草呢？因为胡麻草比较有黏性，胡麻盖上面把砂砾石一填，这样才容易卷得瓷实。这就是土洋结合，方便经济，农民自己就会。以前好多闸门都是这样，包括一些大型闸门。50年代，安西全县三个主要引水口的闸，全部都是埽工搭的闸，小水能拦住，大水就冲坏。冲坏就冲坏，再搭一个就完事。很多地方连闸门都没有，用水的时候就挖个土口子，一米宽的有、两米宽的也有，水用完再堵住，堵不住或者堵不及时，就影响别的区域的灌溉。所以农民都要自备一些小型的柴草、全枝的树，以便堵口。

这个“土洋结合”光“土”不行，你还得有“洋”，就是还得有懂技术的人参与。比如说，那时候要配水，怎么配，怎么计算流量？这个现在好说，渠道断面标准化，流速什么也好测，以前可不行，就得技术人员想办法。“文化大革命”时，有个武汉水利学院本科毕业生分到昌马西干渠给我们测水，通知我们半夜几点去接水。昌马西干渠是给我们瓜州输水的干渠，当时那渠是土渠、闸是土闸，后来才慢慢改造。我骑上个毛驴骑去这个闸口，看见他首先在闸口把闸的宽度一量，坡度一推算，拿了个计算尺，手电打上，边画边算，然后把闸口的开启位置划出来，说：“你把闸开到这个位置就行，你们的水给你们配好了。”当时就是这么艰苦。

C、D、E 先生插话：

以前渠道就是不行，埽工使用最普遍。农民祖辈传下来，几辈子人也没有变。原料不仅有红柳、胡麻，白茨也很重要，白茨可以整棵往里头填。农民出义务工，把这些装车拉到河边，再用人背，背到闸口、渠口，就地做卷埽。做好后，几个人一组推着卷埽到水里面，就这样。要耗费很多人力，那时候也没有别的办法。你们提到讨赖河有一种“烟洞子工”，我们这里叫“锅头工”，也是一种最紧急的户户出工办法，用于紧急抢修。上面说要出“锅头工”了，你就赶紧走，而且你还不能空手，得带着柴草去，有车你帮忙装车、没车就自己背。这个是要搞人海战术的，不然不能很快抢修完成。

搞这些埽工，不用钢筋水泥，用的就是树、柴草。树，有红柳、杨树、榆树；柴，有白茨、胡麻草、芨芨草。你们问这些归谁所有？原来这些都是大集体的，没有林权这些概念，你属于哪个公社，你就在哪个公社去砍树拔草。有的时候还要征用社员家的柴堆，就是每家的燃料。你们问破坏环境不？有一点，不严重。草什么的很容易又长起来，但靠渠口的地方一般没有树了，树砍了，要从远处搬运。

所有这些做埽工的都是义务工，生产队记工分；你是帮忙运树、运柴草，还是帮忙填砂砾，工分稍微有点差异。社员不交水费，生产队给灌区交。现在是按“方”交水费，以前是按“亩”交。水费很微薄，也就刚把管理人员养住。最早这些水利工作，每年就是主要是简单维护，没啥材料成本，全是靠人，那时渠也不行。渠道改造以后，维修就复杂了，国家给拨水泥、钢材，群众就是出劳力，每人每年出8—10天的义务工。那时也包产到户了，水费就要每家每户出了。2000到2002年的时候，义务工彻底取消了。

A 先生继续发言：

我再补充几句。那个年代的水利人是普遍是有奉献精神的，这些希望你们普遍写一写。60年代我们这儿的县委书记有个名言：“站着指挥，喊破嗓子。”什么意思呢？你要农民跳到水里面施工，首先你要自己跳到水里面挖。我组织给渠道修一座桥的时候，九月份水都冰了，我不下水农民不下水，我进去农民也扑通扑通地钻进去了。这不光是我一个人，我们水利上很多人都经历了这样一个艰苦的工作。水利人是非常辛苦的，为了给我们农民兄弟，给他们把水灌好以后让他们年年丰收，我们水利人吃这个苦头应该。

最后谈一下我对现在水利改革的看法，我对此是完全拥护的。现在每一个职工和灌区群众的头脑里，“水是商品”的意识大大提高，这是个好事。我们以前收水费，有的农民就会说：“这个水是祁连山上的水，老天流下来的，你凭什么收水费?”不知道水是商品，而说是老天恩赐的，即便是水资源越来越来稀缺的情况下，农民照样浪费水。现在大家都认识到水资源属于全民所有、国家所有，并不是私人所有，你使用就得付钱。我们水利部门遵循这个方针进行管理，让大家珍惜水资源，群众没有这个意识，我们的水不会管理得这么好。还有水的污染，企业意识到了、政府管得严了，以前有些企业对地表水、地下水造成污染，现在都没有啦。这就是进步。还有现在这个工程管理制度，招投标越来越严格，规范化施工、程序化质检、标准化验收，这不比以前吃大锅饭强吗？我们现在退下来，现在的这一波年轻工作者既有专业知识、又有奉献的精神，接力棒给他们，我们是放心的。他们比我们这一代人工作得更加出色。我说完了。

F 先生发言：

那我接着说几句。我是1949年中华人民共和国成立时生人，上了五年学就开始劳动，瓜州面貌的变化，一件一件看在眼里。我是1974年当了这个生产队长，当了十年，1984年又当的村长、书记。我们村离城近，在城北面。小的时候，瓜州的面貌不是这样，公路曲曲弯弯，渠也是曲曲弯弯。我听老人说，我们是唐朝的梗子宋朝的沟。梗子你们懂不懂？就是田里面的地埂子。这么老的梗子和沟，那还不得是曲曲弯弯的吗？啥时候变的呢？双塔水库修建起来，南干渠、北干渠修起来。1968年的时候，支渠通到我们村了，直直的渠，路也成直的。你们不要小看这个从弯到直，影响群众的精神面貌。以前农村有个笔直的东西不容易，门檐、铁锨、木匠放的墨斗线，就这些东西就是直的。修支渠的时候，村里的老人特别喜欢去工地看。看什么？就看这个直直的劲头嘛，一直到天边上。路是直的、渠是直的、林带也是直的，啥都规规矩矩，人每天看这样的东西，和看那些弯弯曲曲的渠和路，想法就不一样了。

老人们常说，瓜州过去耕地的情况比较杂乱，地随渠走。越到了渠尾的地方，渠的水就越散，其实就是没有渠，水在滩上流到哪儿算哪儿。所以就在离水近的地方种地，过两年水流别处去了，地也就撂荒了。农田基本建设根本就谈不上，有些地方你就没有固定农田嘛。新渠修好后，渠定下来、田定下来，这就不一样了。

现在瓜州的环境、瓜州人民的生活，都和水利发展有很大的关系。我从参加劳动开始，这个水利的改造就没有停过。刚才说到这个闸，我有同感。以前有的地方叫什么什么闸，实际上没闸，就是个沟。比如我们村，大渠边上留个一两米宽的口子，那就是给我们村子放水的闸。放水的时候，几个小伙子用一早上弄个坝把大渠堵住，还得用榔头砸瓷实了，砸不瓷实水就进不了沟、田就浇不成。快浇完的时候，先把大渠里的坝给推倒，我们的口子两边要提前堆好土，把口子土填住，又是好几个人忙活半天。现在浇水，那就是太容易了。国家改渠修闸，先是干、支渠，2000 年以后毛渠都改了。闸门还有人检修。老百姓说："以前浇水扛着锨，现在浇水抽着烟。"轻松太多了。

水利修好，首先粮食产量上来了。50、60 年代，我们小麦能有个三四百斤亩产就算好的。70 年代我当队长的时候，农业学大寨，挣死了五百多斤，公社把我骂得不行。那时候啥标准？四百斤是上纲、六百斤是过河、八百斤是跨江。那时候大集体的时候，河过不去、长江跨不过去，上面批评这个县的小麦亩产不行。我现在还种些地，随便就上千斤，靠什么？靠水利。

G 先生插话：

也是靠化肥……

B 先生打断：

不是化肥的事情。大集体的时候化肥往里面也摞了很多，但是水浇不到时间上，没用。现在半个月一浇，不错过农作物的时间。以前啥情况？小麦种下去到收，最多就是四轮水。天气一旱，河里没水了，就两三轮。现在是河里没水时就开井水浇，小麦浇五六轮水很正常。

水利给我们的另一个好处是吃水的情况改善了。60 年代，瓜州是一家一个水井，三米深就出水。方便是方便，可是水质不行。70 年代我当生产队队长，国家让搞"两管五改"。"两管"，管水、管粪；"五改"，改水井、改厕所、改畜圈、改炉灶、改生活环境。那个时候就搞了个手压井，可以打到 8—10 米左右，水质明显好了。后来又试着搞了一个供水塔，但水不能入户，都是在家门口近点的地方取水，冬天都冻住了，大家感觉不方便，还是手压井好。90 年代修水塔，通自来水。

我们村的机井搞得比较晚，80 年代初期还是没办法，靠涝池。可是涝池用水管一抽，才浇几亩地就干了，水送不及。想办法打大口井，人工挖的，直径大概是 3 米，我亲自带人挖，搞了三个。井挖到 8 米以后，水就很丰沛，第一咕嘟水冒出来，直接把人冲得站不住，两个泵都抽不干。这挖大口井是上面布置的任务。只是当时没有动力电，烧油的水泵又用不起，还是不方便。90 年代以后动力电好用了，就用机井。上面给一些材料，比如水泥，乡上有个打井队，农民就协助出个工，比如把石头拉上来加固，基本还是国家出钱、组织。开始时打 40 米，后来越打越深，80—90 米，地下水大幅下降。现在大口井完全没水了，机井打了六个，两个还在用。

A 先生插话：

机井增加、灌溉面积也增加。双塔灌区 46 万亩地，904 眼机井。

F 先生继续发言：

就是。我当队长的时候，一个村子是五六百亩地；当书记时，一千多亩地。后来开荒，一个队就五千亩。所以河水不够用，越来越依赖机井。河水大概浇四次，其中春天是一个安稳水，冬天还得浇 2—3 次河水。二水的时候，要靠机井大量补充。你们问我啥是二水？就是春天浇的第二次水嘛。“头水旱、不算旱，二水旱、连根断”，这是我们这里的一句俗话、一句谚语。啥意思呢？头次浇水少浇些，影响不大，都在地下储存着呢；可是头水浇完以后，地就硬了、也就是僵住了，太阳一晒就裂了缝，把麦子的根就拔断。这个二水就是每年四、五月，河里还没什么水，就指望机井了。以前不能大量开荒，也是这个二水浇不上有制约。

我们瓜州县，不少地方还是要泡地的。砂壤土不需要冬灌，灌上就渗掉；二茬地或盐碱地必须要冬灌，要压碱，春天的时候耕作的时候直接下种。80年代初期，说一碗冬水一碗油。这个冬水也越来越依赖机井了。

D 先生插话：

在我们瓜州境内，冬灌都是有讲究的。三道沟那边就不冬灌，西边的这些乡镇，环城乡、南岔乡、瓜州乡种小麦必须冬灌，不冬灌产量就差一二百斤。冬灌过的土地，3月10日左右就可以下种，4月5—8号就出苗，7月15日就开始收了。不冬灌的话，下种就到4月中旬，可收的时候还是7月15号左右，生长期短了，产量就不行。

F 先生继续发言：

我们瓜州有些地方水不够，也种过撞田①。解放后曾经在靠祁连山的桥子这一带搞过。种撞田要找那种冬天漫过水的红柳滩，地气湿；吆个牛车，拉些种子给下好，然后再不管，到7月份就直接收麦子。碰见气候好的年景，确实能收些。这种不能割，要连根拔，穗穗子还大得很。不过这现在没有了。

G 先生插话：

撞田现在没有，主要还是靠运气实在不行，多数时候颗粒无收，连种子都收不回来。毕竟我们年降雨量只有四十多毫米。张掖一些地方，降水起码一百多毫米，他就可以。

E 先生插话：

撞田在瓜州可能少，但是在玉门就有，比如玉门的昌马乡，它的年降水量可能上100毫米了。降水量在100毫米以下的，种撞田不行。

H 先生插话：

解放前还是可以有撞田。那时候疏勒河四季都在淌水，西湖乡就是属于尾间，土地保持一定的水分，可以种撞田。后来修双塔水库，疏勒河就断流了。你们先说吧，先听听你们说，完了我要谈环境和生态环境问题，那是另一回事了。

D 先生发言：

解放前瓜州缺水，抢水打架很厉害，主要是和玉门抢，抢那个皇渠的水。听老一辈人说，有时抬着棺材上去抢，刀把、木棒、榔头都拿上，被打死就是烈士。不过这个主要还是在县西片②，三道沟和桥子这一带不去，他们主要是泉水，自己跟前的，一个泉只能浇几百亩、上千亩地，自给自足。

---

① 编者按：撞田指河西走廊的一类特殊耕种方式，播种后全程不灌溉，又称闯田。

② 编者按：瓜州县习惯将以县城为中心的区域称为“西片”，将以三道沟镇为中心的区域称为“东片”。

C 先生插话：

东片也有去的。我老丈人家就是三道沟的，快解放的时候，他叔老子就去过一次。当时县上传鸡毛信，说是要为皇渠水和玉门打架，每家出人，不然以后安西全县就没有水了。他说他知道这都是哄人的话嘛。皇渠是玉门流过来的，安西不少地方其实是就地泉水，玉门怎么能把全县泉水截干呢？当然，解放后修了昌马干渠，确实能截干了。但是我老丈人的叔老子是参议员，相当于县人大代表，说这是全县的事，还是要去。另外他们村子里不用那个皇渠里的水浇地，但是有人替南北工、县城这边的人在玉门看守水口子，被玉门的人围住了，这也是个事。我丈人的婶娘天天在庄子路口站着等，害怕打死了。结果去了几天回来，没有打架。安西去了几个人，一进玉门就呼啦一下就被包围了，安西县城里的大地主，是什么主席，胡子这么长，后面跟着三四个参议员，就有丈人的叔老子，站在中间和玉门县长理论，商量好怎么分水。安西县长没去，派了几个兵，都带着枪。丈人的叔老子字写得好，就给人写文件，现场写，住在那边龙王庙里，有白面馍吃；那几个被扣下的人也关在厢房，没吃没喝，在那叫唤，安西县的其他人都不太理，他就跟玉门的人吵，最后全给带回来了，以后再不让去了。第二年又传鸡毛信，丈人叔老子把信撕掉，说二龙山的武松帮不上桃花山的周通。我丈人活了 80 多岁，特别爱讲这些事，手舞足蹈，我开始也听不明白，后来慢慢就串起来了。为了抢水，他叔老子把一副水晶眼镜在玉门摔碎了，驴也累死了一匹。好像因为这个，有人给他送了一块匾，挂着红绸，他当场就给劈了当柴烧了，红绸留下。很好的那种绸，后来他儿子娶媳妇儿的时候，还挂在房里。给他送匾的几个人，好几个都是县城附近的恶霸地主，身上有人命，解放后给镇压了。他解放前就烧了这块匾，政府说这是一个好态度，还有他救回来的几个人也给说好话，就给划了个上中农。

D 先生插话：

不过解放以后这种抢水现象就没有了，为什么呢？因为昌马总干渠修好后，安西的水有保证了，都通过西干渠给送过来，有保证，刚才 A 老也说了。不存在说谁给你截住的问题，口子都是政府管起来，再不打架了。再就是大集体的时候，水都是分到社、队，不存在说哪个公社多、哪个公社少。

H 先生插话：

我说两句。刚才咱们的 A 同志是眉飞色舞，说这个瓜州水利上的辉煌的事情，确实是值得大说特说的。但是，反过来说，他对生态环境的影响确实又是史无前例的。前面 A 同志已经讲到机井的问题，那就说明地下水已经成了一个很大的问题。因为我到瓜州这今年已经整六十年了。我是 1957 年来的，1958 年省上搞草原调查我就参加了，那个时候桥子湿地是什么样子呢？人骑在马上走进去，你在那里面就只能露出个头。草就是那么高、那么密。每年冬天，都要关注草干了以后火灾的问题，发生火灾以后可以着好几夜。可是现在说真心话，你就给我拿火把去点也点不着，为什么？草太稀疏了。虽然现立了很多牌子让注意防火。我在安西工作，在桥子就待了十八年，那有个国营牧场，我在那当技术员。我亲眼看到草场严重退化。八十年代初，我给县上写了一个报告，请求建立草原工作站，草场确实太需要人来管了。草原站成立以后，我在那里工作了很长时间，完了以后就是搞这个自然保护区。我们这有一个国家级自然保护区，我是付出很多心血的。这所以这边好多老乡都认识我，叫我站长、叫处长的都有。所以，这个草场的这个退化问题确实是触目惊心的，我写过一篇文章《安西草原的沧桑巨变》，就讲安西草原五十年的变化。

A 先生插话：

水都用到灌溉了……

H 先生打断：

你们把水用到啥程度了？前面你说双塔水库修起来以后，那时候的工程的质量差，还有渗漏。到了修昌马水库的时候，我去访问过，有个总工说："我们修的水库是滴水不漏。"我说，这个事情古人还有个网开一面，你搞这个滴水不漏，我们下游的生态怎么办？后来桥子草场完全退化，非常严重，最高就是不到一米，而且草的覆盖率也大大降低，所以这造成的有很多原来的一些小型的湖泊都干枯。"文革"的时候，我在桥子放过十几年的牲口，羊也放过、牛也放过，有一处，一平方公里四十多眼泉。2005 年的时候，安西讨论移民规模问题，当时县上的书记、县长找到我，那个时候我已经退休了，让我以退休科技人员的身份，写一篇呼吁保护安西生态的，我写了一篇叫《救救安西绿洲》，这么一个呼吁书最后我也寄到国务院、全国人大、全国政协、国家林业局、环保部、农业部，整个都寄了一顿。借着这个机会，我对全县生态环境问题做了一些调查，那时候到桥子我放牧的地方去，只有四眼泉，水已经浑浊不堪，那有个放牧的都要从旁边挖了一个井，牲口才能喝上水，都到这种程度了。植物的种类也是有同样有影响的。80 年代我们搞生态保护以后，建设自然保护区，搞生态调查，给标本室找标本，发现五六十年代常见的一些植物，连个标本都找不到了。动物也是一样，原来这个安西有非常有名的红狐，皮毛做帽子非常漂亮。我们去找，一个都没有，只有沙狐。我刚来安西工作的时候，好多人冬天戴红狐皮帽子，非常漂亮。所以地下水位下降比较明显，所以我在县上好多次会议上都是讲过这个事情。说实话，我对县上到处建这个人工湖非常反感，我们的水太缺乏了。我们的农民种地已经满足不了，非得要井灌。我们的水资源缺得已经比较严重了。当然，建水库、打机井也是必需的。因为我们现在耕地面积增加太多。我刚到安西来的时候全县 8 万多亩，好多年前我们全县的耕地面积都 60 多万亩了。生态环境的破坏，也不仅仅是这个建水库的问题，也有人为的因素。以前烧火烧饭，给森林草原就造成很严重的破坏，这也是一个方面。

F 先生插话：

这个话特别对。以前烧火做饭，这个全靠柴草，家家户户要打柴。那时候大集体，草滩、湖滩这些都是公家的，一户一个月就得出去一次拉一车。60 年代是那种木轮子牛车，很高；70 年代以后是骆驼拉的队里的皮轱辘车，各家轮流用。你今天吆上车走，第二天晚上才能回来，中间在车上要住一夜。先是在湖滩里面，砍芦苇。后来芦苇没了，就去戈壁滩，越走越远。割梭梭、白茨、麻黄草，有刺，要穿那种皮子做的套筒子，膝盖抵住了割。所以这个烧柴破坏环境太大了。

H 先生继续：

生态出了问题是很可怕的。我们这里是干旱区，水的问题是关键。植被的退化主要是地下水下降。我给你举个例子，十年前我带着兰大一些生物系学生去保护区考察，他们发现小树全部都死掉了。所以学生就问我了，为啥是小树死了，应该是年轻的活着才对呀。我说，那是因为它根浅。老树根扎得深，可以苟延残喘，小树就不行了。原来进了树林里面，各种甘草、骆驼刺特别多，还有黑枸杞，当时都没有了，只有一些老的胡杨树挣扎着，这个问题当时还是比较严重的。所以在兴修水利的过程中间，还是要照顾到生态环境保护。以前这个问题注意得很不够。十几年前我和流域水利口的领导谈，他也要专门弄个排水设施给草、湖里面排水。我说你那个是排出来的碱水，不是这个真正的生态水。前两年搞《敦煌规划》[①]，给瓜州网开一面，补生态水，这个是进步，但说要是能真正修复，那还有很长的路要走。现在除了少数区域、自然保护区，你走出农田的话，往往就看不见草。这个农田里面有个浇水，地埂长满草，出了农田以后就全部没有草了，

E 先生插话：

凡是能长草的地方都开辟成了农田了……

H 先生打断：

所以这是不对的。不能说绿洲等于农田，这不对，还应该有湿地、草原。比如疏勒河的河道里，原来也是长满草，后来没水了，草也没了。

G 先生插话：

现在给疏勒河旧河道输水，年年都有生态水了。老百姓还说我们疯了，不浇地把水往河里放。您老谈到植物减少、动物减少，事实就是如此。过去治水和生态环境还是有矛盾，现在我们认识到这一点，所以国家搞了敦煌规划。

H 先生继续：

这些年确实我没有去过。如果这样，那当然好，亡羊补牢。县上领导也曾给我保证过，绝对不打新井，只减不增。

G 先生插话：

现在严格限制打井、限制提灌。酒泉市提出三禁：禁止移民、禁止打井、禁止开矿。

H 先生继续：

我退休后搞一点历史、文物研究，感觉历史上瓜州这个地方环境变化还是很大的。比如说锁阳城遗址，60 多万亩耕地。但是我个人琢磨了以后，唐朝的时候整个锁阳城包括他在下面的两个县加起来总共才一万多人，就是在当时那种情况下，他没有条件开那么多耕地，没有这个人力，也没有那个水利开发的能力。现在瓜州 60 多万亩地，那是修了多少年的水利、又搞机械化才做成现在这个样子。所以我坚持这个就是游耕制。当时这个耕地就是最原始的耕作方法，放火烧荒，是把这个植被烧掉以后种两三年。天然肥料用完了，然后就搬家了。所以为什么安西这么小小的地方有六十多座城堡，我琢磨肯定不是同时在使用。就是因为这个农民这个地在变，官府还得跟上管理，城堡也就跟着搬迁了。

A 先生插话：

还有一个情况就是地跟着水走，原来那个土渠很容易决口，也不好修，有些地方就跟

---

① 编者按：《敦煌规划》指 2011 年国务院通过的《敦煌水资源合理利用与生态保护综合规划》。

着这水开一片地。我们这里一般不发大的洪水，但是一旦有，河道很容易变的。所以地跟着渠走。解放后把渠定下来，这地就定了。然后慢慢上河道防洪工程，河道也固定下来了。

G 先生发言：

刚才听了几位前辈的发言，我受益匪浅。作为一名水利人，回顾历史，我还是为疏勒河水利事业感到骄傲的。为什么这样说呢？我觉得核心就在于我们这个流域管理的体制，很独特。疏勒河流域水资源管理局的前身是疏勒河流域水利管理处，50 年代成立，一段时期军管、一段时期行署管，最后省上管。但无论怎么变，一直就都实行流域管理，而不是行政管理。几十年来，安西县灌溉水源不够的时候，不找行署、不找酒泉市，就找流域管理机构，流域机构来协调，很快就处理好，很少有矛盾。行政管理、流域管理，这是我国水利管理的两大支柱。但是在我们干旱区，流域管理比行政管理要更重要，要统筹。疏管局算是把流域管理发挥到极致了，从源头到地头。

还有一点，就是疏勒河水利事业始终是走在干旱区前列的。比如这个生态问题，刚刚老同志们讲了，历史上我们重视不够，这是事实，不能回避。现在认识到了，就迅速行动起来。我们灌区发展了这么多年，积累起雄厚的基础，在国家的支持下，我们水利工作者有决心帮助地方把生态恢复好。今年是贯彻《敦煌规划》的第一年，我们双塔水库开始排放生态水，一直流到敦煌的玉门关。我相信以后会越来越好。又比如我们这个水利技术，从没有闸，到木闸、土闸，到标准化闸门，再到现在的测控一体化闸门，互联网+、手机操作，天翻地覆。我想，疏勒河的历史很值得我们去挖掘，以后的人也会挖掘我们今天的历史。这些材料，我们是要保存下去的。

拾叁 补遗

本类文献提要

《河西走廊水利史文献类编·疏勒河卷》在纂辑过程中，编者发现了一件特殊文献，因其文献学特征的模糊性，不敢贸然归类，故设置《补遗》以收录。

《续玉门新志》一书历来不见于著录，甘肃省图书馆西北文献部等亦不见收藏。但原玉门市水利电力局于1996年内部编印的《玉门市水利志》中收录分水碑文、分水判文各一，并述其来源为《续玉门新志》。此两份文件均为清代石油河流域水利纠纷事，不见于其他文献，原碑亦不存。按清代《玉门县志》成书于嘉、道之间，而《续玉门新志》所录其中碑刻之一明确为道光后期，则《续玉门新志》必在《玉门县志》之后无疑。关于此书稿本或抄本，编者仍在寻访中，目前尚无突破。仅根据《玉门市水利志》照录其原文，并订正了一些明显的手民之误与句读之讹。

赤金头渠水源碑记

盖闻民以食为天，以水为命。是以桑农之祝，恒曰风调雨顺；商贾之祝，恒曰源远流长。故知食为养生之天、水为万性之命脉。兹查赤金堡灌溉用苗各有水源，自国初鼎以来按亩均水，自无旱涝之苦。无如人心不古，遂有觊觎之心焉。知赤金堡有二十余户，浇苗水源共计三处：内山水河中渗水一道、天生圈泉水一处、东大河水源一处。灌溉相安，均无异议。今于道光二十五年，适值天旱水微，本渠与山水河毗邻，有黄水沟户民谈进奎、杨玉海、何廷贵、杨学祥等强截水源，遂尔兴讼。但直者不能为曲，犹直者不能为伪。堂讯之下、泾渭自分，已蒙县主陈大老爷勘验二次，令山水河东边原系黄水沟水，应令黄水沟浇灌；其山水河正中渗水本系头渠浇灌，不得紊乱。致此讼蔓等情，饬令赤金三坝农坊遵照办理。两照均已悦服，各具遵结立案，永远流行。第恐人换星移，唯保争端，是以沥文刻碑以垂久远云尔。

道光二十七年立

判定赤峡十三道口岸

案据具遵照赤花士庶王登科、刘绪仁等今具到大老爷案下情缘花海子户民呈挖截水一案，蒙恩堂讯，兹因花峡所灌清水河于春秋二水向无定规，致有争端。今已断明，将清水之水作为十分，每遇春水期，花民灌三分，赤峡分灌七分，秋水花一峡九，以此定规遵守，两造俱各遵服。但分数即定自应立具合同，皆因之深浅尺寸尚未丈量，分水处也未勘定，容候本月内丈量以毕再为酌。查勘后悉照下例，仍以四尺宽、七寸深设闸座押水，闭上口，淌流下口分水处，视水到再开口岸，按十三道口子轮流挨次分灌，赶花之水昼为止，永远为据。仅将十三道口岸第次详注在后，以凭查考：沙山子口，分水四十二个；青山子口，分水十九个；出沟口，分水十八个；上沙沟，分水八个半；下沙沟口，分水二十六个；台子口，分水二十八个半；东屯口，分水十二各；小西沟，分水七个半；头道河口，分水连以下有藏家口；柴家口，藏、柴两家一道口；文昌沟口，共分水七个半；麦眼口，此系长流水口花扯水口过六时开浇；塔尔沟口，分水十八个。

附录

疏勒河流域水利开发大事记

史前时期

约公元前1700年

玉门火烧沟文化种植大量谷物，或已标志疏勒河流域具有原始灌溉活动。

两汉时期

汉武帝元狩二年（公元前121年）

置酒泉郡，开始在河西走廊西部移民、修筑长城、开发水利，在疏勒河流域逐步设立都水史、平水等民事水利职官，并出现穿渠校尉、河渠卒等军事水利管理人员。

汉武帝元鼎六年（公元前111年）

戍卒暴利长在疏勒河流域的渥洼池捕获“天马”一只，汉武帝作《天马歌》；同年，分酒泉郡置敦煌郡，并在党河进入敦煌绿洲处修建马圈口堰。

汉宣帝甘露元年（公元前53年）

酒泉太守辛武贤在疏勒河下游开凿都护井并整治党河河渠，希望能贯通往罗布泊的水运路线，未获成功。

魏晋南北朝时期

三国魏齐王嘉平三年（251年）

敦煌太守皇甫隆教民耧犁及灌溉之法。

前秦建元二年（366年）

高僧乐僔开启莫高窟的营建。

北魏武帝太平真君二年（441年）

五月，诏河西修水田，通渠灌溉。

北魏孝文帝太和十二年（488年）

五月丁西，诏云中（今山西大同县）、河西（今甘肃河西走廊一带）及关内六郡，各修水田，通渠灌溉。

北魏武帝太平真君二年（441年）

五月，诏河西修水田，通渠灌溉。

隋唐五代时期

隋炀帝大业五年（609年）

隋炀帝巡视河西，扩展疆域，大开屯田。

唐玄宗开元十五年（727 年）

瓜州都督张守珪整修战争中遭受严重破坏的疏勒河锁阳城灌区。

唐玄宗开元时期（713 年至 741 年）

唐王朝制定并颁布《水部式》，敦煌莫高窟藏经洞保存有残卷。

唐宣宗太中五年（851 年）

沙州（今敦煌市）人张议潮乘吐蕃内乱，逐走吐蕃守将，摄州事，奉表入朝，唐宣宗诏令张议潮为归义军节度使。张议潮严整军备，率领军民兴修水利，开辟农田，发展农业生产，十数年间，河西安定富庶。

唐代后期（755 年至 907 年）

敦煌地区形成系统完备的灌区管理制度，同时出现灌溉事务中的互助组织“渠社”。

宋夏元时期

西夏景宗天授元年至末主宝义二年（1038 年至 1227 年）

西夏继续在疏勒河流域维持较大规模的灌溉体系。

元世祖至元元年（1264 年）

郭守敬主持修缮改造原西夏境内灌溉系统。

元武宗至大二年（1309 年）

疏勒河流域瓜、沙二州屯田扩大。

明清时期

明英宗正统六年（1441 年）

在今玉门市区附近修筑苦峪城安置沙州卫部众，或有附属渠道之修筑。

明世宗嘉靖三年（1524 年）

明封闭嘉峪关，迁徙关西七卫民众到关内，疏勒河流域水利活动基本废弛。

清圣祖康熙五十六年（1717 年）

开始在疏勒河流域大兴屯田，设置卫所，广开渠道。

清圣祖康熙五十八年（1719 年）

昌马河靖逆、柳沟民户就划分疏勒河水源发生冲突，开启后世持续两百年的安西玉门分水博弈。

清世宗雍正三年（1725 年）

负责西北军务的名将岳锺琪尝试疏浚疏勒河下游河道并使与党河交汇，欲以皮筏运粮，旋因水流过于激烈而放弃。

清世宗雍正八年（1730 年）

安西兵备道王全臣疏浚从双塔堡下游直达瓜州的三条古渠道，分别长二百余里、一百余里、五十余里。

清世宗雍正十年（1732年）

安西兵备道王全臣开始在疏勒河中游的大规模渠道建设，开挖黄渠，将大部分疏勒河径流引入至桥湾以西。

清世宗雍正年间（1723年至1735年）

敦煌县阳关开大沟渠，距城一百四十五里，灌田一千二百五十亩。

清高宗乾隆年间（1736年至1795年）

由十条干渠构成的敦煌灌区建成，灌溉农田十万亩以上。

清宣宗道光年间（1821年至1850年）

安西、玉门间形成十道口岸分水制度。

赤金、花海之间就分配石油河灌溉水源形成定制。

中华民国时期

民国十五年（1926年）

安西县知事李芹友携耆老赴玉门查勘，发现玉门官民私开口岸八道，将安西之水尽皆堵截；随即会同玉门方面将口岸填平，就此重整分水制度，严禁玉门侵占安西水利。

民国二十八年（1939年）

玉门油田开始建设流域第一套自来水设备。

民国三十一年（1942年）

是年，蒋介石视察玉门，关注河西水利，每年由中央拨专款1000万元。

民国三十三年（1944年）

疏勒河流域始设水文站。

民国三十五年（1946年）

甘肃省政府正式出台玉门、安西两县划分疏勒河径流的有关办法。

民国三十七年（1948年）

疏勒河流域第一部现代流域规划《疏勒河流域灌溉工程规划书》由水利部河西水利工程总队编定，总队长黄万里亲自审核。

中华人民共和国

1950年

是年，疏勒河流域各县普遍开展“破除封建水规运动”，并着手系统解决历史遗留水利纠纷。

1951年

推广使用解放式水车。甘肃省水利局从西安订购解放式水车34部，分配酒泉专区40部，是为疏勒河流域第一次较大规模使用提水设备。

1954年

是年，饮马农场等一批军垦农场开始在疏勒河流域兴建。

1955 年

11 月，根据甘肃省农林厅水利局提出的《对甘肃省水利机构编制意见》，疏勒河流域各县成立水利机构，玉门、敦煌、安西三县设水利局，编制 9 人。

是年，中华人民共和国成立后疏勒河流域第一部规划开始编制。

1956 年

1 月，全国水利会议召开，昌马河灌溉工程被列为甘肃省重点项目。

8 月，昌马河总干渠动工兴建。

1958 年

3 月，玉门赤金峡水库开工建设。

7 月，疏勒河总干渠渠首工程（昌马大坝）与渠道工程基本竣工，全线试通水。

7 月 6 日，安西双塔水库动工兴建。

10 月 30 日，中国人民解放军生产建设兵团农业建设第十一师（简称农建十一师）正式组建。该师由中央和甘肃省双重领导，疏勒河流域农垦事务全部划归该师负责。

1964 年

4 月，甘肃省河西水利建设指挥部成立，加强河西地区的水利建设。

1969 年

11 月，以农建十一师疏勒河团场为基础，组建兰州生产建设兵团第一师。

1970 年

敦煌县党河水库动工兴建。

1974 年

是年，赤金峡水库完成了溢洪道改建工程。

是年，敦煌党河水库建成并投入使用。

1975 年

1 月，兰州生产建设兵团第一师撤销建制，所属团场划归酒泉地区管理；相应水利工程移交酒泉地区管理。

是年，党河水库电站建成投产。

1979 年

7 月 27 日，党河水库发生副坝洪水漫顶溃决失事事故，敦煌县城进水，大部分城区房屋建筑被洪水冲毁。

夏，全流域发生大洪水。

1980 年

是年，安西县在农田水利建设中，率先试行了投资包干、定额包干、合同制等经济管理办法，开流域先河。

1984 年

是年，双塔水库第一次除险加固竣工。

是年，赤金峡水库将心墙加高 0.65 米，至此水库工程始达到设计规模。

1985 年

6 月，昌马河新总干渠开工兴建。

9 月，玉门疏花干渠开工兴建。

1987 年

6 月，党河水库二期扩建加固工程开工兴建。

1991 年

4 月 2 日，甘肃省政府批复了 1985 年开始编制的《甘肃省疏勒河流域规划》。

1992 年

5 月 6 日，甘肃省委、省政府决定，实施甘肃省疏勒河农业灌溉暨移民安置综合开发项目（简称疏勒河项目），并申请世界银行贷款。

1996 年

3 月 20 日，国务院批准疏勒河项目可行性研究报告并正式立项。

5 月 22 日，疏勒河项目正式开工建设。

2000 年

6 月 17 日，昌马水库枢纽工程在昌马峡谷成功截流。

2004 年

4 月 2 日，甘肃省人民政府办公厅确定组建甘肃省疏勒河流域水资源管理局，并对疏勒河项目的土地开发规模、移民数量和项目总投资进行调整。

2008 年

是年，疏勒河项目接纳的大部分移民按属地化管理原则交由酒泉市管理。

2011 年

6 月 12 日，国务院正式批准《敦煌水资源合理利用与生态保护综合规划》。

7 月，疏勒河项目通过了由水利部组织的专项竣工验收。

2015 年

2 月 16 日，水利部、甘肃省人民政府正式批复《甘肃省疏勒河流域水权试点方案》。

2017 年

是年，经过河道归束与水资源合理调配，疏勒河水再次流至敦煌西汉玉门关以西地区。